이제 **오르비**가
학원을 재발명합니다

전화 : 02-522-0207   문자 전용 : 010-9124-0207   주소: 강남구 삼성로 61길 15 (은마사거리 도보 3분)

오르비학원은

모든 시스템이 수험생 중심으로 더 강화됩니다.

모든 시설이 최고의 결과가 나올 수 있도록 설계됩니다.

집중을 위해 오르비학원이 수험생 옆으로 다가갑니다.

오르비학원과 시작하면

원하는 대학문이 가장 빠르게 열립니다.

전화 : 02-522-0207 문자 전용 : 010-9124-0207 주소 : 강남구 삼성로 61길 15 (은마사거리 도보 3분)

출발의 습관은 수능날까지 계속됩니다.
형식적인 상담이나
관리하고 있다는 모습만 보이거나
학습에 전혀 도움이 되지 않는
보여주기식의 모든 것을 배척합니다.

쓸모없는 강좌와 할 수 없는 계획을 강요하거나
무모한 혹은 무리한 스케줄로
1년의 출발을 무의미하게 하지 않습니다.
형식은 모방해도 내용은 모방할 수 없습니다.

개인의 능력을 극대화 시킬 모든 계획이 오르비학원에 있습니다.

규 토
라이트
N 제

CONTENTS

규토 라이트 N제

오리엔테이션

개념, 유형, 기출을 한 권으로 Compact하게

규토 라이트 N제는 기출문제와 개념 간의 격차를 최소화하고 1등급으로 도약하기 위한 탄탄한 base를 만들어 주기 위해 기획한 교재입니다. 학생들이 처음 개념을 학습한 뒤 막상 기출문제를 풀면 그 방대한 양과 난이도에 압도당하기 쉽습니다. 이를 최소화하기 위해 4단계로 구성하였고 책에 적혀 있는 규토 라이트 N제 100% 공부법으로 꾸준히 학습하다 보면 역으로 기출문제를 압도하실 수 있습니다.

Gyu To Math (규토 수학)에서 첫 글자를 따서 총 4단계로 구성하였습니다.

1. Guide step (개념 익히기편)

교과 개념, 실전 개념, 예제, 개념 확인문제, '규토의 Tip'을 모두 담았습니다.
단순히 문제만 푸는 것이 아니라 개념도 함께 복습하실 수 있습니다.
교과서에 직접적인 서술이 없더라도 수능에서 자주 출제되는 포인트들을 녹여내려고 노력하였습니다.

2. Training – 1 step (필수 유형편)

기출문제를 풀기 전의 Warming up 단계로 수능에서 자주 출제되는 유형들을 분석하여
수능최적화 자작으로 구성하였습니다.
기초적인 문제뿐만 아니라 학생들이 어렵게 느낄 수 있는 문제들도 다수 수록하였습니다.
단시간 내에 최신 빈출 테마들을 Compact하게 정리하실 수 있습니다.

3. Training – 2 step (기출 적용편)

사관, 교육청, 수능, 평가원에서 3~4점 문제를 선별하여 구성하였습니다.
필수 유형편에서 배운 내용을 바탕으로 실제 기출문제를 풀어보면서 사고력과 논리력을 증진시킬 수 있습니다.
실제 기출 적용연습을 위하여 유형 순이 아니라 전반적으로 난이도 순으로 배열했습니다.

4. Master step (심화 문제편)

사관, 교육청, 수능, 평가원에서 난이도 있는 문제를 선별하여 준킬러 자작문제와 함께 구성하였습니다.
과하게 어려운 킬러문제는 최대한 지양하였고 킬러 또는 준킬러 문제 중에서도
1등급을 목표로 하는 학생이 반드시 정복해야 하는 문제들로 구성하였습니다.

교과서 개념유제부터 어려운 기출 4점까지 모두 수록

단순히 유형서가 아니라 생기초부터 점점 살을 붙여가며 기출킬러까지 다루는 올인원 교재입니다.
즉, 교과서 개념유제부터 수능에서 킬러로 출제된 문제까지 모두 수록하였습니다.
규토 라이트 N제 기하의 경우 총 610제이고
문제집의 취지에 맞게 중 ~ 중상 난이도 문제들이 제일 많이 분포되어 있습니다.

규토 라이트 N제의 추천 대상

1. 개념강의와 병행할 교재를 찾는 학생
2. 개념을 끝내고 본격적으로 기출문제를 들어가기 전인 학생
3. 해당 과목을 compact하게 정리하고 싶은 학생
4. 무엇을 해야 할지 갈피를 못 잡는 3~4등급 학생
5. 기출문제가 너무 어렵게 느껴지는 학생
6. 아무리 공부해도 수학성적이 잘 오르지 않는 학생

문지유 / 울산대학교 의학과

규토 라이트 N제는 고3 학생들 뿐만 아니라 중학생, 고1, 고2 학생들이 선행학습을 할 때에도 활용하기 좋을 것 같아요. 개념 설명이 간단하면서도 명료하고 깔끔하게 되어 있으면서도, 중요한 포인트를 놓치지 않는 꼼꼼한 교재입니다. 개념 공부를 하며 바로바로 이해했는지 확인할 수 있는 예제 문제가 해설과 함께 중간중간 실려 있습니다. 기본 개념을 가지고 풀 수 있는 난이도가 그리 높지 않은 Guide Step 문제부터, 유형별로 개념을 적용하여 풀 수 있는 문제(Traning – 1Step), 단원별 역대 기출들(Training – 2Step), 고난도를 연습할 수 있는 Master Step 까지. 개념 공부와 함께 문제풀이를 곁들여 밸런스 있는 공부를 하기 최적화된 문제집이라고 생각합니다.

벌써 제가 규토 N제 교재 검토를 한지도 4년차에 접어들었네요. 최대한 꼼꼼히 검토하는 편인데도 항상 놓치는 게 있을까 떨리네요. 새해가 밝아 학년이 바뀌고, 나이도 어느덧 한 살 더 먹은 여러분이 규토 라이트 N제와 함께 새로운 마음으로 산뜻하게 공부하셔서, 이 교재를 풀면서 성장하는 것을 스스로 느꼈으면 좋겠습니다. 뿌듯한 한 해 되세요! 파이팅 :D

정지영 / 울산대학교 의학과

안녕하세요, 검토자 정지영입니다. 벌써 한 해의 입시가 끝나고, 겨울을 지나 새학기가 시작되네요. 새학기의 시작과 함께 새로운 문제집이 출판되고, 풀린다는 생각을 하니 저자분의, 수험생들의 열의가 느껴지는 것만 같습니다.

기하 영역은 다른 영역에 비해서 생소한 개념이 많이 등장합니다. 규토 라이트 N제 기하는, 그 학습의 시작에, 혹은 중간 과정에 충분한 도움을 줄 수 있는 교재라고 생각합니다. 기본적인 개념부터, 실전적인 풀이까지 고루 갖추었으며 이를 충분히 익힐 수 있도록 문항 및 해설 구성까지 깔끔하게 되어 있습니다. 수능 수학에 어떻게 접근하고, 어떻게 풀이를 완성해야 하는지에 대한 내용을 빈틈없이 갖춘 교재라고 생각합니다. 단순히 '라이트'한 교재로 넘긴다기 보다는, 문제와 해설에 담긴 논리 및 아이디어를 완벽하게 숙지할 수 있으시면 좋겠습니다.

과정은, 결과로 미화된다는 생각을 종종 합니다. 여러분의 올 한해 수험 생활은 분명 쉽지 않을거에요. 공부의 스트레스, 불안감... 많은 것들이 여러분을 괴롭힐 것 같습니다. 하지만 올 한해가 끝났을 때, 그 모든 과정이 좋은 기억으로 남을 수 있을 만큼 좋은 결과를 얻을 수 있으시기를 기원합니다.

감사합니다.

조윤환 / 대성여자고등학교 교사

규토 라이트 N제는 개념 설명 + 기출 문제 + 자작 N제로 구성되어 있어 세 마리 토끼를 한 번에 잡을 수 있는 독학서입니다. 특히 수능 대비에 알맞은 컴팩트한 볼륨의 Guide step(개념 익히기편)에서 수능에 자주 출제되는 중요한 개념을 빠르게 훑고 문제 풀이로 넘어갈 수 있습니다. Guide step에서는 실전에서 사용할 수 있는 유용한 테크닉과 학생들이 개념을 공부하면서 궁금할 수 있는 포인트까지 따로 자세하게 설명해주어서 교과서나 시중 개념서에서 해결할 수 없는 의문점까지 해결할 수 있습니다.

기출 문제에 추가로 자작 문제가 포함되어 있어서 기출 문제가 부족한 삼각함수의 그래프, 삼각함수의 활용 단원에서 트렌디한 평가원 스타일의 문제를 다양하게 풀어볼 수 있다는 것은 규토 라이트 N제 만의 큰 장점이라고 생각합니다.

저자의 TIP이 문제집과 해설집 곳곳에서 여러분들을 도와줄 것입니다. 규토 시리즈 특유의 유쾌한 해설이 무척 상세해서 규토 라이트 N제로 공부하다 보면 친절한 과외선생님이 옆에서 설명해주는 듯한 느낌을 받을 수 있을 것입니다. 특히 책 안에 나와있는 규토 시리즈의 100% 공부법을 참고하면 수학 공부 방법에 고민이 많은 학생들에게 큰 도움이 될 것이라고 생각합니다.

박도현 / 성균관대학교 수학과

안녕하세요~ 규토 N제 시리즈 검토자 박도현입니다. 현재 수능은 시간을 꽤 필요한 준킬러 수준의 문제들이 거의 반을 차지합니다. 이러한 문제들을 공략하기 위해서는 문제해결 능력을 길러야 할 뿐만 아니라, 문제들을 빠르고 정확하게 풀 수 있어야 합니다.

이러한 수능에 최적화된 문제해결 능력을 기르게 해주는 문제집이 바로 규토 라이트 N제입니다. Guide Step에서는 수능 수학의 기본 개념뿐만 아니라 실전 풀이법을 알려줍니다. Training 1 Step에서 저자가 최신 수능 트렌드를 분석하면서 만든 자작 문제들을 통해 실력을 기를 수 있고, Training 2 Step에서 기른 실력을 기출문제에 바로 적용할 수 있습니다. 마지막 Master Step에서 선별된 어려운 기출과 자작 문제들을 풀면서 심화를 다질 수 있습니다. 문제의 난이도가 절대 쉽지만은 않지만, 저자의 100% 공부법을 통한 꾸준한 반복과 복습을 하면, 어느새 준킬러 수준 이상의 문제들을 술술 푸는 자신을 발견할 겁니다. 올해 수험생 여러분 모두 건승을 기원합니다!

추천사

정시로 인서울 의대 합격 후기, 규토 라이트 N제 추천사 (윤종원)

안녕하세요. 저는 규토의 도움으로 이번에 인서울 의대에 정시로 합격하게 된 학생입니다. 저는 총 세 번의 수능을 치르면서 규토 라이트 N제의 효과를 몸소 느끼게 되어서 이번 추천서를 작성하게 되었습니다.

우선 저는 22, 23, 24, 총 세 차례의 수능을 겪은 삼수생입니다. 첫 수능에서는 간신히 2등급 컷트라인을 맞췄고, 두 번째 수능에서는 1등급 컷 점수를, 마지막 수능에는 원점수 96점을 받으며 성공적으로 입시를 마칠 수 있었습니다. 제가 이렇게 성적을 향상한 데에는 규토 라이트 N 제가 정말 큰 도움을 주었습니다.

제가 고등학교 3학년일 때, 저는 오르지 않는 수학 성적을 두고 정말 많이 고민했는데요, 사실 그때는 제가 정확히 어느 부분이 부족한지, 또 어느 부분을 잘하는지 잘 알지도 못했습니다. 그저 최고난도 문항(킬러문항)이 풀리지 않으니 그저 어려운 문제만 끊임없이 반복해서 풀었었죠. 그렇게 실망스러운 22 수능 성적을 받고, 재수를 결심한 이후로는 아예 개념부터 다지기로 생각했고, 그때 제가 개념을 다질 때 도움을 받은 책이 규토 라이트 N제였습니다.

이 책은 정말 낮은 난도의 문제부터, 최고난도라고 해도 손색이 없을 정도의 문제들까지 다양하게 수록이 되어있습니다. 특히 규토님이 직접 만드신 문제들이 정말 높은 퀄리티를 보여주며 문제를 풀수록 감탄하게 만들죠. 문제에 대한 평가는 여러분이 직접 풀면서 몸으로, 손으로 느끼는 것이 가장 정확하니 말을 아끼지만, 여타 시중의 다른 문제집들과 비교했을 때 절대 뒤지지 않는, 오히려 압도하는 품질을 보여준다는 것만은 명백합니다.

하지만, 문제의 퀄리티가 아무리 좋다 하더라도 본인이 체화하지 못한다면 소용이 없을겁니다. 그러나 규토 라이트 N제는 그럴 걱정이 없습니다. 문제집보다 훨씬 두꺼운 해설지를 보시면 아시겠지만, 마치 과외선생님이 옆에서 하시는 말씀을 그대로 옮겨적은 것만 같은 해설지는 문제의 해설보다도 학생의 이해를 최우선으로 두고 작성되었습니다. 헷갈릴 만한 포인트들은 옆에 다른 문제들을 이용해서 추가로 설명을 해준다거나 하는 식으로 구성된 해설은 마치 수준이 높은 과외선생님이 옆에 있다는 착각마저 들게 합니다.

그렇다 보니 이 규토 라이트N제를 완벽하게 습득하기 위해서는 답지를 어떻게 이용하는지가 굉장히 중요합니다. 규토의 100% 공부법을 읽어보시면 아시겠지만, 문제를 맞히더라도 내가 어떻게 맞추었는지 그 풀이법을 나 자신이 인지하고 있는 것이 굉장히 중요합니다. 내가 푼 방법에 논리적 비약이 있지는 않았는지, 내가 정확한 방법으로 푼 건지 끊임없이 점검해야 하죠. 이럴 때 답지가 정말 유용하게 사용됩니다. 정확하고 세심한 풀이를 통해, 빠뜨린 부분은 없는지, 넘겨짚은 부분은 없는지 끊임없이 옆에서 점검해 줍니다. 위에서 서술한 바와 같이, 과외를 받는 기분이 들 정도로요.

그렇다면 여기서 궁금한 점이 생기실 겁니다. 과연 규토 라이트 N제는 나에게 맞는 문제집일까? 너무 어렵지는 않을까? 혹은 너무 쉽지는 않을까? 위 질문에 대한 답은, 여러분의 실력에 따라 달라지게 됩니다. 냉정히 말해서 규토 라이트 N제는 이름과는 다르게 라이트하기만 한 문제집은 아닙니다. 아무것도 모르는 상태에서, 즉 기초가 다져지지 않은 상태에서 하기에는 쉽지 않죠. 하지만, 개념을 한 번이라도 봤다면 얼마든지 도전할 수 있는 난이도입니다. 문제집의 구조상 난이도별로 파트가 나누어지기도 하고, 답지와 함께 풀면 조금 어렵더라도 이해하기에 어렵지는 않을 겁니다. 그렇다면 최상위수험생들에게는 필요가 없는 문제집일까요? 그렇지도 않습니다. 최상위수험생이더라도 틀리는 문제가 있다면 어딘가 불안정한 부분이 있다는 뜻입니다. 규토 라이트N제는 흔들리는 기초를 단단하게 굳힐 수 있는 교재입니다. 혹시라도 내가 불안한 부분은 없는지, 나의 약점은 없는지 등을 알 수 있는, 그러한 교재입니다. 내가 지금껏 쌓아온 기초에 불안한 부분은 없는지, 내가 안다고 생각했던 부분에 허점은 없는지 점검할 때에도 규토 라이트 N제는 최고의 파트너가 되어줄겁니다.

내가 가야 할 길이 멀게만 느껴질 때, 내가 지금 하고 있는 방법이 옳은 방법인지 알 수 없을 때, 규토 라이트 N제는 여러분의 곁에서 충실히 길잡이 역할을 해줄겁니다. 그렇게 규토와 함께, 문제 하나하나를 곱씹으며 나아가다 보면 그 길의 끝에는 여러분이 목표하고 있던 수학 성적이 여러분을 기다리고 있을 것입니다.

규토와 함께하게 된 여러분을 진심으로 응원하며, 이만 글을 줄이겠습니다. 감사합니다.

규토 라이트 N제와 함께 1년 내내 수학 모의고사 1등급!! (김준한)

−4등급부터 시작해서 현재 수학 백분위 99%까지 달성 후기−

안녕하세요~ 저는 작년 고1 때는 모의고사 성적이 3,4등급에 머물러 있다가 올해 규토 라이트 N제 수1,2로 공부하면서 2022년에 시행된 고2 6,9,11월 모의고사에서 모두 1등급을 쟁취하게 되어 추천사를 작성하게 되었습니다. 제가 이 책을 처음 접했을 때 책의 구성도 물론 좋았지만 가장 눈에 들어온 것은 공부법이었습니다. 성적대가 낮은 학생들이 공부해도 큰 효과를 볼 수 있는 책이지만 평소에 수학 공부법에 회의감을 가지고 있는 학생들도 공부하면 더 큰 효과를 볼 수 있을 거라고 생각합니다!

고등학교 1학년 때의 저는 수학을 아주 잘하지도 못 하지도 않는 학생이었습니다. 단지 다다익선이라는 말처럼 시중에 나와 있는 문제집을 다 풀어 보며 성적이 잘 나오겠지하며 기대하는 학생에 불과했습니다. 그랬던 성적이 3등급이었고 저는 심각한 고민에 빠졌습니다. 그러던 도중에 한 커뮤니티 사이트에서 '규토 라이트 N제' 후기를 보았습니다. 후기를 읽어보며 나도 저런 드라마틱한 성장을 이뤄낼 수 것 같다는 느낌을 받았고 그 중심인 '100% 공부법'을 알게 되어 바로 책을 구입하게 되었습니다.

규토 라이트 N제를 보면서 구성이 참 놀라웠습니다. 현 교육과정에 따른 개념이 모두 수록되어 있을 뿐만 아니라 규토님 특유의 테크니컬한 팁들이 다 들어 있어서 자작문제 (t1)에 적용하여 체화를 시키고 이에 따라 배운 것들을 기출문제 (t2)에 또 적용할 수 있어 개념−기출의 괴리감을 최소화 시켜준다는 장점이 있습니다. 그리고 규토 라이트 N제의 고난도 문제의 집합이라고 할 수 있는 마스터 스텝 (mt) 인데 저는 개인적으로 푸는 데 너무 재밌었습니다. 저는 문제를 풀면서 규토쌤이 괜히 문제 배치를 마지막에 하신 게 아니구나라는 것을 느꼈습니다. 이 문제들은 약간 방금 전에 언급한 t1,t2 문제들을 믹스 시킨 문제, 즉 기본 예제 들의 집합이라고 느꼈습니다. 마스터 스텝 문제까지 책의 공부법으로 완전히 흡수시켜야 비로소 책의 취지에 맞게 안정적인 1등급에 도달한다고 느끼게 되었습니다.

이제 공부법에 대해 얘기해보려 합니다. 사실 제가 제일 강조하고 싶은 부분입니다!! 제 성적향상의 근원이기도 합니다ㅎ 올해 3월달...저의 수학 성경책을 받은 날이었죠..저는 책과 물아일체가 되겠다는 마음가짐으로 임했습니다. 규토 선생님께서 강조하시는 수학 공부법이 처음에는 어색했지만 계속 적용해보니까 수능 수학에 가장 이상적이고 적합한 방법이라는 것을 깨달았습니다. 제가 세 번의 모의고사에서 1등급을 받은 그 공부법! 100% 공부법의 핵심은 "누군가에게 설명힐 수 있다"입니다. 사실 혹사께서는 문제를 잘 푸는 거랑 어떤 차이냐고 물으실 수 있는데 사실은 엄청난 차이가 있다고 생각합니다. 문제를 완벽하게 설명하려면 풀이를 써 내려갈 때 개념 간의 논리를 정확하게 이해하고 남을 이해시킨다는 마음으로 문제를 정확히 자기것으로 만들어야 합니다. 저는 이 과정이 정말 힘들었습니다. 하지만, 계속 거듭하고 묵묵히 하다보니 가속도가 붙더라고요! 내년에 공부하실 2024 규토 수험생 분들도 이 부분을 강조하며 공부하시면 충분히 좋은 결과 있으실 거라고 믿습니다!!

마지막으로 규토 선생님! 제 수학 성적을 눈부시게 끌어올려 주셔서 감사합니다! ㅎㅎ

수능 수학의 시작과 마무리, 규토 라이트 N제 (오세욱)

– 규토 N제 수1,수2,미적분 풀커리(라이트~고득점)로 수능 미적분 백분위 98% 달성 후기 –

저는 현역 때 운 좋게 대학입시에 성공해 인서울 대학에 합격했지만 수능에 미련이 남아있는 학생 중 한명이었습니다. 수학을 잘한다고 생각했고 자부심을 가지고 있었지만 막상 수능에서는 3등급 백분위 78을 받았습니다. 수능 시험장에서 문제를 풀면서 '나는 개념을 놓치고 있고 조건을 해석할 줄 모르는구나'를 깨달았습니다.

그렇게 대학에 진학했다는 생각으로 놀며 2020년을 보냈고 2021년이 되자 이대로 끝내면 후회가 남을 것 같다는 생각에 다시 한번 입시 속으로 뛰어들었습니다. 대학을 병행하며 진행하고 싶었기에 과외나 학원을 다니기에는 시간이 촉박하다고 판단하여 구매하게 된 책이 바로 과외식 해설을 담은 '규토 라이트 N제'입니다.

규토 라이트 N제를 만나게 되면서 앞에 적힌 공부방법에 따라 개념 부분과 개념형 유제부터 자세히 읽고 풀어보며 사소하지만 실전 문제풀이에 도움이 되는 팁을 얻었습니다. 또한 함께 실린 자작문제와 기출문제에 개념을 적용해 풀며 답안지와 내 풀이의 차이점을 비교하였고 잘못되게 풀이한 부분이 있다면 다시 한번 적어보며 틀린문제는 풀이의 길을 외울 정도로 반복해서 풀었습니다. 솔직히 이러한 과정이 빠르고 쉽다 한다면 거짓말입니다. 처음 시작할 때는 막막할 정도로 문제가 벽으로 느껴졌고 모르면 아직도 모르는게 많다는 것에 화가 나기도 했습니다. 하지만 한 문제, 한 단원 넘어갈 때마다 확실하게 개념이 탄탄해지고 새로운 문제를 만나도 개념을 중심으로 풀이가 진행되는 경우가 많아 자신감과 재미를 느끼게 되었습니다. 이렇게 수1, 수2부터 미적분까지 3권을 모두 마무리하고 반복하여 풀이하다 보니 평가원 시험에서 고정적으로 1등급을 받게 되었습니다.

규토 라이트 N제는 이름과 달리 절대 '라이트' 하지만은 않습니다. 선택과목 체재에서 규토 라이트 N제는 시작이며 마무리인 단계입니다. 기출을 이미 많이 접해본 N수나 고3분들 중 컴팩트하고 완전하게 개념과 기출을 정리하고 싶은 분들부터 수능 수학을 처음으로 공부해 개념을 탄탄하게 쌓고 싶은 분들까지 규토 라이트 N제를 자신있게 추천드립니다.
[중요] 만약 책을 구매하게 된다면, 규토 선생님의 방법으로 공부하세요.

추신) 여담으로 타 문제집(쎈)과 규토 라이트N제를 비교하는 글이 많아 두 문제집 모두 풀어본 입장에서 남긴다면 해설의 자세함, 친절도, 수능 수학을 할 때 필요한 문제의 질, 개념의 자세함 모두 규토 라이트 N제가 좋다고 생각합니다. 그리고 N제라는 이름 때문에 그런지 몰라도 두 책의 목적은 완전하게 다른데 비교하는 경우가 많은 것 같습니다. 이 책은 자세한 개념부터 심화문제(30번)까지 모두 다룹니다. 과장없이 미적분2022평가원문제 모두 이 책에 있는 문제를 규토 선생님의 방식으로 다뤘다면 모두 맞출 수 있었다고 생각합니다.

나는 수능에서 처음으로 수학 1등급을 받았다. (이나현)

안녕하세요! 9월 백분위 89에서 수능 백분위 96으로 오르는 데 있어 규토 라이트의 도움을 크게 받아 작성하게 되었습니다. 핵심은 규토라이트를 통해 개념과 기출의 중요성을 깨닫게 되었다는 점입니다. 규토라이트는 1-4등급 모두에게 좋은 책이지만, 저는 특히 2-3등급에 머무르는 학생들에게 추천하고 싶습니다.

백분위 89에서 1등급은 드라마틱한 성적 변화가 아니라고 생각하실 수도 있습니다. 하지만 저는 고등학교와 재수 생활을 통틀어 평가원 모의고사에서 1등급은 맞아본 적도 없고 2등급 후반 ~ 3등급 초반을 진동했습니다. 저는 수학을 일주일에 적어도 40시간 이상 투자했고, 유명한 강의와 문제집을 다양하게 접해봤음에도 1등급을 맞지 못하는 원인을 파악하지 못했었는데요. 9월부터 규토 라이트로 두 달동안 공부하며 제 약점을 파악했고 결국 수능에서 처음으로 1등급을 맞았습니다. 규토 라이트를 처음 접하게 된 건 9월 모의고사에서 2등급을 간신히 걸친 후였는데요. 저는 1등급을 맞게 된 원인이 크게 두 가지라고 생각합니다.

첫 번째로 규토 라이트의 구성입니다. 기출과 N제 그리고 ebs까지 적절하게 섞인 구성이 너무 좋았습니다. 또한 가이드 스텝을 스킵하지 마시고 꼭 정독하시는 것을 추천드립니다. 규토님의 농축된 팁까지 얻어갈 수 있습니다. 마스터 스텝에서도 배워갈 점이 많으니 겁먹지 말고 몇 번이고 풀어보시는 것을 추천드립니다. 저는 규토 라이트를 접하기 전까진 왜 수학에서 개념과 기출을 강조하는지 이해가 가지 않았습니다. 기출은 지겹기만 했고 개념은 다 아는 것만 같았습니다. 하지만 규토 라이트를 통해 제대로 된 기출 학습과 약점훈련을 할 수 있었습니다.

두 번째는 규토님입니다. 일단 규토님은 등급에 따라 커리큘럼과 학습법을 알려주시는데 이대로만 하면 100점도 가능하다고 생각합니다. 가장 도움되었던 학습법은 복습입니다. 뻔한 것 같지만, 알면서도 꺼려지는 게 복습입니다. 그리고 틀린 문제를 생각 없이 계속 푸는 것이 아니라, 제대로 된 복습 가이드를 정해주셔서 이대로만 하면 된다는 점이 좋았습니다. 저는 비록 9월 중순부터 시작해서 전체적으로는 3회독 밖에 못했지만... 설명할 수 있을 때까지 계속 풀고 또 풀었습니다. 또한 이메일로 직접 질문을 받아주시는데요, 질문하는 문제에 따라서 가끔 제게 필요한 보충문제나 영상 덕분에 빠르게 이해할 수 있었습니다. 그리고 똑같은 문제를 계속 틀리거나, 사설 모의고사에서 안 좋은 점수를 받는 등 막막할 때가 많았는데요, 그 때마다 실질적인 말씀을 많이 해주셨습니다. 'theme 안의 문제들은 서로 다른 문제들이지만 이 문제들이 똑같게 느껴질 때 비로소 이해한 것' 이라는 말이 아직도 기억에 남네요. 전 이 말을 듣고 깨달음이 크게 왔고 그 뒤로 수학에 대한 감을 제대로 잡았던 것 같아서 써봅니다. 이외에, 6월 9월 보충프린트도 너무 감사했습니다.

저는 비록 9월 중순부터 규토 라이트를 시작했지만 재수 초기로 돌아간다면 규토 라이트로 시작해서 규토 고득점으로 끝내지 않았을까 싶습니다. 제대로 된 기출 학습을 원하시는 분들은 규토 라이트하세요 !!

9월 수학 3등급에서 수능 수학 1등급으로! (노유정)

규토 라이트 수1, 수2로 학습하여 짧은 기간 동안 9월 3 → 수능 1의 성적향상을 이루었습니다. 저는 8월에 수시 지원 계획이 바뀌며 급하게 수능 준비를 하게 되었습니다. 수능은 100일 정도 밖에 남지 않았는데 개념은 거의 다 까먹었고, 원래 수학을 못하는 학생이었기 때문에 (1,2 학년 학평은 대부분 3등급) 수학이 가장 걱정되는 과목이었습니다. 그래서 짧은 기간 동안 개념 숙지와 문제 풀이를 할 수 있는 교재를 찾다가 규토 라이트를 접하게 되었습니다.

개념 인강을 들으면서 해당되는 단원의 문제를 하루에 약 60문제 정도 풀어서 10월 말 정도에 규토 1회독을 끝냈습니다. 그 후에는 시간이 부족해서 1회독 후 틀린 문제와 기출 위주로만 반복적으로 보았습니다.

규토라이트는 효율적인 학습을 가능하게 하는 책입니다. 기존의 기출 문제집을 풀 때는 난이도별로 구분이 되어있지 않아 제 수준에 맞지 않는 문제를 풀면서 시간을 낭비했던 적이 많습니다. 그러나 규토 라이트를 통해 공부할 때는 개념 숙지에서 고난도 문제 풀이로 넘어가는 과정이 효율적이었습니다. 특히, 지나치게 어려운 문제도 쉬운 문제도 없기 때문에 실력 향상에 큰 도움이 되었습니다. 가이드에 적혀있는 대로 충분히 고민을 하고, 안 풀릴 경우에는 다음 날 다시 풀거나 2회독 때 풀기로 표시를 해두었습니다. 마스터 스텝을 제외하고는 이렇게 하면 대부분 해결할 수 있었던 것 같습니다.

이러한 교재 특성 때문에 수학을 잘 못하는 학생이었음에도 원하는 성적을 얻을 수 있었습니다. 제 사례와 같이 급하게 수능 준비를 하거나, 스스로 수학머리가 없다고 생각하는 수험생들에게 규토를 추천해주고 싶습니다.

[수2 공부법] 수포자에서 수능 수학 백분위 92%!

규토 라이트 n제 수2 리뷰를 할 수 있어서 정말 영광입니다. 먼저 전 나형 수포자였습니다. 현역시절 맨 앞장에 4문제정도 풀고 운이 좋으면 7~8번까지도 풀리더라구요. 그리고 주관식 앞에 쉬운 2문제 정도 풀고 다 찍었습니다. 항상 6~7등급 찍은게 몇 개 맞으면 5등급까지 갔습니다. 생각해보면 수학을 제대로 공부해본 적이 없었고 주위에서 수학은 절대 단기간에 할 수 없다. 그냥 그 시간에 영어나 탐구를 더하라는 말에 현역시절 수학을 제대로 집중해서 문제를 푼 적이 없었습니다. 현역시절 제가 받은 성적은 6등급 타과목도 잘치지 못한 탓에 재수를 결정했고 불현듯 수학공부를 해봐야겠다는 생각을 했습니다. 어쩌면 내 일생에 단 한 번뿐인데 수학공부 한 번 해보자라고 마음먹었습니다. 다른 과목보다 수2가 문제였습니다. 확통이나 수1에 비해 분명히 해야 할 부분이 저에게 많았기 때문이었습니다. 2월에 본격적으로 수2과목을 빠르게 개념정리를 했습니다. 수2만은 전년도와 교육과정이 크게 바뀌지 않은 탓에 빠르게 개념인강과 교과서로 정독했습니다. 아주 쉬운 기초부터 시작한 셈이죠. 교과서와 개념인강을 3회독정도 해보니 아주 쉬운 유형들은 풀 수 있게 되었습니다. (이를테면 함수의 극한에서 그래프를 주고 좌극한과 우극한의 합차 유형이나 간단한 미분 적분 계산문제 함수의 극한꼴 정적분의 활용 중 속도 가속도문제등) 교과서 유제에도 그리고 평가원 기출에도 매번 나오는 유형들은 교과서만으로도 풀 수 있었습니다. 하지만 처음 보는 낯선 유형과 함수의 추론등 기초가 부족한 저에게 이런 문제들은 거대한 벽과 다름없었습니다. 과연 1년 안에 내가 이런 문제를 극복가능한 것일까.교과서와 개념인강만으로는 해결할 수 없었습니다. 충분히 고민한 뒤에 제가 내린 결론은 문제의 양을 늘려야한다는 것이었습니다. 소위 수포자는 당연하게도 수학경험치가 현저히 낮습니다. 특히 함수 나오고 그래프 나오면 정말 무너지기 쉽죠. 그렇다고 1년도 안 남은 시점에서 중학수학과 고1수학을 체계적으로 본다는 것은 너무 어려운 일입니다. 1년안에 승부를 봐야하는 제 입장에선 현명한 선택이 아니었습니다. 그러다 우연히 커뮤니티에서 규토라이트n제를 알게 됐고 많은 리뷰와 블로그 내용을 꼼꼼히 보고 선택하기로 결정했습니다. 제가 규토 라이트 수2 n제를 택했던 근본적 이유는 충분한 문제양과 더불어 제 기본기를 탄탄하게 보완시켜줄 문제들이 다수 실려있었기 때문입니다.

개념익히기와 〈1 step〉 필수유형편에서 기초적인 문제와 더불어 조금 심화된 문제까지 정말 질 좋은 문제들을 많이 풀었습니다. 양과 질을 동시에 확보한 셈이죠. 수능은 이차함수나 일차함수등 중학수학을 대놓고 물어보진 않습니다. 문제에서 가볍게 쓰이는 정도이죠. 수2를 공부하시면 많은 다항함수를 접하시게 될텐데 라이트n제 필수유형편으로 충분히 커버됩니다.

다음으로는 제가 가장 애정했던 〈2 step〉 기출적용편입니다. 시중에는 정말 많은 기출문제집이 있지만 규토n제 수2만이 갖는 특별함은 바로 최신경향을 반영한 교육청 사관학교 평가원 기출들만으로 공부할 수 있다는 점입니다. 일부 기출문제집은 최근 트렌드에 맞지않는 문제들도 있고 또한 교육과정이 변했음에도 이전 교육과정의 문제들도 있는 반면 라이트n제 수2는 규토님의 꼼꼼한 안목으로 꼭 필요한 기출만을 선별했고 따로 다른 기출을 살 필요없이 실린 문제들만 잘 소화해도 기출을 잘 풀었다는 느낌을 받을 수 있을 겁니다. 저도 성적향상에 가장 도움이 됐던 step이었습니다. 하지만 이 단계부턴 문제가 어렵습니다. 특히나 수포자나 수학이 약하시분들은 정말 힘들 수 있습니다. 하지만 저는 포기하지 않고 끝까지 풀었습니다. 심지어 위에 빈칸에 체크가 7개가 되는 문제도 있었습니다. 시간차를 두고 보고 또봤습니다. 서두에서 규토님께서 제시한 수학 학습법에 의거해 복습날짜도 정확히 지키며 공부했습니다. 수학이 어려운 학생부터 조금 부족한 학생까지 〈2 step〉만큼은 꼭 공을 들여서라도 여러 번 회독하셨으면 좋겠습니다. 수능은 어찌 보면 기출의 진화라고 할 만큼 기출에서 크게 벗어나지 않습니다. 꼭 여러 번 회독하셔서 시험장에서 비슷한 유형은 빠른 시간 안에 처리하실 수 있을 만큼 두고두고 보셨으면 좋겠습니다. 〈2 step〉를 잘소화했더니 6월과 9월을 응시했을때 어?! 이거 규토라이트 n제 수2에서 풀었던 느낌을 다수문제에서 받았습니다. (다항함수에서의 실근의 개수 정적분의 넓이 미분계수의 정의등 단골로 나오는 유형이있습니다.) 역시나 기출의 반복이었습니다. 규토라이트 n제 수2를 통해 최신 트렌드 경향에 맞는 유형을 여러 문제를 통해 접하다 보니 정말 신기하게 풀렸고 어렵지 않게 풀 수 있었습니다. 규토 라이트n제는 해설이 정말 좋습니다. 제가 기본기가 부족했던 시기에도 규토해설만큼은 이해될 만큼 자세히 해설되어있고 현장에서 사용할 수 있을만큼 완벽한 해설지라고 생각합니다. 제 풀이와 규토님 풀이를 비교해보면서 좀 더 현실적인 풀이를 찾는 과정에서 제 실력도 많이 향상되었습니다.

마지막 마스터 스텝은 굉장한 난이도의 기출과 규토님의 자작문제들이 실려있습니다. 제가 굉장히 고생한 스텝이었고 실제로 수능 전날까지 정말 안되는 문제들도 몇 개 있었습니다. 1등급을 원하시는 분들은 꼭 넘어야할 산이라고 생각합니다. 1등급이 목표가 아니더라도 마스터 스텝에 문제는 꼭 풀어보실만한 가치가 있습니다. 문제가 풀리지 않더라도 그 속에서 수학적 사고력이 향상되는 경우가 있고 저도 올해 수능 20번을 맞출만큼 실력이 올라온 것도 마스터스텝 문제를 여러 번 심도 있게 고민해본 결과가 아닐까 싶습니다. 시간이 조금만 남았더라면 30번도 풀 수 있을 만큼 제 수학실력이 많이 올라와 있었습니다. 라이트 n제 수2를 구매하시는 분들은 1문제도 거르지 마시고 완벽하게 다 풀어보는 것을 목표로 삼고 공부하시면 좋은 성과가 꼭 나올거라 생각합니다.

끝으로 저는 수포자였지만 결국 이번 수능에서 2등급을 쟁취하였고 목표한 대학에 붙을 점수가 나온 것 같습니다. ㅎㅎㅎ 수학이 힘드신 문과생분들! 수학에서 가장 중요한 것은 제가 생각하기에 정확한 개념과 많은 문제양을 풀어 수학에 대한 자신감을 키우는 것 이라고 생각합니다. 특히나 수2는 절대적인 양 확보가 정말 중요합니다. 하지만 교과서와 쉬운 개념서로는 한계가 있고 다른 기출문제집을 보자니 너무 두껍고 양이 많습니다. 라이트n제 수2 각유형별로 기본부터 심화까지 한 권으로서 문제풀이의 시작과 마무리를 다할 수 있는 교재라고 자부합니다. 올해만 하더라도 규토라이트 n제 수2교재로 다항함수 특히 3차함수 개형 그리기만도 수백번이 넘었던 것 같습니다. 시중 문제집과 컨텐츠가 난무하는 시기에 규토 라이트n제를 우연히 알게 되고 끝까지 믿고 풀었던 것에 감사하며 수포자도 노력하면 할 수있다는 말씀드립니다. 규토 라이트n제 수2 강추합니다!! 끝으로 규토님께도 감사드립니다 :)

수학에 자신이 없었지만 수능 수학 100점! (김은주)

．．．

저는 유독 수학에 자신이 없었던, 2등급만 나오면 대박이라고 여겼던 학생이었습니다. 그랬던 제가 규토 라이트 N제를 공부하고 수능에서 100점을 받을 수 있었습니다.

코로나 19와 개인적인 사정으로 인해 학원에 다닐 수 없었던 저는 시중에 출판된 여러 문제집을 비교하며 독학에 적합한 교재를 찾는 중에 규토 라이트를 고르게 되었습니다.

많은 장점 중 제가 꼽은 이 책의 가장 큰 장점은 바로, "이 책을 공부하는 방법(?)"이 마치 과외를 받는 기분이 들도록 수험생의 입장을 고려해서 세세하게 서술되어있기 때문이었습니다.

규토 N제를 만나기 전의 저는 나쁜 습관이 가득한 학생이었고, 그것이 제 성적을 갉아먹는 요인이었습니다. (찍어서 우연히 맞은 문제, 알고보니 풀이 과정에서 오류가 있었는데 답만 맞은 문제도 그저 답이 맞으면 동그라미표시를 하고 다시 보지 않았고, 조금 복잡하거나 어려워보이는 문제는 지레 겁을 먹고 풀기를 꺼리는 등) 그래서인지 처음 책을 접했을 때는 문제를 풀고 풀이과정을 해설지와 일일이 대조해보고 백지에 다시 풀이과정을 써보느라 한 문제를 푸는데도 시간이 오래 걸렸고, 생각보다 쉽게 풀리지 않는 문제들이 많아서 충격을 받기도 했습니다. 그럴 때마다 앞부분에 실려있는, 과거 이 책으로 공부했었던 다른 분들의 후기를 읽으며 잘 하고 있는거라고 스스로를 다독였습니다. 그러다보니 뒤로 갈수록 문제가 조금씩 풀리기 시작했고, 처음 풀어서 완벽히 맞는 문제가 나오면 (책 앞부분에 선생님께서 언급하신) 희열을 느끼기도 했습니다. 그렇게 1회독을 하고 나니 다른 모의고사를 볼 때에도 규토를 풀며 체계적으로 훈련했던 감각들이 되살아나서 예전이라면 손도 못 대었을 문제도 풀 수 있게 되었습니다.

책 제목인 라이트와 다르게, 문제들이 분명 쉽지만은 않은 것은 사실입니다. 그렇지만 시간이 오래 걸리더라도 책에 실린 방법대로 끈질기게 물고 늘어지고 스스로에게 엄격해진다면 분명 이 책이 끝날 시점에는 실력 향상이 있을거라고 자신합니다.

늘 고민을 안겨주는 과목이었던 수학을 하면 되는 과목으로 생각할 수 있도록 좋은 책 집필해주신 규토선생님께 진심으로 감사드리고 내년 수능을 준비하시는 분들에게도 이 책을 추천합니다. (규토 고득점 N제노 추천합니다.!)

1 충분한 시간을 갖고 푼다. 자신이 가지고 있는 사고의 벽을 깬다고 생각하면서 머리에 쥐가 날 정도로 사고해본다.

2 **문제를 풀고 나서** 바로 다음 문제로 넘어가지 말고 백지에 논리적 흐름을 느끼면서 다시 풀어본다.

자기풀이가 논리적으로 맞는지 체계화를 해본다. (1번 문제를 풀고 바로 2번 문제로 넘어가지 말고 1번 문제를 정리해본 후 넘어가라는 의미) ☆
굉장히 중요합니다!

3 각 Step이 끝나면 해설지를 본다. **해설지를 보고나서** 내가 생각하지 못했던 풀이들과 skill을 모조리 흡수한다.

해설지를 보지 않고 해설지에 적힌 풀이를 체화시킨다는 느낌으로 백지에 논리적 흐름을 느끼면서 다시 풀어본다.
☆ 굉장히 중요합니다!

4 추천 학습 순서

① 전 범위를 학습한 학생 또는 총정리 목적으로 푸는 학생

Guide step → Training -1step → Training - 2step → Master step

② 전 범위를 학습하지 못한 학생 또는 등급대가 낮은 학생

Guide step → Training - 1step → Training - 2step → (책 전체 한 바퀴 돌고 난 뒤) → Master step

(Master step은 단원 통합형 문제도 수록되어 있기 때문에 위와 같이 학습하시는 것을 추천 드립니다.)

③ 찐노베 학생 (목표 : 우선 큰 틀을 잡고 세부적으로 들어가기)

Guide step → Training - 1step (각 theme당 3문제씩) → Training - 2step (3점) → (책 전체 한 바퀴 돌고 난 뒤)
→ Training - 1step (나머지 문제) → Training - 2step (4점) → (책 전체 한 바퀴 돌고 난 뒤)
→ Master step (하루에 조금씩 진도 나가면서 나머지 파트 복습)

5 6~7일 후에 다시 푼다. (자세한 방법은 「수능 수학영역에 대한 고찰」을 참고)

☆ 굉장히 중요합니다!

〈수능 수학영역에 대한 고찰 中 made by 규토〉 블로그에서 전문 확인 가능합니다.

학원에서 강의 할 때나 과외를 할 때 첫 시간에 꼭 설명하는 것이 있습니다. 바로 수학 공부법입니다.
저도 이렇게 했었고 제 학생들도 성적 향상이 되는 것을 보아왔습니다.
문제를 풀고 채점할 때 X 와 O 로 나눌 수 있습니다. 가끔씩 세모를 치는 학생들도 있는데 세모를 친다는 것은 자기 자신에 대한 관대한 행위입니다.
수학은 자신에게 엄격할수록 수학 성적이 는다고 생각합니다. **정말 확실히 알고 누구에게 설명할 수 있는 정도일 때** O 를 합니다.
만약 문제 ㄱ ㄴ ㄷ 중에서 ㄱ이 반드시 맞는데 ㄱ이 들어간 것이 한 개만 있다고 해서 그 문제의 답을 체크하고 맞다고 하면 절대로 안 됩니다.
X 유형은 크게 4가지로 분류할 수 있습니다.

1. 계산 실수
2. 이게 뭐지 ?
3. 완전 모르겠다.
4. 스스로 엄밀히 진단했을 때 "다시 풀어봐야겠다"고 느낀 문제

1번의 경우는 흔히 하는 계산 실수입니다. 항상 하던 실수를 반복하기 쉽기 때문에 계산 실수라도 과감히 X표를 칩니다. 저 같은 경우에도
2X3 을 매일 5라고 써서 실수를 많이 했었는데 이제는 항상 2X3만 나오면 실수 하지 말아야지 라는 생각을 하게 됩니다. 2번의 경우가 중요할
수 있습니다. 자기가 분명히 맞다고 생각하는 풀이가 답이 아닐 경우 거기에는 논리의 비약과 오류가 있을 수 있습니다. 그것들을 조언이나
풀이를 통해 교정합니다. 물론 과감히 X표를 칩니다.
3번의 경우는 X표를 치고 충분한 고민과 생각 끝에 답이 나오지 않으면 풀이나 조언을 통해 해결합니다.
마지막 4번의 경우는 비록 맞았지만 논리 없이 찍어서 맞았거나 스스로 엄밀히 진단했을 때 다시 풀어 봐야할 것 같은 문항을 의미합니다.
역시나 과감히 X표를 칩니다.

여기서 중요합니다!!!!

틀린 문제는 6~7일 뒤에 다시 봅니다. 다시 봤을 때 맞았다면 문제 오른쪽 위에 있는 네모 BOX칸에 O를 칩니다.
(단, 연속 동그라미가 많이 되어있는 문제라면 기간을 늘려 2주 ~ 3주 후에 다시 봐도 됩니다.)
그렇게 왼쪽 끝부터 **연속**해서 O가 4개 될 때까지 풀면 그 문제는 다시 안 봐도 됩니다. 만약 다시 봤을 때 못 풀면 X를 칩니다. 연속해서 O가
4개 될 때까지 이므로 X이후에서부터 다시 연속해서 4개 될 때까지 풀면 됩니다. (이걸 학생들한테 가르쳐줬더니 O를 할 때 아래에 날짜를
써놓고 푸는 아이도 있었습니다.)
처음에는 30분 걸리던 문제가 10분으로 10분이 5분으로 5분이 3분 안에 논리적으로 설명 할 수 있을 정도의 수준으로 바뀔 것입니다. 이렇게
계속하다보면 자신도 모르는 사이에 강해질 것입니다. 이 훈련의 핵심은 틀린 문제를 완전히 자기 것으로 만드는데 있습니다. 대부분 학생들은
틀린 문제를 또 다시 틀리는 경우가 다반사입니다. 그러면 아무것도 늘지 않기 때문에 틀린 문제를 완벽히 정복하는 것만이 질적인 성적향상으
로 가는 지름길이라고 생각합니다. 책을 고를 때도 조금 밖에 틀리지 않는 교재는 자신에게 맞지 않다고 생각합니다.

이 훈련의 전제조건은 문제에는 절대로 아무런 힌트나 풀이나 답을 적지 않는 것입니다.

문제를 다시 풀 때 항상 새 문제처럼 느껴지는 것이 훨씬 더 도움이 됩니다. 사람 심리상 ㄱㄴㄷ의 문제를 풀 때 ㄱ에 빨간 동그라미가 되어있으면 다시 풀어도 ㄱ에 동그라미를 칠 수 밖에 없습니다. 이 방법을 실천하기란 정말 어렵지만 했을 때의 효과는 보장합니다.

6 마지막 화룡점정은 누구에게 직접 설명해주는 것이다! 정확한 논리 구조로 알려줄 때 진정한 자기 것이 된다!

설명을 계속 강조하는 이유는 누구에게 설명해주기 위해서는 풀이가 머릿속에 체계적이고 논리적으로 그려지는 단계에 왔을 때 비로소 가능하기 때문이다.

(개인 여건상 설명하기 힘든 경우는 백지에 자신의 사고를 정리하는 연습으로 대체해도 됩니다.)

솔직히 이렇게 하는 사람은 1% 정도겠지만 만약 한다고 하면 난 그 사람을 지지한다.

그냥 풀고 넘어가는 것은 딱히 도움이 안 된다. 이건 Fact 다!

이렇게 하면 실력이 안 늘래야 안 늘 수가 없다!

추천
계획표

★ 필 독 ★

아래 계획표에는 일주일 혹은 하루에 대단원 한 개씩이라고 되어있지만

이는 학생에 따라서는 매우 큰 부담감으로 작용할 수 있습니다.

도리어 '빨리 풀어야한다'는 압박감에 정작 가장 중요한 100% 공부법을

제대로 이행하지 못하는 부작용이 생길 수 있습니다.

따라서 대단원이 부담되시면 대단원을 쪼개서

중단원을 기준으로 하셔도 됩니다.

저는 큰 틀을 제시한 것이고 각자의 상황에 맞게

조금씩 변화를 주시면 됩니다.

건투를 빌겠습니다.

화이팅입니다~!

선택 ① 개념강의 + 개념부교재(워크북) + 규토 라이트 N제 병행 (1~2등급 학생)

선택 ② 개념강의 + 개념부교재(워크북) + 규토 라이트 N제 병행 (3등급 학생)

선택 ③ 개념강의 + 규토 라이트 N제 병행 (찐노베 학생)
    (개념부교재까지 보는 것은 학습에 부담을 줄 수 있기 때문에 라이트 N제로 단권화 / 100%공부법에 적힌 찐노베추천 순서대로 학습 개념부교재를 추가할 수는 있으나 만약 추가한다면 학습에 부담을 주지 않는 선에서 계산연습용으로 쉬운 문제집 선택 권장)

선택 ④ 개념강좌 완강 후 규토 라이트 N제 (1~2등급 학생)

선택 ⑤ 개념강좌 완강 후 규토 라이트 N제 (3등급 학생)

선택 ⑥ 개념강좌 완강 후 규토 라이트 N제 (찐노베 학생)

선택 ⑦ 수1+수2 병행 (①~⑥을 참고하여 개별 맞춤 진행)

선택 ⑧ 수1+수2+선택과목 병행 (①~⑥을 참고하여 개별 맞춤 진행)

선택 ① 개념강의 + 개념부교재(워크북) + 규토 라이트 N제 병행 (1~2등급 학생)

전체 1회독 기준 4주 완성 커리큘럼

월	화	수	목	금	토	일
* 1단원 개념강의 수강 (수강 후 10분이 지나기 전에 복습) * 개념부교재	* 1단원 개념강의 수강 (수강 후 10분이 지나기전에 복습) * 개념부교재	* 1단원 개념강의 수강 (수강 후 10분이 지나기 전에 복습) * 개념부교재	* 1단원에 수록된 규토 라이트 N제 (Guide step ~ Training – 2step)	* 1단원에 수록된 규토 라이트 N제 (Guide step ~ Training – 2step)	* 1단원에 수록된 규토 라이트 N제 (Guide step ~ Training – 2step)	* 새로운 문제 금지 * 복습의 날 (일주일동안 했던 것 복습 및 누적 복습) * 동그라미 커리큘럼 이행하기 (전주, 전전주 틀린 문제 다시 풀기)
* 2단원 개념강의 수강 (수강 후 10분이 지나기 전에 복습) * 개념부교재	* 2단원 개념강의 수강 (수강 후 10분이 지나기 전에 복습) * 개념부교재	* 2단원 개념강의 수강 (수강 후 10분이 지나기 전에 복습) * 개념부교재	* 2단원에 수록된 규토 라이트 N제 (Guide step ~ Training – 2step)	* 2단원에 수록된 규토 라이트 N제 (Guide step ~ Training – 2step)	* 2단원에 수록된 규토 라이트 N제 (Guide step ~ Training – 2step)	* 새로운 문제 금지 * 복습의 날 (일주일동안 했던 것 복습 및 누적 복습) * 동그라미 커리큘럼 이행하기 (전주, 전전주 틀린 문제 다시 풀기)
* 3단원 개념강의 수강 (수강 후 10분이 지나기 전에 복습) * 개념부교재	* 3단원 개념강의 수강 (수강 후 10분이 지나기 전에 복습) * 개념부교재	* 3단원 개념강의 수강 (수강 후 10분이 지나기 전에 복습) * 개념부교재	* 3단원에 수록된 규토 라이트 N제 (Guide step ~ Training – 2step)	* 3단원에 수록된 규토 라이트 N제 (Guide step ~ Training – 2step)	* 3단원에 수록된 규토 라이트 N제 (Guide step ~ Training – 2step)	* 새로운 문제 금지 * 복습의 날 (일주일동안 했던 것 복습 및 누적 복습) * 동그라미 커리큘럼 이행하기 (전주, 전전주 틀린 문제 다시 풀기)
* 1단원 Guide step 복습 *1단원 Guide step ~Training – 2step 틀린 문제 다시보기 * 1단원에 수록된 규토 라이트 N제 (Master step)	* 1단원 Guide step 복습 *1단원 Guide step ~Training – 2step 틀린 문제 다시보기 * 1단원에 수록된 규토 라이트 N제 (Master step)	* 2단원 Guide step 복습 *2단원 Guide step ~Training – 2step 틀린 문제 다시보기 * 2단원에 수록된 규토 라이트 N제 (Master step)	* 2단원 Guide step 복습 *2단원 Guide step ~Training – 2step 틀린 문제 다시보기 * 2단원에 수록된 규토 라이트 N제 (Master step)	* 3단원 Guide step 복습 *3단원 Guide step ~Training – 2step 틀린 문제 다시보기 * 3단원에 수록된 규토 라이트 N제 (Master step)	* 3단원 Guide step 복습 *3단원 Guide step ~Training – 2step 틀린 문제 다시보기 * 3단원에 수록된 규토 라이트 N제 (Master step)	* 새로운 문제 금지 * 복습의 날 (일주일동안 했던 것 복습 및 누적 복습) * 동그라미 커리큘럼 이행하기 (전주, 전전주 틀린 문제 다시 풀기)

* 추후에 계속 틀린 문제 복습해야 함 (동그라미 커리큘럼, 최대한 책에 적힌 100%공부법으로 학습할 것!) / 개념도 반드시 누적 복습할 것
* 각 Step이 끝날 때마다 해설보기 (해설지로 공부한다고 생각)
  ex) Training‑1step 문제 풀고 → 해설보기 → Training‑2step 문제 풀고 → 해설보기
* 실전개념강좌는 도구정리 느낌으로 라이트 N제 체화 후 볼 것 (라이트 N제에도 저자가 쓰는 실전개념 모두 수록 / 해설지에도 수록)
* 복습량이 많아 일요일로 벅차다면 다른 요일에 학습량 일부를 복습에 투자해도 된다.

선택 ② 개념강의 + 개념부교재(워크북) + 규토 라이트 N제 병행 (3등급 학생)

전체 1회독 기준 5주 완성 커리큘럼

월	화	수	목	금	토	일
* 1단원에 수록된 규토 라이트 N제 (Guide step) 정독 후 해당 중단원 개념강의 수강 (수강 후 10분이 지나기 전에 복습) * 개념부교재	* 1단원에 수록된 규토 라이트 N제 (Guide step) 정독 후 해당 중단원 개념강의 수강 (수강 후 10분이 지나기 전에 복습) * 개념부교재	* 1단원에 수록된 규토 라이트 N제 (Guide step) 정독 후 해당 중단원 개념강의 수강 (수강 후 10분이 지나기 전에 복습) * 개념부교재	* 1단원에 수록된 규토 라이트 N제 (Guide step ~ Training – 2step)	* 1단원에 수록된 규토 라이트 N제 (Guide step ~ Training – 2step)	* 1단원에 수록된 규토 라이트 N제 (Guide step ~ Training – 2step)	* 새로운 문제 금지 * 복습의 날 (일주일동안 했던 것 복습 및 누적 복습) * 동그라미 커리큘럼 이행하기 (전주, 전전주 틀린 문제 다시 풀기)
* 2단원에 수록된 규토 라이트 N제 (Guide step) 정독 후 해당 중단원 개념강의 수강 (수강 후 10분이 지나기 전에 복습) * 개념부교재	* 2단원에 수록된 규토 라이트 N제 (Guide step) 정독 후 해당 중단원 개념강의 수강 (수강 후 10분이 지나기 전에 복습) * 개념부교재	* 2단원에 수록된 규토 라이트 N제 (Guide step) 정독 후 해당 중단원 개념강의 수강 (수강 후 10분이 지나기 전에 복습) * 개념부교재	* 2단원에 수록된 규토 라이트 N제 (Guide step ~ Training – 2step)	* 2단원에 수록된 규토 라이트 N제 (Guide step ~ Training – 2step)	* 2단원에 수록된 규토 라이트 N제 (Guide step ~ Training – 2step)	* 새로운 문제 금지 * 복습의 날 (일주일동안 했던 것 복습 및 누적 복습) * 동그라미 커리큘럼 이행하기 (전주, 전전주 틀린 문제 다시 풀기)
* 3단원에 수록된 규토 라이트 N제 (Guide step) 정독 후 해당 중단원 개념강의 수강 (수강 후 10분이 지나기 전에 복습) * 개념부교재	* 3단원에 수록된 규토 라이트 N제 (Guide step) 정독 후 해당 중단원 개념강의 수강 (수강 후 10분이 지나기 전에 복습) * 개념부교재	* 3단원에 수록된 규토 라이트 N제 (Guide step) 정독 후 해당 중단원 개념강의 수강 (수강 후 10분이 지나기 전에 복습) * 개념부교재	* 3단원에 수록된 규토 라이트 N제 (Guide step ~ Training – 2step)	* 3단원에 수록된 규토 라이트 N제 (Guide step ~ Training – 2step)	* 3단원에 수록된 규토 라이트 N제 (Guide step ~ Training – 2step)	* 새로운 문제 금지 * 복습의 날 (일주일동안 했던 것 복습 및 누적 복습) * 동그라미 커리큘럼 이행하기 (전주, 전전주 틀린 문제 다시 풀기)
* 1단원 Guide step 복습 *1단원 Guide step ~Training – 2step 틀린 문제 다시보기 * 1단원에 수록된 규토 라이트 N제 (Master step)	* 1단원 Guide step 복습 *1단원 Guide step ~Training – 2step 틀린 문제 다시보기 * 1단원에 수록된 규토 라이트 N제 (Master step)	* 1단원 Guide step 복습 *1단원 Guide step ~Training – 2step 틀린 문제 다시보기 * 1단원에 수록된 규토 라이트 N제 (Master step)	* 2단원 Guide step 복습 *2단원 Guide step ~Training – 2step 틀린 문제 다시보기 * 2단원에 수록된 규토 라이트 N제 (Master step)	* 2단원 Guide step 복습 *2단원 Guide step ~Training – 2step 틀린 문제 다시보기 * 2단원에 수록된 규토 라이트 N제 (Master step)	* 2단원 Guide step 복습 *2단원 Guide step ~Training – 2step 틀린 문제 다시보기 * 2단원에 수록된 규토 라이트 N제 (Master step)	* 새로운 문제 금지 * 복습의 날 (일주일동안 했던 것 복습 및 누적 복습) * 동그라미 커리큘럼 이행하기 (전주, 전전주 틀린 문제 다시 풀기)
* 3단원 Guide step 복습 *3단원 Guide step ~Training – 2step 틀린 문제 다시보기 * 3단원에 수록된 규토 라이트 N제 (Master step)	* 3단원 Guide step 복습 *3단원 Guide step ~Training – 2step 틀린 문제 다시보기 * 3단원에 수록된 규토 라이트 N제 (Master step)	* 3단원 Guide step 복습 *3단원 Guide step ~Training – 2step 틀린 문제 다시보기 * 3단원에 수록된 규토 라이트 N제 (Master step)	보충	보충	보충	* 새로운 문제 금지 * 복습의 날 (일주일동안 했던 것 복습 및 누적 복습) * 동그라미 커리큘럼 이행하기 (전주, 전전주 틀린 문제 다시 풀기)

* 추후에 계속 틀린 문제 복습해야 함 (동그라미 커리큘럼, 최대한 책에 적힌 100%공부법으로 학습할 것!) / 개념도 반드시 누적 복습할 것
* 각 Step이 끝날 때마다 해설보기 (해설지로 공부한다고 생각)
  ex) Training – 1step 문제 풀고 → 해설보기 → Training – 2step 문제 풀고 → 해설보기
* 실전개념강좌는 도구정리 느낌으로 라이트 N제 체화 후 볼 것 (라이트 N제에도 저자가 쓰는 실전개념 모두 수록 / 해설지에도 수록)
* 복습량이 많아 일요일로 벅차다면 다른 요일에 학습량 일부를 복습에 투자해도 된다.

선택 ③ 개념강의 + 규토 라이트 N제 병행 (찐노베 학생)

training-2step까지 1회독 기준 5주 완성 커리큘럼 (Master step은 추후 학습)

월	화	수	목	금	토	일
* 1단원에 수록된 규토 라이트 N제 (Guide step) 정독 후 해당 중단원 개념강의 수강 (수강 후 10분이 지나기 전에 복습)	* 1단원에 수록된 규토 라이트 N제 (Guide step) 정독 후 해당 중단원 개념강의 수강 (수강 후 10분이 지나기 전에 복습)	* 1단원에 수록된 규토 라이트 N제 (Guide step) 정독 후 해당 중단원 개념강의 수강 (수강 후 10분이 지나기 전에 복습)	* 1단원에 수록된 규토 라이트 N제 (Guide step ~ Training - 2step) t1 theme당 3문제씩 t2 3점	* 1단원에 수록된 규토 라이트 N제 (Guide step ~ Training - 2step) t1 theme당 3문제씩 t2 3점	* 1단원에 수록된 규토 라이트 N제 (Guide step ~ Training - 2step) t1 theme당 3문제씩 t2 3점	* 새로운 문제 금지 * 복습의 날 (일주일동안 했던 것 복습 및 누적 복습) * 동그라미 커리큘럼 이행하기 (전주, 전전주 틀린 문제 다시 풀기)
* 2단원에 수록된 규토 라이트 N제 (Guide step) 정독 후 해당 중단원 개념강의 수강 (수강 후 10분이 지나기 전에 복습)	* 2단원에 수록된 규토 라이트 N제 (Guide step) 정독 후 해당 중단원 개념강의 수강 (수강 후 10분이 지나기 전에 복습)	* 2단원에 수록된 규토 라이트 N제 (Guide step) 정독 후 해당 중단원 개념강의 수강 (수강 후 10분이 지나기 전에 복습)	* 2단원에 수록된 규토 라이트 N제 (Guide step ~ Training - 2step) t1 theme당 3문제씩 t2 3점	* 2단원에 수록된 규토 라이트 N제 (Guide step ~ Training - 2step) t1 theme당 3문제씩 t2 3점	* 2단원에 수록된 규토 라이트 N제 (Guide step ~ Training - 2step) t1 theme당 3문제씩 t2 3점	* 새로운 문제 금지 * 복습의 날 (일주일동안 했던 것 복습 및 누적 복습) * 동그라미 커리큘럼 이행하기 (전주, 전전주 틀린 문제 다시 풀기)
* 3단원에 수록된 규토 라이트 N제 (Guide step) 정독 후 해당 중단원 개념강의 수강 (수강 후 10분이 지나기 전에 복습)	* 3단원에 수록된 규토 라이트 N제 (Guide step) 정독 후 해당 중단원 개념강의 수강 (수강 후 10분이 지나기 전에 복습)	* 3단원에 수록된 규토 라이트 N제 (Guide step) 정독 후 해당 중단원 개념강의 수강 (수강 후 10분이 지나기 전에 복습)	* 3단원에 수록된 규토 라이트 N제 (Guide step ~ Training - 2step) t1 theme당 3문제씩 t2 3점	* 3단원에 수록된 규토 라이트 N제 (Guide step ~ Training - 2step) t1 theme당 3문제씩 t2 3점	* 3단원에 수록된 규토 라이트 N제 (Guide step ~ Training - 2step) t1 theme당 3문제씩 t2 3점	* 새로운 문제 금지 * 복습의 날 (일주일동안 했던 것 복습 및 누적 복습) * 동그라미 커리큘럼 이행하기 (전주, 전전주 틀린 문제 다시 풀기)
* 1단원에 수록된 규토 라이트 N제 (Guide step ~ Training - 2step) t1 남은 문제 t2 4점	* 1단원에 수록된 규토 라이트 N제 (Guide step ~ Training - 2step) t1 남은 문제 t2 4점	* 1단원에 수록된 규토 라이트 N제 (Guide step ~ Training - 2step) t1 남은 문제 t2 4점	* 1단원에 수록된 규토 라이트 N제 (Guide step ~ Training - 2step) t1 남은 문제 t2 4점	* 2단원에 수록된 규토 라이트 N제 (Guide step ~ Training - 2step) t1 남은 문제 t2 4점	* 2단원에 수록된 규토 라이트 N제 (Guide step ~ Training - 2step) t1 남은 문제 t2 4점	* 새로운 문제 금지 * 복습의 날 (일주일동안 했던 것 복습 및 누적 복습) * 동그라미 커리큘럼 이행하기 (전주, 전전주 틀린 문제 다시 풀기)
* 2단원에 수록된 규토 라이트 N제 (Guide step ~ Training - 2step) t1 남은 문제 t2 4점	* 2단원에 수록된 규토 라이트 N제 (Guide step ~ Training - 2step) t1 남은 문제 t2 4점	* 3단원에 수록된 규토 라이트 N제 (Guide step ~ Training - 2step) t1 남은 문제 t2 4점	* 3단원에 수록된 규토 라이트 N제 (Guide step ~ Training - 2step) t1 남은 문제 t2 4점	* 3단원에 수록된 규토 라이트 N제 (Guide step ~ Training - 2step) t1 남은 문제 t2 4점	* 3단원에 수록된 규토 라이트 N제 (Guide step ~ Training - 2step) t1 남은 문제 t2 4점	* 새로운 문제 금지 * 복습의 날 (일주일동안 했던 것 복습 및 누적 복습) * 동그라미 커리큘럼 이행하기 (전주, 전전주 틀린 문제 다시 풀기)

* 100% 공부법에 석힌 찐노베 추천순서대로 학습할 것 / 개념부교재까지 보는 것은 부담이 될 수 있기 때문에 라이트 N제로 단권화하도록 하자. 개념부교재를 추가할 수는 있으나 만약 추가한다면 학습에 부담을 주지 않는 선에서 계산연습용으로 쉬운 문제집 선택 권장
* 추후에 계속 틀린 문제 복습해야 함 (동그라미 커리큘럼, 최대한 책에 적힌 100%공부법으로 학습할 것!) / 개념도 반드시 누적 복습할 것
* 각 Step이 끝날 때마다 해설보기 (해설지로 공부한다고 생각)
  ex) Training - 1step 문제 풀고 → 해설보기 → Training - 2step 문제 풀고 → 해설보기
* 실전개념강좌는 도구정리 느낌으로 라이트 N제 체화 후 볼 것 (라이트 N제에도 저자가 쓰는 실전개념 모두 수록 / 해설지에도 수록)
* 복습량이 많아 일요일로 벅차다면 다른 요일에 학습량 일부를 복습에 투자해도 된다.

선택 ④ 개념강좌 완강 후 규토 라이트 N제 (1~2등급 학생)

전체 1회독 기준 2주 완성 커리큘럼

월	화	수	목	금	토	일
* 1단원에 수록된 규토 라이트 N제 (Guide step ~ Training – 2step)	* 1단원에 수록된 규토 라이트 N제 (Guide step ~ Training – 2step)	* 2단원에 수록된 규토 라이트 N제 (Guide step ~ Training – 2step)	* 2단원에 수록된 규토 라이트 N제 (Guide step ~ Training – 2step)	* 3단원에 수록된 규토 라이트 N제 (Guide step ~ Training – 2step)	* 3단원에 수록된 규토 라이트 N제 (Guide step ~ Training – 2step)	* 새로운 문제 금지 * 복습의 날 (일주일동안 했던 것 복습 및 누적 복습) * 동그라미 커리큘럼 이행하기 (전주, 전전주 틀린 문제 다시 풀기)
* 1단원 Guide step 복습 *1단원 Guide step ~Training – 2step 틀린 문제 다시보기 * 1단원에 수록된 규토 라이트 N제 (Master step)	* 1단원 Guide step 복습 *1단원 Guide step ~Training – 2step 틀린 문제 다시보기 * 1단원에 수록된 규토 라이트 N제 (Master step)	* 2단원 Guide step 복습 *2단원 Guide step ~Training – 2step 틀린 문제 다시보기 * 2단원에 수록된 규토 라이트 N제 (Master step)	* 2단원 Guide step 복습 *2단원 Guide step ~Training – 2step 틀린 문제 다시보기 * 2단원에 수록된 규토 라이트 N제 (Master step)	* 3단원 Guide step 복습 *3단원 Guide step ~Training – 2step 틀린 문제 다시보기 * 3단원에 수록된 규토 라이트 N제 (Master step)	* 3단원 Guide step 복습 *3단원 Guide step ~Training – 2step 틀린 문제 다시보기 * 3단원에 수록된 규토 라이트 N제 (Master step)	* 새로운 문제 금지 * 복습의 날 (일주일동안 했던 것 복습 및 누적 복습) * 동그라미 커리큘럼 이행하기 (전주, 전전주 틀린 문제 다시 풀기)

* 추후에 계속 틀린 문제 복습해야 함 (동그라미 커리큘럼, 최대한 책에 적힌 100%공부법으로 학습할 것!) / 개념도 반드시 누적 복습할 것
* 각 Step이 끝날 때마다 해설보기 (해설지로 공부한다고 생각)
  ex) Training - 1step 문제 풀고 → 해설보기 → Training - 2step 문제 풀고 → 해설보기
* 실전개념강좌는 도구정리 느낌으로 라이트 N제 체화 후 볼 것 (라이트 N제에도 저자가 쓰는 실전개념 모두 수록 / 해설지에도 수록)
* 복습량이 많아 일요일로 벅차다면 다른 요일에 학습량 일부를 복습에 투자해도 된다.

선택 ⑤ 개념강좌 완강 후 규토 라이트 N제 (3등급 학생)

전체 1회독 기준 3주 완성 커리큘럼

월	화	수	목	금	토	일
* 1단원에 수록된 규토 라이트 N제 (Guide step ~ Training – 2step)	* 1단원에 수록된 규토 라이트 N제 (Guide step ~ Training – 2step)	* 1단원에 수록된 규토 라이트 N제 (Guide step ~ Training – 2step)	* 2단원에 수록된 규토 라이트 N제 (Guide step ~ Training – 2step)	* 2단원에 수록된 규토 라이트 N제 (Guide step ~ Training – 2step)	* 2단원에 수록된 규토 라이트 N제 (Guide step ~ Training – 2step)	* 새로운 문제 금지 * 복습의 날 (일주일동안 했던 것 복습 및 누적 복습) * 동그라미 커리큘럼 이행하기 (전주, 전전주 틀린 문제 다시 풀기)
* 3단원에 수록된 규토 라이트 N제 (Guide step ~ Training – 2step)	* 3단원에 수록된 규토 라이트 N제 (Guide step ~ Training – 2step)	* 3단원에 수록된 규토 라이트 N제 (Guide step ~ Training – 2step)	* 1단원 Guide step 복습 *1단원 Guide step ~Training – 2step 틀린 문제 다시보기 * 1단원에 수록된 규토 라이트 N제 (Master step)	* 1단원 Guide step 복습 *1단원 Guide step ~Training – 2step 틀린 문제 다시보기 * 1단원에 수록된 규토 라이트 N제 (Master step)	* 1단원 Guide step 복습 *1단원 Guide step ~Training – 2step 틀린 문제 다시보기 * 1단원에 수록된 규토 라이트 N제 (Master step)	* 새로운 문제 금지 * 복습의 날 (일주일동안 했던 것 복습 및 누적 복습) * 동그라미 커리큘럼 이행하기 (전주, 전전주 틀린 문제 다시 풀기)
* 2단원 Guide step 복습 *2단원 Guide step ~Training – 2step 틀린 문제 다시보기 * 2단원에 수록된 규토 라이트 N제 (Master step)	* 2단원 Guide step 복습 *2단원 Guide step ~Training – 2step 틀린 문제 다시보기 * 2단원에 수록된 규토 라이트 N제 (Master step)	* 2단원 Guide step 복습 *2단원 Guide step ~Training – 2step 틀린 문제 다시보기 * 2단원에 수록된 규토 라이트 N제 (Master step)	* 3단원 Guide step 복습 *3단원 Guide step ~Training – 2step 틀린 문제 다시보기 * 3단원에 수록된 규토 라이트 N제 (Master step)	* 3단원 Guide step 복습 *3단원 Guide step ~Training – 2step 틀린 문제 다시보기 * 3단원에 수록된 규토 라이트 N제 (Master step)	* 3단원 Guide step 복습 *3단원 Guide step ~Training – 2step 틀린 문제 다시보기 * 3단원에 수록된 규토 라이트 N제 (Master step)	* 새로운 문제 금지 * 복습의 날 (일주일동안 했던 것 복습 및 누적 복습) * 동그라미 커리큘럼 이행하기 (전주, 전전주 틀린 문제 다시 풀기)

* 추후에 계속 틀린 문제 복습해야함 (동그라미 커리큘럼, 최대한 책에 적힌 100%공부법으로 학습할 것) / 개념도 반드시 누적 복습할 것
* 각 Step이 끝날 때마다 해설보기 (해설지로 공부한다고 생각)
   ex) Training‑1step 문제 풀고 → 해설보기 → Training‑2step 문제 풀고 → 해설보기
* 실전개념강좌는 도구정리 느낌으로 라이트 N제 체화 후 볼 것 (라이트 N제에도 저자가 쓰는 실전개념 모두 수록 / 해설지에도 수록)
* 복습량이 많아 일요일로 벅차다면 다른 요일에 학습량 일부를 복습에 투자해도 된다.

선택 ⑥ 개념강좌 완강 후 규토 라이트 N제 (찐노베 학생)

training-2step까지 1회독 기준 4주 완성 커리큘럼 (Master step은 추후 학습)

월	화	수	목	금	토	일
* 1단원에 수록된 규토 라이트 N제 (Guide step ~ Training - 2step) t1 theme당 3문제씩 t2 3점	* 1단원에 수록된 규토 라이트 N제 (Guide step ~ Training - 2step) t1 theme당 3문제씩 t2 3점	* 1단원에 수록된 규토 라이트 N제 (Guide step ~ Training - 2step) t1 theme당 3문제씩 t2 3점	* 2단원에 수록된 규토 라이트 N제 (Guide step ~ Training - 2step) t1 theme당 3문제씩 t2 3점	* 2단원에 수록된 규토 라이트 N제 (Guide step ~ Training - 2step) t1 theme당 3문제씩 t2 3점	* 2단원에 수록된 규토 라이트 N제 (Guide step ~ Training - 2step) t1 theme당 3문제씩 t2 3점	* 새로운 문제 금지 * 복습의 날 (일주일동안 했던 것 복습 및 누적 복습) * 동그라미 커리큘럼 이행하기 (전주, 전전주 틀린 문제 다시 풀기)
* 3단원에 수록된 규토 라이트 N제 (Guide step ~ Training - 2step) t1 theme당 3문제씩 t2 3점	* 3단원에 수록된 규토 라이트 N제 (Guide step ~ Training - 2step) t1 theme당 3문제씩 t2 3점	* 3단원에 수록된 규토 라이트 N제 (Guide step ~ Training - 2step) t1 theme당 3문제씩 t2 3점	* 1단원에 수록된 규토 라이트 N제 (Guide step ~ Training - 2step) t1 남은 문제 t2 4점	* 1단원에 수록된 규토 라이트 N제 (Guide step ~ Training - 2step) t1 남은 문제 t2 4점	* 1단원에 수록된 규토 라이트 N제 (Guide step ~ Training - 2step) t1 남은 문제 t2 4점	* 새로운 문제 금지 * 복습의 날 (일주일동안 했던 것 복습 및 누적 복습) * 동그라미 커리큘럼 이행하기 (전주, 전전주 틀린 문제 다시 풀기)
* 1단원에 수록된 규토 라이트 N제 (Guide step ~ Training - 2step) t1 남은 문제 t2 4점	* 2단원에 수록된 규토 라이트 N제 (Guide step ~ Training - 2step) t1 남은 문제 t2 4점	* 2단원에 수록된 규토 라이트 N제 (Guide step ~ Training - 2step) t1 남은 문제 t2 4점	* 2단원에 수록된 규토 라이트 N제 (Guide step ~ Training - 2step) t1 남은 문제 t2 4점	* 2단원에 수록된 규토 라이트 N제 (Guide step ~ Training - 2step) t1 남은 문제 t2 4점	* 3단원에 수록된 규토 라이트 N제 (Guide step ~ Training - 2step) t1 남은 문제 t2 4점	* 새로운 문제 금지 * 복습의 날 (일주일동안 했던 것 복습 및 누적 복습) * 동그라미 커리큘럼 이행하기 (전주, 전전주 틀린 문제 다시 풀기)
* 3단원에 수록된 규토 라이트 N제 (Guide step ~ Training - 2step) t1 남은 문제 t2 4점	* 3단원에 수록된 규토 라이트 N제 (Guide step ~ Training - 2step) t1 남은 문제 t2 4점	* 3단원에 수록된 규토 라이트 N제 (Guide step ~ Training - 2step) t1 남은 문제 t2 4점	보충	보충	보충	* 새로운 문제 금지 * 복습의 날 (일주일동안 했던 것 복습 및 누적 복습) * 동그라미 커리큘럼 이행하기 (전주, 전전주 틀린 문제 다시 풀기)

* 100% 공부법에 적힌 찐노베 추천순서대로 학습할 것
* 추후에 계속 틀린 문제 복습해야 함 (동그라미 커리큘럼, 최대한 책에 적힌 100%공부법으로 학습할 것!) / 개념도 반드시 누적 복습할 것
* 각 Step이 끝날 때마다 해설보기 (해설지로 공부한다고 생각)
  ex) Training - 1step 문제 풀고 → 해설보기 → Training - 2step 문제 풀고 → 해설보기
* 실전개념강좌는 도구정리 느낌으로 라이트 N제 체화 후 볼 것 (라이트 N제에도 저자가 쓰는 실전개념 모두 수록 / 해설지에도 수록)
* 복습량이 많아 일요일로 벅차다면 다른 요일에 학습량 일부를 복습에 투자해도 된다.

선택 ⑦ 수1+수2 병행 (①~⑥을 참고하여 개별 맞춤 진행)

월화수(수1) 목금토(수2) 일(복습)

월	화	수	목	금	토	일
수1	수1	수1	수2	수2	수2	* 새로운 문제 금지 * 복습의 날 (일주일동안 했던 것 복습 및 누적 복습) * 동그라미 커리큘럼 이행하기 (전주, 전전주 틀린 문제 다시 풀기)

* ①~⑥를 참고하여 각자의 상황에 맞춰 진행 / 기존 6일 분량을 3일 분량으로 줄여서 일주일 진행
* 추후에 계속 틀린 문제 복습해야함 (동그라미 커리큘럼, 최대한 책에 적힌 100%공부법으로 학습할 것!) / 개념도 반드시 누적 복습할 것
* 각 Step이 끝날 때마다 해설보기 (해설지로 공부한다고 생각)
   ex) Training‐1step 문제 풀고 → 해설보기 → Training‐2step 문제 풀고 → 해설보기
* 실전개념강좌는 도구정리 느낌으로 라이트 N제 체화 후 볼 것 (라이트 N제에도 저자가 쓰는 실전개념 모두 수록 / 해설지에도 수록)
* 복습량이 많아 일요일로 벅차다면 다른 요일에 학습량 일부를 복습에 투자해도 된다.

선택 ⑧ 수1+수2+선택과목 병행 (①~⑥을 참고하여 개별 맞춤 진행)

월화수(수1) 목금토(수2) 일(복습) 월~토(꾸준히 조금씩 선택과목)

월	화	수	목	금	토	일
수1 + 선택과목	수1 + 선택과목	수1 + 선택과목	수2 + 선택과목	수2 + 선택과목	수2 + 선택과목	* 새로운 문제 금지 * 복습의 날 (일주일동안 했던 것 복습 및 누적 복습) * 동그라미 커리큘럼 이행하기 (전주, 전전주 틀린 문제 다시 풀기)

* ①~⑥를 참고하어 각자의 상황에 맞춰 진행 / 기존 6일 분량을 3일 분량으로 줄어서 일주일 진행
* 추후에 계속 틀린 문제 복습해야함 (동그라미 커리큘럼, 최대한 책에 적힌 100%공부법으로 학습할 것!) / 개념도 반드시 누적 복습할 것
* 각 Step이 끝날 때마다 해설보기 (해설지로 공부한다고 생각)
   ex) Training‐1step 문제 풀고 → 해설보기 → Training‐2step 문제 풀고 → 해설보기
* 실전개념강좌는 도구정리 느낌으로 라이트 N제 체화 후 볼 것 (라이트 N제에도 저자가 쓰는 실전개념 모두 수록 / 해설지에도 수록)
* 복습량이 많아 일요일로 벅차다면 다른 요일에 학습량 일부를 복습에 투자해도 된다.

1. **무조건 책에 적혀있는** 100%공부법**으로 학습한다.**

그냥 문제만 풀면 딱히 도움 안 된다. 이건 Fact다.

보통 학생들은 주어 담을 생각만 하지 정작 빠져나가고 있는 것은 생각하지 않는다. 진짜다.
근데 혹시 그거 아나? 빠져나가는 것이 훨씬 더 많다는 것을....
규토 라이트 N제를 푸는 자랑스러운 학생으로서 **절대 해서는 안 될 짓**이다.
100% 공부법으로 학습하면 아주 효율적으로 3~4회독 할 수 있다.

제발 책에다 풀지 말고 노트에 풀도록 하자. (답, 풀이, 힌트 금지 / 틀린 이유를 쓰려면 별도의 노트를 만들어라.)
(단, Guide step에 답을 제외한 필기는 가능)
팁을 주자면 문제는 노트에 풀고 답은 포스트잇에다 적어 놓으면 나중에 채점하기 편하다.
가끔 문제 질문할 때 책에 풀려 있는 거 보면 마음이 아프다; ; ;
(속으로 하..ㅠㅠ 이분은 과연 100%공부법을 지키시는 중일까? 읽어는 봤을까?...하는 생각에 근심걱정 한가득하게 된다.)

다시 풀 때 항상 새 문제처럼 느껴지는 것이 훨씬 더 도움 되기 때문이니 반드시 지키도록 하자.

즉, 오로지 책에 표시되는 것은 아래와 같이 문제번호에 OX와 box표에 OX뿐이다.

100% 공부법 2번을 잘 지키도록 하자. 문제를 풀고 나서 바로 다음 문제로 넘어가지 말고
백지에 깔끔하게 다시 풀어본다. 어떤 개념이 쓰였고 여기서 왜 이런 생각을 해야 하는 것인지
A에서 B로 갈 때 어떤 논리적 근거가 있는지 등등 생각하면서 다시 풀도록 하자.
반드시 백지에 다시 풀면서 자신의 풀이가 논리적으로 맞는지 체계화를 해본다.

동그라미 커리큘럼은 틀린 문제만 하는 것이 원칙이지만 1달 정도 지난 뒤에 전체를 다시 풀어준다.
분명히 맞았던 것도 틀리는 경우가 생길 것이다.
이때 틀린 문제들은 마찬가지로 동그라미 커리큘럼으로 처리하도록 하자.

2. 규토 라이트 N제 추천 계획표를 기본 틀로 하여 자신에게 맞는 계획표를 짠다.

계획이 있어야 체계적이고 효율적으로 학습할 수 있다.

3. 각 스텝이 끝난 후 해설지를 본다. (100%공부법에도 명시되어 있음)

ex) Training − 1step 문제 풀기 → 해설지 보기 → Training − 2step 문제 풀기 → 해설지 보기

4. 가져야할 마인드

① Training − 1step은 "문제를 풀어야지"라는 생각보다는 "공부한다."는 생각을 갖도록 하자.
진정한 실전 적용연습은 Training −2step부터라고 생각하자.
(더욱이 실전연습에 적합하도록 Training −2step부터는 유형별이 아니라 난이도순으로 배치하였다.)
즉, Training − 1step에 있는 문항들을 학습한 후 **도전!** 이라는 마음가짐으로 Training −2step에 임하도록 하자.

만약 Training − 1step에서 특정한 유형을 전부 못 풀었다면?
Training − 1step을 끝내고 해설지를 볼 때, 그 특정 유형에서 제일 첫 번째 문제에 대한 해설을 보고 확실히 이해한 뒤 같은 유형에서 그 다음에 수록된 문제를 도전해본다. (이 경우 풀릴 가능성이 높다.)

② Training − 1step이 Training − 2step 보다 반드시 쉬운 것은 아니다. 단원마다 난이도가 다르기도 하고
쉬운문제도 있고 어려운 문제도 있으니 틀리는 문제가 많다고 괴로워할 필요 전~혀 없다.
문제를 보자마자 어떻게 해야겠다는 기본값이 있는데 특히 노베 학생의 경우에는 이러한 기본값이
전무하기 때문에 당연히 어려울 수밖에 없다. 처음부터 잘하는 사람은 아무도 없다.
어차피 나중에 100% 공부법으로 계속 공부하다보면 다 아무것도 아니게 되니 걱정하지 않아도 된다.
즉, 동그라미 커리큘럼을 통해 계속 주기적으로 반복하여 자기 것으로 만들면 그만이다.

5. 고민하는 시간에 대한 가이드라인

Training − 1step : 10~15분 / T1은 공부용이므로 해설지를 본다는 것에 너무 부담을 갖지 말도록 하자.
Training − 2step : 15~20분
Master step : 20~30분
(치열하게 고민해야 질적 성장이 가능하다.)

6. 약점 노트 만들기

수능 당일 1교시가 끝나면 대략 15~20분 정도 시간이 난다. 이때 볼 약점 노트를 만들자. 수학공식, 자신이 매번 실수하는 유형들, 조건을 보고 떠올려야 하는 발상들, 자신만의 약점 등을 노트에 정리해보자. 자기가 직접 만들었기 때문에 5분 안에 충분히 다 볼 수 있고 수능만이 아니라 모의고사 응시 10분 전에 자신이 직접 만든 약점 노트를 보고 시험에 응시하도록 하자.

7. 해설보기 (feat.실전개념)

모든 문항은 해설을 봐야 한다. 가이드 스텝에 모든 것을 설명하지 않고 문제를 통해 배울 수 있도록 해설지에 실전개념을 설명해 놓은 것도 있다. 상담을 하다 보면 정말 많은 학생들이 질문하는 것 중에 하나가 바로 실전개념강의이다. 남들은 다 실전개념강의를 듣고 있는데 자기만 뒤쳐져 있다고 느껴져 걱정된다는 글이 대다수이다. 수학은 단계라는 것이 있다. 자기는 A단계인데 남들 한다고 C단계부터 학습하면 나중에 실전에서 무너질 확률이 매우 높다. 안타깝게도 14년동안 수능판에 있으면서 이러한 케이스를 너무도 많이 보아왔다. 라이트 N제에도 저자가 실전에서 사용하는 실전개념이 모두 수록되어있다. 저자가 아는 것을 모두 나열한 것이 아니라 정말 실전에서 사용하는 것들만 수록하였다. 그러니 너무 걱정하지 말도록 하자. 다만 보통 실전개념 강의와 달리 Theme별로 실전개념을 다루기보다는 쌩기초부터 점점 살을 붙여가며 기출킬러까지 다루는 올인원 성격의 교재라는 점에서 차이가 있다. 따라서 해설지를 최대한 꼼꼼히 보고 자신의 풀이와 다르면 다~ 흡수하여 자기 것으로 만들도록 하자. 개인적으로 실전개념강의는 필수유형과 기출이 어느 정도 되어 있는 상태에서 보는 것이 좋다. 그래야 더 많은 것이 보이기 때문이다. 실전개념강의를 듣고 싶다면 라이트 N제를 체화한 후에 도구 정리 느낌으로 보는 것을 추천한다. 그리고 킬러문제가 안 풀리는 이유는 실전개념이 부족하기보다는 문제해결력이 부족하기 때문이다.

8. 만약 라이트 수1 수2를 병행한다면?

라이트 수1 수2를 병행한다면 라이트 수1 지수함수와 로그함수 가이드스텝 (평행이동, 대칭이동, 절댓값 함수 그리기)부터 먼저 학습하고 수2를 들어가도록 하자.

9. 규토 라이트 N제 무료개념강의 활용하기

규토의 가능세계(규토 N제 네이버 질문카페)에서 수1,수2,미적분의 경우 전 범위 개념강의를 무료로 들을 수 있다. 단순히 개념설명뿐만 아니라 t1~t2 대표유형도 풀어주기 때문에 초반 접근이 쉬워질 수 있어 노베학생들의 경우 무료개념강의를 적극 활용하도록 하자.

10. 진심 및 최종목표

제가 괜히 라이트 N제를 씹어먹으라고 한 게 아닙니다. 그냥 단순히 1회독? 2회독? 그 정도로는 턱도 없습니다. 제가 분명히 단언합니다. 얼마 지나면 다 까먹을 거예요. 기억도 안 날 겁니다. 진짜입니다. 실제로 변별력 있는 문제들은 온갖 요소들이 복합적으로 결합되어 출제됩니다. 이런 문제들을 현장에서 타파하기 위해서는 배운 내용들이 확실하게 체화되어 있어야 합니다. 그래야 비로소 실전에서 배운 것이 발휘됩니다. 그냥 단순히 강의 좀 듣고 문제 몇 번 풀고 해설지 몇 번 읽어 본다고 해서 체화되는 게 아니거든요. 정말 치열하게 고민해 보고 진짜 보고 또 보고 또 보고 해야 합니다. 그러면 결국 됩니다. 이건 진짜입니다. 라이트 N제로 공부하시는 분들은 반드시! 학습법 가이드를 기초로 학습하시길 바랍니다. 처음에는 정말 힘들 거예요. 제가 괜히 1% 지지자라고 쓴 게 아닙니다. 하지만 효과는 보장합니다. 원래 질적 성장에는 당연히 고통이 수반되거든요. 당연한 고통이니 즐기시기 바랍니다. 반복하면 반복할수록 속도는 빨라질 겁니다. 틀리면 될 때까지 반복하면 되는 겁니다. 그리고 모든 문제가 손쉽게 풀리면 그게 무슨 도움이 되겠습니까? 오직 틀린 문제만이 당신을 강하게 만들어 줄겁니다.

기준은 "라이트 N제에 있는 모든 문제를 설명할 수 있다"입니다. 이외에 그 어떤 것도 기준이 될 수 없습니다.

요약 : 치열하게 고민하고! 반복해서 체화하자! 라이트 N제에 있는 모든 문제를 누구에게 설명할 수 있을 때까지!

유일하게 부족한 것은 노력뿐!

지금으로부터 20년 전 중학교 2학년이었던 규토는 "버킷리스트"라는 것을 작성하게 됩니다.

많은 항목들이 있었지만 그 중에서 가장 기억에 남는 것은 바로 저 만의 책을 만드는 것이었습니다.

그로부터 12년 후 규토 수학 고득점 N제를 발간하게 됩니다.

첫 책을 받았을 때의 감동... 아직도 잊을 수가 없네요..ㅠㅠ

벌써 8년이라는 세월이 흘렀네요.

규토 수학 고득점 n제 2017 ⇒ 규토 수학 고득점 n제 2019 ⇒ 규토 수학 고득점 n제 2020 (가/나)

⇒ 규토 수학 라이트 N제 2021 (수1/ 수2) + 고득점 N제 2021 (가/나)

⇒ 규토 라이트 N제 2022 (수1/수2/확통/미적), 고득점 N제 2022 (수1+수2/미적)

⇒ 규토 라이트 N제 2023 (수1/수2/확통/미적/기하), 고득점 N제 2023 (수1+수2/미적)

⇒ 규토 라이트 N제 2024 (수1/수2/확통/미적/기하), 고득점 N제 2024 (수1+수2/미적)

올해 나오게 될 규토 라이트 N제 2025 (수1/수2/확통/미적/기하), 규토 데일리 N제 2025까지 아주 감개무량하네요. ㅎㅎ

규토 라이트 N제는 15년간 수능판에 있으면서 쌓아왔던 저자의 데이터를 바탕으로 기출문제와 개념 간의 격차를 최소화하고

고정 1등급으로 도약하기 위한 탄탄한 base를 만들어 주기 위해 기획한 교재입니다.

규토 라이트 N제로 더 많은 학생들과 만날 수 있게 되어 진심으로 기쁩니다.

규토 라이트 N제로 폭풍 성장한 여러분들이 벌써부터 눈에 아른거리는 군요. ㅎㅎ

계속해서 발전해 나가는 규토 N제가 되겠습니다! 내년 개정판은 더 더욱 좋아지겠죠?-_-;;

2021년부터 네이버 카페 (규토의 가능세계)를 통해 질문을 받고 있습니다~
https://cafe.naver.com/gyutomath

많은 가입부탁드립니다 :D

질문뿐만 아니라 각종 자료도 업로드하면서 차츰차츰 업그레이드 해나가겠습니다~ㅎㅎ
(수1,수2,미적분의 경우 전 범위 무료 개념강의도 들으실 수 있습니다.)

규토 N제를 푸시는 모든 분들께 감사의 인사를 전하면서 저는 해설로 찾아뵐게요~ :D

참고로

① 네이버 블로그 (규토의 특별한 수학) 이웃추가
② 오르비에서 (닉네임 : 규토) 팔로우
③ 네이버 카페 (규토의 가능세계) 가입

하시면 규토 N제에 대한 최신 소식(정오표 or 보충자료 등)을 누구보다 빠르게 받아 보실 수 있습니다~

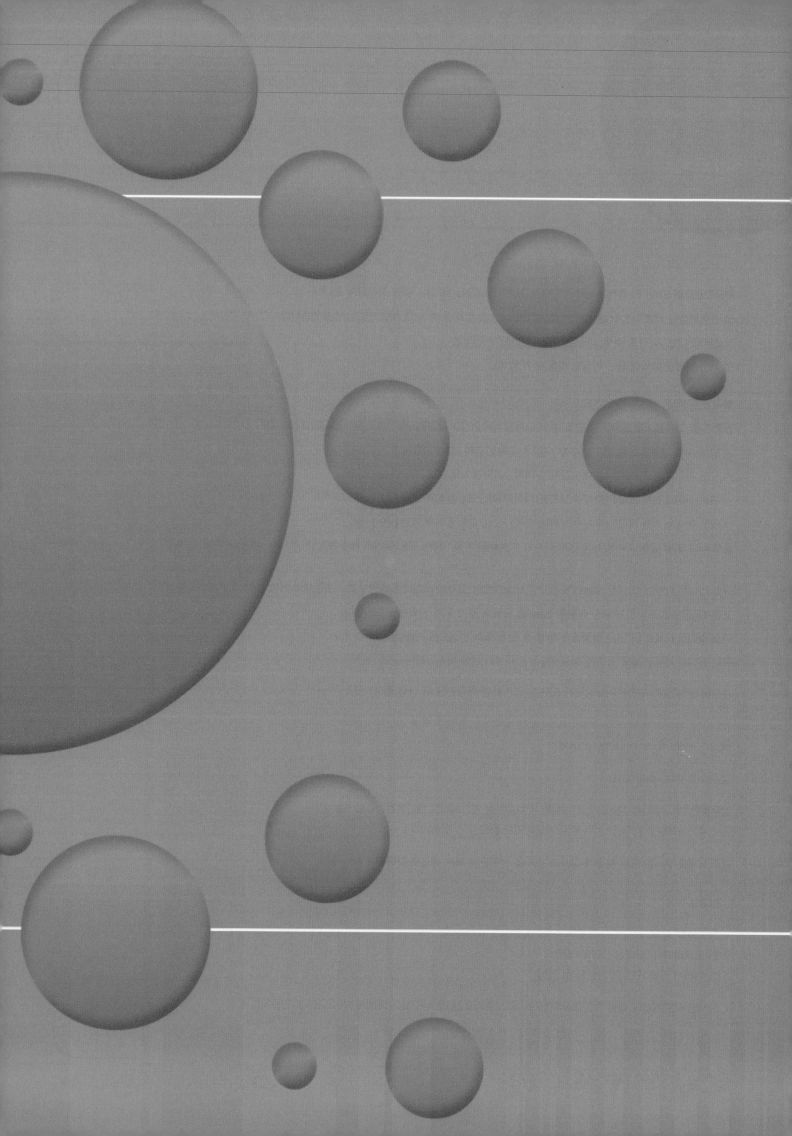

규토 라이트 N제

이차곡선

1. 이차곡선

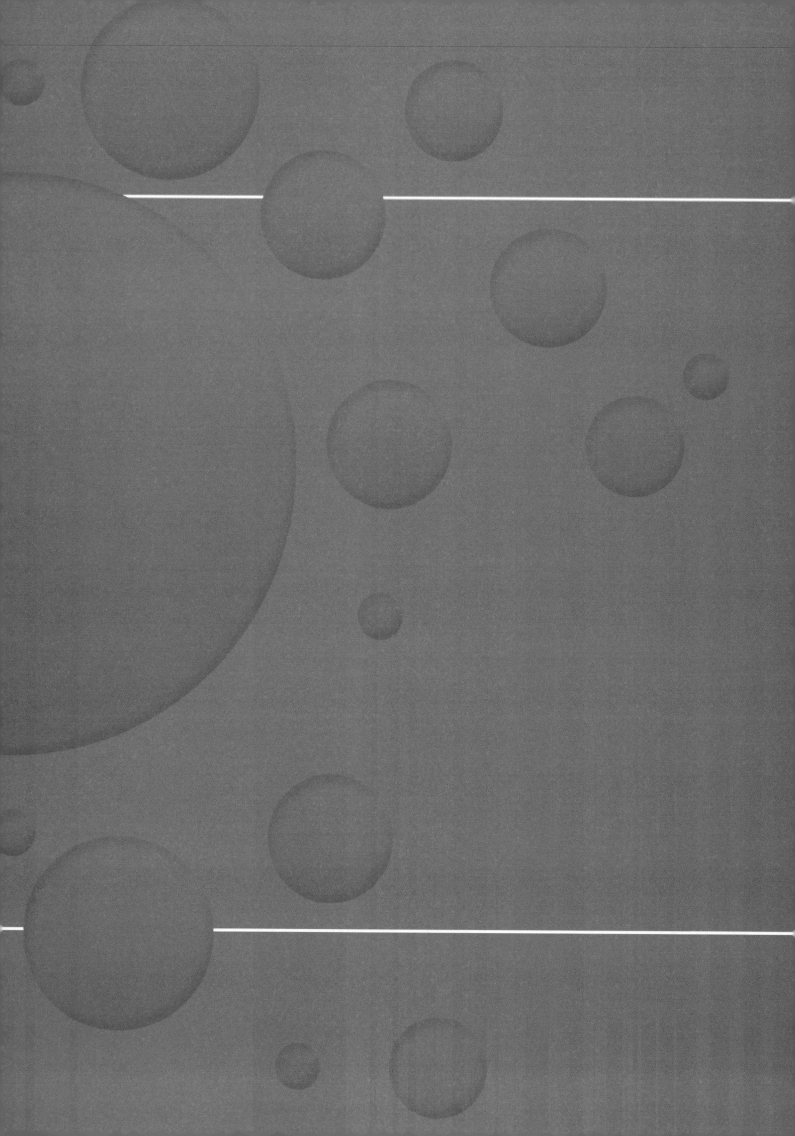

규토 라이트 N제

이차곡선

Guide step

개념 익히기편

1. 이차곡선

01 포물선

성취 기준 – 포물선의 뜻을 알고, 포물선의 방정식을 구할 수 있다.

개념 파악하기 (1) 포물선의 방정식은 어떻게 구할까?

포물선의 뜻

평면 위에 한 점 F와 점 F를 지나지 않는 한 직선 l이 있을 때,
점 F와 직선 l에 이르는 거리가 같은 점들의 집합을 포물선이라 한다.
이때 점 F를 포물선의 초점, 직선 l을 포물선의 준선이라 한다.

또한 포물선의 초점을 지나고 준선에 수직인 직선을 포물선의 축,
포물선과 축이 만나는 점을 포물선의 꼭짓점이라 한다.

포물선 위의 어느 점에서도 초점까지의 거리와 준선까지의 거리는 같다.
예를 들어 오른쪽 그림과 같이 $\overline{PF} = \overline{PA}$, $\overline{QF} = \overline{QB}$가 성립한다.

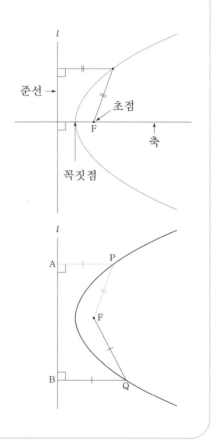

개념 확인문제 1

그림과 같이 포물선의 초점 F를 지나는 직선과 포물선이 만나는 두 점 A, B에서 준선 l에 내린 수선의 발을 각각 C, D라 하자. $\overline{AC} = 4$, $\overline{BD} = 7$일 때, $\overline{AB}$의 길이를 구하시오.

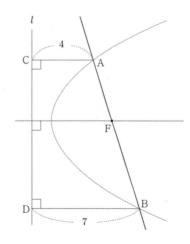

초점이 x축 위에 있는 포물선의 방정식

좌표평면에서 0이 아닌 실수 p에 대하여 점 $F(p, 0)$을 초점으로 하고 직선 $x = -p$를 준선으로 하는
포물선의 방정식을 구하여 보자.

포물선 위의 점 $P(x, y)$에서 준선에 내린 수선의 발을 H라 하면 점 H의 좌표는 $(-p, y)$이다.
포물선의 정의에 의하여 $\overline{PF} = \overline{PH}$이므로 $\sqrt{(x-p)^2 + y^2} = |x + p|$이고,
이 식의 양변을 제곱하여 정리하면 다음과 같다.

$$y^2 = 4px \quad \cdots \quad \text{㉠}$$

역으로 방정식 ㉠을 만족시키는 점 $P(x, y)$는 $\overline{PF} = \overline{PH}$를 만족시키므로 주어진 포물선 위의 점이다.
따라서 ㉠은 구하는 포물선의 방정식이다.

① $p > 0$

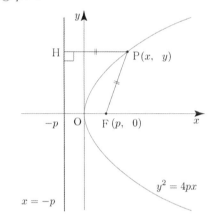

② $p < 0$

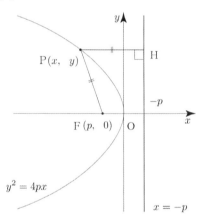

초점이 x축 위에 있는 포물선의 방정식 요약

초점이 $F(p, 0)$, 준선이 $x = -p$인 포물선의 방정식은 $y^2 = 4px$ (단, $p \neq 0$)

ex1 초점이 $F(1, 0)$이고, 준선이 $x = -1$인 포물선의 방정식은
$y^2 = 4px$에서 $p = 1$이므로 $y^2 = 4 \times 1 \times x = 4x$, 즉 $y^2 = 4x$이다.

ex2 초점이 $F(-3, 0)$이고, 준선이 $x = 3$인 포물선의 방정식은
$y^2 = 4px$에서 $p = -3$이므로 $y^2 = 4 \times (-3) \times x = -12x$, 즉 $y^2 = -12x$이다.

Tip 1 포물선 $y^2 = 4px$의 꼭짓점은 원점이고, 초점이 x축 위에 있고, 축의 방정식은 $y = 0$이다.

Tip 2 포물선 $y^2 = 4px$는 $p > 0$이면 왼쪽으로 볼록한 포물선이고,
$p < 0$이면 오른쪽으로 볼록한 포물선이다.

Tip 3 초점과 준선의 가운데에 꼭짓점이 존재한다.

Tip 4 〈포물선 작도법〉

초점 F를 지나고 축에 수직인 직선이 포물선과 만나는 점을 P라
하고, 점 P에서 준선에 내린 수선의 발을 H라 하면 포물선의
정의에 의하여 $\overline{PF} = \overline{PH} = 2\overline{OF}$ 가 성립한다.

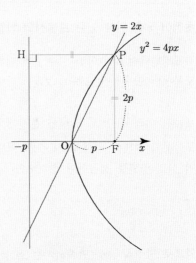

[1단계] 포물선의 꼭짓점 O, 초점 F을 찍고, 준선을 그린다.

[2단계] 초점 F를 지나고 축에 수직인 직선 위에
$2\overline{OF} = \overline{PF}$ 가 성립하도록 점 P를 찍는다.

[3단계] 점 P를 지나도록 포물선을 그린다.

$\overline{OF} : \overline{PF} = 1 : 2$인 직각삼각형을 그림으로 기억하자.

기울기가 $\dfrac{\overline{PF}}{\overline{OF}} = 2$이고 원점을 지나므로 직선 OP의 방정식이 $y = 2x$라는 것을 알 수 있다.

또한 $y = 2x$와 포물선 $y^2 = 4px$이 만나는 점 중 원점이 아닌 점을 P라 했을 때,
점 P에서 x축에 내린 수선의 발이 곧 초점이 된다는 사실을 알 수 있다.

개념 확인문제 2 다음 포물선의 방정식을 구하시오.

(1) 초점이 F$(2,\ 0)$, 준선이 $x = -2$인 포물선

(2) 초점이 F$(-1,\ 0)$, 준선이 $x = 1$인 포물선

예제 1

다음 포물선의 초점의 좌표와 준선의 방정식을 각각 구하고, 그 그래프를 그리시오.

(1) $y^2 = 2x$

(2) $y^2 = -8x$

풀이

(1) $y^2 = 2x = 4 \times \dfrac{1}{2} \times x$에서 $p = \dfrac{1}{2}$이므로

주어진 포물선의 초점의 좌표는 $\left(\dfrac{1}{2},\ 0\right)$이고,

준선의 방정식은 $x = -\dfrac{1}{2}$이다.

따라서 포물선 $y^2 = 2x$의 그래프는 오른쪽 그림과 같다.

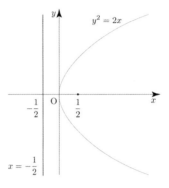

(2) $y^2 = -8x = 4 \times (-2) \times x$에서 $p = -2$이므로
주어진 포물선의 초점의 좌표는 $(-2,\ 0)$이고,
준선의 방정식은 $x = 2$이다.
따라서 포물선 $y^2 = -8x$의 그래프는 오른쪽 그림과 같다.

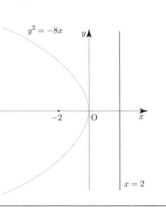

개념 확인문제 3 다음 포물선의 초점의 좌표와 준선의 방정식을 각각 구하고, 그 그래프를 그리시오.

(1) $y^2 = 6x$

(2) $y^2 = -x$

초점이 y축 위에 있는 포물선의 방정식

좌표평면에서 0이 아닌 실수 p에 대하여 점 $F(0, p)$를 초점으로 하고
직선 $y = -p$를 준선으로 하는 포물선의 방정식을 앞에서와 같은 방법으로 구하면 다음과 같다.

$$x^2 = 4py$$

① $p > 0$

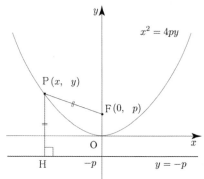

② $p < 0$

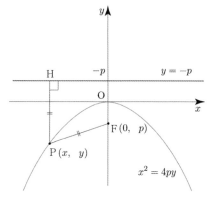

초점이 y축 위에 있는 포물선의 방정식 요약

초점이 $F(0, p)$, 준선이 $y = -p$인 포물선의 방정식은 $x^2 = 4py$ (단, $p \neq 0$)

ex 초점이 $F(0, 1)$이고, 준선이 $y = -1$인 포물선의 방정식은
$x^2 = 4py$에서 $p = 1$이므로 $x^2 = 4 \times 1 \times y = 4y$, 즉 $x^2 = 4y$이다.

Tip 1 포물선 $x^2 = 4py$의 꼭짓점은 원점이고, 초점이 y축 위에 있고, 축의 방정식은 $x = 0$이다.

Tip 2 포물선 $x^2 = 4py$는 $p > 0$이면 아래로 볼록한 포물선이고,
$p < 0$이면 위로 볼록한 포물선이다.

Tip 3 포물선의 방정식 $x^2 = 4py$를 변형하면 $y = \dfrac{1}{4p}x^2$이다. 즉, 이차함수의 그래프와 같다.

Tip 4 포물선 $y^2 = 4px$의 초점은 x축 위에 있고, 포물선 $x^2 = 4py$의 초점은 y축 위에 있다.
두 포물선의 그래프를 헷갈리지 않도록 유의하자.

개념 확인문제 4 다음 포물선의 방정식을 구하시오.

(1) 초점이 $F\left(0, \dfrac{1}{3}\right)$, 준선이 $y = -\dfrac{1}{3}$ 인 포물선

(2) 초점이 $F(0, -2)$, 준선이 $y = 2$ 인 포물선

개념 확인문제 5 다음 포물선의 초점의 좌표와 준선의 방정식을 구하고, 그 그래프를 그리시오.

(1) $x^2 = 6y$

(2) $x^2 = -y$

포물선의 평행이동

포물선 $y^2 = 4px$를 x축의 방향으로 m만큼, y축의 방향으로 n만큼 평행이동한
포물선의 방정식은 $(y-n)^2 = 4p(x-m)$이다.
이때 포물선의 꼭짓점, 초점, 준선도 모두 평행이동 된다.

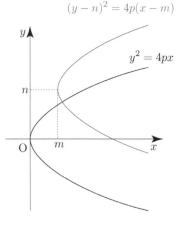

방정식 $y^2 = 4px$	꼭짓점의 좌표 $(0,\ 0)$	초점의 좌표 $(p,\ 0)$	준선의 방정식 $x = -p$
방정식 $(y-n)^2 = 4p(x-m)$	꼭짓점의 좌표 $(m,\ n)$	초점의 좌표 $(p+m,\ n)$	준선의 방정식 $x = -p+m$

Tip 1 포물선을 평행이동하여도 초점, 꼭짓점, 준선 사이의 거리는 변하지 않는다. ★★★
이러한 사실을 바탕으로 평행이동한 그래프의 식을 구할 수 있다.
[개념 확인문제 8]을 참고하도록 하자.

Tip 2 $(y-n)^2 = 4p(x-m)$ 꼴을 포물선의 방정식의 표준형이라고 하고,
위의 식을 전개하여 정리하면 $y^2 + Ax + By + C = 0$ 꼴이 되는데 좌변이 계수가 실수인 두 일차식의
곱으로 인수분해되지 않을 때, 이를 포물선의 방정식의 일반형이라고 한다.

예제 2

포물선 $(y-3)^2 = 8(x+1)$의 초점의 좌표와 준선의 방정식을 구하시오.

풀이

포물선 $(y-3)^2 = 8(x+1)$는 포물선 $y^2 = 8x$를 x축의 방향으로 -1만큼, y축의 방향으로 3만큼 평행이동한 것이다.
한편 포물선 $y^2 = 8x$의 초점의 좌표는 $(2,\ 0)$, 준선의 방정식은 $x = -2$이다.
따라서 주어진 포물선의 초점의 좌표는 $(1,\ 3)$, 준선의 방정식은 $x = -3$이다.

개념 확인문제 6 다음 포물선의 초점의 좌표와 준선의 방정식을 구하시오.

(1) $(y+2)^2 = -8(x+3)$ 　　　　　　　　 (2) $(x-4)^2 = y$

예제 3

포물선 $y^2 - 2y - 4x + 9 = 0$을 그리시오.

풀이

주어진 포물선의 방정식을 변형하면 $(y-1)^2 = 4(x-2)$이고,
이 포물선은 포물선 $y^2 = 4x$를 x축의 방향으로 2만큼,
y축의 방향으로 1만큼 평행이동한 것이므로 주어진 포물선의 그래프는
오른쪽 그림과 같다.

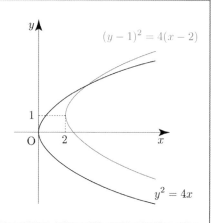

Tip 포물선의 방정식이 일반형으로 주어지면 이를 표준형으로 고쳐서 초점의 좌표와 준선의 방정식을 구하고 그 그래프를 그리면 된다.

개념 확인문제 7 다음 포물선을 그리시오.

(1) $y^2 + 4y - 4x + 16 = 0$

(2) $x^2 - 6x - 8y + 17 = 0$

개념 확인문제 8 꼭짓점의 좌표가 $(1, 3)$이고, 준선의 방정식이 $x = 4$인 포물선 $y^2 + ay + bx + c = 0$를 그리면 다음 그림과 같다. $a + 2b - 3c$의 값을 구하시오. (단, a, b, c는 상수이다.)

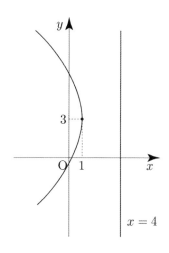

02 타원

성취 기준 – 타원의 뜻을 알고, 타원의 방정식을 구할 수 있다.

개념 파악하기 **(3) 타원의 방정식은 어떻게 구할까?**

타원의 뜻

평면 위의 두 점 F, F′으로부터의 거리의 합이 일정한 점들의
집합을 타원이라 하고, 두 점 F, F′을 타원의 초점이라 한다.

오른쪽 그림과 같이 타원에서 두 초점을 잇는 직선이 타원과
만나는 점을 각각 A, A′이라 하고, $\overline{FF'}$의 수직이등분선이
타원과 만나는 점을 각각 B, B′이라 하자.

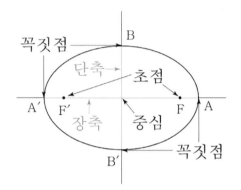

이때 네 점 A, A′, B, B′을 타원의 꼭짓점이라고 하고,
선분 AA′을 타원의 장축, 선분 BB′을 타원의 단축이라 하며,
장축과 단축의 교점을 타원의 중심이라 한다.

타원 위의 어느 점에서도 두 초점으로부터의 거리의 합은 일정하다.
예를 들어 오른쪽 그림과 같이 $\overline{BF}+\overline{BF'} = \overline{CF}+\overline{CF'}$가 성립한다.

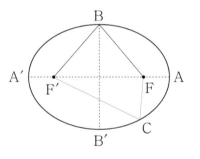

개념 확인문제 **9** 그림과 같이 장축이 AA′이고 단축이 BB′이며 두 초점이 F, F′인 타원이 있다.
장축의 길이가 10일 때, 선분 BF′의 길이를 구하시오.

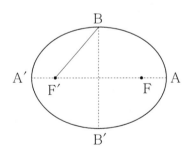

초점이 x 축 위에 있는 타원의 방정식

좌표평면에서 두 점 $F(c,\ 0)$, $F'(-c,\ 0)$을 초점으로 하고, 두 초점으로부터의 거리의 합이 $2a\,(a>c>0)$인 타원의 방정식을 구하여 보자.

[1단계] 타원의 정의에 의해 식 세우기

타원 위의 임의의 점을 $P(x,\ y)$라 하면

$$\overline{PF} = \sqrt{(x-c)^2+y^2}$$

$$\overline{PF'} = \sqrt{(x+c)^2+y^2}$$

이고, 타원의 정의에 의하여

$$\sqrt{(x-c)^2+y^2} + \sqrt{(x+c)^2+y^2} = 2a$$

$$\sqrt{(x-c)^2+y^2} = 2a - \sqrt{(x+c)^2+y^2}$$

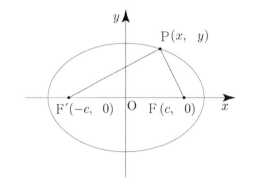

[2단계] 식을 제곱하여 정리하기

이 식의 양변을 제곱하여 정리하면

$$cx+a^2 = a\sqrt{(x+c)^2+y^2}$$

이고, 다시 양변을 제곱하여 정리하면

$$(a^2-c^2)x^2 + a^2y^2 = a^2(a^2-c^2)$$

[3단계] 타원의 방정식 구하기

여기서 $a>c>0$이므로 $a^2-c^2=b^2$으로 놓으면

$$b^2x^2 + a^2y^2 = a^2b^2$$

이고, 이 식의 양변을 a^2b^2으로 나누면 다음과 같은 타원의 방정식을 얻는다.

$$\frac{x^2}{a^2} + \frac{y^2}{b^2} = 1 \quad \cdots \quad \text{㉠}$$

역으로 방정식 ㉠을 만족시키는 점 $P(x,\ y)$는 $\overline{PF}+\overline{PF'}=2a$를 만족시키므로 주어진 타원 위의 점이다.
따라서 ㉠은 구하는 타원의 방정식이다.

초점이 x축 위에 있는 타원의 방정식 요약

두 초점 F$(c, 0)$, F$'(-c, 0)$으로부터의 거리의 합이 $2a$인 타원의 방정식은

$\dfrac{x^2}{a^2}+\dfrac{y^2}{b^2}=1$ (단, $a>c>0$, $b^2=a^2-c^2$)

ex 두 초점 F$(4, 0)$, F$'(-4, 0)$으로부터의 거리의 합이 10인 타원의 방정식을 구하시오.

$2a=10 \Rightarrow a^2=25$, $c=4 \Rightarrow c^2=16$, $b^2=a^2-c^2=9$ 이므로 $\dfrac{x^2}{25}+\dfrac{y^2}{9}=1$

Tip 1 두 점 F$(c, 0)$, F$'(-c, 0)$을 초점으로 하는 타원은 장축이 x축 위에 있고 중심이 원점이다.

Tip 2 타원 $\dfrac{x^2}{a^2}+\dfrac{y^2}{b^2}=1$은 중심이 원점이므로 x축, y축, 원점에 대하여 각각 대칭이다.

Tip 3 타원의 방정식 $\dfrac{x^2}{a^2}+\dfrac{y^2}{b^2}=1$ $(a>0,\ b>0)$에서 초점들이 x축 위에 있을 때는 $a>b$이다.

개념 확인문제 10 두 초점 F$(2, 0)$, F$'(-2, 0)$으로부터의 거리의 합이 6인 타원의 방정식을 구하시오.

타원의 초점, 꼭짓점의 좌표와 장축, 단축의 길이

오른쪽 그림과 같은 타원 $\dfrac{x^2}{a^2}+\dfrac{y^2}{b^2}=1$ $(a>b>0)$에서
두 초점을 F$(c, 0)$, F$'(-c, 0)$ $(c>0)$이라 하면
$b^2=a^2-c^2$에서 $c=\sqrt{a^2-b^2}$ 이므로

$\quad$ F$\left(\sqrt{a^2-b^2},\ 0\right)$, F$'\left(-\sqrt{a^2-b^2},\ 0\right)$

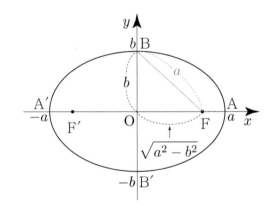

이다. 또한 꼭짓점의 좌표는

$\quad$ A$(a, 0)$, A$'(-a, 0)$, B$(0, b)$, B$'(0, -b)$

이고, 장축의 길이는 $\overline{AA'}=2a$, 단축의 길이는 $\overline{BB'}=2b$ 이다.

Tip 1 장축의 길이는 타원 위의 임의의 점에서 타원의 두 초점까지의 거리의 합과 같다.

Tip 2 $\overline{BF}$ 가 장축의 반인 $a \left(=\overline{OA}=\overline{OA'}\right)$라는 사실을 식이 아니라 그림으로 기억하도록 하자. (★중요★)
"선분 OA를 따로 떼어내어 선분 BF 자리에 붙인다."라는 느낌을 가지면 된다.

예제 4

타원 $\dfrac{x^2}{100} + \dfrac{y^2}{36} = 1$의 초점의 좌표와 장축, 단축의 길이를 구하시오.

풀이

$a = 10$, $b = 6$이므로 $c = \sqrt{10^2 - 6^2} = \sqrt{64} = 8$

초점의 좌표는 $(8, \ 0)$, $(-8, \ 0)$, 장축의 길이는 $2a = 20$, 단축의 길이는 $2b = 12$

개념 확인문제 **11** 다음 타원의 초점의 좌표와 장축, 단축의 길이를 구하시오.

(1) $\dfrac{x^2}{9} + \dfrac{y^2}{4} = 1$

(2) $\dfrac{x^2}{16} + \dfrac{y^2}{12} = 1$

(3) $x^2 + 4y^2 = 8$

(4) $16x^2 + 25y^2 = 400$

개념 확인문제 **12** 원점을 중심으로 하고 초점이 x축 위에 있는 타원이 있다. 이 타원의 장축의 길이가 16이고, 단축의 길이가 8일 때, 타원의 방정식을 구하시오.

초점이 y축 위에 있는 타원의 방정식

좌표평면에서 두 점 $F(0,\ c)$, $F'(0,\ -c)$를 초점으로 하고,
두 초점으로부터의 거리의 합이 $2b\ (b > c > 0)$인 타원의 방정식을 구하면

$$\frac{x^2}{a^2} + \frac{y^2}{b^2} = 1 \quad (\text{단},\ a^2 = b^2 - c^2)$$

이다. 이때 초점의 좌표는

$$F\left(0,\ \sqrt{b^2 - a^2}\right),\ F'\left(0,\ -\sqrt{b^2 - a^2}\right)$$

이고, 꼭짓점의 좌표는

$$A(a,\ 0),\ A'(-a,\ 0),\ B(0,\ b),\ B'(0,\ -b)$$

이다. 또한 장축의 길이는 $\overline{BB'} = 2b$, 단축의 길이는 $\overline{AA'} = 2a$이다.

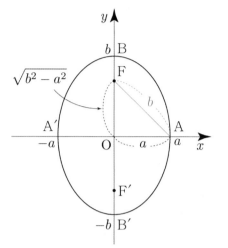

초점이 y축 위에 있는 타원의 방정식 요약

두 초점 $F(0,\ c)$, $F'(0,\ -c)$로부터의 거리의 합이 $2b$인 타원의 방정식은

$$\frac{x^2}{a^2} + \frac{y^2}{b^2} = 1 \quad (\text{단},\ b > c > 0,\ a^2 = b^2 - c^2)$$

ex 두 초점 $F\left(0,\ \sqrt{5}\right)$, $F'\left(0,\ -\sqrt{5}\right)$으로부터의 거리의 합이 $4\sqrt{2}$인 타원의 방정식을 구하시오.

$2b = 4\sqrt{2} \Rightarrow b^2 = 8$, $c = \sqrt{5} \Rightarrow c^2 = 5$, $a^2 = b^2 - c^2 = 3$ 이므로 $\dfrac{x^2}{3} + \dfrac{y^2}{8} = 1$

Tip 1 두 점 $F(0,\ c)$, $F'(0,\ -c)$을 초점으로 하는 타원은 장축이 y축 위에 있고 중심이 원점이다.

Tip 2 타원의 방정식 $\dfrac{x^2}{a^2} + \dfrac{y^2}{b^2} = 1\ (a > 0,\ b > 0)$에서 초점들이 y축 위에 있을 때는 $b > a$이다.

개념 확인문제 13 두 초점 $F\left(0,\ \sqrt{3}\right)$, $F'\left(0,\ -\sqrt{3}\right)$으로부터의 거리의 합이 6인 타원의 방정식을 구하시오.

개념 확인문제 14 타원 $\dfrac{x^2}{144} + \dfrac{y^2}{169} = 1$의 초점의 좌표와 장축, 단축의 길이를 구하시오.

개념 파악하기 **(4) 평행이동한 타원의 방정식은 어떻게 구할까?**

타원의 평행이동

타원 $\dfrac{x^2}{a^2}+\dfrac{y^2}{b^2}=1$ 을 x축의 방향으로 m만큼, y축의 방향으로 n만큼

평행이동한 타원의 방정식은 $\dfrac{(x-m)^2}{a^2}+\dfrac{(y-n)^2}{b^2}=1$ 이다.

이때 타원의 꼭짓점, 초점도 모두 평행이동 된다.

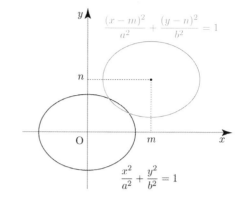

방정식	꼭짓점의 좌표	초점의 좌표
$\dfrac{x^2}{a^2}+\dfrac{y^2}{b^2}=1$	$(a,\ 0),\ (-a,\ 0)$ $(0,\ b),\ (0,\ -b)$	$(c,\ 0),\ (-c,\ 0)$
방정식	꼭짓점의 좌표	초점의 좌표
$\dfrac{(x-m)^2}{a^2}+\dfrac{(y-n)^2}{b^2}=1$	$(a+m,\ n),\ (-a+m,\ n)$ $(m,\ b+n),\ (m,\ -b+n)$	$(c+m,\ n),\ (-c+m,\ n)$

Tip 1 타원을 평행이동하여도 장축의 길이, 단축의 길이, 두 초점 사이의 거리는 변하지 않는다. ★★★
이러한 사실을 바탕으로 평행이동한 그래프의 식을 구할 수 있다.
[개념 확인문제 17]을 참고하도록 하자.

Tip 2 $\dfrac{(x-m)^2}{a^2}+\dfrac{(y-n)^2}{b^2}=1$ 꼴을 타원의 방정식의 표준형이라고 하고,

위의 식을 전개하여 정리하면 $Ax^2+By^2+Cx+Dy+E=0\,(AB>0,\ A\neq B)$ 꼴이 되는데
좌변이 계수가 실수인 두 일차식의 곱으로 인수분해되지 않을 때,
이를 타원의 방정식의 일반형이라고 한다.

예제 5

타원 $5x^2+9y^2-10x+18y-31=0$의 초점의 좌표와 장축, 단축의 길이를 각각 구하고, 그 그래프를 그리시오.

풀이

주어진 타원의 방정식을 변형하면 $5(x^2-2x+1)+9(y^2+2y+1)=45$에서

$\dfrac{(x-1)^2}{9}+\dfrac{(y+1)^2}{5}=1$이므로 타원 $\dfrac{x^2}{9}+\dfrac{y^2}{5}=1$을 x축의 방향으로 1만큼,

y축의 방향으로 -1만큼 평행이동한 것이다.

타원 $\dfrac{x^2}{9}+\dfrac{y^2}{5}=1$에서 $c=\sqrt{9-5}=\sqrt{4}=2$이므로

초점의 좌표는 $(2, 0)$, $(-2, 0)$, 장축의 길이는 6, 단축의 길이는 $2\sqrt{5}$이다.

따라서 주어진 타원의 초점의 좌표는 $(3, -1)$, $(-1, -1)$,

장축의 길이는 6, 단축의 길이는 $2\sqrt{5}$이고,

주어진 타원의 그래프는 오른쪽 그림과 같다.

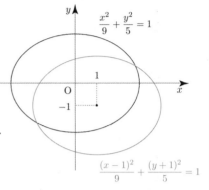

개념 확인문제 15 타원 $5x^2+y^2+10x-6y+9=0$의 초점의 좌표와 장축, 단축의 길이를 각각 구하고, 그 그래프를 그리시오.

개념 확인문제 16 타원 $4x^2+9y^2+16x+54y+61=0$의 두 초점 사이의 거리를 p, 장축과 단축의 길이를 각각 q, r라 할 때, $\dfrac{p^2q}{r}$의 값을 구하시오.

개념 확인문제 17 두 점 $A(0, 3)$, $B(4, 3)$을 꼭짓점으로 하고, 선분 AB의 $3:1$ 내분점이 한 초점인 타원의 방정식을 구하시오.

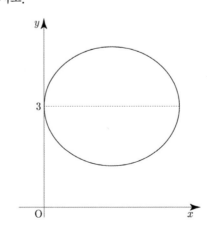

03 쌍곡선

성취 기준 – 쌍곡선의 뜻을 알고, 쌍곡선의 방정식을 구할 수 있다.

개념 파악하기 (5) 쌍곡선의 방정식은 어떻게 구할까?

쌍곡선의 뜻

평면 위의 두 점 F, F′으로부터의 거리의 차가 일정한 점들의
집합을 쌍곡선이라 하고, 두 점 F, F′을 쌍곡선의 초점이라 한다.

오른쪽 그림과 같이 쌍곡선에서 두 초점을 잇는 직선이 쌍곡선과
만나는 점을 각각 A, A′이라 하자.

이때 두 점 A, A′을 쌍곡선의 꼭짓점이라고 하고,
선분 AA′을 쌍곡선의 주축, 주축의 중점을 쌍곡선의 중심이라 한다.

쌍곡선 위의 어느 점에서도 두 초점으로부터의 거리의 차는 일정하다.
예를 들어 오른쪽 그림과 같이 $\overline{PF'} - \overline{PF} = \overline{P'F'} - \overline{P'F}$가 성립한다.

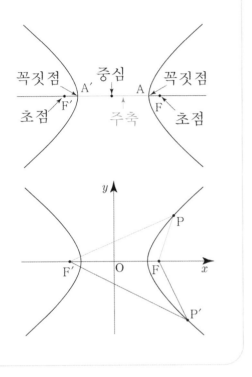

개념 확인문제 18

그림과 같이 두 초점이 F, F′인 쌍곡선 위의 두 점 P, Q에 대하여 $\overline{PF'} - \overline{PF} = 5$이고
$\overline{QF} - \overline{PF} = 6$이다. $\overline{PF'} - \overline{QF'}$의 값을 구하시오.

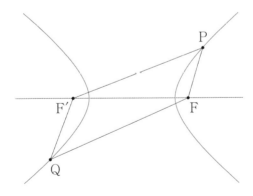

초점이 x 축 위에 있는 쌍곡선의 방정식

좌표평면에서 두 초점 $F(c, 0)$, $F'(-c, 0)$을 초점으로 하고, 두 초점으로부터의 거리의 차가 $2a\,(c > a > 0)$인 쌍곡선의 방정식을 구하여 보자.

[1단계] 쌍곡선의 정의에 의해 식 세우기
쌍곡선 위의 임의의 점을 $P(x, y)$라 하면
쌍곡선의 정의에 의하여

$$\left|\overline{PF'} - \overline{PF}\right| = 2a$$

이므로

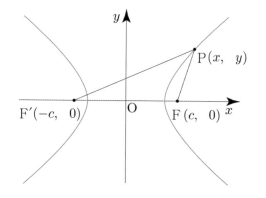

$$\left|\sqrt{(x+c)^2 + y^2} - \sqrt{(x-c)^2 + y^2}\right| = 2a$$

$$\sqrt{(x+c)^2 + y^2} - \sqrt{(x-c)^2 + y^2} = \pm 2a$$

$$\sqrt{(x+c)^2 + y^2} = \sqrt{(x-c)^2 + y^2} \pm 2a$$

[2단계] 식을 제곱하여 정리하기
이 식의 양변을 제곱하여 정리하면

$$cx - a^2 = \pm a\sqrt{(x-c)^2 + y^2}$$

이고, 다시 양변을 제곱하여 정리하면

$$(c^2 - a^2)x^2 - a^2y^2 = a^2(c^2 - a^2)$$

[3단계] 쌍곡선의 방정식 구하기
여기서 $c > a > 0$이므로 $c^2 - a^2 = b^2$으로 놓으면

$$b^2x^2 - a^2y^2 = a^2b^2$$

이고, 이 식의 양변을 a^2b^2으로 나누면 다음과 같은 쌍곡선의 방정식을 얻는다.

$$\frac{x^2}{a^2} - \frac{y^2}{b^2} = 1 \quad \cdots \quad \text{㉠}$$

역으로 방정식 ㉠을 만족시키는 점 $P(x, y)$는 $\left|\overline{PF'} - \overline{PF}\right| = 2a$를 만족시키므로 주어진 쌍곡선 위의 점이다. 따라서 ㉠은 구하는 쌍곡선의 방정식이다.

초점이 x축 위에 있는 쌍곡선의 방정식 요약

두 초점 $\mathrm{F}(c,\ 0)$, $\mathrm{F}'(-c,\ 0)$으로부터의 거리의 차가 $2a$인 쌍곡선의 방정식은

$$\frac{x^2}{a^2} - \frac{y^2}{b^2} = 1 \quad (\text{단, } c > a > 0,\ b^2 = c^2 - a^2)$$

ex 두 초점 $\mathrm{F}(5,\ 0)$, $\mathrm{F}'(-5,\ 0)$으로부터의 거리의 차가 6인 쌍곡선의 방정식을 구하시오.

$$2a = 6 \Rightarrow a^2 = 9,\ c = 5 \Rightarrow c^2 = 25,\ b^2 = c^2 - a^2 = 16 \text{ 이므로 } \frac{x^2}{9} - \frac{y^2}{16} = 1$$

개념 확인문제 19 다음 쌍곡선의 방정식을 구하시오.

(1) 두 초점 $\mathrm{F}(6,\ 0)$, $\mathrm{F}'(-6,\ 0)$으로부터의 거리의 차가 8인 쌍곡선

(2) 두 초점 $\mathrm{F}(\sqrt{5},\ 0)$, $\mathrm{F}'(-\sqrt{5},\ 0)$으로부터의 거리의 차가 4인 쌍곡선

쌍곡선의 초점, 꼭짓점의 좌표와 주축의 길이

오른쪽 그림과 같은 쌍곡선 $\dfrac{x^2}{a^2} - \dfrac{y^2}{b^2} = 1$에서

두 초점을 $\mathrm{F}(c,\ 0)$, $\mathrm{F}'(-c,\ 0)\ (c > a > 0)$이라 하면
$b^2 = c^2 - a^2$에서 $c = \sqrt{a^2 + b^2}$이므로

$$\mathrm{F}\left(\sqrt{a^2 + b^2},\ 0\right),\ \mathrm{F}'\left(-\sqrt{a^2 + b^2},\ 0\right)$$

이다. 또 꼭짓점의 좌표는 $\mathrm{A}(a,\ 0)$, $\mathrm{A}'(-a,\ 0)$이고
주축의 길이는 $\overline{\mathrm{AA}'} = 2a$이다.

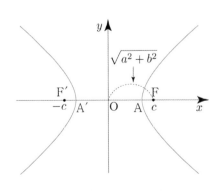

Tip 주축의 길이는 쌍곡선 위의 임의의 점에서 쌍곡선의 두 초점까지의 거리의 차와 같다.

쌍곡선 $\dfrac{x^2}{25} - \dfrac{y^2}{11} = 1$의 초점, 꼭짓점의 좌표와 주축의 길이를 구하시오.

풀이

$a = 5,\ b = \sqrt{11}$ 이므로 $c = \sqrt{25 + 11} = \sqrt{36} = 6$

초점의 좌표는 $(6,\ 0),\ (-6,\ 0)$

꼭짓점의 좌표는 $(5,\ 0),\ (-5,\ 0)$

주축의 길이는 $2a = 10$

개념 확인문제 20 다음 쌍곡선의 초점, 꼭짓점의 좌표와 주축의 길이를 구하시오.

(1) $\dfrac{x^2}{144} - \dfrac{y^2}{25} = 1$

(2) $8x^2 - y^2 = 8$

개념 확인문제 21 다음 쌍곡선의 방정식을 구하시오.

(1) 한 초점이 $F(-4,\ 0)$, 한 꼭짓점이 $A(2,\ 0)$, 중심이 원점인 쌍곡선

(2) 두 꼭짓점이 $A(\sqrt{3},\ 0),\ A'(-\sqrt{3},\ 0)$이고, 한 초점이 $F(3,\ 0)$인 쌍곡선

초점이 y축 위에 있는 쌍곡선의 방정식

좌표평면에서 두 초점 $F(0, c)$, $F'(0, -c)$을 초점으로 하고,
두 초점으로부터의 거리의 차가 $2b\,(c > b > 0)$인
쌍곡선의 방정식을 구하면

$$\frac{x^2}{a^2} - \frac{y^2}{b^2} = -1 \ (\text{단,} \ a^2 = c^2 - b^2)$$

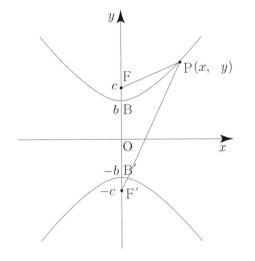

이다. 이때 초점의 좌표는

$$F\!\left(0, \ \sqrt{a^2 + b^2}\right), \ F'\!\left(0, \ -\sqrt{a^2 + b^2}\right)$$

이고, 꼭짓점의 좌표는

$$B(0, \ b), \ B'(0, \ -b)$$

이다. 또한 주축의 길이는 $\overline{BB'} = 2b$이다.

초점이 y축 위에 있는 쌍곡선의 방정식 요약

두 초점 $F(0, c)$, $F'(0, -c)$로부터의 거리의 차가 $2b$인 쌍곡선의 방정식은

$$\frac{x^2}{a^2} - \frac{y^2}{b^2} = -1 \ (\text{단,} \ c > b > 0, \ a^2 = c^2 - b^2)$$

ex 두 초점 $F(0, 8)$, $F'(0, -8)$으로부터의 거리의 차가 10인 쌍곡선의 방정식을 구하시오.

$c = 8 \Rightarrow c^2 = 64$, $2b = 10 \Rightarrow b^2 = 25$, $a^2 = c^2 - b^2 = 39$ 이므로 $\dfrac{x^2}{39} - \dfrac{y^2}{25} = -1$

Tip 1 타원과 다르게 쌍곡선의 방정식 $\dfrac{x^2}{a^2} - \dfrac{y^2}{b^2} = \pm 1$에서는 a^2, b^2의 대소 관계에 따라 두 초점이 x축에 있는지 y축에 있는지 결정되지 않는다.

Tip 2 쌍곡선의 방정식 $\dfrac{x^2}{a^2} - \dfrac{y^2}{b^2} = \pm 1$에서 초점이 x축 위에 있을 때는 우변이 1이고, 초점이 y축에 있을 때는 우변이 -1이다.

개념 확인문제 22 두 초점 $\mathrm{F}(0,\ 3)$, $\mathrm{F}'(0,\ -3)$으로부터의 거리의 차가 2인 쌍곡선의 방정식을 구하시오.

예제 7

쌍곡선 $\dfrac{x^2}{6}-\dfrac{y^2}{10}=-1$의 초점, 꼭짓점의 좌표와 주축의 길이를 구하시오.

풀이

$a=\sqrt{6}$, $b=\sqrt{10}$ 이므로 $c=\sqrt{6+10}=\sqrt{16}=4$
초점의 좌표는 $(0,\ 4)$, $(0,\ -4)$
꼭짓점의 좌표는 $(0,\ \sqrt{10})$, $(0,\ -\sqrt{10})$
주축의 길이는 $2b=2\sqrt{10}$

개념 확인문제 23 다음 쌍곡선의 초점, 꼭짓점의 좌표와 주축의 길이를 구하시오.

(1) $\dfrac{x^2}{10}-\dfrac{y^2}{15}=-1$

(2) $8x^2-y^2=-8$

개념 파악하기 | (6) 쌍곡선의 점근선의 방정식은 무엇일까?

쌍곡선의 점근선

쌍곡선의 방정식

$$\frac{x^2}{a^2} - \frac{y^2}{b^2} = 1 \quad \cdots \ \bigcirc$$

을 y에 대하여 풀면

$$y = \pm \frac{b}{a} x \sqrt{1 - \frac{a^2}{x^2}}$$

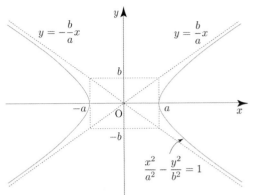

이다. 이때 $|x|$의 값이 한없이 커지면 $\dfrac{a^2}{x^2}$의 값은 0에 한없이 가까워지므로 쌍곡선 $\bigcirc$은

두 직선 $y = \dfrac{b}{a} x$, $y = -\dfrac{b}{a} x$에 한없이 가까워진다. 이 두 직선을 쌍곡선 $\bigcirc$의 점근선이라 한다.

같은 방법으로 쌍곡선 $\dfrac{x^2}{a^2} - \dfrac{y^2}{b^2} = -1$의 점근선의 방정식도 $y = \dfrac{b}{a} x$, $y = -\dfrac{b}{a} x$임을 알 수 있다.

쌍곡선의 점근선 요약

쌍곡선 $\dfrac{x^2}{a^2} - \dfrac{y^2}{b^2} = 1$, $\dfrac{x^2}{a^2} - \dfrac{y^2}{b^2} = -1$의 점근선의 방정식은 $y = \dfrac{b}{a} x$, $y = -\dfrac{b}{a} x$

Tip 1 $a = b$일 때, 쌍곡선의 점근선은 $y = x$, $y = -x$이고, 두 점근선은 서로 수직이다.

Tip 2 〈쌍곡선의 작도법〉
[1단계] 밑변의 길이가 $2a$, 높이가 $2b$인 직사각형을 그린다.
  (단, 직사각형의 두 대각선의 교점은 쌍곡선의 중심이고, 밑변이 x축에 평행하다.)
[2단계] 직사각형의 두 대각선을 연장하여 점근선을 그린다.
[3단계] 두 꼭짓점을 찍은 후 점근선을 고려하여 쌍곡선을 그린다.

Tip 3 쌍곡선 $\dfrac{x^2}{a^2} - \dfrac{y^2}{b^2} = 1$에서 $c = \sqrt{a^2 + b^2}$이므로 원점을 중심으로 하고 사각형의 꼭짓점을 지나는

원을 그렸을 때, 이 원과 x축이 만나는 두 점은 초점과 같다.

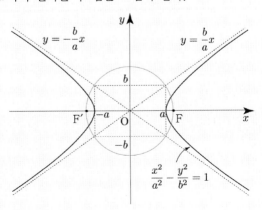

쌍곡선 $\dfrac{x^2}{9}-\dfrac{y^2}{5}=1$의 점근선의 방정식을 구하고, 그 그래프를 그리시오.

풀이

$\dfrac{x^2}{3^2}-\dfrac{y^2}{(\sqrt{5})^2}=1$이므로 $a=3$, $b=\sqrt{5}$

점근선의 방정식은 $y=\dfrac{\sqrt{5}}{3}x$, $y=-\dfrac{\sqrt{5}}{3}x$

또한 꼭짓점의 좌표는 $(3,\,0)$, $(-3,\,0)$이므로

주어진 쌍곡선과 점근선은 오른쪽 그림과 같다.

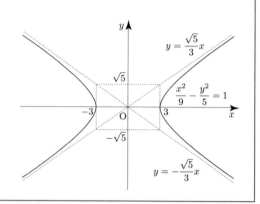

개념 확인문제 24 다음 쌍곡선의 점근선의 방정식을 구하고, 그 그래프를 그리시오.

(1) $x^2-4y^2=16$

(2) $x^2-\dfrac{y^2}{25}=-1$

개념 파악하기 **(7) 평행이동한 쌍곡선의 방정식은 어떻게 구할까?**

쌍곡선의 평행이동

쌍곡선 $\dfrac{x^2}{a^2} - \dfrac{y^2}{b^2} = 1$을 x축의 방향으로 m만큼, y축의 방향으로 n만큼

평행이동한 쌍곡선의 방정식은 $\dfrac{(x-m)^2}{a^2} - \dfrac{(y-n)^2}{b^2} = 1$이다.

이때 쌍곡선의 초점, 점근선, 꼭짓점도 모두 평행이동된다.

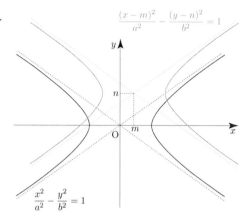

방정식 $\dfrac{x^2}{a^2} - \dfrac{y^2}{b^2} = 1$	초점의 좌표 $(c, 0), (-c, 0)$	점근선의 방정식 $y = \dfrac{b}{a}x, \ y = -\dfrac{b}{a}x$	꼭짓점의 좌표 $(a, 0), (-a, 0)$
방정식 $\dfrac{(x-m)^2}{a^2} - \dfrac{(y-n)^2}{b^2} = 1$	초점의 좌표 $(c+m, n), (-c+m, n)$	점근선의 방정식 $y = \dfrac{b}{a}(x-m)+n,$ $y = -\dfrac{b}{a}(x-m)+n$	꼭짓점의 좌표 $(a+m, n), (-a+m, n)$

Tip 1 쌍곡선을 평행이동하여도 두 꼭짓점 사이의 거리, 두 초점 사이의 거리는 변하지 않는다. ★★★
(쌍곡선을 평행이동하면 초점, 중심, 꼭짓점, 점근선도 같이 평행이동된다.)
이러한 사실을 바탕으로 평행이동한 그래프의 식을 구할 수 있다.
[개념 확인문제 26]을 참고하도록 하자.

Tip 2 $\dfrac{(x-m)^2}{a^2} - \dfrac{(y-n)^2}{b^2} = \pm 1$ 꼴을 쌍곡선의 방정식의 표준형이라고 하고,

위의 식을 전개하여 정리하면 $Ax^2 + By^2 + Cx + Dy + E = 0 \ (AB < 0)$ 꼴이 되는데
좌변이 계수가 실수인 두 일차식의 곱으로 인수분해되지 않을 때,
이를 쌍곡선의 방정식의 일반형이라고 한다.

예제 9

쌍곡선 $4x^2 - y^2 - 16x + 12 = 0$을 그리시오.

풀이

주어진 쌍곡선의 방정식을 변형하면

$4(x-2)^2 - y^2 = 4$, $(x-2)^2 - \dfrac{y^2}{4} = 1$ 이고,

이 쌍곡선은 쌍곡선 $x^2 - \dfrac{y^2}{4} = 1$을

x축의 방향으로 2만큼 평행이동한 것으로
주어진 쌍곡선은 오른쪽 그림과 같다.

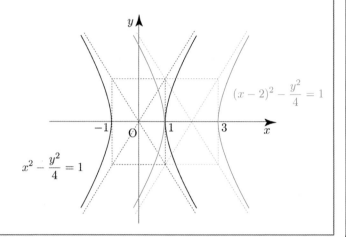

개념 확인문제 25 다음 쌍곡선의 그래프를 그리시오.

(1) $\dfrac{(x-4)^2}{16} - \dfrac{(y+1)^2}{9} = 1$

(2) $3x^2 - y^2 - 12x + 21 = 0$

개념 확인문제 26 두 꼭짓점의 x좌표가 각각 -1, -5이고, 직선 $y = \dfrac{1}{2}x + \dfrac{9}{2}$을 점근선으로 하는
쌍곡선의 방정식을 구하시오.

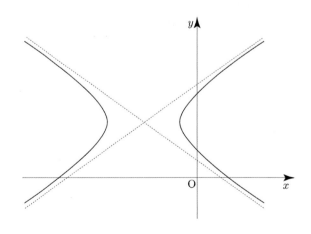

이차곡선

원, 포물선, 타원, 쌍곡선은 모두 x, y에 대한 이차방정식으로 나타내어진다.
이처럼 x, y에 대한 이차방정식

$$Ax^2 + By^2 + Cxy + Dx + Ey + F = 0$$

의 그래프는 특수한 경우를 제외하면 원, 포물선, 타원, 쌍곡선 중의 어느 하나가 되며
이를 통틀어 이차곡선이라 한다.

Tip 다음과 같이 x, y에 대한 이차방정식의 그래프가 곡선이 아닌 경우도 존재한다.

ex1 $x^2 - y^2 = (x+y)(x-y) = 0 \Rightarrow$ 직선 $y = x$ or $y = -x$ or $y = |x|$ or $y = -|x|$

ex2 $x^2 + y^2 = 0 \Rightarrow$ 한 점 $(0, 0)$

ex3 $x^2 + y^2 + 3 = 0 \Rightarrow$ 그래프로 나타낼 수 없다.

예제 10

방정식 $y^2 - 4y - 4x - 4 = 0$이 나타내는 도형을 말하시오.

> **풀이**
>
> $y^2 - 4y - 4x - 4 = 0$을 변형하면 $(y-2)^2 = 4(x+2)$
> 따라서 주어진 방정식이 나타내는 도형은 포물선 $y^2 = 4x$를 x축의 방향으로 -2만큼,
> y축의 방향으로 2만큼 평행이동한 포물선을 나타낸다.

개념 확인문제 27 다음 방정식이 나타내는 도형을 말하시오.

(1) $x^2 - 2x - 8y - 7 = 0$

(2) $x^2 - y^2 + 2x + 6y - 7 = 0$

(3) $x^2 + y^2 - 2x + 4y + 1 = 0$

(4) $x^2 + 4y^2 + 6x + 8y - 3 = 0$

04 이차곡선의 접선의 방정식

성취 기준 – 이차곡선과 직선의 위치 관계를 이해하고, 접선의 방정식을 구할 수 있다.

개념 파악하기 (8) 이차곡선과 직선은 어떤 위치 관계가 있을까?

포물선과 직선의 위치 관계

일반적으로 포물선과 직선의 교점의 x좌표는 직선의 방정식을 포물선의 방정식에 대입하여 얻은 x에 대한 이차방정식의 실근이다.

따라서 포물선 $y^2 = 4px$와 직선 $y = mx + n \; (m \neq 0)$의 교점의 개수는 $y = mx + n$을 $y^2 = 4px$에 대입하여 얻은 x에 대한 이차방정식

$$m^2 x^2 + 2(mn - 2p)x + n^2 = 0 \; \cdots \; \bigcirc$$

의 실근의 개수와 같다.

$\bigcirc$의 판별식을 D라 하면 포물선과 직선의 위치 관계는 다음과 같다.

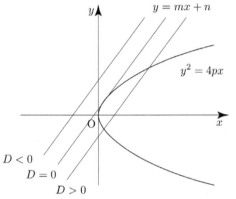

판별식의 값의 부호	포물선과 직선의 위치 관계
$D > 0$	서로 다른 두 점에서 만난다.
$D = 0$	한 점에서 만난다. (접한다.)
$D < 0$	만나지 않는다.

타원과 직선의 위치 관계

일반적으로 타원과 직선의 교점의 x좌표는 직선의 방정식을 타원의 방정식에 대입하여 얻은 x에 대한 이차방정식의 실근이다.

따라서 타원 $\dfrac{x^2}{a^2} + \dfrac{y^2}{b^2} = 1$과 직선 $y = mx + n$의 교점의 개수는 $y = mx + n$을

$\dfrac{x^2}{a^2} + \dfrac{y^2}{b^2} = 1$에 대입하여 얻은 x에 대한 이차방정식

$$(a^2 m^2 + b^2)x^2 + 2a^2 mnx + a^2(n^2 - b^2) = 0 \; \cdots \; \bigcirc$$

의 실근의 개수와 같다.

$\bigcirc$의 판별식을 D라 하면 타원과 직선의 위치 관계는 다음과 같다.

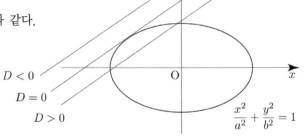

판별식의 값의 부호	타원과 직선의 위치 관계
$D > 0$	서로 다른 두 점에서 만난다.
$D = 0$	한 점에서 만난다. (접한다.)
$D < 0$	만나지 않는다.

쌍곡선과 직선의 위치 관계

일반적으로 쌍곡선과 직선의 교점의 x좌표는 직선의 방정식을 쌍곡선의 방정식에 대입하여 얻은 x에 대한 이차방정식의 실근이다.

따라서 쌍곡선 $\dfrac{x^2}{a^2}-\dfrac{y^2}{b^2}=1$과 직선 $y=mx+n$의 교점의 개수는 $y=mx+n$을 $\dfrac{x^2}{a^2}-\dfrac{y^2}{b^2}=1$에 대입하여 얻은 x에 대한 이차방정식

$$(a^2m^2-b^2)x^2+2a^2mnx+a^2(n^2+b^2)=0 \quad \cdots \ \textcircled{\tiny ㄷ}$$

의 실근의 개수와 같다.

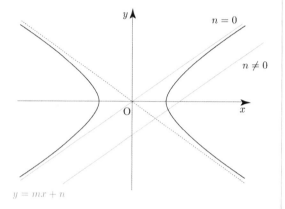

① $a^2m^2-b^2=0$일 때,

   (i) $n=0$이면 $\textcircled{\tiny ㄷ}$의 근이 없으므로 쌍곡선과 만나지 않는다.

   (ii) $n\neq0$이면 $\textcircled{\tiny ㄷ}$의 실근이 한 개이므로 쌍곡선과 한 점에서 만난다.

② $a^2m^2-b^2\neq0$일 때,

   $\textcircled{\tiny ㄷ}$의 판별식을 D라 하면 쌍곡선과 직선의 위치 관계는 다음과 같다.

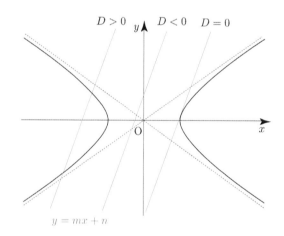

판별식의 값의 부호	쌍곡선과 직선의 위치 관계
$D>0$	서로 다른 두 점에서 만난다.
$D=0$	한 점에서 만난다. (접한다.)
$D<0$	만나지 않는다.

Tip 쌍곡선 $\dfrac{x^2}{a^2}-\dfrac{y^2}{b^2}=1$과 직선 $y=mx+n$의 위치 관계를 점근선의 기울기와 직선의 기울기를 비교하면

  ① 직선과 점근선의 기울기가 같을 때, 즉 $m=\pm\dfrac{a}{b}$

    (i) $n=0$이면 점근선과 일치하므로 쌍곡선과 직선은 만나지 않는다.

    (ii) $n\neq0$이면 점근선과 평행하므로 쌍곡선과 직선은 한 점에서 만난다. 이때의 직선은 접선이 아니다.

  ② 직선과 점근선의 기울기가 다를 때, 즉 $m\neq\pm\dfrac{a}{b}$

    (i) $n=0$이면 $-\dfrac{b}{a}<m<\dfrac{b}{a}$일 때, 서로 다른 두 점에서 만난다.

        $m<-\dfrac{b}{a}$ 또는 $m>\dfrac{b}{a}$일 때, 만나지 않는다.

    (ii) $n\neq0$이면 서로 다른 두 점에서 만나거나, 접하거나, 만나지 않는다.

예제 11

포물선 $y^2 = 4x$와 직선 $y = -x + k$의 위치 관계를 실수 k의 값의 범위에 따라 조사하시오.

풀이

$y = -x + k$를 $y^2 = 4x$에 대입하면

$(-x+k)^2 = 4x \Rightarrow x^2 - 2(k+2)x + k^2 = 0 \cdots$ ㉠

㉠의 판별식을 D라 하면 $\dfrac{D}{4} = \{-(k+2)\}^2 - k^2 = 4k+4$

판별식의 값의 부호에 따라 위치 관계를 조사하면

(i) $D > 0$, 즉 $k > -1$일 때, 서로 다른 두 점에서 만난다.

(ii) $D = 0$, 즉 $k = -1$일 때, 한 점에서 만난다. (접한다.)

(iii) $D < 0$, 즉 $k < -1$일 때, 만나지 않는다.

개념 확인문제 28 다음 이차곡선과 직선 $y = x + k$의 위치 관계를 실수 k의 범위에 따라 조사하시오.

(1) $y^2 = 8x$

(2) $\dfrac{x^2}{4} + y^2 = 1$

(3) $\dfrac{x^2}{2} - y^2 = 1$

개념 파악하기 **(9) 포물선의 접선의 방정식은 어떻게 구할까?**

기울기가 주어진 포물선의 접선의 방정식

포물선 $y^2 = 4px$에 접하고 기울기가 $m\,(m \neq 0)$인 접선의 방정식을 구하여 보자.
구하는 접선의 방정식을 $y = mx + n$이라 하고,
포물선의 방정식 $y^2 = 4px$에 대입하여 정리하면

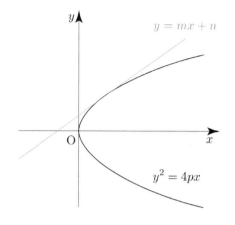

$$m^2x^2 + 2(mn - 2p)x + n^2 = 0 \cdots \text{㉠}$$

이다. 이차방정식 ㉠의 판별식을 D라 하면

$$\frac{D}{4} = (mn - 2p)^2 - m^2n^2 = 4p(p - mn) = 0$$

이다. $p \neq 0$이므로 $p - mn = 0$, 즉, $n = \dfrac{p}{m}$이다.

따라서 구하는 접선의 방정식은 $y = mx + \dfrac{p}{m}$이다.

기울기가 주어진 포물선의 접선의 방정식 요약

포물선 $y^2 = 4px$에 접하고 기울기가 m인 접선의 방정식은 $y = mx + \dfrac{p}{m}$ (단, $m \neq 0$)

ex 포물선 $y^2 = 8x$에 접하고 기울기가 5인 접선의 방정식을 구하시오.

$4p = 8 \Rightarrow p = 2$이고, $m = 5$이므로 접선의 방정식은 $y = 5x + \dfrac{2}{5}$이다.

Tip 1 〈포물선 $x^2 = 4py$에 접하고 기울기가 m인 접선의 방정식〉

구하는 접선의 방정식을 $y = mx + n$이라 하고, 포물선의 방정식 $x^2 = 4py$에 대입하여 정리하면

$x^2 - 4pmx - 4pn = 0$이다. 이차방정식의 판별식을 D라 하면 $\dfrac{D}{4} = 4p^2m^2 + 4pn = 4p(pm^2 + n) = 0$이다.

$p \neq 0$이므로 $pm^2 + n = 0$, 즉, $n = -pm^2$이다. 따라서 접선의 방정식은 $y = mx - pm^2$이다.

Tip 2 〈포물선과 직선이 한 점에서 만나면 그 직선은 항상 접선일까?〉

직선 $y = mx + n$에서 $m = 0$이면 포물선과 직선의 교점은 1개이지만
그림과 같이 이 직선은 접선이 아니다.

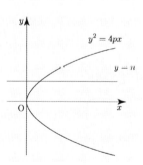

개념 확인문제 **29** 다음 접선의 방정식을 구하시오.

(1) 포물선 $y^2 = -12x$에 접하고 기울기가 4인 접선

(2) 포물선 $y^2 = 6x$에 접하고 직선 $x - 3y + 5 = 0$에 평행한 접선

포물선 위의 점에서의 접선의 방정식

포물선 $y^2 = 4px$ 위의 점 $P(x_1,\ y_1)$에서의 접선의 방정식을 구하여 보자.

(i) 점 P가 x축 위의 점이 아닌 경우 ($y_1 \neq 0$일 때)

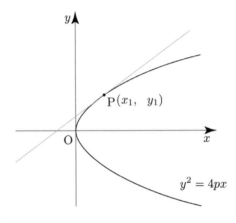

접선의 기울기를 $m\,(m \neq 0)$이라 하면 구하는 접선의 방정식은

$$y = m(x - x_1) + y_1$$

$$y = mx - mx_1 + y_1 \ \cdots \ ㉠$$

또 포물선 $y^2 = 4px$에 접하고 기울기가 m인 접선의 방정식은

$$y = mx + \frac{p}{m} \ \cdots \ ㉡$$

㉠과 ㉡에서 $-mx_1 + y_1 = \dfrac{p}{m}$, 즉 $x_1 m^2 - y_1 m + p = 0$

$y_1^2 = 4px_1$이므로 m에 대한 이차방정식을 풀면

$$m = \frac{y_1 \pm \sqrt{(-y_1)^2 - 4px_1}}{2x_1} = \frac{y_1}{2x_1} = \frac{2p}{y_1}$$

이것을 ㉠에 대입하면

$$y = \frac{2p}{y_1}x - \frac{2p}{y_1}x_1 + y_1$$

$$y_1 y = 2px - 2px_1 + y_1^2$$

$y_1^2 = 4px_1$이므로 $y_1 y = 2px + 2px_1$, 즉 $y_1 y = 2p(x + x_1)$이다.

(ii) 점 P가 x축 위의 점인 경우 ($y_1 = 0$일 때)

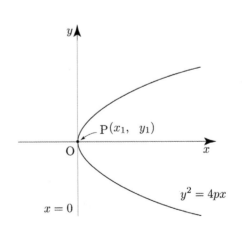

$x_1 = 0$, $y_1 = 0$이므로 꼭짓점 $(0,\ 0)$에서의 접선의 방정식 $x = 0$이고, 이 경우에도

$$y_1 y = 2p(x + x_1)$$

이 성립한다.

마찬가지 방법으로 포물선 $x^2 = 4py$ 위의 점 $P(x_1,\ y_1)$에서의 접선의 방정식은

$$x_1 x = 2p(y + y_1)$$

임을 알 수 있다.

포물선 위의 점에서의 접선의 방정식 요약

① 포물선 $y^2 = 4px$ 위의 점 $(x_1,\ y_1)$에서의 접선의 방정식은 $y_1 y = 2p(x + x_1)$

② 포물선 $x^2 = 4py$ 위의 점 $(x_1,\ y_1)$에서의 접선의 방정식은 $x_1 x = 2p(y + y_1)$

ex 포물선 $y^2 = 4x$ 위의 점 $(4,\ 4)$에서의 접선의 방정식을 구하시오.

$$4y = 2 \times 1 \times (x + 4), \text{ 즉 } y = \frac{1}{2}x + 2$$

Tip 1 이차곡선에서 접선의 방정식을 구할 때, 접점이 주어진 경우는 공식을 사용하는 것이 편하다.
이차곡선 위의 점 $(x_1,\ y_1)$에서의 접선의 방정식은 이차곡선의 방정식에

$$x^2 \Rightarrow x_1 x, \quad y^2 \Rightarrow y_1 y, \quad x \Rightarrow \frac{x + x_1}{2}, \quad y \Rightarrow \frac{y + y_1}{2} \text{ 을 각각 대입하여 구하면 된다.}$$

예를 들어 접점이 $(x_1,\ y_1)$인 원과 포물선의 접선의 방정식은 다음과 같다.

(i) 원 $x^2 + y^2 = r^2 \Rightarrow x_1 x + y_1 y = r^2$

(ii) 포물선 $y^2 = 4px \Rightarrow y_1 y = 2p(x + x_1)$

$\qquad\qquad x^2 = 4py \Rightarrow x_1 x = 2p(y + y_1)$

Tip 2 포물선 $x^2 = 4py$의 경우 $y = \frac{x^2}{4p}$로 변형하여 이차함수로 보고 접선의 방정식을 구할 수도 있다.

개념 확인문제 **30** 다음 접선의 방정식을 구하시오.

(1) 포물선 $y^2 = 6x$ 위의 점 $(6,\ 6)$에서의 접선

(2) 포물선 $x^2 = -16y$ 위의 점 $(4,\ -1)$에서의 접선

점 $(-2, -1)$에서 포물선 $y^2 = 4x$에 그은 접선의 방정식을 구하시오.

풀이

풀이1) 접점의 좌표를 (x_1, y_1)이라고 하면 접선의 방정식은 $y_1 y = 2(x + x_1)$이다.

이 접선이 점 $(-2, -1)$을 지나므로 $-y_1 = 2(x_1 - 2)$ ⋯ ㉠

또, 점 (x_1, y_1)은 포물선 $y^2 = 4x$ 위의 점이므로 $y_1^2 = 4x_1$ ⋯ ㉡

㉠, ㉡을 연립하여 정리하면 $x_1 = 1$, $y_1 = 2$ or $x_1 = 4$, $y_1 = -4$

따라서 구하는 접선의 방정식은 $y = -\dfrac{1}{2}x - 2$ or $y = x + 1$

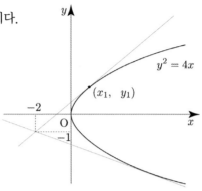

풀이2) 기울기가 m인 접선의 방정식은 $y = mx + \dfrac{1}{m}$이다.

이 접선이 점 $(-2, -1)$을 지나므로 $-1 = -2m + \dfrac{1}{m} \Rightarrow 2m^2 - m - 1 = 0 \Rightarrow (2m+1)(m-1) = 0$

$m = -\dfrac{1}{2}$ or $m = 1$이므로 구하는 접선의 방정식은 $y = -\dfrac{1}{2}x - 2$ or $y = x + 1$ 이다.

> **Tip** 점 $(0, 2)$에서 포물선 $y^2 = 4x$에 그은 접선의 방정식을 풀이2)으로 구해보자.
>
> 기울기가 m인 접선의 방정식은 $y = mx + \dfrac{1}{m}$이다.
>
> 이 접선이 점 $(0, 2)$을 지나므로 $2 = \dfrac{1}{m}$
>
> $m = \dfrac{1}{2}$이므로 구하는 접선의 방정식은 $y = \dfrac{1}{2}x + 2$이다.
>
> 마치 접선의 방정식이 $y = \dfrac{1}{2}x + 2$ 하나만 존재하는 것처럼
>
> 보이지만 $x = 0$도 접선이 될 수 있다.
> 즉, 풀이2)로 문제를 접근할 때에는 대략적으로 그림을 그린 후
> 접근하는 것이 좋고 풀이2)로 풀었을 때, m의 개수가 하나이면
> 혹시 $x = k$ 꼴도 접선이 될 수 있지 않을까 떠올려보자.

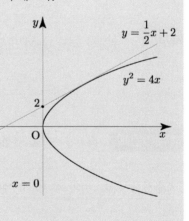

개념 확인문제 31 점 $(2, 3)$에서 포물선 $y^2 = -8x$에 그은 접선의 방정식을 구하시오.

개념 파악하기 (10) 타원의 접선의 방정식은 어떻게 구할까?

기울기가 주어진 타원의 접선의 방정식

타원 $\frac{x^2}{a^2}+\frac{y^2}{b^2}=1$에 접하고 기울기가 m인 접선의 방정식을 구하여 보자.

구하는 접선의 방정식을 $y=mx+n$이라 하고,

타원의 방정식 $\frac{x^2}{a^2}+\frac{y^2}{b^2}=1$에 대입하여 정리하면

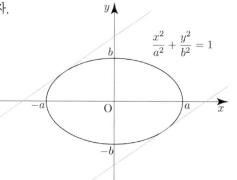

$$(a^2m^2+b^2)x^2+2a^2mnx+a^2(n^2-b^2)=0 \quad \cdots \quad \bigcirc$$

이다. 이차방정식 $\bigcirc$의 판별식을 D라 하면

$$\frac{D}{4}=(a^2mn)^2-a^2(a^2m^2+b^2)(n^2-b^2)=a^2b^2(a^2m^2+b^2-n^2)=0$$

이다. $a\neq0$, $b\neq0$이므로 $a^2m^2+b^2-n^2=0$, 즉, $n^2=a^2m^2+b^2$에서 $n=\pm\sqrt{a^2m^2+b^2}$
이므로 구하는 접선의 방정식은 $y=mx\pm\sqrt{a^2m^2+b^2}$이다.

기울기가 주어진 타원의 접선의 방정식 요약

타원 $\frac{x^2}{a^2}+\frac{y^2}{b^2}=1$에 접하고 기울기가 m인 접선의 방정식은 $y=mx\pm\sqrt{a^2m^2+b^2}$

ex 타원 $\frac{x^2}{5}+\frac{y^2}{4}=1$에 접하고 기울기가 1인 접선의 방정식을 구하시오.

$m=1$, $a^2=5$, $b^2=4$이므로 $y=x\pm\sqrt{5\times1^2+4}=x\pm3$
따라서 구하는 접선의 방정식은 $y=x+3$ or $y=x-3$이다.

개념 확인문제 32 다음 접선의 방정식을 구하시오.

(1) 타원 $\frac{x^2}{9}+\frac{y^2}{4}=1$에 접하고 기울기가 2인 접선

(2) 타원 $x^2+9y^2=9$에 접하고 직선 $3y-x+1=0$에 평행한 접선

타원 위의 점에서의 접선의 방정식

타원 $\dfrac{x^2}{a^2}+\dfrac{y^2}{b^2}=1$ 위의 점 $\mathrm{P}(x_1,\ y_1)$에서의 접선의 방정식을 구하여 보자.

(i) 점 P가 x축 위의 점이 아닌 경우 $(y_1 \ne 0$일 때$)$

접선의 기울기를 m이라 하면 구하는 접선의 방정식은

$$y = m(x-x_1)+y_1$$

$$y = mx-mx_1+y_1 \ \cdots \ \text{㉠}$$

또 타원 $\dfrac{x^2}{a^2}+\dfrac{y^2}{b^2}=1$에 접하고 기울기가 m인 접선의 방정식은

$$y = mx \pm \sqrt{a^2m^2+b^2} \ \cdots \ \text{㉡}$$

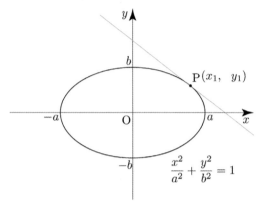

㉠과 ㉡에서 $-mx_1+y_1 = \pm\sqrt{a^2m^2+b^2} \ \cdots \ \text{㉢}$

$\dfrac{x_1{}^2}{a^2}+\dfrac{y_1{}^2}{b^2}=1$이므로 ㉢의 양변을 제곱하여 정리하면

$$\left(\frac{a}{b}y_1 m + \frac{b}{a}x_1\right)^2 = 0, \ \ \text{즉} \ \ m = -\frac{b^2 x_1}{a^2 y_1}$$

이것을 ㉠에 대입하면

$$y = -\frac{b^2 x_1}{a^2 y_1}x + \frac{b^2 x_1}{a^2 y_1}x_1 + y_1$$

$$\frac{y_1 y}{b^2} = -\frac{x_1 x}{a^2} + \frac{x_1{}^2}{a^2} + \frac{y_1{}^2}{b^2}$$

$\dfrac{x_1{}^2}{a^2}+\dfrac{y_1{}^2}{b^2}=1$이므로 $\dfrac{y_1 y}{b^2} = -\dfrac{x_1 x}{a^2}+1$, 즉 $\dfrac{x_1 x}{a^2}+\dfrac{y_1 y}{b^2}=1$이다.

(ii) 점 P가 x축 위의 점인 경우 $(y_1 = 0$일 때$)$

점 $(a,\ 0)$에서의 접선의 방정식 $x=a$와
점 $(-a,\ 0)$에서의 접선의 방정식 $x=-a$도

$$\frac{x_1 x}{a^2}+\frac{y_1 y}{b^2}=1$$

이 성립한다.

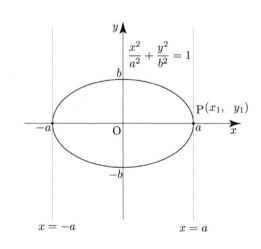

타원 위의 점에서의 접선의 방정식 요약

타원 $\dfrac{x^2}{a^2}+\dfrac{y^2}{b^2}=1$ 위의 점 $P(x_1,\ y_1)$에서의 접선의 방정식은 $\dfrac{x_1 x}{a^2}+\dfrac{y_1 y}{b^2}=1$

ex 타원 $\dfrac{x^2}{15}+\dfrac{y^2}{5}=1$ 위의 점 $(\sqrt{3},\ 2)$에서의 접선의 방정식을 구하시오.

$\dfrac{\sqrt{3}\,x}{15}+\dfrac{2y}{5}=1$, 즉 $y=-\dfrac{\sqrt{3}}{6}x+\dfrac{5}{2}$

개념 확인문제 **33** 다음 접선의 방정식을 구하시오.

(1) 타원 $\dfrac{x^2}{6}+\dfrac{y^2}{3}=1$ 위의 점 $(2,\ 1)$에서의 접선

(2) 타원 $4x^2+y^2=20$ 위의 점 $(1,\ -4)$에서의 접선

점 $(0,\ 2)$에서 타원 $\dfrac{x^2}{2}+y^2=1$에 그은 접선의 방정식을 구하시오.

풀이

풀이1) 접점의 좌표를 $(x_1,\ y_1)$이라고 하면 접선의 방정식은 $\dfrac{x_1 x}{2}+y_1 y=1$이다.

이 접선이 점 $(0,\ 2)$을 지나므로 $y_1=\dfrac{1}{2}$ ⋯ ㉠

또, 점 $(x_1,\ y_1)$은 타원 $\dfrac{x^2}{2}+y^2=1$ 위의 점이므로

$\dfrac{x_1^{\,2}}{2}+y_1^{\,2}=1$ ⋯ ㉡

㉠, ㉡을 연립하여 정리하면

$x_1=-\dfrac{\sqrt{6}}{2},\ y_1=\dfrac{1}{2}$ or $x_1=\dfrac{\sqrt{6}}{2},\ y_1=\dfrac{1}{2}$

따라서 구하는 접선의 방정식은

$y=-\dfrac{\sqrt{6}}{2}x+2$ or $y=\dfrac{\sqrt{6}}{2}x+2$이다.

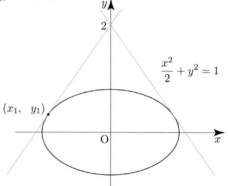

풀이2) 기울기가 m인 접선의 방정식은 $y=mx\pm\sqrt{2m^2+1}$ 이다.

이 접선이 점 $(0,\ 2)$을 지나므로

$2=\pm\sqrt{2m^2+1}\ \Rightarrow\ 2=\sqrt{2m^2+1}\ \Rightarrow\ 4=2m^2+1\ \Rightarrow\ m=-\dfrac{\sqrt{6}}{2}$ or $m=\dfrac{\sqrt{6}}{2}$

따라서 구하는 접선의 방정식은 $y=-\dfrac{\sqrt{6}}{2}x+2$ or $y=\dfrac{\sqrt{6}}{2}x+2$이다.

개념 확인문제 34 점 $(6,\ -1)$에서 타원 $\dfrac{x^2}{4}+y^2=1$에 그은 접선의 방정식을 구하시오.

개념 파악하기   (11) 쌍곡선의 접선의 방정식은 어떻게 구할까?

기울기가 주어진 쌍곡선의 접선의 방정식

쌍곡선 $\dfrac{x^2}{a^2} - \dfrac{y^2}{b^2} = 1$에 접하고 기울기가 m인 접선의 방정식을 구하여 보자.

구하는 접선의 방정식을 $y = mx + n$이라 하고,

쌍곡선의 방정식 $\dfrac{x^2}{a^2} - \dfrac{y^2}{b^2} = 1$에 대입하여 정리하면

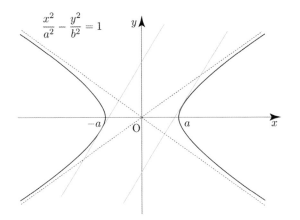

$$(a^2m^2 - b^2)x^2 + 2a^2mnx + a^2(n^2 + b^2) = 0 \quad \cdots \; \text{㉠}$$

이다. 이차방정식 ㉠의 판별식을 D라 하면

$$\frac{D}{4} = (a^2mn)^2 - a^2(a^2m^2 - b^2)(n^2 + b^2)$$

$$= a^2b^2(-a^2m^2 + n^2 + b^2) = 0$$

이다. $a \neq 0$, $b \neq 0$이므로 $-a^2m^2 + n^2 + b^2 = 0$,

즉, $n^2 = a^2m^2 - b^2$에서 $n = \pm\sqrt{a^2m^2 - b^2}$

이므로 구하는 접선의 방정식은 $y = mx \pm \sqrt{a^2m^2 - b^2}$이다.

기울기가 주어진 쌍곡선의 접선의 방정식 요약

쌍곡선 $\dfrac{x^2}{a^2} - \dfrac{y^2}{b^2} = 1$에 접하고 기울기가 m인 접선의 방정식은 $y = mx \pm \sqrt{a^2m^2 - b^2}$ (단, $a^2m^2 - b^2 > 0$)

ex 쌍곡선 $\dfrac{x^2}{9} - \dfrac{y^2}{4} = 1$에 접하고, 기울기가 2인 접선의 방정식을 구하시오.

$m = 2$, $a^2 = 9$, $b^2 = 4$이므로 $y = 2x \pm \sqrt{9 \times 2^2 - 4} = 2x \pm 4\sqrt{2}$

따라서 구하는 접선의 방정식은 $y = 2x + 4\sqrt{2}$ or $y = 2x - 4\sqrt{2}$이다.

Tip 1 〈쌍곡선에서 기울기가 m인 접선은 항상 존재할까?〉

$a^2m^2 - b^2 < 0$, 즉 $-\dfrac{b}{a} < m < \dfrac{b}{a}$이면 접선이 존재하지 않는다. (교점 2개)

또한 $a^2m^2 - b^2 = 0$, 즉 $m = \pm\dfrac{b}{a}$이면 점근선 $y = \pm\dfrac{b}{a}x$의 기울기와 같으므로 접선이 될 수 없다.

Tip 2 쌍곡선 $\dfrac{x^2}{a^2} - \dfrac{y^2}{b^2} = -1$에 접하고 기울기가 m인 접선의 방정식은

$y = mx \pm \sqrt{b^2 - a^2m^2}$ (단, $b^2 - a^2m^2 > 0$)

Tip 3 쌍곡선 $\dfrac{(x-m)^2}{a^2} - \dfrac{(y-n)^2}{b^2} = 1$에 접하고 기울기가 k인 접선의 방정식은 쌍곡선 $\dfrac{x^2}{a^2} - \dfrac{y^2}{b^2} = 1$에

접하고 기울기가 k인 접선의 방정식을 x축의 방향으로 m만큼, y축의 방향으로 n만큼

평행이동하면 된다.

다음 접선의 방정식을 구하시오.

(1) 쌍곡선 $\dfrac{x^2}{5} - \dfrac{y^2}{4} = 1$에 접하고, 기울기가 -2인 접선

(2) 쌍곡선 $x^2 - 3y^2 = 6$에 접하고, 직선 $x - 3y + 4 = 0$에 수직인 접선

(3) 쌍곡선 $\dfrac{(x-1)^2}{8} - \dfrac{(y-3)^2}{7} = 1$에 접하고, 기울기가 2인 접선

쌍곡선 위의 점에서의 접선의 방정식

쌍곡선 $\dfrac{x^2}{a^2} - \dfrac{y^2}{b^2} = 1$ 위의 점 $P(x_1,\ y_1)$에서의 접선의 방정식을 구하여 보자.

(i) 점 P가 x축 위의 점이 아닌 경우 ($y_1 \neq 0$일 때)

접선의 기울기를 $m\,(m \neq 0)$이라 하면 구하는 접선의 방정식은

$$y = m(x - x_1) + y_1$$

$$y = mx - mx_1 + y_1 \quad \cdots \ \text{㉠}$$

또 쌍곡선 $\dfrac{x^2}{a^2} - \dfrac{y^2}{b^2} = 1$에 접하고 기울기가 m인 접선의 방정식은

$$y = mx \pm \sqrt{a^2 m^2 - b^2} \quad \cdots \ \text{㉡}$$

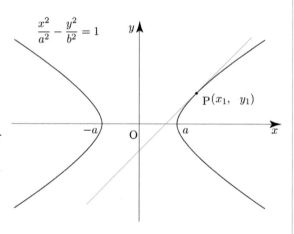

㉠과 ㉡에서 $-mx_1 + y_1 = \pm \sqrt{a^2 m^2 - b^2} \quad \cdots \ \text{㉢}$

$\dfrac{x_1^2}{a^2} - \dfrac{y_1^2}{b^2} = 1$이므로 ㉢의 양변을 제곱하여 정리하면

$$\left(\dfrac{a}{b} y_1 m - \dfrac{b}{a} x_1 \right)^2 = 0, \ \ \text{즉} \ \ m = \dfrac{b^2 x_1}{a^2 y_1}$$

이것을 ㉠에 대입하면

$$y = \dfrac{b^2 x_1}{a^2 y_1} x - \dfrac{b^2 x_1}{a^2 y_1} x_1 + y, \quad \dfrac{y_1 y}{b^2} = \dfrac{x_1 x}{a^2} - \dfrac{x_1^2}{a^2} + \dfrac{y_1^2}{b^2}$$

$\dfrac{x_1^2}{a^2} - \dfrac{y_1^2}{b^2} = 1$이므로 $\dfrac{y_1 y}{b^2} = \dfrac{x_1 x}{a^2} - 1$, 즉 $\dfrac{x_1 x}{a^2} - \dfrac{y_1 y}{b^2} = 1$이다.

(ii) 점 P가 x축 위의 점인 경우 ($y_1 = 0$일 때)

점 $(a, 0)$에서의 접선의 방정식 $x = a$와

점 $(-a, 0)$에서의 접선의 방정식 $x = -a$도

$$\frac{x_1 x}{a^2} - \frac{y_1 y}{b^2} = 1$$

이 성립한다.

마찬가지 방법으로 포물선 $\frac{x^2}{a^2} - \frac{y^2}{b^2} = -1$ 위의 점 $P(x_1, y_1)$에서의

접선의 방정식은

$$\frac{x_1 x}{a^2} - \frac{y_1 y}{b^2} = -1$$

임을 알 수 있다.

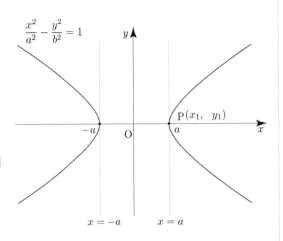

쌍곡선 위의 점에서의 접선의 방정식 요약

① 쌍곡선 $\frac{x^2}{a^2} - \frac{y^2}{b^2} = 1$ 위의 점 (x_1, y_1)에서의 접선의 방정식은 $\frac{x_1 x}{a^2} - \frac{y_1 y}{b^2} = 1$

② 쌍곡선 $\frac{x^2}{a^2} - \frac{y^2}{b^2} = -1$ 위의 점 (x_1, y_1)에서의 접선의 방정식은 $\frac{x_1 x}{a^2} - \frac{y_1 y}{b^2} = -1$

ex 쌍곡선 $\frac{x^2}{5} - \frac{y^2}{4} = 1$ 위의 점 $(5, -4)$에서의 접선의 방정식을 구하시오.

$$\frac{5x}{5} - \frac{-4y}{4} = 1, \ \ \text{즉} \ \ y = -x + 1$$

개념 확인문제 **36**) 다음 접선의 방정식을 구하시오.

(1) 쌍곡선 $\frac{x^2}{2} - y^2 = 1$ 위의 점 $(2, 1)$에서의 접선

(2) 쌍곡선 $2x^2 - y^2 = 1$ 위의 점 $(5, 7)$에서의 접선

점 $(0,\ 1)$에서 포물선 $\dfrac{x^2}{3}-\dfrac{y^2}{2}=1$에 그은 접선의 방정식을 구하시오.

풀이

풀이1) 접점의 좌표를 $(x_1,\ y_1)$이라고 하면 접선의 방정식은 $\dfrac{x_1 x}{3}-\dfrac{y_1 y}{2}=1$이다.

이 접선이 점 $(0,\ 1)$을 지나므로 $y_1=-2$ $\cdots$ ㉠

또, 점 $(x_1,\ y_1)$은 쌍곡선 $\dfrac{x^2}{3}-\dfrac{y^2}{2}=1$ 위의 점이므로

$\dfrac{x_1^2}{3}-\dfrac{y_1^2}{2}=1$ $\cdots$ ㉡

㉠, ㉡을 연립하여 정리하면

$x_1=-3,\ y_1=-2$ or $x_1=3,\ y_1=-2$

따라서 구하는 접선의 방정식은 $y=x+1$ or $y=-x+1$이다.

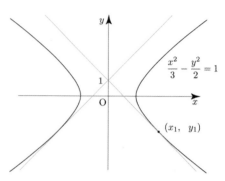

풀이2) 기울기가 m인 접선의 방정식은 $y=mx\pm\sqrt{3m^2-2}$이다.

이 접선이 점 $(0,\ 1)$을 지나므로

$1=\pm\sqrt{3m^2-2}\ \Rightarrow\ 1=\sqrt{3m^2-2}\ \Rightarrow\ 1=3m^2-2\ \Rightarrow\ m=1$ or $m=-1$

따라서 구하는 접선의 방정식은 $y=x+1$ or $y=-x+1$이다.

Tip 〈쌍곡선의 접선의 개수〉

① 원점에서 그을 수 있는 접선의 개수 : 0개
② 원점을 제외한 점근선 위의 점에서 그을 수 있는 접선의 개수 : 1개
③ 쌍곡선 위의 점에서 그을 수 있는 접선의 개수 : 1개
④ 색칠한 영역에 속한 점에서 그을 수 있는 접선의 개수 : 0개
⑤ 위에서 언급하지 않은 영역에 속한 점에서 그을 수 있는 접선의 개수 : 2개

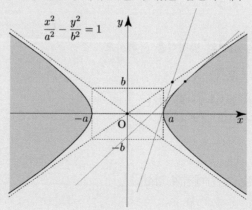

개념 확인문제 37 점 $(1, \ 2)$에서 쌍곡선 $x^2 - y^2 = 1$에 그은 접선의 방정식을 구하시오.

개념 확인문제 38 점 $A(0, \ 2)$에서 쌍곡선 $\dfrac{x^2}{3} - \dfrac{y^2}{2} = 1$에 그은 두 접선의 접점을 각각 P, Q라 할 때, 삼각형 APQ의 넓이는 s이다. $10s^2$의 값을 구하시오.

05 이차곡선의 활용

성취 기준 - 이차곡선의 기본개념에서 파생된 이차곡선의 성질을 설명할 수 있다.

개념 파악하기 **(12) 포물선의 초점을 지나는 직선은 어떠한 성질이 있을까?**

포물선의 초점을 지나는 직선

오른쪽 그림과 같이 초점 F를 지나는 직선과 포물선이 만나는 두 점을
각각 A, B라 하자. 점 A를 x축에 내린 수선의 발을 C라 하고, 점 A에서
점 B를 지나고 x축에 평행한 직선에 내린 수선의 발을 D라 하자.

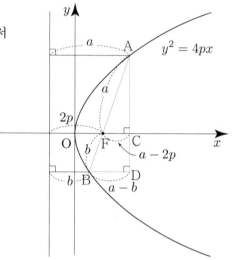

$\overline{AF}=a$, $\overline{BF}=b$, $\overline{OF}=p$라 하면 $\overline{FC}=a-2p$, $\overline{BD}=a-b$이고
두 삼각형 ABD, AFC는 서로 닮음이므로
$\overline{AF}:\overline{AB}=\overline{FC}:\overline{BD}$ $\Rightarrow$ $a:a+b=a-2p:a-b$ 가 성립한다.
이를 정리하면 $(a+b)(a-2p)=a(a-b)$ $\Rightarrow$ $ab=p(a+b)$ $\cdots$ ㉠
따라서 $\dfrac{1}{p}=\dfrac{1}{a}+\dfrac{1}{b}$가 성립한다.

두 점 A, B의 x좌표를 각각 x_1, x_2라 하면 $a=x_1+p$, $b=x_2+p$이므로
㉠에 대입하면
$(x_1+p)(x_2+p)=p(x_1+x_2+2p)$ $\Rightarrow$ $x_1x_2+p(x_1+x_2)+p^2=p(x_1+x_2)+2p^2$ $\Rightarrow$ $x_1x_2=p^2$
$x_1x_2=p^2$이 성립하므로 등비중항에 의해서 x_1, p, x_2는 이 순서대로 등비수열을 이룬다.

포물선의 초점을 지나는 직선 요약

초점 F를 지나는 직선과 포물선이 만나는 두 점을 각각 A, B라 하고, $\overline{AF}=a$, $\overline{BF}=b$, $\overline{OF}=p$라 하면

① $\dfrac{1}{p}=\dfrac{1}{a}+\dfrac{1}{b}$

② 두 점 A, B의 x좌표를 각각 x_1, x_2라 하면 x_1, p, x_2는 이 순서대로 등비수열을 이룬다.

> **Tip** 스스로 증명도 한 번 해보고 실전에서 위 성질을 적극 사용하도록 하자.

포물선의 접선의 성질

초점이 F인 포물선 $y^2 = 4px$ 위의 점 $A(x_1, y_1)$에서 준선에 내린 수선의 발을 B라 하고,
점 A에서 그은 접선과 x축이 만나는 점을 C라 하자.

점 A에서 그은 접선의 방정식은 $y_1 y = 2p(x + x_1)$이므로 x절편은 $-x_1$이다.
따라서 점 C의 좌표는 $(-x_1, 0)$이다.

$\overline{AB} = x_1 + p$이고, $\overline{FC} = x_1 + p$이므로 $\overline{AB} = \overline{FC}$이다. 또한 포물선의
정의에 의하여 $\overline{AB} = \overline{AF}$이므로 $\overline{AB} = \overline{FC} = \overline{AF}$가 성립한다.

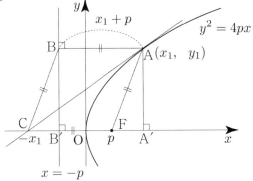

두 점 A, B에서 x축에 내린 수선의 발을 각각 A′, B′라 하자.
$\overline{CB'} = \overline{A'F} = x_1 - p$이고, $\overline{BB'} = \overline{AA'} = y_1$이므로 $\overline{BC} = \overline{AF}$이다.
따라서 사각형 ABCF는 마름모이다.

두 점 $A(x_1, y_1)$, $C(-x_1, 0)$의 중점을 M이라 하면
M의 좌표는 $\left(0, \dfrac{y_1}{2}\right)$이다.

즉, 두 점 A, B의 중점 M은 y축에 존재한다.
마름모의 두 대각선은 서로 수직이므로 선분 BF와
선분 AC는 서로 수직이다.
즉, 점 F에서 선분 AC에 내린 수선의 발은 M이다.

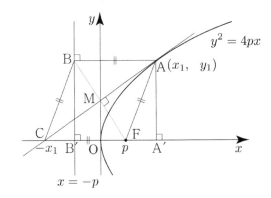

포물선의 접선의 성질 요약

초점이 F인 포물선 $y^2 = 4px$ 위의 점 $A(x_1, y_1)$에서 준선에 내린 수선의 발을 B라 하고,
점 A에서 그은 접선과 x축이 만나는 점을 C라 하고, 선분 AC의 중점을 M이라 하면

① 점 C의 x좌표는 $(-x_1, 0)$이다.

② 사각형 ABCF는 마름모이다.

③ 점 F에서 선분 AC에 내린 수선의 발은 M이다.

> **Tip** 삼각형 ACF는 $\overline{AF} = \overline{CF}$인 이등변삼각형이므로 점 F에서 선분 AC에 내린 수선의 발은
> 두 점 A, C의 중점인 M임이 자명하다.

준선 위의 점에서 포물선에 그은 두 접선의 성질

포물선 $y^2 = 4px$의 준선 $x = -p$ 위의 점을 $A(-p, k)$라 하자.
점 A에서 포물선에 그은 접선의 기울기를 m이라 하면

접선의 방정식은 $y = mx + \dfrac{p}{m}$가 점 $A(-p, k)$를 지나므로

$$k = -pm + \frac{p}{m} \Rightarrow mk = -pm^2 + p \Rightarrow pm^2 + km - p = 0$$

점 A에서 포물선에 그은 두 접선의 기울기를 각각 m_1, m_2라 하면
m_1, m_2는 방정식 $pm^2 + km - p = 0$의 두 근과 같다.

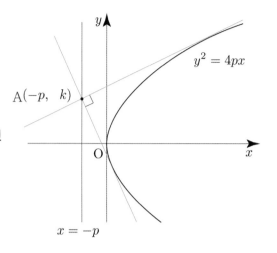

근과 계수의 관계에 의하여 $m_1 \times m_2 = \dfrac{-p}{p} = -1$이므로

준선 위의 점 A에서 포물선에 그은 두 접선은 서로 수직이다.

준선 위의 점에서 포물선에 그은 두 접선의 성질 요약

준선 $x = -p$ 위의 점에서 포물선 $y^2 = 4px$에 그은 두 접선은 서로 수직이다.

개념 파악하기 **(14) 두 초점과 타원의 중심 사이에는 어떤 관계가 있을까?**

삼각형의 중점 연결

타원 위의 한 점 P와 두 초점 F, F′에 대하여 삼각형 PFF′을
관찰해보자. 점 P와 초점 F′의 중점을 M라 하면 두 초점 F, F′의 중점은
원점 O이므로 두 삼각형 MOF′, PFF′의 닮음비는 1 : 2 이다.
즉, $\overline{MO} : \overline{PF} = 1 : 2$이다.

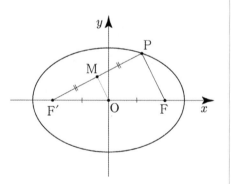

> **Tip** 중학교 도형 해석이지만 활용 빈도가 높으니 반드시 알아 두도록 하자.
> 평행조건이 나오면 기본 태도로 동위각, 엇각, 닮음비, 비례식이 떠올라야 한다. (중요★)
>
> 특히 두 초점이 원점에 대하여 대칭이므로 닮음비를 자연스레 유추할 수 있다.
> 출제자 입장에서도 닮음비를 따로 명시해 주지 않아도 되기 때문에 매력적인 출제 포인트가 될 수 있다.

(15) 타원과 쌍곡선의 대칭성을 활용하여 문제를 어떻게 해결할까?

타원의 대칭성

타원은 중심에 대하여 점대칭이고, 축에 대하여 선대칭이다. 이를 활용하여 문제를 해결할 수 있다.

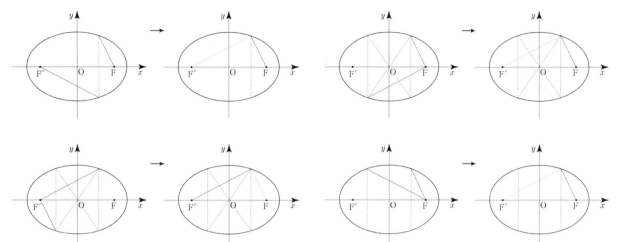

타원의 대칭성과 두 초점을 지름의 양 끝으로 하는 원

타원과 타원의 두 초점을 지름의 양 끝으로 하는 원의 교점들 중 하나를 P라 하면 $\angle \mathrm{FPF'} = 90\degree$, $\overline{\mathrm{OP}} = \overline{\mathrm{OF}} = \overline{\mathrm{OF'}}$

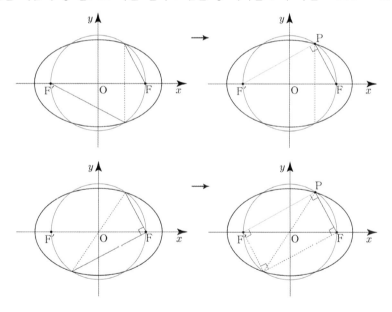

쌍곡선의 대칭성

쌍곡선은 중심에 대하여 점대칭이고, 축에 대하여 선대칭이다. 이를 활용하여 문제를 해결할 수 있다.

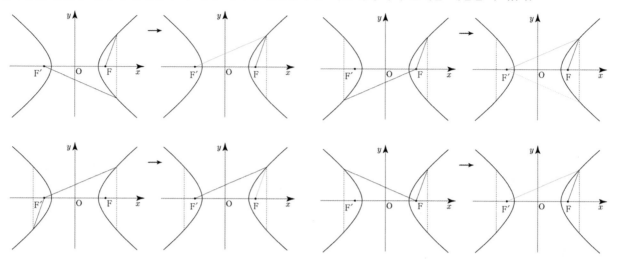

쌍곡선의 대칭성과 두 초점을 지름의 양 끝으로 하는 원

쌍곡선과 쌍곡선의 두 초점을 지름의 양 끝으로 하는 원의 교점들 중 하나를 P라 하면
$\angle FPF' = 90°$, $\overline{OP} = \overline{OF} = \overline{OF'}$

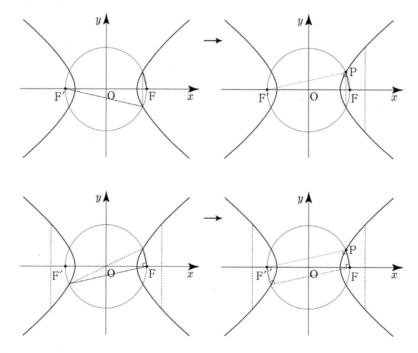

> **Tip**   대칭성은 출제자 입장에서 매우 매력적인 소재이므로 항상 쓸 준비가 되어있어야 한다.

규토 라이트 N제
이차곡선

Training – 1 step
필수 유형편

1. 이차곡선

001 ⬚⬚⬚⬚⬚

초점이 F인 포물선 $y^2 = 8x$ 위의 점 P에 대하여
$\overline{PF} = 7$일 때, 점 P의 x좌표를 구하시오.

002 ⬚⬚⬚⬚⬚

점 $(-5, 0)$을 초점으로 하고, 원점을 꼭짓점으로 하는
포물선이 $(a, 5a)$를 지날 때, a의 값은? (단, $a \neq 0$)

① -1 ② $-\dfrac{4}{5}$ ③ $-\dfrac{3}{5}$

④ $-\dfrac{2}{5}$ ⑤ $-\dfrac{1}{5}$

003 ⬚⬚⬚⬚⬚

좌표평면에서 점 $P(4, a)$와 초점이 F인 포물선 $y^2 = -16x$
위의 점 Q에 대하여 $\overline{PQ} = \overline{FQ} = 13$일 때,
양수 a의 값을 구하시오.

004 ⬚⬚⬚⬚⬚

포물선 $y^2 = 8x$와 직선 $x = k$ $(k > 2)$이 만나는 두 점을
각각 P, Q라 하자. 포물선 $y^2 = 8x$의 초점 F에 대하여
$\overline{PF} = 5$일 때, 삼각형 PFQ의 넓이는 s이다.
$s^2 + k$의 값을 구하시오.

005 ⬚⬚⬚⬚⬚

그림의 사각형 ABCD는 직사각형이고, 곡선 AED는
선분 AD의 중점 F를 초점으로 하는 포물선의 일부분이다.
선분 EF의 중점을 M이라 할 때, 점 M을 지나고 선분
EF에 수직인 직선이 포물선과 만나는 두 점을 각각
P, Q라 하자. $\overline{AE} = \overline{BE}$이고, 사각형 ABCD의 넓이가
18일 때, $\overline{PQ} = k$이다. k^2의 값을 구하시오.

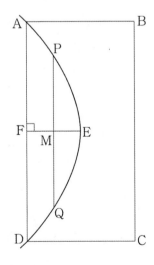

이차곡선

Theme 2 포물선의 평행이동

006 ☐☐☐☐☐

포물선 $y^2 - 10y + ax + 33 = 0$의 준선이 $x = -1$일 때, 초점의 좌표는 (b, c)이다. $bc < a$일 때, $a + b + c$의 값을 구하시오.

007 ☐☐☐☐☐

두 포물선 $x^2 - 6x - 8y + 9 = 0$, $y^2 - 2y + 4x + 9 = 0$의 두 초점을 각각 F_1, F_2라고 할 때, $\overline{F_1F_2} = a$이다. a^2의 값을 구하시오.

008 ☐☐☐☐☐

좌표평면에서 점 $F(4, -2)$에 이르는 거리와 직선 $x = -2$에 이르는 거리가 같은 점들이 나타내는 도형의 방정식은 $y^2 + ay + bx + c = 0$이다. $a - b + c$의 값을 구하시오. (단, a, b, c는 상수이다.)

009 ☐☐☐☐☐

포물선 $y^2 - 8y - 6x + n = 0$의 초점의 x좌표가 5 이하의 자연수가 되도록 하는 모든 자연수 n의 값의 합을 구하시오.

Theme 3 길이의 합의 최솟값

010 ☐☐☐☐☐

점 $A(4, 3)$에 대하여 포물선 $y^2 = 12x$ 위의 한 점을 P, 초점을 F 라 할 때, $\overline{AP} + \overline{FP}$의 최솟값을 구하시오.

011 ☐☐☐☐☐

두 점 $A\left(\dfrac{1}{2}, 0\right)$, $B\left(\dfrac{3}{2}, \dfrac{3}{4}\right)$와 포물선 $y^2 = 2x$ 위의 점 P에 대하여 삼각형 ABP의 둘레의 길이의 최솟값은?

① 3
② $\dfrac{13}{4}$
③ $\dfrac{7}{2}$
④ $\dfrac{15}{4}$
⑤ 4

012 ☐☐☐☐☐

포물선 $y^2 = 8x$ 위에 점 P에서 준선에 내린 수선의 발을 H라 하자. 점 $A(1, 4)$에 대하여 $\overline{AP} + \overline{PH}$의 최솟값이 m일 때, m^2의 값을 구하시오.

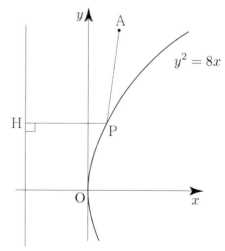

013 〇〇〇〇〇

초점 F인 포물선 $y^2 = 8x$와 기울기가 1인 직선이 만나는 두 점 A, B에 대하여 삼각형 ABF의 무게중심의 x좌표가 $\dfrac{7}{3}$일 때, 삼각형 ABF의 둘레의 길이는 $p + \sqrt{q}$이다. $p + q$의 값을 구하시오. (단, 두 점 A, B의 x좌표를 각각 a, b라 하면 $a < 2 < b$이고, p와 q는 자연수이다.)

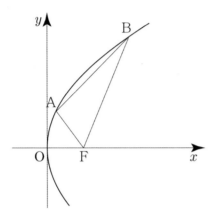

014 〇〇〇〇〇

그림과 같이 초점이 F인 포물선 $y^2 = -kx$ 위의 제2사분면에 있는 서로 다른 두 점 P, Q에 대하여 선분 PQ의 중점에서 x축에 내린 수선의 발이 점 F이고, $\overline{PF} + \overline{QF} = 16$일 때, 양수 k의 값을 구하시오.

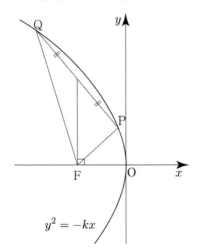

015 〇〇〇〇〇

포물선 $y^2 = 4px$ $(p > 0)$ 위의 두 점 A, B에서 x축에 내린 수선의 발을 C, D라 하자. 직선 OA의 기울기가 2이고, 삼각형 OAC의 넓이는 16이다. 점 C를 중심으로 하고 선분 AC를 반지름으로 하는 원 위의 점 P에 대하여 $\overline{BP}$의 최댓값과 최솟값의 합이 25일 때, $(\overline{BD})^2$의 값을 구하시오. (단, O는 원점이고, 점 B의 x좌표는 점 A의 x좌표보다 크다.)

016 〇〇〇〇〇

그림과 같이 평행한 두 직선 l_1, l_2에 수직인 직선 m이 두 직선 l_1, l_2와 만나는 점을 각각 H_1, H_2라 하자. 선분 H_1H_2 위의 점 F를 초점으로 하고, 두 직선 l_1, l_2를 각각 준선으로 하는 두 포물선이 만나는 두 점을 A, B라 하자. 삼각형 ABF의 넓이가 $4\sqrt{3}$이고, $\overline{H_1F} = 3\overline{H_2F}$일 때, 두 포물선의 꼭짓점 사이의 거리를 구하시오.

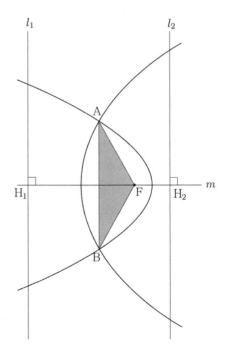

017

□□□□□

그림과 같이 원점 O, y축 위의 점 F를 각각 초점으로 하는 두 포물선이 만나는 두 점을 A, B라 하자.
$\overline{AB} = 2\sqrt{5}$이고, 직선 AB의 기울기가 $\frac{1}{2}$일 때,
$\overline{OB} + \overline{BF} - (\overline{OA} + \overline{AF})$의 값을 구하시오.

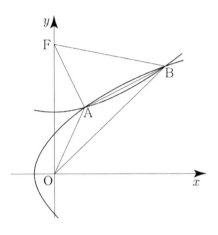

018

□□□□□

그림과 같이 초점이 F인 포물선 $y^2 = 4x$ 위의
점 $P(a, b)$에 대하여 점 P를 중심으로 하고 점 F를
지나는 원이 있다. 원과 x축과 만나는 점 중 F가 아닌
점을 Q라 하고, 원과 포물선이 만나는 점 중 x좌표가
더 큰 점을 R이라 하자. $\sin(\angle FRQ) = \frac{1}{3}$일 때,
삼각형 FPQ의 외접원의 넓이는 $k\pi$이다.
$64k$의 값을 구하시오. (단, $a > 1$, $b > 0$)

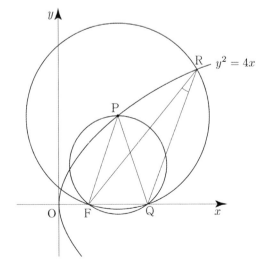

Theme 5

포물선의 초점을 지나는 직선

019

□□□□□

그림과 같이 포물선 $y^2 = kx$의 초점 F를 지나는 직선이
포물선과 만나는 두 점을 각각 A, B라 하고,
두 점 A, B에서 준선에 내린 수선의 발을 각각 D, C라
하자. $\overline{AF} : \overline{BF} = 1 : 2$이고, 사각형 ABCD의 넓이가
$27\sqrt{2}$일 때, 양수 k의 값을 구하시오.

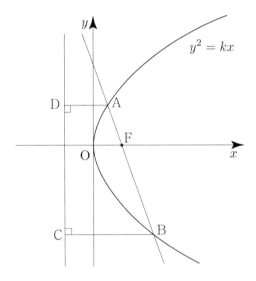

020

그림과 같이 포물선 $y^2 = 12x$ 위의 네 점 A, B, C, D를 꼭짓점으로 하는 사각형 ABCD에 대하여 두 선분 AB, CD가 각각 y축과 평행하다. 사각형 ABCD의 두 대각선의 교점이 포물선의 초점 F와 일치하고 $\overline{AF} = \dfrac{9}{2}$일 때, 사각형 ABCD의 넓이는 k이다. $\sqrt{2} \times k$의 값을 구하시오.

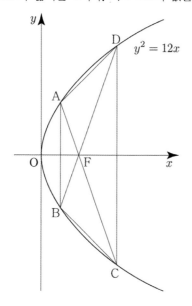

그림과 같이 한 변의 길이가 $2\sqrt{3}$인 정삼각형 OAB의 무게중심 G가 x축 위에 있다. 꼭짓점이 O이고 초점이 G인 포물선과 직선 GB가 만나는 두 점을 각각 P, Q라 할 때, 선분 PQ의 길이는? (단, O는 원점이다.)

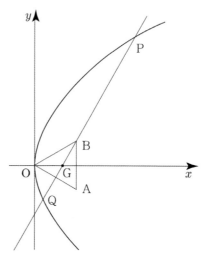

① 10
② $\dfrac{31}{3}$
③ $\dfrac{32}{3}$

④ 11
⑤ $\dfrac{34}{3}$

022 ⬠⬠⬠⬠⬠

그림과 같이 포물선 $y^2 = kx\,(k<0)$의 초점 F를 지나는
직선이 포물선과 만나는 두 점을 각각 A, B라 하고,
두 점 A, B에서 준선에 내린 수선의 발을 각각 D, C라
하자. $\cos(\angle BFO) = \dfrac{2}{3}$ 이고, $\overline{AB} = 6$ 일 때,
$\overline{BD}^2$의 값을 구하시오.

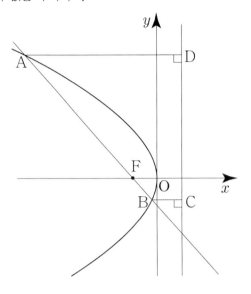

Theme 6 타원의 정의와 방정식

023 ⬠⬠⬠⬠⬠

타원 $x^2 + 16y^2 = 16$의 두 초점 사이의 거리를 d라 할 때,
d^2의 값을 구하시오.

024 ⬠⬠⬠⬠⬠

두 초점이 F$(3, 0)$, F$'(-3, 0)$이고 장축의 길이가 10인
타원 위의 한 점 P에 대하여 $\angle FPF' = 90°$ 일 때,
삼각형 FPF'의 넓이를 구하시오.

025 ⬠⬠⬠⬠⬠

두 점 F$(2, 0)$, F$'(-2, 0)$을 초점으로 하는 타원이 있다.
점 F을 지나고 기울기가 음수인 직선과 타원의 교점을
각각 A, B라 하자. 삼각형 ABF'의 둘레의 길이가 12일 때,
타원의 단축의 길이는 k이다. k^2의 값을 구하시오.

026

타원 $\dfrac{x^2}{4}+\dfrac{y^2}{3}=1$와 두 초점을 공유하고 단축의 길이가

$4\sqrt{2}$인 타원의 방정식은 $\dfrac{x^2}{p}+\dfrac{y^2}{q}=1$이다.

$p\times q$의 값을 구하시오. (단, p, q는 상수이다.)

두 초점이 $F\left(\dfrac{3}{2},\ 0\right)$, $F'\left(-\dfrac{3}{2},\ 0\right)$인 타원과 직선 $x=-\dfrac{3}{2}$이

만나는 두 점을 각각 A, B라 하자. $\overline{AB}=8$일 때,

이 타원의 장축의 길이와 단축의 길이의 합은 $p+q\sqrt{2}$이다.

$p+q$의 값을 구하시오. (단, p, q는 유리수이다.)

Theme 7 타원의 평행이동

포물선 $y^2=8(x-1)$의 초점이 타원 $\dfrac{(x-4)^2}{k}+\dfrac{y^2}{8}=1$의

한 초점과 일치할 때, 상수 k의 값을 구하시오.

타원 $x^2-6x+5y^2+20y+24=0$의 두 초점을 각각 F, F'라

할 때, $\overline{OF}^2\times\overline{OF'}^2$의 값을 구하시오.

타원 $\dfrac{(x+3)^2}{a}+\dfrac{(y-3)^2}{6}=1$의 두 초점의 좌표가

$(-8,\ b)$, $(2,\ b)$일 때, $a+b$의 값을 구하시오.

031

원 $(x-3)^2+(y-5)^2=25$와 y축이 만나는 두 점을 초점으로 하고, 원의 중심을 지나는 타원의 방정식은

$\dfrac{x^2}{a}+\dfrac{(y-c)^2}{b}=1$이다. $a+2b+3c$의 값을 구하시오.

(단, a, b, c는 상수이다.)

Theme **8**   **타원의 정의를 활용한 최대, 최소**

032

타원 $\dfrac{(x-4)^2}{64}+\dfrac{y^2}{48}=1$ 위의 점 P와 점 Q(8, 0)에 대하여

$\overline{OP}\times\overline{PQ}$의 최댓값을 구하시오. (단, O는 원점이다.)

033

두 초점이 F, F′인 타원 $\dfrac{x^2}{36}+\dfrac{y^2}{20}=1$이 있다.

원 $x^2+(y-3)^2=1$ 위의 점 P에 대하여 직선 F′P가

이 타원과 만나는 점 중 y좌표가 양수인 점을 Q라 하자.

$\overline{PQ}+\overline{FQ}$의 최솟값을 구하시오.

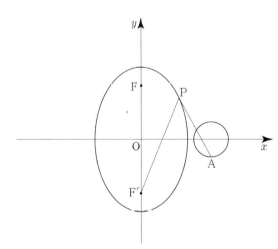

034

그림과 같이 원 $(x-4)^2+y^2=1$ 위의 점 A와

두 점 F, F′을 초점으로 하는 타원 $\dfrac{x^2}{7}+\dfrac{y^2}{16}=1$ 위의 점

P가 있다. $\overline{PF'}-\overline{AP}$의 최댓값을 구하시오.

035 ☐☐☐☐☐

두 타원이 점 F를 한 초점으로 공유하고 서로 다른 두 점 P, Q에서 만난다. 두 타원의 장축의 길이가 각각 10, 16 이고, 두 타원의 나머지 초점을 각각 F_1, F_2라 할 때, $|\overline{PF_1} - \overline{PF_2}| + |\overline{QF_1} - \overline{QF_2}|$의 값을 구하시오.

036 ☐☐☐☐☐

한 변의 길이가 6인 마름모 ABCD에 대하여 대각선 BD를 장축으로 하고, 대각선 AC를 단축으로 하는 타원의 두 초점 사이의 거리가 4일 때, 마름모 ABCD의 넓이는 s이다. $\dfrac{s^2}{5}$의 값을 구하시오.

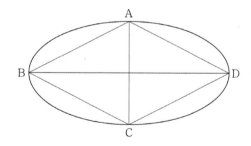

037 ☐☐☐☐☐

타원 $\dfrac{x^2}{25} + \dfrac{y^2}{16} = 1$의 두 초점을 각각 F, F′라 하고, 초점 F에 가까운 꼭짓점을 A라 하자. 이 타원 위의 한 점 P에 대하여 $\cos(\angle PFF') = \dfrac{1}{3}$일 때, 삼각형 APF의 넓이는 s이다. $9 \times s^2$의 값을 구하시오.

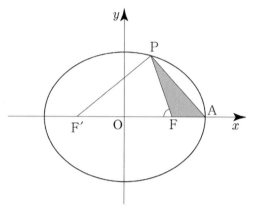

038 ☐☐☐☐☐

그림과 같이 두 초점이 F, F′인 타원 $\dfrac{x^2}{4} + \dfrac{y^2}{3} = 1$의 꼭짓점 중에서 y좌표가 양수인 점을 A라 하자. 직선 AF이 타원과 만나는 점 중에서 점 A가 아닌 점을 B라 할 때, $\overline{BF'} - \overline{BF}$의 값은?

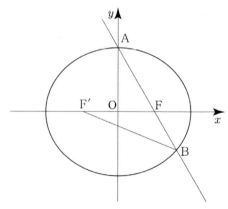

① $\dfrac{6}{5}$　　② $\dfrac{8}{5}$　　③ 2

④ $\dfrac{12}{5}$　　⑤ $\dfrac{14}{5}$

039

두 초점을 각각 F$(c,\ 0)$, F$'(-c,\ 0)$ $(c>0)$인
타원 $\dfrac{x^2}{49}+\dfrac{y^2}{24}=1$ 위의 제1사분면에 있는 점 P에 대하여
점 F$'$를 중심으로 하고 점 P를 지나는 원과 직선 PF$'$이
만나는 점 중 P가 아닌 점을 A라 하고, 점 F를 중심으로
하고 점 P를 지나는 원과 직선 PF가 만나는 점 중 P가
아닌 점을 B라 할 때, 삼각형 PAB의 둘레의 길이를
구하시오.

040

그림과 같이 두 초점이 각각 F$(c,\ 0)$, F$'(-c,\ 0)$ $(c>0)$인
타원 위의 제2사분면에 있는 점 P에 대하여 선분 PF의
중점을 M이라 하고, 점 P를 지나고 x축에 평행한 직선이
타원과 만나는 점 중 P가 아닌 점을 Q라 하자.
원점 O에서 선분 PF에 내린 수선의 발은 M이고,

$$\overline{\text{OM}}=1,\ \overline{\text{PF}}+\overline{\text{QF}}=6$$

일 때, 이 타원의 단축의 길이를 구하시오.

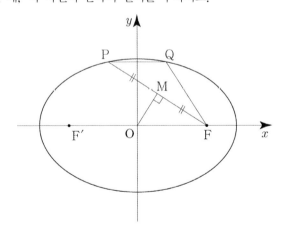

041

타원 $\dfrac{x^2}{a}+\dfrac{y^2}{b}=1$ $(a>b>0)$의 초점 중 x좌표가 양수인
점을 F라 하고, 점 F를 중심으로 하고 원점 O를 지나는
원이 타원과 만나는 점 중 제1사분면에 있는 점을 P라
하자. $\overline{\text{OP}}=2\sqrt{2}$, $\cos(\angle\text{OFP})=\dfrac{5}{9}$일 때, $a+b$의 값을
구하시오.

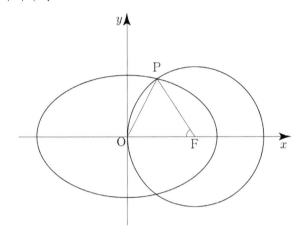

042

그림과 같이 두 초점이 F, F$'$이고 장축의 길이가 $2\sqrt{2}$,
단축의 길이가 2인 타원과 선분 FF$'$을 $3:1$로 내분하는
점을 꼭짓점으로 하고 F$'$가 초점인 포물선이 있다.
타원과 포물선의 교점 중 한 점을 A라 하고, 점 A를
지나고 선분 FF$'$에 평행한 직선과 타원의 교점 중 A가
아닌 점을 B라 하자. 사각형 ABFF$'$의 둘레의 길이가
k일 때, $(k+6)^2$의 값을 구하시오.

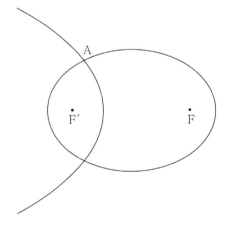

⬡⬡⬡⬡⬡

그림과 같이 두 초점이 F$(c,\ 0)$, F$'(-c,\ 0)$ $(c>0)$이고 단축의 길이가 12인 타원이 있다. y좌표가 6보다 큰 y축 위의 점 P에 대하여 세 점 P, F, O를 지나는 원을 C라 하자. 선분 PF$'$이 원 C와 만나는 두 점 중 P가 아닌 점을 Q, 타원과 만나는 두 점 중 Q와 가까운 점을 R이라 할 때, $\overline{PQ}=\overline{QR}=\overline{RF'}$이다. 원 C의 넓이가 $s\pi$일 때, s의 값을 구하시오. (단, 점 O는 원점이다.)

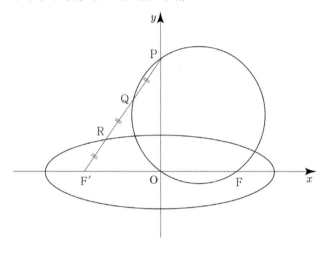

Theme 10 쌍곡선의 정의와 방정식

⬡⬡⬡⬡⬡

쌍곡선 $\dfrac{x^2}{a^2}-\dfrac{y^2}{4}=1$의 두 초점 사이의 거리가 $4\sqrt5$일 때, 주축의 길이를 구하시오. (단, a는 상수이다.)

⬡⬡⬡⬡⬡

쌍곡선 $\dfrac{x^2}{a^2}-\dfrac{y^2}{10}=1$의 두 초점은 타원 $\dfrac{x^2}{30}+\dfrac{y^2}{b^2}=1$의 두 초점과 일치한다. a^2+b^2의 값을 구하시오. (단, $a,\ b$는 상수이다.)

⬜⬜⬜⬜⬜

두 초점이 F, F$'$인 쌍곡선 $\dfrac{x^2}{16}-\dfrac{y^2}{9}=1$ 위의 제2사분면에 있는 점 P에 대하여 $\overline{PF}=10$일 때, 삼각형 PFF$'$의 넓이는 s이다. s^2의 값을 구하시오. (단, 점 F의 x좌표는 양수이다.)

047

그림과 같이 쌍곡선 $\dfrac{x^2}{9}-\dfrac{y^2}{16}=1$의 두 초점을 F, F′이라 하자. 제1사분면에 있는 쌍곡선 위의 점 P와 제2사분면에 있는 쌍곡선 위의 점 Q에 대하여 $\overline{\mathrm{PF'}}-\overline{\mathrm{QF'}}=5$일 때, $\overline{\mathrm{QF}}-\overline{\mathrm{PF}}$의 값을 구하시오.

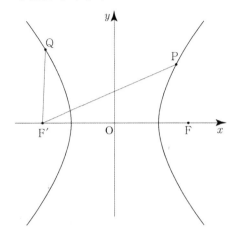

048

그림과 같이 쌍곡선 $\dfrac{x^2}{a^2}-\dfrac{y^2}{b^2}=1$에 대하여 원 $x^2+y^2=36$이 쌍곡선의 두 초점 F, F′을 지나고, 원 $x^2+(y-2\sqrt{5})^2=36$이 쌍곡선의 두 꼭짓점 A, A′을 지난다. b^2-a^2의 값을 구하시오. (단, a, b는 상수이다.)

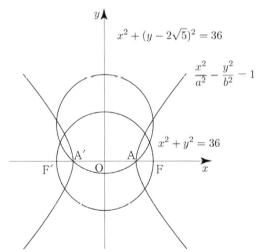

Theme 11

Theme 11 쌍곡선의 점근선

049

점근선의 방정식이 $y=\pm\dfrac{4}{3}x$이고, 한 초점의 좌표가 $(-20,\ 0)$인 쌍곡선의 주축의 길이를 구하시오.

050

두 초점을 공유하는 타원 $\dfrac{x^2}{25}+\dfrac{y^2}{9}=1$과 쌍곡선이 있다. 이 쌍곡선의 한 점근선이 $y=\sqrt{7}x$일 때, 이 쌍곡선의 두 꼭짓점 사이의 거리는 k이다. k^2의 값을 구하시오.

051

쌍곡선 $\dfrac{x^2}{4}-\dfrac{y^2}{12}=1$의 초점을 지나고 점근선과 평행한 4개의 직선으로 둘러싸인 도형의 넓이는 s이다. $s\times\sqrt{3}$의 값을 구하시오.

Theme 12 쌍곡선의 평행이동

052

직선 $y = 3x - 1$가 쌍곡선 $\dfrac{(x-b)^2}{a^2} - \dfrac{y^2}{36} = 1$의 점근선일 때, $\dfrac{a^2}{b}$의 값을 구하시오. (단, a, b는 상수이다.)

053

두 초점이 $F(-3, 6)$, $F'(-3, -4)$이고 한 점근선의 기울기가 -2인 쌍곡선의 주축의 길이는 k이다. k^2의 값을 구하시오.

054

쌍곡선 $4x^2 - y^2 + 2y - 5 = 0$의 두 점근선과 x축으로 둘러싸인 삼각형의 넓이가 s일 때, $60 \times s$의 값을 구하시오.

055

두 점 $(-1, 5)$, $(7, 5)$에서의 거리의 차가 4인 쌍곡선의 방정식이 $3x^2 + ax - y^2 + by + c = 0$일 때, $a + b - 3c$의 값을 구하시오. (단, a, b, c는 상수이다.)

Theme 13 쌍곡선의 정의의 활용

056

그림과 같이 두 초점이 F, F'인 쌍곡선 $\dfrac{x^2}{16} - \dfrac{y^2}{20} = 1$ 위의 제 1사분면 위에 있는 점 P에 대하여 $\overline{PF} = \overline{FF'}$이다. 선분 PF' 위의 점 Q에 대하여 $\overline{PQ} = \overline{PF}$일 때, $\overline{QF}^2$의 값을 구하시오. (단, 점 F의 x좌표는 양수이다.)

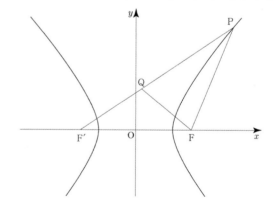

057 ☐☐☐☐☐

그림과 같이 중심이 A(5, 0)이고 곡선 $\dfrac{x^2}{9} - \dfrac{y^2}{16} = 1$ $(x < 0)$

과 한 점에서 만나는 원을 C라 하자. 점 B(-5, 0)에서

원 C에 접선을 그을 때, 두 접선과

곡선 $\dfrac{x^2}{9} - \dfrac{y^2}{16} = 1$ $(x < 0)$이 만나는 두 점을 각각 P, Q라

하자. 사각형 APBQ의 넓이가 $\dfrac{q}{p}$일 때, $p+q$의 값을

구하시오. (단, 점 P의 y좌표는 양수이고, p, q는 서로소인

자연수이다.)

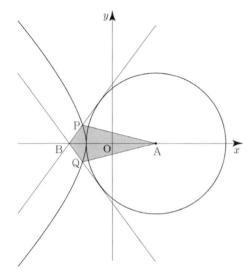

058 ☐☐☐☐☐

그림과 같이 쌍곡선 $x^2 - \dfrac{y^2}{15} = 1$와 원 $x^2 + y^2 = 12$이 있다.

점 A(-4, 0)에서 원 $x^2 + y^2 = 12$에 그은 접선 중에서

기울기가 양수인 접선과 쌍곡선이 만나는 점 중에서

x좌표가 음수인 점을 P라 하자. 점 B(4, 0)에 대하여

선분 AB를 지름으로 하고 중심이 원점인 원과 접선이

만나는 점 중에서 A가 아닌 점을 Q라 하자.

$\overline{\mathrm{PB}}^2 + \overline{\mathrm{PQ}}^2$의 값을 구하시오.

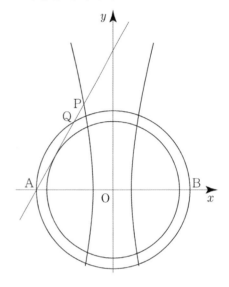

059 ☐☐☐☐☐

그림과 같이 두 초점이 F, F′인 쌍곡선 $\dfrac{x^2}{36} - \dfrac{y^2}{28} = 1$과

원 $x^2 + (y-6)^2 = 9$이 있다. 제2사분면에 있는 쌍곡선 위를

움직이는 점 P와 원 위를 움직이는 점 Q에 대하여

$\overline{\mathrm{PQ}} + \overline{\mathrm{PF}}$의 최솟값을 구하시오.

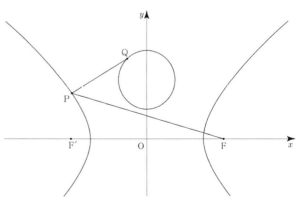

그림과 같이 초점이 F(4, 0), F′(−4, 0)인 쌍곡선

$\dfrac{x^2}{a^2} - \dfrac{y^2}{b^2} = 1$ 위의 점 P에 대하여 직선 PF′이 쌍곡선과

만나는 점 중에서 점 P가 아닌 점을 Q라 하자.

$\overline{PQ} + \overline{QF} = 22$, $\overline{PF} = 10$ 일 때, $a^2 \times b^2$의 값을 구하시오.

(단, a, b는 상수이고, $\overline{PF} < \overline{PF'}$ 이다.)

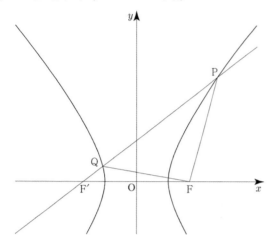

두 초점이 F(5, 0), F′(−5, 0)인 쌍곡선 위의 제3사분면에

있는 점 P와 y축 위의 점 Q(0, 5)가 다음 조건을

만족시킨다.

> (가) $\overline{OP} = 5$
> (나) 사각형 PFQF′의 넓이는 49이다.

점 $(\sqrt{5}, k)$가 쌍곡선 위의 점일 때, k^2의 값을 구하시오.

(단, 점 O는 원점이다.)

그림과 같이 중심이 A(a, 0)이고 곡선 $\dfrac{x^2}{9} - \dfrac{y^2}{16} = 1$ ($x < 0$)

과 한 점에서 만나는 원을 C라 하자. 점 B(4, 0)과 곡선

$\dfrac{x^2}{9} - \dfrac{y^2}{16} = 1$ ($x < 0$) 위를 움직이는 점 P에 대하여

직선 PB가 원 C와 항상 만나도록 하는 a의 최솟값은

m이다. $90 \times m$의 값을 구하시오. (단, $0 < a < 4$)

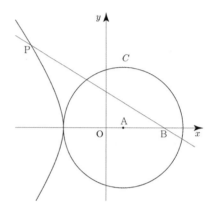

Theme 14 포물선의 접선의 방정식 (곡선 위의 점이 주어질 때)

포물선 $y^2 = 8x$ 위의 점 P(a, b)에서의 접선이 x축과

만나는 점을 Q라 하자. $\overline{PQ} = 2\sqrt{15}$ 일 때, $a^2 + b^2$의 값을

구하시오.

포물선 $y^2 = -12x$ 위의 점 $(-3, 6)$에서의 접선과

x축 및 y축으로 둘러싸인 도형의 넓이는 $\dfrac{q}{p}$이다.

$p+q$의 값을 구하시오. (단, p와 q는 서로소인 자연수이다.)

065

□□□□□

점 $(6, 0)$을 지나고 y축에 접하는 원의 중심이 나타내는 도형을 K라 할 때, 도형 K 위의 점 $A(a, 4\sqrt{3})$에서의 접선의 기울기는 m이다. $a+m^2$의 값은?

① $\dfrac{27}{4}$ ② $\dfrac{29}{4}$ ③ $\dfrac{31}{4}$

④ $\dfrac{33}{4}$ ⑤ $\dfrac{35}{4}$

066

□□□□□

초점이 F인 포물선 $y^2 = -4(x+2)$ 위의 한 점 P에서의 접선이 x축과 만나는 점의 x좌표가 2일 때, $\cos(\angle PFO)$의 값은? (단, O는 원점이다.)

① $-\dfrac{3}{10}$ ② $-\dfrac{2}{5}$ ③ $-\dfrac{1}{2}$

④ $-\dfrac{3}{5}$ ⑤ $-\dfrac{7}{10}$

Theme 15 포물선의 접선의 방정식 (기울기가 주어질 때)

067

□□□□□

포물선 $y^2 = 18x$에 접하고 기울기가 $\dfrac{1}{8}$인 직선의 y절편을 구하시오.

068

□□□□□

포물선 $y^2 = 8(x-m)$에 접하고 기울기가 -2인 직선을 l이라 하자. 포물선 $(y+1)^2 = 4x$의 초점과 직선 l 사이의 거리가 $2\sqrt{5}$일 때, 양수 m의 값을 구하시오.

069

□□□□□

포물선 $y^2 = kx \ (k > 0)$ 위의 점 P에서의 접선의 기울기가 2이다. 이 접선이 x축과 만나는 점을 Q, 점 P에서 x축에 내린 수선의 발을 H라 하자. 삼각형 PQH의 넓이가 9일 때, 상수 k의 값을 구하시오.

070 ⬜⬜⬜⬜⬜

점 A$(-2,\ 0)$에서 포물선 $y^2=4x$에 그은 두 접선의 접점을 각각 B, C라 할 때, 삼각형 ABC의 넓이는 s이다. s^2의 값을 구하시오.

071 ⬜⬜⬜⬜⬜

점 A$(3,\ -6)$에서 포물선 $y^2=-4x$에 그은 두 접선의 기울기의 곱은?

① $-\dfrac{1}{6}$　　　② $-\dfrac{1}{3}$　　　③ $-\dfrac{1}{2}$

④ $-\dfrac{2}{3}$　　　⑤ $-\dfrac{5}{6}$

072 ⬜⬜⬜⬜⬜

y축을 준선으로 하고 초점이 x축 위에 있는 두 포물선이 있다. 두 포물선이 y축에 대하여 서로 대칭이고, 두 포물선의 꼭짓점 사이의 거리는 6이다. 두 포물선에 동시에 접하고 기울기가 양수인 직선을 그을 때, 두 접점 사이의 거리는 d이다. d^2의 값을 구하시오.

073 ⬜⬜⬜⬜⬜

포물선 $y^2=2x$ 위의 점 P와 직선 $y=x+3$ 사이의 거리의 최솟값이 m일 때, $64\times m^2$의 값을 구하시오.

074 ⬜⬜⬜⬜⬜

그림과 같이 초점이 F인 포물선 $y^2=8x$ 위의 제1사분면에 있는 점 A에서의 접선과 포물선의 준선이 만나는 점을 B라 하자. $\overline{AB}:\overline{AF}=\sqrt{5}:1$일 때, 삼각형 ABF의 넓이는 $\dfrac{q}{p}$이다. $p+q$의 값을 구하시오.
(단, p와 q는 서로소인 자연수이다.)

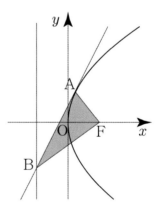

075 ⬜⬜⬜⬜⬜

그림과 같이 초점이 F인 포물선 $y^2 = 4px$ 위의 점 $A(a, b)$에서의 접선이 x축과 만나는 점을 B라 하자.
$\overline{AF} = 5$이고, 삼각형 ABF의 넓이가 $5\sqrt{6}$일 때, $a + b^2$의 값을 구하시오. (단, $a < p$)

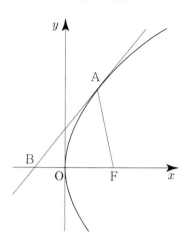

076 ⬜⬜⬜⬜⬜

서로 만나지 않는 두 포물선 $y^2 = 4(x-1)$, $x^2 = 8(y-2)$에 동시에 접하는 세 직선으로 둘러싸인 삼각형의 넓이를 구하시오.

077 ⬜⬜⬜⬜⬜

초점이 F인 포물선 $y^2 = -6x$ 위의 제2사분면에 있는 점 A에서의 접선이 x축과 만나는 점을 B라 하자.
세 점 A, B, F을 지나는 원의 중심이 y축 위에 있을 때, 이 원의 넓이는 $k\pi$이다. $10k$의 값을 구하시오.

Theme 18 타원의 접선의 방정식 (곡선 위의 점이 주어질 때)

078 ⬜⬜⬜⬜⬜

타원 $\dfrac{x^2}{a^2} + \dfrac{y^2}{b^2} = 1$ 위의 점 $(3, -2)$에서의 접선이 x축과 만나는 점의 좌표가 $(6, 0)$일 때, 타원의 장축의 길이와 단축의 길이의 곱을 구하시오. (단, a, b는 상수이다.)

079 ⬜⬜⬜⬜⬜

타원 $\dfrac{x^2}{25} + \dfrac{y^2}{9} = 1$ 위의 점 $P\left(4, \dfrac{9}{5}\right)$에서의 접선을 l이라 하자.
이 타원의 두 초점을 F, F′과 직선 l 사이의 거리를 각각 d_1, d_2라 할 때, $d_1 \times d_2$의 값을 구하시오.

Theme 19 타원의 접선의 방정식 (기울기가 주어질 때)

080

타원 $\frac{x^2}{2}+y^2=1$에 접하고 기울기가 2인 두 직선 사이의 거리를 d라 할 때, $10\times d^2$의 값을 구하시오.

081

직선 $y=x-\frac{a}{2}$이 타원 $\frac{(x-a)^2}{5}+\frac{y^2}{4}=1$에 접할 때, 양수 a의 값을 구하시오.

082

타원 $\frac{(x-1)^2}{8}+\frac{y^2}{2}=1$ 위의 제2사분면에 있는 점 A에서의 접선이 y축과 만나는 점을 B라 하자. $\cos(\angle \mathrm{ABO})=\frac{\sqrt{5}}{5}$일 때, 이 접선은 점 $(7,\ k)$를 지난다. 상수 k의 값을 구하시오. (단, 점 O는 원점이다.)

Theme 20 타원의 접선의 방정식 (곡선 밖의 점이 주어질 때)

083

점 $\mathrm{A}(4,\ -2)$에서 타원 $\frac{x^2}{16}+\frac{y^2}{12}=1$에 그은 접선의 접점을 각각 P, Q라 할 때, 삼각형 APQ의 넓이는?

① 2 ② 3 ③ 4 ④ 5 ⑤ 6

084

점 $\mathrm{A}(3,\ 1)$에서 타원 $\frac{x^2}{4}+\frac{(y-1)^2}{5}=1$에 그은 두 접선의 접점을 각각 P, Q라 할 때, 사각형 OPAQ의 둘레의 길이는 $a\sqrt{2}+b\sqrt{5}$이다. $3a+b$의 값을 구하시오.
(단, 점 O는 원점이고, a, b는 유리수이다.)

Theme 21 타원의 접선의 방정식의 활용

085 ⬡⬡⬡⬡⬡

두 점 $A(1, 4)$, $B(3, 2)$와 타원 $\dfrac{x^2}{4}+\dfrac{y^2}{5}=1$ 위의 점 P에 대하여 삼각형 ABP의 넓이의 최솟값을 구하시오.

086 ⬡⬡⬡⬡⬡

두 초점이 $F(1, 0)$, $F'(-1, 0)$인 타원 $\dfrac{x^2}{a^2}+\dfrac{y^2}{b^2}=1$이 있다. 점 F'를 지나고 x축에 수직인 직선이 타원과 만나는 두 점을 각각 A, B라 할 때, 두 점 A, B에서의 접선을 각각 l_1, l_2라 하자. 점 F에서 두 직선 l_1, l_2에 내린 수선의 발을 각각 H_1, H_2라 하자. 삼각형 ABF의 둘레의 길이가 8일 때, 사각형 ABH_2H_1의 넓이는 $\dfrac{q}{p}$이다. $p+q$의 값을 구하시오. (단, a, b는 상수이고, p와 q는 서로소인 자연수이다.)

Theme 22 쌍곡선의 접선의 방정식 (곡선 위의 점이 주어질 때)

087 ⬡⬡⬡⬡⬡

쌍곡선 $\dfrac{x^2}{3}-\dfrac{y^2}{2}=1$ 위의 점 $(a, -2)$에서의 접선이 x축과 만나는 점의 x좌표는 b이다. $a+b$의 값을 구하시오. (단, a는 양수이다.)

088 ⬡⬡⬡⬡⬡

쌍곡선 $x^2-\dfrac{y^2}{3}=1$ 위의 점 $(2, 3)$에서의 접선을 l이라 할 때, 쌍곡선의 두 초점 F, F'에서 직선 l에 내린 수선의 발을 각각 H, H'라 하자. 선분 HH'의 길이가 d일 때, $10 \times d^2$의 값을 구하시오.

089 ⬠⬠⬠⬠⬠

직선 $y = 2x - 1$이 쌍곡선 $\dfrac{x^2}{2} - \dfrac{y^2}{k} = 1$에 접할 때, 쌍곡선의 두 초점 사이의 거리를 구하시오.

091 ⬠⬠⬠⬠⬠

점 $(-2, 0)$에서 쌍곡선 $\dfrac{x^2}{5} - \dfrac{y^2}{2} = 1$에 그은 접선의 방정식을 $y = mx + n$이라 할 때, $m^2 + n^2$의 값을 구하시오.

090 ⬠⬠⬠⬠⬠

제1사분면에서 쌍곡선 $\dfrac{x^2}{4} - \dfrac{y^2}{2} = 1$과 접하는 직선을 l이라 할 때, 원점과 직선 l 사이의 거리는 $\dfrac{2}{5}$이다. 직선 l의 기울기가 m일 때, $100m$의 값을 구하시오.

092 ⬠⬠⬠⬠⬠

점 $A(0, -3)$에서 쌍곡선 $\dfrac{x^2}{3} - \dfrac{y^2}{3} = 1$에 그은 두 접선의 접점을 P, Q라 할 때, 삼각형 APQ의 넓이를 구하시오.

Theme 25

쌍곡선의 접선의 방정식의 활용

093

점 P(0, n)에서 쌍곡선 $\frac{x^2}{45}-\frac{y^2}{20}=1$에 그은 접선의 접점을 A, B라 하자. $\cos(\angle APB) \le 0$이 되도록 하는 모든 자연수 n의 값의 합을 구하시오.

094

쌍곡선 $\frac{x^2}{2}-y^2=1$에 접하고 기울기가 $\sqrt{2}$인 두 직선을 각각 l_1, l_2라 하자. 두 직선 l_1, l_2와 쌍곡선의 두 점근선과 만나는 네 점을 꼭짓점으로 하는 사각형의 넓이는?

① $2\sqrt{2}$ ② $3\sqrt{2}$ ③ $4\sqrt{2}$
④ $5\sqrt{2}$ ⑤ $6\sqrt{2}$

095

그림과 같이 초점이 F, F′인 쌍곡선 $x^2-\frac{y^2}{3}=1$ 위의 제1사분면에 있는 점 P에서의 접선이 x축과 만나는 점을 A, y축과 만나는 점을 B라 하자. $\frac{\overline{AF'}}{\overline{AF}}=\frac{5}{3}$일 때, $\overline{AB}\times\overline{AP}=\frac{q}{p}$이다. $p+q$의 값을 구하시오. (단, 초점 F의 x좌표는 양수이고, p와 q는 서로소인 자연수이다.)

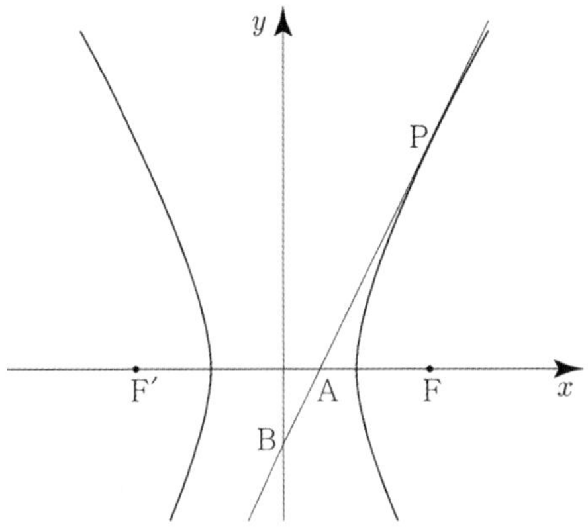

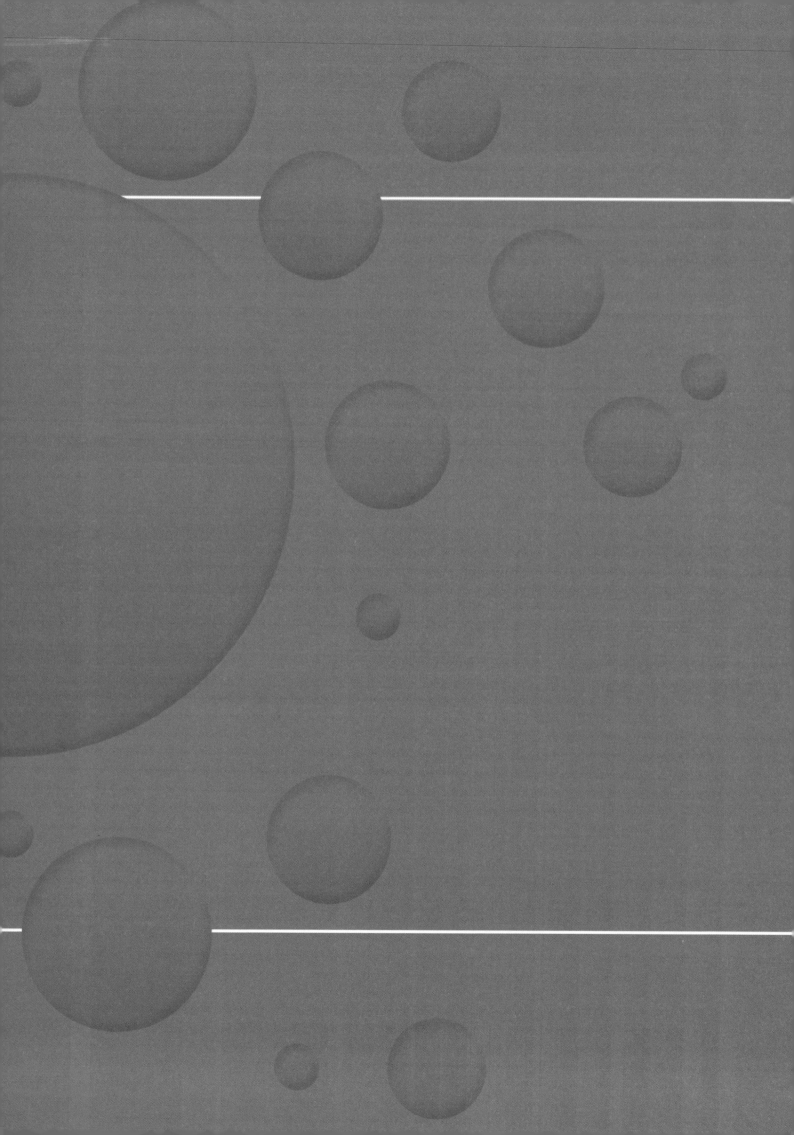

규토 라이트 N제

이차곡선

Training − **2 step**

기출 적용편

1. 이차곡선

096 • 2019학년도 고3 6월 평가원 가형 ☐☐☐☐☐

쌍곡선 $\dfrac{x^2}{a^2} - \dfrac{y^2}{36} = 1$의 두 초점 사이의 거리가 $6\sqrt{6}$ 일 때, a^2의 값은? (단, a는 상수이다.) [3점]

① 14 ② 16 ③ 18

④ 20 ⑤ 22

097 • 2013학년도 수능 가형 ☐☐☐☐☐

쌍곡선 $x^2 - 4y^2 = a$ 위의 점 $(b, 1)$에서의 접선이 쌍곡선의 한 점근선과 수직이다. $a+b$의 값은? (단, a, b는 양수이다.) [3점]

① 68 ② 77 ③ 86

④ 95 ⑤ 104

098 • 2020학년도 고3 6월 평가원 가형 ☐☐☐☐☐

포물선 $y^2 - 4y - ax + 4 = 0$의 초점의 좌표가 $(3, b)$일 때, $a+b$의 값은? (단, a, b는 양수이다.) [3점]

① 13 ② 14 ③ 15

④ 16 ⑤ 17

099 • 2016학년도 수능 B형 ☐☐☐☐☐

포물선 $y^2 = 4x$ 위의 점 $A(4, 4)$에서의 접선을 l이라 하자. 직선 l과 포물선의 준선이 만나는 점을 B, 직선 l과 x축이 만나는 점을 C, 포물선의 준선과 x축이 만나는 점을 D라 하자. 삼각형 BCD의 넓이는? [3점]

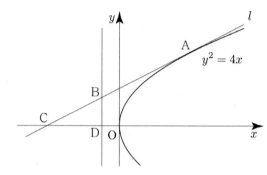

① $\dfrac{7}{4}$ ② 2 ③ $\dfrac{9}{4}$

④ $\dfrac{5}{2}$ ⑤ $\dfrac{11}{4}$

100 • 2018학년도 고3 6월 평가원 가형 ☐☐☐☐☐

주축의 길이가 4인 쌍곡선 $\dfrac{x^2}{a^2} - \dfrac{y^2}{b^2} = 1$의 점근선의 방정식이 $y = \pm \dfrac{5}{2}x$일 때, $a^2 + b^2$의 값은? (단, a와 b는 상수이다.) [3점]

① 21 ② 23 ③ 25

④ 27 ⑤ 29

101 • 2017학년도 고3 6월 평가원 가형 ☐☐☐☐☐

타원 $4x^2 + 9y^2 - 18y - 27 = 0$의 한 초점의 좌표가 (p, q)일 때, $p^2 + q^2$의 값을 구하시오. [4점]

102 · 2021년 고3 3월 교육청 기하 ☐☐☐☐☐

꼭짓점이 점 $(-1, 0)$이고 준선이 직선 $x = -3$인 포물선의 방정식이 $y^2 = ax + b$일 때, 두 상수 a, b의 합 $a+b$의 값은? [3점]

① 14   ② 16   ③ 18
④ 20   ⑤ 22

103 · 2018학년도 고3 9월 평가원 가형 ☐☐☐☐☐

다음 조건을 만족시키는 쌍곡선의 주축의 길이는? [3점]

> (가) 두 초점의 좌표는 $(5, 0)$, $(-5, 0)$이다.
> (나) 두 점근선이 서로 수직이다.

① $2\sqrt{2}$ ② $3\sqrt{2}$ ③ $4\sqrt{2}$
④ $5\sqrt{2}$ ⑤ $6\sqrt{2}$

104 · 2018학년도 수능 가형 ☐☐☐☐☐

타원 $\dfrac{(x-2)^2}{a} + \dfrac{(y-2)^2}{4} = 1$의 두 초점의 좌표가 $(6, b)$, $(-2, b)$일 때, ab의 값은? (단, a는 양수이다.) [3점]

① 40   ② 42   ③ 44
④ 46   ⑤ 48

105 · 2008학년도 수능 가형 ☐☐☐☐☐

로그함수 $y = \log_2(x+a) + b$의 그래프가 포물선 $y^2 = x$의 초점을 지나고, 이 로그함수의 그래프의 점근선이 포물선 $y^2 = x$의 준선과 일치할 때, 두 상수 a, b의 합 $a+b$의 값은? [3점]

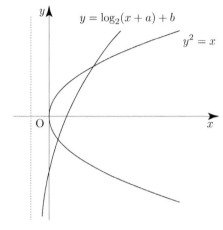

① $\dfrac{5}{4}$ ② $\dfrac{13}{8}$ ③ $\dfrac{9}{4}$
④ $\dfrac{21}{8}$ ⑤ $\dfrac{11}{4}$

106 · 2016학년도 사관학교 B형 ☐☐☐☐☐

타원 $2x^2 + y^2 = 16$의 두 초점을 F, F′이라 하자. 이 타원 위의 점 P에 대하여 $\dfrac{\overline{PF'}}{\overline{PF}} = 3$일 때, $\overline{PF} \times \overline{PF'}$의 값을 구하시오. [3점]

107 · 2017학년도 고3 9월 평가원 가형 ☐☐☐☐☐

좌표평면에서 초점이 F인 포물선 $x^2 = 4y$ 위의 점 A가 $\overline{AF} = 10$을 만족시킨다. 점 $B(0, -1)$에 대하여 $\overline{AB} = a$일 때, a^2의 값을 구하시오. [3점]

좌표평면에서 포물선 $y^2 = 8x$에 접하는 두 직선 l_1, l_2의 기울기가 각각 m_1, m_2이다. m_1, m_2가 방정식 $2x^2 - 3x + 1 = 0$의 서로 다른 두 근일 때, l_1과 l_2의 교점의 x좌표는? [3점]

① 1　　　　② 2　　　　③ 3

④ 4　　　　⑤ 5

타원 $\dfrac{x^2}{a^2} + \dfrac{y^2}{b^2} = 1$의 한 초점을 F$(c, 0)$ $(c > 0)$, 이 타원이 x축과 만나는 점 중에서 x좌표가 음수인 점을 A, y축과 만나는 점 중에서 y좌표가 양수인 점을 B라 하자. $\angle \text{AFB} = \dfrac{\pi}{3}$이고 삼각형 AFB의 넓이는 $6\sqrt{3}$일 때, $a^2 + b^2$의 값은? (단, a, b는 상수이다.) [3점]

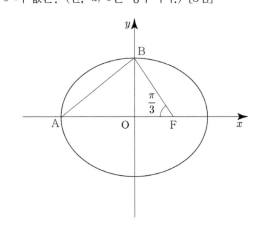

① 22　　　　② 24　　　　③ 26

④ 28　　　　⑤ 30

그림과 같이 포물선 $y^2 = 12x$의 초점 F를 지나는 직선과 포물선이 만나는 두 점 A, B에서 준선 l에 내린 수선의 발을 각각 C, D라 하자. $\overline{\text{AC}} = 4$일 때, 선분 BD의 길이는? [3점]

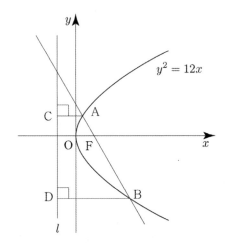

① 12　　　　② $\dfrac{25}{2}$　　　　③ 13

④ $\dfrac{27}{2}$　　　　⑤ 14

그림과 같이 점 F가 초점인 포물선 $y^2 = 4px$ 위의 점 P를 지나고 y축에 수직인 직선이 포물선 $y^2 = -4px$와 만나는 점을 Q라 하자. $\overline{\text{OP}} = \overline{\text{PF}}$이고 $\overline{\text{PQ}} = 6$일 때, 선분 PF의 길이는? (단, O는 원점이고, p는 양수이다.) [3점]

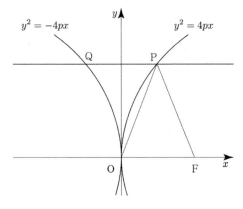

① 7　　　　② 8　　　　③ 9

④ 10　　　　⑤ 11

112 • 2008학년도 수능 가형　○○○○○

그림과 같이 쌍곡선 $\dfrac{x^2}{16} - \dfrac{y^2}{9} = 1$의 두 초점을 F, F′이라

하자. 제1사분면에 있는 쌍곡선 위의 점 P와 제2사분면에
있는 쌍곡선 위의 점 Q에 대하여 $\overline{PF'} - \overline{QF'} = 3$일 때,
$\overline{QF} - \overline{PF}$의 값을 구하시오. [3점]

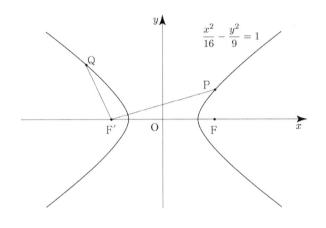

114 • 2021년 고3 4월 교육청 기하　○○○○○

좌표평면 위에 두 초점이 F, F′인 타원 $\dfrac{x^2}{36} + \dfrac{y^2}{12} = 1$이

있다. 타원 위의 두 점 P, Q에 대하여 직선 PQ가
원점 O를 지나고 삼각형 PF′Q의 둘레의 길이가 20일 때,
선분 OP의 길이는? (단, 점 P는 제1사분면 위의 점이다.)

[3점]

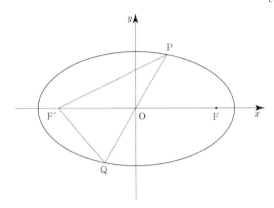

① $\dfrac{11}{3}$　　② 4　　③ $\dfrac{13}{3}$

④ $\dfrac{14}{3}$　　⑤ 5

113 • 2017학년도 사관학교 가형　○○○○○

두 초점 F, F′을 공유하는 타원 $\dfrac{x^2}{a} + \dfrac{y^2}{16} = 1$과 쌍곡선

$\dfrac{x^2}{4} - \dfrac{y^2}{5} = 1$이 있다. 타원과 쌍곡선이 만나는 점 중 하나를

P라 할 때, $\left| \overline{PF}^2 - \overline{PF'}^2 \right|$의 값을 구하시오.
(단, a는 양수이다.) [3점]

115 • 2021년 고3 10월 교육청 기하　○○○○○

양수 a에 대하여 기울기가 $\dfrac{1}{2}$인 직선이 타원 $\dfrac{x^2}{36} + \dfrac{y^2}{16} = 1$과

포물선 $y^2 = ax$에 동시에 접할 때, 포물선 $y^2 = ax$의 초점의
x좌표는? [3점]

① 2　　② $\dfrac{5}{2}$　　③ 3

④ $\dfrac{7}{2}$　　⑤ 4

그림과 같이 두 초점이 F$(c, 0)$, F'$(-c, 0)$ $(c>0)$이고 주축의 길이가 2인 쌍곡선이 있다. 점 F를 지나고 x축에 수직인 직선이 쌍곡선과 제1사분면에서 만나는 점을 A, 점 F'을 지나고 x축에 수직인 직선이 쌍곡선과 제2사분면에서 만나는 점을 B라 하자. 사각형 ABF'F가 정사각형일 때, 정사각형 ABF'F의 대각선의 길이는? [3점]

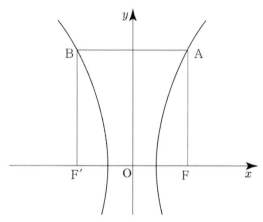

① $3+2\sqrt{2}$ ② $5+\sqrt{2}$ ③ $4+2\sqrt{2}$
④ $6+\sqrt{2}$ ⑤ $5+2\sqrt{2}$

그림과 같이 쌍곡선 $\dfrac{x^2}{9}-\dfrac{y^2}{16}=1$의 두 초점 F, F'과 쌍곡선 위의 점 A에 대하여 삼각형 AF'F의 둘레의 길이가 24일 때, 삼각형 AF'F의 넓이는? (단, 점 A는 제1사분면의 점이다.) [3점]

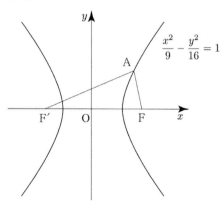

① $4\sqrt{3}$ ② $4\sqrt{6}$ ③ $8\sqrt{3}$
④ $8\sqrt{6}$ ⑤ $16\sqrt{3}$

초점이 F인 포물선 $y^2=4px$ 위의 한 점 A에서 포물선의 준선에 내린 수선의 발을 B라 하고, 선분 BF와 포물선이 만나는 점을 C라 하자. $\overline{AB}=\overline{BF}$이고 $\overline{BC}+3\overline{CF}=6$일 때, 양수 p의 값은? [3점]

① $\dfrac{7}{8}$ ② $\dfrac{8}{9}$ ③ $\dfrac{9}{10}$
④ $\dfrac{10}{11}$ ⑤ $\dfrac{11}{12}$

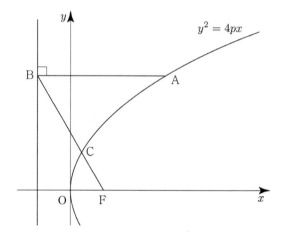

자연수 n에 대하여 직선 $y=nx+(n+1)$이 꼭짓점의 좌표가 $(0, 0)$이고 초점이 $(a_n, 0)$인 포물선에 접할 때, $\displaystyle\sum_{n=1}^{5} a_n$의 값은? [3점]

① 70 ② 72 ③ 74
④ 76 ⑤ 78

120 • 2013학년도 고3 9월 평가원 가형 ⟨⟩⟨⟩⟨⟩⟨⟩⟨⟩

좌표평면에서 쌍곡선 $\dfrac{x^2}{a^2} - \dfrac{y^2}{b^2} = 1$의 한 점근선에 평행하고

타원 $\dfrac{x^2}{8a^2} + \dfrac{y^2}{b^2} = 1$에 접하는 직선을 l이라 하자. 원점과

직선 l 사이의 거리가 1일 때, $\dfrac{1}{a^2} + \dfrac{1}{b^2}$의 값은? [3점]

① 9 ② $\dfrac{19}{2}$ ③ 10

④ $\dfrac{21}{2}$ ⑤ 11

121 • 2007학년도 수능 가형 ⟨⟩⟨⟩⟨⟩⟨⟩⟨⟩

초점이 F인 포물선 $y^2 = x$ 위에 $\overline{\mathrm{FP}} = 4$인 점 P가 있다.
그림과 같이 선분 FP의 연장선 위에 $\overline{\mathrm{FP}} = \overline{\mathrm{PQ}}$가 되도록
점 Q를 잡을 때, 점 Q의 x좌표는? [3점]

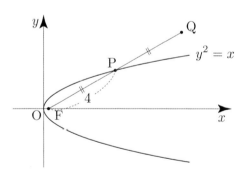

① $\dfrac{25}{4}$ ② $\dfrac{13}{2}$ ③ $\dfrac{27}{4}$

④ 7 ⑤ $\dfrac{29}{4}$

122 • 2021년 고3 4월 교육청 기하 ⟨⟩⟨⟩⟨⟩⟨⟩⟨⟩

그림과 같이 꼭짓점이 원점 O이고 초점이 $\mathrm{F}(p,\ 0)\ (p > 0)$인
포물선이 있다. 포물선 위의 점 A에서 x축, y축에 내린
수선의 발을 각각 B, C라 하자. $\overline{\mathrm{FA}} = 8$이고 사각형 OFAC
의 넓이와 삼각형 FBA의 넓이의 비가 $2:1$일 때,
삼각형 ACF의 넓이는? (단, 점 A는 제1사분면 위의
점이고, 점 A의 x좌표는 p보다 크다.) [3점]

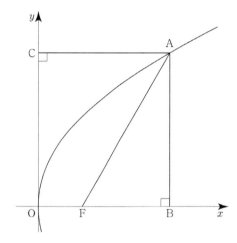

① $\dfrac{27}{2}$ ② $9\sqrt{3}$ ③ 18

④ $12\sqrt{3}$ ⑤ 24

그림과 같이 포물선 $y^2 = 4x$ 위의 한 점 P를 중심으로 하고 준선과 점 A에서 접하는 원이 x축과 만나는 두 점을 각각 B, C라 하자. 부채꼴 PBC의 넓이가 부채꼴 PAB의 넓이의 2배일 때, 원의 반지름의 길이는? (단, 점 P의 x좌표는 1보다 크고, 점 C의 x좌표는 점 B의 x좌표보다 크다.)

[3점]

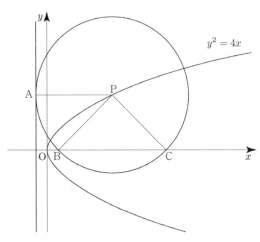

① $2 + 2\sqrt{3}$ 　② $3 + 2\sqrt{2}$ 　③ $3 + 2\sqrt{3}$

④ $4 + 2\sqrt{2}$ 　⑤ $4 + 2\sqrt{3}$

점 A(6, 12)와 포물선 $y^2 = 4x$ 위의 점 P, 직선 $x = -4$ 위의 점 Q에 대하여 $\overline{AP} + \overline{PQ}$의 최솟값은? [3점]

① 12   　② 14   　③ 16

④ 18   　⑤ 20

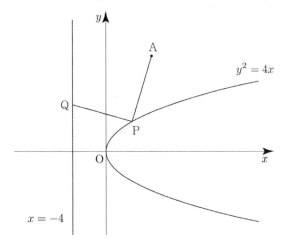

그림과 같이 두 점 F(c, 0), F′(−c, 0) (c > 0)을 초점으로 하는 타원 $\dfrac{x^2}{a^2} + \dfrac{y^2}{7} = 1$과 두 점 F, F′을 초점으로 하는 쌍곡선 $\dfrac{x^2}{4} - \dfrac{y^2}{b^2} = 1$이 제1사분면에서 만나는 점을 P라 하자. $\overline{PF} = 3$일 때, $a^2 + b^2$의 값은? (단, a, b는 상수이다.)

[3점]

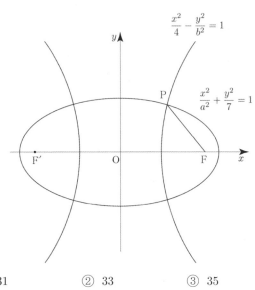

① 31   　② 33   　③ 35

④ 37   　⑤ 39

126 • 2016학년도 고3 6월 평가원 B형 ☐☐☐☐☐

그림과 같이 두 점 F$(c, 0)$, F$'(-c, 0)$ $(c>0)$을 초점으로 하고 장축의 길이가 4인 타원이 있다. 점 F를 중심으로 하고 반지름의 길이가 c인 원이 타원과 점 P에서 만난다. 점 P에서 원에 접하는 직선이 점 F$'$을 지날 때, c의 값은? [3점]

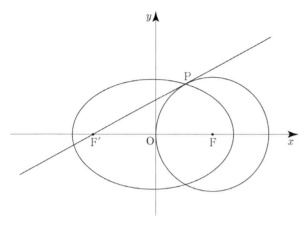

① $\sqrt{2}$
② $\sqrt{10}-\sqrt{3}$
③ $\sqrt{6}-1$
④ $2\sqrt{3}-2$
⑤ $\sqrt{14}-\sqrt{5}$

127 • 2022학년도 고3 6월 평가원 기하 ☐☐☐☐☐

그림과 같이 쌍곡선 $\dfrac{x^2}{a^2}-\dfrac{y^2}{b^2}=1$ 위의 점 P$(4, k)$ $(k>0)$ 에서의 접선이 x축과 만나는 점을 Q, y축과 만나는 점을 R라 하자. 점 S$(4, 0)$에 대하여 삼각형 QOR의 넓이를 A_1, 삼각형 PRS의 넓이를 A_2라 하자. $A_1 : A_2 = 9 : 4$일 때, 이 쌍곡선의 주축의 길이는? (단, O는 원점이고, a와 b는 상수이다.) [3점]

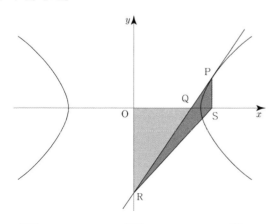

① $2\sqrt{10}$
② $2\sqrt{11}$
③ $4\sqrt{3}$
④ $2\sqrt{13}$
⑤ $2\sqrt{14}$

128 • 2012학년도 고3 9월 평가원 가형 ☐☐☐☐☐

두 초점이 F, F$'$이고, 장축의 길이가 10, 단축의 길이가 6인 타원이 있다. 중심이 F이고, 점 F$'$을 지나는 원과 이 타원의 두 교점 중 한 점을 P라 하자. 삼각형 PFF$'$의 넓이는? [3점]

① $2\sqrt{10}$
② $3\sqrt{5}$
③ $3\sqrt{6}$
④ $3\sqrt{7}$
⑤ $\sqrt{70}$

129 • 2022학년도 수능 기하 ☐☐☐☐☐

두 초점이 F, F$'$인 타원 $\dfrac{x^2}{64}+\dfrac{y^2}{16}=1$ 위의 점 중 제1사분면에 있는 점 A가 있다. 두 직선 AF, AF$'$에 동시에 접하고 중심이 y축 위에 있는 원 중 중심의 y좌표가 음수인 것을 C라 하자. 원 C의 중심을 B라 할 때, 사각형 AFBF$'$의 넓이가 72이다. 원 C의 반지름의 길이는? [3점]

① $\dfrac{17}{2}$
② 9
③ $\dfrac{19}{2}$
④ 10
⑤ $\dfrac{21}{2}$

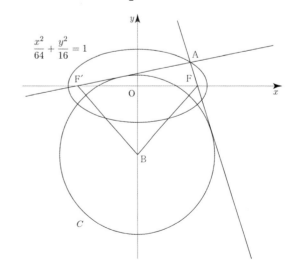

좌표평면에서 두 점 A(5, 0), B(−5, 0)에 대하여 장축이 선분 AB인 타원의 두 초점을 F, F′이라 하자. 초점이 F이고 꼭짓점이 원점인 포물선이 타원과 만나는 두 점을 각각 P, Q라 하자. $\overline{PQ}=2\sqrt{10}$일 때, 두 선분 PF와 PF′의 길이의 곱 $\overline{PF}\times\overline{PF'}$의 값은 $\dfrac{q}{p}$이다. $p+q$의 값을 구하시오. (단, p와 q는 서로소인 자연수이다.)

[3점]

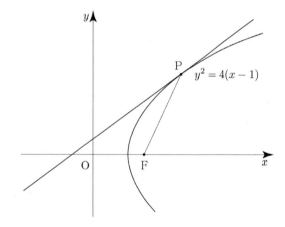

포물선 $y^2=4(x-1)$ 위의 점 P는 제1사분면 위의 점이고 초점 F에 대하여 $\overline{PF}=3$이다. 포물선 위의 점 P에서의 접선의 기울기는? [3점]

① $\dfrac{\sqrt{2}}{4}$ ② $\dfrac{3\sqrt{2}}{8}$ ③ $\dfrac{\sqrt{2}}{2}$

④ $\dfrac{5\sqrt{2}}{8}$ ⑤ $\dfrac{3\sqrt{2}}{4}$

그림과 같이 쌍곡선 $\dfrac{4x^2}{9}-\dfrac{y^2}{40}=1$의 두 초점은 F, F′이고, 점 F를 중심으로 하는 원 C는 쌍곡선과 한 점에서 만난다. 제2사분면에 있는 쌍곡선 위의 점 P에서 원 C에 접선을 그었을 때 접점을 Q라 하자. $\overline{PQ}=12$일 때, 선분 PF′의 길이는? [3점]

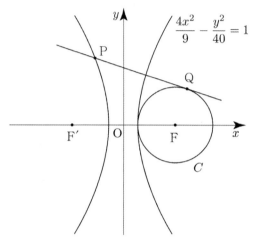

① 10 ② $\dfrac{21}{2}$ ③ 11

④ $\dfrac{23}{2}$ ⑤ 12

좌표평면에서 타원 $x^2+3y^2=19$와 직선 l은 제1사분면 위의 한 점에서 접하고, 원점과 직선 l 사이의 거리는 $\dfrac{19}{5}$이다. 직선 l의 기울기는? [3점]

① $-\dfrac{2}{3}$ ② $-\dfrac{5}{6}$ ③ -1

④ $-\dfrac{7}{6}$ ⑤ $-\dfrac{4}{3}$

134 • 2020학년도 사관학교 가형 ⬡⬡⬡⬡⬡

쌍곡선 $\dfrac{x^2}{4}-y^2=1$의 꼭짓점 중 x좌표가 음수인 점을 중심으로 하는 원 C가 있다. 점 $(3, 0)$을 지나고 원 C에 접하는 두 직선이 각각 쌍곡선 $\dfrac{x^2}{4}-y^2=1$과 한 점에서만 만날 때, 원 C의 반지름의 길이는? [3점]

① 2 ② $\sqrt{5}$ ③ $\sqrt{6}$
④ $\sqrt{7}$ ⑤ $2\sqrt{2}$

135 • 2022학년도 수능예비시행 기하 ⬡⬡⬡⬡⬡

그림과 같이 두 점 $\mathrm{F}(c, 0)$, $\mathrm{F}'(-c, 0)$을 초점으로 하는 쌍곡선 $\dfrac{x^2}{4}-\dfrac{y^2}{b^2}=1$이 있다. 점 F를 지나고 x축에 수직인 직선이 쌍곡선과 제1사분면에서 만나는 점을 P라 하고, 직선 PF 위의 $\overline{\mathrm{QP}}:\overline{\mathrm{PF}}=5:3$이 되도록 점 Q를 잡는다. 직선 $\mathrm{F}'\mathrm{Q}$가 y축과 만나는 점을 R라 할 때, $\overline{\mathrm{QP}}=\overline{\mathrm{QR}}$이다. b^2의 값은? (단, b는 상수이고, 점 Q는 제1사분면 위의 점이다.) [3점]

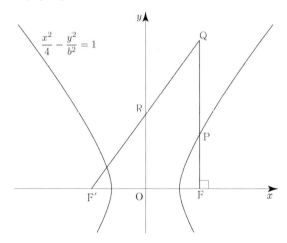

① $\dfrac{1}{2}+2\sqrt{5}$ ② $1+2\sqrt{5}$ ③ $\dfrac{3}{2}+2\sqrt{5}$
④ $2+2\sqrt{5}$ ⑤ $\dfrac{5}{2}+2\sqrt{5}$

136 • 2009학년도 고3 9월 평가원 가형 ⬡⬡⬡⬡⬡

쌍곡선 $x^2-y^2=32$ 위의 점 $\mathrm{P}(-6, 2)$에서의 접선 l에 대하여 원점 O에서 l에 내린 수선의 발을 H, 직선 OH와 이 쌍곡선이 제1사분면에서 만나는 점을 Q라 하자. $\overline{\mathrm{OH}}\times\overline{\mathrm{OQ}}$의 값을 구하시오. [3점]

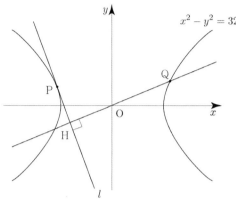

137 • 2021년 고3 7월 교육청 기하 ⬡⬡⬡⬡⬡

그림과 같이 두 점 $\mathrm{F}(\sqrt{7}, 0)$, $\mathrm{F}'(-\sqrt{7}, 0)$을 초점으로 하고 장축의 길이가 8인 타원이 있다. $\overline{\mathrm{FF}'}=\overline{\mathrm{PF}'}$, $\overline{\mathrm{FP}}=2\sqrt{3}$을 만족시키는 점 P에 대하여 점 F'을 지나고 선분 FP에 수직인 직선이 타원과 만나는 점 중 제1사분면 위의 점을 Q라 할 때, 선분 FQ의 길이는? (단, 점 P는 제1사분면 위의 점이다.) [3점]

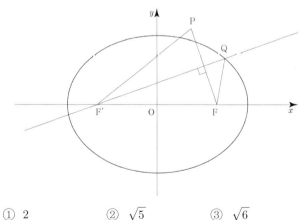

① 2 ② $\sqrt{5}$ ③ $\sqrt{6}$
④ $\sqrt{7}$ ⑤ $2\sqrt{2}$

그림과 같이 두 점 $F(0, c)$, $F'(0, -c)$를 초점으로 하는 타원 $\dfrac{x^2}{a^2} + \dfrac{y^2}{25} = 1$이 x축과 만나는 점 중에서 x좌표가 양수인 점을 A라 하자. 직선 $y = c$가 직선 AF'과 만나는 점을 B, 직선 $y = c$가 타원과 만나는 점 중 x좌표가 양수인 점을 P라 하자. 삼각형 BPF'의 둘레의 길이와 삼각형 BFA의 둘레의 길이의 차가 4일 때, 삼각형 AFF'의 넓이는? (단, $0 < a < 5$, $c > 0$) [3점]

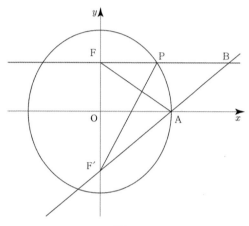

① $5\sqrt{6}$ ② $\dfrac{9\sqrt{6}}{2}$ ③ $4\sqrt{6}$

④ $\dfrac{7\sqrt{6}}{2}$ ⑤ $3\sqrt{6}$

타원 $\dfrac{x^2}{4} + y^2 = 1$의 네 꼭짓점을 연결하여 만든 사각형에 내접하는 타원 $\dfrac{x^2}{a^2} + \dfrac{y^2}{b^2} = 1$이 있다. 타원 $\dfrac{x^2}{a^2} + \dfrac{y^2}{b^2} = 1$의 두 초점이 $F(b, 0)$, $F'(-b, 0)$일 때, $a^2 b^2 = \dfrac{q}{p}$이다. $p + q$의 값을 구하시오. (단, p, q는 서로소인 자연수이다.) [3점]

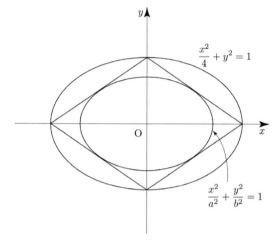

타원 $\dfrac{x^2}{a^2} + \dfrac{y^2}{b^2} = 1$ 위의 점 $(2, 1)$에서의 접선의 기울기가 $-\dfrac{1}{2}$일 때, 이 타원의 두 초점 사이의 거리는? (단, a, b는 양수이다.) [3점]

① $2\sqrt{3}$ ② 4 ③ $2\sqrt{5}$

④ $2\sqrt{6}$ ⑤ $2\sqrt{7}$

141 • 2023학년도 고3 6월 평가원 기하

좌표평면에서 타원 $\dfrac{x^2}{3}+y^2=1$과 직선 $y=x-1$이 만나는 두 점을 A, C라 하자. 선분 AC가 사각형 ABCD의 대각선이 되도록 타원 위에 두 점 B, D를 잡을 때, 사각형 ABCD의 넓이의 최댓값은? [3점]

① 2 ② $\dfrac{9}{4}$ ③ $\dfrac{5}{2}$

④ $\dfrac{11}{4}$ ⑤ 3

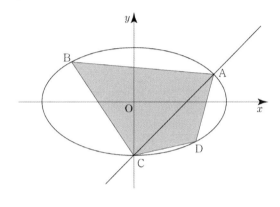

142 • 2024학년도 고3 6월 평가원 기하

두 초점이 F(12, 0), F′(−4, 0)이고, 장축의 길이가 24인 타원 C가 있다. $\overline{F'F}=\overline{F'P}$인 타원 C 위의 점 P에 대하여 선분 F′P의 중점을 Q라 하자. 한 초점이 F′인 타원 $\dfrac{x^2}{a^2}+\dfrac{y^2}{b^2}=1$이 점 Q를 지날 때, $\overline{PF}+a^2+b^2$의 값은? (단, a와 b는 양수이다.) [3점]

① 46 ② 52 ③ 58
④ 64 ⑤ 70

143 • 2024학년도 고3 6월 평가원 기하

포물선 $(y-2)^2=8(x+2)$ 위의 점 P와 점 A(0, 2)에 대하여 $\overline{OP}+\overline{PA}$의 값이 최소가 되도록 하는 점 P를 P_0이라 하자. $\overline{OQ}+\overline{QA}=\overline{OP_0}+\overline{P_0A}$를 만족시키는 점 Q에 대하여 점 Q의 y좌표의 최댓값과 최솟값을 각각 M, m이라 할 때, M^2+m^2의 값은? (단, O는 원점이다.) [3점]

① 8 ② 9 ③ 10
④ 11 ⑤ 12

144 • 2024학년도 고3 9월 평가원 기하

양수 p에 대하여 좌표평면 위에 초점이 F인 포물선 $y^2=4px$가 있다. 이 포물선이 세 직선 $x=p$, $x=2p$, $x=3p$와 만나는 제1사분면 위의 점을 각각 P_1, P_2, P_3이라 하자. $\overline{FP_1}+\overline{FP_2}+\overline{FP_3}=27$일 때, p의 값은? [3점]

① 2 ② $\dfrac{5}{2}$ ③ 3
④ $\dfrac{7}{2}$ ⑤ 4

145 • 2024학년도 수능 기하

초점이 F인 포물선 $y^2=8x$ 위의 한 점 A에서 포물선의 준선에 내린 수선의 발을 B라 하고, 직선 BF와 포물선이 만나는 두 점을 각각 C, D라 하자. $\overline{BC}=\overline{CD}$일 때, 삼각형 ABD의 넓이는? (단, $\overline{CF}<\overline{DF}$이고, 점 A는 원점이 아니다.) [3점]

① $100\sqrt{2}$ ② $104\sqrt{2}$ ③ $108\sqrt{2}$
④ $112\sqrt{2}$ ⑤ $116\sqrt{2}$

두 초점이 F, F′이고 장축의 길이가 $2a$인 타원이 있다. 이 타원의 한 꼭짓점을 중심으로 하고 반지름의 길이가 1인 원이 이 타원의 서로 다른 두 꼭짓점과 한 초점을 지날 때, 상수 a의 값은? [4점]

① $\dfrac{\sqrt{2}}{2}$ ② $\dfrac{\sqrt{6}-1}{2}$ ③ $\sqrt{3}-1$

④ $2\sqrt{2}-2$ ⑤ $\dfrac{\sqrt{3}}{2}$

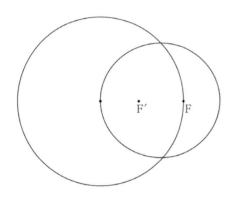

두 초점이 $F_1(c, 0)$, $F_2(-c, 0)$ $(c > 0)$인 타원이 x축과 두 점 A(3, 0), B(−3, 0)에서 만난다. 선분 BO가 주축이고 점 F_1이 한 초점인 쌍곡선의 초점 중 F_1이 아닌 점을 F_3이라 하자. 쌍곡선이 타원과 제1사분면에서 만나는 점을 P라 할 때, 삼각형 PF_3F_2의 둘레의 길이를 구하시오. (단, O는 원점이다.) [3점]

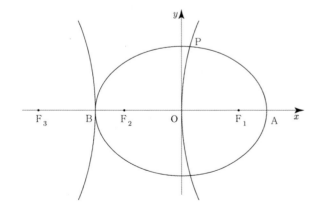

그림과 같이 두 점 F(c, 0), F′(−c, 0) $(c > 0)$을 초점으로 하는 타원 $\dfrac{x^2}{16} + \dfrac{y^2}{12} = 1$ 위의 점 P(2, 3)에서 타원에 접하는 직선을 l이라 하자. 점 F를 지나고 l과 평행한 직선이 타원과 만나는 점 중 제2사분면 위에 있는 점을 Q라 하자. 두 직선 F′Q와 l이 만나는 점을 R, l과 x축이 만나는 점을 S라 할 때, 삼각형 SRF′의 둘레의 길이는? [4점]

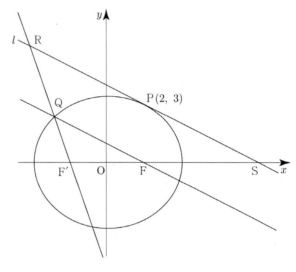

① 30 ② 31 ③ 32

④ 33 ⑤ 34

쌍곡선 $\dfrac{x^2}{12} - \dfrac{y^2}{8} = 1$ 위의 점 (a, b)에서의 접선이 타원 $\dfrac{(x-2)^2}{4} + y^2 = 1$의 넓이를 이등분할 때, $a^2 + b^2$의 값을 구하시오. [4점]

150 · 2007학년도 고3 9월 평가원 가형 ⬡⬡⬡⬡⬡

타원 $\dfrac{x^2}{36}+\dfrac{y^2}{16}=1$의 두 초점을 F, F′이라 하자. 이 타원 위의 점 P가 $\overline{OP}=\overline{OF}$를 만족시킬 때, $\overline{PF}\times\overline{PF'}$의 값을 구하시오. (단, O는 원점이다.) [4점]

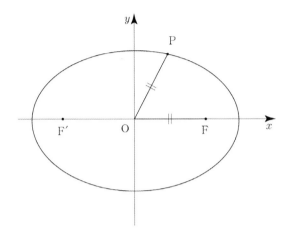

151 · 2012학년도 수능 가형 ⬡⬡⬡⬡⬡

포물선 $y^2=nx$의 초점과 포물선 위의 점 $(n,\ n)$에서의 접선 사이의 거리를 d라 하자. $d^2\geq 40$을 만족시키는 자연수 n의 최솟값을 구하시오. [4점]

152 · 2021년 고3 3월 교육청 기하 ⬡⬡⬡⬡⬡

자연수 n에 대하여 초점이 F인 포물선 $y^2=2x$ 위의 점 P_n이 $\overline{FP_n}=2n$을 만족시킬 때, $\displaystyle\sum_{n=1}^{8}\overline{OP_n}^2$의 값은? (단, O는 원점이고, 점 P_n은 제1사분면에 있다.) [4점]

① 874   ② 876   ③ 878

④ 880   ⑤ 882

153 · 2019학년도 사관학교 가형 ⬡⬡⬡⬡⬡

그림과 같이 타원 $\dfrac{x^2}{a}+\dfrac{y^2}{12}=1$의 두 초점 중 x좌표가 양수인 점을 F, 음수인 점을 F′이라 하자.

타원 $\dfrac{x^2}{a}+\dfrac{y^2}{12}=1$ 위에 있고 제1사분면에 있는 점 P에 대하여 선분 F′P의 연장선 위에 점 Q를 $\overline{F'Q}=10$이 되도록 잡는다. 삼각형 PFQ가 직각이등변삼각형일 때, 삼각형 QF′F의 넓이는? (단, $a>12$) [4점]

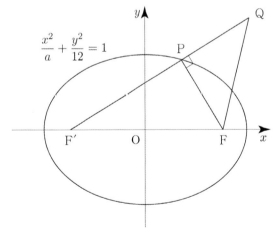

① 15   ② $\dfrac{35}{2}$ ③ 20

④ $\dfrac{45}{2}$ ⑤ 25

좌표평면에서 두 점 $F\left(\dfrac{9}{4},\ 0\right)$, $F'(-c,\ 0)\,(c>0)$을 초점으로 하는 타원과 포물선 $y^2=9x$가 제1사분면에서 만나는 점을 P라 하자. $\overline{PF}=\dfrac{25}{4}$이고 포물선 $y^2=9x$ 위의 점 P에서의 접선이 점 F'을 지날 때, 타원의 단축의 길이는? [4점]

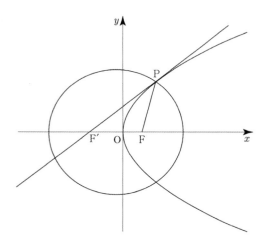

① 13　　② $\dfrac{27}{2}$　　③ 14

④ $\dfrac{29}{2}$　　⑤ 15

쌍곡선 $\dfrac{x^2}{9}-\dfrac{y^2}{3}=1$의 두 초점 $(2\sqrt{3},\ 0)$, $(-2\sqrt{3},\ 0)$을 각각 F, F'이라 하자. 이 쌍곡선 위를 움직이는 점 $P(x,\ y)\,(x>0)$에 대하여 선분 F'P 위의 점 Q가 $\overline{FP}=\overline{PQ}$를 만족시킬 때, 점 Q가 나타내는 도형 전체의 길이는? [4점]

① π　　② $\sqrt{3}\,\pi$　　③ 2π

④ 3π　　⑤ $2\sqrt{3}\,\pi$

그림과 같이 두 초점이 $F(c,\ 0)$, $F'(-c,\ 0)$인 타원 $\dfrac{x^2}{a^2}+\dfrac{y^2}{b^2}=1$이 있다. 타원 위에 있고 제2사분면에 있는 점 P에 대하여 선분 PF'의 중점을 Q, 선분 PF를 $1:3$으로 내분하는 점을 R라 하자. $\angle PQR=\dfrac{\pi}{2}$, $\overline{QR}=\sqrt{5}$, $\overline{RF}=9$일 때, a^2+b^2의 값을 구하시오. (단, a, b, c는 양수이다.) [4점]

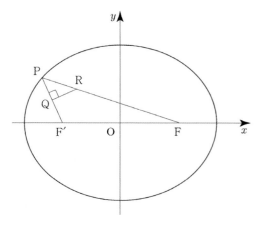

157 • 2022학년도 수능 기하 ⬡⬡⬡⬡⬡

두 양수 a, p에 대하여 포물선 $(y-a)^2 = 4px$의 초점을 F_1이라 하고, 포물선 $y^2 = -4x$의 초점을 F_2라 하자. 선분 F_1F_2가 두 포물선과 만나는 점을 각각 P, Q라 할 때, $\overline{F_1F_2} = 3$, $\overline{PQ} = 1$이다. $a^2 + p^2$의 값은? [4점]

① 6

② $\dfrac{25}{4}$

③ $\dfrac{13}{2}$

④ $\dfrac{27}{4}$

⑤ 7

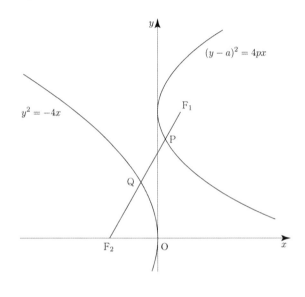

158 • 2015학년도 수능 B형 ⬡⬡⬡⬡⬡

타원 $\dfrac{x^2}{9} + \dfrac{y^2}{4} = 1$의 두 초점 중 x좌표가 양수인 점을 F, 음수인 점을 F′이라 하자. 이 타원 위의 점 P를 $\angle FPF' = \dfrac{\pi}{2}$가 되도록 제1사분면에서 잡고, 선분 FP의 연장선 위에 y좌표가 양수인 점 Q를 $\overline{FQ} = 6$이 되도록 잡는다. 삼각형 QF′F의 넓이를 구하시오. [4점]

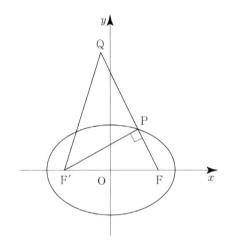

159 • 2014학년도 수능예비시행 B형 ⬡⬡⬡⬡⬡

포물선 $y^2 = 4px \, (p > 0)$의 초점을 F, 포물선의 준선이 x축과 만나는 점을 A라 하자. 포물선 위의 점 B에 대하여 $\overline{AB} = 7$이고 $\overline{BF} = 5$가 되도록 하는 p의 값이 a 또는 b일 때, $a^2 + b^2$의 값을 구하시오. (단, $a \neq b$이다.) [4점]

초점이 F인 포물선 $y^2=4x$ 위에 서로 다른 두 점 A, B가 있다. 두 점 A, B의 x좌표는 1보다 큰 자연수이고 삼각형 AFB의 무게중심의 x좌표가 6일 때, $\overline{\mathrm{AF}}\times\overline{\mathrm{BF}}$의 최댓값을 구하시오. [4점]

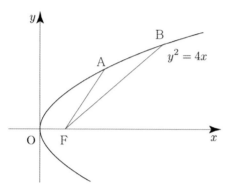

그림과 같이 두 초점 F, F′이 x축 위에 있는 타원 $\dfrac{x^2}{49}+\dfrac{y^2}{a}=1$ 위의 점 P가 $\overline{\mathrm{FP}}=9$를 만족시킨다. 점 F에서 선분 PF′에 내린 수선의 발 H에 대하여 $\overline{\mathrm{FH}}=6\sqrt{2}$일 때, 상수 a의 값은? [4점]

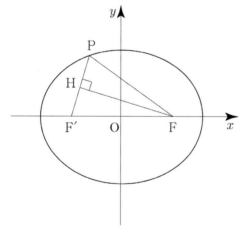

① 29   ② 30   ③ 31
④ 32   ⑤ 33

그림과 같이 y축 위의 점 A$(0,\,a)$와 두 점 F, F′을 초점으로 하는 타원 $\dfrac{x^2}{25}+\dfrac{y^2}{9}=1$ 위를 움직이는 점 P가 있다. $\overline{\mathrm{AP}}-\overline{\mathrm{FP}}$의 최솟값이 1일 때, a^2의 값을 구하시오. [4점]

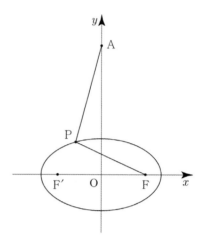

좌표평면에서 초점이 A$(a,\,0)$ $(a>0)$이고 꼭짓점이 원점인 포물선과 두 초점이 F$(c,\,0)$, F′$(-c,\,0)$ $(c>a)$인 타원의 교점 중 제1사분면 위의 점을 P라 하자.

$$\overline{\mathrm{AF}}=2,\quad \overline{\mathrm{PA}}=\overline{\mathrm{PF}},\quad \overline{\mathrm{FF}'}=\overline{\mathrm{PF}'}$$

일 때, 타원의 장축의 길이는 $p+q\sqrt{7}$이다. p^2+q^2의 값을 구하시오. (단, $p,\,q$는 유리수이다.) [4점]

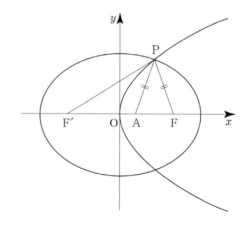

164 • 2019학년도 고3 9월 평가원 가형

좌표평면에서 두 점 A(0, 3), B(0, −3)에 대하여,
두 초점이 F, F′인 타원 $\dfrac{x^2}{16}+\dfrac{y^2}{7}=1$ 위의 점 P가
$\overline{AP}=\overline{PF}$를 만족시킨다. 사각형 AF′BP의 둘레의 길이가
$a+b\sqrt{2}$일 때, $a+b$의 값을 구하시오.
(단, $\overline{PF}<\overline{PF'}$이고 a, b는 자연수이다.) [4점]

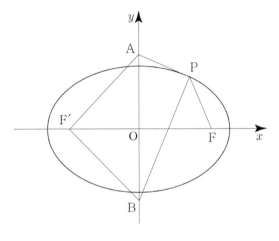

165 • 2019학년도 수능 가형

두 초점이 F, F′인 타원 $\dfrac{x^2}{49}+\dfrac{y^2}{33}=1$이 있다.
원 $x^2+(y-3)^2=4$ 위의 점 P에 대하여 직선 F′P가
이 타원과 만나는 점 중 y좌표가 양수인 점을 Q라 하자.
$\overline{PQ}+\overline{FQ}$의 최댓값을 구하시오. [4점]

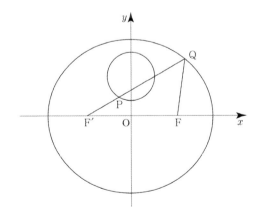

166 • 2017학년도 고3 9월 평가원 가형

그림과 같이 타원 $\dfrac{x^2}{36}+\dfrac{y^2}{27}=1$의 두 초점이 F, F′이고,
제1사분면에 있는 두 점 P, Q는 다음 조건을 만족시킨다.

(가) $\overline{PF}=2$
(나) 점 Q는 직선 PF′과 타원의 교점이다.

삼각형 PFQ의 둘레의 길이와 삼각형 PF′F의 둘레의
길이의 합을 구하시오. [4점]

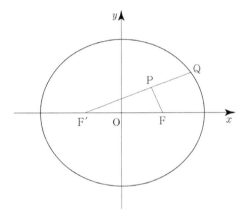

167 • 2012학년도 고3 6월 평가원 가형

그림과 같이 한 변의 길이가 $2\sqrt{3}$인 정삼각형 OAB의
무게중심 G가 x축 위에 있다. 꼭짓점이 O이고 초점이
G인 포물선과 직선 GB가 제1사분면에서 만나는 점을 P라
할 때, 선분 GP의 길이를 구하시오. (단, O는 원점이다.)
[4점]

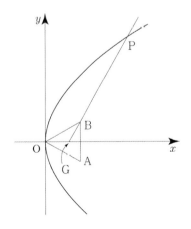

점 $(0, 2)$에 타원 $\dfrac{x^2}{8}+\dfrac{y^2}{2}=1$에 그은 두 접선의 접점을
각각 P, Q라 하고, 타원의 두 초점 중 하나를 F라 할 때,
삼각형 PFQ의 둘레의 길이는 $a\sqrt{2}+b$이다. a^2+b^2의 값을
구하시오. (단, a, b는 유리수이다.) [4점]

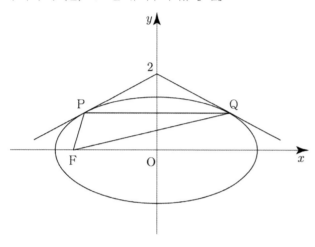

두 양수 k, p에 대하여 점 $A(-k, 0)$에서 포물선 $y^2=4px$에
그은 두 접선이 y축과 만나는 두 점을 각각 F, F′,
포물선과 만나는 두 점을 각각 P, Q라 할 때, $\angle PAQ=\dfrac{\pi}{3}$
이다. 두 점 F, F′을 초점으로 하고 두 점 P, Q를 지나는
타원의 장축의 길이가 $4\sqrt{3}+12$일 때, $k+p$의 값은? [4점]

① 8 　　　　② 10 　　　　③ 12
④ 14 　　　　⑤ 16

두 초점이 F, F′인 쌍곡선 $x^2-\dfrac{y^2}{3}=1$ 위의 점 P가 다음
조건을 만족시킨다.

> (가) 점 P는 제1사분면에 있다.
> (나) 삼각형 PF′F가 이등변삼각형이다.

삼각형 PF′F의 넓이를 a라 할 때, 모든 a의 값의 곱은?
[4점]

① $3\sqrt{77}$ 　　　② $6\sqrt{21}$ 　　　③ $9\sqrt{10}$
④ $21\sqrt{2}$ 　　　⑤ $3\sqrt{105}$

직선 $y=2$ 위의 점 P에서 타원 $x^2+\dfrac{y^2}{2}=1$에 그은 두
접선의 기울기의 곱이 $\dfrac{1}{3}$이다. 점 P의 x좌표를 k라 할 때,
k^2의 값은? [4점]

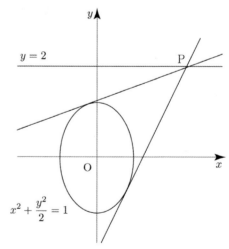

① 6 　　　　② 7 　　　　③ 8
④ 9 　　　　⑤ 10

172  • 2013년 고3 10월 교육청 B형 ⬡⬡⬡⬡⬡

그림과 같이 한 초점이 F이고 점근선의 방정식이 $y = 2x$, $y = -2x$인 쌍곡선이 있다. 제1사분면에 있는 쌍곡선 위의 점 P에 대하여 선분 PF의 중점을 M이라 하자. $\overline{OM} = 6$, $\overline{MF} = 3$일 때, 선분 OF의 길이는? (단, O는 원점이다.) [4점]

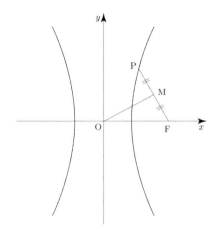

① $2\sqrt{10}$ ② $3\sqrt{5}$ ③ $5\sqrt{2}$

④ $\sqrt{55}$ ⑤ $2\sqrt{15}$

173  • 2016년 고3 10월 교육청 가형 ⬡⬡⬡⬡⬡

타원 $\dfrac{x^2}{a^2} + \dfrac{y^2}{b^2} = 1$의 두 초점 F(6, 0), F'(−6, 0)에 대하여 선분 F′F를 지름으로 하는 원이 있다. 타원과 원의 교점 중 제1사분면에 있는 점을 P라 하자. 원 위의 점 P에서의 접선이 x축의 양의 방향과 이루는 각의 크기가 $\dfrac{5\pi}{6}$일 때, 타원의 장축의 길이는? (단, a, b는 $0 < \sqrt{2}\,b < a$인 상수이다.) [4점]

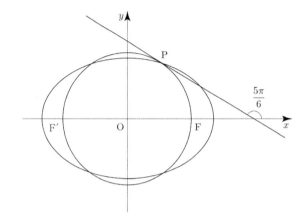

① $5 + 6\sqrt{3}$ ② $6 + 6\sqrt{3}$ ③ $7 + 6\sqrt{3}$

④ $6 + 7\sqrt{3}$ ⑤ $7 + 7\sqrt{3}$

그림과 같이 쌍곡선 $\dfrac{x^2}{16} - \dfrac{y^2}{9} = 1$의 두 초점을 F, F′이라 하고, 이 쌍곡선 위의 점 P를 중심으로 하고 선분 PF′을 반지름으로 하는 원을 C라 하자. 원 C 위를 움직이는 점 Q에 대하여 선분 FQ의 길이의 최댓값이 14일 때, 원 C의 넓이는? (단, $\overline{PF'} < \overline{PF}$) [4점]

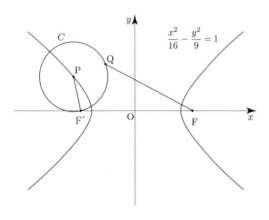

① 7π ② 8π ③ 9π

④ 10π ⑤ 11π

그림과 같이 초점이 각각 F, F′과 G, G′이고 주축의 길이가 2, 중심이 원점 O인 두 쌍곡선이 제1사분면에서 만나는 점을 P, 제3사분면에서 만나는 점을 Q라 하자. $\overline{PG} \times \overline{QG} = 8$, $\overline{PF} \times \overline{QF} = 4$일 때, 사각형 PGQF의 둘레의 길이는? (단, 점 F의 x좌표와 점 G의 y좌표는 양수이다.) [4점]

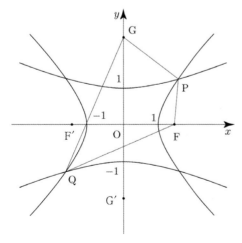

① $6 + 2\sqrt{2}$ ② $6 + 2\sqrt{3}$ ③ 10

④ $6 + 2\sqrt{5}$ ⑤ $6 + 2\sqrt{6}$

평면에 한 변의 길이가 10인 정삼각형 ABC가 있다. $\overline{PB} - \overline{PC} = 2$를 만족시키는 점 P에 대하여 선분 PA의 길이가 최소일 때, 삼각형 PBC의 넓이는? [4점]

① $20\sqrt{3}$ ② $21\sqrt{3}$ ③ $22\sqrt{3}$

④ $23\sqrt{3}$ ⑤ $24\sqrt{3}$

그림과 같이 두 초점이 F(3, 0), F′(−3, 0)인 쌍곡선 $\dfrac{x^2}{a^2} - \dfrac{y^2}{b^2} = 1$ 위의 점 P(4, k)에서의 접선과 x축과의 교점이 선분 F′F를 2 : 1로 내분할 때, k^2의 값을 구하시오. (단, a, b는 상수이다.) [4점]

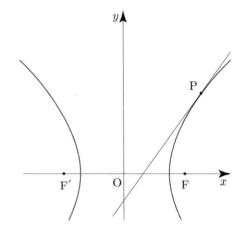

178 • 2013학년도 고3 9월 평가원 가형 ⬠⬠⬠⬠⬠

그림과 같이 좌표평면에서 꼭짓점이 원점 O이고, 초점이 F인 포물선과 점 F를 지나고 기울기가 1인 직선이 만나는 두 점을 각각 A, B라 하자. 선분 AF를 대각선으로 하는 정사각형의 한 변의 길이가 2일 때, 선분 AB의 길이는 $a+b\sqrt{2}$ 이다. a^2+b^2의 값을 구하시오. (단, a, b는 정수이다.) [4점]

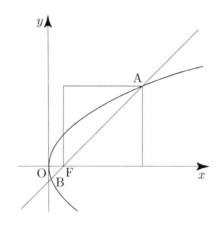

179 • 2013학년도 수능 가형 ⬠⬠⬠⬠⬠

자연수 n에 대하여 포물선 $y^2=\dfrac{x}{n}$의 초점 F를 지나는 직선이 포물선과 만나는 두 점을 각각 P, Q라 하자. $\overline{PF}=1$이고, $\overline{FQ}=a_n$이라 할 때, $\displaystyle\sum_{n=1}^{10}\dfrac{1}{a_n}$의 값은? [4점]

① 210   ② 205   ③ 200
④ 195   ⑤ 190

180 • 2013학년도 고3 6월 평가원 가형 ⬠⬠⬠⬠⬠

포물선 $y^2=4x$의 초점을 F, 준선이 x축과 만나는 점을 P, 점 P를 지나고 기울기가 양수인 직선 l이 포물선과 만나는 두 점을 각각 A, B라 하자. $\overline{FA}:\overline{FB}=1:2$일 때, 직선 l의 기울기는? [4점]

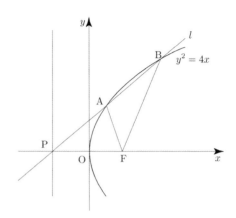

① $\dfrac{2\sqrt{6}}{7}$ ② $\dfrac{\sqrt{5}}{3}$ ③ $\dfrac{4}{5}$

④ $\dfrac{\sqrt{3}}{2}$ ⑤ $\dfrac{2\sqrt{2}}{3}$

181 • 2018년 고3 4월 교육청 가형 ⬠⬠⬠⬠⬠

그림과 같이 두 초점이 F(c, 0), F′($-c$, 0) ($c>0$)이고, 주축의 길이가 6인 쌍곡선 $\dfrac{x^2}{a^2}-\dfrac{y^2}{b^2}=1$과 점 A(0, 5)를 중심으로 하고 반지름의 길이가 1인 원 C가 있다. 제1사분면에 있는 쌍곡선 위를 움직이는 점 P와 원 C 위를 움직이는 점 Q에 대하여 $\overline{PQ}+\overline{PF'}$의 최솟값이 12일 때, a^2+3b^2의 값을 구하시오. (단, a와 b는 상수이다.) [4점]

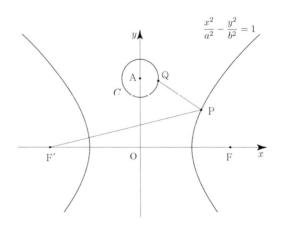

그림과 같이 좌표평면에서 포물선 $y^2 = 4x$의 초점 F를 지나고 x축과 수직인 직선 l_1이 이 포물선과 만나는 서로 다른 두 점을 각각 A, B라 하고, 점 F를 지나고 기울기가 $m\,(m > 0)$인 직선 l_2가 이 포물선과 만나는 서로 다른 두 점을 각각 C, D라 하자. 삼각형 FCA의 넓이가 삼각형 FDB의 넓이의 5배일 때, m의 값은? (단, 두 점 A, C는 제1사분면 위의 점이고, 두 점 B, D는 제4사분면 위의 점이다.) [4점]

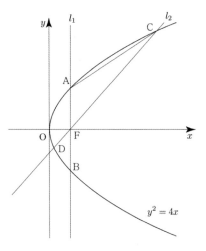

① $\dfrac{\sqrt{3}}{2}$ ② 1 ③ $\dfrac{\sqrt{5}}{2}$

④ $\dfrac{\sqrt{6}}{2}$ ⑤ $\dfrac{\sqrt{7}}{2}$

그림과 같이 꼭짓점이 원점 O이고 초점이 $F(p,\ 0)\,(p > 0)$인 포물선이 있다. 포물선 위의 점 P, x축 위의 점 Q, 직선 $x = p$ 위의 점 R에 대하여 삼각형 PQR는 정삼각형이고 직선 PR는 x축과 평행하다. 직선 PQ가 점 $S(-p,\ \sqrt{21})$을 지날 때, $\overline{QF} = \dfrac{a + b\sqrt{7}}{6}$이다. $a + b$의 값을 구하시오. (단, a와 b는 정수이고, 점 P는 제1사분면 위의 점이다.) [4점]

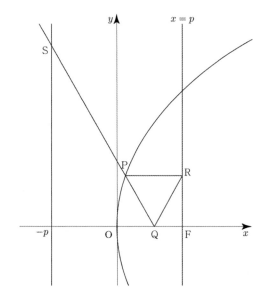

184 · 2021년 고3 10월 교육청 기하 ☐☐☐☐☐

그림과 같이 두 초점이 F, F′인 쌍곡선 $x^2 - \dfrac{y^2}{16} = 1$이 있다.

쌍곡선 위에 있고 제1사분면에 있는 점 P에 대하여 점 F에서 선분 PF′에 내린 수선의 발을 Q라 하고, ∠FQP의 이등분선이 선분 PF와 만나는 점을 R라 하자. $4\overline{PR} = 3\overline{RF}$일 때, 삼각형 PF′F의 넓이를 구하시오. (단, 점 F의 x좌표는 양수이고, ∠F′PF < 90°이다.) [4점]

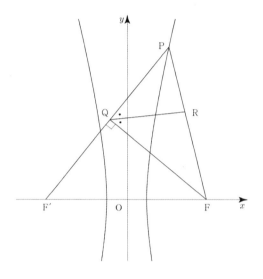

185 · 2013학년도 고3 6월 평가원 가형 ☐☐☐☐☐

두 점 F(5, 0), F′(−5, 0)을 초점으로 하는 타원 위의 서로 다른 두 점 P, Q에 대하여 원점 O에서 선분 PF와 선분 QF′에 내린 수선의 발을 각각 H와 I라 하자. 점 H와 점 I가 각각 선분 PF와 선분 QF′의 중점이고, $\overline{OH} \times \overline{OI} = 10$일 때, 이 타원의 장축의 길이를 l이라 하자. l^2의 값을 구하시오. (단, $\overline{OH} \neq \overline{OI}$) [4점]

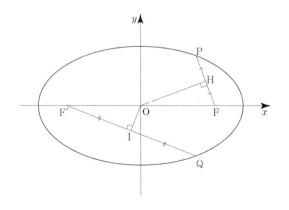

186 · 2015학년도 고3 6월 평가원 B형 ☐☐☐☐☐

좌표평면에서 포물선 $C_1 : x^2 = 4y$의 초점을 F_1, 포물선 $C_2 : y^2 = 8x$의 초점을 F_2라 하자. 점 P는 다음 조건을 만족시킨다.

> (가) 중심이 C_1 위에 있고 점 F_1을 지나는 원과 중심이 C_2 위에 있고 점 F_2를 지나는 원의 교점이다.
> (나) 제3사분면에 있는 점이다.

원점 O에 대하여 $\overline{OP}^2$의 최댓값을 구하시오. [4점]

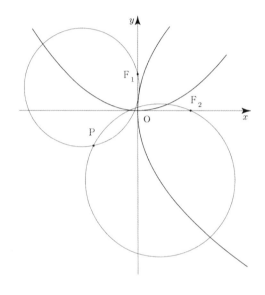

187 · 2017학년도 수능 가형 ☐☐☐☐☐

점근선의 방정식이 $y = \pm \dfrac{4}{3}x$이고 두 초점이 F(c, 0), F′(−c, 0) ($c > 0$)인 쌍곡선이 다음 조건을 만족시킨다.

> (가) 쌍곡선 위의 한 점 P에 대하여 $\overline{PF'} = 30$, $16 \leq \overline{PF} \leq 20$ 이다.
> (나) x좌표가 양수인 꼭짓점 A에 대하여 선분 AF의 길이는 자연수이다.

이 쌍곡선의 주축의 길이를 구하시오. [4점]

그림과 같이 좌표평면에서 x축 위의 두 점 A, B에 대하여 꼭짓점이 A인 포물선 p_1과 꼭짓점이 B인 포물선 p_2가 다음 조건을 만족시킨다. 이때, 삼각형 ABC의 넓이는?

[4점]

> (가) p_1의 초점은 B이고, p_2의 초점은 원점이다.
> (나) p_1과 p_2는 y축 위의 두 점 C, D에서 만난다.
> (다) $\overline{AB}=2$

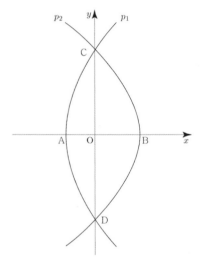

① $4(\sqrt{2}-1)$ ② $3(\sqrt{3}-1)$ ③ $2(\sqrt{5}-1)$

④ $\sqrt{3}+1$ ⑤ $\sqrt{5}+1$

그림과 같이 두 초점이 F, F′인 타원 $3x^2+4y^2=12$ 위를 움직이는 제1사분면 위의 점 P에서의 접선 l이 x축과 만나는 점을 Q, 점 P에서 접선 l과 수직인 직선을 그어 x축과 만나는 점을 R라 하자. 세 삼각형 PRF, PF′R, PFQ의 넓이가 이 순서대로 등차수열을 이룰 때, 점 P의 x좌표는? [4점]

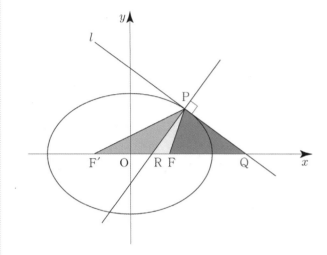

① $\dfrac{13}{12}$ ② $\dfrac{7}{6}$ ③ $\dfrac{5}{4}$

④ $\dfrac{4}{3}$ ⑤ $\dfrac{17}{12}$

190 • 2018학년도 수능 가형 ⬠⬠⬠⬠⬠

그림과 같이 두 초점이 F, F′인 쌍곡선 $\dfrac{x^2}{8} - \dfrac{y^2}{17} = 1$ 위의 점 P에 대하여 직선 FP와 직선 F′P에 동시에 접하고 중심이 y축 위에 있는 원 C가 있다. 직선 F′P와 원 C의 접점 Q에 대하여 $\overline{F'Q} = 5\sqrt{2}$일 때, $\overline{FP}^2 + \overline{F'P}^2$의 값을 구하시오. (단, $\overline{F'P} < \overline{FP}$) [4점]

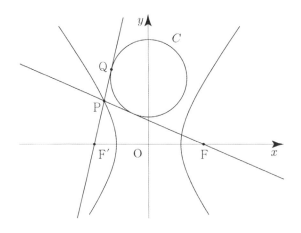

191 • 2023학년도 고3 6월 평가원 기하 ⬠⬠⬠⬠⬠

좌표평면에서 직선 $y = 2x - 3$ 위를 움직이는 점 P가 있다. 두 점 A$(c, 0)$, B$(-c, 0)$ $(c > 0)$에 대하여 $\overline{PB} - \overline{PA}$의 값이 최대가 되도록 하는 점 P의 좌표가 $(3, 3)$일 때, 상수 c의 값은? [4점]

① $\dfrac{3\sqrt{6}}{2}$ ② $\dfrac{3\sqrt{7}}{2}$ ③ $3\sqrt{2}$

④ $\dfrac{9}{2}$ ⑤ $\dfrac{3\sqrt{10}}{2}$

192 • 2023학년도 고3 6월 평가원 기하 ⬠⬠⬠⬠⬠

초점이 F인 포물선 $y^2 = 8x$ 위의 점 중 제1사분면에 있는 점 P를 지나고 x축과 평행한 직선이 포물선 $y^2 = 8x$의 준선과 만나는 점을 F′이라 하자. 점 F′을 초점, 점 P를 꼭짓점으로 하는 포물선이 포물선 $y^2 = 8x$와 만나는 점 중 P가 아닌 점을 Q라 하자. 사각형 PF′QF의 둘레의 길이가 12일 때, 삼각형 PF′Q의 넓이는 $\dfrac{q}{p}\sqrt{2}$이다. $p+q$의 값을 구하시오. (단, 점 P의 x좌표는 2보다 작고, p와 q는 서로소인 자연수이다.) [4점]

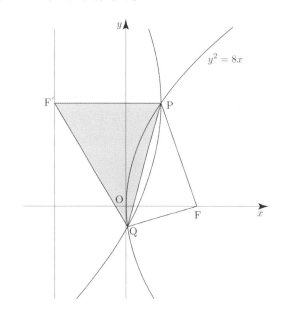

실수 $p\,(p \geq 1)$과 함수 $f(x) = (x+a)^2$에 대하여 두 포물선

$$C_1 : y^2 = 4x, \qquad C_2 : (y-3)^2 = 4p\{x - f(p)\}$$

가 제1사분면에서 만나는 점을 A라 하자. 두 포물선 C_1, C_2의 초점을 각각 F_1, F_2라 할 때, $\overline{AF_1} = \overline{AF_2}$를 만족시키는 p가 오직 하나가 되도록 하는 상수 a의 값은?

[4점]

① $-\dfrac{3}{4}$ ② $-\dfrac{5}{8}$ ③ $-\dfrac{1}{2}$

④ $-\dfrac{3}{8}$ ⑤ $-\dfrac{1}{4}$

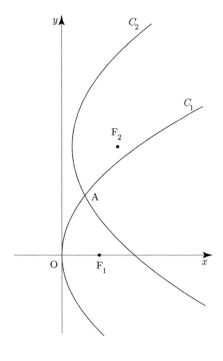

두 초점이 $F(c, 0)$, $F'(-c, 0)\,(c > 0)$인 쌍곡선 C와 y축 위의 점 A가 있다. 쌍곡선 C가 선분 AF와 만나는 점을 P, 선분 AF′과 만나는 점을 P′이라 하자. 직선 AF는 쌍곡선 C의 한 점근선과 평행하고

$$\overline{AP} : \overline{PP'} = 5 : 6, \qquad \overline{PF} = 1$$

일 때, 쌍곡선 C의 주축의 길이는? [4점]

① $\dfrac{13}{6}$ ② $\dfrac{9}{4}$ ③ $\dfrac{7}{3}$

④ $\dfrac{29}{12}$ ⑤ $\dfrac{5}{2}$

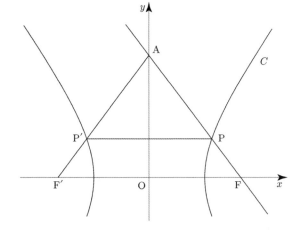

195 • 2024학년도 고3 9월 평가원 기하 ⬡⬡⬡⬡⬡

한 초점이 $F(c, 0)$ $(c>0)$인 타원 $\dfrac{x^2}{9}+\dfrac{y^2}{5}=1$과 중심의 좌표가 $(2, 3)$이고 반지름의 길이가 r인 원이 있다. 타원 위의 점 P와 원 위의 점 Q에 대하여 $\overline{PQ}-\overline{PF}$의 최솟값이 6일 때, r의 값을 구하시오. [4점]

197 • 2024학년도 수능 기하 ⬡⬡⬡⬡⬡

양수 c에 대하여 두 점 $F(c, 0)$, $F'(-c, 0)$을 초점으로 하고, 주축의 길이가 6인 쌍곡선이 있다. 이 쌍곡선 위에 다음 조건을 만족시키는 서로 다른 두 점 P, Q가 존재하도록 하는 모든 c의 값의 합을 구하시오. [4점]

> (가) 점 P는 제1사분면 위에 있고, 점 Q는 직선 PF' 위에 있다.
> (나) 삼각형 $PF'F$는 이등변삼각형이다.
> (다) 삼각형 PQF의 둘레의 길이는 28이다.

196 • 2024학년도 고3 6월 평가원 기하 ⬡⬡⬡⬡⬡

두 점 $F(c, 0)$, $F'(-c, 0)$ $(c>0)$을 초점으로 하는 두 쌍곡선

$$C_1 : x^2 - \dfrac{y^2}{24} = 1, \quad C_2 : \dfrac{x^2}{4} - \dfrac{y^2}{21} = 1$$

이 있다. 쌍곡선 C_1 위에 있는 제2사분면 위의 점 P에 대하여 선분 PF'이 쌍곡선 C_2와 만나는 점을 Q라 하자. $\overline{PQ}+\overline{QF}$, $2\overline{PF'}$, $\overline{PF}+\overline{PF'}$이 이 순서대로 등차수열을 이룰 때, 직선 PQ의 기울기는 m이다. $60m$의 값을 구하시오. [4점]

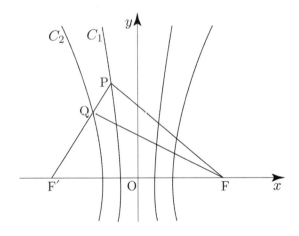

규토 라이트 N제

이차곡선

Master step

심화 문제편

1. 이차곡선

그림과 같이 포물선 $y^2 = 16x$의 초점을 F라 하자. 점 F를 한 초점으로 하고 점 A$(-2, 0)$을 지나며 다른 초점 F′이 선분 AF 위에 있는 타원 E가 있다. 포물선 $y^2 = 16x$가 타원 E와 제1사분면에서 만나는 점을 B라 하자.

$\overline{\mathrm{BF}} = \dfrac{21}{5}$일 때, 타원 E의 장축의 길이는 k이다.

$10k$의 값을 구하시오. [4점]

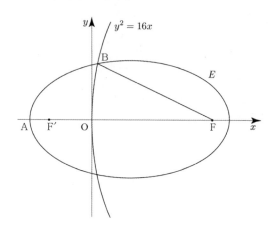

포물선 $y^2 = 8x$와 직선 $y = 2x - 4$가 만나는 점 중 제1사분면 위에 있는 점을 A라 하자. 양수 a에 대하여 포물선 $(y - 2a)^2 = 8(x - a)$가 점 A를 지날 때, 직선 $y = 2x - 4$와 포물선 $(y - 2a)^2 = 8(x - a)$가 만나는 점 중 A가 아닌 점을 B라 하자. 두 점 A, B에서 직선 $x = -2$에 내린 수선의 발을 각각 C, D라 할 때, $\overline{\mathrm{AC}} + \overline{\mathrm{BD}} - \overline{\mathrm{AB}} = k$이다. k^2의 값을 구하시오. [4점]

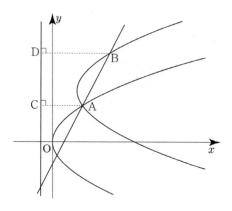

그림과 같이 초점이 F인 포물선 $y^2 = 4px \,(p < 0)$ 위의 점 A$\left(a, 2\sqrt{pa}\right) (p < a < 0)$가 있다. 점 A를 지나고 중심이 F인 원이 x축과 만나는 점 중 x좌표가 음수인 점을 C라 하자. 네 점 A, B, C, F는 다음 조건을 만족시킨다.

(가) 포물선과 원은 점 A, B에서 만난다.
(나) 직선 AF가 삼각형 ABC의 넓이를 이등분한다.

호 AC와 선분 AC에 둘러싸인 색칠한 영역의 넓이가 $16\pi - 12\sqrt{3}$일 때, $a^2 + p^2$의 값을 구하시오.

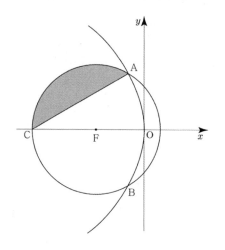

201 ⬡⬡⬡⬡⬡

좌표평면에서 쌍곡선 $\dfrac{x^2}{16}-\dfrac{y^2}{10}=1$의 두 초점 F, F′에 대하여 원점을 중심으로 하고 선분 FF′를 지름으로 하는 원 C가 있다. 제1사분면과 제4사분면에서 쌍곡선과 원 C가 만나는 두 점을 각각 A, B라 하자. 상수 k와 y축 위의 점 P에 대하여 $\overrightarrow{PF'}=k\overrightarrow{PB}$일 때, 사각형 APBF의 넓이는 s이다. $12(k+s)$의 값을 구하시오. (단, 점 F의 x좌표는 양수이다.)

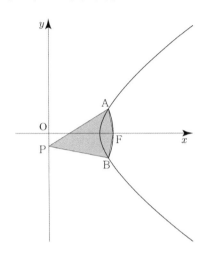

202 • 2014학년도 고3 6월 평가원 B형 ⬡⬡⬡⬡⬡

좌표평면에서 포물선 $y^2=16x$ 위의 점 A에 대하여 점 B는 다음 조건을 만족시킨다.

> (가) 점 A가 원점이면 점 B도 원점이다.
> (나) 점 A가 원점이 아니면 점 B는 점 A, 원점 그리고 점 A에서의 접선이 y축과 만나는 점을 세 꼭짓점으로 하는 삼각형의 무게중심이다.

점 A가 포물선 $y^2=16x$ 위를 움직일 때 점 B가 나타내는 곡선을 C라 하자. 점 $(3,\ 0)$을 지나는 직선이 곡선 C와 두 점 P, Q에서 만나고 $\overline{PQ}=20$일 때, 두 점 P, Q의 x좌표의 값의 합을 구하시오. [4점]

203 • 2021년 고3 3월 교육청 기하 ⬡⬡⬡⬡⬡

그림과 같이 두 초점이 F$(c,\ 0)$, F′$(-c,\ 0)$ $(c>0)$이고 장축의 길이가 12인 타원이 있다. 점 F가 초점이고 직선 $x=-k\,(k>0)$이 준선인 포물선이 타원과 제2사분면의 점 P에서 만난다. 점 P에서 직선 $x=-k$에 내린 수선의 발을 Q라 할 때, 두 점 P, Q가 다음 조건을 만족시킨다.

> (가) $\cos(\angle F'FP)=\dfrac{7}{8}$
> (나) $\overline{FP}-\overline{F'Q}=\overline{PQ}-\overline{FF'}$

$c+k$의 값을 구하시오. [4점]

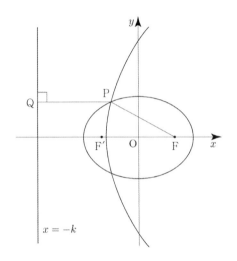

204 • 2021년 고3 4월 교육청 기하

그림과 같이 두 초점이 $F(c, 0)$, $F'(-c, 0)$ $(c > 0)$인

타원 $\dfrac{x^2}{16} + \dfrac{y^2}{7} = 1$ 위의 점 P에 대하여 직선 FP와 직선

F'P에 동시에 접하고 중심이 선분 F'F 위에 있는 원 C가

있다. 원 C의 중심을 C, 직선 F'P가 원 C와 만나는 점을

Q라 할 때, $2\overline{PQ} = \overline{PF}$이다. $24 \times \overline{CP}$의 값을 구하시오.

(단, 점 P는 제1사분면 위의 점이다.) [4점]

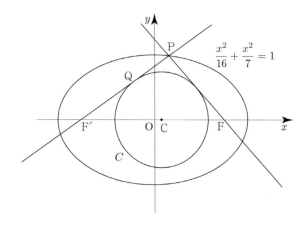

205 • 2019학년도 고3 6월 평가원 가형

0이 아닌 실수 p에 대하여 좌표평면 위의 두 포물선

$x^2 = 2y$와 $\left(y + \dfrac{1}{2}\right)^2 = 4px$에 동시에 접하는 직선의 개수를

$f(p)$라 하자. $\lim\limits_{p \to k+} f(p) > f(k)$를 만족시키는 실수 k의 값은?

[4점]

① $-\dfrac{\sqrt{3}}{3}$ ② $-\dfrac{2\sqrt{3}}{9}$ ③ $-\dfrac{\sqrt{3}}{9}$

④ $\dfrac{2\sqrt{3}}{9}$ ⑤ $\dfrac{\sqrt{3}}{3}$

206 • 2020학년도 고3 9월 평가원 가형

좌표평면에서 두 점 A(-2, 0), B(2, 0)에 대하여 다음

조건을 만족시키는 직사각형의 넓이의 최댓값은? [4점]

> 직사각형 위를 움직이는 점 P에 대하여 $\overline{PA} + \overline{PB}$의
>
> 값은 점 P의 좌표가 (0, 6)일 때 최대이고 $\left(\dfrac{5}{2}, \dfrac{3}{2}\right)$일 때
>
> 최소이다.

① $\dfrac{200}{19}$ ② $\dfrac{210}{19}$ ③ $\dfrac{220}{19}$

④ $\dfrac{230}{19}$ ⑤ $\dfrac{240}{19}$

207

양의 실수 t에 대하여 함수 $f(x)$를

$$f(x) = \dfrac{t}{2}\sqrt{x^2 - 4} \ (x \geq 2)$$

라 하자. $x \geq 2$인 모든 실수 x에 대하여 부등식

$$1 \leq \dfrac{f(x) + 2}{x} \leq \sqrt{5}$$

가 성립하도록 하는 t의 최솟값과 최댓값의 합을 구하시오.

규토 라이트 N제

평면벡터

1. 평면벡터

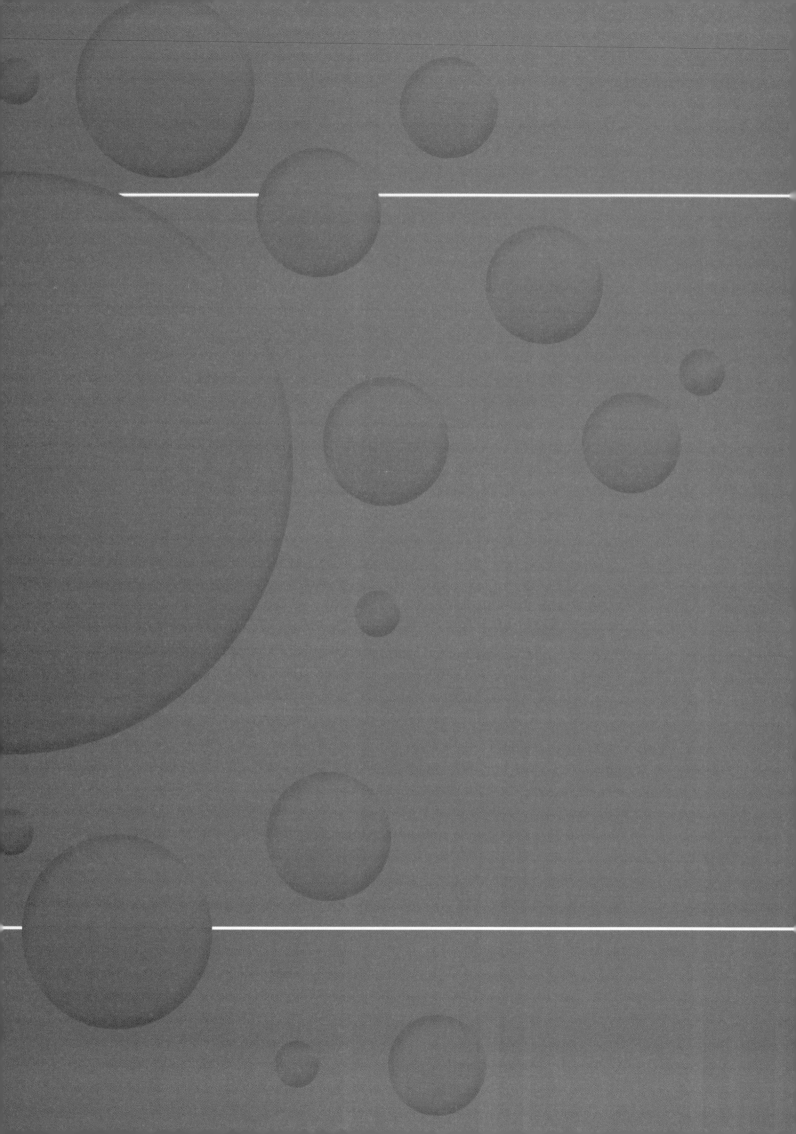

규토 라이트 N제
평면벡터

Guide step
개념 익히기편

1. 평면벡터

01 벡터의 뜻과 덧셈, 뺄셈

성취 기준 – 벡터의 뜻을 안다.
– 벡터의 덧셈, 뺄셈을 할 수 있다.

개념 파악하기   (1) 벡터란 무엇일까?

벡터의 뜻

텐트의 넓이, 열에너지, 배낭의 질량 등은 크기만을 가지고 있으므로 측정 단위를 미리 정하면 그 양을 하나의 실수로 나타낼 수 있다. 하지만 새가 날아가는 속도, 바람이 부는 속도, 풀을 뽑는 힘, 물이 흐르는 속도 등은 크기뿐만 아니라 방향도 함께 나타내어야 그 양을 정확히 알 수 있다.

예를 들면 바람은 '서풍 10m/s'와 같이 '서쪽에서 동쪽'이라는 방향과 '10m/s'라는 크기를 함께 나타내어야 그 양을 정확히 알 수 있다. 이와 같이 크기와 방향을 함께 가지는 양을 벡터라고 한다.
벡터는 평면이나 공간 어디에서든 생각할 수 있는데 평면에서의 벡터를 평면벡터라고 한다.

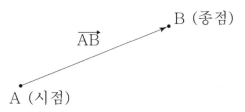

벡터를 그림으로 나타낼 때에는 오른쪽 그림과 같이 방향이
주어진 선분을 이용한다. 점 A에서 점 B로 향하는 방향과 크기가
주어진 선분 AB를 벡터 AB라고 하며, 기호로 $\overrightarrow{AB}$ 와 같이 나타낸다.
이때 점 A를 벡터 $\overrightarrow{AB}$의 시점, 점 B를 벡터 $\overrightarrow{AB}$의 종점이라 한다.
벡터를 한 문자로 나타낼 때는 기호로 $\vec{a}, \vec{b}, \vec{c}, \cdots$ 와 같이 나타낸다.

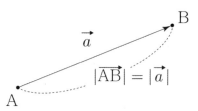

또 선분 AB의 길이를 벡터의 크기라 하며,
기호로 $|\overrightarrow{AB}|$ 또는 $|\vec{a}|$ 와 같이 나타낸다.
특히 크기가 1인 벡터를 단위벡터라 한다.

한편 벡터 $\overrightarrow{AA}$와 같이 시점과 종점이 일치하는 벡터를 영벡터라 하며,
기호로 $\vec{0}$와 같이 나타낸다. 영벡터의 크기는 0이고 그 방향은 생각하지 않는다.

ex $\overline{AB}=1$, $\overline{BC}=3$인 직각삼각형 ABC에서 $\overline{CA}=\sqrt{1^2+3^2}=\sqrt{10}$ 이므로
$|\overrightarrow{CA}|=\sqrt{10}$, $|\overrightarrow{BA}|=1$
($\overrightarrow{BA}$는 단위벡터이다.)

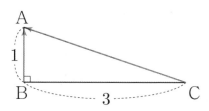

Tip 1 벡터는 크기와 방향만으로 결정되고 놓여 있는 위치와는 관계없음에 유의하도록 하자.

Tip 2 벡터 $\overrightarrow{AB}$의 크기는 선분 AB의 길이와 같으므로 벡터 $\overrightarrow{AB}$의 크기를 $|\overrightarrow{AB}|$와 같이 나타낸다.

Tip 3 〈서로 다른 두 점 A, B에 대하여 벡터 $\overrightarrow{AB}$와 벡터 $\overrightarrow{BA}$〉
벡터 $\overrightarrow{AB}$는 시점이 A, 종점이 B인 벡터이고, 벡터 $\overrightarrow{BA}$는 시점이 B, 종점이 A인 벡터이다.
즉, 방향이 다르므로 두 벡터 $\overrightarrow{AB}$, $\overrightarrow{BA}$는 서로 다른 벡터이다. 하지만 두 벡터 $\overrightarrow{AB}$, $\overrightarrow{BA}$의 크기는
선분 AB의 길이로 서로 같다.

Tip 4 영벡터는 한 점으로 나타내어지므로 영벡터의 크기는 $|\vec{0}| = 0$이고, 방향은 생각하지 않는다.
이때 영벡터를 '없는 벡터'로 오해하지 않도록 유의하자.

개념 확인문제 **1** 다음 그림과 같이 $\overline{BC} = 3$, $\overline{CD} = 4$인 직사각형 ABCD에서 다음 벡터의 크기를 구하시오.

(1) $\overrightarrow{AB}$ (2) $\overrightarrow{AC}$ (3) $\overrightarrow{AD}$

서로 같은 벡터

오른쪽 그림의 두 벡터 $\overrightarrow{AB}$, $\overrightarrow{CD}$와 같이 시점과 종점은 달라도 그 크기와 방향이
각각 같을 때, 두 벡터는 서로 같다고 하며, 기호로 $\overrightarrow{AB} = \overrightarrow{CD}$ 또는 $\vec{a} = \vec{b}$와 같이
나타낸다.
벡터 $\overrightarrow{AB}$를 평행이동하여 벡터 $\overrightarrow{CD}$와 겹칠 수 있으면 두 벡터의 시점은 다르지만
크기와 방향이 각각 같으므로 $\overrightarrow{AB} = \overrightarrow{CD}$이다.

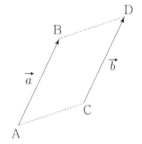

한편 벡터 $\vec{a}$와 크기가 같고 방향이 반대인 벡터를 기호로 $-\vec{a}$와 같이 나타낸다.
이때 $|-\vec{a}| = |\vec{a}|$이고, $\overrightarrow{BA} = -\overrightarrow{AB}$이다.

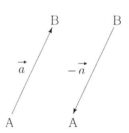

ex 오른쪽 그림과 같은 평행사변형 ABCD에서
$\overrightarrow{AB} = \overrightarrow{DC}$이고 $\overrightarrow{AD} = \overrightarrow{BC}$이다.

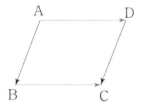

Tip 두 벡터의 시점과 종점이 다르더라도 벡터의 크기와 방향이 모두 각각 같으면 두 벡터는 서로 같다.
이때 두 벡터가 같다면 크기와 방향이 모두 같으므로 한 벡터를 평행이동해서 시점을 일치시키면
다른 벡터와 일치하게 된다. 즉, 벡터는 위치와 관계없이 크기와 방향에 의해 결정되는 개념이다.

오른쪽 그림과 같은 정삼각형 ABC에서 세 변 AB, BC, CA의 중점을 각각 D, E, F라고 할 때, $\overrightarrow{\text{AD}}$와 같은 벡터를 모두 구하시오.

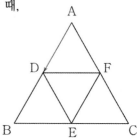

오른쪽 그림과 같이 한 변의 길이가 1인 정육각형 ABCDEF에서 세 대각선의 교점을 O라 할 때, 다음 물음에 답하시오.

(1) $\overrightarrow{\text{FE}}$와 같은 벡터를 모두 구하시오.

(2) $\overrightarrow{\text{FC}}$와 방향이 같은 벡터를 모두 구하시오.

(3) $|\overrightarrow{\text{FC}}|$를 구하시오.

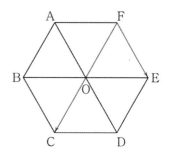

개념 파악하기 | **(2) 벡터의 덧셈은 어떻게 할까?**

벡터의 덧셈

두 벡터 $\vec{a}$, $\vec{b}$의 덧셈에 대하여 알아보자.
오른쪽 그림과 같이 두 벡터 $\vec{a}$, $\vec{b}$에 대하여 임의의 한 점 A를 잡고
$\vec{a} = \overrightarrow{AB}$, $\vec{b} = \overrightarrow{BC}$가 되도록 두 점 B, C를 잡는다.
이때 벡터 $\vec{c} = \overrightarrow{AC}$를 두 벡터 $\vec{a}$, $\vec{b}$의 합이라 하며, 기호로
$\vec{a} + \vec{b} = \vec{c}$ 또는 $\overrightarrow{AB} + \overrightarrow{BC} = \overrightarrow{AC}$와 같이 나타낸다.

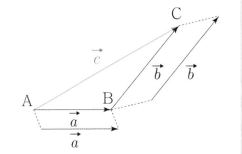

$$\overrightarrow{AB} + \overrightarrow{BC} = \overrightarrow{AC}$$

또, 평행사변형을 이용하여 두 벡터의 합을 나타낼 수도 있다.
오른쪽 그림과 같이 $\vec{a} = \overrightarrow{AB}$, $\vec{b} = \overrightarrow{AD}$가 되도록 세 점 A, B, D를 잡고,
사각형 ABCD가 평행사변형이 되도록 점 C를 잡으면 $\overrightarrow{BC} = \overrightarrow{AD} = \vec{b}$이므로
$\vec{a} + \vec{b} = \overrightarrow{AB} + \overrightarrow{AD} = \overrightarrow{AB} + \overrightarrow{BC} = \overrightarrow{AC}$이다. 즉, $\overrightarrow{AB} + \overrightarrow{AD} = \overrightarrow{AC}$이다.

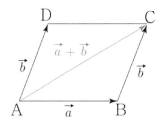

Tip 1 삼각형을 이용하여 두 벡터 $\vec{a}$, $\vec{b}$의 합을 구할 때는 벡터 $\vec{a}$의 종점과 벡터 $\vec{b}$의 시점을 일치시킨다.

Tip 2 평행사변형을 이용하여 두 벡터 $\vec{a}$, $\vec{b}$의 합을 구할 때는 벡터 $\vec{a}$의 시점과 벡터 $\vec{b}$의 시점을 일치시킨다.

Tip 3 특히 두 벡터가 주어졌을 때 어느 한 벡터의 종점이 다른 벡터의 시점과 일치할 때는 삼각형법을
이용하고, 두 벡터의 시점이 일치할 때는 평행사변형법을 이용하는 것이 편리하다.

개념 확인문제 **4** 다음 두 벡터 $\vec{a}$, $\vec{b}$에 대하여 $\vec{a} + \vec{b}$를 삼각형법과 평행사변형법을 사용하여 각각 모눈종이
위에 나타내시오.

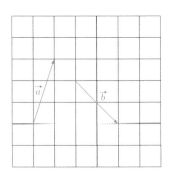

벡터의 덧셈에 대한 성질

벡터의 덧셈에 대한 성질을 알아보자.
두 벡터 $\vec{a}$, $\vec{b}$에 대하여 오른쪽 그림과 같이
$\vec{a} = \overrightarrow{AB}$, $\vec{b} = \overrightarrow{BC}$가 되도록 세 점 A, B, C를 잡고,
사각형 ABCD가 평행사변형이 되도록 점 D를 잡으면
$\vec{a} = \overrightarrow{AB} = \overrightarrow{DC}$, $\vec{b} = \overrightarrow{BC} = \overrightarrow{AD}$이므로

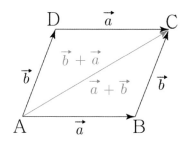

$$\vec{a} + \vec{b} = \overrightarrow{AB} + \overrightarrow{BC} = \overrightarrow{AC}$$

$$\vec{b} + \vec{a} = \overrightarrow{AD} + \overrightarrow{DC} = \overrightarrow{AC}$$

이다. 따라서 $\vec{a} + \vec{b} = \vec{b} + \vec{a}$이므로 벡터의 덧셈에 대한 교환법칙이 성립한다.

또 세 벡터 $\vec{a}$, $\vec{b}$, $\vec{c}$에 대하여 오른쪽 그림과 같이
$\vec{a} = \overrightarrow{AB}$, $\vec{b} = \overrightarrow{BC}$, $\vec{c} = \overrightarrow{CD}$가 되도록 네 점 A, B, C, D를 잡으면

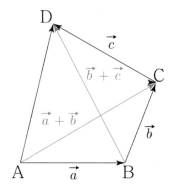

$$(\vec{a} + \vec{b}) + \vec{c} = (\overrightarrow{AB} + \overrightarrow{BC}) + \overrightarrow{CD} = \overrightarrow{AC} + \overrightarrow{CD} = \overrightarrow{AD}$$

$$\vec{a} + (\vec{b} + \vec{c}) = \overrightarrow{AB} + (\overrightarrow{BC} + \overrightarrow{CD}) = \overrightarrow{AB} + \overrightarrow{BD} = \overrightarrow{AD}$$

이다. 따라서 $(\vec{a} + \vec{b}) + \vec{c} = \vec{a} + (\vec{b} + \vec{c})$이므로 벡터의 덧셈에
대한 결합법칙이 성립한다.

한편 임의의 벡터 $\vec{a}$에 대하여 $\vec{a} = \overrightarrow{AB}$라 하면
$\vec{a} + \vec{0} = \overrightarrow{AB} + \overrightarrow{BB} = \overrightarrow{AB} = \vec{a}$이다.
또 $-\vec{a} = \overrightarrow{BA}$이므로 $\vec{a} + (-\vec{a}) = \overrightarrow{AB} + \overrightarrow{BA} = \overrightarrow{AA} = \vec{0}$이 성립한다.

벡터의 덧셈에 대한 성질 요약

세 벡터 $\vec{a}$, $\vec{b}$, $\vec{c}$에 대하여

① $\vec{a} + \vec{b} = \vec{b} + \vec{a}$ (교환법칙)
② $(\vec{a} + \vec{b}) + \vec{c} = \vec{a} + (\vec{b} + \vec{c})$ (결합법칙)
③ $\vec{a} + \vec{0} = \vec{0} + \vec{a} = \vec{a}$
④ $\vec{a} + (-\vec{a}) = (-\vec{a}) + \vec{a} = \vec{0}$

> **Tip** 벡터의 덧셈에 대한 결합법칙이 성립하므로 $(\vec{a} + \vec{b}) + \vec{c}$, $\vec{a} + (\vec{b} + \vec{c})$를 괄호를 생략하여
> 간단히 $\vec{a} + \vec{b} + \vec{c}$로 쓸 수 있다.

예제 **1**

$\overrightarrow{\text{CA}} + \overrightarrow{\text{BD}} + \overrightarrow{\text{DC}}$ 를 간단히 하시오.

풀이

$$\overrightarrow{\text{CA}} + \overrightarrow{\text{BD}} + \overrightarrow{\text{DC}} = \overrightarrow{\text{CA}} + \left(\overrightarrow{\text{BD}} + \overrightarrow{\text{DC}} \right) = \overrightarrow{\text{CA}} + \overrightarrow{\text{BC}} = \overrightarrow{\text{BC}} + \overrightarrow{\text{CA}} = \overrightarrow{\text{BA}}$$

　　　　　　　　　(결합법칙)　　　　　　　　　　　　　(교환법칙)

개념 확인문제 **5** 다음을 간단히 하시오.

(1) $\overrightarrow{\text{BC}} + \overrightarrow{\text{AD}} + \overrightarrow{\text{CA}}$

(2) $\overrightarrow{\text{DA}} + \overrightarrow{\text{CD}} + \overrightarrow{\text{BC}}$

개념 확인문제 **6**

다음은 오른쪽 그림과 같은 사각형 ABCD에서 $\overrightarrow{\text{AB}} + \overrightarrow{\text{CD}} = \overrightarrow{\text{AD}} + \overrightarrow{\text{CB}}$ 가 성립함을 보이는 과정이다.

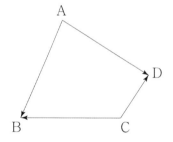

$$\overrightarrow{\text{AB}} + \overrightarrow{\text{CD}} = \left(\overrightarrow{\text{AD}} + \boxed{(\text{가})} \right) + \left(\boxed{(\text{나})} + \overrightarrow{\text{BD}} \right)$$
$$= \overrightarrow{\text{AD}} + \left(\boxed{(\text{가})} + \boxed{(\text{나})} \right) + \overrightarrow{\text{BD}}$$
$$= \overrightarrow{\text{AD}} + \left(\boxed{(\text{나})} + \boxed{(\text{가})} \right) + \overrightarrow{\text{BD}}$$
$$= \left(\overrightarrow{\text{AD}} + \boxed{(\text{나})} \right) + \left(\boxed{(\text{가})} + \overrightarrow{\text{BD}} \right)$$
$$= \left(\overrightarrow{\text{AD}} + \boxed{(\text{나})} \right) + \boxed{(\text{다})}$$
$$= \overrightarrow{\text{AD}} + \overrightarrow{\text{CB}}$$

따라서 $\overrightarrow{\text{AB}} + \overrightarrow{\text{CD}} = \overrightarrow{\text{AD}} + \overrightarrow{\text{CB}}$ 가 성립한다.

위의 (가), (나), (다)에 알맞은 벡터를 구하시오.

벡터의 뺄셈

두 벡터 $\vec{a}$, $\vec{b}$의 뺄셈에 대하여 알아보자.

두 벡터 $\vec{a}$, $\vec{b}$에 대하여 $\vec{b} + \vec{x} = \vec{a}$를 만족시키는 벡터 $\vec{x}$를 $\vec{a}$에서 $\vec{b}$를 뺀 차라 하며,

기호로 $\vec{x} = \vec{a} - \vec{b}$와 같이 나타낸다.

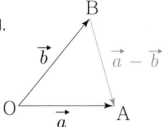

오른쪽 그림과 같이 두 벡터 $\vec{a}$, $\vec{b}$에 대하여 $\vec{a} = \overrightarrow{OA}$, $\vec{b} = \overrightarrow{OB}$가 되도록

세 점 O, A, B를 잡으면 $\vec{b} + \overrightarrow{BA} = \vec{a}$이므로 $\vec{a} - \vec{b} = \overrightarrow{BA}$이다.

즉, $\overrightarrow{OA} - \overrightarrow{OB} = \overrightarrow{BA}$ 이다.

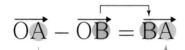

또, 평행사변형을 이용하여 두 벡터의 뺄셈을 나타낼 수도 있다.

오른쪽 그림과 같이 사각형 OACB가 평행사변형이 되도록 점 C를 잡으면

$\vec{a} - \vec{b} = \overrightarrow{BA} = \overrightarrow{BC} + \overrightarrow{CA} = \vec{a} + (-\vec{b})$이다.

따라서 $\vec{a} - \vec{b}$는 두 벡터 $\vec{a}$, $-\vec{b}$의 합과 같음을 알 수 있다.

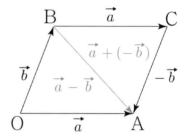

Tip 1 두 벡터 $\vec{a}$, $\vec{b}$에 대하여 벡터 $\vec{a} - \vec{b}$를 그림으로 나타내기 위해서는 두 벡터 $\vec{a}$, $\vec{b}$의 시점을
일치시킨 후 $\vec{b}$의 종점을 시점으로 하고, $\vec{a}$의 종점을 종점으로 하는 벡터를 그리면 된다.

Tip 2 벡터의 뺄셈은 도형을 이용하여 이해하면 되고, 크기는 같고 방향은 반대인 벡터를 더한 것과 같음을
이해하자.

개념 확인문제 7 다음 두 벡터 $\vec{a}$, $\vec{b}$에 대하여 $\vec{a} - \vec{b}$를 모눈종이 위에 나타내시오.

(1)

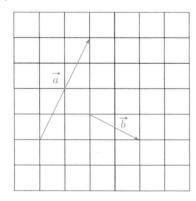

(2)

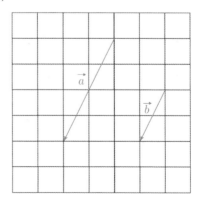

예제 **2**

오른쪽 그림과 같은 평행사변형 ABCD에서 두 대각선의 교점을 O라 하고
$\overrightarrow{OA} = \vec{a}$, $\overrightarrow{OB} = \vec{b}$라 할 때, 다음 벡터를 $\vec{a}$, $\vec{b}$로 나타내시오.

(1) $\overrightarrow{AB}$　　　　　　　(2) $\overrightarrow{BC}$

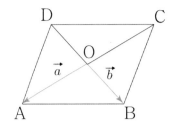

풀이

풀이1) (1) 삼각형 OAB에서 $\overrightarrow{AB}$를 구하면 $\overrightarrow{AB} = \overrightarrow{OB} - \overrightarrow{OA} = \vec{b} - \vec{a}$

(2) 삼각형 OBC에서 $\overrightarrow{BC}$를 구하면 $\overrightarrow{BC} = \overrightarrow{OC} - \overrightarrow{OB} = -\overrightarrow{OA} - \overrightarrow{OB} = -\vec{a} - \vec{b}$

풀이2) (1) $\overrightarrow{AB} = \overrightarrow{AO} + \overrightarrow{OB} = (-\vec{a}) + \vec{b} = \vec{b} - \vec{a}$

(2) $\overrightarrow{BC} = \overrightarrow{BO} + \overrightarrow{OC} = (-\vec{b}) + (-\vec{a}) = -\vec{a} - \vec{b}$

개념 확인문제　**8**

오른쪽 그림과 같이 정육각형 ABCDEF에서 세 대각선의 교점을 O라 하고,
$\overrightarrow{OA} = \vec{a}$, $\overrightarrow{OC} = \vec{b}$라고 할 때, 다음 벡터를 $\vec{a}$, $\vec{b}$로 나타내시오.

(1) $\overrightarrow{FD}$　　　　　　　(2) $\overrightarrow{AF}$

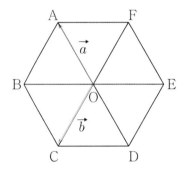

02 벡터의 실수배

성취 기준 – 벡터의 실수배를 할 수 있다.

개념 파악하기 (4) 벡터의 실수배란 무엇일까?

벡터의 실수배

영벡터가 아닌 임의의 벡터 $\vec{a}$에 대하여 $\vec{a} + \vec{a}$는 $\vec{a}$와 방향이 같고, 크기가 $|\vec{a}|$의 2배인 벡터이다. 이것을 $\vec{a} + \vec{a} = 2\vec{a}$와 같이 나타낸다.

또 $(-\vec{a}) + (-\vec{a})$는 $\vec{a}$와 방향이 반대이고, 크기가 $|\vec{a}|$의 2배인 벡터이다. 이것을 $(-\vec{a}) + (-\vec{a}) = -2\vec{a}$와 같이 나타낸다.

일반적으로 실수 k와 벡터 $\vec{a}$의 곱 $k\vec{a}$를 $\vec{a}$의 실수배라고 한다.

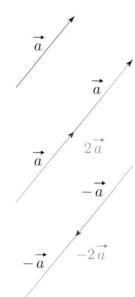

벡터의 실수배 요약

실수 k와 벡터 $\vec{a}$에 대하여

① $\vec{a} \neq \vec{0}$일 때, $k\vec{a}$는

    (i) $k > 0$이면 $\vec{a}$와 방향이 같고, 크기가 $k|\vec{a}|$인 벡터이다.
    (ii) $k < 0$이면 $\vec{a}$와 방향이 반대이고, 크기가 $|k||\vec{a}|$인 벡터이다.
    (iii) $k = 0$이면 $\vec{0}$이다.

② $\vec{a} = \vec{0}$일 때, $k\vec{a} = \vec{0}$이다.

    ex1 $1\vec{a} = \vec{a}$, $(-1)\vec{a} = -\vec{a}$, $0\vec{a} = \vec{0}$, $k\vec{0} = \vec{0}$

    ex2 벡터 $\vec{a}$와 방향이 같고 크기가 $|\vec{a}|$의 2배인 벡터는 $2\vec{a}$이다.

    ex3 벡터 $\vec{a}$와 방향이 반대이고 크기가 $|\vec{a}|$의 3배인 벡터는 $-3\vec{a}$이다.

Tip 1 벡터는 방향과 크기를 모두 갖기 때문에 벡터의 실수배 $k\vec{a}$에서의 실수 k는 두 가지 성질에 모두 영향을 준다. k의 부호는 벡터의 방향에 영향을 주고, k의 절댓값은 벡터의 크기에 영향을 준다.

Tip 2 벡터 $k\vec{a}$의 크기는 $|k||\vec{a}|$이다. 즉, $|k\vec{a}| = |k||\vec{a}|$이다.

개념 확인문제 9

두 벡터 $\vec{a}$, $\vec{b}$가 오른쪽 그림과 같을 때, 다음 벡터를 모눈종이 위에 나타내시오.

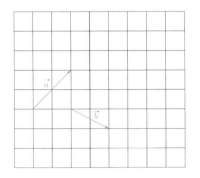

(1) $\dfrac{1}{2}\vec{a}$

(2) $-3\vec{b}$

(3) $2\vec{a}+\vec{b}$

(4) $\dfrac{3}{2}\vec{a}-2\vec{b}$

(5) $-\dfrac{1}{2}\vec{a}-\vec{b}$

벡터의 실수배에 대한 성질

벡터의 실수배에 대한 연산 법칙을 알아보자.

다음 그림에서 두 벡터 $\vec{a}$, $\vec{b}$에 대하여 $3(2\vec{a})=6\vec{a}$, $3\vec{a}+2\vec{a}=5\vec{a}$, $2(\vec{a}+\vec{b})=2\vec{a}+2\vec{b}$ 임을 알 수 있다.

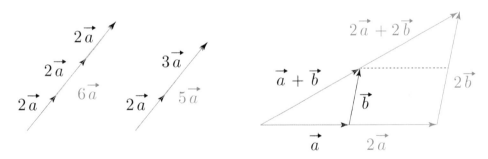

벡터의 실수배에 대한 성질 요약

두 실수 k, l과 두 벡터 $\vec{a}$, $\vec{b}$에 대하여

① $k(l\vec{a})=(kl)\vec{a}$　　　　　(결합법칙)
② $(k+l)\vec{a}=k\vec{a}+l\vec{a}$　　　(분배법칙)
③ $k(\vec{a}+\vec{b})=k\vec{a}+k\vec{b}$　　　(분배법칙)

> **Tip**　벡터의 덧셈, 뺄셈, 실수배의 계산은 $\vec{a}$, $\vec{b}$, $\vec{c}$ 등을 문자로 보고 다항식의 계산의 경우와 같은 방식으로 계산할 수 있다.

예제 3

$4(\vec{a}+\vec{b})-2(3\vec{a}-\vec{b})$ 를 간단히 하시오.

풀이

$4(\vec{a}+\vec{b})-2(3\vec{a}-\vec{b})=4\vec{a}+4\vec{b}-6\vec{a}+2\vec{b}=-2\vec{a}+6\vec{b}$

개념 확인문제 10 다음을 간단히 하시오.

(1) $3(4\vec{a}-\vec{b})+7(\vec{a}+2\vec{b})$

(2) $2(-\vec{a}-5\vec{b}+\vec{c})-5(\vec{a}+2\vec{b}-3\vec{c})$

개념 확인문제 11 다음 등식을 만족시키는 벡터 $\vec{x}$를 $\vec{a}$, $\vec{b}$로 나타내시오.

(1) $3\vec{a}+\vec{x}=5\vec{a}-2\vec{b}$

(2) $\frac{1}{2}(\vec{a}-\vec{x})-\frac{3}{2}(\vec{a}+4\vec{b})=\vec{a}+\frac{1}{2}\vec{x}$

(5) 벡터의 평행이란 무엇일까?

벡터의 평행

영벡터가 아닌 두 벡터 $\vec{a}$, $\vec{b}$가 방향이 같거나 반대일 때, $\vec{a}$와 $\vec{b}$는 서로 평행하다고 하며,
기호로 $\vec{a} \,/\!/\, \vec{b}$ 와 같이 나타낸다.

① 벡터 $\vec{a}$, $\vec{b}$의 방향이 같을 때　　　② 벡터 $\vec{a}$, $\vec{b}$의 방향이 반대일 때

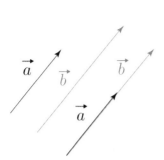　　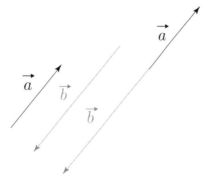

즉, 영벡터가 아닌 두 벡터 $\vec{a}$, $\vec{b}$에 대하여 $\vec{b} = k\vec{a}$를 만족시키는 0이 아닌 실수 k가 존재하면
$\vec{a}$와 $\vec{b}$는 서로 평행하다. 역으로 영벡터가 아닌 두 벡터 $\vec{a}$, $\vec{b}$에 대하여 $\vec{a}$와 $\vec{b}$가 서로 평행하면
$\vec{b} = k\vec{a}$를 만족시키는 0이 아닌 실수 k가 존재한다.

벡터의 평행 요약

영벡터가 아닌 두 벡터 $\vec{a}$, $\vec{b}$에 대하여
$\vec{a} \,/\!/\, \vec{b} \iff \vec{b} = k\vec{a}$ (단, $k \neq 0$인 실수이다.)

ex 영벡터가 아닌 두 벡터 $\vec{p}$, $\vec{q}$에 대하여 $\vec{p} = \vec{a} - 2\vec{b}$, $\vec{q} = 3\vec{a} - 6\vec{b}$이면
$3\vec{a} - 6\vec{b} = 3(\vec{a} - 2\vec{b})$, 즉 $\vec{q} = 3\vec{p}$이므로 $\vec{p}$와 $\vec{q}$는 서로 평행하다.

Tip 두 직선이 일치하는 것과 평행한 것은 서로 다른 경우이지만 벡터는 일치하는 경우도 평행한 것으로
간주한다.

개념 확인문제 **12** 세 벡터 $\vec{p} = 2\vec{a} - \vec{b}$, $\vec{q} = -\vec{a} + 2\vec{b}$, $\vec{r} = -2\vec{a} - 5\vec{b}$에 대하여 영벡터가 아닌 두 벡터
$\vec{p} + \vec{q}$, $\vec{q} + \vec{r}$는 서로 평행함을 보이시오.

단위벡터로 나타내기

영벡터가 아닌 벡터 $\vec{a}$에 대하여 벡터 $\vec{a}$와 방향이 같은 단위벡터를 구해보자.

방향이 같아야 하므로 $k\vec{a}\,(k>0)$로 나타낼 수 있다.

단위벡터는 크기가 1이어야 하므로 $|k\vec{a}|=1 \Rightarrow |k||\vec{a}|=k|\vec{a}|=1 \Rightarrow k=\dfrac{1}{|\vec{a}|}$

따라서 $\vec{a}$와 방향이 같은 단위벡터는 $\dfrac{1}{|\vec{a}|}\vec{a}$이다.

ex1 벡터 $\vec{b}$와 방향이 같고, 크기가 3인 벡터를 구하시오.

벡터 $\vec{b}$와 방향이 같은 단위벡터는 $\dfrac{1}{|\vec{b}|}\vec{b}$이므로 이전에 배운 실수배를 이용해서 크기만 3으로 만들어주면 된다.

따라서 벡터 $\vec{b}$와 방향이 같고 크기가 3인 벡터는 $\dfrac{3}{|\vec{b}|}\vec{b}$이다.

ex2 벡터 $\vec{a}$와 방향이 반대이고, 크기가 $|\vec{b}|$인 벡터를 구하시오.

벡터 $\vec{a}$와 방향이 반대인 단위벡터는 $-\dfrac{1}{|\vec{a}|}\vec{a}$이므로 이전에 배운 실수배를 이용해서 크기만 $|\vec{b}|$으로 만들어주면 된다.

따라서 벡터 $\vec{a}$와 방향이 반대이고, 크기가 $|\vec{b}|$인 벡터는 $-\dfrac{|\vec{b}|}{|\vec{a}|}\vec{a}$이다.

개념 확인문제 13 다음 물음에 답하시오.

(1) 벡터 $\vec{a}$와 방향이 같고, 크기가 2인 벡터를 구하시오.

(2) 벡터 $-\vec{b}$와 방향이 같고, 크기가 $|\vec{a}|$인 벡터를 구하시오.

개념 확인문제 14 다음 □ 안에 알맞은 것을 써넣으시오.

> 벡터 $-\dfrac{5}{|\vec{a}|}\vec{a}$는 벡터 $\vec{a}$와 방향이 (가)이고(고), 크기가 (나)인 벡터이다.

개념 확인문제 15

오른쪽 그림과 같이 한 변의 길이가 4인 정사각형 OABC의 둘레 위의 점 중에서 점 O가 아닌 점 P에 대하여 벡터 $\overrightarrow{OQ}$를 $\overrightarrow{OQ} = -\dfrac{3}{|\overrightarrow{OP}|}\overrightarrow{OP}$라 하자.

점 P가 선분 AB와 선분 BC를 따라 꼭짓점 A에서 꼭짓점 C까지 움직일 때, 점 Q가 나타내는 도형의 길이를 구하시오.

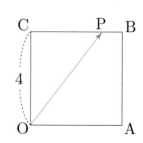

세 점이 한 직선 위에 있을 조건

서로 다른 세 점이 한 직선 위에 있을 조건을 알아보자.

일반적으로 서로 다른 세 점 A, B, C에 대하여
$\overrightarrow{AC} = k\overrightarrow{AB}$를 만족시키는 0이 아닌 실수 k가 존재하면
$\overrightarrow{AB}//\overrightarrow{AC}$이므로 세 점 A, B, C는 한 직선 위에 있다.

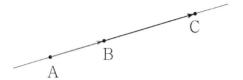

역으로 세 점 A, B, C가 한 직선 위에 있으면
$\overrightarrow{AC} = k\overrightarrow{AB}$를 만족시키는 0이 아닌 실수 k가 존재한다.

> **Tip** $\overrightarrow{AC} = k\overrightarrow{AB}$, $\overrightarrow{AB} = k\overrightarrow{BC}$, $\overrightarrow{AC} = k\overrightarrow{BC}$와 같이 벡터의 시점 또는 종점 중 하나를 공유하고 있는
> 두 벡터의 실수배로 나타내어질 때, 세 점 A, B, C는 한 직선 위에 있다.
> 하지만 $\overrightarrow{AB} = k\overrightarrow{CD}$와 같이 공유하고 있는 점이 없는 두 벡터가 실수배로 나타내어질 때,
> 두 벡터 $\overrightarrow{AB}$, $\overrightarrow{CD}$는 서로 평행하지만 네 점 A, B, C, D가 한 직선 위에 있다고 단정할 수 없다.

예제 4

평면 위의 서로 다른 네 점 O, A, B, C에 대하여 $\overrightarrow{OA} = \vec{a}$, $\overrightarrow{OB} = \vec{b}$, $\overrightarrow{OC} = 4\vec{a} - 3\vec{b}$일 때,
세 점 A, B, C가 한 직선 위에 있음을 보이시오.

풀이

$\overrightarrow{AB}$, $\overrightarrow{AC}$를 각각 $\vec{a}$, $\vec{b}$로 나타내면
$\overrightarrow{AB} = \overrightarrow{OB} - \overrightarrow{OA} = \vec{b} - \vec{a}$
$\overrightarrow{AC} = \overrightarrow{OC} - \overrightarrow{OA} = (4\vec{a} - 3\vec{b}) - \vec{a} = 3\vec{a} - 3\vec{b} = -3(\vec{b} - \vec{a})$
즉, $\overrightarrow{AC} = -3\overrightarrow{AB}$
따라서 세 점 A, B, C는 한 직선 위에 있다.

개념 확인문제 16

평면 위의 서로 다른 네 점 O, A, B, C와 실수 k에 대하여 $\overrightarrow{OA} = k\vec{a}$, $\overrightarrow{OB} = -\vec{b}$, $\overrightarrow{OC} = 3\vec{a} - 3\vec{b}$ 일 때,
세 점 A, B, C가 한 직선 위에 있도록 하는 실수 k의 값을 구하시오.
(단, 두 벡터 $\vec{a}$, $\vec{b}$는 서로 평행하지 않고, 영벡터가 아니다.)

03 위치벡터

성취 기준 – 위치벡터의 뜻을 안다.

개념 파악하기 **(6) 위치벡터란 무엇일까?**

위치벡터

평면에서 한 점 O를 고정하면 임의의 벡터 $\vec{a}$에 대하여
$\vec{a} = \overrightarrow{OA}$가 되도록 점 A의 위치를 하나로 정할 수 있다.
역으로 임의의 점 A에 대하여 $\overrightarrow{OA} = \vec{a}$인 벡터 $\vec{a}$가 하나로 정해진다.
즉, 시점을 한 점 O로 고정하면 벡터 $\overrightarrow{OA}$와 한 점 A는 일대일로 대응한다.

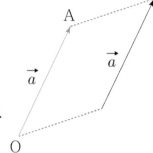

이처럼 한 점 O를 시점으로 하는 벡터 $\overrightarrow{OA}$를 점 O에 대한 점 A의 위치벡터라 한다.
일반적으로 위치벡터의 시점 O는 좌표평면의 원점으로 잡는다.

이제 벡터 $\overrightarrow{AB}$를 점 A와 점 B의 위치벡터를 이용하여 나타내어 보자.
오른쪽 그림과 같이 두 점 A, B의 위치벡터를 각각 $\vec{a}$, $\vec{b}$라 하면
$\overrightarrow{OA} = \vec{a}$, $\overrightarrow{OB} = \vec{b}$이고, $\overrightarrow{AB} = \overrightarrow{OB} - \overrightarrow{OA}$이므로 $\overrightarrow{AB} = \vec{b} - \vec{a}$이다.

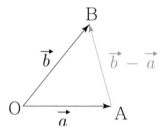

ex 세 점 A, B, C의 위치벡터를 각각 $\vec{a}$, $\vec{b}$, $\vec{c}$라고 하면
$$3\overrightarrow{AB} - \overrightarrow{BC} = 3(\overrightarrow{OB} - \overrightarrow{OA}) - (\overrightarrow{OC} - \overrightarrow{OB}) = 3(\vec{b} - \vec{a}) - (\vec{c} - \vec{b}) = -3\vec{a} + 4\vec{b} - \vec{c}$$

개념 확인문제 **17** 세 점 A, B, C의 위치벡터를 각각 $\vec{a}$, $\vec{b}$, $\vec{c}$라고 할 때, $2\overrightarrow{AB} + \overrightarrow{BC}$를 $\vec{a}$, $\vec{b}$, $\vec{c}$로 나타내시오.

예제 5

두 점 A, B의 위치벡터를 각각 $\vec{a}$, $\vec{b}$라 할 때, 선분 AB를 $m : n\,(m > 0,\ n > 0)$으로 내분하는 점 P의

위치벡터 $\vec{p}$는 $\vec{p} = \dfrac{m\vec{b} + n\vec{a}}{m + n}$임을 보이시오.

풀이

$\overrightarrow{AB} = \vec{b} - \vec{a}$, $\overrightarrow{AP} = \dfrac{m}{m+n}\overrightarrow{AB}$이므로 $\overrightarrow{AP} = \dfrac{m}{m+n}(\vec{b} - \vec{a})$

$\overrightarrow{OP} = \overrightarrow{OA} + \overrightarrow{AP}$ 이므로 $\vec{p} = \vec{a} + \dfrac{m}{m+n}(\vec{b} - \vec{a}) = \dfrac{m\vec{b} + n\vec{a}}{m+n}$이다.

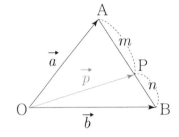

Tip 1 두 점 A, B의 위치벡터를 각각 $\vec{a}$, $\vec{b}$라 할 때, 선분 AB의 중점 M의 위치벡터 $\vec{m}$은

$\vec{m} = \dfrac{\vec{a} + \vec{b}}{2}$이고, $\vec{m}$은 선분 AB를 $1 : 1$로 내분하는 점의 위치벡터이다.

Tip 2 고1 때 배운 내분점과 외분점 공식의 연장선으로 보면 된다.

만약 내분점, 외분점 공식이 헷갈린다면 아래 강의를 참고하도록 하자.

내분점과 외분점 강의 (19분)

https://youtu.be/kAYtpoXFh24

개념 확인문제 18 두 점 A, B의 위치벡터를 각각 $\vec{a}$, $\vec{b}$라 할 때, 선분 AB를 $m : n\,(m > 0,\ n > 0,\ m \neq n)$으로

외분하는 점 Q의 위치벡터 $\vec{q}$는 $\vec{q} = \dfrac{m\vec{b} - n\vec{a}}{m - n}$임을 보이시오.

개념 확인문제 19 두 점 A, B의 위치벡터를 각각 $\vec{a}$, $\vec{b}$라 할 때, 다음을 만족시키는 점의 위치벡터를

$\vec{a}$, $\vec{b}$로 나타내시오.

(1) 선분 AB를 $3 : 1$로 내분하는 점

(2) 선분 AB를 $3 : 1$로 외분하는 점

예제 6

세 점 A, B, C의 위치벡터를 각각 $\vec{a}$, $\vec{b}$, $\vec{c}$라 할 때, 삼각형 ABC의 무게중심 G의 위치 벡터 $\vec{g}$는
$\vec{g} = \dfrac{\vec{a} + \vec{b} + \vec{c}}{3}$ 임을 보이시오.

풀이

오른쪽 그림과 같이 선분 BC의 중점을 M이라 하면

점 M의 위치벡터 $\vec{m}$은 $\vec{m} = \dfrac{\vec{b} + \vec{c}}{2}$ 이다.

삼각형 ABC의 무게 중심 G는 중선 AM을 $2 : 1$로 내분하는 점이므로

$$\vec{g} = \frac{2\vec{m} + \vec{a}}{2+1} = \frac{2 \times \dfrac{\vec{b}+\vec{c}}{2} + \vec{a}}{3} = \frac{\vec{a}+\vec{b}+\vec{c}}{3} \text{이다.}$$

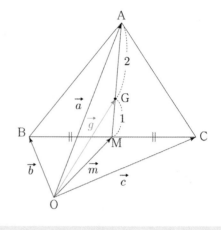

Tip 삼각형 ABC의 무게중심 G는 세 중선을 각각 꼭짓점으로부터 $2 : 1$로 내분한다.

개념 확인문제 20

오른쪽 그림과 같이 삼각형 ABC의 무게중심을 G라 할 때,
$\overrightarrow{GA} + \overrightarrow{GB} + \overrightarrow{GC} = \vec{0}$ 임을 보이시오.

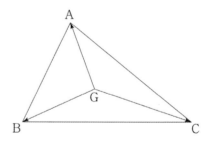

개념 확인문제 21

오른쪽 그림의 삼각형 OAB에서 선분 OA의 중점을 M, 선분 AB를 $2 : 1$로
내분하는 점을 N이라 하고 $\overrightarrow{OA} = \vec{a}$, $\overrightarrow{OB} = \vec{b}$라 할 때,
벡터 $\overrightarrow{MN}$을 $\vec{a}$, $\vec{b}$로 나타내시오.

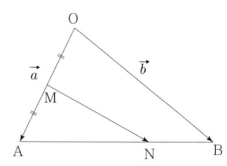

두 벡터의 합을 하나의 벡터로 나타내기

중점을 이용하여 두 벡터의 합을 하나의 벡터로 나타내어 보자.

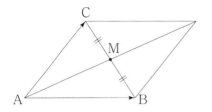

① $\overrightarrow{AB} + \overrightarrow{AC}$

　선분 BC의 중점을 M이라 하면

　$\dfrac{\overrightarrow{AB} + \overrightarrow{AC}}{2} = \overrightarrow{AM}$이므로 $\overrightarrow{AB} + \overrightarrow{AC} = 2\overrightarrow{AM}$이다.

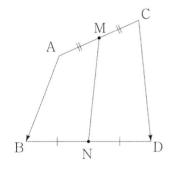

② $\overrightarrow{AB} + \overrightarrow{CD}$

　선분 AB의 중점을 M, 선분 BD의 중점을 N이라 하면

　$\dfrac{\overrightarrow{AB} + \overrightarrow{CD}}{2} = \dfrac{\overrightarrow{AB} + \overrightarrow{CD} + \overrightarrow{MA} + \overrightarrow{MC}}{2} = \dfrac{\overrightarrow{MB} + \overrightarrow{MD}}{2} = \overrightarrow{MN}$이므로

　$\overrightarrow{AB} + \overrightarrow{CD} = 2\overrightarrow{MN}$이다.

Tip　②에서 확인할 수 있는 것처럼 $\dfrac{\overrightarrow{AB} + \overrightarrow{CD}}{2} = \overrightarrow{MN}$이므로 반드시 시점이 일치하지 않아도 중점을

이용하여 두 벡터의 합을 하나의 벡터로 나타낼 수 있다.

즉, 시점은 시점끼리, 종점은 종점끼리 각각의 중점을 구해 하나의 벡터로 나타내면 된다.

04 평면벡터의 성분

성취 기준 – 평면벡터와 좌표의 대응을 이해한다.

개념 파악하기 **(7) 평면벡터의 성분이란 무엇인가?**

평면벡터의 성분

좌표평면에서 위치벡터를 그 종점의 좌표를 이용하여 나타내어 보자.

오른쪽 그림과 같이 좌표평면 위의 두 점 $E_1(1, 0)$, $E_2(0, 1)$의 원점 O에
대한 위치벡터를 각각 단위벡터 $\vec{e_1}$, $\vec{e_2}$로 나타낸다. 즉, $\overrightarrow{OE_1} = \vec{e_1}$, $\overrightarrow{OE_2} = \vec{e_2}$이다.

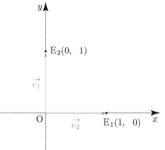

오른쪽 그림과 같이 임의의 벡터 $\vec{a}$에 대하여 $\vec{a} = \overrightarrow{OA}$가 되도록
점 $A(a_1, a_2)$를 잡고, 점 A에서 x축, y축에 내린 수선의 발을 각각
$A_1(a_1, 0)$, $A_2(0, a_2)$라 하면 $\vec{a} = \overrightarrow{OA} = \overrightarrow{OA_1} + \overrightarrow{OA_2}$이다.
여기서 $\overrightarrow{OA_1} = a_1\vec{e_1}$, $\overrightarrow{OA_2} = a_2\vec{e_2}$이므로 $\vec{a} = a_1\vec{e_1} + a_2\vec{e_2}$와 같이
나타낼 수 있다.

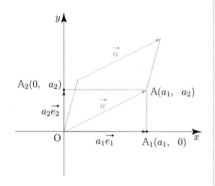

이때 두 실수 a_1, a_2를 벡터 $\vec{a}$의 성분이라 하고,
a_1을 x성분, a_2를 y성분이라 한다.
또 벡터 $\vec{a}$를 성분을 이용하여 $\vec{a} = (a_1, a_2)$와 같이 나타낸다.

ex $\vec{a} = 3\vec{e_1} + 2\vec{e_2}$ 를 성분으로 나타내면 $\vec{a} = (3, 2)$

Tip 1 x축에 평행한 모든 벡터는 단위벡터 $\vec{e_1}$의 실수배로 나타낼 수 있고,
y축에 평행한 모든 벡터는 단위벡터 $\vec{e_2}$의 실수배로 나타낼 수 있다.
즉, 모든 벡터는 두 단위벡터 $\vec{e_1}$, $\vec{e_2}$의 실수배의 합으로 나타낼 수 있다.

Tip 2 평면벡터 $\vec{a} = (a_1, a_2)$는 원점 O를 시점으로 하고 점 (a_1, a_2)를 종점으로 하는 벡터이다.

Tip 3 좌표평면 위의 점 A의 위치벡터를 성분으로 나타내면 점 A의 좌표가 된다.
즉, 좌표평면 위의 임의의 벡터는 두 개의 실수의 순서쌍으로 나타낼 수 있다.
또한 두 개의 실수의 순서쌍은 한 개의 평면벡터를 나타낸다.
따라서 좌표평면 위의 두 개의 실수의 순서쌍은 점의 좌표라는 의미 외에 평면 위의 벡터의
성분이라는 의미가 포함된다.

개념 확인문제 22 다음 벡터를 성분으로 나타내시오. (단, $\vec{e_1} = (1,\ 0)$, $\vec{e_2} = (0,\ 1)$)

(1) $\vec{a} = 4\vec{e_1} - \vec{e_2}$

(2) $\vec{b} = -\vec{e_1} - 5\vec{e_2}$

(3) $\vec{c} = 3\vec{e_1}$

(4) $\vec{d} = -6\vec{e_2}$

평면벡터의 크기와 두 벡터가 서로 같을 조건

오른쪽 그림과 같은 좌표평면에서 $\vec{a} = (a_1,\ a_2)$일 때, 점 $A(a_1,\ a_2)$에 대하여 $\vec{a} = \overrightarrow{OA}$이므로 벡터 $\vec{a}$의 크기는 선분 OA의 길이와 같다.

즉, $|\vec{a}| = \overline{OA} = \sqrt{a_1{}^2 + a_2{}^2}$이다.

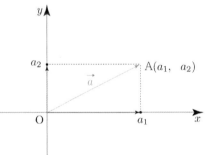

또 두 벡터 $\vec{a} = (a_1,\ a_2)$, $\vec{b} = (b_1,\ b_2)$가 서로 같으면 대응하는 성분끼리 서로 같다.

즉, $\vec{a} = \vec{b} \Leftrightarrow a_1 = b_1,\ a_2 = b_2$이다.

평면벡더의 크기와 두 벡터가 서로 같을 조건 요약

① $\vec{a} = (a_1,\ a_2)$일 때, $|\vec{a}| = \sqrt{a_1{}^2 + a_2{}^2}$

② $\vec{a} = (a_1,\ a_2)$, $\vec{b} = (b_1,\ b_2)$일 때, $\vec{a} = \vec{b} \Leftrightarrow a_1 = b_1,\ a_2 = b_2$

ex1 $\vec{a} = (1,\ 2)$일 때, $|\vec{a}| = \sqrt{1^2 + 2^2} = \sqrt{5}$

ex2 $\vec{a} = (3,\ p)$, $\vec{b} = (q,\ -5)$일 때, $\vec{a} = \vec{b} \Leftrightarrow p = -5,\ q = 3$

Tip 두 위치벡터 $\vec{a} = (a_1,\ a_2)$, $\vec{b} = (b_1,\ b_2)$의 시점이 원점으로 일치하기 때문에 두 벡터가 같기 위한 필요충분조건은 종점이 일치한다는 것이다. 이때 종점의 좌표는 두 벡터의 성분과 같으므로 두 벡터가 같을 필요충분조건은 두 벡터의 성분이 같다는 것이다.

다음 벡터를 크기를 구하시오.

(1) $\vec{a} = (4, \ -3)$

(2) $\vec{b} = (-5, \ -12)$

다음 두 벡터 $\vec{a}, \vec{b}$에 대하여 $\vec{a} = \vec{b}$일 때, 실수 p, q의 값을 구하시오.

(1) $\vec{a} = (4, \ p-1), \ \vec{b} = (2q, \ 3)$

(2) $\vec{a} = (2p+q, \ -6), \ \vec{b} = (3, \ p-q)$

개념 파악하기 (8) 평면벡터의 성분에 의한 연산은 어떻게 할까?

평면벡터의 성분에 의한 연산

좌표평면에서 두 벡터 $\vec{a} = (a_1,\ a_2)$, $\vec{b} = (b_1,\ b_2)$를 $\vec{e_1} = (1,\ 0)$, $\vec{e_2} = (0,\ 1)$을 이용하여 나타내면
$\vec{a} = a_1\vec{e_1} + a_2\vec{e_2}$, $\vec{b} = b_1\vec{e_1} + b_2\vec{e_2}$ 이므로 다음이 성립한다.

① 벡터의 덧셈

$$\vec{a} + \vec{b} = \left(a_1\vec{e_1} + a_2\vec{e_2}\right) + \left(b_1\vec{e_1} + b_2\vec{e_2}\right)$$
$$= \left(a_1 + b_1\right)\vec{e_1} + \left(a_2 + b_2\right)\vec{e_2}$$
$$= \left(a_1 + b_1,\ a_2 + b_2\right)$$

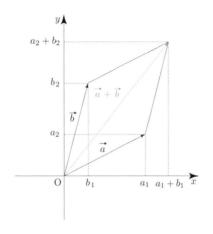

② 벡터의 뺄셈

$$\vec{a} - \vec{b} = \left(a_1\vec{e_1} + a_2\vec{e_2}\right) - \left(b_1\vec{e_1} + b_2\vec{e_2}\right)$$
$$= \left(a_1 - b_1\right)\vec{e_1} + \left(a_2 - b_2\right)\vec{e_2}$$
$$= \left(a_1 - b_1,\ a_2 - b_2\right)$$

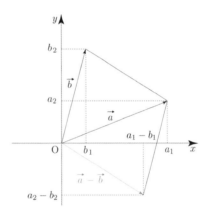

③ 벡터의 실수배

실수 k에 대하여
$$k\vec{a} = k\left(a_1\vec{e_1} + a_2\vec{e_2}\right)$$
$$= ka_1\vec{e_1} + ka_2\vec{e_2}$$
$$= \left(ka_1,\ ka_2\right)$$

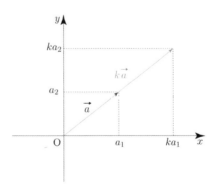

평면벡터의 성분에 의한 연산 요약

$\vec{a} = (a_1,\ a_2)$, $\vec{b} = (b_1,\ b_2)$일 때

① $\vec{a} + \vec{b} = (a_1 + b_1,\ a_2 + b_2)$

② $\vec{a} - \vec{b} = (a_1 - b_1,\ a_2 - b_2)$

③ $k\vec{a} = (ka_1,\ ka_2)$ (단, k는 실수)

ex $\vec{a} = (1,\ 2),\ \vec{b} = (4,\ 5)$일 때

$\vec{a} + \vec{b} = (1+4,\ 2+5) = (5,\ 7)$
$\vec{a} - \vec{b} = (1-4,\ 2-5) = (-3,\ -3)$
$3\vec{a} = 3(1,\ 2) = (3 \times 1,\ 3 \times 2) = (3,\ 6)$

개념 확인문제 **25** $\vec{a} = (3,\ 2),\ \vec{b} = (-1,\ 2),\ \vec{c} = (4,\ -1)$일 때, 다음 벡터를 성분으로 나타내시오.

(1) $2\vec{a} + \vec{b}$

(2) $3(\vec{a} + \vec{b}) - 2(\vec{a} - 5\vec{b})$

(3) $\vec{a} - 2\vec{b} + 4\vec{c}$

(4) $3(\vec{a} + 2\vec{b} - 3\vec{c}) - (\vec{a} - 2\vec{c})$

예제 7

$\vec{a} = (1,\ 2),\ \vec{b} = (-3,\ -1)$일 때, $\vec{c} = (-7,\ -4)$를 $k\vec{a} + l\vec{b}$의 꼴로 나타내시오. (단, k와 l은 실수이다.)

풀이

$\vec{c} = k\vec{a} + l\vec{b}$라 하면 $(-7,\ -4) = k(1,\ 2) + l(-3,\ -1) = (k-3l,\ 2k-l)$
두 벡터가 서로 같을 조건에 의하여 $k - 3l = -7,\ 2k - l = -4$
이 연립방정식을 풀면 $k = -1,\ l = 2$이므로 $\vec{c} = -\vec{a} + 2\vec{b}$

> **Tip** 두 벡터 $\vec{a},\ \vec{b}$가 평행이 아닐 때, 임의의 벡터 $\vec{c}$는
> $\vec{c} = k\vec{a} + l\vec{b}$ (단, k와 l은 실수이다.)의 꼴로 나타낼 수 있다.
> 하지만 $\vec{a},\ \vec{b}$가 평행할 때는 벡터 $\vec{c}$에 대하여
> $\vec{c} = k\vec{a} + l\vec{b}$ (단, k와 l은 실수이다.)의 꼴로 나타낼 수 없는 경우가 존재한다.
> 예를 들어 $\vec{a} = (1,\ 2),\ \vec{b} = (2,\ 4)$일 때, 벡터 $\vec{c} = (2,\ 2)$은
> $\vec{c} = k\vec{a} + l\vec{b}$ (단, k와 l은 실수이다.)의 꼴로 나타낼 수 없다.
> $(k+2l,\ 2k+4l) \neq (2,\ 2)$

개념 확인문제 **26** $\vec{a} = (2,\ -1),\ \vec{b} = (3,\ 2)$일 때, $\vec{c} = (0,\ 7)$를 $k\vec{a} + l\vec{b}$의 꼴로 나타내시오.
(단, k와 l은 실수이다.)

두 점에 의한 평면벡터의 성분과 크기

좌표평면 위의 두 점 $A(a_1,\ a_2)$, $B(b_1,\ b_2)$에 대하여
벡터 $\overrightarrow{AB}$를 성분으로 나타내고,
그 크기를 구하여 보자.
$\overrightarrow{OA} = (a_1,\ a_2)$, $\overrightarrow{OB} = (b_1,\ b_2)$이므로
$\overrightarrow{AB} = \overrightarrow{OB} - \overrightarrow{OA} = (b_1,\ b_2) - (a_1,\ a_2) = (b_1 - a_1,\ b_2 - a_2)$

$$\left|\overrightarrow{AB}\right| = \sqrt{(b_1 - a_1)^2 + (b_2 - a_2)^2}$$

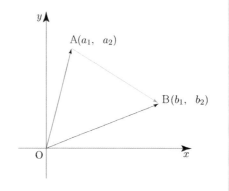

두 점에 의한 평면벡터의 성분과 크기 요약

두 점 $A(a_1,\ a_2)$, $B(b_1,\ b_2)$일 때
① $\overrightarrow{AB} = (b_1 - a_1,\ b_2 - a_2)$
② $\left|\overrightarrow{AB}\right| = \sqrt{(b_1 - a_1)^2 + (b_2 - a_2)^2}$

ex 두 점 $A(1,\ -2)$, $B(3,\ -5)$일 때

$\overrightarrow{AB} = (3-1,\ -5-(-2)) = (2,\ -3)$
$\left|\overrightarrow{AB}\right| = \sqrt{2^2 + (-3)^2} = \sqrt{13}$

Tip 벡터 $\overrightarrow{AB}$는 종점(B) − 시점(A)이다. 줄여서 "벡종시" 라고 기억하자!
(외우는 방법 : 백종(원)씨~)

개념 확인문제 27 다음 두 점 A, B에 대하여 벡터 $\overrightarrow{AB}$를 성분으로 나타내고, 그 크기를 구하시오.

(1) $A(2,\ 3)$, $B(4,\ 1)$ (2) $A(5,\ -3)$, $B(-2,\ -2)$

05 평면벡터의 내적

성취 기준 – 두 평면벡터의 내적의 뜻을 알고, 이를 구할 수 있다.

개념 파악하기 **(9) 평면벡터의 내적이란 무엇일까?**

평면벡터의 내적

영벡터가 아닌 두 평면벡터 $\vec{a}$, $\vec{b}$에 대하여 $\vec{a} = \overrightarrow{OA}$, $\vec{b} = \overrightarrow{OB}$일 때
$\theta = \angle AOB\ (0° \leq \theta \leq 180°)$를 두 벡터 $\vec{a}$, $\vec{b}$가 이루는 각의 크기라 한다.

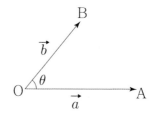

영벡터가 아닌 두 벡터 $\vec{a}$, $\vec{b}$가 이루는 각의 크기가 θ일 때,
$\vec{a}$와 $\vec{b}$의 내적을 각 θ의 크기에 따라 다음과 같이 정의하고,
기호로 $\vec{a} \cdot \vec{b}$ 와 같이 나타낸다.

① $0° \leq \theta \leq 90°$ 일 때
$$\vec{a} \cdot \vec{b} = |\vec{a}||\vec{b}|\cos\theta$$

② $90° < \theta \leq 180°$ 일 때
$$\vec{a} \cdot \vec{b} = -|\vec{a}||\vec{b}|\cos(180° - \theta)$$

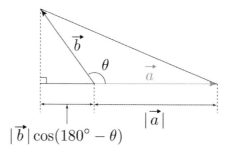

또 $\vec{a} = \vec{0}$ 또는 $\vec{b} = 0$일 때는 $\vec{a} \cdot \vec{b} = 0$으로 정한다.

평면벡터의 내적 요약

두 벡터 $\vec{a}$, $\vec{b}$가 이루는 각의 크기가 θ일 때
① $0° \leq \theta \leq 90°$ 이면 $\vec{a} \cdot \vec{b} = |\vec{a}||\vec{b}|\cos\theta$
② $90° < \theta \leq 180°$ 이면 $\vec{a} \cdot \vec{b} = -|\vec{a}||\vec{b}|\cos(180° - \theta)$

ex1 임의의 벡터 $\vec{a}$에 대하여 $\vec{a} \cdot \vec{a} = |\vec{a}||\vec{a}|\cos 0° = |\vec{a}|^2$

ex2 $|\vec{a}| = 5$, $|\vec{b}| = 4$, $\theta = 45°$

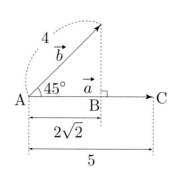

풀이1) 내적공식을 이용한 풀이
$$\vec{a} \cdot \vec{b} = |\vec{a}||\vec{b}|\cos 45° = 5 \times 4 \times \frac{\sqrt{2}}{2} = 10\sqrt{2}$$

풀이2) 수선의 발 작도를 이용한 풀이
$$\vec{a} \cdot \vec{b} = |\vec{a}| \times |\vec{b}|\cos 45° = |\overrightarrow{AC}| \times |\overrightarrow{AB}| = 5 \times 2\sqrt{2} = 10\sqrt{2}$$

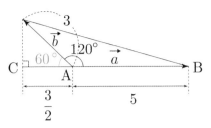

ex3 $|\vec{a}|=5$, $|\vec{b}|=3$, $\theta=120°$

풀이1) 내적공식을 이용한 풀이

$$\vec{a} \cdot \vec{b} = |\vec{a}||\vec{b}|\cos 120° = 5 \times 3 \times \left(-\frac{1}{2}\right) = -\frac{15}{2}$$

풀이2) 수선의 발 작도를 이용한 풀이

$$\vec{a} \cdot \vec{b} = -|\vec{a}| \times |\vec{b}|\cos 60° = -|\overrightarrow{AB}| \times |\overrightarrow{AC}| = -5 \times \frac{3}{2} = -\frac{15}{2}$$

Tip 1 내적이란 벡터의 방향요소를 제외하고 크기만을 곱하여 결과가 스칼라(방향을 가지고 있지 않고 크기만 가지고 있는 물리량)가 되는 연산을 말한다.
즉, 내적 $\vec{a} \cdot \vec{b}$는 벡터가 아니고 실수이다. (중요★)

Tip 2 내적은 두 벡터의 크기를 단순히 곱해주는 것이 아니라
한 쪽을 기준으로 잡았을 때, 다른 한 쪽의 크기를 곱하는 것이다.
위의 개념설명에서는 $\vec{a} \cdot \vec{b}$를 벡터 $\vec{a}$의 크기와 벡터 $\vec{b}$의
벡터 $\vec{a}$ 위로 수선의 발을 내려 그 크기를 곱하여 나타냈지만
기준을 바꿔서 오른쪽 그림과 같이 벡터 $\vec{b}$의 크기와 벡터 $\vec{a}$의
벡터 $\vec{b}$ 위로 수선의 발을 내려 그 크기를 곱하여 나타낼 수 있다.

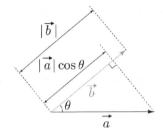

Tip 3 $\vec{a} \cdot \vec{b} = |\vec{a}||\vec{b}|\cos\theta$ 이므로 내적의 부호는 θ의 크기에 따라 결정된다.
(단, 두 벡터 $\vec{a}$, $\vec{b}$는 영벡터가 아니다.)
① $0° \leq \theta < 90°$일 때, $\vec{a} \cdot \vec{b} > 0$
② $\theta = 90°$일 때, $\vec{a} \cdot \vec{b} = 0$
③ $90° < \theta \leq 180°$일 때, $\vec{a} \cdot \vec{b} < 0$

Tip 4 내적공식도 물론 중요하지만 너무 공식에만 초점을 맞추지 말고 그림으로도 기억하자.
특히 어려운 문제일수록 단순 공식보다는 수선의 발을 작도하여 그림으로 해결하는 문제가
주로 출제된다.

Tip 5 실전에서는 내적의 값을 구할 때, 두 벡터의 시점이 일치하지 않은 경우가 대다수이다.
이때 평행이동을 하여 시점을 일치시키지 않아도 수선의 발을 작도하여 내적의 값을 구할 수 있다.

ex1 $\vec{a} \cdot \vec{b} - \vec{a} \cdot \vec{c} - \vec{a} \cdot \vec{d} = 4 \times 2 = 8$

ex2 $\vec{u} \cdot \vec{b} - \vec{u} \cdot \vec{c} = \vec{a} \cdot \vec{d} = (-1) \times 2 \times 4 = -8$

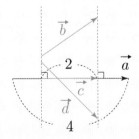 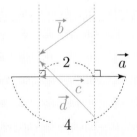

벡터 $\vec{b}$를 벡터 $\vec{a}$ 위로 수선의 발을 내려 나타낸 벡터 $\vec{c}$와 $\vec{a}$의 방향에 따라 내적의 부호가 정해진다.
ex1)와 같이 두 벡터 $\vec{a}$, $\vec{c}$의 방향이 같으면 양수이고, ex2)와 같이 두 벡터 $\vec{a}$, $\vec{c}$의 방향이 반대이면
음수이다. 실전에서는 수선의 발을 내려 길이를 통해 내적의 절댓값을 구한 후 방향에 따라 내적의
부호를 결정해주면 된다.

$|\vec{a}|=\sqrt{2}$, $|\vec{b}|=6$인 두 벡터 $\vec{a}$, $\vec{b}$가 이루는 각의 크기가 다음과 같을 때, $\vec{a} \cdot \vec{b}$를 구하시오.

(1) $0°$ (2) $60°$ (3) $90°$ (4) $135°$

예제 8

오른쪽 그림과 같이 $\overline{AB}=3$, $\overline{AC}=5$, $\angle ABC=90°$인 직각삼각형 ABC에서 다음을 구하시오.

(1) $\overrightarrow{AB} \cdot \overrightarrow{AC}$ (2) $\overrightarrow{AC} \cdot \overrightarrow{BA}$

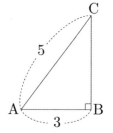

풀이

(1) $\overrightarrow{AB} \cdot \overrightarrow{AC}$

풀이1) 내적공식을 이용한 풀이

$|\overrightarrow{AB}|=3$, $|\overrightarrow{AC}|=5$이고, 두 벡터 $\overrightarrow{AB}$, $\overrightarrow{AC}$가 이루는 각의 크기를 θ라고 하면 $\cos\theta=\dfrac{3}{5}$이므로

$$\overrightarrow{AB} \cdot \overrightarrow{AC} = |\overrightarrow{AB}||\overrightarrow{AC}|\cos\theta = 3 \times 5 \times \frac{3}{5} = 9$$

풀이2) 수선의 발 작도를 이용한 풀이

이미 그림상에서 수선의 발 작도가 끝난 상태이므로 아주 땡큐한 상황이다.

두 벡터 $\overrightarrow{AB}$, $\overrightarrow{AC}$가 이루는 각의 크기를 θ라고 하면 $|\overrightarrow{AC}|\cos\theta=|\overrightarrow{AB}|$이므로

$$\overrightarrow{AB} \cdot \overrightarrow{AC} = |\overrightarrow{AB}| \times |\overrightarrow{AC}|\cos\theta = |\overrightarrow{AB}| \times |\overrightarrow{AB}| = |\overrightarrow{AB}|^2 = 9$$

Tip 오른쪽 그림과 같이 $\angle B=90°$인 직각삼각형 ABC에서는
두 벡터 $\overrightarrow{AB}$, $\overrightarrow{AC}$가 이루는 각의 크기 θ와 상관없이 $|\overrightarrow{AC}|\cos\theta=|\overrightarrow{AB}|$이므로
$\overrightarrow{AB} \cdot \overrightarrow{AC} = |\overrightarrow{AB}|^2$가 성립한다.

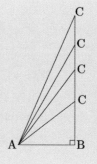

(2) $\overrightarrow{AC} \cdot \overrightarrow{BA}$

$\overrightarrow{BA} = \overrightarrow{AD}$ 이도록 점 D를 잡아서 시점을 통일하면 $\overrightarrow{AC} \cdot \overrightarrow{BA} = \overrightarrow{AC} \cdot \overrightarrow{AD}$ 이다.

Tip 두 벡터가 이루는 각의 크기 θ ($0° \leq \theta \leq 180°$)는 두 벡터의 시점을 일치시킬 때, 두 반직선이 이루는 각의 크기이다.

오른쪽 그림에서 두 직선 AB, BC가 이루는 각의 크기는 60°
또는 120°이지만 두 벡터 $\overrightarrow{AB}$, $\overrightarrow{BC}$가 이루는 각의 크기는
두 벡터의 시점이 일치된 상태에서 측정하므로 벡터 $\overrightarrow{AB}$의 시점이
B가 되도록 평행이동하면 120°임을 알 수 있다.

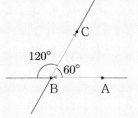

풀이1) 내적공식을 이용한 풀이

$|\overrightarrow{AC}| = 5$, $|\overrightarrow{AD}| = 3$ 이고, 두 벡터 $\overrightarrow{AC}$, $\overrightarrow{AD}$ 가 이루는 각의 크기를 θ라고 하면

$\cos\theta = -\dfrac{3}{5}$ $\left(\because \ \cos(180°-\theta) = \dfrac{3}{5} \right)$ 이므로

$\overrightarrow{AC} \cdot \overrightarrow{AD} = |\overrightarrow{AC}||\overrightarrow{AD}|\cos\theta = 5 \times 3 \times \left(-\dfrac{3}{5} \right) = -9$

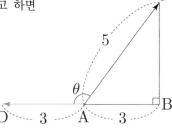

풀이2) 수선의 발 작도를 이용한 풀이

이미 그림상에서 수선의 발 작도가 끝난 상태이므로 아주 땡큐한 상황이다.

두 벡터 $\overrightarrow{AC}$, $\overrightarrow{AD}$가 이루는 각의 크기를 θ라고 하면 $|\overrightarrow{AC}|\cos(180°-\theta) = |\overrightarrow{AB}|$ 이므로

$\overrightarrow{AC} \cdot \overrightarrow{AD} = -|\overrightarrow{AD}| \times |\overrightarrow{AC}|\cos(180°-\theta) = -|\overrightarrow{AD}| \times |\overrightarrow{AB}| = -3 \times 3 = -9$

개념 확인문제 29

오른쪽 그림과 같이 $\overline{AB} = 4$, $\overline{AD} = 6$인 직사각형 ABCD에서 다음을 구하시오.

(1) $\overrightarrow{AB} \cdot \overrightarrow{AD}$

(2) $\overrightarrow{AB} \cdot \overrightarrow{CD}$

(3) $\overrightarrow{AB} \cdot \overrightarrow{AC}$

(4) $\overrightarrow{BC} \cdot \overrightarrow{DB}$

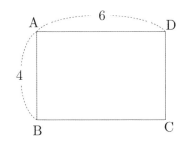

평면벡터의 내적과 성분

영벡터가 아닌 두 평면벡터 $\vec{a}=(a_1,\ a_2)$, $\vec{b}=(b_1,\ b_2)$의 내적을 성분으로 나타내어 보자.

두 벡터 $\vec{a}$, $\vec{b}$가 이루는 각의 크기를 θ라 하고, $\vec{a}=\overrightarrow{OA}$, $\vec{b}=\overrightarrow{OB}$라 하자.

① $0°<\theta<180°$ 일 때

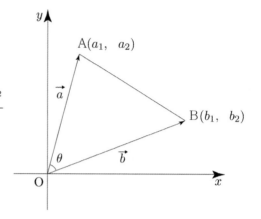

삼각형 OAB에서 코사인법칙을 사용하면

$$\cos\theta=\frac{|\overrightarrow{OA}|^2+|\overrightarrow{OB}|^2-\overline{AB}^2}{2|\overrightarrow{OA}||\overrightarrow{OB}|}\ \text{이므로}$$

$$\vec{a}\cdot\vec{b}=|\vec{a}||\vec{b}|\cos\theta=|\overrightarrow{OA}||\overrightarrow{OB}|\cos\theta=\frac{|\overrightarrow{OA}|^2+|\overrightarrow{OB}|^2-\overline{AB}^2}{2}$$

$$=\frac{a_1{}^2+a_2{}^2+b_1{}^2+b_2{}^2-\{(b_1-a_1)^2+(b_2-a_2)^2\}}{2}$$

$$=\frac{2a_1b_1+2a_2b_2}{2}=a_1b_1+a_2b_2$$

> **Tip** 참고로 2015 개정교육과정에서 기하는 수1, 수2와 독립적인 과목으로 편성되어 있지만 수능을 위한 교재인 만큼 공통과목인 수1은 당연히 학습했다는 전제로 책을 집필하였다. 기존 교과서에서는 수1에서 배운 코사인법칙을 사용할 수 없기 때문에 수선의 발을 작도해서 증명했지만 코사인법칙을 통해 간단히 증명할 수 있다.

② $\theta=0°$ 일 때

$\overrightarrow{OB}=k\overrightarrow{OA}\ (k>0)$이므로 $(b_1,\ b_2)=(ka_1,\ ka_2)$이다.

즉, $b_1=ka_1,\ b_2=ka_2$가 성립한다.

$2a_1b_1a_2b_2=2k^2a_1{}^2a_2{}^2=a_1{}^2b_2{}^2+a_2{}^2b_1{}^2$ 이므로

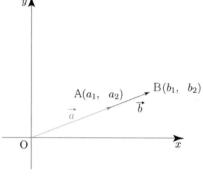

$$\vec{a}\cdot\vec{b}=|\vec{a}||\vec{b}|\cos\theta=|\overrightarrow{OA}||\overrightarrow{OB}|$$

$$=\sqrt{a_1{}^2+a_2{}^2}\sqrt{b_1{}^2+b_2{}^2}=\sqrt{a_1{}^2b_1{}^2+a_1{}^2b_2{}^2+a_2{}^2b_1{}^2+a_2{}^2b_2{}^2}$$

$$=\sqrt{a_1{}^2b_1{}^2+2a_1b_1a_2b_2+a_2{}^2b_2{}^2}=\sqrt{(a_1b_1+a_2b_2)^2}=|a_1b_1+a_2b_2|$$

$$=a_1b_1+a_2b_2$$

($k>0$, $b_1=ka_1,\ b_2=ka_2$이므로 $a_1b_1+a_2b_2=ka_1{}^2+ka_2{}^2=k(a_1{}^2+a_2{}^2)>0$이다.)

③ $\theta=180°$ 일 때

$\overrightarrow{OB}=k\overrightarrow{OA}\ (k<0)$이므로 $(b_1,\ b_2)=(ka_1,\ ka_2)$이다.

즉, $b_1=ka_1,\ b_2=ka_2$가 성립한다.

$2a_1b_1a_2b_2=2k^2a_1{}^2a_2{}^2=a_1{}^2b_2{}^2+a_2{}^2b_1{}^2$ 이므로

$$\vec{a}\cdot\vec{b}=|\vec{a}||\vec{b}|\cos\theta=-|\overrightarrow{OA}||\overrightarrow{OB}|$$

$$=-\sqrt{a_1{}^2+a_2{}^2}\sqrt{b_1{}^2+b_2{}^2}=-\sqrt{a_1{}^2b_1{}^2+a_1{}^2b_2{}^2+a_2{}^2b_1{}^2+a_2{}^2b_2{}^2}$$

$$=-\sqrt{a_1{}^2b_1{}^2+2a_1b_1a_2b_2+a_2{}^2b_2{}^2}=-\sqrt{(a_1b_1+a_2b_2)^2}=-|a_1b_1+a_2b_2|$$

$$=a_1b_1+a_2b_2$$

($k<0$, $b_1=ka_1,\ b_2=ka_2$이므로 $a_1b_1+a_2b_2=ka_1{}^2+ka_2{}^2=k(a_1{}^2+a_2{}^2)<0$이다.)

평면벡터의 내적과 성분 요약

$\vec{a} = (a_1,\ a_2),\ \vec{b} = (b_1,\ b_2)$일 때, $\vec{a} \cdot \vec{b} = a_1 b_1 + a_2 b_2$

ex1 $\vec{a} = (1,\ 4),\ \vec{b} = (-2,\ 3)$일 때, $\vec{a} \cdot \vec{b} = 1 \times (-2) + 4 \times 3 = -2 + 12 = 10$

ex2 $\vec{c} = (3,\ 4)$일 때, $\vec{c} \cdot \vec{c} = 3 \times 3 + 4 \times 4 = 25$

Tip 1 위 공식은 $0° \leq \theta \leq 180°$일 때 모두 성립하고, $\vec{a} = \vec{0}$ 또는 $\vec{b} = 0$일 때에도 성립한다.

Tip 2 $\langle \vec{a} \cdot \vec{a} = |\vec{a}|^2$ 증명$\rangle$

① 내적공식으로 증명 : $\vec{a} \cdot \vec{a} = |\vec{a}||\vec{a}|\cos 0° = |\vec{a}|^2$

② 성분내적공식으로 증명 : $\vec{a} \cdot \vec{a} = a_1 a_1 + a_2 a_2 = a_1{}^2 + a_2{}^2 = |\vec{a}|^2$

Tip 3 성분을 이용한 평면벡터의 내적은 두 벡터가 이루는 각의 크기를 사용하지 않고 나타낼 수 있기에 유용하다.

개념 확인문제 30 다음 두 벡터 $\vec{a}$, $\vec{b}$의 내적을 구하시오.

(1) $\vec{a} = (-2,\ -5),\ \vec{b} = (1,\ -3)$

(2) $\vec{a} = (0,\ -4),\ \vec{b} = (10,\ 1)$

평면벡터의 내적의 성질

세 평면벡터 $\vec{a} = (a_1,\ a_2),\ \vec{b} = (b_1,\ b_2),\ \vec{c} = (c_1,\ c_2)$와 임의의 실수 k에 대하여 다음이 성립한다.

① $\vec{a} \cdot \vec{b} = a_1 b_1 + a_2 b_2 = b_1 a_1 + b_2 a_2 = \vec{b} \cdot \vec{a}$

② $\vec{a} \cdot (\vec{b} + \vec{c}) = (a_1,\ a_2) \cdot (b_1 + c_1,\ b_2 + c_2)$

$\qquad\qquad = a_1(b_1 + c_1) + a_2(b_2 + c_2)$

$\qquad\qquad = a_1 b_1 + a_1 c_1 + a_2 b_2 + a_2 c_2$

$\qquad\qquad = (a_1 b_1 + a_2 b_2) + (a_1 c_1 + a_2 c_2)$

$\qquad\qquad = \vec{a} \cdot \vec{b} + \vec{a} \cdot \vec{c}$

③ $(k\vec{a}) \cdot \vec{b} = (k a_1,\ k a_2) \cdot (b_1,\ b_2)$

$\qquad\qquad = (k a_1) b_1 + (k a_2) b_2$

$\qquad\qquad = k(a_1 b_1 + a_2 b_2)$

$\qquad\qquad = k(\vec{a} \cdot \vec{b})$

평면벡터의 내적의 성질 요약

세 벡터 $\vec{a},\ \vec{b},\ \vec{c}$와 실수 k에 대하여

① $\vec{a} \cdot \vec{b} = \vec{b} \cdot \vec{a}$ $\qquad\qquad$ (교환법칙)

② $\vec{a} \cdot (\vec{b} + \vec{c}) = \vec{a} \cdot \vec{b} + \vec{a} \cdot \vec{c}$ $\quad$ (분배법칙)

$\quad (\vec{a} + \vec{b}) \cdot \vec{c} = \vec{a} \cdot \vec{c} + \vec{b} \cdot \vec{c}$

③ $(k\vec{a}) \cdot \vec{b} = \vec{a} \cdot (k\vec{b}) = k(\vec{a} \cdot \vec{b})$ (결합법칙)

예제 9

등식 $|\vec{a}+\vec{b}|^2=|\vec{a}|^2+2\vec{a}\cdot\vec{b}+|\vec{b}|^2$이 성립함을 보이시오.

풀이

$$|\vec{a}+\vec{b}|^2=(\vec{a}+\vec{b})\cdot(\vec{a}+\vec{b})$$
$$=\vec{a}\cdot\vec{a}+\vec{a}\cdot\vec{b}+\vec{b}\cdot\vec{a}+\vec{b}\cdot\vec{b}$$
$$=|\vec{a}|^2+2\vec{a}\cdot\vec{b}+|\vec{b}|^2$$

Tip 의외로 $|\vec{a}|^2=\vec{a}\cdot\vec{a}$가 다소 낯설게 느껴질 수 있지만 $\vec{a}\cdot\vec{a}=|\vec{a}|^2$이 성립하므로 $|\vec{a}|^2=\vec{a}\cdot\vec{a}$인 것이 자명하다. 꼭! 기억하도록 하자.

개념 확인문제 31) 다음 등식이 성립함을 보이시오.

(1) $|\vec{a}-\vec{b}|^2=|\vec{a}|^2-2\vec{a}\cdot\vec{b}+|\vec{b}|^2$

(2) $(\vec{a}+\vec{b})\cdot(\vec{a}-\vec{b})=|\vec{a}|^2-|\vec{b}|^2$

예제 10

$|\vec{a}|=2$, $|\vec{b}|=3$인 두 벡터 $\vec{a}$, $\vec{b}$가 이루는 각의 크기가 $60°$일 때, $|\vec{a}-2\vec{b}|$의 값을 구하시오.

풀이

$\vec{a}\cdot\vec{b}=|\vec{a}||\vec{b}|\cos60°=2\times3\times\dfrac{1}{2}=3$이므로

$|\vec{a}-2\vec{b}|^2=(\vec{a}-2\vec{b})\cdot(\vec{a}-2\vec{b})=|\vec{a}|^2-4\vec{a}\cdot\vec{b}+4|\vec{b}|^2=4-4\times3+4\times9=28$

따라서 $|\vec{a}-2\vec{b}|=2\sqrt{7}$

개념 확인문제 32) $|\vec{a}|=3$, $|\vec{b}|=1$인 두 벡터 $\vec{a}$, $\vec{b}$가 이루는 각의 크기가 $120°$일 때, $|3\vec{a}-\vec{b}|$의 값을 구하시오.

개념 확인문제 33) $|\vec{a}|=1$, $|\vec{b}|=2$, $|\vec{a}+\vec{b}|=\sqrt{6}$일 때, 다음을 구하시오.

(1) $\vec{a}\cdot\vec{b}$

(2) $|3\vec{a}-2\vec{b}|$

두 평면벡터가 이루는 각의 크기

영벡터가 아닌 두 평면벡터 $\vec{a} = (a_1,\ a_2),\ \vec{b} = (b_1,\ b_2)$가 이루는 각의 크기를

$\theta(0° \leq \theta \leq 180°)$라 할 때, 내적을 이용하여 두 벡터 $\vec{a},\ \vec{b}$가 이루는 각의 크기를 구하여 보자.

$$\cos\theta = \frac{\vec{a} \cdot \vec{b}}{|\vec{a}||\vec{b}|} = \frac{a_1b_1 + a_2b_2}{\sqrt{a_1{}^2 + a_2{}^2}\,\sqrt{b_1{}^2 + b_2{}^2}}$$

① $\vec{a} \cdot \vec{b} \geq 0$ 일 때, $0° \leq \theta \leq 90°$

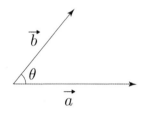

② $\vec{a} \cdot \vec{b} < 0$ 일 때, $90° < \theta \leq 180°$

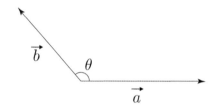

> **Tip** 참고로 2015 개정교육과정에서 기하는 수1, 수2와 독립적인 과목으로 편성되어 있지만
> 수능을 위한 교재인 만큼 공통과목인 수1은 당연히 학습했다는 전제로 책을 집필하였다.
> 기존 교과서에서는 $\vec{a} \cdot \vec{b} \geq 0$와 $\vec{a} \cdot \vec{b} < 0$로 case분류하여
>
> $\vec{a} \cdot \vec{b} \geq 0$이면 $0° \leq \theta \leq 90°$ 이고 $\cos\theta = \dfrac{\vec{a} \cdot \vec{b}}{|\vec{a}||\vec{b}|} = \dfrac{a_1b_1 + a_2b_2}{\sqrt{a_1{}^2 + a_2{}^2}\,\sqrt{b_1{}^2 + b_2{}^2}}$
>
> $\vec{a} \cdot \vec{b} < 0$이면 $90° < \theta \leq 180°$ 이고 $\cos(180° - \theta) = -\dfrac{\vec{a} \cdot \vec{b}}{|\vec{a}||\vec{b}|} = -\dfrac{a_1b_1 + a_2b_2}{\sqrt{a_1{}^2 + a_2{}^2}\,\sqrt{b_1{}^2 + b_2{}^2}}$
>
> 와 같이 수록했지만 수1에서 배운 삼각함수의 방정식을 떠올리며 $\theta(0° \leq \theta \leq 180°)$를 구하면 된다.

예제 11

두 벡터 $\vec{a} = (1,\ \sqrt{3}),\ \vec{b} = (-\sqrt{3},\ -1)$이 이루는 각의 크기 θ를 구하시오. (단, $0° \leq \theta \leq 180°$)

풀이

$\vec{a} \cdot \vec{b} = 1 \times (-\sqrt{3}) + \sqrt{3} \times (-1) = -2\sqrt{3}$

$|\vec{a}| = \sqrt{1+3} = 2,\ |\vec{b}| = \sqrt{3+1} = 2$

$\cos\theta = \dfrac{\vec{a} \cdot \vec{b}}{|\vec{a}||\vec{b}|} = \dfrac{-2\sqrt{3}}{4} = -\dfrac{\sqrt{3}}{2}$ $(0° \leq \theta \leq 180°)$이므로 $\theta = 150°$

개념 확인문제 34 다음 두 벡터가 이루는 각의 크기를 구하시오. (단, $0° \leq \theta \leq 180°$)

(1) $\vec{a} = (2,\ 1),\ \vec{b} = (1,\ 3)$

(2) $\vec{a} = (\sqrt{3},\ 1),\ \vec{b} = (0,\ -1)$

두 평면벡터의 수직과 평행

영벡터가 아닌 두 벡터 $\vec{a}$, $\vec{b}$가 이루는 각의 크기가 $90°$ 일 때,
두 벡터 $\vec{a}$, $\vec{b}$는 서로 수직이라 하며, 이것을 기호로 $\vec{a} \perp \vec{b}$와 같이 나타낸다.

이때 $\vec{a} \perp \vec{b}$이면 $\theta = 90°$ 이므로 $\vec{a} \cdot \vec{b} = |\vec{a}||\vec{b}|\cos 90° = 0$이고, 그 역도 성립한다.

또, 영벡터가 아닌 두 평면벡터 $\vec{a}$, $\vec{b}$가 이루는 각의 크기를 $\theta°$ 라고 할 때,
두 평면벡터 $\vec{a}$, $\vec{b}$가 서로 평행하면

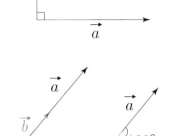

① $\vec{a}$와 $\vec{b}$의 방향이 같을 때 $\theta = 0°$ 이므로
  $\vec{a} \cdot \vec{b} = |\vec{a}||\vec{b}|\cos 0° = |\vec{a}||\vec{b}|$

② $\vec{a}$와 $\vec{b}$의 방향이 반대일 때 $\theta = 180°$ 이므로
  $\vec{a} \cdot \vec{b} = |\vec{a}||\vec{b}|\cos 180° = -|\vec{a}||\vec{b}|$

따라서 $\vec{a} /\!/ \vec{b}$이면 $\vec{a} \cdot \vec{b} = \pm|\vec{a}||\vec{b}|$이고, 그 역도 성립한다.

평면벡터의 수직 조건과 평행 조건

영벡터가 아닌 두 벡터 $\vec{a}$, $\vec{b}$에 대하여

① 수직 조건 : $\vec{a} \perp \vec{b}$ $\Leftrightarrow$ $\vec{a} \cdot \vec{b} = 0$
② 평행 조건 : $\vec{a} /\!/ \vec{b}$ $\Leftrightarrow$ $\vec{a} \cdot \vec{b} = \pm|\vec{a}||\vec{b}|$

ex $\vec{a} = (-2, \ 3)$, $\vec{b} = (6, \ 4)$, $\vec{c} = (2, \ -3)$에 대하여
  $\vec{a} \cdot \vec{b} = (-2) \times 6 + 3 \times 4 = 0$이므로 $\vec{a} \perp \vec{b}$이다.
  $|\vec{a}| = \sqrt{4+9} = \sqrt{13}$, $|\vec{c}| = \sqrt{4+9} = \sqrt{13}$에서 $|\vec{a}||\vec{c}| = 13$이고,
  $\vec{a} \cdot \vec{c} = (-2) \times 2 + 3 \times (-3) = -13$이므로 $\vec{a} /\!/ \vec{c}$이다.
  (물론 $\vec{a} = -\vec{c}$이므로 $\vec{a} /\!/ \vec{c}$인 것이 자명하다.)

Tip 1 $\vec{a} = (a_1, \ a_2)$, $\vec{b} = (b_1, \ b_2)$일 때
  ① $\vec{a} \perp \vec{b}$ $\Leftrightarrow$ $a_1 b_1 + a_2 b_2 = 0$
  ② $\vec{a} /\!/ \vec{b}$ $\Leftrightarrow$ $\vec{b} = k\vec{a}$

  $\Leftrightarrow$ $b_1 = ka_1$, $b_2 = ka_2$

  (k는 0이 아닌 실수)

Tip 2 평행 조건은 실전적으로 볼 때, $\vec{a} /\!/ \vec{b}$ $\Leftrightarrow$ $\vec{a} \cdot \vec{b} = \pm|\vec{a}||\vec{b}|$보다는 $\vec{a} /\!/ \vec{b}$ $\Leftrightarrow$ $\vec{b} = k\vec{a}$로 판단하는 것이 더 효율적이다.

예제 12

벡터 $\vec{a} = (1,\ 2)$과 수직이고, 크기가 $\sqrt{5}$인 벡터 $\vec{b}$를 구하시오.

풀이

$\vec{b} = (x,\ y)$라 두면 두 벡터 $\vec{a}$, $\vec{b}$가 서로 수직이므로
$\vec{a} \cdot \vec{b} = 0$에서 $x + 2y = 0$ $\cdots$ ㉠
또 $|\vec{b}| = \sqrt{5}$이므로 $x^2 + y^2 = 5$ $\cdots$ ㉡
㉠, ㉡을 연립하면 $x = 2$, $y = -1$ or $x = -2$, $y = 1$이다.
따라서 구하는 벡터는 $\vec{b} = (2,\ -1)$ or $\vec{b} = (-2,\ 1)$이다.

개념 확인문제 35 다음 조건을 만족시키는 실수 x의 값을 구하시오.

(1) 두 벡터 $\vec{a} = (5,\ 3)$, $\vec{b} = (x,\ -10)$가 서로 수직이다.

(2) 두 벡터 $\vec{a} = (x+3,\ 1)$, $\vec{b} = (1,\ -2)$이 서로 평행하다.

개념 확인문제 36 벡터 $\vec{a} = (\sqrt{3},\ 1)$과 수직이고 크기가 4인 벡터 $\vec{b}$를 구하시오.

개념 확인문제 37

오른쪽 그림과 같은 마름모 ABCD에서 $\overrightarrow{DA} = \vec{a}$, $\overrightarrow{DC} = \vec{b}$라고 할 때,
두 대각선 AC, BD가 서로 수직임을 벡터의 성질을 이용하여 증명하시오.

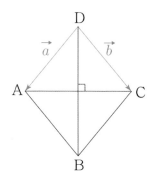

벡터의 분해를 이용하여 벡터를 성분으로 나타내기

오른쪽 그림의 두 벡터 $\vec{a}$, $\vec{b}$를 성분으로 나타내어 보자.

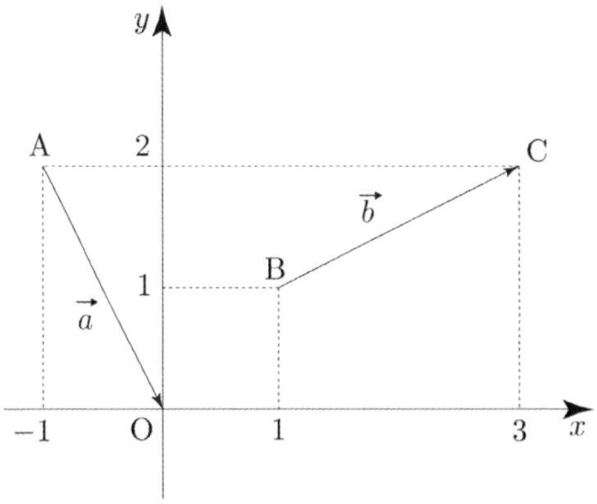

① **좌표를 이용하는 방법**

A$(-1, 2)$, B$(1, 1)$, C$(3, 2)$, O$(0, 0)$

$\vec{a} = \overrightarrow{AO} = (0-(-1), 0-2) = (1, -2)$

$\vec{b} = \overrightarrow{BC} = (3-1, 2-1) = (2, 1)$

② **벡터의 분해를 이용하는 방법 (실전용)**

오른쪽 그림과 같이 x축, y축에 수직이 되도록
벡터 $\vec{a}$, $\vec{b}$를 분해하면 다음과 같다.

$\vec{a} = \overrightarrow{AO} = \overrightarrow{AD} + \overrightarrow{DO}$, $\quad \vec{b} = \overrightarrow{BC} = \overrightarrow{BE} + \overrightarrow{EC}$

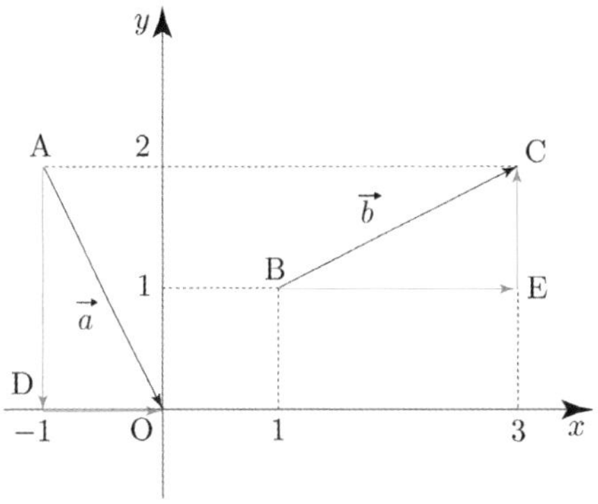

이때, $\overrightarrow{AD} = \overrightarrow{OP}$가 되도록 점 P를 잡으면
점 P$(0, -2)$이므로 $\overrightarrow{AD} = (0, -2)$이고,
$\overrightarrow{DO} = \overrightarrow{OQ}$가 되도록 점 Q를 잡으면
점 Q$(1, 0)$이므로 $\overrightarrow{DO} = (1, 0)$이다.
따라서 $\vec{a} = \overrightarrow{AD} + \overrightarrow{DO} = (0, -2) + (1, 0) = (1, -2)$이다.

위와 마찬가지 논리로 $\overrightarrow{BE} = (2, 0)$이고, $\overrightarrow{EC} = (0, 1)$이다.
따라서 $\vec{b} = \overrightarrow{BE} + \overrightarrow{EC} = (2, 0) + (0, 1) = (2, 1)$이다.

> **Tip** 실전에서는 수직으로 분해된 벡터들의 방향($\rightarrow \leftarrow \uparrow \downarrow$)과 크기만 보고
> 벡터의 성분을 빠르게 구하면 된다.
>
> **ex1** 위 문제에서 $\overrightarrow{AD}$의 방향은 $\downarrow$이므로 $(0, -1)$의 실수배이고, $\overline{AD} = 2$이므로
> $\overrightarrow{AD} = (0, -2)$인 것을 알 수 있다.
>
> **ex1** 위 문제에서 $\overrightarrow{BE}$의 방향은 $\rightarrow$이므로 $(1, 0)$의 실수배이고, $\overline{BE} = 2$이므로
> $\overrightarrow{BE} = (2, 0)$인 것을 알 수 있다.

[예제 13], [개념 확인문제 38]을 통해 이를 적용하여 내적의 값을 구해보자.

예제 13

오른쪽 그림과 같이 $\overline{AB} = 5$, $\overline{BC} = 7$, $\overline{AD} = 4$, $\angle BCD = \angle CDA = 90°$ 인 사다리꼴 ABCD에서 다음을 구하시오.

(1) $\overrightarrow{BA} \cdot \overrightarrow{CD}$ (2) $\overrightarrow{BD} \cdot \overrightarrow{CA}$

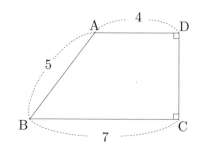

풀이

(1) $\overrightarrow{BA} \cdot \overrightarrow{CD}$

점 A에서 선분 BC에 내린 수선의 발을 E라 하면
$\overline{BE} = \overline{BC} - \overline{EC} = 7 - 4 = 3$이고,
삼각형 ABE에서 피타고라스의 정리를 사용하면
$\overline{AE} = \sqrt{5^2 - 3^2} = 4$이다.

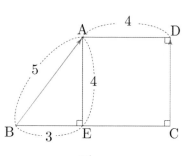

오른쪽 그림과 같이 x축과 y축을 설정한 후
벡터의 분해를 이용하여 벡터를 성분으로 나타내어 보자.

$\overrightarrow{BA} = (3, 0) + (0, 4) = (3, 4)$

$\overrightarrow{CD} = (0, 4)$

따라서 $\overrightarrow{BA} \cdot \overrightarrow{CD} = 3 \times 0 + 4 \times 4 = 16$이다.

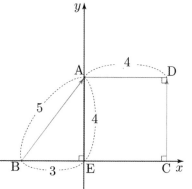

(2) $\overrightarrow{BD} \cdot \overrightarrow{CA}$

(1)과 같은 논리로 벡터의 분해를 이용하여 벡터를 성분으로 나타내어 보자.

$\overrightarrow{BD} = (7, 0) + (0, 4) = (7, 4)$

$\overrightarrow{CA} = (0, 4) + (-4, 0) = (-4, 4)$

따라서 $\overrightarrow{BD} \cdot \overrightarrow{CA} = 7 \times (-4) + 4 \times 4 = -28 + 16 = -12$이다.

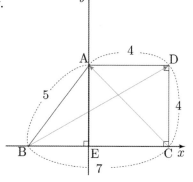

개념 확인문제 38

오른쪽 그림과 같이 $\overline{AB} = 2$, $\overline{BC} = 4$인 직사각형 ABCD와 $\overline{EA} = \overline{ED}$, $\angle AED = 90°$인 직각이등변삼각형 ADE가 있다. 선분 DE의 중점을 M이라 할 때, $\overrightarrow{MA} \cdot \overrightarrow{AC}$의 값을 구하시오.

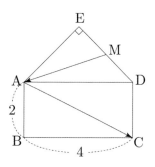

평면벡터

직선과 원의 방정식

성취 기준 - 좌표평면에서 벡터를 이용하여 직선과 원의 방정식을 구할 수 있다.

개념 파악하기   **(11) 주어진 벡터에 평행한 직선의 방정식은 어떻게 구할까?**

한 점과 방향벡터가 주어진 직선의 방정식

좌표평면에서 점 A를 지나고 영벡터가 아닌 벡터 $\vec{u}$에 평행한 직선 l의 방정식을 구하여 보자.

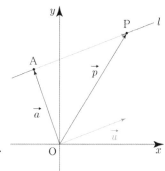

오른쪽 그림과 같이 직선 l 위의 임의의 점을 P라 하면 $\overrightarrow{\mathrm{AP}} /\!/ \vec{u}$이므로
$\overrightarrow{\mathrm{AP}} = t\vec{u}$인 실수 t가 존재한다.

이때 두 점 A, P의 위치벡터를 각각 $\vec{a}, \vec{p}$라 하면 $\overrightarrow{\mathrm{AP}} = \vec{p} - \vec{a}$이므로
$\vec{p} = \vec{a} + \overrightarrow{\mathrm{AP}}$, 즉 $\vec{p} = \vec{a} + t\vec{u}$ … ㉠
가 성립한다.
역으로 방정식 ㉠을 만족시키는 벡터 $\vec{p}$를 위치벡터로 하는 점 P는 직선 l 위에 있다.

따라서 방정식 ㉠은 점 A를 지나고 벡터 $\vec{u}$에 평행한 직선 l을 나타낸다.
이때 직선 l과 평행한 벡터 $\vec{u}$를 직선 l의 **방향벡터**라 한다.

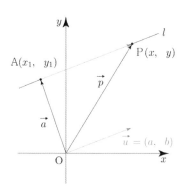

이번에는 벡터의 성분을 이용하여 직선의 방정식을 나타내어 보자.
좌표평면에서 $\vec{a} = (x_1, y_1)$, $\vec{u} = (a, b)$, $\vec{p} = (x, y)$라 할 때,
직선 l을 나타내는 방정식 ㉠을 성분으로 나타내면
$(x, y) = (x_1, y_1) + t(a, b) = (x_1 + at, y_1 + bt)$이다.
따라서 직선 l의 방정식은 실수 t를 사용하여 다음과 같이 나타낼 수 있다.
$x = x_1 + at, \ y = y_1 + bt$ … ㉡

방정식 ㉡에서 $ab \neq 0$일 때, $t = \dfrac{x - x_1}{a}$, $t = \dfrac{y - y_1}{b}$이므로

t를 소거하여 직선 l의 방정식을 $\dfrac{x - x_1}{a} = \dfrac{y - y_1}{b}$과 같이 나타낼 수 있다.

한 점과 방향벡터가 주어진 직선의 방정식 요약

점 $A(x_1, y_1)$을 지나고 방향벡터가 $\vec{u} = (a, b)$인 직선의 방정식은

$\dfrac{x - x_1}{a} = \dfrac{y - y_1}{b}$ (단, $ab \neq 0$)

ex 점 $(2, 1)$을 지나고 방향벡터가 $\vec{u} = (-1, 2)$인 직선의 방정식은

$\dfrac{x - 2}{-1} = \dfrac{y - 1}{2}$

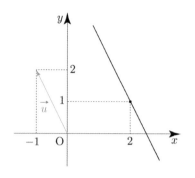

Tip 1 방정식 ⓛ에서 $ab = 0$일 때, 직선의 방정식은 다음과 같다.

① $a = 0$, $b \neq 0$이면 직선의 방정식은 $x = x_1$
② $a \neq 0$, $b = 0$이면 직선의 방정식은 $y = y_1$

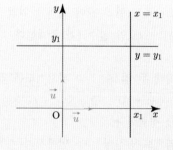

Tip 2 $\dfrac{x - x_1}{a} = \dfrac{y - y_1}{b}$ (단, $ab \neq 0$)을 변형하면 $\dfrac{b}{a}(x - x_1) = y - y_1$이므로

점 (x_1, y_1)을 지나고 기울기가 $\dfrac{b}{a}$인 직선 $y = \dfrac{b}{a}(x - x_1) + y_1$과 같음을 알 수 있다.

즉, 기울기가 $\dfrac{b}{a}$인 직선의 방향벡터는 (a, b)이다.

예를 들어 직선 $y = \dfrac{3}{2}x + 1$의 방향벡터는 $(2, 3)$이다. 정말 그런지 직선을 변형해서 확인해보자.

$y = \dfrac{3}{2}x + 1 \Rightarrow \dfrac{x}{2} = \dfrac{y - 1}{3}$이므로 방향벡터는 $(2, 3)$이다.

개념 확인문제 39 다음 직선의 방정식을 구하시오.

(1) 점 $(4, 3)$을 지나고 방향벡터가 $\vec{u} = (3, -1)$인 직선

(2) 원점 O를 지나고 벡터 $\vec{u} = (1, 2)$에 평행한 직선

(3) 점 $(5, 6)$을 지나고 방향벡터가 $\vec{u} = (2, 0)$인 직선

(4) 점 $(3, 1)$을 지나고 방향벡터가 $\vec{u} = (0, 5)$인 직선

예제 14

점 $(5, -1)$을 지나고 직선 $\dfrac{x-1}{2} = \dfrac{y+2}{5}$ 에 평행한 직선의 방정식을 구하시오.

풀이

주어진 직선의 방향벡터는 $\vec{u} = (2, 5)$이다.

따라서 점 $(5, -1)$을 지나고 방향벡터가 $\vec{u} = (2, 5)$인 직선의 방정식은 $\dfrac{x-5}{2} = \dfrac{y+1}{5}$이다.

개념 확인문제 40 다음 직선의 방정식을 구하시오.

(1) 점 $(-2, 3)$을 지나고 직선 $1 - x = \dfrac{y-2}{2}$에 평행한 직선

(2) 점 $(0, -3)$을 지나고 직선 $x - 3 = \dfrac{y+2}{3}$에 평행한 직선

예제 15

두 점 $A(1, 3)$, $B(2, -2)$을 지나는 직선의 방정식을 벡터를 이용하여 구하시오.

풀이

구하는 직선의 방향벡터는 $\overrightarrow{AB} = (2-1, -2-3) = (1, -5)$이다.

이 직선이 점 $A(1, 3)$을 지나므로 직선의 방정식은 $x - 1 = \dfrac{y-3}{-5}$이다.

Tip 1 방향벡터를 반드시 $\overrightarrow{AB}$로 설정할 필요는 없다.

$\overrightarrow{AB}$가 반대방향이 되거나 크기가 달라져도 여전히 직선과 평행하기 때문에 직선 l의 방향벡터이다.

어차피 실수배 차이이므로 $\overrightarrow{BA}$로 설정하여도 직선의 방정식은 같다. (추후 약분됨)

$\overrightarrow{BA} = (1-2, 3-(-2)) = (-1, 5)$이고, 점 $A(1, 3)$을 지나므로

직선의 방정식은 $\dfrac{x-1}{-1} = \dfrac{y-3}{5}$이다. 양변에 -1을 곱하면 $x - 1 = \dfrac{y-3}{-5}$와 같다.

Tip 2 점 $A(1, 3)$가 아니라 점 $B(2, -2)$를 지난다고 해도 직선의 방정식은 같다.

점 $A(1, 3)$을 지나므로 $x - 1 = \dfrac{y-3}{-5} \Rightarrow -5x + 5 = y - 3 \Rightarrow y = -5x + 8$

점 $B(2, -2)$를 지나므로 $x - 2 = \dfrac{y+2}{-5} \Rightarrow -5x + 10 = y + 2 \Rightarrow y = -5x + 8$

다음 두 점을 지나는 직선의 방정식을 벡터를 이용하여 구하시오.

(1) A(4, 2), B(−2, 3)

(2) A(−3, 1), B(2, −1)

실수 t와 평면 위의 세 점 O, A, B에 대하여 점 P는 $\overrightarrow{OP} = t\overrightarrow{OB} + (1-t)\overrightarrow{OA}$를 만족시킨다. $0 < t < 1$일 때, 점 P가 나타내는 도형을 구하시오.

개념 파악하기 **(12) 주어진 벡터에 수직인 직선의 방정식은 어떻게 구할까?**

한 점과 법선벡터가 주어진 직선의 방정식

좌표평면에서 점 A를 지나고 영벡터가 아닌 벡터 $\vec{u}$에 수직인 직선 l의 방정식을 구하여 보자.

오른쪽 그림과 같이 직선 l 위의 임의의 점을 P라 하면 $\vec{n} \perp \overrightarrow{AP}$이므로 $\vec{n} \cdot \overrightarrow{AP} = 0$이다.

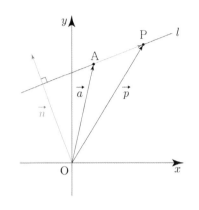

이때 두 점 A, P의 위치벡터를 각각 $\vec{a}$, $\vec{p}$라 하면 $\overrightarrow{AP} = \vec{p} - \vec{a}$이므로
$\vec{n} \cdot (\vec{p} - \vec{a}) = 0$ ⋯ ㉠
가 성립한다.
역으로 방정식 ㉠을 만족시키는 벡터 $\vec{p}$를 위치벡터로 하는
점 P는 직선 l 위에 있다.

따라서 방정식 ㉠은 점 A를 지나고 벡터 $\vec{n}$에 수직인 직선 l을 나타낸다.
이때 직선 l과 수직인 벡터 $\vec{n}$를 직선 l의 법선벡터라 한다.

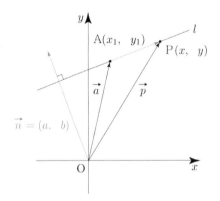

이번에는 벡터의 성분을 이용하여 직선의 방정식을 나타내어 보자.
좌표평면에서 $\vec{a} = (x_1, y_1)$, $\vec{n} = (a, b)$, $\vec{p} = (x, y)$라 할 때,
직선 l을 나타내는 방정식 ㉠을 성분으로 나타내면
$(a, b) \cdot (x-x_1, y-y_1) = 0$이다.
따라서 직선 l의 방정식은 다음과 같이 나타낼 수 있다.
$a(x-x_1) + b(y-y_1) = 0$

한 점과 법선벡터가 주어진 직선의 방정식 요약

점 $A(x_1, y_1)$을 지나고 법선벡터가 $\vec{n} = (a, b)$인 직선의 방정식은
$a(x-x_1) + b(y-y_1) = 0$

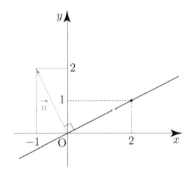

ex 점 $(2, 1)$을 지나고 법선벡터가 $\vec{n} = (-1, 2)$인 직선의 방정식은
$-(x-2) + 2(y-1) = 0$ 즉, $-x + 2y = 0$이다.

Tip 1 $\vec{n}$이 반대방향이 되거나 크기가 달라져도 직선에 수직하기 때문에 여전히 직선 l의 법선벡터이다.
즉, 직선의 방정식은 같다.
점 $(2, 1)$을 지나고 법선벡터가 $\vec{n} = (1, -2)$인 직선의 방정식은 $(x-2) - 2(y-1) = 0 \Rightarrow -x + 2y = 0$
점 $(2, 1)$을 지나고 법선벡터가 $\vec{n} = (-2, 4)$인 직선의 방정식은 $-2(x-2) + 4(y-1) = 0 \Rightarrow -x + 2y = 0$

Tip 2 좌표평면에서 x, y에 대한 일차방정식 $ax + by + c = 0$은 법선벡터가 $\vec{n} = (a, b)$인 직선을 나타낸다.

개념 확인문제 43 다음 직선의 방정식을 구하시오.

(1) 점 $(4, 3)$을 지나고 법선벡터가 $\vec{n} = (2, -3)$인 직선

(2) 점 $(1, 3)$을 지나고 벡터 $\vec{n} = (3, 1)$에 수직인 직선

개념 파악하기 **(13) 두 직선이 이루는 각의 크기는 어떻게 구할까?**

두 직선이 이루는 각의 크기

두 직선 l_1, l_2의 방향벡터를 각각 $\vec{u_1} = (a_1, b_1)$, $\vec{u_2} = (a_2, b_2)$라 하고, 두 벡터 $\vec{u_1}$, $\vec{u_2}$가 이루는 각의 크기를 α라 하자. 이때 두 직선이 이루는 각의 크기 $\theta (0° \leq \theta \leq 90°)$는 α와 $180° - \alpha$ 중에서 크지 않은 것과 같다.

① $0° \leq \alpha \leq 90°$일 때

$\theta = \alpha$, $\vec{u_1} \cdot \vec{u_2} \geq 0$이므로

$$\cos\theta = \cos\alpha = \frac{\vec{u_1} \cdot \vec{u_2}}{|\vec{u_1}||\vec{u_2}|}$$

$$= \frac{|\vec{u_1} \cdot \vec{u_2}|}{|\vec{u_1}||\vec{u_2}|}$$

② $90° < \alpha \leq 180°$일 때

$\theta = 180° - \alpha$, $\vec{u_1} \cdot \vec{u_2} < 0$이므로

$$\cos\theta = \cos(180° - \alpha) = \frac{-\vec{u_1} \cdot \vec{u_2}}{|\vec{u_1}||\vec{u_2}|}$$

$$= \frac{|\vec{u_1} \cdot \vec{u_2}|}{|\vec{u_1}||\vec{u_2}|}$$

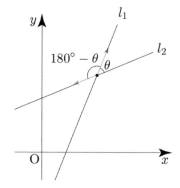

따라서 두 직선 l_1, l_2가 이루는 각의 크기 $\theta (0° \leq \theta \leq 90°)$에 대하여 다음이 성립한다.

$$\cos\theta = \frac{|\vec{u_1} \cdot \vec{u_2}|}{|\vec{u_1}||\vec{u_2}|} = \frac{|a_1a_2 + b_1b_2|}{\sqrt{a_1{}^2 + b_1{}^2}\sqrt{a_2{}^2 + b_2{}^2}}$$

> **Tip** 두 직선이 이루는 각은 예각도 존재하지만 둔각도 존재한다.
> 두 직선이 이루는 예각의 크기를 θ라 하면 둔각은 $180°-\theta$이므로 $\cos(180°-\theta)=-\cos\theta$이다.
> 즉, 예각과 둔각에 대한 코사인함수의 값의 차이는 단지 부호 차이뿐이므로
> 절댓값을 이용하면 예각에 대한 코사인함수의 값을 구할 수 있다.

예제 16

두 직선 $x-1=\dfrac{y-2}{-3}$, $x+3=\dfrac{y+1}{2}$ 가 이루는 각의 크기 θ를 구하시오. (단, $0°\le\theta\le90°$)

풀이

두 직선의 방향벡터를 각각 $\overrightarrow{u_1}$, $\overrightarrow{u_2}$ 라 하면 $\overrightarrow{u_1}=(1,\ -3)$, $\overrightarrow{u_2}=(1,\ 2)$이다.

두 직선이 이루는 각의 크기가 θ이므로 $\cos\theta=\dfrac{|1\times1+(-3)\times2|}{\sqrt{1^2+(-3)^2}\sqrt{1^2+2^2}}=\dfrac{5}{\sqrt{10}\sqrt{5}}=\dfrac{\sqrt{2}}{2}$

$0°\le\theta\le90°$이므로 $\theta=45°$이다.

개념 확인문제 44 두 직선 $\dfrac{x}{3}=\dfrac{y+1}{2}$, $\dfrac{x-1}{2}=\dfrac{y-2}{-3}$ 가 이루는 각의 크기 θ를 구하시오.

(단, $0°\le\theta\le90°$)

두 직선의 수직과 평행

두 직선이 서로 수직이면 두 직선의 방향벡터도 서로 수직이고, 두 직선이 서로 평행하면
두 직선의 방향벡터도 서로 평행하다.

따라서 서로 다른 두 직선 l_1, l_2의 방향벡터가 각각 $\vec{u_1} = (a_1,\ b_1)$, $\vec{u_2} = (a_2,\ b_2)$일 때, 다음이 성립한다.

① 두 직선 l_1, l_2가 서로 수직일 때

$$\vec{u_1} \perp \vec{u_2} \Leftrightarrow \vec{u_1} \cdot \vec{u_2} = 0$$

$$\Leftrightarrow a_1 a_2 + b_1 b_2 = 0$$

② 두 직선 l_1, l_2가 서로 평행할 때

$$\vec{u_1} // \vec{u_2} \Leftrightarrow \vec{u_1} = k\vec{u_2}$$

$$\Leftrightarrow a_1 = ka_2,\ b_1 = kb_2$$

$$(k는\ 0이\ 아닌\ 실수)$$

예제 17

두 직선 $\dfrac{-x+1}{3} = \dfrac{y-2}{k-1}$, $\dfrac{x+1}{2} = \dfrac{y-4}{k}$가 서로 수직일 때, 상수 k의 값을 구하시오. (단, $k > 0$이다.)

풀이

$\dfrac{-x+1}{3} = \dfrac{y-2}{k-1} \Rightarrow \dfrac{x-1}{-3} = \dfrac{y-2}{k-1}$ 이므로

두 직선의 방향벡터를 각각 $\vec{u_1}$, $\vec{u_2}$라 하면 $\vec{u_1} = (-3,\ k-1)$, $\vec{u_2} = (2,\ k)$이다.

두 직선이 서로 수직이면 $\vec{u_1} \cdot \vec{u_2} = 0$이므로

$\vec{u_1} \cdot \vec{u_2} = -3 \times 2 + (k-1) \times k = 0 \Rightarrow k^2 - k - 6 = 0 \Rightarrow (k+2)(k-3) = 0 \Rightarrow k = 3\ (\because\ k > 0)$

따라서 $k = 3$이다.

Tip 직선 $\dfrac{-x+1}{3} = \dfrac{y-2}{k-1}$의 방향벡터를 구할 때, 분모만 보아 $\vec{u_1} = (3,\ k-1)$라고 판단하기 쉽다.

점 $A(x_1,\ y_1)$을 지나고 방향벡터가 $\vec{u} = (a,\ b)$인 직선의 방정식은 $\dfrac{x-x_1}{a} = \dfrac{y-y_1}{b}$ (단, $ab \neq 0$)이므로

분자의 x의 계수가 1이 되도록 만들어 준 후 방향벡터를 판단해야 한다.

따라서 $\dfrac{-x+1}{3} = \dfrac{y-2}{k-1} \Rightarrow \dfrac{x-1}{-3} = \dfrac{y-2}{k-1}$ 이므로 $\vec{u_1} = (-3,\ k-1)$이다.

ex 직선 $m : \dfrac{-2x+1}{4} = \dfrac{y-1}{3} \Rightarrow \dfrac{x-\dfrac{1}{2}}{-2} = \dfrac{y-1}{3}$ 이므로 직선 m의 방향벡터는 $\vec{u} = (-2,\ 3)$이다.

개념 확인문제 45 두 직선 $\dfrac{x-1}{k}=\dfrac{y}{2}$, $\dfrac{x+2}{3}=\dfrac{y-1}{k-5}$ 에 대하여 다음을 구하시오.

(1) 두 직선이 서로 수직일 때, 상수 k의 값

(2) 두 직선이 서로 평행할 때, 상수 k의 값 (단, $k>0$이다.)

개념 파악하기 (14) 벡터를 이용하여 원의 방정식은 어떻게 나타낼까?

벡터로 나타낸 원의 방정식

좌표평면에서 벡터를 이용하여 점 C를 중심으로 하고 반지름의 길이가 r인 원의 방정식을 구하여 보자.
오른쪽 그림과 같이 중심이 C인 원 위의 임의의 점을 P라 하면 벡터 $\overrightarrow{CP}$의
크기가 r로 일정하므로 $|\overrightarrow{CP}|=r$이다. 이때 두 점 C, P의 위치벡터를
각각 $\vec{c}$, $\vec{p}$라 하면 $\overrightarrow{CP}=\vec{p}-\vec{c}$이므로 $|\vec{p}-\vec{c}|=r$ … ㉠ 이다.

역으로 방정식 ㉠을 만족시키는 벡터 $\vec{p}$를 위치벡터로 하는 점 P는 원 C 위에 있다.
따라서 방정식 ㉠은 중심이 점 C이고, 반지름의 길이가 r인 원을 나타낸다.

이번에는 벡터의 성분을 이용하여 원의 방정식을 나타내어 보자.
좌표평면에서 $\vec{c}=(a,\ b)$, $\vec{p}=(x,\ y)$라 할 때, 원 C를 나타내는
방정식 ㉠은 $|\vec{p}-\vec{c}|^2=r^2$, 즉 $(\vec{p}-\vec{c})\boldsymbol{\cdot}(\vec{p}-\vec{c})=r^2$이고,
$\vec{p}-\vec{c}=(x-a,\ y-b)$이므로 $(x-a)^2+(y-b)^2=r^2$이다.

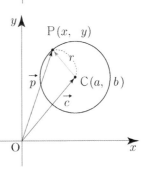

벡터로 나타낸 원의 방정식 요약

원의 중심 C와 원 위의 임의의 점 P의 위치벡터를 각각 $\vec{c}$, $\vec{p}$라 할 때, 반지름의 길이가 r인
원의 방정식을 벡터로 나타내면

$$|\vec{p}-\vec{c}|=r \iff (\vec{p}-\vec{c})\boldsymbol{\cdot}(\vec{p}-\vec{c})=r^2$$

Tip 1 고1 수학에서 배운 원의 방정식과 벡터를 이용하여 구한 원의 방정식은 서로 같다.

Tip 2 '$|\vec{p}-\vec{c}|=r$은 중심이 C이고 반지름이 r인 원이다.'라고 무조건 외우기보다는 성분을 이용해서
계산해보면 원인 것이 자명하므로 외우는 것에 너무 부담을 가질 필요는 없다.
꼭! 백지에 스스로 증명해보면서 자명함을 느껴볼 것!

두 점 $C(3, -1)$, $P(x, y)$의 위치벡터를 각각 $\vec{c}$, $\vec{p}$라 할 때, $|\vec{p} - \vec{c}| = 3$를 만족시키는 점 P가 나타내는 도형을 구하시오.

풀이

$|\vec{p} - \vec{c}| = 3$의 양변을 제곱하여 내적으로 나타내면 $|\vec{p} - \vec{c}|^2 = 3^2 \Rightarrow (\vec{p} - \vec{c}) \cdot (\vec{p} - \vec{c}) = 9$이다.

$\vec{p} - \vec{c} = (x-3, y+1)$이므로 $(x-3)^2 + (y+1)^2 = 9$ 이다.

따라서 점 P가 나타내는 도형은 중심이 $C(3, -1)$이고 반지름의 길이가 3인 원이다.

개념 확인문제 46

두 점 $A(1, -2)$, $P(x, y)$의 위치벡터를 각각 $\vec{a}$, $\vec{p}$라 할 때, $|\vec{p} - 3\vec{a}| = 5$을 만족시키는
점 P가 나타내는 도형을 구하시오.

개념 확인문제 47

벡터를 이용하여 원 $(x-a)^2 + (y-b)^2 = r^2$ 위의 점 $A(x_1, y_1)$에서의
접선의 방정식이 $(x_1 - a)(x - a) + (y_1 - b)(y - b) = r^2$ 임을 증명하시오.

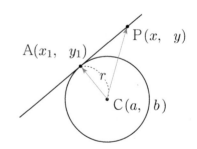

예제 19

벡터를 이용하여 두 점 A(1, 3), B(5, 3)을 지름의 양 끝 점으로 하는 원의 방정식을 구하시오.

풀이

풀이1) 원의 지름에 대한 원주각의 크기 이용한 풀이

오른쪽 그림과 같이 원 위의 임의의 점을 P(x, y), 세 점 A, B, P의

위치벡터를 각각 $\vec{a}, \vec{b}, \vec{p}$라고 하면 $\angle APB = 90°$이므로 $\overrightarrow{AP} \cdot \overrightarrow{BP} = 0$

이때 $\overrightarrow{AP} = \vec{p} - \vec{a}$, $\overrightarrow{BP} = \vec{p} - \vec{b}$이므로 $(\vec{p} - \vec{a}) \cdot (\vec{p} - \vec{b}) = 0$

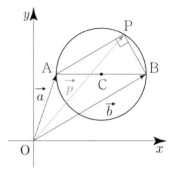

위에서 구한 원의 방정식을 성분으로 이용하여 나타내면

$(x-1, y-3) \cdot (x-5, y-3) = 0 \Rightarrow (x-1)(x-5) + (y-3)(y-3) = 0$

$\Rightarrow x^2 - 6x + y^2 - 6y + 14 = 0 \Rightarrow (x-3)^2 + (y-3)^2 = 4$

따라서 원의 방정식은 $(x-3)^2 + (y-3)^2 = 4$이다.

Tip 두 점 A(x_1, y_1), B(x_2, y_2)를 지름의 양 끝 점으로 하는 원의 방정식은

원 위의 임의의 점을 P(x, y)라고 하면 $\overrightarrow{AP} \cdot \overrightarrow{BP} = 0$이므로 원의 방정식은

$(x-x_1, y-y_1) \cdot (x-x_2, y-y_2) = 0$이다. 즉, $(x-x_1)(x-x_2) + (y-y_1)(y-y_2) = 0$이다.

풀이2) 원의 중심과 반지름의 길이 이용한 풀이

두 점 A(1, 3), B(5, 3)의 위치벡터를 각각 $\vec{a}, \vec{b}$라 하자. 구하는 원의 중심을 C라 하고

점 C의 위치벡터를 $\vec{c}$라 하면 $\vec{c} = \dfrac{1}{2}(\vec{a} + \vec{b}) = (3, 3)$이고,

반지름의 길이는 $|\overrightarrow{CA}| = |\vec{a} - \vec{c}| = \sqrt{(-2)^2 + 0} = 2$이다.

따라서 구하는 원의 방정식을 벡터로 나타내면 $|\vec{p} - \vec{c}| = 2$이므로 원의 방정식은 $(x-3)^2 + (y-3)^2 = 4$이다.

개념 확인문제 48 벡터를 이용하여 두 점 A$(-1, 2)$, B$(3, -4)$을 지름의 양 끝 점으로 하는 원의 방정식을 구하시오.

벡터의 실수배와 점 P 자취

오른쪽 그림처럼 서로 다른 다섯 개의 점 O, A, B, C, D가 있을 때,
$\overrightarrow{OP} = \overrightarrow{AC} + t\overrightarrow{BD}$ (t는 실수)를 만족시키는 점 P의 자취를 구해보자.

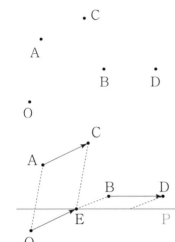

$\overrightarrow{AC} = \overrightarrow{OE}$가 되도록 점 E를 잡으면 점 P의 자취는
점 E를 지나고 방향벡터가 $\overrightarrow{BD}$인 직선이다.

벡터의 크기와 점 P 자취

① $|\overrightarrow{OP}| = |\overrightarrow{AP}|$

　　점 O와 점 A에서의 거리가 일정하므로 점 P의 자취는
　　선분 OA를 수직이등분하는 직선이다.

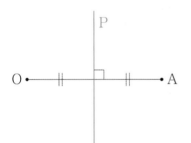

② $|\overrightarrow{OP} + \overrightarrow{AB}| = k$

　　$\overrightarrow{AB} = \overrightarrow{CO}$가 되도록 점 C를 잡으면 점 P의 자취는
　　점 C가 중심이고 반지름의 길이가 k인 원이다.

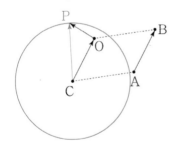

③ $|\overrightarrow{OP} + \overrightarrow{AP}| = k$

　　선분 OA의 중점을 M이라 하면 $\left|\dfrac{\overrightarrow{OP} + \overrightarrow{AP}}{2}\right| = |\overrightarrow{MP}| = \dfrac{k}{2}$이므로

　　점 P의 자취는 중심이 M이고 반지름의 길이가 $\dfrac{k}{2}$인 원이다.

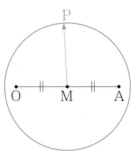

> **Tip** 2015 개정교육과정에서도 논증기하(도형해석)와 해석기하(좌표)의 통합을 강조하고 있다.
> 즉, 성분으로 해석할 수도 있으니 기하적 관점에서 자취를 구해야 한다는 것에 너무 부담을
> 가질 필요는 없다.
> **ex** $\overrightarrow{OP} = (x, y)$, $\overrightarrow{AB} = (1, 2)$라 하면 $|\overrightarrow{OP} + \overrightarrow{AB}| = k \Rightarrow \sqrt{(x+1)^2 + (y+2)^2} = k$
> 　　　$\therefore (x+1)^2 + (y+2)^2 = k^2$

벡터의 내적과 점 P 자취

① $\overrightarrow{OP} \cdot \overrightarrow{AB} = 8$, $|\overrightarrow{AB}| = 4$

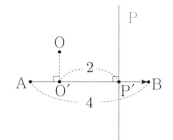

세 점 O, A, B의 위치관계가 오른쪽 그림과 같을 때,
점 O에서 직선 AB 위에 내린 수선의 발을 O′라 하고
점 P에서 직선 AB 위에 내린 수선의 발을 P′라 하자.
내적값이 양수이므로 두 벡터 $\overrightarrow{O'P'}$, $\overrightarrow{AB}$의 방향이 같으면서
$|\overrightarrow{O'P'}| = 2$가 되도록 점 P′를 잡으면
점 P의 자취는 점 P′를 지나고 직선 AB에 수직인 직선이다.

② $\overrightarrow{AB} \cdot \overrightarrow{BP} \leq -12$, $\overrightarrow{AP} = t\overrightarrow{AC}$ $(0 \leq t \leq 1)$

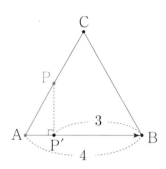

세 점 A, B, C의 위치관계가 오른쪽 그림과 같을 때,
$\overrightarrow{AP} = t\overrightarrow{AC}$ $(0 \leq t \leq 1)$이므로 점 P는 선분 AC 위를 움직인다.
점 P에서 직선 AB 위에 내린 수선의 발을 P′라 하자.
내적값이 음수이므로 두 벡터 $\overrightarrow{AB}$, $\overrightarrow{BP'}$의 방향이 반대면서
$|\overrightarrow{BP'}| \geq 3$가 되도록 점 P′를 잡으면
점 P의 자취는 오른쪽 그림에서 색칠한 선분이다.

③ $|\overrightarrow{AP}| = 2$, $|\overrightarrow{AB}| = 1$, $\overrightarrow{AP} \cdot \overrightarrow{AB} \geq \dfrac{3}{2}$

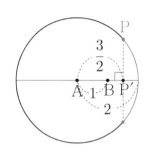

두 점 A, B의 위치관계가 오른쪽 그림과 같을 때,
$|\overrightarrow{AP}| = 2$이므로 점 P는 중심이 A이고 반지름이 2인 원의 둘레
위를 움직인다. 점 P에서 직선 AB 위에 내린 수선의 발을 P′라
하자. 내적값이 양수이므로 두 벡터 $\overrightarrow{AP'}$, $\overrightarrow{AB}$의 방향이 같으면서
$|\overrightarrow{AP'}| \geq \dfrac{3}{2}$가 되도록 점 P′를 잡으면

점 P의 자취는 오른쪽 그림에서 색칠한 호이다.

④ $\overrightarrow{PO} \cdot \overrightarrow{PA} = k$

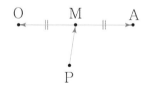

두 점 O, A의 위치관계가 오른쪽 그림과 같을 때,
선분 OA의 중점을 M이라 하고, 중점으로 분해하면
$\overrightarrow{PO} = \overrightarrow{PM} + \overrightarrow{MO}$, $\overrightarrow{PA} = \overrightarrow{PM} + \overrightarrow{MA}$이므로
$(\overrightarrow{PM} + \overrightarrow{MO}) \cdot (\overrightarrow{PM} + \overrightarrow{MA}) = k$이다.
이때 $\overrightarrow{MO} = -\overrightarrow{MA}$이므로
$(\overrightarrow{PM} - \overrightarrow{MA}) \cdot (\overrightarrow{PM} + \overrightarrow{MA}) = |\overrightarrow{PM}|^2 - |\overrightarrow{MA}|^2 = k$
$\therefore |\overrightarrow{PM}| = \sqrt{|\overrightarrow{MA}|^2 + k}$

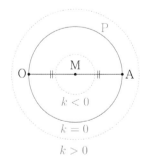

점 P의 자취는 중심이 M이고 반지름의 길이가 $\sqrt{|\overrightarrow{MA}|^2 + k}$인
원이다. (k의 범위에 따라 반지름의 길이가 달라진다.)

Tip ④에서 소개한 중점분해 Technique은 실전에서 굉장히 유용하게 쓰이는 Technique 중 하나이니
$\overrightarrow{PO} \cdot \overrightarrow{PA} = (\overrightarrow{PM} - \overrightarrow{MA}) \cdot (\overrightarrow{PM} + \overrightarrow{MA}) = |\overrightarrow{PM}|^2 - |\overrightarrow{MA}|^2 = k$가 유도되는 과정을 반드시
기억하도록 하자.

개념 파악하기 **(16) 사교좌표계란 무엇일까?**

사교좌표계

원하는 좌표를 효과적으로 표현하기 위해 우리가 자주 보는 직교좌표계부터 극좌표계, 천구 좌표계,
관성 좌표계 등 정말 다양한 좌표계가 존재한다.
여러 좌표계 중에서 사교좌표계는 평면벡터 문제 풀이에 큰 도움이 되기에 이를 소개하고자 한다.

직교좌표계가 두 좌표축이 직각으로 교차하는 좌표계라면 사교좌표계는 두 좌표축이 사선으로 교차하는
좌표계를 의미한다.

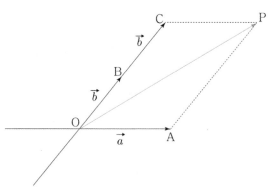

두 평면벡터 $\vec{a}$, $\vec{b}$에 대하여 임의의 점 P의 위치벡터가
$\overrightarrow{OP} = s\vec{a} + t\vec{b}$ (s, t는 실수)로 나타내어질 때,
두 평면벡터 $\vec{a}$, $\vec{b}$를 이 평면의 기저라고 한다.
오른쪽 그림처럼 두 벡터 $\vec{a}$, $\vec{b}$를 기저로 하는 평면에 대하여
점 P의 위치벡터는 $\overrightarrow{OP} = \vec{a} + 2\vec{b}$로 나타낼 수 있다.

사교좌표계를 도입해서 벡터 $\overrightarrow{OP}$를 성분으로 표현해보자.
직교좌표계에서 좌표평면 위의 두 점 $E_1(1, 0)$, $E_2(0, 1)$의
원점 O에 대한 위치벡터를 각각 단위벡터 $\vec{e_1}$, $\vec{e_2}$라고 정의한 뒤
성분으로 나타내었다.

이때 $\vec{e_1}$, $\vec{e_2}$를 각각 $\vec{a}$, $\vec{b}$에 대응시켜
$\vec{a} = (1, 0)$라 하고, $\vec{b} = (0, 1)$라 하면 $\overrightarrow{OP} = (1, 2)$로 간단히 표현할 수 있다.

Tip **〈조심해야 할 점〉**

$(1, 2)$는 실제 우리가 배웠던 직교좌표계에서의 성분이 아니라 새로 정의한 사교좌표계에서의 성분임을
놓치면 안 된다. 실제는 $\overrightarrow{OP} = \vec{a} + 2\vec{b}$와 같다.

크기와 각이 직교좌표계와 다르기 때문에 $|\overrightarrow{OP}|$의 값을 구할 때도 $|\overrightarrow{OP}| = \sqrt{1^2 + 2^2} = \sqrt{5}$라
할 수 없다. 실제 $|\overrightarrow{OP}|$의 값을 구하기 위해서는 다시 벡터 $\overrightarrow{OP}$를 $\vec{a}$, $\vec{b}$의 일차결합으로 돌려준 후
제곱을 해서 구하면 된다.

만약 $|\vec{a}| = 1$, $|\vec{b}| = 1$, $\vec{a} \cdot \vec{b} = \dfrac{1}{3}$라면 $|\overrightarrow{OP}| = |\vec{a} + 2\vec{b}| \Rightarrow |\overrightarrow{OP}|^2 = |\vec{a}|^2 + 4(\vec{a} \cdot \vec{b}) + 4|\vec{b}|^2 = \dfrac{19}{3}$

이므로 $|\overrightarrow{OP}| = \sqrt{\dfrac{19}{3}} = \dfrac{\sqrt{57}}{3}$이다.

$\overrightarrow{OP} = s\overrightarrow{OA} + t\overrightarrow{OB}$ (s, t는 실수)를 만족시키는 점 P의 자취

이번에는 사교좌표계를 이용하여 $\overrightarrow{OP} = s\overrightarrow{OA} + t\overrightarrow{OB}$ (s, t는 실수)를 만족시키는 점 P의 자취를 구해보자.

Tip 사교좌표계는 직교좌표계를 살짝 찌그러트렸다고 생각하면 되고, 헷갈리는 경우에는 사교좌표계와 상대적인 위치관계가 동일한 직교좌표계를 설정하여 직교좌표계를 먼저 해석하고 이를 바탕으로 사교좌표계를 해석하면 된다.

직교좌표계를 떠올리면서 s, t의 부호에 따라
$\overrightarrow{OP} = s\overrightarrow{OA} + t\overrightarrow{OB}$ (s, t는 실수)를 만족시키는
점 P가 나타내는 영역을 구분하면 오른쪽 그림과 같다.

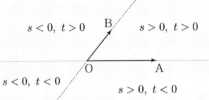

$s = 0$일 때, $\overrightarrow{OP} = t\overrightarrow{OB}$이므로 점 P의 자취는 직선 OB이고,
$t = 0$일 때, $\overrightarrow{OP} = s\overrightarrow{OA}$이므로 점 P의 자취는 직선 OA이다.

① $0 \le s \le 1$, $0 \le t \le 1$일 때

점 P의 자취는 두 선분 OA, OB를 이웃하는
두 변으로 하는 평행사변형과 그 내부이다.

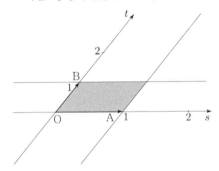

② $s + t = 1$일 때

점 P의 자취는 직선 AB이다.
(직선 $x + y = 1$을 떠올려보자.)

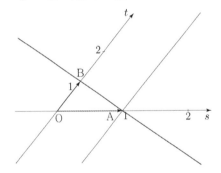

③ $0 \le s \le 1$, $1 \le t \le 2$일 때

점 P의 자취는 평행사변형 BCDE와 그 내부이다.

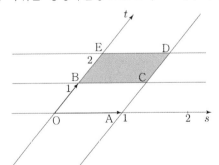

④ $s \ge 0$, $t \ge 0$, $s + t = 1$일 때

점 P의 자취는 선분 AB이다.

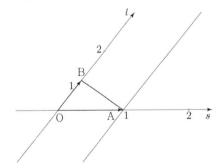

⑤ $s + t = 2$일 때

점 P의 자취는 직선 CD이다.

(직선 $x + y = 2$을 떠올려보자.)

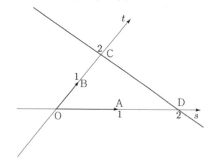

⑥ $s \geq 0$, $t \geq 0$, $1 \leq s + t \leq 2$일 때

점 P의 자취는 사각형 ABCD와 그 내부이다.

(직선 $x + y = a$에서 $1 \leq a \leq 2$일 때를 떠올려보자.)

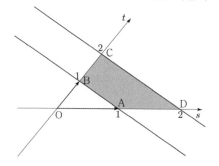

벡터를 일차결합으로 나타내기

오른쪽 그림과 같이 삼각형 ABO에서 선분 OB의 중점을 M,
선분 OA를 $2 : 3$으로 내분하는 점을 N이라 하고,
두 선분 BN, AM의 교점을 P라 할 때,
$\overrightarrow{OP} = s\overrightarrow{OA} + t\overrightarrow{OB}$를 만족시키는 s, t의 값을 구해보자.

① 넓이비를 이용하는 방법 (중학교 도형 해석)

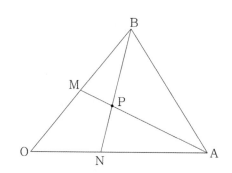

$\overrightarrow{ON} = \dfrac{2}{5}\overrightarrow{OA}$이므로 선분 BP와 선분 PN의 길이비만 구하면 된다.

넓이비를 이용하여 이를 구해보자.

삼각형 OPN의 넓이를 $2a$라 하면, 높이가 동일하고 밑변의 길이비가
$\overline{ON} : \overline{NA} = 2 : 3$이므로 삼각형 PNA의 넓이는 $3a$이다.
삼각형 OPM의 넓이를 b라 하면, 높이가 동일하고 밑변의 길이비가
$\overline{OM} : \overline{MB} = 1 : 1$이므로 삼각형 PMB의 넓이는 b이다.

삼각형 BPA의 넓이를 x라 하면
삼각형 OBN의 넓이는 $2a + 2b$, 삼각형 BNA의 넓이는 $3a + x$이다.
이때 두 삼각형 OBN, BNA는 높이가 동일하고 밑변의 길이비가
$\overline{ON} : \overline{NA} = 2 : 3$이므로 $2a + 2b : 3a + x = 2 : 3 \Rightarrow 6a + 2x = 6a + 6b \Rightarrow x = 3b$

삼각형 OAM의 넓이는 $b + 5a$, 삼각형 BAM의 넓이는 $4b$이다.
이때 두 삼각형 OAM, BAM는 높이가 동일하고 밑변의 길이비가
$\overline{OM} : \overline{MB} = 1 : 1$이므로 $b + 5a = 4b \Rightarrow 5a = 3b \Rightarrow a : b = 3 : 5$

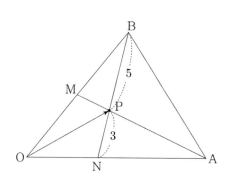

$a = 3k$, $b = 5k$라 하면 삼각형 BPA의 넓이는 $15k$, 삼각형 PNA의 넓이가 $9k$이다.
이때 두 삼각형 BPA, PNA는 높이가 동일하고 밑변의 길이비는
$\overline{BP} : \overline{PN} = 5 : 3$이다.

$\overrightarrow{OP} = \dfrac{5}{8}\overrightarrow{ON} + \dfrac{3}{8}\overrightarrow{OB} = \dfrac{1}{4}\overrightarrow{OA} + \dfrac{3}{8}\overrightarrow{OB}$이므로 $s = \dfrac{1}{4}$, $t = \dfrac{3}{8}$이다.

② **사교좌표계를 이용하는 방법**

이번에는 사교좌표계를 이용하여 $\overrightarrow{OP} = s\overrightarrow{OA} + t\overrightarrow{OB}$를 만족시키는 s, t의 값을 구해보자.

$O(0, 0)$, $A(1, 0)$, $B(0, 1)$라 하면 $M\left(0, \dfrac{1}{2}\right)$, $N\left(\dfrac{2}{5}, 0\right)$이다.

직선 AM의 방정식은 $y = -\dfrac{1}{2}x + \dfrac{1}{2}$이고,

직선 BN의 방정식은 $y = -\dfrac{5}{2}x + 1$이므로

두 직선의 교점의 좌표를 구하면 $P\left(\dfrac{1}{4}, \dfrac{3}{8}\right)$이다.

$\overrightarrow{OP} = s\overrightarrow{OA} + t\overrightarrow{OB}$에서

$\left(\dfrac{1}{4}, \dfrac{3}{8}\right) = (s, 0) + (0, t) = (s, t)$이므로 $s = \dfrac{1}{4}$, $t = \dfrac{3}{8}$이다.

별개로 $\overrightarrow{MP} = k\overrightarrow{OA} + l\overrightarrow{OB}$를 만족시키는 k, l의 값을 구해보자.

$\overrightarrow{MP} = \overrightarrow{OP} - \overrightarrow{OM} = \left(\dfrac{1}{4}, \dfrac{3}{8}\right) - \left(0, \dfrac{1}{2}\right) = \left(\dfrac{1}{4}, -\dfrac{1}{8}\right)$

$\overrightarrow{MP} = k\overrightarrow{OA} + l\overrightarrow{OB}$에서 $\left(\dfrac{1}{4}, -\dfrac{1}{8}\right) = (k, 0) + (0, l) = (k, l)$이므로 $k = \dfrac{1}{4}$, $l = -\dfrac{1}{8}$이다.

이처럼 사교좌표계를 이용하면 원하는 벡터를 일차결합으로 손쉽게 나타낼 수 있다.

Tip 이전 Tip에서도 언급했듯이 $\left(\dfrac{1}{4}, \dfrac{3}{8}\right)$는 실제 우리가 배웠던 직교좌표계에서의 성분이 아니라 새로 정의한 사교좌표계에서의 성분임을 놓치면 안 된다.

예를 들어 선분 BP와 선분 PN의 길이를 구할 때, $B(0, 1)$, $P\left(\dfrac{1}{4}, \dfrac{3}{8}\right)$, $N\left(\dfrac{2}{5}, 0\right)$에서

$$|\overrightarrow{BP}| = \sqrt{\left(\dfrac{1}{4}\right)^2 + \left(\dfrac{3}{8} - 1\right)^2} = \sqrt{\dfrac{1}{16} + \dfrac{25}{64}} = \dfrac{\sqrt{29}}{8},$$

$$|\overrightarrow{PN}| = \sqrt{\left(\dfrac{2}{5} - \dfrac{1}{4}\right)^2 + \left(-\dfrac{3}{8}\right)^2} = \sqrt{\dfrac{9}{400} + \dfrac{9}{64}} = \dfrac{3\sqrt{29}}{40}$$

라고 판단하지 않도록 유의해야 한다.

올바르게 구하면 $\overrightarrow{BP} = \dfrac{1}{4}\overrightarrow{OA} - \dfrac{5}{8}\overrightarrow{OB}$, $\overrightarrow{PN} = \dfrac{3}{20}\overrightarrow{OA} - \dfrac{3}{8}\overrightarrow{OB}$이므로 다음과 같다.

$$|\overrightarrow{BP}|^2 = \left|\dfrac{1}{4}\overrightarrow{OA} - \dfrac{5}{8}\overrightarrow{OB}\right|^2 \Rightarrow |\overrightarrow{BP}| = \sqrt{\dfrac{1}{16}|\overrightarrow{OA}|^2 - \dfrac{5}{16}\overrightarrow{OA} \cdot \overrightarrow{OB} + \dfrac{25}{64}|\overrightarrow{OB}|^2}$$

$$|\overrightarrow{PN}|^2 = \left|\dfrac{3}{20}\overrightarrow{OA} - \dfrac{3}{8}\overrightarrow{OB}\right|^2 \Rightarrow |\overrightarrow{PN}| = \sqrt{\dfrac{9}{400}|\overrightarrow{OA}|^2 - \dfrac{9}{80}\overrightarrow{OA} \cdot \overrightarrow{OB} + \dfrac{9}{64}|\overrightarrow{OB}|^2}$$

또한 $\overrightarrow{OP} \cdot \overrightarrow{MP}$의 값을 구할 때, $\overrightarrow{OP} = \left(\dfrac{1}{4}, \dfrac{3}{8}\right)$, $\overrightarrow{MP} = \left(\dfrac{1}{4}, -\dfrac{1}{8}\right)$에서

$$\overrightarrow{OP} \cdot \overrightarrow{MP} = \dfrac{1}{4} \times \dfrac{1}{4} + \dfrac{3}{8} \times \left(-\dfrac{1}{8}\right) = \dfrac{1}{16} - \dfrac{3}{64} = \dfrac{1}{64}$$ 라고 판단하지 않도록 유의해야 한다.

올바르게 구하면 $\overrightarrow{OP} = \dfrac{1}{4}\overrightarrow{OA} + \dfrac{3}{8}\overrightarrow{OB}$, $\overrightarrow{MP} = \dfrac{1}{4}\overrightarrow{OA} - \dfrac{1}{8}\overrightarrow{OB}$이므로 다음과 같다.

$$\overrightarrow{OP} \cdot \overrightarrow{MP} = \left(\dfrac{1}{4}\overrightarrow{OA} + \dfrac{3}{8}\overrightarrow{OB}\right) \cdot \left(\dfrac{1}{4}\overrightarrow{OA} - \dfrac{1}{8}\overrightarrow{OB}\right) = \dfrac{1}{16}|\overrightarrow{OA}|^2 + \dfrac{1}{16}\overrightarrow{OA} \cdot \overrightarrow{OB} - \dfrac{3}{64}|\overrightarrow{OB}|^2$$

즉, 사교좌표계는 단순히 벡터를 일차결합으로 손쉽게 표현하기 위해 도입한 도구로서 받아들이면 된다.

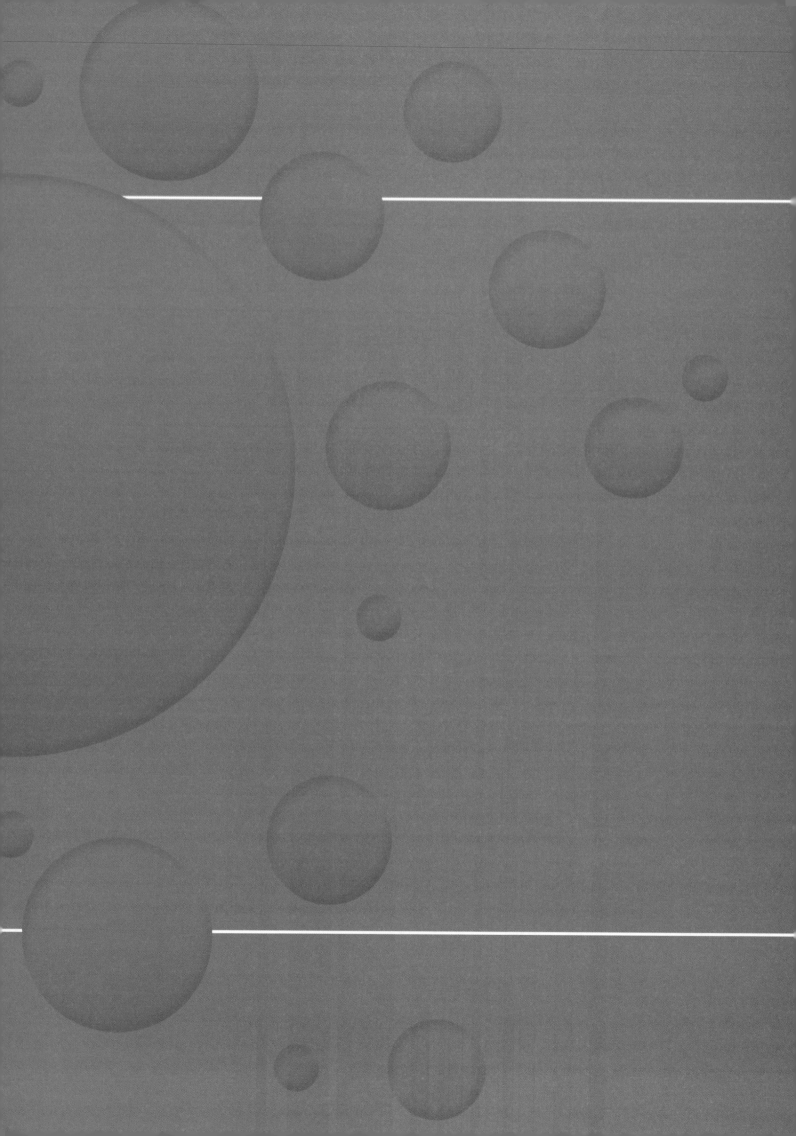

Training - 1 step
필수 유형편

1. 평면벡터

001 ○○○○○

한 변의 길이가 3인 정삼각형 ABC에서 점 P가
$\overrightarrow{PA} + 2\overrightarrow{PB} = \vec{0}$를 만족시킬 때, $|\overrightarrow{PC}|^2$의 값을 구하시오.

002 ○○○○○

그림과 같이 한 변의 길이가 8인 정삼각형 ABC의
변 AC의 중점을 M이라 하자. $\frac{1}{2}\overrightarrow{BM} = \overrightarrow{CD}$가 되도록
점 D를 잡을 때, $|\overrightarrow{BD}|^2$의 값을 구하시오.

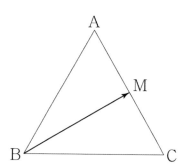

003 ○○○○○

그림과 같이 한 변의 길이가 2인 정육각형 ABCDEF에서
$|\overrightarrow{EC} + \overrightarrow{FD}|$의 값을 구하시오.

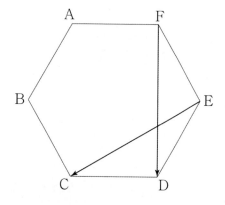

004 ○○○○○

그림과 같이 정삼각형 ABE와 직사각형 BEDC가 있다.
$|\overrightarrow{BE}| = \sqrt{3}|\overrightarrow{BC}|$이고, $|\overrightarrow{AB} + \overrightarrow{AD}| = 8$일 때,
삼각형 ABE의 넓이는?

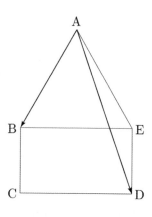

① $\sqrt{3}$ ② $2\sqrt{3}$ ③ $3\sqrt{3}$
④ $4\sqrt{3}$ ⑤ $5\sqrt{3}$

005 ○○○○○

그림과 같이 정육각형 $A_0A_1A_2A_3A_4A_5$에서
$|\overrightarrow{A_4A_1} + \overrightarrow{A_5A_2}| = 4\sqrt{3}$일 때, $\left|\sum_{k=1}^{5}\overrightarrow{A_0A_k}\right|$의 값을 구하시오.

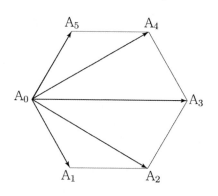

006 ⬡⬡⬡⬡⬡

그림과 같이 변 AD가 변 BC와 평행하고, $\angle ABC = 90\degree$인 사다리꼴 ABCD가 있다.

$$|\overrightarrow{AD}| = 2, \quad |\overrightarrow{BC}| = 4, \quad |\overrightarrow{AB} + \overrightarrow{DC}| = 6$$

일 때, $|\overrightarrow{DC} - \overrightarrow{DA}|^2$의 값을 구하시오.

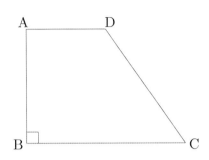

Theme 2 벡터가 서로 같을 조건

007 ⬡⬡⬡⬡⬡

영벡터가 아닌 두 벡터 $\vec{a}, \vec{b}$가 서로 평행하지 않을 때, $(3\vec{a} - m\vec{b}) - (n\vec{a} - 5\vec{b}) = \vec{a} - 2\vec{b}$이다.
$m + n$의 값을 구하시오. (단, m, n은 상수이다.)

008 ⬡⬡⬡⬡⬡

영벡터가 아닌 두 벡터 $\vec{a}, \vec{b}$가 서로 평행하지 않을 때, $\overrightarrow{OA} = \vec{a}, \overrightarrow{OB} = m\vec{b}, \overrightarrow{OC} = 4\vec{a} - \vec{b}$이다. $\overrightarrow{AB} = n\overrightarrow{AC}$일 때, $30(m-n)$의 값을 구하시오. (단, m, n은 상수이다.)

Theme 3 성분으로 나타낸 평면벡터의 연산

009 ⬡⬡⬡⬡⬡

두 벡터 $\vec{a} = (5, 1), \vec{b} = (-2, 6)$에 대하여 벡터 $\vec{a} + \dfrac{1}{2}\vec{b}$의 모든 성분의 합을 구하시오.

010 ⬡⬡⬡⬡⬡

세 벡터 $\vec{a} = (x, 3), \vec{b} = (2, y), \vec{c} = (-4, 5)$가 $3\vec{a} = \vec{b} - \vec{c}$를 만족시킬 때, $x + y$의 값을 구하시오.

011 ⬡⬡⬡⬡⬡

두 벡터 $\vec{a} = (2k-1, 4), \vec{b} = (3k+1, 12)$가 서로 평행할 때, 실수 k의 값은?

① $\dfrac{1}{3}$　　② $\dfrac{2}{3}$　　③ 1

④ $\dfrac{4}{3}$　　⑤ $\dfrac{5}{3}$

012 ⬡⬡⬡⬡⬡

두 벡터 $\vec{a} = (-1, 3), \vec{b} = (3, 2)$에 대하여 $|\vec{a} + \vec{b}|^2$의 값을 구하시오.

013

두 벡터 $\vec{a} = (2, 1)$, $\vec{b} = (1, -1)$가 있다. 벡터 $\vec{c}$에 대하여 두 벡터 $\vec{a}$와 $\vec{b} + \vec{c}$가 서로 평행할 때, $|\vec{c}|^2$의 최솟값은 k이다. $20k$의 값을 구하시오.

014

좌표평면 위의 두 점 $A(1, -2)$, $B(4, 2)$에 대하여 벡터 $\vec{p} = (a, b)$가 다음 조건을 만족시킨다.

> (가) 벡터 $\vec{p}$는 벡터 $\overrightarrow{AB}$와 방향이 반대이다.
> (나) $|\vec{p}| = 3$

$25(a-b)$의 값을 구하시오. (단, a, b는 실수이다.)

Theme 4 내분점과 외분점의 위치벡터

015

그림과 같이 점 A에서 중심이 O인 원에 접하도록 접선을 그을 때, 두 접점을 B, C라 하자.
직선 AB와 직선 CO가 만나는 점을 D라 하고,
선분 AO와 선분 BC가 만나는 점을 E라 하자.
$|\overrightarrow{AC}| = 3$, $|\overrightarrow{AD}| = 5$일 때, $\overrightarrow{AO} = m\overrightarrow{AC} + n\overrightarrow{AD}$이고
$k\overrightarrow{AE} = \overrightarrow{AO}$이다. 세 실수 m, n, k에 대하여
$40(m - n + k)$의 값을 구하시오.

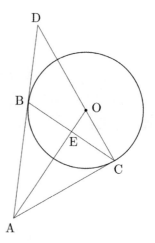

016

정삼각형 ABC의 무게중심을 G라 하자.

$|\overrightarrow{GA} + 3\overrightarrow{GB}| = 8$일 때, 삼각형 ABC의 넓이는 $\dfrac{q}{p}\sqrt{3}$이다.

$p + q$의 값을 구하시오. (단, p와 q는 서로소인 자연수이다.)

17 ⬠⬠⬠⬠⬠

그림과 같은 평행사변형 ABCD에서 선분 AD의 중점을 M, 선분 MC를 2:1로 내분하는 점을 P라 하자. $\overrightarrow{BA} = \vec{a}$, $\overrightarrow{BC} = \vec{b}$라 할 때, $\overrightarrow{BP} = m\vec{a} + n\vec{b}$이고, $\overrightarrow{PD} = k\vec{a} + l\vec{b}$이다. 네 실수 m, n, k, l에 대하여 $m + 2n - 3k + 6l$의 값을 구하시오.

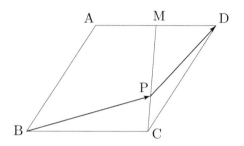

18 ⬠⬠⬠⬠⬠

삼각형 ABC의 무게중심을 G, 선분 BC의 중점을 M, 선분 AC를 1:3으로 내분하는 점을 D라 하자. 실수 k와 선분 AC 위의 점 P에 대하여 $\overrightarrow{GD} = k\overrightarrow{MP}$이다. $\overrightarrow{BP} = m\overrightarrow{BA} + n\overrightarrow{BC}$를 만족시키는 실수 m, n에 대하여 $m \times n = \dfrac{q}{p}$이다. $p + q$의 값을 구하시오. (단, p와 q는 서로소인 자연수이다.)

19 ⬠⬠⬠⬠⬠

좌표평면 위에 있는 삼각형 ABC에 대하여 선분 BC의 중점을 M, 선분 AC의 중점을 N이라 할 때, 선분 AM과 선분 BN이 만나는 점을 P(2, 3)라 하자. 세 점 A, B, C의 위치벡터를 각각 $\vec{a}$, $\vec{b}$, $\vec{c}$라 할 때, $|\vec{a} + \vec{b} + \vec{c}|^2$의 값을 구하시오.

20 ⬠⬠⬠⬠⬠

넓이가 48인 삼각형 ABC의 내부의 한 점 P가 $2\overrightarrow{PA} + \overrightarrow{PB} + 9\overrightarrow{PC} = 0$을 만족시킨다. 선분 AB를 1:2로 내분하는 점을 D라 할 때, 삼각형 ADP의 넓이를 구하시오.

21 ⬠⬠⬠⬠⬠

그림과 같이 한 변의 길이가 2인 정육각형 ABCDEF에서 $6\overrightarrow{AP} - \overrightarrow{AB} = \overrightarrow{AD}$를 만족시키는 점을 P라 할 때, 삼각형 PBD의 넓이는 $\dfrac{q}{p}\sqrt{3}$이다. $p + q$의 값을 구하시오. (단, p와 q는 서로소인 자연수이다.)

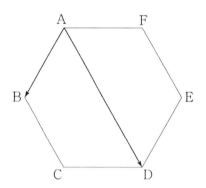

22 ⬠⬠⬠⬠⬠

평행사변형 ABCD의 내부의 점 P가 $\overrightarrow{PA} + \overrightarrow{PB} + \overrightarrow{PC} + \overrightarrow{PD} = \overrightarrow{BD}$를 만족시킨다. 삼각형 PBC의 넓이가 2일 때, 평행사변형 ABCD의 넓이를 구하시오.

023

그림과 같이 삼각형 ABC에서 선분 AB를 1 : 2로 내분하는
점을 D, 선분 AC를 3 : 1로 내분하는 점을 E, 선분 BE와
선분 CD가 만나는 점을 P라 하자. $\overrightarrow{AP} = m\overrightarrow{BC} + n\overrightarrow{BA}$ 를
만족시키는 두 실수 m, n에 대하여 $36(m-n)$의 값을
구하시오.

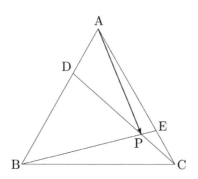

한 변의 길이가 6인 정삼각형 ABC에서 무게중심을 G라
하자. 점 A를 중심으로 하고, 선분 AG를 반지름으로 하는
원 위의 점 P에 대하여 $|\overrightarrow{BG} + \overrightarrow{BP}|$의 최댓값은?

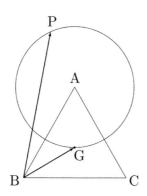

① $2\sqrt{3} + 2\sqrt{19}$ ② $2\sqrt{3} + 4\sqrt{5}$ ③ $2\sqrt{3} + 2\sqrt{21}$

④ $2\sqrt{3} + 2\sqrt{22}$ ⑤ $2\sqrt{3} + 2\sqrt{23}$

025

그림과 같이 한 변의 길이가 2인 정사각형 ABCD에
내접하는 원이 있다. 원 위의 점, 선분 AB 위의 점을 각각
P, Q라 하자. $|\overrightarrow{BP} - \overrightarrow{CQ}|$의 최댓값을 M, 최솟값을 m이라
할 때, $M+m = \sqrt{a} + b$이다. $a+b$의 값을 구하시오.
(단, a와 b는 자연수이다.)

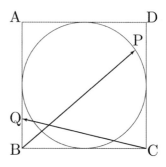

그림과 같이 $\overline{BC} = 2$인 정삼각형 ABC와 정사각형 BCDE가
있다. 점 P가 선분 DE 위를 움직일 때, $|\overrightarrow{BC} + \overrightarrow{AP}|^2$의
최댓값을 M, 최솟값을 m이라 하자. $M-m$의 값을
구하시오.

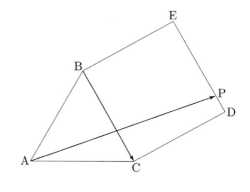

027 ⬡⬡⬡⬡⬡

그림과 같이 반지름의 길이가 1인 세 개의 원 C_1, C_2, C_3가 서로 외접하고 있다. 원 C_1의 중심을 O_1이라 하고, 두 원 C_2, C_3 위를 움직이는 점을 각각 P, Q라 할 때, $|\overrightarrow{O_1P} + \overrightarrow{O_1Q}|$의 최댓값은 $a\sqrt{3} + b$이다. $a \times b$의 값을 구하시오. (단, a와 b는 자연수이다.)

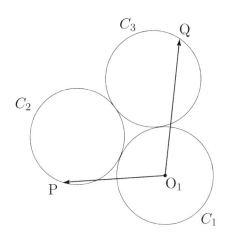

Theme 6 평면벡터의 자취

029 ⬡⬡⬡⬡⬡

평면 위의 세 점 O, A, B에 대하여

$$|\overrightarrow{OA}| = |\overrightarrow{OA} - \overrightarrow{OB}| = 3, \quad |\overrightarrow{OB}| = 2$$

일 때, $\overrightarrow{OP} = m\overrightarrow{OA} + n\overrightarrow{OB}$ $(0 \le m \le 2, 0 \le n \le 1)$를 만족시키는 점 P가 나타내는 영역의 넓이는 k이다. k^2의 값을 구하시오.

028 ⬡⬡⬡⬡⬡

그림과 같이 $\overline{AB} = \sqrt{2}$, $\overline{BC} = 4$인 직사각형 ABCD에서 대각선 BD 위의 점을 P라 하자. $|\overrightarrow{AP} + \overrightarrow{BP}|^2$의 최댓값을 M, 최솟값을 m이라 할 때, $M \times m = \dfrac{q}{p}$이다. $p+q$의 값을 구하시오. (단, p와 q는 서로소인 자연수이다.)

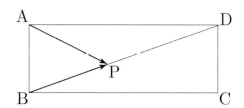

030 ⬡⬡⬡⬡⬡

평면 위에 한 변의 길이가 2인 정삼각형 OAB가 있다.

$$\overrightarrow{OP} = m\overrightarrow{OA} + n\overrightarrow{OB} \quad (m \ge 0, \ n \ge 0)$$

를 만족시키는 점 P가 그리는 도형에 대한 설명을 〈보기〉에서 옳은 것만을 있는 대로 고른 것은? [4점]

─── 〈보기〉 ───

ㄱ. $m+n=1$일 때, 점 P가 그리는 도형은 선분 AB이다.

ㄴ. $3m+n=1$일 때, 점 P가 그리는 도형의 길이는 $\dfrac{2\sqrt{7}}{3}$이다.

ㄷ. $2m+n \le 2$일 때, 점 P가 그리는 영역의 넓이는 $\sqrt{3}$이다.

ㄹ. $1 \le m+n \le 2$일 때, 점 P가 그리는 영역의 넓이는 $3\sqrt{3}$이다.

ㅁ. $6m+4n=4$일 때, $|\overrightarrow{OP}|$의 최솟값은 $\dfrac{2\sqrt{21}}{7}$이다.

031

좌표평면 위에 세 점 A(2, 0), B(0, 2), C(3, 2)이 있다.
선분 AB 위를 움직이는 점 X와 점 C를 중심으로 하고
반지름의 길이가 1인 원 위를 움직이는 점 Y에 대하여

$$\overrightarrow{OP} = \overrightarrow{OX} + \overrightarrow{OY}$$

를 만족시키는 점 P가 나타내는 영역의 넓이는
$a\pi + b\sqrt{2}$이다. $a+b$의 값을 구하시오.
(단, 점 O는 원점이고, a와 b는 자연수이다.)

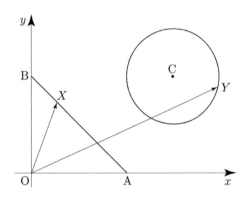

032

좌표평면 위에 네 점 A(2, 0), B(0, 2), C(0, 1), D(2, 1)가
있다. 사각형 OADC의 변 위를 움직이는 점 P와
중심각의 크기가 $\dfrac{\pi}{2}$인 부채꼴 OAB의 호 AB 위를
움직이는 점 Q에 대하여

$$\overrightarrow{OX} = \overrightarrow{OP} + \overrightarrow{OQ}$$

를 만족시키는 점 X가 나타내는 영역을 R라 하자.
점 O로부터 영역 R에 있는 점까지의 거리의 최댓값을 M,
최솟값을 m이라 하고, 영역 R의 넓이를 S라 할 때,
$M+m+S = a + \sqrt{b}$이다. $a+b$의 값을 구하시오.
(단, 점 O는 원점이고, a와 b는 자연수이다.)

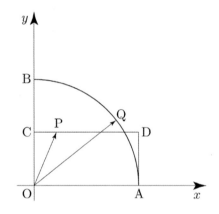

033

그림과 같이 반지름의 길이가 2이고 중심각의 크기가 $\dfrac{\pi}{2}$인 부채꼴 OAB가 있다. 호 AB 위를 움직이는 점 X, 선분 AB 위를 움직이는 점 Y, 선분 OA 위를 움직이는 점 P에 대하여

$$\overrightarrow{OQ} = \overrightarrow{OP} + \overrightarrow{XY}$$

를 만족시키는 점 Q가 나타내는 영역의 넓이는?

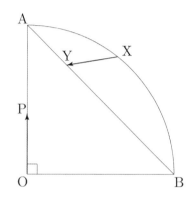

① $\pi + 2 + \sqrt{2}$ ② $\pi + 2 + 2\sqrt{2}$ ③ $\pi + 2 + 4\sqrt{2}$

④ $\pi + 4 + 3\sqrt{2}$ ⑤ $\pi + 4 + 4\sqrt{2}$

Theme 7 성분으로 나타낸 평면벡터의 내적

034

좌표평면 위의 두 점 A(2, a), B($a+1$, 3)에 대하여 $\overrightarrow{OA} \cdot \overrightarrow{AB} = -8$일 때, 양수 a의 값을 구하시오. (단, 점 O는 원점이다.)

035

두 벡터 $\vec{a} = (1, 2)$, $\vec{b} = (-2, 1)$에 대하여 두 벡터 $\vec{a} + \vec{b}$, $\vec{a} - 3\vec{b}$가 이루는 각의 크기를 θ라 할 때, $\cos\theta$의 값은?

① $-\sqrt{5}$ ② $-\dfrac{4\sqrt{5}}{5}$ ③ $-\dfrac{3\sqrt{5}}{5}$

④ $-\dfrac{2\sqrt{5}}{5}$ ⑤ $-\dfrac{\sqrt{5}}{5}$

036

세 벡터 $\vec{a} = (k, 2)$, $\vec{b} = (k+1, k+3)$, $\vec{c} = (-2, k^2)$에 대하여 두 벡터 $\vec{a}$, $\vec{b}$는 서로 평행하고 두 벡터 $\vec{a}$, $\vec{c}$가 서로 수직일 때, 상수 k의 값은?

① -3 ② -2 ③ -1

④ 0 ⑤ 1

037 ⬜⬜⬜⬜⬜

세 벡터 $\vec{a}=(1,\ 2)$, $\vec{b}=(k,\ 5)$, $\vec{c}=(-3,\ k)$에 대하여 $|\vec{b}-\vec{a}|=5$일 때, $\vec{c}\cdot(\vec{a}+\vec{b})$의 값을 구하시오. (단, $k>0$이다.)

038 ⬜⬜⬜⬜⬜

좌표평면 위의 세 점 A, B, C에 대하여 $\overrightarrow{AB}=(2,\ k)$, $\overrightarrow{AC}=(1,\ -3)$일 때, 삼각형 ABC가 직각삼각형이 되도록 하는 모든 k의 값의 합은?

① $-\dfrac{16}{3}$ ② -5 ③ $-\dfrac{14}{3}$

④ $-\dfrac{13}{3}$ ⑤ -4

039 ⬜⬜⬜⬜⬜

좌표평면에서 점 A$(4,\ -2)$과 점 P에 대하여

$$2|\overrightarrow{OP}|^2+\overrightarrow{PA}\cdot\overrightarrow{OP}=6$$

일 때, 점 P가 나타내는 도형의 넓이는 $k\pi$이다. k의 값을 구하시오. (단, O는 원점이다.)

040 ⬜⬜⬜⬜⬜

두 벡터 $\vec{a}$, $\vec{b}$에 대하여 $|\vec{a}|=1$, $|\vec{b}|=2$이고, 두 벡터 $\vec{a}-2\vec{b}$와 $3\vec{a}+\vec{b}$가 서로 수직일 때, $\vec{a}\cdot\vec{b}$의 값은?

① -3 ② -2 ③ -1

④ 0 ⑤ 1

041 ⬜⬜⬜⬜⬜

두 벡터 $\vec{a}$, $\vec{b}$에 대하여

$$|\vec{a}|=3,\ |\vec{b}|=2,\ |\vec{a}-3\vec{b}|=5$$

일 때, $\vec{a}\cdot\vec{b}$의 값은?

① $\dfrac{7}{3}$ ② $\dfrac{8}{3}$ ③ 3

④ $\dfrac{10}{3}$ ⑤ $\dfrac{11}{3}$

042

평면 위에 길이가 2인 선분 AB와 점 C가 있다.
$\overrightarrow{AB} \cdot \overrightarrow{BC} = 0$이고 $|\overrightarrow{AB} + 2\overrightarrow{AC}| = 12$일 때, $|\overrightarrow{BC}|^2$의 값을 구하시오.

043

그림과 같이 $\overline{AC} = 3$, $\overline{BC} = 7$인 삼각형 ABC에 내접하는 원의 중심을 O라 하자. $\overrightarrow{BC} \cdot \overrightarrow{CO} = -14$일 때, $\overrightarrow{BA} \cdot \overrightarrow{BO}$의 값을 구하시오.

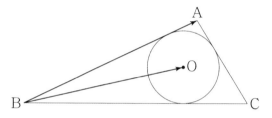

044

그림과 같이 한 변의 길이가 2인 정육각형 ABCDEF가 있다. $\overrightarrow{BF} \cdot (\overrightarrow{AE} + \overrightarrow{BE})$의 값을 구하시오.

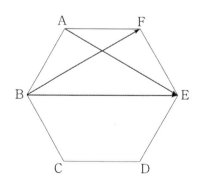

045

그림과 같이 한 변의 길이가 8인 정삼각형 ABC가 있다. 선분 AC를 3 : 1로 내분하는 점을 D라 할 때, $\overrightarrow{BA} \cdot \overrightarrow{BD}$의 값을 구하시오.

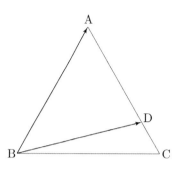

046

그림과 같이 $\overline{AB} = \overline{AC} = 5$, $\overline{BC} = 2\sqrt{7}$인 이등변삼각형 ABC의 꼭짓점 A에서 선분 BC에 내린 수선의 발을 D, 선분 AC의 중점을 E라 할 때, 선분 AD와 선분 BE가 만나는 점을 P라 하자. 선분 BE 위를 움직이는 점 Q가 $-2 \leq \overrightarrow{PA} \cdot \overrightarrow{PQ} \leq 1$를 만족시킬 때, 점 Q가 그리는 도형의 길이는 $\dfrac{q}{p}$이다. $p+q$의 값을 구하시오.
(단, p와 q는 서로소인 자연수이다.)

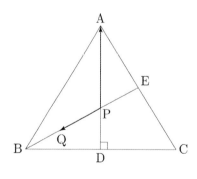

047 ☐☐☐☐☐

그림과 같이 한 변의 길이가 12인 정삼각형 OAB에서
선분 OB를 2 : 1으로 내분하는 점을 C, 선분 AB의 중점을
D라 할 때, $|\overrightarrow{OD} + \overrightarrow{CA}|^2$의 값을 구하시오.

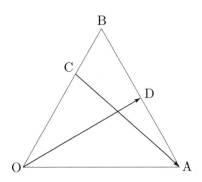

048 ☐☐☐☐☐

그림과 같이 $\overline{OA} = 3$, $\overline{OB} = 6$인 삼각형 OAB에서
선분 OA의 중점을 M, 선분 OB를 3 : 1로 내분하는 점을
N, 선분 AB를 1 : 2로 내분하는 점을 P라 할 때,
선분 MN과 선분 OP의 교점을 Q라 하자.

$|\overrightarrow{OQ}| = \dfrac{3}{4}\sqrt{6}$일 때, $\cos(\angle AOB)$의 값은?

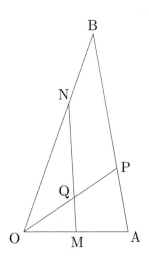

① $\dfrac{1}{12}$ ② $\dfrac{1}{6}$ ③ $\dfrac{1}{4}$

④ $\dfrac{1}{3}$ ⑤ $\dfrac{5}{12}$

049 ☐☐☐☐☐

좌표평면 위에 정삼각형 OAB가 있다. 점 P가 다음 조건을
만족시킨다.

(가) $\overrightarrow{OA} \cdot \overrightarrow{OB} = 2$, $|\overrightarrow{OP}| = 1$
(나) $\overrightarrow{PA} \cdot \overrightarrow{PB} \geq 6$

삼각형 PAB의 넓이의 최댓값을 M, 최솟값을 m이라
할 때, $M+m = a+b\sqrt{3}$이다. $10(a+b)$의 값을 구하시오.
(단, a, b는 유리수이다.)

050 ☐☐☐☐☐

그림과 같이 길이가 10인 선분 AB의 중점 O에 대하여
두 선분 AB, OB를 각각 지름으로 하는 두 반원이 있다.
호 AB 위의 서로 다른 두 점 C, D와 호 OB 위의
점 E가

$$\overrightarrow{AC} = \frac{1}{2}\overrightarrow{AB} + \frac{5}{2}\overrightarrow{AD}, \quad \overrightarrow{BC} = k\overrightarrow{EC}$$

를 만족시킨다. $k\overrightarrow{OC} \cdot \overrightarrow{EC}$의 값을 구하시오.
(단, k는 상수이다.)

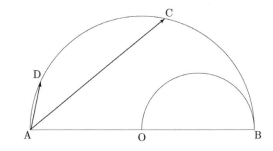

평면벡터

Theme 9 평면벡터의 내적의 최대와 최소

---

051 ⬜⬜⬜⬜⬜

그림과 같이 $\overline{AB} = 4$, $\overline{BC} = 2$인 직사각형 ABCD에서 선분 AB의 중점을 E라 하자. 대각선 AC 위의 점 P에 대하여 $\overrightarrow{DP} \cdot \overrightarrow{EP}$의 최댓값을 M, 최솟값을 m이라 할 때, $M+m$의 값은?

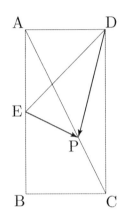

① $\dfrac{28}{5}$　　② $\dfrac{29}{5}$　　③ 6

④ $\dfrac{31}{5}$　　⑤ $\dfrac{32}{5}$

---

052 ⬜⬜⬜⬜⬜

그림과 같이 한 변의 길이가 6인 정삼각형 ABC와 정삼각형 ABC에 내접하는 원이 있다. 내접원과 선분 AB는 점 E에서 접한다. 내접원 위를 움직이는 점 P에 대하여 $\overrightarrow{BP} \cdot \overrightarrow{CE}$의 최댓값을 M, 최솟값을 m이라 할 때, $M-m$의 값을 구하시오.

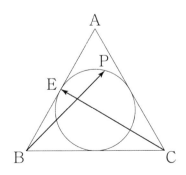

---

053 ⬜⬜⬜⬜⬜

그림과 같이 $\overline{AB} = 2$, $\overline{BC} = 2\sqrt{3}$인 직사각형 ABCD가 있다. 사각형 ABCD의 둘레 또는 내부의 점 P가 $\overrightarrow{BD} \cdot \overrightarrow{BP} = 8$를 만족시킬 때, $\overrightarrow{AP} \cdot \overrightarrow{AD}$의 최댓값과 최솟값의 곱을 구하시오.

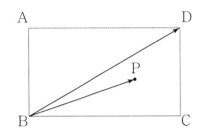

---

054 ⬜⬜⬜⬜⬜

좌표평면 위의 세 점 A(2, 0), B(2, 6), C(2, 1)에 대하여 점 P가 $\overrightarrow{PA} \cdot \overrightarrow{PB} = -8$을 만족시킬 때, $\overrightarrow{OC} \cdot \overrightarrow{OP}$의 값이 최대가 되도록 하는 점 P를 P_0이라 하고, 최소가 되도록 하는 점 P를 P_1이라 하자. $\overrightarrow{OP_0} \cdot \overrightarrow{OP_1}$의 값은? (단, O는 원점이다.)

① 10　　② 12　　③ 14

④ 16　　⑤ 18

좌표평면에서 $\overline{OA} = \overline{OB} = 2$이고 $\angle AOB = 60\,^\circ$인 평행사변형 OACB에 대하여 점 P가 다음 조건을 만족시킨다.

> (가) $\overrightarrow{OP} = s\overrightarrow{OA} + t\overrightarrow{OB}\ (0 \le s \le 1,\ 0 \le t \le 1)$
> (나) $\overrightarrow{OP} \cdot \overrightarrow{OC} = 3$

$|3\overrightarrow{OP} - \overrightarrow{OA}|$의 최댓값을 M, 최솟값을 m이라 할 때, $M \times m$의 값은?

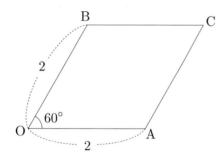

① $\dfrac{3\sqrt{2}}{2}$ ② $\dfrac{\sqrt{21}}{2}$ ③ $\sqrt{6}$

④ $\dfrac{3\sqrt{3}}{2}$ ⑤ $\dfrac{\sqrt{30}}{2}$

좌표평면에서 두 점 $P(1,\ -\sqrt{2})$, $Q(-3,\ 3\sqrt{2})$에 대하여 두 점 A, B가 다음 조건을 만족시킨다.

> (가) $|\overrightarrow{OA}| \le 2\sqrt{3},\ \ \overrightarrow{OA} \cdot \overrightarrow{OP} \ge 3$
> (나) $\overrightarrow{BP} \cdot \overrightarrow{BQ} = 3\overrightarrow{OP} \cdot \overrightarrow{OB} = -9$

$|\overrightarrow{AB}|$의 최댓값을 M, 최솟값을 m이라 할 때, $(M-m)^2$의 값을 구하시오. (단, O는 원점이다.)

057

좌표평면 위에 $\overline{OA} = 3$인 삼각형 OCA가 있다. 네 점 O, A, B, C가 다음 조건을 만족시킨다.

> (가) $|\overrightarrow{OB}| = 1,\ \overrightarrow{OA} \cdot \overrightarrow{AC} = 0$
> (나) $\overrightarrow{CA} \cdot \overrightarrow{CB}$의 최댓값은 20이다.

$\overrightarrow{AP} = \dfrac{1}{|\overrightarrow{AB}|}\overrightarrow{AB}$를 만족시키는 점 P에 대하여 $\overrightarrow{CO} \cdot \overrightarrow{AP}$의 최솟값은 $a\sqrt{2}+b$이다. $36(a+b)$의 값을 구하시오. (단, a와 b는 유리수이다.)

Theme 10 평면벡터를 이용한 직선의 방정식

058 ⬜⬜⬜⬜⬜

좌표평면에서 두 직선

$$\frac{x-1}{3}=\frac{y+1}{4},\ \frac{x+4}{-1}=\frac{y-1}{2}$$

이 이루는 예각의 크기를 θ라 할 때, $\cos\theta$의 값은?

① $\dfrac{\sqrt{5}}{5}$ ② $\dfrac{\sqrt{6}}{5}$ ③ $\dfrac{\sqrt{7}}{5}$

④ $\dfrac{2\sqrt{2}}{5}$ ⑤ $\dfrac{3}{5}$

059 ⬜⬜⬜⬜⬜

좌표평면 위의 점 $(1,\ 5)$를 지나고 벡터 $\vec{u}=(4,\ 3)$에 평행한 직선이 $(-3,\ k)$를 지날 때, k의 값을 구하시오.

060 ⬜⬜⬜⬜⬜

좌표평면에서 두 직선 $l:\dfrac{x-1}{2}=\dfrac{y-2}{3},\ m:\dfrac{x+1}{k}=\dfrac{2y-4}{-1}$

가 서로 수직일 때, 직선 m의 방향벡터 중 크기가 2인 벡터를 $\vec{u}=(a,\ b)$라 하자. $|a\times b|$의 값은?

① $\dfrac{20}{13}$ ② $\dfrac{22}{13}$ ③ $\dfrac{24}{13}$

④ 2 ⑤ $\dfrac{28}{13}$

061 ⬜⬜⬜⬜⬜

좌표평면 위의 점 $\mathrm{P}(1,\ -2)$에서 직선 $\dfrac{x-1}{-1}=\dfrac{y+1}{2}$에 내린 수선의 발을 H라 할 때, $\overrightarrow{\mathrm{OP}}\boldsymbol{\cdot}\overrightarrow{\mathrm{OH}}$의 값을 구하시오. (단, O는 원점이다.)

062 ⬜⬜⬜⬜⬜

좌표평면 위의 점 $\mathrm{A}(2,\ 3)$을 지나고 방향벡터가 $\vec{u}=(1,\ 3)$인 직선을 l이라 하자. 직선 l 위의 점 B에 대하여 $\overrightarrow{\mathrm{OA}}\boldsymbol{\cdot}\overrightarrow{\mathrm{OB}}=24$이다. 점 B를 지나고 직선 l에 수직인 직선을 m이라 하자. 직선 m이 점 $(-3,\ k)$를 지날 때, k의 값을 구하시오. (단, O는 원점이다.)

063 ⬜⬜⬜⬜⬜

직선 $l:\dfrac{x}{2}=\dfrac{y-k}{-1}\ (k>0)$ 위의 서로 다른 두 점 A, B에 대하여 삼각형 OAB는 $\overline{\mathrm{OA}}=\overline{\mathrm{OB}}$인 이등변삼각형이다. $|\overrightarrow{\mathrm{OA}}+\overrightarrow{\mathrm{OB}}|=4\sqrt{5}$이고 $\overrightarrow{\mathrm{AO}}\boldsymbol{\cdot}\overrightarrow{\mathrm{AB}}=10$일 때, $k\,\overrightarrow{\mathrm{OA}}\boldsymbol{\cdot}\overrightarrow{\mathrm{OB}}$의 값을 구하시오. (단, O는 원점이다.)

064 ⬜⬜⬜⬜⬜

좌표평면 위의 두 점 A(2, 0), B(6, 8)에 대하여
$|\overrightarrow{PA} + \overrightarrow{PB}| = 6$을 만족시키는 점 P가 나타내는
도형의 길이는?

① 3π　　　　② 4π　　　　③ 5π

④ 6π　　　　⑤ 7π

065 ⬜⬜⬜⬜⬜

좌표평면 위의 두 점 A(4, 3), B(−2, −1)에 대하여
점 P가 $|\overrightarrow{AP}| = 12 + \overrightarrow{OA} \cdot \overrightarrow{OB}$ 를 만족시킬 때,
$|\overrightarrow{OP}|$의 최댓값과 최솟값의 곱을 구하시오.

066 ⬜⬜⬜⬜⬜

좌표평면 위의 A(3, 4), B(5, 2)에 대하여 점 P가
$\overrightarrow{PA} \cdot \overrightarrow{PB} = 14$를 만족시킨다. $\overrightarrow{OA} \cdot \overrightarrow{OP}$의 값이 최소가
되도록 하는 점 P를 Q라 할 때, $\overrightarrow{OB} \cdot \overrightarrow{OQ} = \dfrac{q}{p}$이다.
$p+q$의 값을 구하시오. (단, p와 q는 서로소인 자연수이다.)

067 ⬜⬜⬜⬜⬜

좌표평면에서 세 벡터

$$\vec{a} = (1,\ 1),\quad \vec{b} = (3,\ 2),\quad \vec{c} = (-2,\ 3)$$

에 대하여 두 벡터 $\vec{p}$, $\vec{q}$가

$$\vec{p} \cdot \vec{a} = \vec{a} \cdot \vec{b},\quad |\vec{q} - \vec{c}| = |\vec{a}|$$

을 만족시킬 때, $|\vec{p} - \vec{q}|$의 최솟값은?

① $\sqrt{2}$　　　　② $2\sqrt{2}$　　　　③ $3\sqrt{2}$

④ $4\sqrt{2}$　　　　⑤ $5\sqrt{2}$

068 ⬜⬜⬜⬜⬜

좌표평면 위에 두 점 A(0, −1), B(3, 3)가 있다.
점 A를 지나고 방향벡터가 $\vec{u} = (a,\ b)$인 직선 위의 점 P에
대하여 점 Q가 다음 조건을 만족시킨다.

> (가) $|\overrightarrow{OQ} - \overrightarrow{OB}| = \dfrac{\sqrt{2}}{2}$
>
> (나) $|\overrightarrow{PQ}|$의 최솟값은 0이다.

두 양수 a, b에 대하여 $\dfrac{b}{a}$의 최댓값과 최솟값의 합은?

① $\dfrac{48}{17}$　　　　② $\dfrac{49}{17}$　　　　③ $\dfrac{50}{17}$

④ $\dfrac{51}{17}$　　　　⑤ $\dfrac{52}{17}$

규토 라이트 N제

평면벡터

Training - 2 step

기출 적용편

1. 평면벡터

한 직선 위에 있지 않은 서로 다른 세 점 A, B, C에 대하여

$$2\overrightarrow{AB} + p\overrightarrow{BC} = q\overrightarrow{CA}$$

일 때, $p-q$의 값은? (단, p와 q는 실수이다.) [3점]

① 1   ② 2   ③ 3

④ 4   ⑤ 5

두 벡터 $\vec{a}$, $\vec{b}$에 대하여

$$|\vec{a}| = \sqrt{11}, \quad |\vec{b}| = 3, \quad |2\vec{a} - \vec{b}| = \sqrt{17}$$

일 때, $|\vec{a} - \vec{b}|$의 값은? [3점]

① $\dfrac{\sqrt{2}}{2}$ ② $\sqrt{2}$ ③ $\dfrac{3\sqrt{2}}{2}$

④ $2\sqrt{2}$ ⑤ $\dfrac{5\sqrt{2}}{2}$

좌표평면 위의 점 A(4, 3)에 대하여

$$|\overrightarrow{OP}| = |\overrightarrow{OA}|$$

를 만족시키는 점 P가 나타내는 도형의 길이는?
(단, O는 원점이다.) [3점]

① 2π ② 4π ③ 6π

④ 8π ⑤ 10π

그림과 같이 한 변의 길이가 1인 정사각형 ABCD에서

$$(\overrightarrow{AB} + k\overrightarrow{BC}) \cdot (\overrightarrow{AC} + 3k\overrightarrow{CD}) = 0$$

일 때, 실수 k의 값은? [3점]

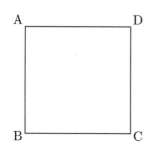

① 1   ② $\dfrac{1}{2}$ ③ $\dfrac{1}{3}$

④ $\dfrac{1}{4}$ ⑤ $\dfrac{1}{5}$

삼각형 ABC에서

$$\overline{AB} = 2, \quad \angle B = 90°, \quad \angle C = 30°$$

이다. 점 P가 $\overrightarrow{PB} + \overrightarrow{PC} = \vec{0}$를 만족시킬 때, $|\overrightarrow{PA}|^2$의 값은? [3점]

① 5   ② 6   ③ 7

④ 8   ⑤ 9

074 • 2016년 고3 7월 교육청 가형 ☐☐☐☐☐

두 평면벡터 $\vec{a}$, $\vec{b}$가

$$|\vec{a}| = 1, \quad |\vec{b}| = 3, \quad |2\vec{a} + \vec{b}| = 4$$

를 만족시킬 때, 두 평면벡터 $\vec{a}$, $\vec{b}$가 이루는 각을 θ라 하자. $\cos\theta$의 값은? [3점]

① $\dfrac{1}{8}$ ② $\dfrac{3}{16}$ ③ $\dfrac{1}{4}$

④ $\dfrac{5}{16}$ ⑤ $\dfrac{3}{8}$

075 • 2022학년도 수능예비시행 기하 ☐☐☐☐☐

좌표평면에서 점 A(4, 6)과 원 C 위의 임의의 점 P에 대하여

$$|\overrightarrow{OP}|^2 - \overrightarrow{OA} \cdot \overrightarrow{OP} = 3$$

일 때, 원 C의 반지름의 길이는? (단, O는 원점이다.) [3점]

① 1   ② 2   ③ 3

④ 4   ⑤ 5

076 • 2021년 고3 7월 교육청 기하 ☐☐☐☐☐

점 A(2, 6)과 직선 $l : \dfrac{x-5}{2} = y-5$ 위의 한 점 P에 대하여 벡터 $\overrightarrow{AP}$와 직선 l의 방향벡터가 서로 수직일 때, $|\overrightarrow{OP}|$의 값은? (단, O는 원점이다.) [3점]

① 3   ② $2\sqrt{3}$ ③ 4

④ $2\sqrt{5}$ ⑤ 5

077 • 2022학년도 고3 6월 평가원 기하 ☐☐☐☐☐

좌표평면 위의 두 점 A(1, 2), B(−3, 5)에 대하여

$$|\overrightarrow{OP} - \overrightarrow{OA}| = |\overrightarrow{AB}|$$

를 만족시키는 점 P가 나타내는 도형의 길이는? (단, O는 원점이다.) [3점]

① 10π ② 12π ③ 14π

④ 16π ⑤ 18π

078 • 2015학년도 고3 9월 평가원 B형 ☐☐☐☐☐

서로 평행하지 않은 두 벡터 $\vec{a}$, $\vec{b}$에 대하여 $|\vec{a}| = 2$이고 $\vec{a} \cdot \vec{b} = 2$일 때, 두 벡터 $\vec{a}$와 $\vec{a} - t\vec{b}$가 서로 수직이 되도록 하는 실수 t의 값은? [3점]

① 1   ② 2   ③ 3

④ 4   ⑤ 5

079 • 2007학년도 수능 가형 ☐☐☐☐☐

타원 $\dfrac{x^2}{4} + y^2 = 1$의 두 초점을 F, F′이라 하자. 이 타원 위의 점 P가 $|\overrightarrow{OP} + \overrightarrow{OF}| = 1$을 만족시킬 때, 선분 PF의 길이는 k이다. $5k$의 값을 구하시오. (단, O는 원점이다.)

[3점]

080 • 2017학년도 고3 9월 평가원 가형 ☐☐☐☐☐

두 벡터 $\vec{a}$, $\vec{b}$에 대하여 $|\vec{a}|=1$, $|\vec{b}|=3$이고, 두 벡터 $6\vec{a}+\vec{b}$와 $\vec{a}-\vec{b}$가 서로 수직일 때, $\vec{a}\cdot\vec{b}$의 값은? [3점]

① $-\dfrac{3}{10}$ ② $-\dfrac{3}{5}$ ③ $-\dfrac{9}{10}$

④ $-\dfrac{6}{5}$ ⑤ $-\dfrac{3}{2}$

---

081 • 2018학년도 고3 6월 평가원 가형 ☐☐☐☐☐

두 벡터 $\vec{a}=(3,\ 1)$, $\vec{b}=(4,\ -2)$가 있다. 벡터 $\vec{v}$에 대하여 두 벡터 $\vec{a}$와 $\vec{v}+\vec{b}$가 서로 평행할 때, $|\vec{v}|^2$의 최솟값은? [3점]

① 6   ② 7   ③ 8

④ 9   ⑤ 10

---

082 • 2022학년도 고3 9월 평가원 기하 ☐☐☐☐☐

좌표평면에서 세 벡터

$$\vec{a}=(3,\ 0),\quad \vec{b}=(1,\ 2),\quad \vec{c}=(4,\ 2)$$

에 대하여 두 벡터 $\vec{p}$, $\vec{q}$가

$$\vec{p}\cdot\vec{a}=\vec{a}\cdot\vec{b},\quad |\vec{q}-\vec{c}|=1$$

을 만족시킬 때, $|\vec{p}-\vec{q}|$의 최솟값은? [3점]

① 1   ② 2   ③ 3

④ 4   ⑤ 5

---

083 • 2018년 고3 10월 교육청 가형 ☐☐☐☐☐

평면 위에 길이가 1인 선분 AB와 점 C가 있다. $\overrightarrow{AB}\cdot\overrightarrow{BC}=0$이고 $|\overrightarrow{AB}+\overrightarrow{AC}|=4$일 때, $|\overrightarrow{BC}|$의 값은? [3점]

① 2   ② $2\sqrt{2}$ ③ 3

④ $2\sqrt{3}$ ⑤ 4

---

084 • 2022학년도 수능 기하 ☐☐☐☐☐

좌표평면에서 두 직선

$$\frac{x+1}{2}=y-3,\quad x-2=\frac{y-5}{3}$$

가 이루는 예각의 크기를 θ라 할 때, $\cos\theta$의 값은? [3점]

① $\dfrac{1}{2}$ ② $\dfrac{\sqrt{5}}{4}$ ③ $\dfrac{\sqrt{6}}{4}$

④ $\dfrac{\sqrt{7}}{4}$ ⑤ $\dfrac{\sqrt{2}}{2}$

---

085 • 2023학년도 고3 9월 평가원 기하 ☐☐☐☐☐

좌표평면 위의 점 A(3, 0)에 대하여

$$(\overrightarrow{OP}-\overrightarrow{OA})\cdot(\overrightarrow{OP}-\overrightarrow{OA})=5$$

를 만족시키는 점 P가 나타내는 도형과 직선 $y=\dfrac{1}{2}x+k$가 오직 한 점에서 만날 때, 양수 k의 값은? (단, O는 원점이다.) [3점]

① $\dfrac{3}{5}$ ② $\dfrac{4}{5}$ ③ 1

④ $\dfrac{6}{5}$ ⑤ $\dfrac{7}{5}$

086 • 2023학년도 수능 기하 ⬡⬡⬡⬡⬡

좌표평면에서 세 벡터

$$\vec{a} = (2, 4), \quad \vec{b} = (2, 8), \quad \vec{c} = (1, 0)$$

에 대하여 두 벡터 $\vec{p}$, $\vec{q}$가

$$(\vec{p} - \vec{a}) \cdot (\vec{p} - \vec{b}) = 0, \quad \vec{q} = \frac{1}{2}\vec{a} + t\vec{c} \quad (t\text{는 실수})$$

를 만족시킬 때, $|\vec{p} - \vec{q}|$의 최솟값은? [3점]

① $\dfrac{3}{2}$ ② 2 ③ $\dfrac{5}{2}$

④ 3 ⑤ $\dfrac{7}{2}$

087 • 2022학년도 고3 6월 평가원 기하 ⬡⬡⬡⬡⬡

그림과 같이 한 변의 길이가 1인 정육각형 ABCDEF에서 $|\overrightarrow{AE} + \overrightarrow{BC}|$의 값은? [3점]

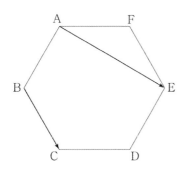

① $\sqrt{6}$ ② $\sqrt{7}$ ③ $2\sqrt{2}$

④ 3 ⑤ $\sqrt{10}$

088 • 2021년 고3 10월 교육청 기하 ⬡⬡⬡⬡⬡

그림과 같이 변 AD가 변 BC와 평행하고 $\angle CBA = \angle DCB$인 사다리꼴 ABCD가 있다.

$$|\overrightarrow{AD}| = 2, \quad |\overrightarrow{BC}| = 4, \quad |\overrightarrow{AB} + \overrightarrow{AC}| = 2\sqrt{5}$$

일 때, $|\overrightarrow{BD}|$의 값은? [3점]

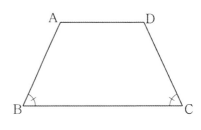

① $\sqrt{10}$ ② $\sqrt{11}$ ③ $2\sqrt{3}$

④ $\sqrt{13}$ ⑤ $\sqrt{14}$

089 • 2009학년도 고3 9월 평가원 가형 ⬡⬡⬡⬡⬡

평면 위의 두 점 O_1, O_2 사이의 거리가 1일 때, O_1, O_2를 각각 중심으로 하고 반지름의 길이가 1인 두 원의 교점을 A, B라 하자. 호 AO_2B 위의 점 P와 호 AO_1B 위의 점 Q에 대하여 두 벡터 $\overrightarrow{O_1P}$, $\overrightarrow{O_2Q}$의 내적 $\overrightarrow{O_1P} \cdot \overrightarrow{O_2Q}$의 최댓값을 M, 최솟값을 m이라 할 때, $M+m$의 값은? [3점]

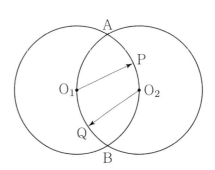

① -1 ② $-\dfrac{1}{2}$ ③ 0

④ $\dfrac{1}{4}$ ⑤ 1

좌표평면 위에 원점 O를 시점으로 하는 서로 다른 임의의 두 벡터 $\overrightarrow{OP}$, $\overrightarrow{OQ}$가 있다. 두 벡터의 종점 P, Q를 x축의 방향으로 3만큼, y축의 방향으로 1만큼 평행이동시킨 점을 각각 P′, Q′이라 할 때, 〈보기〉에서 옳은 것만을 있는 대로 고른 것은? [3점]

〈보기〉

ㄱ. $|\overrightarrow{OP} - \overrightarrow{OP'}| = \sqrt{10}$

ㄴ. $|\overrightarrow{OP} - \overrightarrow{OQ}| = |\overrightarrow{OP'} - \overrightarrow{OQ'}|$

ㄷ. $\overrightarrow{OP} \cdot \overrightarrow{OQ} = \overrightarrow{OP'} \cdot \overrightarrow{OQ'}$

① ㄱ　　　　② ㄷ　　　　③ ㄱ, ㄴ

④ ㄴ, ㄷ　　　⑤ ㄱ, ㄴ, ㄷ

그림과 같이 한 변의 길이가 4인 정삼각형 ABC에 대하여 점 A를 지나고 직선 BC에 평행한 직선을 l이라 할 때, 세 직선 AC, BC, l에 모두 접하는 원을 O라 하자. 원 O 위의 점 P에 대하여 $|\overrightarrow{AC} + \overrightarrow{BP}|$의 최댓값을 M, 최솟값을 m이라 할 때, Mm의 값은? (단, 원 O의 중심은 삼각형 ABC의 외부에 있다.) [3점]

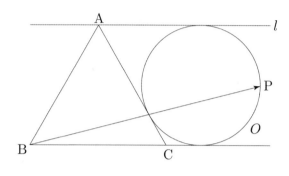

① 46　　　　② 47　　　　③ 48

④ 49　　　　⑤ 50

한 변의 길이가 3인 정삼각형 ABC에서 변 AB를 2 : 1로 내분하는 점을 D라 하고, 변 AC를 3 : 1과 1 : 3으로 내분하는 점을 각각 E, F라 할 때, $|\overrightarrow{BF} + \overrightarrow{DE}|^2$의 값은? [3점]

① 17　　　　② 18　　　　③ 19

④ 20　　　　⑤ 21

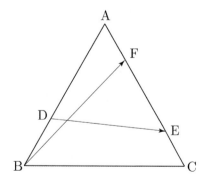

$\overline{AD} = 2$, $\overline{AB} = \overline{CD} = \sqrt{2}$, $\angle ABC = \angle BCD = 45°$인 사다리꼴 ABCD가 있다. 두 대각선 AC와 BD의 교점을 E, 점 A에서 선분 BC에 내린 수선의 발을 H, 선분 AH와 선분 BD의 교점을 F라 할 때, $\overrightarrow{AF} \cdot \overrightarrow{CE}$의 값은? [3점]

① $-\dfrac{1}{9}$　　　② $-\dfrac{2}{9}$　　　③ $-\dfrac{1}{3}$

④ $-\dfrac{4}{9}$　　　⑤ $-\dfrac{5}{9}$

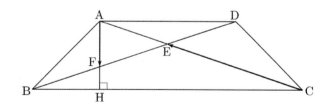

094 • 2019년 고3 10월 교육청 가형 ⬡⬡⬡⬡⬡

그림과 같이 선분 AB를 지름으로 하는 원 위의
점 P에서의 접선과 직선 AB가 만나는 점을 Q라 하자.
점 Q가 선분 AB를 $5:1$로 외분하는 점이고,
$\overline{BQ} = \sqrt{3}$일 때, $\overrightarrow{AP} \cdot \overrightarrow{AQ}$의 값을 구하시오. [4점]

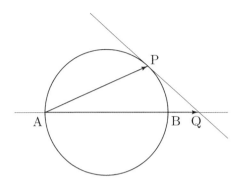

096 • 2017학년도 사관학교 가형 ⬡⬡⬡⬡⬡

그림과 같이 반지름의 길이가 5인 원 C와 원 C 위의 점
A에서의 접선 l이 있다. 원 C 위의 점 P와 $\overline{AB} = 24$를
만족시키는 직선 l 위의 점 B에 대하여 $\overrightarrow{PA} \cdot \overrightarrow{PB}$의
최댓값을 구하시오. [4점]

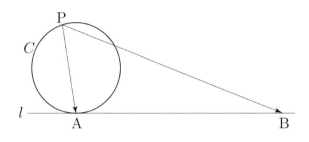

095 • 2010년 고3 10월 교육청 가형 ⬡⬡⬡⬡⬡

그림은 $\overline{AB} = 2$, $\overline{AD} = 2\sqrt{3}$인 직사각형 ABCD와
이 직사각형의 한 변 CD를 지름으로 하는 원을 나타낸
것이다. 이 원 위를 움직이는 점 P에 대하여 두 벡터
$\overrightarrow{AC}$, $\overrightarrow{AP}$의 내적 $\overrightarrow{AC} \cdot \overrightarrow{AP}$의 최댓값은?
(단, 직사각형과 원은 같은 평면 위에 있다.) [4점]

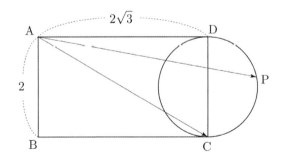

① 12   ② 14   ③ 16
④ 18   ⑤ 20

097 • 2017학년도 고3 9월 평가원 가형 ⬡⬡⬡⬡⬡

직사각형 ABCD의 내부의 점 P가

$$\overrightarrow{PA} + \overrightarrow{PB} + \overrightarrow{PC} + \overrightarrow{PD} = \overrightarrow{CA}$$

를 만족시킨다. 〈보기〉에서 옳은 것만을 있는 대로
고른 것은? [3점]

┌────────── 〈보기〉 ──────────┐

ㄱ. $\overrightarrow{PB} + \overrightarrow{PD} - 2\overrightarrow{CF}$

ㄴ. $\overrightarrow{AP} = \dfrac{3}{4}\overrightarrow{AC}$

ㄷ. 삼각형 ADP의 넓이가 3이면 직사각형 ABCD의
   넓이는 8이다.

└───────────────────────────┘

① ㄱ   ② ㄷ   ③ ㄱ, ㄴ
④ ㄴ, ㄷ   ⑤ ㄱ, ㄴ, ㄷ

한 변의 길이가 2인 정삼각형 ABC의 꼭짓점 A에서 변 BC에 내린 수선의 발을 H라 하자. 점 P가 선분 AH 위를 움직일 때, $|\overrightarrow{PA} \cdot \overrightarrow{PB}|$의 최댓값은 $\dfrac{q}{p}$이다.

$p+q$의 값을 구하시오. (단, p와 q는 서로소인 자연수이다.)

[4점]

좌표평면 위의 두 점 A(6, 0), B(8, 6)에 대하여 점 P가

$$|\overrightarrow{PA} + \overrightarrow{PB}| = \sqrt{10}$$

을 만족시킨다. $\overrightarrow{OB} \cdot \overrightarrow{OP}$의 값이 최대가 되도록 하는 점 P를 Q라 하고, 선분 AB의 중점을 M이라 할 때, $\overrightarrow{OA} \cdot \overrightarrow{MQ}$의 값은? (단, O는 원점이다.) [4점]

① $\dfrac{6\sqrt{10}}{5}$　　② $\dfrac{9\sqrt{10}}{5}$　　③ $\dfrac{12\sqrt{10}}{5}$

④ $3\sqrt{10}$　　⑤ $\dfrac{18\sqrt{10}}{5}$

좌표평면에서 $|\overrightarrow{OP}| = 10$을 만족시키는 점 P가 나타내는 도형 위의 점 A(a, b)에서의 접선을 l, 원점을 지나고 방향벡터가 (1, 1)인 직선을 m이라 하고, 두 직선 l, m이 이루는 예각의 크기를 θ라 하자. $\cos\theta = \dfrac{\sqrt{2}}{10}$일 때, 두 수 a, b의 곱 ab의 값을 구하시오.

(단, O는 원점이고, $a > b > 0$이다.) [4점]

$\overline{AB} = 8$, $\overline{BC} = 6$인 직사각형 ABCD에 대하여 네 선분 AB, CD, DA, BD의 중점을 각각 E, F, G, H라 하자. 선분 CF를 지름으로 하는 원 위의 점 P에 대하여 $|\overrightarrow{EG} + \overrightarrow{HP}|$의 최댓값은? [4점]

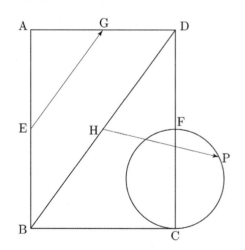

① 8　　② $2 + 2\sqrt{10}$　　③ $2 + 2\sqrt{11}$

④ $2 + 4\sqrt{3}$　　⑤ $2 + 2\sqrt{13}$

102 • 2017년 고3 10월 교육청 가형

그림과 같이 한 변의 길이가 4인 정사각형 ABCD의 내부에 선분 AB와 선분 BC에 접하고 반지름의 길이가 1인 원 C_1과 선분 AD와 선분 CD에 접하고 반지름의 길이가 1인 원 C_2가 있다. 원 C_1과 선분 AB의 접점을 P라 하고, 원 C_2 위의 한 점을 Q라 하자. $\overrightarrow{PC} \cdot \overrightarrow{PQ}$의 최댓값을 $a + \sqrt{b}$라 할 때, $a+b$의 값을 구하시오. (단, a와 b는 유리수이다.) [4점]

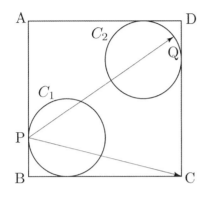

103 • 2020학년도 고3 9월 평가원 가형

좌표평면 위에 두 점 A(1, 0), B(0, 1)이 있다. 중심각의 크기가 $\dfrac{\pi}{2}$인 부채꼴 OAB의 호 AB 위를 움직이는 점 X와 함수 $y = (x-2)^2 + 1$ $(2 \leq x \leq 3)$의 그래프 위를 움직이는 점 Y에 대하여

$$\overrightarrow{OP} = \overrightarrow{OY} - \overrightarrow{OX}$$

를 만족시키는 점 P가 나타내는 영역을 R이라 하자. 점 O로부터 영역 R에 있는 점까지의 거리의 최댓값을 M, 최솟값을 m이라 할 때, $M^2 + m^2$의 값은? (단, O는 원점이다.) [4점]

① $16 - 2\sqrt{5}$ ② $16 - \sqrt{5}$ ③ 16
④ $16 + \sqrt{5}$ ⑤ $16 + 2\sqrt{5}$

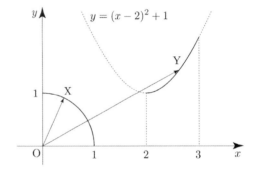

그림과 같이 선분 AB 위에 $\overline{AE} = \overline{DB} = 2$인 두 점 D, E가 있다. 두 선분 AE, DB를 각각 지름으로 하는 두 반원의 호 AE, DB가 만나는 점을 C라 하고, 선분 AB 위에 $\overline{O_1A} = \overline{O_2B} = 1$인 두 점을 O_1, O_2라 하자.

호 AC 위를 움직이는 점 P와 호 DC 위를 움직이는 점 Q에 대하여 $|\overrightarrow{O_1P} + \overrightarrow{O_2Q}|$의 최솟값이 $\frac{1}{2}$일 때,

선분 AB의 길이는 $\frac{q}{p}$이다. $p+q$의 값을 구하시오.

(단, $1 < \overline{O_1O_2} < 2$이고, p와 q는 서로소인 자연수이다.) [4점]

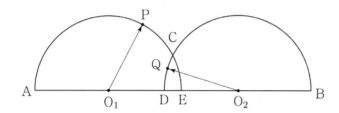

좌표평면에서 반원의 호 $x^2 + y^2 = 4$ $(x \geq 0)$ 위의 한 점 $P(a, b)$에 대하여

$$\overrightarrow{OP} \cdot \overrightarrow{OQ} = 2$$

를 만족시키는 반원의 호 $(x+5)^2 + y^2 = 16$ $(y \geq 0)$ 위의 점 Q가 하나뿐일 때, $a+b$의 값은?
(단, O는 원점이다.) [4점]

① $\frac{12}{5}$　　② $\frac{5}{2}$　　③ $\frac{13}{5}$

④ $\frac{27}{10}$　　⑤ $\frac{14}{5}$

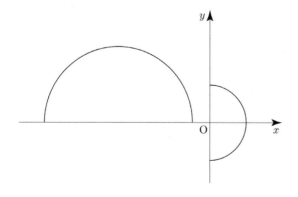

삼각형 ABC와 삼각형 ABC의 내부의 점 P가 다음 조건을 만족시킨다.

| (가) $\overrightarrow{PA} \cdot \overrightarrow{PC} = 0$, $\dfrac{|\overrightarrow{PA}|}{|\overrightarrow{PC}|} = 3$ |
| (나) $\overrightarrow{PB} \cdot \overrightarrow{PC} = -\dfrac{\sqrt{2}}{2}|\overrightarrow{PB}||\overrightarrow{PC}| = -2|\overrightarrow{PC}|^2$ |

직선 AP와 선분 BC의 교점을 D라 할 때, $\overrightarrow{AD} = k\overrightarrow{PD}$이다. 실수 k의 값은? [4점]

① $\frac{11}{2}$　　② 6　　③ $\frac{13}{2}$

④ 7　　⑤ $\frac{15}{2}$

그림과 같이 평면 위에 정삼각형 ABC와 선분 AC를 지름으로 하는 원 O가 있다. 선분 BC 위의 점 D를 $\angle DAB = \frac{\pi}{15}$가 되도록 정한다. 점 X가 원 O 위를 움직일 때, 두 벡터 $\overrightarrow{AD}$, $\overrightarrow{CX}$의 내적 $\overrightarrow{AD} \cdot \overrightarrow{CX}$의 값이 최소가 되도록 하는 점 X를 점 P라 하자.

$\angle ACP = \frac{q}{p}\pi$일 때, $p+q$의 값을 구하시오.
(단, p와 q는 서로소인 자연수이다.) [4점]

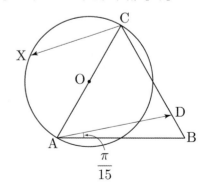

108 • 2020학년도 수능 가형 ⬠⬠⬠⬠⬠

한 원 위에 있는 서로 다른 네 점 A, B, C, D가 다음 조건을 만족시킬 때, $|\overrightarrow{AD}|^2$의 값은? [4점]

> (가) $|\overrightarrow{AB}| = 8$, $\overrightarrow{AC} \cdot \overrightarrow{BC} = 0$
>
> (나) $\overrightarrow{AD} = \dfrac{1}{2}\overrightarrow{AB} - 2\overrightarrow{BC}$

① 32 ② 34 ③ 36
④ 38 ⑤ 40

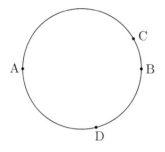

109 • 2013년 고3 10월 교육청 B형 ⬠⬠⬠⬠⬠

그림과 같이 평면 위에 반지름의 길이가 1인 네 개의 원 C_1, C_2, C_3, C_4가 서로 외접하고 있고, 두 원 C_1, C_2의 접점을 A라 하자. 원 C_3 위를 움직이는 점 P와 원 C_4 위를 움직이는 점 Q에 대하여 $|\overrightarrow{AP} + \overrightarrow{AQ}|$의 최댓값은?

[4점]

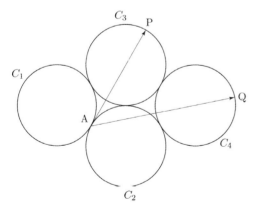

① $4\sqrt{3} - \sqrt{2}$ ② 6 ③ $3\sqrt{3} + 1$
④ $3\sqrt{3} + \sqrt{2}$ ⑤ 7

110 • 2020학년도 고3 6월 평가원 가형 ⬠⬠⬠⬠⬠

좌표평면 위에 두 점 A(3, 0), B(0, 3)과 직선 $x = 1$ 위의 점 P(1, a)가 있다. 점 Q가 중심각의 크기가 $\dfrac{\pi}{2}$인 부채꼴 OAB의 호 AB 위를 움직일 때, $|\overrightarrow{OP} + \overrightarrow{OQ}|$의 최댓값을 $f(a)$라 하자. $f(a) = 5$가 되도록 하는 모든 실수 a의 값의 곱은? (단, O는 원점이다.) [4점]

① $-5\sqrt{3}$ ② $-4\sqrt{3}$ ③ $-3\sqrt{3}$
④ $-2\sqrt{3}$ ⑤ $-\sqrt{3}$

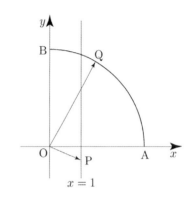

평면에서 그림의 오각형 ABCDE가

$$\overline{AB} = \overline{BC}, \ \overline{AE} = \overline{ED}, \ \angle B = \angle E = 90°$$

를 만족시킬 때, 〈보기〉에서 옳은 것만을 있는 대로 고른 것은? [3점]

─────〈보기〉─────

ㄱ. 선분 BE의 중점 M에 대하여 $\overrightarrow{AB} + \overrightarrow{AE}$와 $\overrightarrow{AM}$은 서로 평행하다.

ㄴ. $\overrightarrow{AB} \cdot \overrightarrow{AE} = -\overrightarrow{BC} \cdot \overrightarrow{ED}$

ㄷ. $|\overrightarrow{BC} + \overrightarrow{ED}| = |\overrightarrow{BE}|$

───────────────

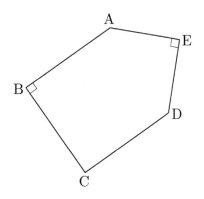

① ㄱ   ② ㄷ   ③ ㄱ, ㄴ

④ ㄴ, ㄷ   ⑤ ㄱ, ㄴ, ㄷ

평면에서 그림과 같이 $\overline{AB} = 1$이고 $\overline{BC} = \sqrt{3}$인 직사각형 ABCD와 정삼각형 EAD가 있다. 점 P가 선분 AE 위를 움직일 때, 〈보기〉에서 옳은 것만을 있는 대로 고른 것은? [3점]

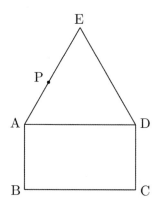

─────〈보기〉─────

ㄱ. $|\overrightarrow{CB} - \overrightarrow{CP}|$의 최솟값은 1이다.

ㄴ. $\overrightarrow{CA} \cdot \overrightarrow{CP}$의 값은 일정하다.

ㄷ. $|\overrightarrow{DA} + \overrightarrow{CP}|$의 최솟값은 $\dfrac{7}{2}$이다.

───────────────

① ㄱ   ② ㄷ   ③ ㄱ, ㄴ

④ ㄴ, ㄷ   ⑤ ㄱ, ㄴ, ㄷ

113 • 2018학년도 고3 9월 평가원 가형 ⬡⬡⬡⬡⬡

좌표평면에서 원점 O가 중심이고 반지름의 길이가 1인
원 위의 세 점 A_1, A_2, A_3에 대하여

$$|\overrightarrow{OX}| \le 1 \text{ 이고 } \overrightarrow{OX} \cdot \overrightarrow{OA_k} \ge 0 \ (k=1, 2, 3)$$

을 만족시키는 모든 점 X의 집합이 나타내는 도형을 D라
하자. 〈보기〉에서 옳은 것만을 있는 대로 고른 것은? [3점]

---〈보기〉---

ㄱ. $\overrightarrow{OA_1} = \overrightarrow{OA_2} = \overrightarrow{OA_3}$이면 D의 넓이는 $\dfrac{\pi}{2}$이다.

ㄴ. $\overrightarrow{OA_2} = -\overrightarrow{OA_1}$이고 $\overrightarrow{OA_3} = \overrightarrow{OA_1}$이면 D는 길이가
   2인 선분이다.

ㄷ. $\overrightarrow{OA_1} \cdot \overrightarrow{OA_2} = 0$인 경우에, D의 넓이가 $\dfrac{\pi}{4}$이면
   점 A_3은 D에 포함되어 있다.

① ㄱ   ② ㄷ   ③ ㄱ, ㄴ

④ ㄴ, ㄷ   ⑤ ㄱ, ㄴ, ㄷ

115 • 2014학년도 사관학교 B형 ⬡⬡⬡⬡⬡

그림과 같이 반지름의 길이가 2이고 중심각의 크기가 $\dfrac{\pi}{3}$인
부채꼴 OAB에서 선분 OA의 중점을 M이라 하자. 점 P는
두 선분 OM과 BM 위를 움직이고, 점 Q는 호 AB 위를
움직인다. $\overrightarrow{OR} = \overrightarrow{OP} + \overrightarrow{OQ}$를 만족시키는 점 R이 나타내는
영역 전체의 넓이는? [4점]

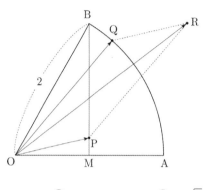

① $\sqrt{3}$ ② 2   ③ $2\sqrt{3}$

④ 4   ⑤ $3\sqrt{3}$

114 • 2021년 고3 4월 교육청 기하 ⬡⬡⬡⬡⬡

좌표평면 위에 네 점 A(−2, 0), B(1, 0), C(2, 1), D(0, 1)
이 있다. 반원의 호 $(x+1)^2+y^2=1 \ (0 \le y \le 1)$ 위를
움직이는 점 P와 삼각형 BCD 위를 움직이는 점 Q에
대하여 $|\overrightarrow{OP} + \overrightarrow{AQ}|$의 최댓값을 M, 최솟값을 m이라 하자.
$M^2+m^2=p+2\sqrt{q}$일 때, $p \times q$의 값을 구하시오.
(단, O는 원점이고, p와 q는 유리수이다.) [4점]

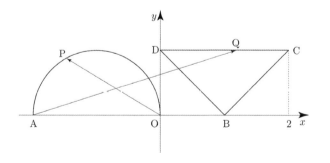

116 • 2014학년도 사관학교 B형 ⬡⬡⬡⬡⬡

그림과 같이 $\overline{AB} = 3$, $\overline{BC} = 4$인 삼각형 ABC에서 선분
AC를 1 : 2로 내분하는 점을 D, 선분 AC를 2 : 1로
내분하는 점을 E라 하자. 선분 BC의 중점을 F라 하고,
두 선분 BE, DF의 교점을 G라 하자. $\overrightarrow{AG} \cdot \overrightarrow{BE} = 0$일 때,
$\cos(\angle ABC) = \dfrac{q}{p}$이다. $p+q$의 값을 구하시오.
(단, p와 q는 서로소인 자연수이다.) [4점]

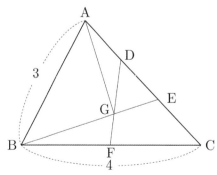

Master step
심화 문제편

1. 평면벡터

좌표평면에서 중심이 O이고 반지름의 길이가 1인 원 위의 한 점을 A, 중심이 O이고 반지름의 길이가 3인 원 위의 한 점을 B라 할 때, 점 P가 다음 조건을 만족시킨다.

(가) $\overrightarrow{OB} \cdot \overrightarrow{OP} = 3\overrightarrow{OA} \cdot \overrightarrow{OP}$

(나) $|\overrightarrow{PA}|^2 + |\overrightarrow{PB}|^2 = 20$

$\overrightarrow{PA} \cdot \overrightarrow{PB}$의 최솟값은 m이고 이때 $|\overrightarrow{OP}| = k$이다. $m + k^2$의 값을 구하시오. [4점]

좌표평면 위에 $\overline{AB} = 5$인 두 점 A, B를 각각 중심으로 하고 반지름의 길이가 5인 두 원을 각각 O_1, O_2라 하자. 원 O_1 위의 점 C와 원 O_2 위의 점 D가 다음 조건을 만족시킨다.

(가) $\cos(\angle CAB) = \dfrac{3}{5}$

(나) $\overrightarrow{AB} \cdot \overrightarrow{CD} = 30$이고 $|\overrightarrow{CD}| < 9$이다.

선분 CD를 지름으로 하는 원 위의 점 P에 대하여 $\overrightarrow{PA} \cdot \overrightarrow{PB}$의 최댓값이 $a + b\sqrt{74}$이다. $a + b$의 값을 구하시오. (단, a, b는 유리수이다.) [4점]

그림과 같이 평면 위에 $\overline{OA} = 2\sqrt{11}$을 만족하는 두 점 O, A와 점 O를 중심으로 하고 반지름의 길이가 각각 $\sqrt{5}$, $\sqrt{14}$인 두 원 C_1, C_2가 있다. 원 C_1 위의 서로 다른 두 점 P, Q와 원 C_2 위의 점 R이 다음 조건을 만족시킨다.

(가) 양수 k에 대하여 $\overrightarrow{PQ} = k\overrightarrow{QR}$

(나) $\overrightarrow{PQ} \cdot \overrightarrow{AR} = 0$이고 $\overrightarrow{PQ} : \overrightarrow{AR} = 2 : \sqrt{6}$이다.

원 C_1 위의 점 S에 대하여 $\overrightarrow{AR} \cdot \overrightarrow{AS}$의 최댓값을 M, 최솟값을 m이라 할 때, Mm의 값을 구하시오.

(단, $\dfrac{\pi}{2} < \angle ORA < \pi$) [4점]

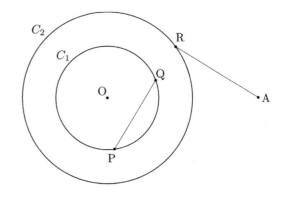

좌표평면에서 넓이가 9인 삼각형 ABC의 세 변 AB, BC, CA 위를 움직이는 점을 각각 P, Q, R라 할 때,

$$\overrightarrow{AX} = \frac{1}{4}(\overrightarrow{AP} + \overrightarrow{AR}) + \frac{1}{2}\overrightarrow{AQ}$$

를 만족시키는 점 X가 나타내는 영역의 넓이가 $\dfrac{q}{p}$이다. $p + q$의 값을 구하시오. (단, p와 q는 서로소인 자연수이다.) [4점]

121 • 2020학년도 고3 6월 평가원 가형 ☐☐☐☐☐

좌표평면에서 곡선 $C: y = \sqrt{8 - x^2}$ $(2 \le x \le 2\sqrt{2})$

위의 점 P에 대하여 $\overline{OQ} = 2$, $\angle POQ = \dfrac{\pi}{4}$ 를

만족시키고 직선 OP의 아랫부분에 있는 점을 Q라 하자.

점 P가 곡선 C 위를 움직일 때, 선분 OP 위를 움직이는

점 X와 선분 OQ 위를 움직이는 점 Y에 대하여

$$\overrightarrow{OZ} = \overrightarrow{OP} + \overrightarrow{OX} + \overrightarrow{OY}$$

를 만족시키는 점 Z가 나타내는 영역을 D라 하자.

영역 D에 속하는 점 중에서 y축과의 거리가 최소인 점을

R라 할 때, 영역 D에 속하는 점 Z에 대하여 $\overrightarrow{OR} \cdot \overrightarrow{OZ}$ 의

최댓값과 최솟값의 합이 $a + b\sqrt{2}$ 이다. $a + b$의 값을

구하시오. (단, O는 원점이고, a와 b는 유리수이다.) [4점]

122 • 2019년 고3 7월 교육청 가형 ☐☐☐☐☐

중심이 O이고 반지름의 길이가 1인 원이 있다. 양수 x에

대하여 원 위의 서로 다른 세 점 A, B, C가

$$x\overrightarrow{OA} + 5\overrightarrow{OB} + 3\overrightarrow{OC} = \vec{0}$$

를 만족시킨다. $\overrightarrow{OA} \cdot \overrightarrow{OB}$ 의 값이 최대일 때, 삼각형

ABC의 넓이를 S라 하자. $50S$의 값을 구하시오. [4점]

123 ☐☐☐☐☐

좌표평면에서 한 변의 길이가 6인 정삼각형 ABC에

내접하는 원 S의 내부와 둘레 위를 움직이는 점을 P라

하고, 선분 BC 위를 움직이는 점을 Q라 할 때, 점 X, Y가

다음 조건을 만족시킨다.

(가) 상수 $k(0 < k < 1)$에 대하여 $\overrightarrow{AX} = k\overrightarrow{AP}$를
   만족시키는 점 X가 나타내는 도형은
   두 선분 AB, AC와 원 S에 접한다.
(나) $\overrightarrow{AY} = \overrightarrow{AX} + \overrightarrow{AQ} - \dfrac{1}{9}(\overrightarrow{AB} + \overrightarrow{AC})$

점 Y가 나타내는 영역 중 삼각형 ABC 내부에 속해있는

영역의 넓이는 m이다. $\dfrac{m^2}{k^3}$ 의 값을 구하시오.

124 • 2022학년도 고3 6월 평가원 기하 ☐☐☐☐☐

좌표평면 위의 네 점 A(2, 0), B(0, 2), C(−2, 0),

D(0, −2)를 꼭짓점으로 하는 정사각형 ABCD의 네 변

위의 두 점 P, Q가 다음 조건을 만족시킨다.

(가) $(\overrightarrow{PQ} \cdot \overrightarrow{AB})(\overrightarrow{PQ} \cdot \overrightarrow{AD}) = 0$
(나) $\overrightarrow{OA} \cdot \overrightarrow{OP} \ge -2$이고 $\overrightarrow{OB} \cdot \overrightarrow{OP} \ge 0$이다.
(다) $\overrightarrow{OA} \cdot \overrightarrow{OQ} \ge -2$이고 $\overrightarrow{OB} \cdot \overrightarrow{OQ} \le 0$이다.

점 R(4, 4)에 대하여 $\overrightarrow{RP} \cdot \overrightarrow{RQ}$ 의 최댓값을 M, 최솟값을

m이라 할 때, $M + m$의 값을 구하시오. (단, O는 원점이다.)

[4점]

평면 위에

$$\overline{OA} = 2 + 2\sqrt{3}, \quad \overline{AB} = 4, \quad \angle COA = \frac{\pi}{3}, \quad \angle A = \angle B = \frac{\pi}{2}$$

를 만족시키는 사다리꼴 OABC가 있다. 선분 AB를 지름으로 하는 원 위의 점 P에 대하여 $\overrightarrow{OC} \cdot \overrightarrow{OP}$의 값이 최대가 되도록 하는 점 P를 Q라 할 때, 직선 OQ가 원과 만나는 점 중 Q가 아닌 점을 D라 하자. 원 위의 점 R에 대하여 $\overrightarrow{DQ} \cdot \overrightarrow{AR}$의 최댓값을 M이라 할 때, M^2의 값을 구하시오. [4점]

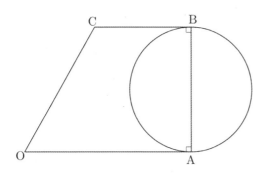

그림과 같이 한 변의 길이가 2인 정삼각형 ABC와 반지름의 길이가 1이고 선분 AB와 직선 BC에 동시에 접하는 원 O가 있다. 원 O 위의 점 P와 선분 BC 위의 점 Q에 대하여 $\overrightarrow{AP} \cdot \overrightarrow{AQ}$의 최댓값과 최솟값의 합은 $a + b\sqrt{3}$이다. $a^2 + b^2$의 값을 구하시오.
(단, a, b는 유리수이고, 원 O의 중심은 삼각형 ABC의 외부에 있다.) [4점]

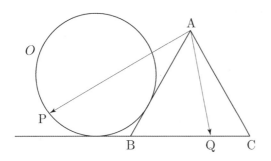

좌표평면 위의 세 점 A$(-3, 1)$, B$(0, 2)$, C$(1, 0)$에 대하여 두 점 P, Q가

$$|\overrightarrow{AP}| = 1, \quad |\overrightarrow{BQ}| = 2, \quad \overrightarrow{AP} \cdot \overrightarrow{OC} \geq \frac{\sqrt{2}}{2}$$

를 만족시킬 때, $\overrightarrow{AP} \cdot \overrightarrow{AQ}$의 값이 최소가 되도록 하는 두 점 P, Q를 각각 P_0, Q_0이라 하자.
선분 AP_0 위의 점 X에 대하여 $\overrightarrow{BX} \cdot \overrightarrow{BQ_0} \geq 1$일 때, $|\overrightarrow{Q_0X}|^2$의 최댓값은 $\frac{q}{p}$이다. $p + q$의 값을 구하시오.
(단, O는 원점이고, p와 q는 서로소인 자연수이다.) [4점]

좌표평면에서 $\overline{OA} = \sqrt{2}$, $\overline{OB} = 2\sqrt{2}$이고 $\cos(\angle AOB) = \frac{1}{4}$인 평행사변형 OACB에 대하여 점 P가 다음 조건을 만족시킨다.

| (가) $\overrightarrow{OP} = s\overrightarrow{OA} + t\overrightarrow{OB} \ (0 \leq s \leq 1, \ 0 \leq t \leq 1)$ |
| (나) $\overrightarrow{OP} \cdot \overrightarrow{OB} + \overrightarrow{BP} \cdot \overrightarrow{BC} = 2$ |

점 O를 중심으로 하고 점 A를 지나는 원 위를 움직이는 점 X에 대하여 $|3\overrightarrow{OP} - \overrightarrow{OX}|$의 최댓값과 최솟값을 각각 M, m이라 하자. $M \times m = a\sqrt{6} + b$일 때, $a^2 + b^2$의 값을 구하시오. (단, a와 b는 유리수이다.) [4점]

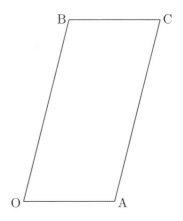

129  · 2022학년도 사관학교 기하 ⭕⭕⭕⭕⭕

좌표평면 위의 두 점 $A(6, 0)$, $B(6, 5)$와 음이 아닌
실수 k에 대하여 두 점 P, Q가 다음 조건을 만족시킨다.

(가) $\overrightarrow{OP} = k(\overrightarrow{OA} + \overrightarrow{OB})$이고 $\overrightarrow{OP} \cdot \overrightarrow{OA} \leq 21$이다.

(나) $|\overrightarrow{AQ}| = |\overrightarrow{AB}|$이고 $\overrightarrow{OQ} \cdot \overrightarrow{OA} \leq 21$이다.

$\overrightarrow{OX} = \overrightarrow{OP} + \overrightarrow{OQ}$를 만족시키는 점 X가 나타내는 도형의

넓이는 $\dfrac{q}{p}\sqrt{3}$이다. $p+q$의 값을 구하시오.

(단, O는 원점이고, p와 q는 서로소인 자연수이다.) [4점]

130 · 2023학년도 고3 6월 평가원 기하 ⭕⭕⭕⭕⭕

좌표평면에서 한 변의 길이가 4인 정육각형 ABCDEF의
변 위를 움직이는 점 P가 있고, 점 C를 중심으로 하고
반지름의 길이가 1인 원 위를 움직이는 점 Q가 있다.
두 점 P, Q와 실수 k에 대하여 점 X가 다음 조건을
만족시킬 때, $|\overrightarrow{CX}|$의 값이 최소가 되도록 하는 k의 값을
α, $|\overrightarrow{CX}|$의 값이 최대가 되도록 하는 k의 값을 β라 하자.

(가) $\overrightarrow{CX} = \dfrac{1}{2}\overrightarrow{CP} + \overrightarrow{CQ}$

(나) $\overrightarrow{XA} + \overrightarrow{XC} + 2\overrightarrow{XD} = k\overrightarrow{CD}$

$\alpha^2 + \beta^2$의 값을 구하시오. [4점]

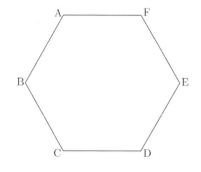

131 · 2023학년도 고3 9월 평가원 기하 ⭕⭕⭕⭕⭕

좌표평면 위에 두 점 $A(-2, 2)$, $B(2, 2)$가 있다.

$$(|\overrightarrow{AX}| - 2)(|\overrightarrow{BX}| - 2) = 0, \quad |\overrightarrow{OX}| \geq 2$$

를 만족시키는 점 X가 나타내는 도형 위를 움직이는 두 점
P, Q가 다음 조건을 만족시킨다.

(가) $\vec{u} = (1, 0)$에 대하여 $(\overrightarrow{OP} \cdot \vec{u})(\overrightarrow{OQ} \cdot \vec{u}) \geq 0$이다.

(나) $|\overrightarrow{PQ}| = 2$

$\overrightarrow{OY} = \overrightarrow{OP} + \overrightarrow{OQ}$를 만족시키는 점 Y의 집합이 나타내는

도형의 길이가 $\dfrac{q}{p}\sqrt{3}\pi$일 때, $p+q$의 값을 구하시오.

(단, O는 원점이고, p와 q는 서로소인 자연수이다.) [4점]

132 · 2023학년도 수능 기하 ⭕⭕⭕⭕⭕

평면 α 위에 $\overline{AB} = \overline{CD} = \overline{AD} = 2$, $\angle ABC = \angle BCD = \dfrac{\pi}{3}$

인 사다리꼴 ABCD가 있다. 다음 조건을 만족시키는 평면
α 위의 두 점 P, Q에 대하여 $\overrightarrow{CP} \cdot \overrightarrow{DQ}$의 값을 구하시오.
[4점]

(가) $\overrightarrow{AC} = 2(\overrightarrow{AD} + \overrightarrow{BP})$

(나) $\overrightarrow{AC} \cdot \overrightarrow{PQ} = 6$

(다) $2 \times \angle BQA = \angle PBQ < \dfrac{\pi}{2}$

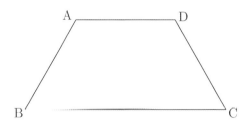

직선 $2x+y=0$ 위를 움직이는 점 P와

타원 $2x^2+y^2=3$ 위를 움직이는 점 Q에 대하여

$$\overrightarrow{OX} = \overrightarrow{OP}+\overrightarrow{OQ}$$

를 만족시키고, x좌표와 y좌표가 모두 0 이상인

모든 점 X가 나타내는 영역의 넓이는 $\dfrac{q}{p}$이다.

$p+q$의 값을 구하시오. (단, O는 원점이고, p와 q는

서로소인 자연수이다.) [4점]

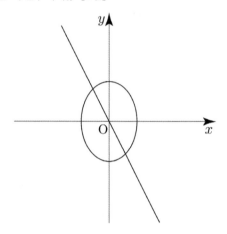

좌표평면에의 네 점 A(2, 6), B(6, 2), C(4, 4), D(8, 6)에

대하여 다음 조건을 만족시키는 모든 점 X의 집합을

S라 하자.

(가) $\{(\overrightarrow{OX}-\overrightarrow{OD})\cdot\overrightarrow{OC}\}\times\{|\overrightarrow{OX}-\overrightarrow{OC}|-3\}=0$

(나) 두 벡터 $\overrightarrow{OX}-\overrightarrow{OP}$와 $\overrightarrow{OC}$가 서로 평행하도록 하는
   선분 AB 위의 점 P가 존재한다.

집합 S에 속하는 점 중에서 y좌표가 최대인 점을 Q,

y좌표가 최소인 점을 R이라 할 때, $\overrightarrow{OQ}\cdot\overrightarrow{OR}$의 값은?

(단, O는 원점이다.) [4점]

① 25   ② 26   ③ 27

④ 28   ⑤ 29

좌표평면에서 $\overline{AB}=\overline{AC}$이고 $\angle BAC=\dfrac{\pi}{2}$인 직각삼각형

ABC에 대하여 두 점 P, Q가 다음 조건을 만족시킨다.

(가) 삼각형 APQ는 정삼각형 이고,
   $9|\overrightarrow{PQ}|\overrightarrow{PQ} = 4|\overrightarrow{AB}|\overrightarrow{AB}$이다.
(나) $\overrightarrow{AC}\cdot\overrightarrow{AQ} < 0$
(다) $\overrightarrow{PQ}\cdot\overrightarrow{CB} = 24$

선분 AQ 위의 점 X에 대하여 $|\overrightarrow{XA}+\overrightarrow{XB}|$의 최솟값을

m이라 할 때, m^2의 값을 구하시오. [4점]

좌표평면에서 한 변의 길이가 4인 정삼각형 ABC가 있다.

선분 AB를 1 : 3으로 내분하는 점을 D, 선분 BC를

1 : 3으로 내분하는 점을 E, 선분 CA를 1 : 3으로 내분하는

점을 F라 하자. 네 점 P, Q, R, X가 다음 조건을

만족시킨다.

(가) $|\overrightarrow{DP}|=|\overrightarrow{EQ}|=|\overrightarrow{FR}|=1$
(나) $\overrightarrow{AX} = \overrightarrow{PB}+\overrightarrow{QC}+\overrightarrow{RA}$

$|\overrightarrow{AX}|$의 값이 최대일 때, 삼각형 PQR의 넓이를 S라 하자.

$16S^2$의 값을 구하시오. [4점]

규토 라이트 N제

공간도형과
공간좌표

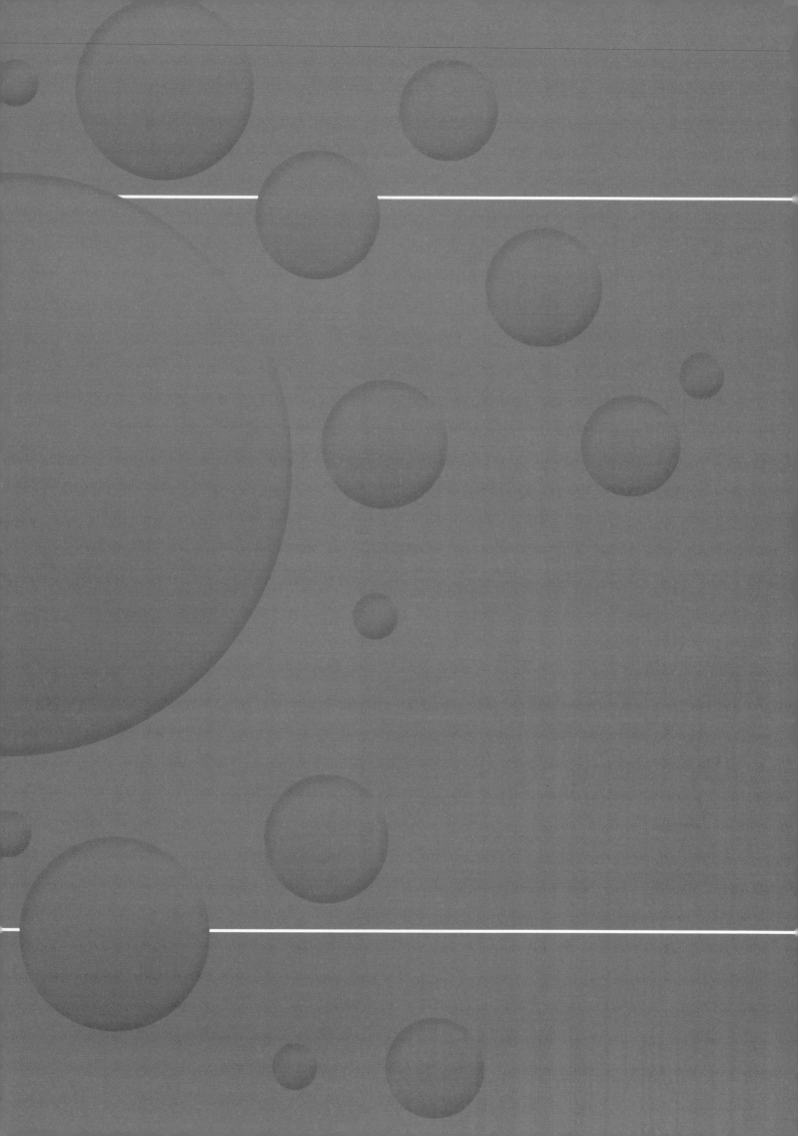

규토 라이트 N제

공간도형과 공간좌표

Guide step

개념 익히기편

1. 공간도형

01 직선과 평면의 위치 관계

성취 기준 – 직선과 직선, 직선과 평면, 평면과 평면의 위치 관계에 대한 간단한 증명을 할 수 있다.

개념 파악하기 | **(1) 평면의 결정조건은 무엇일까?**

평면의 결정조건

공간에서 한 점 A를 지나는 직선은 무수히 많지만 서로 다른 두 점
A, B를 지나는 직선은 하나뿐이다. 따라서 서로 다른 두 점은 단
하나의 직선을 결정한다.

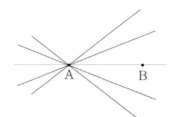

또 공간에서 서로 다른 두 점 A, B를 지나는 평면은 무수히 많지만
한 직선 위에 있지 않은 세 점 A, B, C를 지나는 평면은 하나뿐이다.
따라서 한 직선 위에 있지 않은 서로 다른 세 점은 단 하나의 평면을
결정한다.

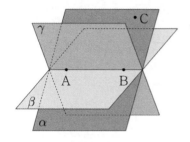

이때 두 점 A, B는 한 직선을 결정하므로 직선 AB와 직선 AB 위에 있지 않은 한 점 C는 한 평면을 결정한다.
또 공간에서 두 직선이 한 점에서 만나거나 평행한 경우에도 이 두 직선은 한 평면을 결정한다.

> **Tip** 공간도형에서 보통 평면은 α, β, γ, $\cdots$ 로 나타낸다.

평면의 결정조건 요약

① 한 직선 위에 있지 않은 세 점

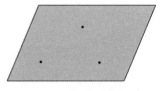

② 한 직선과 그 직선 위에 있지 않은 한 점

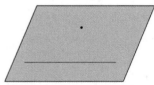

③ 한 점에서 만나는 두 직선

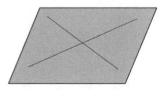

④ 평행한 두 직선

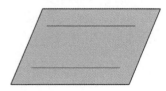

> **Tip** ②~④는 ①을 이용하여 한 평면이 결정되는 것을 설명할 수 있다.

ex 오른쪽 그림과 같은 직육면체에서

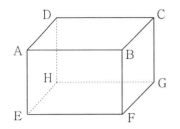

① 세 점 A, B, C는 평면 ABCD를 결정한다.

② 직선 AB와 점 C는 평면 ABCD를 결정한다.

③ 직선 AB와 직선 BC는 평면 ABCD를 결정한다.

④ 직선 AB와 직선 DC는 평면 ABCD를 결정한다.

Tip 직선 AB는 모서리 AB를, 평면 ABCD는 면 ABCD를 연장한 것으로 받아들이면 된다.

개념 확인문제 1

오른쪽 그림과 같은 사각뿔에서 다음 중 한 평면을 결정할 수 있는 것을 모두 구하시오.

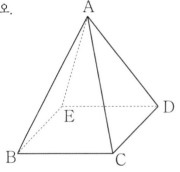

(1) 세 점 A, B, D

(2) 직선 AB와 점 C

(3) 직선 AE와 직선 CD

(4) 직선 BE와 직선 CD

공간에서 두 직선의 위치 관계

공간에서 <u>서로 다른 두 직선</u>의 위치 관계는 다음과 같이 세 가지 경우가 있다.

① 한 점에서 만난다.   ② 평행하다.   ③ 꼬인 위치에 있다.

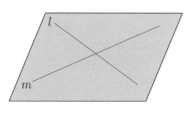   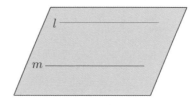   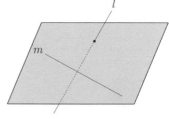

한 평면 위에 있다.   한 평면 위에 있다.   한 평면 위에 있지 않다.

> **Tip** 한 평면 위의 두 직선 l, m이 만나지 않을 때, 두 직선 l, m은 서로 평행하다고 하고, 기호로 $l /\!/ m$과 같이 나타낸다.

공간에서 직선과 평면의 위치 관계

공간에서 직선과 평면의 위치 관계는 다음과 같이 세 가지 경우가 있다.

① 직선이 평면에 포함된다.   ② 한 점에서 만난다.   ③ 평행하다.

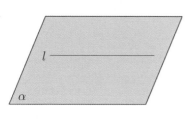   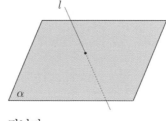   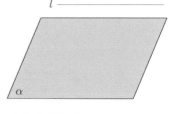

만난다.   만난다.   만나지 않는다.

> **Tip** 공간에서 직선 l이 평면 α와 만나지 않을 때, 직선 l과 평면 α는 서로 평행하다고 하고, 기호로 $l /\!/ \alpha$과 같이 나타낸다.

공간에서 두 평면의 위치 관계

공간에서 **서로 다른 두 평면**의 위치 관계는 다음과 같이 두 가지 경우가 있다.

① 한 직선에서 만난다.

② 평행하다.

공간에서 서로 다른 두 평면 α, β가 만날 때, 두 평면은 한 직선을 공유한다.
이때 공유하는 직선을 두 평면의 교선이라 한다.

> **Tip** 공간에서 두 평면 α, β가 만나지 않을 때, 두 평면 α, β는 서로 평행하다고 하고,
> 기호로 $\alpha /\!/ \beta$과 같이 나타낸다.

ex 직육면체에서 직선, 평면의 위치 관계를 알아보자.

①

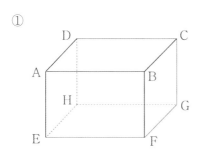

직선 AB와 만나는 직선
⇒ 직선 AD, 직선 AE,
　 직선 BC, 직선 BF

②

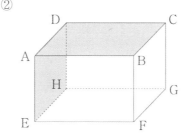

직선 AD를 포함하는 평면
⇒ 평면 ABCD, 평면 AEHD

③

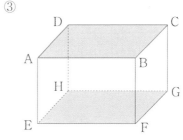

평면 ABCD와 평행한 평면
⇒ 평면 EFGH

개념 확인문제 2

오른쪽 그림과 같은 직육면체에서 다음을 구하시오.

(1) 직선 BC와 꼬인 위치에 있는 직선

(2) 직선 AB와 평행한 평면

(3) 평면 BFGC와 평행한 평면

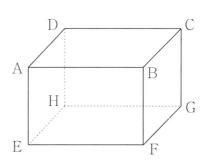

직선 l과 평면 α가 평행할 때, 직선 l을 포함하는 평면 β와 평면 α의 교선 m은 직선 l과 평행함을 보이시오.

풀이

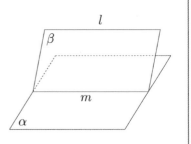

직선 l과 직선 m은 같은 평면 β 위에 있다.

한편 직선 l과 평면 α는 평행하므로 만나지 않는다.

그러므로 직선 l은 평면 α 위에 있는 직선 m과 만나지 않는다.

따라서 두 직선 l, m은 한 평면 위에 있고 만나지 않으므로 평행하다.

개념 확인문제 3

평행한 두 평면 α, β가 다른 평면 γ와 만나서 생기는 교선을 각각 l, m이라 할 때, $l \parallel m$임을 보이시오.

평면 α 위에 있지 않은 한 점 P를 지나고 평면 α에 평행한 두 직선 l, m을 포함하는 평면 β는 평면 α와 평행함을 보이시오.

풀이

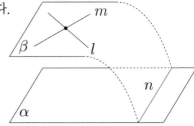

두 평면 α, β가 평행하지 않다고 가정하면 두 평면 α, β는 교선 n을 공유한다.

직선 n은 평면 α에 포함되고 $l \parallel \alpha$, $m \parallel \alpha$이므로 직선 n은 두 직선 l, m과 만나지 않는다. 이때 세 직선 l, m, n은 모두 평면 β에 포함되므로 $l \parallel n$, $m \parallel n$, 즉 $l \parallel m$이다.

이것은 두 직선 l, m이 한 점 P를 지난다는 가정에 모순이다.

따라서 평면 β는 평면 α와 평행하다.

Tip 명제를 부정하거나 명제의 결론을 부정하여 가정한 사실 또는 이미 알려진 사실에 모순이 생김을 보여 명제가 참임을 증명하는 방법을 귀류법이라 한다.

개념 확인문제 4

오른쪽 그림과 같이 서로 다른 세 평면 α, β, γ에 대하여
$\alpha \parallel \beta$, $\alpha \parallel \gamma$이면 $\gamma \parallel \beta$임을 보이시오.

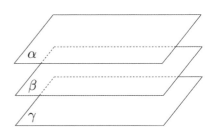

개념 파악하기 **(3) 두 직선이 이루는 각은 어떻게 정할까?**

두 직선이 이루는 각

공간의 한 점에서 만나는 두 직선은 한 평면을 결정하므로
그 평면 위에서 두 직선이 이루는 각을 정할 수 있다.

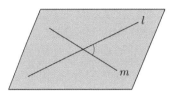

한편 꼬인 위치에 있는 두 직선은 한 평면 위에 있지 않으므로 두 직선이 이루는
각은 다음과 같이 정한다.

오른쪽 그림과 같이 두 직선 l, m이 꼬인 위치에 있을 때, 직선 m 위의 임의의
점 O를 지나고 직선 l에 평행한 직선 l'을 그으면 두 직선 l', m은 점 O에서
만나므로 한 평면을 결정한다. 이때 두 직선 l'과 m이 이루는 각 중 크기가 크
지 않은 쪽의 각을 두 직선 l, m이 이루는 각이라 한다.

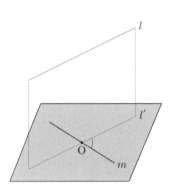

특히 두 직선 l, m이 이루는 각이 직각일 때, l, m은 서로 수직이라 하고
기호로 $l \perp m$과 같이 나타낸다.

한편, 두 직선 l, m이 평행할 때 두 직선 l, m이 이루는 각의 크기는 $0\degree$이다.

Tip 꼬인 위치에 있는 두 직선이 이루는 각의 크기를 구할 때는 한 직선과 평행한 직선을 그어
두 직선이 만나도록 한 다음 서로 만나는 두 직선이 이루는 각의 크기를 구하면 된다.

예제 3

오른쪽 그림과 같은 정육면체에서 다음 직선이 이루는 각의 크기를 구하시오.

(1) 직선 AB, 직선 CG   (2) 직선 AC, 직선 FG

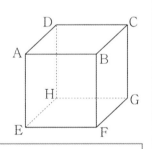

풀이

(1) 직선 CG와 직선 AE는 평행하고, 두 직선 AB, AE가 이루는 각의 크기는 $90\degree$이다.
따라서 두 직선 AB, CG가 이루는 각의 크기는 $90\degree$이다.

(2) 직선 FG와 직선 BC는 평행하고, 두 직선 AC, BC가 이루는 각의 크기는 $45\degree$이다.
따라서 두 직선 AC, FG가 이루는 각의 크기는 $45\degree$이다.

Tip 두 직선이 꼬인 위치에 있어도 수직일 수 있다. 즉, 두 직선이 수직이어도 서로 만나지 않는
경우가 있음을 기억하자.

개념 확인문제 5

오른쪽 그림과 같이 모든 모서리의 길이가 같은 사각뿔에서 선분 CD의
중점을 M이라고 할 때, 다음 두 직선이 이루는 각의 크기를 구하시오.

(1) 직선 AB, 직선 ED   (2) 직선 AM, 직선 BE

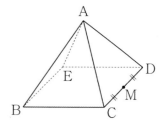

개념 확인문제 6

오른쪽 그림과 같은 정팔면체에서 다음 두 직선이 이루는 각의 크기를 구하시오.

(1) 직선 AB, 직선 CD   (2) 직선 AE, 직선 DF

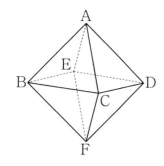

개념 파악하기 **(4) 직선과 평면의 수직이란 무엇일까?**

직선과 평면의 수직

공간에서 직선 l이 평면 α와 점 O에서 만나고, 점 O를 지나는 평면 α 위의
모든 직선과 수직일 때, 직선 l은 평면 α와 수직이라 하고,
기호로 $l \perp \alpha$와 같이 나타낸다. 이때 직선 l을 평면 α의 수선이라 하고,
직선 l과 평면 α가 만나는 점 O를 수선의 발이라 한다.

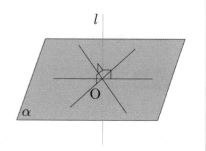

예제 4

직선 l이 평면 α 위의 서로 다른 두 직선 m, n의 교점 O를 지나고 m, n과 각각 수직이면
직선 l은 평면 α와 수직임을 보이시오.

풀이

점 O를 지나고 평면 α 위의 두 직선 m, n과는 다른 임의의 한 직선을 k라 하고,
평면 α 위에서 세 직선 m, n, k와 점 O 이외의 점에서 만나는 직선을 그어
그 교점을 각각 A, B, C라 하자.
또 직선 l 위에 $\overline{OP} = \overline{OP'}$인 서로 다른 두 점 P, P'을 잡자.

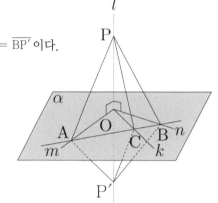

두 직선 m, n은 모두 선분 PP'의 수직이등분선이므로 $\overline{AP} = \overline{AP'}$, $\overline{BP} = \overline{BP'}$이다.
또 $\overline{AB}$는 공통이므로 △PAB ≡ △P'AB이다.
그러므로 ∠PAC = ∠P'AC이다.
또 $\overline{AP} = \overline{AP'}$이고 $\overline{AC}$는 공통이므로 △PAC ≡ △P'AC이다.
그러므로 $\overline{CP} = \overline{CP'}$이다.

삼각형 PCP'은 이등변삼각형이고 점 O는 $\overline{PP'}$의 중점이므로
$\overline{PP'} \perp \overline{OC}$, 즉 $l \perp k$이다.

따라서 직선 l은 점 O를 지나는 평면 α 위의 임의의 직선과 수직이므로 $l \perp \alpha$이다.

Tip 1 [예제 4]는 문제 풀이 과정에서 어떤 직선과 평면이 수직임을 증명할 때 자주 사용되는 논리이니
반드시 기억하도록 하자. 직선 l이 평면 α와 수직임을 보이기 위해서는 직선 l이 평면 α 위의
서로 다른 두 직선과 한 점에서 만나고 서로 다른 두 직선과 수직임을 보이면 된다.

Tip 2 직선 l과 평면 α가 서로 수직이면 평면 α가 포함하는 직선도 직선 l과 서로 수직이다.

ex 오른쪽 그림과 같이 모든 모서리의 길이가 같은 사각뿔에서
두 선분 CD, BE의 중점을 각각 M, N이라 하고,
선분 AM 위를 한 점을 P라 할 때, 두 직선 NP, CD가 이루는
각의 크기를 구하시오.

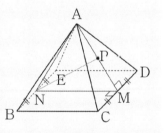

(직선 CD)⊥(직선 MN), (직선 CD)⊥(직선 AM)이므로
(직선 CD)⊥(평면 AMN)이다. 이때 평면 AMN은 직선 NP를
포함하므로 (직선 CD)⊥(직선 NP)이다.
따라서 두 직선 NP, CD가 이루는 각의 크기는 90°이다.

오른쪽 그림과 같은 정사면체에서 모서리 BC의 중점을 M이라고 할 때, 다음을 보이시오.

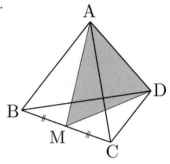

(1) 직선 BC와 평면 AMD가 서로 수직이다.

(2) 직선 BC와 직선 AD가 서로 수직이다.

02 삼수선의 정리

성취 기준 – 삼수선의 정리를 이해하고, 이를 활용할 수 있다.

개념 파악하기 (5) 삼수선의 정리란 무엇일까?

삼수선의 정리

삼수선의 정리에 대하여 알아보자.

평면 α 위에 있지 않은 점 P, 평면 α 위의 점 O, 점 O를 지나지 않는 평면 α 위의
직선 l, 직선 l 위의 점 H에 대하여 다음이 성립한다.

① $\overline{PO} \perp \alpha$, $\overline{OH} \perp l$이면 $\overline{PH} \perp l$

$\overline{PO} \perp \alpha$이고 직선 l은 평면 α 위의 직선이므로 $\overline{PO} \perp l$이다.
또, $\overline{OH} \perp l$이므로 직선 l은 $\overline{PO}$와 $\overline{OH}$에 의하여 결정되는
평면 PHO와 수직이다.
이때 $\overline{PH}$는 평면 PHO 위에 있으므로 $\overline{PH} \perp l$이다.

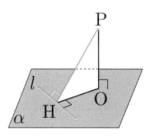

② $\overline{PO} \perp \alpha$, $\overline{PH} \perp l$이면 $\overline{OH} \perp l$

$\overline{PO} \perp \alpha$이고 직선 l은 평면 α 위의 직선이므로 $\overline{PO} \perp l$이다.
또, $\overline{PH} \perp l$이므로 직선 l은 $\overline{PO}$와 $\overline{PH}$에 의하여 결정되는
평면 PHO와 수직이다.
이때 $\overline{OH}$는 평면 PHO 위에 있으므로 $\overline{OH} \perp l$이다.

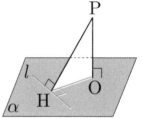

③ $\overline{PH} \perp l$, $\overline{OH} \perp l$, $\overline{PO} \perp \overline{OH}$이면 $\overline{PO} \perp \alpha$

$\overline{PH} \perp l$, $\overline{OH} \perp l$에서 $\overline{PH}$와 $\overline{OH}$에 의하여 결정되는 평면 PHO는
직선 l과 수직이다.
이때 $\overline{PO}$는 평면 PHO 위에 있으므로 $\overline{PO}$와 직선 l은 수직이다.
또 $\overline{PO} \perp \overline{OH}$이므로 $\overline{PO}$는 두 직선 OH와 직선 l로 결정되는
평면 α와 수직이다. 즉, $\overline{PO} \perp \alpha$이다.

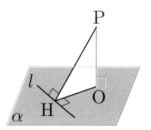

이를 삼수선의 정리라고 한다.

삼수선의 정리 요약

평면 α 위에 있지 않은 점 P, 평면 α 위의 점 O, 점 O를
지나지 않는 평면 α 위의 직선 l, 직선 l 위의 점 H에 대하여

① $\overline{PO} \perp \alpha$, $\overline{OH} \perp l$이면 $\overline{PH} \perp l$
② $\overline{PO} \perp \alpha$, $\overline{PH} \perp l$이면 $\overline{OH} \perp l$
③ $\overline{PH} \perp l$, $\overline{OH} \perp l$, $\overline{PO} \perp \overline{OH}$이면 $\overline{PO} \perp \alpha$

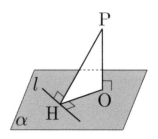

만약 삼수선의 정리를 사용할 때, 아래 그림과 같이 교선이 짧아서 점 P에서 교선에 수선의 발을 내리기 어려운 경우에는 교선을 연장하면 된다.

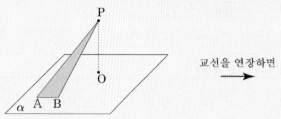

교선을 연장하면

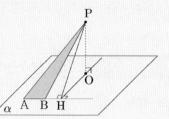

예제 5

오른쪽 그림과 같이 평면 α 위에 있지 않은 한 점 P에서 평면 α에 내린 수선의 발을 O, 점 O에서 평면 α 위의 선분 AB에 내린 수선의 발을 H라 하자.
$\overline{PO} = 2$, $\overline{HO} = 1$, $\overline{AH} = 3$일 때, 삼각형 AHP의 넓이를 구하시오.

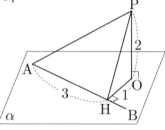

풀이

$\overline{PO} \perp \alpha$이고 $\overline{HO}$가 평면 α 위에 있으므로 $\overline{PO} \perp \overline{HO}$이다.

삼각형 HOP는 직각삼각형이므로 $\overline{PH}^2 = \overline{HO}^2 + \overline{PO}^2 = 1^2 + 2^2 = 5 \Rightarrow \overline{PH} = \sqrt{5}$이다.

한편 $\overline{PO} \perp \alpha$이고 $\overline{HO} \perp \overline{AB}$이므로 삼수선의 정리에 의해 $\overline{PH} \perp \overline{AB}$이다.

삼각형 AHP는 직각삼각형이므로 넓이는 $\frac{1}{2} \times \overline{AH} \times \overline{HP} = \frac{1}{2} \times 3 \times \sqrt{5} = \frac{3\sqrt{5}}{2}$이다.

따라서 삼각형 AHP의 넓이는 $\frac{3\sqrt{5}}{2}$이다.

3명에게 분배하는 경우의 수는 $3! = 6$이므로 $10 \times 6 = 60$

따라서 구하는 경우의 수는 $90 + 60 = 150$이다.

개념 확인문제 8

오른쪽 그림의 직육면체에서 $\overline{AB} = 4$, $\overline{AD} = 3$, $\overline{AE} = 2$이다.
꼭짓점 C에서 $\overline{FH}$에 내린 수선의 발을 O라 할 때, $\overline{CO}$의 값을 구하시오.

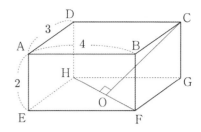

개념 확인문제 9

오른쪽 그림과 같이 평면 α 위에 $\angle A = 90°$이고 $\overline{BC} = 6$인
직각이등변삼각형 ABC가 있다. 평면 α 위에 있지 않은 점 P에서
평면 α에 내린 수선의 발이 A이고 $\overline{PA} = 4$일 때,
삼각형 PBC의 넓이를 구하시오.

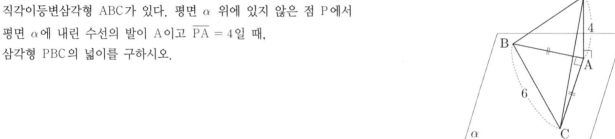

이면각

공간에서 두 평면이 이루는 각에 대하여 알아보자.

평면 위의 직선은 그 평면을 두 부분으로 나누는데, 그 각각을 반평면이라 한다.
오른쪽 그림과 같이 직선 l을 공유하는 두 반평면 α, β로 이루어진 도형을
이면각이라 한다.
이때 직선 l을 이면각의 변, 두 반평면 α, β를 각각 이면각의 면이라 한다.
이면각의 변 l 위의 한 점 O를 지나고 직선 l에 수직인 두 반직선 OA, OB를
반평면 α, β 위에 각각 그으면 $\angle AOB$의 크기는 점 O의 위치에 관계없이 일정하다.
이 일정한 각의 크기를 **이면각의 크기**라 한다.
일반적으로 서로 다른 두 평면이 만나서 생기는 이면각 중에서 그 크기가 크지 않은
쪽의 각을 두 평면이 이루는 각이라 한다.

두 평면 α, β가 이루는 각이 직각일 때, 이 두 평면은 수직이라 하고,
기호로 $\alpha \perp \beta$와 같이 나타낸다.

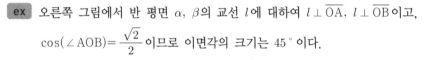

`ex` 오른쪽 그림에서 반 평면 α, β의 교선 l에 대하여 $l \perp \overline{OA}$, $l \perp \overline{OB}$이고,

    $\cos(\angle AOB) = \dfrac{\sqrt{2}}{2}$ 이므로 이면각의 크기는 $45°$ 이다.

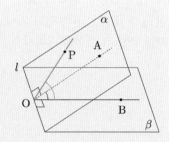

`Tip 1` 이면각은 두 평면의 교선 위의 한 점에서 교선에 수직인
두 반직선이 이루는 각이므로
두 반직선이 교선에 수직이어야 함을 기억하자.
그림과 같이 $\angle POB$는 이면각이 될 수 없다.

`Tip 2` 교선이 점으로 보이게 겨냥하면 오른쪽 그림과 같으므로 두 평면이 이루는 각의
크기는 두 평면에 각각 수직인 두 직선이 이루는 각의 크기와 같다.

`ex1` 오른쪽 그림과 같은 정육면체에서 두 평면 ABCD와 AFGD가
이루는 각의 크기를 구하시오.

    (직선 BE)$\perp$(평면 AFGD), (직선 BF)$\perp$(평면 ABCD)이고,
두 평면이 이루는 각의 크기는 두 평면에 각각 수직인 두 직선이
이루는 각의 크기와 같으므로 두 평면 ABCD와 AFGD가
이루는 각의 크기는 두 직선 BE, BF가 이루는 각의 크기와 같다.
따라서 두 평면 ABCD와 AFGD가 이루는 각의 크기는
$\angle EBF = 45°$ 이다.

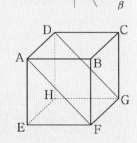

    `cf` 정사각형 AEFB의 두 대각선은 서로 수직이므로 $\overline{BE} \perp \overline{AF}$ 이고,
평면 AEFB와 직선 AD는 서로 수직이므로 $\overline{BE} \perp \overline{AD}$ 이다.
따라서 (직선 BE)$\perp$(평면 AFGD)이다. (by [예제 4])

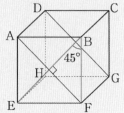

ex2 오른쪽 그림과 같은 정육면체에서 두 평면 DEF와 DFG가
이루는 각의 크기를 구하시오.

(직선 HA)⊥(평면 DEF), (직선 HC)⊥(평면 DFG)이고,
두 평면이 이루는 각의 크기는 두 평면에 각각 수직인 두 직선이
이루는 각의 크기와 같으므로 두 평면 DEF와 DFG가
이루는 각의 크기는 두 직선 HA, HC가 이루는 각의 크기와 같다.
삼각형 AHC는 $\overline{HA} = \overline{HC} = \overline{AC}$이므로 정삼각형이다.
따라서 두 평면 DEF와 DFG가 이루는 각의 크기는 ∠AHC = 60°이다.

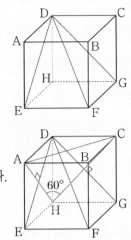

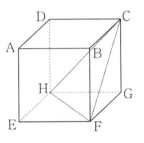

개념 확인문제 10

오른쪽 그림과 같은 정육면체에서 평면 CHF와 평면 EFGH가 이루는 각의 크기를
θ라 할 때, $\cos\theta$의 값을 구하시오.

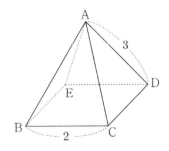

개념 확인문제 11

오른쪽 그림과 같이 밑면이 정사각형이고 옆면이 모두 이등변삼각형인 사각뿔에서
$\overline{BC} = 2$, $\overline{AD} = 3$일 때, 평면 ACD와 평면 BCDE가 이루는 각의 크기를
θ라 할 때, $\cos\theta$의 값을 구하시오.

직선 l이 평면 α에 수직일 때, 직선 l을 포함하는 임의의 평면 β는 평면 α와 수직임을 보이시오.

풀이

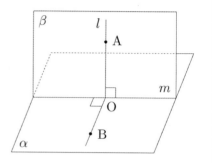

직선 l과 평면 α의 교점을 O라 하고, 직선 l 위의 임의의 한 점을 A,
두 평면 α, β의 교선을 m이라 하자.

점 O를 지나고 직선 m에 수직인 직선 OB를 평면 α 위에 그으면
$\overline{OA} \perp m$, $\overline{OB} \perp m$이므로 두 평면 α, β가 이루는 각의 크기는
$\angle AOB$의 크기와 같다.
그런데 $l \perp \alpha$이므로 $\overline{OA} \perp \overline{OB}$, 즉 $\angle AOB = 90°$이다.
따라서 $\alpha \perp \beta$이다.

개념 확인문제   12

평면 α에 수직인 평면 β 위의 한 점 A에서 두 평면 α, β의 교선에
내린 수선의 발을 O라 할 때, $\overline{AO} \perp \alpha$임을 보이시오.

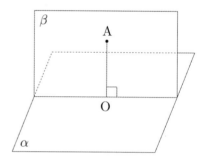

정사면체

자주 출제되는 입체도형인 정사면체의 특징에 대하여 알아보자.
한 변의 길이를 a라 할 때, 다음이 성립한다.

① 점 A에서 평면 BCD에 내린 수선의 발 = 삼각형 BCD의 무게중심

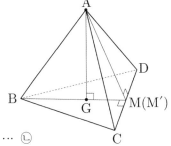

점 A에서 선분 CD에 내린 수선의 발을 M, 점 B에서 선분 CD에
내린 수선의 발을 M′이라 하면 $\overline{AM} \perp \overline{CD}$, $\overline{BM'} \perp \overline{CD}$이다.
이때 삼각형 ACD와 삼각형 BCD가 정삼각형이므로 점 M과 점 M′은
선분 CD의 중점이 되어 점 M과 점 M′이 서로 일치한다.
즉 $\overline{BM'} \perp \overline{CD}$에서 $\overline{BM} \perp \overline{CD}$ ⋯ ㉠
한편 $\overline{AG} \perp$ (평면 BCD), $\overline{AM} \perp \overline{CD}$이므로 삼수선의 정리에 의하여 $\overline{GM} \perp \overline{CD}$ ⋯ ㉡
㉠, ㉡에 의하여 점 G는 선분 BM 위에 있다.
같은 방법으로 점 G는 점 C에서 선분 BD에 내린 수선 위에 있고, 삼각형 BCD는 정삼각형이므로
점 G는 삼각형 BCD의 무게중심이다.

② 정사면체의 높이 $= \dfrac{\sqrt{6}}{3}a$

$\overline{AM} = \dfrac{\sqrt{3}}{2}a$, $\overline{GM} = \dfrac{1}{3}\overline{BM} = \dfrac{\sqrt{3}}{6}a$이므로 삼각형 AGM에서 피타고라스의 정리를 사용하면

$\overline{AG} = \sqrt{\overline{AM}^2 - \overline{GM}^2} = \sqrt{\dfrac{3}{4}a^2 - \dfrac{1}{12}a^2} = \sqrt{\dfrac{2}{3}a^2} = \dfrac{\sqrt{6}}{3}a$이다.

따라서 한 변의 길이가 a인 정사면체의 높이는 $\dfrac{\sqrt{6}}{3}a$이다.

③ 정사면체의 두 면이 이루는 각의 크기를 θ라 할 때, $\cos\theta = \dfrac{1}{3}$

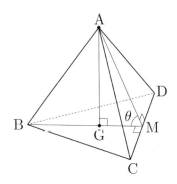

$$\cos\theta = \frac{\overline{GM}}{\overline{AM}} = \frac{\dfrac{1}{3} \times \dfrac{\sqrt{3}}{2}a}{\dfrac{\sqrt{3}}{2}a} = \frac{1}{3}$$

④ 정사면체의 한 모서리와 평면이 이루는 각을 α라 할 때, $\cos\alpha = \dfrac{\sqrt{3}}{3}$

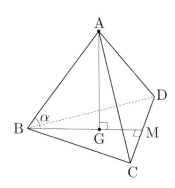

$$\cos\alpha = \frac{\overline{BG}}{\overline{AB}} = \frac{\dfrac{2}{3} \times \dfrac{\sqrt{3}}{2}a}{a} = \frac{\sqrt{3}}{3}$$

⑤ 정사면체에 내접하는 구와 외접하는 구의 반지름의 비는 $1 : 3$

오른쪽 그림과 같이 정사면체에서 점 A에서 평면 BCD에 내린 수선의 발을 G,
점 B에서 평면 ACD에 내린 수선의 발을 H, 선분 CD의 중점을 M,
두 선분 BH, AG의 교점을 O라 하자.

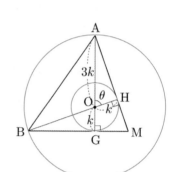

(직선 BH)⊥(평면 ACD), (직선 AG)⊥(평면 BCD)이고,
두 평면이 이루는 각의 크기는 두 평면에 각각 수직인 두 직선이
이루는 각의 크기와 같으므로
두 평면 ACD, BCD가 이루는 각의 크기는 두 직선 BH, AG가 이루는 각의 크기와 같다.
따라서 ∠AMG = ∠AOH가 성립한다.

정사면체에 내접하는 구와 외접하는 구를 그린 후 평면 ABM으로 잘라 단면을
관찰하면 오른쪽 그림과 다음과 같다.

정사면체의 두 면이 이루는 각의 크기를 θ라 하면
$\cos\theta = \dfrac{\overline{OH}}{\overline{AO}} = \dfrac{1}{3}$이므로 $\overline{OH} : \overline{OA} = 1 : 3$이다.

정사면체에 내접하는 구의 반지름의 길이는 $\overline{OH}$이고
외접하는 구의 반지름의 길이는 $\overline{AO}$이므로
정사면체에 내접하는 구와 외접하는 구의 반지름의 비는 $1 : 3$이다.

Tip 특히 ②, ③ 자주 나오는 편이니 값을 기억하고 있는 편이 좋다.
나머지는 결과보다는 유도과정에 포인트를 두고 학습하도록 하자.

평면에 내린 수선의 발 작도하기

평면 α 위에 있지 않은 점에서 평면 α에 내린 수선의 발을 작도하는 방법에 대해 알아보자.

① 수직인 평면을 이용하기

오른쪽 그림과 같이 평면 α에 수직인 평면 β라 하면 평면 β 위의 점 P에서
평면 α에 내린 수선의 발 P′은 두 평면의 교선 위에 떨어진다.
즉, 수직인 평면이 이미 작도되어 있는 상태에서는 교선만 찾으면
비교적 쉽게 수선의 발을 작도할 수 있다.

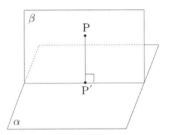

　ex　오른쪽 그림과 같이 정육면체에서 두 평면 AEFB와 EFGH은 서로 수직이므로
　　　점 P에서 평면 EFGH에 내린 수선의 발은 직선 EF(교선)에 떨어진다.

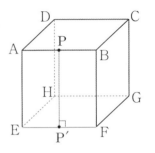

② 삼수선의 정리를 이용하기

수직인 평면이 작도되어 있지 않다면 삼수선의 정리를 이용하여 수직인 평면을 작도한 뒤
수선의 발이 떨어지는 교선을 만들어주면 된다.
다음 그림과 같이 점 P에서 평면 α에 내린 수선의 발은 색칠한 선 위에 떨어진다.

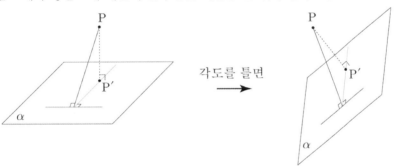

각도를 틀면

　ex1　오른쪽 그림과 같이 정사면체에서 점 A에서 평면 BCD에 내린 수선의 발을 작도해보자.
　　　선분 CD의 중점을 M이라 할 때, 삼수선의 정리를 이용하여 평면 BCD에
　　　수직인 평면을 작도하면 두 평면의 교선은 색칠한 선이다.
　　　따라서 점 A에서 평면 BCD에 내린 수선의 발은 색칠한 선(교선)위에 떨어진다.

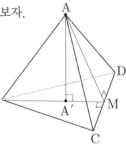

　ex2　오른쪽 그림과 같이 정육면체에서 선분 AE의 중점인 P에서 평면 DHFB에
　　　내린 수선의 발을 작도해보자. 선분 BF의 중점을 M이라 할 때,
　　　삼수선의 정리를 이용하여 평면 DHFB에 수직인 평면을 작도하면
　　　두 평면의 교선은 색칠한 직선이다.
　　　따라서 점 P에서 평면 DHFB에 내린 수선의 발은 색칠한 선(교선)
　　　위에 떨어진다.

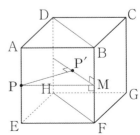

공간도형과 공간좌표

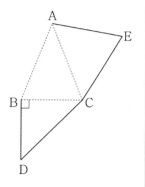

ex3 오른쪽 그림이 어느 사면체의 전개도의 일부분이라 하자. 두 선분 AC, BC을 경계로 접어 올렸을 때, 두 점 D, E가 합쳐지는 꼭짓점에서 평면 ABC에 내린 수선의 발을 작도해보자.

삼수선의 정리를 이용하면 색칠한 두 직선의 교점에 수선의 발이 위치함을 알 수 있다.

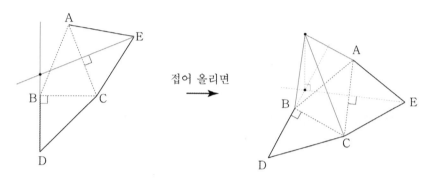

접어 올리면

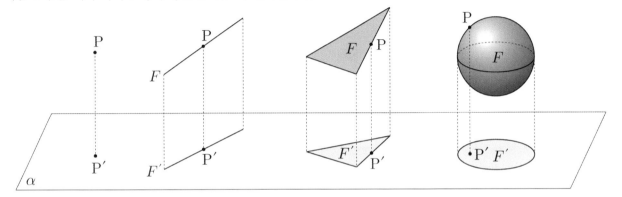

03 공간도형
정사영

성취 기준 – 정사영의 뜻을 알고, 이를 구할 수 있다.

개념 파악하기 (7) 정사영이란 무엇일까?

정사영

한 점 P에서 평면 α에 내린 수선의 발 P'을 점 P의 평면 α 위로의 정사영이라 한다.
또 도형 F에 속하는 각 점의 평면 α 위로의 정사영으로 이루어진 도형 F'을 도형 F의 평면 α 위로의
정사영이라 한다.

다음 그림은 여러 가지 도형의 평면 α 위로의 정사영이다.

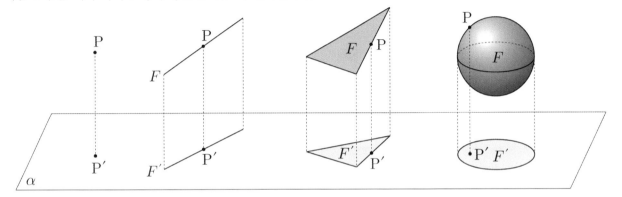

일반적으로 평면 α 위로의 정사영에서 점의 정사영은 점이고, 직선의 정사영은 한 점 또는 직선이다.
또 다각형의 정사형은 선분 또는 다각형이고, 구의 정사영은 원이다.

Tip 직선의 평면 α 위로의 정사영은 직선과 평면 α가 수직이면 한 점이고, 수직이 아니면 직선이다.

ex 오른쪽 그림과 같은 직육면체에서 선분 AG의 평면 EFGH 위로의
정사영은 선분 EG이다.

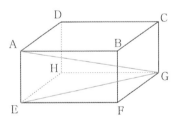

개념 확인문제 13

오른쪽 직육면체에서 다음 물음에 답하시오.

(1) 선분 BE의 평면 EFGH 위로의 정사영을 구하시오.

(2) 삼각형 BDE의 평면 EFGH 위로의 정사영을 구하시오.

(3) 삼각형 BDE의 평면 BFGC 위로의 정사영을 구하시오.

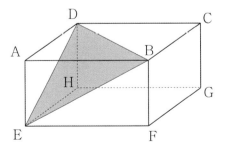

정사영의 길이

오른쪽 그림과 같이 직선 l이 평면 α와 한 점에서 만나고 수직이 아닐 때, 직선 l의 평면 α 위로의 정사영을 직선 l'이라 하자. 이때 두 직선 l, l'이 이루는 각의 크기를 직선 l과 평면 α가 이루는 각의 크기라 한다.

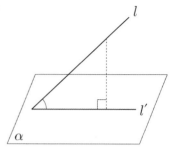

특히 $l /\!/ \alpha$일 때 직선 l과 평면 α가 이루는 각의 크기는 $0°$이고, $l \perp \alpha$일 때 직선 l과 평면 α가 이루는 각의 크기는 $90°$이다.

이제 선분의 길이와 그 선분의 정사영의 길이 사이의 관계에 대하여 알아보자.

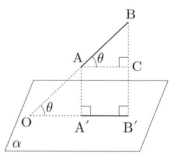

오른쪽 그림과 같이 선분 AB의 평면 α 위로의 정사영을 선분 $\text{A}'\text{B}'$이라 하고, 직선 AB와 평면 α가 이루는 각의 크기를 $\theta\,(0° \le \theta \le 90°)$라 하자. 이때 $\overline{\text{AA}'} \perp \alpha$, $\overline{\text{BB}'} \perp \alpha$이므로 $\overline{\text{AA}'} /\!/ \overline{\text{BB}'}$이다. 또 점 A에서 선분 BB$'$에 내린 수선의 발을 C라 하면 사각형 AA$'B'$C는 직사각형이므로 $\overline{\text{A}'\text{B}'} = \overline{\text{AC}}$, $\overline{\text{A}'\text{B}'} /\!/ \overline{\text{AC}}$이다. 따라서 $\angle \text{BAC} = \theta$이다. 삼각형 ABC에서 $\overline{\text{AC}} = \overline{\text{AB}}\cos\theta$이므로 $\overline{\text{A}'\text{B}'} = \overline{\text{AB}}\cos\theta$가 성립한다.

정사영의 길이 요약

선분 AB의 평면 α 위로의 정사영을 선분 $\text{A}'\text{B}'$이라 할 때, 직선 AB와 평면 α가 이루는 각의 크기를 $\theta\,(0° \le \theta \le 90°)$라 하면 $\overline{\text{A}'\text{B}'} = \overline{\text{AB}}\cos\theta$이다.

> **Tip**　① $\theta = 0°$일 때, $\overline{\text{AB}} /\!/ \alpha$이므로 $\overline{\text{A}'\text{B}'} = \overline{\text{AB}} = \overline{\text{AB}}\cos 0°$
> ② $\theta = 90°$일 때, 선분 AB의 평면 α 위로의 정사영은 한 점이므로 $\overline{\text{A}'\text{B}'} = 0 = \overline{\text{AB}}\cos 90°$

ex 선분 AB의 평면 α 위로의 정사영인 선분 $\text{A}'\text{B}'$의 길이는
$$\overline{\text{A}'\text{B}'} = \overline{\text{AB}}\cos 45° = 2 \times \frac{\sqrt{2}}{2} = \sqrt{2}\ \text{이다.}$$

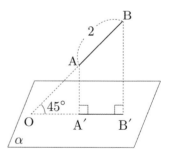

개념 확인문제　14

선분 AB의 평면 α 위로의 정사영이 선분 $\text{A}'\text{B}'$이고 직선 AB와 평면 α가 이루는 각의 크기가 θ일 때, 다음을 구하시오.

(1) $\overline{\text{AB}} = 10$, $\theta = 60°$일 때, $\overline{\text{A}'\text{B}'}$의 값

(2) $\overline{\text{AB}} = 12$, $\overline{\text{A}'\text{B}'} = 6\sqrt{3}$일 때, θ의 값

정사영의 넓이

도형의 넓이와 그 도형의 정사영의 넓이 사이의 관계에 대하여 알아보자.

삼각형 ABC의 한 변 BC와 평면 α가 평행할 때, 삼각형 ABC와 평면 α가 이루는 각의 크기를 $\theta(0° \leq \theta \leq 90°)$라 하자. 또 삼각형 ABC의 평면 α 위로의 정사영을 삼각형 A'B'C'이라 하고, 두 삼각형 ABC, A'B'C'의 넓이를 각각 S, S'이라 하자.

오른쪽 그림과 같이 변 BC를 포함하고 평면 α에 평행한 평면을 β, 점 A에서 변 BC에 내린 수선의 발을 H, 평면 β와 직선 AA'의 교점을 A''이라 하면 $\overline{AA''} \perp \beta$, $\overline{AH} \perp \overline{BC}$이므로 삼수선의 정리에 의하여 $\overline{A''H} \perp \overline{BC}$이다. 따라서 다음이 성립한다.

$$S' = \triangle A'B'C' = \triangle A''BC = \frac{1}{2} \times \overline{BC} \times \overline{A''H}$$
$$= \frac{1}{2} \times \overline{BC} \times \overline{AH}\cos\theta = S\cos\theta$$

한편 변 BC와 평면 α가 평행하지 않은 경우에도 이 식은 성립한다.

Tip 1 다각형은 여러 개의 삼각형으로 분할할 수 있으므로 이를 이용하여 다각형의 정사영의 넓이를 구하고, 이를 평면도형의 정사영의 넓이로 일반화할 수 있다.

Tip 2 정사영의 넓이를 바탕으로 이면각의 크기를 구할 수 있다. $\left(S' = S\cos\theta \Rightarrow \cos\theta = \dfrac{S'}{S}\right)$

Tip 3 정사영의 넓이를 바탕으로 원상의 넓이를 구할 수 있다. $\left(S' = S\cos\theta \Rightarrow S = \dfrac{S'}{\cos\theta}\right)$

정사영의 넓이 요약

평면 β 위의 도형의 넓이를 S, 이 도형의 평면 α 위로의 정사영의 넓이를 S'이라 할 때, 두 평면 α, β가 이루는 각의 크기를 $\theta(0° \leq \theta \leq 90°)$라 하면 $S' = S\cos\theta$이다.

Tip ① $\theta = 0°$일 때, $\overline{A''H} = \overline{AH}\cos0° = \overline{AH}$이므로 $S' = \frac{1}{2} \times \overline{BC} \times \overline{A''H} = \frac{1}{2} \times \overline{BC} \times \overline{AH} = S = S\cos0°$

② $\theta = 90°$일 때, $\overline{A''H} = \overline{AH}\cos90° = 0$이므로 $S' = \frac{1}{2} \times \overline{BC} \times \overline{A''H} = 0 = S\cos90°$

ex 두 평면 α, β가 이루는 각의 크기가 $30°$일 때, 넓이가 12인 삼각형 ABC의 평면 α 위로의 정사영인 삼각형 A'B'C'의 넓이 S'은
$$S' = 12\cos30° = 12 \times \frac{\sqrt{3}}{2} = 6\sqrt{3} \text{ 이다.}$$

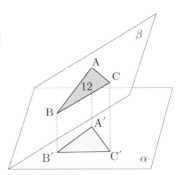

예제 7

오른쪽 그림의 정육면체에서 평면 EDG와 평면 EFGH가 이루는 각의 크기를 θ라 할 때, $\cos\theta$의 값을 구하시오.

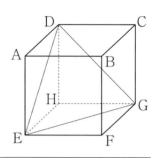

풀이

정육면체의 한 변의 길이를 a라 하자.

삼각형 EDG의 평면 EFGH 위로의 정사영은 삼각형 EHG이므로 $\triangle\text{EHG} = \triangle\text{EDG}\cos\theta$이다.

이때 삼각형 EHG는 직각이등변삼각형이므로 $\triangle\text{EHG} = \dfrac{1}{2}\times a \times a = \dfrac{1}{2}a^2$이다.

또 삼각형 EDG는 한 변의 길이가 $\sqrt{2}\,a$인 정삼각형이므로 $\triangle\text{EDG} = \dfrac{\sqrt{3}}{4}\times(\sqrt{2}\,a)^2 = \dfrac{\sqrt{3}}{2}a^2$이다.

따라서 $\cos\theta$의 값은 $\cos\theta = \dfrac{\triangle\text{EHG}}{\triangle\text{EDG}} = \dfrac{\dfrac{1}{2}a^2}{\dfrac{\sqrt{3}}{2}a^2} = \dfrac{\sqrt{3}}{3}$이다.

개념 확인문제 15

오른쪽 그림은 모든 모서리의 길이가 같은 정사각뿔이다. 평면 ABC와 평면 BCDE가 이루는 각의 크기를 θ라 할 때, $\cos\theta$의 값을 구하시오.

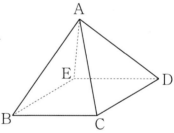

개념 확인문제 16

오른쪽 그림과 같이 밑면의 반지름의 길이가 3인 원기둥을 밑면과 $30°$의 각을 이루는 평면으로 자른 단면의 넓이를 구하시오.

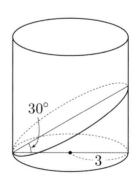

개념 확인문제 17

오른쪽 그림과 같이 햇빛이 지면과 $30°$의 각을 이루면서 구를 비추고 있다. 구의 반지름의 길이가 4일 때, 지면에 생기는 구의 그림자의 넓이를 구하시오.

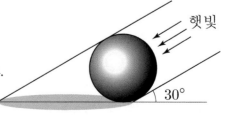

규토 라이트 N제

공간도형과 공간좌표

Training - 1 step

필수 유형편

1. 공간도형

Theme 1 직선과 평면의 위치 관계

001 ⬜⬜⬜⬜⬜

그림과 같이 직육면체 ABCD − EFGH에서 세 꼭짓점에 의하여 결정되는 평면 중 직선 BD를 포함하는 서로 다른 평면의 개수를 구하시오.

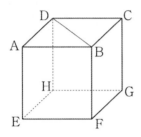

002 ⬜⬜⬜⬜⬜

그림과 같이 밑면이 정오각형인 오각기둥의 각 모서리를 포함하는 직선 중에서 직선 CH와 평행한 직선의 개수를 a, 직선 AB와 꼬인 위치에 있는 직선의 개수를 b라 할 때, ab의 값을 구하시오.

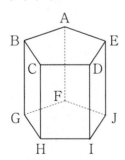

003 ⬜⬜⬜⬜⬜

그림과 같이 모든 모서리의 길이가 같은 정사각뿔 A − BCDE에서 삼각형 ABC, ACD의 무게중심을 각각 P, Q라고 하자. 〈보기〉에서 두 직선이 꼬인 위치에 있는 것만을 있는 대로 고른 것은?

─────── 〈보기〉 ───────

ㄱ. 직선 AE와 직선 CD
ㄴ. 직선 BP와 직선 DQ
ㄷ. 직선 BQ와 직선 DP

Theme 2 삼수선의 정리

004 ⬜⬜⬜⬜⬜

그림과 같이 한 모서리의 길이가 2인 정육면체 ABCD − EFGH에서 선분 EF의 중점을 M, 점 D에서 선분 GM에 내린 수선의 발을 I라 할 때, 선분 DI의 길이는?

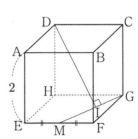

① $\dfrac{2\sqrt{5}}{5}$ ② $\dfrac{4\sqrt{5}}{5}$ ③ $\dfrac{6\sqrt{5}}{5}$

④ $\dfrac{8\sqrt{5}}{5}$ ⑤ $2\sqrt{5}$

005 ☐☐☐☐☐

평면 α 위에 세 변의 길이가 $\overline{AB} = \overline{AC} = 5$, $\overline{BC} = 6$인 삼각형 ABC가 있다. 점 A를 지나고 평면 α에 수직인 직선 l 위의 점 D에 대하여 삼각형 DBC의 넓이가 $12\sqrt{5}$일 때, 선분 AD의 길이를 구하시오.

006 ☐☐☐☐☐

평면 α 위에 거리가 4인 두 점 A, B와 중심이 B이고 반지름의 길이가 2인 원이 있다. 점 A에서 이 원에 그은 접선의 접점을 C라 하자. 점 C를 지나고 평면 α에 수직인 직선 위의 점 P에서 선분 AB에 내린 수선의 발을 D라 하자. $\overline{BP} = 4$일 때, 선분 DP의 길이는?

① $\sqrt{11}$ ② $2\sqrt{3}$ ③ $\sqrt{13}$

④ $\sqrt{14}$ ⑤ $\sqrt{15}$

007 ☐☐☐☐☐

중심이 O이고 반지름의 길이가 $\sqrt{6}$인 구가 있다. 점 O에서 평면 α에 내린 수선의 발을 H라 할 때, $\overline{OH} = 2$ 이다. 평면 α 위의 두 점 A, B에 대하여 직선 AB는 구와 한 점에서 만난다. $\overline{AH} = \sqrt{10}$, $\overline{BH} = 2\sqrt{13}$일 때, 사면체 OABH의 부피를 구하시오. (단, $\overline{AB} < 5$)

008 ☐☐☐☐☐

두 평면 α, β 가 이루는 각의 크기가 $60°$이고, 두 점 A, B는 두 평면 α, β의 교선 위의 점이다. 평면 α 위의 점 P와 평면 β 위의 점 Q에 대하여 다음 조건을 만족시킨다.

(가) $\angle BAQ = 45°$, $\angle BAP = 90°$
(나) $\overline{AP} = 3$, $\overline{AQ} = 2\sqrt{2}$

선분 PQ의 길이는?

① $\sqrt{10}$ ② $\sqrt{11}$ ③ $2\sqrt{3}$

④ $\sqrt{13}$ ⑤ $\sqrt{14}$

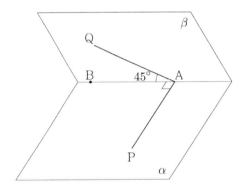

009 ☐☐☐☐☐

그림과 같이 한 모서리의 길이가 6인 정육면체 ABCD – EFGH가 있다. 선분 AD를 2 : 1로 내분하는 점을 P, 선분 FG의 중점을 M이라 하자. 점 M에서 선분 CP에 내린 수선의 발을 N이라 할 때, 선분 MN의 길이는?

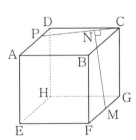

① $\dfrac{9\sqrt{10}}{5}$ ② $\dfrac{19\sqrt{10}}{10}$ ③ $2\sqrt{10}$

④ $\dfrac{21\sqrt{10}}{10}$ ⑤ $\dfrac{11\sqrt{10}}{5}$

010

○○○○○

그림과 같이 한 모서리의 길이가 18인 정사면체 ABCD가 있다. 삼각형 ABC에 내접하는 원의 중심을 O라 하자. 점 O에서 선분 CD에 내린 수선의 발을 H라 할 때, 선분 OH의 길이는?

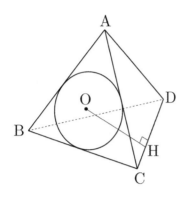

① $4\sqrt{2}$　　② $5\sqrt{2}$　　③ $6\sqrt{2}$

④ $7\sqrt{2}$　　⑤ $8\sqrt{2}$

011

○○○○○

평면 α 위에 서로 다른 두 점 A, B와 평면 α 위에 있지 않은 점 P에 대하여 삼각형 PAB는 $\overline{PB}=2$, $\angle PAB=90°$인 직각이등변삼각형이고, 평면 PAB와 평면 α가 이루는 각의 크기는 $45°$이다. 점 P에서 평면 α에 내린 수선의 발을 H라 할 때, 사면체 PHAB의 부피는?

① $\dfrac{\sqrt{2}}{12}$　　② $\dfrac{\sqrt{2}}{6}$　　③ $\dfrac{\sqrt{2}}{4}$

④ $\dfrac{5\sqrt{2}}{12}$　　⑤ $\dfrac{\sqrt{2}}{2}$

012

○○○○○

좌표공간에서 수직으로 만나는 두 평면 α, β의 교선을 l이라 하자. 평면 β 위의 점 A에서 직선 l에 내린 수선의 발을 H라 할 때, $\overline{AH}=4$이다. 평면 α 위의 두 점 B, C가 다음 조건을 만족시킨다.

(가) 직선 l과 직선 BC는 평행하다.
(나) 직선 l과 직선 BH는 수직이다.
(나) $\overline{BC}=4\sqrt{3}$, $\overline{BH}=4$

점 B에서 선분 AC에 내린 수선의 발을 P라 할 때, 선분 BP의 길이는?

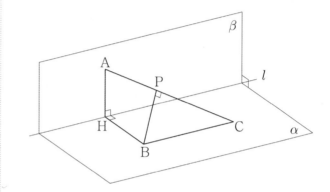

① $\dfrac{\sqrt{30}}{5}$　　② $\dfrac{2\sqrt{30}}{5}$　　③ $\dfrac{3\sqrt{30}}{5}$

④ $\dfrac{4\sqrt{30}}{5}$　　⑤ $\sqrt{30}$

Theme 3 이면각의 크기

013 ☐☐☐☐☐

모든 모서리의 길이가 4인 정사면체 ABCD에서 선분 AB를 1 : 3으로 내분하는 점을 P, 선분 AC의 중점을 M, 선분 AD의 중점을 N이라 하자. 평면 PMN과 평면 BCD가 이루는 각의 크기를 θ라 할 때, $60\cos^2\theta$의 값을 구하시오.

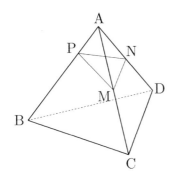

014 ☐☐☐☐☐

그림은 정삼각형 ABC를 한 면으로 하고, $\overline{AC} = \overline{CE} = 2$, $\angle BCE = \angle ACF = 90\,°$인 사면체의 전개도이다.

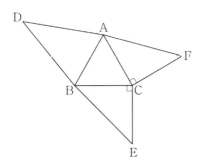

이 전개도로 사면체를 만들 때, 세 점 D, E, F가 합쳐지는 점을 P라 하자. 사면체 PABC에서 평면 PAB와 평면 ABC가 이루는 각의 크기를 θ라 할 때, $\cos^2\theta = \dfrac{q}{p}$이다. $p+q$의 값을 구하시오.

(단, p와 q는 서로소인 자연수이다.)

015 ☐☐☐☐☐

평면 α 위의 세 점 B, C, D와 평면 α 위에 있지 않은 점 A가 다음 조건을 만족시킨다.

> (가) 점 A에서 평면 α에 내린 수선의 발은 D이다.
> (나) $\overline{AB} = \overline{BC} = 4$, $\overline{BD} = \sqrt{10}$, $\angle ACB = \dfrac{\pi}{6}$

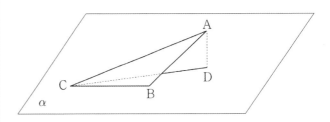

두 평면 ABC와 ACD가 이루는 각의 크기를 θ라 할 때, $60\tan^2\theta$의 값을 구하시오.

016 ☐☐☐☐☐

그림과 같이 밑면의 반지름의 길이가 2이고 높이가 6인 원기둥이 평면 α 위에 놓여 있다. 원기둥에 접하도록 직선 l을 그을 때, 접점을 A라 하고 직선 l과 평면 α의 교점을 B라 하자. 평면 α와 만나지 않는 원기둥의 밑면의 중심을 C라 하자. 점 A, B, C가 다음 조건을 만족시킨다.

> (가) 점 A와 평면 α 사이의 거리는 4이다.
> (나) $3\overline{AC} = \overline{BC}$

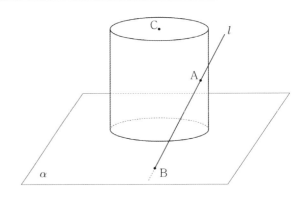

평면 ABC와 평면 α가 이루는 각의 크기를 θ라 할 때, $30\cos^2\theta$의 값을 구하시오.

공간도형과 공간좌표

평면 α 위의 네 점 B, C, E, F와 평면 α 위에 있지 않은 두 점 A, D가 다음 조건을 만족시킨다.

> (가) 두 점 A, D에서 평면 α에 내린 수선의 발은 각각 E, F이다.
> (나) 두 점 A, D에서 직선 BC에 내린 수선의 발은 각각 B, C이다.
> (다) 점 A에서 직선 CD에 내린 수선의 발은 D이다.
> (라) $\overline{AE} = \overline{BC} = 7$, $\overline{CD} = 3\sqrt{2}$, $\overline{DF} = 3$

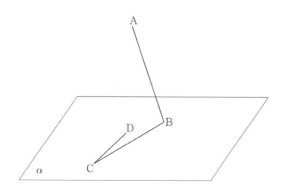

평면 CDF와 평면 ACD가 이루는 각의 크기를 θ라 할 때, $32\tan^2\theta$의 값을 구하시오. (단, 선분 AD와 선분 EF는 만나지 않는다.)

018

그림과 같이 한 모서리의 길이가 4인 정육면체 ABCD − EFGH에서 선분 BD를 3 : 1로 내분하는 점을 P, 두 선분 AH, DE의 교점을 Q라 하자. 평면 PQG와 평면 EFGH가 이루는 각의 크기를 θ라 할 때, $\tan^2\theta$의 값을 구하시오.

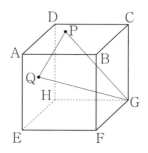

그림과 같이 높이가 $\sqrt{3}$인 정육각뿔과 밑면의 한 모서리를 공유하는 정사면체가 평면 α 위에 놓여 있다. 평면 ACD과 직선 BO는 서로 수직이다. 평면 ODE과 평면 OFG가 이루는 각의 크기를 θ라 할 때, $60\cos^2\theta$의 값을 구하시오. (단, $0 < \theta < \dfrac{\pi}{2}$)

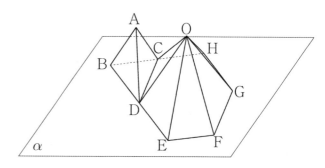

Theme 4 정사영의 넓이

020

그림과 같이 모든 모서리의 길이가 6인 정사각뿔 A – BCDE에서 삼각형 ACD에 내접하는 원의 평면 BCDE 위로의 정사영의 넓이는?

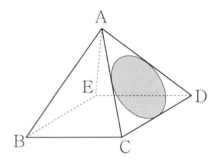

① $\dfrac{\sqrt{3}}{3}\pi$ ② $\dfrac{2\sqrt{3}}{3}\pi$ ③ $\sqrt{3}\pi$

④ $\dfrac{4\sqrt{3}}{3}\pi$ ⑤ $\dfrac{5\sqrt{3}}{3}\pi$

021

그림과 같이 한 모서리의 길이가 6인 정사면체 ABCD에서 선분 BD를 2 : 1로 내분하는 점을 P라 하고, 선분 CD를 1 : 2로 내분하는 점을 Q라 하자. 사각형 BCQP의 평면 APQ 위로의 정사영의 넓이는 $\dfrac{q}{p}\sqrt{3}$ 이다. $p+q$의 값을 구하시오.

(단, p와 q는 서로소인 자연수이다.)

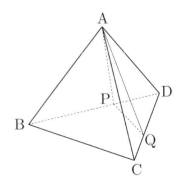

022

그림과 같이 반지름의 길이가 3인 구 S_1과 반지름의 길이가 2인 두 구 S_2, S_3이 서로 외접하면서 모두 평면 α에 접한다. 세 구 S_1, S_2, S_3의 중심을 각각 A, B, C라 하고, 세 점 A, B, C의 평면 α 위로의 정사영을 각각 D, E, F라 하자. 삼각형 DEF의 평면 ABC 위로의 정사영의 넓이는?

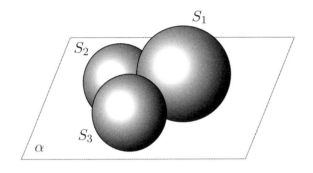

① $\dfrac{38\sqrt{21}}{21}$ ② $\dfrac{40\sqrt{21}}{21}$ ③ $2\sqrt{21}$

④ $\dfrac{44\sqrt{21}}{21}$ ⑤ $\dfrac{46\sqrt{21}}{21}$

023

그림과 같이 지면과 이루는 각의 크기가 60°인 평평한 유리판 위에 반지름의 길이가 2인 반구가 엎어져 있다. 햇빛이 유리판에 수직인 방향으로 비출 때 지면 위에 생기는 반구의 그림자의 넓이는 $a\pi$, 햇빛이 유리판과 평행한 방향으로 비출 때 지면 위에 생기는 반구의 그림자의 넓이는 $b\pi$이다. $3(a^2+b^2)$의 값을 구하시오.

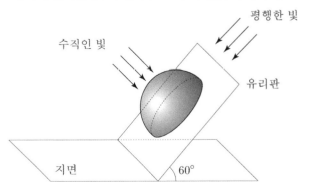

좌표공간에서 두 평면 α, β의 교선을 l이라 하자. 평면 β 위에 원 O가 있고, 원 O는 직선 l과 점 A에서 접한다. 원 O 위의 세 점 A, B, P에 대하여 $\angle ABP = 90°$ 이고, $\overline{AB} = \overline{BP}$이다. 직선 BP가 평면 α와 만나는 점을 C라 하자. 점 P와 평면 α 사이의 거리가 $2\sqrt{3}$이고, 삼각형 ABC의 평면 α 위로의 정사영의 넓이가 2일 때, 원 O의 넓이는?

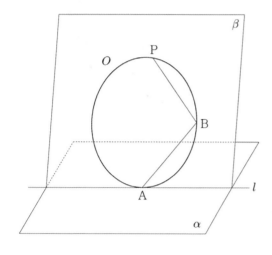

① 2π ② 4π ③ 6π

④ 8π ⑤ 10π

좌표공간에서 수직으로 만나는 두 평면 α, β의 교선을 l이라 하자. 평면 β 위의 두 점 A, D에서 직선 l에 내린 수선의 발을 각각 B, C라 할 때, 평면 α 위에 있지 않은 세 점 A, D, E가 다음 조건을 만족시킨다.

(가) $\overline{AB} = \overline{BC} = 6$, $\overline{CD} = 3$
(나) 점 A의 직선 CE 위로의 정사영은 E이다.
(다) 삼각형 BCE는 정삼각형이다.

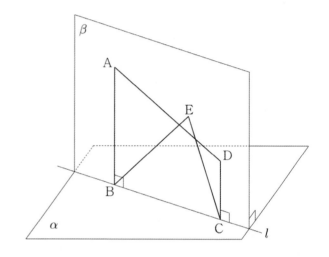

점 A, D의 평면 BCE 위로의 정사영을 각각 A′, D′라 할 때, 사각형 A′BCD′의 평면 α 위로의 정사영의 넓이는 S이다. S^2의 값을 구하시오.

026 ☐☐☐☐☐

그림과 같이 반지름의 길이가 3인 반구와 높이가 $\sqrt{3}$ 인 원기둥이 평면 α 위에 놓여 있고, 평면 α 와 만나지 않는 원기둥의 밑면은 반구에 내접한다. 반구와 평면 α 가 만나서 생기는 원의 중심을 O라 할 때, 평면 β 와 직선 l 은 다음 조건을 만족시킨다.

(가) 점 O와 평면 β 사이의 거리는 1이다.
(나) 평면 α 와 만나지 않는 원기둥의 밑면을 포함하는 평면과 평면 β 의 교선은 l 이다.
(다) 점 O의 평면 β 위로의 정사영과 직선 l 의 거리는 $\sqrt{2}$ 이다.

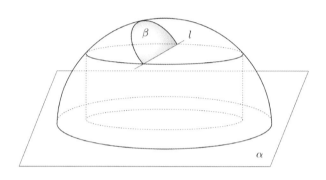

원기둥을 평면 β 로 자를 때, 원기둥에 나타나는 단면의 넓이는 $a\sqrt{3}\,\pi + b$ 이다. $10(a+b)$ 의 값을 구하시오.
(단, a 와 b 는 유리수이다.)

Theme 5 정사영의 길이

027 ☐☐☐☐☐

그림과 같이 한 모서리의 길이가 6인 정사면체 ABCD에서 선분 AD를 $1:2$ 로 내분하는 점을 P라 하자.
선분 BP의 평면 ABC 위로의 정사영의 길이는?

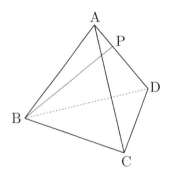

① $\dfrac{\sqrt{57}}{6}$ ② $\dfrac{\sqrt{57}}{3}$ ③ $\dfrac{\sqrt{57}}{2}$

④ $\dfrac{2\sqrt{57}}{3}$ ⑤ $\dfrac{5\sqrt{57}}{6}$

028 ☐☐☐☐☐

그림과 같이 $\angle BDC = 120°$, $\overline{CD} = \overline{BD} = 2$ 인 삼각형 BCD를 한 면으로 하는 사면체 ABCD이 있다.
꼭짓점 A의 평면 BCD 위로의 정사영은 B이고 선분 BC의 평면 ACD 위로의 정사영의 길이가 $\sqrt{10}$ 일 때, 사면체 ABCD의 부피는?

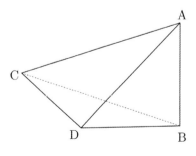

① $\sqrt{2}$ ② $\sqrt{3}$ ③ 2

④ $\sqrt{5}$ ⑤ $\sqrt{6}$

그림과 같이 평면 α 위에 $\angle B = 90°$, $\overline{AC} = 5$, $\overline{AB} = 4$인 직각삼각형 ABC가 있다. 평면 α 위에 있지 않은 세 점 D, E, F는 다음 조건을 만족시킨다.

> (가) 세 점 D, E, F의 평면 α 위로의 정사영은 각각 C, A, B이다.
>
> (나) $\overline{AE} = \overline{BF} = 5$, $\overline{CD} = 6$

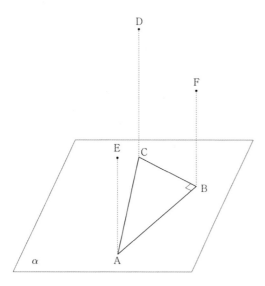

선분 EF의 중점을 M이라 할 때, 선분 AM의 평면 ABD 위로의 정사영의 길이는?

① $\sqrt{23}$ ② $2\sqrt{6}$ ③ 5

④ $\sqrt{26}$ ⑤ $3\sqrt{3}$

규토 라이트 N제

공간도형과 공간좌표

Training - **2 step**

기출 적용편

1. 공간도형

좌표공간에 평면 α가 있다. 평면 α 위에 있지 않은 서로 다른 두 점 A, B의 평면 α 위로의 정사영을 각각 A′, B′이라 할 때,

$$\overline{AB} = \overline{A'B'} = 6$$

이다. 선분 AB의 중점 M의 평면 α 위로의 정사영을 M′이라 할 때,

$$\overline{PM'} \perp \overline{A'B'}, \quad \overline{PM'} = 6$$

이 되도록 평면 α 위에 점 P를 잡는다.
삼각형 A′B′P의 평면 ABP 위로의 정사영의 넓이가 $\dfrac{9}{2}$일 때, 선분 PM의 길이는? [3점]

① 12   ② 15   ③ 18

④ 21   ⑤ 24

평면 α 위에 $\angle A = 90°$이고 $\overline{BC} = 6$인 직각이등변삼각형 ABC가 있다. 평면 α 밖의 한 점 P에서 이 평면까지의 거리가 4이고, 점 P에서 평면 α에 내린 수선의 발이 점 A일 때, 점 P에서 직선 BC까지의 거리는? [3점]

① $3\sqrt{2}$ ② 5   ③ $3\sqrt{3}$

④ $4\sqrt{2}$ ⑤ 6

평면 α 위에 있는 서로 다른 두 점 A, B를 지나는 직선을 l이라 하고, 평면 α 위에 있지 않은 점 P에서 평면 α에 내린 수선의 발을 H라 하자. $\overline{AB} = \overline{PA} = \overline{PB} = 6$, $\overline{PH} = 4$일 때, 점 H와 직선 l 사이의 거리는? [3점]

① $\sqrt{11}$ ② $2\sqrt{3}$ ③ $\sqrt{13}$

④ $\sqrt{14}$ ⑤ $\sqrt{15}$

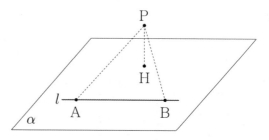

$\overline{AB} = 8$, $\angle ACB = 90°$인 삼각형 ABC에 대하여 점 C를 지나고 평면 ABC에 수직인 직선 위에 $\overline{CD} = 4$인 점 D가 있다. 삼각형 ABD의 넓이가 20일 때, 삼각형 ABC의 넓이를 구하시오. [3점]

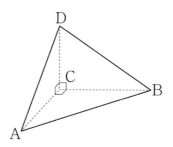

034 • 2019학년도 고3 9월 평가원 가형 ⬠⬠⬠⬠⬠

그림과 같이 평면 α 위에 넓이가 24인 삼각형 ABC가
있다. 평면 α 위에 있지 않은 점 P에서 평면 α에 내린
수선의 발을 H, 직선 AB에 내린 수선의 발을 Q라 하자.
점 H가 삼각형 ABC의 무게중심이고, $\overline{PH} = 4$, $\overline{AB} = 8$
일 때, 선분 PQ의 길이는? [3점]

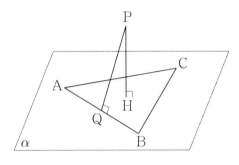

① $3\sqrt{2}$　　② $2\sqrt{5}$　　③ $\sqrt{22}$

④ $2\sqrt{6}$　　⑤ $\sqrt{26}$

036 • 2022학년도 고3 9월 평가원 가형 ⬠⬠⬠⬠⬠

그림과 같이 $\overline{AD} = 3$, $\overline{DB} = 2$, $\overline{DC} = 2\sqrt{3}$ 이고

$\angle ADB = \angle ADC = \angle BDC = \dfrac{\pi}{2}$ 인 사면체 ABCD가 있다.

선분 BC 위를 움직이는 점 P에 대하여 $\overline{AP} + \overline{DP}$ 의
최솟값은? [3점]

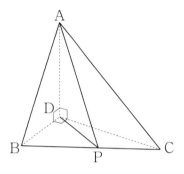

① $3\sqrt{3}$　　② $\dfrac{10\sqrt{3}}{3}$　　③ $\dfrac{11\sqrt{3}}{3}$

④ $4\sqrt{3}$　　⑤ $\dfrac{13\sqrt{3}}{3}$

035 • 2005학년도 수능 가형 ⬠⬠⬠⬠⬠

그림과 같이 한 모서리의 길이가 3인 정육면체
ABCD − EFGH의 세 모서리 AD, BC, FG 위에
$\overline{DP} = \overline{BQ} = \overline{GR} = 1$인 세 점 P, Q, R가 있다.
평면 PQR와 평면 CGHD가 이루는 각의 크기를 θ라 할 때,
$\cos\theta$의 값은? (단, $0 < \theta < \dfrac{\pi}{2}$) [3점]

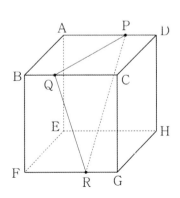

① $\dfrac{\sqrt{10}}{5}$　　② $\dfrac{\sqrt{10}}{10}$　　③ $\dfrac{\sqrt{11}}{11}$

④ $\dfrac{2\sqrt{11}}{11}$　　⑤ $\dfrac{3\sqrt{11}}{11}$

037 • 2022학년도 수능 기하 ⬠⬠⬠⬠⬠

그림과 같이 한 모서리의 길이가 4인 정육면체
ABCD − EFGH가 있다. 선분 AD의 중점을 M이라 할 때,
삼각형 MEG의 넓이는? [3점]

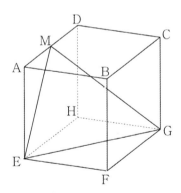

① $\dfrac{21}{2}$　　② 11　　③ $\dfrac{23}{2}$

④ 12　　⑤ $\dfrac{25}{2}$

좌표공간에서 수직으로 만나는 두 평면 α, β의 교선을 l이라 하자. 평면 α 위의 직선 m과 평면 β 위의 직선 n은 각각 직선 l과 평행하다. 직선 m 위의 $\overline{AP} = 4$인 두 점 A, P에 대하여 점 P에서 직선 l에 내린 수선의 발을 Q, 점 Q에서 직선 n에 내린 수선의 발을 B라 하자. $\overline{PQ} = 3$, $\overline{QB} = 4$이고, 점 B가 아닌 직선 n 위의 점 C에 대하여 $\overline{AB} = \overline{AC}$일 때, 삼각형 ABC의 넓이는? [3점]

① 18　　　② 20　　　③ 22

④ 24　　　⑤ 26

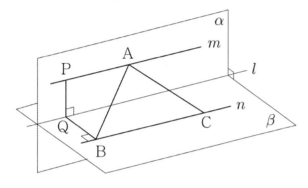

사면체 ABCD에서 모서리 CD의 길이는 10, 삼각형 ACD의 넓이는 40이고, 평면 BCD와 평면 ACD가 이루는 각의 크기는 30°이다. 점 A에서 평면 BCD에 내린 수선의 발을 H라 할 때, 선분 AH의 길이는? [3점]

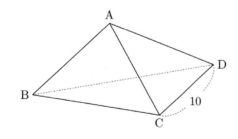

① $2\sqrt{3}$　　　② 4　　　③ 5

④ $3\sqrt{3}$　　　⑤ $4\sqrt{3}$

그림과 같이 평면 α 위에 있는 서로 다른 두 점 A, B와 평면 α 위에 있지 않은 서로 다른 네 점 C, D, E, F가 있다. 사각형 ABCD는 한 변의 길이가 6인 정사각형이고 사각형 ABEF는 $\overline{AF} = 12$인 직사각형이다. 정사각형 ABCD의 평면 α 위로의 정사영의 넓이는 18이고, 점 F의 평면 α 위로의 정사영을 H라 하면 $\overline{FH} = 6$이다. 정사각형 ABCD의 평면 ABEF 위로의 정사영의 넓이는?

(단, $0 < \angle \mathrm{DAF} < \dfrac{\pi}{2}$) [3점]

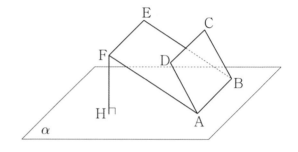

① $12\sqrt{3}$　　　② $15\sqrt{2}$　　　③ $18\sqrt{2}$

④ $15\sqrt{3}$　　　⑤ $18\sqrt{3}$

041 • 2023학년도 고3 9월 평가원 기하 ⬡⬡⬡⬡⬡

그림과 같이 밑면의 반지름의 길이가 4, 높이가 3인 원기둥이 있다. 선분 AB는 이 원기둥의 한 밑면의 지름이고 C, D는 다른 밑면의 둘레 위의 서로 다른 두 점이다. 네 점 A, B, C, D가 다음 조건을 만족시킬 때, 선분 CD의 길이는? [3점]

(가) 삼각형 ABC의 넓이는 16이다.
(나) 두 직선 AB, CD는 서로 평행하다.

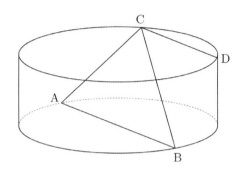

① 5
② $\dfrac{11}{2}$
③ 6
④ $\dfrac{13}{2}$
⑤ 7

 042 • 2023학년도 수능 기하 ⬡⬡⬡⬡⬡

좌표공간에 직선 AB를 포함하는 평면 α가 있다. 평면 α 위에 있지 않은 점 C에 대하여 직선 AB와 직선 AC가 이루는 예각의 크기를 θ_1이라 할 때 $\sin\theta_1 = \dfrac{4}{5}$이고,

직선 AC와 평면 α가 이루는 예각의 크기는 $\dfrac{\pi}{2} - \theta_1$이다.

평면 ABC와 평면 α가 이루는 예각의 크기를 θ_2라 할 때, $\cos\theta_2$의 값은? [3점]

① $\dfrac{\sqrt{7}}{4}$
② $\dfrac{\sqrt{7}}{5}$
③ $\dfrac{\sqrt{7}}{6}$
④ $\dfrac{\sqrt{7}}{7}$
⑤ $\dfrac{\sqrt{7}}{8}$

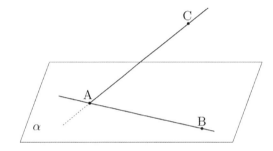

공간도형과 공간좌표

043 • 2007년 고3 10월 교육청 가형 〇〇〇〇〇

그림과 같이 한 모서리의 길이가 4인 정육면체
ABCD – EFGH의 내부에 밑면의 반지름의 길이가 1인
원기둥이 있다. 원기둥의 밑면의 중심은 두 정사각형
ABCD, EFGH의 두 대각선의 교점과 각각 일치한다.
이 원기둥이 세 점 A, F, H를 지나는 평면에 의하여
잘린 단면의 넓이는? [4점]

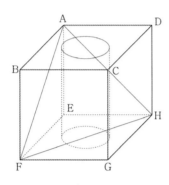

① $\dfrac{3\sqrt{3}}{2}\pi$　　② $\sqrt{2}\pi$　　③ $\dfrac{\sqrt{3}}{2}\pi$

④ $\dfrac{\sqrt{6}}{3}\pi$　　⑤ $\dfrac{\sqrt{2}}{2}\pi$

044 • 2016학년도 수능 B형 〇〇〇〇〇

좌표공간에 서로 수직인 두 평면 α와 β가 있다. 평면 α
위의 두 점 A, B에 대하여 $\overline{AB} = 3\sqrt{5}$이고 직선 AB는
평면 β에 평행하다. 점 A와 평면 β 사이의 거리가 2이고,
평면 β 위의 점 P와 평면 α 사이의 거리는 4일 때,
삼각형 PAB의 넓이를 구하시오. [4점]

045 • 2009학년도 고3 9월 평가원 가형 〇〇〇〇〇

중심이 O이고 반지름의 길이가 1인 구에 내접하는
정사면체 ABCD가 있다. 두 삼각형 BCD, ACD의
무게중심을 각각 F, G라 할 때, 〈보기〉에서 옳은 것만을
있는 대로 고른 것은? [4점]

─〈보기〉─

ㄱ. 직선 AF와 직선 BG는 꼬인 위치에 있다.

ㄴ. 삼각형 ABC의 넓이는 $\dfrac{3\sqrt{3}}{4}$보다 작다.

ㄷ. $\angle AOG = \theta$일 때, $\cos\theta = \dfrac{1}{3}$이다.

① ㄴ　　② ㄷ　　③ ㄱ, ㄴ

④ ㄴ, ㄷ　　⑤ ㄱ, ㄴ, ㄷ

046 • 2017년 고3 7월 교육청 가형 〇〇〇〇〇

그림과 같이 한 변의 길이가 4인 정사각형을 밑면으로 하고
$\overline{OA} = \overline{OB} = \overline{OC} = \overline{OD} = 2\sqrt{5}$인 정사각뿔 O – ABCD가
있다. 두 선분 OA, AB의 중점을 각각 P, Q라 할 때,
삼각형 OPQ의 평면 OCD 위로의 정사영의 넓이는? [4점]

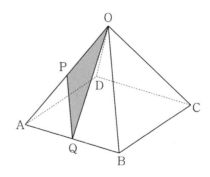

① $\dfrac{1}{2}$　　② $\dfrac{3}{4}$　　③ 1

④ $\dfrac{5}{4}$　　⑤ $\dfrac{3}{2}$

047 • 2016학년도 고3 9월 평가원 B형 ⬠⬠⬠⬠⬠

그림과 같이 $\overline{AB} = 9$, $\overline{BC} = 12$, $\cos(\angle ABC) = \dfrac{\sqrt{3}}{3}$ 인 사면체 ABCD에 대하여 점 A의 평면 BCD 위로의 정사영을 P라 하고 점 A에서 선분 BC에 내린 수선의 발을 Q라 하자. $\cos(\angle AQP) = \dfrac{\sqrt{3}}{6}$ 일 때, 삼각형 BCP의 넓이는 k이다. k^2의 값을 구하시오. [4점]

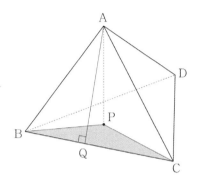

048 • 2020학년도 사관학교 가형 ⬠⬠⬠⬠⬠

그림과 같이 한 변의 길이가 6인 정삼각형 ACD를 한 면으로 하는 사면체 ABCD가 다음 조건을 만족시킨다.

(가) $\overline{BC} = 3\sqrt{10}$
(나) $\overline{AB} \perp \overline{AC}$, $\overline{AB} \perp \overline{AD}$

두 모서리 AC, AD의 중점을 각각 M, N이라 할 때, 삼각형 BMN의 평면 BCD 위로의 정사영의 넓이를 S라 하자. $40 \times S$의 값을 구하시오. [4점]

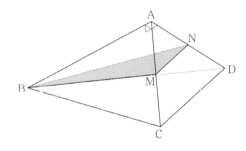

049 • 2016년 고3 10월 교육청 가형 ⬠⬠⬠⬠⬠

그림과 같이 평면 α 위에 넓이가 27인 삼각형 ABC가 있고, 평면 β 위에 넓이가 35인 삼각형 ABD가 있다. 선분 BC를 $1 : 2$로 내분하는 점을 P라 하고 선분 AP를 $2 : 1$로 내분하는 점을 Q라 하자. 점 D에서 평면 α에 내린 수선의 발을 H라 하면 점 Q는 선분 BH의 중점이다. 두 평면 α, β가 이루는 각을 θ라 할 때, $\cos\theta = \dfrac{q}{p}$이다. $p + q$의 값을 구하시오. (단, p와 q는 서로소인 자연수이다.)

[4점]

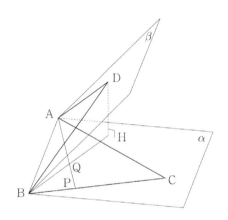

공간도형과 공간좌표

[그림 1]과 같이 $\overline{AB} = 3$, $\overline{AD} = 2\sqrt{7}$ 인 직사각형 ABCD 모양의 종이가 있다. 선분 AD의 중점을 M이라 하자. 두 선분 BM, CM을 접는 선으로 하여 [그림 2]와 같이 두 점 A, D가 한 점 P에서 만나도록 종이를 접었을 때, 평면 PBM과 평면 BCM이 이루는 각의 크기를 θ라 하자. $\cos\theta$의 값은? (단, 종이의 두께는 고려하지 않는다.) [4점]

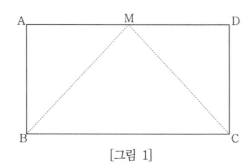

[그림 1]

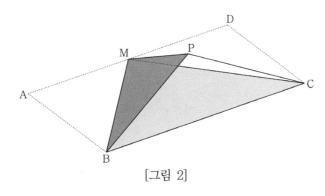

[그림 2]

① $\dfrac{17}{27}$　　② $\dfrac{2}{3}$　　③ $\dfrac{19}{27}$

④ $\dfrac{20}{27}$　　⑤ $\dfrac{7}{9}$

그림은 $\overline{AC} = \overline{AE} = \overline{BE}$ 이고, $\angle DAC = \angle CAB = 90°$ 인 사면체의 전개도이다.

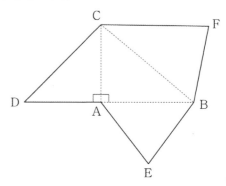

이 전개도로 사면체를 만들 때, 세 점 D, E, F가 합쳐지는 점을 P라 하자. 사면체 PABC에 대하여 〈보기〉에서 옳은 것만을 있는 대로 고른 것은? [4점]

─────〈보기〉─────

ㄱ. $\overline{CP} = \sqrt{2} \times \overline{BP}$

ㄴ. 직선 AB와 직선 CP는 꼬인 위치에 있다.

ㄷ. 선분 AB의 중점을 M이라 할 때,
　　직선 PM과 직선 BC는 서로 수직이다.

① ㄱ　　　② ㄷ　　　③ ㄱ, ㄴ

④ ㄴ, ㄷ　　⑤ ㄱ, ㄴ, ㄷ

052 · 2009학년도 고3 9월 평가원 가형 ☐☐☐☐☐

그림과 같이 태양광선이 지면과 $60°$의 각을 이루면서 비추고 있다. 한 변의 길이가 4인 정사각형의 중앙에 반지름의 길이가 1인 원 모양의 구멍이 뚫려 있는 판이 있다. 이 판은 지면과 수직으로 서 있고 태양광선과 $30°$의 각을 이루고 있다. 판의 밑변을 지면에 고정하고 판을 그림자 쪽으로 기울일 때 생기는 그림자의 최대 넓이를 S라 하자. S의 값을 $\frac{\sqrt{3}(a+b\pi)}{3}$라 할 때, $a+b$의 값을 구하시오. (단, a, b는 정수이고, 판의 두께는 무시한다.)

[4점]

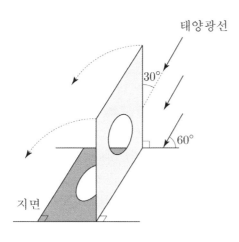

053 · 2013학년도 수능 가형 ☐☐☐☐☐

그림과 같이 $\overline{AB}=9$, $\overline{AD}=3$인 직사각형 ABCD 모양의 종이가 있다. 선분 AB 위의 점 E와 선분 DC 위의 점 F를 연결하는 선을 접는 선으로 하여, 점 B의 평면 AEFD 위로의 정사영이 점 D가 되도록 종이를 접었다. $\overline{AE}=3$일 때, 두 평면 AEFD와 EFCB가 이루는 각의 크기가 θ이다. $60\cos\theta$의 값을 구하시오. (단, $0<\theta<\frac{\pi}{2}$이고, 종이의 두께는 고려하지 않는다.) [4점]

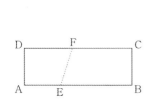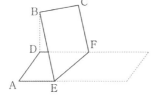

054 · 2010학년도 고3 9월 평가원 가형 ☐☐☐☐☐

그림과 같이 반지름의 길이가 r인 구 모양의 공이 공중에 있다. 벽면과 지면은 서로 수직이고, 태양광선이 지면과 크기가 θ인 각을 이루면서 공을 비추고 있다. 태양광선과 평행하고 공의 중심을 지나는 직선이 벽면과 지면의 교선 l과 수직으로 만난다. 벽면에 생기는 공의 그림자 위의 점에서 교선 l까지 거리의 최댓값을 a라 하고, 지면에 생기는 공의 그림자 위의 점에서 교선 l까지 거리의 최댓값을 b라 하자. 〈보기〉에서 옳은 것만을 있는 대로 고른 것은? [4점]

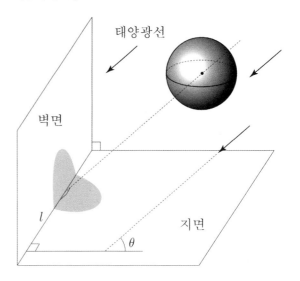

〈보기〉

ㄱ. 그림자와 교선 l의 공통부분의 길이는 $2r$이다.

ㄴ. $\theta=60°$이면 $a<b$이다.

ㄷ. $\frac{1}{a^2}+\frac{1}{b^2}=\frac{1}{r^2}$

① ㄱ ② ㄴ ③ ㄱ, ㄷ
④ ㄴ, ㄷ ⑤ ㄱ, ㄴ, ㄷ

그림과 같이 $\overline{AB} = 4$, $\overline{CD} = 8$, $\overline{BC} = \overline{BD} = 4\sqrt{5}$인 사면체 ABCD에 대하여 직선 AB와 평면 ACD는 서로 수직이다. 두 선분 CD, DB의 중점을 각각 M, N이라 할 때, 선분 AM 위의 점 P에 대하여 선분 DB와 선분 PN은 서로 수직이다. 두 평면 PDB와 CDB가 이루는 예각의 크기를 θ라 할 때, $40\cos^2\theta$의 값을 구하시오. [4점]

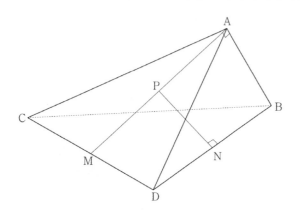

한 모서리의 길이가 6인 정사면체 OABC가 있다. 세 삼각형 OAB, OBC, OCA에 각각 내접하는 세 원의 평면 ABC 위로의 정사영을 각각 S_1, S_2, S_3이라 하자. 그림과 같이 세 도형 S_1, S_2, S_3으로 둘러싸인 어두운 부분의 넓이를 S라 할 때, $(S+\pi)^2$의 값을 구하시오. [4점]

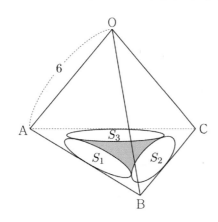

그림과 같이 서로 다른 두 평면 α, β의 교선 위에 점 A가 있다. 평면 α 위의 세 점 B, C, D의 평면 β 위로의 정사영을 각각 B′, C′, D′이라 할 때, 사각형 AB′C′D′은 한 변의 길이가 $4\sqrt{2}$인 정사각형이고, $\overline{BB'} = \overline{DD'}$이다. 두 평면 α와 β가 이루는 각의 크기를 θ라 할 때, $\tan\theta = \dfrac{3}{4}$이다. 선분 BC의 길이는?

(단, 선분 BD와 평면 β는 만나지 않는다.) [4점]

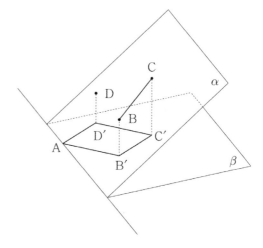

① $\sqrt{35}$ ② $\sqrt{37}$ ③ $\sqrt{39}$

④ $\sqrt{41}$ ⑤ $\sqrt{43}$

058 · 2019학년도 수능 가형 ☐☐☐☐☐

한 변의 길이가 12인 정삼각형 BCD를 한 면으로 하는
사면체 ABCD의 꼭짓점 A에서 평면 BCD에 내린 수선의
발을 H라 할 때, 점 H는 삼각형 BCD의 내부에 놓여 있다.
삼각형 CDH의 넓이는 삼각형 BCH의 넓이의 3배, 삼각형
DBH의 넓이는 삼각형 BCH의 넓이의 2배이고 $\overline{AH} = 3$
이다. 선분 BD의 중점을 M, 점 A에서 선분 CM에 내린
수선의 발을 Q라 할 때, 선분 AQ의 길이는? [4점]

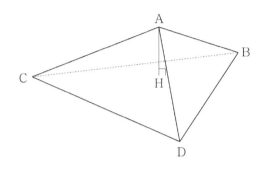

① $\sqrt{11}$　　　② $2\sqrt{3}$　　　③ $\sqrt{13}$

④ $\sqrt{14}$　　　⑤ $\sqrt{15}$

059 · 2017학년도 고3 9월 평가원 가형 ☐☐☐☐☐

그림과 같이 직선 l을 교선으로 하고 이루는 각의 크기가
$\dfrac{\pi}{4}$인 두 평면 α와 β가 있고, 평면 α 위의 점 A와 평면 β
위의 점 B가 있다. 두 점 A, B에서 직선 l에 내린 수선의
발을 각각 C, D라 하자. $\overline{AB} = 2$, $\overline{AD} = \sqrt{3}$이고 직선
AB와 평면 β가 이루는 각의 크기가 $\dfrac{\pi}{6}$일 때, 사면체
ABCD의 부피는 $a + b\sqrt{2}$이다. $36(a+b)$의 값을 구하시오.
(단, a, b는 유리수이다.) [4점]

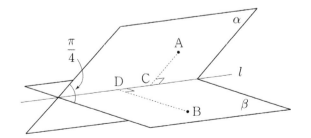

060 · 2007학년도 고3 9월 평가원 가형 ☐☐☐☐☐

서로 수직인 두 평면 α, β의 교선을 l이라 하자. 반지름의
길이가 6인 원판이 두 평면 α, β와 각각 한 점에서 만나고
교선 l에 평행하게 놓여 있다. 태양광선이 평면 α와 30°의
각을 이루면서 원판의 면에 수직으로 비출 때, 그림과 같이
평면 β에 나타나는 원판의 그림자의 넓이를 S라 하자.
S의 값을 $a + b\sqrt{3}\,\pi$라 할 때, $a+b$의 값을 구하시오.
(단, a, b는 자연수이고, 원판의 두께는 무시한다.) [4점]

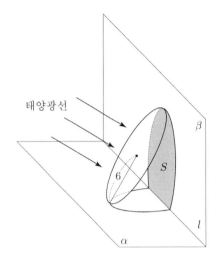

태양광선

공간도형과 공간좌표

그림과 같이 중심 사이의 거리가 $\sqrt{3}$이고 반지름의 길이가 1인 두 원판과 평면 α가 있다. 각 원판의 중심을 지나는 직선 l은 두 원판의 면과 각각 수직이고, 평면 α와 이루는 각의 크기가 $60°$이다. 태양광선이 그림과 같이 평면 α에 수직인 방향으로 비출 때, 두 원판에 의해 평면 α에 생기는 그림자의 넓이는? (단, 원판의 두께는 무시한다.) [4점]

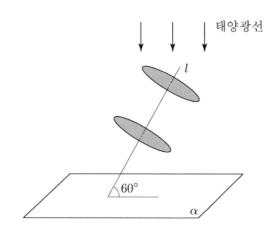

① $\dfrac{\sqrt{3}}{3}\pi + \dfrac{3}{8}$ ② $\dfrac{2}{3}\pi + \dfrac{\sqrt{3}}{4}$

③ $\dfrac{2\sqrt{3}}{3}\pi + \dfrac{1}{8}$ ④ $\dfrac{4}{3}\pi + \dfrac{\sqrt{3}}{16}$

⑤ $\dfrac{2\sqrt{3}}{3}\pi + \dfrac{3}{4}$

그림과 같이 평면 α 위에 점 A가 있고 α로부터의 거리가 각각 1, 3인 두 점 B, C가 있다. 선분 AC를 $1:2$로 내분하는 점 P에 대하여 $\overline{BP}=4$이다. 삼각형 ABC의 넓이가 9일 때, 삼각형 ABC의 평면 α 위로의 정사영의 넓이를 S라 하자. S^2의 값을 구하시오. [4점]

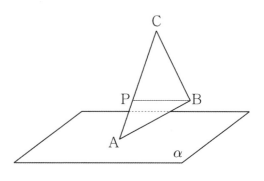

반지름의 길이가 6인 반구가 평면 α 위에 놓여 있다. 반구와 평면 α가 만나서 생기는 원의 중심을 O라 하자. 그림과 같이 중심 O로부터 거리가 $2\sqrt{3}$이고 평면 α와 $45°$의 각을 이루는 평면으로 반구를 자를 때, 반구에 나타나는 단면의 평면 α 위로의 정사영의 넓이는 $\sqrt{2}\,(a+b\pi)$이다. $a+b$의 값을 구하시오. (단, a, b는 자연수이다.) [4점]

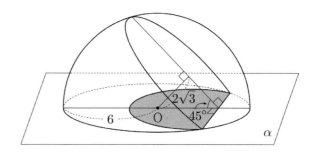

064 • 2020학년도 수능 가형 ○○○○○

그림과 같이 한 변의 길이가 4이고 $\angle BAD = \dfrac{\pi}{3}$인 마름모
ABCD 모양의 종이가 있다. 변 BC와 변 CD의 중점을
각각 M과 N이라 할 때, 세 선분 AM, AN, MN을 접는
선으로 하여 사면체 PAMN이 되도록 종이를 접었다.
삼각형 AMN의 평면 PAM 위로의 정사영의 넓이는
$\dfrac{q}{p}\sqrt{3}$이다. $p+q$의 값을 구하시오. (단, 종이의 두께는
고려하지 않으며 P는 종이를 접었을 때 세 점 B, C, D가
합쳐지는 점이고, p와 q는 서로소인 자연수이다.) [4점]

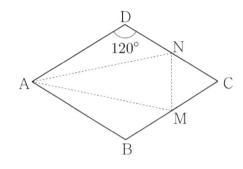

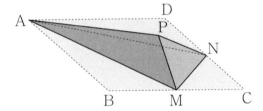

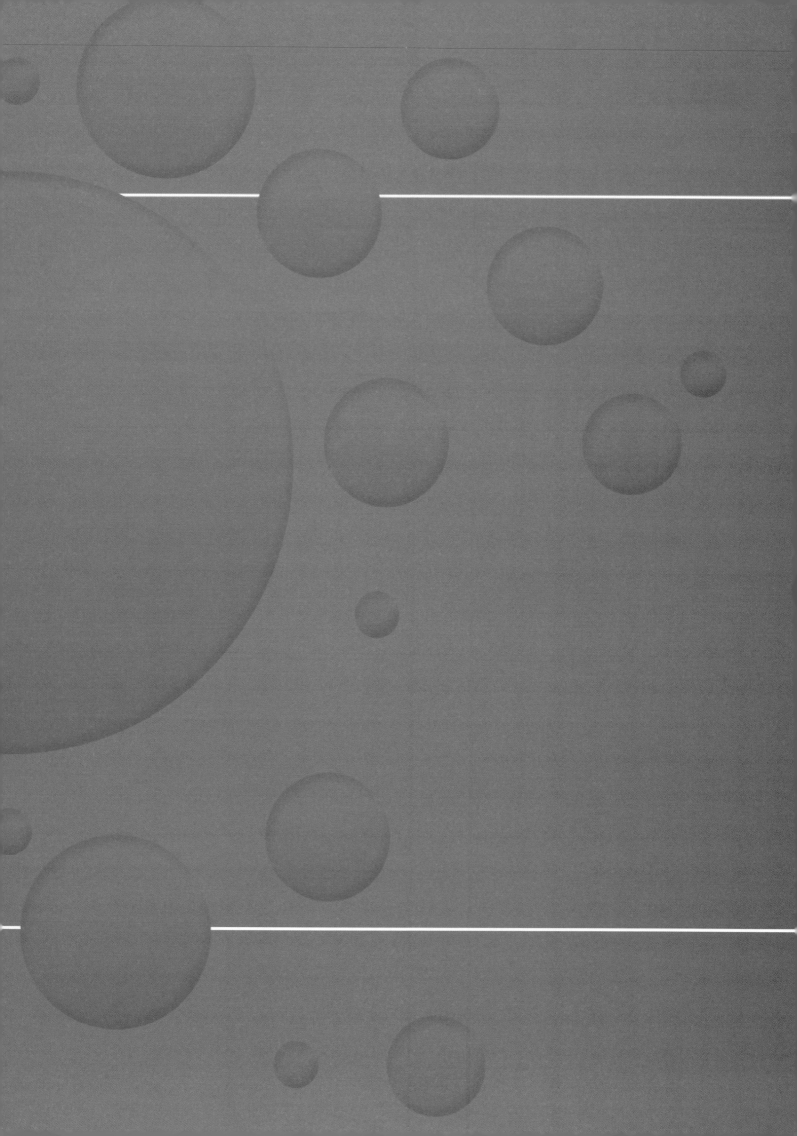

규토 라이트 N제

공간도형과 공간좌표

Master step

심화 문제편

1. 공간도형

평면 π에 수직인 직선 l을 경계로 하는 세 반평면 α, β, γ가 있다. α, β가 이루는 각의 크기와 β, γ가 이루는 각의 크기는 모두 $120°$이다. 그림과 같이 반지름의 길이가 1인 구가 π, α, β에 동시에 접하고, 반지름의 길이가 2인 구가 π, β, γ에 동시에 접한다. 두 구의 중심 사이의 거리를 d라 할 때, $3d^2$의 값을 구하시오.
(단, 두 구는 평면 π의 같은 쪽에 있다.) [4점]

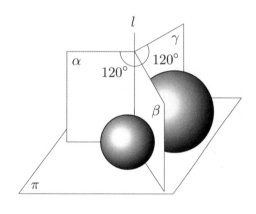

그림과 같이 반지름의 길이가 모두 $\sqrt{3}$이고 높이가 서로 다른 세 원기둥이 서로 외접하며 한 평면 α 위에 놓여 있다. 평면 α와 만나지 않는 세 원기둥의 밑면의 중심을 각각 P, Q, R라 할 때, 삼각형 QPR는 이등변삼각형이고, 평면 QPR과 평면 α가 이루는 각의 크기는 $60°$이다. 세 원기둥의 높이를 각각 8, a, b라 할 때, $a+b$의 값을 구하시오. (단, $8 < a < b$) [4점]

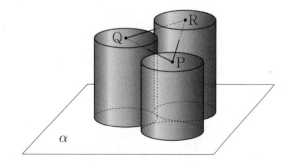

한 변의 길이가 8인 정사각형을 밑면으로 하고 높이가 $4+4\sqrt{3}$인 직육면체 ABCD − EFGH가 있다. 그림과 같이 이 직육면체의 바닥에 $\angle EPF = 90°$인 삼각기둥 EFP − HGQ가 놓여 있고 그 위에 구를 삼각기둥과 한 점에서 만나도록 올려놓았더니 이 구가 밑면 ABCD와 직육면체의 네 옆면에 모두 접하였다. 태양광선이 밑면과 수직인 방향으로 구를 비출 때, 삼각기둥의 두 옆면 PFGQ, EPQH에 생기는 구의 그림자의 넓이를 각각 S_1, $S_2 (S_1 > S_2)$라 하자. $S_1 + \dfrac{1}{\sqrt{3}} S_2$의 값은? [4점]

태양광선

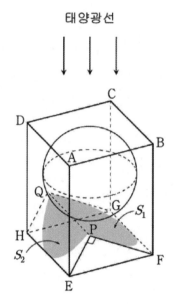

① $\dfrac{20\sqrt{3}}{3}\pi$　　② $8\sqrt{3}\pi$　　③ $\dfrac{28\sqrt{3}}{3}\pi$

④ $\dfrac{32\sqrt{3}}{3}\pi$　　⑤ $12\sqrt{3}\pi$

068 ⬡⬡⬡⬡⬡

그림과 같이 한 변의 길이가 $6\sqrt{3}$ 인 정사면체가 평면 α 위에 놓여 있다. 삼각형 ACD에 내접하는 원을 S 라 할 때, 원 S 의 중심을 O라 하자. 점 O의 직선 BC 위로의 정사영을 E라 하자. 직선 OE와 평행하게 태양광선을 원 S 에 비출 때, 평면 α 위에 생기는 그림자의 넓이는?

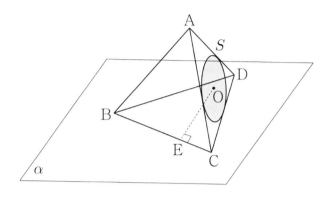

① 6π ② 7π ③ 8π

④ 9π ⑤ 10π

069 • 2021년 고3 10월 교육청 기하 ⬡⬡⬡⬡⬡

한 변의 길이가 4인 정삼각형 ABC를 한 면으로 하는 사면체 ABCD의 꼭짓점 A에서 평면 BCD에 내린 수선의 발을 H라 할 때, 점 H는 삼각형 BCD의 내부에 놓여 있다. 직선 DH가 선분 BC와 만나는 점을 E라 할 때, 점 E가 다음 조건을 만족시킨다.

> (가) $\angle$AEH = $\angle$DAH
> (나) 점 E는 선분 CD를 지름으로 하는 원 위의 점이고 $\overline{DE} = 4$이다.

삼각형 AHD의 평면 ABD 위로의 정사영의 넓이는 $\dfrac{q}{p}$ 이다. $p+q$의 값을 구하시오. (단, p와 q는 서로소인 자연수이다.)

[4점]

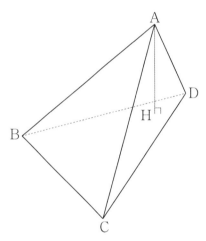

같은 평면 위에 있지 않고 서로 평행한 세 직선 l, m, n이 있다. 직선 l 위의 두 점 A, B, 직선 m 위의 점 C, 직선 n 위의 점 D가 다음 조건을 만족시킨다.

(가) $\overline{AB} = 2\sqrt{2}$, $\overline{CD} = 3$
(나) $\overline{AC} \perp l$, $\overline{AC} = 5$
(다) $\overline{BD} \perp l$, $\overline{BD} = 4\sqrt{2}$

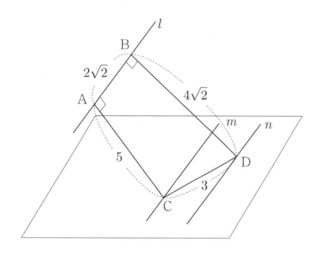

두 직선 m, n을 포함하는 평면과 세 점 A, C, D를 포함하는 평면이 이루는 각의 크기를 θ라 할 때, $15\tan^2\theta$의 값을 구하시오. (단, $0 < \theta < \dfrac{\pi}{2}$) [4점]

그림과 같이 밑면의 반지름의 길이가 7인 원기둥과 밑면의 반지름의 길이가 5이고 높이가 12인 원뿔이 평면 α 위에 놓여 있고, 원뿔의 밑면의 둘레가 원기둥의 밑면의 둘레에 내접한다. 평면 α와 만나는 원기둥의 밑면의 중심을 O, 원뿔의 꼭짓점을 A라 하자. 중심이 B이고 반지름의 길이가 4인 구 S가 다음 조건을 만족시킨다.

(가) 구 S는 원기둥과 원뿔에 모두 접한다.
(나) 두 점 A, B의 평면 α 위로의 정사영이 각각 A′, B′일 때, $\angle A'OB' = 180°$이다.

직선 AB와 평면 α가 이루는 예각의 크기를 θ라 할 때, $\tan\theta = p$이다. $100p$의 값을 구하시오. (단, 원뿔의 밑면의 중심과 점 A′은 일치한다.) [4점]

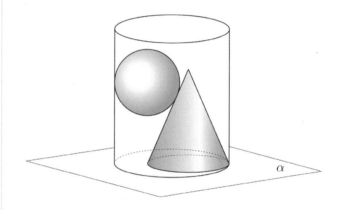

072 · 2022학년도 고3 9월 평가원 가형 〇〇〇〇〇

그림과 같이 한 변의 길이가 8인 정사각형 ABCD에 두 선분 AB, CD를 각각 지름으로 하는 두 반원이 붙어 있는 모양의 종이가 있다. 반원의 호 AB의 삼등분점 중 점 B에 가까운 점을 P라 하고, 반원의 호 CD를 이등분하는 점을 Q라 하자. 이 종이에서 두 선분 AB와 CD를 접는 선으로 하여 두 반원을 접어 올렸을 때 두 점 P, Q에서 평면 ABCD에 내린 수선의 발을 각각 G, H라 하면 두 점 G, H는 정사각형 ABCD의 내부에 놓여 있고, $\overline{PG} = \sqrt{3}$, $\overline{QH} = 2\sqrt{3}$ 이다. 두 평면 PCQ와 ABCD가 이루는 각의 크기가 θ일 때, $70 \times \cos^2\theta$의 값을 구하시오. (단, 종이의 두께는 고려하지 않는다.) [4점]

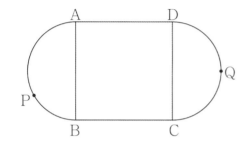

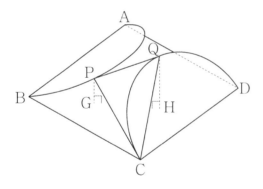

073 · 2014학년도 수능예비시행 B형 〇〇〇〇〇

반지름의 길이가 2인 구의 중심 O를 지나는 평면을 α라 하고, 평면 α와 이루는 각이 45°인 평면 β라 하자. 평면 α와 구가 만나서 생기는 원을 C_1, 평면 β와 구가 만나서 생기는 원을 C_2라 하자. 원 C_2의 중심 A와 평면 α 사이의 거리가 $\dfrac{\sqrt{6}}{2}$일 때, 그림과 같이 다음 조건을 만족하도록 원 C_1 위에 점 P, 원 C_2 위에 두 점 Q, R를 잡는다.

(가) ∠QAR = 90°
(나) 직선 OP와 직선 AQ는 서로 평행하다.

평면 PQR와 평면 AQPO가 이루는 각을 θ라 할 때, $\cos^2\theta = \dfrac{q}{p}$이다. $p+q$의 값을 구하시오. (단, p와 q는 서로소인 자연수이다.) [4점]

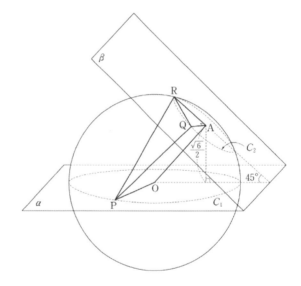

그림과 같이 평면 α 위에 $\angle A = \dfrac{\pi}{2}$, $\overline{AB} = \overline{AC} = 2\sqrt{3}$ 인

삼각형 ABC가 있다. 중심이 점 O이고 반지름의 길이가

2인 구가 평면 α와 점 A에서 접한다.

세 직선 OA, OB, OC와 구의 교점 중 평면 α까지의

거리가 2보다 큰 점을 각각 D, E, F라 하자.

삼각형 DEF의 평면 OBC 위로의 정사영의 넓이를

S라 할 때, $100S^2$의 값을 구하시오. [4점]

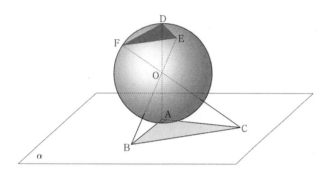

한 변의 길이가 4인 정육면체 ABCD – EFGH와 밑면의

반지름의 길이가 $\sqrt{2}$이고 높이가 2인 원기둥이 있다.

그림과 같이 이 원기둥의 밑면이 평면 ABCD에 포함되고

사각형 ABCD의 두 대각선의 교점과 원기둥의 밑면의

중심이 일치하도록 하였다. 평면 ABCD에 포함되어 있는

원기둥의 밑면을 α, 다른 밑면을 β라 하자.

평면 AEGC가 밑면 α와 만나서 생기는 선분을 MN,

평면 BFHD가 밑면 β와 만나서 생기는 선분을 PQ라

할 때, 삼각형 MPQ의 평면 DEG 위로의 정사영의 넓이는

$\dfrac{b}{a}\sqrt{3}$이다. $a^2 + b^2$의 값을 구하시오.

(단, a, b는 서로소인 자연수이다.) [4점]

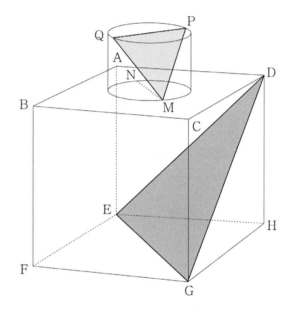

076 · 2016년 고3 7월 교육청 가형 ⬡⬡⬡⬡⬡

그림과 같이 반지름의 길이가 2인 구 S와 서로 다른 두 직선 l, m이 있다. 구 S와 직선 l이 만나는 서로 다른 두 점을 각각 A, B, 구 S와 직선 m이 만나는 서로 다른 두 점을 각각 P, Q라 하자. 삼각형 APQ는 한 변의 길이가 $2\sqrt{3}$인 정삼각형이고 $\overline{AB} = 2\sqrt{2}$, $\angle ABQ = \dfrac{\pi}{2}$일 때 평면 APB와 평면 APQ가 이루는 각의 크기 θ에 대하여 $100\cos^2\theta$의 값을 구하시오. [4점]

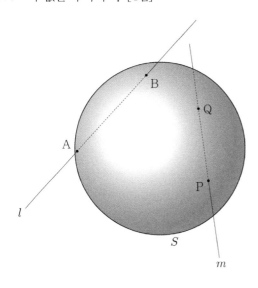

077 ⬡⬡⬡⬡⬡

그림과 같이 반지름의 길이가 $\sqrt{3}$인 반구와 높이가 2인 원기둥이 평면 α 위에 놓여 있고, 반구와 평면 α가 만나서 생기는 원과 원기둥의 밑면은 같다. 평면 α와 만나지 않는 원기둥의 밑면의 중심을 A라 하고, 점 A에서 평면 α에 내린 수선의 발을 O라 하자. 점 A를 지나고 반구에 접하도록 직선 l을 그을 때, 접점을 P라 하고 직선 l과 평면 α의 교점을 B라 하자. 평면 α 위의 점 Q에 대하여 $\angle QBO = 90°$이다. 선분 PQ와 원기둥의 교점을 R이라 할 때, 삼각형 BPR의 넓이는 $\dfrac{\sqrt{15}}{2}$이다. 삼각형 BPQ의 넓이는 $\dfrac{a}{b}\sqrt{15}$이다. $a+b$의 값을 구하시오. (단, a와 b는 서로소인 자연수이다.)

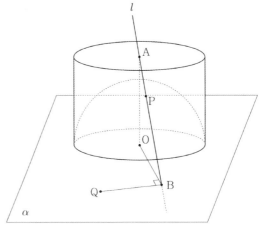

좌표공간에 정사면체 ABCD가 있다. 정삼각형 BCD의 외심을 중심으로 하고 점 B를 지나는 구를 S라 하자. 구 S와 선분 AB가 만나는 점 중 B가 아닌 점을 P, 구 S와 선분 AC가 만나는 점 중 C가 아닌 점을 Q, 구 S와 선분 AD가 만나는 점 중 D가 아닌 점을 R라 하고, 점 P에서 구 S에 접하는 평면을 α라 하자. 구 S의 반지름의 길이가 6일 때, 삼각형 PQR의 평면 α 위로의 정사영의 넓이는 k이다. k^2의 값을 구하시오. [4점]

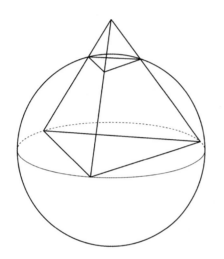

좌표공간에 중심이 A(0, 0, 1)이고 반지름의 길이가 4인 구 S가 있다. 구 S가 xy평면과 만나서 생기는 원을 C라 하고, 점 A에서 선분 PQ까지의 거리가 2가 되도록 원 C 위에 두 점 P, Q를 잡는다. 구 S가 선분 PQ를 지름으로 하는 구 T와 만나서 생기는 원 위에서 점 B가 움직일 때, 삼각형 BPQ의 xy평면 위로의 정사영의 넓이의 최댓값은? (단, 점 B의 z좌표는 양수이다.) [4점]

① 6   ② $3\sqrt{6}$ ③ $6\sqrt{2}$

④ $3\sqrt{10}$ ⑤ $6\sqrt{3}$

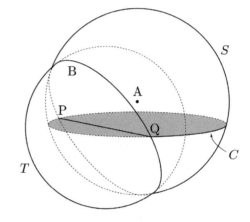

그림과 같이 서로 다른 두 평면 α, β의 교선 위에 $\overline{AB}=18$인 두 점 A, B가 있다. 선분 AB를 지름으로 하는 원 C_1이 평면 α 위에 있고, 선분 AB를 장축으로 하고 두 점 F, F′을 초점으로 하는 타원 C_2가 평면 β 위에 있다. 원 C_1 위의 한 점 P에서 평면 β에 내린 수선의 발을 H라 할 때, $\overline{HF'} < \overline{HF}$이고 $\angle HFF' = \dfrac{\pi}{6}$이다. 직선 HF와 타원 C_2가 만나는 점 중 점 H와 가까운 점을 Q라 하면, $\overline{FH} < \overline{FQ}$이다. 점 H를 중심으로 하고 점 Q를 지나는 평면 β 위의 원은 반지름의 길이가 4이고 직선 AB에 접한다. 두 평면 α, β가 이루는 각의 크기를 θ라 할 때, $\cos\theta$의 값은? (단, 점 P는 평면 β 위에 있지 않다.) [4점]

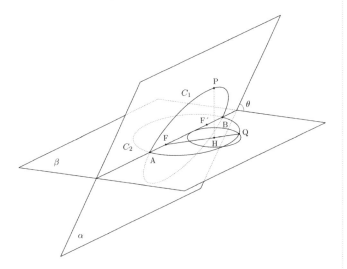

① $\dfrac{2\sqrt{66}}{33}$

② $\dfrac{4\sqrt{69}}{69}$

③ $\dfrac{\sqrt{2}}{3}$

④ $\dfrac{4\sqrt{3}}{15}$

⑤ $\dfrac{2\sqrt{78}}{39}$

규토 라이트 N제

공간도형과 공간좌표

Guide step

개념 익히기편

2. 공간좌표

01 공간에서 점의 좌표

성취 기준 - 좌표공간에서 점의 좌표를 구할 수 있다.
- 좌표공간에서 두 점 사이의 거리를 구할 수 있다.

개념 파악하기 **(1) 공간에서 점의 좌표는 어떻게 나타낼까?**

공간에서 점의 좌표

직선에서 점의 위치는 하나의 실수로 된 좌표로 나타낼 수 있고,
평면에서 점의 위치는 두 실수의 순서쌍인 좌표로 나타낼 수 있다.
이번에는 공간에서 점의 위치를 나타내는 방법에 대하여 알아보자.

오른쪽 그림과 같이 공간의 한 점 O에서 서로 직교하는 세 수직선을
그을 때, 점 O를 원점, 각각의 수직선을 x축, y축, z축이라 하고,
이들을 좌표축이라 한다.
또 x축과 y축에 의하여 결정되는 평면을 xy평면, y축과 z축에 의하여
결정되는 평면을 yz평면, z축과 x축에 의하여 결정되는 평면을 zx평면
이라 하고, 이들을 좌표평면이라 한다. 이처럼 좌표축과 좌표평면이 정해
진 공간을 좌표공간이라 한다.

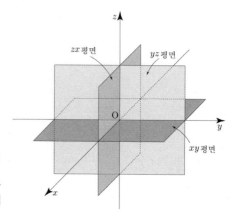

오른쪽 그림과 같이 좌표공간의 한 점 P에 대하여 점 P를 지나고
x축, y축, z축에 수직인 평면이 이들 축과 만나는 점을 차례로
A, B, C라 하자. 이때 세 점 A, B, C의 x축, y축, z축 위에서의
좌표를 각각 a, b, c라 하면 점 P에 대응하는 세 실수의 순서쌍
(a, b, c)가 하나로 정해진다.

역으로 세 실수의 순서쌍 (a, b, c)가 주어지면 공간에 있는 한 점 P를
대응시킬 수 있다.
따라서 공간의 점 P와 세 실수의 순서쌍 (a, b, c)는 일대일대응이다.
이때 점 P에 대응하는 세 실수의 순서쌍 (a, b, c)를 점 P의 공간좌표라 하고,
a, b, c를 각각 x좌표, y좌표, z좌표라 한다. 한 P의 좌표가 (a, b, c)일 때,
이것을 기호로 $P(a, b, c)$와 같이 나타낸다.

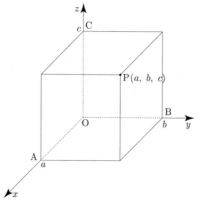

한편 좌표공간에서 xy평면 위의 임의의 점의 z좌표는 0이고,
역으로 z좌표가 0인 점은 xy평면 위의 점이다.
따라서 xy평면을 식으로 나타내면 $z = 0$이다.
마찬가지로 yz평면, zx평면을 식으로 나타내면 각각 $x = 0$, $y = 0$이다.

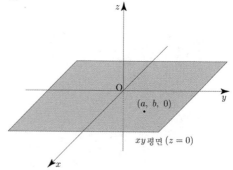

ex 오른쪽 그림과 같은 세 모서리가 좌표축 위에 있는 직육면체에서
꼭짓점 P의 좌표가 $(1, 2, 3)$일 때,

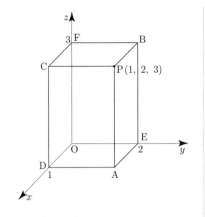

① 점 P에서 xy평면, yz평면, zx평면에 내린 수선의 발을 각각
   A, B, C라 하면 A$(1, 2, 0)$, B$(0, 2, 3)$, C$(1, 0, 3)$

② 점 P에서 x축, y축, z축에 내린 수선의 발을 각각 D, E, F라
   하면 D$(1, 0, 0)$, E$(0, 2, 0)$, F$(0, 0, 3)$

Tip 1 평면좌표는 두 실수 순서쌍 (a, b)로 나타내는데 a, b는 평면의 한 점에서
x축, y축에 내린 수선의 발을 좌표로 나타낸 것이다.
공간좌표는 세 실수의 순서쌍 (a, b, c)로 나타내는데 a, b, c는 공간의 한 점에서
x축, y축, z축에 내린 수선의 발을 좌표로 나타낸 것이다.
즉, 공간좌표(3차원)는 평면좌표(2차원)의 확장으로써 이해하면 된다.

Tip 2 공간에 있는 한 점의 위치를 나타낼 때는 직육면체를 이용하는 것이 편리하다.

Tip 3 xy평면, yz평면, zx평면이 각각 $z=0$, $x=0$, $y=0$으로 표현될 수 있다는 것은 직관적으로 이해하면 된다.

Tip 4 공간좌표는 공간도형을 대수적으로 다루는 도구로써 받아들이면 되고 이를 통해 도형을 대수적으로
표현하고 다룸으로써 기하와 대수의 연결성을 경험하게 하는 것이 공간좌표 단원의 목표이다.
즉, 공간좌표의 개념과 성질을 이용하여, 공간도형에 대한 문제를 해결할 수 있다는 것이 핵심이다.

개념 확인문제 **1**

오른쪽 그림과 같은 세 모서리가 좌표축 위에 있는 직육면체에서 꼭짓점 P의 좌표가
$(3, -2, 1)$일 때, 다음 점의 좌표를 구하시오.

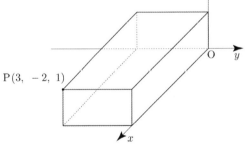

(1) 점 P에서 xy평면, yz평면, zx평면에 내린 수선의 발

(2) 점 P에서 x축, y축, z축에 내린 수선의 발

점 P(2, 3, 1)를 xy평면, x축에 대하여 대칭이동한 점의 좌표를 각각 구하시오.

풀이

(1) 점 P(2, 3, 1)를 xy평면에 대하여 대칭이동한 점의 좌표

점 P를 xy평면에 대칭이동한 점을 Q라 하면
오른쪽 그림과 같이 직선 PQ는 xy평면에
수직이므로 z축과 평행하다. 즉, 두 점 P, Q의
x좌표와 y좌표는 같고, z좌표는 절댓값이 같고
부호는 반대이다.
따라서 점 Q의 좌표는 $(2, 3, -1)$이다.

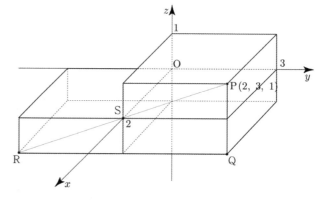

(2) 점 P(2, 3, 1)를 x축에 대하여 대칭이동한 점의 좌표

점 P를 x축에 대하여 대칭이동한 점을 R라 하고 점 P에서
x축에 내린 수선의 발을 S라고 하면 오른쪽 그림과 같이 점 R는
직선 PS 위에 있고, 직선 PR는 x축에 수직이고 yz평면에 평행하다.
즉, 두 점 P, R의 x좌표는 같고, y좌표와 z좌표는 절댓값이 같고 부호는 반대이다.
따라서 점 R의 좌표는 $(2, -3, -1)$이다.

Tip 1 추후 배울 '좌표공간에서 선분의 내분점을 구하는 공식'을 사용하면 보다 쉽게 R의 좌표를
구할 수 있다. 선분 PR의 중점이 S(2, 0, 0)이므로 R의 좌표를 (a, b, c)라 하면 다음과 같다.
$$\frac{2+a}{2}=2, \ \frac{3+b}{2}=0, \ \frac{1+c}{2}=0 \Rightarrow a=2, \ b=-3, \ c=-1$$
따라서 점 R의 좌표는 $(2, -3, -1)$이다.

Tip 2 좌표축과 평면에 대하여 대칭이동한 점의 좌표를 구하는 여러 공식들이 있지만 굳이 외울 필요없다.
그림을 그려보면 자명하고 Tip1과 같이 중점 공식을 사용하면 쉽게 대칭점을 찾을 수 있기 때문이다.

개념 확인문제 2 점 P(3, 5, -1)을 xy평면, yz평면, zx평면, x축, y축, z축에 대하여 대칭이동한
점의 좌표를 각각 구하시오.

(2) 좌표공간에서 두 점 사이의 거리는 어떻게 구할까?

좌표공간에서 두 점 사이의 거리

좌표공간에서 두 점 $A(x_1,\ y_1,\ z_1)$, $B(x_2,\ y_2,\ z_2)$ 사이의 거리를 구하여 보자.
직선 AB가 각 좌표평면에 평행하지 않을 때, 두 점 A, B에서 xy평면에
내린 수선의 발을 각각 A′, B′이라 하면 $A'(x_1,\ y_1,\ 0)$, $B'(x_2,\ y_2,\ 0)$이다.
한편 점 A에서 직선 BB′에 내린 수선의 발을 H라 하면

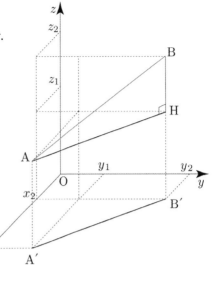

$\overline{AH} = \overline{A'B'} = \sqrt{(x_2-x_1)^2 + (y_2-y_1)^2}$ 이고 점 H의 좌표는 $(x_2,\ y_2,\ z_1)$이다.

이때 $\overline{BH} = |z_2-z_1|$이므로 두 점 A, B사이의 거리는 다음과 같다.

$\overline{AB} = \sqrt{\overline{AH}^2 + \overline{BH}^2} = \sqrt{(x_2-x_1)^2 + (y_2-y_1)^2 + (z_2-z_1)^2}$

이 식은 직선 AB가 어느 한 좌표평면과 평행할 때에도 성립한다.

좌표공간에서 두 점 사이의 거리 요약

좌표공간에서 두 점 $A(x_1,\ y_1,\ z_1)$, $B(x_2,\ y_2,\ z_2)$ 사이의 거리는
$\overline{AB} = \sqrt{(x_2-x_1)^2 + (y_2-y_1)^2 + (z_2-z_1)^2}$
특히 원점 $O(0,\ 0,\ 0)$과 점 $A(x_1,\ y_1,\ z_1)$ 사이의 거리는 $\overline{OA} = \sqrt{x_1{}^2 + y_1{}^2 + z_1{}^2}$ 이다.

ex1 두 점 $A(1,\ -2,\ 3)$, $B(4,\ 2,\ 1)$ 사이의 거리는
$\overline{AB} = \sqrt{(4-1)^2 + \{2-(-2)\}^2 + (1-3)^2} = \sqrt{9+16+4} = \sqrt{29}$

ex2 원점 O와 점 $A(-1,\ 2,\ -2)$ 사이의 거리는
$\overline{OA} = \sqrt{(-1)^2 + 2^2 + (-2)^2} = \sqrt{1+4+4} = 3$

개념 확인문제 **3** 다음 두 점 사이의 거리를 구하시오.

(1) $A(1,\ 3,\ 3)$, $B(3,\ 4,\ 1)$

(2) $O(0,\ 0,\ 0)$, $A(2,\ -4,\ 4)$

두 점 A(3, 1, −2), B(1, 0, 5)에서 같은 거리에 있고, x축 위에 있는 점 P의 좌표를 구하시오.

풀이

점 P의 좌표를 $(a, 0, 0)$이라 하면

$\overline{AP} = \sqrt{(a-3)^2 + (-1)^2 + 2^2} = \sqrt{a^2 - 6a + 14}$

$\overline{BP} = \sqrt{(a-1)^2 + 0^2 + (-5)^2} = \sqrt{a^2 - 2a + 26}$

이때 $\overline{AP} = \overline{BP}$, 즉 $\overline{AP}^2 = \overline{BP}^2$이므로

$a^2 - 6a + 14 = a^2 - 2a + 26 \Rightarrow 4a = -12 \Rightarrow a = -3$

따라서 점 P의 좌표는 $(-3, 0, 0)$이다.

개념 확인문제 4 두 점 A(1, 1, −2), B(2, 4, 0)에서 같은 거리에 있고, y축 위에 있는 점 P의 좌표를 구하시오.

개념 확인문제 5 두 점 A(0, −1, 3), B(−3, 2, 5)에서 같은 거리에 있고, z축 위에 있는 점 P의 좌표를 구하시오.

02 선분의 내분점과 외분점

성취 기준 – 좌표공간에서 선분의 내분점과 외분점의 좌표를 구할 수 있다.

개념 파악하기 **(3) 좌표공간에서 선분의 내분점과 외분점의 좌표는 어떻게 구할까?**

좌표공간에서 선분의 내분점과 외분점

좌표평면 위의 두 점 $A(x_1, y_1)$, $B(x_2, y_2)$를 이은 선분 AB를 $m : n$ $(m > 0,\ n > 0)$으로 내분하는 점의 좌표는 $\left(\dfrac{mx_2 + nx_1}{m+n},\ \dfrac{my_2 + ny_1}{m+n} \right)$이다. 이를 바탕으로 좌표공간에서 두 점 $A(x_1, y_1, z_1)$, $B(x_2, y_2, z_2)$를 이은 선분 AB를 $m : n$ $(m > 0,\ n > 0)$으로 내분하는 점 $P(x, y, z)$의 좌표를 구해보자.

[1단계] 정사영을 이용하여 x좌표, y좌표 구하기

오른쪽 그림과 같이 세 점 A, B, P의 xy평면 위로의 정사영을
각각 A′, B′, P′이라 하면 $A'(x_1, y_1, 0)$, $B'(x_2, y_2, 0)$, $P'(x, y, 0)$이고
$\overline{A'P} : \overline{P'B'} = \overline{AP} : \overline{PB} = m : n$이다.
따라서 xy평면 위에서 점 P′은 선분 A′B′을 $m : n$으로 내분하는 점으로
$x = \dfrac{mx_2 + nx_1}{m+n}, \quad y = \dfrac{my_2 + ny_1}{m+n}$이다.

[2단계] 정사영을 이용하여 z좌표 구하기

같은 방법으로 세 점 A, B, P의 yz평면(또는 zx평면) 위로의 정사영을 이용하여
점 P의 z좌표를 구하면 $z = \dfrac{mz_2 + nz_1}{m+n}$이다.

[3단계] 점 P의 좌표 구하기

따라서 선분 AB를 $m : n$으로 내분하는 점 P의 좌표는 다음과 같다.

$$\left(\frac{mx_2 + nx_1}{m+n},\ \frac{my_2 + ny_1}{m+n},\ \frac{mz_2 + nz_1}{m+n} \right)$$

마찬가지로 좌표평면 위의 선분의 외분점을 구하는 방법을 이용하여 좌표공간에서
두 점 $A(x_1, y_1, z_1)$, $B(x_2, y_2, z_2)$를 이은 선분 AB를 $m : n$ $(m > 0,\ n > 0,\ m \neq n)$으로
외분하는 점 Q의 좌표를 구하면 다음과 같다.

$$\left(\frac{mx_2 - nx_1}{m-n},\ \frac{my_2 - ny_1}{m-n},\ \frac{mz_2 - nz_1}{m-n} \right)$$

좌표공간에서 선분의 내분점과 외분점 요약

좌표평면에서 두 점 $A(x_1,\ y_1,\ z_1)$, $B(x_2,\ y_2,\ z_2)$를 이은 선분 AB를

① $m:n\ (m>0,\ n>0)$으로 내분하는 점 P의 좌표는 $\left(\dfrac{mx_2+nx_1}{m+n},\ \dfrac{my_2+ny_1}{m+n},\ \dfrac{mz_2+nz_1}{m+n}\right)$이다.

② $m:n\ (m>0,\ n>0,\ m\ne n)$으로 외분하는 점 Q의 좌표는 $\left(\dfrac{mx_2-nx_1}{m-n},\ \dfrac{my_2-ny_1}{m-n},\ \dfrac{mz_2-nz_1}{m-n}\right)$이다.

특히 선분 AB의 중점 M의 좌표는 $\left(\dfrac{x_1+x_2}{2},\ \dfrac{y_1+y_2}{2},\ \dfrac{z_1+z_2}{2}\right)$이다.

예제 3

두 점 $A(0,\ 1,\ 3)$, $B(3,\ 2,\ 4)$에 대하여 다음 점의 좌표를 구하시오.

(1) 선분 AB를 $2:1$로 내분하는 점 P

(2) 선분 AB를 $2:1$로 외분하는 점 Q

풀이

(1) 점 P의 좌표를 $(x,\ y,\ z)$라 하면 $x=\dfrac{2\times3+1\times0}{2+1}=2$, $y=\dfrac{2\times2+1\times1}{2+1}=\dfrac{5}{3}$, $z=\dfrac{2\times4+1\times3}{2+1}=\dfrac{11}{3}$이다.
따라서 점 P의 좌표는 $\left(2,\ \dfrac{5}{3},\ \dfrac{11}{3}\right)$이다.

(2) 점 Q의 좌표를 $(x,\ y,\ z)$라 하면 $x=\dfrac{2\times3-1\times0}{2-1}=6$, $y=\dfrac{2\times2-1\times1}{2-1}=3$, $z=\dfrac{2\times4-1\times3}{2-1}=5$이다.
따라서 점 Q의 좌표는 $(6,\ 3,\ 5)$이다.

개념 확인문제 6 두 점 $A(4,\ 1,\ -3)$, $B(-2,\ -5,\ 3)$에 대하여 다음 점의 좌표를 구하시오.

(1) 선분 AB를 $1:2$로 내분하는 점 P

(2) 선분 AB의 중점 M

(3) 선분 AB를 $1:2$로 외분하는 점 Q

개념 확인문제 7 세 점 $A(2,\ -1,\ 4)$, $B(-1,\ 2,\ 3)$, $C(-4,\ 3,\ 0)$에 대하여 선분 AB, BC를 이웃한 두 변으로 하는 평행사변형 ABCD에서 꼭짓점 D의 좌표를 구하시오.

예제 4

세 점 $A(x_1, y_1, z_1)$, $B(x_2, y_2, z_2)$, $C(x_3, y_3, z_3)$을 꼭짓점으로 하는 삼각형 ABC의 무게중심 G의 좌표를 구하시오.

풀이

변 BC의 중점을 M이라고 하면 $M\left(\dfrac{x_2+x_3}{2}, \dfrac{y_2+y_3}{2}, \dfrac{z_2+z_3}{2}\right)$이다.

삼각형 ABC의 무게중심 G의 좌표를 (x, y, z)라고 하면 점 G는
선분 AM을 $2 : 1$로 내분하는 점이므로

$$x = \frac{2 \times \dfrac{x_2+x_3}{2} + 1 \times x_1}{2+1} = \frac{x_1+x_2+x_3}{3},$$

$$y = \frac{2 \times \dfrac{y_2+y_3}{2} + 1 \times y_1}{2+1} = \frac{y_1+y_2+y_3}{3},$$

$$z = \frac{2 \times \dfrac{z_2+z_3}{2} + 1 \times z_1}{2+1} = \frac{z_1+z_2+z_3}{3}$$

이다.

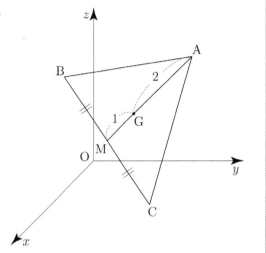

따라서 무게중심 G의 좌표는 $\left(\dfrac{x_1+x_2+x_3}{3}, \dfrac{y_1+y_2+y_3}{3}, \dfrac{z_1+z_2+z_3}{3}\right)$이다.

개념 확인문제 8 다음 점의 좌표를 구하시오.

(1) 세 꼭짓점이 $A(2, 3, -4)$, $B(-1, 2, 6)$, $C(8, 1, -5)$인 삼각형 ABC의 무게중심 G

(2) 삼각형 ABC의 두 꼭짓점이 점 $A(2, 4, -3)$, $B(1, -5, 2)$이고 무게중심 G의 좌표가 $(2, -1, 3)$일 때, 꼭짓점 C

개념 확인문제 9

오른쪽 그림과 같이 정사면체 ABCD의 네 꼭짓점 A, $B(0, 0, 0)$, C, $D(0, 6, 0)$라 할 때,
점 A에서 삼각형 BCD에 내린 수선의 발을 H라 하고, 점 D에서 삼각형 ABC에 내린
수선의 발을 H'라 하자. 다음 점의 좌표를 구하시오.

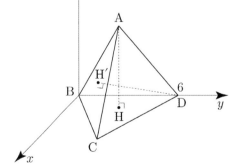

(1) 점 C   (2) 점 H

(3) 점 A   (4) 점 H'

(5) 두 선분 AH, DH'의 교점

03 구의 방정식

성취 기준 – 구의 방정식을 구할 수 있다.

개념 파악하기 **(4) 구의 방정식은 어떻게 구할까?**

구의 방정식

공간에서 한 점 C로부터 일정한 거리만큼 떨어져 있는 점 전체의 집합을 구라 한다.
이때 점 C를 구의 중심, 일정한 거리를 구의 반지름의 길이라 한다.

좌표공간에서 중심이 $C(a,\ b,\ c)$이고 반지름의 길이가 r인 구를 나타내는
방정식을 구하여 보자.
이 구 위의 임의의 점을 $P(x,\ y,\ z)$라 하면 $\overline{CP} = r$이므로
$\sqrt{(x-a)^2+(y-b)^2+(z-c)^2} = r$이다. 이 식의 양변을 제곱하면 다음과 같다.

$$(x-a)^2+(y-b)^2+(z-c)^2 = r^2 \ \cdots \ ㉠$$

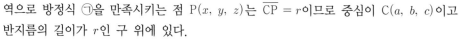

역으로 방정식 ㉠을 만족시키는 점 $P(x,\ y,\ z)$는 $\overline{CP} = r$이므로 중심이 $C(a,\ b,\ c)$이고
반지름의 길이가 r인 구 위에 있다.
따라서 ㉠은 중심이 $C(a,\ b,\ c)$이고 반지름의 길이가 r인 구의 방정식이다.

구의 방정식 요약

중심이 $(a,\ b,\ c)$이고 반지름의 길이가 r인 구의 방정식은 $(x-a)^2+(y-b)^2+(z-c)^2 = r^2$이다.

특히 중심이 원점이고 반지름의 길이가 r인 구의 방정식은 $x^2+y^2+z^2 = r^2$이다.

ex1 중심이 $(2,\ 3,\ -1)$이고 반지름의 길이가 3인 구의 방정식은 $(x-2)^2+(y-3)^2+(z+1)^2 = 9$이다.

ex2 중심이 원점이고 반지름의 길이가 2인 구의 방정식은 $x^2+y^2+z^2 = 4$이다.

개념 확인문제 **10** 다음 구의 방정식을 구하시오.

(1) 중심이 $(-3,\ 1,\ 2)$이고 반지름의 길이가 2인 구

(2) 중심의 원점이고 반지름의 길이가 5인 구

예제 5

두 점 A$(-2,\ 1,\ 3)$, B$(4,\ -5,\ 1)$을 지름의 양 끝점으로 하는 구의 방정식을 구하시오.

풀이

두 점 A$(-2,\ 1,\ 3)$, B$(4,\ -5,\ 1)$을 지름의 양 끝 점으로 하는 구의 중심을 C$(a,\ b,\ c)$라 하면

점 C는 선분 AB의 중점이므로 $a=\dfrac{-2+4}{2}$, $b=\dfrac{1-5}{2}$, $c=\dfrac{3+1}{2}$이다.

즉, 구의 중심은 C$(1,\ -2,\ 2)$이다.

구의 반지름의 길이는 중심 C와 구 위의 점 A 사이의 거리이므로
(물론 선분 CB의 길이를 구해도 된다.)
$\overline{CA}=\sqrt{(-2-1)^2+\{1-(-2)\}^2+(3-2)^2}=\sqrt{9+9+1}=\sqrt{19}$ 이다.

따라서 구의 방정식은 $(x-1)^2+(y+2)^2+(z-2)^2=19$이다.

Tip 일반적으로 두 점 A, B를 지나는 구는 무수히 많기 때문에 하나로 결정할 수 없다.
하지만 두 점 A, B가 구의 지름의 양 끝점인 경우에는 구의 중심은 선분 AB의 중점이 되고
구의 반지름의 길이는 $\dfrac{1}{2}\overline{AB}$와 같으므로 구가 하나로 결정된다.

개념 확인문제 11 두 점 A$(3,\ -5,\ 2)$, B$(5,\ 3,\ 0)$을 지름의 양 끝점으로 하는 구의 방정식을 구하시오.

방정식 $x^2 + y^2 + z^2 + Ax + By + Cz + D = 0$이 나타내는 도형

구의 방정식 $(x-a)^2 + (y-b)^2 + (z-c)^2 = r^2$의 좌변을 전개하여 정리하면

$x^2 + y^2 + z^2 - 2ax - 2by - 2cz + a^2 + b^2 + c^2 - r^2 = 0$이다.

이때 $A = -2a$, $B = -2b$, $C = -2c$, $D = a^2 + b^2 + c^2 - r^2$이라 하면 구의 방정식은

$$x^2 + y^2 + z^2 + Ax + By + Cz + D = 0 \ \cdots \ \bigcirc$$

의 꼴로 나타낼 수 있다.

역으로 방정식 $\bigcirc$을 변형하면 $\left(x + \dfrac{A}{2}\right)^2 + \left(y + \dfrac{B}{2}\right)^2 + \left(z + \dfrac{C}{2}\right)^2 = \dfrac{A^2 + B^2 + C^2 - 4D}{4}$ 이므로

$A^2 + B^2 + C^2 - 4D > 0$이면 방정식 $\bigcirc$은 중심이 $\left(-\dfrac{A}{2}, \ -\dfrac{B}{2}, \ -\dfrac{C}{2}\right)$이고 반지름의 길이가

$\dfrac{\sqrt{A^2 + B^2 + C^2 - 4D}}{2}$ 인 구를 나타낸다.

> **Tip 1** $A^2 + B^2 + C^2 - 4D = 0$이면 방정식 $\bigcirc$은 점 $\left(-\dfrac{A}{2}, \ -\dfrac{B}{2}, \ -\dfrac{C}{2}\right)$를 나타내고,
> $A^2 + B^2 + C^2 - 4D < 0$이면 방정식 $\bigcirc$을 만족시키는 실수 x, y, z가 존재하지 않으므로
> 좌표공간에 나타낼 수 없다.

> **Tip 2** '방정식 $\bigcirc$은 중심이 $\left(-\dfrac{A}{2}, \ -\dfrac{B}{2}, \ -\dfrac{C}{2}\right)$이고 반지름의 길이가 $\dfrac{\sqrt{A^2 + B^2 + C^2 - 4D}}{2}$인 구'
> 라는 결과를 외우는 것이 아니라 유도과정을 기억하도록 하자.

> **Tip 3** $(x-a)^2 + (y-b)^2 + (z-c)^2 = r^2$를 구의 방정식의 표준형이라 하고,
> $x^2 + y^2 + z^2 + Ax + By + Cz + D = 0$를 구의 방정식의 일반형이라고 한다.
>
> 구의 중심의 좌표를 알면 구의 방정식의 표준형을 이용하고, 구의 중심의 좌표를 모르면
> 구의 방정식의 일반형을 이용하여 구의 방정식을 구할 수 있다.

ex 방정식 $x^2 + y^2 + z^2 - 2x + 4y + 6y + 10 = 0$을 변형하면 $(x-1)^2 + (y+2)^2 + (z+3)^2 = 4$이므로
중심이 $(1, \ -2, \ -3)$이고 반지름의 길이가 2인 구를 나타낸다.

개념 확인문제 12 다음 방정식이 나타내는 구의 중심의 좌표와 반지름의 길이를 구하시오.

(1) $x^2+y^2+z^2+6x+2y-4z+5=0$

(2) $x^2+y^2+z^2-2x-6y+2z-5=0$

개념 확인문제 13 구 $(x-1)^2+(y-2)^2+(z-3)^2=16$에 대하여 다음을 구하시오.

(1) 구와 xy평면이 만나서 생기는 원의 중심의 좌표와 반지름의 길이

(2) 구와 y축이 만나는 두 점을 각각 A, B라 할 때, 선분 AB의 길이

개념 확인문제 14 xy평면, yz평면, zx평면에 동시에 접하고 점 $(1,\ 3,\ 2)$을 지나는 두 구의 반지름의 길이의 곱을 구하시오.

개념 확인문제 15 구 $(x-2)^2+(y-1)^2+(z+2)^2=4$ 위의 점 P와 원점 O 사이의 거리의 최댓값과 최솟값을 구하시오.

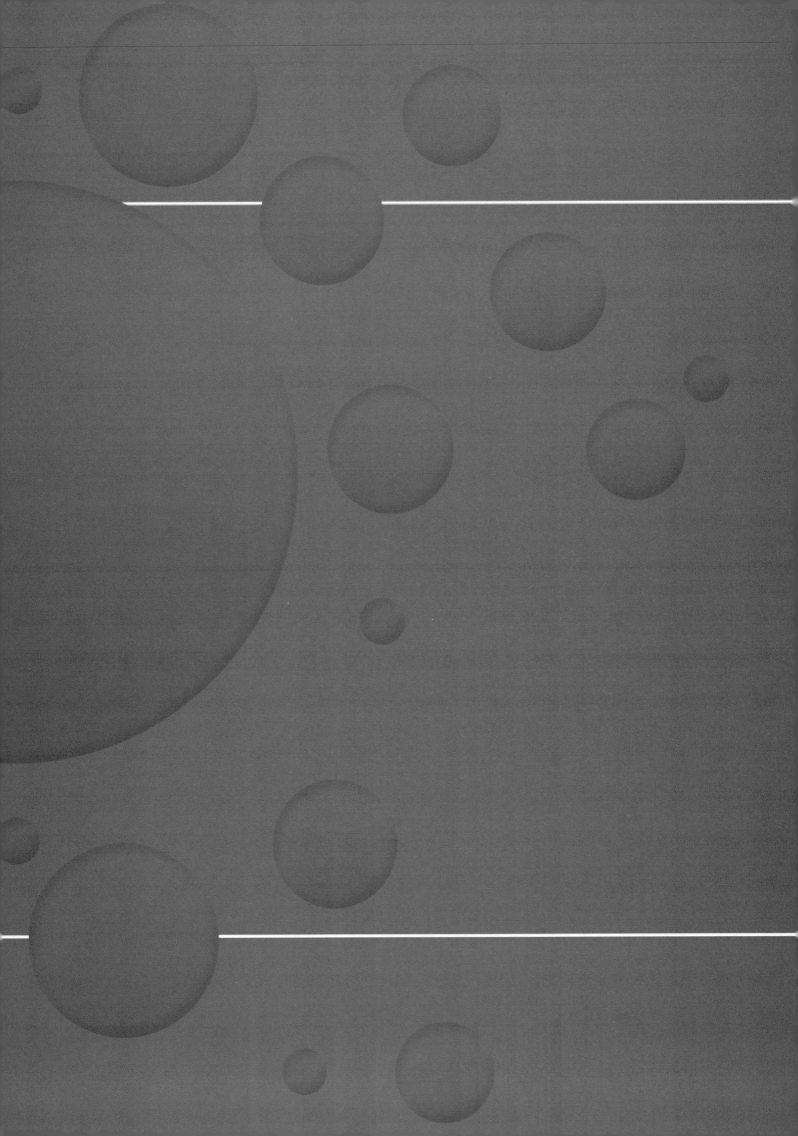

규토 라이트 N제

공간도형과 공간좌표

Training - 1 step

필수 유형편

2. 공간좌표

001

좌표공간에서 점 $P(1, 0, 4)$과 점 $A(-3, a, 1)$ 사이의
거리가 점 P와 점 $B(-1, 1, 2)$ 사이의 거리의 2배일 때,
양수 a의 값은?

① $\sqrt{11}$ ② $2\sqrt{3}$ ③ $\sqrt{13}$

④ $\sqrt{14}$ ⑤ $\sqrt{15}$

002

점 $(a, 3, 5)$를 xy평면에 대하여 대칭이동한 점과
점 $(2, b, c)$를 x축에 대하여 대칭이동한 점이 서로
같을 때, $a+b+c$의 값을 구하시오.

003

좌표공간의 점 $A(2, -3, 4)$를 yz평면에 대하여
대칭이동한 점을 P라 하고, 점 A를 zx평면에 대하여
대칭이동한 점을 Q라 할 때, 선분 PQ의 길이는?

① $2\sqrt{11}$ ② $\sqrt{46}$ ③ $4\sqrt{3}$

④ $5\sqrt{2}$ ⑤ $2\sqrt{13}$

004

점 $A(2, 3, 5)$에서 x축에 내린 수선의 발을 P라 하고,
yz평면에 내린 수선의 발을 Q라 할 때, 선분 PQ의
길이는?

① 6 ② $\sqrt{38}$ ③ $2\sqrt{10}$

④ $\sqrt{42}$ ⑤ $2\sqrt{11}$

005

좌표공간의 두 점 $A(0, 3, -2)$, $B(1, 2, 0)$에서 같은
거리에 있는 x축 위의 점의 좌표가 $(a, 0, 0)$일 때,
a의 값은?

① -6 ② -5 ③ -4

④ -3 ⑤ -2

006

두 점 $A(1, 2, 2)$, $B(-2, 3, 4)$와 xy평면 위의 점 P에
대하여 $\overline{AP} + \overline{BP}$의 최솟값은?

① $\sqrt{46}$ ② $\sqrt{47}$ ③ $4\sqrt{3}$

④ 7 ⑤ $5\sqrt{2}$

007

좌표공간에 점 $A(1, 3, \sqrt{7})$가 있고, xy평면 위에 원
$(x-3)^2 + (y-5)^2 = 2$이 있다. 원 위의 점 P에 대하여
$\overline{AP}$의 최댓값을 구하시오.

008

두 점 $A(-1, 2, 0)$, $B(1, 1, 2)$과 z축 위의 점 C에 대하여
삼각형 ABC가 $\angle ABC = 90°$인 직각삼각형일 때,
삼각형 ABC의 넓이는 k이다. $20k$의 값을 구하시오.

009 ⬡⬡⬡⬡⬡

좌표공간에서 두 점 $A(2, 0, 0)$, $B(0, 2\sqrt{2}, 0)$을 지나는 직선 l이 있다. 점 $P(-1, 0, 3)$과 직선 l 사이의 거리가 d일 때, d^2의 값을 구하시오.

010 ⬡⬡⬡⬡⬡

좌표공간에서 점 $A(2, 3, 4)$에서 zx평면에 내린 수선의 발을 H라 하자. zx 평면 위의 한 직선 l과 점 A 사이의 거리가 $3\sqrt{5}$일 때, 점 H와 직선 l 사이의 거리를 구하시오.

011 ⬡⬡⬡⬡⬡

좌표공간에 두 점 $A(5, 0, 0)$, $B(0, 0, a)$이 있고, xy평면 위에 원 $x^2+y^2=9$가 있다. 점 A에서 원에 그은 두 접선의 접점을 각각 P, Q라 하자. 평면 BPQ와 xy평면이 이루는 각의 크기를 θ라 할 때, $\cos\theta = \dfrac{9}{11}$이다. $20a^2$의 값을 구하시오.

012 ⬡⬡⬡⬡⬡

좌표공간의 두 점 $A(1, 3, -1)$, $B(2, -2, a)$에 대하여 선분 AB를 $3:1$로 내분하는 점이 xy평면 위에 있을 때, a의 값은?

① -3 ② $-\dfrac{1}{3}$ ③ 0

④ $\dfrac{1}{3}$ ⑤ 3

013 ⬡⬡⬡⬡⬡

좌표공간의 두 점 $A(1, 0, -1)$, $B(a, 5, -3)$에 대하여 선분 AB를 $1:3$으로 외분하는 점이 y축 위에 있을 때, a의 값을 구하시오.

014 ⬡⬡⬡⬡⬡

세 점 $A(1, 1, -1)$, $B(1, 0, 1)$, $C(3, -3, -1)$을 꼭짓점으로 하는 삼각형 ABC에 대하여 $\angle BAC$의 이등분선이 변 BC와 만나는 점을 $P(a, b, c)$라 할 때, $a+b+c$의 값을 구하시오.

015 ⬚⬚⬚⬚⬚

좌표공간에서 세 점 A(2, 2, 1), B(0, 4, 4), C(−5, 0, −2) 을 꼭짓점으로 하는 삼각형 ABC의 무게중심을 G라 할 때, 선분 OG의 길이는? (단, O는 원점이다.)

① $\sqrt{5}$ ② $\sqrt{6}$ ③ $\sqrt{7}$

④ $2\sqrt{2}$ ⑤ 3

016 ⬚⬚⬚⬚⬚

좌표공간의 두 점 A(2, 4, a), B(−1, 1, 3)에 대하여 선분 AB와 yz평면의 교점을 P라 하자. $\overline{\text{OP}} = \sqrt{13}$일 때, 양수 a의 값을 구하시오. (단, O는 원점이다.)

017 ⬚⬚⬚⬚⬚

그림과 같이 빗변의 길이가 $3\sqrt{2}$인 직각이등변삼각형을 밑변으로 하고 높이가 4인 삼각기둥 ABC – DEF가 있다. 선분 AB를 1 : 2로 내분하는 점을 P라 할 때, 선분 PE의 중점을 M이라 하자. 삼각형 DEF의 무게중심을 G라 할 때, 선분 GM의 길이는?

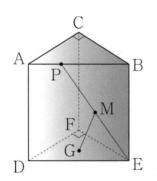

① 2 ② $\sqrt{5}$ ③ $\sqrt{6}$

④ $\sqrt{7}$ ⑤ $2\sqrt{2}$

018 ⬚⬚⬚⬚⬚

두 점 A(3, −2, 1), B(a+3, 1, 2)에 대하여 직선 AB와 yz평면이 이루는 각의 크기가 60°일 때, 양수 a의 값은?

① $2\sqrt{6}$ ② $\sqrt{26}$ ③ $2\sqrt{7}$

④ $\sqrt{30}$ ⑤ $4\sqrt{2}$

019 ⬚⬚⬚⬚⬚

두 점 A(2, 1, 4), B(1, 2, −3)에 대하여 삼각형 OAB의 xy평면 위로의 정사영의 넓이는 $\dfrac{q}{p}$이다.

$p+q$의 값을 구하시오. (단, O는 원점이고, p와 q는 서로소인 자연수이다.)

020 ⬚⬚⬚⬚⬚

좌표공간에서 중심이 A(2, 4, 0)인 구 S가 y축에 접하고, 접점을 B라 하자. x축을 포함하는 평면 α가 구 S에 접하고, 접점의 z좌표는 양수이다.

세 점 O, A, B를 지나는 원의 평면 α 위로의 정사영의 넓이는 $k\pi$이다. $4k^2$의 값을 구하시오. (단, O는 원점이다.)

021 ⬚⬚⬚⬚⬚

좌표공간에서 세 점 A(0, 0, 2), B(2, 1, 0), C(0, 3, 0) 이 있다. 선분 AB 위의 한 점 P에서 선분 BC에 내린 수선의 발을 H라 하자. $\overline{\text{PH}} = \dfrac{\sqrt{34}}{4}$일 때, 삼각형 PBC의 xy평면 위로의 정사영의 넓이는 k이다. $30k$의 값을 구하시오.

Theme 5 구의 방정식

022 ⬡⬡⬡⬡⬡

좌표공간에 반구 $(x-a-3)^2+(y-4)^2+z^2=8$, $z \geq 0$이
있다. y축을 포함하는 평면 α가 반구와 접할 때, 평면 α와
xy평면이 이루는 각의 크기를 θ라 하자. $\cos^2\theta = \dfrac{7}{9}$일 때,
양수 a의 값을 구하시오.

023 ⬡⬡⬡⬡⬡

좌표공간에서 구 $S: (x-1)^2+(y-1)^2+(z-2)^2=2$에
대하여 구 S의 중심에서 x축, y축에 대하여 대칭이동한
점을 각각 A, B라 하자. 구 S 위를 움직이는 점 P에
대하여 삼각형 PAB의 넓이의 최댓값과 최솟값의 곱을
구하시오.

024 ⬡⬡⬡⬡⬡

중심의 좌표가 $(-1, 2, 3)$인 구 S와 x축이 만나는 두 점을
각각 A, B라 하자. $\overline{AB} = 2\sqrt{3}$일 때, 구 S의 반지름의
길이를 구하시오.

025 ⬡⬡⬡⬡⬡

좌표공간에서 구 $S: (x-3)^2+(y-3)^2+(z+1)^2=9$와
xy평면이 만나서 생기는 원을 C라 하자. 구 S의 중심 A와
원 C 위의 점 P에 대하여 직선 AP와 직선 OP가 서로
수직일 때, 삼각형 OAP의 넓이는 k이다. $4k^2$의 값을
구하시오. (단, O는 원점이다.)

026 ⬡⬡⬡⬡⬡

그림과 같이 반지름의 길이가 각각 3, 5, 10이고 서로
외접하는 세 개의 구가 xy평면 위에 놓여 있다.
세 구의 중심을 각각 A, B, C라 할 때, 삼각형 ABC의
무게중심으로부터 xy평면까지의 거리를 구하시오.

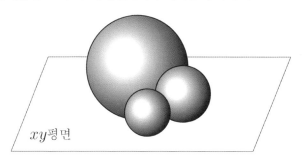

027 ⬡⬡⬡⬡⬡

두 양수 a, b에 대하여 중심 $A(2\sqrt{3}, a, b)$이고 반지름의
길이가 4인 구 S가 y축에 접한다. 구 S가 zx평면과 만나서
생기는 원의 넓이가 7π일 때, $a+b$의 값을 구하시오.

028 ⬡⬡⬡⬡⬡

중심의 x좌표, y좌표, z좌표가 모두 양수인 구 S가 x축과
y축에 각각 접하고 z축과 서로 다른 두 점에서 만난다.
구 S가 xy평면과 만나서 생기는 원의 넓이가 16π이고
z축과 만나는 두 점 사이의 거리가 6일 때, 구 S의
반지름의 길이는?

① $\sqrt{35}$ ② $\sqrt{37}$ ③ $\sqrt{39}$

④ $\sqrt{41}$ ⑤ $\sqrt{43}$

좌표공간에서 구 $S : (x+2)^2 + (y-3)^2 + (z-4)^2 = k$가
y축과 한 점에서 만나고, z축과 두 점 A, B에서 만난다.
$k + \overline{AB}^2$의 값을 구하시오.

좌표공간에 중심이 $C(1, 2, 2\sqrt{5})$이고 원점을 지나는
구 S가 있다. 구 S와 x축, y축이 만나는 점 중 원점이
아닌 점을 각각 A, B라 하자. 구가 yz평면과 만나서 생기는
원 위를 움직이는 점 중에서 z좌표가 가장 큰 점을
P라 하고, z좌표가 가장 작은 점을 Q라 하자.

두 사면체 POAB, QOAB의 부피의 곱은 $\dfrac{q}{p}$이다.

$p+q$의 값을 구하시오. (단, O는 원점이고 점 P는 xy평면
위에 있지 않으며, p와 q는 서로소인 자연수이다.)

031

좌표공간에서 점 $A(a, b, 12)$의 xy평면 위로의 정사영을
B라 할 때, xy평면 위에 $\overline{BC} = \overline{CD} = 6$이고 $\angle BCD = \dfrac{\pi}{2}$인
삼각형 BCD가 있다. 구 $S : x^2 + y^2 + z^2 = 4$는 두 선분
BC, CD에 각각 접하고, 구 S가 평면 OAC와 만나서
생기는 원 위를 움직이는 점 P라 하자.
$\overline{BP}$의 최댓값을 M, 최솟값을 m이라 할 때,
$M^2 - m^2$의 값을 구하시오. (단, O는 원점이다.)

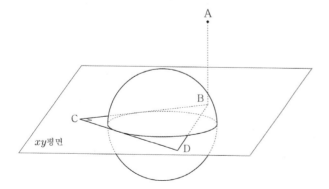

032

두 양의 상수 a, b에 대하여 좌표공간에
중심이 $C(-3, -3, a)$이고 두 점 $A(b, 0, 0)$, $B(0, b, 0)$을
지나는 구

$$S : (x+3)^2 + (y+3)^2 + (z-a)^2 = 34 + a^2$$

가 있다. 점 C의 xy평면 위로의 정사영을 D라 하고,
점 D의 평면 ABC 위로의 정사영을 E라 하자.
점 E가 z축 위에 있을 때, 구 S가 평면 ABC와 만나서
생기는 도형의 xy평면 위로의 정사영의 넓이는 $k\pi$이다.
$a^2 + b + k$의 값을 구하시오.

양의 상수 a에 대하여 좌표공간에

$$\text{구 } S_1 : (x-a)^2 + (y-a)^2 + (z - 2\sqrt{3})^2 = 16$$

이 있다. 구 S_1의 중심 $A(a, a, 2\sqrt{3})$의 xy평면 위로의
정사영을 B라 할 때, 구 S_1이 xy평면, 평면 OAB와
만나서 생기는 도형을 각각 C_1, C_2라 하자.
C_1과 C_2가 원점에서 만날 때, x축을 포함하고
반구 $S_2 : (x-a)^2 + (y-a)^2 + z^2 = \dfrac{4}{5}$, $z \geq 0$에 접하는
평면이 C_2의 내부영역과 만나서 생기는 도형의 길이는
b이다. $a^2 + b^2$의 값을 구하시오.

Training - 2 step

기출 적용편

2. 공간좌표

034 • 2022학년도 수능예비시행 기하 ☐☐☐☐☐

좌표공간의 점 $P(1, 3, 4)$를 zx평면에 대하여 대칭이동한 점을 Q라 하자. 두 점 P와 Q 사이의 거리는? [2점]

① 6   ② 7   ③ 8

④ 9   ⑤ 10

035 • 2022학년도 고3 9월 평가원 기하 ☐☐☐☐☐

좌표공간의 점 $A(3, 0, -2)$를 xy평면에 대하여 대칭이동한 점을 B라 하자. 점 $C(0, 4, 2)$에 대하여 선분 BC의 길이는? [2점]

① 1   ② 2   ③ 3

④ 4   ⑤ 5

036 • 2022학년도 수능 기하 ☐☐☐☐☐

좌표공간의 점 $A(2, 1, 3)$을 xy평면에 대하여 대칭이동한 점을 P라 하고, 점 A를 yz평면에 대하여 대칭이동한 점을 Q라 할 때, 선분 PQ의 길이는? [2점]

① $5\sqrt{2}$ ② $2\sqrt{13}$ ③ $3\sqrt{6}$

④ $2\sqrt{14}$ ⑤ $2\sqrt{15}$

037 • 2013학년도 수능 가형 ☐☐☐☐☐

좌표공간의 두 점 $A(a, 1, 3)$, $B(a+6, 4, 12)$에 대하여 선분 AB를 $1:2$로 내분하는 점의 좌표가 $(5, 2, b)$이다. $a+b$의 값은? [2점]

① 7   ② 8   ③ 9

④ 10   ⑤ 11

038 • 2019학년도 고3 9월 평가원 가형 ☐☐☐☐☐

좌표공간의 두 점 $A(3, 5, 0)$, $B(4, 3, -2)$에 대하여 선분 AB를 $3:2$로 외분하는 점의 좌표가 $(a, -1, -6)$일 때, a의 값은? [2점]

① 5   ② 6   ③ 7

④ 8   ⑤ 9

039 • 2011학년도 수능 가형 ☐☐☐☐☐

좌표공간의 점 $P(0, 3, 0)$과 점 $A(-1, 1, a)$ 사이의 거리는 점 P와 점 $B(1, 2, -1)$ 사이의 거리의 2배이다. 양수 a의 값은? [2점]

① $\sqrt{7}$ ② $\sqrt{6}$ ③ $\sqrt{5}$

④ 2   ⑤ $\sqrt{3}$

040 • 2020학년도 수능 가형 ☐☐☐☐☐

좌표공간의 두 점 $A(2, 0, 1)$, $B(3, 2, 0)$에서 같은 거리에 있는 y축 위의 점의 좌표가 $(0, a, 0)$일 때, a의 값은? [2점]

① 1   ② 2   ③ 3

④ 4   ⑤ 5

041 • 2016학년도 수능 B형 ☐☐☐☐☐

좌표공간의 세 점 $A(a, 0, 5)$, $B(1, b, -3)$, $C(1, 1, 1)$을 꼭짓점으로 하는 삼각형의 무게중심의 좌표가 $(2, 2, 1)$일 때, $a+b$의 값은? [2점]

① 6   ② 7   ③ 8

④ 9   ⑤ 10

042 • 2019학년도 수능 가형 ⬜⬜⬜⬜⬜

좌표공간의 두 점 A$(2, a, -2)$, B$(5, -2, 1)$에 대하여 선분 AB를 $2 : 1$로 내분하는 점이 x축 위에 있을 때, a의 값은? [2점]

① 1   ② 2   ③ 3
④ 4   ⑤ 5

043 • 2020학년도 고3 9월 평가원 가형 ⬜⬜⬜⬜⬜

좌표공간의 두 점 A$(a, 4, -9)$, B$(1, 0, -3)$에 대하여 선분 AB를 $3 : 1$로 외분하는 점이 y축 위에 있을 때, a의 값은? [2점]

① 1   ② 2   ③ 3
④ 4   ⑤ 5

044 • 2021년 고3 10월 교육청 기하 ⬜⬜⬜⬜⬜

좌표공간의 두 점 A$(-1, 1, -2)$, B$(2, 4, 1)$에 대하여 선분 AB가 xy평면과 만나는 점을 P라 할 때, 선분 AP의 길이는? [3점]

① $2\sqrt{3}$ ② $\sqrt{13}$ ③ $\sqrt{14}$
④ $\sqrt{15}$ ⑤ 4

045 • 2011학년도 고3 9월 평가원 가형 ⬜⬜⬜⬜⬜

좌표공간에서 점 P$(-3, 4, 5)$를 yz평면에 대하여 대칭이동한 점을 Q라 하자. 선분 PQ를 $2 : 1$로 내분하는 점의 좌표를 (a, b, c)라 할 때, $a+b+c$의 값을 구하시오. [3점]

046 • 2016학년도 고3 9월 평가원 B형 ⬜⬜⬜⬜⬜

좌표공간의 점 P$(2, 2, 3)$을 yz평면에 대하여 대칭이동시킨 점을 Q라 하자. 두 점 P와 Q 사이의 거리는? [3점]

① 1   ② 2   ③ 3
④ 4   ⑤ 5

047 • 2017학년도 수능 가형 ⬜⬜⬜⬜⬜

좌표공간의 두 점 A$(1, a, -6)$, B$(-3, 2, b)$에 대하여 선분 AB를 $3 : 2$로 외분하는 점이 x축 위에 있을 때, $a+b$의 값은? [3점]

① -1 ② -2 ③ -3
④ -4 ⑤ -5

048 • 2024학년도 고3 9월 평가원 기하 ⬜⬜⬜⬜⬜

그림과 같이 $\overline{AB}=3$, $\overline{AD}=3$, $\overline{AE}=6$인 직육면체 ABCD$-$EFGH가 있다. 삼각형 BEG의 무게중심을 P라 할 때, 선분 DP의 길이는? [3점]

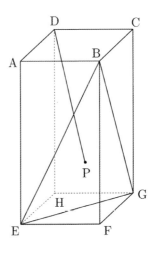

① $2\sqrt{5}$ ② $2\sqrt{6}$ ③ $2\sqrt{7}$
④ $4\sqrt{2}$ ⑤ 6

좌표공간의 두 점 A$(0, 2, -3)$, B$(6, -4, 15)$에 대하여 선분 AB 위에 점 C가 있다. 세 점 A, B, C에서 xy평면에 내린 수선의 발을 각각 A′, B′, C′이라 하자. $2\overline{A'C'} = \overline{C'B'}$일 때, 점 C의 z좌표는? [3점]

① -5 ② -3 ③ -1

④ 1 ⑤ 3

좌표공간의 세 점 A$(3, 0, 0)$, B$(0, 3, 0)$, C$(0, 0, 3)$에 대하여 선분 BC를 $2:1$로 내분하는 점을 P, 선분 AC를 $1:2$로 내분하는 점을 Q라 하자. 점 P, Q의 xy평면 위로의 정사영을 각각 P′, Q′이라 할 때, 삼각형 OP′Q′의 넓이는? (단, O는 원점이다.) [3점]

① 1 ② 2 ③ 3

④ 4 ⑤ 5

좌표공간에 점 A$(9, 0, 5)$가 있고, xy평면 위에 타원 $\dfrac{x^2}{9} + y^2 = 1$이 있다. 타원 위의 점 P에 대하여 $\overline{AP}$의 최댓값을 구하시오. [3점]

좌표공간에서 중심이 A$(a, -3, 4)$ $(a > 0)$인 구 S가 x축과 한 점에서만 만나고 $\overline{OA} = 3\sqrt{3}$일 때, 구 S가 z축과 만나는 두 점 사이의 거리는? (단, O는 원점이다.) [3점]

① $3\sqrt{6}$ ② $2\sqrt{14}$ ③ $\sqrt{58}$

④ $2\sqrt{15}$ ⑤ $\sqrt{62}$

좌표공간에 $\overline{OA} = 7$인 점 A가 있다. 점 A를 중심으로 하고 반지름의 길이가 8인 구 S와 xy평면이 만나서 생기는 원의 넓이가 25π이다. 구 S와 z축이 만나는 두 점을 각각 B, C라 할 때, 선분 BC의 길이는? (단, O는 원점이다.) [3점]

① $2\sqrt{46}$ ② $8\sqrt{3}$ ③ $10\sqrt{2}$

④ $4\sqrt{13}$ ⑤ $6\sqrt{6}$

좌표공간의 두 점 A$(2, 2, 1)$, B(a, b, c)에 대하여 선분 AB를 $1:2$로 내분하는 점이 y축 위에 있다. 직선 AB와 xy평면이 이루는 각의 크기를 θ라 할 때, $\tan\theta = \dfrac{\sqrt{2}}{4}$이다. 양수 b의 값은? [3점]

① 6 ② 7 ③ 8

④ 9 ⑤ 10

055 • 2015학년도 고3 9월 평가원 B형 ☐☐☐☐☐

좌표공간에 두 점 $(a, 0, 0)$과 $(0, 6, 0)$을 지나는 직선 l이 있다. 점 $(0, 0, 4)$와 직선 l 사이의 거리가 5일 때, a^2의 값은? [4점]

① 8   ② 9   ③ 10

④ 11   ⑤ 12

056 • 2015년 고3 7월 교육청 B형 ☐☐☐☐☐

그림과 같이 $\overline{AB} = \overline{AC} = 5$, $\overline{BC} = 2\sqrt{7}$인 삼각형 ABC가 xy평면 위에 있고, 점 P$(1, 1, 4)$의 xy평면 위로의 정사영 Q는 삼각형 ABC의 무게중심과 일치한다.
점 P에서 직선 BC까지의 거리는? [4점]

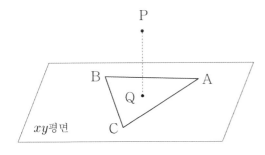

① $3\sqrt{2}$ ② $\sqrt{19}$ ③ $2\sqrt{5}$

④ $\sqrt{21}$ ⑤ $\sqrt{22}$

057 • 2015학년도 사관학교 B형 ☐☐☐☐☐

좌표공간에서 구 $(x-6)^2 + (y+1)^2 + (z-5)^2 = 16$ 위의 점 P와 yz평면 위에 있는 원 $(y-2)^2 + (z-1)^2 = 9$ 위의 점 Q 사이의 거리의 최댓값을 구하시오. [4점]

058 • 2013학년도 고3 9월 평가원 가형 ☐☐☐☐☐

좌표공간에 있는 원기둥이 다음 조건을 만족시킨다.

(가) 높이는 8이다.
(나) 한 밑면의 중심은 원점이고 다른 밑면은 평면 $z = 10$과 오직 한 점 $(0, 0, 10)$에서 만난다.

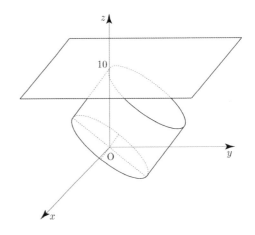

이 원기둥의 한 밑면의 평면 $z = 10$ 위로의 정사영의 넓이는? [4점]

① $\dfrac{139}{5}\pi$ ② $\dfrac{144}{5}\pi$ ③ $\dfrac{149}{5}\pi$

④ $\dfrac{154}{5}\pi$ ⑤ $\dfrac{159}{5}\pi$

059 • 2013학년도 고3 9월 평가원 가형 ☐☐☐☐☐

좌표공간에서 구

$$S : (x-1)^2 + (y-1)^2 + (z-1)^2 = 4$$

위를 움직이는 점 P가 있다. 점 P에서 구 S에 접하는 평면이 구 $x^2 + y^2 + z^2 = 16$과 만나서 생기는 도형의 넓이의 최댓값은 $(a + b\sqrt{3})\pi$이다. $a + b$의 값을 구하시오. (단, a, b는 자연수이다.) [4점]

좌표공간에서 y축을 포함하는 평면 α에 대하여 xy평면 위의 원 $C_1 : (x-10)^2 + y^2 = 3$의 평면 α 위로의 정사영의 넓이와 yz평면 위의 원 $C_2 : y^2 + (z-10)^2 = 1$의 평면 α 위로의 정사영의 넓이가 S로 같을 때, S의 값은? [4점]

① $\dfrac{\sqrt{10}}{6}\pi$ ② $\dfrac{\sqrt{10}}{5}\pi$ ③ $\dfrac{7\sqrt{10}}{30}\pi$

④ $\dfrac{4\sqrt{10}}{15}\pi$ ⑤ $\dfrac{3\sqrt{10}}{10}\pi$

좌표공간에 두 점 $A(0, -1, 1)$, $B(1, 1, 0)$이 있고, xy평면 위에 원 $x^2 + y^2 = 13$이 있다.
이 원 위의 점 $(a, b, 0)\,(a < 0)$을 지나고 z축에 평행한 직선이 직선 AB와 만날 때, $a+b$의 값은? [4점]

① $-\dfrac{47}{10}$ ② $-\dfrac{23}{5}$ ③ $-\dfrac{9}{2}$

④ $-\dfrac{22}{5}$ ⑤ $-\dfrac{43}{10}$

좌표공간에서 xy평면 위의 원 $x^2 + y^2 = 1$을 C라 하고, 원 C 위의 점 P와 점 $A(0, 0, 3)$을 잇는 선분이 구 $x^2 + y^2 + (z-2)^2 = 1$과 만나는 점을 Q라 하자. 점 P가 원 C 위를 한 바퀴 돌 때, 점 Q가 나타내는 도형 전체의 길이는 $\dfrac{b}{a}\pi$이다. $a+b$의 값을 구하시오. (단, 점 Q는 점 A가 아니고, a와 b는 서로소인 자연수이다.) [4점]

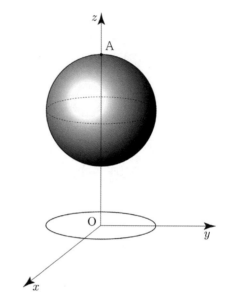

063  • 2013년 고3 10월 교육청 B형 ☐☐☐☐☐

그림과 같이 좌표공간에 세 점 A(0, 0, 3), B(5, 4, 0), C(0, 4, 0)이 있다. 선분 AB 위의 한 점 P에서 선분 BC에 내린 수선의 발을 H라 할 때, $\overline{\mathrm{PH}} = 3$이다. 삼각형 PBH의 xy평면 위로의 정사영의 넓이는? [4점]

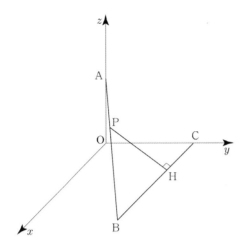

① $\dfrac{14}{5}$ ② $\dfrac{16}{5}$ ③ $\dfrac{18}{5}$

④ 4   ⑤ $\dfrac{22}{5}$

064 • 2018학년도 고3 9월 평가원 가형 ☐☐☐☐☐

좌표공간에 구 $S : x^2 + y^2 + (z-1)^2 = 1$과 xy평면 위의 원 $C : x^2 + y^2 = 4$가 있다. 구 S와 점 P에서 접하고 원 C 위의 두 점 Q, R를 포함하는 평면이 xy평면과 이루는 예각의 크기가 $\dfrac{\pi}{3}$이다. 점 P의 z좌표가 1보다 클 때, 선분 QR의 길이는? [4점]

① 1   ② $\sqrt{2}$ ③ $\sqrt{3}$

④ 2   ⑤ $\sqrt{5}$

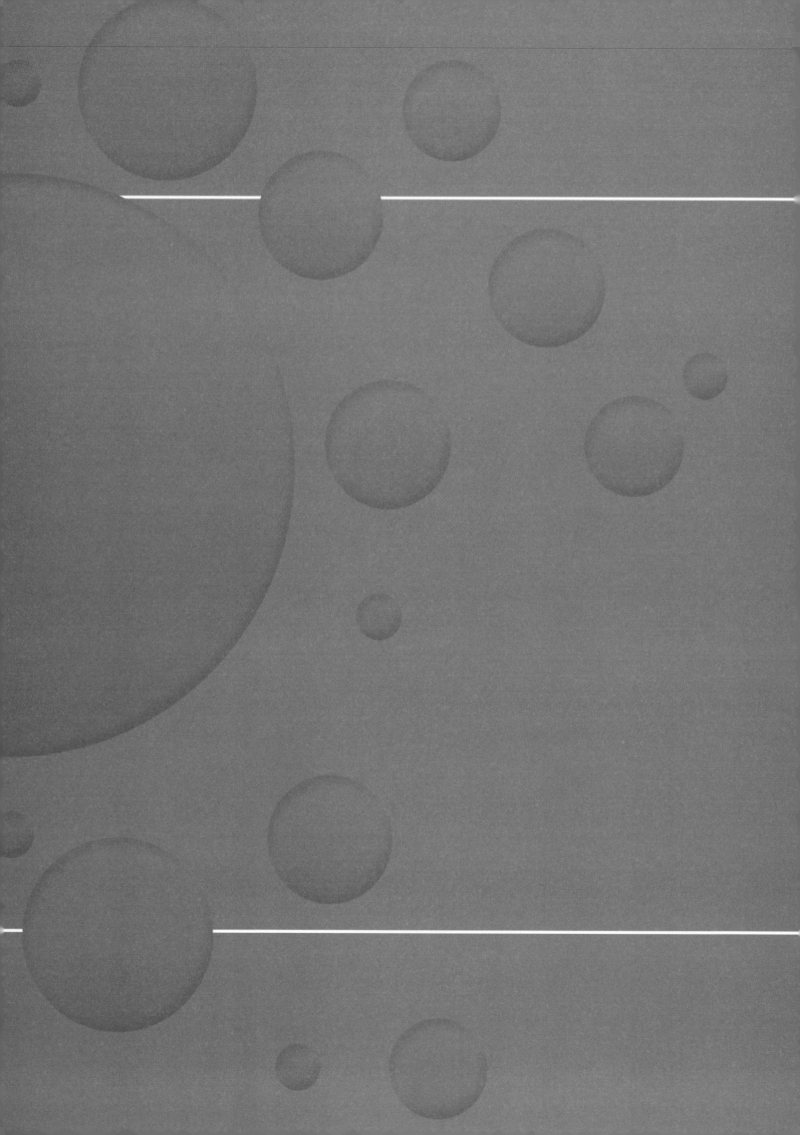

규토 라이트 N제

공간도형과 공간좌표

Master step

심화 문제편

2. 공간좌표

좌표공간에서 점 $A(0, 0, 1)$을 지나는 직선이 중심이 $C(3, 4, 5)$이고 반지름의 길이가 1인 구와 한 점 P에서만 만난다. 세 점 A, C, P를 지나는 원의 xy평면 위로의 정사영의 넓이의 최댓값은 $\dfrac{q}{p}\sqrt{41}\,\pi$이다. $p+q$의 값을 구하시오. (단, p와 q는 서로소인 자연수이다.) [4점]

좌표공간에 한 직선 위에 있지 않은 세 점 A, B, C가 있다. 다음 조건을 만족시키는 평면 α에 대하여 각 점 A, B, C와 평면 α 사이의 거리 중에서 가장 작은 값을 $d(\alpha)$라 하자.

(가) 평면 α는 선분 AC와 만나고, 선분 BC와도 만난다.
(나) 평면 α는 선분 AB와 만나지 않는다.

위의 조건을 만족시키는 평면 α 중에서 $d(\alpha)$가 최대가 되는 평면을 β라 할 때, 〈보기〉에서 옳은 것만을 있는 대로 고른 것은? [4점]

〈보기〉

ㄱ. 평면 β는 세 점 A, B, C를 지나는 평면과 수직이다.
ㄴ. 평면 β는 선분 AC의 중점 또는 선분 BC의 중점을 지난다.
ㄷ. 세 점이 $A(2, 3, 0)$, $B(0, 1, 0)$, $C(2, -1, 0)$일 때, $d(\beta)$는 점 B와 평면 β 사이의 거리와 같다.

① ㄱ　　　② ㄷ　　　③ ㄱ, ㄴ
④ ㄴ, ㄷ　　　⑤ ㄱ, ㄴ, ㄷ

좌표공간에 z축과 평행하고 두 점 $A(4, 0, \sqrt{2})$, $B(0, 4, \sqrt{2})$을 지나는 평면 α가 있다. 직선 AB 위를 움직이는 점 P는 $\overline{OP} \leq 4$를 만족시킨다. 평면 α와 평행하고 점 $(6, 0, 0)$을 지나는 평면 β에 대하여 구 $S : x^2 + y^2 + (z - 4\sqrt{2})^2 = 24$가 평면 β와 만나서 생기는 원 위를 움직이는 점을 Q라 하자. $\overline{PQ}^2$의 최댓값과 최솟값의 합은 $a + b\sqrt{3}$이다. $a + b$의 값을 구하시오. (단, 점 O는 원점이고, a와 b는 정수이다.)

068 · 2022학년도 수능 기하 ⬡⬡⬡⬡⬡

좌표공간에 중심이 $C(2, \sqrt{5}, 5)$이고 점 $P(0, 0, 1)$을 지나는 구

$$S : (x-2)^2 + (y-\sqrt{5})^2 + (z-5)^2 = 25$$

가 있다. 구 S가 평면 OPC와 만나서 생기는 원 위를 움직이는 점 Q, 구 S 위를 움직이는 점 R에 대하여 두 점 Q, R의 xy평면 위로의 정사영을 각각 Q_1, R_1이라 하자. 삼각형 OQ_1R_1의 넓이가 최대가 되도록 하는 두 점 Q, R에 대하여 삼각형 OQ_1R_1의 평면 PQR 위로의 정사영의 넓이는 $\frac{q}{p}\sqrt{6}$이다. $p+q$의 값을 구하시오.

(단, O는 원점이고 세 점 O, Q_1, R_1은 한 직선 위에 있지 않으며, p와 q는 서로소인 자연수이다.) [4점]

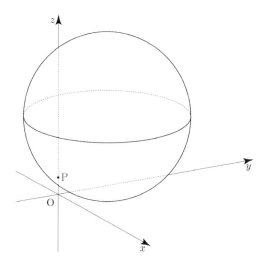

069 · 2023학년도 고3 9월 평가원 기하 ⬡⬡⬡⬡⬡

좌표공간에 두 개의 구

$$S_1 : x^2 + y^2 + (z-2)^2 = 4, \quad S_2 : x^2 + y^2 + (z+7)^2 = 49$$

가 있다. 점 $A(\sqrt{5}, 0, 0)$을 지나고 zx평면에 수직이며, 구 S_1과 z좌표가 양수인 한 점에서 접하는 평면을 α라 하자. 구 S_2가 평면 α와 만나서 생기는 원을 C라 할 때, 원 C 위의 점 중 z좌표가 최소인 점을 B라 하고 구 S_2와 점 B에서 접하는 평면을 β라 하자.

원 C의 평면 β 위로의 정사영의 넓이가 $\frac{q}{p}\pi$일 때, $p+q$의 값을 구하시오. (단, p와 q는 서로소인 자연수이다.)

[4점]

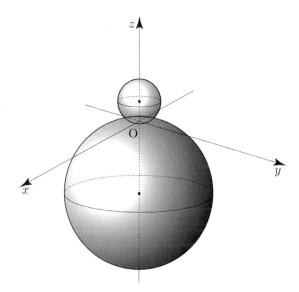

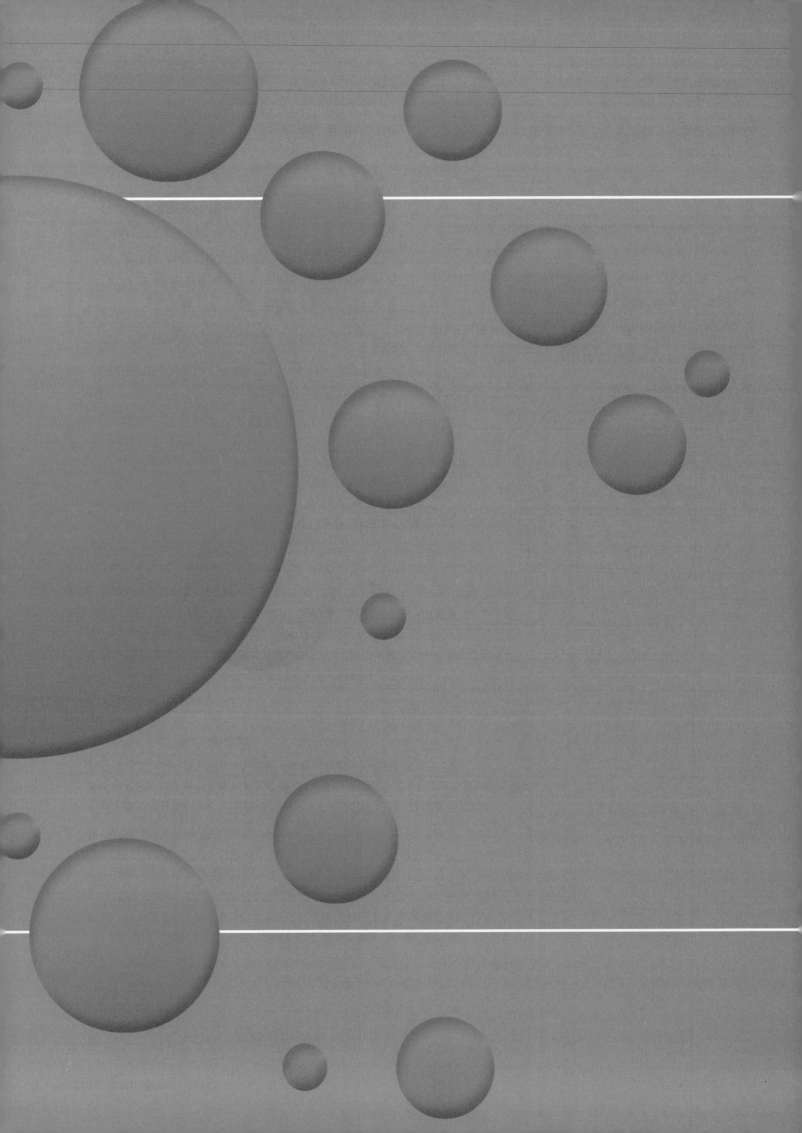

규토 라이트 N제

빠른정답

이차곡선

평면벡터

공간도형과 공간좌표

이차곡선

1	11
2	(1) $y^2 = 8x$ (2) $y^2 = -4x$
3	풀이 참고
4	(1) $x^2 = \dfrac{4}{3}y$ (2) $x^2 = -8y$
5	풀이 참고
6	(1) 초점의 좌표 : $(-5,\ -2)$, 준선 : $x = -1$ (2) 초점의 좌표 : $\left(4,\ \dfrac{1}{4}\right)$, 준선 : $y = -\dfrac{1}{4}$
7	풀이 참고
8	27
9	5
10	$\dfrac{x^2}{9} + \dfrac{y^2}{5} = 1$
11	(1) 초점의 좌표 : $\left(\sqrt{5},\ 0\right),\ \left(-\sqrt{5},\ 0\right)$ 　　장축의 길이 : 6, 단축의 길이 : 4 (2) 초점의 좌표 : $(2,\ 0),\ (-2,\ 0)$ 　　장축의 길이 : 8, 단축의 길이 : $4\sqrt{3}$ (3) 초점의 좌표 : $\left(\sqrt{6},\ 0\right),\ \left(-\sqrt{6},\ 0\right)$ 　　장축의 길이 : $4\sqrt{2}$, 단축의 길이 : $2\sqrt{2}$ (4) 초점의 좌표 : $(3,\ 0),\ (-3,\ 0)$ 　　장축의 길이 : 10, 단축의 길이 : 8
12	$\dfrac{x^2}{64} + \dfrac{y^2}{16} = 1$
13	$\dfrac{x^2}{6} + \dfrac{y^2}{9} = 1$
14	초점의 좌표 : $(0,\ 5),\ (0,\ -5)$ 장축의 길이 : 26, 단축의 길이 : 24
15	풀이 참고
16	30
17	$\dfrac{(x-2)^2}{4} + \dfrac{(y-3)^2}{3} = 1$
18	4
19	(1) $\dfrac{x^2}{16} - \dfrac{y^2}{20} = 1$ (2) $\dfrac{x^2}{4} - y^2 = 1$

20	(1) 초점의 좌표 : $(13,\ 0),\ (-13,\ 0)$ 　　꼭짓점의 좌표 : $(12,\ 0),\ (-12,\ 0)$ 　　주축의 길이 : 24 (2) 초점의 좌표 : $(3,\ 0),\ (-3,\ 0)$ 　　꼭짓점의 좌표 : $(1,\ 0),\ (-1,\ 0)$ 　　주축의 길이 : 2
21	(1) $\dfrac{x^2}{4} - \dfrac{y^2}{12} = 1$ (2) $\dfrac{x^2}{3} - \dfrac{y^2}{6} = 1$
22	$\dfrac{x^2}{8} - y^2 = -1$
23	(1) 초점의 좌표 : $(0,\ 5),\ (0,\ -5)$ 　　꼭짓점의 좌표 : $\left(0,\ \sqrt{15}\right),\ \left(0,\ -\sqrt{15}\right)$ 　　주축의 길이 : $2\sqrt{15}$ (2) 초점의 좌표 : $(0,\ 3),\ (0,\ -3)$ 　　꼭짓점의 좌표 : $\left(0,\ 2\sqrt{2}\right),\ \left(0,\ -2\sqrt{2}\right)$ 　　주축의 길이 : $4\sqrt{2}$
24	풀이 참고
25	풀이 참고
26	$\dfrac{(x+3)^2}{4} - (y-3)^2 = 1$
27	(1) 포물선 (2) 쌍곡선 (3) 원 (4) 타원
28	(1) (i) $D > 0$, 즉 $k < 2$이면 서로 다른 두 점에서 만난다. (ii) $D = 0$, 즉 $k = 2$이면 한 점에서 만난다.(접한다.) (iii) $D < 0$, 즉 $k > 2$이면 만나지 않는다. (2) (i) $D > 0$, 즉 $-\sqrt{5} < k < \sqrt{5}$이면 서로 다른 두 점에서 만난다. (ii) $D = 0$, 즉 $k = \sqrt{5}$, $k = -\sqrt{5}$이면 한 점에서 만난다.(접한다.) (iii) $D < 0$, 즉 $k > \sqrt{5}$ or $k < -\sqrt{5}$이면 만나지 않는다. (3) (i) $D > 0$, 즉 $k > 1$ or $k < -1$이면 서로 다른 두 점에서 만난다. (ii) $D = 0$, 즉 $k = 1$ or $k = -1$이면 한 점에서 만난다.(접한다.) (iii) $D < 0$, 즉 $-1 < k < 1$이면 만나지 않는다.
29	(1) $y = 4x - \dfrac{3}{4}$ (2) $y = \dfrac{1}{3}x + \dfrac{9}{2}$
30	(1) $y = \dfrac{1}{2}x + 3$ (2) $y = -\dfrac{1}{2}x + 1$

31	$y = -\dfrac{1}{2}x + 4$ or $y = 2x - 1$
32	(1) $y = 2x + 2\sqrt{10}$ or $y = 2x - 2\sqrt{10}$ (2) $y = \dfrac{1}{3}x + \sqrt{2}$ or $y = \dfrac{1}{3}x - \sqrt{2}$
33	(1) $y = -x + 3$ (2) $y = x - 5$
34	$y = -1$ or $y = -\dfrac{3}{8}x + \dfrac{5}{4}$
35	(1) $y = -2x + 4$ or $y = -2x - 4$ (2) $y = -3x + 2\sqrt{13}$ or $y = -3x - 2\sqrt{13}$ (3) $y = 2x + 6$ or $y = 2x - 4$
36	(1) $y = x - 1$ (2) $y = \dfrac{10}{7}x - \dfrac{1}{7}$
37	$x = 1$ or $y = \dfrac{5}{4}x + \dfrac{3}{4}$
38	405

이차곡선 | Training – 1 step

1	5	22	21
2	②	23	60
3	12	24	16
4	27	25	20
5	18	26	72
6	6	27	15
7	37	28	9
8	32	29	145
9	125	30	34
10	7	31	74
11	②	32	64
12	17	33	6
13	41	34	4
14	16	35	12
15	136	36	256
16	4	37	128
17	6	38	②
18	162	39	48
19	8	40	4
20	81	41	23
21	③	42	128

43	81	70	128
44	8	71	②
45	20	72	288
46	99	73	200
47	7	74	29
48	4	75	26
49	24	76	3
50	8	77	45
51	96	78	48
52	12	79	9
53	80	80	72
54	30	81	6
55	22	82	5
56	48	83	①
57	67	84	12
58	50	85	2
59	19	86	9
60	63	87	4
61	96	88	32
62	10	89	6
63	33	90	75
64	11	91	10
65	③	92	8
66	④	93	15
67	36	94	③
68	6	95	19
69	24		

이차곡선 | Training - 2 step

96	③	134	②
97	①	135	④
98	②	136	32
99	③	137	①
100	⑤	138	①
101	6	139	17
102	②	140	④
103	④	141	⑤
104	①	142	④
105	①	143	③
106	12	144	③
107	136	145	③
108	④	146	③
109	④	147	12
110	①	148	①
111	③	149	52
112	13	150	32
113	40	151	12
114	②	152	⑤
115	②	153	③
116	③	154	⑤
117	④	155	③
118	③	156	104
119	①	157	⑤
120	①	158	12
121	⑤	159	13
122	④	160	90
123	④	161	②
124	③	162	105
125	⑤	163	29
126	④	164	14
127	③	165	11
128	④	166	22
129	②	167	8
130	103	168	32
131	③	169	①
132	①	170	⑤
133	⑤	171	②

172	②	185	180
173	②	186	5
174	③	187	12
175	④	188	③
176	⑤	189	④
177	15	190	116
178	128	191	①
179	①	192	23
180	⑤	193	①
181	54	194	②
182	③	195	17
183	6	196	80
184	32	197	11

이차곡선 | Master step

198	66	203	15
199	80	204	63
200	30	205	③
201	107	206	⑤
202	14	207	6

평면벡터 | Guide step

1	(1) 4 (2) 5 (3) 3
2	$\overrightarrow{DB}$, $\overrightarrow{FE}$
3	(1) $\overrightarrow{AO}$, $\overrightarrow{OD}$, $\overrightarrow{BC}$ (2) $\overrightarrow{AB}$, $\overrightarrow{FO}$, $\overrightarrow{OC}$, $\overrightarrow{ED}$ (3) 2
4	풀이 참고
5	(1) $\overrightarrow{BD}$ (2) $\overrightarrow{BA}$
6	(가) $\overrightarrow{DB}$ (나) $\overrightarrow{CB}$ (다) $\vec{0}$
7	풀이 참고
8	(1) $\vec{b}-\vec{a}$ (2) $-\vec{a}-\vec{b}$
9	풀이 참고
10	(1) $19\vec{a}+11\vec{b}$ (2) $-7\vec{a}-20\vec{b}+17\vec{c}$
11	(1) $\vec{x}=2\vec{a}-2\vec{b}$ (2) $\vec{x}=-2\vec{a}-6\vec{b}$
12	풀이 참고
13	(1) $\dfrac{2}{\vert\vec{a}\vert}\vec{a}$ (2) $-\dfrac{\vert\vec{a}\vert}{\vert\vec{b}\vert}\vec{b}$
14	(가) : 반대, (나) : 5
15	$\dfrac{3}{2}\pi$
16	$-\dfrac{3}{2}$
17	$-2\vec{a}+\vec{b}+\vec{c}$
18	풀이 참고
19	(1) $\dfrac{1}{4}\vec{a}+\dfrac{3}{4}\vec{b}$ (2) $-\dfrac{1}{2}\vec{a}+\dfrac{3}{2}\vec{b}$
20	풀이 참고
21	$-\dfrac{1}{6}\vec{a}+\dfrac{2}{3}\vec{b}$
22	(1) $\vec{a}=(4,\ -1)$ (2) $\vec{b}=(-1,\ -5)$ (3) $\vec{c}=(3,\ 0)$ (4) $\vec{d}=(0,\ -6)$
23	(1) $\vert\vec{a}\vert=5$ (2) $\vert\vec{b}\vert=13$
24	(1) $p=4,\ q=2$ (2) $p=-1,\ q=5$
25	(1) $(5,\ 6)$ (2) $(-10,\ 28)$ (3) $(21,\ -6)$ (4) $(-28,\ 23)$
26	$-3\vec{a}+2\vec{b}$
27	(1) $\overrightarrow{AB}=(2,\ -2)$, $\vert\overrightarrow{AB}\vert=2\sqrt{2}$ (2) $\overrightarrow{AB}=(-7,\ 1)$, $\vert\overrightarrow{AB}\vert=5\sqrt{2}$
28	(1) $6\sqrt{2}$ (2) $3\sqrt{2}$ (3) 0 (4) -6
29	(1) 0 (2) -16 (3) 16 (4) -36
30	(1) 13 (2) -4
31	풀이 참고
32	$\sqrt{91}$
33	(1) $\dfrac{1}{2}$ (2) $\sqrt{19}$
34	(1) 45° (2) 120°
35	(1) 6 (2) $-\dfrac{7}{2}$
36	$\vec{b}=(2,\ -2\sqrt{3})$ or $\vec{b}=(-2,\ 2\sqrt{3})$
37	풀이 참고
38	-10
39	(1) $\dfrac{x-4}{3}=\dfrac{y-3}{-1}$ (2) $x=\dfrac{y}{2}$ (3) $y=6$ (4) $x=3$
40	(1) $\dfrac{x+2}{-1}=\dfrac{y-3}{2}$ (2) $x=\dfrac{y+3}{3}$
41	(1) $\dfrac{x-4}{-6}=y-2$ (2) $\dfrac{x+3}{5}=\dfrac{y-1}{-2}$
42	풀이 참고
43	(1) $2x-3y+1=0$ (2) $3x+y-6=0$
44	90°
45	(1) 2 (2) 6
46	중심이 $(3,\ -6)$이고 반지름의 길이가 5인 원
47	풀이 참고
48	$(x-1)^2+(y+1)^2=13$

평면벡터 | Training - 1 step

1	7	35	⑤
2	124	36	⑤
3	6	37	17
4	③	38	②
5	12	39	11
6	24	40	③
7	9	41	④
8	20	42	27
9	8	43	30
10	16	44	18
11	④	45	40
12	29	46	13
13	36	47	292
14	15	48	④
15	60	49	35
16	55	50	20
17	1	51	④
18	79	52	18
19	117	53	32
20	12	54	②
21	7	55	②
22	16	56	6
23	52	57	24
24	③	58	①
25	13	59	2
26	8	60	③
27	4	61	5
28	355	62	8
29	128	63	75
30	ㄱ, ㄴ, ㄹ, ㅁ	64	④
31	5	65	24
32	17	66	43
33	③	67	①
34	6	68	①

평면벡터 | Training - 2 step

69	④	93	④
70	②	94	50
71	⑤	95	④
72	②	96	180
73	③	97	⑤
74	③	98	7
75	④	99	48
76	⑤	100	③
77	①	101	②
78	②	102	27
79	15	103	①
80	②	104	19
81	⑤	105	⑤
82	②	106	①
83	④	107	17
84	⑤	108	⑤
85	③	109	②
86	②	110	③
87	②	111	⑤
88	④	112	⑤
89	②	113	⑤
90	③	114	115
91	③	115	③
92	④	116	37

평면벡터 | Master step

117	7	127	45
118	31	128	100
119	486	129	37
120	53	130	8
121	24	131	17
122	60	132	12
123	289	133	13
124	48	134	⑤
125	108	135	27
126	40	136	147

공간도형과 공간좌표

공간도형 | Guide step

1	(1), (2), (4)
2	(1) 직선 AE, 직선 DH, 직선 EF, 직선 HG (2) 평면 DHGC, 평면 EFGH (3) 평면 AEHD
3	풀이 참고
4	풀이 참고
5	(1) $60°$ (2) $90°$
6	(1) $60°$ (2) $60°$
7	풀이 참고
8	$\dfrac{2\sqrt{61}}{5}$
9	15
10	$\dfrac{\sqrt{3}}{3}$
11	$\dfrac{\sqrt{2}}{4}$
12	풀이 참고
13	(1) 선분 EF (2) 삼각형 FHE (3) 삼각형 BCF
14	(1) 5 (2) $30°$
15	$\dfrac{\sqrt{3}}{3}$
16	$6\sqrt{3}\pi$
17	32π

공간도형 | Training - 1 step

1	4	11	②
2	28	12	④
3	ㄱ	13	40
4	③	14	10
5	8	15	80
6	⑤	16	12
7	2	17	49
8	②	18	34
9	④	19	15
10	③	20	③

21	12	26	55
22	②	27	④
23	208	28	①
24	②	29	②
25	162		

공간도형 | Training - 2 step

30	⑤	48	450
31	②	49	47
32	①	50	⑤
33	12	51	⑤
34	②	52	30
35	⑤	53	40
36	①	54	③
37	④	55	25
38	②	56	27
39	②	57	④
40	⑤	58	③
41	③	59	12
42	①	60	34
43	③	61	⑤
44	15	62	45
45	④	63	15
46	③	64	8
47	162		

공간도형 | Master step

65	31	73	10
66	25	74	15
67	④	75	13
68	④	76	60
69	7	77	11
70	30	78	24
71	32	79	①
72	40	80	⑤

1	(1) xy평면에 내린 수선의 발 : $(3, \ -2, \ 0)$ yz평면에 내린 수선의 발 : $(0, \ -2, \ 1)$ zx평면에 내린 수선의 발 : $(3, \ 0, \ 1)$ (2) x축에 내린 수선의 발 : $(3, \ 0, \ 0)$ y축에 내린 수선의 발 : $(0, \ -2, \ 0)$ z축에 내린 수선의 발 : $(0, \ 0, \ 1)$
2	xy평면에 대한 대칭점 : $(3, \ 5, \ 1)$ yz평면에 대한 대칭점 : $(-3, \ 5, \ -1)$ zx평면에 대한 대칭점 : $(3, \ -5, \ -1)$ x축에 대한 대칭점 : $(3, \ -5, \ 1)$ y축에 대한 대칭점 : $(-3, \ 5, \ 1)$ z축에 대한 대칭점 : $(-3, \ -5, \ -1)$
3	(1) 3 (2) 6
4	$P\left(0, \ \dfrac{7}{3}, \ 0\right)$
5	$P(0, \ 0, \ 7)$
6	(1) $P(2, \ -1, \ -1)$ (2) $M(1, \ -2, \ 0)$ (3) $Q(10, \ 7, \ -9)$
7	$D(-1, \ 0, \ 1)$
8	(1) $G(3, \ 2, \ -1)$ (2) $C(3, \ -2, \ 10)$
9	(1) $C(3\sqrt{3}, \ 3, \ 0)$ (2) $H(\sqrt{3}, \ 3, \ 0)$ (3) $A(\sqrt{3}, \ 3, \ 2\sqrt{6})$ (4) $H'\left(\dfrac{4\sqrt{3}}{3}, \ 2, \ \dfrac{2\sqrt{6}}{3}\right)$ (5) $\left(\sqrt{3}, \ 3, \ \dfrac{\sqrt{6}}{2}\right)$
10	(1) $(x+3)^2+(y-1)^2+(z-2)^2=4$ (2) $x^2+y^2+z^2=25$
11	$(x-4)^2+(y+1)^2+(z-1)^2=18$
12	(1) 중심 : $(-3, \ -1, \ 2)$, 반지름의 길이 : 3 (2) 중심 : $(1, \ 3, \ -1)$, 반지름의 길이 : 4
13	(1) 중심 : $(1, \ 2, \ 0)$, 반지름의 길이 : $\sqrt{7}$ (2) $2\sqrt{6}$
14	7
15	최댓값 : 5, 최솟값 : 1

1	①	18	④
2	4	19	5
3	⑤	20	75
4	②	21	45
5	③	22	3
6	①	23	32
7	5	24	4
8	45	25	90
9	15	26	6
10	6	27	5
11	32	28	④
12	④	29	48
13	3	30	73
14	1	31	16
15	②	32	163
16	3	33	50
17	②		

34	①	50	①
35	⑤	51	13
36	②	52	②
37	③	53	⑤
38	②	54	③
39	①	55	⑤
40	②	56	①
41	④	57	14
42	④	58	②
43	③	59	13
44	①	60	⑤
45	10	61	②
46	④	62	11
47	①	63	③
48	②	64	④
49	⑤		

공간좌표 | **Master step**

65	9	**68**	23
66	⑤	**69**	127
67	70		

규 토
라이트
N 제

CONTENTS

규토 라이트 N제

해설편

이차곡선 | Guide step

1	11
2	(1) $y^2 = 8x$ (2) $y^2 = -4x$
3	풀이 참고
4	(1) $x^2 = \dfrac{4}{3}y$ (2) $x^2 = -8y$
5	풀이 참고
6	(1) 초점의 좌표 : $(-5, -2)$, 준선 : $x = -1$ (2) 초점의 좌표 : $\left(4, \dfrac{1}{4}\right)$, 준선 : $y = -\dfrac{1}{4}$
7	풀이 참고
8	27
9	5
10	$\dfrac{x^2}{9} + \dfrac{y^2}{5} = 1$
11	(1) 초점의 좌표 : $(\sqrt{5}, 0)$, $(-\sqrt{5}, 0)$ 장축의 길이 : 6, 단축의 길이 : 4 (2) 초점의 좌표 : $(2, 0)$, $(-2, 0)$ 장축의 길이 : 8, 단축의 길이 : $4\sqrt{3}$ (3) 초점의 좌표 : $(\sqrt{6}, 0)$, $(-\sqrt{6}, 0)$ 장축의 길이 : $4\sqrt{2}$, 단축의 길이 : $2\sqrt{2}$ (4) 초점의 좌표 : $(3, 0)$, $(-3, 0)$ 장축의 길이 : 10, 단축의 길이 : 8
12	$\dfrac{x^2}{64} + \dfrac{y^2}{16} = 1$
13	$\dfrac{x^2}{6} + \dfrac{y^2}{9} = 1$
14	초점의 좌표 : $(0, 5)$, $(0, -5)$ 장축의 길이 : 26, 단축의 길이 : 24
15	풀이 참고
16	30
17	$\dfrac{(x-2)^2}{4} + \dfrac{(y-3)^2}{3} = 1$
18	4
19	(1) $\dfrac{x^2}{16} - \dfrac{y^2}{20} = 1$ (2) $\dfrac{x^2}{4} - y^2 = 1$
20	(1) 초점의 좌표 : $(13, 0)$, $(-13, 0)$ 꼭짓점의 좌표 : $(12, 0)$, $(-12, 0)$ 주축의 길이 : 24 (2) 초점의 좌표 : $(3, 0)$, $(-3, 0)$ 꼭짓점의 좌표 : $(1, 0)$, $(-1, 0)$ 주축의 길이 : 2
21	(1) $\dfrac{x^2}{4} - \dfrac{y^2}{12} = 1$ (2) $\dfrac{x^2}{3} - \dfrac{y^2}{6} = 1$
22	$\dfrac{x^2}{8} - y^2 = -1$
23	(1) 초점의 좌표 : $(0, 5)$, $(0, -5)$ 꼭짓점의 좌표 : $(0, \sqrt{15})$, $(0, -\sqrt{15})$ 주축의 길이 : $2\sqrt{15}$ (2) 초점의 좌표 : $(0, 3)$, $(0, -3)$ 꼭짓점의 좌표 : $(0, 2\sqrt{2})$, $(0, -2\sqrt{2})$ 주축의 길이 : $4\sqrt{2}$
24	풀이 참고
25	풀이 참고
26	$\dfrac{(x+3)^2}{4} - (y-3)^2 = 1$
27	(1) 포물선 (2) 쌍곡선 (3) 원 (4) 타원
28	(1) (i) $D > 0$, 즉 $k < 2$이면 서로 다른 두 점에서 만난다. (ii) $D = 0$, 즉 $k = 2$이면 한 점에서 만난다.(접한다.) (iii) $D < 0$, 즉 $k > 2$이면 만나지 않는다. (2) (i) $D > 0$, 즉 $-\sqrt{5} < k < \sqrt{5}$이면 서로 다른 두 점에서 만난다. (ii) $D = 0$, 즉 $k = \sqrt{5}$, $k = -\sqrt{5}$이면 한 점에서 만난다.(접한다.) (iii) $D < 0$, 즉 $k > \sqrt{5}$ or $k < -\sqrt{5}$이면 만나지 않는다. (3) (i) $D > 0$, 즉 $k > 1$ or $k < -1$이면 서로 다른 두 점에서 만난다. (ii) $D = 0$, 즉 $k = 1$ or $k = -1$이면 한 점에서 만난다.(접한다.) (iii) $D < 0$, 즉 $-1 < k < 1$이면 만나지 않는다.
29	(1) $y = 4x - \dfrac{3}{4}$ (2) $y = \dfrac{1}{3}x + \dfrac{9}{2}$
30	(1) $y = \dfrac{1}{2}x + 3$ (2) $y = -\dfrac{1}{2}x + 1$

31	$y = -\dfrac{1}{2}x + 4$ or $y = 2x - 1$
32	(1) $y = 2x + 2\sqrt{10}$ or $y = 2x - 2\sqrt{10}$ (2) $y = \dfrac{1}{3}x + \sqrt{2}$ or $y = \dfrac{1}{3}x - \sqrt{2}$
33	(1) $y = -x + 3$ (2) $y = x - 5$
34	$y = -1$ or $y = -\dfrac{3}{8}x + \dfrac{5}{4}$
35	(1) $y = -2x + 4$ or $y = -2x - 4$ (2) $y = -3x + 2\sqrt{13}$ or $y = -3x - 2\sqrt{13}$ (3) $y = 2x + 6$ or $y = 2x - 4$
36	(1) $y = x - 1$ (2) $y = \dfrac{10}{7}x - \dfrac{1}{7}$
37	$x = 1$ or $y = \dfrac{5}{4}x + \dfrac{3}{4}$
38	405

이차곡선 | Training－1 step

1	5	22	21
2	②	23	60
3	12	24	16
4	27	25	20
5	18	26	72
6	6	27	15
7	37	28	9
8	32	29	145
9	125	30	34
10	7	31	74
11	②	32	64
12	17	33	6
13	41	34	4
14	16	35	12
15	136	36	256
16	4	37	128
17	6	38	②
18	162	39	48
19	8	40	4
20	81	41	23
21	③	42	128

43	81	70	128
44	8	71	②
45	20	72	288
46	99	73	200
47	7	74	29
48	4	75	26
49	24	76	3
50	8	77	45
51	96	78	48
52	12	79	9
53	80	80	72
54	30	81	6
55	22	82	5
56	48	83	①
57	67	84	12
58	50	85	2
59	19	86	9
60	63	87	4
61	96	88	32
62	10	89	6
63	33	90	75
64	11	91	10
65	③	92	8
66	④	93	15
67	36	94	③
68	6	95	19
69	24		

이차곡선 | Training - 2 step

96	③	134	②
97	①	135	④
98	②	136	32
99	③	137	①
100	⑤	138	①
101	6	139	17
102	②	140	④
103	④	141	⑤
104	①	142	④
105	①	143	③
106	12	144	③
107	136	145	③
108	④	146	③
109	④	147	12
110	①	148	①
111	③	149	52
112	13	150	32
113	40	151	12
114	②	152	⑤
115	②	153	③
116	③	154	⑤
117	④	155	③
118	③	156	104
119	①	157	⑤
120	①	158	12
121	⑤	159	13
122	④	160	90
123	④	161	②
124	③	162	105
125	⑤	163	29
126	④	164	14
127	③	165	11
128	④	166	22
129	②	167	8
130	103	168	32
131	③	169	①
132	①	170	⑤
133	⑤	171	②

172	②	185	180
173	②	186	5
174	③	187	12
175	④	188	③
176	⑤	189	④
177	15	190	116
178	128	191	①
179	①	192	23
180	⑤	193	①
181	54	194	②
182	③	195	17
183	6	196	80
184	32	197	11

이차곡선 | Master step

198	66	203	15
199	80	204	63
200	30	205	③
201	107	206	⑤
202	14	207	6

평면벡터 | Guide step

1	(1) 4 (2) 5 (3) 3
2	$\overrightarrow{DB}$, $\overrightarrow{FE}$
3	(1) $\overrightarrow{AO}$, $\overrightarrow{OD}$, $\overrightarrow{BC}$ (2) $\overrightarrow{AB}$, $\overrightarrow{FO}$, $\overrightarrow{OC}$, $\overrightarrow{ED}$ (3) 2
4	풀이 참고
5	(1) $\overrightarrow{BD}$ (2) $\overrightarrow{BA}$
6	(가) $\overrightarrow{DB}$ (나) $\overrightarrow{CB}$ (다) $\vec{0}$
7	풀이 참고
8	(1) $\vec{b}-\vec{a}$ (2) $-\vec{a}-\vec{b}$
9	풀이 참고
10	(1) $19\vec{a}+11\vec{b}$ (2) $-7\vec{a}-20\vec{b}+17\vec{c}$
11	(1) $\vec{x}=2\vec{a}-2\vec{b}$ (2) $\vec{x}=-2\vec{a}-6\vec{b}$
12	풀이 참고
13	(1) $\dfrac{2}{|\vec{a}|}\vec{a}$ (2) $-\dfrac{|\vec{a}|}{|\vec{b}|}\vec{b}$
14	(가) : 반대, (나) : 5
15	$\dfrac{3}{2}\pi$
16	$-\dfrac{3}{2}$
17	$-2\vec{a}+\vec{b}+\vec{c}$
18	풀이 참고
19	(1) $\dfrac{1}{4}\vec{a}+\dfrac{3}{4}\vec{b}$ (2) $-\dfrac{1}{2}\vec{a}+\dfrac{3}{2}\vec{b}$
20	풀이 참고
21	$-\dfrac{1}{6}\vec{a}+\dfrac{2}{3}\vec{b}$
22	(1) $\vec{a}=(4,\ -1)$ (2) $\vec{b}=(-1,\ -5)$ (3) $\vec{c}=(3,\ 0)$ (4) $\vec{d}=(0,\ -6)$
23	(1) $|\vec{a}|=5$ (2) $|\vec{b}|=13$
24	(1) $p=4,\ q=2$ (2) $p=-1,\ q=5$
25	(1) $(5,\ 6)$ (2) $(-10,\ 28)$ (3) $(21,\ -6)$ (4) $(-28,\ 23)$
26	$-3\vec{a}+2\vec{b}$
27	(1) $\overrightarrow{AB}=(2,\ -2)$, $|\overrightarrow{AB}|=2\sqrt{2}$ (2) $\overrightarrow{AB}=(-7,\ 1)$, $|\overrightarrow{AB}|=5\sqrt{2}$
28	(1) $6\sqrt{2}$ (2) $3\sqrt{2}$ (3) 0 (4) -6
29	(1) 0 (2) -16 (3) 16 (4) -36
30	(1) 13 (2) -4
31	풀이 참고
32	$\sqrt{91}$
33	(1) $\dfrac{1}{2}$ (2) $\sqrt{19}$
34	(1) $45°$ (2) $120°$
35	(1) 6 (2) $-\dfrac{7}{2}$
36	$\vec{b}=(2,\ -2\sqrt{3})$ or $\vec{b}=(-2,\ 2\sqrt{3})$
37	풀이 참고
38	-10
39	(1) $\dfrac{x-4}{3}=\dfrac{y-3}{-1}$ (2) $x=\dfrac{y}{2}$ (3) $y=6$ (4) $x=3$
40	(1) $\dfrac{x+2}{-1}=\dfrac{y-3}{2}$ (2) $x=\dfrac{y+3}{3}$
41	(1) $\dfrac{x-4}{-6}=y-2$ (2) $\dfrac{x+3}{5}=\dfrac{y-1}{-2}$
42	풀이 참고
43	(1) $2x-3y+1=0$ (2) $3x+y-6=0$
44	$90°$
45	(1) 2 (2) 6
46	중심이 $(3,\ -6)$이고 반지름의 길이가 5인 원
47	풀이 참고
48	$(x-1)^2+(y+1)^2=13$

1	7	35	⑤
2	124	36	⑤
3	6	37	17
4	③	38	②
5	12	39	11
6	24	40	③
7	9	41	④
8	20	42	27
9	8	43	30
10	16	44	18
11	④	45	40
12	29	46	13
13	36	47	292
14	15	48	④
15	60	49	35
16	55	50	20
17	1	51	④
18	79	52	18
19	117	53	32
20	12	54	②
21	7	55	②
22	16	56	6
23	52	57	24
24	③	58	①
25	13	59	2
26	8	60	③
27	4	61	5
28	355	62	8
29	128	63	75
30	ㄱ, ㄴ, ㄹ, ㅁ	64	④
31	5	65	24
32	17	66	43
33	③	67	①
34	6	68	①

69	④	93	④
70	②	94	50
71	⑤	95	④
72	②	96	180
73	③	97	⑤
74	③	98	7
75	④	99	48
76	⑤	100	③
77	①	101	②
78	②	102	27
79	15	103	①
80	②	104	19
81	⑤	105	⑤
82	②	106	①
83	④	107	17
84	⑤	108	⑤
85	③	109	②
86	②	110	③
87	②	111	⑤
88	④	112	⑤
89	②	113	⑤
90	③	114	115
91	③	115	③
92	④	116	37

117	7	127	45
118	31	128	100
119	486	129	37
120	53	130	8
121	24	131	17
122	60	132	12
123	289	133	13
124	48	134	⑤
125	108	135	27
126	40	136	147

공간도형과 공간좌표

공간도형 | Guide step

1	(1), (2), (4)
2	(1) 직선 AE, 직선 DH, 직선 EF, 직선 HG (2) 평면 DHGC, 평면 EFGH (3) 평면 AEHD
3	풀이 참고
4	풀이 참고
5	(1) $60\degree$ (2) $90\degree$
6	(1) $60\degree$ (2) $60\degree$
7	풀이 참고
8	$\dfrac{2\sqrt{61}}{5}$
9	15
10	$\dfrac{\sqrt{3}}{3}$
11	$\dfrac{\sqrt{2}}{4}$
12	풀이 참고
13	(1) 선분 EF (2) 삼각형 FHE (3) 삼각형 BCF
14	(1) 5 (2) $30\degree$
15	$\dfrac{\sqrt{3}}{3}$
16	$6\sqrt{3}\pi$
17	32π

공간도형 | Training - 1 step

1	4	11	②
2	28	12	④
3	ㄱ	13	40
4	③	14	10
5	8	15	80
6	⑤	16	12
7	2	17	49
8	②	18	34
9	④	19	15
10	③	20	③

21	12	26	55
22	②	27	④
23	208	28	①
24	②	29	②
25	162		

공간도형 | Training - 2 step

30	⑤	48	450
31	②	49	47
32	①	50	⑤
33	12	51	⑤
34	②	52	30
35	⑤	53	40
36	①	54	③
37	④	55	25
38	②	56	27
39	②	57	④
40	⑤	58	③
41	③	59	12
42	①	60	34
43	③	61	⑤
44	15	62	45
45	④	63	15
46	③	64	8
47	162		

공간도형 | Master step

65	31	73	10
66	25	74	15
67	④	75	13
68	④	76	60
69	7	77	11
70	30	78	24
71	32	79	①
72	40	80	⑤

1	(1) xy평면에 내린 수선의 발 : $(3, -2, 0)$ yz평면에 내린 수선의 발 : $(0, -2, 1)$ zx평면에 내린 수선의 발 : $(3, 0, 1)$ (2) x축에 내린 수선의 발 : $(3, 0, 0)$ y축에 내린 수선의 발 : $(0, -2, 0)$ z축에 내린 수선의 발 : $(0, 0, 1)$
2	xy평면에 대한 대칭점 : $(3, 5, 1)$ yz평면에 대한 대칭점 : $(-3, 5, -1)$ zx평면에 대한 대칭점 : $(3, -5, -1)$ x축에 대한 대칭점 : $(3, -5, 1)$ y축에 대한 대칭점 : $(-3, 5, 1)$ z축에 대한 대칭점 : $(-3, -5, -1)$
3	(1) 3 (2) 6
4	$P\left(0, \dfrac{7}{3}, 0\right)$
5	$P(0, 0, 7)$
6	(1) $P(2, -1, -1)$ (2) $M(1, -2, 0)$ (3) $Q(10, 7, -9)$
7	$D(-1, 0, 1)$
8	(1) $G(3, 2, -1)$ (2) $C(3, -2, 10)$
9	(1) $C(3\sqrt{3}, 3, 0)$ (2) $H(\sqrt{3}, 3, 0)$ (3) $A(\sqrt{3}, 3, 2\sqrt{6})$ (4) $H'\left(\dfrac{4\sqrt{3}}{3}, 2, \dfrac{2\sqrt{6}}{3}\right)$ (5) $\left(\sqrt{3}, 3, \dfrac{\sqrt{6}}{2}\right)$
10	(1) $(x+3)^2+(y-1)^2+(z-2)^2=4$ (2) $x^2+y^2+z^2=25$
11	$(x-4)^2+(y+1)^2+(z-1)^2=18$
12	(1) 중심 : $(-3, -1, 2)$, 반지름의 길이 : 3 (2) 중심 : $(1, 3, -1)$, 반지름의 길이 : 4
13	(1) 중심 : $(1, 2, 0)$, 반지름의 길이 : $\sqrt{7}$ (2) $2\sqrt{6}$
14	7
15	최댓값 : 5, 최솟값 : 1

1	①	18	④
2	4	19	5
3	⑤	20	75
4	②	21	45
5	③	22	3
6	①	23	32
7	5	24	4
8	45	25	90
9	15	26	6
10	6	27	5
11	32	28	④
12	④	29	48
13	3	30	73
14	1	31	16
15	②	32	163
16	3	33	50
17	②		

34	①	50	①
35	⑤	51	13
36	②	52	②
37	③	53	⑤
38	②	54	③
39	①	55	⑤
40	②	56	①
41	④	57	14
42	④	58	②
43	③	59	13
44	①	60	⑤
45	10	61	②
46	④	62	11
47	①	63	③
48	②	64	④
49	⑤		

공간좌표 │ **Master step**

65	9	68	23
66	⑤	69	127
67	70		

이차곡선 | Guide step

1	11
2	(1) $y^2 = 8x$ (2) $y^2 = -4x$
3	풀이 참고
4	(1) $x^2 = \dfrac{4}{3}y$ (2) $x^2 = -8y$
5	풀이 참고
6	(1) 초점의 좌표 : $(-5, \ -2)$, 준선 : $x = -1$ (2) 초점의 좌표 : $\left(4, \ \dfrac{1}{4}\right)$, 준선 : $y = -\dfrac{1}{4}$
7	풀이 참고
8	27
9	5
10	$\dfrac{x^2}{9} + \dfrac{y^2}{5} = 1$
11	(1) 초점의 좌표 : $(\sqrt{5}, \ 0), \ (-\sqrt{5}, \ 0)$ 장축의 길이 : 6, 단축의 길이 : 4 (2) 초점의 좌표 : $(2, \ 0), \ (-2, \ 0)$ 장축의 길이 : 8, 단축의 길이 : $4\sqrt{3}$ (3) 초점의 좌표 : $(\sqrt{6}, \ 0), \ (-\sqrt{6}, \ 0)$ 장축의 길이 : $4\sqrt{2}$, 단축의 길이 : $2\sqrt{2}$ (4) 초점의 좌표 : $(3, \ 0), \ (-3, \ 0)$ 장축의 길이 : 10, 단축의 길이 : 8
12	$\dfrac{x^2}{64} + \dfrac{y^2}{16} = 1$
13	$\dfrac{x^2}{6} + \dfrac{y^2}{9} = 1$
14	초점의 좌표 : $(0, \ 5), \ (0, \ -5)$ 장축의 길이 : 26, 단축의 길이 : 24
15	풀이 참고
16	30
17	$\dfrac{(x-2)^2}{4} + \dfrac{(y-3)^2}{3} = 1$
18	4
19	(1) $\dfrac{x^2}{16} - \dfrac{y^2}{20} = 1$ (2) $\dfrac{x^2}{4} - y^2 = 1$

20	(1) 초점의 좌표 : $(13, \ 0), \ (-13, \ 0)$ 꼭짓점의 좌표 : $(12, \ 0), \ (-12, \ 0)$ 주축의 길이 : 24 (2) 초점의 좌표 : $(3, \ 0), \ (-3, \ 0)$ 꼭짓점의 좌표 : $(1, \ 0), \ (-1, \ 0)$ 주축의 길이 : 2
21	(1) $\dfrac{x^2}{4} - \dfrac{y^2}{12} = 1$ (2) $\dfrac{x^2}{3} - \dfrac{y^2}{6} = 1$
22	$\dfrac{x^2}{8} - y^2 = -1$
23	(1) 초점의 좌표 : $(0, \ 5), \ (0, \ -5)$ 꼭짓점의 좌표 : $(0, \ \sqrt{15}), \ (0, \ -\sqrt{15})$ 주축의 길이 : $2\sqrt{15}$ (2) 초점의 좌표 : $(0, \ 3), \ (0, \ -3)$ 꼭짓점의 좌표 : $(0, \ 2\sqrt{2}), \ (0, \ -2\sqrt{2})$ 주축의 길이 : $4\sqrt{2}$
24	풀이 참고
25	풀이 참고
26	$\dfrac{(x+3)^2}{4} - (y-3)^2 = 1$
27	(1) 포물선 (2) 쌍곡선 (3) 원 (4) 타원
28	(1) (i) $D > 0$, 즉 $k < 2$이면 서로 다른 두 점에서 만난다. (ii) $D = 0$, 즉 $k = 2$이면 한 점에서 만난다.(접한다.) (iii) $D < 0$, 즉 $k > 2$이면 만나지 않는다. (2) (i) $D > 0$, 즉 $-\sqrt{5} < k < \sqrt{5}$이면 서로 다른 두 점에서 만난다. (ii) $D = 0$, 즉 $k = \sqrt{5}$, $k = -\sqrt{5}$이면 한 점에서 만난다.(접한다.) (iii) $D < 0$, 즉 $k > \sqrt{5}$ or $k < -\sqrt{5}$이면 만나지 않는다. (3) (i) $D > 0$, 즉 $k > 1$ or $k < -1$이면 서로 다른 두 점에서 만난다. (ii) $D = 0$, 즉 $k = 1$ or $k = -1$이면 한 점에서 만난다.(접한다.) (iii) $D < 0$, 즉 $-1 < k < 1$이면 만나지 않는다.
29	(1) $y = 4x - \dfrac{3}{4}$ (2) $y = \dfrac{1}{3}x + \dfrac{9}{2}$
30	(1) $y = \dfrac{1}{2}x + 3$ (2) $y = -\dfrac{1}{2}x + 1$

31	$y = -\dfrac{1}{2}x + 4$ or $y = 2x - 1$
32	(1) $y = 2x + 2\sqrt{10}$ or $y = 2x - 2\sqrt{10}$ (2) $y = \dfrac{1}{3}x + \sqrt{2}$ or $y = \dfrac{1}{3}x - \sqrt{2}$
33	(1) $y = -x + 3$ (2) $y = x - 5$
34	$y = -1$ or $y = -\dfrac{3}{8}x + \dfrac{5}{4}$
35	(1) $y = -2x + 4$ or $y = -2x - 4$ (2) $y = -3x + 2\sqrt{13}$ or $y = -3x - 2\sqrt{13}$ (3) $y = 2x + 6$ or $y = 2x - 4$
36	(1) $y = x - 1$ (2) $y = \dfrac{10}{7}x - \dfrac{1}{7}$
37	$x = 1$ or $y = \dfrac{5}{4}x + \dfrac{3}{4}$
38	405

개념 확인문제 1

$\overline{AC} = \overline{AF} = 4$, $\overline{BD} = \overline{BF} = 7$이므로
$\overline{AB} = \overline{AF} + \overline{BF} = 4 + 7 = 11$이다.

답 11

개념 확인문제 2

(1) 초점이 F $(2,\ 0)$이고, 준선이 $x = -2$인 포물선의 방정식은
$y^2 = 4px$에서 $p = 2$이므로 $y^2 = 4 \times 2 \times x = 8x$,
즉 $y^2 = 8x$이다.

(2) 초점이 F $(-1,\ 0)$이고, 준선이 $x = 1$인 포물선의 방정식은
$y^2 = 4px$에서 $p = -1$이므로 $y^2 = 4 \times (-1) \times x = -4x$,
즉 $y^2 = -4x$이다.

답 (1) $y^2 = 8x$ (2) $y^2 = -4x$

개념 확인문제 3

(1) $y^2 = 6x = 4 \times \left(\dfrac{3}{2}\right) \times x$에서 $p = \dfrac{3}{2}$이므로

주어진 포물선의 초점의 좌표는 $\left(\dfrac{3}{2},\ 0\right)$이고,

준선의 방정식은 $x = -\dfrac{3}{2}$이다.

따라서 포물선 $y^2 = 6x$의 그래프는 다음 그림과 같다.

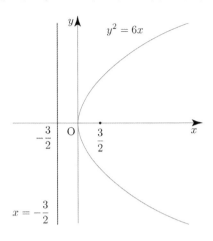

(2) $y^2 = -x = 4 \times \left(-\dfrac{1}{4}\right) \times x$에서 $p = -\dfrac{1}{4}$이므로

주어진 포물선의 초점의 좌표는 $\left(-\dfrac{1}{4},\ 0\right)$이고,

준선의 방정식은 $x = \dfrac{1}{4}$이다.

따라서 포물선 $y^2 = -x$의 그래프는 다음 그림과 같다.

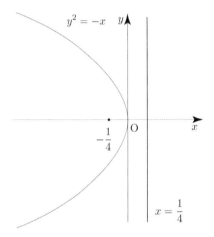

답 (1) 초점의 좌표 : $\left(\dfrac{3}{2},\ 0\right)$, 준선의 방정식 : $x = -\dfrac{3}{2}$

(2) 초점의 좌표 : $\left(-\dfrac{1}{4},\ 0\right)$, 준선의 방정식 : $x = \dfrac{1}{4}$

개념 확인문제 4

(1) $x^2 = 4py$에서 $p = \dfrac{1}{3}$이므로 $x^2 = \dfrac{4}{3}y$이다.

(2) $x^2 = 4py$에서 $p = -2$이므로 $x^2 = -8y$이다.

답 (1) $x^2 = \dfrac{4}{3}y$ (2) $x^2 = -8y$

(1) $x^2 = 6y = 4 \times \dfrac{3}{2} \times y$에서 $p = \dfrac{3}{2}$이므로

주어진 포물선의 초점의 좌표는 $\left(0, \dfrac{3}{2}\right)$이고,

준선의 방정식은 $y = -\dfrac{3}{2}$이다.

따라서 포물선 $x^2 = 6y$의 그래프는 다음 그림과 같다.

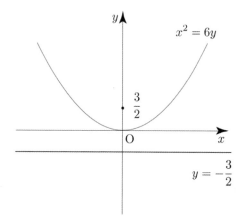

(2) $x^2 = -y = 4 \times \left(-\dfrac{1}{4}\right) \times y$에서 $p = -\dfrac{1}{4}$이므로

주어진 포물선의 초점의 좌표는 $\left(0, -\dfrac{1}{4}\right)$이고,

준선의 방정식은 $y = \dfrac{1}{4}$이다.

따라서 포물선 $x^2 = -y$의 그래프는 다음 그림과 같다.

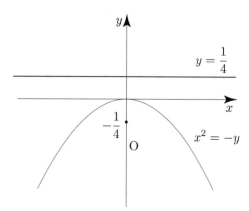

답 (1) 초점의 좌표 : $\left(0, \dfrac{3}{2}\right)$, 준선의 방정식 : $y = -\dfrac{3}{2}$

     (2) 초점의 좌표 : $\left(0, -\dfrac{1}{4}\right)$, 준선의 방정식 : $y = \dfrac{1}{4}$

(1) 포물선 $(y+2)^2 = -8(x+3)$는 포물선 $y^2 = -8x$를 x축의 방향으로 -3만큼, y축의 방향으로 -2만큼 평행이동한 것이다.

한편 포물선 $y^2 = -8x$의 초점의 좌표는 $(-2, \ 0)$, 준선의 방정식은 $x = 2$이다.

따라서 주어진 포물선의 초점의 좌표는 $(-5, \ -2)$, 준선의 방정식은 $x = -1$이다.

(2) 포물선 $(x-4)^2 = y$는 포물선 $x^2 = y$를 x축의 방향으로 4만큼 평행이동한 것이다.

한편 포물선 $x^2 = y$의 초점의 좌표는 $\left(0, \dfrac{1}{4}\right)$,

준선의 방정식은 $y = -\dfrac{1}{4}$이다.

따라서 주어진 포물선의 초점의 좌표는 $\left(4, \dfrac{1}{4}\right)$,

준선의 방정식은 $y = -\dfrac{1}{4}$이다.

답 (1) 초점의 좌표 : $(-5, \ -2)$, 준선의 방정식 : $x = -1$

     (2) 초점의 좌표 : $\left(4, \dfrac{1}{4}\right)$, 준선의 방정식 : $y = -\dfrac{1}{4}$

(1) 주어진 포물선의 방정식을 변형하면
$(y+2)^2 = 4x - 16 + 4 \ \Rightarrow \ (y+2)^2 = 4(x-3)$이고,
이 포물선은 포물선 $y^2 = 4x$를 x축의 방향으로 3만큼, y축의 방향으로 -2만큼 평행이동한 것이므로 주어진 포물선의 그래프는 다음 그림과 같다.

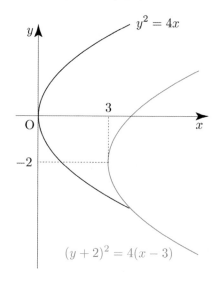

(2) 주어진 포물선의 방정식을 변형하면

$(x-3)^2 = 8y - 17 + 9 \Rightarrow (x-3)^2 = 8(y-1)$이고,

이 포물선은 포물선 $x^2 = 8y$를 x축의 방향으로 3만큼,

y축의 방향으로 1만큼 평행이동한 것이므로 주어진

포물선의 그래프는 다음 그림과 같다.

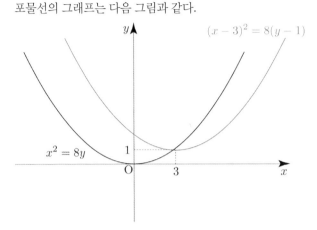

개념 확인문제   8

꼭짓점의 좌표가 $(1, 3)$이고, 준선의 방정식이 $x = 4$이므로

꼭짓점과 준선 사이의 거리가 3이다.

포물선을 평행이동하여도 꼭짓점과 준선 사이의 거리는

변하지 않고, 초점이 준선의 좌측에 있으므로

평행이동하기 전 포물선은 $y^2 = -12x$이다.

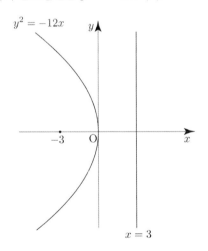

주어진 포물선은 포물선 $y^2 = -12x$를 x축의 방향으로

1만큼, y축의 방향으로 3만큼 평행이동한 것이다.

$(y-3)^2 = -12(x-1) \Rightarrow y^2 - 6y + 12x - 3 = 0$이므로

$a = -6$, $b = 12$, $c = -3$이다.

따라서 $a + 2b - 3c = -6 + 24 + 9 = 27$이다.

답   27

개념 확인문제   9

$\overline{BF'} + \overline{BF} = 10$이고 $\overline{BF'} = \overline{BF}$이므로 $\overline{BF'} = 5$이다.

답   5

개념 확인문제   10

$2a = 6 \Rightarrow a^2 = 9$, $c = 2 \Rightarrow c^2 = 4$, $b^2 = a^2 - c^2 = 5$이므로

$\dfrac{x^2}{9} + \dfrac{y^2}{5} = 1$이다.

답 $\dfrac{x^2}{9} + \dfrac{y^2}{5} = 1$

개념 확인문제   11

(1) $a = 3$, $b = 2$이므로 $c = \sqrt{3^2 - 2^2} = \sqrt{5}$

초점의 좌표는 $(\sqrt{5}, 0)$, $(-\sqrt{5}, 0)$,

장축의 길이는 $2a = 6$, 단축의 길이는 $2b = 4$이다.

(2) $a = 4$, $b = 2\sqrt{3}$이므로 $c = \sqrt{4^2 - (2\sqrt{3})^2} = 2$

초점의 좌표는 $(2, 0)$, $(-2, 0)$,

장축의 길이는 $2a = 8$, 단축의 길이는 $2b = 4\sqrt{3}$이다.

(3) $x^2 + 4y^2 = 8 \Rightarrow \dfrac{x^2}{8} + \dfrac{y^2}{2} = 1$

$a = 2\sqrt{2}$, $b = \sqrt{2}$이므로 $c = \sqrt{(2\sqrt{2})^2 - (\sqrt{2})^2} = \sqrt{6}$

초점의 좌표는 $(\sqrt{6}, 0)$, $(-\sqrt{6}, 0)$,

장축의 길이는 $2a = 4\sqrt{2}$, 단축의 길이는 $2b = 2\sqrt{2}$이다.

(4) $16x^2 + 25y^2 = 400 \Rightarrow \dfrac{x^2}{25} + \dfrac{y^2}{16} = 1$

$a = 5$, $b = 4$이므로 $c = \sqrt{5^2 - 4^2} = \sqrt{9} = 3$

초점의 좌표는 $(3, 0)$, $(-3, 0)$,

장축의 길이는 $2a = 10$, 단축의 길이는 $4b = 8$이다.

답   (1) 초점의 좌표 : $(\sqrt{5}, 0)$, $(-\sqrt{5}, 0)$

장축의 길이 : 6, 단축의 길이 : 4

(2) 초점의 좌표 : $(2, 0)$, $(-2, 0)$

장축의 길이 : 8, 단축의 길이 : $4\sqrt{3}$

(3) 초점의 좌표 : $(\sqrt{6}, 0)$, $(-\sqrt{6}, 0)$

장축의 길이 : $4\sqrt{2}$, 단축의 길이 : $2\sqrt{2}$

(4) 초점의 좌표 : $(3, 0)$, $(-3, 0)$

장축의 길이 : 10, 단축의 길이 : 8

개념 확인문제 12

원점을 중심으로 하고 초점이 x축 위에 있으므로

$\dfrac{x^2}{a^2} + \dfrac{y^2}{b^2} = 1$ $(a > b > 0)$라 하면 장축의 길이는 $2a$이고,

단축의 길이는 $2b$이다.

$2a = 16 \Rightarrow a = 8$, $2b = 8 \Rightarrow b = 4$이므로

$\dfrac{x^2}{64} + \dfrac{y^2}{16} = 1$이다.

답 $\dfrac{x^2}{64} + \dfrac{y^2}{16} = 1$

개념 확인문제 13

$2b = 6 \Rightarrow b^2 = 9$, $c = \sqrt{3} \Rightarrow c^2 = 3$, $a^2 = b^2 - c^2 = 6$이므로

$\dfrac{x^2}{6} + \dfrac{y^2}{9} = 1$이다.

답 $\dfrac{x^2}{6} + \dfrac{y^2}{9} = 1$

개념 확인문제 14

$a = 12$, $b = 13$

$c = \sqrt{13^2 - 12^2} = \sqrt{25} = 5$이므로

초점의 좌표는 $(0, 5)$, $(0, -5)$이다.

장축의 길이는 $2b = 26$이고, 단축의 길이는 $2a = 24$이다.

답 초점의 좌표 : $(0, 5)$, $(0, -5)$
장축의 길이 : 26, 단축의 길이 : 24

개념 확인문제 15

주어진 타원의 방정식을 변형하면

$5(x^2 + 2x + 1) + (y^2 - 6x + 9) = 5$에서

$(x+1)^2 + \dfrac{(y-3)^2}{5} = 1$이므로

타원 $x^2 + \dfrac{y^2}{5} = 1$을 x축의 방향으로 -1만큼,

y축의 방향으로 3만큼 평행이동한 것이다.

타원 $x^2 + \dfrac{y^2}{5} = 1$에서 $c = \sqrt{5-1} = \sqrt{4} = 2$이므로

초점의 좌표는 $(0, 2)$, $(0, -2)$, 장축의 길이는 $2\sqrt{5}$,

단축의 길이는 2이다.

따라서 주어진 타원의 초점의 좌표는 $(-1, 5)$, $(-1, 1)$,

장축의 길이는 장축의 길이는 $2\sqrt{5}$, 단축의 길이는 2이고,

주어진 타원의 그래프는 다음 그림과 같다.

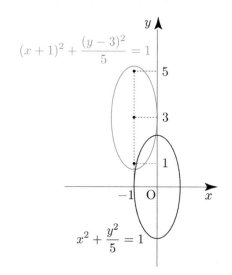

개념 확인문제 16

주어진 타원의 방정식을 변형하면

$4(x^2 + 4x + 4) + 9(y^2 + 6y + 9) = 36$에서

$\dfrac{(x+2)^2}{9} + \dfrac{(y+3)^2}{4} = 1$이므로

타원 $\dfrac{x^2}{9} + \dfrac{y^2}{4} = 1$을 x축의 방향으로 -2만큼,

y축의 방향으로 -3만큼 평행이동한 것이다.

평행이동하여도 두 초점 사이의 거리와 장축, 단축의

길이는 변하지 않으므로 $\dfrac{x^2}{9} + \dfrac{y^2}{4} = 1$의 두 초점 사이의

거리와 장축, 단축의 길이를 구하면 된다.

$a = 3$, $b = 2$이므로 $c = \sqrt{3^2 - 2^2} = \sqrt{5}$이다.

두 초점 사이의 거리 $p = 2c = 2\sqrt{5}$

장축의 길이 $q = 2a = 6$

단축의 길이 $r = 2b = 4$

따라서 $\dfrac{p^2 q}{r} = \dfrac{20 \times 6}{4} = 30$이다.

답 30

두 점 A(0, 3), B(4, 3)에 대하여
선분 AB의 3 : 1 내분점은 (3, 3)이다.
F(3, 3)이 타원의 초점이므로 대칭성에 의해서
다른 초점은 F′(1, 3)이다. ($\overline{AF'} = \overline{BF}$)

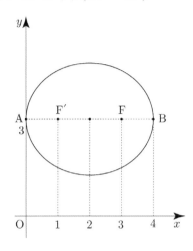

장축의 길이가 4이고, 두 초점 사이의 거리가 2이다.
타원을 평행이동하여도 장축의 길이와 두 초점 사이의 거리는
변하지 않으므로 평행이동하기 전 타원은 $\dfrac{x^2}{4}+\dfrac{y^2}{3}=1$이다.

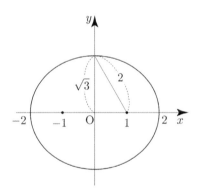

타원의 중심이 (0, 0)에서 (2, 3)으로 평행이동하였으므로
주어진 타원은 타원 $\dfrac{x^2}{4}+\dfrac{y^2}{3}-1$를 x축외 방향으로
2만큼, y축의 방향으로 3만큼 평행이동한 것이다.
따라서 $\dfrac{(x-2)^2}{4}+\dfrac{(y-3)^2}{3}=1$이다.

답 $\dfrac{(x-2)^2}{4}+\dfrac{(y-3)^2}{3}=1$

$\overline{PF'}-\overline{PF}=5$이고, $\overline{QF}-\overline{QF'}=5$이므로,
두 식을 더하면 $\overline{QF}-\overline{PF}+\overline{PF'}-\overline{QF'}=10$
$\overline{QF}-\overline{PF}=6$이므로 $\overline{PF'}-\overline{QF'}=4$이다.

답 4

(1) $2a=8 \Rightarrow a^2=16$, $c=6 \Rightarrow c^2=36$, $b^2=c^2-a^2=20$
이므로 $\dfrac{x^2}{16}-\dfrac{y^2}{20}=1$이다.

(2) $2a=4 \Rightarrow a^2=4$, $c=\sqrt5 \Rightarrow c^2=5$, $b^2=c^2-a^2=1$
이므로 $\dfrac{x^2}{4}-y^2=1$이다.

답 (1) $\dfrac{x^2}{16}-\dfrac{y^2}{20}=1$ (2) $\dfrac{x^2}{4}-y^2=1$

(1) $a=12$, $b=5$이므로 $c=\sqrt{144+25}=\sqrt{169}=13$
초점의 좌표는 $(13, 0)$, $(-13, 0)$
꼭짓점의 좌표는 $(12, 0)$, $(-12, 0)$
주축의 길이는 24이다.

(2) $8x^2-y^2=8 \Rightarrow x^2-\dfrac{y^2}{8}=1$
초점의 좌표는 $(3, 0)$, $(-3, 0)$
꼭짓점의 좌표는 $(1, 0)$, $(-1, 0)$
주축의 길이는 2이다.

답 (1) 초점의 좌표 : $(13, 0)$, $(-13, 0)$
꼭짓점의 좌표 : $(12, 0)$, $(-12, 0)$
주축의 길이 : 24
(2) 초점의 좌표 : $(3, 0)$, $(-3, 0)$
꼭짓점의 좌표 : $(1, 0)$, $(-1, 0)$
주축의 길이 : 2

(1) 한 초점이 $F(-4, 0)$이므로 $a^2+b^2=16$이고,
한 꼭짓점이 $A(2, 0)$이므로 $a=2$이다.
$b^2=12$이므로 $\dfrac{x^2}{4}-\dfrac{y^2}{12}=1$이다.

(2) 두 꼭짓점이 $A(\sqrt{3}, 0)$, $A'(-\sqrt{3}, 0)$이므로
$a=\sqrt{3}$이고, 한 초점이 $F(3, 0)$이므로 $a^2+b^2=9$이다.
$b^2=6$이므로 $\dfrac{x^2}{3}-\dfrac{y^2}{6}=1$이다.

    답   (1) $\dfrac{x^2}{4}-\dfrac{y^2}{12}=1$ (2) $\dfrac{x^2}{3}-\dfrac{y^2}{6}=1$

$c=3 \Rightarrow c^2=9$, $2b=2 \Rightarrow b^2=1$, $a^2=c^2-b^2=8$이므로
$\dfrac{x^2}{8}-y^2=-1$이다.

    답 $\dfrac{x^2}{8}-y^2=-1$

(1) $a=\sqrt{10}$, $b=\sqrt{15}$이므로 $c=\sqrt{10+15}=\sqrt{25}=5$
초점의 좌표는 $(0, 5)$, $(0, -5)$
꼭짓점의 좌표는 $(0, \sqrt{15})$, $(0, -\sqrt{15})$
주축의 길이는 $2b=2\sqrt{15}$
이다.

(2) $8x^2-y^2=-8 \Rightarrow x^2-\dfrac{y^2}{8}=-1$
$a=1$, $b=2\sqrt{2}$이므로 $c=\sqrt{1+8}=3$
초점의 좌표는 $(0, 3)$, $(0, -3)$
꼭짓점의 좌표는 $(0, 2\sqrt{2})$, $(0, -2\sqrt{2})$
주축의 길이는 $2b=4\sqrt{2}$
이다.

    답   (1) 초점의 좌표 : $(0, 5)$, $(0, -5)$
꼭짓점의 좌표 : $(0, \sqrt{15})$, $(0, -\sqrt{15})$
주축의 길이 : $2\sqrt{15}$

(2) 초점의 좌표 : $(0, 3)$, $(0, -3)$
꼭짓점의 좌표 : $(0, 2\sqrt{2})$, $(0, -2\sqrt{2})$
주축의 길이 : $4\sqrt{2}$

(1) $x^2-4y^2=16 \Rightarrow \dfrac{x^2}{16}-\dfrac{y^2}{4}=1$이므로 $a=4$, $b=2$

점근선의 방정식은 $y=\dfrac{1}{2}x$, $y=-\dfrac{1}{2}x$
또한 꼭짓점의 좌표는 $(4, 0)$, $(-4, 0)$이므로
주어진 쌍곡선과 점근선은 다음 그림과 같다.

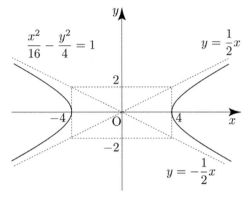

(2) $x^2-\dfrac{y^2}{25}=-1$이므로 $a=1$, $b=5$

점근선의 방정식은 $y=5x$, $y=-5x$
또한 꼭짓점의 좌표는 $(0, 5)$, $(0, -5)$이므로
주어진 쌍곡선과 점근선은 다음 그림과 같다.

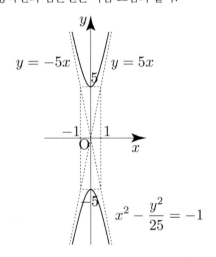

(1) 이 쌍곡선은 쌍곡선 $\dfrac{x^2}{16}-\dfrac{y^2}{9}=1$을 x축의 방향으로

4만큼, y축의 방향으로 -1만큼 평행이동한 것으로
주어진 쌍곡선은 다음 그림과 같다.

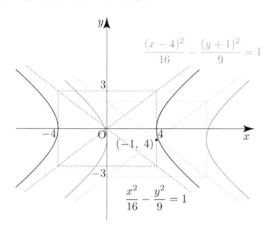

(2) 주어진 쌍곡선의 방정식을 변형하면

$3(x-2)^2-y^2=-9 \Rightarrow \dfrac{(x-2)^2}{3}-\dfrac{y^2}{9}=-1$이고,

이 쌍곡선은 쌍곡선 $\dfrac{x^2}{3}-\dfrac{y^2}{9}=-1$을 x축의 방향으로

2만큼 평행이동한 것으로
주어진 쌍곡선은 다음 그림과 같다.

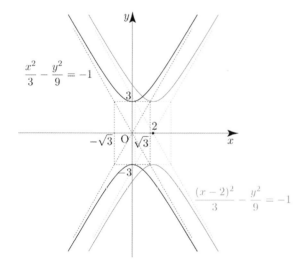

두 꼭짓점의 x좌표가 각각 -1, -5이므로
두 꼭짓점 사이의 거리는 4이다.

직선 $y=\dfrac{1}{2}x+\dfrac{9}{2}$이 점근선이므로

점근선의 기울기는 $\dfrac{1}{2}$이다.

평행이동하여도 두 꼭짓점 사이의 길이와 점근선의 기울기는

변하지 않으므로 평행이동하기 전 쌍곡선은 $\dfrac{x^2}{4}-y^2=1$이다.

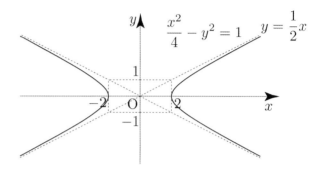

쌍곡선의 중심은 두 꼭짓점의 중점이므로
평행이동한 후 중심의 좌표를 $(-3,\ k)$라 하면

쌍곡선의 중심이 $(0,\ 0)$에서 $(-3,\ k)$로 평행이동하였으므로
주어진 쌍곡선은 쌍곡선 $\dfrac{x^2}{4}-y^2=1$를 x축의 방향으로

-3만큼, y축의 방향으로 k만큼 평행이동한 것이다.

즉, 직선 $y=\dfrac{1}{2}x+\dfrac{9}{2}$은 직선 $y=\dfrac{1}{2}x$를 x축의 방향으로

-3만큼, y축의 방향으로 k만큼 평행이동한 것이다.

$y=\dfrac{1}{2}(x+3)+k \Rightarrow y=\dfrac{1}{2}x+\dfrac{3}{2}+k$

$\dfrac{3}{2}+k=\dfrac{9}{2} \Rightarrow k=3$이므로 $\dfrac{(x+3)^2}{4}-(y-3)^2=1$이다.

답 $\dfrac{(x+3)^2}{4}-(y-3)^2=1$

(1) $x^2 - 2x - 8y - 7 = 0 \Rightarrow (x-1)^2 = 8(y+1)$
이므로 포물선이다.

(2) $x^2 - y^2 + 2x + 6y - 7 = 0 \Rightarrow (x+1)^2 - (y-3)^2 = -1$
이므로 쌍곡선이다.

(3) $x^2 + y^2 - 2x + 4y + 1 = 0 \Rightarrow (x-1)^2 + (y+2)^2 = 4$
이므로 원이다.

(4) $x^2 + 4y^2 + 6x + 8y - 3 = 0 \Rightarrow \dfrac{(x+3)^2}{16} + \dfrac{(y+1)^2}{4} = 1$
이므로 타원이다.

답 (1) 포물선 (2) 쌍곡선
(3) 원 (4) 타원

(1) $y = x + k$를 $y^2 = 8x$에 대입하면
$(x+k)^2 = 8x \Rightarrow x^2 + 2(k-4)x + k^2 = 0 \cdots \text{㉠}$

㉠의 판별식을 D라 하면 $\dfrac{D}{4} = (k-4)^2 - k^2 = -8k + 16$

판별식의 값의 부호에 따라 위치 관계를 조사하면
(i) $D > 0$, 즉 $k < 2$이면 서로 다른 두 점에서 만난다.
(ii) $D = 0$, 즉 $k = 2$이면 한 점에서 만난다.(접한다.)
(iii) $D < 0$, 즉 $k > 2$이면 만나지 않는다.

(2) $y = x + k$를 $\dfrac{x^2}{4} + y^2 = 1$에 대입하면

$\dfrac{x^2}{4} + (x+k)^2 = 1 \Rightarrow x^2 + 4(x^2 + 2kx + k^2) = 4$

$\Rightarrow 5x^2 + 8kx + 4k^2 - 4 = 0 \cdots \text{㉠}$

㉠의 판별식을 D라 하면

$\dfrac{D}{4} = (4k)^2 - 5(4k^2 - 4) = -4k^2 + 20$

판별식의 값의 부호에 따라 위치 관계를 조사하면
(i) $D > 0$, 즉 $-\sqrt{5} < k < \sqrt{5}$이면
서로 다른 두 점에서 만난다.
(ii) $D = 0$, 즉 $k = \sqrt{5}$, $k = -\sqrt{5}$이면
한 점에서 만난다.(접한다.)
(iii) $D < 0$, 즉 $k > \sqrt{5}$ or $k < -\sqrt{5}$이면 만나지 않는다.

(3) $y = x + k$를 $\dfrac{x^2}{2} - y^2 = 1$에 대입하면

$\dfrac{x^2}{2} - (x+k)^2 = 1 \Rightarrow x^2 - 2(x^2 + 2kx + k^2) = 2$

$\Rightarrow x^2 + 4kx + 2k^2 + 2 = 0 \cdots \text{㉠}$

㉠의 판별식을 D라 하면 $\dfrac{D}{4} = (2k)^2 - (2k^2 + 2) = 2k^2 - 2$

(i) $D > 0$, 즉 $k > 1$ or $k < -1$이면
서로 다른 두 점에서 만난다.
(ii) $D = 0$, 즉 $k = 1$ or $k = -1$이면
한 점에서 만난다.(접한다.)
(iii) $D < 0$, 즉 $-1 < k < 1$이면 만나지 않는다.

답 (1)
(i) $D > 0$, 즉 $k < 2$이면 서로 다른 두 점에서 만난다.
(ii) $D = 0$, 즉 $k = 2$이면 한 점에서 만난다.(접한다.)
(iii) $D < 0$, 즉 $k > 2$이면 만나지 않는다.

(2)
(i) $D > 0$, 즉 $-\sqrt{5} < k < \sqrt{5}$이면
서로 다른 두 점에서 만난다.
(ii) $D = 0$, 즉 $k = \sqrt{5}$, $k = -\sqrt{5}$이면
한 점에서 만난다.(접한다.)
(iii) $D < 0$, 즉 $k > \sqrt{5}$ or $k < -\sqrt{5}$이면 만나지 않는다.

(3)
(i) $D > 0$, 즉 $k > 1$ or $k < -1$이면
서로 다른 두 점에서 만난다.
(ii) $D = 0$, 즉 $k = 1$ or $k = -1$이면
한 점에서 만난다.(접한다.)
(iii) $D < 0$, 즉 $-1 < k < 1$이면 만나지 않는다.

(1) $4p = -12 \Rightarrow p = -3$이고, $m = 4$이므로
접선의 방정식은 $y = 4x - \dfrac{3}{4}$이다.

(2) $4p = 6 \Rightarrow p = \dfrac{3}{2}$이고, $m = \dfrac{1}{3}$이므로
접선의 방정식은 $y = \dfrac{1}{3}x + \dfrac{9}{2}$이다.

답 (1) $y = 4x - \dfrac{3}{4}$ (2) $y = \dfrac{1}{3}x + \dfrac{9}{2}$

(1) $4p = 6 \Rightarrow p = \dfrac{3}{2}$ 이므로 접선의 방정식은

$$6y = 2 \times \dfrac{3}{2} \times (x+6),\ \text{즉 } y = \dfrac{1}{2}x + 3\text{이다.}$$

(2) $4p = -16 \Rightarrow p = -4$ 이므로 접선의 방정식은

$$4x = 2 \times (-4) \times (y-1),\ \text{즉 } y = -\dfrac{1}{2}x + 1\text{이다.}$$

> **답** (1) $y = \dfrac{1}{2}x + 3$　(2) $y = -\dfrac{1}{2}x + 1$

풀이1)

$4p = -8 \Rightarrow p = -2$

접점의 좌표를 $(x_1,\ y_1)$이라고 하면 접선의 방정식은

$y_1 y = -4(x + x_1)$이다. 이 접선이 점 $(2,\ 3)$을 지나므로

$3y_1 = -4(x_1 + 2)\ \cdots\ \bigcirc$

또, 점 $(x_1,\ y_1)$은 포물선 $y^2 = -8x$ 위의 점이므로

$y_1^2 = -8x_1\ \cdots\ \bigcirc$

$\bigcirc$, $\bigcirc$을 연립하여 정리하면

$x_1 = -8,\ y_1 = 8$ or $x_1 = -\dfrac{1}{2},\ y_1 = -2$

따라서 구하는 접선의 방정식은

$y = -\dfrac{1}{2}x + 4$ or $y = 2x - 1$이다.

풀이2)

$4p = -8 \Rightarrow p = -2$

기울기가 m인 접선의 방정식은 $y = mx - \dfrac{2}{m}$이다.

이 직선이 점 $(2,\ 3)$을 지나므로

$3 = 2m - \dfrac{2}{m} \Rightarrow 2m^2 - 3m - 2 = 0 \Rightarrow (2m+1)(m-2) = 0$

$m = -\dfrac{1}{2}$ or $m = 2$이므로 구하는 접선의 방정식은

$y = -\dfrac{1}{2}x + 4$ or $y = 2x - 1$이다.

> **답** $y = -\dfrac{1}{2}x + 4$ or $y = 2x - 1$

(1) $m = 2,\ a^2 = 9,\ b^2 = 4$이므로

$$y = 2x \pm \sqrt{9 \times 2^2 + 4} = 2x \pm 2\sqrt{10}$$

따라서 구하는 접선의 방정식은

$$y = 2x + 2\sqrt{10}\ \text{or}\ y = 2x - 2\sqrt{10}\ \text{이다.}$$

(2) $m = \dfrac{1}{3},\ a^2 = 9,\ b^2 = 1$이므로

$$y = \dfrac{1}{3}x \pm \sqrt{9 \times \left(\dfrac{1}{3}\right)^2 + 1} = \dfrac{1}{3}x \pm \sqrt{2}$$

따라서 구하는 접선의 방정식은

$$y = \dfrac{1}{3}x + \sqrt{2}\ \text{or}\ y = \dfrac{1}{3}x - \sqrt{2}\ \text{이다.}$$

> **답** (1) $y = 2x + 2\sqrt{10}$ or $y = 2x - 2\sqrt{10}$
> (2) $y = \dfrac{1}{3}x + \sqrt{2}$ or $y = \dfrac{1}{3}x - \sqrt{2}$

(1) $\dfrac{2x}{6} + \dfrac{y}{3} = 1$, 즉 $y = -x + 3$

(2) $\dfrac{x}{5} + \dfrac{-4y}{20} = 1$, 즉 $y = x - 5$

> **답** (1) $y = -x + 3$　(2) $y = x - 5$

풀이1)

접점의 좌표를 $(x_1,\ y_1)$이라고 하면 접선의 방정식은

$\dfrac{x_1 x}{4} + y_1 y = 1$이다.

이 접선이 점 $(6,\ -1)$을 지나므로

$\dfrac{3}{2}x_1 - y_1 = 1\ \cdots\ \bigcirc$

또, 점 $(x_1,\ y_1)$은 타원 $\dfrac{x^2}{4} + y^2 = 1$ 위의 점이므로

$\dfrac{x_1^2}{4} + y_1^2 = 1\ \cdots\ \bigcirc$

$\bigcirc$, $\bigcirc$을 연립하여 정리하면

$x_1 = 0,\ y_1 = -1$ or $x_1 = \dfrac{6}{5},\ y_1 = \dfrac{4}{5}$

따라서 구하는 접선의 방정식은

$y = -1$ or $y = -\dfrac{3}{8}x + \dfrac{5}{4}$이다.

풀이2)

기울기가 m인 접선의 방정식은 $y = mx \pm \sqrt{4m^2 + 1}$ 이다.

이 접선이 점 $(6, \ -1)$을 지나므로

$-1 = 6m \pm \sqrt{4m^2 + 1} \ \Rightarrow \ (6m+1)^2 = 4m^2 + 1$

$\Rightarrow \ 32m^2 + 12m = 0 \ \Rightarrow \ 4m(8m+3) = 0$

$\Rightarrow \ m = 0 \ \text{or} \ m = -\dfrac{3}{8}$

따라서 구하는 접선의 방정식은

$y = -1 \ \text{or} \ y = -\dfrac{3}{8}x + \dfrac{5}{4}$이다.

Tip

$y = mx \pm \sqrt{4m^2 + 1}$ 에 $m = 0 \ \text{or} \ m = -\dfrac{3}{8}$를

각각 대입할 때, 접선은 점 $(6, \ -1)$을 지나야 하므로

$y = 1 \ \text{or} \ y = -\dfrac{3}{8}x - \dfrac{5}{4}$은 접선이 될 수 없다.

(물론 그림을 그려서 판단해도 된다.)

답 $y = -1 \ \text{or} \ y = -\dfrac{3}{8}x + \dfrac{5}{4}$

개념 확인문제 35

(1) $m = -2$, $a^2 = 5$, $b^2 = 4$이므로

$y = -2x \pm \sqrt{5 \times (-2)^2 - 4} \ = \ -2x \pm 4$

따라서 구하는 접선의 방정식은

$y = -2x + 4 \ \text{or} \ y = -2x - 4$이다.

(2) $m = -3$, $a^2 = 6$, $b^2 = 2$이므로

$y = -3x \pm \sqrt{6 \times (-3)^2 - 2} \ = \ -3x \pm 2\sqrt{13}$

따라서 구하는 접선의 방정식은

$y = -3x + 2\sqrt{13} \ \text{or} \ y = -3x - 2\sqrt{13}$ 이다.

(3) $m = 2$, $a^2 = 8$, $b^2 = 7$이므로

$y = 2x \pm \sqrt{8 \times 2^2 - 7} \ = \ 2x \pm 5$

$y = 2x + 5 \ \text{or} \ y = 2x - 5$를 각각 x축의 방향으로 1만큼, y축의 방향으로 3만큼 평행이동하면

$y = 2(x-1) + 5 + 3 = 2x + 6 \ \text{or}$

$y = 2(x-1) - 5 + 3 = 2x - 4$

따라서 구하는 접선의 방정식은 $y = 2x + 6 \ \text{or} \ y = 2x - 4$이다.

답 (1) $y = -2x + 4 \ \text{or} \ y = -2x - 4$
(2) $y = -3x + 2\sqrt{13} \ \text{or} \ y = -3x - 2\sqrt{13}$
(3) $y = 2x + 6 \ \text{or} \ y = 2x - 4$

개념 확인문제 36

(1) $\dfrac{2x}{2} - y = 1$, 즉 $y = x - 1$

(2) $\dfrac{5x}{\frac{1}{2}} - 7y = 1$, 즉 $y = \dfrac{10}{7}x - \dfrac{1}{7}$

답 (1) $y = x - 1$ (2) $y = \dfrac{10}{7}x - \dfrac{1}{7}$

개념 확인문제 37

풀이1)

접점의 좌표를 $(x_1, \ y_1)$이라고 하면 접선의 방정식은

$x_1 x - y_1 y = 1$이다.

이 접선이 점 $(1, \ 2)$을 지나므로

$x_1 - 2y_1 = 1 \ \cdots \ \bigcirc$

또, 점 $(x_1, \ y_1)$은 쌍곡선 $x^2 - y^2 = 1$ 위의 점이므로

$x_1^2 - y_1^2 = 1 \ \cdots \ \bigcirc$

$\bigcirc$, $\bigcirc$을 연립하여 정리하면

$x_1 = 1$, $y_1 = 0 \ \text{or} \ x_1 = -\dfrac{5}{3}$, $y_1 = -\dfrac{4}{3}$

따라서 구하는 접선의 방정식은

$x = 1 \ \text{or} \ y = \dfrac{5}{4}x + \dfrac{3}{4}$이다.

풀이2)

기울기가 m인 접선의 방정식은 $y = mx \pm \sqrt{m^2 - 1}$ 이다.

이 접선이 점 $(1, \ 2)$을 지나므로

$2 = m \pm \sqrt{m^2 - 1} \ \Rightarrow \ (m-2)^2 = m^2 - 1$

$\Rightarrow \ m^2 - 4m + 4 = m^2 - 1 \ \Rightarrow \ m = \dfrac{5}{4}$

접선의 방정식은 $y = \dfrac{5}{4}x + \dfrac{3}{4}$이다.

이때, 접선은 $x = 1$도 가능하므로 구하는 접선의 방정식은

$x = 1 \ \text{or} \ y = \dfrac{5}{4}x + \dfrac{3}{4}$이다.

Tip

풀이2)로 풀었을 때, m의 개수가 하나면
혹시 $x = k$ 꼴도 접선이 될 수 있지 않을까 떠올려보자.

답 $x = 1 \ \text{or} \ y = \dfrac{5}{4}x + \dfrac{3}{4}$

접점의 좌표를 $(x_1,\ y_1)$이라고 하면 접선의 방정식은

$\dfrac{x_1 x}{3} - \dfrac{y_1 y}{2} = 1$이다.

이 접선이 점 $(0,\ 2)$을 지나므로 $y_1 = -1 \ \cdots \ ㉠$

또, 점 $(x_1,\ y_1)$은 쌍곡선 $\dfrac{x^2}{3} - \dfrac{y^2}{2} = 1$ 위의 점이므로

$\dfrac{x_1^2}{3} - \dfrac{y_1^2}{2} = 1 \ \cdots \ ㉡$

㉠, ㉡을 연립하여 정리하면

$x_1 = -\dfrac{3\sqrt{2}}{2},\ y_1 = -1 \ \text{or} \ x_1 = \dfrac{3\sqrt{2}}{2},\ y_1 = -1$

$P\left(-\dfrac{3\sqrt{2}}{2},\ -1\right),\ Q\left(\dfrac{3\sqrt{2}}{2},\ -1\right)$라 하면

삼각형 APQ의 넓이 $s = \dfrac{1}{2} \times 3\sqrt{2} \times 3 = \dfrac{9\sqrt{2}}{2}$이다.

따라서 $10s^2 = 10 \times \dfrac{81}{2} = 405$이다.

답 405

1	5	38	②
2	②	39	48
3	12	40	4
4	27	41	23
5	18	42	128
6	6	43	81
7	37	44	8
8	32	45	20
9	125	46	99
10	7	47	7
11	②	48	4
12	17	49	24
13	41	50	8
14	16	51	96
15	136	52	12
16	4	53	80
17	6	54	30
18	162	55	22
19	8	56	48
20	81	57	67
21	③	58	50
22	21	59	19
23	60	60	63
24	16	61	96
25	20	62	10
26	72	63	33
27	15	64	11
28	9	65	③
29	145	66	④
30	34	67	36
31	74	68	6
32	64	69	24
33	6	70	128
34	4	71	②
35	12	72	288
36	256	73	200
37	128	74	29

75	26	86	9
76	3	87	4
77	45	88	32
78	48	89	6
79	9	90	75
80	72	91	10
81	6	92	8
82	5	93	15
83	①	94	③
84	12	95	19
85	2		

001

$4p = 8 \Rightarrow p = 2$이므로 $F(2,\ 0)$이고, 준선은 $x = -2$이다.
점 P에서 준선에 내린 수선의 발을 H라 하면
포물선의 정의에 의해서 $\overline{PF} = \overline{PH} = 7$이므로
P의 x좌표를 a라 하면 $2 + a = 7$이다.
따라서 $a = 5$이다.

답 5

002

포물선 $y^2 = -20x$이 $(a,\ 5a)$를 지나므로
$25a^2 = -20a \Rightarrow 5a^2 + 4a = 0 \Rightarrow a(5a + 4) = 0$

$\Rightarrow a = -\dfrac{4}{5}\ (\because\ a \neq 0)$

따라서 $a = -\dfrac{4}{5}$이다.

답 ②

003

포물선 $y^2 = -16x$의 초점은 $F(-4,\ 0)$이고,
준선은 $x = 4$이다. 점 $P(4,\ a)$은 준선 위에 있다.

점 Q에서 x축에 내린 수선의 발을 H라 하고,
점 Q에서 준선 $x = 4$에 내린 수선의 발을 R이라 하자.
포물선의 정의에 의해서 $\overline{PQ} = \overline{FQ} = 13$이므로
점 P는 점 R과 일치한다.

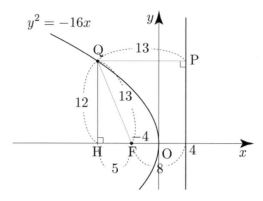

$\overline{FH} = 13 - 8 = 5$
삼각형 QFH에서 피타고라스의 정리를 사용하면
$\overline{QH} = \sqrt{\overline{FQ}^2 - \overline{FH}^2} = \sqrt{169 - 25} = 12$
따라서 $a = 12$이다.

답 12

004

포물선 $y^2 = 8x$의 초점은 $F(2,\ 0)$이고,
준선은 $x = -2$이다.

점 P에서 x축에 내린 수선의 수선의 발을 H라 하고,
점 P에서 준선 $x = -2$에 내린 수선의 발을 R라 하자.

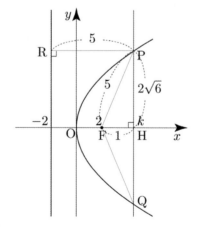

포물선의 정의에 의해서 $\overline{PR} = \overline{PF} = 5$이다.
$k = 5 - 2 = 3$
$\overline{FH} = 5 - 4 = 1$

삼각형 PFH에서 피타고라스의 정리를 사용하면
$\overline{PH} = \sqrt{\overline{PF}^2 - \overline{FH}^2} = \sqrt{25 - 1} = 2\sqrt{6}$
이므로 $\overline{PQ} = 2\overline{PH} = 4\sqrt{6}$이다.

삼각형 PFQ의 넓이는

$$s = \frac{1}{2} \times \overline{PQ} \times \overline{FH} = \frac{1}{2} \times 4\sqrt{6} \times 1 = 2\sqrt{6}$$

이다.

따라서 $s^2 + k = 24 + 3 = 27$이다.

답 27

005

점 E에서 선분 AB에 내린 수선의 발을 H라 하자.
$\overline{AE} = \overline{BE}$이므로 직선 HE는 선분 AB를 수직이등분한다.
즉, $\overline{AH} = \overline{HB}$이다.

점 F는 포물선의 초점이고 점 E는 포물선의 꼭짓점이므로
직선 BC는 포물선의 준선이다.

$\overline{AF} = a$라 하면 포물선의 정의에 의해서 $\overline{AB} = a$이다.
사각형 ABCD의 넓이가 18이므로
$$\overline{AD} \times \overline{AB} = 2a \times a = 2a^2 = 18 \implies a = 3$$

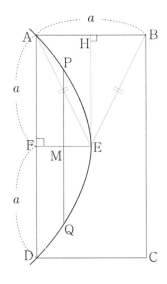

점 E를 원점으로 보고 포물선의 방정식을 구해보자.
초점이 $\left(-\frac{3}{2},\ 0\right)$이고 꼭짓점이 원점이므로
포물선의 방정식은 $y^2 = -6x$이다.

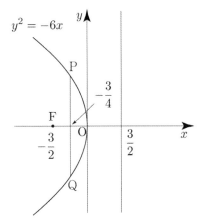

점 P의 x좌표는 $-\frac{3}{4}$이고,

$\overline{PQ} = k$이므로 점 P의 y좌표는 $\frac{k}{2}$이다.

점 $P\left(-\frac{3}{4},\ \frac{k}{2}\right)$는 포물선 $y^2 = -6x$ 위의 점이므로

$$\left(\frac{k}{2}\right)^2 = -6 \times \left(-\frac{3}{4}\right) \implies \frac{k^2}{4} = \frac{9}{2} \implies k^2 = 18$$이다.

따라서 $k^2 = 18$이다.

답 18

006

$$y^2 - 10y + ax + 33 = 0 \implies (y-5)^2 = -ax - 33 + 25$$

$$\implies (y-5)^2 = -ax - 8 \implies (y-5)^2 = -a\left(x + \frac{8}{a}\right)$$

포물선 $(y-5)^2 = -a\left(x + \frac{8}{a}\right)$은 포물선 $y^2 = -ax$를

x축의 방향으로 $-\frac{8}{a}$만큼, y축의 방향으로 5만큼
평행이동한 것이다.

포물선 $y^2 = -ax$에서 $4p = -a \implies p = -\frac{a}{4}$이므로

초점의 좌표는 $\left(-\frac{a}{4},\ 0\right)$이고, 준선의 방정식은 $x = \frac{a}{4}$이다.

포물선 $(y-5)^2 = -a\left(x + \frac{8}{a}\right)$의 초점의 좌표는

$\left(-\frac{8}{a} - \frac{a}{4},\ 5\right)$이고, 준선의 방정식은 $x = \frac{a}{4} - \frac{8}{a}$이나.

$$\frac{a}{4} - \frac{8}{a} = -1 \implies a^2 + 4a - 32 = 0 \implies (a+8)(a-4) = 0$$

$$\implies a = -8 \ \text{or} \ a = 4$$

① $a = -8$일 때

초점의 좌표는 $(3, \ 5)$이므로 $b = 3$, $c = 5$이다.

$bc = 15$이므로 $bc < a$를 만족시키지 않는다.

② $a = 4$일 때

초점의 좌표는 $(-3, \ 5)$이므로 $b = -3$, $c = 5$이다.

$bc = -15$이므로 $bc < a$를 만족시킨다.

따라서 $a + b + c = 4 - 3 + 5 = 6$이다.

답 6

007

$x^2 - 6x - 8y + 9 = 0 \ \Rightarrow \ (x-3)^2 = 8y$

포물선 $(x-3)^2 = 8y$은 포물선 $x^2 = 8y$를
x축의 방향으로 3만큼 평행이동한 것이다.

포물선 $x^2 = 8y$에서 $4p = 8 \ \Rightarrow p = 2$이므로
초점의 좌표는 $(0, \ 2)$이다.
포물선 $(x-3)^2 = 8y$의 초점의 좌표는 $F_1(3, \ 2)$이다.

$y^2 - 2y + 4x + 9 = 0 \ \Rightarrow \ (y-1)^2 = -4(x+2)$

포물선 $(y-1)^2 = -4(x+2)$은 포물선 $y^2 = -4x$를
x축의 방향으로 -2만큼, y축의 방향으로 1만큼
평행이동한 것이다.

포물선 $y^2 = -4x$에서 $4p = -4 \ \Rightarrow \ p = -1$이므로
초점의 좌표는 $(-1, \ 0)$이다.
포물선 $(y-1)^2 = -4(x+2)$의 초점의 좌표는
$F_2(-3, \ 1)$이다.

$\overline{F_1F_2} = \sqrt{6^2 + 1^2} = \sqrt{37} = a$
따라서 $a^2 = 37$이다.

답 37

008

주어진 도형은 포물선의 정의에 의해서 초점이
$F(4, \ -2)$, 준선의 방정식이 $x = -2$, 꼭짓점이 $(1, \ -2)$인
포물선이다. 또한 꼭짓점과 준선 사이의 거리는 3이다.

포물선을 평행이동하여도 꼭짓점과 준선 사이의 거리는
변하지 않고, 초점이 준선의 우측에 있으므로
평행이동하기 전 포물선은 $y^2 = 12x$이다.

꼭짓점이 원점에서 $(1, \ -2)$로 평행이동하였으므로
주어진 도형은 포물선 $y^2 = 12x$를 x축의 방향으로 1만큼,
y축의 방향으로 -2만큼 평행이동한 것이다.

$(y+2)^2 = 12(x-1) \ \Rightarrow \ y^2 + 4y + 4 = 12x - 12$

$\Rightarrow \ y^2 + 4y - 12x + 16 = 0$
이므로 $a = 4$, $b = -12$, $c = 16$이다.

따라서 $a - b + c = 4 + 12 + 16 = 32$이다.

답 32

009

$y^2 - 8y - 6x + n = 0 \ \Rightarrow \ (y-4)^2 = 6x - n + 16$

$\Rightarrow \ (y-4)^2 = 6\left(x + \dfrac{16-n}{6}\right)$

포물선 $(y-4)^2 = 6\left(x + \dfrac{16-n}{6}\right)$은 포물선 $y^2 = 6x$를

x축의 방향으로 $\dfrac{n-16}{6}$만큼, y축의 방향으로 4만큼

평행이동한 것이다.

포물선 $y^2 = 6x$에서 $4p = 6 \ \Rightarrow \ p = \dfrac{3}{2}$이므로

초점의 좌표는 $\left(\dfrac{3}{2}, \ 0\right)$이다.

포물선 $(y-4)^2 = 6\left(x + \dfrac{16-n}{6}\right)$의 초점은

$\left(\dfrac{3}{2} + \dfrac{n-16}{6}, \ 4\right) \ \Rightarrow \ \left(\dfrac{n-7}{6}, \ 4\right)$이다.

$\dfrac{n-7}{6} = M$ (M은 자연수) 라 하면 $n = 6M + 7$이다.

$\dfrac{n-7}{6} \leq 5 \ \Rightarrow \ M \leq 5 \ \Rightarrow \ 1 \leq M \leq 5$ $(\because \ M$은 자연수$)$

따라서 모든 자연수 n의 값의 합은
$13+19+25+31+37=125$이다.

답 125

010

점 P에서 준선에 내린 수선의 발을 H라 하면
포물선의 정의에 의해서 $\overline{PF}=\overline{PH}$이므로
$\overline{AP}+\overline{FP}=\overline{AP}+\overline{PH}$의 최솟값은 세 점 A, P, H가 일직선
상에 있을 때 $\overline{AH}$의 값과 같다.

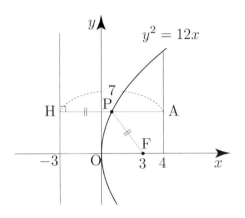

따라서 $\overline{AP}+\overline{FP}$의 최솟값은 $3+4=7$이다.

답 7

011

포물선 $y^2=2x$에서 $4p=2 \implies p=\dfrac{1}{2}$이므로

초점의 좌표는 $A\left(\dfrac{1}{2},\ 0\right)$이다.

$\overline{AB}=\sqrt{1+\dfrac{9}{16}}=\dfrac{5}{4}$이므로

삼각형 ABP의 둘레의 길이는
$\overline{PB}+\overline{PA}+\overline{AB}=\overline{PB}+\overline{PA}+\dfrac{5}{4}$이므로

둘레의 길이의 최솟값은 $\overline{BP}+\overline{PA}$의 최솟값을 구한 후
$\dfrac{5}{4}$를 더하여 구하면 된다.

점 P에서 준선에 내린 수선의 발을 H라 하면
포물선의 정의에 의해서 $\overline{PA}=\overline{PH}$이므로
$\overline{BP}+\overline{PA}=\overline{BP}+\overline{PH}$의 최솟값은 세 점 B, P, H가
일직선상에 있을 때 $\overline{BH}$의 값과 같다.

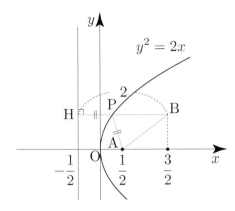

$\overline{BP}+\overline{PA}$의 최솟값은 $\dfrac{1}{2}+\dfrac{3}{2}=2$이므로

삼각형 ABP의 둘레의 길이의 최솟값은 $2+\dfrac{5}{4}=\dfrac{13}{4}$이다.

답 ②

012

포물선 $y^2=8x$에서 $4p=8 \implies p=2$이므로
초점의 좌표는 $F(2,\ 0)$이다.

포물선의 정의에 의해서 $\overline{PF}=\overline{PH}$이므로
$\overline{AP}+\overline{PH}=\overline{AP}+\overline{PF}$의 최솟값은 세 점 A, P, F가
일직선상에 있을 때 $\overline{AF}$의 값과 같다.

$\overline{AF}=\sqrt{(1-2)^2+4^2}=\sqrt{1+16}=\sqrt{17}=m$
이므로 $m^2=17$이다.

답 17

013

포물선 $y^2=8x$에서 $4p=8 \implies p=2$이므로
초점의 좌표는 $F(2,\ 0)$이다.

두 점 A, B의 x좌표를 각각 a, b라 하자.
삼각형 ABF의 무게중심의 x좌표가 $\dfrac{7}{3}$이므로

$\dfrac{a+b+2}{3}=\dfrac{7}{3} \implies a+b=5$

점 A를 지나고 x축에 평행한 직선과 점 B를 지나고 y축에
평행한 직선이 만나는 교점을 C라 하자.

직선 AB의 기울기가 1이므로
$\overline{AC} = \overline{BC} = b-a \ \cdots$ ㉠이다.
삼각형 ABC는 직각이등변삼각형이므로
$\overline{AB} = \sqrt{2}\,(b-a)$이다.

두 점 A, B에서 준선 $x = -2$에 수선의 발을 H, R이라
하면 포물선의 정의에 의해서
$\overline{AF} = \overline{AH} = 2+a$이고, $\overline{BF} = \overline{BR} = 2+b$이다.

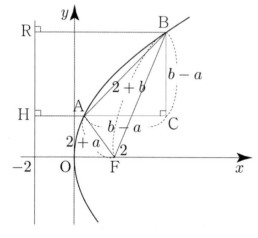

삼각형 ABF의 둘레의 길이는
$$\overline{AF} + \overline{AB} + \overline{BF} = 2+a + \sqrt{2}\,(b-a) + 2+b$$
$$= 4+a+b+ \sqrt{2}\,(b-a)$$
$$= 9+ \sqrt{2}\,(b-a)$$
이다.

$b-a$의 값을 어떻게 구할 수 있을까?
$\overline{BC}$의 값을 이용하여 구해보자.

점 A의 y좌표는 $\sqrt{8a}$이고, 점 B의 y좌표는 $\sqrt{8b}$이므로
$\overline{BC} = \sqrt{8b} - \sqrt{8a} \ \cdots$ ㉡

㉠, ㉡에 의해서
$$\sqrt{8b} - \sqrt{8a} = b-a \Rightarrow \left(\sqrt{8b} - \sqrt{8a}\right)^2 = (b-a)^2$$
$$\Rightarrow 8a+8b-16\sqrt{ab} = (b+a)^2 - 4ab$$
$$\Rightarrow 40-16\sqrt{ab} = 25-4ab \ (\because \ a+b=5)$$

$\sqrt{ab} = t \ (t>0)$라 하면
$$40-16t = 25-4t^2 \Rightarrow 4t^2 -16t+15 = 0$$
$$\Rightarrow (2t-5)(2t-3)=0 \Rightarrow t = \frac{5}{2} \ \text{or} \ t = \frac{3}{2}$$

① $ab = \dfrac{25}{4}$ 일 때

$a+b=5$이므로 $a = \dfrac{5}{2}$, $b = \dfrac{5}{2}$이다.

$a < 2 < b$를 만족시키지 않는다.

② $ab = \dfrac{9}{4}$ 일 때

$a+b=5$이므로 $a = \dfrac{1}{2}$, $b = \dfrac{9}{2}$이다.

$a < 2 < b$를 만족시킨다.

삼각형 ABF의 둘레의 길이는
$\overline{AF} + \overline{AB} + \overline{BF} = 9 + \sqrt{2}\,(b-a) = 9 + 4\sqrt{2} = 9 + \sqrt{32}$
이므로 $p = 9$, $q = 32$이다.

따라서 $p+q = 41$이다.

답 41

014

포물선 $y^2 = -kx$에서 $4p = -k \Rightarrow p = -\dfrac{k}{4}$이므로

초점의 좌표는 $\left(-\dfrac{k}{4},\ 0\right)$이다.

두 점 P, Q의 x좌표를 각각 $-a$, $-b \ (a>0,\ b>0)$라
하자.

선분 PQ의 중점의 x좌표는 $\dfrac{-a-b}{2}$이고,

선분 PQ의 중점에서 x에 내린 수선의 발이
점 $F\left(-\dfrac{k}{4},\ 0\right)$이므로 $\dfrac{-a-b}{2} = -\dfrac{k}{4} \Rightarrow a+b = \dfrac{k}{2}$이다.

두 점 P, Q에서 준선 $x = \dfrac{k}{4}$에 내린 수선의 발을 H, R라
하면 포물선의 정의에 의해서
$\overline{PF} = \overline{PH} = \dfrac{k}{4} + a$, $\overline{QF} = \overline{QR} = \dfrac{k}{4} + b$이므로

$\overline{PF} + \overline{QF} = 16 \Rightarrow \dfrac{k}{2} + a + b = 16 \Rightarrow k = 16$이다.
따라서 양수 $k = 16$이다.

답 16

015

직선 OA의 기울기가 2이고, 점 A에서 x축에 내린
수선의 발이 C이므로 점 C는 포물선 $y^2 = 4px \, (p > 0)$의
초점과 같다.
(이해가 잘 안된다면 개념 파악하기 - (1) 포물선의 방정식은
어떻게 구할까? Tip 4 <포물선 작도법>를 참고하도록 하자.)

$\overline{\text{OC}} = p$, $\overline{\text{AC}} = 2p$이고, 삼각형 OAC의 넓이가 16이므로
$\dfrac{1}{2} \times p \times 2p = p^2 = 16 \Rightarrow p = 4$이다.

점 B에서 준선 $x = -4$에 내린 수선의 발을 H라 하고,
선분 BC와 원과 만나는 점을 R이라 하자.

$\overline{\text{BR}} = x$라 하면 포물선의 정의에 의해서
$\overline{\text{BC}} = \overline{\text{BH}} = 8 + x$이고, $\overline{\text{CD}} = 8 + x - 8 = x$이다.

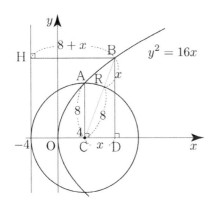

$\overline{\text{BP}}$의 최댓값은 $\overline{\text{BC}} + 8 = (8 + x) + 8 = 16 + x$이고,
최솟값은 $\overline{\text{BC}} - 8 = (8 + x) - 8 = x$이다.

$\overline{\text{BP}}$의 최댓값과 최솟값이 합이 25이므로
$16 + 2x = 25 \Rightarrow x = \dfrac{9}{2}$이다.

삼각형 BCD에서 피타고라스의 정리를 사용하면
$\overline{\text{BD}}^2 = \overline{\text{BC}}^2 - \overline{\text{CD}}^2 = \left(\dfrac{25}{2}\right)^2 - \left(\dfrac{9}{2}\right)^2 = 136$이다.

따라서 $\overline{\text{BD}}^2 = 136$이다.

답 136

점 A에서 두 직선 l_1, l_2에 내린 수선의 발을 각각 R_1, R_2
라 하고, 선분 AB와 직선 m이 만나는 점을 C라 하자.

$\overline{\text{H}_2\text{F}} = a$라 하면 $\overline{\text{H}_1\text{F}} = 3\overline{\text{H}_2\text{F}}$이므로 $\overline{\text{H}_1\text{F}} = 3a$이다.

$\overline{\text{H}_1\text{H}_2} = \overline{\text{AR}_1} + \overline{\text{AR}_2} = 4a$이고,
포물선의 정의에 의해서 $\overline{\text{AF}} = \overline{\text{AR}_1} = \overline{\text{AR}_2}$이므로
$\overline{\text{AF}} = \overline{\text{AR}_1} = \overline{\text{AR}_2} = 2a$이다.

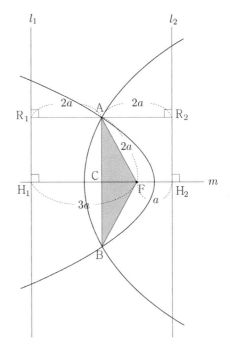

$\overline{\text{CF}} = \overline{\text{CH}_2} - \overline{\text{FH}_2} = 2a - a = a$
삼각형 AFC에서 피타고라스의 정리를 사용하면
$\overline{\text{AC}} = \sqrt{\overline{\text{AF}}^2 - \overline{\text{CF}}^2} = \sqrt{4a^2 - a^2} = \sqrt{3}\,a$이다.
$\overline{\text{AB}} = 2\overline{\text{AC}} = 2\sqrt{3}\,a$이고, $\overline{\text{CF}} = a$이다.

삼각형 ABF의 넓이가 $4\sqrt{3}$이므로
$\dfrac{1}{2} \times 2\sqrt{3}\,a \times a = \sqrt{3}\,a^2 = 4\sqrt{3} \Rightarrow a = 2$이다.

포물선의 초점과 준선 사이의 거리는 꼭짓점과 초점 사이의
거리의 2배이므로 선분 H_1F의 중점을 P, 선분 H_2F의
중점을 Q라 하면
$\overline{\text{H}_1\text{P}} = \dfrac{1}{2}\overline{\text{H}_1\text{F}} = \dfrac{3}{2}a$, $\overline{\text{H}_2\text{Q}} = \dfrac{1}{2}\overline{\text{H}_2\text{F}} = \dfrac{1}{2}a$이다.

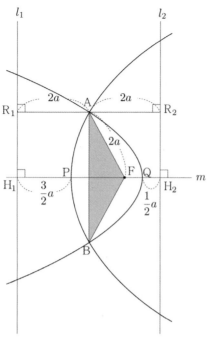

$$\overline{PQ} = \overline{H_1H_2} - \left(\overline{H_1P} + \overline{H_2Q}\right) = 4a - \left(\frac{3}{2}a + \frac{1}{2}a\right) = 2a = 4$$

따라서 두 포물선의 꼭짓점 사이의 거리는 4이다.

답 4

017

두 점 A, B에서 원점을 초점으로 하는 포물선의 준선에
내린 수선의 발을 각각 H, R이라 하고,
두 점 A, B에서 점 F를 초점으로 하는 포물선의 준선에
내린 수선의 발을 각각 C, D이라 하자.

포물선의 정의에 의해서 $\overline{OA} = \overline{AH}$, $\overline{OB} = \overline{BR}$이고
$\overline{AF} = \overline{AC}$, $\overline{BF} = \overline{BD}$이다.

점 A에서 선분 BD에 내린 수선의 발을 E라 하자.

$$\begin{aligned}
\overline{OB} + \overline{BF} - \left(\overline{OA} + \overline{AF}\right) &= \overline{OB} - \overline{OA} + \overline{BF} - \overline{AF} \\
&= \overline{BR} - \overline{AH} + \overline{BD} - \overline{AC} \\
&= \overline{AE} + \overline{BE}
\end{aligned}$$

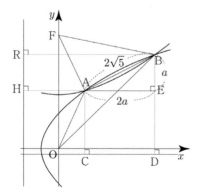

직선 AB의 기울기가 $\frac{1}{2}$이므로 $\overline{AE} = 2a$, $\overline{BE} = a$라 하자.

삼각형 ABE에서 피타고라스의 정리를 사용하면
$$\overline{AB}^2 = \overline{AE}^2 + \overline{BE}^2 \Rightarrow (2\sqrt{5})^2 = (2a)^2 + a^2$$
$$\Rightarrow 20 = 5a^2 \Rightarrow a = 2$$

따라서 $\overline{OB} + \overline{BF} - \left(\overline{OA} + \overline{AF}\right) = \overline{AE} + \overline{BE}$
$$\begin{aligned}
&= 2a + a \\
&= 6
\end{aligned}$$
이다.

답 6

018

$\angle FRQ = \theta$라 하면
(중심각의 크기) $= 2 \times$ (원주각의 크기)
이므로 $\angle FPQ = 2\angle FRQ = 2\theta$이다.
점 P에서 x축에 내린 수선의 발을 M이라 하면
삼각형 PFQ는 $\overline{PF} = \overline{PQ}$인 이등변삼각형이므로
$\angle FPM = \theta$이다.

$\overline{FM} = a - 1$, $\overline{PM} = b$

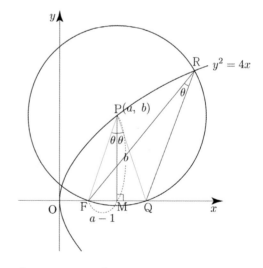

$\sin\theta = \frac{1}{3} \Rightarrow \tan\theta = \frac{1}{2\sqrt{2}}$ 이므로

$$\frac{\overline{FM}}{\overline{PM}} = \frac{1}{2\sqrt{2}} \Rightarrow \frac{a-1}{b} = \frac{1}{2\sqrt{2}}$$
$$\Rightarrow b = 2\sqrt{2}(a-1) \cdots \text{㉠}$$

점 P(a, b)는 포물선 $y^2 = 4x$ 위의 점이므로
$b^2 = 4a \cdots \text{㉡}$

㉠, ㉡을 연립하면

$8(a-1)^2 = 4a \Rightarrow 2a^2 - 4a + 2 = a \Rightarrow 2a^2 - 5a + 2 = 0$

$\Rightarrow (2a-1)(a-2) = 0 \Rightarrow a = 2 \ (\because \ a > 1)$

$a = 2$를 ㉠에 대입하면 $b = 2\sqrt{2}$이다.

삼각형 PFM에서 피타고라스의 정리를 사용하면

$\overline{FP} = \sqrt{\overline{PM}^2 + \overline{FM}^2} = \sqrt{1+8} = 3$

삼각형 FPQ의 외접원의 반지름의 길이를 R이라 하고,

$\sin(\angle PFQ) = \dfrac{\overline{PM}}{\overline{FP}} = \dfrac{2\sqrt{2}}{3}$, $\overline{PQ} = \overline{PF} = 3$이므로

삼각형 FPQ에서 사인법칙을 사용하면

$\dfrac{\overline{PQ}}{\sin(\angle PFQ)} = 2R \Rightarrow \dfrac{3}{\dfrac{2\sqrt{2}}{3}} = 2R \Rightarrow R = \dfrac{9}{4\sqrt{2}}$

이다.

삼각형 FPQ의 외접원의 넓이는 $\dfrac{81}{32}\pi$이므로 $k = \dfrac{81}{32}$이다.

따라서 $64k = 64 \times \dfrac{81}{32} = 162$이다.

답 162

019

포물선 $y^2 = kx$에서 $4p = k \Rightarrow p = \dfrac{k}{4}$이므로

초점의 좌표는 $F\left(\dfrac{k}{4},\ 0\right)$이다.

점 A에서 선분 BC에 내린 수선의 발을 H라 하자.

$\overline{AF} : \overline{BF} = 1 : 2$이므로 $\overline{AF} = a$라 하면 $\overline{BF} = 2a$이다.
포물선의 정의에 의해서
$\overline{AD} = \overline{AF} = a$, $\overline{BC} = \overline{BF} = 2a$이다.

삼각형 ABH에서 피타고라스의 정리를 사용하면

$\overline{AH} = \sqrt{\overline{AB}^2 - \overline{BH}^2} = \sqrt{9a^2 - a^2} = 2\sqrt{2}a$이다.

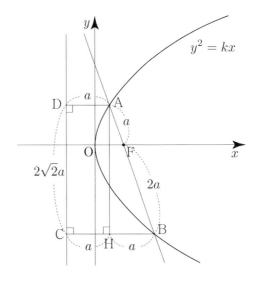

사각형 ABCD의 넓이가 $27\sqrt{2}$이므로

$\dfrac{1}{2} \times \overline{DC} \times (\overline{AD} + \overline{BC}) = \dfrac{1}{2} \times 2\sqrt{2}a \times (a + 2a) = 3\sqrt{2}a^2$

$= 27\sqrt{2}$

$\Rightarrow a = 3$

직선 AB가 포물선의 초점을 지나므로 Guide step에서

배운 $\dfrac{1}{p} = \dfrac{1}{a} + \dfrac{1}{b}$를 사용하여 a와 k의 관계를 구해보자.

(낯설게 느껴졌다면 개념 파악하기 - (12) 포물선의 초점을
지나는 직선은 어떠한 성질이 있을까? 를 참고하도록 하자.)

$\dfrac{1}{\dfrac{k}{4}} = \dfrac{1}{a} + \dfrac{1}{2a} \Rightarrow \dfrac{4}{k} = \dfrac{3}{2a} \Rightarrow k = \dfrac{8a}{3} = 8 \ (\because \ a = 3)$

따라서 $k = 8$이다.

답 8

020

포물선 $y^2 = 12x$에서 $4p = 12 \Rightarrow p = 3$이므로
초점의 좌표는 $F(3,\ 0)$이다.
두 점 A, D에서 준선에 내린 수선의 발을 각각 H, R이라
하고, 두 점 A, D에서 x축에 내린 수선의 발을 각각 P, Q
라 하자.

포물선이 정의에 의해서 $\overline{AH} = \overline{AF} = \dfrac{9}{2}$이다.

직선 AC가 포물선의 초점을 지나므로 Guide step에서

배운 $\dfrac{1}{p} = \dfrac{1}{a} + \dfrac{1}{b}$를 사용하여 선분 FC의 길이를 구해보자.

$\overline{FC} = x$라 하면 $\dfrac{1}{\dfrac{9}{2}} + \dfrac{1}{x} = \dfrac{1}{3} \Rightarrow \dfrac{2}{9} + \dfrac{1}{x} = \dfrac{1}{3} \Rightarrow x = 9$

대칭성에 의해서 $\overline{FD} = \overline{FC} = 9$이다.

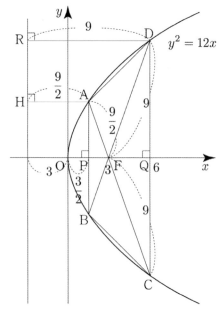

점 A는 포물선 $y^2 = 12x$ 위의 점이고,

점 A의 x좌표는 $\dfrac{9}{2} - 3 = \dfrac{3}{2}$이므로 점 A의 좌표는

$A\left(\dfrac{3}{2},\ 3\sqrt{2}\right)$이다. 즉, $\overline{AP} = 3\sqrt{2} \Rightarrow \overline{AB} = 6\sqrt{2}$

점 D는 포물선 $y^2 = 12x$ 위의 점이고,

점 D의 x좌표는 $9 - 3 = 6$이므로 점 D의 좌표는

$D(6,\ 6\sqrt{2})$이다. 즉, $\overline{DQ} = 6\sqrt{2} \Rightarrow \overline{CD} = 12\sqrt{2}$

$\overline{PQ} = \overline{DR} - \overline{AH} = 9 - \dfrac{9}{2} = \dfrac{9}{2}$

사각형 ABCD의 넓이는

$\dfrac{1}{2} \times \overline{PQ} \times \left(\overline{AB} + \overline{CD}\right) = \dfrac{1}{2} \times \dfrac{9}{2} \times \left(6\sqrt{2} + 12\sqrt{2}\right)$

$$= \dfrac{9}{4} \times 18\sqrt{2} = \dfrac{81}{2}\sqrt{2} = k$$

이다.

따라서 $\sqrt{2} \times k = \sqrt{2} \times \dfrac{81}{2}\sqrt{2} = 81$이다.

답 81

점 P에서 x축에 내린 수선의 발을 H,

점 P에서 준선에 내린 수선의 발을 R,

점 R에서 x축에 내린 수선의 발을 S라 하자.

점 G가 정삼각형 OAB의 무게중심이므로

$\overline{OG} = 2\sqrt{3} \times \dfrac{\sqrt{3}}{2} \times \dfrac{2}{3} = 2$이고, $\angle BGH = 60\,^\circ$이다.

$\overline{GP} = a$라 하면 포물선의 정의에 의해서

$\overline{PR} = \overline{GP} = a$이다.

$\overline{GH} = \overline{PR} - \overline{SG} = a - 4$

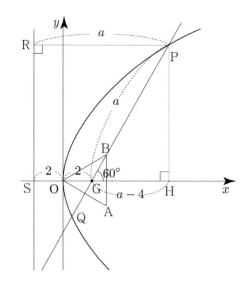

삼각형 PGH에서 $\cos 60\,^\circ = \dfrac{a - 4}{a} = \dfrac{1}{2} \Rightarrow a = 8$이다.

직선 PQ가 포물선의 초점을 지나므로 Guide step에서

배운 $\dfrac{1}{p} = \dfrac{1}{a} + \dfrac{1}{b}$를 사용하여 $\overline{GQ}$의 값을 구해보자.

$\overline{GQ} = b$라 하면

$\dfrac{1}{2} = \dfrac{1}{8} + \dfrac{1}{b} \Rightarrow \dfrac{3}{8} = \dfrac{1}{b} \Rightarrow b = \dfrac{8}{3}$

따라서 선분 PQ의 길이는 $8 + \dfrac{8}{3} = \dfrac{32}{3}$이다.

답 ③

점 A, D에서 x축에 내린 수선의 발을 H, R이라 하자.
$\overline{AF} = a$, $\overline{BF} = b$라 하면 $\overline{AB} = 6$이므로 $a + b = 6$ $\cdots$ ㉠

포물선의 정의에 의해서 $\overline{AF} = \overline{AD} = a$, $\overline{BF} = \overline{BC} = b$이다.

$\angle BFO = \angle AFH = \theta$라 하면 $\cos\theta = \dfrac{2}{3}$이므로

삼각형 AFH에서 $\overline{FH} = \overline{AF}\cos\theta = \dfrac{2}{3}a$이다.

삼각형 AFH에서 피타고라스의 정리를 사용하면

$\overline{AH} = \sqrt{\overline{AF}^2 - \overline{FH}^2} = \sqrt{a^2 - \dfrac{4}{9}a^2} = \dfrac{\sqrt{5}}{3}a$이다.

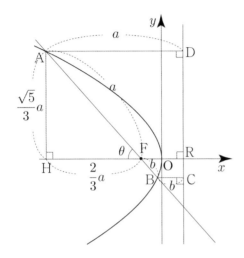

$\overline{FR} = \overline{AD} - \overline{FH} = a - \dfrac{2}{3}a = \dfrac{1}{3}a$이므로

$\overline{OF} = \dfrac{1}{2}\overline{FR} = \dfrac{1}{6}a$이다.

직선 AB가 포물선의 초점을 지나므로 Guide step에서

배운 $\dfrac{1}{p} = \dfrac{1}{a} + \dfrac{1}{b}$를 사용하여 a와 b의 관계를 구해보자.

> **Tip**
>
> 유도과정에서 p가 양수일 때, $\overline{OF} = p$가 성립하여
> $\dfrac{1}{p} = \dfrac{1}{a} + \dfrac{1}{b}$라는 식이 나온 것이지 p라고 해서
> 무조건 초점의 x좌표라고 생각하면 안된다.
> 즉, p가 음수인 경우에는 p 대신에 $\overline{OF}$의 값을 대입해야 한다.

$\dfrac{1}{\dfrac{a}{6}} = \dfrac{1}{a} + \dfrac{1}{b} \Rightarrow \dfrac{5}{a} = \dfrac{1}{b} \Rightarrow a = 5b$ $\cdots$ ㉡

㉠, ㉡을 연립하면
$5b + b = 6 \Rightarrow b = 1$, $a = 5$

$\overline{BC} = b = 1$

$\overline{CR} = \dfrac{\sqrt{5}}{3}b = \dfrac{\sqrt{5}}{3}$ 이고, $\overline{DR} = \dfrac{\sqrt{5}}{3}a = \dfrac{5\sqrt{5}}{3}$이므로

$\overline{CD} = \overline{CR} + \overline{DR} = 2\sqrt{5}$이다.

따라서 $\overline{BD}^2 = \overline{BC}^2 + \overline{CD}^2 = 1 + 20 = 21$이다.

답 21

023

타원 $\dfrac{x^2}{16} + y^2 = 1$에서 $a^2 = 16$, $b^2 = 1$이므로

$c^2 = a^2 - b^2 = 15 \Rightarrow c = \sqrt{15}$이다.

두 초점 사이의 거리 $d = 2c = 2\sqrt{15}$이다.
따라서 $d^2 = 4 \times 15 = 60$이다.

답 60

타원의 정의에 의해서 $\overline{FP} + \overline{F'P} = 10$이다.
$\overline{FP} = a$, $\overline{F'P} = b$라 하면 $a + b = 10$ $\cdots$ ㉠

$\angle FPF' = 90°$이므로 삼각형 FPF'에서
피타고라스의 정리를 사용하면
$\overline{FF'}^2 = \overline{FP}^2 + \overline{F'P}^2 \Rightarrow 36 = a^2 + b^2$ $\cdots$ ㉡

㉠을 제곱하면
$(a + b)^2 = 100 \Rightarrow a^2 + b^2 + 2ab = 100$
$\Rightarrow 36 + 2ab = 100$ $(\because$ ㉡$)$
$\Rightarrow ab = 32$

따라서 삼각형 FPF'의 넓이는 $\dfrac{1}{2}ab = 16$이다.

답 16

타원의 정의에 의해서 $\overline{AF'} + \overline{AF} = \overline{BF'} + \overline{BF}$ 이고,
삼각형 ABF'의 둘레의 길이가 12이므로
$\overline{AF'} + \overline{AF} = \overline{BF'} + \overline{BF} = 6$이다.

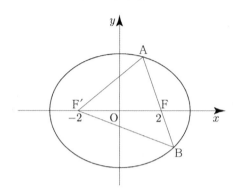

장축의 길이는 6이므로 $2a = 6 \Rightarrow a = 3$이다.
$b^2 = a^2 - c^2 = 9 - 4 = 5 \Rightarrow b = \sqrt{5}$ 이므로
단축의 길이는 $k = 2\sqrt{5}$ 이다.
따라서 $k^2 = 20$이다.

답 20

026

타원 $\dfrac{x^2}{4} + \dfrac{y^2}{3} = 1$의 두 초점은

$F(1, 0)$, $F'(-1, 0)$이다.

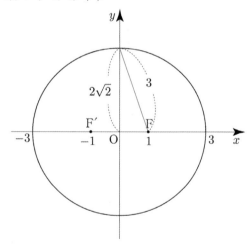

$\dfrac{x^2}{p} + \dfrac{y^2}{q} = 1$에서 $p = a^2$, $q = b^2$라 할 때,
단축의 길이가 $4\sqrt{2}$이므로 $b = 2\sqrt{2}$이고,
$c = 1$이므로 $a^2 = b^2 + c^2 = 8 + 1 = 9$이다.

따라서 $p \times q = a^2 \times b^2 = 9 \times 8 = 72$이다.

답 72

$\overline{AB} = 8$이므로 대칭성에 의해서 $\overline{AF'} = 4$이다.
$\overline{AF} = \sqrt{\overline{AF'}^2 + \overline{F'F}^2} = \sqrt{16 + 9} = \sqrt{25} = 5$

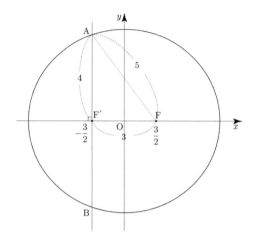

타원의 정의에 의해서 $\overline{AF'} + \overline{AF} = 9$이므로
장축의 길이는 9이다. 즉, $2a = 9 \Rightarrow a = \dfrac{9}{2}$

$c = \dfrac{3}{2}$, $a = \dfrac{9}{2}$

$b^2 = a^2 - c^2 = \dfrac{81}{4} - \dfrac{9}{4} = \dfrac{72}{4} = 18 \Rightarrow b = 3\sqrt{2}$ 이므로
단축의 길이는 $2b = 6\sqrt{2}$이다.

장축의 길이와 단축의 길이의 합은
$2a + 2b = 9 + 6\sqrt{2}$이므로 $p = 9$, $q = 6$이다.

따라서 $p + q = 15$이다.

답 15

포물선 $y^2 = 8(x - 1)$은 포물선 $y^2 = 8x$를 x축의 방향으로
1만큼 평행이동한 것이다.

포물선 $y^2 = 8x$의 초점의 좌표가 $(2, 0)$이므로
포물선 $y^2 = 8(x - 1)$의 초점의 좌표는 $(3, 0)$이다.

타원 $\dfrac{(x - 4)^2}{k} + \dfrac{y^2}{8} = 1$은 타원 $\dfrac{x^2}{k} + \dfrac{y^2}{8} = 1$를 x축의
방향으로 4만큼 평행이동한 것이다.

이때 포물선 $y^2 = 8(x-1)$의 초점과 타원 $\dfrac{(x-4)^2}{k} + \dfrac{y^2}{8} = 1$의 초점이 일치해야 하므로 $k > 8$이어야 한다.

타원 $\dfrac{x^2}{k} + \dfrac{y^2}{8} = 1$의 두 초점의 좌표가
$(\sqrt{k-8},\ 0),\ (-\sqrt{k-8},\ 0)$이므로
타원 $\dfrac{(x-4)^2}{k} + \dfrac{y^2}{8} = 1$의 두 초점의 좌표는
$(\sqrt{k-8}+4,\ 0),\ (-\sqrt{k-8}+4,\ 0)$이다.

① $\sqrt{k-8}+4 = 3$일 때
$\sqrt{k-8}+4 = 3 \Rightarrow \sqrt{k-8} = -1$이므로 모순이다.

② $-\sqrt{k-8}+4 = 3$일 때
$-\sqrt{k-8}+4 = 3 \Rightarrow \sqrt{k-8} = 1 \Rightarrow k = 9$

따라서 $k = 9$이다.

답 9

029

$x^2 - 6x + 5y^2 + 20y + 24 = 0$
$\Rightarrow (x-3)^2 + 5(y+2)^2 = 5$
$\Rightarrow \dfrac{(x-3)^2}{5} + (y+2)^2 = 1$

타원 $\dfrac{(x-3)^2}{5} + (y+2)^2 = 1$은 타원 $\dfrac{x^2}{5} + y^2 = 1$를
x축의 방향으로 3만큼, y축의 방향으로 -2만큼
평행이동한 것이다.

타원 $\dfrac{x^2}{5} + y^2 = 1$의 두 초점이 $(2,\ 0),\ (-2,\ 0)$이므로
타원 $\dfrac{(x-3)^2}{5} + (y+2)^2 = 1$의 초점은
$(5,\ -2),\ (1,\ -2)$이다.

따라서 $\overline{OF}^2 \times \overline{OF'}^2 = (25+4) \times (1+4) = 29 \times 5 = 145$이나.

답 145

030

타원 $\dfrac{(x+3)^2}{a} + \dfrac{(y-3)^2}{6} = 1$은 타원 $\dfrac{x^2}{a} + \dfrac{y^2}{6} = 1$를
x축의 방향으로 -3만큼, y축의 방향으로 3만큼 평행이동한
것이다.

타원 $\dfrac{(x+3)^2}{a} + \dfrac{(y-3)^2}{6} = 1$의 두 초점의 좌표가
$(-8,\ b),\ (2,\ b)$이므로 y좌표가 동일하다.
이를 바탕으로 $a > 6$인 것을 알 수 있다.
이때 타원 $\dfrac{x^2}{a} + \dfrac{y^2}{6} = 1$의 두 초점의 y좌표가 모두 0이므로
타원 $\dfrac{(x+3)^2}{a} + \dfrac{(y-3)^2}{6} = 1$의 두 초점의 y좌표는 모두
3이어야 한다.
즉, $b = 3$이다.

타원 $\dfrac{(x+3)^2}{a} + \dfrac{(y-3)^2}{6} = 1$의 두 초점 사이의 거리는 10
이고, 타원을 평행이동하여도 두 초점 사이의 거리는 변하지
않으므로 중심이 원점인 타원 $\dfrac{x^2}{a} + \dfrac{y^2}{6} = 1$의 두 초점의
좌표는 $(-5,\ 0),\ (5,\ 0)$이다.
즉, $a = 25 + 6 = 31$

따라서 $a + b = 31 + 3 = 34$이다.

답 34

031

원 $(x-3)^2 + (y-5)^2 = 25$와 y축이 만나는 두 점은
$(0,\ 9),\ (0,\ 1)$이다.
타원 $\dfrac{x^2}{a} + \dfrac{(y-c)^2}{b} = 1$의 두 초점은 $(0,\ 9),\ (0,\ 1)$이므로
타원의 중심은 $(0,\ 5)$이다.

타원 $\dfrac{x^2}{a} + \dfrac{(y-c)^2}{b} = 1$은 타원 $\dfrac{x^2}{a} + \dfrac{y^2}{b} = 1$를 y축의
방향으로 c만큼 평행이동한 것이다.
중심이 원점에서 $(0,\ 5)$로 평행이동하였으므로
$c = 5$이다.

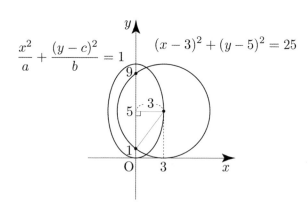

이때 타원 $\dfrac{x^2}{a}+\dfrac{(y-c)^2}{b}=1$은 원의 중심 $(3,\ 5)$를 지나므로

$\dfrac{x^2}{a}+\dfrac{(y-c)^2}{b}=1$의 단축의 길이는 6이다.

타원을 평행이동하여도 단축의 길이는 변하지 않으므로
중심이 원점인 타원 $\dfrac{x^2}{a}+\dfrac{y^2}{b}=1$에서
$a=3^2=9\ (\because\ a<b)$이다.

두 초점 사이의 거리는 8이고, 타원을 평행이동하여도
두 초점 사이의 거리와 단축의 길이는 변하지 않으므로
중심이 원점인 타원 $\dfrac{x^2}{9}+\dfrac{y^2}{b}=1$의 두 초점의 좌표는
$(0,\ 4),\ (0,\ -4)$이므로 $b=16+9=25$이다.

따라서 $a+2b+3c=9+50+15=74$이다.

답 74

032

타원 $\dfrac{(x-4)^2}{64}+\dfrac{y^2}{48}=1$은 타원 $\dfrac{x^2}{64}+\dfrac{y^2}{48}=1$를
x축의 방향으로 4만큼 평행이동한 것이다.

타원 $\dfrac{x^2}{64}+\dfrac{y^2}{48}=1$의 두 초점의 좌표가 $(4,\ 0),\ (-4,\ 0)$
이므로 타원 $\dfrac{(x-4)^2}{64}+\dfrac{y^2}{48}=1$의 두 초점의 좌표는
$Q(8,\ 0),\ O(0,\ 0)$이다.

$\overline{OP}=a,\ \overline{PQ}=b$라 하면 타원의 정의에 의해서
$a+b=16$이다.

$a>0,\ b>0$이므로 산술기하평균을 사용하면
$a+b\ge 2\sqrt{ab}\ \Rightarrow\ 16\ge 2\sqrt{ab}\ \Rightarrow\ 64\ge ab$이므로

ab의 최댓값은 64이다. (등호조건은 $a=b$이므로
$a=8,\ b=8$일 때 ab는 최댓값을 갖는다.)

따라서 $\overline{OP}\times\overline{PQ}$의 최댓값은 64이다.

답 64

033

타원 $\dfrac{x^2}{36}+\dfrac{y^2}{20}=1$의 장축의 길이는 12이므로
타원의 정의에 의해서 $\overline{F'Q}+\overline{FQ}=12$이다.
이때 $\overline{F'Q}=\overline{F'P}+\overline{PQ}$이므로 위 식에 대입하면
$\overline{F'P}+\overline{PQ}+\overline{FQ}=12\ \Rightarrow\ \overline{PQ}+\overline{FQ}=12-\overline{F'P}$이다.

즉, $\overline{PQ}+\overline{FQ}$의 최솟값은 $\overline{F'P}$가 최대일 때이다.

타원 $\dfrac{x^2}{36}+\dfrac{y^2}{20}=1$의 두 초점의 좌표는 $F'(-4,\ 0),\ F(4,\ 0)$
이고, 원 $x^2+(y-3)^2=1$의 중심의 좌표는 $(0,\ 3)$이므로
$\overline{F'P}$의 최댓값은 $5+1=6$이다.
(원의 중심과 점 F' 사이의 거리에서 반지름의 길이 1을
더해주면 된다.)

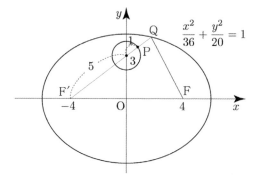

따라서 $\overline{PQ}+\overline{FQ}$의 최댓값은 $12-6=6$이다.

답 6

034

타원 $\dfrac{x^2}{7}+\dfrac{y^2}{16}=1$의 장축의 길이는 8이므로
타원의 정의에 의해서 $\overline{PF}+\overline{PF'}=8$이다.

$\overline{PF'}-\overline{AP}=8-(\overline{AP}+\overline{PF})$
즉, $\overline{PF'}-\overline{AP}$의 최댓값은 $\overline{AP}+\overline{PF}$가 최소일 때이다.

타원 $\dfrac{x^2}{7}+\dfrac{y^2}{16}=1$의 두 초점의 좌표는 F$(0,\ 3)$, F$'(0,\ -3)$

이고, 원 $(x-4)^2+y^2=1$의 중심의 좌표는 $(4,\ 0)$이므로

$\overline{\mathrm{AP}}+\overline{\mathrm{PF}}$의 최솟값은 $5-1=4$이다.

(원의 중심과 점 F 사이의 거리에서 반지름의 길이 1을

빼주면 된다.)

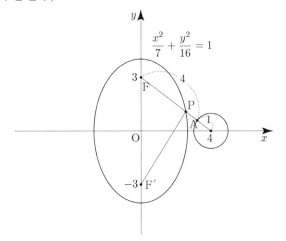

따라서 $\overline{\mathrm{PF}'}-\overline{\mathrm{AP}}$의 최댓값은 $8-4=4$이다.

답 4

035

두 타원의 장축의 길이가 각각 10, 16이므로

타원의 정의에 의해서 다음과 같다.

$\overline{\mathrm{PF}_1}+\overline{\mathrm{PF}}=10,\ \ \overline{\mathrm{PF}}+\overline{\mathrm{PF}_2}=16\ \cdots\ \text{㉠}$

$\overline{\mathrm{QF}_1}+\overline{\mathrm{QF}}=10,\ \ \overline{\mathrm{QF}}+\overline{\mathrm{QF}_2}=16\ \cdots\ \text{㉡}$

㉠의 두 식을 빼서 절댓값을 취하면

$\left|\overline{\mathrm{PF}_1}-\overline{\mathrm{PF}_2}\right|=6$이고,

㉡의 두 식을 빼서 절댓값을 취하면

$\left|\overline{\mathrm{QF}_1}-\overline{\mathrm{QF}_2}\right|=6$이다.

따라서 $\left|\overline{\mathrm{PF}_1}-\overline{\mathrm{PF}_2}\right|+\left|\overline{\mathrm{QF}_1}-\overline{\mathrm{QF}_2}\right|=12$이다.

답 12

036

두 대각선의 중심을 원점이라 하자.

타원 $\dfrac{x^2}{a^2}+\dfrac{y^2}{b^2}=1$에서 두 초점 사이의 거리가

4이므로 $c=2\ \Rightarrow\ a^2=b^2+c^2\ \Rightarrow\ a^2=b^2+4$이고,

$\overline{\mathrm{AD}}=6$이므로 $a^2+b^2=36$이다.

$a^2+b^2=36\ \Rightarrow\ b^2+4+b^2=36\ \Rightarrow\ b^2=16\ \Rightarrow\ b=4$

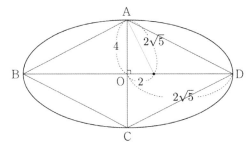

단축의 길이가 8이고, 장축의 길이는 $2a=4\sqrt{5}$이므로,

마름모 ABCD의 넓이 $s=\dfrac{1}{2}\times8\times4\sqrt{5}=16\sqrt{5}$이다.

따라서 $\dfrac{s^2}{5}=\dfrac{256\times5}{5}=256$이다.

답 256

037

타원 $\dfrac{x^2}{25}+\dfrac{y^2}{16}=1$의 두 초점은 F$(3,\ 0)$, F$'(-3,\ 0)$이고,

초점 F$(3,\ 0)$에 가까운 꼭짓점은 A$(5,\ 0)$이다.

$\overline{\mathrm{PF}'}=a$, $\overline{\mathrm{PF}}=b$라 하자.

타원 $\dfrac{x^2}{25}+\dfrac{y^2}{16}=1$의 주축의 길이가 10이므로

타원의 정의에 의해서 $a+b=10\ \cdots\ \text{㉠}$이다.

타원 $\dfrac{x^2}{25}+\dfrac{y^2}{16}=1$의 두 초점의 좌표는 F$(3,\ 0)$, F$(-3,\ 0)$

이므로 $\overline{\mathrm{FF}'}=6$이다.

$\angle\mathrm{PFF}'=\theta$라 하면 $\cos\theta=\dfrac{1}{3}$이므로

삼각형 PF$'$F에서 코사인법칙을 사용하면

$\dfrac{1}{3}=\dfrac{\overline{\mathrm{FF}'}^2+\overline{\mathrm{PF}}^2-\overline{\mathrm{PF}'}^2}{2\times\overline{\mathrm{FF}'}\times\overline{\mathrm{PF}}}\ \Rightarrow\ \dfrac{1}{3}=\dfrac{b^2+36-a^2}{12b}$

$\Rightarrow\ 4b=b^2+36-a^2\ \Rightarrow\ 4b=b^2+36-(10-b)^2\ (\because\ \text{㉠})$

$\Rightarrow\ 16b=64\ \Rightarrow\ b=4$

㉠에 의해 $a=6$이다.

$\angle\mathrm{PFA}=\pi-\theta$, $\overline{\mathrm{AF}}=\overline{\mathrm{OA}}-\overline{\mathrm{OF}}=5-3=2$,

$\sin(\pi-\theta)=\sin\theta=\sqrt{1-\cos^2\theta}=\dfrac{2\sqrt{2}}{3}$이므로

삼각형 APF의 넓이 $s = \dfrac{1}{2} \times \sin(\pi - \theta) \times \overline{\text{PF}} \times \overline{\text{FA}}$

$$= \dfrac{1}{2} \times \dfrac{2\sqrt{2}}{3} \times 4 \times 2 = \dfrac{8\sqrt{2}}{3}$$

이다.

따라서 $9 \times s^2 = 9 \times \dfrac{64 \times 2}{9} = 128$ 이다.

답 128

038

타원 $\dfrac{x^2}{4} + \dfrac{y^2}{3} = 1$의 두 초점의 좌표는 F$(1,\ 0)$, F$'(-1,\ 0)$

이므로 $\overline{\text{FF}'} = 2$이다.

$\overline{\text{BF}} = a$, $\overline{\text{BF}'} = b$라 하자.

타원 $\dfrac{x^2}{4} + \dfrac{y^2}{3} = 1$의 주축의 길이는 4이므로

타원의 정의에 의해서 $a + b = 4$ $\cdots$ ㉠이다.

$\overline{\text{AF}} = 2$, $\overline{\text{OF}} = 1$이므로

$\cos(\angle\text{AFO}) = \dfrac{1}{2} \Rightarrow \angle\text{AFO} = 60\,^\circ$ 이다.

즉, $\angle\text{BFF}' = 120\,^\circ$ 이다.

삼각형 BFF$'$에서 코사인법칙을 사용하면

$-\dfrac{1}{2} = \dfrac{\overline{\text{BF}}^2 + \overline{\text{FF}'}^2 - \overline{\text{BF}'}^2}{2 \times \overline{\text{BF}} \times \overline{\text{FF}'}} \Rightarrow -\dfrac{1}{2} = \dfrac{a^2 + 4 - b^2}{4a}$

$\Rightarrow -2a = a^2 + 4 - b^2 \Rightarrow -2a = a^2 + 4 - (4-a)^2$ ($\because$ ㉠)

$\Rightarrow 10a = 12 \Rightarrow a = \dfrac{6}{5}$

㉠에 의해 $b = \dfrac{14}{5}$이다.

따라서 $\overline{\text{BF}'} - \overline{\text{BF}} = b - a = \dfrac{14}{5} - \dfrac{6}{5} = \dfrac{8}{5}$이다.

답 ②

039

타원 $\dfrac{x^2}{49} + \dfrac{y^2}{24} = 1$의 두 초점의 좌표는

F$(5,\ 0)$, F$'(-5,\ 0)$이므로 $\overline{\text{FF}'} = 10$이다.

$\overline{\text{F}'\text{P}} = \overline{\text{F}'\text{A}} = a$, $\overline{\text{FP}} = \overline{\text{FB}} = b$라 하자.

타원 $\dfrac{x^2}{49} + \dfrac{y^2}{24} = 1$의 장축의 길이는 14이므로

$a + b = 14$이다.

두 삼각형 PF$'$F, PAB는 1 : 2 닮음이므로

$\overline{\text{AB}} = 2\overline{\text{FF}'} = 20$이다.

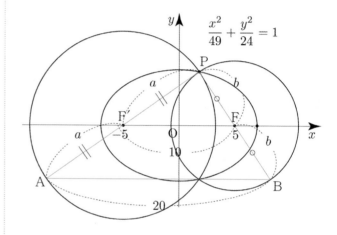

따라서 삼각형 PAB의 둘레의 길이는

$\overline{\text{PA}} + \overline{\text{PB}} + \overline{\text{AB}} = 2a + 2b + 20 = 2(a+b) + 20$

$$= 28 + 20 = 48$$

이다.

답 48

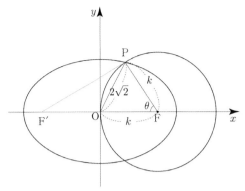

040

대칭성에 의해서 $\overline{QF} = \overline{PF'}$ 이므로
$\overline{PF} + \overline{QF} = \overline{PF} + \overline{PF'} = 6 \ \cdots\ \text{㉠}$ 이다.

선분 FF'의 중점이 O이고, 선분 FP의 중점이 M이므로
두 삼각형 FOM, $FF'P$는 1 : 2 닮음이다.

$\overline{PF'} = 2\overline{OM} = 2$이므로 $\overline{PF} = 4 \ (\because \ \text{㉠})$이다.

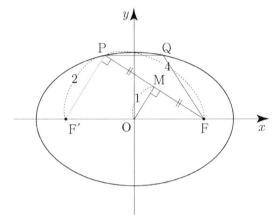

$\overline{FM} = \dfrac{1}{2}\overline{FP} = 2$이므로 삼각형 FOM에서

피타고라스의 정리를 사용하면
$\overline{OF} = \sqrt{2^2 + 1^2} = \sqrt{5}$ 이다.
즉, 타원의 두 초점의 좌표는 $F(\sqrt{5}, \ 0)$, $F'(-\sqrt{5}, \ 0)$
이다.

타원의 방정식을 $\dfrac{x^2}{a^2} + \dfrac{y^2}{b^2} = 1$라 하면

타원의 정의에 의해서 $2a = 6 \Rightarrow a = 3$이므로
$b^2 = a^2 - c^2 = 9 - 5 = 4 \Rightarrow b = 2$이다.

따라서 타원의 단축의 길이는 $2b = 4$이다.

답 4

041

$\overline{OP} = 2\sqrt{2}$, $\cos(\angle OFP) = \dfrac{5}{9}$

$\overline{OF} = \overline{FP} = k$, $\angle OFP = \theta$라 하자.
삼각형 OFP에서 코사인법칙을 사용하면
$\dfrac{5}{9} = \dfrac{\overline{OF}^2 + \overline{FP}^2 - \overline{OP}^2}{2 \times \overline{OF} \times \overline{FP}} \Rightarrow \dfrac{5}{9} = \dfrac{k^2 + k^2 - 8}{2k^2}$

$\Rightarrow 10k^2 = 18k^2 - 72 \Rightarrow k^2 = 9 \Rightarrow k = 3 \ (\because \ k > 0)$

초점 중 x좌표가 음수인 점을 F'라 하면
$\overline{OF} = 3 \Rightarrow \overline{FF'} = 6$

$\overline{PF'} = l$이라 하면 삼각형 PFF'에서 코사인법칙을 사용하면

$\dfrac{5}{9} = \dfrac{\overline{FF'}^2 + \overline{FP}^2 - \overline{PF'}^2}{2 \times \overline{FF'} \times \overline{FP}} \Rightarrow \dfrac{5}{9} = \dfrac{36 + 9 - l^2}{2 \times 6 \times 3}$

$\Rightarrow 20 = 45 - l^2 \Rightarrow l^2 = 25 \Rightarrow l = 5 \ (\because \ l > 0)$

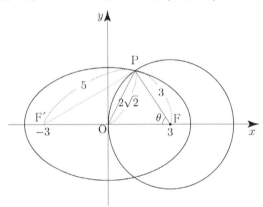

타원 $\dfrac{x^2}{a} + \dfrac{y^2}{b} = 1$에서 두 초점의 좌표는 $F(3, \ 0)$, $F'(-3, \ 0)$
이므로 $a - b = 9 \ \cdots\ \text{㉠}$이다.

타원 $\dfrac{x^2}{a} + \dfrac{y^2}{b} = 1$에서 장축의 길이는 $2\sqrt{a}$ 이다.
타원의 정의에 의해서 $\overline{PF'} + \overline{PF} = 5 + 3 = 8$이므로
$2\sqrt{a} = 8 \Rightarrow a = 16$이다.
$a = 16$를 ㉠에 대입하면 $b = 7$이다.

따라서 $a + b = 16 + 7 = 23$이다.

답 23

042

타원의 중심을 원점 O라 하고 타원의 방정식을 구해보자.

장축의 길이가 $2\sqrt{2}$이고, 단축의 길이가 2이므로

타원의 방정식은 $\dfrac{x^2}{2}+y^2=1$이다.

타원의 두 초점의 좌표는 $\mathrm{F}(1,\ 0)$, $\mathrm{F}'(-1,\ 0)$이다.

선분 FF'를 $3:1$로 내분하는 점을 C라 하자.

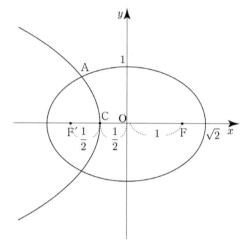

포물선의 꼭짓점과 초점 사이의 거리와 꼭짓점과 준선 사이의 거리는 서로 같으므로 포물선의 준선은 y축이다.

포물선의 정의를 사용하여 사각형 ABFF'의 둘레의 길이를 구해보자.

점 A에서 초점까지의 거리를 a라 하면 사각형 ABFF'의 둘레의 길이는 $4a+2$이다.

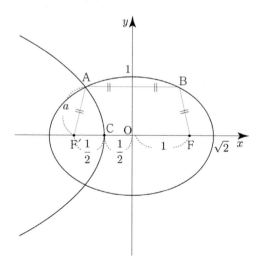

a는 점 A의 x좌표에 절댓값을 취한 것과 같다.
점 A의 x좌표를 찾기 위해 포물선의 방정식을 구해보자.

주어진 포물선은 초점이 $\mathrm{F}(-1,\ 0)$, 준선의 방정식이 $x=0$, 꼭짓점이 $\left(-\dfrac{1}{2},\ 0\right)$이다..

또한 꼭짓점과 준선 사이의 거리는 1이다.

포물선을 평행이동하여도 꼭짓점과 준선 사이의 거리는 변하지 않고, 초점이 준선의 좌측에 있으므로 평행이동하기 전 포물선은 $y^2=-2x$이다.

꼭짓점이 원점에서 $\left(-\dfrac{1}{2},\ 0\right)$로 평행이동하였으므로

주어진 포물선은 포물선 $y^2=-2x$를 x축의 방향으로 $-\dfrac{1}{2}$만큼 평행이동한 것이다.

주어진 포물선은 $y^2=-2\left(x+\dfrac{1}{2}\right)\ \Rightarrow\ y^2=-2x-1$이다.

타원 $\dfrac{x^2}{2}+y^2=1$과 포물선 $y^2=-2x-1$를 연립하면

$$\dfrac{x^2}{2}+(-2x-1)=1\ \Rightarrow\ x^2-4x-4=0$$

$$\Rightarrow\ x=2-2\sqrt{2}\ (\because\ x<0)$$

$a=2\sqrt{2}-2$이므로 $k=4a+2=8\sqrt{2}-6$이다.
따라서 $(k+6)^2=64\times2=128$이다.

🔲 **128**

043

타원의 방정식을 $\dfrac{x^2}{a^2}+\dfrac{y^2}{b^2}=1$이라 하면

단축의 길이가 12이므로 $2b=12\ \Rightarrow\ b=6\ \Rightarrow\ b^2=36$이다.

$\angle\mathrm{POF}=90\,^{\circ}$이므로 선분 PF가 원 C의 지름과 같다.
즉, $\angle\mathrm{PQF}=90\,^{\circ}$이다.

$\overline{\mathrm{PQ}}=\overline{\mathrm{QR}}=\overline{\mathrm{RF}'}=k$라 하자.
대칭성에 의해서 $\overline{\mathrm{PF}}=\overline{\mathrm{PF}'}=3k$이다. ($y$축 대칭)

삼각형 FPQ에서 피타고라스의 정리를 사용하면
$$\overline{\mathrm{FQ}}=\sqrt{\overline{\mathrm{FP}}^2-\overline{\mathrm{PQ}}^2}=\sqrt{9k^2-k^2}=2\sqrt{2}\,k$$이다.

직선 FQ는 선분 PR을 수직이등분하므로
$$\overline{\mathrm{FR}}=\overline{\mathrm{FP}}=3k$$이다.

삼각형 FF'Q에서 피타고라스의 정리를 사용하면
$$\overline{FF'} = \sqrt{\overline{F'Q}^2 + \overline{FQ}^2} = \sqrt{4k^2 + 8k^2} = 2\sqrt{3}\,k$$이다.
즉, $c = \sqrt{3}\,k$이다.

$\overline{RF'} + \overline{FR} = k + 3k = 4k$이므로 타원의 정의에 의해서
$2a = 4k \Rightarrow a = 2k$이다.

$a^2 - b^2 = c^2 \Rightarrow (2k)^2 - 36 = (\sqrt{3}\,k)^2 \Rightarrow 4k^2 - 36 = 3k^2$
$\Rightarrow k^2 = 36 \Rightarrow k = 6$
이므로 원 C의 넓이는 $\left(\dfrac{3k}{2}\right)^2 \pi = 81\pi$이다.

따라서 $s = 81$이다.

답 81

044

두 초점 사이의 거리가 $4\sqrt{5}$이므로 $2c = 4\sqrt{5} \Rightarrow c = 2\sqrt{5}$
$a^2 + 4 = c^2 \Rightarrow a^2 + 4 = 20 \Rightarrow a^2 = 16 \Rightarrow a = 4$

따라서 주축의 길이는 $2a = 8$이다.

답 8

045

쌍곡선 $\dfrac{x^2}{a^2} - \dfrac{y^2}{10} = 1$의 두 초점의 좌표는
$\left(\sqrt{a^2+10},\ 0\right),\ \left(-\sqrt{a^2+10},\ 0\right)$이다.

쌍곡선 $\dfrac{x^2}{a^2} - \dfrac{y^2}{10} = 1$과 두 초점의 좌표가 같아야 하므로

$30 > b^2$이고, 타원 $\dfrac{x^2}{30} + \dfrac{y^2}{b^2} = 1$의 두 초점의 좌표는
$\left(\sqrt{30-b^2},\ 0\right),\ \left(-\sqrt{30-b^2},\ 0\right)$이다.

$\sqrt{a^2+10} = \sqrt{30-b^2} \Rightarrow a^2 + 10 = 30 - b^2 \Rightarrow a^2 + b^2 = 20$
따라서 $a^2 + b^2 = 20$이다.

답 20

046

쌍곡선 $\dfrac{x^2}{16} - \dfrac{y^2}{9} = 1$의 두 초점의 좌표는 $F(5,\ 0),\ F'(-5,\ 0)$
이다.

쌍곡선 $\dfrac{x^2}{16} - \dfrac{y^2}{9} = 1$의 주축의 길이가 8이므로
쌍곡선의 정의에 의해서
$\overline{PF} - \overline{PF'} = 8 \Rightarrow 10 - \overline{PF'} = 8 \Rightarrow \overline{PF'} = 2$이다.

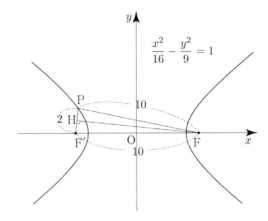

점 F에서 선분 PF'에 내린 수선의 발을 H라 하자.
삼각형 PFF'은 $\overline{FF'} = \overline{FP} = 10$인 이등변삼각형이므로
$\overline{HF'} = \dfrac{1}{2}\overline{PF'} = 1$이다.

삼각형 FHF'에서 피타고라스의 정리를 사용하면
$$\overline{FH} = \sqrt{\overline{FF'}^2 - \overline{F'H}^2} = \sqrt{100 - 1} = 3\sqrt{11}$$이다.

삼각형 PFF'의 넓이
$$s = \dfrac{1}{2} \times \overline{PF'} \times \overline{FH} = \dfrac{1}{2} \times 2 \times 3\sqrt{11} = 3\sqrt{11}$$
이다.
따라서 $s^2 = 99$이다.

답 99

047

쌍곡선 $\dfrac{x^2}{9}-\dfrac{y^2}{16}=1$의 주축의 길이는 6이므로

쌍곡선의 정의에 의해서

$\overline{PF'}-\overline{PF}=6 \cdots \bigcirc$

$\overline{QF}-\overline{QF'}=6 \cdots \bigcirc$

이다.

$\bigcirc$과 $\bigcirc$을 더하면

$\overline{PF'}-\overline{PF}+\overline{QF}-\overline{QF'}=12$

$\Rightarrow \overline{PF'}-\overline{QF'}-\overline{PF}+\overline{QF}=12$

$\Rightarrow 5-\overline{PF}+\overline{QF}=12 \ (\because \ \overline{PF'}-\overline{QF'}=5)$

$\Rightarrow \overline{QF}-\overline{PF}=7$

따라서 $\overline{QF}-\overline{PF}=7$이다.

답 7

048

쌍곡선 $\dfrac{x^2}{a^2}-\dfrac{y^2}{b^2}=1$의 두 초점의 좌표는

$F(6,\ 0)$, $F'(-6,\ 0)$이다.

원 $x^2+\left(y-2\sqrt{5}\right)^2=36$의 중심을 C라 하면

$\overline{AC}=6$, $\overline{OC}=2\sqrt{5}$이므로 삼각형 AOC에서

피타고라스의 정리를 사용하면

$\overline{OA}=\sqrt{\overline{AC}^2-\overline{OC}^2}=\sqrt{36-20}=4$이다.

주축의 길이가 8이므로 $a=4$이고, 초점 F의 x좌표가 6

이므로 $36=a^2+b^2 \Rightarrow b^2=36-16=20$이다.

따라서 $b^2-a^2=20-16=4$이다.

답 4

049

한 초점의 좌표가 $(-20,\ 0)$이므로

포물선의 방정식을 $\dfrac{x^2}{a^2}-\dfrac{y^2}{b^2}=1 \ (a>0,\ b>0)$라 하자.

점근선의 방정식이 $y=\pm\dfrac{4}{3}x$이므로

$\dfrac{b}{a}=\dfrac{4}{3} \Rightarrow b=\dfrac{4}{3}a \ \cdots \ \bigcirc$

이다.

한 초점의 좌표가 $(-20,\ 0)$이므로 $400=a^2+b^2$이다.

$\bigcirc$에 의해서

$400=a^2+\left(\dfrac{4}{3}a\right)^2 \Rightarrow 400=\dfrac{25}{9}a^2 \Rightarrow a^2=144$

$\Rightarrow a=12 \ (\because \ a>0)$

이다.

따라서 쌍곡선의 주축의 길이는 $2a=24$이다.

답 24

050

타원 $\dfrac{x^2}{25}+\dfrac{y^2}{9}=1$의 두 초점의 좌표는

$(4,\ 0)$, $(-4,\ 0)$이다.

쌍곡선의 방정식을 $\dfrac{x^2}{a^2}-\dfrac{y^2}{b^2}=1$라 하면

두 초점의 좌표가 $(4,\ 0)$, $(-4,\ 0)$이므로

$a^2+b^2=16$이고, 쌍곡선의 한 점근선이 $y=\sqrt{7}x$이므로

$\dfrac{b}{a}=\sqrt{7} \Rightarrow b=\sqrt{7}a$이다.

$a^2+b^2=16$에 $b=\sqrt{7}a$를 대입하면

$a^2+7a^2=16 \Rightarrow 8a^2=16 \Rightarrow a=\sqrt{2}$이므로

두 꼭짓점 사이의 거리는 $k=2a=2\sqrt{2}$이다.

따라서 $k^2=8$이다.

답 8

051

쌍곡선 $\dfrac{x^2}{4}-\dfrac{y^2}{12}=1$의 두 초점의 좌표는 $F(4,\ 0)$, $F'(-4,\ 0)$

이고, 두 점근선의 기울기는 $\pm\sqrt{3}$ 이다.

$F(4,\ 0)$을 지나고, 기울기가 $-\sqrt{3}$ 인 직선의 방정식은
$y=-\sqrt{3}\,(x-4)\ \cdots\ \text{㉠}$이고,

$F'(-4,\ 0)$을 지나고, 기울기가 $\sqrt{3}$ 인 직선의 방정식은
$y=\sqrt{3}\,(x+4)\ \cdots\ \text{㉡}$이다.

㉠, ㉡를 연립하면

$-\sqrt{3}\,(x-4)=\sqrt{3}\,(x+4)\ \Rightarrow\ -x+4=x+4$

$\Rightarrow\ x=0$

이므로 $y=4\sqrt{3}$ 이다.

㉠, ㉡의 교점을 $A\left(0,\ 4\sqrt{3}\right)$라 하면
구하고자 하는 넓이 s는 삼각형 AFF'의 넓이의 2배이다.

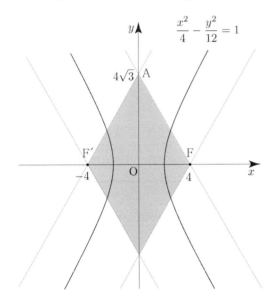

삼각형 AFF'의 넓이

$=\dfrac{1}{2}\times\overline{FF'}\times\overline{AO}=\dfrac{1}{2}\times8\times4\sqrt{3}=16\sqrt{3}$

이므로

구하고자 하는 넓이 $s=2\times16\sqrt{3}=32\sqrt{3}$ 이다.

따라서 $s\times\sqrt{3}=32\sqrt{3}\times\sqrt{3}=96$이다.

답 96

052

쌍곡선 $\dfrac{(x-b)^2}{a^2}-\dfrac{y^2}{36}=1$의 한 점근선은 $y=3x-1$이다.

평행이동을 하여도 점근선의 기울기는 변하지 않으므로

$\dfrac{6}{a}=3\ \Rightarrow\ a=2$이다.

쌍곡선 $\dfrac{(x-b)^2}{4}-\dfrac{y^2}{36}=1$는 쌍곡선 $\dfrac{x^2}{4}-\dfrac{y^2}{36}=1$를

x축의 방향으로 b만큼 평행이동한 것이다.

쌍곡선 $\dfrac{x^2}{4}-\dfrac{y^2}{36}=1$의 점근선 중 기울기가 3인 점근선의

방정식은 $y=3x$이므로 쌍곡선 $\dfrac{(x-b)^2}{4}-\dfrac{y^2}{36}=1$의

점근선은 $y=3(x-b)=3x-3b$이다.

$3x-1=3x-3b\ \Rightarrow\ b=\dfrac{1}{3}$

따라서 $\dfrac{a^2}{b}=\dfrac{4}{\dfrac{1}{3}}=12$이다.

답 12

053

두 초점의 x좌표가 동일하므로 평행이동 전 쌍곡선의

방정식을 $\dfrac{x^2}{a^2}-\dfrac{y^2}{b^2}=-1$라 하자.

두 초점 $F(-3,\ 6)$, $F'(-3,\ -4)$ 사이의 거리는 10이고,
평행이동하여도 두 초점 사이의 거리는 변하지 않는다.

쌍곡신 $\dfrac{x^2}{a^2}-\dfrac{y^2}{b^2}=-1$의 두 초점의 좌표는 $(0,\ 5)$, $(0,\ -5)$

이고, $a^2+b^2=25$이다.

평행이동을 하여도 점근선의 기울기는 변하지 않으므로

$-\dfrac{b}{a}=-2\ \Rightarrow\ b=2a$이다.

$a^2+b^2=25$에 $b=2a$를 대입하면
$a^2+4a^2=25\ \Rightarrow\ 5a^2=25\ \Rightarrow\ a=\sqrt{5}$이고, $b=2\sqrt{5}$ 이다.

쌍곡선 $\dfrac{x^2}{5}-\dfrac{y^2}{20}=-1$의 주축의 길이는 $2b=4\sqrt{5}$ 이다.
평행이동하여도 주축의 길이는 변하지 않으므로

$k = 4\sqrt{5}$ 이다.

따라서 $k^2 = 80$ 이다.

답 80

054

$4x^2 - y^2 + 2y - 5 = 0 \Rightarrow 4x^2 - (y^2 - 2y + 1) = 5 - 1$

$\Rightarrow 4x^2 - (y-1)^2 = 4 \Rightarrow x^2 - \dfrac{(y-1)^2}{4} = 1$

쌍곡선 $x^2 - \dfrac{(y-1)^2}{4} = 1$ 은 쌍곡선 $x^2 - \dfrac{y^2}{4} = 1$ 을
y 축의 방향으로 1만큼 평행이동한 것이다.

쌍곡선 $x^2 - \dfrac{y^2}{4} = 1$ 의 두 점근선이 $y = 2x$, $y = -2x$ 이므로

쌍곡선 $x^2 - \dfrac{(y-1)^2}{4} = 1$ 의 두 점근선은
$y = 2x + 1$, $y = -2x + 1$ 이다.

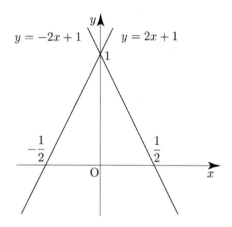

두 점근선과 x 축으로 둘러싸인 삼각형의 넓이
$s = \dfrac{1}{2} \times 1 \times 1 = \dfrac{1}{2}$ 이다.

따라서 $60 \times s = 60 \times \dfrac{1}{2} = 30$ 이다.

답 30

055

쌍곡선의 정의에 의하여 두 초점의 좌표는 $(-1, 5)$, $(7, 5)$
이고, 주축의 길이는 4이다.
두 초점의 좌표가 $(-1, 5)$, $(7, 5)$ 이므로
중심의 좌표는 $(3, 5)$ 이다.

쌍곡선을 평행이동하여도 두 초점 사이의 거리와
주축의 길이는 변하지 않고, 두 초점의 y 좌표가 같으므로
평행이동하기 전 쌍곡선은 $\dfrac{x^2}{4} - \dfrac{y^2}{12} = 1$ 이다.

꼭짓점이 원점에서 $(3, 5)$ 로 평행이동하였으므로
주어진 쌍곡선은 쌍곡선 $\dfrac{x^2}{4} - \dfrac{y^2}{12} = 1$ 를 x 축의 방향으로
3만큼, y 축의 방향으로 5만큼 평행이동한 것이다.

$\dfrac{(x-3)^2}{4} - \dfrac{(y-5)^2}{12} = 1$

$\Rightarrow 3(x^2 - 6x + 9) - (y^2 - 10y + 25) = 12$

$\Rightarrow 3x^2 - 18x - y^2 + 10y - 10 = 0$

$\Rightarrow a = -18, \ b = 10, \ c = -10$

따라서 $a + b - 3c = -18 + 10 + 30 = 22$ 이다.

답 22

056

쌍곡선 $\dfrac{x^2}{16} - \dfrac{y^2}{20} = 1$ 의 두 초점의 좌표는 $F(6, 0)$, $F'(-6, 0)$
이고, 주축의 길이는 8이다.

$\overline{FF'} = \overline{PF} = 12$ 이므로 쌍곡선의 정의에 의해서
$\overline{F'P} - \overline{PF} = 8 \Rightarrow \overline{F'P} - 12 = 8 \Rightarrow \overline{F'P} = 20$ 이다.

$\overline{PQ} = \overline{PF} = 12$ 이므로 $\overline{F'Q} = \overline{PF'} - \overline{PQ} = 20 - 12 = 8$

점 F 에서 선분 PF' 에 내린 수선의 발을 H 라 하면
$\overline{F'H} = 10$ 이다.

$\angle FF'H = \theta$ 라 하면 삼각형 $FF'H$ 에서
$\cos\theta = \dfrac{\overline{F'H}}{\overline{FF'}} = \dfrac{10}{12} = \dfrac{5}{6}$ 이다.

$\overline{QF} = x$라 하자.

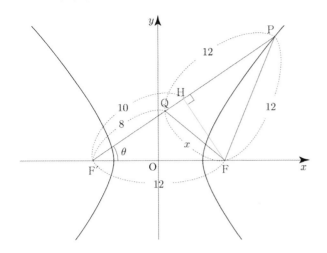

삼각형 FF'Q에서 코사인법칙을 사용하면

$$\frac{5}{6} = \frac{\overline{F'Q}^2 + \overline{FF'}^2 - \overline{QF}^2}{2 \times \overline{F'Q} \times \overline{FF'}} \Rightarrow \frac{5}{6} = \frac{8^2 + 12^2 - x^2}{2 \times 8 \times 12}$$

$$\Rightarrow 160 = 64 + 144 - x^2 \Rightarrow x^2 = 48$$

따라서 $\overline{QF}^2 = 48$이다.

답 48

057

곡선 $\dfrac{x^2}{9} - \dfrac{y^2}{16} = 1 \ (x < 0)$은 쌍곡선 $\dfrac{x^2}{9} - \dfrac{y^2}{16} = 1$의 일부이고,

쌍곡선 $\dfrac{x^2}{9} - \dfrac{y^2}{16} = 1$의 두 초점의 좌표는 $(5, 0)$, $(-5, 0)$

이므로 두 점 A, B이 쌍곡선의 초점이다.

곡선 $\dfrac{x^2}{9} - \dfrac{y^2}{16} = 1 \ (x < 0)$의 꼭짓점의 좌표가 $(-3, 0)$

이므로 원의 반지름의 길이는 8이다.

점 A에서 기울기가 양수인 접선에 내린 수선의 발을 H라
하면 $\overline{AH} = 8$이고, 삼각형 ABH에서 피타고라스의 정리를
사용하면 $\overline{BH} = \sqrt{\overline{AB}^2 - \overline{AH}^2} = \sqrt{36} = 6$이다.

쌍곡선의 주축의 길이가 6이므로 $\overline{AP} = b$, $\overline{BP} = a$라 하면
쌍곡선의 정의에 의해서
$b - a = 6 \Rightarrow b = 6 + a$ … ㉠이다.

$\overline{PH} = \overline{BH} - \overline{BP} = 6 - a$이다.

삼각형 APH에서 피타고라스의 정리를 사용하면
$\overline{AP}^2 = \overline{AH}^2 + \overline{PH}^2 \Rightarrow b^2 = 64 + (6-a)^2$이다.
위 식에 ㉠을 대입하면
$(6+a)^2 = 64 + (6-a)^2$

$$\Rightarrow 12a = 64 - 12a \Rightarrow 24a = 64$$

$$\Rightarrow a = \frac{8}{3}$$

사각형 APBQ의 넓이는 삼각형 ABP의 넓이의 두 배이므로
삼각형 ABP의 넓이를 구해보자.

삼각형 ABP의 넓이

$$= \frac{1}{2} \times a \times \overline{AH} = \frac{1}{2} \times \frac{8}{3} \times 8 = \frac{32}{3}$$

이므로

사각형 APBQ의 넓이는 $\dfrac{64}{3}$이다.

따라서 $p + q = 67$이다.

답 67

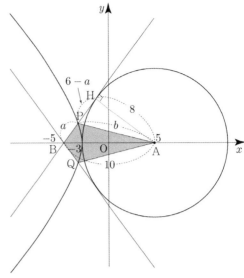

058

쌍곡선 $x^2 - \dfrac{y^2}{15}$ 의 두 초점의 좌표는 A$(-4,\ 0)$, B$(4,\ 0)$

이고 주축의 길이는 2이다.

접점을 C라 하면 $\angle\mathrm{ACO}=90\degree$이고,
점 Q은 원 위의 점이므로 $\angle\mathrm{AQB}=90\degree$이다.

$\overline{\mathrm{OA}}=4$, $\overline{\mathrm{OC}}=2\sqrt{3}$ 이므로 삼각형 AOC에서
피타고라스의 정리를 사용하면
$\overline{\mathrm{AC}}=\sqrt{\overline{\mathrm{OA}}^2-\overline{\mathrm{OC}}^2}=\sqrt{16-12}=2$이다.

삼각형 ABQ와 삼각형 AOC는 $2:1$ 닮음이므로
$\overline{\mathrm{AQ}}=2\overline{\mathrm{AC}}=4$, $\overline{\mathrm{BQ}}=2\overline{\mathrm{OC}}=4\sqrt{3}$ 이다.

$\overline{\mathrm{PQ}}=x$, $\overline{\mathrm{PB}}=y$라 하자.

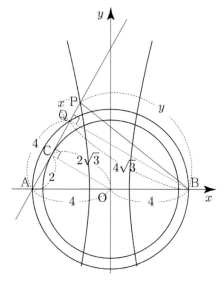

쌍곡선의 정의에 의해서
$\overline{\mathrm{PB}}-\overline{\mathrm{PA}}=2 \Rightarrow y-(4+x)=2 \Rightarrow y-x=6 \cdots$ ㉠이다.

삼각형 BPQ에서 피타고라스의 정리를 사용하면
$\overline{\mathrm{PB}}^2=\overline{\mathrm{PQ}}^2+\overline{\mathrm{BQ}}^2 \Rightarrow y^2=x^2+48 \Rightarrow y^2-x^2=48$이다.

$y^2-x^2=48 \Rightarrow (y-x)(y+x)=48$
$\Rightarrow 6\times(y+x)=48 \ (\because ㉠)$
$\Rightarrow y+x=8 \cdots$ ㉡

㉠, ㉡을 연립하면 $y=7$, $x=1$이다.

따라서 $\overline{\mathrm{PB}}^2+\overline{\mathrm{PQ}}^2=y^2+x^2=49+1=50$이다.

답 50

Tip

정말 모르겠다면 최후의 수단으로 두 점 P, Q의 좌표를 찾아
답을 구할 수도 있다.
접선은 기울기는 $\sqrt{3}$ 이고, 점 A$(-4,\ 0)$를 지나므로
$y=\sqrt{3}\,(x+4)$이다.
쌍곡선 $x^2-\dfrac{y^2}{15}$ 와 직선 $y=\sqrt{3}\,(x+4)$를 연립하면 점 P의
좌표를 얻을 수 있고,
두 직선 $y=\sqrt{3}\,(x+4)$, $y=-\dfrac{1}{\sqrt{3}}(x-4)$의
교점이 Q이므로 점 Q의 좌표 또한 구할 수 있다.

좌표를 구하도록 유도하는 문제도 있을 수 있지만 우선순위상
정의를 사용할 생각부터 하는 것이 좋다.

059

쌍곡선 $\dfrac{x^2}{36}-\dfrac{y^2}{28}=1$의 두 초점의 좌표는

F$(8,\ 0)$, F′$(-8,\ 0)$이고 주축의 길이는 12이다.

쌍곡선의 정의에 의해서
$\overline{\mathrm{PF}}-\overline{\mathrm{PF}'}=12 \Rightarrow \overline{\mathrm{PF}}=\overline{\mathrm{PF}'}+12$이다.

$\overline{\mathrm{PQ}}+\overline{\mathrm{PF}}=\overline{\mathrm{PQ}}+\overline{\mathrm{PF}'}+12$
즉, $\overline{\mathrm{PQ}}+\overline{\mathrm{PF}}$의 최솟값은 $\overline{\mathrm{PQ}}+\overline{\mathrm{PF}'}$가 최소일 때이다.

원 $x^2+(y-6)^2=9$의 중심의 좌표는 $(0,\ 6)$이므로
$\overline{\mathrm{PQ}}+\overline{\mathrm{PF}'}$의 최솟값은 $10-3=7$이다.

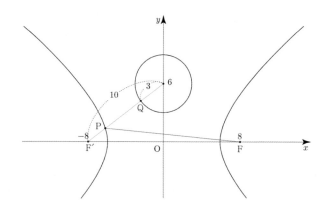

따라서 $\overline{\mathrm{PQ}}+\overline{\mathrm{PF}}$의 최솟값은 $7+12=19$이다.

답 19

060

두 초점의 좌표가 F(4, 0), F′(−4, 0)이므로
$a^2+b^2=16$이다.

$\overline{\mathrm{PQ}}=A$, $\overline{\mathrm{PF}}=B$, $\overline{\mathrm{QF'}}=x$, $\overline{\mathrm{QF}}=y$라 하자.

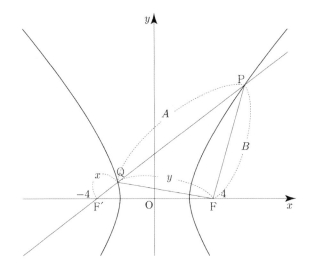

쌍곡선의 정의에 의해서
$y-x=2a$ ··· ㉠
$A+x-B=2a$ ··· ㉡
이다.

㉠ + ㉡ $\Rightarrow A+y-B=4a$
$A+y=22$, $B=10$이므로 $12=4a \Rightarrow a=3$
$a^2+b^2=16 \Rightarrow b^2=7$

따라서 $a^2 \times b^2 = 63$이다.

답 63

점 P는 원 $x^2+y^2=25$ 위의 점이므로 $\angle \mathrm{FPF'}=90°$이다.
$\overline{\mathrm{PF'}}=x$, $\overline{\mathrm{PF}}=y$라 하자.

삼각형 FPF′에서 피타고라스의 정리를 사용하면
$\overline{\mathrm{FF'}}^2=\overline{\mathrm{PF'}}^2+\overline{\mathrm{PF}}^2 \Rightarrow 100=x^2+y^2$ ··· ㉠

삼각형 FF′Q는 빗변의 길이가 10인 직각이등변삼각형이므로
$\overline{\mathrm{QF}}=\overline{\mathrm{QF'}}=5\sqrt{2}$이다.

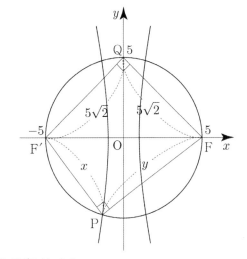

삼각형 FF′P의 넓이
= (사각형 PFQF′의 넓이) − (삼각형 FF′Q의 넓이)
$=49-\dfrac{1}{2}\times\left(5\sqrt{2}\right)^2=49-25=24$

삼각형 FF′P의 넓이가 24이므로 $xy=48$ ··· ㉡이다.

$(x-y)^2=x^2+y^2-2xy$
$\Rightarrow (x-y)^2=100-96=4$ (∵ ㉠, ㉡)
$\Rightarrow |x-y|=2 \Rightarrow y-x=2$ (∵ $y>x$)

$y-x=2$이므로 쌍곡선의 주축의 길이는 2이고,
두 초점의 좌표가 F(5, 0), F′(−5, 0)이므로
쌍곡선의 방정식을 구하면 $x^2-\dfrac{y^2}{24}=1$이다.

점 $\left(\sqrt{5},\ k\right)$가 쌍곡선 위의 점이니 이를 대입하면
$5-\dfrac{k^2}{24}=1 \Rightarrow 4=\dfrac{k^2}{24} \Rightarrow k^2=96$이다.

따라서 $k^2=96$이다.

답 96

곡선 $\dfrac{x^2}{9} - \dfrac{y^2}{16} = 1$ $(x < 0)$은 쌍곡선 $\dfrac{x^2}{9} - \dfrac{y^2}{16} = 1$의 일부이다.

점 B$(4,\ 0)$와 곡선 곡선 $\dfrac{x^2}{9} - \dfrac{y^2}{16} = 1$ $(x < 0)$ 위를

움직이는 점 P에 대하여 직선 PB가 원 C와 항상
만나도록 하려면 어떻게 해야 할까?

직선 PB가 원 C와 항상 만도록 하는 a의 최솟값을 구하는
것이므로 a를 점점 축소하여 판단해보자.

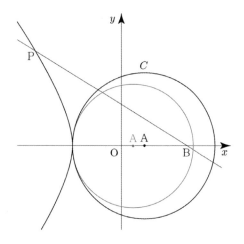

점 P의 x좌표가 한없이 작아지면 어떻게 될까?
쌍곡선의 점근선을 이용하여 판단해보자.

어차피 주어진 원은 x축에 대하여 대칭이기 때문에
두 점근선을 모두 고려하지 않아도 된다.

곡선 $\dfrac{x^2}{9} - \dfrac{y^2}{16} = 1$ $(x < 0)$의 점근선 중 기울기가 음수인

점근선은 $y = -\dfrac{4}{3}$이다.

점 B$(4,\ 0)$를 지나고 기울기가 $-\dfrac{4}{3}$인 직선은

$y = -\dfrac{4}{3}(x-4) \Rightarrow 4x + 3y - 16 = 0$이다.

곡선 $\dfrac{x^2}{9} - \dfrac{y^2}{16} = 1$ $(x < 0)$의 꼭짓점을 Q라 하고,

점 A에서 직선 $y = -\dfrac{4}{3}(x-4)$에 내린 수선의 발을
R이라 하자.

직선 $y = -\dfrac{4}{3}(x-4)$를 판단의 틀로 하여

a를 축소하면서 관찰해보자.

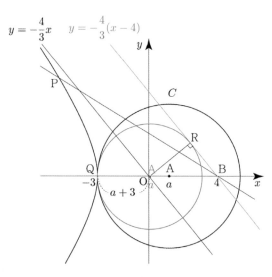

결국 직선 PB가 원 C와 항상 만나려면
$\overline{\text{AQ}} \geq \overline{\text{AR}}$가 성립해야 함을 알 수 있다.

$\overline{\text{AQ}} = a + 3$

$\overline{\text{AR}} = \dfrac{|4a - 16|}{\sqrt{16 + 9}} = \dfrac{16 - 4a}{5}$ $(\because\ 0 < a < 4)$

이므로

$\overline{\text{AQ}} \geq \overline{\text{AR}} \Rightarrow a + 3 \geq \dfrac{16 - 4a}{5}$

$\Rightarrow 5a + 15 \geq 16 - 4a \Rightarrow a \geq \dfrac{1}{9} \Rightarrow m = \dfrac{1}{9}$

따라서 $90 \times m = 90 \times \dfrac{1}{9} = 10$이다.

답 10

063

점 P$(a,\ b)$는 포물선 $y^2 = 8x$ 위의 점이므로
$b^2 = 8a$ … ㉠이다.

점 P에서 x축에 내린 수선의 발을 H라 하자.
Q$(-a,\ 0)$이므로 $\overline{\text{HQ}} = 2a$이다.
(혹시나 점 Q의 좌표를 구하는데 어려움이 있었다면
개념 파악하기 - (13) 포물선의 접선은 어떠한 성질이
있을까? 를 참고하도록 하자.)

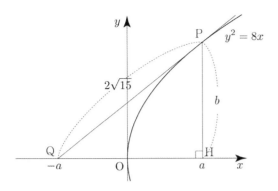

$\overline{\mathrm{HQ}} = 2a$, $\overline{\mathrm{PH}} = b$, $\overline{\mathrm{PQ}} = 2\sqrt{15}$ 이므로
삼각형 PQH에서 피타고라스의 정리를 사용하면
$\overline{\mathrm{QH}}^2 + \overline{\mathrm{PH}}^2 = \overline{\mathrm{PQ}}^2 \Rightarrow 4a^2 + b^2 = 60$ 이다.

$4a^2 + b^2 = 60 \Rightarrow 4a^2 + 8a - 60 = 0$ $(\because$ ㉠$)$

$\Rightarrow a^2 + 2a - 15 = 0 \Rightarrow (a+5)(a-3) = 0$

$\Rightarrow a = 3$ $(\because$ $a > 0)$

㉠에 의해 $b^2 = 24$ 이다.
따라서 $a^2 + b^2 = 9 + 24 = 33$ 이다.

답 33

064

포물선 $y^2 = -12x$ 위의 점 $(-3, 6)$ 에서의 접선은
$6y = -6(x-3) \Rightarrow y = -x + 3$ 이므로
x축 및 y축으로 둘러싸인 도형의 넓이는

$\dfrac{1}{2} \times 3 \times 3 = \dfrac{9}{2}$ 이다.

따라서 $p + q = 11$ 이다.

답 11

065

원의 중심과 점 $(6, 0)$ 사이의 거리와 y축과 원의 중심
사이의 거리가 같으므로 도형 k는 준선이 $x = 0$ 이고
초점이 $(6, 0)$ 인 포물선이다.

꼭짓점의 좌표는 $(3, 0)$ 이므로 꼭짓점과 준선 사이의 거리는
3이다.

포물선을 평행이동하여도 꼭짓점과 준선 사이의 거리는
변하지 않고, 초점이 준선의 우측에 있으므로
평행이동하기 전 포물선은 $y^2 = 12x$ 이다.

꼭짓점이 원점에서 $(3, 0)$ 으로 평행이동하였으므로
주어진 포물선은 포물선 $y^2 = 12x$ 를 x축의 방향으로
3만큼 평행이동한 것이다.

점 $\mathrm{A}(a, 4\sqrt{3})$ 은 포물선 $y^2 = 12(x-3)$ 위의 점이므로
$48 = 12(a-3) \Rightarrow a = 7$ 이다.

평행이동하여도 접선의 기울기는 변하지 않으므로
평행이동하기 전 접선의 방정식을 구해보자.
포물선 $y^2 = 12x$ 의 접점을 $\mathrm{B}(4, 4\sqrt{3})$ 라 하면

접선의 방정식은 $4\sqrt{3}\,y = 6(x+4) \Rightarrow y = \dfrac{\sqrt{3}}{2}(x+4)$

이므로 $m = \dfrac{\sqrt{3}}{2}$ 이다.

따라서 $a + m^2 = 7 + \dfrac{3}{4} = \dfrac{31}{4}$ 이다.

답 ③

066

접선이 x축과 만나는 점을 $\mathrm{A}(2, 0)$ 이라 하면
꼭짓점 $(-2, 0)$ 과 $\mathrm{A}(2, 0)$ 사이의 거리는 4이다.

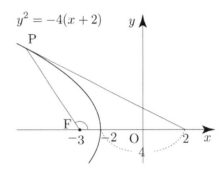

평행이동하여도 거리관계는 변하지 않으므로
평행이동하기 전 포물선으로 $\cos(\angle \mathrm{PFO})$ 의 값을 구해보자.

평행이동하기 전 포물선은 $y^2 = -4x$ 이고,
이 포물선에서 그은 접선이 x축과 만나는 점의
x좌표는 4이므로 접점은 $\mathrm{P}'(-4, 4)$ 이다.
(편의상 점 P' 의 y좌표를 양수라고 하자.)

점 P' 에서 x축에 내린 수선의 발을 H라 하고,
포물선 $y^2 = -4x$ 의 초점의 좌표를 $\mathrm{F}'(-1, 0)$ 이라 하자.

삼각형 $\mathrm{P}'\mathrm{F}'\mathrm{H}$ 에서 피타고라스의 정리를 사용하면
$\overline{\mathrm{P}'\mathrm{F}'} = \sqrt{\overline{\mathrm{P}'\mathrm{H}}^2 + \overline{\mathrm{F}'\mathrm{H}}^2} = \sqrt{16+9} = 5$ 이다.

$\angle \text{P}'\text{F}'\text{O} = \theta$ 라 하면 $\angle \text{PFO} = \angle \text{P}'\text{F}'\text{O} = \theta$ 이고,
$\angle \text{P}'\text{F}'\text{H} = \pi - \theta$ 이다.

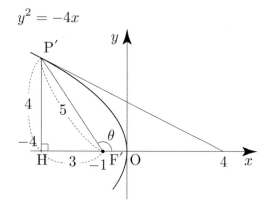

삼각형 $\text{P}'\text{F}'\text{H}$에서

$\cos(\pi - \theta) = \dfrac{\overline{\text{F}'\text{H}}}{\overline{\text{P}'\text{F}'}} = \dfrac{3}{5} \Rightarrow \cos\theta = -\dfrac{3}{5}$ 이다.

따라서 $\cos(\angle \text{PFO}) = -\dfrac{3}{5}$ 이다.

답 ④

067

$4p = 18 \Rightarrow p = \dfrac{9}{2}$ 이고, $m = \dfrac{1}{8}$ 이므로

포물선 $y^2 = 18x$에 접하고 기울기가 $\dfrac{1}{8}$ 인 직선은

$y = mx + \dfrac{p}{m} \Rightarrow y = \dfrac{1}{8}x + \dfrac{\ \frac{9}{2}\ }{\frac{1}{8}} \Rightarrow y = \dfrac{1}{8}x + 36$ 이다.

따라서 직선의 y절편은 36이다.

답 36

068

포물선 $y^2 = 8x$에 접하고 기울기가 -2인 직선은

$y = -2x + \dfrac{2}{-2} \Rightarrow y = -2x - 1$ 이므로

직선 l은 직선 $y = -2x - 1$을 x축의 방향으로 m만큼 평행이동한 것이다.

$y = -2(x - m) - 1 \Rightarrow y = -2x + 2m - 1$

$\Rightarrow 2x + y - 2m + 1 = 0$

포물선 $y^2 = 4x$의 초점의 좌표가 $(1, \ 0)$이므로
포물선 $(y+1)^2 = 4x$의 초점의 좌표는 $(1, \ -1)$이다.

$(1, \ -1)$과 $2x + y - 2m + 1 = 0$ 사이의 거리는 $2\sqrt{5}$ 이므로

$\dfrac{|2 - 1 - 2m + 1|}{\sqrt{4+1}} = \dfrac{|2 - 2m|}{\sqrt{5}} = 2\sqrt{5} \Rightarrow |2 - 2m| = 10$

$\Rightarrow m = 6 \ (\because \ m > 0)$

따라서 양수 $m = 6$이다.

답 6

069

$4p = k \Rightarrow p = \dfrac{k}{4}$ 이고, $m = 2$이므로

포물선 $y^2 = kx \ (k > 0)$에 접하고 기울기가 2인 직선은

$y = mx + \dfrac{p}{m} \Rightarrow y = 2x + \dfrac{\ \frac{k}{4}\ }{2} \Rightarrow y = 2x + \dfrac{k}{8}$ 이다.

접선의 x절편이 $-\dfrac{k}{16}$ 이므로 점 $\text{Q}\left(-\dfrac{k}{16}, \ 0\right)$이고,

점 Q의 x좌표가 $-\dfrac{k}{16}$ 이므로 점 $\text{P}\left(\dfrac{k}{16}, \ \dfrac{k}{4}\right)$이다.

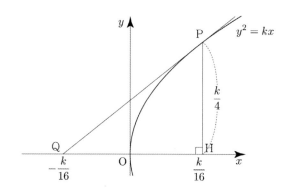

삼각형 PQH의 넓이가 9이므로

$\dfrac{1}{2} \times \overline{\text{QH}} \times \overline{\text{PH}} = 9 \Rightarrow \dfrac{1}{2} \times \dfrac{k}{8} \times \dfrac{k}{4} = 9 \Rightarrow k^2 = 9 \times 64$

$\Rightarrow k = 24$
이다.
따라서 상수 $k = 24$이다.

답 24

070

$4p = 4 \Rightarrow p = 1$

접선의 기울기를 m이라 하면 접선은 $y = mx + \dfrac{1}{m}$ 이다.

접선이 A$(-2,\ 0)$을 지나므로

$-2m + \dfrac{1}{m} = 0 \Rightarrow m^2 = \dfrac{1}{2} \Rightarrow m = \pm \dfrac{1}{\sqrt{2}}$

기울기가 양수인 접선의 접점을 B라 하자.

직선 $y = \dfrac{1}{\sqrt{2}}x + \sqrt{2}$ 과 $y^2 = 4x$를 연립하면

$\left(\dfrac{1}{\sqrt{2}}x + \sqrt{2}\right)^2 = 4x \Rightarrow \dfrac{1}{2}x^2 + 2x + 2 = 4x$

$\Rightarrow \dfrac{1}{2}x^2 - 2x + 2 = 0 \Rightarrow (x-2)^2 = 0 \Rightarrow x = 2$

이므로 점 B$(2,\ 2\sqrt{2})$이고, 대칭성에 의해서
점 C$(2,\ -2\sqrt{2})$이다.

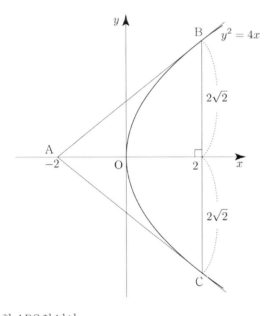

삼각형 ABC의 넓이

$s = \dfrac{1}{2} \times \overline{\text{BC}} \times h = \dfrac{1}{2} \times 4\sqrt{2} \times 4 = 8\sqrt{2}$

이다.

따라서 $s^2 = 128$이다.

답 128

071

$4p = -4 \Rightarrow p = -1$

포물선 $y^2 = -4x$에 접하고 기울기가 m인 직선은

$y = mx + \dfrac{-1}{m}$ 이다.

접선이 A$(3,\ -6)$을 지나므로

$3m - \dfrac{1}{m} = -6 \Rightarrow 3m^2 + 6m - 1 = 0$이다.

두 접선의 기울기를 m_1, m_2라 하면

근과 계수의 관계에 의해 $m_1 m_2 = -\dfrac{1}{3}$이다.

따라서 두 접선의 기울기의 곱은 $-\dfrac{1}{3}$이다.

답 ②

두 포물선의 꼭짓점 사이의 거리가 6이므로 대칭성에
의해서 준선 $x = 0$과 한 꼭짓점 사이의 거리는 3이다.

초점의 x좌표가 양수인 포물선을 구해보자.
준선 $x = 0$과 꼭짓점 $(3,\ 0)$ 사이의 거리가 3이므로
평행이동 전 포물선은 $y^2 = 12x$이다.

이때 꼭짓점이 원점에서 $(3,\ 0)$으로 평행이동하였으므로
구하고자 하는 포물선은 $y^2 = 12(x-3)$이다.

두 포물선은 y축에 대하여 대칭이므로
초점의 x좌표가 음수인 포물선은 $y^2 = 12(-x-3)$이다.

이때 $(-y)^2 = 12(-x-3) \Rightarrow y^2 = 12(-x-3)$이므로
두 포물선 $y^2 = 12(x-3)$, $y^2 = 12(-x-3)$은
원점에 대하여 대칭이다.

두 포물선에 동시에 접하고 기울기가 양수인 직선은
대칭성에 의해서 원점을 지나므로 $y = mx$라 하자.
(두 접점은 원점에 대하여 대칭이다.)

포물선 $y^2 = 12(x-3)$과 직선 $y = mx$를 연립하면
$m^2 x^2 = 12x - 36 \Rightarrow m^2 x^2 - 12x + 36 = 0$
접해야 하므로 판별식을 사용하면

$\dfrac{D}{4} = 36 - 36m^2 = 0 \Rightarrow m = 1 \ (\because\ m > 0)$

$x^2 - 12x + 36 = 0 \Rightarrow (x-6)^2 = 0 \Rightarrow x = 6$이므로
접점은 $(6,\ 6)$이다.

두 접점은 원점에 대하여 대칭이므로 x좌표가 음수인
접점은 $(-6,\ -6)$이다.

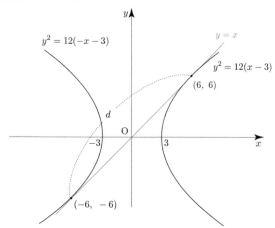

두 접점 사이의 거리 $d = \sqrt{12^2 + 12^2} = 12\sqrt{2}$ 이다.
따라서 $d^2 = 288$이다.

답 288

073

직선 $y = x + 3$과 같은 거리에 있는 점들의 집합은
직선 $y = x + 3$과 평행한 직선이므로 직선 $y = x + k$을
평행이동해보면서 거리의 최솟값을 구해보자.
즉, 점 P에서의 접선의 기울기가 1일 때 최소임을 알 수 있다.

$4p = 2 \Rightarrow p = \dfrac{1}{2}$

포물선 $y^2 = 2x$에 접하고 기울기가 1인 직선은

$y = x + \dfrac{\frac{1}{2}}{1} \Rightarrow y = x + \dfrac{1}{2}$이다.

점 P와 직선 $y = x + 3$ 사이의 거리의 최솟값은

두 직선 $y = x + \dfrac{1}{2}$, $y = x + 3$ 사이의 거리와 같다.

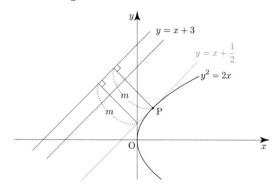

두 직선 $y = x + \dfrac{1}{2}$, $y = x + 3$ 사이의 거리는

점 $\left(0,\ \dfrac{1}{2}\right)$와 직선 $x - y + 3 = 0$ 사이의 거리와 같으므로

$m = \dfrac{\left| -\frac{1}{2} + 3 \right|}{\sqrt{1+1}} = \dfrac{5}{2\sqrt{2}} \Rightarrow m^2 = \dfrac{25}{8}$

따라서 $64 \times m^2 = 64 \times \dfrac{25}{8} = 200$이다.

답 200

074

포물선 $y^2 = 8x$의 초점은 $F(2,\ 0)$이고, 준선은 $x = -2$이다.
점 A에서 준선 $x = -2$에 내린 수선의 발을 H라 하자.

$\overline{AB} : \overline{AF} = \sqrt{5} : 1$이므로 $\overline{AF} = a$라 하면 $\overline{AB} = \sqrt{5}\,a$이고,
포물선의 정의에 의해서 $\overline{AH} = a$이다.

삼각형 ABH에서 피타고라스의 정리를 사용하면
$\overline{BH} = \sqrt{\overline{AB}^2 + \overline{AH}^2} = \sqrt{5a^2 - a^2} = 2a$이다.

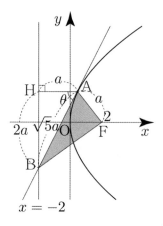

$\angle BAH = \theta$라 하면 $\tan\theta = 2$이므로 직선 AB의 기울기는
2이다.

포물선 $y^2 = 8x$에 접하고 기울기가 2인 직선은
$y = 2x + \dfrac{2}{2} \Rightarrow y = 2x + 1$이다.

포물선 $y^2 = 8x$와 직선 $y = 2x + 1$를 연립하면
$(2x+1)^2 = 8x \Rightarrow 4x^2 - 4x + 1 = 0 \Rightarrow (2x-1)^2 = 0$

$\Rightarrow x = \dfrac{1}{2}$

이므로 점 $A\left(\dfrac{1}{2},\ 2\right)$이다.

$\overline{AH} = a \Rightarrow \dfrac{1}{2} + 2 = \dfrac{5}{2} = a$이므로

$\overline{AB} = \sqrt{5}\,a = \dfrac{5\sqrt{5}}{2}$이다.

직선 $AB : 2x - y + 1 = 0$와 점 $F(2,\ 0)$ 사이의 거리는

$h = \dfrac{|4+1|}{\sqrt{4+1}} = \dfrac{5}{\sqrt{5}} = \sqrt{5}$이므로

삼각형 ABF의 넓이

$= \dfrac{1}{2} \times \overline{AB} \times h = \dfrac{1}{2} \times \dfrac{5\sqrt{5}}{2} \times \sqrt{5} = \dfrac{25}{4}$

이다.

따라서 $p + q = 29$이다.

답   29

075

포물선 $y^2 = 4px$의 초점은 $F(p,\ 0)$이고, 준선은 $x = -p$이다.
점 A에서 준선 $x = -p$에 내린 수선의 발을 H라 하자.

포물선의 정의에 의해서 $\overline{AF} = \overline{AH} = 5$이다.
$\overline{AH} = 5 \Rightarrow p + a = 5$
점 $B(-a,\ 0)$이므로 $\overline{BF} = a + p = 5$이다.

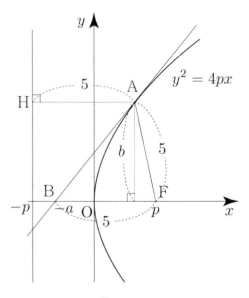

삼각형 ABF의 넓이가 $5\sqrt{6}$이므로

$\dfrac{1}{2} \times \overline{BF} \times b = 5\sqrt{6} \Rightarrow \dfrac{5}{2}b = 5\sqrt{6} \Rightarrow b = 2\sqrt{6}$이다.

점 $A(a,\ b)$는 포물선 $y^2 = 4px$ 위의 점이므로
$b^2 = 4pa \Rightarrow 24 = 4pa \Rightarrow ap = 6$이다.

두 식 $a + p = 5$, $ap = 6$을 연립하면
$a = 2$, $p = 3\ (\because\ a < p)$이다.

따라서 $a + b^2 = 2 + 24 = 26$이다.

답   26

076

포물선 $y^2 = 4x$에 접하고 기울기가 m인 직선은

$y = mx + \dfrac{1}{m}$이므로 포물선 $y^2 = 4(x-1)$에 접하고

기울기가 1인 직선은

$y = m(x-1) + \dfrac{1}{m} \Rightarrow y = mx - m + \dfrac{1}{m}$이다.

포물선 $x^2 = 8y$에 접하고 기울기가 m인 직선은

$y = mx - 2m^2$이므로 포물선 $x^2 = 8(y-2)$에 접하고

기울기가 m인 직선은 $y = mx - 2m^2 + 2$이다.

동시에 접해야 하므로 두 직선

$y = mx - m + \dfrac{1}{m}$, $y = mx - 2m^2 + 2$이 서로 같아야 한다.

$-m + \dfrac{1}{m} = -2m^2 + 2 \Rightarrow 2m^3 - m^2 - 2m + 1 = 0$

$\Rightarrow (m-1)(2m-1)(m+1) = 0$

$\rightarrow m = 1$ or $m = -1$ or $m = \dfrac{1}{2}$

이므로 두 포물선에 동시에 접하는 세 직선은

$y = x$ or $y = -x$ or $y = \dfrac{1}{2}x + \dfrac{3}{2}$이다.

두 직선 $y = x$, $y = \dfrac{1}{2}x + \dfrac{3}{2}$이 만나는 교점을

$A(3,\ 3)$라 하고, 두 직선 $y = -x$, $y = \dfrac{1}{2}x + \dfrac{3}{2}$이 만나는

교점을 $B(-1,\ 1)$라 하자.

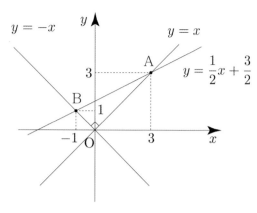

$\overline{AO} = 3\sqrt{2}$, $\overline{BO} = \sqrt{2}$, $\angle AOB = 90°$ 이므로

삼각형 ABO의 넓이는 $\dfrac{1}{2} \times \sqrt{2} \times 3\sqrt{2} = 3$ 이다.

답 3

077

포물선 $y^2 = -6x$의 초점은 $F\left(-\dfrac{3}{2},\ 0\right)$ 이다.

점 A의 x좌표를 $-a$라 하면 점 B의 x좌표는 a이므로
선분 AB의 중점은 y축 위에 있다.
이때 세 점 A, B, F을 지나는 원의 중심이 y축 위에
있으므로 선분 AB은 원의 지름과 같다.

$\angle AFB = 90°$이므로 점 A에서 x축에 내린 수선의 발은
F이다.

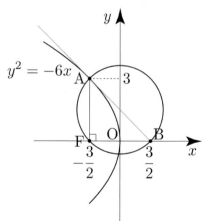

$A\left(-\dfrac{3}{2},\ 3\right)$, $B\left(\dfrac{3}{2},\ 0\right)$이므로 $\overline{AB} = 3\sqrt{2}$ 이고,

원의 넓이는 $\left(\dfrac{3\sqrt{2}}{2}\right)^2 \pi = \dfrac{9}{2}\pi = k\pi$이므로 $k = \dfrac{9}{2}$이다.

따라서 $10k = 10 \times \dfrac{9}{2} = 45$이다.

답 45

078

타원 $\dfrac{x^2}{a^2} + \dfrac{y^2}{b^2} = 1$ 위의 점 $(3,\ -2)$에서의

접선은 $\dfrac{3x}{a^2} - \dfrac{2y}{b^2} = 1$이다.

접선이 $(6,\ 0)$을 지나므로 $\dfrac{18}{a^2} = 1 \Rightarrow a^2 = 18$이다.

점 $(3,\ -2)$는 타원 $\dfrac{x^2}{a^2} + \dfrac{y^2}{b^2} = 1$ 위의 점이므로

$\dfrac{9}{a^2} + \dfrac{4}{b^2} = 1 \Rightarrow \dfrac{1}{2} + \dfrac{4}{b^2} = 1 \ (\because\ a^2 = 18) \Rightarrow b^2 = 8$이다.

타원의 장축의 길이는 $2a = 6\sqrt{2}$이고,
타원의 단축의 길이는 $2b = 4\sqrt{2}$이다.

따라서 타원의 장축의 길이와 단축의 길이의 곱은
$6\sqrt{2} \times 4\sqrt{2} = 24 \times 2 = 48$이다.

답 48

079

타원 $\dfrac{x^2}{25} + \dfrac{y^2}{9} = 1$의 두 초점의 좌표는
$F(4,\ 0)$, $F'(-4,\ 0)$이다.

타원 $\dfrac{x^2}{25} + \dfrac{y^2}{9} = 1$ 위의 점 $P\left(4,\ \dfrac{9}{5}\right)$에서의

접선 l 은 $\dfrac{4x}{25} + \dfrac{y}{5} = 1 \Rightarrow 4x + 5y - 25 = 0$이다.

$d_1 = \dfrac{|16-25|}{\sqrt{16+25}} = \dfrac{9}{\sqrt{41}}$, $d_2 = \dfrac{|-16-25|}{\sqrt{16+25}} = \dfrac{41}{\sqrt{41}}$

따라서 $d_1 \times d_2 = \dfrac{9}{\sqrt{41}} \times \dfrac{41}{\sqrt{41}} = 9$이다.

답 9

080

타원 $\dfrac{x^2}{2}+y^2=1$에 접하고 기울기가 2인 직선은

$y=2x\pm\sqrt{2\times4+1}\ \Rightarrow\ y=2x\pm3$이다.

두 직선 $y=2x+3,\ y=2x-3$ 사이의 거리는
직선 $y=2x+3\ \Rightarrow\ 2x-y+3=0$와 점 $(0,\ -3)$ 사이의
거리와 같다.

$d=\dfrac{|3+3|}{\sqrt{4+1}}=\dfrac{6}{\sqrt{5}}\ \Rightarrow\ d^2=\dfrac{36}{5}$

따라서 $10\times d^2=10\times\dfrac{36}{5}=72$이다.

답   72

타원 $\dfrac{x^2}{5}+\dfrac{y^2}{4}=1$에 접하고 기울기가 1인 직선은

$y=x\pm\sqrt{5\times1+4}\ \Rightarrow\ y=x\pm3$이므로

타원 $\dfrac{(x-a)^2}{5}+\dfrac{y^2}{4}=1$에 접하고 기울기가 1인 직선은

$y=(x-a)\pm3\ \Rightarrow\ y=x-a+3\ or\ y=x-a-3$이다.

직선 $y=x-\dfrac{a}{2}$ 가 타원 $\dfrac{(x-a)^2}{5}+\dfrac{y^2}{4}=1$에 접하므로

① $y=x-a+3$일 때

$-\dfrac{a}{2}=-a+3\ \Rightarrow\ \dfrac{a}{2}=3\ \Rightarrow\ a=6$

② $y=x-a-3$일 때

$-\dfrac{a}{2}=-a-3\ \Rightarrow\ \dfrac{a}{2}=-3\ \Rightarrow\ a=-6$

따라서 양수 $a=6$이다.

답   6

$\angle\,ABO=\theta$라 하면

$\cos\theta=\dfrac{\sqrt{5}}{5}\ \Rightarrow\ \tan\theta=2\ \Rightarrow\ \tan\left(\dfrac{\pi}{2}-\theta\right)=\dfrac{1}{2}$

이므로 접선의 기울기는 $\dfrac{1}{2}$이다.

타원 $\dfrac{x^2}{8}+\dfrac{y^2}{2}=1$에 접하고 기울기가 $\dfrac{1}{2}$인 직선은

$y=\dfrac{1}{2}x\pm\sqrt{8\times\dfrac{1}{4}+2}\ \Rightarrow\ y=\dfrac{1}{2}x\pm2$이므로

타원 $\dfrac{(x-1)^2}{8}+\dfrac{y^2}{2}=1$에 접하고 기울기가 2인 직선은

$y=\dfrac{1}{2}(x-1)\pm2\ \Rightarrow\ y=\dfrac{1}{2}x+\dfrac{3}{2}$이다.

(점 A가 제2사분면에 있으므로 $y=\dfrac{1}{2}x+\dfrac{3}{2}$)

접선은 점 $(7,\ k)$을 지나므로 $k=\dfrac{7}{2}+\dfrac{3}{2}=5$이다.

따라서 상수 $k=5$이다.

답   5

083

타원 $\dfrac{x^2}{16}+\dfrac{y^2}{12}=1$에 접하고 기울기가 m인 직선은

$y=mx\pm\sqrt{16m^2+12}$ 이다.

접선은 점 $A(4,\ -2)$를 지나므로

$-2=4m\pm\sqrt{16m^2+12}\ \Rightarrow\ (4m+2)^2=16m^2+12$

$\Rightarrow\ 16m^2+16m+4=16m^2+12\ \Rightarrow\ m=\dfrac{1}{2}$

$m=\dfrac{1}{2}$이고 점 $A(4,\ -2)$를 지나므로 $y=\dfrac{1}{2}x-4$이다.

타원 $\dfrac{x^2}{16}+\dfrac{y^2}{12}=1$과 $y=\dfrac{1}{2}x-4$를 연립하면

$\dfrac{x^2}{16}+\dfrac{1}{12}\left(\dfrac{1}{2}x-4\right)^2=1\ \Rightarrow\ 4x^2-16x+16=0$

$\Rightarrow\ (x-2)^2=0\ \Rightarrow\ x=2$
이므로 접점 $P(2,\ -3)$이다.

타원의 다른 접선은 $x=4$이므로 접점 $Q(4,\ 0)$이다.

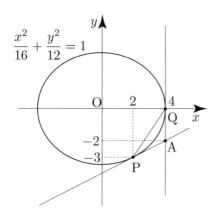

$\dfrac{x^2}{16}+\dfrac{y^2}{12}=1$

따라서 삼각형 APQ의 넓이 $=\dfrac{1}{2}\times 2\times 2=2$이다.

답 ①

084

평행이동하여도 사각형의 둘레의 길이는 변하지 않으므로

점 A와 타원 $\dfrac{x^2}{4}+\dfrac{(y-1)^2}{5}=1$를 y축의 방향으로 -1만큼

평행이동하여 사각형의 둘레의 길이를 구해보자.

점 $\mathrm{A}'(3,\ 0)$에서 타원 $\dfrac{x^2}{4}+\dfrac{y^2}{5}=1$에 그은 두 접선의

접점을 각각 P', Q'라 하자.

원점 O를 y축의 방향으로 -1만큼 평행이동하면

$(0,\ -1)$이다. 이때 타원 $\dfrac{x^2}{4}+\dfrac{y^2}{5}=1$의 두 초점의 좌표는

$\mathrm{F}(0,\ 1)$, $\mathrm{F}'(0,\ -1)$이므로 사각형 OPAQ의 둘레의 길이는

사각형 $\mathrm{F}'\mathrm{P}'\mathrm{A}'\mathrm{Q}'$의 둘레의 길이와 같다.

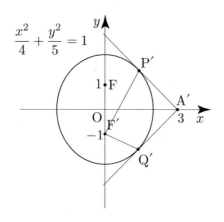

$\dfrac{x^2}{4}+\dfrac{y^2}{5}=1$

타원 $\dfrac{x^2}{4}+\dfrac{y^2}{5}=1$에 접하고 기울기가 m인 직선은

$y=mx\pm\sqrt{4m^2+5}$ 이다.

접선은 점 $\mathrm{A}'(3,\ 0)$를 지나므로

$0=3m\pm\sqrt{4m^2+5}\ \Rightarrow\ 5m^2=5\ \Rightarrow\ m=\pm 1$

두 접선은 $y=-x+3$, $y=x-3$이다.

타원 $\dfrac{x^2}{4}+\dfrac{y^2}{5}=1$과 직선 $y=-x+3$을 연립하면

$\dfrac{x^2}{4}+\dfrac{(-x+3)^2}{5}=1\ \Rightarrow\ 5x^2+4x^2-24x+36=20$

$\Rightarrow\ 9x^2-24x+16=0\ \Rightarrow\ (3x-4)^2=0\ \Rightarrow\ x=\dfrac{4}{3}$

이므로 점 $\mathrm{P}'\!\left(\dfrac{4}{3},\ \dfrac{5}{3}\right)$이다.

$\overline{\mathrm{A}'\mathrm{P}'}=\sqrt{\left(\dfrac{4}{3}-3\right)^2+\left(\dfrac{5}{3}\right)^2}=\dfrac{5}{3}\sqrt{2}$ 이고,

대칭성에 의해서 $\overline{\mathrm{A}'\mathrm{Q}'}=\overline{\mathrm{A}'\mathrm{P}'}=\dfrac{5}{3}\sqrt{2}$이다.

대칭성에 의해서 $\overline{\mathrm{F}'\mathrm{Q}'}=\overline{\mathrm{F}\mathrm{P}'}$이고,

타원의 정의에 의해서 $\overline{\mathrm{F}\mathrm{P}'}+\overline{\mathrm{F}'\mathrm{P}'}=2\sqrt{5}$이다.

사각형 $\mathrm{F}'\mathrm{P}'\mathrm{A}'\mathrm{Q}'$의 둘레의 길이
$=\overline{\mathrm{Q}'\mathrm{A}'}+\overline{\mathrm{P}'\mathrm{A}'}+\overline{\mathrm{F}'\mathrm{P}'}+\overline{\mathrm{F}'\mathrm{Q}'}$

$=\overline{\mathrm{Q}'\mathrm{A}'}+\overline{\mathrm{P}'\mathrm{A}'}+\overline{\mathrm{F}'\mathrm{P}'}+\overline{\mathrm{F}\mathrm{P}'}$

$=\dfrac{10}{3}\sqrt{2}+2\sqrt{5}$

이므로 $a=\dfrac{10}{3}$, $b=2$이다.

따라서 $3a+b=10+2=12$이다.

답 12

085

삼각형 ABP의 밑변을 $\overline{\mathrm{AB}}=2\sqrt{2}$ 라 하면
높이가 최소일 때, 삼각형 ABP의 넓이가 최소이다.

직선 AB의 방정식은 $y=-x+5$이므로
점 P에서의 접선의 기울기가 -1일 때, 높이가 최소이다.

타원 $\dfrac{x^2}{4}+\dfrac{y^2}{5}=1$에 접하고 기울기가 -1인 직선은

$y=-x\pm\sqrt{4\times 1+5}\ \Rightarrow\ y=-x\pm 3$이다.

높이가 최소일 때를 구해야 하므로 접선은 $y=-x+3$이다.

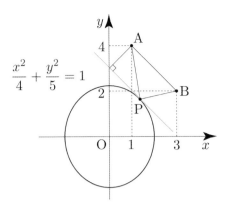

삼각형 ABP의 높이 h는 점 A(1, 4)와

직선 $y = -x + 3 \Rightarrow x + y - 3 = 0$ 사이의 거리와 같다.

$$h = \frac{|1 + 4 - 3|}{\sqrt{1+1}} = \frac{2}{\sqrt{2}} = \sqrt{2}$$

따라서 삼각형 ABP의 넓이의 최솟값은

$$\frac{1}{2} \times \sqrt{2} \times 2\sqrt{2} = 2$$이다.

답 2

086

두 초점이 F(1, 0), F'(-1, 0)이므로 $a^2 - b^2 = 1$이다.

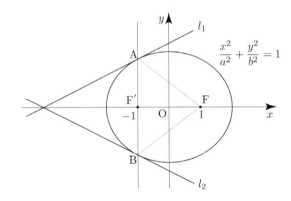

타원의 정의에 의해서 $\overline{AF'} + \overline{AF} = \overline{BF'} + \overline{BF} = 2a$이다.

삼각형 ABF의 둘레의 길이가 8이므로

$$\overline{AB} + \overline{AF} + \overline{BF} = \overline{AF'} + \overline{BF'} + \overline{AF} + \overline{BF}$$

$$= 2a + 2a = 4a = 8 \Rightarrow a = 2$$
이다.

$a^2 - b^2 = 1 \Rightarrow 4 - b^2 = 1 \Rightarrow b^2 = 3$이므로

타원의 방정식은 $\frac{x^2}{4} + \frac{y^2}{3} = 1$이다.

사각형 ABH_2H_1의 넓이는 사각형 $AF'OH_1$의 넓이의

2배이므로 사각형 $AF'OH_1$의 넓이를 구해보자.

점 A는 타원 $\frac{x^2}{4} + \frac{y^2}{3} = 1$ 위의 점이므로

$A\left(-1, \frac{3}{2}\right) \Rightarrow \overline{AF'} = \frac{3}{2}$이다.

타원 $\frac{x^2}{4} + \frac{y^2}{3} = 1$ 위의 점 $A\left(-1, \frac{3}{2}\right)$에서의 접선은

$\frac{-x}{4} + \frac{y}{2} = 1 \Rightarrow l : y = \frac{1}{2}x + 2$이다.

기울기가 -2이고 점 F(1, 0)을 지나는 직선은

$y = -2(x-1) \Rightarrow y = -2x + 2$이다.

두 직선 $y = \frac{1}{2}x + 2$, $y = -2x + 2$의 교점이 H_1이므로

점 $H_1(0, 2)$이다.

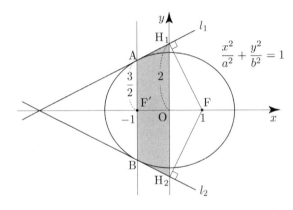

사각형 $AF'OH_1$의 넓이

$$= \frac{1}{2} \times \overline{OF'} \times \left(\overline{AF'} + \overline{HO}\right) = \frac{1}{2} \times 1 \times \left(\frac{3}{2} + 2\right) = \frac{7}{4}$$

이므로 사각형 ABH_2H_1의 넓이 $= \frac{7}{2}$이다.

따라서 $p + q = 9$이다.

답 9

087

점 $(a, -2)$는 쌍곡선 $\frac{x^2}{3} - \frac{y^2}{2} = 1$ 위의 점이므로

$\frac{a^2}{3} - 2 = 1 \Rightarrow a^2 = 9 \Rightarrow a = 3$ ($\because a > 0$)이다.

쌍곡선 $\frac{x^2}{3} - \frac{y^2}{2} = 1$ 위의 점 $(3, -2)$에서의 접선은

$\frac{3x}{3} - \frac{-2y}{2} = 1 \Rightarrow y = -x + 1$이므로

접선이 x축과 만나는 점의 x좌표는 $b = 1$이다.

따라서 $a+b=4$이다.

답 4

088

쌍곡선 $x^2-\dfrac{y^2}{3}=1$ 위의 점 $(2,\ 3)$에서의 접선은

$2x-\dfrac{3y}{3}=1 \ \Rightarrow \ l:y=2x-1$이다.

쌍곡선 $x^2-\dfrac{y^2}{3}=1$의 두 초점의 좌표는

$\mathrm{F}(2,\ 0),\ \mathrm{F}'(-2,\ 0)$이다.

기울기가 $-\dfrac{1}{2}$이고 점 $\mathrm{F}(2,\ 0)$을 지나는 직선은

$y=-\dfrac{1}{2}(x-2) \ \Rightarrow \ y=-\dfrac{1}{2}x+1$이고,

기울기가 $-\dfrac{1}{2}$이고 점 $\mathrm{F}'(-2,\ 0)$을 지나는 직선은

$y=-\dfrac{1}{2}(x+2) \ \Rightarrow \ y=-\dfrac{1}{2}x-1$이다.

두 직선 $y=2x-1,\ y=-\dfrac{1}{2}x+1$의 교점이 H이므로

점 $\mathrm{H}\!\left(\dfrac{4}{5},\ \dfrac{3}{5}\right)$이고, 두 직선 $y=2x-1,\ y=-\dfrac{1}{2}x-1$의

교점이 H'이므로 점 $\mathrm{H}'(0,\ -1)$이다.

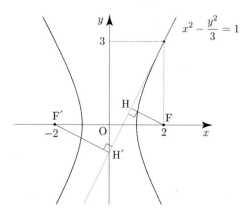

선분 HH'의 길이는 $d=\sqrt{\dfrac{16}{25}+\dfrac{64}{25}}=\sqrt{\dfrac{16}{5}}$이다.

따라서 $10\times d^2=10\times\dfrac{16}{5}=32$이다.

답 32

089

쌍곡선 $\dfrac{x^2}{2}-\dfrac{y^2}{k}=1$에 접하고 기울기가 2인 직선은

$y=2x\pm\sqrt{2\times 4-k} \ \Rightarrow \ y=2x-\sqrt{8-k}$이다.

직선 $y=2x-1$이 쌍곡선 $\dfrac{x^2}{2}-\dfrac{y^2}{k}=1$에 접하므로

$1=\sqrt{8-k} \ \Rightarrow \ k=7$이다.

쌍곡선 $\dfrac{x^2}{2}-\dfrac{y^2}{7}=1$의 두 초점의 좌표는

$\mathrm{F}(3,\ 0),\ \mathrm{F}'(-3,\ 0)$이다.

따라서 두 초점 사이의 거리는 $\overline{\mathrm{FF}'}=6$이다.

답 6

090

제1사분면에서 쌍곡선 $\dfrac{x^2}{4}-\dfrac{y^2}{2}=1$과 접하고 기울기가 m인

직선은 $l:y=mx\pm\sqrt{4m^2-2}$이다.

원점과 직선 l 사이의 거리가 $\dfrac{2}{5}$이므로

$\dfrac{\sqrt{4m^2-2}}{\sqrt{m^2+1}}=\dfrac{2}{5} \ \Rightarrow \ \dfrac{4m^2-2}{m^2+1}=\dfrac{4}{25} \ \Rightarrow \ m^2=\dfrac{9}{16}$

$\Rightarrow \ m=\dfrac{3}{4}$

따라서 $100\times m=100\times\dfrac{3}{4}=75$이다.

답 75

091

쌍곡선 $\dfrac{x^2}{5}-\dfrac{y^2}{2}=1$에 접하고 기울기가 m인 직선은

$y=mx\pm\sqrt{5m^2-2}$이다.

이 접선이 $(-2,\ 0)$를 지나므로

$0=-2m\pm\sqrt{5m^2-2} \ \Rightarrow \ 4m^2=5m^2-2 \ \Rightarrow \ m^2=2$

$\Rightarrow \ m=\sqrt{2} \ \text{or} \ m=-\sqrt{2}$

점 $(-2,\ 0)$를 지나야 하므로 두 접선은

$y=\sqrt{2}\,x+2\sqrt{2},\ y=-\sqrt{2}\,x-2\sqrt{2}$이다.

따라서 $m^2+n^2=2+8=10$이다.

10

092

쌍곡선 $\dfrac{x^2}{3}-\dfrac{y^2}{3}=1$에 접하고 기울기가 m인 직선은

$y=mx\pm\sqrt{3m^2-3}$이다.

이 접선은 점 $A(0,\,-3)$을 지나므로

$-3=-\sqrt{3m^2-3}\Rightarrow 9=3m^2-3\Rightarrow m^2=4$

$\Rightarrow m=2$ or $m=-2$

점 $A(0,\,-3)$를 지나야 하므로 두 접선은

$y=2x-3,\ y=-2x-3$이다.

쌍곡선 $\dfrac{x^2}{3}-\dfrac{y^2}{3}=1$과 직선 $y=2x-3$를 연립하면

$\dfrac{x^2}{3}-\dfrac{(2x-3)^2}{3}=1\Rightarrow x^2-(4x^2-12x+9)=3$

$\Rightarrow 3x^2-12x+12=0\Rightarrow x^2-4x+4=0$

$(x-2)^2=0\Rightarrow x=2$

점 $Q(2,\,1)$라 하면 대칭성에 의해서 점 $P(-2,\,1)$이다.

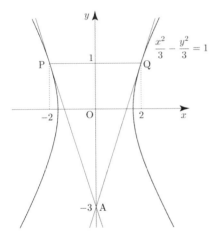

따라서 삼각형 APQ의 넓이는

$\dfrac{1}{2}\times\overline{PQ}\times h=\dfrac{1}{2}\times 4\times 4=8$이다.

답 8

093

$\cos(\angle APB)\le 0$이 되도록 하는 모든 자연수 n의 값의 합을 구하는 것이니 경계인 $\cos(\angle APB)=0$를 먼저 조사해보자.

$\cos(\angle APB)=0\Rightarrow \angle APB=90°$

두 접선은 y축에 대하여 대칭이고, 점 $P(0,\,n)$을 지나므로 두 접선 중 기울기가 양수인 접선을 $y=mx+n$이라 하면 기울기가 음수인 접선은 $y=-mx+n$이다.

두 직선이 서로 수직이어야 하므로

$m\times(-m)=-1\Rightarrow m=1$

쌍곡선 $\dfrac{x^2}{45}-\dfrac{y^2}{20}=1$에 접하고 기울기가 1이고, y절편이 양수인 직선은 $y=x+\sqrt{45\times 1-20}\Rightarrow y=x+5$이다.
이 접선은 점 $P(0,\,n)$를 지나야 하므로 $n=5$이다.

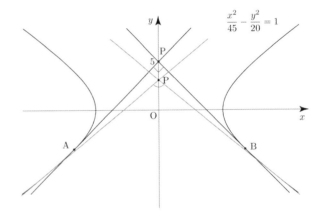

즉, $\cos(\angle APB)\le 0$를 만족시키려면 $\angle APB\ge 90°$이어야 하므로 자연수 n의 범위를 구하면 $1\le n\le 5$이다.

따라서 조건을 만족시키는 모든 자연수 n의 값의 합은 $1+2+3+4+5=15$이다.

답 15

094

쌍곡선 $\dfrac{x^2}{2} - y^2 = 1$에 접하고 기울기가 $\sqrt{2}$인 직선은

$y = \sqrt{2}\,x \pm \sqrt{2 \times 2 - 1} \Rightarrow y = \sqrt{2}\,x \pm \sqrt{3}$이다.

$l_1 : y = \sqrt{2}\,x + \sqrt{3}$, $l_2 : y = \sqrt{2}\,x - \sqrt{3}$

쌍곡선 $\dfrac{x^2}{2} - y^2 = 1$의 두 점근선은

$y = \dfrac{\sqrt{2}}{2}x$, $y = -\dfrac{\sqrt{2}}{2}x$이다.

직선 l_1과 두 점근선 $y = \dfrac{\sqrt{2}}{2}x$, $y = -\dfrac{\sqrt{2}}{2}x$와

만나는 점을 각각 A, B라 하고,

직선 l_2와 두 점근선 $y = \dfrac{\sqrt{2}}{2}x$, $y = -\dfrac{\sqrt{2}}{2}x$와

만나는 점을 각각 C, D라 하자.

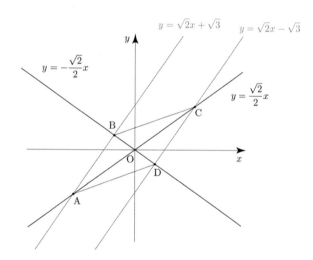

$\overline{AB}$를 구하기 위해서 두 점 A, B의 좌표를 구해보자.

두 직선 $y = \sqrt{2}\,x + \sqrt{3}$, $y = \dfrac{\sqrt{2}}{2}x$를 연립하면

$x = -\sqrt{6} \Rightarrow A(-\sqrt{6},\ -\sqrt{3})$이고,

두 직선 $y = \sqrt{2}\,x + \sqrt{3}$, $y = -\dfrac{\sqrt{2}}{2}x$를 연립하면

$x = -\dfrac{\sqrt{6}}{3} \Rightarrow B\left(-\dfrac{\sqrt{6}}{3},\ \dfrac{\sqrt{3}}{3}\right)$이다.

$\overline{AB} = \sqrt{\left(\dfrac{2\sqrt{6}}{3}\right)^2 + \left(\dfrac{4\sqrt{3}}{3}\right)^2} = \sqrt{8} = 2\sqrt{2}$

두 직선 l_1, l_2 사이의 거리 h는 직선 l_1과 점 $(0,\ -\sqrt{3})$

사이의 거리와 같으므로 $h = \dfrac{|2\sqrt{3}|}{\sqrt{2+1}} = 2$이다.

따라서 사각형 ABCD의 넓이는

$\overline{AB} \times h = 2\sqrt{2} \times 2 = 4\sqrt{2}$이다.

답 ③

095

쌍곡선 $x^2 - \dfrac{y^2}{3} = 1$의 두 초점의 좌표는

$F(2,\ 0)$, $F'(-2,\ 0)$이다.

$\dfrac{\overline{AF'}}{\overline{AF}} = \dfrac{5}{3}$이므로 $\overline{AF'} = 5k$, $\overline{AF} = 3k$라 하면

$\overline{FF'} = 4 \Rightarrow 8k = 4 \Rightarrow k = \dfrac{1}{2}$이므로

$\overline{AF'} = \dfrac{5}{2}$, $\overline{AF} = \dfrac{3}{2}$이다.

$\overline{AF} = \dfrac{3}{2} \Rightarrow A\left(2 - \dfrac{3}{2},\ 0\right) \Rightarrow A\left(\dfrac{1}{2},\ 0\right)$

점 $P(a,\ b)$는 쌍곡선 $x^2 - \dfrac{y^2}{3} = 1$ 위의 점이므로

$a^2 - \dfrac{b^2}{3} = 1$이다.

쌍곡선 $x^2 - \dfrac{y^2}{3} = 1$ 위의 점 $P(a,\ b)$에서의

접선은 $ax - \dfrac{by}{3} = 1$이다.

접선이 점 $A\left(\dfrac{1}{2},\ 0\right)$을 지나므로 $\dfrac{1}{2}a = 1 \Rightarrow a = 2$이다.

$a^2 - \dfrac{b^2}{3} = 1 \Rightarrow 4 - \dfrac{b^2}{3} = 1 \Rightarrow b = 3$ $(\because\ b > 0)$

즉, $P(2,\ 3)$이다.

접선은 $2x - y = 1 \Rightarrow y = 2x - 1$이므로 $B(0,\ -1)$이다.

$\overline{AB} = \sqrt{\left(\dfrac{1}{2}\right)^2 + 1^2} = \dfrac{\sqrt{5}}{2}$

$\overline{AP} = \sqrt{\left(\dfrac{3}{2}\right)^2 + 3^2} = \dfrac{3\sqrt{5}}{2}$

이므로 $\overline{AB} \times \overline{AP} = \dfrac{\sqrt{5}}{2} \times \dfrac{3\sqrt{5}}{2} = \dfrac{15}{4}$이다.

따라서 $p + q = 19$이다.

답 19

96	③	134	②
97	①	135	④
98	②	136	32
99	③	137	①
100	⑤	138	①
101	6	139	17
102	②	140	④
103	④	141	⑤
104	①	142	④
105	①	143	③
106	12	144	③
107	136	145	③
108	④	146	③
109	④	147	12
110	①	148	①
111	③	149	52
112	13	150	32
113	40	151	12
114	②	152	⑤
115	②	153	③
116	③	154	⑤
117	④	155	③
118	③	156	104
119	①	157	⑤
120	①	158	12
121	⑤	159	13
122	④	160	90
123	④	161	②
124	③	162	105
125	⑤	163	29
126	④	164	14
127	③	165	11
128	④	166	22
129	②	167	8
130	103	168	32
131	③	169	①
132	①	170	⑤
133	⑤	171	②

172	②	185	180
173	②	186	5
174	③	187	12
175	④	188	③
176	⑤	189	④
177	15	190	116
178	128	191	①
179	①	192	23
180	⑤	193	①
181	54	194	②
182	③	195	17
183	6	196	80
184	32	197	11

096

쌍곡선 $\dfrac{x^2}{a^2} - \dfrac{y^2}{36} = 1$의 두 초점의 좌표는

$\left(\sqrt{a^2+36},\ 0 \right),\ \left(-\sqrt{a^2+36},\ 0 \right)$이다.

두 초점 사이의 거리가 $6\sqrt{6}$이므로
$2\sqrt{a^2+36} = 6\sqrt{6} \;\Rightarrow\; a^2+36 = 54 \;\Rightarrow\; a^2 = 18$이다.
따라서 $a^2 = 18$이다.

 ③

097

점 $(b,\ 1)$은 쌍곡선 $x^2 - 4y^2 = a$ 위의 점이므로
$b^2 - 4 = a$이다.

쌍곡선 $x^2 - 4y^2 = a \;\Rightarrow\; \dfrac{x^2}{a} - \dfrac{y^2}{\frac{a}{4}} = 1$ 위의 점 $(b,\ 1)$에서의

접선은 $\dfrac{bx}{a} - \dfrac{y}{\frac{a}{4}} = 1 \;\Rightarrow\; y = \dfrac{bx}{4} - \dfrac{a}{4}$ $(b > 0)$이다.

쌍곡선 $x^2 - 4y^2 = a \;\Rightarrow\; \dfrac{x^2}{a} - \dfrac{y^2}{\frac{a}{4}} = 1$의 점근선은

$y = \pm\dfrac{1}{2}x$이다.

접선 $y = \dfrac{bx}{4} - \dfrac{a}{4}$ $(b > 0)$은 점근선 $y = -\dfrac{1}{2}x$와

수직이므로 $\dfrac{b}{4} \times \left(-\dfrac{1}{2} \right) = -1 \Rightarrow b = 8$이다.

$b^2 - 4 = a \Rightarrow a = 60$

따라서 $a + b = 68$이다.

답 ①

098

$y^2 - 4y - ax + 4 = 0 \Rightarrow (y-2)^2 = ax$

$4p = a \Rightarrow p = \dfrac{a}{4}$

포물선 $y^2 = ax$의 초점의 좌표가 $\left(\dfrac{a}{4},\ 0 \right)$이므로

포물선 $(y-2)^2 = ax$의 초점의 좌표는 $\left(\dfrac{a}{4},\ 2 \right)$이다.

$\left(\dfrac{a}{4},\ 2 \right) = (3,\ b)$이므로 $\dfrac{a}{4} = 3 \Rightarrow a = 12,\ b = 2$이다.

따라서 $a + b = 14$이다.

답 ②

099

포물선 $y^2 = 4x$ 위의 점 A$(4,\ 4)$에서의 접선은

$4y = 2(x+4) \Rightarrow y = \dfrac{1}{2}x + 2$이다.

B$\left(-1,\ \dfrac{3}{2} \right)$, C$(-4,\ 0)$, D$(-1,\ 0)$이므로

$\overline{CD} = 3$, $\overline{BD} = \dfrac{3}{2}$이다.

따라서 삼각형 BCD의 넓이는 $\dfrac{1}{2} \times 3 \times \dfrac{3}{2} = \dfrac{9}{4}$이다.

답 ③

100

주축의 길이가 4이므로 $a = 2$이고, $\dfrac{x^2}{4} - \dfrac{y^2}{b^2} = 1$의 점근선의

방정식이 $y = \pm \dfrac{5}{2}x$이므로 $b = 5$이다.

따라서 $a^2 + b^2 = 4 + 25 = 29$이다.

답 ⑤

101

$4x^2 + 9y^2 - 18y - 27 = 0 \Rightarrow 4x^2 + 9(y^2 - 2y + 1) = 36$

$\Rightarrow \dfrac{x^2}{9} + \dfrac{(y-1)^2}{4} = 1$

타원 $\dfrac{x^2}{9} + \dfrac{y^2}{4} = 1$의 두 초점의 좌표가 $(\sqrt{5},\ 0)$, $(-\sqrt{5},\ 0)$

이므로 타원 $\dfrac{x^2}{9} + \dfrac{(y-1)^2}{4} = 1$의 두 초점의 좌표는

$(\sqrt{5},\ 1)$, $(-\sqrt{5},\ 1)$이다.

따라서 $p^2 + q^2 = 5 + 1 = 6$이다.

답 6

102

꼭짓점이 점 $(-1,\ 0)$이고, 준선이 $x = -3$이므로
꼭짓점과 준선 사이의 거리는 2이다.

평행이동하여도 꼭짓점과 준선 사이의 거리는
변하지 않고, 꼭짓점이 준선의 우측에 있으므로
평행이동하기 전 포물선은 $y^2 = 8x$이다.

꼭짓점이 원점에서 $(-1,\ 0)$로 평행이동하였으므로
주어진 포물선은 $y^2 = 8(x+1) \Rightarrow y^2 = 8x + 8$이다.

따라서 $a + b = 8 + 8 = 16$이다.

답 ②

103

두 초점의 좌표가 $(5, \, 0)$, $(-5, \, 0)$이므로

쌍곡선 $\dfrac{x^2}{a^2}-\dfrac{y^2}{b^2}=1$에서 $a^2+b^2=25$이다.

두 점선이 서로 수직이므로

$\dfrac{b}{a}\times\left(-\dfrac{b}{a}\right)=-1 \Rightarrow a^2=b^2 \Rightarrow a=b$이다.

$a^2+b^2=25 \Rightarrow 2a^2=25 \Rightarrow a=\dfrac{5\sqrt{2}}{2}$

따라서 쌍곡선의 주축의 길이는 $2a=5\sqrt{2}$ 이다.

답 ④

104

타원 $\dfrac{(x-2)^2}{a}+\dfrac{(y-2)^2}{4}=1$의 두 초점의 좌표가

$(6, \, b)$, $(-2, \, b)$이므로 두 초점 사이의 거리는 8이다.
이때 두 초점의 y좌표가 동일하므로 $a>4$이다.

두 초점 사이의 거리는 평행이동하여도 변하지 않으므로

타원 $\dfrac{x^2}{a}+\dfrac{y^2}{4}=1$의 두 초점의 좌표는 $(-4, \, 0)$, $(4, \, 0)$이다.

즉, $a-4=16 \Rightarrow a=20$이다.

타원 $\dfrac{x^2}{20}+\dfrac{y^2}{4}=1$의 두 초점의 좌표가 $(-4, \, 0)$, $(4, \, 0)$이므로

타원 $\dfrac{(x-2)^2}{20}+\dfrac{(y-2)^2}{4}=1$의 두 초점의 좌표는

$(-2, \, 2)$, $(6, \, 2)$이다.

즉, $b=2$이다.

따라서 $ab=20\times2=40$이다.

답 ①

105

$4p=1 \Rightarrow p=\dfrac{1}{4}$

포물선 $y^2=x$의 초점의 좌표는 $\left(\dfrac{1}{4}, \, 0\right)$이고,

준선은 $x=-\dfrac{1}{4}$이다.

로그함수 $y=\log_2(x+a)+b$는 점 $\left(\dfrac{1}{4}, \, 0\right)$을 지나므로

$0=\log_2\left(\dfrac{1}{4}+a\right)+b$이다.

로그함수의 점근선은 $x=-\dfrac{1}{4}$이므로 $a=\dfrac{1}{4}$이다.

$0=\log_2\left(\dfrac{1}{4}+a\right)+b \Rightarrow 0=\log_2\dfrac{1}{2}+b$

$\Rightarrow 0=-1+b \Rightarrow b=1$

따라서 $a+b=\dfrac{1}{4}+1=\dfrac{5}{4}$이다.

답 ①

106

타원 $2x^2+y^2=16 \Rightarrow \dfrac{x^2}{8}+\dfrac{y^2}{16}=1$의 장축의 길이는

8이므로 타원의 정의에 의해서 $\overline{PF'}+\overline{PF}=8$이다.

$\dfrac{\overline{PF'}}{\overline{PF}}=3 \Rightarrow \overline{PF'}=3\overline{PF}$이므로

$3\overline{PF}+\overline{PF}=8 \Rightarrow 4\overline{PF}=8 \Rightarrow \overline{PF}=2$이다.

즉, $\overline{PF'}=3\overline{PF}=6$이다.

따라서 $\overline{PF}\times\overline{PF'}=2\times6=12$이다.

답 12

107

$4p=4 \Rightarrow p=1$

포물선 $x^2=4y$의 초점의 좌표는 $F(0, \, 1)$이고,

준선은 $y=-1$이다.

점 A에서 준선 $y=-1$에 내린 수선의 발을 H라 하면
포물선의 정의에 의해서 $\overline{AH}=\overline{AF}=10$이다.

점 F에서 선분 AH에 내린 수선의 발을 E라 하자.

$\overline{AE}=\overline{AH}-\overline{EH}=10-2=8$이므로

삼각형 AFE에서 피타고라스의 정리를 사용하면

$\overline{FE}=\sqrt{\overline{AF}^2-\overline{AE}^2}=\sqrt{100-64}=\sqrt{36}=6$이다.

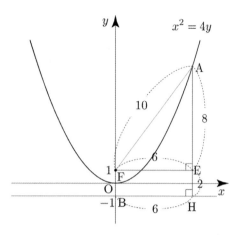

$\overline{BH} = \overline{FE} = 6$이므로

삼각형 ABH에서 피타고라스의 정리를 사용하면

$\overline{AB} = \sqrt{\overline{BH}^2 + \overline{AH}^2} = \sqrt{36+100} = \sqrt{136} = a$이다.

따라서 $a^2 = 136$이다.

답 136

108

$4p = 8 \Rightarrow p = 2$

포물선 $y^2 = 8x$에 접하고 기울기가 m인 직선은

$y = mx + \dfrac{2}{m}$이다.

$l_1 : y = m_1 x + \dfrac{2}{m_1}, \quad l_2 : y = m_2 x + \dfrac{2}{m_2}$

$m_1,\ m_2$가 방정식 $2x^2 - 3x + 1 = 0$의

서로 다른 두 근이므로 근과 계수의 관계에 의해서

$m_1 m_2 = \dfrac{1}{2}$이다.

$m_1 x + \dfrac{2}{m_1} = m_2 x + \dfrac{2}{m_2}$

$\Rightarrow (m_1 - m_2)x = \dfrac{2}{m_2} - \dfrac{2}{m_1}$

$\Rightarrow x = \dfrac{2(m_1 - m_2)}{m_1 m_2} \times \left(\dfrac{1}{m_1 - m_2} \right)$

$\Rightarrow x = \dfrac{2}{m_1 m_2} = 4$

따라서 l_1과 l_2의 교점의 x좌표는 4이다.

답 ④

109

타원 $\dfrac{x^2}{a^2} + \dfrac{y^2}{b^2} = 1$의 한 초점이 $F(c,\ 0)\ (c > 0)$이므로

$a^2 - b^2 = c^2$이다.

$\overline{OA} = a,\ \overline{OB} = b,\ \overline{BF} = a$

Tip

Guide step에서 "$\overline{BF}$가 장축의 반이라는 사실을 식이 아니라 그림으로 기억하도록 하자."라고 언급한 바 있었다. 이를 이용하면 $\overline{BF} = a$인 것이 자명하다.

$\angle AFB = \dfrac{\pi}{3}$이므로 삼각형 BFO에서

$\overline{OF} = \overline{BF} \cos \dfrac{\pi}{3} \Rightarrow \overline{OF} = \dfrac{1}{2}a$

$\overline{OB} = \overline{BF} \sin \dfrac{\pi}{3} = \dfrac{\sqrt{3}}{2}a = b$

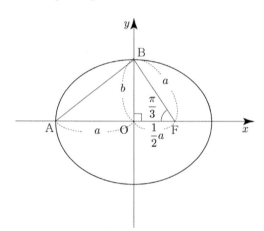

삼각형 AFB의 넓이가 $6\sqrt{3}$이므로

$\dfrac{1}{2} \times \overline{AF} \times \overline{OB} = 6\sqrt{3} \Rightarrow \dfrac{1}{2} \times \dfrac{3}{2}a \times \dfrac{\sqrt{3}}{2}a = 6\sqrt{3}$

$\Rightarrow a^2 = 16$

따라서 $a^2 + b^2 = a^2 + \dfrac{3}{4}a^2 = \dfrac{7}{4}a^2 = \dfrac{7}{4} \times 16 = 28$이다.

답 ④

110

$4p = 12 \implies p = 3$

포물선의 정의에 의해서

$\overline{\text{AF}} = \overline{\text{AC}} = 4$, $\overline{\text{BD}} = \overline{\text{BF}}$ 이다.

직선 AB가 포물선의 초점을 지나므로 Guide step에서

배운 $\dfrac{1}{p} = \dfrac{1}{a} + \dfrac{1}{b}$ 를 사용하여 선분 BD의 길이를 구해보자.

$\overline{\text{AF}} = a$, $\overline{\text{BF}} = b$ 라 하면

$\dfrac{1}{3} = \dfrac{1}{4} + \dfrac{1}{b} \implies \dfrac{1}{b} = \dfrac{1}{12} \implies b = 12$

따라서 선분 BD의 길이는 12이다.

 ①

111

점 P에서 x축에 내린 수선의 발을 H라 하고,

준선 $x = -p$에 내린 수선의 발을 E라 하자.

포물선의 정의에 의해서 $\overline{\text{PF}} = \overline{\text{PE}}$ 이다.

두 포물선 $y^2 = 4px$, $y^2 = -4px$은 y축에 대하여 대칭이고,

$\overline{\text{PQ}} = 6$이므로 $\overline{\text{OH}} = \dfrac{1}{2}\overline{\text{PQ}} = \dfrac{1}{2} \times 6 = 3$이다.

삼각형 OPF는 $\overline{\text{OP}} = \overline{\text{PF}}$ 인 이등변삼각형이고,

$\overline{\text{OF}} = 2\overline{\text{OH}} = 2 \times 3 = 6$이다.

즉, $p = 6$이다.

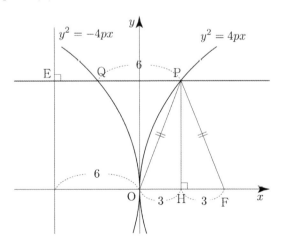

따라서 $\overline{\text{PF}} = \overline{\text{PE}} = p + \overline{\text{OH}} = 6 + 3 = 9$이다.

 ③

쌍곡선 $\dfrac{x^2}{16} - \dfrac{y^2}{9} = 1$의 주축의 길이가 8이므로

쌍곡선의 정의에 의해서

$\overline{\text{PF}'} - \overline{\text{PF}} = 8 \ \cdots \ \text{㉠}$

$\overline{\text{QF}} - \overline{\text{QF}'} = 8 \ \cdots \ \text{㉡}$

이다.

㉠, ㉡을 서로 더하면

$\overline{\text{PF}'} - \overline{\text{QF}'} + \overline{\text{QF}} - \overline{\text{PF}} = 16$이다.

$\overline{\text{PF}'} - \overline{\text{QF}'} = 3$이므로 $\overline{\text{QF}} - \overline{\text{PF}} = 13$이다.

답 13

쌍곡선 $\dfrac{x^2}{4} - \dfrac{y^2}{5} = 1$의 두 초점의 좌표는

$\text{F}(3, 0)$, $\text{F}'(-3, 0)$이다.

타원 $\dfrac{x^2}{a} + \dfrac{y^2}{16} = 1$과 쌍곡선 $\dfrac{x^2}{4} - \dfrac{y^2}{5} = 1$은

두 초점을 공유하므로

$\sqrt{a - 16} = 3 \implies a - 16 = 9 \implies a = 25$이다.

타원 $\dfrac{x^2}{25} + \dfrac{y^2}{16} = 1$의 장축의 길이가 10이므로

타원의 정의에 의해서 $\overline{\text{PF}} + \overline{\text{PF}'} = 10$이다.

쌍곡선 $\dfrac{x^2}{4} - \dfrac{y^2}{5} = 1$의 주축의 길이가 4이므로

쌍곡선의 정의에 의해서 $\left| \overline{\text{PF}} - \overline{\text{PF}'} \right| = 4$이다

따라서

$\left| \overline{\text{PF}}^2 - \overline{\text{PF}'}^2 \right| = \left| (\overline{\text{PF}} - \overline{\text{PF}'})(\overline{\text{PF}} + \overline{\text{PF}'}) \right|$

$= \left| \overline{\text{PF}} - \overline{\text{PF}'} \right| \times \left| \overline{\text{PF}} + \overline{\text{PF}'} \right|$

$= 4 \times 10 = 40$

이다.

답 40

타원 $\dfrac{x^2}{36}+\dfrac{y^2}{12}=1$의 장축의 길이가 12이므로

타원의 정의에 의해서 $\overline{PF}+\overline{PF'}=12$이다.

두 점 P, Q는 원점에 대하여 대칭이므로

$\overline{OP}=\overline{OQ}$ 이고, $\overline{PF}=\overline{QF'}$이다.

삼각형 PF′Q의 둘레의 길이가 20이므로

$\overline{PF'}+\overline{QF'}+\overline{PQ}=20 \Rightarrow \overline{PF'}+\overline{PF}+\overline{PQ}=20$

$\Rightarrow 12+\overline{PQ}=20 \Rightarrow \overline{PQ}=8$

따라서 $\overline{OP}=\dfrac{1}{2}\overline{PQ}=4$이다.

답 ②

115

타원 $\dfrac{x^2}{36}+\dfrac{y^2}{16}=1$에 접하고 기울기가 $\dfrac{1}{2}$인 직선은

$y=\dfrac{1}{2}x\pm\sqrt{36\times\dfrac{1}{4}+16} \Rightarrow y=\dfrac{1}{2}x\pm5$이다.

$4p=a \Rightarrow p=\dfrac{a}{4}$

포물선 $y^2=ax$에 접하고 기울기가 $\dfrac{1}{2}$인 직선은

$y=\dfrac{1}{2}x\pm\dfrac{\dfrac{a}{4}}{\dfrac{1}{2}} \Rightarrow y=\dfrac{1}{2}x\pm\dfrac{a}{2}$이다.

$\dfrac{a}{2}=5 \Rightarrow a=10$

따라서 포물선 $y^2=10x$의 초점의 x좌표는 $p=\dfrac{10}{4}=\dfrac{5}{2}$이다.

답 ②

116

사각형 ABF′F는 정사각형이므로

$\overline{AF}=\overline{FF'}=2c,\ \overline{AF'}=2\sqrt{2}c$이다.

쌍곡선 $\dfrac{x^2}{a^2}-\dfrac{y^2}{b^2}=1$에서 주축의 길이가 2이므로

쌍곡선의 정의에 의해서 $\overline{AF'}-\overline{AF}=2$이다.

$\overline{AF'}-\overline{AF}=2 \Rightarrow 2\sqrt{2}c-2c=2$

$\Rightarrow (\sqrt{2}-1)c=1 \Rightarrow c=\sqrt{2}+1$

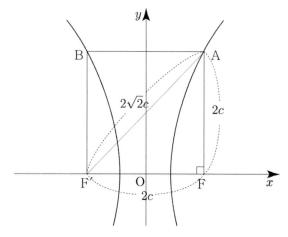

따라서 정사각형 ABF′F의 대각선의 길이는
$2\sqrt{2}c=4+2\sqrt{2}$이다.

답 ③

117

쌍곡선 $\dfrac{x^2}{9}-\dfrac{y^2}{16}=1$의 두 초점의 좌표는

$F(5,\ 0)$, $F'(-5,\ 0)$이고, 주축의 길이는 6이다.

$\overline{AF'}=x,\ \overline{AF}=y$라 하자.

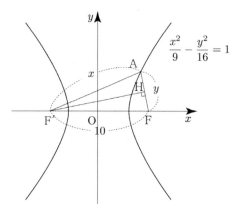

쌍곡선의 정의에 의해서 $x-y=6$이다.

삼각형 AF′F의 둘레의 길이가 24이므로
$x+y+10=24 \implies x+y=14$이다.

$x-y=6$, $x+y=14$를 연립하면
$x=10$, $y=4$이다.

점 F′에서 선분 AF에 내린 수선의 발을 H라 하자.
삼각형 AF′F는 $\overline{AF'}=\overline{FF'}=10$인 이등변삼각형이므로
$\overline{HF}=\dfrac{1}{2}\times y=2$이다.

삼각형 F′FH에서 피타고라스의 정리를 사용하면
$\overline{F'H}=\sqrt{\overline{FF'}^2-\overline{FH}^2}=\sqrt{100-4}=\sqrt{96}=4\sqrt{6}$이다.

따라서 삼각형 AF′F의 넓이는
$\dfrac{1}{2}\times\overline{AF}\times\overline{F'H}=\dfrac{1}{2}\times 4\times 4\sqrt{6}=8\sqrt{6}$이다.

 ④

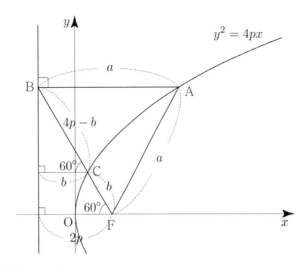

118

포물선 $y^2=4px$의 초점의 좌표는 $F(p,\ 0)$이고,
준선은 $x=-p$이다.

$\overline{AB}=\overline{BF}$이고, 포물선의 정의에 의해서 $\overline{AF}=\overline{AB}$이므로
삼각형 ABF는 정삼각형이다.

정삼각형 ABF의 한 변의 길이를 a라 하고,
$\overline{CF}=b$라 하자.

점 B에서 x축에 내린 수선의 발을 E라 하자.
$\angle BFE=60°$이므로 삼각형 BFE에서
$\cos 60°=\dfrac{\overline{EF}}{\overline{BF}} \implies \dfrac{1}{2}=\dfrac{2p}{a} \implies a=4p$이다.

점 C에서 준선 $x=-p$에 내린 수선의 발을 H라 하면
포물선의 정의에 의해서 $\overline{CF}=\overline{CH}=b$이다.

$\overline{BC}=\overline{BF}-\overline{CF}=a-b=4p-b$
$\angle BCH=60°$이므로 삼각형 BCH에서
$\cos 60°=\dfrac{\overline{CH}}{\overline{BC}} \implies \dfrac{1}{2}=\dfrac{b}{4p-b} \implies b=\dfrac{4}{3}p$이다.

$\overline{BC}+3\overline{CF}=6$이므로
$4p-b+3b=6 \implies 2p+b=3$

$\implies 2p+\dfrac{4}{3}p=3 \ \left(\because\ b=\dfrac{4}{3}p\right)$

$\implies \dfrac{10}{3}p=3 \implies p=\dfrac{9}{10}$
이다.

따라서 양수 $p=\dfrac{9}{10}$이다.

 ③

119

꼭짓점의 좌표가 $(0,\ 0)$이고 초점이 $(a_n,\ 0)$인
포물선은 $y^2=4a_n x$이다.

y절편이 양수이고, 포물선 $y^2=4a_n x$에 접하고
기울기가 n인 직선은 $y=nx+\dfrac{a_n}{n}$이므로

$\dfrac{a_n}{n}=n+1 \implies a_n=n^2+n$이다.

따라서 $\displaystyle\sum_{n=1}^{5} a_n=\sum_{n=1}^{5}(n^2+n)=\dfrac{5\times 6\times 11}{6}+15=70$이다.

 ①

120

쌍곡선 $\dfrac{x^2}{a^2} - \dfrac{y^2}{b^2} = 1$의 점근선의 기울기는 $\pm \dfrac{b}{a}$이다.

편의상 한 점근선의 기울기를 $\dfrac{b}{a}$라 하자.

타원 $\dfrac{x^2}{8a^2} + \dfrac{y^2}{b^2} = 1$에 접하고 기울기가 $\dfrac{b}{a}$인 직선은

$y = \dfrac{b}{a}x \pm \sqrt{8a^2 \times \dfrac{b^2}{a^2} + b^2} \Rightarrow l : y = \dfrac{b}{a}x \pm 3b$이다.

원점과 직선 $l : bx - ay \pm 3ab = 0$ 사이의 거리가 1이므로

$\dfrac{|3ab|}{\sqrt{a^2+b^2}} = 1 \Rightarrow \dfrac{9a^2b^2}{a^2+b^2} = 1 \Rightarrow \dfrac{a^2+b^2}{a^2b^2} = 9$

$\Rightarrow \dfrac{1}{b^2} + \dfrac{1}{a^2} = 9$

이다.

따라서 $\dfrac{1}{a^2} + \dfrac{1}{b^2} = 9$이다.

답 ①

121

$4p = 1 \Rightarrow p = \dfrac{1}{4}$

포물선 $y^2 = x$의 초점의 좌표는 $F\left(\dfrac{1}{4},\ 0\right)$이고,

준선은 $x = -\dfrac{1}{4}$이다.

점 P에서 준선 $x = -\dfrac{1}{4}$에 내린 수선의 발을 H라

하면 포물선의 정의에 의해서 $\overline{PH} = \overline{PF} = 4$이다.

점 P의 x좌표를 a라 하면 $a = 4 - \dfrac{1}{4} = \dfrac{15}{4}$이다.

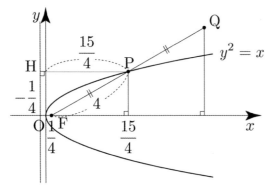

점 P는 선분 FQ의 중점이므로
점 Q의 x좌표를 b라 하면

$\dfrac{\dfrac{1}{4} + b}{2} = \dfrac{15}{4} \Rightarrow \dfrac{1}{4} + b = \dfrac{30}{4} \Rightarrow b = \dfrac{29}{4}$이다.

따라서 점 Q의 x좌표는 $\dfrac{29}{4}$이다.

답 ⑤

122

점 A에서 준선에 내린 수선의 발을 H라 하면
포물선의 정의에 의해서 $\overline{AH} = \overline{AF} = 8$이다.

$\overline{AC} = \overline{AH} - \overline{HC} = 8 - p$

사각형 OFAC의 넓이는
$\dfrac{1}{2} \times \overline{AB} \times (\overline{OF} + \overline{AC}) = \dfrac{1}{2} \times \overline{AB} \times 8 = 4 \times \overline{AB}$

이고, 삼각형 FBA의 넓이는 $\dfrac{1}{2} \times \overline{AB} \times \overline{FB}$이다.

사각형 OFAC의 넓이와 삼각형 FBA의 넓이의
비가 $2 : 1$이므로 $\overline{FB} = 4$이다.

삼각형 FBA에서 피타고라스의 정리를 사용하면
$\overline{AB} = \sqrt{\overline{AF}^2 - \overline{FB}^2} = \sqrt{64 - 16} = 4\sqrt{3}$이다.

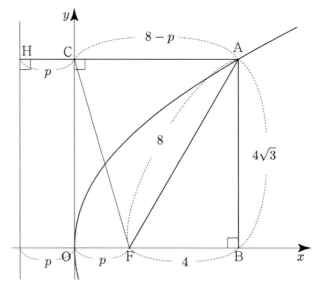

$\overline{CA} = \overline{OB} \Rightarrow 8 - p = p + 4 \Rightarrow 4 = 2p \Rightarrow p = 2$

따라서 삼각형 ACF의 넓이는

$\dfrac{1}{2} \times \overline{CA} \times \overline{AB} = \dfrac{1}{2} \times 6 \times 4\sqrt{3} = 12\sqrt{3}$ 이다.

답 ④

123

부채꼴 PBC의 넓이가 부채꼴 PAB의 넓이의 2배이므로
$\angle APB = \theta$라 하면 $\angle BPC = 2\theta$이다.

삼각형 PBC는 $\overline{PB} = \overline{PC}$인 이등변삼각형이므로
점 P에서 x축에 내린 수선의 발을 H라 하면
$\angle BPH = \theta$이다.

이때 $\angle APH = 2\theta = 90^\circ$이므로 $\theta = 45^\circ$이다.

원의 반지름의 길이를 r이라 하면
$\overline{AP} = \overline{BP} = r$이므로 점 B는 포물선의 초점과 같다.
$\overline{BH} = \overline{AP} - 2 = r - 2$

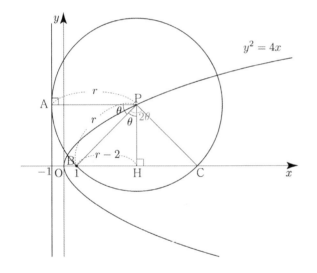

삼각형 BPH에서
$\sin 45^\circ = \dfrac{\overline{BH}}{\overline{BP}} \Rightarrow \dfrac{\sqrt{2}}{2} = \dfrac{r-2}{r} \Rightarrow \sqrt{2}r = 2r - 4$

$\Rightarrow (2 - \sqrt{2})r = 4 \Rightarrow r = 4 + 2\sqrt{2}$

따라서 원의 반지름의 길이는 $4 + 2\sqrt{2}$이다.

답 ④

124

포물선 $y^2 = 4x$의 초점의 좌표는 $(1, 0)$이고,
준선은 $x = -1$이다.

점 P에서 직선 $x = -4$와 포물선의 준선 $x = -1$에 내린
수선의 발을 각각 R, S라 하면
$\overline{PR} = \overline{PS} + \overline{SR} = \overline{PS} + 3$이다.

포물선의 정의에 의하여 $\overline{PS} = \overline{PF}$이므로

$\overline{AP} + \overline{PQ} \geq \overline{AP} + \overline{PR} = \overline{AP} + \overline{PS} + 3 = \overline{AP} + \overline{PF} + 3$
즉, $\overline{AP} + \overline{PF}$가 최솟값을 가질 때, $\overline{AP} + \overline{PQ}$가 최소이다.

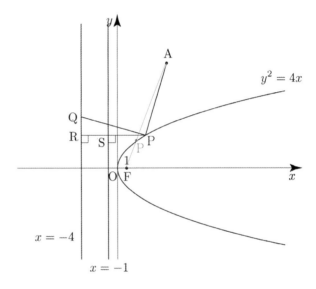

$\overline{AP} + \overline{PF}$의 최솟값은 $\overline{AF}$의 값과 같다.
$\overline{AF} = \sqrt{(6-1)^2 + 12^2} = 13$

따라서 $\overline{AP} + \overline{PQ}$의 최솟값은 $13 + 3 = 16$이다.

답 ③

125

타원 $\dfrac{x^2}{a^2} + \dfrac{y^2}{7} = 1$의 두 초점의 좌표가

$F(c, 0)$, $F'(-c, 0)$ $(c > 0)$이므로 $c^2 = a^2 - 7$이고,

쌍곡선 $\dfrac{x^2}{4} - \dfrac{y^2}{b^2} = 1$의 두 초점의 좌표가

$F(c, 0)$, $F'(-c, 0)$ $(c > 0)$이므로 $c^2 = 4 + b^2$이다.

즉, $a^2 - 7 = 4 + b^2$이다.

$\overline{PF'} = X$라 하자.

타원 $\dfrac{x^2}{a^2} + \dfrac{y^2}{7} = 1$의 장축의 길이는 $2a$이므로

타원의 정의에 의해서 $X + 3 = 2a$이고,

쌍곡선 $\dfrac{x^2}{4} - \dfrac{y^2}{b^2} = 1$의 주축의 길이는 4이므로

쌍곡선의 정의에 의해서 $X - 3 = 4 \Rightarrow X = 7$이다.

$X + 3 = 2a \Rightarrow 10 = 2a \Rightarrow a = 5$

$a^2 - 7 = 4 + b^2 \Rightarrow 18 = 4 + b^2 \Rightarrow b^2 = 14$

따라서 $a^2 + b^2 = 25 + 14 = 39$이다.

답 ⑤

126

타원 $\dfrac{x^2}{a^2} + \dfrac{y^2}{b^2} = 1$에서 장축의 길이가 $2a = 4$이므로
$a = 2$이다.

타원 $\dfrac{x^2}{4} + \dfrac{y^2}{b^2} = 1$의 두 초점의 좌표가

$F(c, 0)$, $F'(-c, 0)$ $(c > 0)$이므로 $c^2 = 4 - b^2$이다.

$\overline{PF'} = X$라 하면 타원 $\dfrac{x^2}{4} + \dfrac{y^2}{b^2} = 1$의 장축의 길이가 4이므로

$X + c = 4 \Rightarrow X = 4 - c$이다.

$\angle FPF' = 90°$이므로 삼각형 FPF'에서 피타고라스의
정리를 사용하면

$\overline{FF'}^2 = \overline{PF'}^2 + \overline{PF}^2 \Rightarrow 4c^2 = X^2 + c^2 \Rightarrow 3c^2 = X^2$이다.

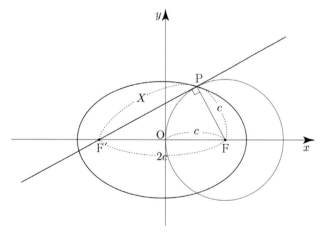

$3c^2 = X^2 \Rightarrow 3c^2 = (4 - c)^2 \Rightarrow 3c^2 = 16 - 8c + c^2$

$\Rightarrow c^2 + 4c - 8 = 0 \Rightarrow c = -2 + 2\sqrt{3}$ $(\because c > 0)$

따라서 $c = 2\sqrt{3} - 2$이다.

답 ④

127

쌍곡선 $\dfrac{x^2}{a^2} - \dfrac{y^2}{b^2} = 1$ 위의 점 $P(4, k)$ $(k > 0)$에서의

접선은 $\dfrac{4x}{a^2} - \dfrac{ky}{b^2} = 1$이므로 x절편은 $\dfrac{a^2}{4}$이고, y절편은

$-\dfrac{b^2}{k}$이다.

즉, $Q\left(\dfrac{a^2}{4}, 0\right)$이고, $R\left(0, -\dfrac{b^2}{k}\right)$이다.

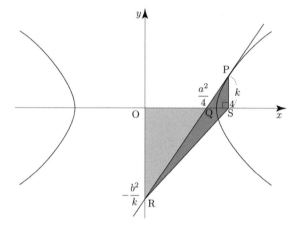

삼각형 QOR의 넓이는

$A_1 = \dfrac{1}{2} \times \overline{OQ} \times \overline{OR} = \dfrac{1}{2} \times \dfrac{a^2}{4} \times \dfrac{b^2}{k} = \dfrac{a^2 b^2}{8k}$

이고, 삼각형 PRS의 넓이는

$A_2 = \dfrac{1}{2} \times \overline{PS} \times \overline{OS} = \dfrac{1}{2} \times k \times 4 = 2k$이다.

$A_1 : A_2 = 9 : 4$이므로

$9A_2 = 4A_1 \Rightarrow 18k = \dfrac{a^2 b^2}{2k} \Rightarrow 36k^2 = a^2 b^2 \Rightarrow \dfrac{k^2}{b^2} = \dfrac{a^2}{36}$

이다.

점 $P(4, k)$ $(k > 0)$는 쌍곡선 $\dfrac{x^2}{a^2} - \dfrac{y^2}{b^2} = 1$ 위의 점이므로

$\dfrac{16}{a^2} - \dfrac{k^2}{b^2} = 1$이다.

$$\frac{16}{a^2} - \frac{k^2}{b^2} = 1 \implies \frac{16}{a^2} - \frac{a^2}{36} = 1$$

$$\implies a^4 + 36a^2 - 16 \times 36 = 0$$

$$\implies (a^2 - 12)(a^2 + 48) = 0$$

$$\implies a^2 = 12 \implies a = 2\sqrt{3} \;\; (\because \; a > 0)$$

따라서 쌍곡선의 주축의 길이는 $2a = 4\sqrt{3}$ 이다.

답 ③

128

조건을 만족시키는 간단한 타원을 도입하여 접근해보자.
장축의 길이가 10, 단축의 길이가 6이고,
두 초점의 좌표가 $F(4, 0)$, $F'(-4, 0)$인

타원은 $\dfrac{x^2}{25} + \dfrac{y^2}{9} = 1$이다.

점 F을 지나는 원과 이 타원의 두 교점 중
제2사분면에 있는 점을 P라 하자.

두 점 P, F′는 원 위의 점이므로 $\overline{FP} = \overline{FF'} = 8$
이고, 타원의 장축의 길이가 10이므로
타원의 정의에 의해서
$$\overline{PF'} + \overline{PF} = 10 \implies \overline{PF'} + 8 = 10 \implies \overline{PF'} = 2$$이다.

점 F에서 선분 PF′에 내린 수선의 발을 H라 하면
삼각형 FF′P는 $\overline{FP} = \overline{FF'} = 8$인 이등변삼각형이므로
$$\overline{HF'} = \frac{1}{2}\overline{PF'} = 1$$이다.

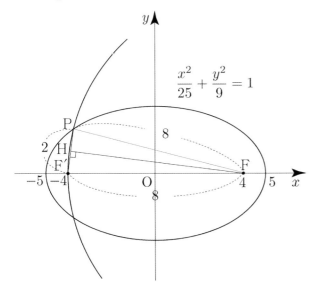

삼각형 FF′H에서 피타고라스의 정리를 사용하면
$$\overline{FH} = \sqrt{\overline{FF'}^2 - \overline{HF'}^2} = \sqrt{64-1} = 3\sqrt{7}$$이다.

따라서 삼각형 PFF′의 넓이는
$$\frac{1}{2} \times \overline{PF'} \times \overline{FH} = \frac{1}{2} \times 2 \times 3\sqrt{7} = 3\sqrt{7}$$이다.

답 ④

129

원과 두 직선 AF, AF′의 접점을 각각 R, H라 하고,
원과 접선이 등장했으니 접점 수직 보조선을 그어보자.

$\overline{AF'} = a$, $\overline{AF} = b$라 하면 타원 $\dfrac{x^2}{64} + \dfrac{y^2}{16} = 1$의 장축의

길이가 16이므로 타원의 정의에 의해서
$a + b = 16$이다.

원의 반지름의 길이를 r이라 하자.

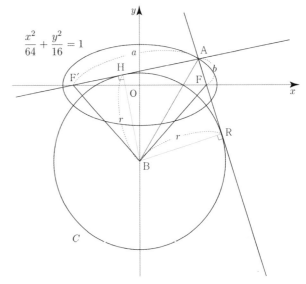

사각형 AF′BF의 넓이는 두 삼각형 ABF′, ABF의
넓이의 합과 같고, 사각형 AFBF′의 넓이가 72이므로

사각형 AFBF′의 넓이
= (삼각형 ABF′의 넓이) + (삼각형 ABF의 넓이)
$$= \frac{1}{2} \times \overline{AF'} \times \overline{BH} + \frac{1}{2} \times \overline{AF} \times \overline{BR}$$
$$= \frac{1}{2}ar + \frac{1}{2}br$$
$$= \frac{1}{2}r(a+b)$$

$$= 8r = 72 \implies r = 9$$
따라서 원 C의 반지름의 길이는 9이다.

답 ②

130

초점이 F이고 꼭짓점이 원점이므로 포물선의 준선은
점 F′를 지나고 x축에 수직인 직선이다.

점 P에서 포물선의 준선에 내린 수선의 발을 H라 하면
포물선의 정의에 의해서 $\overline{FP} = \overline{PH}$이다.

$\overline{PQ} = 2\sqrt{10}$이고, 대칭성에 의해서 $\overline{HF'} = \dfrac{1}{2}\overline{PQ} = \sqrt{10}$
이다.

$\overline{FP} = a$라 하면 타원의 장축의 길이가 10이므로
타원의 정의에 의해서 $\overline{PF'} = 10 - a$이다.

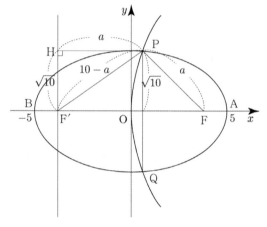

삼각형 $PF'H$에서 피타고라스의 정리를 사용하면
$\overline{PF}^2 = \overline{PH}^2 + \overline{HF'}^2 \Rightarrow (10-a)^2 = a^2 + 10$

$\Rightarrow 100 - 20a = 10 \Rightarrow a = \dfrac{9}{2}$

이다.

$\overline{PF} \times \overline{PF'} = a \times (10-a) = \dfrac{9}{2} \times \dfrac{11}{2} = \dfrac{99}{4}$

따라서 $p+q = 103$이다.

답 103

131

포물선 $y^2 = 4(x-1)$은 포물선 $y^2 = 4x$를
x축의 방향으로 1만큼 평행이동한 것이다.

평행이동하기 전 포물선 $y^2 = 4x$을 이용하여 접근해보자.
평행이동 전 초점을 F′, 평행이동 전 점 P를 P′라 하자.
포물선 $y^2 = 4x$의 초점의 좌표는 F′$(1, \ 0)$이다.

평행이동하여도 거리관계는 변하지 않으므로
$\overline{PF} = 3 \Rightarrow \overline{P'F'} = 3$이다.

점 P′에서의 접선이 x축과 만나는 점을 Q라 할 때,
Guide step에서 배웠듯이 $\overline{F'Q} = \overline{F'P}$이므로
$\overline{F'Q} = 3$이다.

즉, 점 Q의 x좌표는 -2이므로 점 P′의 x좌표는 2이다.
(이해가 잘되지 않는다면 Guide step 개념파악하기 - (13)
포물선의 접선은 어떠한 성질이 있을까?를 참고하도록 하자.)

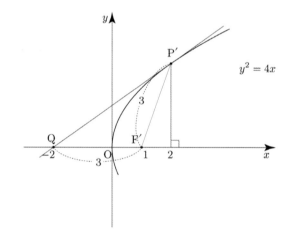

점 P′$(2, \ k)$는 제1사분면 위의 점이고,
포물선 $y^2 = 4x$ 위의 점이므로 $k = 2\sqrt{2}$이다.

포물선 $y^2 = 4x$ 위의 점 P′$(2, \ 2\sqrt{2})$에서의 접선은
$2\sqrt{2}y = 2(x+2) \Rightarrow y = \dfrac{\sqrt{2}}{2}(x+2)$이므로

포물선 $y^2 = 4(x-1)$ 위의 점 P$(3, \ 2\sqrt{2})$에서의 접선은
$y = \dfrac{\sqrt{2}}{2}(x+1)$이다.

따라서 포물선 $y^2 = 4(x-1)$ 위의 점 P에서의
접선의 기울기는 $\dfrac{\sqrt{2}}{2}$이다.

답 ③

132

쌍곡선 $\dfrac{4x^2}{9} - \dfrac{y^2}{40} = 1 \Rightarrow \dfrac{x^2}{\dfrac{9}{4}} - \dfrac{y^2}{40} = 1$의 두 초점의 좌표는

$F\left(\dfrac{13}{2},\ 0\right)$, $F\left(-\dfrac{13}{2},\ 0\right)$이다.

원 C의 반지름의 길이는 $\dfrac{13}{2} - \dfrac{3}{2} = 5$이므로

$\overline{FQ} = 5$이다.

$\overline{PQ} = 12$이므로 삼각형 PFQ에서 피타고라스의 정리를
사용하면 $\overline{PF} = \sqrt{\overline{PQ}^2 + \overline{FQ}^2} = \sqrt{144 + 25} = 13$이다.

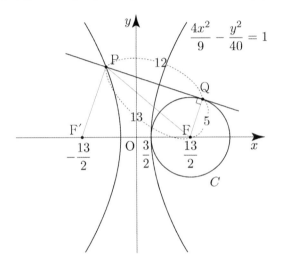

쌍곡선 $\dfrac{x^2}{\dfrac{9}{4}} - \dfrac{y^2}{40} = 1$의 주축의 길이가 3이므로

쌍곡선의 정의에 의해서
$\overline{PF} - \overline{PF'} = 3 \Rightarrow 13 - \overline{PF'} = 3 \Rightarrow \overline{PF'} = 10$이다.

따라서 선분 PF'의 길이는 10이다.

답 ①

133

제1사분면에서 타원 $x^2 + 3y^2 = 19 \Rightarrow \dfrac{x^2}{19} + \dfrac{y^2}{\dfrac{19}{3}} = 1$에

접하고 기울기가 m인 직선은

$y = mx + \sqrt{19m^2 + \dfrac{19}{3}}$

$\Rightarrow l : mx - y + \sqrt{19m^2 + \dfrac{19}{3}} = 0$
이다.

원점과 직선 l 사이의 거리가 $\dfrac{19}{5}$이므로

$\dfrac{\sqrt{19m^2 + \dfrac{19}{3}}}{\sqrt{m^2 + 1}} = \dfrac{19}{5} \Rightarrow \dfrac{m^2 + \dfrac{1}{3}}{m^2 + 1} = \dfrac{19}{25}$

$\Rightarrow 25m^2 + \dfrac{25}{3} = 19m^2 + 19$

$\Rightarrow 6m^2 = \dfrac{32}{3} \Rightarrow m^2 = \dfrac{16}{9} \Rightarrow m = -\dfrac{4}{3}\ (\because\ m < 0)$
이다.

따라서 직선 l의 기울기는 $-\dfrac{4}{3}$이다.

답 ⑤

134

쌍곡선 $\dfrac{x^2}{4} - y^2 = 1$의 꼭짓점 중 x좌표가 음수인 점을

$A(-2,\ 0)$라 하자.

점 $(3,\ 0)$을 지나고 원 C에 접하는 두 직선이

각각 쌍곡선 $\dfrac{x^2}{4} - y^2 = 1$과 한 점에서만 만나려면

직선의 기울기는 쌍곡선의 점근선의 기울기와 같아야 한다.

쌍곡선 $\dfrac{x^2}{4} - y^2 = 1$의 점근선의 기울기는 $\pm\dfrac{1}{2}$이다.

기울기가 $-\dfrac{1}{2}$이고, 점 $(3,\ 0)$을 지나는 직선은

$y = -\dfrac{1}{2}(x - 3) \Rightarrow x + 2y - 3 = 0$ 이다.

직선 $x + 2y - 3 = 0$이 원 C와 접하므로 원 C의 중심인
점 $A(-2,\ 0)$와 직선 $x + 2y - 3 = 0$ 사이의 거리는
원 C의 반지름의 길이와 같다.

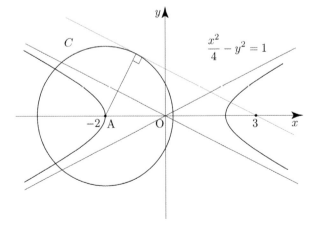

$$\frac{|-2-3|}{\sqrt{1+4}} = \frac{5}{\sqrt{5}} = \sqrt{5}$$

따라서 원 C의 반지름의 길이는 $\sqrt{5}$ 이다.

답 ②

135

$\overline{QP} : \overline{PF} = 5 : 3$이므로 $\overline{PF} = 3k$라 하면 $\overline{QP} = 5k$이다.
$\overline{QP} = \overline{QR} = 5k$

선분 FF'의 중점이 O이고, 두 선분 RO, QF는 서로 평행하므로 두 삼각형 F'FQ, F'OR는 $2 : 1$ 닮음이다.
즉, 선분 F'Q의 중점이 R이므로 $\overline{F'R} = \overline{QR} = 5k$이다.

삼각형 F'FQ에서 피타고라스의 정리를 사용하면
$\overline{F'F} = \sqrt{\overline{F'Q}^2 - \overline{QF}^2} = \sqrt{100k^2 - 64k^2} = 6k$이다.

쌍곡선 $\frac{x^2}{4} - \frac{y^2}{b^2} = 1$의 주축의 길이가 4이므로
쌍곡선의 정의에 의해서 $\overline{PF'} - \overline{PF} = 4 \Rightarrow \overline{PF'} = 4 + 3k$
이다.

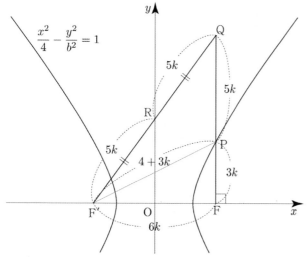

삼각형 F'FP에서 피타고라스의 정리를 사용하면
$\overline{F'P}^2 = \overline{F'F}^2 + \overline{PF}^2 \Rightarrow (4+3k)^2 = (6k)^2 + (3k)^2$

$\Rightarrow 16 + 24k = 36k^2 \Rightarrow 9k^2 - 6k - 4 = 0$

$\Rightarrow k = \frac{1+\sqrt{5}}{3}$ $(\because k > 0)$
이다.

쌍곡선 $\frac{x^2}{4} - \frac{y^2}{b^2} = 1$의 두 초점의 좌표는
$F(3k, 0)$, $F'(-3k, 0)$이므로

$$4 + b^2 = (3k)^2 \Rightarrow b^2 = 9k^2 - 4$$

$$\Rightarrow b^2 = 9\left(\frac{1+\sqrt{5}}{3}\right)^2 - 4$$

$$\Rightarrow b^2 = (6 + 2\sqrt{5}) - 4 = 2 + 2\sqrt{5}$$

따라서 $b^2 = 2 + 2\sqrt{5}$ 이다.

답 ④

136

쌍곡선 $x^2 - y^2 = 32$ 위의 점 $P(-6, 2)$에서의 접선은
$-6x - 2y = 32 \Rightarrow l : 3x + y + 16 = 0$이다.

$\overline{OH}$의 값은 원점 O와 직선 l 사이의 거리와 같으므로
$$\overline{OH} = \frac{16}{\sqrt{9+1}} = \frac{16}{\sqrt{10}}$$이다.

직선 OH는 직선 l과 수직이어야 하므로 기울기가 $\frac{1}{3}$이고,
원점을 지나므로 $y = \frac{1}{3}x$이다.

$$x^2 - y^2 = 32 \Rightarrow x^2 - \frac{1}{9}x^2 = 32 \Rightarrow x^2 = 36$$

$$\Rightarrow x = 6 \ (\because \ x > 0)$$
점 $Q(6, 2)$이므로 $\overline{OQ} = \sqrt{36+4} = 2\sqrt{10}$이다.

따라서 $\overline{OH} \times \overline{OQ} = \frac{16}{\sqrt{10}} \times 2\sqrt{10} = 32$이다.

답 32

137

점 F'에서 선분 PF에 내린 수선의 발을 H라 하면
삼각형 PF'F는 $\overline{FF'} = \overline{PF'} = 2\sqrt{7}$인 이등변삼각형이므로
$\overline{HF} = \frac{1}{2}\overline{FP} = \sqrt{3}$이다.

삼각형 F'FH에서 피타고라스의 정리를 사용하면
$\overline{F'H} = \sqrt{\overline{FF'}^2 - \overline{HF}^2} = \sqrt{28-3} = 5$이다.

$\overline{HQ} = X$, $\overline{QF} = Y$라 하자.

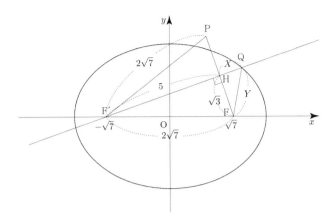

타원의 장축의 길이가 8이므로
$5 + X + Y = 8 \Rightarrow X = 3 - Y$이다.

삼각형 FQH에서 피타고라스의 정리를 사용하면
$\overline{FQ}^2 = \overline{HF}^2 + \overline{HQ}^2 \Rightarrow Y^2 = 3 + X^2$이다.

$Y^2 = 3 + X^2 \Rightarrow Y^2 = 3 + (3 - Y)^2 \Rightarrow 0 = 3 + 9 - 6Y$

$\Rightarrow Y = 2$

따라서 선분 FQ의 길이는 2이다.

답 ①

138

$\overline{FP} = X$, $\overline{PF'} = Y$, $\overline{AF'} = \overline{AF} = W$, $\overline{BP} = Z$, $\overline{BA} = V$
라 하면

삼각형 BPF'의 둘레의 길이는 $Y + Z + W + V$이고,
삼각형 BFA의 둘레의 길이는 $X + Z + W + V$이다.

삼각형 BPF'의 둘레의 길이와 삼각형 BFA의
둘레의 길이의 차가 4이므로
$|Y + Z + W + V - (X + Z + W + V)| = 4 \Rightarrow Y - X = 4$이다.

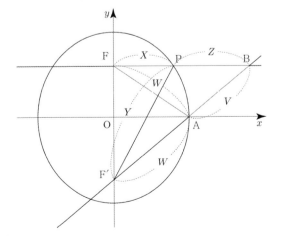

타원 $\dfrac{x^2}{a^2} + \dfrac{y^2}{25} = 1$의 장축의 길이가 10이므로
$Y + X = 10$이다.

$Y - X = 4$, $Y + X = 10$을 연립하면 $Y = 7$, $X = 3$이다.

삼각형 $PF'F$에서 피타고라스의 정리를 사용하면
$\overline{FF'} = \sqrt{\overline{PF'}^2 - \overline{PF}^2} = \sqrt{49 - 9} = 2\sqrt{10}$이다.

타원 $\dfrac{x^2}{a^2} + \dfrac{y^2}{25} = 1$의 두 초점의 좌표가
$F(0, \sqrt{10})$, $F'(0, -\sqrt{10})$이므로
$10 = 25 - a^2 \Rightarrow a^2 = 15 \Rightarrow a = \sqrt{15}$

따라서 삼각형 AFF'의 넓이는
$\dfrac{1}{2} \times \overline{FF'} \times \overline{OA} = \dfrac{1}{2} \times 2\sqrt{10} \times \sqrt{15} = 5\sqrt{6}$이다.

답 ①

139

타원 $\dfrac{x^2}{4} + y^2 = 1$ 두 꼭짓점 $(2, 0)$, $(0, 1)$을 지나는

직선은 $y = -\dfrac{1}{2}x + 1$이고, 이 직선은 타원 $\dfrac{x^2}{a^2} + \dfrac{y^2}{b^2} = 1$에

접한다.

제1사분면에서 타원 $\dfrac{x^2}{a^2} + \dfrac{y^2}{b^2} = 1$에 접하고

기울기가 $-\dfrac{1}{2}$인 직선은 $y = -\dfrac{1}{2}x + \sqrt{\dfrac{1}{4}a^2 + b^2}$이다.

즉, $\dfrac{1}{4}a^2 + b^2 = 1$이다.

타원 $\dfrac{x^2}{a^2} + \dfrac{y^2}{b^2} = 1$의 두 초점의 좌표가

$F(b, 0)$, $F'(-b, 0)$이므로 $a^2 - b^2 = b^2 \Rightarrow a^2 = 2b^2$이다.

$\dfrac{1}{4}a^2 + b^2 = 1 \Rightarrow \dfrac{1}{2}b^2 + b^2 = 1 \Rightarrow b^2 = \dfrac{2}{3}$

이고, $a^2 = \dfrac{4}{3}$이므로 $a^2 b^2 = \dfrac{4}{3} \times \dfrac{2}{3} = \dfrac{8}{9}$이다.

따라서 $p + q = 17$이다.

답 17

140

타원 $\dfrac{x^2}{a^2}+\dfrac{y^2}{b^2}=1$ 위의 점 $(2,\ 1)$에서의 접선의 방정식은

$\dfrac{2x}{a^2}+\dfrac{y}{b^2}=1 \Rightarrow y=-\dfrac{2b^2}{a^2}x+b^2$이고, 기울기가 $-\dfrac{1}{2}$이므로

$-\dfrac{2b^2}{a^2}=-\dfrac{1}{2} \Rightarrow 4b^2=a^2 \Rightarrow a=2b\ (\because\ a>0,\ b>0)$

$(2,\ 1)$은 타원 위의 점이므로 대입하면

$\dfrac{4}{a^2}+\dfrac{1}{b^2}=1 \Rightarrow \dfrac{4}{4b^2}+\dfrac{1}{b^2}=1 \Rightarrow \dfrac{2}{b^2}=1$

$\Rightarrow b=\sqrt{2}\ (\because\ b>0)$

$a=2\sqrt{2},\ b=\sqrt{2}$이므로 $\dfrac{x^2}{8}+\dfrac{y^2}{2}=1$이고,

$\sqrt{8-2}=\sqrt{6}$이므로 두 초점의 좌표는
$(\sqrt{6},\ 0),\ (-\sqrt{6},\ 0)$이다.

따라서 이 타원의 두 초점 사이의 거리는 $2\sqrt{6}$이다.

답 ④

141

$\dfrac{x^2}{3}+y^2=1,\ y=x-1$를 연립하면

$\dfrac{x^2}{3}+(x-1)^2=1 \Rightarrow 2x^2-3x=0$

$\Rightarrow x(2x-3)=0 \Rightarrow x=0 \ \text{or}\ x=\dfrac{3}{2}$

이므로 두 점 A, C의 좌표는 $A\left(\dfrac{3}{2},\ \dfrac{1}{2}\right)$, $C(0,\ -1)$이고

$\overline{AC}=\sqrt{\left(\dfrac{3}{2}\right)^2+\left(\dfrac{3}{2}\right)^2}=\dfrac{3\sqrt{2}}{2}$이다.

사각형 ABCD의 넓이는 두 삼각형 ABC, ADC의
넓이의 합과 같다. 선분 AC의 길이를 밑변으로 보면
두 삼각형의 높이가 최대일 때, 두 삼각형의 넓이의 합이
최대이다.

직선 AC와 평행한 직선이 타원에 접할 때, 높이는 최대이다.
직선 AC의 기울기는 1이므로 기울기가 1이고 타원에
접하는 두 접선의 방정식을 구하면
$y=x\pm\sqrt{3+1} \Rightarrow y=x\pm2$이다.

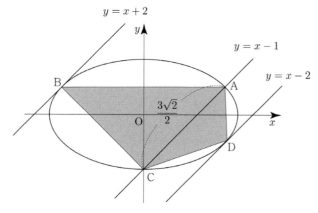

삼각형 ABC의 높이의 최댓값은 직선 $y=x+2$와
직선 AC사이의 거리와 같고, 이는 직선 $x-y+2=0$과
점 $C(0,\ -1)$ 사이의 거리와 같다.

삼각형 ABC의 높이의 최댓값은 $\dfrac{|1+2|}{\sqrt{1+1}}=\dfrac{3\sqrt{2}}{2}$이므로

삼각형 ABC의 넓이의 최댓값은 $\dfrac{1}{2}\times\dfrac{3\sqrt{2}}{2}\times\dfrac{3\sqrt{2}}{2}=\dfrac{9}{4}$이다.

마찬가지 논리로 삼각형 ADC의 높이의 최댓값은
직선 $x-y-2=0$과 점 $C(0,\ -1)$ 사이의 거리와 같다.

삼각형 ADC의 높이의 최댓값은 $\dfrac{|1-2|}{\sqrt{1+1}}=\dfrac{\sqrt{2}}{2}$이므로

삼각형 ADC의 넓이의 최댓값은 $\dfrac{1}{2}\times\dfrac{3\sqrt{2}}{2}\times\dfrac{\sqrt{2}}{2}=\dfrac{3}{4}$이다.

따라서 사각형 ABCD의 넓이의 최댓값은 $\dfrac{3+9}{4}=3$이다.

답 ⑤

142

$\overline{F'F}=\overline{F'P}=16$

장축의 길이가 24이므로 타원의 정의에 의해서
$\overline{F'P}+\overline{FP}=24 \Rightarrow \overline{FP}=24-16=8$

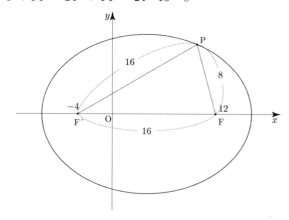

타원 $\dfrac{x^2}{a^2}+\dfrac{y^2}{b^2}=1$의 두 초점을 F′, R이라 하면

F′(−4, 0), R(4, 0)이다.

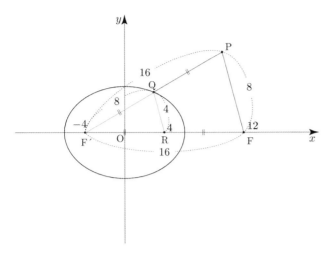

선분 F′F의 중점이 R이고, 선분 F′P의 중점이 Q이므로
삼각형 QF′R과 삼각형 PF′F는 닮음비가 1 : 2이다.
$\overline{QR}:\overline{PF}=1:2 \Rightarrow \overline{QR}=4$

$\overline{F'Q}+\overline{QR}=8+4=12$이므로
타원 $\dfrac{x^2}{a^2}+\dfrac{y^2}{b^2}=1$의 장축의 길이는 12이다.
$2a=12 \Rightarrow a=6 \Rightarrow a^2=36$

타원 $\dfrac{x^2}{a^2}+\dfrac{y^2}{b^2}=1$의 한 초점이 F′(−4, 0)이므로
$a^2-b^2=16 \Rightarrow b^2=a^2-16=20$

따라서 $\overline{PF}+a^2+b^2=8+36+20=64$이다.

답 ④

143

포물선 $(y-2)^2=8(x+2)$는 포물선 $y^2=8x$를
x축의 방향으로 −2만큼, y축의 방향으로 2만큼
평행이동하여 구할 수 있다.

포물선 $y^2=8x$의 초점은 점 (2, 0)이고,
준선은 직선 $x=-2$이므로
포물선 $(y-2)^2=8(x+2)$의 초점은 A(0, 2),
준선은 직선 $x=-4$이다.

점 P에서 준선 $x=-4$에 내린 수선의 발을 H라 하고,
준선이 x축과 만나는 점을 B라 하자.

$\overline{OP}+\overline{PA}=\overline{OP}+\overline{PH} \geq \overline{OB}$
즉, P_0는 포물선 $(y-2)^2=8(x+2)$와 x축의 교점이다.

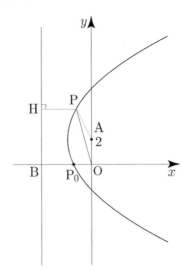

$\overline{OQ}+\overline{QA}=\overline{OP_0}+\overline{P_0A}=\overline{OB}=4$이므로
점 Q는 두 점 O(0, 0), A(0, 2)를 두 초점으로 하고,
장축의 길이가 4인 타원 위의 점이다.

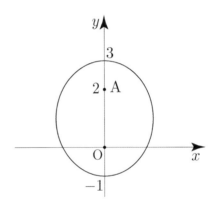

점 Q의 y좌표의 최댓값은 $M=3$, 최솟값은 $m=-1$이다.
따라서 $M^2+m^2=9+1=10$이다.

답 ③

144

포물선 $y^2=4px$에서 초점은 F(p, 0)이고,
준선은 $x=-p$이다.

포물선 위의 세 점 P_1, P_2, P_3에서 포물선의 준선에 내린
수선의 발을 각각 H_1, H_2, H_3이라 하자.

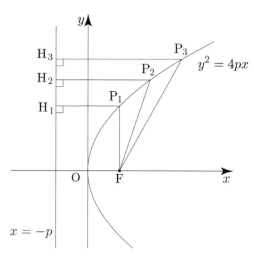

$$\overline{H_1P_1} = \overline{P_1F} = 2p$$

$$\overline{H_2P_2} = \overline{P_2F} = 3p$$

$$\overline{H_3P_3} = \overline{P_3F} = 4p$$

이므로

$$\overline{FP_1} + \overline{FP_2} + \overline{FP_3} = 27 \implies 2p + 3p + 4p = 27$$

$$\implies 9p = 27 \implies p = 3$$

따라서 $p=3$이다.

답 ③

145

포물선 $y^2 = 8x$에서 초점은 $F(2,\ 0)$이고,
준선은 $x = -2$이다.
준선이 x축과 만나는 점을 E라 하고,
두 점 C, D에서 준선 $x = -2$에 내린 수선의 발을
각각 C′, D′이라 하자.

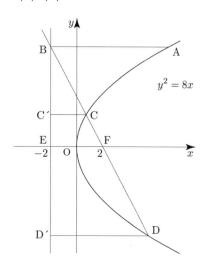

포물선의 정의에 의하여
$$\overline{CF} = \overline{CC'},\ \overline{DF} = \overline{DD'}$$

$\overline{BC} = \overline{CD}$이므로 $\overline{CC'} = \dfrac{1}{2}\overline{DD'}$

$\overline{CC'} = a$라 하면 $\overline{DD'} = 2a$

$$\overline{BC} = \overline{CD} = a + 2a = 3a$$

$$\overline{BF} = \overline{BC} + \overline{CF} = 3a + a = 4a$$

삼각형 BCC′와 삼각형 BFE는 닮음비가
$\overline{BC} : \overline{BF} = 3a : 4a = 3 : 4$이므로

$$\overline{CC'} : \overline{FE} = a : 4 \implies 3 : 4 = a : 4 \implies a = 3$$

삼각형 BDD′에서
$$\overline{BD} = \overline{BF} + \overline{FD} = 4a + 2a = 6a = 18$$
$$\overline{DD'} = 2a = 6$$
이므로 $\overline{BD'} = \sqrt{18^2 - 6^2} = 12\sqrt{2}$

삼각형 BFE에서
$$\overline{BE} = \frac{4}{6} \times \overline{BD'} = 8\sqrt{2}$$
점 B의 y좌표가 $8\sqrt{2}$이므로
$$(8\sqrt{2})^2 = 8x \implies x = 16$$
즉, 점 A의 x좌표가 16이므로 $\overline{AB} = 2 + 16 = 18$

따라서 삼각형 ABD의 넓이는
$$\frac{1}{2} \times \overline{AB} \times \overline{BD'} = \frac{1}{2} \times 18 \times 12\sqrt{2} = 108\sqrt{2} \text{이다.}$$

답 ③

146

원의 중심을 A라 하고, 원과 만나는 타원의 한 꼭짓점을
B라 하자.

원의 반지름의 길이가 1이므로 $\overline{AB} = \overline{AF} = 1$이다.
장축의 길이가 $2a$이므로 타원의 정의에 의해서
$$\overline{BF} + \overline{BF'} = 2a \implies \overline{BF} = \overline{BF'} = a \text{이다.}$$

점 B에서 선분 $\overline{FF'}$에 내린 수선의 발을 H라 하면
$$\overline{AH} = \frac{1}{2} \times 2a = a \text{이고,}\ \overline{HF} = \overline{AF} - \overline{AH} = 1 - a \text{이다.}$$

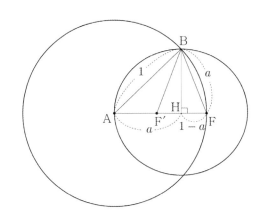

삼각형 BAH에서 피타고라스의 정리를 사용하면
$\overline{BH}^2 = \overline{AB}^2 - \overline{AH}^2 = 1 - a^2$이고,
삼각형 BFH에서 피타고라스의 정리를 사용하면
$\overline{BH}^2 = \overline{BF}^2 - \overline{FH}^2 = a^2 - (a-1)^2 = 2a - 1$이다.

$1 - a^2 = 2a - 1 \Rightarrow a^2 + 2a - 2 = 0$
$\Rightarrow a = -1 + \sqrt{3} \ (\because \ a > 0)$

따라서 상수 $a = \sqrt{3} - 1$이다.

답 ③

147

$\overline{PF_2} = X$, $\overline{PF_1} = Y$라 하면 타원의 장축의 길이가 6이므로
$X + Y = 6$이다.

쌍곡선의 주축의 길이는 $\overline{BO} = 3$이므로
쌍곡선의 정의에 의해서 $\overline{PF_3} - \overline{PF_1} = 3 \Rightarrow \overline{PF_3} = Y + 3$
이다.

$\overline{OF_1} - \overline{F_3B} = c$

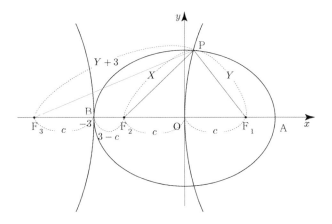

따라서 삼각형 PF_3F_2의 둘레의 길이는

$\overline{F_3F_2} + \overline{PF_2} + \overline{PF_3} = (c + 3 - c) + X + Y + 3$
$\qquad\qquad\qquad\qquad = 3 + 6 + 3 = 12$
이다.

답 12

148

타원 $\dfrac{x^2}{16} + \dfrac{y^2}{12} = 1$ 위의 점 $P(2, \ 3)$에서의 접선은

$\dfrac{2x}{16} + \dfrac{3y}{12} = 1 \Rightarrow l : y = -\dfrac{1}{2}x + 4$이므로

$S(8, \ 0)$이다.

타원 $\dfrac{x^2}{16} + \dfrac{y^2}{12} = 1$의 장축의 길이는 8이고,
두 초점의 좌표는 $F(2, \ 0)$, $F'(-2, \ 0)$이다.

$\overline{RF'} = X$, $\overline{RS} = Y$, $\overline{QF'} = A$, $\overline{QF} = B$라 하자.

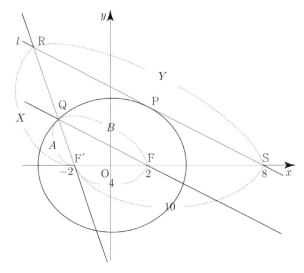

두 선분 QF, RS는 서로 평행하고, $\overline{F'F} = 4$, $\overline{F'S} = 10$
이므로 두 삼각형 F'FQ, F'SR은 $2 : 5$ 닮음이다.

$X = \dfrac{5}{2}A$, $\ Y = \dfrac{5}{2}B$

따라서 삼각형 SRF'의 둘레의 길이는
$\overline{F'S} + \overline{RF'} + \overline{RS} = 10 + X + Y$

$\qquad\qquad\qquad\qquad = 10 + \dfrac{5}{2}(A + B)$

$\qquad\qquad\qquad\qquad = 10 + \dfrac{5}{2} \times 8 = 30$

이다.

답 ①

149

쌍곡선 $\dfrac{x^2}{12} - \dfrac{y^2}{8} = 1$ 위의 점 $(a,\ b)$에서의 접선은

$\dfrac{ax}{12} - \dfrac{by}{8} = 1$이다.

타원 $\dfrac{(x-2)^2}{4} + y^2 = 1$의 중심은 $(2,\ 0)$이므로

접선이 타원의 넓이를 이등분하려면 대칭성에 의해서
점 $(2,\ 0)$을 지나야 한다.

$\dfrac{ax}{12} - \dfrac{by}{8} = 1 \Rightarrow \dfrac{a}{6} = 1 \Rightarrow a = 6$

점 $(6,\ b)$은 쌍곡선 $\dfrac{x^2}{12} - \dfrac{y^2}{8} = 1$ 위의 점이므로

$\dfrac{36}{12} - \dfrac{b^2}{8} = 1 \Rightarrow b^2 = 16$이다.

따라서 $a^2 + b^2 = 36 + 16 = 52$이다.

답 52

150

타원 $\dfrac{x^2}{36} + \dfrac{y^2}{16} = 1$의 두 초점의 좌표는
$\mathrm{F}(2\sqrt{5},\ 0)$, $\mathrm{F}'(-2\sqrt{5},\ 0)$이다.

$\overline{\mathrm{PF}'} = X$, $\overline{\mathrm{PF}} = Y$라 하면
장축의 길이가 12이므로 타원의 정의에 의해서
$X + Y = 12$이다.

$\overline{\mathrm{OP}} = \overline{\mathrm{OF}} = \overline{\mathrm{OF}'} = 2\sqrt{5}$이므로 세 점 F, P, F'은
중심이 원점 O이고 반지름의 길이가 $2\sqrt{5}$인 원 위에
있다고 볼 수 있다.

즉, $\angle \mathrm{FPF}' = 90\,°$이므로 삼각형 $\mathrm{FF'P}$에서
피타고라스의 정리를 사용하면
$\overline{\mathrm{FF}'}^2 = \overline{\mathrm{PF}'}^2 + \overline{\mathrm{PF}}^2 \Rightarrow 80 = X^2 + Y^2$이다.

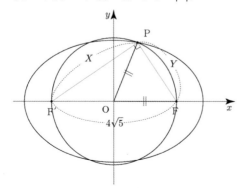

$(X + Y)^2 = X^2 + Y^2 + 2XY \Rightarrow 144 = 80 + 2XY$

$\Rightarrow XY = 32$

따라서 $\overline{\mathrm{PF}} \times \overline{\mathrm{PF}'} = 32$이다.

답 32

151

$4p = n \Rightarrow p = \dfrac{n}{4}$

포물선 $y^2 = nx$의 초점의 좌표는 $\mathrm{F}\left(\dfrac{n}{4},\ 0\right)$이다.

포물선 $y^2 = nx$ 위의 점 $(n,\ n)$에서의 접선은

$ny = \dfrac{n}{2}(x + n) \Rightarrow y = \dfrac{1}{2}x + \dfrac{n}{2} \Rightarrow x - 2y + n = 0$이다.

초점 $\mathrm{F}\left(\dfrac{n}{4},\ 0\right)$와 접선 $x - 2y + n = 0$ 사이의 거리는

$d = \dfrac{\left|\dfrac{n}{4} + n\right|}{\sqrt{1 + 4}} = \dfrac{5n}{4\sqrt{5}} = \dfrac{\sqrt{5}}{4}n$이다.

$d^2 \geq 40 \Rightarrow \dfrac{5}{16}n^2 \geq 40 \Rightarrow n^2 \geq 128$

따라서 $d^2 \geq 40$을 만족시키는 자연수 n의 최솟값은 12이다.

답 12

152

$4p = 2 \Rightarrow p = \dfrac{1}{2}$

포물선 $y^2 = 2x$의 초점의 좌표는 $\mathrm{F}\left(\dfrac{1}{2},\ 0\right)$이고,

준선은 $x = -\dfrac{1}{2}$이다.

점 P_n에서 준선 $x = -\dfrac{1}{2}$에 내린 수선의 발을 Q_n이라 하면
포물선의 정의에 의해서 $\overline{\mathrm{Q}_n \mathrm{P}_n} = \overline{\mathrm{FP}_n} = 2n$이다.

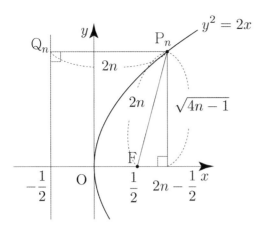

점 P_n의 x좌표는 $\overline{Q_nP_n} - \dfrac{1}{2} = 2n - \dfrac{1}{2}$ 이다.

$y = \sqrt{2x} \Rightarrow y = \sqrt{4n-1}$ 이므로 점 P_n의 좌표는

$P_n\left(2n - \dfrac{1}{2},\ \sqrt{4n-1}\right)$ 이다.

$\overline{OP_n}^2 = \left(2n - \dfrac{1}{2}\right)^2 + 4n - 1 = 4n^2 + 2n - \dfrac{3}{4}$

따라서

$\displaystyle\sum_{n=1}^{8} \overline{OP_n}^2 = \sum_{n=1}^{8}\left(4n^2 + 2n - \dfrac{3}{4}\right) = 4\sum_{n=1}^{8} n^2 + 2\sum_{n=1}^{8} n - \sum_{n=1}^{8} \dfrac{3}{4}$

$\qquad\qquad = 4 \times \dfrac{8 \times 9 \times 17}{6} + 2 \times \dfrac{8 \times 9}{2} - \dfrac{3}{4} \times 8$

$\qquad\qquad = 816 + 72 - 6 = 882$

이다.

답 ⑤

153

$\overline{PQ} = \overline{PF} = X$라 하면 $\overline{PF'} = \overline{F'Q} - \overline{PQ} = 10 - X$이다.

타원 $\dfrac{x^2}{a} + \dfrac{y^2}{12} = 1$의 장축의 길이는 $2\sqrt{a}$이므로

타원의 정의에 의해서

$\overline{PF'} + \overline{PF} = 2\sqrt{a} \Rightarrow 10 - X + X = 2\sqrt{a}$

$\Rightarrow 10 = 2\sqrt{a} \Rightarrow a = 25$

이다.

타원 $\dfrac{x^2}{25} + \dfrac{y^2}{12} = 1$의 두 초점의 좌표는

$F(\sqrt{13},\ 0)$, $F'(-\sqrt{13},\ 0)$이므로 $\overline{F'F} = 2\sqrt{13}$ 이다.

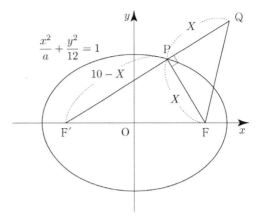

삼각형 $FF'P$에서 피타고라스의 정리를 사용하면

$\overline{F'F}^2 = \overline{PF'}^2 + \overline{PF}^2 \Rightarrow 52 = (10 - X)^2 + X^2$

$\Rightarrow 52 = 100 - 20X + 2X^2 \Rightarrow X^2 - 10X + 24 = 0$

$\Rightarrow (X-4)(X-6) = 0 \Rightarrow X = 4\ (\because\ 10 - X > X)$

따라서 삼각형 $QF'F$의 넓이는

$\dfrac{1}{2} \times \overline{F'Q} \times \overline{PF} = \dfrac{1}{2} \times 10 \times X = \dfrac{1}{2} \times 10 \times 4 = 20$이다.

답 ③

154

$4p = 9 \Rightarrow p = \dfrac{9}{4}$

포물선 $y^2 = 9x$의 초점의 좌표는 $F\left(\dfrac{9}{4},\ 0\right)$이다.

점 P에서의 접선이 x축과 만나는 점을 F'라 할 때,

Guide step에서 배웠듯이 $\overline{FP} = \overline{F'F}$ 이므로

$\overline{F'F} = \dfrac{25}{4}$ 이다.

즉, 점 F'의 x좌표는 -4이므로 점 P의 x좌표는 4이다.

(이해가 잘되지 않는다면 Guide step 개념파악하기 - (13)

포물선의 접선은 어떠한 성질이 있을까?를 참고하도록 하자.)

점 P는 포물선 $y^2 = 9x$ 위의 점이므로 점 P의 좌표는

$P(4,\ 6)$이다.

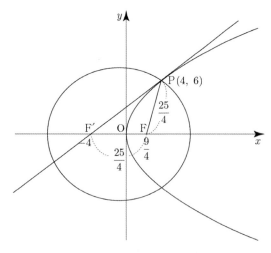

$\overline{PF'} = \sqrt{\{4-(-4)\}^2+6^2} = \sqrt{64+36} = 10$

타원의 정의에 의해서 타원의 장축의 길이는

$\overline{PF'} + \overline{PF} = 10 + \dfrac{25}{4} = \dfrac{65}{4}$ 이다.

$\overline{FF'} = \dfrac{25}{4}$ 이므로 두 점 F′, F의 중점을 M이라 하면

$\overline{FM} = \dfrac{25}{8}$ 이다.

점 M를 지나고 x축에 수직인 직선과 타원이

만나는 한 점을 A라 하면 $\overline{AF} = \dfrac{1}{2} \times \dfrac{65}{4} = \dfrac{65}{8}$ 이다.

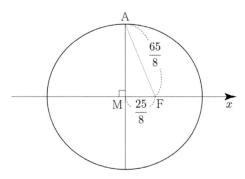

삼각형 AFM에서 피타고라스의 정리를 사용하면

$$\overline{AM} = \sqrt{\overline{AF}^2 - \overline{MF}^2}$$

$$= \sqrt{\left(\dfrac{65}{8}\right)^2 - \left(\dfrac{25}{8}\right)^2}$$

$$= \sqrt{\dfrac{5^2}{8^2}(13^2 - 5^2)}$$

$$= \dfrac{5}{8} \times 12 = \dfrac{15}{2}$$

이다.

따라서 단축의 길이는 $\dfrac{15}{2} \times 2 = 15$ 이다.

답 ⑤

155

쌍곡선 $\dfrac{x^2}{9} - \dfrac{y^2}{3} = 1$의 주축의 길이가 6이므로

쌍곡선의 정의에 의해서 $\overline{PF'} - \overline{PF} = 6$이다.

$\overline{FP} = \overline{PQ}$이므로

$\overline{PF'} - \overline{PF} = \overline{F'Q} + \overline{PQ} - \overline{FP} = \overline{F'Q} = 6$이다.

쌍곡선의 두 점근선의 기울기가 $\dfrac{\sqrt{3}}{3}$, $-\dfrac{\sqrt{3}}{3}$이고,

$\tan 30° = \dfrac{\sqrt{3}}{3}$이므로 두 점근선이 이루는 예각의 크기는

$60°$이다.

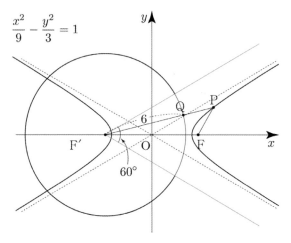

점 Q가 나타내는 도형의 전체의 길이는 반지름의

길이가 6이고 중심각의 크기가 $60°$인 부채꼴의 호의

길이와 같다.

따라서 점 Q가 나타내는 도형의 전체의 길이는

$6 \times \dfrac{\pi}{3} = 2\pi$이다.

답 ③

$\overline{RF} = 9$이고, 선분 PF를 $1:3$으로 내분하는 점이 R이므로
$\overline{PR} = 3$이다.

선분 PF′의 중점이 Q이고, $\angle PQR = \dfrac{\pi}{2}$이므로
$\overline{RF'} = \overline{PR} = 3$이다.

삼각형 RPQ에서 피타고라스의 정리를 사용하면
$\overline{PQ} = \sqrt{\overline{PR}^2 - \overline{QR}^2} = \sqrt{9-5} = 2$이므로
$\overline{PF'} = 2\,\overline{PQ} = 4$이다.

타원 $\dfrac{x^2}{a^2} + \dfrac{y^2}{b^2} = 1$의 장축의 길이는 $2a$이고,
$\overline{PF'} + \overline{PF} = 16$이므로 타원의 정의에 의해서
$2a = 16 \Rightarrow a = 8$이다.

$\angle RPQ = \theta$라 하면 삼각형 RPQ에서
$\cos\theta = \dfrac{2}{3}$ 이다.

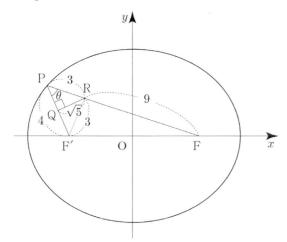

삼각형 PFF′에서 코사인법칙을 사용하면
$$\cos\theta = \dfrac{\overline{PF'}^2 + \overline{PF}^2 - \overline{FF'}^2}{2 \times \overline{PF'} \times \overline{PF}}$$

$\Rightarrow \dfrac{2}{3} = \dfrac{16 + 144 - \overline{FF'}^2}{2 \times 4 \times 12} \Rightarrow 64 = 160 - \overline{FF'}^2$

$\Rightarrow \overline{FF'}^2 = 96 \Rightarrow \overline{FF'} = 4\sqrt{6}$

이므로 타원 $\dfrac{x^2}{64} + \dfrac{y^2}{b^2} = 1$의 두 초점의 좌표는
$F(2\sqrt{6},\ 0)$, $F'(-2\sqrt{6},\ 0)$이다.

$64 - b^2 = 24 \Rightarrow b^2 = 40$
따라서 $a^2 + b^2 = 64 + 40 = 104$이다.

답 **104**

157

점 F_1에서 x축에 내린 수선의 발을 H라 하고,
점 Q에서 x축에 내린 수선의 발을 T라 하자.
점 P에서 선분 F_1H에 내린 수선의 발을 R이라 하고,
점 P에서 준선 $x = -p$에 내린 수선의 발을 U라 하자.
점 Q에서 준선 $x = 1$에 내린 수선의 발을 S라 하자.

$\overline{QF_2} = X$라 하면 포물선의 정의에 의해서
$\overline{QS} = \overline{QF_2} = X$이다.

$\overline{F_2T} = 2 - \overline{QS} = 2 - X$

$\overline{PF_1} = Y$라 하면 포물선의 정의에 의해서
$\overline{PU} = \overline{PF_1} = Y$이다.

$\overline{PR} = 2p - \overline{UP} = 2p - Y$

포물선 $(y-a)^2 = 4px$는 포물선 $y^2 = 4px$를 y축의 방향으로
a만큼 평행이동한 것과 같으므로 $\overline{F_1H} = a$이다.

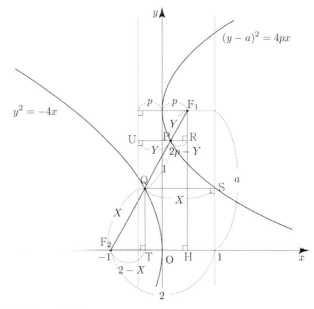

$\overline{F_1F_2} = 3$, $\overline{PQ} = 1$이므로
$\overline{F_1F_2} = \overline{QF_2} + \overline{PQ} + \overline{PF_1} = X + 1 + Y = 3$

$\Rightarrow X + Y = 2 \Rightarrow X = 2 - Y$
이다.

$\overline{F_2H} = 1 + p$

$\angle QF_2T = \angle F_1PR = \theta$라 하자.

삼각형 QF_2T에서 $\cos\theta = \dfrac{2-X}{X} = \dfrac{Y}{2-Y}$ $\cdots$ ㉠

삼각형 F_1PR에서 $\cos\theta = \dfrac{2p-Y}{Y}$ $\cdots$ ㉡

삼각형 F_1F_2H에서 $\cos\theta = \dfrac{1+p}{3}$ $\cdots$ ㉢

㉠, ㉡을 연립하면

$$\dfrac{Y}{2-Y} = \dfrac{2p-Y}{Y} \Rightarrow pY = 2p - Y \cdots ①$$

㉡, ㉢을 연립하면

$$\dfrac{2p-Y}{Y} = \dfrac{1+p}{3} \Rightarrow pY = 6p - 4Y \cdots ②$$

①, ②를 연립하면

$$2p - Y = 6p - 4Y \Rightarrow Y = \dfrac{4p}{3} \text{이다.}$$

㉡에 $Y = \dfrac{4p}{3}$을 대입하면

$$\dfrac{2p - \dfrac{4p}{3}}{\dfrac{4p}{3}} = \dfrac{\dfrac{2}{3}}{\dfrac{4}{3}} = \dfrac{1}{2} \text{이므로}$$

㉢에서 $\cos\theta = \dfrac{1}{2}$을 대입하면

$$\dfrac{1}{2} = \dfrac{1+p}{3} \Rightarrow p = \dfrac{1}{2} \text{이다.}$$

삼각형 F_1F_2H에서 피타고라스의 정리를 사용하면

$$\overline{F_1H}^2 = \overline{F_1F_2}^2 - \overline{F_2H}^2 \Rightarrow a^2 = 9 - (1+p)^2$$

$$\Rightarrow a^2 = 9 - \dfrac{9}{4} = \dfrac{27}{4}$$

이다.

따라서 $a^2 + p^2 = \dfrac{27}{4} + \dfrac{1}{4} = 7$이다.

답 ⑤

158

타원 $\dfrac{x^2}{9} + \dfrac{y^2}{4} = 1$의 장축의 길이는 6이고, 두 초점의 좌표는
$F(\sqrt{5},\ 0)$, $F'(-\sqrt{5},\ 0)$이다.

$\overline{PF'} = X$, $\overline{PF} = Y$라 하면
타원의 정의에 의해서 $X + Y = 6 \Rightarrow Y = 6 - X$이다.

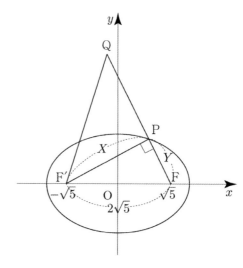

삼각형 $FF'P$에서 피타고라스의 정리를 사용하면
$$\overline{FF'}^2 = \overline{PF'}^2 + \overline{PF}^2 \Rightarrow 20 = X^2 + Y^2 \text{이다.}$$

$$X^2 + Y^2 = 20 \Rightarrow X^2 + (6-X)^2 = 20$$
$$\Rightarrow 2X^2 - 12X + 16 = 0 \Rightarrow (X-2)(X-4) = 0$$
$$\Rightarrow X = 4 \ (\because\ X > Y)$$

따라서 삼각형 $QF'F$의 넓이는
$$\dfrac{1}{2} \times \overline{PF'} \times \overline{FQ} = \dfrac{1}{2} \times 4 \times 6 = 12 \text{이다.}$$

답 12

159

포물선 $y^2 = 4px$ $(p > 0)$의 초점의 좌표는
$F(p,\ 0)$이고, 준선은 $x = -p$이다.

점 B에서 x축에 내린 수선의 발을 R이라 하고,
점 B에서 준선에 내린 수선의 발을 H라 하자.

포물선의 정의에 의해서 $\overline{BH} = \overline{BF} = 5$이다.

점 R의 x좌표와 p의 대소관계에 따라 case분류해보자.

① 점 R의 x좌표가 p보다 큰 경우

삼각형 ABR에서 피타고라스의 정리를 사용하면
$\overline{BR} = \sqrt{\overline{AB}^2 - \overline{AR}^2} = \sqrt{49-25} = 2\sqrt{6}$ 이다.

삼각형 FBR에서 피타고라스의 정리를 사용하면
$\overline{FR} = \sqrt{\overline{BF}^2 - \overline{BR}^2} = \sqrt{25-24} = 1$ 이다.

즉, $p = 2$ 이다.

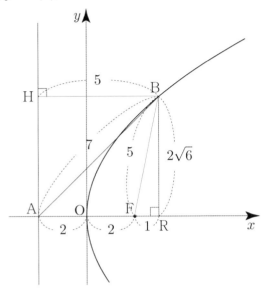

② 점 R의 x좌표가 p보다 작은 경우

삼각형 ABR에서 피타고라스의 정리를 사용하면
$\overline{BR} = \sqrt{\overline{AB}^2 - \overline{AR}^2} = \sqrt{49-25} = 2\sqrt{6}$ 이다.

삼각형 FBR에서 피타고라스의 정리를 사용하면
$\overline{FR} = \sqrt{\overline{BF}^2 - \overline{BR}^2} = \sqrt{25-24} = 1$ 이다.

즉, $p = 3$ 이다.

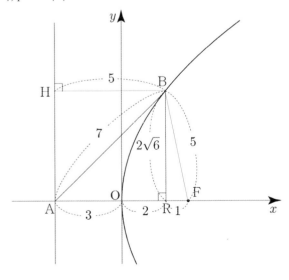

①, ②에 의해서 조건을 만족시키는 p의 값이
2 또는 3이므로 $a=2$, $b=3$ or $a=3$, $b=2$

따라서 $a^2 + b^2 = 13$ 이다.

답 13

160

두 점 A, B의 x좌표를 각각 a, b (1보다 큰 자연수)라 하면
포물선의 정의에 의해서 $\overline{AF} = a+1$, $\overline{BF} = b+1$ 이다.

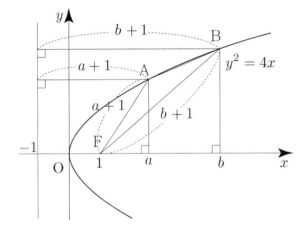

삼각형 AFB의 무게중심의 x좌표가 6이므로
$\dfrac{a+1+b}{3} = 6 \Rightarrow a+b = 17$ 이다.

$\overline{AF} \times \overline{BF} = (a+1)(b+1)$

$a+b=17$를 만족시키는 두 자연수 a, b에 대하여
표를 그려 접근해보자.

(대칭성에 의해서 $1 \le a \le 8$만 고려하면 된다.
예를 들어 $a=1$, $b=16$과 $a-16$, $b-1$일 때
$(a+1)(b+1)$의 값은 서로 같다.)

a	b	$(a+1)(b+1)$
1	16	34
2	15	48
3	14	60
4	13	70
5	12	78
6	11	84
7	10	88
8	9	90

따라서 $\overline{\text{AF}} \times \overline{\text{BF}}$ 의 최댓값은 90이다.

답 90

Tip

2025 규토 라이트 수1 해설편 p34 021번
tip2에서 "자연수 조건에 유의하도록 하자"
라고 언급한 바 있었다.

아마 160번에서 $a + b = 17$을 보고 바로 산술기하평균을
사용하여 $(a+1)(b+1) = ab + a + b + 1$의 최댓값을 구하려고
시도한 학생이 있을 수 있다.

하지만 산술기하평균의 등호조건은 $a = b$이므로
$a = b = \dfrac{17}{2}$ 은 자연수 조건에 위배된다.
즉, 이 경우에는 산술기하평균을 사용할 수 없다.

혹시나 실수한 학생들은 다음부터는 꼭 자연수 조건에
유의하도록 하자.

161

타원 $\dfrac{x^2}{49} + \dfrac{y^2}{a} = 1$의 장축의 길이는 14이므로
타원의 정의에 의해서
$\overline{\text{PF}'} + \overline{\text{PF}} = 14 \Rightarrow \overline{\text{PF}'} + 9 = 14 \Rightarrow \overline{\text{PF}'} = 5$이다.

삼각형 FPH에서 피타고라스의 정리를 사용하면
$\overline{\text{PH}} = \sqrt{\overline{\text{PF}}^2 - \overline{\text{FH}}^2} = \sqrt{81 - 72} = 3$이다.

$\overline{\text{HF}} = \overline{\text{PF}} - \overline{\text{PH}} = 5 - 3 = 2$이므로
삼각형 FF'H에서 피타고라스의 정리를 사용하면
$\overline{\text{FF}'} = \sqrt{\overline{\text{HF}'}^2 + \overline{\text{HF}}^2} = \sqrt{4 + 72} = 2\sqrt{19}$ 이다.

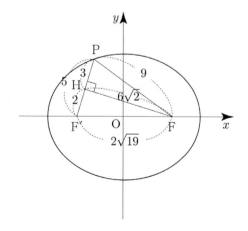

타원 $\dfrac{x^2}{49} + \dfrac{y^2}{a} = 1$의 두 초점의 좌표가
F$(\sqrt{19}, 0)$, F$'(-\sqrt{19}, 0)$이므로
$49 - a = 19 \Rightarrow a = 30$이다.

따라서 상수 $a = 30$이다.

답 ②

162

타원 $\dfrac{x^2}{25} + \dfrac{y^2}{9} = 1$의 장축의 길이는 10이고,
두 초점의 좌표는 F$(4, 0)$, F$'(-4, 0)$이다.

타원의 정의에 의해서 $\overline{\text{PF}'} + \overline{\text{PF}} = 10$이다.

$\overline{\text{AP}} - \overline{\text{FP}} = \overline{\text{AP}} - (10 - \overline{\text{PF}'}) = \overline{\text{AP}} + \overline{\text{PF}'} - 10$
즉, $\overline{\text{AP}} - \overline{\text{FP}}$ 의 최솟값은 $\overline{\text{AP}} + \overline{\text{PF}'}$ 가 최소일 때이다.

$\overline{\text{AP}} + \overline{\text{PF}'}$ 의 최솟값은 세 점 A, P, F'가
일직선상에 있을 때 $\overline{\text{AF}'}$ 의 값과 같다.

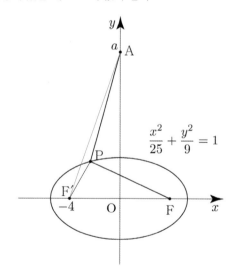

$\overline{\text{AP}} - \overline{\text{FP}} = \overline{\text{AP}} + \overline{\text{PF}'} - 10$의 최솟값이 1이므로
$\overline{\text{AP}} + \overline{\text{PF}'}$ 의 최솟값은 11이다. 즉, $\overline{\text{AF}'} = 11$이다.

삼각형 AF'O에서 피타고라스의 정리를 사용하면
$\overline{\text{AO}}^2 = \overline{\text{AF}'}^2 - \overline{\text{F}'\text{O}}^2 \Rightarrow a^2 = 121 - 16 = 105$이다.

따라서 $a^2 = 105$이다.

답 105

163

점 P에서 준선에 내린 수선의 발을 R,
x축에 내린 수선의 발을 H라 하자.

$\overline{PA} = \overline{PF}$ 이고, $\overline{AF} = 2$이므로 $\overline{AH} = \dfrac{1}{2}\overline{AF} = 1$이다.

$\overline{PR} = 2a+1$
포물선의 정의에 의해서 $\overline{PA} = \overline{PR} = 2a+1$이다.

$\overline{FF'} = 2\overline{OF} = 2(a+2) = 2a+4$
$\overline{FF'} = \overline{PF'}$이므로 $\overline{PF'} = 2a+4$이다.

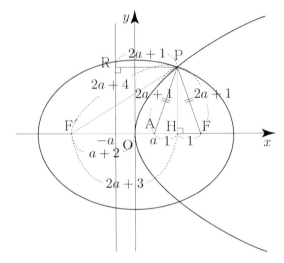

삼각형 APH에서 피타고라스의 정리를 사용하면
$\overline{PH}^2 = \overline{PA}^2 - \overline{AH}^2$
$\qquad = (2a+1)^2 - 1 = 4a^2+4a \ \cdots \ \text{㉠}$
이고,

삼각형 F′PH에서 피타고라스의 정리를 사용하면
$\overline{PH}^2 = \overline{PF'}^2 - \overline{F'H}^2$
$\qquad = (2a+4)^2 - (2a+3)^2 = 4a+7 \ \cdots \ \text{㉡}$
이다.

㉠, ㉡을 연립하면
$4a^2+4a = 4a+7 \Rightarrow a = \dfrac{\sqrt{7}}{2} \ (\because a > 0)$

타원의 장축의 길이는 $2a+4+2a+1 = 4a+5 = 5+2\sqrt{7}$
이므로 $p=5$, $q=2$이다.

따라서 $p^2+q^2 = 25+4 = 29$이다.

답 29

타원 $\dfrac{x^2}{16}+\dfrac{y^2}{7}=1$의 장축의 길이는 8이고,
두 초점의 좌표는 $F(3, 0)$, $F'(-3, 0)$이다.

두 점 $A(0, 3)$, $B(0, -3)$에 대하여
$\overline{AF'} = \overline{BF'} = 3\sqrt{2}$이다.

$\overline{AP} = \overline{PF} = X$라 하면 타원의 정의에 의해서
$\overline{PF'} + \overline{PF} = 8 \Rightarrow \overline{PF'} = 8 - \overline{PF} = 8 - X$이다.

사각형 PAOF는 직선 $y=x$에 대하여 대칭이므로
점 P에서 선분 BF′에 내린 수선의 발을 H라 하면
직선 PH는 직선 $y=x$와 같다.

즉, $\overline{PB} = \overline{PF'} = 8 - X$이다.

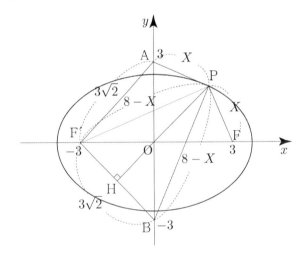

사각형 AF′BP의 둘레의 길이는
$\overline{AF'} + \overline{F'B} + \overline{BP} + \overline{PA} = 3\sqrt{2} + 3\sqrt{2} + 8 - X + X$
$\qquad\qquad\qquad\qquad\qquad = 8 + 6\sqrt{2}$
이므로 $a-8$, $b-6$이다.

따라서 $a+b = 14$이다.

답 14

타원 $\dfrac{x^2}{49} + \dfrac{y^2}{33} = 1$의 장축의 길이는 14이고,
두 초점의 좌표는 F(4, 0), F'(−4, 0)이다.

타원의 정의에 의해서 $\overline{F'Q} + \overline{FQ} = 14$이고,
$\overline{F'Q} = \overline{F'P} + \overline{PQ}$ 이므로 $\overline{F'P} + \overline{PQ} + \overline{FQ} = 14$ 이다.

합이 14로 일정하니 $\overline{F'P}$가 최소일 때, $\overline{PQ} + \overline{FQ}$은 최댓값을 갖는다.

$\overline{F'P}$의 최솟값은 원의 중심 (0, 3)과 F'(−4, 0) 사이의 거리에서 원의 반지름 2을 빼서 구하면 된다.

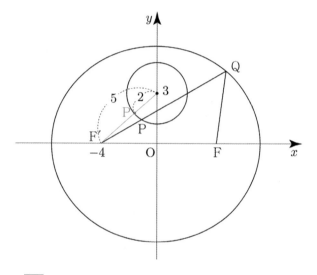

즉, $\overline{F'P}$의 최솟값은 5−2 = 3이다.

따라서 $\overline{PQ} + \overline{FQ}$의 최댓값은 14−3 = 11이다.

답 11

(Tip)

아마 $\overline{FQ} = 14 - \overline{F'Q}$을 $\overline{PQ} + \overline{FQ}$ 에 대입하여
$\overline{PQ} - \overline{F'Q} + 14$의 최댓값을 구하려고 시도한
학생이 있을 수 있다.

점 P가 동점이고, 점 P가 움직이면
타원 위의 점 Q도 같이 움직이기 때문에
$\overline{PQ} - \overline{F'Q}$의 최댓값을 판단하기 만만치 않다.
즉, 다른 풀이를 모색하는 것이 바람직하다.

166

타원 $\dfrac{x^2}{36} + \dfrac{y^2}{27} = 1$의 장축의 길이는 12이고,
두 초점의 좌표는 F(3, 0), F'(−3, 0)이다.

삼각형 PFQ의 둘레의 길이는
$\overline{QP} + \overline{PF} + \overline{QF} = \overline{QP} + \overline{QF} + 2$이고,

삼각형 PF'F의 둘레의 길이는
$\overline{PF'} + \overline{PF} + \overline{F'F} = \overline{PF'} + 2 + 6 = \overline{PF'} + 8$이다.

타원의 정의에 의해서
$\overline{QF'} + \overline{QF} = \overline{QP} + \overline{PF'} + \overline{QF} = 12$이다.

따라서 삼각형 PFQ의 둘레의 길이와 삼각형 PF'F의
둘레의 길이의 합은
$\overline{QP} + \overline{QF} + 2 + \overline{PF'} + 8 = 12 + 10 = 22$이다.

답 22

167

정삼각형 OAB의 한 변의 길이가 $2\sqrt{3}$ 이므로
$\overline{OG} = \dfrac{2}{3} \times \dfrac{\sqrt{3}}{2} \times 2\sqrt{3} = 2$이다.

포물선의 초점은 G(2, 0)이고, 준선은 $x = -2$이다.

점 P에서 x축에 내린 수선의 발을 R,
준선에 내린 수선의 발을 H라 하자.

$\overline{GP} = a$라 하면
포물선의 정의에 의해서 $\overline{PH} = \overline{GP} = a$이다.

$\overline{GR} = \overline{PH} - 4 = a - 4$

G는 삼각형 OAB의 무게중심이므로 $\angle PGR = 60°$ 이다.

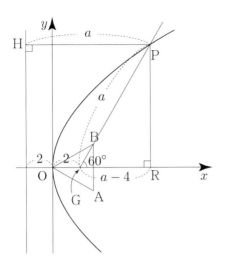

삼각형 PGR에서 $\cos 60° = \dfrac{\overline{GR}}{\overline{PG}} \Rightarrow \dfrac{1}{2} = \dfrac{a-4}{a} \Rightarrow a = 8$
이다.

따라서 선분 GP의 길이는 8이다.

답 8

168

타원 $\dfrac{x^2}{8} + \dfrac{y^2}{2} = 1$에 접하고 기울기가 m인 직선은

$y = mx \pm \sqrt{8m^2 + 2}$ 이다.

접선은 $(0,\ 2)$를 지나므로

$2 = \pm \sqrt{8m^2 + 2} \Rightarrow 4 = 8m^2 + 2 \Rightarrow m^2 = \dfrac{1}{4}$ 이다.

기울기가 $\dfrac{1}{2}$인 접선의 방정식은 $y = \dfrac{1}{2}x + 2$이다.

$\dfrac{x^2}{8} + \dfrac{y^2}{2} = 1 \Rightarrow \dfrac{x^2}{8} + \dfrac{1}{2}\left(\dfrac{1}{2}x + 2\right)^2 = 1 \Rightarrow x^2 + 4x + 4 = 0$

$\Rightarrow (x+2)^2 = 0 \Rightarrow x = -2$

점 P의 x좌표는 -2이고, 대칭성에 의해서 점 Q의 x좌표는
2이므로 $\overline{PQ} = 4$이다.

F'을 타원의 두 초점 중 F가 아닌 점이라 하면
대칭성에 의해서 $\overline{PF} = \overline{QF'}$이다.

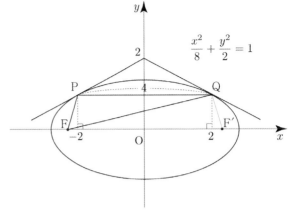

삼각형 PFQ의 둘레의 길이는
$\overline{PF} + \overline{QF} + \overline{PQ} = \overline{QF'} + \overline{QF} + \overline{PQ} = 4\sqrt{2} + 4$이므로
$a = 4,\ b = 4$이다.

따라서 $a^2 + b^2 = 16 + 16 = 32$이다.

답 32

169

$\angle PAQ = \dfrac{\pi}{3}$이므로 대칭성에 의해서 $\angle PAO = 30°$이고,

$\tan 30° = \dfrac{1}{\sqrt{3}}$이므로 직선 AP의 기울기는 $\dfrac{1}{\sqrt{3}}$이다.

포물선 $y^2 = 4px$에 접하고 기울기가 $\dfrac{1}{\sqrt{3}}$인 직선은

$y = \dfrac{1}{\sqrt{3}}x + \dfrac{p}{\dfrac{1}{\sqrt{3}}} \Rightarrow y = \dfrac{1}{\sqrt{3}}x + \sqrt{3}\,p$이다.

직선 AP의 y축과 만나는 점을 F라 하면
직선 AP의 y절편이 $\sqrt{3}\,p$이므로 $F(0,\ \sqrt{3}\,p)$이고,
대칭성에 의해시 $F'(0,\ -\sqrt{3}\,p)$이다.

삼각형 AOF에서

$\tan 30° = \dfrac{\overline{OF}}{\overline{AO}} \Rightarrow \dfrac{1}{\sqrt{3}} = \dfrac{\sqrt{3}\,p}{k} \Rightarrow k = 3p$이다.

점 A의 x좌표는 $-3p$이므로 점 P의 x좌표는 $3p$이다.
(이해가 잘되지 않는다면 Guide step 개념파악하기 - (13)
포물선의 접선은 어떠한 성질이 있을까?를 참고하도록 하자.
지난 문제에서 정말 많이 다루었다.)

점 P는 포물선 $y^2 = 4px$ 위의 점이므로 점 P의 좌표는
$P(3p,\ 2\sqrt{3}\,p)$이다.

$\overline{\mathrm{PF}} = \sqrt{9p^2 + 3p^2} = 2\sqrt{3}\,p$이고,

$\overline{\mathrm{PF'}} = \sqrt{9p^2 + 27p^2} = 6p$이다.

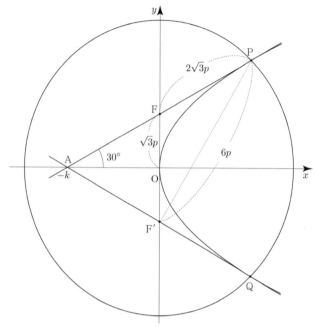

타원의 장축의 길이가 $4\sqrt{3} + 12$이므로

타원의 정의에 의해서 $2\sqrt{3}\,p + 6p = 4\sqrt{3} + 12 \Rightarrow p = 2$
이다.

따라서 $k + p = 3p + p = 4p = 8$이다.

답 ①

170

쌍곡선 $x^2 - \dfrac{y^2}{3} = 1$의 주축의 길이는 2이고,

두 초점의 좌표는 $\mathrm{F}(2,\ 0)$, $\mathrm{F'}(-2,\ 0)$이다.

삼각형 $\mathrm{PF'F}$가 이등변삼각형이므로 길이가 같을 수 있는
두 선분으로 case분류하여 구해보자.

① $\overline{\mathrm{F'F}} = \overline{\mathrm{F'P}} = 4$인 경우

점 $\mathrm{F'}$에서 선분 PF에 내린 수선의 발을 H라 하자.
쌍곡선의 정의에 의해서
$\overline{\mathrm{PF'}} - \overline{\mathrm{PF}} = 2 \Rightarrow \overline{\mathrm{PF}} = 4 - 2 = 2$이므로

$\overline{\mathrm{HF}} = \dfrac{1}{2}\overline{\mathrm{PF}} = 1$이다.

삼각형 $\mathrm{FF'H}$에서 피타고라스의 정리를 사용하면
$\overline{\mathrm{F'H}} = \sqrt{\overline{\mathrm{FF'}}^2 - \overline{\mathrm{HF}}^2} = \sqrt{16 - 1} = \sqrt{15}$이다.

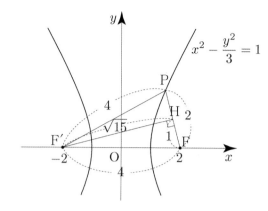

삼각형 $\mathrm{PF'F}$의 넓이는

$a = \dfrac{1}{2} \times \overline{\mathrm{F'H}} \times \overline{\mathrm{PF}} = \dfrac{1}{2} \times \sqrt{15} \times 2 = \sqrt{15}$ 이다.

② $\overline{\mathrm{FF'}} = \overline{\mathrm{FP}} = 4$

점 F에서 선분 $\mathrm{PF'}$에 내린 수선의 발을 R라 하자.

쌍곡선의 정의에 의해서
$\overline{\mathrm{PF'}} - \overline{\mathrm{PF}} = 2 \Rightarrow \overline{\mathrm{PF'}} = 4 + 2 = 6$이므로

$\overline{\mathrm{F'R}} = \dfrac{1}{2}\overline{\mathrm{F'P}} = 3$이다.

삼각형 $\mathrm{FF'R}$에서 피타고라스의 정리를 사용하면
$\overline{\mathrm{FR}} = \sqrt{\overline{\mathrm{FF'}}^2 - \overline{\mathrm{F'R}}^2} = \sqrt{16 - 9} = \sqrt{7}$이다.

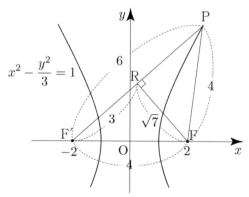

삼각형 $\mathrm{PF'F}$의 넓이는

$a = \dfrac{1}{2} \times \overline{\mathrm{FR}} \times \overline{\mathrm{F'P}} = \dfrac{1}{2} \times \sqrt{7} \times 6 = 3\sqrt{7}$ 이다.

따라서 모든 a의 값의 곱은 $\sqrt{15} \times 3\sqrt{7} = 3\sqrt{105}$ 이다.

답 ⑤

171

타원 $x^2 + \dfrac{y^2}{2} = 1$에 접하고 기울기가 m인 직선은

$y = mx \pm \sqrt{m^2 + 2}$ 이다.

직선 $y = mx \pm \sqrt{m^2 + 2}$ 은 점 P$(k,\ 2)$을 지나므로

$2 = km \pm \sqrt{m^2 + 2} \Rightarrow k^2 m^2 - 4mk + 4 = m^2 + 2$

$\Rightarrow (k^2 - 1)m^2 - 4km + 2 = 0$

두 접선의 기울기의 곱이 $m_1 m_2 = \dfrac{1}{3}$ 이므로

근과 계수의 관계에 의해서 $\dfrac{2}{k^2 - 1} = \dfrac{1}{3} \Rightarrow k^2 = 7$ 이다.

따라서 $k^2 = 7$ 이다.

 ②

173

원 위의 점 P에서의 접선이 x축과 만나는 점을 Q라 하자.
$\angle \mathrm{QPO} = 90\degree,\ \angle \mathrm{PQO} = 30\degree \Rightarrow \angle \mathrm{POF} = 60\degree$ 이고,
$\overline{\mathrm{OF}} = \overline{\mathrm{OP}} = 6$이므로 삼각형 OPF는 한 변의 길이가
6인 정삼각형이다.

즉, $\overline{\mathrm{PF}} = 6$ 이다.
삼각형 FF′P에서 피타고라스의 정리를 사용하면
$\overline{\mathrm{PF'}} = \sqrt{\overline{\mathrm{FF'}}^2 - \overline{\mathrm{PF}}^2} = \sqrt{144 - 36} = 6\sqrt{3}$ 이다.

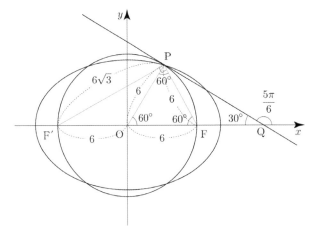

타원의 정의에 의해서 타원의 장축의 길이는
$\overline{\mathrm{PF'}} + \overline{\mathrm{PF}} = 6\sqrt{3} + 6$ 이다.

따라서 장축의 길이는 $6 + 6\sqrt{3}$ 이다.

 ②

172

선분 PF의 중점이 M이고, 선분 FF′의 중점이
원점 O이므로 두 삼각형 FF′P, FOM은 2 : 1 닮음이다.

$\overline{\mathrm{PF'}} = 2\overline{\mathrm{OM}} = 12$이고, $\overline{\mathrm{PF}} = 2\overline{\mathrm{MF}} = 6$이다.

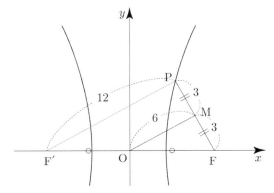

쌍곡선 $\dfrac{x^2}{a^2} - \dfrac{y^2}{b^2} = 1$의 점근선의 방정식이 $y = 2x,\ y = -2x$

이므로 $\dfrac{b}{a} = 2 \Rightarrow b = 2a$이다.

쌍곡선 $\dfrac{x^2}{a^2} - \dfrac{y^2}{b^2} = 1$의 주축의 길이는 $2a$이므로

쌍곡선의 정의에 의해서
$\overline{\mathrm{PF'}} - \overline{\mathrm{PF}} = 2a \Rightarrow 12 - 6 = 2a \Rightarrow a = 3$이다.

$b = 2a \Rightarrow b = 6$이므로 쌍곡선 $\dfrac{x^2}{9} - \dfrac{y^2}{36} = 1$의

두 초점의 좌표는 F$(3\sqrt{5},\ 0)$, F′$(-3\sqrt{5},\ 0)$이다.

174

선분 FQ의 길이는 세 점 F, P, Q가 일직선상에 있을 때
최대이다. (단, $\overline{\mathrm{FP}} < \overline{\mathrm{FQ}}$)

선분 FQ의 길이의 최댓값이 14이므로
원 C의 반지름의 길이를 r이라 하면
$\overline{\mathrm{PF'}} = r$, $\overline{\mathrm{PF}} = 14 - r$이다.

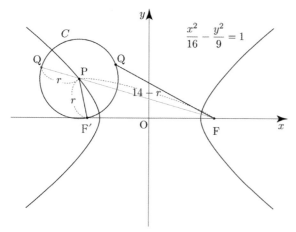

쌍곡선 $\dfrac{x^2}{16}-\dfrac{y^2}{9}=1$의 주축의 길이는 8이므로

쌍곡선의 정의에 의해서

$$\overline{PF}-\overline{PF'}=8 \Rightarrow 14-r-r=8 \Rightarrow 14-2r=8 \Rightarrow r=3$$

이다.

따라서 원 C의 넓이는 9π이다.

답 ③

175

$\overline{FQ}=\overline{PF'}=a,\ \overline{GQ}=\overline{PG'}=c,\ \overline{PG}=d,\ \overline{PF}=b$라 하자.

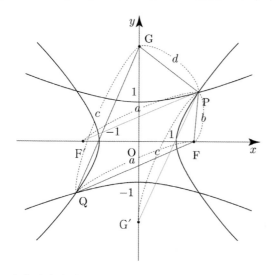

쌍곡선의 정의에 의해서

$$\overline{PG'}-\overline{PG}=2 \Rightarrow c-d=2$$
$$\overline{PF'}-\overline{PF}=2 \Rightarrow a-b=2$$

이다.

$\overline{PG}\times\overline{QG}=8 \Rightarrow dc=8$이므로

$$(c+d)^2=(c-d)^2+4cd=4+32=36$$

$$\Rightarrow c+d=6$$

$\overline{PF}\times\overline{QF}=4 \Rightarrow ba=4$이므로

$$(a+b)^2=(a-b)^2+4ab=4+16=20$$

$$\Rightarrow a+b=2\sqrt{5}$$

따라서 사각형 PGQF의 둘레의 길이는

$$\overline{PG}+\overline{GQ}+\overline{FQ}+\overline{PF}=d+c+a+b=6+2\sqrt{5}\text{이다.}$$

답 ④

176

두 정점 B, C에 대하여 $\overline{PB}-\overline{PC}=2$가 그리는 자취는
주축이 길이가 2이고, 두 초점이 B, C인 쌍곡선이다.

선분 BC의 중점을 원점 O으로 잡으면
$\overline{BC}=10$이므로 B$(-5,\ 0)$, C$(5,\ 0)$이다.

정삼각형 ABC의 높이가 $10\times\dfrac{\sqrt{3}}{2}=5\sqrt{3}$이므로

점 A$(0,\ 5\sqrt{3})$이다.

한 점에서 거리가 같은 점들의 집합은 원이므로
선분 PA의 길이가 최소일 때는 점 A가 중심인 원이
쌍곡선에 접할 때이다.

> **Tip**
>
> 2025 규토 라이트 N제 수2 해설편 p145 084번 두 번째 풀이와
> 맥이 같고, 084번 tip에서 "원은 거리를 나타내는 틀이다."
> 라고 언급한 바 있었다.

접점 수직 보조선을 그으면 접선과 직선 AP는
서로 수직이다.

점 P의 좌표를 점 P$(a,\ b)$라 하자.

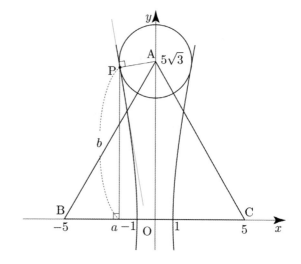

두 점 B$(-5,\ 0)$, C$(5,\ 0)$을 초점으로 하고
주축의 길이가 1인 쌍곡선은 $x^2-\dfrac{y^2}{24}=1$이다.

쌍곡선은 $x^2-\dfrac{y^2}{24}=1$ 위의 점 P$(a,\ b)$에서의 접선은

$ax-\dfrac{by}{24}=1 \ \Rightarrow \ y=\dfrac{24a}{b}x-\dfrac{24}{b}$이므로

접선의 기울기는 $\dfrac{24a}{b}$이다.

직선 AP의 기울기는 $\dfrac{b-5\sqrt{3}}{a}$이다.

접선과 직선 AP는 서로 수직이므로

$\dfrac{24a}{b}\times\dfrac{b-5\sqrt{3}}{a}=-1 \ \Rightarrow \ 24b-120\sqrt{3}=-b$

$\Rightarrow \ b=\dfrac{24}{5}\sqrt{3}$

이다.

따라서 삼각형 PBC의 넓이는

$\dfrac{1}{2}\times\overline{BC}\times b=\dfrac{1}{2}\times10\times\dfrac{24}{5}\sqrt{3}=24\sqrt{3}$이다.

답 ⑤

177

접선과 x축과의 교점을 Q라 하자.
선분 F$'$F를 2 : 1로 내분하는 점 Q의 좌표는
Q$(1,\ 0)$이다.

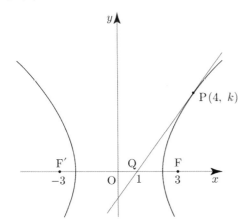

쌍곡선 $\dfrac{x^2}{a^2}-\dfrac{y^2}{b^2}=1$ 위의 점 P$(4,\ k)$에서의 접선은

$\dfrac{4x}{a^2}-\dfrac{ky}{b^2}=1$이다.

직선 $\dfrac{4x}{a^2}-\dfrac{ky}{b^2}=1$은 점 Q$(1,\ 0)$을 지나므로

$\dfrac{4}{a^2}=1 \ \Rightarrow \ a^2=4$이다.

쌍곡선 $\dfrac{x^2}{a^2}-\dfrac{y^2}{b^2}=1$의 두 초점의 좌표가

F$(3,\ 0)$, F$'(-3,\ 0)$이므로 $a^2+b^2=9$이다.

$a^2+b^2=9 \ \Rightarrow \ 4+b^2=9 \ \Rightarrow \ b^2=5$

점 P$(4,\ k)$는 쌍곡선 $\dfrac{x^2}{4}-\dfrac{y^2}{5}=1$ 위의 점이므로

$\dfrac{16}{4}-\dfrac{k^2}{5}=1 \ \Rightarrow \ k^2=15$이다.

따라서 $k^2=15$이다.

답 15

178

주어진 포물선을 $y^2=4px$라 하면 초점의 좌표는
F$(p,\ 0)$이고, 준선은 $x=-p$이다.

점 A에서 준선 $x=-p$에 내린 수선의 발을 H라 하고,
x축에 내린 수선의 발을 R이라 하자.

정사각형의 한 변의 길이가 2이므로 $\overline{AF}=2\sqrt{2}$이다.
포물선의 정의에 의해서 $\overline{AH}=\overline{AF}=2\sqrt{2}$이다.

$2p+\overline{FR}=2\sqrt{2} \ \Rightarrow \ 2p+2=2\sqrt{2} \ \Rightarrow \ p=\sqrt{2}-1$

$\overline{BF}=k$라 하자.

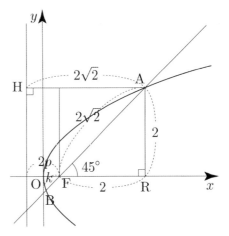

직선 AB가 포물선의 초점을 지나므로 Guide step에서

배운 $\dfrac{1}{p}=\dfrac{1}{a}+\dfrac{1}{b}$를 사용하여 k의 값을 구해보자.

(낯설게 느껴졌다면 개념 파악하기 - (12) 포물선의 초점을 지나는 직선은 어떠한 성질이 있을까? 를 참고하도록 하자.)

$$\frac{1}{\sqrt{2}-1} = \frac{1}{2\sqrt{2}} + \frac{1}{k} \Rightarrow \frac{1}{k} = \frac{\sqrt{2}+1}{4-2\sqrt{2}}$$

$$\Rightarrow k = \frac{4-2\sqrt{2}}{\sqrt{2}+1} \Rightarrow k = \frac{(4-2\sqrt{2})(\sqrt{2}-1)}{(\sqrt{2}+1)(\sqrt{2}-1)}$$

$$\Rightarrow k = 6\sqrt{2}-8$$

선분 AB의 길이는 $6\sqrt{2}-8+2\sqrt{2} = -8+8\sqrt{2}$
이므로 $a=-8,\ b=8$이다.
따라서 $a^2+b^2 = 64+64 = 128$이다.

답 128

179

$$\frac{1}{n} = 4p \Rightarrow p = \frac{1}{4n}$$

포물선 $y^2 = \dfrac{x}{n}$의 초점의 좌표는 $F\left(\dfrac{1}{4n},\ 0\right)$이다.

$\overline{PF}=1,\ \overline{FQ} = a_n$
점 P가 제1사분면 위의 점이라고 하자.

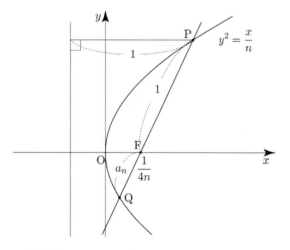

┌─ Tip ─

점 P의 x좌표가 $\dfrac{1}{4n}$ 보다 작을 수 있을까?

$\overline{PF}=1$이므로 포물선의 정의에 의해서 점 P의

x좌표는 $1-\dfrac{1}{4n} = \dfrac{4n-1}{4n}$이다.

자연수 n에 대하여 $\dfrac{4n-1}{4n} > \dfrac{1}{4n}$가 항상

성립하므로 점 P의 x좌표는 $\dfrac{1}{4n}$ 보다 크다.

직선 PQ가 포물선의 초점을 지나므로 Guide step에서
배운 $\dfrac{1}{p} = \dfrac{1}{a} + \dfrac{1}{b}$를 사용하여 $\dfrac{1}{a_n}$의 값을 구해보자.

(낯설게 느껴졌다면 개념 파악하기 - (12) 포물선의 초점을 지나는 직선은 어떠한 성질이 있을까? 를 참고하도록 하자.)

$$\frac{1}{\frac{1}{4n}} = \frac{1}{a_n} + 1 \Rightarrow 4n-1 = \frac{1}{a_n}$$

따라서 $\displaystyle\sum_{n=1}^{10} \frac{1}{a_n} = \sum_{n=1}^{10}(4n-1) = \frac{10(3+39)}{2} = 210$이다.

답 ①

180

포물선 $y^2 = 4x$의 초점의 좌표는 $F(1,\ 0)$이고,
준선은 $x=-1$이다.

두 점 A, B에서 준선 $x=-1$에 내린 수선의 발을 각각
H, R이라 하고, 두 점 A, B에서 x축에 내린 수선의 발을
각각 C, D라 하자.

$\overline{FA}:\overline{FB} = 1:2$이므로 $\overline{FA}=a$라 하면 $\overline{FB}=2a$이다.

포물선의 정의에 의해서 $\overline{HA}=\overline{FA}=a,\ \overline{RB}=\overline{FB}=2a$
이다.

$\overline{CF} = \overline{PF}-\overline{PC} = 2-a$
$\overline{FD} = \overline{PD}-\overline{PF} = 2a-2$

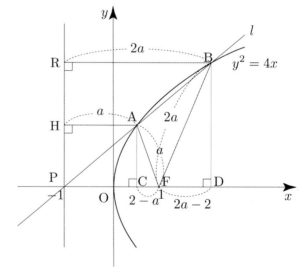

삼각형 AFC에서 피타고라스의 정리를 사용하면
$$\overline{AC} = \sqrt{\overline{AF}^2 - \overline{CF}^2} = \sqrt{a^2-(2-a)^2} = \sqrt{4a-4}$$
이고,

두 삼각형 PBD, PAC는 2 : 1 닮음이므로
$\overline{BD} = 2\overline{AC} = 2\sqrt{4a-4} = \sqrt{16a-16}$ 이다.

삼각형 BFD에서 피타고라스의 정리를 사용하면
$\overline{BD} = \sqrt{\overline{FB}^2 - \overline{FD}^2} = \sqrt{4a^2 - (2a-2)^2} = \sqrt{8a-4}$
이다.

$\sqrt{16a-16} = \sqrt{8a-4} \Rightarrow 16a-16 = 8a-4$

$\Rightarrow 8a = 12 \Rightarrow a = \dfrac{3}{2}$

따라서 직선 l의 기울기는
$\dfrac{\overline{AC}}{\overline{PC}} = \dfrac{\sqrt{4a-4}}{a} = \dfrac{\sqrt{2}}{\dfrac{3}{2}} = \dfrac{2\sqrt{2}}{3}$ 이다.

답 ⑤

181

쌍곡선 $\dfrac{x^2}{a^2} - \dfrac{y^2}{b^2} = 1$의 주축의 길이가 6이므로
쌍곡선의 정의에 의해서
$\overline{PF'} - \overline{PF} = 6 \Rightarrow \overline{PF'} = \overline{PF} + 6$이다.

$\overline{PQ} + \overline{PF'} = \overline{PQ} + \overline{PF} + 6$이므로
$\overline{PQ} + \overline{PF}$가 최소일 때, $\overline{PQ} + \overline{PF'}$는 최솟값을 갖는다.

$\overline{PQ} + \overline{PF}$의 최솟값은 세 점 A, Q, F가 일직선상에
있을 때 $\overline{QF}$의 값과 같다. (단, $\overline{QF} < \overline{AF}$)

$\overline{PQ} + \overline{PF'}$의 최솟값이 12이므로
$\overline{QF} + 6 = 12 \Rightarrow \overline{QF} = 6$이다.
$\overline{AF} = 1 + \overline{QF} = 7$

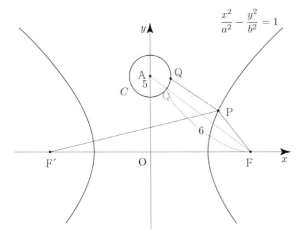

삼각형 AFO에서 피타고라스의 정리를 사용하면
$\overline{OF} = \sqrt{\overline{AF}^2 - \overline{OA}^2} = \sqrt{49-25} = 2\sqrt{6}$ 이다.

쌍곡선 $\dfrac{x^2}{a^2} - \dfrac{y^2}{b^2} = 1$의 주축의 길이가 6이므로
$2a = 6 \Rightarrow a = 3$이고, 두 초점의 좌표가
$F(2\sqrt{6},\ 0)$, $F'(-2\sqrt{6},\ 0)$이므로 $a^2 + b^2 = 24$이다.

$a^2 + b^2 = 24 \Rightarrow 9 + b^2 = 24 \Rightarrow b^2 = 15$
따라서 $a^2 + 3b^2 = 9 + 45 = 54$이다.

답 54

182

포물선 $y^2 = 4x$의 초점의 좌표는 $F(1,\ 0)$이고,
준선은 $x = -1$이다.

삼각형 FCA의 넓이는
$\dfrac{1}{2} \times \overline{AF} \times \overline{FC} \times \sin(\angle AFC)$이고,

삼각형 FDB의 넓이는
$\dfrac{1}{2} \times \overline{BF} \times \overline{FD} \times \sin(\angle DFB)$이다.

이때 $\overline{AF} = \overline{BF}$, $\angle AFC = \angle DFB$이고,
삼각형 FCA의 넓이가 삼각형 FEB의 넓이의
5배이므로 $\overline{FC} : \overline{FD} = 5 : 1$이다.

$\overline{FD} = k$라 하면 $\overline{FC} = 5k$이다.

점 C에서 준선 $x = -1$에 내린 수선의 발을 H,
x축에 내린 수선의 발을 R이라 하자.

포물선의 정의에 의해서 $\overline{CH} = \overline{CF} = 5k$이고,
$\overline{FR} = \overline{CH} - 2 = 5k - 2$이다.

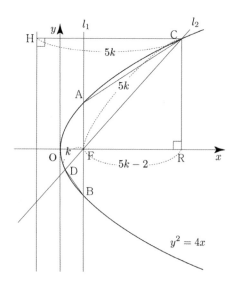

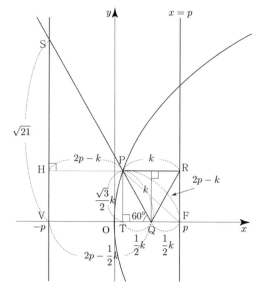

직선 CD가 포물선의 초점을 지나므로 Guide step에서

배운 $\dfrac{1}{p} = \dfrac{1}{a} + \dfrac{1}{b}$ 를 사용하여 k의 값을 구해보자.

(낯설게 느껴졌다면 개념 파악하기 - (12) 포물선의 초점을
지나는 직선은 어떠한 성질이 있을까? 를 참고하도록 하자.)

$$1 = \frac{1}{5k} + \frac{1}{k} \Rightarrow 1 = \frac{6}{5k} \Rightarrow k = \frac{6}{5}$$

$\overline{CF} = 5k = 6$, $\overline{FR} = 5k - 2 = 4$이므로
삼각형 CFR에서 피타고라스의 정리를 사용하면
$\overline{CR} = \sqrt{\overline{CF}^2 - \overline{FR}^2} = \sqrt{36 - 16} = 2\sqrt{5}$ 이다.

따라서 $m = \dfrac{\overline{CR}}{\overline{FR}} = \dfrac{2\sqrt{5}}{4} = \dfrac{\sqrt{5}}{2}$ 이다.

답 ③

183

점 P에서 준선 $x = -p$에 내린 수선의 발을 H,
x축에 내린 수선의 발을 T라 하자.

정삼각형 PQR의 한 변의 길이를 k라 하자.
$\overline{PQ} = k$이고, $\angle PQT = 60°$ 이므로
$\overline{PT} = \dfrac{\sqrt{3}}{2}k$, $\overline{TQ} = \dfrac{1}{2}k$이다.

$\overline{PH} = \overline{HR} - \overline{PR} = 2p - k$이므로
포물선의 정의에 의해서 $\overline{PF} = \overline{PH} = 2p - k$이다.
점 S에서 x축에 내린 수선의 발을 V라 하면
$\overline{SV} = \sqrt{21}$, $\overline{VQ} = \overline{VT} + \overline{TQ} = 2p - \dfrac{1}{2}k$이다.

삼각형 SQV에서

$$\tan 60° = \frac{\overline{VS}}{\overline{VQ}} \Rightarrow \sqrt{3} = \frac{\sqrt{21}}{2p - \frac{1}{2}k} \Rightarrow \sqrt{7} = 2p - \frac{1}{2}k$$

$$\Rightarrow 2p = \sqrt{7} + \frac{1}{2}k$$

이다.

삼각형 PFT에서 피타고라스의 정리를 사용하면

$$\overline{PF}^2 = \overline{PT}^2 + \overline{TF}^2 \Rightarrow (2p - k)^2 = \frac{3}{4}k^2 + k^2$$

$$\Rightarrow 4p^2 - 4pk = \frac{3}{4}k^2$$

$$\Rightarrow \left(\sqrt{7} + \frac{1}{2}k\right)^2 - 2k\left(\sqrt{7} + \frac{1}{2}k\right) = \frac{3}{4}k^2$$

$$\Rightarrow 7 + \sqrt{7}k + \frac{1}{4}k^2 - 2\sqrt{7}k - k^2 = \frac{3}{4}k^2$$

$$\Rightarrow \frac{3}{2}k^2 + \sqrt{7}k - 7 = 0$$

$$\Rightarrow 3k^2 + 2\sqrt{7}k - 14 = 0$$

$$\Rightarrow k = \frac{-\sqrt{7} + \sqrt{49}}{3} \quad (\because \; k > 0)$$

$$\Rightarrow k = \frac{7 - \sqrt{7}}{3}$$

이다.

$\overline{QF} = \dfrac{1}{2}k = \dfrac{7 - \sqrt{7}}{6}$ 이므로 $a = 7$, $b = -1$이다.
따라서 $a + b = 6$이다.

답 6

184

쌍곡선 $x^2 - \dfrac{y^2}{16} = 1$의 주축의 길이는 2이고,

두 초점의 좌표는 $F(\sqrt{17},\,0)$, $F'(-\sqrt{17},\,0)$이다.

직선 QR은 $\angle FQP$의 이등분선이므로
$\overline{PQ} : \overline{QF} = \overline{PR} : \overline{RF}$이다.

(위 비례식이 낯설었다면 2025 규토 라이트 N제 수1 문제편
p253 ⑦ 삼각형의 각의 이등분선과 닮음을 참고하도록 하자.)

$4\overline{PR} = 3\overline{RF}$이므로

$\overline{PR} : \overline{RF} = 3 : 4 \Rightarrow \overline{PQ} : \overline{QF} = 3 : 4$이다.

즉, $\overline{PQ} = 3k$라 하면 $\overline{QF} = 4k$이다.

$\angle PQF = 90°$이므로 삼각형 PQF에서 피타고라스의 정리를
사용하면 $\overline{PF} = \sqrt{\overline{PQ}^2 + \overline{QF}^2} = \sqrt{9k^2 + 16k^2} = 5k$이다.

쌍곡선의 정의에 의해서
$\overline{PF'} - \overline{PF} = 2 \Rightarrow \overline{PF'} = 5k + 2$
$\overline{QF'} = \overline{PF'} - \overline{PQ} = 5k + 2 - 3k = 2k + 2$이다.

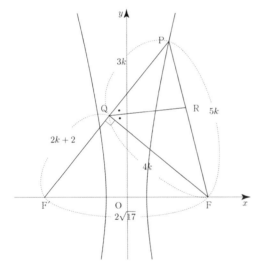

삼각형 $QF'F$에서 피타고라스의 정리를 사용하면
$\overline{FF'}^2 = \overline{QF}^2 + \overline{QF'}^2 \Rightarrow \left(2\sqrt{17}\right)^2 = (4k)^2 + (2k+2)^2$

$\Rightarrow 68 = 16k^2 + 4k^2 + 8k + 4$

$\Rightarrow 20k^2 + 8k - 64 = 0 \Rightarrow 5k^2 + 2k - 16 = 0$

$\Rightarrow (5k-8)(k+2) = 0 \Rightarrow k = \dfrac{8}{5} \ (\because \ k > 0)$

따라서 삼각형 $PF'F$의 넓이는
$\dfrac{1}{2} \times \overline{PF'} \times \overline{QF} = \dfrac{1}{2} \times 10 \times \dfrac{32}{5} = 32$이다.

답 **32**

185

직선 OH은 선분 PF를 수직이등분하므로 $\overline{OP} = \overline{OF}$이고,
직선 OI는 선분 F'Q를 수직이등분하므로 $\overline{OF'} = \overline{OQ}$이다.

즉, 중심이 O이고 선분 OF의 길이를 반지름으로 하는
원은 점 P, F, Q, F'를 지난다.

원점 O에서 선분 PF'에 내린 수선의 발을 R이라 하자.
$\overline{OH} = a$, $\overline{OI} = b$라 하면 대칭성에 의해서 $\overline{OR} = b$이다.

두 삼각형 FF'P, FOH는 2 : 1 닮음이므로
$\overline{PF'} = 2\overline{OH} = 2a$, $\overline{PF} = 2\overline{OR} = 2b$이다.

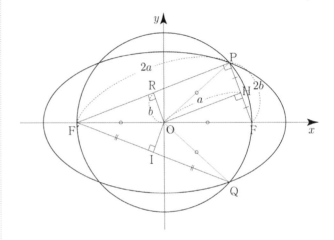

$\overline{OH} \times \overline{OI} = 10 \Rightarrow ab = 10$

삼각형 FF'P에서 피타고라스의 정리를 사용하면
$\overline{FF'}^2 = \overline{PF'}^2 + \overline{PF}^2 \Rightarrow 100 = 4a^2 + 4b^2$

$\Rightarrow a^2 + b^2 = 25$
이다.

$(a+b)^2 = a^2 + b^2 + 2ab = 25 + 20 = 45$
타원의 정의에 의해서 타원의 장축의 길이는
$l = \overline{PF'} + \overline{PF} = 2a + 2b = 2(a+b)$이다.

따라서 $l^2 = 4(a+b)^2 = 4 \times 45 = 180$이다.

답 **180**

186

포물선 $C_1 : x^2 = 4y$의 초점의 좌표는 $F_1(0, \ 1)$이고,
준선은 $y = -1$이다. 포물선의 정의에 의해서
중심이 C_1 위에 있고 초점 F_1을 지나는 원 S_1은
준선 $y = -1$과 접하므로 원 S_1 위의 점의 y좌표는
-1보다 크거나 같다.

포물선 $C_2 : y^2 = 8x$의 초점의 좌표는 $F_2(2, \ 0)$이고,
준선은 $x = -2$이다. 포물선의 정의에 의해서
중심이 C_2 위에 있고 초점 F_2를 지나는 원 S_2는
준선 $x = -2$와 접하므로 원 S_2 위의 점의 x좌표는
-2보다 크거나 같다.

즉, 두 원 S_1, S_2의 교점 P는 제3사분면에 존재하므로
네 점 $(0, \ 0)$, $(-2, \ 0)$, $(-2, \ -1)$, $(0, \ -1)$을 꼭짓점으로
하는 사각형의 둘레 또는 내부영역에 존재할 수 있다.

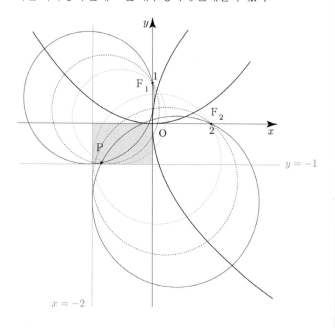

따라서 $\overline{OP}^2$의 최댓값은 점 $P(-2, \ -1)$일 때,
$(-2)^2 + (-1)^2 = 5$이다.

답 5

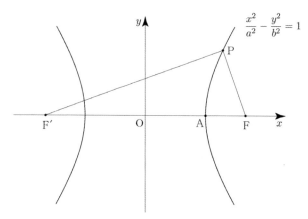

187

쌍곡선의 방정식을 $\dfrac{x^2}{a^2} - \dfrac{y^2}{b^2} = 1 \ (a > 0, \ b > 0)$라 하면

점근선의 방정식이 $y = \pm \dfrac{4}{3} x$이므로

$\dfrac{b}{a} = \dfrac{4}{3} \ \Rightarrow \ b = \dfrac{4}{3} a$이다.

(가) 조건에서 $\overline{PF'} = 30$, $16 \leq \overline{PF} \leq 20$ 이므로
$\overline{PF'} > \overline{PF}$이고, 쌍곡선의 정의에 의해서
$\overline{PF'} - \overline{PF} = 2a \ \Rightarrow \ \overline{PF} = 30 - 2a$이다.

$16 \leq \overline{PF} \leq 20 \ \Rightarrow \ 16 \leq 30 - 2a \leq 20$
$\Rightarrow 5 \leq a \leq 7$

점 A는 x좌표가 양수인 꼭짓점이므로 좌표를 구하면
$A(a, \ 0)$이다.

두 초점이 $F(c, \ 0)$, $F'(-c, \ 0)$이므로
$c^2 = a^2 + b^2 \ \Rightarrow \ c^2 = a^2 + \dfrac{16}{9} a^2 = \dfrac{25}{9} a^2$

$\Rightarrow c = \dfrac{5}{3} a$
이다.

즉, 점 F의 좌표를 구하면 $F\left(\dfrac{5}{3} a, \ 0 \right)$이다.

$\overline{AF} = \dfrac{5}{3} a - a = \dfrac{2}{3} a$

$5 \leq a \leq 7 \ \Rightarrow \ \dfrac{10}{3} \leq \dfrac{2}{3} a \leq \dfrac{14}{3}$

$\Rightarrow 3 + \dfrac{1}{3} \leq \dfrac{2}{3} a \leq 4 + \dfrac{2}{3}$

$\overline{AF} = \dfrac{2}{3} a$는 자연수이므로 $\dfrac{2}{3} a = 4 \ \Rightarrow \ a = 6$이다.

따라서 쌍곡선의 주축의 길이는 $2a=12$이다.

답   12

따라서 삼각형 ABC의 넓이는

$$\frac{1}{2}\times\overline{AB}\times\overline{OC}=\frac{1}{2}\times2\times(2\sqrt{5}-2)=2(\sqrt{5}-1)$$이다.

답   ③

188

포물선 p_1의 준선을 l_1, 포물선 p_2의 준선을 l_2라 하자.
점 C에서 두 준선 l_1, l_2에 내린 수선의 발을 각각
H, R이라 하고, 두 점 H, R에서 x축에 내린 수선의 발을
각각 S, T라 하자.

$\overline{AO}=a$라 하면 $\overline{HC}=\overline{SA}+\overline{AO}=2+a$이므로
포물선의 정의에 의해서 $\overline{CB}=\overline{HC}=2+a$이다.

$\overline{OB}=\overline{AB}-\overline{AO}=2-a$이고, $\overline{CR}=2\overline{OB}=4-2a$
이므로 포물선의 정의에 의해서 $\overline{OC}=\overline{CR}=4-2a$이다.

> **Tip**
>
> Guide step에서 배운 포물선 작도법을 활용하여
> 다음과 같이 $\overline{OC}$의 값을 빠르게 찾을 수 있다.
> $\overline{OC}=2\overline{OB}=4-2a$

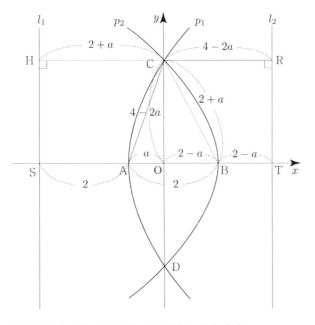

삼각형 CBO에서 피타고라스의 정리를 사용하면
$$\overline{CB}^2=\overline{OB}^2+\overline{OC}^2\Rightarrow(2+a)^2=(2-a)^2+(4-2a)^2$$
$$\Rightarrow 4+4a+a^2=4-4a+a^2+16-16a+4a^2$$
$$\Rightarrow 4a^2-24a+16=0\Rightarrow a^2-6a+4=0$$
$$\Rightarrow a=3-\sqrt{5}\ (\because 0<a<2)$$

> **Tip**
>
> 〈그땐 그랬지〉
>
> 188번은 2011학년도 수능 가형 14번에 출제된 문제였다.
> 2011학년도 수능 가형은 1등급 컷이 79점인 핵불수능이었고,
> 필자가 현장에서 세 번째로 응시했던 시험이기도 하다.
>
> 그때 당시 수능을 막 끝마친 학생이 인터뷰에서
> "14번에 출제된 이차곡선 문제가 참 어려웠다."
> 라고 대답했던 기억이 아직까지 생생하다.
>
> 지금이야 워낙 노출이 많이 돼서 큰 어려움 없이 풀어낼 수
> 있지만 포물선의 정의를 물어보는 이차곡선 문제 중에서 나름
> 기념비적인 문제이니 확실히 체화하도록 하자.

189

타원 $3x^2+4y^2=12\Rightarrow\dfrac{x^2}{4}+\dfrac{y^2}{3}=1$의 두 초점의 좌표는
$F(1,\ 0)$, $F'(-1,\ 0)$이다.

타원 $\dfrac{x^2}{4}+\dfrac{y^2}{3}=1$ 위의 점 $P(a,\ b)$에서의 접선은
$$\frac{ax}{4}+\frac{by}{3}=1\Rightarrow y=-\frac{3a}{4b}x+\frac{3}{b}$$이므로 x절편은 $\dfrac{4}{a}$이다.

점 $P(a,\ b)$에서 접선에 수직인 직선은
$$y=\frac{4b}{3a}(x-a)+b\Rightarrow y=\frac{4b}{3a}x-\frac{b}{3}$$이므로 x절편은 $\dfrac{a}{4}$이다.

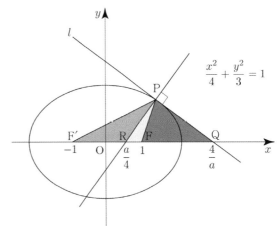

세 삼각형 PRF, PF′R, PFQ의 높이가 모두 같고,
세 삼각형 PRF, PF′R, PFQ의 넓이가 이 순서대로
등차수열을 이루므로 세 삼각형의 밑변의 길이
$\overline{RF}$, $\overline{F′R}$, $\overline{FQ}$는 이 순서대로 등차수열을 이룬다.

$\overline{RF} = 1 - \dfrac{a}{4}$, $\overline{F′R} = \dfrac{a}{4} + 1$, $\overline{FQ} = \dfrac{4}{a} - 1$이므로

등차중항을 이용하면

$2\overline{F′R} = \overline{RF} + \overline{FQ} \Rightarrow \dfrac{a}{2} + 2 = 1 - \dfrac{a}{4} + \dfrac{4}{a} - 1$

$\Rightarrow 2a^2 + 8a = -a^2 + 16 \Rightarrow 3a^2 + 8a - 16 = 0$

$\Rightarrow (3a - 4)(a + 4) = 0 \Rightarrow a = \dfrac{4}{3}$ $(\because a > 0)$

이다.

따라서 점 P의 x좌표는 $\dfrac{4}{3}$이다.

답 ④

190

원 C의 중심을 A라 하자.
직선 FP와 원 C의 접점을 H라 하고,
점 F에서 원 C에 그은 접선 중 직선 PF이 아닌
직선과 원 C의 접점을 R이라 하자.

$\overline{PQ} = k$라 하면 $\overline{PH} = k$이고,
$\overline{PF′} = \overline{F′Q} - \overline{PQ} = 5\sqrt{2} - k$이다.

대칭성에 의해서 $\overline{FR} = \overline{F′Q} = 5\sqrt{2}$이므로
$\overline{FH} = \overline{FR} = 5\sqrt{2}$이다.
$\overline{PF} = \overline{PH} + \overline{HF} = k + 5\sqrt{2}$

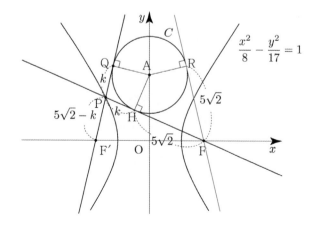

쌍곡선 $\dfrac{x^2}{8} - \dfrac{y^2}{17} = 1$의 주축의 길이는 $4\sqrt{2}$이므로

쌍곡선의 정의에 의해서
$\overline{PF} - \overline{PF′} = 4\sqrt{2} \Rightarrow k + 5\sqrt{2} - (5\sqrt{2} - k) = 4\sqrt{2}$

$\Rightarrow 2k = 4\sqrt{2} \Rightarrow k = 2\sqrt{2}$

이다.

따라서 $\overline{FP}^2 + \overline{F′P}^2 = (7\sqrt{2})^2 + (3\sqrt{2})^2 = 116$이다.

답 116

Tip

〈그땐 그랬지〉

190번은 EBS 수능완성 연계문항으로
2018학년도 수능 가형 27번에 출제된 문제였고,
당시 "강제 재수 유도문항"이라고 불릴 정도로 현장에서
준킬러 역할을 톡톡히 했던 문제였다.

27번(쉬운 4점 포지션)인데 쉽게 안 풀리니 당황하여 다른
문제로 넘어가지 못하고 계속 붙잡고 있던 것이 강제 재수를
하게 만든 주요 원인 중 하나였다.

대칭성을 떠올리지 못했다면 실제 시험장에서 굉장히
까다로울 수 있는 문항이었다.

190번 이외에도 t1, t2에서 대칭성을 물어보는
문제들을 정말 많이 접해보았다.
(2018학년 수능 이전에도 다수 출제됨)

이차곡선 문제를 풀 때는 정의뿐만 아니라
항상 대칭성도 염두에 두고 있어야 한다.

191

두 점 A$(c, 0)$, B$(-c, 0)$ $(c > 0)$를 초점으로 하는 쌍곡선의
방정식을 $\dfrac{x^2}{a^2} - \dfrac{y^2}{b^2} = 1$ $(a > 0, b > 0)$이라 하자.

만약 점 P가 위 쌍곡선 위의 점이라면 쌍곡선의 정의에 의해
$\overline{PB} - \overline{PA} = 2a$이므로 $\overline{PB} - \overline{PA}$의 값이 최대가
되려면 a의 값이 최대이어야 한다.

이때 $a^2 + b^2 = c^2$라는 관계식에서 c는 상수이므로
a가 커지면 b는 작아진다. 즉, a가 커질수록 점근선의

기울기 $\dfrac{b}{a}$는 점점 작아진다.

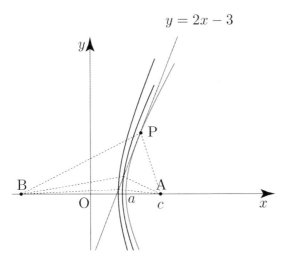

$$y = 2x - 3$$

a의 값을 점점 키워보면서 관찰해보면
쌍곡선이 점 $P(3, 3)$에서 직선 $y = 2x - 3$에 접할 때,
$\overline{PB} - \overline{PA} = 2a$가 최대임을 알 수 있다.

쌍곡선 $\dfrac{x^2}{a^2} - \dfrac{y^2}{b^2} = 1$ 위의 점 $(3, 3)$에서의

접선의 방정식은 $\dfrac{3x}{a^2} - \dfrac{3y}{b^2} = 1 \Rightarrow y = \dfrac{b^2}{a^2}x - \dfrac{b^2}{3}$이다.

접선의 방정식은 $y = 2x - 3$과 같으므로

$\dfrac{b^2}{a^2} = 2, \ -\dfrac{b^2}{3} = -3 \Rightarrow a^2 = \dfrac{9}{2}, \ b^2 = 9$이다.

두 점 A, B가 쌍곡선의 초점이므로

$c^2 = a^2 + b^2 = \dfrac{9}{2} + 9 = \dfrac{27}{2}$이다.

따라서 $c = \dfrac{3\sqrt{6}}{2}$이다.

답 ①

192

점 F'을 초점, 점 P를 꼭짓점으로 하는 포물선의
준선을 l이라 하자.

두 점 P, Q에서 직선 l에 내린 수선의 발을 각각
H, S라 하고, 점 Q에서 포물선 $y^2 = 8x$의 준선에
내린 수선의 발을 R이라 하자.

$\overline{PF} = a$, $\overline{F'Q} = b$, $\overline{FQ} = c$라 하면 포물선의 정의에 의해서
$\overline{PF'} = a$, $\overline{QS} = b$, $\overline{QR} = c$이다.
초점과 꼭짓점 사이의 거리와 꼭짓점과 준선사이의 거리는
서로 같으므로 $\overline{PH} = a$이다.

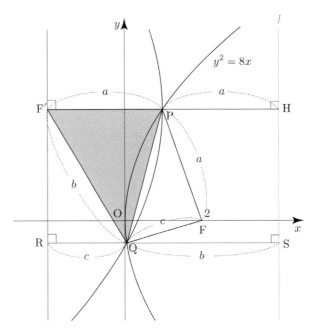

$\overline{RS} = \overline{F'H} \Rightarrow b + c = 2a$
사각형 $PF'QF$의 둘레의 길이가 12이므로
$2a + b + c = 12 \Rightarrow 4a = 12 \Rightarrow a = 3$

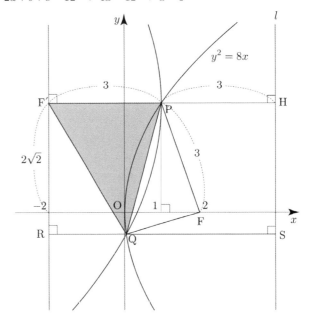

$\overline{PF'} = 3$이고 준선은 $x = -2$이므로
점 P의 x좌표는 1이다. 즉, $P(1, 2\sqrt{2})$이다.

점 Q의 y좌표만 구하면 삼각형 $PF'Q$의 넓이를 구할
수 있다. 점 Q의 y좌표를 구하기 위해서 점 F'을 초점,
점 P를 꼭짓점으로 하는 포물선의 방정식을 구해보자.

Guide Step에서 배웠듯이 평행이동을 하여도 초점과
꼭짓점 사이의 거리와 꼭짓점과 준선 사이의 거리는
변하지 않으므로 점 P가 원점에 있는 상황을 가정하면
초점이 $(-3, 0)$이고, 준선은 $x = 3$이므로
평행이동 전 포물선의 방정식은 $y^2 = -12x$이다.

x축의 방향으로 1만큼, y축의 방향으로 $2\sqrt{2}$ 만큼
평행이동한 포물선의 방정식은
$\left(y-2\sqrt{2}\right)^2 = -12(x-1)$ 이다.

$\left(y-2\sqrt{2}\right)^2 = -12(x-1),\ y^2 = 8x$

$\Rightarrow y^2 - 4\sqrt{2}\,y + 8 = -12x + 12,\ y^2 = 8x$

$\Rightarrow y^2 - 4\sqrt{2}\,y + 8 = -\dfrac{3}{2}y^2 + 12$

$\Rightarrow 5y^2 - 8\sqrt{2}\,y - 8 = 0 \Rightarrow \left(5y + 2\sqrt{2}\right)\left(y - 2\sqrt{2}\right) = 0$

즉, 점 Q의 y좌표는 $-\dfrac{2\sqrt{2}}{5}$ 이다.

삼각형 PF′Q의 넓이는
$\dfrac{1}{2} \times 3 \times \left(2\sqrt{2} + \dfrac{2\sqrt{2}}{5}\right) = \dfrac{3}{2} \times \dfrac{12\sqrt{2}}{5} = \dfrac{18\sqrt{2}}{5}$ 이다.
따라서 $p + q = 23$이다.

답   23

193

포물선 C_1의 준선은 $x = -1$이고,
포물선 C_2의 준선은 $x = -p + f(p)$ 이다.

포물선의 정의에 의해 $\overline{AF_2}$는 점 A와 직선 $x = -p + f(p)$
사이의 거리와 같고, $\overline{AF_1}$은 점 A와 직선 $x = -1$
사이의 거리와 같다. $\overline{AF_1} = \overline{AF_2}$이므로
점 A와 직선 $x = -p + f(p)$ 사이의 거리와
점 A와 직선 $x = -1$ 사이의 거리와 같다.
즉, $-p + f(p) = -1$이어야 한다.

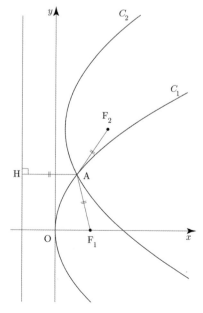

$-p + f(p) = -1 \Rightarrow -p + (p + a)^2 = -1$

$\Rightarrow p^2 + (2a - 1)p + a^2 + 1 = 0$

$p\ (p \geq 1)$는 범위가 있으므로 판별식을 사용할 때 유의해야
한다. (2025 규토 라이트 수1 해설편 p95 011번 tip3 참고)

높은 확률로 판별식 $D = 0$일 때가 답이겠지만
연습하는 과정이니 $D > 0$일 때도 판단해보자.
(예를 들어 $D > 0$일 때, $p = 0$ or $p = 4$라면 $p \geq 1$이므로
$p = 4$만 실근이 가능하므로 조건을 만족시킬 수 있기
때문에 원칙적으로는 따져주는 것이 맞다.)

① $D = 0$

$(2a - 1)^2 - 4a^2 - 4 \Rightarrow 4a = -3 \Rightarrow a = -\dfrac{3}{4}$

$a = -\dfrac{3}{4}$이면

$p^2 - \dfrac{5}{2}p + \dfrac{25}{16} = 0 \Rightarrow \left(p - \dfrac{5}{4}\right)^2 = 0 \Rightarrow p = \dfrac{5}{4}$

$p \geq 1$이므로 조건을 만족시킨다.

② $D > 0$

$(2a - 1)^2 - 4a^2 - 4 > 0 \Rightarrow -4a - 3 > 0 \Rightarrow a < -\dfrac{3}{4}$

$g(x) = x^2 + (2a - 1)x + a^2 + 1$라 하면
$g(1) = (a + 1)^2 \geq 0$이고, $g(x)$의 꼭짓점의 x좌표는
$-\dfrac{2a - 1}{2} = -a + \dfrac{1}{2} > \dfrac{5}{4}$이다.

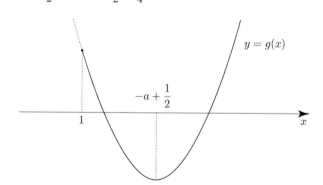

$D > 0$일 때, 방정식 $p^2 + (2a - 1)p + a^2 + 1 = 0$은 1 이상의
서로 다른 두 실근을 가지므로 조건을 만족시키지 않는다.

따라서 $a = -\dfrac{3}{4}$이다.

답   ①

선분 PP′의 중점을 M이라 하자.

$\overline{AP} : \overline{PP'} = 5 : 6$이므로 $\overline{AP} = 5t$라 하면

$\overline{PP'} = 6t \Rightarrow \overline{MP} = 3t$이고, 삼각형 APM에서

$\overline{AM} = \sqrt{25t^2 - 9t^2} = 4t$이다.

점 P에서 x축에 내린 수선의 발을 H라 하자.

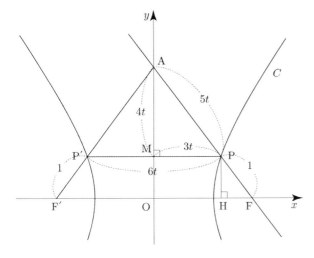

$\cos(\angle APM) = \dfrac{3}{5}$, $\sin(\angle APM) = \dfrac{4}{5}$이고,

$\angle APM = \angle PFH$이므로

$\overline{HF} = \overline{PF} \times \cos(\angle PFH) = 1 \times \dfrac{3}{5} = \dfrac{3}{5}$

$\overline{PH} = \overline{PF} \times \sin(\angle PFH) = 1 \times \dfrac{4}{5} = \dfrac{4}{5}$

이다.

직선 AF의 기울기는 $-\dfrac{4}{3}$이므로 쌍곡선 C의 한 점근선의

기울기는 $\dfrac{4}{3}$이고, 이를 이용하여 식을 세워보자.

쌍곡선 C의 방정식을 $\dfrac{x^2}{9a^2} - \dfrac{y^2}{16a^2} = 1 \ (a > 0)$라 하면

$\sqrt{9a^2 + 16a^2} = 5a$이고, $F\left(3t + \dfrac{3}{5},\ 0\right)$이므로

$5a = 3t + \dfrac{3}{5} \Rightarrow 3t = 5a - \dfrac{3}{5}$이다.

쌍곡선의 정의에 의해서

$\overline{PF'} - \overline{PF} = 2 \times 3a \Rightarrow \overline{PF'} = 6a + 1$이다.

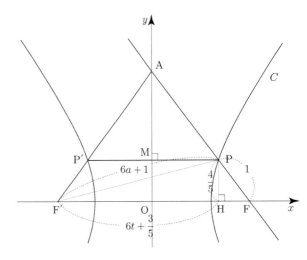

삼각형 PF′H에서 피타고라스의 정리를 사용하면

$\overline{PF'} = \sqrt{\left(6t + \dfrac{3}{5}\right)^2 + \left(\dfrac{4}{5}\right)^2}$

$\qquad = \sqrt{\left(10a - \dfrac{3}{5}\right)^2 + \left(\dfrac{4}{5}\right)^2} \ \left(\because\ 3t = 5a - \dfrac{3}{5}\right)$

$\qquad = \sqrt{100a^2 - 12a + 1}$

$\sqrt{100a^2 - 12a + 1} = 6a + 1$

$\Rightarrow 100a^2 - 12a + 1 = 36a^2 + 12a + 1$

$\Rightarrow 64a^2 - 24a = 0 \Rightarrow 8a(8a - 3) = 0$

$\Rightarrow a = \dfrac{3}{8} \ (\because\ a > 0)$

따라서 쌍곡선 C의 주축의 길이는 $6a = 6 \times \dfrac{3}{8} = \dfrac{9}{4}$이다.

 ②

타원 $\dfrac{x^2}{9}+\dfrac{y^2}{5}=1$의 한 초점이 $\mathrm{F}(c,\ 0)\ (c>0)$이므로

$c^2=9-5=4 \Rightarrow c=2\ (\because c>2)$

타원 $\dfrac{x^2}{9}+\dfrac{y^2}{5}=1$의 다른 한 초점을 F'라 하면

$\mathrm{F}'(-2,\ 0)$

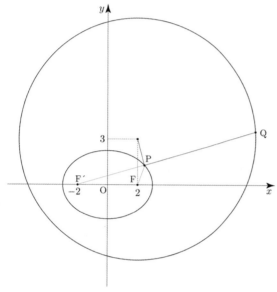

타원의 정의에 의해서

$\overline{\mathrm{PF}'}+\overline{\mathrm{PF}}=2\times 3=6 \Rightarrow \overline{\mathrm{PF}}=6-\overline{\mathrm{PF}'}$

$\overline{\mathrm{PQ}}-\overline{\mathrm{PF}}=\overline{\mathrm{PQ}}-\left(6-\overline{\mathrm{PF}'}\right)=\overline{\mathrm{PQ}}+\overline{\mathrm{PF}'}-6$

$\overline{\mathrm{PQ}}+\overline{\mathrm{PF}'}$가 최소일 때는 다음 그림과 같이
직선 PF'가 원의 중심을 지날 때이다.
원의 중심을 A라 하자.

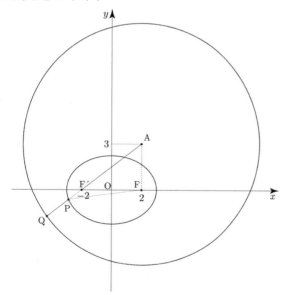

$\overline{\mathrm{AF}'}=\sqrt{4^2+3^2}=5$이고,

$\overline{\mathrm{PQ}}-\overline{\mathrm{PF}}=\overline{\mathrm{PQ}}+\overline{\mathrm{PF}'}-6$의 최솟값이 6이므로

최솟값이 되도록 하는 점 Q를 R이라 하면

$\overline{\mathrm{PR}}+\overline{\mathrm{PF}'}-6=r-\overline{\mathrm{AF}'}-6=r-11=6 \Rightarrow r=17$

따라서 $r=17$이다.

답 17

196

$C_1 : x^2-\dfrac{y^2}{24}=1, \quad C_2 : \dfrac{x^2}{4}-\dfrac{y^2}{21}=1$

$\sqrt{1+24}=5$이므로 $\mathrm{F}(5,\ 0)$, $\mathrm{F}'(-5,\ 0)$

$\overline{\mathrm{QF}'}=a$, $\overline{\mathrm{PQ}}=b$라 하면 쌍곡선의 정의에 의해서

$\overline{\mathrm{QF}}-\overline{\mathrm{QF}'}=4$, $\overline{\mathrm{PF}}-\overline{\mathrm{PF}'}=2$이므로

$\overline{\mathrm{QF}}=a+4$, $\overline{\mathrm{PF}}=a+b+2$

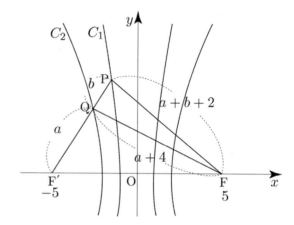

$\overline{\mathrm{PQ}}+\overline{\mathrm{QF}}$, $2\overline{\mathrm{PF}'}$, $\overline{\mathrm{PF}}+\overline{\mathrm{PF}'}$은 각각
$a+b+4$, $2(a+b)$, $2a+2b+2$이고,
이 순서대로 등차수열을 이루므로 등차중항에 의해

$3a+3b+6=2(2a+2b) \Rightarrow a+b=6$

$\overline{\mathrm{PF}'}=6$, $\overline{\mathrm{PF}}=8$, $\overline{\mathrm{FF}'}=10$이므로 $\angle \mathrm{FPF}'=\dfrac{\pi}{2}$

$\angle \mathrm{PF}'\mathrm{F}=\theta$라 하자.

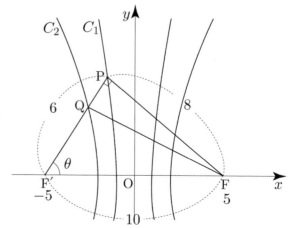

삼각형 $PF'F$에서 $\tan\theta = \dfrac{\overline{PF}}{\overline{PF'}} = \dfrac{8}{6} = \dfrac{4}{3} \Rightarrow m = \dfrac{4}{3}$

따라서 $60m = 60 \times \dfrac{4}{3} = 80$이다.

답 80

197

주축의 길이가 6이므로 쌍곡선의 정의에 의하여
$\overline{PF'} - \overline{PF} = 6$, $\overline{QF} - \overline{QF'} = 6$

삼각형 PQF의 둘레의 길이가 28이고,
$\overline{QF} = \overline{QF'} + 6$이고, 점 Q는 직선 PF' 위에
존재하므로 $\overline{PQ} + \overline{QF'} = \overline{PF'}$

$\overline{PF} + \overline{PQ} + \overline{QF} = \overline{PF} + \overline{PQ} + \overline{QF'} + 6$
$\qquad\qquad\qquad\qquad = \overline{PF} + \overline{PF'} + 6 = 28$

즉, $\overline{PF} + \overline{PF'} = 22$

삼각형 $PF'F$는 이등변삼각형인데
$\overline{PF'} - \overline{PF} = 6$이므로 $\overline{PF'} \neq \overline{PF}$이므로
$\overline{PF'} = \overline{FF'}$ or $\overline{PF} = \overline{FF'}$이다.

① $\overline{PF'} = \overline{FF'}$일 때

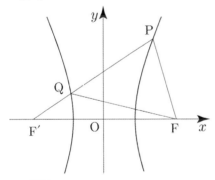

$\overline{FF'} = 2c \Rightarrow \overline{PF'} = 2c$
$\overline{PF'} - \overline{PF} = 6 \Rightarrow \overline{PF} = \overline{PF'} - 6 = 2c - 6$
$\overline{PF} + \overline{PF'} = 22 \Rightarrow 2c - 6 + 2c = 22 \Rightarrow c = 7$

② $\overline{PF} = \overline{FF'}$일 때

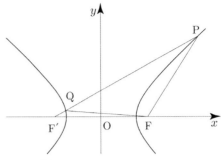

$\overline{FF'} = 2c \Rightarrow \overline{PF} = 2c$
$\overline{PF'} - \overline{PF} = 6 \Rightarrow \overline{PF'} = \overline{PF} + 6 = 2c + 6$
$\overline{PF} + \overline{PF'} = 22 \Rightarrow 2c + 2c + 6 = 22 \Rightarrow c = 4$

따라서 조건을 만족시키는 모든 c의 값의 합은
$7 + 4 = 11$이다.

답 11

198	66	**203**	15
199	80	**204**	63
200	30	**205**	③
201	107	**206**	⑤
202	14	**207**	6

198

$4p = 16 \implies p = 4$

포물선 $y^2 = 16x$의 초점의 좌표는 $F(4, 0)$이고
준선은 $x = -4$이다.

점 B에서 준선 $x = -4$에 내린 수선의 발을 H라 하고,
x축에 내린 수선의 발을 R이라 하자.

포물선의 정의에 의해서 $\overline{BH} = \overline{BF} = \dfrac{21}{5}$이므로

$\overline{OR} = \overline{BH} - 4 = \dfrac{21}{5} - 4 = \dfrac{1}{5}$이다.

$\overline{AF'} = a$라 하면 $\overline{F'O} = \overline{AO} - \overline{AF'} = 2 - a$이다.

타원과 x축이 만나는 두 점 중 A가 아닌 점을 C라 하면
$\overline{FC} = \overline{AF'} = a$이다.

점 B의 x좌표는 $\dfrac{1}{5}$이고, 점 B는 포물선 $y^2 = 16x$

위의 점이므로 좌표를 구하면 $B\left(\dfrac{1}{5}, \dfrac{4}{\sqrt{5}}\right)$이다.

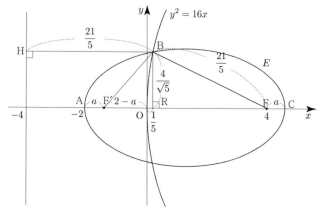

삼각형 $BF'R$에서 피타고라스의 정리를 사용하면

$\overline{BF'} = \sqrt{\overline{F'R}^2 + \overline{BR}^2} = \sqrt{\left(\dfrac{11}{5} - a\right)^2 + \dfrac{16}{5}}$

$\qquad = \sqrt{a^2 - \dfrac{22}{5}a + \dfrac{201}{25}}$

이다.

장축의 길이가 $\overline{AC} = \overline{AF} + \overline{FC} = 6 + a$이므로
타원의 정의에 의해서 $\overline{F'B} + \overline{BF} = 6 + a$이다.

$\sqrt{a^2 - \dfrac{22}{5}a + \dfrac{201}{25}} + \dfrac{21}{5} = 6 + a$

$\implies \sqrt{a^2 - \dfrac{22}{5}a + \dfrac{201}{25}} = a + \dfrac{9}{5}$

$\implies a^2 - \dfrac{22}{5}a + \dfrac{201}{25} = a^2 + \dfrac{18}{5}a + \dfrac{81}{25}$

$\implies 8a = \dfrac{24}{5} \implies a = \dfrac{3}{5}$

타원의 장축의 길이는 $6 + a = 6 + \dfrac{3}{5} = \dfrac{33}{5} = k$이다.

따라서 $10k = 10 \times \dfrac{33}{5} = 66$이다.

답 66

199

포물선 $y^2 = 8x$의 초점의 좌표는 $F(2, 0)$이고
준선은 $x = -2$이다.

포물선 $y^2 = 8x$와 직선 $y = 2x - 4$가 만나는 점 중
A가 아닌 점을 P라 하고, 점 P에서 준선 $x = -2$에
내린 수선의 발을 Q라 하자.

$\overline{AF} = X$, $\overline{PF} = Y$라 하면 포물선의 정의에 의해서
$\overline{AC} = \overline{AF} = X$, $\overline{PQ} = \overline{PF} = Y$이다.

포물선 $(y - 2a)^2 = 8(x - a)$는 포물선 $y^2 = 8x$를
x축의 방향으로 a만큼, y축의 방향으로 $2a$만큼 평행이동한
것이다. 이때 직선 $y = 2x - 4$의 기울기가 2이므로
포물선이 평행이동할 때, 점 P는 점 A로 평행이동하고
점 A는 점 B로 평행이동한다.

> **Tip**
>
> 2025 규토 라이트 N제 수1 해설편 p62 043번에서 같은
> 논리를 학습한 바 있다.
> 위 해설이 이해가 잘 되지 않는다면 043번 문항 해설을
> 복습하고 오도록 하자.

즉, $\overline{AB} = \overline{AP} = X + Y$이다.

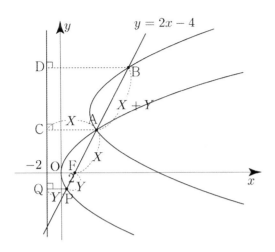

두 점 A, B에서 직선 PQ에 내린 수선의 발을 각각 H, R이라 하자.

두 삼각형 APH, BPR은 2 : 1 닮음이므로
$\overline{PR} = 2\overline{PH} = 2(X - Y) = 2X - 2Y$이다.
$\overline{BD} = \overline{QP} + \overline{PR} = Y + 2X - 2Y = 2X - Y$

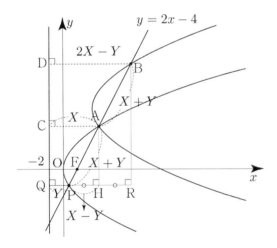

$\overline{AC} + \overline{BD} - \overline{AB} = X + 2X - Y - (X + Y) = 2(X - Y) = k$

두 점 A, P의 x좌표를 이용하여 $X - Y$의 값을 구해보자.

두 점 A, P의 x좌표를 각각 x_1, x_2라 하면
$(2x - 4)^2 = 8x \;\Rightarrow\; 4x^2 - 16x + 16 = 8x$
$\Rightarrow\; x^2 - 6x + 4 = 0 \;\Rightarrow\; x = 3 \pm \sqrt{5}$
$\Rightarrow\; x_1 = 3 - \sqrt{5},\; x_2 = 3 + \sqrt{5}$
이고,

$\overline{PQ} = 2 + x_1 = 5 - \sqrt{5} = Y$
$\overline{AC} = 2 + x_2 = 5 + \sqrt{5} = X$
이므로 $X - Y = 5 + \sqrt{5} - (5 - \sqrt{5}) = 2\sqrt{5}$이다.

따라서 $k^2 = 4(X - Y)^2 = 4 \times 20 = 80$이다.

답 80

200

대칭성에 의해서 두 점 A, B의 x좌표는 서로 같다.

직선 AF가 삼각형 ABC의 넓이를 이등분하므로
직선 AF는 선분 BC의 중점의 중점을 지난다.

이때 직선 CF도 선분 AB의 중점을 지나므로
점 F는 삼각형의 무게중심과 같다.

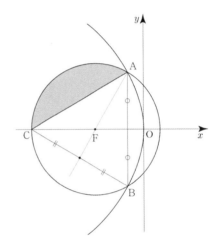

점 A에서 준선 $x = -p$에 내린 수선의 발을 H라 하고,
선분 AB의 중점을 D라 하자.

포물선의 정의에 의해서 $\overline{AF} = \overline{AH} = -a - p$이다.

$\overline{FD} = a - p$
삼각형 ABC의 무게중심이 F이므로 $\overline{CF} : \overline{FD} = 2 : 1$
이고, $\overline{AF} = \overline{CF}$이므로 $\overline{AF} : \overline{FD} = 2 : 1$이다.
즉, $\angle AFD = 60°$이고, $\angle AFC = 120°$이다.

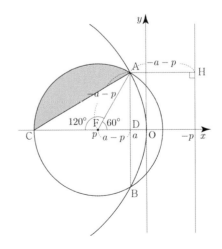

삼각형 AFD에서

$$\cos 60° = \frac{\overline{FD}}{\overline{AF}} \;\Rightarrow\; \frac{1}{2} = \frac{a-p}{-a-p} \;\Rightarrow\; -a-p = 2a-2p$$

$$\Rightarrow\; p = 3a$$

이므로

$$\overline{AF} = \overline{CF} = -4a \text{이다.}$$

호 AC와 선분 AC에 둘러싸인 색칠한 영역의 넓이는
부채꼴 FAC의 넓이에서 삼각형 FAC의 넓이를 빼서
구하면 된다.

색칠한 영역의 넓이

$$= (부채꼴\ FAC의\ 넓이) + (삼각형\ FAC의\ 넓이)$$

$$= \left(\frac{1}{2} \times 16a^2 \times \frac{2}{3}\pi\right) - \left(\frac{1}{2} \times 16a^2 \times \sin\frac{2}{3}\pi\right)$$

$$= \frac{16}{3}a^2\pi - 4a^2\sqrt{3} = 16\pi - 12\sqrt{3}$$

$$\Rightarrow\; a^2 = 3$$

즉, $p^2 = 9a^2 = 27$ 이다.

따라서 $a^2 + p^2 = 3 + 27 = 30$ 이다.

답 30

201

$\overrightarrow{PF'} = k\overrightarrow{PB}$ 이므로 세 점 F′, P, B는 일직선상에 존재한다.

$\angle BFP = \alpha$, $\angle OFP = \beta$ 라 하면 대칭성에 의해서
$\angle AFO = \angle BFO = \alpha + \beta$ 이다.

이때 $\angle PBF = 90°$ 이므로 삼각형 PBF에서
$\alpha + 2\beta = 90°$ 이고, $\angle AFP = \alpha + 2\beta = 90°$ 이다.

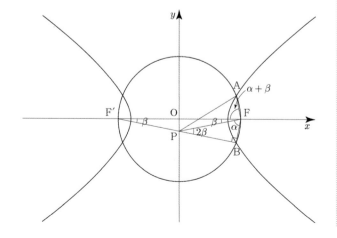

$\overline{PF} = \overline{PF'} = a$, $\overline{PB} = b$, $\overline{BF} = \overline{AF} = c$ 라 하자.

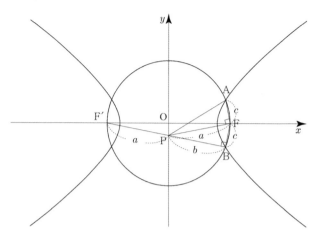

사각형 APBF의 넓이는 삼각형 APF의 넓이와
삼각형 BPF의 넓이의 합과 같다.

이때 삼각형 APF와 삼각형 FF′P는 밑면이 모두
a 이고 높이고 c 이므로 두 삼각형의 넓이는 서로 같다.

즉, 사각형 APBF의 넓이는 삼각형 FF′B의 넓이와

같으므로 $s = \frac{1}{2}(a+b)c$ 이다.

쌍곡선 $\dfrac{x^2}{16} - \dfrac{y^2}{10} = 1$ 의 두 초점의 좌표가
$F(\sqrt{26},\ 0)$, $F'(-\sqrt{26},\ 0)$ 이므로 $\overline{FF'} = 2\sqrt{26}$ 이다.

쌍곡선 $\dfrac{x^2}{16} - \dfrac{y^2}{10} = 1$ 의 주축의 길이는 8이므로
쌍곡선의 정의에 의해서
$\overline{BF'} - \overline{BF} = 8 \;\Rightarrow\; a+b-c = 8 \;\Rightarrow\; a+b = c+8$ 이다.

삼각형 FF′B에서 피타고라스의 정리를 사용하면
$$\overline{F'F}^2 = \overline{BF'}^2 + \overline{BF}^2 \;\Rightarrow\; 104 = (a+b)^2 + c^2$$

$$\Rightarrow\; 104 = (c+8)^2 + c^2 \;\Rightarrow\; 2c^2 + 16c - 40 = 0$$

$$\Rightarrow\; c^2 + 8c - 20 = 0 \;\Rightarrow\; (c-2)(c+10) = 0$$

$$\Rightarrow\; c = 2 \;(\because\; c > 0)$$

즉, $s = \dfrac{1}{2}(a+b)c = \dfrac{1}{2}(c+8)c = \dfrac{1}{2} \times 10 \times 2 = 10$

이번에는 k 를 구하기 위해서 a, b 의 값을 구해보자.

삼각형 PFB에서 피타고라스의 정리를 사용하면
$$\overline{FP}^2 = \overline{PB}^2 + \overline{BF}^2 \;\Rightarrow\; a^2 = b^2 + 4 \;\Rightarrow\; a^2 - b^2 = 4$$

$$\Rightarrow\; (a-b)(a+b) = 4$$

이다.

$a+b=10$이므로 $a-b=\dfrac{2}{5}$이다.

$a+b=10,\ a-b=\dfrac{2}{5}$ 를 연립하면 $a=\dfrac{26}{5},\ b=\dfrac{24}{5}$이다.

$\overrightarrow{PF'}=k\overrightarrow{PB}$에서 두 벡터 $\overrightarrow{PF'}$, $\overrightarrow{PB}$의 방향이 서로 반대이므로 k는 음수이어야 한다. (실수 point)

$k=-\dfrac{a}{b}=-\dfrac{\dfrac{26}{5}}{\dfrac{24}{5}}=-\dfrac{13}{12}$

따라서 $12(k+s)=12\left(-\dfrac{13}{12}+10\right)=-13+120=107$이다.

답 107

202

포물선 $y^2=16x$ 위의 점 $A(a,\ b)$에서의 접선은
$by=8(x+a) \Rightarrow y=\dfrac{8}{b}x+\dfrac{8a}{b}$이다.

점 $A(a,\ b)$는 포물선 $y^2=16x$ 위의 점이므로
$b^2=16a \Rightarrow a=\dfrac{b^2}{16}$이다.

즉, 접선은 $y=\dfrac{8}{b}x+\dfrac{8a}{b} \Rightarrow y=\dfrac{8}{b}x+\dfrac{b}{2}$이다.

접선과 y축의 교점을 D라 하면 $D\left(0,\ \dfrac{b}{2}\right)$이다.

점 B는 삼각형 OAD의 무게중심이므로
$B\left(\dfrac{0+a+0}{3},\ \dfrac{0+b+\dfrac{1}{2}b}{3}\right) \Rightarrow B\left(\dfrac{a}{3},\ \dfrac{b}{2}\right)$이다.

$\dfrac{a}{3}=X,\ \dfrac{b}{2}=Y$라 하면 $a=3X,\ b=2Y$이고,
$b^2=16a \Rightarrow 4Y^2=48X \Rightarrow Y^2=12X$이다.
즉, 점 B가 나타내는 곡선 C는
포물선 $y^2=12x$이다.

포물선 $y^2=12x$의 초점은 $F(3,\ 0)$이고,
준선은 $x=-3$이다.

점 P에서 준선 $x=-3$에 내린 수선의 발을 H라 하고, 점 Q에서 준선 $x=-3$에 내린 수선의 발을 R이라 하자.

점 P, Q의 x좌표를 각각 x_1, x_2라 하면
$\overline{PH}=x_1+3$, $\overline{QH}=x_2+3$이고,
포물선의 정의에 의해서
$\overline{PF}=\overline{PH}=x_1+3$, $\overline{QF}=\overline{QR}=x_2+3$이다.

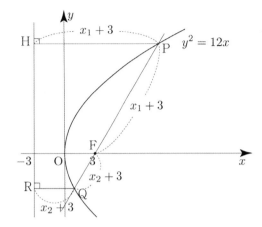

$\overline{PQ}=20$이므로
$x_1+3+x_2+3=20 \Rightarrow x_1+x_2=14$이다.

따라서 두 점 P, Q의 x좌표의 값의 합은
14이다.

답 14

203

$\overline{PF}=X,\ \overline{PF'}=Y$라 하자.
포물선의 정의에 의해서 $\overline{PQ}=\overline{PF}=X$이다.

$\overline{FP}-\overline{F'Q}=\overline{PQ}-\overline{FF'} \Rightarrow X-\overline{F'Q}=X-\overline{FF'}$
$\Rightarrow \overline{F'Q}=\overline{FF'}$

두 직선 FF', PQ가 서로 평행하므로
두 삼각형 PQF, F'FQ에서 $\angle PQF=\angle F'FQ$이다.
두 삼각형 PQF, F'FQ는 모두 이등변삼각형이므로
$\angle QFP=\angle PQF=\angle F'FQ=\angle F'QF$이고,
선분 FQ가 공통이므로 두 삼각형 PQF, F'FQ는
서로 합동이다.

즉, $\overline{FP}=\overline{PQ}=\overline{F'Q}=\overline{FF'}=X$이다.

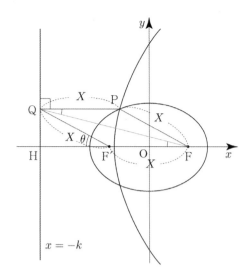

장축의 길이가 12이므로 타원의 정의에 의해서
$$\overline{PF'} + \overline{PF} = 12 \Rightarrow Y + X = 12 \Rightarrow Y = 12 - X$$이다.

$\angle F'FP = \theta$라 하면 $\angle QF'H = \theta$이므로
$$\overline{F'H} = \overline{QF'}\cos\theta = \frac{7}{8}X$$이다.

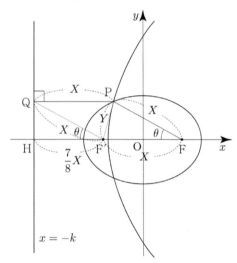

삼각형 FPF'에서 코사인법칙을 사용하면

$$\cos\theta = \frac{\overline{FF'}^2 + \overline{FP}^2 - \overline{PF'}^2}{2 \times \overline{FF'} \times \overline{FP}}$$

$$\Rightarrow \frac{7}{8} = \frac{2X^2 - (12 - X)^2}{2X^2}$$

$$\Rightarrow 7X^2 = 4X^2 + 96X - 144 \times 4$$

$$\Rightarrow 3X^2 - 96X + 144 \times 4 = 0$$

$$\Rightarrow X^2 - 32X + 192 = 0 \Rightarrow (X - 8)(X - 24) = 0$$

$$\Rightarrow X = 8 \ (\because \ X < 12 = \text{장축의 길이})$$

$$\overline{FF'} = X = 2c \Rightarrow c = \frac{1}{2}X$$

$$\overline{F'H} + \overline{F'O} = k \Rightarrow \frac{7}{8}X + \frac{1}{2}X = k \Rightarrow k = \frac{11}{8}X$$

따라서 $c + k = \frac{1}{2}X + \frac{11}{8}X = \frac{15}{8}X = 15$이다.

답 15

204

타원 $\dfrac{x^2}{16} + \dfrac{y^2}{7} = 1$의 두 초점의 좌표는
$F(3, 0)$, $F(-3, 0)$이므로 $\overline{FF'} = 6$이다.

직선 FP가 원 C와 접하는 점을 R이라 하고,
$\overline{PQ} = a$라 하자.

$\overline{PF} = 2\overline{PQ} = 2a$이므로 $\overline{RF} = a$이다.
$\overline{PR} = \overline{RF}$이고, $\angle PRC = 90°$이므로
두 삼각형 PCR, FCR은 서로 합동이다.
즉, $\overline{CP} = b$라 하면 $\overline{CF} = \overline{CP} = b$이고,
$\overline{F'C} = \overline{F'F} - \overline{CF} = 6 - b$이다.

타원 $\dfrac{x^2}{16} + \dfrac{y^2}{7} = 1$의 장축의 길이는 8이므로
타원의 정의에 의해서
$$\overline{PF'} + \overline{PF} = 8 \Rightarrow \overline{QF'} = 8 - 3a$$이다.

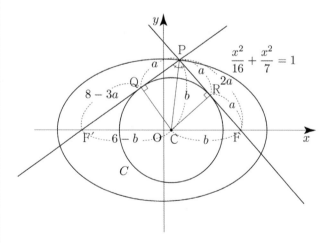

삼각형 FPF'에서 $\angle F'PC = \angle CPF$이므로

$$\overline{PF'} : \overline{PF} = \overline{F'C} : \overline{CF}$$

$$\Rightarrow (8 - 2a) : 2a = (6 - b) : b$$

$$\Rightarrow a(6 - b) = b(4 - a) \Rightarrow b = \frac{3}{2}a$$

삼각형 $CF'Q$에서 피타고라스의 정리를 사용하면
$\overline{CQ}^2 = \overline{CF'}^2 - \overline{QF'}^2 \Rightarrow \overline{CQ}^2 = (6-b)^2 - (8-3a)^2$ 이고,

삼각형 CPQ에서 피타고라스의 정리를 사용하면
$\overline{CQ}^2 = \overline{CP}^2 - \overline{QP}^2 \Rightarrow \overline{CQ}^2 = b^2 - a^2$이다.

$(6-b)^2 - (8-3a)^2 = b^2 - a^2$

$\Rightarrow \left(6 - \frac{3}{2}a\right)^2 - (8-3a)^2 = \left(\frac{3}{2}a\right)^2 - a^2$

$\Rightarrow 36 - 18a + \frac{9}{4}a^2 - 64 + 48a - 9a^2 = \frac{9}{4}a^2 - a^2$

$\Rightarrow 8a^2 - 30a + 28 = 0 \Rightarrow 4a^2 - 15a + 14 = 0$

$\Rightarrow (a-2)(4a-7) = 0 \Rightarrow a = 2 \ \text{or} \ a = \frac{7}{4}$

점 P는 제1사분면 위의 점이므로
$\overline{PF'} > \overline{PF} \Rightarrow 8 - 2a > 2a \Rightarrow a < 2$이므로
$a = \frac{7}{4}$이고, $b = \frac{3}{2}a = \frac{21}{8}$이다.

따라서 $24 \times \overline{CP} = 24 \times \frac{21}{8} = 63$이다.

답 63

205

포물선 $x^2 = 2y$와 직선이 접하는 접점의 좌표를 t라 하면
접점의 좌표는 $\left(t, \dfrac{t^2}{2}\right)$이므로 접선은

$tx = 1 \times \left(y + \dfrac{t^2}{2}\right) \Rightarrow y = tx - \dfrac{t^2}{2}$이다.

(물론 $y = \dfrac{x^2}{2}$로 변환하여 이차함수로 접근해도 된다.)

포물선 $y^2 = 4px$에 접하고 기울기가 m인 접선은
$y = mx + \dfrac{p}{m}$이므로 포물선 $\left(y + \dfrac{1}{2}\right)^2 = 4px$에

접하고 기울기가 m인 접선은 $y = mx + \dfrac{p}{m} - \dfrac{1}{2}$이다.

두 포물선 $x^2 = 2y$와 $\left(y + \dfrac{1}{2}\right)^2 = 4px$에 동시에

접해야 하므로 $m = t$이고, $-\dfrac{t^2}{2} = \dfrac{p}{t} - \dfrac{1}{2}$이다.

$-\dfrac{t^2}{2} = \dfrac{p}{t} - \dfrac{1}{2} \Rightarrow \dfrac{-t^3 + t}{2} = p$

즉, t가 정해지면 접선의 방정식 $y = tx - \dfrac{t^2}{2}$이 결정되므로
두 포물선에 동시에 접하는 직선의 개수 $f(p)$는 t에 대한

방정식 $\dfrac{-t^3 + t}{2} = p$의 서로 다른 실근의 개수와 같다.

그래프를 그려서 접근해보자.

$g(t) = \dfrac{-t^3 + t}{2}$라 하면 $g'(t) = \dfrac{-3t^2 + 1}{2}$이고,

$g\left(-\dfrac{1}{\sqrt{3}}\right) = -\dfrac{\sqrt{3}}{9}, \ g\left(\dfrac{1}{\sqrt{3}}\right) = \dfrac{\sqrt{3}}{9}$이다.

$g'(t)$를 바탕으로 $g(t)$의 그래프를 그리면 다음과 같다.

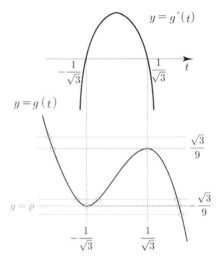

p는 0이 아닌 실수이므로 $f(p)$는 다음과 같다.

$f(p) = \begin{cases} 1 & \left(p < -\dfrac{\sqrt{3}}{9} \ \text{or} \ p > \dfrac{\sqrt{3}}{9}\right) \\ 2 & \left(p = -\dfrac{\sqrt{3}}{9} \ \text{or} \ p = \dfrac{\sqrt{3}}{9}\right) \\ 3 & \left(-\dfrac{\sqrt{3}}{9} < p < 0 \ \text{or} \ 0 < p < \dfrac{\sqrt{3}}{9}\right) \end{cases}$

이를 바탕으로 $f(p)$를 그리면 다음과 같다.

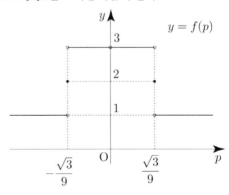

따라서 $\displaystyle \lim_{p \to -\frac{\sqrt{3}}{9}+} f(p) = 3$, $f\left(-\dfrac{\sqrt{3}}{9}\right) = 2$이므로

$\lim\limits_{p \to k+} f(p) > f(k)$를 만족시키는 실수 $k = -\dfrac{\sqrt{3}}{9}$ 이다.

답 ③

206

두 점 $A(-2, 0)$, $B(2, 0)$에 대하여 $\overline{PA} + \overline{PB}$의 값이 일정할 때, 점 P의 자취는 두 점 A, B를 초점으로 하고 $\overline{PA} + \overline{PB}$의 값이 장축의 길이인 타원이다.

두 점 $A(-2, 0)$, $B(2, 0)$을 초점으로 하고 점 $(0, 6)$을 지나는 타원을 $\dfrac{x^2}{a^2} + \dfrac{y^2}{b^2} = 1$이라 하면

$a^2 - b^2 = 4$, $\dfrac{36}{b^2} = 1 \Rightarrow a^2 = 40$, $b^2 = 36$이므로

$\dfrac{x^2}{40} + \dfrac{y^2}{36} = 1$이다.

두 점 $A(-2, 0)$, $B(2, 0)$을 초점으로 하고 점 $P\left(\dfrac{5}{2}, \dfrac{3}{2}\right)$을 지나는 타원을 $\dfrac{x^2}{c^2} + \dfrac{y^2}{d^2} = 1$이라 하면

$c^2 - d^2 = 4$이고,

$\overline{PA} + \overline{PB} = \dfrac{3\sqrt{10}}{2} + \dfrac{\sqrt{10}}{2} = 2\sqrt{10} = 2c \Rightarrow c = \sqrt{10}$

이므로 $\dfrac{x^2}{10} + \dfrac{y^2}{6} = 1$이다.

조건을 만족시키는 직사각형은 두 점 $C(0, 6)$, $D\left(\dfrac{5}{2}, \dfrac{3}{2}\right)$을 지나고 타원 $\dfrac{x^2}{40} + \dfrac{y^2}{36} = 1$의 경계 및 내부와

타원 $\dfrac{x^2}{10} + \dfrac{y^2}{6} = 1$의 경계 및 외부의 공통부분에 존재해야 한다.

예를 들어 다음 그림과 같이 선분 CD를 대각선으로 하는 직사각형이 가능하다.

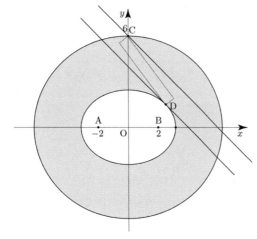

그럼 조건을 만족시키면서 직사각형의 넓이가 최대가 되려면 어떤 직사각형이어야 할까?

넓이가 최대인 직사각형은 다음 그림과 같이 직사각형의 밑변이 D에서 타원 $\dfrac{x^2}{10} + \dfrac{y^2}{6} = 1$와 접할 때이다.

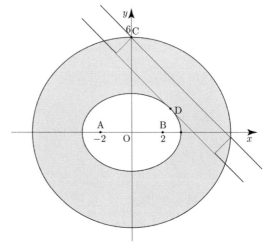

타원 $\dfrac{x^2}{10} + \dfrac{y^2}{6} = 1$ 위의 점 $D\left(\dfrac{5}{2}, \dfrac{3}{2}\right)$에서의 접선은

$\dfrac{x}{4} + \dfrac{y}{4} = 1 \Rightarrow x + y - 4 = 0$이다.

직사각형의 높이는 점 $C(0, 6)$와 직선 $x + y - 4 = 0$ 사이의 거리와 같으므로

직사각형의 높이 $= \dfrac{|6-4|}{\sqrt{2}} = \dfrac{2}{\sqrt{2}} = \sqrt{2}$이다.

기울기가 -1이고 점 $C(0, 6)$을 지나는 직선은 $y = -x + 6$이다.

구하고자 하는 직사각형의 윗변의 길이를 구하기 위해서 직선 $y = -x + 6$과 타원 $\dfrac{x^2}{40} + \dfrac{y^2}{36} = 1$이 만나는 점 중 점 C가 아닌 점의 좌표를 구해보자.

$\dfrac{x^2}{40} + \dfrac{(-x+6)^2}{36} = 1 \Rightarrow 19x^2 - 120x = 0$

$\Rightarrow 19x\left(x - \dfrac{120}{19}\right) = 0 \Rightarrow x = \dfrac{120}{19}$

직선 $y = -x + 6$과 타원 $\dfrac{x^2}{40} + \dfrac{y^2}{36} = 1$이 만나는 점 중 점 C가 아닌 점의 좌표는 $\left(\dfrac{120}{19}, -\dfrac{6}{19}\right)$이다.

점 $C(0,\ 6)$과 점 $\left(\dfrac{120}{19},\ -\dfrac{6}{19}\right)$ 사이의 거리는

$\dfrac{120\sqrt{2}}{19}$ 이므로 직사각형의 윗변의 길이는 $\dfrac{120\sqrt{2}}{19}$ 이다.

따라서 조건을 만족시키는 직사각형의 넓이의 최댓값은

$\sqrt{2}\times\dfrac{120\sqrt{2}}{19}=\dfrac{240}{19}$ 이다.

답 ⑤

제1사분면에서 쌍곡선 $\dfrac{x^2}{4}-\dfrac{y^2}{t^2}=1$에 접하고

기울기가 $\sqrt{5}$인 접선은 $y=\sqrt{5}\,x-\sqrt{20-t^2}$ 이므로

$\sqrt{20-t^2}=2 \Rightarrow t^2=16 \Rightarrow t=4\ (\because\ t>0)$이다.

즉, t의 최댓값은 4이다.

따라서 t의 최솟값과 최댓값의 합은 $2+4=6$이다.

답 6

207

$y=\dfrac{t}{2}\sqrt{x^2-4} \Rightarrow y^2=\dfrac{t^2}{4}(x^2-4) \Rightarrow \dfrac{x^2}{4}-\dfrac{y^2}{t^2}=1$

즉, $f(x)$는 정의역은 $x\geq2$이고, $f(x)\geq0$이므로

제1사분면에 쌍곡선 $\dfrac{x^2}{4}-\dfrac{y^2}{t^2}=1$의 일부이다.

$x\geq2$인 모든 실수 x에 대하여

$1\leq\dfrac{f(x)+2}{x}\leq\sqrt{5} \Rightarrow x-2\leq f(x)\leq\sqrt{5}\,x-2$

가 성립하도록 하는 t의 최댓값과 최댓값을 구해보자.

$f(x)=\dfrac{t}{2}\sqrt{x^2-4}\ (x\geq2)$이므로 t값이 증가하면

증가할수록 전반적으로 $f(x)$와 x축 사이의 벌어짐 정도는
점점 커진다.

만약 $f(x)$의 점근선의 기울기가 1보다 작다면
(t가 2보다 작다면) 직선 $y=x-2$가 $f(x)$를
뚫고 지나가기 때문에 조건을 만족시키지 않는다.
즉, t는 $f(x)$의 점근선이 $y=x$일 때, 최솟값 2를 갖는다.

t는 $f(x)$가 지선 $y=\sqrt{5}\,x-2$에 접할 때, 최댓값을 갖는다.

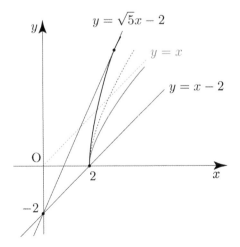

평면벡터 | Guide step

1	(1) 4 (2) 5 (3) 3
2	$\overrightarrow{DB}$, $\overrightarrow{FE}$
3	(1) $\overrightarrow{AO}$, $\overrightarrow{OD}$, $\overrightarrow{BC}$ (2) $\overrightarrow{AB}$, $\overrightarrow{FO}$, $\overrightarrow{OC}$, $\overrightarrow{ED}$ (3) 2
4	풀이 참고
5	(1) $\overrightarrow{BD}$ (2) $\overrightarrow{BA}$
6	(가) $\overrightarrow{DB}$ (나) $\overrightarrow{CB}$ (다) $\vec{0}$
7	풀이 참고
8	(1) $\vec{b} - \vec{a}$ (2) $-\vec{a} - \vec{b}$
9	풀이 참고
10	(1) $19\vec{a} + 11\vec{b}$ (2) $-7\vec{a} - 20\vec{b} + 17\vec{c}$
11	(1) $\vec{x} = 2\vec{a} - 2\vec{b}$ (2) $\vec{x} = -2\vec{a} - 6\vec{b}$
12	풀이 참고
13	(1) $\dfrac{2}{|\vec{a}|}\vec{a}$ (2) $-\dfrac{|\vec{a}|}{|\vec{b}|}\vec{b}$
14	(가) : 반대, (나) : 5
15	$\dfrac{3}{2}\pi$
16	$-\dfrac{3}{2}$
17	$-2\vec{a} + \vec{b} + \vec{c}$
18	풀이 참고
19	(1) $\dfrac{1}{4}\vec{a} + \dfrac{3}{4}\vec{b}$ (2) $-\dfrac{1}{2}\vec{a} + \dfrac{3}{2}\vec{b}$
20	풀이 참고
21	$-\dfrac{1}{6}\vec{a} + \dfrac{2}{3}\vec{b}$
22	(1) $\vec{a} = (4, -1)$ (2) $\vec{b} = (-1, -5)$ (3) $\vec{c} = (3, 0)$ (4) $\vec{d} = (0, -6)$
23	(1) $|\vec{a}| = 5$ (2) $|\vec{b}| = 13$
24	(1) $p = 4$, $q = 2$ (2) $p = -1$, $q = 5$
25	(1) $(5, 6)$ (2) $(-10, 28)$ (3) $(21, -6)$ (4) $(-28, 23)$
26	$-3\vec{a} + 2\vec{b}$
27	(1) $\overrightarrow{AB} = (2, -2)$, $|\overrightarrow{AB}| = 2\sqrt{2}$ (2) $\overrightarrow{AB} = (-7, 1)$, $|\overrightarrow{AB}| = 5\sqrt{2}$
28	(1) $6\sqrt{2}$ (2) $3\sqrt{2}$ (3) 0 (4) -6
29	(1) 0 (2) -16 (3) 16 (4) -36
30	(1) 13 (2) -4
31	풀이 참고
32	$\sqrt{91}$
33	(1) $\dfrac{1}{2}$ (2) $\sqrt{19}$
34	(1) $45°$ (2) $120°$
35	(1) 6 (2) $-\dfrac{7}{2}$
36	$\vec{b} = (2, -2\sqrt{3})$ or $\vec{b} = (-2, 2\sqrt{3})$
37	풀이 참고
38	-10
39	(1) $\dfrac{x-4}{3} = \dfrac{y-3}{-1}$ (2) $x = \dfrac{y}{2}$ (3) $y = 6$ (4) $x = 3$
40	(1) $\dfrac{x+2}{-1} = \dfrac{y-3}{2}$ (2) $x = \dfrac{y+3}{3}$
41	(1) $\dfrac{x-4}{-6} = y - 2$ (2) $\dfrac{x+3}{5} = \dfrac{y-1}{-2}$
42	풀이 참고
43	(1) $2x - 3y + 1 = 0$ (2) $3x + y - 6 = 0$
44	$90°$
45	(1) 2 (2) 6
46	중심이 $(3, -6)$이고 반지름의 길이가 5인 원
47	풀이 참고
48	$(x-1)^2 + (y+1)^2 = 13$

개념 확인문제 1

(1) $|\overrightarrow{AB}| = 4$
(2) $|\overrightarrow{AC}| = \sqrt{3^2 + 4^2} = 5$
(3) $|\overrightarrow{AD}| = 3$

답 (1) 4 (2) 5 (3) 3

개념 확인문제 2

$\overrightarrow{AD}$와 크기와 방향이 모두 같아야 하므로
$\overrightarrow{AD}$와 같은 벡터는 $\overrightarrow{DB}$, $\overrightarrow{FE}$이다.

답 $\overrightarrow{DB}$, $\overrightarrow{FE}$

개념 확인문제 3

(1) $\overrightarrow{AO}$, $\overrightarrow{OD}$, $\overrightarrow{BC}$
(2) $\overrightarrow{AB}$, $\overrightarrow{FO}$, $\overrightarrow{OC}$, $\overrightarrow{ED}$
(3) $\left|\overrightarrow{FC}\right| = 2$

답 (1) $\overrightarrow{AO}$, $\overrightarrow{OD}$, $\overrightarrow{BC}$ (2) $\overrightarrow{AB}$, $\overrightarrow{FO}$, $\overrightarrow{OC}$, $\overrightarrow{ED}$ (3) 2

개념 확인문제 4

(1) 삼각형법   (2) 평행사변형법

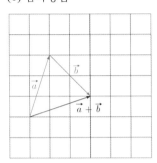 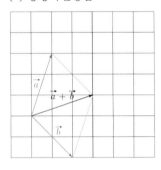

개념 확인문제 5

(1) $\overrightarrow{BC} + \overrightarrow{AD} + \overrightarrow{CA} = \overrightarrow{BC} + \overrightarrow{CA} + \overrightarrow{AD}$
$\qquad\qquad\qquad\qquad\quad = \overrightarrow{BA} + \overrightarrow{AD}$
$\qquad\qquad\qquad\qquad\quad = \overrightarrow{BD}$

(2) $\overrightarrow{DA} + \overrightarrow{CD} + \overrightarrow{BC} = \overrightarrow{BC} + \overrightarrow{CD} + \overrightarrow{DA}$
$\qquad\qquad\qquad\qquad\quad = \overrightarrow{BD} + \overrightarrow{DA}$
$\qquad\qquad\qquad\qquad\quad = \overrightarrow{BA}$

답 (1) $\overrightarrow{BD}$ (2) $\overrightarrow{BA}$

개념 확인문제 6

$\overrightarrow{AB} = \overrightarrow{AD} + \overrightarrow{DB}$ 이므로 (가) $= \overrightarrow{DB}$이다.
$\overrightarrow{CD} = \overrightarrow{CB} + \overrightarrow{BD}$이므로 (나) $- \overrightarrow{CB}$이다.
$\overrightarrow{DB} + \overrightarrow{BD} = \vec{0}$이므로 (다) $= \vec{0}$이다.

답 (가) $\overrightarrow{DB}$ (나) $\overrightarrow{CB}$ (다) $\vec{0}$

개념 확인문제 7

(1)   (2)

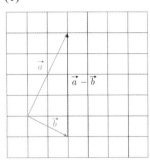 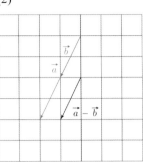

개념 확인문제 8

(1) $\overrightarrow{FD} = \overrightarrow{AC} = \vec{b} - \vec{a}$

(2) $\overrightarrow{OB} = \vec{a} + \vec{b}$이고, $\overrightarrow{AF} = -\overrightarrow{OB}$ 이므로
$\qquad \overrightarrow{AF} = -\vec{a} - \vec{b}$이다.

답 (1) $\vec{b} - \vec{a}$ (2) $-\vec{a} - \vec{b}$

개념 확인문제 9

(1) $\dfrac{1}{2}\vec{a}$ (2) $-3\vec{b}$

 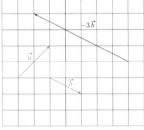

(3) $2\vec{a} + \vec{b}$ (4) $\dfrac{3}{2}\vec{a} - 2\vec{b}$

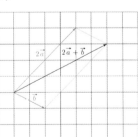 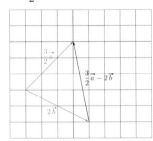

(5) $-\dfrac{1}{2}\vec{a}-\vec{b}$

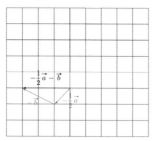

개념 확인문제 10

(1) $3\left(4\vec{a}-\vec{b}\right)+7\left(\vec{a}+2\vec{b}\right)=19\vec{a}+11\vec{b}$
(2) $2\left(-\vec{a}-5\vec{b}+\vec{c}\right)-5\left(\vec{a}+2\vec{b}-3\vec{c}\right)=-7\vec{a}-20\vec{b}+17\vec{c}$

답 (1) $19\vec{a}+11\vec{b}$ (2) $-7\vec{a}-20\vec{b}+17\vec{c}$

개념 확인문제 11

(1) $3\vec{a}+\vec{x}=5\vec{a}-2\vec{b} \Rightarrow \vec{x}=2\vec{a}-2\vec{b}$
(2) $\dfrac{1}{2}\left(\vec{a}-\vec{x}\right)-\dfrac{3}{2}\left(\vec{a}+4\vec{b}\right)=\vec{a}+\dfrac{1}{2}\vec{x}$

$\Rightarrow \left(\vec{a}-\vec{x}\right)-3\left(\vec{a}+4\vec{b}\right)=2\vec{a}+\vec{x}$

$\Rightarrow 2\vec{x}=-4\vec{a}-12\vec{b}$

$\Rightarrow \vec{x}=-2\vec{a}-6\vec{b}$

답 (1) $\vec{x}=2\vec{a}-2\vec{b}$ (2) $\vec{x}=-2\vec{a}-6\vec{b}$

개념 확인문제 12

$\vec{p}=2\vec{a}-\vec{b},\ \vec{q}=-\vec{a}+2\vec{b},\ \vec{r}=-2\vec{a}-5\vec{b}$

$\vec{p}+\vec{q}=\vec{a}+\vec{b}$
$\vec{q}+\vec{r}=-3\vec{a}-3\vec{b}=-3\left(\vec{a}+\vec{b}\right)$

즉, $\vec{q}+\vec{r}=-3\left(\vec{p}+\vec{q}\right)$이므로 $\vec{p}+\vec{q}$와 $\vec{q}+\vec{r}$은
서로 평행하다.

개념 확인문제 13

(1) 벡터 $\vec{a}$와 방향이 같은 단위벡터는 $\dfrac{1}{|\vec{a}|}\vec{a}$이므로

벡터 $\vec{a}$와 방향이 같고,

크기가 2인 벡터는 $\dfrac{2}{|\vec{a}|}\vec{a}$이다.

(2) 벡터 $-\vec{b}$와 방향이 같은 단위벡터는 $-\dfrac{1}{|\vec{b}|}\vec{b}$이므로

벡터 $-\vec{b}$와 방향이 같고,

크기가 $|\vec{a}|$인 벡터는 $-\dfrac{|\vec{a}|}{|\vec{b}|}\vec{b}$이다.

답 (1) $\dfrac{2}{|\vec{a}|}\vec{a}$ (2) $-\dfrac{|\vec{a}|}{|\vec{b}|}\vec{b}$

개념 확인문제 14

벡터 $-\dfrac{5}{|\vec{a}|}\vec{a}$는 벡터 $\vec{a}$와 방향이 반대이고,
크기가 5인 벡터이다.

답 (가) : 반대, (나) : 5

개념 확인문제 15

벡터 $\overrightarrow{OQ}=-\dfrac{3}{|\overrightarrow{OP}|}\overrightarrow{OP}$는 벡터 $\overrightarrow{OP}$와 방향이 반대이고,
크기가 3인 벡터이다. 점 P는 선분 AB와 선분 BC를
따라 꼭짓점 A에서 꼭짓점 C까지 움직이므로 점 Q가
나타내는 도형은 반지름의 길이가 3이고, 중심각의 크기가
$90°$인 부채꼴의 호와 같다.

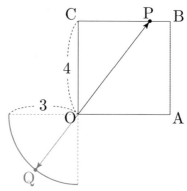

따라서 점 Q가 나타내는 도형의 길이는 $3\times\dfrac{\pi}{2}=\dfrac{3}{2}\pi$ 이다.

답 $\dfrac{3}{2}\pi$

개념 확인문제 16

$\overrightarrow{OA} = k\vec{a}$, $\overrightarrow{OB} = -\vec{b}$, $\overrightarrow{OC} = 3\vec{a} - 3\vec{b}$

$\overrightarrow{AC} = \overrightarrow{OC} - \overrightarrow{OA} = (3\vec{a} - 3\vec{b}) - k\vec{a} = (3-k)\vec{a} - 3\vec{b}$

$\overrightarrow{AB} = \overrightarrow{OB} - \overrightarrow{OA} = -\vec{b} - k\vec{a} = -k\vec{a} - \vec{b}$

세 점 A, B, C는 한 직선 위에 있으므로
$\overrightarrow{AC} = l\,\overrightarrow{AB} \Rightarrow (3-k)\vec{a} - 3\vec{b} = -kl\vec{a} - l\vec{b}$ 이다.

$l = 3$이므로 $3 - k = -3k \Rightarrow 2k = -3 \Rightarrow k = -\dfrac{3}{2}$이다.

따라서 세 점 A, B, C가 한 직선 위에 있도록 하는

실수 $k = -\dfrac{3}{2}$이다.

답 $-\dfrac{3}{2}$

개념 확인문제 17

$2\overrightarrow{AB} + \overrightarrow{BC} = 2(\overrightarrow{OB} - \overrightarrow{OA}) + (\overrightarrow{OC} - \overrightarrow{OB})$

$= 2(\vec{b} - \vec{a}) + (\vec{c} - \vec{b})$

$= -2\vec{a} + \vec{b} + \vec{c}$

답 $-2\vec{a} + \vec{b} + \vec{c}$

개념 확인문제 18

$m > n$라고 가정해보자.

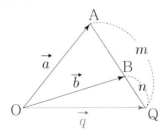

$\overrightarrow{AB} = \vec{b} - \vec{a}$, $\overrightarrow{AQ} = \dfrac{m}{m-n}\overrightarrow{AB}$이므로

$\overrightarrow{AQ} = \dfrac{m}{m-n}(\vec{b} - \vec{a})$이다.

$\overrightarrow{OQ} = \overrightarrow{OA} + \overrightarrow{AQ}$이므로

$\vec{q} = \vec{a} + \dfrac{m}{m-n}(\vec{b} - \vec{a}) = \dfrac{m\vec{b} - n\vec{a}}{m-n}$이다.

$m < n$라고 가정해보자.

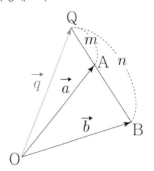

$\overrightarrow{AB} = \vec{b} - \vec{a}$, $\overrightarrow{AQ} = -\dfrac{m}{n-m}\overrightarrow{AB} = \dfrac{m}{m-n}\overrightarrow{AB}$이므로

$\overrightarrow{AQ} = \dfrac{m}{m-n}(\vec{b} - \vec{a})$이다.

$\overrightarrow{OQ} = \overrightarrow{OA} + \overrightarrow{AQ}$이므로

$\vec{q} = \vec{a} + \dfrac{m}{m-n}(\vec{b} - \vec{a}) = \dfrac{m\vec{b} - n\vec{a}}{m-n}$이다.

개념 확인문제 19

(1) $\dfrac{1}{4}\vec{a} + \dfrac{3}{4}\vec{b}$

(2) $-\dfrac{1}{2}\vec{a} + \dfrac{3}{2}\vec{b}$

답 (1) $\dfrac{1}{4}\vec{a} + \dfrac{3}{4}\vec{b}$ (2) $-\dfrac{1}{2}\vec{a} + \dfrac{3}{2}\vec{b}$

개념 확인문제 20

선분 BC의 중점을 M이라 하면 $\overrightarrow{GM} = \dfrac{\overrightarrow{GB} + \overrightarrow{GC}}{2}$이므로

$\overrightarrow{GB} + \overrightarrow{GC} = 2\overrightarrow{GM}$이다.

이때 G는 삼각형 ABC의 무게중심이므로
$|\overrightarrow{GA}| = 2|\overrightarrow{GM}|$이고, $\overrightarrow{GA}$와 $\overrightarrow{GM}$은 방향이 반대이므로
$\overrightarrow{GA} = -2\overrightarrow{GM}$이다.

따라서 $\overrightarrow{GA} + \overrightarrow{GB} + \overrightarrow{GC} = -2\overrightarrow{GM} + 2\overrightarrow{GM} = \vec{0}$이다.

개념 확인문제 21

$\overrightarrow{\mathrm{ON}} = \dfrac{1}{3}\vec{a} + \dfrac{2}{3}\vec{b}$이고, $\overrightarrow{\mathrm{OM}} = \dfrac{1}{2}\vec{a}$이므로

$\overrightarrow{\mathrm{MN}} = \overrightarrow{\mathrm{ON}} - \overrightarrow{\mathrm{OM}} = \dfrac{1}{3}\vec{a} + \dfrac{2}{3}\vec{b} - \dfrac{1}{2}\vec{a} = -\dfrac{1}{6}\vec{a} + \dfrac{2}{3}\vec{b}$이다.

$\boxed{답}\ -\dfrac{1}{6}\vec{a} + \dfrac{2}{3}\vec{b}$

개념 확인문제 22

(1) $\vec{a} = (4,\ -1)$
(2) $\vec{b} = (-1,\ -5)$
(3) $\vec{c} = (3,\ 0)$
(4) $\vec{d} = (0,\ -6)$

$\boxed{답}$ (1) $\vec{a} = (4,\ -1)$ (2) $\vec{b} = (-1,\ -5)$
(3) $\vec{c} = (3,\ 0)$ (4) $\vec{d} = (0,\ -6)$

개념 확인문제 23

(1) $|\vec{a}| = \sqrt{4^2 + (-3)^2} = 5$
(2) $|\vec{b}| = \sqrt{(-5)^2 + (-12)^2} = 13$

$\boxed{답}$ (1) $|\vec{a}| = 5$ (2) $|\vec{b}| = 13$

개념 확인문제 24

(1) $4 = 2q \Rightarrow q = 2$, $p - 1 = 3 \Rightarrow p = 4$
(2) $2p + q = 3$, $p - q = -6 \Rightarrow p = -1$, $q = 5$

$\boxed{답}$ (1) $p = 4$, $q = 2$ (2) $p = -1$, $q = 5$

개념 확인문제 25

(1) $2\vec{a} + \vec{b} = (6,\ 4) + (-1,\ 2) = (5,\ 6)$

(2) $3(\vec{a} + \vec{b}) - 2(\vec{a} - 5\vec{b}) = \vec{a} + 13\vec{b}$

$\qquad\qquad\qquad = (3,\ 2) + 13(-1,\ 2)$

$\qquad\qquad\qquad = (-10,\ 28)$

(3) $\vec{a} - 2\vec{b} + 4\vec{c} = (3,\ 2) - 2(-1,\ 2) + 4(4,\ -1)$

$\qquad\qquad\qquad = (3,\ 2) + (2,\ -4) + (16,\ -4)$

$\qquad\qquad\qquad = (21,\ -6)$

(4)
$3(\vec{a} + 2\vec{b} - 3\vec{c}) - (\vec{a} - 2\vec{c}) = 2\vec{a} + 6\vec{b} - 7\vec{c}$

$\qquad\qquad\qquad = (6,\ 4) + (-6,\ 12) + (-28,\ 7)$

$\qquad\qquad\qquad = (-28,\ 23)$

$\boxed{답}$ (1) $(5,\ 6)$ (2) $(-10,\ 28)$
(3) $(21,\ -6)$ (4) $(-28,\ 23)$

개념 확인문제 26

$(0,\ 7) = (2k + 3l,\ -k + 2l)$

$\Rightarrow 2k + 3l = 0,\ -k + 2l = 7$

$\Rightarrow k = -3,\ l = 2$

따라서 $\vec{c} = -3\vec{a} + 2\vec{b}$이다.

$\boxed{답}\ -3\vec{a} + 2\vec{b}$

개념 확인문제 27

(1) $\overrightarrow{\mathrm{AB}} = (4 - 2,\ 1 - 3) = (2,\ -2)$
$\qquad |\overrightarrow{\mathrm{AB}}| = \sqrt{2^2 + (-2)^2} = 2\sqrt{2}$

(2) $\overrightarrow{\mathrm{AB}} = (-2 - 5,\ -2 - (-3)) = (-7,\ 1)$
$\qquad |\overrightarrow{\mathrm{AB}}| = \sqrt{(-7)^2 + 1^2} = 5\sqrt{2}$

$\boxed{답}$ (1) $\overrightarrow{\mathrm{AB}} = (2,\ -2)$, $|\overrightarrow{\mathrm{AB}}| = 2\sqrt{2}$
(2) $\overrightarrow{\mathrm{AB}} = (-7,\ 1)$, $|\overrightarrow{\mathrm{AB}}| = 5\sqrt{2}$

개념 확인문제 28

(1) $\vec{a} \cdot \vec{b} = |\vec{a}||\vec{b}|\cos 0° = 6\sqrt{2}$
(2) $\vec{a} \cdot \vec{b} = |\vec{a}||\vec{b}|\cos 60° = 3\sqrt{2}$
(3) $\vec{a} \cdot \vec{b} = |\vec{a}||\vec{b}|\cos 90° = 0$
(4) $\vec{a} \cdot \vec{b} = |\vec{a}||\vec{b}|\cos 135° = \sqrt{2} \times 6 \times \left(-\dfrac{\sqrt{2}}{2}\right) = -6$

$\boxed{답}$ (1) $6\sqrt{2}$ (2) $3\sqrt{2}$ (3) 0 (4) -6

개념 확인문제 29

(1) $\overrightarrow{AB} \cdot \overrightarrow{AD} = |\overrightarrow{AB}||\overrightarrow{AD}|\cos 90° = 0$

(2) $\overrightarrow{AB} \cdot \overrightarrow{CD} = |\overrightarrow{AB}||\overrightarrow{CD}|\cos 180° = -16$

(3) $\overrightarrow{AB} \cdot \overrightarrow{AC}$

> **풀이1)** 내적공식을 이용한 풀이
> $|\overrightarrow{AB}| = 4$, $|\overrightarrow{AC}| = 2\sqrt{13}$ 이고,
> 두 벡터 $\overrightarrow{AB}$, $\overrightarrow{AC}$가 이루는 각의 크기를 θ라 하면
> $\cos\theta = \dfrac{2}{\sqrt{13}}$ 이므로
> $\overrightarrow{AB} \cdot \overrightarrow{AC} = |\overrightarrow{AB}||\overrightarrow{AC}|\cos\theta = 4 \times 2\sqrt{13} \times \dfrac{2}{\sqrt{13}} = 16$
> 이다.

> **풀이2)** 수선의 발 작도를 이용한 풀이
> 두 벡터 $\overrightarrow{AB}$, $\overrightarrow{AC}$가 이루는 각의 크기를 θ라 하면
> $|\overrightarrow{AC}|\cos\theta = |\overrightarrow{AB}|$ 이므로 $\overrightarrow{AB} \cdot \overrightarrow{AC} = |\overrightarrow{AB}|^2 = 16$
> 이다.

(4) $\overrightarrow{BC} \cdot \overrightarrow{DB}$
$\overrightarrow{BC} = \overrightarrow{DE}$이도록 점 E를 잡아서 시점을 통일하면
$\overrightarrow{BC} \cdot \overrightarrow{DB} = \overrightarrow{DE} \cdot \overrightarrow{DB}$이다.

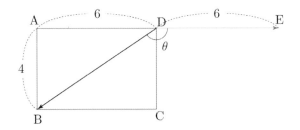

> **풀이1)** 내적공식을 이용한 풀이
> $|\overrightarrow{DE}| = 6$, $|\overrightarrow{DB}| = 2\sqrt{13}$ 이고,
> 두 벡터 $\overrightarrow{DE}$, $\overrightarrow{DB}$가 이루는 각의 크기를 θ라 하면
> $\cos\theta = -\dfrac{3}{\sqrt{13}}$ 이므로
> $\overrightarrow{DE} \cdot \overrightarrow{DB} = |\overrightarrow{DE}||\overrightarrow{DB}|\cos\theta$
> $\qquad\qquad = 6 \times 2\sqrt{13} \times \left(-\dfrac{3}{\sqrt{13}}\right) = -36$
> 이다.

> **풀이2)** 수선의 발 작도를 이용한 풀이
> 두 벡터 $\overrightarrow{DE}$, $\overrightarrow{DB}$가 이루는 각의 크기를 θ라 하면
> $|\overrightarrow{DB}|\cos(180° - \theta) = |\overrightarrow{DA}|$ 이므로

$\overrightarrow{DE} \cdot \overrightarrow{DB} = -|\overrightarrow{DE}| \times |\overrightarrow{DB}|\cos(180° - \theta)$
$\qquad\qquad = -|\overrightarrow{DE}| \times |\overrightarrow{DA}| = -36$
이다.

답 (1) 0 (2) -16 (3) 16 (4) -36

개념 확인문제 30

(1) $\vec{a} \cdot \vec{b} = -2 \times 1 + (-5) \times (-3) = -2 + 15 = 13$
(2) $\vec{a} \cdot \vec{b} = 0 \times 10 + (-4) \times 1 = -4$

답 (1) 13 (2) -4

개념 확인문제 31

(1) $|\vec{a} - \vec{b}|^2 = (\vec{a} - \vec{b}) \cdot (\vec{a} - \vec{b})$
$\qquad\qquad = \vec{a} \cdot \vec{a} - \vec{b} \cdot \vec{a} - \vec{a} \cdot \vec{b} + \vec{b} \cdot \vec{b}$
$\qquad\qquad = |\vec{a}|^2 - 2\vec{a} \cdot \vec{b} + |\vec{b}|^2$

(2) $(\vec{a} + \vec{b}) \cdot (\vec{a} - \vec{b}) = \vec{a} \cdot \vec{a} + \vec{b} \cdot \vec{a} - \vec{a} \cdot \vec{b} - \vec{b} \cdot \vec{b}$
$\qquad\qquad = |\vec{a}|^2 - |\vec{b}|^2$

개념 확인문제 32

$\vec{a} \cdot \vec{b} = |\vec{a}||\vec{b}|\cos 120° = 3 \times 1 \times \left(-\dfrac{1}{2}\right) = -\dfrac{3}{2}$

$|3\vec{a} - \vec{b}|^2 = (3\vec{a} - \vec{b}) \cdot (3\vec{a} - \vec{b})$
$\qquad\qquad = 9|\vec{a}|^2 - 6\vec{a} \cdot \vec{b} + |\vec{b}|^2$
$\qquad\qquad = 81 + 9 + 1 = 91$

따라서 $|3\vec{a} - \vec{b}| = \sqrt{91}$ 이다.

답 $\sqrt{91}$

개념 확인문제 33

(1) $|\vec{a} + \vec{b}|^2 = (\vec{a} + \vec{b}) \cdot (\vec{a} + \vec{b})$
$\qquad\qquad = |\vec{a}|^2 + 2\vec{a} \cdot \vec{b} + |\vec{b}|^2$
$\qquad\qquad = 5 + 2\vec{a} \cdot \vec{b} = 6$

따라서 $\vec{a} \cdot \vec{b} = \dfrac{1}{2}$ 이다.

(2) $|3\vec{a} - 2\vec{b}|^2 = (3\vec{a} - 2\vec{b}) \cdot (3\vec{a} - 2\vec{b})$

$= 9|\vec{a}|^2 - 12\vec{a} \cdot \vec{b} + 4|\vec{b}|^2$

$= 9 - 6 + 16 = 19$

따라서 $|3\vec{a} - 2\vec{b}| = \sqrt{19}$ 이다.

답 (1) $\dfrac{1}{2}$ (2) $\sqrt{19}$

개념 확인문제 34

(1) $\vec{a} \cdot \vec{b} = 2 + 3 = 5$

$|\vec{a}| = \sqrt{5}, |\vec{b}| = \sqrt{10}$

$\cos\theta = \dfrac{\vec{a} \cdot \vec{b}}{|\vec{a}||\vec{b}|} = \dfrac{5}{5\sqrt{2}} = \dfrac{1}{\sqrt{2}} \, (0° \le \theta \le 180°)$

이므로 $\theta = 45°$ 이다.

(2) $\vec{a} \cdot \vec{b} = -1$

$|\vec{a}| = 2, |\vec{b}| = 1$

$\cos\theta = \dfrac{\vec{a} \cdot \vec{b}}{|\vec{a}||\vec{b}|} = \dfrac{-1}{2} = -\dfrac{1}{2} \, (0° \le \theta \le 180°)$

이므로 $\theta = 120°$ 이다.

답 (1) $45°$ (2) $120°$

개념 확인문제 35

(1) $\vec{a} \cdot \vec{b} = 0 \Rightarrow 5x - 30 = 0 \Rightarrow x = 6$

(2) $\vec{a} = k\vec{b} \Rightarrow x + 3 = k, \ 1 = -2k$

$k = -\dfrac{1}{2}$ 이므로 $x = k - 3 = -\dfrac{1}{2} - 3 = -\dfrac{7}{2}$ 이다.

답 (1) 6 (2) $-\dfrac{7}{2}$

개념 확인문제 36

$\vec{b} = (x, y)$ 라 두면 벡터 $\vec{a}, \vec{b}$ 가 서로 수직이므로

$\vec{a} \cdot \vec{b} = 0$ 에서 $x\sqrt{3} + y = 0 \ \cdots \ \unicode{x1F150}$

또 $|\vec{b}| = 4$ 이므로 $x^2 + y^2 = 16 \ \cdots \ \unicode{x1F151}$

$\unicode{x1F150}, \unicode{x1F151}$ 을 연립하면 $x = 2, y = -2\sqrt{3}$ or $x = -2, y = 2\sqrt{3}$ 이다.

따라서 구하는 벡터는

$\vec{b} = (2, -2\sqrt{3})$ or $\vec{b} = (-2, 2\sqrt{3})$ 이다.

답 $\vec{b} = (2, -2\sqrt{3})$ or $\vec{b} = (-2, 2\sqrt{3})$

개념 확인문제 37

$\overrightarrow{AC} = \vec{b} - \vec{a}, \overrightarrow{DB} = \vec{a} + \vec{b} = \vec{b} + \vec{a}$ 이고,

마름모이므로 $|\vec{a}| = |\vec{b}|$ 이다.

$\overrightarrow{AC} \cdot \overrightarrow{DB} = (\vec{b} - \vec{a}) \cdot (\vec{b} + \vec{a})$

$= |\vec{b}|^2 - |\vec{a}|^2 = |\vec{a}|^2 - |\vec{a}|^2 = 0$

따라서 두 대각선 AC, BD는 서로 수직이다.

개념 확인문제 38

다음 그림과 같이 x축과 y축을 설정한 후 벡터의 분해를 이용하여 벡터를 성분으로 나타내어 보자.

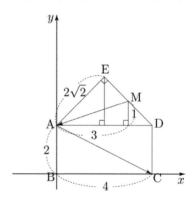

$\overrightarrow{MA} = (-3, -1), \overrightarrow{AC} = (4, -2)$

따라서 $\overrightarrow{MA} \cdot \overrightarrow{AC} = -12 + 2 = -10$ 이다.

답 -10

개념 확인문제 39

(1) $\dfrac{x-4}{3} = \dfrac{y-3}{-1}$

(2) $x = \dfrac{y}{2}$

(3) $y = 6$

(4) $x = 3$

답 (1) $\dfrac{x-4}{3} = \dfrac{y-3}{-1}$ (2) $x = \dfrac{y}{2}$ (3) $y = 6$ (4) $x = 3$

개념 확인문제 40

(1) 주어진 직선의 방향벡터는 $\vec{u} = (-1,\ 2)$이다.

따라서 점 $(-2,\ 3)$을 지나고 방향벡터가 $\vec{u} = (-1,\ 2)$인 직선의 방정식은 $\dfrac{x+2}{-1} = \dfrac{y-3}{2}$이다.

(2) 주어진 직선의 방향벡터는 $\vec{u} = (1,\ 3)$이다.

따라서 점 $(0,\ -3)$을 지나고 방향벡터가 $\vec{u} = (1,\ 3)$인 직선의 방정식은 $x = \dfrac{y+3}{3}$이다.

답 (1) $\dfrac{x+2}{-1} = \dfrac{y-3}{2}$ (2) $x = \dfrac{y+3}{3}$

개념 확인문제 41

(1) 구하는 직선의 방향벡터는

$\overrightarrow{AB} = (-2-4,\ 3-2) = (-6,\ 1)$이다.

이 직선이 점 $A(4,\ 2)$을 지나므로 직선의 방정식은

$\dfrac{x-4}{-6} = y-2$이다.

(2) 구하는 직선의 방향벡터는

$\overrightarrow{AB} = (2+3,\ -1-1) = (5,\ -2)$이다.

이 직선이 점 $A(-3,\ 1)$을 지나므로 직선의 방정식은

$\dfrac{x+3}{5} = \dfrac{y-1}{-2}$이다.

답 (1) $\dfrac{x-4}{-6} = y-2$ (2) $\dfrac{x+3}{5} = \dfrac{y-1}{-2}$

개념 확인문제 42

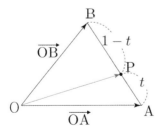

$\overrightarrow{OP} = \dfrac{t\overrightarrow{OB} + (1-t)\overrightarrow{OA}}{t+(1-t)}$ 이므로 점 P는 선분 AB를

$t : (1-t)$로 내분하는 점이다. 이때 $0 < t < 1$이므로 점 P가 나타내는 도형은 두 점 A, B를 잇는 선분이다.

개념 확인문제 43

(1) $2(x-4) - 3(y-3) = 0$

즉, $2x - 3y + 1 = 0$이다.

(2) $3(x-1) + (y-3) = 0$

즉, $3x + y - 6 = 0$이다.

답 (1) $2x - 3y + 1 = 0$ (2) $3x + y - 6 = 0$

개념 확인문제 44

두 직선의 방향벡터를 각각 $\vec{u_1}$, $\vec{u_2}$라 하면

$\vec{u_1} = (3,\ 2)$, $\vec{u_2} = (2,\ -3)$이다.

두 직선이 이루는 각의 크기가 θ이므로

$\cos\theta = \dfrac{|3 \times 2 + 2 \times (-3)|}{\sqrt{3^2 + 2^2}\ \sqrt{2^2 + (-3)^2}} = 0$

$0° \le \theta \le 90°$이므로 $\theta = 90°$이다.

답 $90°$

개념 확인문제 45

두 직선의 방향벡터를 각각 $\vec{u_1}$, $\vec{u_2}$라 하면

$\vec{u_1} = (k,\ 2)$, $\vec{u_2} = (3,\ k-5)$이다.

(1) 두 직선이 서로 수직이면 $\vec{u_1} \cdot \vec{u_2} = 0$이므로

$\vec{u_1} \cdot \vec{u_2} = 3k + 2k - 10 = 0 \Rightarrow k = 2$이다.

따라서 $k = 2$이다.

(2) 두 직선이 서로 평행하면 $\vec{u_1} = l\,\vec{u_2}$이므로

$\vec{u_1} = l\,\vec{u_2} \Rightarrow (k,\ 2) = (3l,\ lk-5l) \Rightarrow k = 3l,\ 2 = lk - 5l$

$\Rightarrow 2 = 3l^2 - 5l \Rightarrow (3l+1)(l-2) = 0 \Rightarrow l = 2\ (\because\ k > 0)$

따라서 $k = 3l = 6$이다.

답 (1) 2 (2) 6

개념 확인문제 46

$|\vec{p} - 3\vec{a}|^2 = 5^2 \Rightarrow (\vec{p} - 3\vec{a}) \cdot (\vec{p} - 3\vec{a}) = 25$

$\vec{p} - 3\vec{a} = (x-3, \ y+6)$이므로 $(x-3)^2 + (y+6)^2 = 25$이다.

따라서 점 P가 나타내는 도형은 중심이 $(3, \ -6)$이고
반지름의 길이가 5인 원이다.

답 중심이 $(3, \ -6)$이고 반지름의 길이가 5인 원

개념 확인문제 47

접선 위의 임의의 점을 $P(x, \ y)$라 하고, 원의 중심을
$C(a, \ b)$라 하자. 구하는 접선은 점 $A(x_1, \ y_1)$을 지나고,
벡터 $\overrightarrow{CA}$에 수직인 직선으로 $\overrightarrow{CA} \cdot \overrightarrow{CP} = |\overrightarrow{CA}|^2 = r^2$
이다. $\overrightarrow{CA} = (x_1 - a, \ y_1 - b)$, $\overrightarrow{CP} = (x-a, \ y-b)$이므로
구하고자 하는 접선의 방정식은
$(x_1 - a)(x-a) + (y_1 - b)(y-b) = r^2$이다.

개념 확인문제 48

풀이1) 원의 지름에 대한 원주각의 크기 이용한 풀이

$(x+1, \ y-2) \cdot (x-3, \ y+4) = 0$

$\Rightarrow (x+1)(x-3) + (y-2)(y+4) = 0$

$\Rightarrow x^2 - 2x + y^2 + 2y - 11 = 0$

$\Rightarrow (x-1)^2 + (y+1)^2 = 13$

따라서 원의 방정식은 $(x-1)^2 + (y+1)^2 = 13$이다.

풀이2) 원의 중심과 반지름의 길이 이용한 풀이

두 점 $A(-1, \ 2)$, $B(3, \ -4)$의 위치벡터를 각각 $\vec{a}$, $\vec{b}$라 하자.
구하는 원의 중심을 C라 하고 점 C의 위치벡터를 $\vec{c}$라 하면
$\vec{c} = \dfrac{1}{2}(\vec{a} + \vec{b}) = (1, \ -1)$이고, 반지름의 길이는

$|\overrightarrow{CA}| = |\vec{a} - \vec{c}| = \sqrt{(-2)^2 + 3^2} = \sqrt{13}$이다.

따라서 구하는 원의 방정식을 벡터로 나타내면
$|\vec{p} - \vec{c}| = \sqrt{13}$이므로 원의 방정식은
$(x-1)^2 + (y+1)^2 = 13$이다.

답 $(x-1)^2 + (y+1)^2 = 13$

1	7	35	⑤
2	124	36	⑤
3	6	37	17
4	③	38	②
5	12	39	11
6	24	40	③
7	9	41	④
8	20	42	27
9	8	43	30
10	16	44	18
11	④	45	40
12	29	46	13
13	36	47	292
14	15	48	④
15	60	49	35
16	55	50	20
17	1	51	④
18	79	52	18
19	117	53	32
20	12	54	②
21	7	55	②
22	16	56	6
23	52	57	24
24	③	58	①
25	13	59	2
26	8	60	③
27	4	61	5
28	355	62	8
29	128	63	75
30	ㄱ, ㄴ, ㄹ, ㅁ	64	④
31	5	65	24
32	17	66	43
33	③	67	①
34	6	68	①

001

$\overrightarrow{PA} + 2\overrightarrow{PB} = \vec{0} \Rightarrow \overrightarrow{PA} = -2\overrightarrow{PB}$ 이므로
점 P는 선분 AB를 2 : 1로 내분하는 점이다.

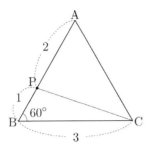

$\overline{PC} = x$라 하자.
삼각형 BCP에서 코사인법칙을 사용하면

$$\cos 60° = \frac{\overline{BP}^2 + \overline{BC}^2 - \overline{PC}^2}{2 \times \overline{BP} \times \overline{BC}}$$

$$\Rightarrow \frac{1}{2} = \frac{1 + 9 - x^2}{6} \Rightarrow 3 = 10 - x^2 \Rightarrow x^2 = 7$$

따라서 $|\overrightarrow{PC}|^2 = 7$이다.

답 7

002

$\frac{1}{2}\overrightarrow{BM} = \overrightarrow{CD}$이고, $|\overrightarrow{CD}| = \frac{1}{2}|\overrightarrow{BM}| = 2\sqrt{3}$이다.

삼각형 BCD에서 코사인법칙을 사용하여 답을 구할 수도 있지만 이번에는 수선의 발을 작도하여 답을 구해보자.

점 D에서 직선 BC에 내린 수선의 발을 E라 하자.
두 직선 BM, CD는 서로 평행하므로
$\angle MBC = \angle DCE = 30°$이다. (MBC문화방송 ㅋ.ㅋ)

삼각형 CDE에서

$$\overline{CE} = \overline{CD}\cos 30° = 2\sqrt{3} \times \frac{\sqrt{3}}{2} = 3$$

$$\overline{DE} = \overline{CD}\sin 30° = 2\sqrt{3} \times \frac{1}{2} = \sqrt{3}$$

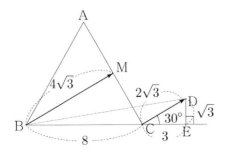

삼각형 BDE에서 피타고라스의 정리를 사용하면
$\overline{BD}^2 = \overline{BE}^2 + \overline{DE}^2 = 121 + 3 = 124$이다.
따라서 $|\overrightarrow{BD}|^2 = 124$이다.

답 124

003

선분 BD의 중점을 M이라 하자.
$\overrightarrow{EC} = \overrightarrow{FB}$이므로 $|\overrightarrow{EC} + \overrightarrow{FD}| = |\overrightarrow{FB} + \overrightarrow{FD}| = 2|\overrightarrow{FM}|$이다.

삼각형 FBD는 한 변의 길이가 $2\sqrt{3}$인 정삼각형이므로
$|\overrightarrow{FM}| = 2\sqrt{3} \times \frac{\sqrt{3}}{2} = 3$이다.

따라서 $|\overrightarrow{EC} + \overrightarrow{FD}| = 2|\overrightarrow{FM}| = 6$이다.

답 6

004

$|\overrightarrow{BE}| = \sqrt{3}|\overrightarrow{BC}|$이므로 삼각형 DBE에서
$$\cos(\angle DBE) = \frac{\overline{BE}}{\overline{BD}} = \frac{\sqrt{3}\,a}{2a} = \frac{\sqrt{3}}{2} \Rightarrow \angle DBE = 30°$$이다.

삼각형 ABE는 정삼각형이므로 $\angle ABE = 60°$이다.
즉, $\angle ABD = 90°$이다.

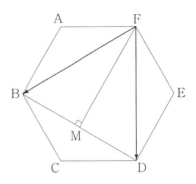

선분 BD의 중점을 M이라 하자.

$\overline{AB} = \sqrt{3}a$, $\overline{BM} = a$

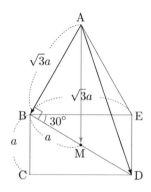

$$|\overrightarrow{AB} + \overrightarrow{AD}| = 2|\overrightarrow{AM}| = 4a = 8 \Rightarrow a = 2$$

따라서 삼각형 ABE의 넓이는

$$\frac{\sqrt{3}}{4} \times (2\sqrt{3})^2 = \frac{\sqrt{3}}{4} \times 12 = 3\sqrt{3} \text{이다.}$$

답 ③

다르게 풀어보자.

선분 BE의 중점을 N이라 하자.

$\overrightarrow{AD} = \overrightarrow{AE} + \overrightarrow{ED}$이므로

$$|\overrightarrow{AB} + \overrightarrow{AD}| = |\overrightarrow{AB} + \overrightarrow{AE} + \overrightarrow{ED}| = |2\overrightarrow{AN} + \overrightarrow{ED}| \text{이다.}$$

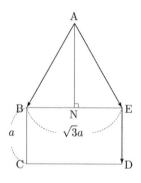

이때 $|\overrightarrow{AN}| = \frac{\sqrt{3}}{2} \times \sqrt{3}a = \frac{3}{2}a$, $|\overrightarrow{ED}| = a$이고,

두 벡터 $\overrightarrow{AN}$, $\overrightarrow{ED}$는 서로 평행하므로

$$|2\overrightarrow{AN} + \overrightarrow{ED}| = 2|\overrightarrow{AN}| + |\overrightarrow{ED}| = 3a + a = 4a = 8 \Rightarrow a = 2$$

이다.

따라서 삼각형 ABE의 넓이는

$$\frac{\sqrt{3}}{4} \times (2\sqrt{3})^2 = \frac{\sqrt{3}}{4} \times 12 = 3\sqrt{3} \text{이다.}$$

005

$\overrightarrow{A_5A_2} = \overrightarrow{A_4A_6}$ 이도록 점 A_6를 잡으면 다음과 같다.

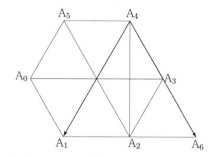

정육각형의 한 변의 길이를 a라 하자.

선분 A_1A_6의 중점이 A_2이므로

$$|\overrightarrow{A_4A_1} + \overrightarrow{A_5A_2}| = |\overrightarrow{A_4A_1} + \overrightarrow{A_4A_6}|$$
$$= 2|\overrightarrow{A_4A_2}| = 2\sqrt{3}a = 4\sqrt{3}$$

$\Rightarrow a = 2$

$$\overrightarrow{A_0A_4} + \overrightarrow{A_0A_1} = \overrightarrow{A_0A_4} + \overrightarrow{A_4A_3} = \overrightarrow{A_0A_3}$$
$$\overrightarrow{A_0A_2} + \overrightarrow{A_0A_5} = \overrightarrow{A_0A_2} + \overrightarrow{A_2A_3} = \overrightarrow{A_0A_3}$$

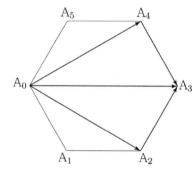

따라서 $\left|\sum_{k=1}^{5} \overrightarrow{A_0A_k}\right| = |3\overrightarrow{A_0A_3}| = 3|\overrightarrow{A_0A_3}| = 6a = 12$이다.

답 12

006

$\overrightarrow{DC} = \overrightarrow{AE}$이도록 점 E를 잡으면

$\overline{AE} /\!/ \overline{DC}$이고, $\overline{AD} /\!/ \overline{EC}$이므로 사각형 AECD는

평행사변형이다. 즉, $\overline{EC} = \overline{AD} = 2$이다.

선분 BE의 중점을 M이라 하면

$$|\overrightarrow{AB} + \overrightarrow{DC}| = |\overrightarrow{AB} + \overrightarrow{AE}| = 2|\overrightarrow{AM}| = 6$$

$\Rightarrow |\overrightarrow{AM}| = 3$

삼각형 ABM에서 피타고라스의 정리를 사용하면

$$\overline{AB} = \sqrt{\overline{AM}^2 - \overline{BM}^2} = \sqrt{9-1} = 2\sqrt{2} \text{이다.}$$

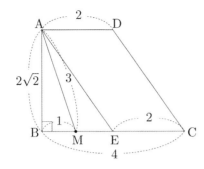

따라서 $|\overrightarrow{DC} - \overrightarrow{DA}|^2 = |\overrightarrow{AC}|^2 = \overline{AB}^2 + \overline{BC}^2$

$$= 8 + 16 = 24$$

이다.

답 24

007

$3 - n = 1 \Rightarrow n = 2$

$-m + 5 = -2 \Rightarrow m = 7$

이므로 $m + n = 9$이다.

답 9

008

$\overrightarrow{AB} = n\overrightarrow{AC} \Rightarrow \overrightarrow{OB} - \overrightarrow{OA} = n(\overrightarrow{OC} - \overrightarrow{OA})$

$\Rightarrow m\vec{b} - \vec{a} = n(4\vec{a} - \vec{b} - \vec{a})$

$\Rightarrow -\vec{a} + m\vec{b} = 3n\vec{a} - n\vec{b}$

$\Rightarrow n = -\dfrac{1}{3}, \ m = \dfrac{1}{3}$

따라서 $30(m-n) = 30\left(\dfrac{1}{3} + \dfrac{1}{3}\right) = 20$이다.

답 20

009

$\vec{a} + \dfrac{1}{2}\vec{b} = (5, 1) + (-1, 3) = (4, 4)$

따라서 벡터 $\vec{a} + \dfrac{1}{2}\vec{b}$의 모든 성분의 합은 8이다.

답 8

010

$3\vec{a} = \vec{b} - \vec{c} \Rightarrow (3x, 9) = (6, y-5)$

$\Rightarrow x = 2, \ y = 14$

따라서 $x + y = 16$이다.

답 16

011

$\vec{a} = m\vec{b} \Rightarrow (2k-1, 4) = (3mk+m, 12m)$

$\Rightarrow 2k-1 = 3mk+m, \ 4 = 12m$

$m = \dfrac{1}{3}$이므로 $2k-1 = k + \dfrac{1}{3} \Rightarrow k = \dfrac{4}{3}$이다.

답 ④

012

$\vec{a} + \vec{b} = (2, 5)$이므로 $|\vec{a} + \vec{b}|^2 = 4 + 25 = 29$이다.

답 29

013

$\vec{c} = (x, y)$라 하면 $\vec{b} + \vec{c} = (x+1, y-1)$이다.

두 벡터 $\vec{a}$와 $\vec{b} + \vec{c}$가 서로 평행하므로

$\vec{a} = m(\vec{b} + \vec{c}) \Rightarrow (2, 1) = m(x+1, y-1)$

$\Rightarrow 2 = m(x+1), \ 1 = m(y-1)$

$\rightarrow m = \dfrac{2}{x+1}, \ m = \dfrac{1}{y-1} \rightarrow \dfrac{2}{x+1} = \dfrac{1}{y-1}$

$\Rightarrow 2y - 2 = x + 1 \Rightarrow x = 2y - 3$

$|\vec{c}|^2 = x^2 + y^2 = (2y-3)^2 + y^2$

$$= 5y^2 - 12y + 9 = 5\left(y - \dfrac{6}{5}\right)^2 + \dfrac{9}{5}$$

이므로 $|\vec{c}|^2$의 최솟값은 $\dfrac{9}{5} = k$이다.

따라서 $20k = 20 \times \dfrac{9}{5} = 36$이다.

답 36

014

$$\overrightarrow{AB} = (4-1,\ 2+2) = (3,\ 4)$$

벡터 $\vec{p}$는 벡터 $\overrightarrow{AB}$와 방향이 반대이므로
$\vec{p} = (a,\ b) = (3k,\ 4k)\ (k < 0)$이다.

$$|\vec{p}| = \sqrt{9k^2 + 16k^2} = |5k| = -5k = 3 \implies k = -\frac{3}{5}$$

따라서 $25(a-b) = 25(3k-4k) = 25(-k) = 25 \times \frac{3}{5} = 15$이다.

답 15

015

직선 AO은 $\angle BAC$의 이등분선이므로 삼각형 ACD에서
$\overline{AD} : \overline{AC} = \overline{DO} : \overline{OC}$ 이다.
즉, 점 O는 선분 CD를 $3 : 5$로 내분하는 점이므로
$$\overline{DO} = \frac{5}{8}\overline{CD} = \frac{5}{2},\ \overline{OC} = \frac{3}{8}\overline{CD} = \frac{3}{2}$$이고,
$$\overrightarrow{AO} = \frac{5}{8}\overrightarrow{AC} + \frac{3}{8}\overrightarrow{AD} \implies m = \frac{5}{8},\ n = \frac{3}{8}$$이다.

$\angle BAO = \angle CAO = \theta$라 하자.

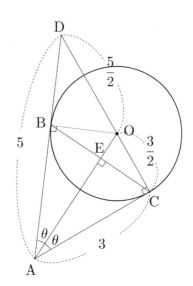

삼각형 ACO에서 피타고라스의 정리를 사용하면
$$\overline{AO} = \sqrt{\overline{AC}^2 + \overline{OC}^2} = \sqrt{9 + \frac{9}{4}} = \frac{3\sqrt{5}}{2}$$이므로
$$\cos\theta = \frac{\overline{AC}}{\overline{AO}} = \frac{3}{\dfrac{3\sqrt{5}}{2}} = \frac{2}{\sqrt{5}}$$이다.

$$\overline{AE} = \overline{AC}\cos\theta = 3 \times \frac{2}{\sqrt{5}} = \frac{6\sqrt{5}}{5}$$이고,

$$\overline{AO} = \frac{3\sqrt{5}}{2}$$이므로 $k = \frac{\overline{AO}}{\overline{AE}} = \frac{\dfrac{3\sqrt{5}}{2}}{\dfrac{6\sqrt{5}}{5}} = \frac{5}{4}$이다.

따라서 $40(m - n + k) = 40\left(\frac{5}{8} - \frac{3}{8} + \frac{5}{4}\right) = 40 \times \frac{3}{2} = 60$이다.

답 60

016

선분 AB의 $3 : 1$ 내분점을 P라 하자.
$$|\overrightarrow{GA} + 3\overrightarrow{GB}| = 4\left|\frac{\overrightarrow{GA} + 3\overrightarrow{GB}}{4}\right| = 4|\overrightarrow{GP}| = 8 \implies |\overrightarrow{GP}| = 2$$

선분 AB의 중점을 M이라 하자.
$\overline{PM} = x$라 하면 $\overline{MC} = \frac{\sqrt{3}}{2}\overline{AB} = 2\sqrt{3}x$이므로
$$\overline{MG} = \frac{1}{3}\overline{MC} = \frac{2\sqrt{3}}{3}x$$이다.

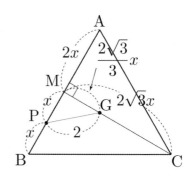

삼각형 PGM에서 피타고라스의 정리를 사용하면
$$\overline{PG}^2 = \overline{MP}^2 + \overline{MG}^2 \implies 4 = x^2 + \frac{4}{3}x^2$$
$$\implies 4 = \frac{7}{3}x^2 \implies x^2 = \frac{12}{7}$$

삼각형 ABC의 넓이는
$$\frac{\sqrt{3}}{4} \times (4x)^2 = 4\sqrt{3}\,x^2 = 4\sqrt{3} \times \frac{12}{7} = \frac{48}{7}\sqrt{3}$$이므로
$p = 7,\ q = 48$이다.

따라서 $p + q = 55$이다.

답 55

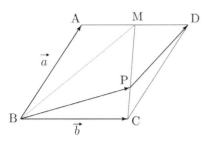

$\overrightarrow{AM} = \dfrac{1}{2}\vec{b}$이므로 $\overrightarrow{BM} = \overrightarrow{BA} + \overrightarrow{AM} = \vec{a} + \dfrac{1}{2}\vec{b}$이다.

$\overrightarrow{BP} = \dfrac{1}{3}\overrightarrow{BM} + \dfrac{2}{3}\overrightarrow{BC} = \dfrac{1}{3}\vec{a} + \dfrac{1}{6}\vec{b} + \dfrac{2}{3}\vec{b} = \dfrac{1}{3}\vec{a} + \dfrac{5}{6}\vec{b}$

이므로 $m = \dfrac{1}{3}$, $n = \dfrac{5}{6}$이다.

$\overrightarrow{PC} = \overrightarrow{BC} - \overrightarrow{BP} = \vec{b} - \left(\dfrac{1}{3}\vec{a} + \dfrac{5}{6}\vec{b} \right) = -\dfrac{1}{3}\vec{a} + \dfrac{1}{6}\vec{b}$

$\overrightarrow{PD} = \overrightarrow{PC} + \overrightarrow{CD} = -\dfrac{1}{3}\vec{a} + \dfrac{1}{6}\vec{b} + \vec{a} = \dfrac{2}{3}\vec{a} + \dfrac{1}{6}\vec{b}$

이므로 $k = \dfrac{2}{3}$, $l = \dfrac{1}{6}$이다.

따라서 $m + 2n - 3k + 6l = \dfrac{1}{3} + \dfrac{5}{3} - 2 + 1 = 1$이다.

답 1

이번에는 Guide step에서 배운 사교좌표계를 이용하여 풀어보자.

$B(0, 0)$, $A(0, 1)$, $C(1, 0)$이라 하면
$M\left(\dfrac{1}{2}, 1 \right)$, $D(1, 1)$이다.

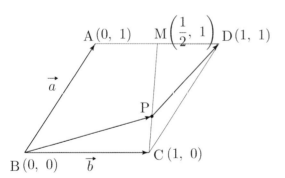

점 P는 선분 MC를 $2 : 1$로 내분하는 점이므로

$P\left(\dfrac{\frac{1}{2} + 2}{3}, \dfrac{1}{3} \right) \Rightarrow P\left(\dfrac{5}{6}, \dfrac{1}{3} \right)$이다.

$\vec{b} = (1, 0)$, $\vec{a} = (0, 1)$이므로

$\overrightarrow{BP} = \left(\dfrac{5}{6}, \dfrac{1}{3} \right) \Rightarrow \overrightarrow{BP} = \dfrac{1}{3}\vec{a} + \dfrac{5}{6}\vec{b}$이고,

$\overrightarrow{PD} = \overrightarrow{BD} - \overrightarrow{BP} = (1, 1) - \left(\dfrac{5}{6}, \dfrac{1}{3} \right) = \left(\dfrac{1}{6}, \dfrac{2}{3} \right)$

$\Rightarrow \overrightarrow{PD} = \dfrac{2}{3}\vec{a} + \dfrac{1}{6}\vec{b}$

이다.

$m = \dfrac{1}{3}$, $n = \dfrac{5}{6}$, $k = \dfrac{2}{3}$, $l = \dfrac{1}{6}$이므로

$m + 2n - 3k + 6l = \dfrac{1}{3} + \dfrac{5}{3} - 2 + 1 = 1$이다.

$\overrightarrow{GD} = k\overrightarrow{MP}$이므로 두 선분 GD, MP는 서로 평행하다.
$\overline{AG} : \overline{GM} = 2 : 1$이므로 $\overline{AD} : \overline{DP} = 2 : 1$이다.

$\overrightarrow{AD} = a$라 하면 $\overrightarrow{DP} = \dfrac{1}{2}\overrightarrow{AD} = \dfrac{1}{2}a$이고,

$\overrightarrow{AP} = \overrightarrow{AD} + \overrightarrow{DP} = a + \dfrac{1}{2}a = \dfrac{3}{2}a$이다.

$\overrightarrow{AC} = 4\overrightarrow{AD} = 4a$이므로

$\overrightarrow{PC} = \overrightarrow{AC} - \overrightarrow{AP} = 4a - \dfrac{3}{2}a = \dfrac{5}{2}a$이다.

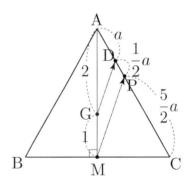

점 P는 선분 AC를 $3 : 5$로 내분하는 점이므로
$\overrightarrow{BP} = \dfrac{5}{8}\overrightarrow{BA} + \dfrac{3}{8}\overrightarrow{BC}$이다.

$m = \dfrac{5}{8}$, $n = \dfrac{3}{8}$이므로 $m \times n = \dfrac{15}{64}$이다.

따라서 $p + q = 79$이다.

답 79

019

두 선분 AM, BN이 만나는 점 P(2, 3)은
삼각형 ABC의 무게중심이므로

$$\frac{\vec{a}+\vec{b}+\vec{c}}{3}=(2,\ 3)\Rightarrow\vec{a}+\vec{b}+\vec{c}=(6,\ 9)$$

이다.

따라서 $|\vec{a}+\vec{b}+\vec{c}|^{2}=36+81=117$이다.

답 117

선분 AB를 1 : 2로 내분하는 점이 D이므로

$$2\overrightarrow{PA}+\overrightarrow{PB}+9\overrightarrow{PC}=0\Rightarrow\frac{2\overrightarrow{PA}+\overrightarrow{PB}}{3}=-3\overrightarrow{PC}$$

$$\Rightarrow\overrightarrow{PD}=-3\overrightarrow{PC}$$

점 P는 선분 CD를 1 : 3으로 내분하는 점이다.

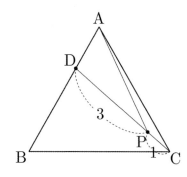

삼각형 ABC의 넓이가 48이므로 삼각형 ACD의 넓이는
$\frac{1}{3}\times48=16$이다.

따라서 삼각형 ADP의 넓이는 $\frac{3}{4}\times16=12$이다.

답 12

021

선분 BD의 중점을 M이라 하면

$$6\overrightarrow{AP}-\overrightarrow{AB}=\overrightarrow{AD}\Rightarrow3\overrightarrow{AP}=\frac{\overrightarrow{AB}+\overrightarrow{AD}}{2}$$

$$\Rightarrow3\overrightarrow{AP}=\overrightarrow{AM}$$

이므로 점 P는 선분 AM을 1 : 2로 내분하는 점이다.

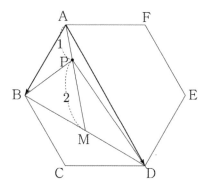

$\overline{AB}=2$, $\overline{BD}=2\sqrt{3}$, $\angle ABD=90°$이므로
삼각형 ABD의 넓이는 $\frac{1}{2}\times2\times2\sqrt{3}=2\sqrt{3}$이다.

삼각형 ABM의 넓이는 $\frac{1}{2}\times2\sqrt{3}=\sqrt{3}$이므로
삼각형 PBM의 넓이는 $\frac{2}{3}\sqrt{3}$이다.

삼각형 PBD의 넓이는 $2\times\frac{2}{3}\sqrt{3}=\frac{4}{3}\sqrt{3}$이므로
$p=3$, $q=4$이다.

따라서 $p+q=7$이다.

답 7

$$\overrightarrow{PA}+\overrightarrow{PB}+\overrightarrow{PC}+\overrightarrow{PD}=\overrightarrow{BD}$$

$$\Rightarrow\overrightarrow{PA}+\overrightarrow{PB}+\overrightarrow{PC}+\overrightarrow{PD}=\overrightarrow{PD}-\overrightarrow{PB}$$

$$\Rightarrow\overrightarrow{PA}+\overrightarrow{PC}=-2\overrightarrow{PB}$$

$$\Rightarrow\frac{\overrightarrow{PA}+\overrightarrow{PC}}{2}=-\overrightarrow{PB}$$

$$\Rightarrow\overrightarrow{PM}=-\overrightarrow{PB}$$

즉, 점 P는 선분 BM의 중점이다.

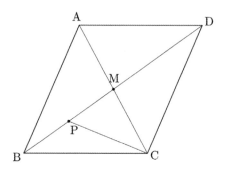

삼각형 PBC의 넓이가 2이므로 삼각형 BCD의 넓이는
$4\times2=8$이다.

따라서 평행사변형 ABCD의 넓이는 $2 \times 8 = 16$이다.

답 16

023

Guide step에서 배운 넓이비를 이용하여 $\overline{BP} : \overline{PE}$를 구해보자.

삼각형 PCE의 넓이를 a라 하면 삼각형 PAE의 넓이는
$3a$이고, 삼각형 PAD의 넓이를 b라 하면
삼각형 PBD의 넓이는 $2b$이다.

삼각형 BAE의 넓이는 $3a + 3b$이고,
두 삼각형 BAE, BCE의 넓이는 $3 : 1$이므로
삼각형 BCE의 넓이는 $a + b$이다.
즉, 삼각형 BPC의 넓이는 b이다.

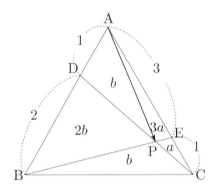

두 삼각형 CAD, CBD의 넓이비는 $1 : 2$이므로
$4a + b : 3b = 1 : 2 \Rightarrow 3b = 8a + 2b \Rightarrow b = 8a$이다.

삼각형 ABP의 넓이는 $3b = 24a$이고,
삼각형 AEP의 넓이는 $3a$이므로 $\overline{BP} : \overline{PE} = 8 : 1$이다.
$\overrightarrow{BE} = \dfrac{3}{4}\overrightarrow{BC} + \dfrac{1}{4}\overrightarrow{BA}$이므로
$\overrightarrow{BP} = \dfrac{8}{9}\overrightarrow{BE} = \dfrac{2}{3}\overrightarrow{BC} + \dfrac{2}{9}\overrightarrow{BA}$이다.

$\overrightarrow{AP} = \overrightarrow{BP} - \overrightarrow{BA} = \dfrac{2}{3}\overrightarrow{BC} + \dfrac{2}{9}\overrightarrow{BA} - \overrightarrow{BA} = \dfrac{2}{3}\overrightarrow{BC} - \dfrac{7}{9}\overrightarrow{BA}$
이므로 $m = \dfrac{2}{3}$, $n = -\dfrac{7}{9}$이다.

따라서 $36(m - n) = 36\left(\dfrac{2}{3} + \dfrac{7}{9}\right) = 24 + 28 = 52$이다.

답 52

이번에는 Guide step에서 배운 사교좌표계를 이용하여 풀어보자.

$B(0, 0)$, $A(0, 1)$, $C(1, 0)$이라 하면
$D\left(0, \dfrac{2}{3}\right)$, $E\left(\dfrac{3}{4}, \dfrac{1}{4}\right)$이다.

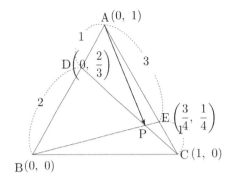

직선 DC의 방정식은 $y = -\dfrac{2}{3}x + \dfrac{2}{3}$이고,

직선 BE의 방정식은 $y = \dfrac{1}{3}x$이므로

두 직선의 교점의 좌표를 구하면 $P\left(\dfrac{2}{3}, \dfrac{2}{9}\right)$이다.

$\overrightarrow{AP} = \overrightarrow{BP} - \overrightarrow{BA} = \left(\dfrac{2}{3}, \dfrac{2}{9}\right) - (0, 1) = \left(\dfrac{2}{3}, -\dfrac{7}{9}\right)$

$\Rightarrow \overrightarrow{AP} = \dfrac{2}{3}\overrightarrow{BC} - \dfrac{7}{9}\overrightarrow{BA}$

024

$\overrightarrow{BP} = \overrightarrow{BA} + \overrightarrow{AP}$
선분 AG의 중점을 M이라 하면
$\overrightarrow{BG} + \overrightarrow{BA} + \overrightarrow{AP} = 2\overrightarrow{BM} + \overrightarrow{AP}$이다.

$|\vec{a} + \vec{b}|^2 = |\vec{a}|^2 + 2|\vec{a}||\vec{b}|\cos\theta + |\vec{b}|^2$이므로
두 벡터 $\vec{a}$, $\vec{b}$의 크기가 고정인 경우
두 벡터가 이루는 각의 크기가 $0°$일 때,
즉 두 벡터가 서로 평행할 때, $|\vec{a} + \vec{b}|$는 최댓값을 갖는다.

즉, 두 벡터 $2\overrightarrow{BM}$, $\overrightarrow{AP}$가 서로 평행할 때,
$|2\overrightarrow{BM} + \overrightarrow{AP}|$는 최댓값을 갖는다.

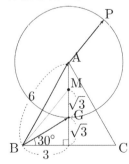

$\overline{BM} = \sqrt{3^2 + (2\sqrt{3})^2} = \sqrt{21}$ 이고, $\overline{AP} = \overline{AG} = 2\sqrt{3}$
이므로 $|2\overrightarrow{BM} + \overrightarrow{AP}|$ 의 최댓값은 $2\sqrt{3} + 2\sqrt{21}$ 이다.
(두 벡터 $2\overrightarrow{BM}$, $\overrightarrow{AP}$ 는 서로 평행하므로 두 벡터의 합의
크기는 두 벡터의 크기를 각각 더한 것과 같다.)

따라서 $|\overrightarrow{BG} + \overrightarrow{BP}|$ 의 최댓값은 $2\sqrt{3} + 2\sqrt{21}$ 이다.

답 ③

025

$\overrightarrow{BP} = \overrightarrow{CR}$ 이 되도록 시점을 일치시킨 후 접근해보자.

$|\overrightarrow{BP} - \overrightarrow{CQ}| = |\overrightarrow{CR} - \overrightarrow{CQ}| = |\overrightarrow{QR}|$

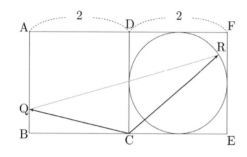

$|\overrightarrow{QR}|$ 의 최댓값은 점 Q가 점 A(or B)이고,
다음 그림과 같이 직선 AR이 원의 중심을 지날 때이다.

즉, $|\overrightarrow{QR}|$ 의 최댓값은 $M = \sqrt{10} + 1$ 이다.

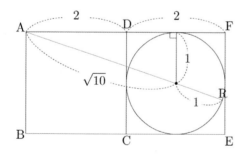

$|\overrightarrow{QR}|$ 의 최솟값은 두 선분 AB, CD의 중점이 각각
Q, R일 때이다.

즉, $|\overrightarrow{QR}|$ 의 최솟값은 $m = 2$ 이다.

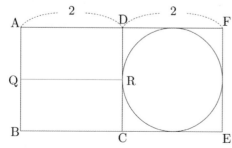

$M + m = \sqrt{10} + 3$ 이므로 $a = 10$, $b = 3$ 이다.
따라서 $a + b = 13$ 이다.

답 13

026

$\overrightarrow{AP} = \overrightarrow{AB} + \overrightarrow{BP}$ 이므로
$\overrightarrow{BC} + \overrightarrow{AP} = \overrightarrow{BC} + \overrightarrow{AB} + \overrightarrow{BP} = \overrightarrow{AC} + \overrightarrow{BP}$ 이다.

$\overrightarrow{BP} = \overrightarrow{CQ}$ 이 되도록 시점을 일치시킨 후 접근해보자.

$\overrightarrow{BC} + \overrightarrow{AP} = \overrightarrow{AC} + \overrightarrow{BP} = \overrightarrow{AC} + \overrightarrow{CQ} = \overrightarrow{AQ}$ 이므로
$|\overrightarrow{BC} + \overrightarrow{AP}|^2 = |\overrightarrow{AQ}|^2$ 이다.

점 A에서 선분 DE에 내린 수선의 발을 H라 하면
$\overline{AH} = \sqrt{3} + 2$ 이다.

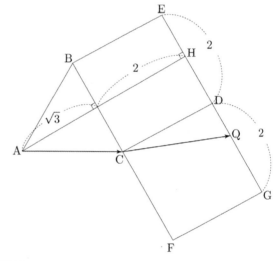

$|\overrightarrow{AQ}|^2$ 의 최댓값은 점 Q가 점 G일 때이다.
$\overline{AG}^2 = \overline{AH}^2 + \overline{HG}^2 = (2 + \sqrt{3})^2 + 9 = 16 + 4\sqrt{3}$
즉, $|\overrightarrow{AQ}|^2$ 의 최댓값은 $M = 16 + 4\sqrt{3}$ 이다.

$|\overrightarrow{AQ}|^2$ 의 최솟값은 점 Q가 점 D일 때이다.
$\overline{AD}^2 = \overline{AH}^2 + \overline{HD}^2 = (2 + \sqrt{3})^2 + 1 = 8 + 4\sqrt{3}$
즉, $|\overrightarrow{AQ}|^2$ 의 최솟값은 $m = 8 + 4\sqrt{3}$ 이다.

따라서 $M - m = 16 + 4\sqrt{3} - (8 + 4\sqrt{3}) = 8$ 이다.

답 8

027

두 원 C_2, C_3의 중심을 각각 O_2, O_3라 하고,
선분 O_2O_3의 중점을 M이라 하자.

$$\overrightarrow{O_1P} + \overrightarrow{O_1Q} = \overrightarrow{O_1O_2} + \overrightarrow{O_2P} + \overrightarrow{O_1O_3} + \overrightarrow{O_3Q}$$
$$= 2\overrightarrow{O_1M} + \overrightarrow{O_2P} + \overrightarrow{O_3Q}$$

세 벡터 $2\overrightarrow{O_1M}$, $\overrightarrow{O_2P}$, $\overrightarrow{O_3Q}$가 서로 평행할 때,
$|2\overrightarrow{O_1M} + \overrightarrow{O_2P} + \overrightarrow{O_3Q}|$는 최댓값을 갖는다.

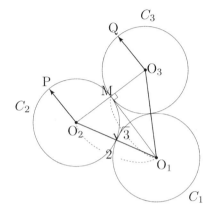

$\overline{O_1M} = \sqrt{3}$, $\overline{O_2P} = \overline{O_3Q} = 1$이므로
$|2\overrightarrow{O_1M} + \overrightarrow{O_2P} + \overrightarrow{O_3Q}|$의 최댓값은 $2\sqrt{3} + 2$이다.

따라서 $a \times b = 2 \times 2 = 4$이다.

답 4

028

선분 AB의 중점을 M이라 하자.

$$|\overrightarrow{AP} + \overrightarrow{BP}|^2 = 4\left|\frac{\overrightarrow{AP} + \overrightarrow{BP}}{2}\right|^2 = 4|\overrightarrow{MP}|^2$$

점 M에서 선분 BD에 내린 수선의 발을 H라 하자.

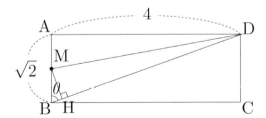

$\angle ABD = \theta$라 하면 $\cos\theta = \dfrac{\overline{AB}}{\overline{BD}} = \dfrac{\sqrt{2}}{3\sqrt{2}} = \dfrac{1}{3}$이므로

$\overline{BH} = \overline{BM}\cos\theta = \dfrac{\sqrt{2}}{2} \times \dfrac{1}{3} = \dfrac{\sqrt{2}}{6}$이다.

$4|\overrightarrow{MP}|^2$의 최댓값은 점 P가 점 D일 때이다.

$$\overline{MD}^2 = \overline{AM}^2 + \overline{AD}^2 = \frac{1}{2} + 16 = \frac{33}{2}$$

즉, $4|\overrightarrow{MP}|^2$의 최댓값은 $M = 4 \times \dfrac{33}{2} = 66$이다.

$4|\overrightarrow{MP}|^2$의 최솟값은 점 P가 점 H일 때이다.

$$\overline{MH}^2 = \overline{MB}^2 - \overline{BH}^2 = \frac{1}{2} - \frac{1}{18} = \frac{4}{9}$$

즉, $4|\overrightarrow{MP}|^2$의 최솟값은 $m = 4 \times \dfrac{4}{9} = \dfrac{16}{9}$이다.

$$M \times m = 66 \times \frac{16}{9} = \frac{352}{3}$$

따라서 $p + q = 355$이다.

답 355

029

$$|\overrightarrow{OA}| = |\overrightarrow{BA}| = 3, \quad |\overrightarrow{OB}| = 2$$

$\overrightarrow{OP} = m\overrightarrow{OA} + n\overrightarrow{OB}$ $(0 \le m \le 2,\ 0 \le n \le 1)$를
만족시키는 점 P가 나타내는 영역은 평행사변형 OBCD와
그 내부이다.

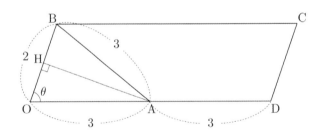

점 A에서 선분 OB에 내린 수선의 발을 H라 하면
$\overline{OH} = 1$, $\overline{AH} = 2\sqrt{2}$이다. $\angle AOH = \theta$라 하면
삼각형 OAH에서 $\sin\theta = \dfrac{2\sqrt{2}}{3}$이다.

평행사변형 OBCD의 넓이는
$\overline{OB} \times \overline{OD} \times \sin\theta = 2 \times 6 \times \dfrac{2\sqrt{2}}{3} = 8\sqrt{2} = k$이다.

따라서 $k^2 = 64 \times 2 = 128$이다.

답 128

030

한 변의 길이가 2인 정삼각형 OAB에 대하여

$$\overrightarrow{OP} = m\overrightarrow{OA} + n\overrightarrow{OB} \quad (m \geq 0, \ n \geq 0)$$

ㄱ. $m + n = 1$일 때, 점 P가 그리는 도형은 선분 AB이다.

$m + n = 1$이고, $m \geq 0, \ n \geq 0$이므로

점 P가 그리는 도형은 선분 AB이다.

따라서 ㄱ은 참이다.

ㄴ. $3m + n = 1$일 때, 점 P가 그리는 도형의 길이는

$\dfrac{2\sqrt{7}}{3}$이다.

$$\overrightarrow{OP} = 3m\left(\dfrac{1}{3}\overrightarrow{OA}\right) + n\overrightarrow{OB} \quad (m \geq 0, \ n \geq 0)$$

$\dfrac{1}{3}\overrightarrow{OA} = \overrightarrow{OC}$가 되도록 점 C를 잡으면

점 P가 그리는 도형은 선분 BC이다.

점 B에서 선분 OA에 내린 수선의 발을 H라 하자.

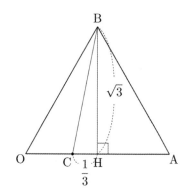

$$\overline{BC} = \sqrt{\overline{CH}^2 + \overline{BH}^2} = \sqrt{\dfrac{1}{9} + 3} = \sqrt{\dfrac{28}{9}} = \dfrac{2\sqrt{7}}{3}$$

따라서 ㄴ은 참이다.

ㄷ. $2m + n \leq 2$일 때, 점 P가 그리는 영역의 넓이는

$\sqrt{3}$이다.

$$2m + n \leq 2 \Rightarrow m + \dfrac{n}{2} \leq 1$$

$$\overrightarrow{OP} = m\overrightarrow{OA} + \dfrac{n}{2}\left(2\overrightarrow{OB}\right) \quad (m \geq 0, \ n \geq 0)$$

$2\overrightarrow{OB} = \overrightarrow{OD}$가 되도록 점 D를 잡으면

점 P가 그리는 영역은 삼각형 DOA와 그 내부이다.

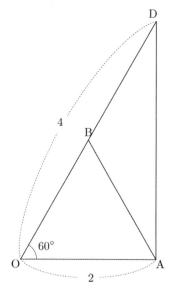

삼각형 DOA의 넓이는 $\dfrac{1}{2} \times 2 \times 4 \times \sin 60° = 2\sqrt{3}$이다.

따라서 ㄷ은 거짓이다.

ㄹ. $1 \leq m + n \leq 2$일 때, 점 P가 그리는 영역의 넓이는 $3\sqrt{3}$이다.

$\overrightarrow{OC} = 2\overrightarrow{OB}, \ \overrightarrow{OD} = 2\overrightarrow{OA}$가 되도록 점 C, D를 잡으면 점 P의 자취는 사각형 ABCD와 그 내부이다.

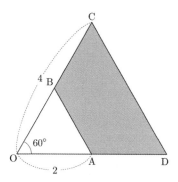

사각형 ABCD의 넓이는

$\dfrac{\sqrt{3}}{4} \times 4^2 - \dfrac{\sqrt{3}}{4} \times 2^2 = \dfrac{\sqrt{3}}{4} \times 12 = 3\sqrt{3}$이다.

따라서 ㄹ은 참이다.

ㅁ. $6m + 4n = 4$일 때, $\left|\overrightarrow{OP}\right|$의 최솟값은 $\dfrac{2\sqrt{21}}{7}$이다.

$$6m + 4n = 4 \Rightarrow \dfrac{3m}{2} + n = 1$$

$$\overrightarrow{OP} = \dfrac{3m}{2}\left(\dfrac{2}{3}\overrightarrow{OA}\right) + n\overrightarrow{OB} \quad (m \geq 0, \ n \geq 0)$$

$\dfrac{2}{3}\overrightarrow{OA} = \overrightarrow{OE}$가 되도록 점 E를 잡으면

점 P가 그리는 도형은 선분 BE이다.

점 O에서 선분 BE에 내린 수선의 발을 H라 하자.

점 P가 점 H일 때, $|\overrightarrow{OP}|$ 는 최솟값을 갖는다.

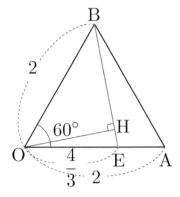

$\overline{BE} = x$ 라 하자.

삼각형 BOE에서 코사인법칙을 사용하면

$$\frac{1}{2} = \frac{4 + \frac{16}{9} - x^2}{2 \times 2 \times \frac{4}{3}} \Rightarrow \frac{8}{3} = \frac{52}{9} - x^2 \Rightarrow x = \frac{2\sqrt{7}}{3}$$

이다.

삼각형 넓이 같다 technique를 쓰면

$$\frac{1}{2} \times \overline{OH} \times \frac{2\sqrt{7}}{3} = \frac{1}{2} \times 2 \times \frac{4}{3} \times \sin 60^\circ$$

$$\Rightarrow \overline{OH} = \frac{2\sqrt{3}}{\sqrt{7}} = \frac{2\sqrt{21}}{7}$$

이므로 $|\overrightarrow{OP}|$ 의 최솟값은 $\dfrac{2\sqrt{21}}{7}$

따라서 ㅁ은 참이다.

> 답 ㄱ, ㄴ, ㄹ, ㅁ

031

$\overrightarrow{OP} = \overrightarrow{OX} + \overrightarrow{OY} = \overrightarrow{OX} + \overrightarrow{OC} + \overrightarrow{CY}$

$\overrightarrow{OX} = \overrightarrow{CR}$ 이 되도록 점 R을 잡고,

$\overrightarrow{OB} = \overrightarrow{CD}$ 가 되도록 점 D를 잡고,

$\overrightarrow{OA} = \overrightarrow{CE}$ 가 되도록 점 E를 잡고,

$\overrightarrow{CY} = \overrightarrow{RZ}$ 가 되도록 점 Z를 잡자.

(점 Z는 중심이 R이고 반지름의 길이가 1인
원 위를 움직인다.)

$\overrightarrow{OP} = \overrightarrow{OX} + \overrightarrow{OC} + \overrightarrow{CY} = \overrightarrow{OC} + \overrightarrow{CR} + \overrightarrow{RZ} = \overrightarrow{OR} + \overrightarrow{RZ}$

이므로 점 P가 나타내는 도형은 점 R을
중심으로 하고 반지름의 길이가 1인 원이다.

이때 점 R은 선분 DE 위를 움직이므로
점 P가 나타내는 영역은 다음 그림의 색칠한 부분과 같다.

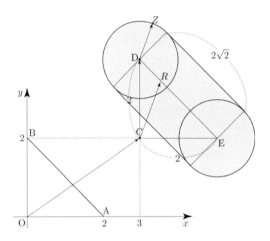

색칠한 부분의 넓이는 두 반원의 넓이에서 직사각형의 넓이를
더해서 구하면 된다.

점 P가 나타내는 영역의 넓이는

$2 \times \dfrac{\pi}{2} + 2 \times 2\sqrt{2} = \pi + 4\sqrt{2}$ 이므로 $a = 1$, $b = 4$ 이다.

따라서 $a + b = 5$ 이다.

> 답 5

$\overrightarrow{OQ} = \overrightarrow{PR}$이 되도록 점 R을 잡으면
$\overrightarrow{OX} = \overrightarrow{OP} + \overrightarrow{OQ} = \overrightarrow{OP} + \overrightarrow{PR} = \overrightarrow{OR}$이므로 점 R이 나타내는
영역은 점 X가 나타내는 영역과 같고, 점 X가 나타내는
영역은 다음 그림의 색칠한 부분과 같다.

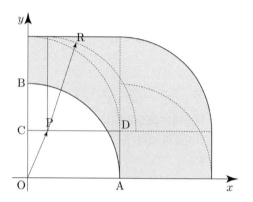

점 O로부터 영역 R에 있는 점까지의 거리의 최댓값은
아래 그림과 같이 $\overline{OD}$에서 반지름의 길이 2를 더한 값과
같다. (한 점에서 거리가 같은 점들의 집합은 원이므로
원점 O를 중심으로 하는 원이 영역 R과 접할 때 최대이다.)
$M = \overline{OD} + 2 = \sqrt{5} + 2$

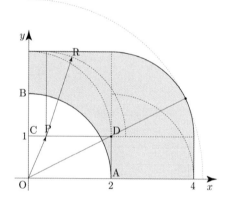

점 O로부터 영역 R에 있는 점까지의 거리의 최솟값은
점 X가 호 AB 위에 있을 때이므로 $m = 2$이다.

영역 R의 넓이는 다음 그림의 색칠한 부분의 넓이와
같으므로 $S = 2 \times 3 + 2 \times 1 = 6 + 2 = 8$이다.

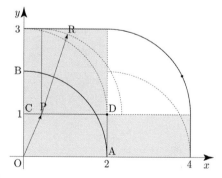

$M + m + S = \sqrt{5} + 2 + 2 + 8 = 12 + \sqrt{5}$이므로

$a = 12$, $b = 5$이다.
따라서 $a + b = 17$이다.

답 17

$-\overrightarrow{OX} = \overrightarrow{OZ}$이 되도록 점 Z를 잡으면
점 Z의 자취는 다음 그림과 같다.
(호 AB를 점 O에 대하여 대칭이동)

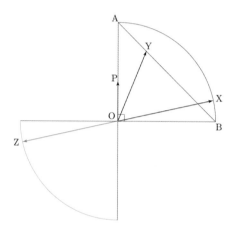

$\overrightarrow{OQ} = \overrightarrow{OP} + \overrightarrow{XY} = \overrightarrow{OP} + \overrightarrow{OY} - \overrightarrow{OX} = \overrightarrow{OP} + \overrightarrow{OZ} + \overrightarrow{OY}$

$\overrightarrow{OZ} = \overrightarrow{PR}$이 되도록 점 R을 잡으면
$\overrightarrow{OP} + \overrightarrow{PR} = \overrightarrow{OR}$이므로 점 R이 나타내는 영역은
다음 그림의 색칠한 부분과 같다.

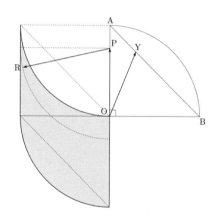

$\overrightarrow{OR} = \overrightarrow{YW}$이 되도록 점 W를 잡으면
$\overrightarrow{OQ} = \overrightarrow{OR} + \overrightarrow{OY} = \overrightarrow{YW} + \overrightarrow{OY} = \overrightarrow{OW}$이므로 점 W가
나타내는 영역은 점 Q가 나타내는 영역과 같고,
점 Q가 나타내는 영역은 다음 그림의 색칠한 부분과 같다.

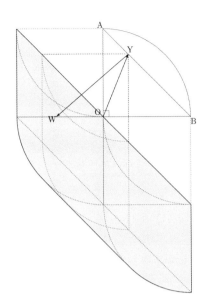

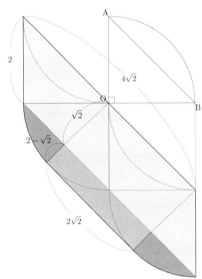

색칠한 부분의 넓이

= (평행사변형의 넓이) + (직사각형의 넓이)

  + (호 AB와 선분 AB로 둘러싸인 부분의 넓이)

$$= (2 \times 4) + \left\{ 2\sqrt{2} \times (2 - \sqrt{2}) \right\} + \left\{ \frac{1}{2} \times 2^2 \times \frac{\pi}{2} - \left(\frac{1}{2} \times 2 \times 2 \right) \right\}$$

$$= 8 + 4\sqrt{2} - 4 + \pi - 2 = \pi + 2 + 4\sqrt{2}$$

따라서 점 Q가 나타내는 부분의 넓이는 $\pi + 2 + 4\sqrt{2}$ 이다.

답 ③

034

$$\overrightarrow{OA} \cdot \overrightarrow{AB} = -8 \Rightarrow (2, \ a) \cdot (a-1, \ 3-a) = -8$$

$$\Rightarrow -2 + 5a - a^2 = -8 \Rightarrow a^2 - 5a - 6 = 0$$

$$\Rightarrow (a-6)(a+1) = 0 \Rightarrow a = 6 \ (\because \ a > 0)$$

답 6

035

$$\vec{a} + \vec{b} = (-1, \ 3), \ \vec{a} - 3\vec{b} = (1, \ 2) + (6, \ -3) = (7, \ -1)$$

$$(\vec{a} + \vec{b}) \cdot (\vec{a} - 3\vec{b}) = (-1, \ 3) \cdot (7, \ -1) = -10$$
$$|\vec{a} + \vec{b}| = \sqrt{1+9} = \sqrt{10}, \ |\vec{a} - 3\vec{b}| = \sqrt{49+1} = 5\sqrt{2}$$

따라서 $\cos\theta = \dfrac{-10}{\sqrt{10} \times 5\sqrt{2}} = \dfrac{-2}{2\sqrt{5}} = -\dfrac{\sqrt{5}}{5}$ 이다.

답 ⑤

036

두 벡터 $\vec{a}$, $\vec{b}$가 서로 평행하므로
$$\vec{a} = m\vec{b} \Rightarrow (k, \ 2) = m(k+1, \ k+3)$$

$$\Rightarrow k = m(k+1), \ 2 = m(k+3)$$

$$\Rightarrow \frac{k}{k+1} = m, \ \frac{2}{k+3} = m$$

$$\Rightarrow \frac{k}{k+1} = \frac{2}{k+3} \Rightarrow k^2 + 3k = 2k + 2$$

$$\Rightarrow k^2 + k - 2 = 0 \Rightarrow (k+2)(k-1) = 0$$

$$\rightarrow k = -2 \ \text{or} \ k - 1$$

두 벡터 $\vec{a}$, $\vec{c}$가 서로 수직이므로
$$\vec{a} \cdot \vec{c} = 0 \Rightarrow (k, \ 2) \cdot (-2, \ k^2) = 0$$

$$\Rightarrow -2k + 2k^2 = 0 \Rightarrow 2k(k-1) = 0$$

$$\Rightarrow k = 0 \ \text{or} \ k = 1$$

따라서 조건을 모두 만족시키는 상수 $k = 1$이다.

답 ⑤

037

$|\vec{b}-\vec{a}|=5 \Rightarrow \sqrt{(k-1)^2+3^2}=5$

$\Rightarrow k^2-2k+10=25 \Rightarrow k^2-2k-15=0$

$\Rightarrow (k-5)(k+3)=0 \Rightarrow k=5 \ (\because \ k>0)$

따라서 $\vec{c} \cdot (\vec{a}+\vec{b})=(-3, \ 5) \cdot (6, \ 7)=-18+35=17$
이다.

답 17

038

i) $\angle ABC=90°$ 일 때

$\overrightarrow{BC}=\overrightarrow{AC}-\overrightarrow{AB}=(-1, \ -3-k)$

$\overrightarrow{AB} \cdot \overrightarrow{BC}=0 \Rightarrow (2, \ k) \cdot (-1, \ -3-k)=0$

$\Rightarrow -2-3k-k^2=0 \Rightarrow k^2+3k+2=0$

$\Rightarrow (k+2)(k+1)=0 \Rightarrow k=-1 \ or \ k=-2$

ii) $\angle BAC=90°$ 일 때

$\overrightarrow{AB} \cdot \overrightarrow{AC}=0 \Rightarrow (2, \ k) \cdot (1, \ -3)=0$

$\Rightarrow 2-3k=0 \Rightarrow k=\dfrac{2}{3}$

iii) $\angle ACB=90°$

$\overrightarrow{AC} \cdot \overrightarrow{BC}=0 \Rightarrow (1, \ -3) \cdot (-1, \ -3-k)=0$

$\Rightarrow -1+9+3k=0 \Rightarrow 3k=-8 \Rightarrow k=-\dfrac{8}{3}$

따라서 모든 k의 합은 $-1-2+\dfrac{2}{3}-\dfrac{8}{3}=-5$이다.

답 ②

039

$P(x, \ y)$라 하면 $\overrightarrow{OP}=(x, \ y)$, $\overrightarrow{PA}=(4-x, \ -2-y)$이므로

$2|\overrightarrow{OP}|^2+\overrightarrow{PA} \cdot \overrightarrow{OP}=6$

$\Rightarrow 2(x^2+y^2)+(4-x, \ -2-y) \cdot (x, \ y)=6$

$\Rightarrow 2x^2+2y^2+4x-x^2-2y-y^2=6$

$\Rightarrow x^2+4x+y^2-2y=6$

$\Rightarrow (x+2)^2+(y-1)^2=11$

점 P가 나타내는 도형의 넓이는 11π이므로
$k=11$이다.

답 11

040

$|\vec{a}|=1, \ |\vec{b}|=2$

$(\vec{a}-2\vec{b}) \cdot (3\vec{a}+\vec{b})=0$

$\Rightarrow 3|\vec{a}|^2-5\vec{a} \cdot \vec{b}-2|\vec{b}|^2=0$

$\Rightarrow 3-5\vec{a} \cdot \vec{b}-8=0$

$\Rightarrow \vec{a} \cdot \vec{b}=-1$

답 ③

041

$|\vec{a}|=3, \ |\vec{b}|=2, \ |\vec{a}-3\vec{b}|=5$

$|\vec{a}-3\vec{b}|=5 \Rightarrow |\vec{a}|^2-6\vec{a} \cdot \vec{b}+9|\vec{b}|^2=25$

$\Rightarrow 9-6\vec{a} \cdot \vec{b}+36=25$

$\Rightarrow \vec{a} \cdot \vec{b}=\dfrac{20}{6}=\dfrac{10}{3}$

답 ④

$\overrightarrow{AB} \cdot \overrightarrow{BC} = 0$이므로 두 선분 AB, BC는 서로 수직이다.

선분 BC를 2 : 1로 내분하는 점을 D라 하면
$$|\overrightarrow{AB} + 2\overrightarrow{AC}| = 12 \Rightarrow \left|\frac{\overrightarrow{AB} + 2\overrightarrow{AC}}{3}\right| = 4$$

$$\Rightarrow |\overrightarrow{AD}| = 4$$

$\overrightarrow{BD} = \sqrt{4^2 - 2^2} = 2\sqrt{3}$ 이므로 $\overline{CD} = \frac{1}{2}\overline{BD} = \sqrt{3}$

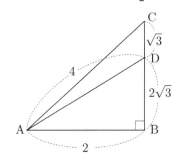

따라서 $|\overrightarrow{BC}|^2 = (3\sqrt{3})^2 = 27$이다.

답 27

043

원과 선분 AC의 접점을 H라 하고,
점 O에서 두 선분 AB, BC에 내린 수선의 발을 각각
S, R이라 하고, $\overline{RC} = x$라 하면 다음과 그림과 같다.

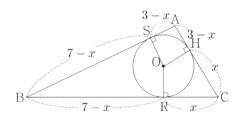

$\overrightarrow{BC} \cdot \overrightarrow{CO} = -14$이므로
$$(-1) \times \overline{BC} \times \overline{RC} = -14$$

$$\Rightarrow -7 \times x = -14 \Rightarrow x = 2$$
이다. (수선의 발이 이미 작도가 되어 있는 땡큐한 상황)

$\overline{BA} = 10 - 2x = 6$
$\overline{BS} = 7 - x = 5$
$\overline{SA} = 3 - x = 1$

따라서 $\overrightarrow{BA} \cdot \overrightarrow{BO} = \overline{BA} \times \overline{BS} = 6 \times 5 = 30$이다.

답 30

$\overrightarrow{AE} = \overrightarrow{BD}$ 이므로
$$\overrightarrow{BF} \cdot (\overrightarrow{AE} + \overrightarrow{BE}) = \overrightarrow{BF} \cdot (\overrightarrow{BD} + \overrightarrow{BE})$$
$$= \overrightarrow{BF} \cdot \overrightarrow{BD} + \overrightarrow{BF} \cdot \overrightarrow{BE}$$
이다.

삼각형 BDF는 한 변의 길이가 $2\sqrt{3}$인 정삼각형이므로
$$\overrightarrow{BF} \cdot \overrightarrow{BD} = |\overrightarrow{BF}||\overrightarrow{BD}|\cos 60° = 2\sqrt{3} \times 2\sqrt{3} \times \frac{1}{2} = 6$$
이다.

$\angle BFE = 90°$이므로
$$\overrightarrow{BF} \cdot \overrightarrow{BE} = |\overrightarrow{BF}|^2 = (2\sqrt{3})^2 = 12$$이다.

따라서
$$\overrightarrow{BF} \cdot (\overrightarrow{AE} + \overrightarrow{BE}) = \overrightarrow{BF} \cdot \overrightarrow{BD} + \overrightarrow{BF} \cdot \overrightarrow{BE} = 6 + 12 = 18$$
이다.

답 18

045

Guide step에서 배운 중점분해 Technique을 이용하여
$\overrightarrow{BA} \cdot \overrightarrow{BD}$의 값을 구해보자.
(개념 파악하기 - (15) 벡터를 이용하여 어떻게 자취를 구할
수 있을까? 벡터의 내적과 점 P의 자취 ④ 참고)

두 점 A, D의 중점을 M이라 하면
$$\overrightarrow{BA} \cdot \overrightarrow{BD} = (\overrightarrow{BM} + \overrightarrow{MA}) \cdot (\overrightarrow{BM} + \overrightarrow{MD})$$
$$= (\overrightarrow{BM} + \overrightarrow{MA}) \cdot (\overrightarrow{BM} - \overrightarrow{MA})$$
$$= |\overrightarrow{BM}|^2 - |\overrightarrow{MA}|^2$$
이다.

선분 AC를 3 : 1로 내분하는 점이 D이므로
점 B에서 선분 AC에 내린 수선의 발을 H라 하면
$\overline{BH} = 4\sqrt{3}$, $\overline{MH} = 1$이다.

$$\overline{BM} = \sqrt{(4\sqrt{3})^2 + 1^2} = 7$$
$$\overline{AM} = 3$$

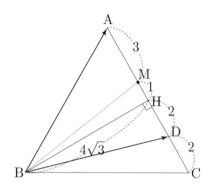

따라서 $\overrightarrow{BA} \cdot \overrightarrow{BD} = |\overrightarrow{BM}|^2 - |\overrightarrow{MA}|^2 = 49 - 9 = 40$이다.

답 40

046

선분 BC의 중점이 D이므로 두 선분 AD, BE의
교점 P는 삼각형 ABC의 무게중심과 같다.

$\overline{AD} = \sqrt{5^2 - (\sqrt{7})^2} = 3\sqrt{2}$ 이므로

$\overline{DP} = \dfrac{1}{3}\overline{AD} = \sqrt{2}$ 이고, $\overline{BP} = \sqrt{(\sqrt{7})^2 + (\sqrt{2})^2} = 3$이다.

$\angle BPD = \theta$라 하면 $\cos\theta = \dfrac{\sqrt{2}}{3}$이다.

점 Q에서 선분 AD에 내린 수선의 발을 H라 하자.

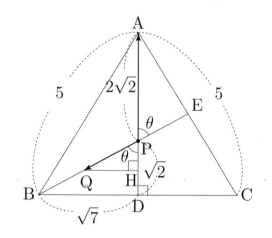

$-2 \le \overrightarrow{PA} \cdot \overrightarrow{PQ} \le 1$을 만족시키는 점 Q의 자취를
구하기 위해서 경계값부터 조사해보자.

$\overrightarrow{PA} \cdot \overrightarrow{PQ} = -2$를 만족하려면 $\overrightarrow{PH}$와 $\overrightarrow{PA}$의 방향이
서로 반대이고, $\overline{PH} = \dfrac{\sqrt{2}}{2}$이면 된다.

$\overrightarrow{PA} \cdot \overrightarrow{PQ} = 1$를 만족하려면 $\overrightarrow{PH}$와 $\overrightarrow{PA}$의 방향이
서로 같고, $\overline{PH} = \dfrac{\sqrt{2}}{4}$이면 된다.

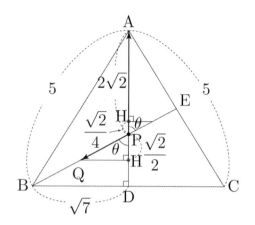

이때 $\cos\theta = \dfrac{\sqrt{2}}{3}$를 만족하도록
점 Q의 자취를 구하면 다음 그림과 같다.

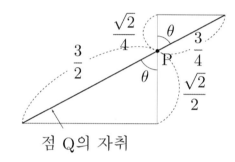

점 Q의 자취

점 Q가 그리는 도형의 길이는 $\dfrac{3}{2} + \dfrac{3}{4} = \dfrac{9}{4}$이다.

따라서 $p + q = 13$이다.

답 13

047

$\overrightarrow{OA} = \vec{a}$, $\overrightarrow{OB} = \vec{b}$라 하자.

$\overrightarrow{OC} = \dfrac{2}{3}\vec{b}$이므로 $\overrightarrow{CA} = \overrightarrow{OA} - \overrightarrow{OC} = \vec{a} - \dfrac{2}{3}\vec{b}$이다.

$\overrightarrow{OD} = \dfrac{1}{2}(\vec{a} + \vec{b})$이다.

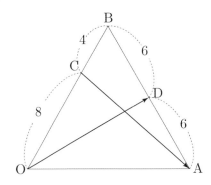

$\overrightarrow{OD} + \overrightarrow{CA} = \dfrac{1}{2}\vec{a} + \dfrac{1}{2}\vec{b} + \left(\vec{a} - \dfrac{2}{3}\vec{b}\right) = \dfrac{3}{2}\vec{a} - \dfrac{1}{6}\vec{b}$이므로

$$|\overrightarrow{OD} + \overrightarrow{CA}|^2 = \left|\dfrac{3}{2}\vec{a} - \dfrac{1}{6}\vec{b}\right|^2$$
$$= \dfrac{9}{4}|\vec{a}|^2 - \dfrac{1}{2}\vec{a} \cdot \vec{b} + \dfrac{1}{36}|\vec{b}|^2$$

이다.

이때 삼각형 OAB는 한 변의 길이가 12인 정삼각형이므로
$|\vec{a}| = |\vec{b}| = 12$, $\vec{a} \cdot \vec{b} = |\vec{a}||\vec{b}|\cos 60° = 72$이다.

따라서
$$|\overrightarrow{OD} + \overrightarrow{CA}|^2 = \left|\dfrac{3}{2}\vec{a} - \dfrac{1}{6}\vec{b}\right|^2$$
$$= \dfrac{9}{4}|\vec{a}|^2 - \dfrac{1}{2}\vec{a} \cdot \vec{b} + \dfrac{1}{36}|\vec{b}|^2$$
$$= 324 - 36 + 4 = 292$$

이다.

답 292

이번에는 x축과 y축을 설정한 후 벡터의 분해를 이용하여
벡터를 성분으로 나타내어 $|\overrightarrow{OD} + \overrightarrow{CA}|^2$의 값을 구해보자.

(개념 파악하기 - (1) 두 평면벡터가 이루는 각의 크기는
어떻게 구할까? 벡터의 분해를 이용하여 벡터를 성분으로
나타내기 참고)

점 C, B, D에서 선분 OA에 내린 수선의 발을 각각
R, H, S라 하고, 선분들의 길이를 구하면 다음 그림과 같다.

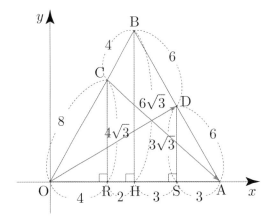

$\overrightarrow{OD} = (9, \ 0) + (0, \ 3\sqrt{3}) = (9, \ 3\sqrt{3})$이고,

$\overrightarrow{CA} = (8, \ 0) + (0, \ -4\sqrt{3}) = (8, \ -4\sqrt{3})$이므로

$\overrightarrow{OD} + \overrightarrow{CA} = (17, \ -\sqrt{3})$이다.

따라서 $|\overrightarrow{OD} + \overrightarrow{CA}|^2 = 17^2 + (-\sqrt{3})^2 = 292$이다.

048

$\overrightarrow{OA} = \vec{a}$, $\overrightarrow{OB} = \vec{b}$라 하자.

선분 OP 위에 점 Q가 존재하므로 $\overrightarrow{OQ} = k\overrightarrow{OP}$이다.
$\overrightarrow{OP} = \dfrac{2}{3}\vec{a} + \dfrac{1}{3}\vec{b}$이므로 $\overrightarrow{OQ} = \dfrac{2}{3}k\vec{a} + \dfrac{1}{3}k\vec{b}$이다.

점 Q는 직선 MN 위의 점이므로 실수 t에 대하여
$\overrightarrow{OQ} = t\overrightarrow{OM} + (1-t)\overrightarrow{ON}$이 성립한다.

$\overrightarrow{OM} = \dfrac{1}{2}\vec{a}$, $\overrightarrow{ON} = \dfrac{3}{4}\vec{b}$이므로
$\overrightarrow{OQ} = \dfrac{1}{2}t\vec{a} + \dfrac{3(1-t)}{4}\vec{b}$이다.

$\overrightarrow{OQ} = \dfrac{2}{3}k\vec{a} + \dfrac{1}{3}k\vec{b}$이고, $\overrightarrow{OQ} = \dfrac{1}{2}t\vec{a} + \dfrac{3(1-t)}{4}\vec{b}$이므로

$\dfrac{2}{3}k\vec{a} + \dfrac{1}{3}k\vec{b} = \dfrac{1}{2}t\vec{a} + \dfrac{3(1-t)}{4}\vec{b}$

$\Rightarrow \left(\dfrac{2}{3}k - \dfrac{1}{2}t\right)\vec{a} + \left(\dfrac{1}{3}k - \dfrac{3(1-t)}{4}\right)\vec{b} = \vec{0}$

두 벡터 $\vec{a}$, $\vec{b}$는 서로 평행하지 않으므로
$\dfrac{2}{3}k = \dfrac{1}{2}t$, $\dfrac{1}{3}k = \dfrac{3(1-t)}{4}$이다.

$\frac{2}{3}k = \frac{1}{2}t \Rightarrow k = \frac{3}{4}t$이므로

$\frac{1}{3}k = \frac{3(1-t)}{4} \Rightarrow k = \frac{9}{4}(1-t) \Rightarrow \frac{3}{4}t = \frac{9}{4} - \frac{9}{4}t$

$\Rightarrow 3t = \frac{9}{4} \Rightarrow t = \frac{3}{4}$

즉, $k = \frac{3}{4}$, $t = \frac{9}{16}$이다.

$\overrightarrow{OQ} = \frac{2}{3}k\vec{a} + \frac{1}{3}k\vec{b} = \frac{3}{8}\vec{a} + \frac{3}{16}\vec{b}$

$\overline{OA} = 3$, $\overline{OB} = 6$이므로 $|\vec{a}| = 3$, $|\vec{b}| = 6$이다.

$|\overrightarrow{OQ}|^2 = \left| \frac{3}{8}\vec{a} + \frac{3}{16}\vec{b} \right|^2$

$= \frac{9}{64} \left| \vec{a} + \frac{1}{2}\vec{b} \right|^2$

$= \frac{9}{64} \left(|\vec{a}|^2 + \vec{a} \cdot \vec{b} + \frac{1}{4}|\vec{b}|^2 \right)$

$= \frac{9}{64} (9 + 18\cos(\angle AOB) + 9)$

$= \frac{9}{64} (18 + 18\cos(\angle AOB))$

$|\overrightarrow{OQ}| = \frac{3}{4}\sqrt{6}$이므로

$|\overrightarrow{OQ}|^2 = \frac{27}{8} \Rightarrow \frac{9}{64}(18 + 18\cos(\angle AOB)) = \frac{27}{8}$

$\Rightarrow 18 + 18\cos(\angle AOB) = 24 \Rightarrow \cos(\angle AOB) = \frac{1}{3}$

따라서 $\cos(\angle AOB) = \frac{1}{3}$이다.

답 ④

이번에는 Guide step에서 배운 사교좌표계를 이용하여 벡터 $\overrightarrow{OQ}$를 두 벡터 $\vec{a}$, $\vec{b}$로 나타내보자.

$O(0, 0)$, $A(1, 0)$, $B(0, 1)$이라 하면 $M\left(\frac{1}{2}, 0\right)$, $N\left(0, \frac{3}{4}\right)$, $P\left(\frac{2}{3}, \frac{1}{3}\right)$이다.

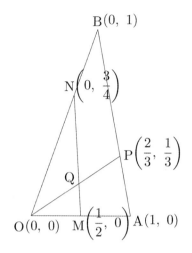

직선 OP의 방정식은 $y = \frac{1}{2}x$이고,

직선 MN의 방정식은 $y = -\frac{3}{2}x + \frac{3}{4}$이므로

두 직선의 교점의 좌표를 구하면 $Q\left(\frac{3}{8}, \frac{3}{16}\right)$이다.

즉, $\overrightarrow{OQ} = \frac{3}{8}\vec{a} + \frac{3}{16}\vec{b}$이다.

> **Tip**
>
> 〈조심해야 하는 point〉
>
> Guide step에서 언급했듯이 $Q\left(\frac{3}{8}, \frac{3}{16}\right)$는 실제 우리가 배웠던 직교좌표계에서의 성분이 아니라 새로 정의한 사교좌표계에서의 성분임을 놓치면 안된다.
>
> 즉, $|\overrightarrow{OQ}| = \sqrt{\left(\frac{3}{8}\right)^2 + \left(\frac{3}{16}\right)^2} = \frac{3\sqrt{5}}{16}$ 라고 판단하지 않도록 유의해야 한다.

049

$\overrightarrow{\mathrm{OA}} \cdot \overrightarrow{\mathrm{OB}} = 2$이므로 삼각형 OAB은 한 변의 길이가 2인 정삼각형이다.

$|\overrightarrow{\mathrm{OP}}| = 1$이므로 점 P의 자취는 중심이 O이고 반지름의 길이가 1인 원이다.

선분 AB의 중점을 M이라 하면

$$
\begin{aligned}
\overrightarrow{\mathrm{PA}} \cdot \overrightarrow{\mathrm{PB}} &= (\overrightarrow{\mathrm{OA}} - \overrightarrow{\mathrm{OP}}) \cdot (\overrightarrow{\mathrm{OB}} - \overrightarrow{\mathrm{OP}}) \\
&= \overrightarrow{\mathrm{OA}} \cdot \overrightarrow{\mathrm{OB}} - \overrightarrow{\mathrm{OP}} \cdot \overrightarrow{\mathrm{OB}} - \overrightarrow{\mathrm{OA}} \cdot \overrightarrow{\mathrm{OP}} + |\overrightarrow{\mathrm{OP}}|^2 \\
&= \overrightarrow{\mathrm{OA}} \cdot \overrightarrow{\mathrm{OB}} - \overrightarrow{\mathrm{OP}} \cdot (\overrightarrow{\mathrm{OA}} + \overrightarrow{\mathrm{OB}}) + |\overrightarrow{\mathrm{OP}}|^2 \\
&= 3 - \overrightarrow{\mathrm{OP}} \cdot (\overrightarrow{\mathrm{OA}} + \overrightarrow{\mathrm{OB}}) \\
&= 3 - 2\overrightarrow{\mathrm{OP}} \cdot \overrightarrow{\mathrm{OM}}
\end{aligned}
$$

$\overrightarrow{\mathrm{PA}} \cdot \overrightarrow{\mathrm{PB}} = 3 - 2\overrightarrow{\mathrm{OP}} \cdot \overrightarrow{\mathrm{OM}}$이고, $\overrightarrow{\mathrm{PA}} \cdot \overrightarrow{\mathrm{PB}} \geq 6$이므로
$3 - 2\overrightarrow{\mathrm{OP}} \cdot \overrightarrow{\mathrm{OM}} \geq 6 \Rightarrow \overrightarrow{\mathrm{OP}} \cdot \overrightarrow{\mathrm{OM}} \leq -\dfrac{3}{2}$

$|\overrightarrow{\mathrm{OP}}| = 1$이고, $\overrightarrow{\mathrm{OP}} \cdot \overrightarrow{\mathrm{OM}} \leq -\dfrac{3}{2}$이므로
점 P의 자취는 다음 그림과 같다.

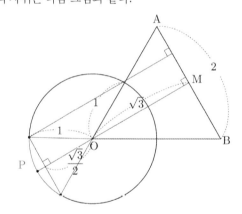

삼각형 PAB의 넓이의 최솟값은
$m = \dfrac{1}{2} \times 2 \times \left(\dfrac{\sqrt{3}}{2} + \sqrt{3} \right) = \dfrac{3}{2}\sqrt{3}$이다.

삼각형 PAB의 넓이의 최댓값은
$M = \dfrac{1}{2} \times 2 \times (1 + \sqrt{3}) = 1 + \sqrt{3}$이다.

$M + m = 1 + \sqrt{3} + \dfrac{3}{2}\sqrt{3} = 1 + \dfrac{5}{2}\sqrt{3}$이므로
$a = 1$, $b = \dfrac{5}{2}$이다.

따라서 $10(a + b) = 10\left(1 + \dfrac{5}{2} \right) = 10 + 25 = 35$이다.

답 35

050

$\overrightarrow{\mathrm{AC}} = \dfrac{1}{2}\overrightarrow{\mathrm{AB}} + \dfrac{5}{2}\overrightarrow{\mathrm{AD}}$, $\overrightarrow{\mathrm{BC}} = k\overrightarrow{\mathrm{EC}}$

$\overrightarrow{\mathrm{AC}} = \overrightarrow{\mathrm{AO}} + \overrightarrow{\mathrm{OC}} = \dfrac{1}{2}\overrightarrow{\mathrm{AB}} + \overrightarrow{\mathrm{OC}}$이므로 $\overrightarrow{\mathrm{OC}} = \dfrac{5}{2}\overrightarrow{\mathrm{AD}}$이다.
즉, 두 선분 AD, OC는 서로 평행하고,
$\overline{\mathrm{OC}} = 5$이므로 $\overline{\mathrm{AD}} = 2$이다.

선분 OC와 호 OB가 만나는 점 중 O가 아닌 점을 F라 하면 $\angle \mathrm{BFO} = \angle \mathrm{BDA} = 90°$이므로 두 삼각형 BOF, BAD는 1 : 2 닮음이다.

$\overline{\mathrm{AD}} = 2$이므로 $\overline{\mathrm{FO}} = 1$이고,
$\overline{\mathrm{FC}} = 4$, $\overline{\mathrm{FB}} = \sqrt{5^2 - 1^2} = 2\sqrt{6}$이다.

$\overline{\mathrm{BC}} = \sqrt{4^2 + (2\sqrt{6})^2} = 2\sqrt{10}$

점 E는 호 OB 위에 있고, $\overrightarrow{\mathrm{BC}} = k\overrightarrow{\mathrm{EC}}$를 만족시키므로 점 E는 선분 BC와 호 OB가 만나는 점 중 B가 아닌 점과 같다.

$\angle \mathrm{OEB} = 90°$이고, 삼각형 OBC는 $\overline{\mathrm{OB}} = \overline{\mathrm{OC}} = 5$인 이등변삼각형이므로 직선 OE는 선분 BC를 수직이등분한다.
즉, $k = 2$이고 $\overline{\mathrm{CE}} = \dfrac{1}{2}\overline{\mathrm{BC}} = \sqrt{10}$이다.

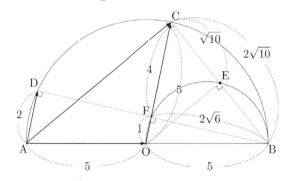

$\overrightarrow{\mathrm{OC}} \cdot \overrightarrow{\mathrm{EC}} = |\overrightarrow{\mathrm{EC}}|^2 = (\sqrt{10})^2 = 10$

따라서 $k\overrightarrow{\mathrm{OC}} \cdot \overrightarrow{\mathrm{EC}} = 2 \times 10 = 20$이다.

답 20

051

Guide step에서 배운 중점분해 Technique을 이용하여
$\overrightarrow{DP} \cdot \overrightarrow{EP}$ 의 값을 구해보자.
(개념 파악하기 - (15) 벡터를 이용하여 어떻게 자취를 구할
수 있을까? 벡터의 내적과 점 P의 자취 ④ 참고)

두 점 D, E의 중점을 M이라 하면
$$\begin{aligned}
\overrightarrow{DP} \cdot \overrightarrow{EP} &= (\overrightarrow{DM} + \overrightarrow{MP}) \cdot (\overrightarrow{EM} + \overrightarrow{MP}) \\
&= (\overrightarrow{DM} + \overrightarrow{MP}) \cdot (-\overrightarrow{DM} + \overrightarrow{MP}) \\
&= |\overrightarrow{MP}|^2 - |\overrightarrow{DM}|^2
\end{aligned}$$
이다.

$|\overrightarrow{DM}|^2$은 상수이니 $|\overrightarrow{MP}|^2$의 값이 최대일 때,
$\overrightarrow{DP} \cdot \overrightarrow{EP}$ 는 최댓값을 갖고, $|\overrightarrow{MP}|^2$의 값이 최소일 때,
$\overrightarrow{DP} \cdot \overrightarrow{EP}$ 는 최솟값을 갖는다.

점 M에서 선분 AC에 내린 수선의 발을 H라 하면
점 P가 점 C일 때, $|\overrightarrow{MP}|^2$는 최댓값을 갖고,
점 P가 점 H일 때, $|\overrightarrow{MP}|^2$은 최솟값을 갖는다.

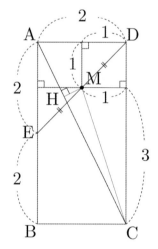

$\overline{DM} = \sqrt{1^2 + 1^2} = \sqrt{2}$ 이고,
$\overline{MC} = \sqrt{3^2 + 1^2} = \sqrt{10}$ 이므로
$\overrightarrow{DP} \cdot \overrightarrow{EP} = |\overrightarrow{MP}|^2 - |\overrightarrow{DM}|^2$의 최댓값은
$M = 10 - 2 = 8$이다.

점 B를 원점으로 보고 좌표축을 도입해서
$\overline{MH}$의 값을 구해보자.

A$(0, 4)$, C$(2, 0)$이므로
직선 AC는 $y = -2x + 4 \Rightarrow 2x + y - 4 = 0$이다.

점 M$(1, 3)$과 직선 $2x + y - 4 = 0$ 사이의 거리는

$\overline{MH}$와 같으므로 $\overline{MH} = \dfrac{|2 + 3 - 4|}{\sqrt{4 + 1}} = \dfrac{1}{\sqrt{5}}$이다.

$\overrightarrow{DP} \cdot \overrightarrow{EP} = |\overrightarrow{MP}|^2 - |\overrightarrow{DM}|^2$의 최솟값은
$m = \dfrac{1}{5} - 2 = -\dfrac{9}{5}$이다.

따라서 $M + m = 8 - \dfrac{9}{5} = \dfrac{31}{5}$이다.

답 ④

052

내접원의 중심을 O라 하면 $\overrightarrow{BP} = \overrightarrow{BO} + \overrightarrow{OP}$이므로
$$\overrightarrow{BP} \cdot \overrightarrow{CE} = (\overrightarrow{BO} + \overrightarrow{OP}) \cdot \overrightarrow{CE} = \overrightarrow{BO} \cdot \overrightarrow{CE} + \overrightarrow{OP} \cdot \overrightarrow{CE}$$
이다.

$\angle OBE = 30°$이고 $\overline{BE} = 3$이므로 $\overline{OE} = \sqrt{3}$이다.

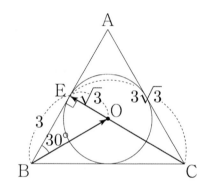

$\overrightarrow{BO} \cdot \overrightarrow{CE} = -|\overrightarrow{EO}||\overrightarrow{CE}| = -\sqrt{3} \times 3\sqrt{3} = -9$
점 P는 내접원 위의 점이므로 방향이 자유롭다.
$\overrightarrow{OP} \cdot \overrightarrow{CE}$의 최댓값은 두 벡터 $\overrightarrow{OP}$, $\overrightarrow{CE}$의 방향이
서로 같을 때이므로 $3\sqrt{3} \times \sqrt{3} = 9$이다.

$\overrightarrow{OP} \cdot \overrightarrow{CE}$의 최솟값은 두 벡터 $\overrightarrow{OP}$, $\overrightarrow{CE}$의 방향이
서로 반대일 때이므로 $-3\sqrt{3} \times \sqrt{3} = -9$이다.

$\overrightarrow{BP} \cdot \overrightarrow{CE} = \overrightarrow{BO} \cdot \overrightarrow{CE} + \overrightarrow{OP} \cdot \overrightarrow{CE}$의 최댓값은
$M = -9 + 9 = 0$이고, 최솟값은 $m = -9 - 9 = -18$이다.

따라서 $M - m = 0 - (-18) = 18$이다.

답 18

이번에는 중심을 경유하지 않고 수선의 발을 내려
바로 $\overrightarrow{BP} \cdot \overrightarrow{CE}$의 최댓값과 최솟값을 판단해보자.

점 P가 점 E일 때 $\overrightarrow{BP} \cdot \overrightarrow{CE}$는 최댓값을 갖는다.
즉, $M = \overrightarrow{BE} \cdot \overrightarrow{CE} = 0$이다.

점 P가 점 F일 때 $\overrightarrow{BP} \cdot \overrightarrow{CE}$는 최솟값을 갖는다.
즉, $m = \overrightarrow{BF} \cdot \overrightarrow{CE} = -|\overrightarrow{EF}||\overrightarrow{CE}| = -2\sqrt{3} \times 3\sqrt{3} = -18$
이다.

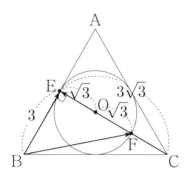

따라서 $M - m = 0 - (-18) = 18$이다.

053

선분 BD의 중점을 M이라 하고, 점 M을 지나고
선분 BD에 수직인 직선이 두 선분 AD, BC와 만나는
두 점을 각각 E, F라 하자.
$\overrightarrow{BD} = \sqrt{2^2 + (2\sqrt{3})^2} = 4$이고, $\overrightarrow{BD} \cdot \overrightarrow{BP} = 8$이므로
점 P의 자취는 선분 EF와 같다.

$\overrightarrow{AE} = \sqrt{3} - \dfrac{\sqrt{3}}{3} = \dfrac{2\sqrt{3}}{3}$, $\overrightarrow{BF} = \sqrt{3} + \dfrac{\sqrt{3}}{3} = \dfrac{4\sqrt{3}}{3}$

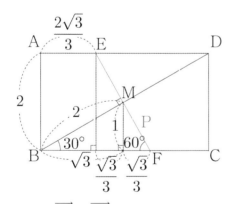

점 P가 점 F일 때 $\overrightarrow{AP} \cdot \overrightarrow{AD}$는 최댓값을 갖는다.
$\overrightarrow{AF} \cdot \overrightarrow{AD} = |\overrightarrow{BF}||\overrightarrow{BC}| = \dfrac{4\sqrt{3}}{3} \times 2\sqrt{3} = 8$

점 P가 점 E일 때 $\overrightarrow{AP} \cdot \overrightarrow{AD}$는 최솟값을 갖는다.
$\overrightarrow{AE} \cdot \overrightarrow{AD} = |\overrightarrow{AE}||\overrightarrow{AD}| = \dfrac{2\sqrt{3}}{3} \times 2\sqrt{3} = 4$

따라서 $\overrightarrow{AP} \cdot \overrightarrow{AD}$의 최댓값과 최솟값의 곱은
32이다.

답 32

054

$A(2, 0)$, $B(2, 6)$, $C(2, 1)$
$P(x, y)$라 하면 $\overrightarrow{PA} = (2-x, -y)$, $\overrightarrow{PB} = (2-x, 6-y)$
이므로

$\overrightarrow{PA} \cdot \overrightarrow{PB} = -8 \Rightarrow (2-x, -y) \cdot (2-x, 6-y) = -8$

$\Rightarrow 4 - 4x + x^2 - 6y + y^2 = -8 \Rightarrow (x-2)^2 + (y-3)^2 = 1$

점 P의 자취는 중심이 $(2, 3)$이고 반지름의 길이가 1인 원이다.

$\overrightarrow{OC} \cdot \overrightarrow{OP}$의 값이 최대, 최소가 되도록
두 점 P_0, P_1을 찍으면 다음 그림과 같다.

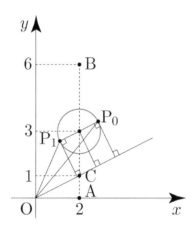

Guide step에서 배운 중점분해 Technique을 이용하여
$\overrightarrow{OP_0} \cdot \overrightarrow{OP_1}$의 값을 구해보자.

선분 P_0P_1의 중점을 $M(2, 3)$이라 하면
$$\overrightarrow{OP_0} \cdot \overrightarrow{OP_1} = (\overrightarrow{OM} + \overrightarrow{MP_0}) \cdot (\overrightarrow{OM} + \overrightarrow{MP_1})$$
$$= (\overrightarrow{OM} + \overrightarrow{MP_0}) \cdot (\overrightarrow{OM} - \overrightarrow{MP_0})$$
$$= |\overrightarrow{OM}|^2 - |\overrightarrow{MP_0}|^2$$
$$- (2^2 + 3^2) - 1 = 12$$
이다.

답 ②

$\overrightarrow{OP} = s\overrightarrow{OA} + t\overrightarrow{OB}$ $(0 \le s \le 1,\ 0 \le t \le 1)$를 만족시키는
점 P가 나타내는 영역은 평행사변형 OACB와 그 내부이다.

$\overrightarrow{OH} = \dfrac{\sqrt{3}}{2}$를 만족시키는 선분 OC 위의 점 H를 잡으면

$\overrightarrow{OP} \cdot \overrightarrow{OC} = |\overrightarrow{OH}||\overrightarrow{OC}| = \dfrac{\sqrt{3}}{2} \times 2\sqrt{3} = 3$이다.

점 H를 지나고 직선 OC에 수직인 직선이
두 선분 OB, OA와 만나는 점을 각각 M, N이라 하면
점 P의 자취는 직선 MN과 평행사변형 OACB와
그 내부의 공통부분이므로 선분 MN이다.

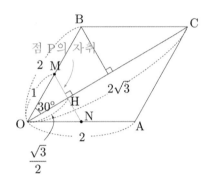

$|3\overrightarrow{OP} - \overrightarrow{OA}|$의 최댓값과 최솟값을 어떻게 구할 수 있을까?
$\left|\dfrac{3\overrightarrow{OP} - \overrightarrow{OA}}{3-1}\right| \times 2$와 같이 변형시켜 선분 PA의 1 : 3
외분점과 점 O 사이 거리의 2배로 해석할 수도 있지만
외분점의 자취를 나타내기가 다소 까다롭다.

다른 방법이 없을까?
여기서 아이디어! $3\overrightarrow{OP} = \overrightarrow{OQ}$라 하면
$|3\overrightarrow{OP} - \overrightarrow{OA}| = |\overrightarrow{OQ} - \overrightarrow{OA}| = |\overrightarrow{AQ}|$이므로
구하고자 하는 값을 두 점 A, Q 사이의 거리로 해석할 수 있다.

$3\overrightarrow{OM} = \overrightarrow{OS}$가 되도록 점 S를 잡고,
$3\overrightarrow{ON} = \overrightarrow{OT}$가 되도록 점 T를 잡으면
점 Q의 자취는 선분 ST이다.

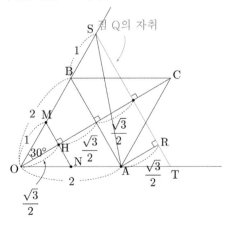

점 A에서 선분 ST에 내린 수선의 발을 R이라 하면
$|\overrightarrow{AQ}|$의 최솟값은 $m = \overline{AR} = \dfrac{\sqrt{3}}{2}$이다.

삼각형 OAS에서 코사인법칙을 사용하면
$\cos 60^\circ = \dfrac{\overline{OA}^2 + \overline{OS}^2 - \overline{AS}^2}{2 \times \overline{OA} \times \overline{OS}}$

$\Rightarrow \dfrac{1}{2} = \dfrac{13 - \overline{AS}^2}{12} \Rightarrow \overline{AS}^2 = 7$

$\Rightarrow \overline{AS} = \sqrt{7}$
이므로

$|\overrightarrow{AQ}|$의 최댓값은 $M = \overline{AS} = \sqrt{7}$이다.

따라서 $M \times m = \dfrac{\sqrt{21}}{2}$이다.

답 ②

$|\overrightarrow{OA}| \le 2\sqrt{3}$를 만족시키는 점 A가 나타내는 영역은
중심이 원점 O이고, 반지름의 길이가 $2\sqrt{3}$인 원과
그 내부이다.

점 A를 직선 OP에 내린 수선의 발을 H라 하자.
이때 $\overrightarrow{OA} \cdot \overrightarrow{OP} \ge 3$를 만족시키려면
두 벡터 $\overrightarrow{OP}$, $\overrightarrow{OH}$의 방향이 같아야 하고
$|\overrightarrow{OH}| \ge \sqrt{3}$이어야 하므로 점 A가 나타내는
영역은 다음 그림과 같이 색칠한 도형의 둘레와
그 내부이다.

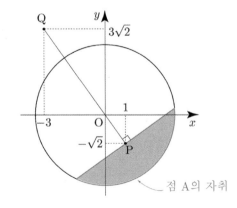

Guide step에서 배운 중점분해 Technique을 이용하여
$\overrightarrow{BP} \cdot \overrightarrow{BQ} = -9$의 값을 해석해보자.

선분 PQ의 중점을 M$(-1, \sqrt{2})$이라 하면

$$\overrightarrow{BP} \cdot \overrightarrow{BQ} = (\overrightarrow{BM} + \overrightarrow{MP}) \cdot (\overrightarrow{BM} + \overrightarrow{MQ})$$
$$= (\overrightarrow{BM} + \overrightarrow{MP}) \cdot (\overrightarrow{BM} - \overrightarrow{MP})$$
$$= |\overrightarrow{BM}|^2 - |\overrightarrow{MP}|^2$$
$$= |\overrightarrow{BM}|^2 - 12 = -9$$

즉, $|\overrightarrow{BM}| = \sqrt{3}$ 이므로 점 B의 자취는 중심이 M$(-1, \sqrt{2})$이고 반지름의 길이가 $\sqrt{3}$인 원이다.

$-|\overrightarrow{OM}||\overrightarrow{OP}| = -\sqrt{3} \times \sqrt{3} = -3$이므로
$3\overrightarrow{OP} \cdot \overrightarrow{OB} = -9 \Rightarrow \overrightarrow{OP} \cdot \overrightarrow{OB} = -3$를 만족시키려면
점 B는 점 M을 지나고 직선 PQ에 수직인 직선이다.

즉, 점 B는 중심이 M$(-1, \sqrt{2})$이고 반지름의 길이가 $\sqrt{3}$인 원과 점 M을 지나고 직선 PQ에 수직인 직선이 만나는 점이다.

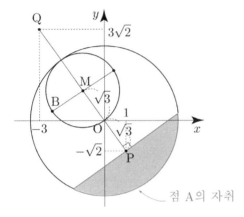
점 A의 자취

직선 PQ가 y축과 평행하도록 회전시키면 다음 그림과 같다.

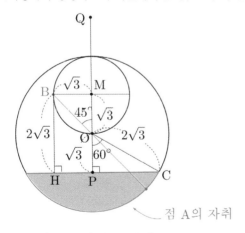
점 A의 자취

∠COP = 60°이고, ∠BOM = 45°이므로
$|\overrightarrow{AB}|$의 최댓값은 $M = \overline{BO} + 2\sqrt{3} = \sqrt{6} + 2\sqrt{3}$이고,
$|\overrightarrow{AB}|$의 최솟값은 $m = \overline{BH} = 2\sqrt{3}$이다.

따라서 $(M-m)^2 = (\sqrt{6})^2 = 6$이다.

답 6

057

$|\overrightarrow{OB}| = 1$이므로 점 B의 자취는 중심이 O이고 반지름의 길이가 1인 원이고, $\overrightarrow{OA} \cdot \overrightarrow{AC} = 0$이므로 ∠OAC = 90°이다.

$\overrightarrow{CA} = x$라 하자.

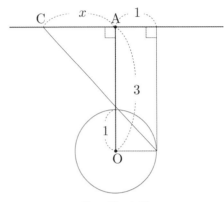
점 B의 자취

$\overrightarrow{CA} \cdot \overrightarrow{CB}$의 최댓값은 20이므로
$x(x+1) = 20 \Rightarrow x = 4$ ($\because x > 0$)이다.

벡터 $\overrightarrow{AP}$는 방향이 $\overrightarrow{AB}$와 같고 크기가 1인 단위벡터이므로 점 P의 자취는 다음 그림과 같다.

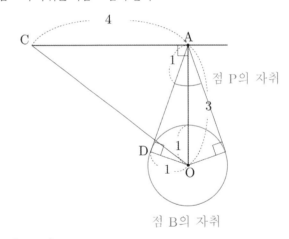
점 B의 자취

$\overrightarrow{CO} \cdot \overrightarrow{AP}$의 값이 최소가 되도록 하는 점 P를 Q라 하자.

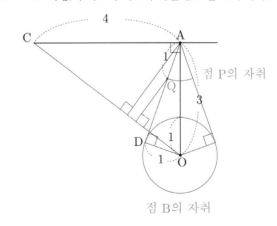
점 B의 자취

∠OAD = θ라 하면 삼각형 AOD에서 $\sin\theta = \dfrac{1}{3}$이다.

점 Q에서 선분 AC에 내린 수선의 발을 H라 하면
$\angle AQH = \theta$이므로 삼각형 AQH에서

$\overline{AH} = \overline{AQ}\sin\theta = 1 \times \frac{1}{3} = \frac{1}{3}$이고,

$\overline{HQ} = \sqrt{1^2 - \left(\frac{1}{3}\right)^2} = \frac{2\sqrt{2}}{3}$이다.

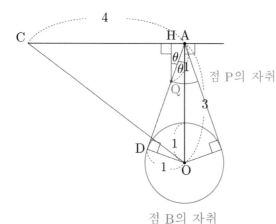

x축과 y축을 설정한 후 벡터의 분해를 이용하여
벡터를 성분으로 나타내어 $\overrightarrow{CO} \cdot \overrightarrow{AQ}$의 값을 구해보자.
(개념 파악하기 - (1) 두 평면벡터가 이루는 각의 크기는
어떻게 구할까? 벡터의 분해를 이용하여 벡터를 성분으로
나타내기 참고)

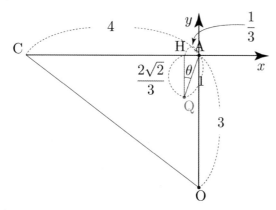

$\overrightarrow{CO} = (4,\ 0) + (0,\ -3) = (4,\ -3)$이고,

$\overrightarrow{AQ} = \left(-\frac{1}{3},\ 0\right) + \left(0,\ -\frac{2\sqrt{2}}{3}\right) = \left(-\frac{1}{3},\ -\frac{2\sqrt{2}}{3}\right)$이므로

$\overrightarrow{CO} \cdot \overrightarrow{AQ} = -\frac{4}{3} + 2\sqrt{2}$이다.

$\overrightarrow{CO} \cdot \overrightarrow{AP}$의 최솟값은 $2\sqrt{2} - \frac{4}{3}$이므로

$a = 2,\ b = -\frac{4}{3}$이다.

따라서 $36(a+b) = 36\left(2 - \frac{4}{3}\right) = 72 - 48 = 24$이다.

답 24

058

두 직선 $\dfrac{x-1}{3} = \dfrac{y+1}{4}$, $\dfrac{x+4}{-1} = \dfrac{y-1}{2}$의 방향벡터는

각각 $(3,\ 4)$, $(-1,\ 2)$이므로

$\cos\theta = \dfrac{|-3+8|}{\sqrt{9+16}\,\sqrt{1+4}} = \dfrac{5}{5\sqrt{5}} = \dfrac{\sqrt{5}}{5}$이다.

답 ①

059

직선 $\dfrac{x-1}{4} = \dfrac{y-5}{3}$이 $(-3,\ k)$를 지나므로

$\dfrac{-4}{4} = \dfrac{k-5}{3} \Rightarrow -3 = k-5 \Rightarrow k = 2$이다.

답 2

060

두 직선 $l : \dfrac{x-1}{2} = \dfrac{y-2}{3}$, $m : \dfrac{x+1}{k} = \dfrac{y-2}{-\frac{1}{2}}$의

방향벡터는 각각 $(2,\ 3)$, $\left(k,\ -\dfrac{1}{2}\right)$이다.

두 직선이 서로 수직이므로

$(2,\ 3) \cdot \left(k,\ -\dfrac{1}{2}\right) = 0 \Rightarrow 2k - \dfrac{3}{2} = 0 \Rightarrow k = \dfrac{3}{4}$이다.

즉, 직선 m의 방향벡터는 $\left(\dfrac{3}{4},\ -\dfrac{1}{2}\right) \Rightarrow (3,\ -2)$이다.

직선 m의 방향벡터 $(3s,\ -2s)$ 중 크기가 2인
벡터 $\vec{u} = (a,\ b)$에 대하여 $|a \times b|$의 값을 구해보자.

$$\sqrt{(3s)^2 + (-2s)^2} = 2 \Rightarrow 13s^2 = 4 \Rightarrow s^2 = \frac{4}{13}$$

따라서 $|a \times b| = |-6s^2| = \dfrac{24}{13}$이다.

답 ③

061

$\dfrac{x-1}{-1}=\dfrac{y+1}{2}=t \Rightarrow x=-t+1,\ y=2t-1$이므로

점 $\mathrm{H}(-t+1,\ 2t-1)$라 하자.

(직선 위의 한 점을 한 문자로 표현하기)

직선 PH의 방향벡터는 $\overrightarrow{\mathrm{PH}}=(-t,\ 2t+1)$이고,

$\dfrac{x-1}{-1}=\dfrac{y+1}{2}$의 방향벡터는 $(-1,\ 2)$이다.

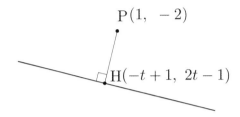

두 직선 PH, $\dfrac{x-1}{-1}=\dfrac{y+1}{2}$는 서로 수직이므로

$(-t,\ 2t+1)\cdot(-1,\ 2)=0 \Rightarrow t+4t+2=0 \Rightarrow t=-\dfrac{2}{5}$

이다.

즉, $\mathrm{H}\left(\dfrac{7}{5},\ -\dfrac{9}{5}\right)$이다.

따라서 $\overrightarrow{\mathrm{OP}}\cdot\overrightarrow{\mathrm{OH}}=(1,\ -2)\cdot\left(\dfrac{7}{5},\ -\dfrac{9}{5}\right)=\dfrac{7}{5}+\dfrac{18}{5}=5$

이다.

 답 5

062

$l:x-2=\dfrac{y-3}{3}=t \Rightarrow x=t+2,\ y=3t+3$이므로

점 $\mathrm{B}(t+2,\ 3t+3)$라 하자.

(직선 위의 한 점을 한 문자로 표현하기)

$\overrightarrow{\mathrm{OA}}\cdot\overrightarrow{\mathrm{OB}}=24$이므로

$(2,\ 3)\cdot(t+2,\ 3t+3)=24 \Rightarrow 2t+4+9t+9=24$

$\Rightarrow 11t=11 \Rightarrow t=1$

이다.

즉, $\mathrm{B}(3,\ 6)$이다.

직선 l에 수직인 직선의 방향벡터는 $(-3,\ 1)$이므로
점 $\mathrm{B}(3,\ 6)$을 지나고 직선 l에 수직인 직선은

$m:\dfrac{x-3}{-3}=y-6$이다.

직선 m이 점 $(-3,\ k)$를 지나므로

$\dfrac{-6}{-3}=k-6 \Rightarrow k=8$이다.

따라서 $k=8$이다.

 답 8

063

선분 AB의 중점을 M이라 하면

$|\overrightarrow{\mathrm{OA}}+\overrightarrow{\mathrm{OB}}|=4\sqrt{5} \Rightarrow |\overrightarrow{\mathrm{OM}}|=2\sqrt{5}$

이다.

삼각형 OAB는 $\overline{\mathrm{OA}}=\overline{\mathrm{OB}}$인 이등변삼각형이므로
직선 OM은 선분 AB를 수직이등분한다.

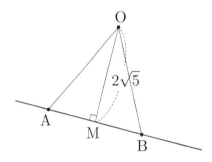

$\overrightarrow{\mathrm{AO}}\cdot\overrightarrow{\mathrm{AB}}=10 \Rightarrow |\overrightarrow{\mathrm{AM}}||\overrightarrow{\mathrm{AB}}|=2|\overrightarrow{\mathrm{AM}}|^2=10$

$\Rightarrow |\overrightarrow{\mathrm{AM}}|=\sqrt{5}$

$l:\dfrac{x}{2}=\dfrac{y-k}{-1}=t \Rightarrow x=2t,\ y=-t+k$이므로

점 $\mathrm{M}(2t,\ -t+k)$라 하자.

(직선 위의 한 점을 한 문자로 표현하기)

직선 OM의 방향벡터는 $\overrightarrow{\mathrm{OM}}=(2t,\ -t+k)$이고,
직선 l의 방향벡터는 $(2,\ -1)$이다.

직선 OM은 직선 l과 수직이므로
$(2t,\ -t+k)\cdot(2,\ -1)=0 \Rightarrow 4t+t-k=0$

$\Rightarrow 5t=k$

이다.

즉, $\overrightarrow{\mathrm{OM}}=(2t,\ 4t)$이다.

$|\overrightarrow{\mathrm{OM}}|=2\sqrt{5}$이므로
$\sqrt{(2t)^2+(4t)^2}=2\sqrt{5} \Rightarrow 4t^2+16t^2=20$

$\Rightarrow 20t^2=20 \Rightarrow t=1,\ k=5\ (\because\ k>0 \Rightarrow t>0)$

이다.

Guide step에서 배운 중점분해 Technique을 이용하여
$\overrightarrow{OA} \cdot \overrightarrow{OB}$의 값을 구해보자.

$$\begin{aligned}
\overrightarrow{OA} \cdot \overrightarrow{OB} &= (\overrightarrow{OM} + \overrightarrow{MA}) \cdot (\overrightarrow{OM} + \overrightarrow{MB}) \\
&= (\overrightarrow{OM} + \overrightarrow{MA}) \cdot (\overrightarrow{OM} - \overrightarrow{MA}) \\
&= |\overrightarrow{OM}|^2 - |\overrightarrow{MA}|^2 \\
&= 20 - 5 = 15
\end{aligned}$$

따라서 $k\,\overrightarrow{OA} \cdot \overrightarrow{OB} = 5 \times 15 = 75$이다.

답 75

064

선분 AB의 중점을 M(4, 4)이라 하면
$|\overrightarrow{PA} + \overrightarrow{PB}| = 6 \Rightarrow |\overrightarrow{PM}| = 3$이다.

점 P가 나타내는 도형은 점 M(4, 4)을 중심으로 하고
반지름의 길이가 3인 원이다.

따라서 점 P가 나타내는 도형의 길이는 $3 \times 2\pi = 6\pi$이다.

답 ④

065

점 P(x, y)라 하자.

$|\overrightarrow{AP}| = 12 + \overrightarrow{OA} \cdot \overrightarrow{OB}$

$\Rightarrow \sqrt{(x-4)^2 + (y-3)^2} = 12 + (-8-3)$

$\Rightarrow (x-4)^2 + (y-3)^2 = 1$

이므로 점 P가 나타내는 도형은 점 A(4, 3)을 중심으로
하고 반지름의 길이가 1인 원이다.

$|\overrightarrow{OP}|$의 최댓값은 $\overrightarrow{OA} + 1 = \sqrt{4^2 + 3^2} + 1 = 6$이고,
최솟값은 $\overrightarrow{OA} - 1 = \sqrt{4^2 + 3^2} - 1 = 4$이다.

따라서 $|\overrightarrow{OP}|$의 최댓값과 최솟값의 곱은 24이다.

답 24

066

점 P(x, y)라 하자.

$\overrightarrow{PA} \cdot \overrightarrow{PB} = 14$

$\Rightarrow (3-x, \ 4-y) \cdot (5-x, \ 2-y) = 14$

$\Rightarrow 15 - 8x + x^2 + 8 - 6y + y^2 = 14$

$\Rightarrow (x-4)^2 + (y-3)^2 = 16$

이므로 점 P가 나타내는 도형은 점 (4, 3)을 중심으로
하고 반지름의 길이가 4인 원이다.

점 P에서 직선 OA에 내린 수선의 발을 H라 하면
$\overrightarrow{OA} \cdot \overrightarrow{OP} = |\overrightarrow{OA}||\overrightarrow{OH}|$이므로 $\overrightarrow{OA} \cdot \overrightarrow{OP}$의 값이
최소가 되려면 $|\overrightarrow{OH}|$의 값이 최소가 되어야 한다.
즉, $\overrightarrow{OA} \cdot \overrightarrow{OP}$의 값이 최소가 되도록 하는 점 Q는
다음 그림과 같다.

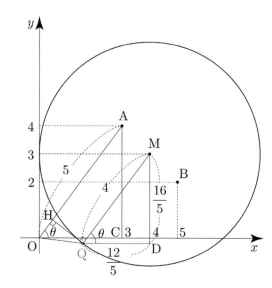

$\overrightarrow{OB} \cdot \overrightarrow{OQ}$의 값을 구하기 위해서 $\overrightarrow{OQ}$를 성분으로
표현해보자.

점 A에서 x축에 내린 수선의 발을 C라 하고,
$\angle AOC = \theta$라 하면 삼각형 OAC에서
$\cos\theta = \dfrac{3}{5}$, $\sin\theta = \dfrac{4}{5}$이다.

점 M을 지나고 y축에 평행한 직선과 점 Q를 지나고
x축에 평행한 직선의 교점을 D라 하면
두 선분 OA, QM은 서로 평행하므로 $\angle MQD = \theta$이고,

$\overline{QD} = \overline{QM} \times \cos\theta = 4 \times \dfrac{3}{5} = \dfrac{12}{5}$

$\overline{DM} = \overline{QM} \times \sin\theta = 4 \times \dfrac{4}{5} = \dfrac{16}{5}$

이다.

$\overrightarrow{\mathrm{MQ}} = \left(-\dfrac{12}{5},\ 0\right) + \left(0,\ -\dfrac{16}{5}\right) = \left(-\dfrac{12}{5},\ -\dfrac{16}{5}\right)$ 이고,

$\overrightarrow{\mathrm{OM}} = (4,\ 3)$ 이므로

$\overrightarrow{\mathrm{OQ}} = \overrightarrow{\mathrm{OM}} + \overrightarrow{\mathrm{MQ}} = (4,\ 3) + \left(-\dfrac{12}{5},\ -\dfrac{16}{5}\right) = \left(\dfrac{8}{5},\ -\dfrac{1}{5}\right)$

이다.

$\overrightarrow{\mathrm{OB}} \cdot \overrightarrow{\mathrm{OQ}} = (5,\ 2) \cdot \left(\dfrac{8}{5},\ -\dfrac{1}{5}\right) = 8 - \dfrac{2}{5} = \dfrac{38}{5}$

따라서 $p+q = 43$ 이다.

답   43

067

점 $\mathrm{P}(x,\ y)$ 의 위치벡터를 $\vec{p}$ 라 하면

$\vec{p} \cdot \vec{a} = \vec{a} \cdot \vec{b} \Rightarrow (x,\ y) \cdot (1,\ 1) = (1,\ 1) \cdot (3,\ 2)$

$\Rightarrow x+y = 3+2 \Rightarrow x+y = 5$

이므로 점 P가 나타내는 도형은 직선 $x+y-5 = 0$ 이다.

점 Q의 위치벡터를 $\vec{q}$ 라 하고, 점 C의 위치벡터를 $\vec{c}$ 라 하자.

$|\vec{q} - \vec{c}| = |\vec{a}| = \sqrt{2}$ 이므로 점 Q가 나타내는 도형은

점 $\mathrm{C}(-2,\ 3)$ 을 중심으로 하고 반지름의 길이가 $\sqrt{2}$ 인

원이다. (물론 점 P가 나타내는 도형을 구할 때처럼

점 Q의 좌표를 잡은 후 직접 계산해서 판단해도 된다.)

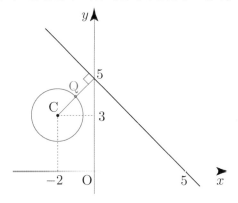

점 $\mathrm{C}(-2,\ 3)$ 과 직선 $x+y-5 = 0$ 사이의 거리는

$\dfrac{|-2+3-5|}{\sqrt{1+1}} = \dfrac{4}{\sqrt{2}} = 2\sqrt{2}$ 이다.

$|\vec{p} - \vec{q}| = |\overrightarrow{\mathrm{OP}} - \overrightarrow{\mathrm{OQ}}| = |\overrightarrow{\mathrm{QP}}|$ 의 최솟값은

점 $\mathrm{C}(-2,\ 3)$ 과 직선 $x+y-5 = 0$ 사이의 거리에서

원의 반지름의 길이 $\sqrt{2}$ 를 빼서 구하면 된다.

따라서 $|\vec{p} - \vec{q}| = |\overrightarrow{\mathrm{OP}} - \overrightarrow{\mathrm{OQ}}| = |\overrightarrow{\mathrm{QP}}|$ 의 최솟값은

$2\sqrt{2} - \sqrt{2} = \sqrt{2}$ 이다.

답   ①

068

점 P는 점 $\mathrm{A}(0,\ -1)$ 를 지나고 방향벡터가 $\vec{u} = (a,\ b)$ 인

직선 위에 존재한다. 이때 직선을 편의상 l 이라 하자.

$|\overrightarrow{\mathrm{OQ}} - \overrightarrow{\mathrm{OB}}| = \dfrac{\sqrt{2}}{2} \Rightarrow |\overrightarrow{\mathrm{BQ}}| = \dfrac{\sqrt{2}}{2}$ 이므로

점 Q가 나타내는 도형은 점 $\mathrm{B}(3,\ 3)$ 을 중심으로 하고

반지름의 길이가 $\dfrac{\sqrt{2}}{2}$ 인 원이다. 이때 원을 C 라 하자.

$|\overrightarrow{\mathrm{PQ}}|$ 의 최솟값이 0이려면

직선 l 과 원 C 는 서로 만나야 한다.

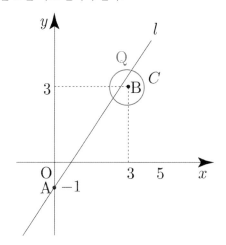

$\dfrac{b}{a}\ (a>0,\ b>0)$ 는 직선 l 의 기울기와 같으므로

직선 l 이 원 C 에 접할 때 최댓값과 최솟값을 갖는다.

직선 l 의 기울기를 m 이라 하자.

직선 $l : y = mx - 1 \Rightarrow mx - y - 1 = 0$ 과

원 C 의 중심 $\mathrm{B}(3,\ 3)$ 사이의 거리는 원 C 의

반지름의 길이 $\dfrac{\sqrt{2}}{2}$ 와 같다.

$\dfrac{|3m-4|}{\sqrt{m^2+1}} = \dfrac{\sqrt{2}}{2} \Rightarrow \dfrac{9m^2-24m+16}{m^2+1} = \dfrac{1}{2}$

$\Rightarrow 18m^2 - 48m + 32 = m^2 + 1$

$\Rightarrow 17m^2 - 48m + 31 = 0$

이므로 근과 계수의 관계에 의해서 원 C 와 접하는

두 직선의 기울기의 합은 $\dfrac{48}{17}$ 이다.

따라서 $\dfrac{b}{a}$ 의 최댓값과 최솟값의 합은 $\dfrac{48}{17}$ 이다.

답   ①

69	④	93	④
70	②	94	50
71	⑤	95	④
72	②	96	180
73	③	97	⑤
74	③	98	7
75	④	99	48
76	⑤	100	③
77	①	101	②
78	②	102	27
79	15	103	①
80	②	104	19
81	⑤	105	⑤
82	②	106	①
83	④	107	17
84	⑤	108	⑤
85	③	109	②
86	②	110	③
87	②	111	⑤
88	④	112	⑤
89	②	113	⑤
90	③	114	115
91	③	115	③
92	④	116	37

069

$$2\overrightarrow{AB} + p\overrightarrow{BC} = q\overrightarrow{CA}$$

$$\Rightarrow 2(\overrightarrow{OB} - \overrightarrow{OA}) + p(\overrightarrow{OC} - \overrightarrow{OB}) = q(\overrightarrow{OA} - \overrightarrow{OC})$$

$$\Rightarrow 2\overrightarrow{OB} - 2\overrightarrow{OA} + p\overrightarrow{OC} - p\overrightarrow{OB} = q\overrightarrow{OA} - q\overrightarrow{OC}$$

$$\Rightarrow (2-p)\overrightarrow{OB} - 2\overrightarrow{OA} + p\overrightarrow{OC} = q\overrightarrow{OA} - q\overrightarrow{OC}$$

$$\Rightarrow p = 2, \ q = -2$$

따라서 $p - q = 2 - (-2) = 4$이다.

 ④

070

$$|\vec{a}| = \sqrt{11}, \ |\vec{b}| = 3, \ |2\vec{a} - \vec{b}| = \sqrt{17}$$

$$|2\vec{a} - \vec{b}|^2 = 17$$

$$\Rightarrow 4|\vec{a}|^2 - 4\vec{a} \cdot \vec{b} + |\vec{b}|^2 = 17$$

$$\Rightarrow 44 - 4\vec{a} \cdot \vec{b} + 9 = 17$$

$$\Rightarrow \vec{a} \cdot \vec{b} = 9$$

$$|\vec{a} - \vec{b}|^2 = |\vec{a}|^2 - 2\vec{a} \cdot \vec{b} + |\vec{b}|^2 = 11 - 18 + 9 = 2$$

따라서 $|\vec{a} - \vec{b}| = \sqrt{2}$ 이다.

답 ②

071

$A(4, \ 3)$

점 $P(x, \ y)$라 하자.

$$|\overrightarrow{OP}| = |\overrightarrow{OA}|$$

$$\Rightarrow \sqrt{x^2 + y^2} = \sqrt{16 + 9} = 5$$

$$\Rightarrow x^2 + y^2 = 25$$

점 P가 나타내는 도형은 중심이 원점이고 반지름의 길이가 5인 원이다.

따라서 점 P가 나타내는 도형의 길이는 10π이다.

답 ⑤

072

점 B를 원점으로 보고 좌표를 구하면
A$(0, 1)$, B$(0, 0)$, C$(1, 0)$, D$(1, 1)$

**x축과 y축을 설정한 후 벡터의 분해를 이용하여
벡터를 성분으로 나타내어 답을 구해보자.**

$\overrightarrow{AB} = (0, -1)$, $\overrightarrow{BC} = (1, 0)$, $\overrightarrow{AC} = (1, -1)$, $\overrightarrow{CD} = (0, 1)$

$(\overrightarrow{AB} + k\overrightarrow{BC}) \cdot (\overrightarrow{AC} + 3k\overrightarrow{CD}) = 0$

$\Rightarrow (k, -1) \cdot (1, 3k-1) = 0$

$\Rightarrow k - 3k + 1 = 0$

$\Rightarrow 2k = 1$

$\Rightarrow k = \dfrac{1}{2}$

따라서 실수 k의 값은 $\dfrac{1}{2}$이다.

답 ②

073

$\overline{AB} = 2$, $\angle B = 90°$, $\angle C = 30°$이므로 $\overline{BC} = 2\sqrt{3}$이다.
$\overrightarrow{PB} + \overrightarrow{PC} = \vec{0}$이므로 점 P는 선분 BC의 중점이다.
즉, $\overline{BP} = \sqrt{3}$이다.

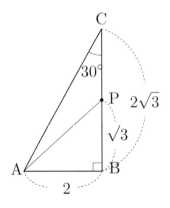

따라서 $|\overrightarrow{PA}|^2 = 2^2 + (\sqrt{3})^2 = 4 + 3 = 7$이다.

답 ③

074

$|\vec{a}| = 1$, $|\vec{b}| = 3$, $|2\vec{a} + \vec{b}| = 4$

$|2\vec{a} + \vec{b}|^2 = 16 \Rightarrow 4|\vec{a}|^2 + 4\vec{a} \cdot \vec{b} + |\vec{b}|^2 = 16$

$\Rightarrow 4 + 4\vec{a} \cdot \vec{b} + 9 = 16 \Rightarrow \vec{a} \cdot \vec{b} = \dfrac{3}{4}$

$\Rightarrow |\vec{a}||\vec{b}|\cos\theta = \dfrac{3}{4} \Rightarrow \cos\theta = \dfrac{1}{4}$

따라서 $\cos\theta = \dfrac{1}{4}$이다.

답 ③

075

점 P(x, y)라 하자.
$|\overrightarrow{OP}|^2 - \overrightarrow{OA} \cdot \overrightarrow{OP} = 3$

$\Rightarrow (x^2 + y^2) - (4x + 6y) = 3$

$\Rightarrow (x-2)^2 + (y-3)^2 = 16$

따라서 원 C의 반지름의 길이는 4이다.

답 ④

076

$l : \dfrac{x-5}{2} = y - 5 = t \Rightarrow x = 2t + 5$, $y = t + 5$이므로
점 P$(2t+5, t+5)$라 하자.

$\overrightarrow{AP} = (2t+3, t-1)$이고,
직선 l의 방향벡터는 $(2, 1)$이다.

벡터 $\overrightarrow{AP}$와 직선 l의 방향벡터가 서로 수직이므로
$(2t+3, t-1) \cdot (2, 1) = 0 \Rightarrow 4t + 6 + t - 1 = 0$

$\Rightarrow 5t + 5 = 0 \Rightarrow t = -1$
이다.

즉, P$(3, 4)$이다.

따라서 $|\overrightarrow{OP}| = \sqrt{3^2 + 4^2} = 5$이다.

답 ⑤

077

점 $P(x, y)$라 하자.

$\overrightarrow{OP} - \overrightarrow{OA} = (x-1, y-2)$, $\overrightarrow{AB} = (-4, 3)$이므로
$|\overrightarrow{OP} - \overrightarrow{OA}| = |\overrightarrow{AB}|$

$\Rightarrow \sqrt{(x-1)^2 + (y-2)^2} = \sqrt{(-4)^2 + 3^2}$

$\Rightarrow (x-1)^2 + (y-2)^2 = 25$

점 P가 나타내는 도형은 중심이 $A(1, 2)$이고 반지름의 길이가 5인 원이다.

따라서 점 P가 나타내는 도형의 길이는 10π이다.

답 ①

078

$|\vec{a}| = 2$, $\vec{a} \cdot \vec{b} = 2$
두 벡터 $\vec{a}$, $\vec{a} - t\vec{b}$가 서로 수직이므로
$\vec{a} \cdot (\vec{a} - t\vec{b}) = 0 \Rightarrow |\vec{a}|^2 - t\vec{a} \cdot \vec{b} = 0$

$\Rightarrow 4 - 2t = 0 \Rightarrow t = 2$

따라서 조건을 만족시키는 실수 $t = 2$이다.

답 ②

079

타원 $\dfrac{x^2}{4} + y^2 = 1$의 장축의 길이는 4이고,

초점의 좌표는 $F(\sqrt{3}, 0)$, $F(-\sqrt{3}, 0)$이다.

$\overrightarrow{OF} = \overrightarrow{F'O}$이므로
$|\overrightarrow{OP} + \overrightarrow{OF}| = 1 \Rightarrow |\overrightarrow{OP} + \overrightarrow{F'O}| = 1$

$\Rightarrow |\overrightarrow{F'P}| = 1$
이다.

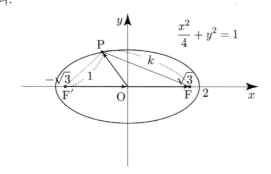

타원의 정의에 의해서 $\overline{PF'} + \overline{PF} = 4$이므로
$1 + k = 4 \Rightarrow k = 3$이다.

따라서 $5k = 15$이다.

답 15

080

$|\vec{a}| = 1$, $|\vec{b}| = 3$
두 벡터 $6\vec{a} + \vec{b}$, $\vec{a} - \vec{b}$가 서로 수직이므로
$(6\vec{a} + \vec{b}) \cdot (\vec{a} - \vec{b}) = 0 \Rightarrow 6|\vec{a}|^2 - 5\vec{a} \cdot \vec{b} - |\vec{b}|^2 = 0$

$\Rightarrow 6 - 5\vec{a} \cdot \vec{b} - 9 = 0 \Rightarrow \vec{a} \cdot \vec{b} = -\dfrac{3}{5}$

따라서 $\vec{a} \cdot \vec{b} = -\dfrac{3}{5}$이다.

답 ②

081

$\vec{a} = (3, 1)$, $\vec{b} = (4, -2)$
$\vec{v} = (x, y)$라 하자.
두 벡터 $\vec{a}$, $\vec{v} + \vec{b}$가 서로 평행하므로
$k\vec{a} = \vec{v} + \vec{b} \Rightarrow (3k, k) = (x+4, y-2)$

$\Rightarrow 3k = x+4$, $k = y-2$

$\Rightarrow x = 3k-4$, $y = k+2$

$|\vec{v}|^2 = x^2 + y^2 = (3k-4)^2 + (k+2)^2$

$\qquad = 9k^2 - 24k + 16 + k^2 + 4k + 4$

$\qquad = 10k^2 - 20k + 20$

$\qquad = 10(k-1)^2 + 10$

따라서 $|\vec{v}|^2$의 최솟값은 10이다.

답 ⑤

082

점 $P(x, y)$의 위치벡터를 $\vec{p}$ 라 하면

$\vec{p} \cdot \vec{a} = \vec{a} \cdot \vec{b} \Rightarrow (x, y) \cdot (3, 0) = (3, 0) \cdot (1, 2)$

$\Rightarrow 3x = 3 \Rightarrow x = 1$

이므로 점 P가 나타내는 도형은 직선 $x = 1$이다.

점 Q의 위치벡터를 $\vec{q}$라 하고, 점 C의 위치벡터를 $\vec{c}$라 하자.

$|\vec{q} - \vec{c}| = 1$이므로 점 Q가 나타내는 도형은
점 C(4, 2)를 중심으로 하고 반지름의 길이가 1인
원이다. (물론 점 P가 나타내는 도형을 구할 때처럼
점 Q의 좌표를 잡은 후 직접 계산해서 판단해도 된다.)

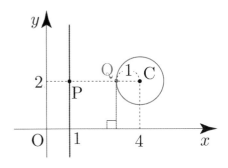

점 C(4, 2)와 직선 $x = 1$ 사이의 거리는 3이다.

$|\vec{p} - \vec{q}| = |\overrightarrow{OP} - \overrightarrow{OQ}| = |\overrightarrow{QP}|$의 최솟값은
점 C(4, 2)와 직선 $x = 1$ 사이의 거리에서
원의 반지름의 길이 1를 빼서 구하면 된다.

따라서 $|\vec{p} - \vec{q}| = |\overrightarrow{OP} - \overrightarrow{OQ}| = |\overrightarrow{QP}|$의 최솟값은
$3 - 1 = 2$이다.

답 ②

083

$\overrightarrow{AB} \cdot \overrightarrow{BC} = 0$이므로 선분 AB와 선분 BC는 서로 수직이다.
선분 BC의 중점을 M이라 하면
$|\overrightarrow{AB} + \overrightarrow{AC}| = 4 \Rightarrow |\overrightarrow{AM}| = 2$이다.

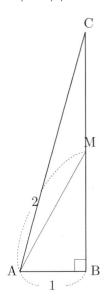

$\overline{BM} = \sqrt{2^2 - 1^2} = \sqrt{3} \Rightarrow \overline{BC} = 2\overline{BM} = 2\sqrt{3}$
따라서 $|\overrightarrow{BC}| = 2\sqrt{3}$이다.

답 ④

084

두 직선 $\dfrac{x+1}{2} = y - 3$, $x - 2 = \dfrac{y-5}{3}$의 방향벡터는

각각 $(2, 1)$, $(1, 3)$이다.

따라서 $\cos\theta = \dfrac{|2+3|}{\sqrt{4+1}\sqrt{1+9}} = \dfrac{5}{5\sqrt{2}} = \dfrac{\sqrt{2}}{2}$이다.

답 ⑤

085

점 P$(x,\ y)$라 하자.

$\overrightarrow{OP} - \overrightarrow{OA} = (x-3,\ y)$이므로
$(\overrightarrow{OP} - \overrightarrow{OA}) \cdot (\overrightarrow{OP} - \overrightarrow{OA}) = 5$

$\Rightarrow (x-3,\ y) \cdot (x-3,\ y) = 5$

$\Rightarrow (x-3)^2 + y^2 = 5$

점 P가 나타내는 도형 $(x-3)^2 + y^2 = 5$과

직선 $y = \dfrac{1}{2}x + k$가 오직 한 점에서 만날 때는

접할 때이므로 원의 중심 $(3,\ 0)$과 직선 $x - 2y + 2k = 0$
사이의 거리가 원의 반지름 $\sqrt{5}$와 같아야 한다.

$\dfrac{|3+2k|}{\sqrt{1+4}} = \dfrac{|3+2k|}{\sqrt{5}} = \sqrt{5} \Rightarrow |3+2k| = 5$

$\Rightarrow k = 1 \ (\because\ k > 0)$
따라서 양수 $k = 1$이다.

답 ③

086

점 P$(x,\ y)$라 하자.

$(\vec{p} - \vec{a}) \cdot (\vec{p} - \vec{b}) = 0$

$\Rightarrow (x-2,\ y-4) \cdot (x-2,\ y-8) = 0$

$\Rightarrow (x-2)^2 + (y-4)(y-8) = 0$

$\Rightarrow (x-2)^2 + (y-6)^2 = 4$

이므로 점 P가 나타내는 도형은 중심이 $(2,\ 6)$이고
반지름의 길이가 2인 원이다.

점 Q$(x,\ y)$라 하자.

$\vec{q} = \dfrac{1}{2}\vec{a} + t\vec{c}$

$\Rightarrow (x,\ y) = (1,\ 2) + (t,\ 0)$

$\Rightarrow x = t + 1,\ y = 2 \ (t는\ 실수)$

이므로 점 Q가 나타내는 도형은 직선 $y = 2$이다.

$|\vec{p} - \vec{q}|$의 최솟값은 두 점 P, Q 사이의 거리의
최솟값과 같고, 이는 점 P의 중심 $(2,\ 6)$과 직선 $y = 2$
사이의 거리에서 반지름의 길이 2를 뺀 값과 같다.

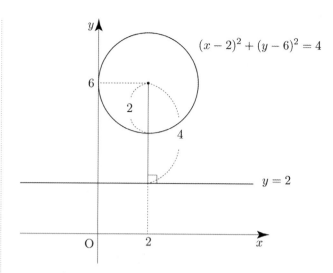

따라서 $|\vec{p} - \vec{q}|$의 최솟값은 $4 - 2 = 2$이다.

답 ②

087

선분 CD의 중점을 M이라 하자.
$\overrightarrow{AE} = \overrightarrow{BD}$이므로 $|\overrightarrow{AE} + \overrightarrow{BC}| = |\overrightarrow{BD} + \overrightarrow{BC}| = 2|\overrightarrow{BM}|$이다.

$\overline{BC} = 1,\ \overline{CM} = \dfrac{1}{2},\ \angle BCD = 120°$

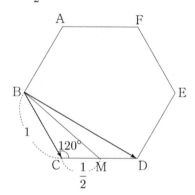

삼각형 BCM에서 코사인법칙을 사용하면
$\cos 120° = \dfrac{\overline{BC}^2 + \overline{CM}^2 - \overline{BM}^2}{2 \times \overline{BC} \times \overline{CM}}$

$\Rightarrow -\dfrac{1}{2} = \dfrac{\dfrac{5}{4} - \overline{BM}^2}{1} \Rightarrow \overline{BM} = \dfrac{\sqrt{7}}{2}$
이다.

따라서 $|\overrightarrow{AE} + \overrightarrow{BC}| = 2|\overrightarrow{BM}| = \sqrt{7}$이다.

답 ②

다르게 풀어보자.

$|\overrightarrow{BC}| = 1$, $|\overrightarrow{BD}| = \sqrt{3}$, $\angle CBD = 30°$

$|\overrightarrow{AE} + \overrightarrow{BC}| = |\overrightarrow{BD} + \overrightarrow{BC}|$ 이므로 양변 제곱을 하면

$$|\overrightarrow{AE} + \overrightarrow{BC}|^2 = |\overrightarrow{BD} + \overrightarrow{BC}|^2$$
$$= |\overrightarrow{BD}|^2 + 2\overrightarrow{BD} \cdot \overrightarrow{BC} + |\overrightarrow{BC}|^2$$
$$= 3 + 2\overrightarrow{BD} \cdot \overrightarrow{BC} + 1$$
$$= 4 + 2|\overrightarrow{BD}||\overrightarrow{BC}|\cos 30°$$
$$= 4 + 2\sqrt{3} \times \frac{\sqrt{3}}{2}$$
$$= 4 + 3 = 7$$

이다.

따라서 $|\overrightarrow{AE} + \overrightarrow{BC}| = \sqrt{7}$ 이다.

이번에는 $\overrightarrow{CB} = \vec{a}$, $\overrightarrow{CD} = \vec{b}$로 변환하여 풀어보자.

$|\vec{a}| = |\vec{b}| = 1$, $\vec{a} \cdot \vec{b} = |\vec{a}||\vec{b}|\cos 120° = -\frac{1}{2}$

$\overrightarrow{BC} = -\vec{a}$, $\overrightarrow{AE} = \overrightarrow{BD} = \overrightarrow{CD} - \overrightarrow{CB} = \vec{b} - \vec{a}$

$\overrightarrow{AE} + \overrightarrow{BC} = \vec{b} - \vec{a} - \vec{a} = \vec{b} - 2\vec{a}$ 이므로

$$|\overrightarrow{AE} + \overrightarrow{BC}|^2 = |\vec{b} - 2\vec{a}|^2$$
$$= |\vec{b}|^2 - 4\vec{a} \cdot \vec{b} + 4|\vec{a}|^2$$
$$= 1 + 2 + 4$$
$$= 7$$

이다.

따라서 $|\overrightarrow{AE} + \overrightarrow{BC}| = \sqrt{7}$ 이다.

이번에는 x축과 y축을 설정한 후 벡터의 분해를 이용하여 벡터를 성분으로 나타내어 풀어보자.

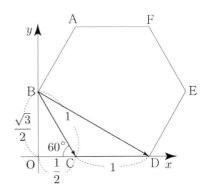

$$\overrightarrow{BC} = \left(\frac{1}{2}, 0\right) + \left(0, -\frac{\sqrt{3}}{2}\right) = \left(\frac{1}{2}, -\frac{\sqrt{3}}{2}\right)$$
$$\overrightarrow{BD} = \left(\frac{3}{2}, 0\right) + \left(0, -\frac{\sqrt{3}}{2}\right) = \left(\frac{3}{2}, -\frac{\sqrt{3}}{2}\right)$$

이므로

$$\overrightarrow{AE} + \overrightarrow{BC} = \overrightarrow{BD} + \overrightarrow{BC}$$
$$= \left(\frac{3}{2}, -\frac{\sqrt{3}}{2}\right) + \left(\frac{1}{2}, -\frac{\sqrt{3}}{2}\right)$$
$$= (2, -\sqrt{3})$$

이다.

따라서 $|\overrightarrow{AE} + \overrightarrow{BC}| = |\overrightarrow{BD} + \overrightarrow{BC}| = \sqrt{2^2 + (-\sqrt{3})^2} = \sqrt{7}$ 이다.

> **Tip**
>
> 기하 과목 특성상 정말 다양한 풀이법이 존재한다.
> 문제를 풀기 전까지는 어떤 풀이법이 최고의 풀이인지 알 수 없다. 즉, 어떤 풀이법을 선택할지 말지 판단하는 기준은 사실상 경험이다.

088

$\angle CBA = \angle DCB = \theta$

$|\overrightarrow{AD}| = 2$, $|\overrightarrow{BC}| = 4$, $|\overrightarrow{AB} + \overrightarrow{AC}| = 2\sqrt{5}$

선분 BC의 중점을 M이라 하면

$|\overrightarrow{AB} + \overrightarrow{AC}| = 2\sqrt{5} \Rightarrow |\overrightarrow{AM}| = \sqrt{5}$ 이다.

사다리꼴 ABCD는 등변사다리꼴이므로
점 M에서 선변 AD에 내린 수선의 발을 H라 하면
직선 MH는 선분 AD를 수직이등분한다.

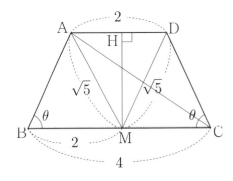

$\overline{HM} = \sqrt{(\sqrt{5})^2 - 1^2} = 2$, $\overline{HD} = 1$

점 D에서 선분 BC에 내린 수선의 발을 R이라 하면
$\overline{MR} = \overline{HD} = 1$이고, $\overline{DR} = \overline{HM} = 2$이다.

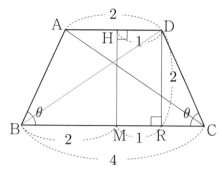

따라서 $|\overrightarrow{BD}| = \sqrt{3^2+2^2} = \sqrt{13}$ 이다.

089

$\overrightarrow{O_2Q} = \overrightarrow{O_1R}$ 이 되도록 점 R을 잡으면 다음 그림과 같다.

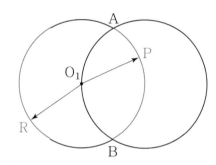

두 벡터 $\overrightarrow{O_1P}$, $\overrightarrow{O_2Q}$의 크기는 모두 1이므로
$\overrightarrow{O_1P} \cdot \overrightarrow{O_2Q} = |\overrightarrow{O_1P}||\overrightarrow{O_2Q}|\cos\theta = \cos\theta$의 최댓값과
최솟값은 두 벡터가 이루는 각 θ에 의해 정해진다.

$\overrightarrow{O_1P} \cdot \overrightarrow{O_2Q}$의 최솟값은 두 벡터가 서로 반대 방향일 때
이므로 $m = \cos180° = -1$이다.

$\overrightarrow{O_1P} \cdot \overrightarrow{O_2Q}$의 최댓값은 두 벡터가 이루는 각의 크기가

가장 작을 때이므로 $M = \cos60° = \dfrac{1}{2}$

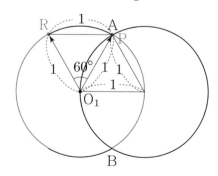

따라서 $M + m = -\dfrac{1}{2}$ 이다.

090

두 벡터 $\overrightarrow{OP}$, $\overrightarrow{OQ}$의 종점 P, Q를 x축의 방향으로 3만큼,
y축의 방향으로 1만큼 평행이동시킨 점을 각각 P′, Q′라 하자.

ㄱ. $|\overrightarrow{OP} - \overrightarrow{OP'}| = \sqrt{10}$

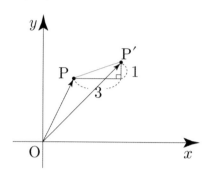

$|\overrightarrow{OP} - \overrightarrow{OP'}| = |\overrightarrow{P'P}| = \sqrt{3^2 + 1^2} = \sqrt{10}$
따라서 ㄱ은 참이다.

ㄴ. $|\overrightarrow{OP} - \overrightarrow{OQ}| = |\overrightarrow{OP'} - \overrightarrow{OQ'}|$

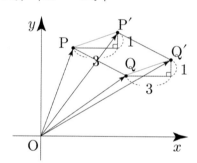

$|\overrightarrow{OP} - \overrightarrow{OQ}| = |\overrightarrow{OP'} - \overrightarrow{OQ'}| \Rightarrow |\overrightarrow{QP}| = |\overrightarrow{Q'P'}|$
사각형 PQQ′P′는 평행사변형이므로 $\overrightarrow{QP} = \overrightarrow{Q'P'}$이다.
따라서 ㄴ은 참이다.

ㄷ. $\overrightarrow{OP} \cdot \overrightarrow{OQ} = \overrightarrow{OP'} \cdot \overrightarrow{OQ'}$

$\overrightarrow{OP} = (1, 1)$, $\overrightarrow{OQ} = (2, 3)$이라 하면
$\overrightarrow{OP'} = (4, 2)$, $\overrightarrow{OQ'} = (5, 4)$이므로
$\overrightarrow{OP} \cdot \overrightarrow{OQ} = 5$, $\overrightarrow{OP'} \cdot \overrightarrow{OQ'} = 28$이다.
즉, $\overrightarrow{OP} \cdot \overrightarrow{OQ} \neq \overrightarrow{OP'} \cdot \overrightarrow{OQ'}$이다. (반례)
따라서 ㄷ은 거짓이다.

$\overrightarrow{BC} = \vec{a}$, $\overrightarrow{BA} = \vec{b}$라 하자.

$\overrightarrow{BD} = \dfrac{1}{3}\vec{b}$이고, $\overrightarrow{BE} = \dfrac{3}{4}\vec{a} + \dfrac{1}{4}\vec{b}$이므로

$\overrightarrow{DE} = \overrightarrow{BE} - \overrightarrow{BD} = \dfrac{3}{4}\vec{a} + \dfrac{1}{4}\vec{b} - \dfrac{1}{3}\vec{b} = \dfrac{3}{4}\vec{a} - \dfrac{1}{12}\vec{b}$이다.

$\overrightarrow{BF} = \dfrac{1}{4}\vec{a} + \dfrac{3}{4}\vec{b}$이다.

$\overrightarrow{BF} + \overrightarrow{DE} = \dfrac{1}{4}\vec{a} + \dfrac{3}{4}\vec{b} + \dfrac{3}{4}\vec{a} - \dfrac{1}{12}\vec{b} = \vec{a} + \dfrac{2}{3}\vec{b}$이므로

$\left| \overrightarrow{BF} + \overrightarrow{DE} \right|^2 = \left| \vec{a} + \dfrac{2}{3}\vec{b} \right|^2$

$\qquad\qquad\qquad = |\vec{a}|^2 + \dfrac{4}{3}\vec{a}\cdot\vec{b} + \dfrac{4}{9}|\vec{b}|^2$

이다.

이때 삼각형 ABC는 한 변의 길이가 3인 정삼각형이므로

$|\vec{a}| = |\vec{b}| = 3$, $\vec{a}\cdot\vec{b} = |\vec{a}||\vec{b}|\cos 60° = \dfrac{9}{2}$이다.

따라서

$\left| \overrightarrow{BF} + \overrightarrow{DE} \right|^2 = \left| \vec{a} + \dfrac{2}{3}\vec{b} \right|^2$

$\qquad\qquad\qquad = |\vec{a}|^2 + \dfrac{4}{3}\vec{a}\cdot\vec{b} + \dfrac{4}{9}|\vec{b}|^2$

$\qquad\qquad\qquad = 9 + 6 + 4 = 19$

이다.

답 ③

이번에는 x축과 y축을 설정한 후 벡터의 분해를 이용하여 벡터를 성분으로 나타내어 $\left| \overrightarrow{BF} + \overrightarrow{DE} \right|^2$의 값을 구해보자.

(개념 파악하기 - (1) 두 평면벡터가 이루는 각의 크기는 어떻게 구할까? 벡터의 분해를 이용하여 벡터를 성분으로 나타내기 참고)

점 D, A, F, E에서 선분 BC에 내린 수선의 발을 가각 R, H, S, T라 하고, 선분들의 길이를 구하면 다음 그림과 같다.

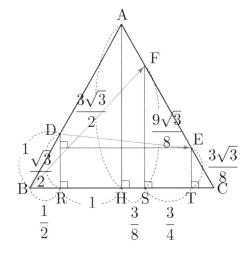

$\overrightarrow{BF} = \left(\dfrac{15}{8},\ 0 \right) + \left(0,\ \dfrac{9\sqrt{3}}{8} \right) = \left(\dfrac{15}{8},\ \dfrac{9\sqrt{3}}{8} \right)$이고,

$\overrightarrow{DE} = \left(\dfrac{17}{8},\ 0 \right) + \left(0,\ -\dfrac{\sqrt{3}}{8} \right) = \left(\dfrac{17}{8},\ -\dfrac{\sqrt{3}}{8} \right)$이므로

$\overrightarrow{BF} + \overrightarrow{DE} = (4,\ \sqrt{3})$이다.

따라서 $\left| \overrightarrow{BF} + \overrightarrow{DE} \right|^2 = 4^2 + \left(\sqrt{3} \right)^2 = 19$이다.

이번에는 중점벡터와 코사인법칙을 이용하여 $\left| \overrightarrow{BF} + \overrightarrow{DE} \right|^2$의 값을 구해보자.

Guide step에서 반드시 시점이 일치하지 않아도 중점을 이용하여 두 벡터의 합을 하나의 벡터로 나타낼 수 있다고 학습한 바 있다. 이를 이용하여 두 벡터의 합 $\overrightarrow{BF} + \overrightarrow{DE}$를 하나의 벡터로 나타내보자.

두 선분 BD, FE의 중점을 각각 M, N이라 하면 $\left| \overrightarrow{BF} + \overrightarrow{DE} \right| = 2\left| \overrightarrow{MN} \right|$이다.

(개념 파악하기 - (6) 위치벡터란 무엇일까? 두 벡터의 합을 하나의 벡터로 나타내기 참고)

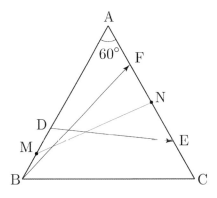

$\overrightarrow{AM} = \overrightarrow{AB} - \overrightarrow{BM} = 3 - \dfrac{1}{2} = \dfrac{5}{2}$, $\overrightarrow{AN} = \dfrac{3}{2}$이고

$\angle BAC = 60°$이므로 삼각형 AMN에서 코사인법칙을 사용하면

$$\cos 60° = \frac{\overline{AM}^2 + \overline{AN}^2 - \overline{MN}^2}{2 \times \overline{AM} \times \overline{AN}}$$

$$\Rightarrow \frac{1}{2} = \frac{\frac{34}{4} - \overline{MN}^2}{\frac{15}{2}} \Rightarrow \overline{MN} = \frac{\sqrt{19}}{2}$$

이므로 $|\overrightarrow{BF} + \overrightarrow{DE}| = 2|\overrightarrow{MN}| = \sqrt{19}$ 이다.

따라서 $|\overrightarrow{BF} + \overrightarrow{DE}|^2 = 19$이다.

092

삼각형 ABC의 높이는 $4 \times \frac{\sqrt{3}}{2} = 2\sqrt{3}$이므로
원 O의 반지름의 길이는 $\sqrt{3}$이다.

원 O의 중심을 O라 하고, 점 O에서 직선 BC에 내린
수선의 발을 H라 하자.

$\angle ACH = 120°$이고, 직선 OC는 $\angle ACH$의 이등분선이므로
$\angle OCH = 60°$이다.

$\overline{OH} = \sqrt{3} \Rightarrow \overline{CH} = 1$

$\overrightarrow{BP} = \overrightarrow{BO} + \overrightarrow{OP}$이므로
$\overrightarrow{AC} + \overrightarrow{BP} = \overrightarrow{AC} + \overrightarrow{BO} + \overrightarrow{OP}$이다.

$\overrightarrow{AC}$, $\overrightarrow{BO}$는 고정된 벡터이고 $\overrightarrow{OP}$는 움직이는 벡터이니
우선 두 벡터의 합 $\overrightarrow{AC} + \overrightarrow{BO}$를 하나의 벡터로 표현하여
상황을 단순화해보자.

이때 평행이동하여 시점을 통일해주거나 중점벡터를 이용할
수도 있지만 x**축과** y**축을 설정한 후 벡터의 분해를 이용하여**
벡터 $\overrightarrow{AC} + \overrightarrow{BO}$**를 성분으로 나타내보자.**

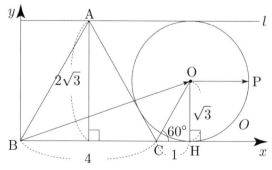

$\overrightarrow{AC} = (2, 0) + (0, -2\sqrt{3}) = (2, -2\sqrt{3})$이고,
$\overrightarrow{BO} = (5, 0) + (0, \sqrt{3}) = (5, \sqrt{3})$이므로
$\overrightarrow{AC} + \overrightarrow{BO} = (7, -\sqrt{3})$이다.

$\overrightarrow{AC} + \overrightarrow{BO} = \overrightarrow{OX}$라 하면
(꼭 시점을 O로 잡을 필요는 없다. 군이 시점을 O로 잡은
이유는 $\overrightarrow{OP}$와 시점을 일치시켜 추후 $|\overrightarrow{OX} + \overrightarrow{OP}|$의 최댓값과
최솟값을 구할 때 이해가 쉽도록 하기 위함이다.)
$|\overrightarrow{AC} + \overrightarrow{BP}| = |\overrightarrow{AC} + \overrightarrow{BO} + \overrightarrow{OP}| = |\overrightarrow{OX} + \overrightarrow{OP}|$이다.

이때 $|\overrightarrow{OX}| = \sqrt{7^2 + (-\sqrt{3})^2} = 2\sqrt{13}$이고, $|\overrightarrow{OP}| = \sqrt{3}$
이므로 두 벡터 $\overrightarrow{OX}$, $\overrightarrow{OP}$가 이루는 각에 의해
$|\overrightarrow{OX} + \overrightarrow{OP}|$의 값의 최대와 최소가 결정된다.

$|\overrightarrow{OX} + \overrightarrow{OP}|$의 최댓값은 두 벡터 $\overrightarrow{OX}$, $\overrightarrow{OP}$의 방향이
서로 같을 때이므로 $M = 2\sqrt{13} + \sqrt{3}$이다.

$|\overrightarrow{OX} + \overrightarrow{OP}|$는 최솟값은 두 벡터 $\overrightarrow{OX}$, $\overrightarrow{OP}$의 방향이
서로 반대일 때이므로 $m = 2\sqrt{13} - \sqrt{3}$이다.

따라서 $Mm = (2\sqrt{13} + \sqrt{3})(2\sqrt{13} - \sqrt{3}) = 52 - 3 = 49$
이다.

답 ④

093

두 점 D, E에서 선분 BC에 내린 수선의 발을 각각
R, S라 하자.
$\overline{AH} = \overline{AB} \times \sin 45° = 1$, $\overline{BH} = \overline{AB} \times \cos 45° = 1$

$\overline{RC} = \overline{CD} \times \cos 45° = 1$

$\overline{BH} : \overline{BR} = \overline{FH} : \overline{DR} \Rightarrow 1 : 3 = \overline{FH} : 1 \Rightarrow \overline{FH} = \frac{1}{3}$

$\overline{AF} = \overline{AH} - \overline{FH} = 1 - \frac{1}{3} = \frac{2}{3}$

$\overline{BH} : \overline{BS} = \overline{FH} : \overline{ES} \Rightarrow 1 : 2 = \frac{1}{3} : \overline{ES} \Rightarrow \overline{ES} = \frac{2}{3}$

x축과 y축을 설정한 후 벡터의 분해를 이용하여
벡터를 성분으로 나타내어 $\overrightarrow{AF} \cdot \overrightarrow{CE}$의 값을 구해보자.

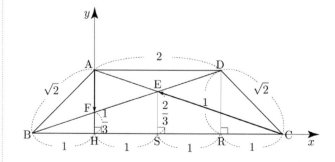

$\overrightarrow{\mathrm{AF}}=\left(0,\ -\dfrac{2}{3}\right)$이고,

$\overrightarrow{\mathrm{CE}}=(-2,\ 0)+\left(0,\ \dfrac{2}{3}\right)=\left(-2,\ \dfrac{2}{3}\right)$이다.

따라서 $\overrightarrow{\mathrm{AF}}\cdot\overrightarrow{\mathrm{CE}}=0-\dfrac{4}{9}=-\dfrac{4}{9}$이다.

$\boxed{답}$ ④

094

점 Q는 선분 AB를 $5:1$로 외분하는 점이므로

$\overrightarrow{\mathrm{AQ}}=5\overrightarrow{\mathrm{BQ}}=5\sqrt{3}\ \Rightarrow\ \overrightarrow{\mathrm{AB}}=\overrightarrow{\mathrm{AQ}}-\overrightarrow{\mathrm{BQ}}=4\sqrt{3}$이다.

즉, 원의 반지름의 길이는 $2\sqrt{3}$이다.

원의 중심을 O라 하면 $\overrightarrow{\mathrm{AP}}=\overrightarrow{\mathrm{AO}}+\overrightarrow{\mathrm{OP}}$이므로

$$\begin{aligned}\overrightarrow{\mathrm{AP}}\cdot\overrightarrow{\mathrm{AQ}}&=(\overrightarrow{\mathrm{AO}}+\overrightarrow{\mathrm{OP}})\cdot\overrightarrow{\mathrm{AQ}}\\&=\overrightarrow{\mathrm{AO}}\cdot\overrightarrow{\mathrm{AQ}}+\overrightarrow{\mathrm{OP}}\cdot\overrightarrow{\mathrm{AQ}}\end{aligned}$$

이다.

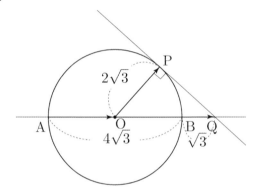

$\overrightarrow{\mathrm{AO}}\cdot\overrightarrow{\mathrm{AQ}}=2\sqrt{3}\times5\sqrt{3}=30$이고,

삼각형 QOP에서 $\angle\mathrm{QOP}=\theta$라 하면

$\cos\theta=\dfrac{\overline{\mathrm{OP}}}{\overline{\mathrm{OQ}}}=\dfrac{2\sqrt{3}}{3\sqrt{3}}=\dfrac{2}{3}$이므로

$\overrightarrow{\mathrm{OP}}\cdot\overrightarrow{\mathrm{AQ}}=|\overrightarrow{\mathrm{OP}}||\overrightarrow{\mathrm{AQ}}|\cos\theta=2\sqrt{3}\times5\sqrt{3}\times\dfrac{2}{3}=20$

이다.

따라서 $\begin{aligned}\overrightarrow{\mathrm{AP}}\cdot\overrightarrow{\mathrm{AQ}}&=(\overrightarrow{\mathrm{AO}}+\overrightarrow{\mathrm{OP}})\cdot\overrightarrow{\mathrm{AQ}}\\&=\overrightarrow{\mathrm{AO}}\cdot\overrightarrow{\mathrm{AQ}}+\overrightarrow{\mathrm{OP}}\cdot\overrightarrow{\mathrm{AQ}}\\&=30+20=50\end{aligned}$

이다.

$\boxed{답}$ 50

다르게 풀어보자.

점 P에서 선분 AB에 내린 수선의 발을 H라 하자.

삼각형 QOP에서 $\angle\mathrm{QOP}=\theta$라 하면 $\cos\theta=\dfrac{2}{3}$이므로

$\overline{\mathrm{OH}}=\overline{\mathrm{OP}}\cos\theta=2\sqrt{3}\times\dfrac{2}{3}=\dfrac{4\sqrt{3}}{3}$이다.

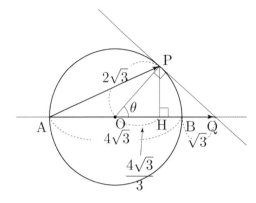

따라서 $\begin{aligned}\overrightarrow{\mathrm{AP}}\cdot\overrightarrow{\mathrm{AQ}}&=|\overrightarrow{\mathrm{AH}}||\overrightarrow{\mathrm{AQ}}|\\&=\left(2\sqrt{3}+\dfrac{4\sqrt{3}}{3}\right)\times5\sqrt{3}\\&=\dfrac{10}{3}\sqrt{3}\times5\sqrt{3}=50\end{aligned}$

이다.

095

선분 CD의 중점을 M이라 하면 $\overrightarrow{\mathrm{AP}}=\overrightarrow{\mathrm{AM}}+\overrightarrow{\mathrm{MP}}$이므로

$\overrightarrow{\mathrm{AC}}\cdot\overrightarrow{\mathrm{AP}}=\overrightarrow{\mathrm{AC}}\cdot(\overrightarrow{\mathrm{AM}}+\overrightarrow{\mathrm{MP}})=\overrightarrow{\mathrm{AC}}\cdot\overrightarrow{\mathrm{AM}}+\overrightarrow{\mathrm{AC}}\cdot\overrightarrow{\mathrm{MP}}$

이다.

x축과 y축을 설정한 후 벡터의 분해를 이용하여 벡터를 성분으로 나타내어 $\overrightarrow{\mathrm{AC}}\cdot\overrightarrow{\mathrm{AM}}$의 값을 구해보자.

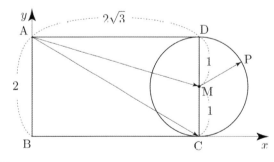

$\overrightarrow{\mathrm{AM}}=(2\sqrt{3},\ 0)+(0,\ -1)=(2\sqrt{3},\ -1)$이고,

$\overrightarrow{\mathrm{AC}}=(2\sqrt{3},\ 0)+(0,\ -2)=(2\sqrt{3},\ -2)$이므로

$\overrightarrow{\mathrm{AM}}\cdot\overrightarrow{\mathrm{AC}}=12+2=14$이다.

$\overrightarrow{\mathrm{AC}}\cdot\overrightarrow{\mathrm{AP}}=\overrightarrow{\mathrm{AC}}\cdot\overrightarrow{\mathrm{AM}}+\overrightarrow{\mathrm{AC}}\cdot\overrightarrow{\mathrm{MP}}=14+\overrightarrow{\mathrm{AC}}\cdot\overrightarrow{\mathrm{MP}}$

이므로 $\overrightarrow{\mathrm{AC}}\cdot\overrightarrow{\mathrm{MP}}$가 최대일 때 $\overrightarrow{\mathrm{AC}}\cdot\overrightarrow{\mathrm{AP}}$는 최댓값을 갖는다.

$\overrightarrow{AC} \cdot \overrightarrow{MP}$의 최댓값은 두 벡터 $\overrightarrow{AC}$, $\overrightarrow{MP}$의 방향이 서로 같을 때이므로 $|\overrightarrow{AC}||\overrightarrow{MP}| = 4 \times 1 = 4$이다.

따라서 $\overrightarrow{AC} \cdot \overrightarrow{AP}$의 최댓값은 $14 + 4 = 18$이다.

 ④

이번에는 Guide step에서 배운 중점분해 Technique을 이용하여 $\overrightarrow{AM} \cdot \overrightarrow{AC}$의 값을 구해보자.

선분 CM의 중점을 N이라 하면

$$|\overrightarrow{AN}| = \sqrt{(2\sqrt{3})^2 + \left(\frac{3}{2}\right)^2} = \sqrt{\frac{57}{4}}, \ |\overrightarrow{MN}| = \frac{1}{2}$$이므로

$$\overrightarrow{AM} \cdot \overrightarrow{AC} = (\overrightarrow{AN} + \overrightarrow{NM}) \cdot (\overrightarrow{AN} + \overrightarrow{NC})$$
$$= (\overrightarrow{AN} + \overrightarrow{NM}) \cdot (\overrightarrow{AN} - \overrightarrow{NM})$$
$$= |\overrightarrow{AN}|^2 - |\overrightarrow{NM}|^2 = \frac{57}{4} - \frac{1}{4} = 14$$

이다.

다르게 풀어보자.

선분 CD의 중점을 M이라 하고, 점 M에서 선분 AC에 내린 수선의 발을 H라 하자.

점 P에서 직선 AC에 내린 수선의 발을 R이라 하면 $\overrightarrow{AC} \cdot \overrightarrow{AP} = |\overrightarrow{AC}||\overrightarrow{AR}|$이므로 $\overrightarrow{AC} \cdot \overrightarrow{AP}$가 최대가 되도록 하는 점 P는 다음 그림과 같다.

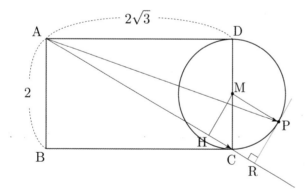

삼각형 ACD에서

$$\sin(\angle ACD) = \frac{\overline{AD}}{\overline{AC}} = \frac{2\sqrt{3}}{4} = \frac{\sqrt{3}}{2} \Rightarrow \angle ACD = 60°$$

이므로 $\overline{MH} = \frac{\sqrt{3}}{2}$, $\overline{CH} = \frac{1}{2}$, $\overline{CR} = 1 - \frac{1}{2} = \frac{1}{2}$이다.

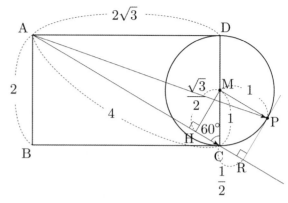

$$\overrightarrow{AC} \cdot \overrightarrow{AP} = |\overrightarrow{AC}||\overrightarrow{AR}| = 4 \times \left(4 + \frac{1}{2}\right) = 18$$이다.

따라서 $\overrightarrow{AC} \cdot \overrightarrow{AP}$의 최댓값은 18이다.

096

Guide step에서 배운 중점분해 Technique을 이용하여 $\overrightarrow{PA} \cdot \overrightarrow{PB}$의 최댓값을 구해보자.

선분 AB의 중점을 M이라 하면 $|\overrightarrow{AM}| = 12$이므로

$$\overrightarrow{PA} \cdot \overrightarrow{PB} = (\overrightarrow{PM} + \overrightarrow{MA}) \cdot (\overrightarrow{PM} + \overrightarrow{MB})$$
$$= (\overrightarrow{PM} + \overrightarrow{MA}) \cdot (\overrightarrow{PM} - \overrightarrow{MA})$$
$$= |\overrightarrow{PM}|^2 - |\overrightarrow{MA}|^2 = |\overrightarrow{PM}|^2 - 12^2$$

이다.

즉, $|\overrightarrow{PM}|$의 값이 최대일 때, $\overrightarrow{PA} \cdot \overrightarrow{PB}$는 최댓값을 갖는다.

원 C의 중심을 O라 하면 $|\overrightarrow{PM}|$의 최댓값은 다음 그림과 같이 직선 PM이 원의 중심 O를 지날 때이다.

$$\overline{OM} = \sqrt{5^2 + 12^2} = 13$$

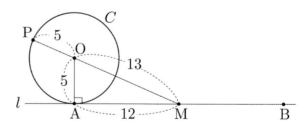

즉, $|\overrightarrow{PM}|$의 최댓값은 $13 + 5 = 18$이다.

따라서 $\overrightarrow{PA} \cdot \overrightarrow{PB}$의 최댓값은 $18^2 - 12^2 = 180$이다.

답 180

097

ㄱ. $\overrightarrow{PB} + \overrightarrow{PD} = 2\overrightarrow{CP}$

$\overrightarrow{PA} + \overrightarrow{PB} + \overrightarrow{PC} + \overrightarrow{PD} = \overrightarrow{CA}$

$\Rightarrow \overrightarrow{PA} + \overrightarrow{PB} + \overrightarrow{PC} + \overrightarrow{PD} = \overrightarrow{PA} - \overrightarrow{PC}$

$\Rightarrow \overrightarrow{PB} + \overrightarrow{PD} = -2\overrightarrow{PC}$

$\Rightarrow \overrightarrow{PB} + \overrightarrow{PD} = 2\overrightarrow{CP}$

따라서 ㄱ은 참이다.

ㄴ. $\overrightarrow{AP} = \dfrac{3}{4}\overrightarrow{AC}$

ㄱ에서 $\overrightarrow{PB} + \overrightarrow{PD} = 2\overrightarrow{CP}$ 가 성립함을 보였다.

선분 BD의 중점을 M이라 하면

$\overrightarrow{PB} + \overrightarrow{PD} = 2\overrightarrow{CP} \Rightarrow \overrightarrow{PM} = \overrightarrow{CP}$

이므로 점 P는 선분 CM의 중점이다.

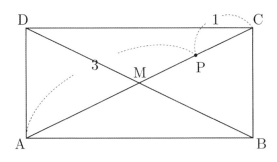

점 P는 선분 AC를 3 : 1로 내분하는 점이므로

$\overrightarrow{AP} = \dfrac{3}{4}\overrightarrow{AC}$ 이다.

따라서 ㄴ은 참이다.

ㄷ. 삼각형 ADP의 넓이가 3이면 직사각형 ABCD의
넓이는 8이다.

$\overrightarrow{AP} : \overrightarrow{PC} = 3 : 1$ 이므로 삼각형 ADP의 넓이가 3이면
삼각형 CDP의 넓이는 1이다.

즉, 삼각형 ACD의 넓이는 4이므로 직사각형 ABCD의
넓이는 8이다.

따라서 ㄷ은 참이다.

 ⑤

$\overline{AP} = x\,(0 < x < \sqrt{3})$ 라 하면
$\overline{PH} = \overline{AH} - \overline{AP} = \sqrt{3} - x$ 이다.

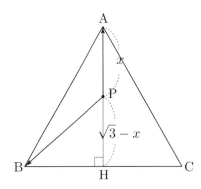

$\overrightarrow{PA} \cdot \overrightarrow{PB} = -|\overrightarrow{PA}||\overrightarrow{PH}| = x^2 - \sqrt{3}\,x$ 이므로
$|\overrightarrow{PA} \cdot \overrightarrow{PB}| = |x^2 - \sqrt{3}\,x|$ 이다.

$0 < x < \sqrt{3}$ 이므로 $|\overrightarrow{PA} \cdot \overrightarrow{PB}| = |x^2 - \sqrt{3}\,x|$ 는
$x = \dfrac{\sqrt{3}}{2}$ 일 때 최댓값 $\dfrac{3}{4}$ 을 갖는다.

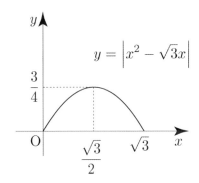

따라서 $p + q = 7$ 이다.

 7

$|\overrightarrow{\text{OP}}| = 10$을 만족시키는 점 P가 나타내는 도형은 중심이
원점이고 반지름의 길이가 10인 원이다.

점 $\text{A}(a,\ b)$는 원 위의 점이므로 $\sqrt{a^2+b^2} = 10$이다.

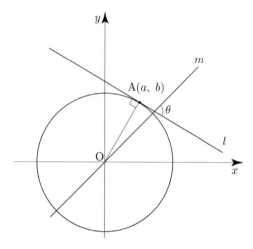

직선 l은 직선 OA와 수직이므로 두 직선의 방향벡터의
내적은 0이어야 한다.
직선 OA의 방향벡터는 $\overrightarrow{\text{OA}} = (a,\ b)$이므로
직선 l의 방향벡터는 $(-b,\ a)$이다.
(직선 l의 방향벡터를 바로 구하는 것이 낯설게 느껴졌다면
개념 파악하기 -(12) 주어진 벡터에 수직인 직선의 방정식은
어떻게 구할까? Tip3를 참고하도록 하자.)

두 직선 l, m의 방향벡터는 각각 $(-b,\ a)$, $(1,\ 1)$이고,
두 직선 l, m이 이루는 예각의 크기를 θ라 할 때,
$\cos\theta = \dfrac{\sqrt{2}}{10}$이므로

$$\frac{\sqrt{2}}{10} = \frac{|-b+a|}{\sqrt{(-b)^2+a^2}\sqrt{1+1}}$$

$$\Rightarrow \frac{\sqrt{2}}{10} = \frac{a-b}{\sqrt{a^2+b^2}\sqrt{2}} \ (\because a>b>0)$$

$$\Rightarrow a-b = 2 \ \left(\because \sqrt{a^2+b^2}=10\right)$$

이다.
$(a-b)^2 = a^2+b^2-2ab \Rightarrow 4 = 100-2ab$

$\Rightarrow ab = 48$

따라서 $ab = 48$이다.

답 48

100

선분 AB의 중점을 M이라 하자.
$$|\overrightarrow{\text{PA}} + \overrightarrow{\text{PB}}| = \sqrt{10} \Rightarrow |\overrightarrow{\text{PM}}| = \frac{\sqrt{10}}{2} \text{이므로}$$
점 P가 나타내는 도형은 중심이 $\text{M}(7,\ 3)$이고,
반지름의 길이가 $\dfrac{\sqrt{10}}{2}$인 원이다.

점 P에서 직선 OB에 내린 수선의 발을 H라 하면
$\overrightarrow{\text{OB}} \cdot \overrightarrow{\text{OP}} = |\overrightarrow{\text{OB}}||\overrightarrow{\text{OH}}|$이므로 $\overrightarrow{\text{OB}} \cdot \overrightarrow{\text{OP}}$가 최대가
되도록 하는 점 P($=$Q)는 다음 그림과 같다.

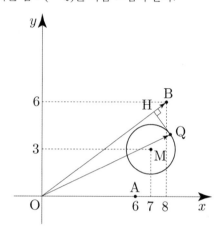

벡터의 분해를 이용하여 벡터를 성분으로 나타내어
$\overrightarrow{\text{OA}} \cdot \overrightarrow{\text{MQ}}$의 값을 구해보자.

점 M을 지나고 x축에 평행한 직선과 점 Q를 지나고 y축에
평행한 직선의 교점을 R이라 하자.

두 직선 OB, MQ는 서로 평행이므로
$\angle \text{BOA} = \theta$라 하면 $\angle \text{QMR} = \theta$이다.

$\cos\theta = \dfrac{8}{10} = \dfrac{4}{5}$, $\sin\theta = \dfrac{6}{10} = \dfrac{3}{5}$, $\overline{\text{MQ}} = \dfrac{\sqrt{10}}{2}$이므로

$\overline{\text{MR}} = \dfrac{\sqrt{10}}{2}\cos\theta = \dfrac{4\sqrt{10}}{10}$이고,

$\overline{\text{QR}} = \dfrac{\sqrt{10}}{2}\sin\theta = \dfrac{3\sqrt{10}}{10}$이다.

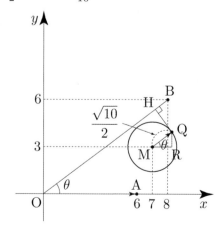

$\overrightarrow{OA} = (6, \ 0)$이고,

$\overrightarrow{MQ} = \left(\dfrac{4\sqrt{10}}{10}, \ 0\right) + \left(0, \ \dfrac{3\sqrt{10}}{10}\right) = \left(\dfrac{4\sqrt{10}}{10}, \ \dfrac{3\sqrt{10}}{10}\right)$

이므로 $\overrightarrow{OA} \cdot \overrightarrow{MQ} = \dfrac{24\sqrt{10}}{10} + 0 = \dfrac{12\sqrt{10}}{5}$ 이다.

따라서 $\overrightarrow{OA} \cdot \overrightarrow{MQ} = \dfrac{12\sqrt{10}}{5}$ 이다.

답 ③

물론 수선의 발을 작도하여 바로

$\overrightarrow{OA} \cdot \overrightarrow{MQ} = |\overrightarrow{OA}||\overrightarrow{MR}| = \dfrac{12\sqrt{10}}{5}$ 라고 판단해도 좋다.

101

$\overrightarrow{EG} = \overrightarrow{BH}$ 이므로 $|\overrightarrow{EG} + \overrightarrow{HP}| = |\overrightarrow{BH} + \overrightarrow{HP}| = |\overrightarrow{BP}|$ 이다.

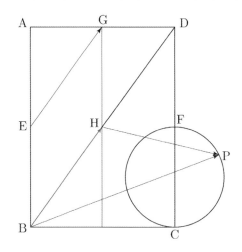

선분 CF를 지름으로 하는 원의 중심을 O라 하면
$|\overrightarrow{BP}|$ 의 최댓값은 다음 그림과 같이 직선 BP이 원의
중심 O를 지날 때이다.

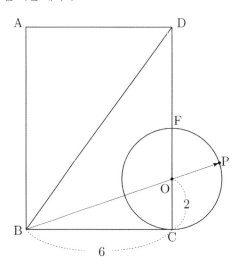

$\overrightarrow{BO} = \sqrt{6^2 + 2^2} = 2\sqrt{10}$

따라서 $|\overrightarrow{EG} + \overrightarrow{HP}|$ 의 최댓값은 $2 + 2\sqrt{10}$ 이다.

답 ②

102

원 C_2의 중심을 O라 하면 $\overrightarrow{PQ} = \overrightarrow{PO} + \overrightarrow{OQ}$이므로
$\overrightarrow{PC} \cdot \overrightarrow{PQ} = \overrightarrow{PC} \cdot (\overrightarrow{PO} + \overrightarrow{OQ}) = \overrightarrow{PC} \cdot \overrightarrow{PO} + \overrightarrow{PC} \cdot \overrightarrow{OQ}$
이다.

점 O를 지나고 직선 AB에 평행한 직선과 점 P를 지나고
직선 BC에 평행한 직선의 교점을 E라 하자.

$\overline{PE} = 3, \ \overline{OE} = 2$

x축과 y축을 설정한 후 벡터의 분해를 이용하여
벡터를 성분으로 나타내어 $\overrightarrow{PC} \cdot \overrightarrow{PO}$ 의 값을 구해보자.

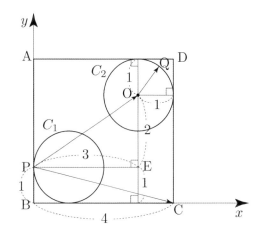

$\overrightarrow{PC} = (4, \ 0) + (0, \ -1) = (4, \ -1)$ 이고,
$\overrightarrow{PO} = (3, \ 0) + (0, \ 2) = (3, \ 2)$ 이므로
$\overrightarrow{PC} \cdot \overrightarrow{PO} = 12 - 2 = 10$ 이다.

$\overrightarrow{PC} \cdot \overrightarrow{PQ} = \overrightarrow{PC} \cdot \overrightarrow{PO} + \overrightarrow{PC} \cdot \overrightarrow{OQ} = 10 + \overrightarrow{PC} \cdot \overrightarrow{OQ}$ 이므로
$\overrightarrow{PC} \cdot \overrightarrow{OQ}$ 가 최대일 때, $\overrightarrow{PC} \cdot \overrightarrow{PQ}$ 는 최댓값을 갖는다.

$\overrightarrow{PC} \cdot \overrightarrow{OQ}$ 의 최댓값은 두 벡터 $\overrightarrow{PC}$, $\overrightarrow{OQ}$의 방향이
서로 같을 때이므로 $|\overrightarrow{PC}||\overrightarrow{OQ}| = \sqrt{17} \times 1 = \sqrt{17}$ 이다.

$\overrightarrow{PC} \cdot \overrightarrow{PQ}$ 의 최댓값은 $10 + \sqrt{17}$ 이므로
$a = 10, \ b = 17$이다.

따라서 $a + b = 27$이다.

답 27

103

$-\overrightarrow{OX} = \overrightarrow{OZ}$이 되도록 점 Z를 잡고,
(호 AB를 점 O에 대하여 대칭이동)
$\overrightarrow{OY} = \overrightarrow{ZR}$이 되도록 점 R을 잡으면
$\overrightarrow{OP} = \overrightarrow{OY} - \overrightarrow{OX} = \overrightarrow{ZR} + \overrightarrow{OZ}$ 이므로 점 P가 나타내는
영역 R은 다음 그림과 같이 색칠한 영역과 같다.

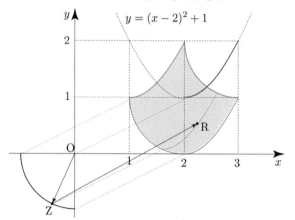

─ **Tip 1** ─

Training 1step에서 자취를 물어보는 문제들을 학습한 바
있었다. 아직 익숙하지 않다면 지난 문제들을 복습하고 난 후
103번을 다시 도전해보도록 하자.

─ **Tip 2** ─

처음부터 한 번에 점 P의 자취를 그리려 하지말고 점 Z을 점
$(0, -1)$부터 점 $(-1, 0)$까지 조금씩 이동시켜보면서 해당
점 Z에 대한 점 P의 자취의 그려본 후 감을 찾으면 된다.

점 O로부터 영역 R에 있는 점까지의 거리는 $|\overrightarrow{OP}|$와 같다.

한 점과 같은 거리에 있는 점들의 집합은 원이므로 점 O를
중심으로 하고 반지름의 길이가 $|\overrightarrow{OP}|$인 원을 생각해보자.

원이 영역 R과 처음으로 접할 때, $|\overrightarrow{OP}|$는 최솟값
$m = \sqrt{5} - 1$을 갖는다.

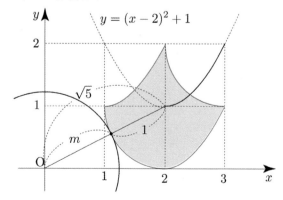

원이 $(3, 1)$을 지날 때, $|\overrightarrow{OP}|$는 최댓값
$M = \sqrt{3^2 + 1^2} = \sqrt{10}$ 을 갖는다.

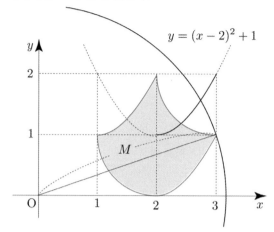

따라서 $M^2 + m^2 = 10 + (\sqrt{5} - 1)^2 = 16 - 2\sqrt{5}$ 이다.

답 ①

104

$\overrightarrow{O_2Q} = \overrightarrow{O_1R}$이 되도록 점 R을 잡으면
점 R의 자취는 다음 그림과 같다.

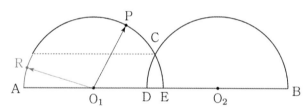

$\overrightarrow{O_2Q} = \overrightarrow{O_1R}$이므로 $|\overrightarrow{O_1P} + \overrightarrow{O_2Q}| = |\overrightarrow{O_1P} + \overrightarrow{O_1R}|$이다.

$$|\overrightarrow{O_1P} + \overrightarrow{O_1R}|^2 = |\overrightarrow{O_1P}|^2 + 2\overrightarrow{O_1P} \cdot \overrightarrow{O_1R} + |\overrightarrow{O_1R}|^2$$
$$= |\overrightarrow{O_1P}|^2 + 2|\overrightarrow{O_1P}||\overrightarrow{O_1R}|\cos\theta + |\overrightarrow{O_1R}|^2$$
$$= 2 + 2\cos\theta$$

이므로 두 벡터 $\overrightarrow{O_1P}$, $\overrightarrow{O_1R}$가 이루는 각 $\theta\,(0 \leq \theta \leq \angle AO_1C)$
가 최대일 때, ($\cos\theta$가 최소일 때)
$|\overrightarrow{O_1P} + \overrightarrow{O_1R}|^2$는 최솟값 $\left(\dfrac{1}{2}\right)^2 = \dfrac{1}{4}$를 갖는다.

즉 $\theta = \angle AO_1C$이고 $2 + 2\cos\theta = \dfrac{1}{4} \Rightarrow \cos\theta = -\dfrac{7}{8}$일 때,
$|\overrightarrow{O_1P} + \overrightarrow{O_1R}|$는 최솟값을 갖는다.

점 C에서 선분 AB에 내린 수선의 발을 H라 하면
$\angle CO_1H = \pi - \theta$이므로

$\overline{O_1H} = \overline{O_1C}\cos(\pi-\theta) = 1 \times (-\cos\theta) = \dfrac{7}{8}$ 이고,

대칭성에 의해서 $\overline{HO_2} = \overline{O_1H} = \dfrac{7}{8}$ 이다.

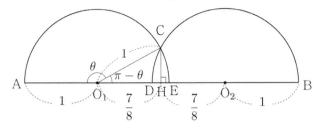

$\overline{AB} = \overline{AO_1} + \overline{O_1H} + \overline{HO_2} + \overline{O_2B}$

$\qquad = 1 + \dfrac{7}{8} + \dfrac{7}{8} + 1 = \dfrac{30}{8} = \dfrac{15}{4}$

따라서 $p+q=19$이다.

답 19

105

점 $P(a,\ b)$에서 $b \le 0$이면 $\overrightarrow{OP} \bullet \overrightarrow{OQ} \le 0$이므로
조건을 만족시키지 않는다.
즉, $b > 0$이어야 한다.

점 Q에서 직선 OP에 내린 수선의 발을 H라 하면
$\overrightarrow{OP} \bullet \overrightarrow{OQ} = |\overrightarrow{OP}||\overrightarrow{OH}| = 2|\overrightarrow{OH}| = 2$이므로
$\overrightarrow{OP} \bullet \overrightarrow{OQ} = 2$가 되도록 하는 점 Q는 다음 그림과 같다.

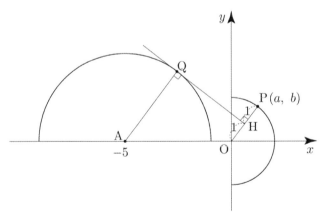

점 O에서 선분 AQ에 내린 수선의 발을 R이라 하자.
$\angle RAO = \theta$라 하면 $\overline{AO}=5$, $\overline{AR}=3$, $\overline{OR}=4$이므로
$\tan\theta = \dfrac{\overline{OR}}{\overline{AR}} = \dfrac{4}{3}$ 이다.

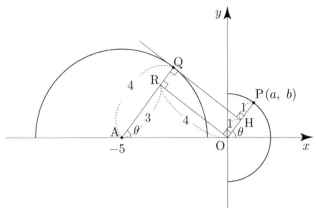

직선 OP의 기울기는 $\tan\theta = \dfrac{b}{a} = \dfrac{4}{3}$ 이므로

$a=3k,\ b=4k$라 하자.

점 $P(a,\ b)$는 반원의 호 $x^2+y^2=4\ (x \ge 0)$ 위의 점이므로

$a^2+b^2=4 \ \Rightarrow\ 9k^2+16k^2=4 \ \Rightarrow\ k^2 = \dfrac{4}{25}$

$\Rightarrow\ k = \dfrac{2}{5}\ \ (\because\ a \ge 0 \ \Rightarrow\ k \ge 0)$

따라서 $a+b=7k=\dfrac{14}{5}$ 이다.

답 ⑤

106

$\overrightarrow{PA} \bullet \overrightarrow{PC} = 0$이므로 $\angle CPA = 90^\circ$이다.

$\dfrac{|\overrightarrow{PA}|}{|\overrightarrow{PC}|} = 3$이므로 $|\overrightarrow{PC}|=k$라 하면 $|\overrightarrow{PA}|=3k$이다.

$\overrightarrow{PB} \bullet \overrightarrow{PC} = |\overrightarrow{PB}||\overrightarrow{PC}|\cos\theta = -\dfrac{\sqrt{2}}{2}|\overrightarrow{PB}||\overrightarrow{PC}|$

$\Rightarrow\ \cos\theta = -\dfrac{\sqrt{2}}{2}\ \Rightarrow\ \theta = 135^\circ$

$-\dfrac{\sqrt{2}}{2}|\overrightarrow{PB}||\overrightarrow{PC}| = -2|\overrightarrow{PC}|^2 \ \Rightarrow\ |\overrightarrow{PB}| = 2\sqrt{2}|\overrightarrow{PC}|$

$\Rightarrow\ |\overrightarrow{PB}| = 2\sqrt{2}k$

$\angle BPC = 135^\circ$, $\angle CPA = 90^\circ$이므로 $\angle APB = 135^\circ$이다.

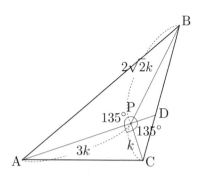

삼각형 ABP의 넓이를 S_1이라 하면

$S_1 = \dfrac{1}{2} \times 3k \times 2\sqrt{2}\,k \times \sin 135\,^\circ = 3k^2$이다.

삼각형 BCP의 넓이를 S_2라 하면

$S_2 = \dfrac{1}{2} \times k \times 2\sqrt{2}\,k \times \sin 135\,^\circ = k^2$이다.

삼각형 APC의 넓이를 S_3라 하면

$S_3 = \dfrac{1}{2} \times 3k \times k = \dfrac{3}{2} k^2$이다.

즉, $S_1 : S_2 : S_3 = 3k^2 : k^2 : \dfrac{3}{2}k^2 = 6 : 2 : 3$이다.

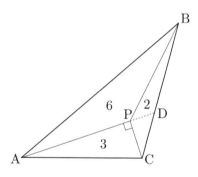

$\overline{AD} : \overline{DP} = (S_1 + S_2 + S_3) : S_2 = 11 : 2$이므로

$\overrightarrow{AD} = \dfrac{11}{2}\overrightarrow{PD}$이다.

따라서 $k = \dfrac{11}{2}$이다.

답 ①

─ **Tip** ─

〈왜 $\overline{AD} : \overline{DP} = (S_1 + S_2 + S_3) : S_2$ 일까?〉

$\overline{AP} : \overline{DP} = a : b$라 하자.

$\triangle APB : \triangle DPB = a : b$

$\Rightarrow \triangle APB = ak, \ \triangle DPB = bk$

$\triangle APC : \triangle DPC = a : b$

$\Rightarrow \triangle APC = at, \ \triangle DPC = bt$

$\triangle ABC = ak + bk + at + bt = (a+b)(k+t)$

$\triangle BPC = bk + bt = b(k+t)$

$\triangle ABC : \triangle BPC = a+b : b$

$\overline{AD} : \overline{DP} = a+b : b$

따라서 $\overline{AD} : \overline{DP} = \triangle ABC : \triangle BPC$ 이다.

107

$\overrightarrow{CX} = \overrightarrow{CO} + \overrightarrow{OX}$라 하면

$\overrightarrow{AD} \cdot \overrightarrow{CX} = \overrightarrow{AD} \cdot (\overrightarrow{CO} + \overrightarrow{OX}) = \overrightarrow{AD} \cdot \overrightarrow{CO} + \overrightarrow{AD} \cdot \overrightarrow{OX}$
이다.

$\overrightarrow{AD} \cdot \overrightarrow{CO}$의 값은 고정이므로 $\overrightarrow{AD} \cdot \overrightarrow{OX}$의 값이 최소일 때
$\overrightarrow{AD} \cdot \overrightarrow{CX}$는 최솟값을 갖는다.

점 X는 원 O 위의 점이므로 방향이 자유롭다.
$\overrightarrow{AD} \cdot \overrightarrow{OX}$의 최솟값은 두 벡터 $\overrightarrow{OX}$, $\overrightarrow{CE}$의 방향이
서로 반대일 때이므로 $\overrightarrow{AD} \cdot \overrightarrow{CX}$의 값이 최소가 되도록
하는 점 X($=$P)는 다음 그림과 같다.

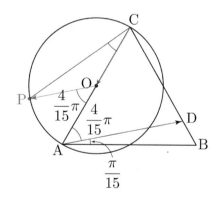

삼각형 ABC는 정삼각형이므로

$\angle OAD = \dfrac{\pi}{3} - \dfrac{\pi}{15} = \dfrac{4}{15}\pi$이다.

이때 두 직선 OP, AD는 서로 평행하므로

$\angle OAD = \angle AOP = \dfrac{4}{15}\pi$이고, 중심각과 원주각의 관계에

의해 $\angle ACP = \dfrac{1}{2}\angle AOP = \dfrac{2}{15}\pi$이다.

따라서 $p + q = 17$이다.

답 17

108

$\overrightarrow{AC} \cdot \overrightarrow{BC} = 0 \Rightarrow \angle BCA = 90°$이고, $|\overrightarrow{AB}| = 8$이므로
선분 AB는 원의 지름이다.

원의 중심을 O라 하면 $\frac{1}{2}\overrightarrow{AB} = \overrightarrow{AO}$이므로

$\overrightarrow{AD} = \frac{1}{2}\overrightarrow{AB} - 2\overrightarrow{BC} = \overrightarrow{AO} + 2\overrightarrow{CB}$이다.

이때 $\overrightarrow{AD} = \overrightarrow{AO} + \overrightarrow{OD}$이므로 $\overrightarrow{OD} = 2\overrightarrow{CB}$이다.
$\overline{OD} = 4$이므로 $\overline{CB} = 2$이다.

점 O에서 선분 AC에 내린 수선의 발을 H라 하자.
두 삼각형 AOH, ABC은 $1:2$ 닮음이므로
$\overline{OH} = \frac{1}{2}\overline{BC} = 1$이다.

$\overline{AH} = \sqrt{4^2 - 1^2} = \sqrt{15}$

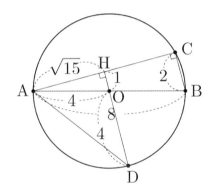

따라서 $|\overrightarrow{AD}|^2 = (\sqrt{15})^2 + 5^2 = 40$이다.

답 ⑤

Tip

〈그땐 그랬지〉
2020 규토 모의평가 가형 2회차 16번(T1 50번)에
EBS 수능완성 연계하여 출제하였는데
2020학년도 수능 가형 19번에 똑같이
EBS 수능완성 문항이 연계되어 출제되었다.
그 당시 수능장에서 규토 모의평가 16번 문제가
떠올랐다는 후기도 있었다ㅋ_ㅋ 쏘리 질러~

109

두 원 C_3, C_4의 중심을 각각 B, C라 하고,
선분 BC의 중점을 M이라 하자.
$$\overrightarrow{AP} + \overrightarrow{AQ} = \overrightarrow{AB} + \overrightarrow{BP} + \overrightarrow{AC} + \overrightarrow{CQ}$$
$$= 2\overrightarrow{AM} + \overrightarrow{BP} + \overrightarrow{CQ}$$

세 벡터 $2\overrightarrow{AM}$, $\overrightarrow{BP}$, $\overrightarrow{CQ}$가 서로 평행할 때,
$|2\overrightarrow{AM} + \overrightarrow{BP} + \overrightarrow{CQ}|$는 최댓값을 갖는다.

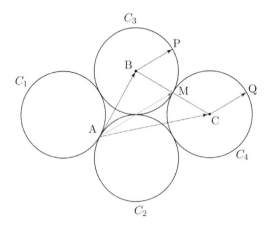

네 개의 원의 중심을 이은 도형은 한 변의 길이가 2인
마름모이므로 선분 AM은 마름모의 두 변과 평행하므로
$\overline{AM} = 2$이다.

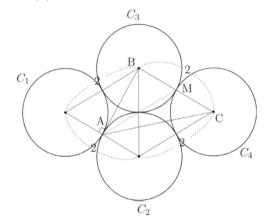

$\overline{AM} = 2$, $\overline{BP} = 1$, $\overline{BQ} = 1$
따라서 $|2\overrightarrow{AM} + \overrightarrow{BP} + \overrightarrow{CQ}|$의 최댓값은
$2 \times 2 + 1 + 1 = 6$이다.

답 ②

$\overrightarrow{OQ} = \overrightarrow{PR}$이 되도록 점 R을 잡으면
$\overrightarrow{OP} + \overrightarrow{OQ} = \overrightarrow{OP} + \overrightarrow{PR} = \overrightarrow{OR}$이므로
점 R의 자취는 다음 그림과 같다.
(점 $P(1,\ a)$에서 a가 정해짐에 따라 R의 자취가 결정된다.
이때 점 $P(1,\ a)$는 부채꼴의 중심과 같다.)

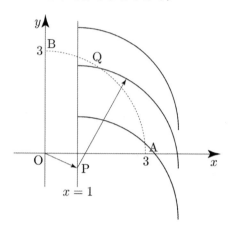

한 점에서 거리가 같은 점들의 집합은 원이므로
$|\overrightarrow{OR}|$의 최댓값이 5가 되도록 하는 모든 실수 a를
구하기 위해서 점 O를 중심으로 하고 반지름의 길이가
점점 커지는 원을 생각해보자.
$|\overrightarrow{OR}|$의 최댓값이 5라는 말은 최대로 커질 수 있는
반지름의 길이가 5인 상태를 의미한다.

점 $P(1,\ a)$에서 a의 범위에 따라 나누어 생각해보자.

① $a \geq 0$

다음 그림과 같이 점 R의 자취와 반지름의 길이가 5인
원이 서로 접할 때, $|\overrightarrow{OR}|$는 최댓값 5를 갖는다.

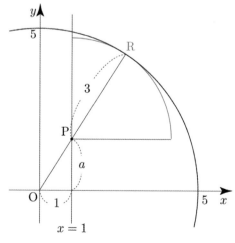

$$\sqrt{1+a^2} + 3 = 5 \Rightarrow \sqrt{1+a^2} = 2$$
$$\Rightarrow a = \sqrt{3}\ (\because\ a \geq 0)$$

② $a < 0$

다음 그림과 같이 점 R의 자취와 반지름의 길이가 5인
원이 서로 만날 때, $|\overrightarrow{OR}|$는 최댓값 5를 갖는다.

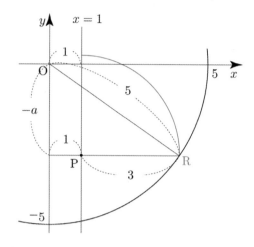

$$(-a)^2 = 5^2 - 4^2 \Rightarrow a = -3\ (\because\ a < 0)$$

따라서 $f(a) = 5$가 되도록 하는 모든 실수 a의 값의
곱은 $-3\sqrt{3}$ 이다.

답 ③

$\overline{AB} = \overline{BC}$, $\overline{AE} = \overline{ED}$, $\angle B = \angle E = 90°$

ㄱ. 선분 BE의 중점 M에 대하여 $\overrightarrow{AB} + \overrightarrow{AE}$와
$\overrightarrow{AM}$은 서로 평행하다.

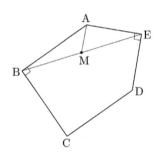

$$\overrightarrow{AB} + \overrightarrow{AE} = 2\overrightarrow{AM}$$
따라서 ㄱ은 참이다.

ㄴ. $\overrightarrow{AB} \cdot \overrightarrow{AE} = -\overrightarrow{BC} \cdot \overrightarrow{ED}$

두 직선 BC, ED가 만나는 점을 F라 하고,
$\angle BAE = \theta$라 하면 $\angle BFE = \pi - \theta$이다.
(사각형의 대각의 합은 $180°$이다.)

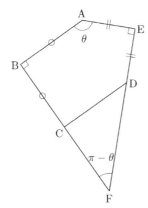

$$\overrightarrow{AB} \cdot \overrightarrow{AE} = |\overrightarrow{AB}||\overrightarrow{AE}|\cos\theta$$
$$\overrightarrow{BC} \cdot \overrightarrow{ED} = |\overrightarrow{BC}||\overrightarrow{ED}|\cos(\pi-\theta)$$
$$= -|\overrightarrow{BC}||\overrightarrow{ED}|\cos\theta$$

이고, $\overrightarrow{AB} = \overrightarrow{BC}$, $\overrightarrow{AE} = \overrightarrow{ED}$이므로
$\overrightarrow{AB} \cdot \overrightarrow{AE} = -\overrightarrow{BC} \cdot \overrightarrow{ED}$이다.
따라서 ㄴ은 참이다.

ㄷ. $|\overrightarrow{BC} + \overrightarrow{ED}| = |\overrightarrow{BE}|$

ㄱ, ㄴ을 활용하기 위해서 무엇을 해야 할지 생각해보자.
ㄴ에 $\overrightarrow{BC} \cdot \overrightarrow{ED}$에 내적이 있으니 양변 제곱을 하면

$$|\overrightarrow{BC} + \overrightarrow{ED}|^2 = |\overrightarrow{BC}|^2 + 2\overrightarrow{BC} \cdot \overrightarrow{ED} + |\overrightarrow{ED}|^2$$
$$|\overrightarrow{BE}|^2 = |\overrightarrow{BA} + \overrightarrow{AE}|^2$$
$$= |\overrightarrow{BA}|^2 + 2\overrightarrow{BA} \cdot \overrightarrow{AE} + |\overrightarrow{AE}|^2$$

$\overrightarrow{AB} = \overrightarrow{BC}$, $\overrightarrow{AE} = \overrightarrow{ED}$이고, 두 벡터 $\overrightarrow{BA}$, $\overrightarrow{AE}$가
이루는 각의 크기는 $\pi-\theta$이다.

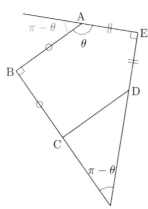

$$\overrightarrow{BA} \cdot \overrightarrow{AE} = |\overrightarrow{BA}||\overrightarrow{AE}|\cos(\pi-\theta)$$
$$\overrightarrow{BC} \cdot \overrightarrow{ED} = |\overrightarrow{BC}||\overrightarrow{ED}|\cos(\pi-\theta)$$
이므로 $\overrightarrow{BA} \cdot \overrightarrow{AE} = \overrightarrow{BC} \cdot \overrightarrow{ED}$이다.

따라서 ㄷ은 참이다.

답 ⑤

112

ㄱ. $|\overrightarrow{CB} - \overrightarrow{CP}|$의 최솟값은 1이다.

$|\overrightarrow{CB} - \overrightarrow{CP}| = |\overrightarrow{PB}|$이므로 점 P가 점 A일 때
$|\overrightarrow{PB}|$는 최솟값 1을 갖는다.
따라서 ㄱ은 참이다.

ㄴ. $\overrightarrow{CA} \cdot \overrightarrow{CP}$의 값은 일정하다.

$\tan(\angle DAC) = \dfrac{\overline{DC}}{\overline{AD}} = \dfrac{1}{\sqrt{3}} \Rightarrow \angle DAC = 30°$이고,

$\angle EAD = 60°$이므로 $\angle CAE = 90°$이다.

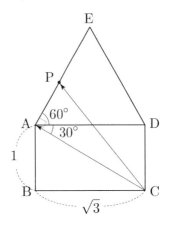

즉, $\overrightarrow{CA} \cdot \overrightarrow{CP} = |\overrightarrow{CA}|^2 = 4$이다.
따라서 ㄴ은 참이다.

ㄷ. $|\overrightarrow{DA} + \overrightarrow{CP}|$의 최솟값은 $\dfrac{7}{2}$이다.

$\overrightarrow{DA} = \overrightarrow{PQ}$가 되도록 점 Q를 잡으면
$\overrightarrow{DA} + \overrightarrow{CP} = \overrightarrow{PQ} + \overrightarrow{CP} = \overrightarrow{CQ}$이다.
$\overrightarrow{DA} = \overrightarrow{EF}$가 되도록 점 F를 잡고,
$\overrightarrow{DA} = \overrightarrow{AG}$가 되도록 점 G를 잡으면
점 Q의 자취는 선분 FG와 같다.

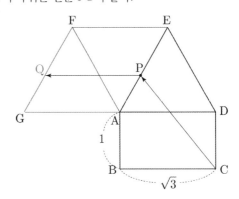

점 C에서 선분 FG에 내린 수선의 발을 H라 하면
$|\overrightarrow{CQ}|$의 최솟값은 $\overline{CH}$와 같다.

좌표평면을 도입하여 생각해보면 직선 FG의 기울기는
$\sqrt{3}$이고, 두 직선 FG, CH는 서로 수직이므로
직선 CH의 기울기는 $-\dfrac{1}{\sqrt{3}}$이다.

이때 직선 AC의 기울기가 $-\dfrac{1}{\sqrt{3}}$이므로
직선 CH는 점 A를 지난다.

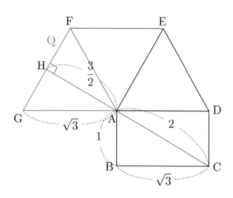

즉, $\overline{CH} = \overline{AH} + \overline{CA} = \dfrac{3}{2} + 2$이므로

$|\overrightarrow{CQ}|$의 최솟값은 $\dfrac{7}{2}$이다.

따라서 ㄷ은 참이다.

답 ⑤

실제 112번을 현장에서 푼 학생 중 위와 같이 접근한
학생은 매우 드물었다. 지금이야 노출이 워낙 많이 돼서
위와 같은 풀이를 떠올릴 수 있겠지만 당시 10명중
9명은 좌표를 도입해서 풀었다. (필자도 2011학년도
9평을 현장에서 응시했을 때 좌표로 풀었던 기억이 있다.)
이번에는 좌표를 도입해서 풀어보자.

점 A를 원점으로 잡고, 아래와 같이 좌표축을 설정해보자.

$A(0, 0)$, $E\left(\dfrac{\sqrt{3}}{2}, \dfrac{3}{2}\right)$, $C(\sqrt{3}, -1)$, $D(\sqrt{3}, 0)$
직선 AE는 $y = \sqrt{3}x$이므로 점 P의 x좌표를
$a\left(0 \le a \le \dfrac{\sqrt{3}}{2}\right)$라 하면 점 P의 좌표는
$P(a, \sqrt{3}a)$이다.

$\overrightarrow{DA} = (-\sqrt{3}, 0)$, $\overrightarrow{CP} = (a-\sqrt{3}, \sqrt{3}a+1)$이므로
$\overrightarrow{DA} + \overrightarrow{CP} = (a-2\sqrt{3}, \sqrt{3}a+1)$이다.

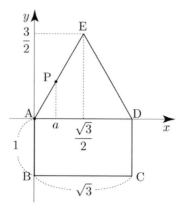

$$|\overrightarrow{DA} + \overrightarrow{CP}| = \sqrt{(a-2\sqrt{3})^2 + (\sqrt{3}a+1)^2}$$
$$= \sqrt{4a^2 - 2\sqrt{3}a + 13}$$
$$= \sqrt{\left(2a - \dfrac{\sqrt{3}}{2}\right)^2 + \dfrac{49}{4}}$$

이고, $0 \le a \le \dfrac{\sqrt{3}}{2}$이므로 $a = \dfrac{\sqrt{3}}{4}$일 때,

$|\overrightarrow{DA} + \overrightarrow{CP}|$는 최솟값 $\sqrt{\dfrac{49}{4}} = \dfrac{7}{2}$을 갖는다.

따라서 ㄷ은 참이다.

113

$|\overrightarrow{OX}| \le 1$이므로 점 X는 원점 O를 중심으로 하고
반지름의 길이가 1인 원과 그 내부에 있어야 한다.
또한 $\overrightarrow{OX} \cdot \overrightarrow{OA_k} \ge 0$ $(k=1, 2, 3)$이므로
$0 \le \angle XOA_k \le \dfrac{\pi}{2}$이어야 한다.

ㄱ. $\overrightarrow{OA_1} = \overrightarrow{OA_2} = \overrightarrow{OA_3}$이면 D의 넓이는 $\dfrac{\pi}{2}$이다.

$\overrightarrow{OA_1} = \overrightarrow{OA_2} = \overrightarrow{OA_3}$이므로 세 점 A_1, A_2, A_3은
모두 같은 점이다.

도형 D는 다음 그림과 같이 반원의 둘레와
그 내부이므로 도형 D의 넓이는 $\dfrac{\pi}{2}$이다.

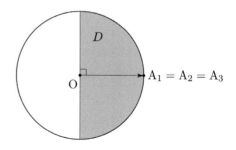

따라서 ㄱ은 참이다.

ㄴ. $\overrightarrow{OA_2} = -\overrightarrow{OA_1}$이고 $\overrightarrow{OA_3} = \overrightarrow{OA_1}$이면 D는 길이가 2인 선분이다.

$\overrightarrow{OA_2} = -\overrightarrow{OA_1}$이므로 두 점 A_1, A_2는 원점에 대하여 대칭이고, $\overrightarrow{OA_3} = \overrightarrow{OA_1}$이므로 두 점 A_1, A_3은 같은 점이다.

선분 A_1A_2를 수직이등분하는 직선과 원의 교점을 각각 P, Q라 하면 도형 D는 다음 그림과 같이 선분 PQ와 같으므로 D의 길이는 2이다.

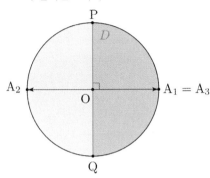

따라서 ㄴ은 참이다.

ㄷ. $\overrightarrow{OA_1} \cdot \overrightarrow{OA_2} = 0$인 경우에, D의 넓이가 $\dfrac{\pi}{4}$이면 점 A_3은 D에 포함되어 있다.

$\overrightarrow{OA_1} \cdot \overrightarrow{OA_2} = 0$이므로 $\angle A_1OA_2 = 90°$이다.
$|\overrightarrow{OX}| \le 1$이고, $\overrightarrow{OX} \cdot \overrightarrow{OA_k} \ge 0$ $(k=1,\ 2)$를 만족시키는 모든 점 X의 집합이 나타내는 도형을 E라 하면 도형 E는 다음 그림과 같이 부채꼴 A_1OA_2의 둘레와 그 내부이다.

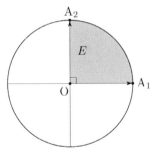

도형 D는 $\overrightarrow{OX} \cdot \overrightarrow{OA_3} \ge 0$과 도형 E의 공통영역이다.

이때 도형 E의 넓이는 $\dfrac{\pi}{4}$이므로 D의 넓이가 $\dfrac{\pi}{4}$이려면 도형 D와 도형 E와 같아야 한다.
이를 만족시키도록 점 A_3을 잡으면 다음 그림과 같이 점 A_3의 자취는 선분 A_1A_2를 포함하는 부채꼴 A_1OA_2의 호와 같다.

즉, 점 A_3은 D에 포함되어 있다.

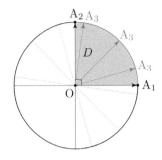

따라서 ㄷ은 참이다.

만약 다음 그림과 같이 선분 A_1A_2를 포함하는 부채꼴 A_1OA_2의 호 위의 점이 아니도록 점 A_3를 잡으면 D의 넓이가 $\dfrac{\pi}{4}$가 될 수 없으므로 조건을 만족시키지 않는다.

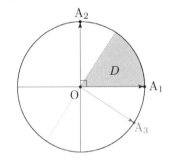

답 ⑤

114

$\overrightarrow{OP} = \overrightarrow{QR}$이 되도록 점 R을 잡으면
$\overrightarrow{OP} + \overrightarrow{AQ} = \overrightarrow{QR} + \overrightarrow{AQ} = \overrightarrow{AR}$이다.

점 R의 자취를 구하면 다음 그림과 같다.

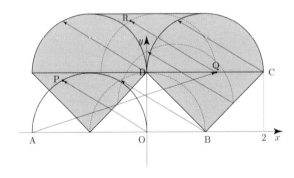

한 점과 같은 거리에 있는 점들의 집합은 원이므로 점 O를 중심으로 하고 반지름의 길이가 $|\overrightarrow{AR}|$인 원을 생각해보자.

선분 CD의 중점을 M이라 하면 $|\overrightarrow{AR}|$의 최댓값은 다음 그림과 같이 직선 AR이 점 M을 지날 때이다.

즉, $|\overrightarrow{AR}|$의 최댓값은 $M=\sqrt{3^2+1^2}=\sqrt{10}+1$이다.

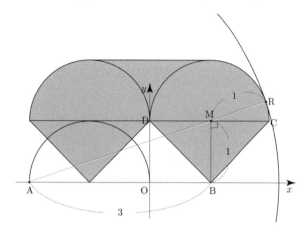

E$(-2,\ 1)$, F$(-1,\ 0)$라 하면 $|\overrightarrow{AR}|$의 최솟값은 다음 그림과 같이 원이 선분 EF와 접할 때이다.

즉, $|\overrightarrow{AR}|$의 최솟값은 $m=\overline{AF}\times\cos45°=\dfrac{\sqrt2}{2}$이다.

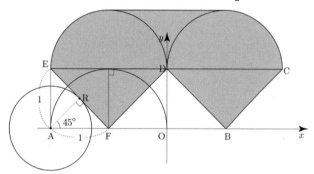

$$M^2+m^2=\left(\sqrt{10}+1\right)^2+\left(\dfrac{\sqrt2}{2}\right)^2$$

$$=(11+2\sqrt{10})+\dfrac12$$

$$=\dfrac{23}{2}+2\sqrt{10}$$

이므로 $p=\dfrac{23}{2}$, $p=10$이다.

따라서 $p\times q=\dfrac{23}{2}\times10=115$이다.

답 115

$\overrightarrow{OQ}=\overrightarrow{PX}$이 되도록 점 X를 잡으면
$\overrightarrow{OR}=\overrightarrow{OP}+\overrightarrow{OQ}=\overrightarrow{OP}+\overrightarrow{PX}=\overrightarrow{OX}$이다.
점 R이 나타내는 영역은 점 X가 나타내는 영역과 같으므로 점 R이 나타내는 영역은 다음 그림과 같다.

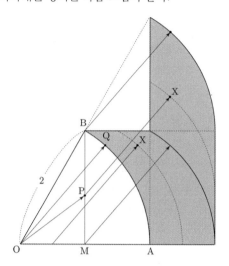

색칠한 부분의 일부를 떼어내어 평행이동시키면
점 R이 나타내는 영역의 넓이는 다음 그림과 같이
직사각형 넓이와 같다.

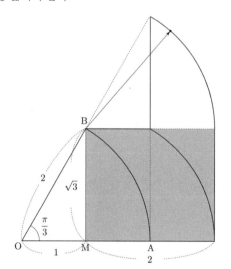

따라서 점 R이 나타내는 영역의 전체의 넓이는
$2\times\sqrt3=2\sqrt3$이다.

답 ③

116

두 벡터 $\overrightarrow{BA}$, $\overrightarrow{BC}$의 크기가 주어져 있기 때문에
두 벡터 $\overrightarrow{BA}$, $\overrightarrow{BC}$의 내적을 이용하여 $\cos(\angle ABC)$의 값을
구해보자.

$\overrightarrow{BC} = \vec{a}$, $\overrightarrow{BA} = \vec{b}$라 하면
$\overrightarrow{BE} = \dfrac{2}{3}\vec{a} + \dfrac{1}{3}\vec{b}$, $\overrightarrow{BD} = \dfrac{1}{3}\vec{a} + \dfrac{2}{3}\vec{b}$, $\overrightarrow{BF} = \dfrac{1}{2}\vec{a}$이다.

세 점 B, G, E가 일직선상에 있으므로
실수 $t\,(0 < t < 1)$에 대하여
$\overrightarrow{BG} = t\overrightarrow{BE} = \dfrac{2}{3}t\vec{a} + \dfrac{1}{3}t\vec{b}$이다.

한편 점 G는 선분 DF의 내분점이므로
실수 $s\,(0 < s < 1)$에 대하여
$$\overrightarrow{BG} = (1-s)\overrightarrow{BF} + s\overrightarrow{BD}$$
$$= \left(\dfrac{1}{2} - \dfrac{1}{2}s\right)\vec{a} + \dfrac{1}{3}s\vec{a} + \dfrac{2}{3}s\vec{b}$$
$$= \left(\dfrac{1}{2} - \dfrac{1}{6}s\right)\vec{a} + \dfrac{2}{3}s\vec{b}$$
이다.

$\overrightarrow{BG} = \dfrac{2}{3}t\vec{a} + \dfrac{1}{3}t\vec{b}$이고,
$\overrightarrow{BG} = \left(\dfrac{1}{2} - \dfrac{1}{6}s\right)\vec{a} + \dfrac{2}{3}s\vec{b}$이므로
$\dfrac{2}{3}t = \dfrac{1}{2} - \dfrac{1}{6}s$, $\dfrac{1}{3}t = \dfrac{2}{3}s$

$\Rightarrow 4t + s = 3$, $t = 2s$

$\Rightarrow t = \dfrac{2}{3}$, $s = \dfrac{1}{3}$
이다.

$\overrightarrow{BG} = \dfrac{4}{9}\vec{a} + \dfrac{2}{9}\vec{b}$이므로
$\overrightarrow{AG} = \overrightarrow{BG} - \overrightarrow{BA} = \dfrac{4}{9}\vec{a} + \dfrac{2}{9}\vec{b} - \vec{b} = \dfrac{4}{9}\vec{a} - \dfrac{7}{9}\vec{b}$
이다.

$|\vec{a}| = 4$, $|\vec{b}| = 3$

$\overrightarrow{AG} \cdot \overrightarrow{BE} = 0$

$\Rightarrow \left(\dfrac{4}{9}\vec{a} - \dfrac{7}{9}\vec{b}\right) \cdot \left(\dfrac{2}{3}\vec{a} + \dfrac{1}{3}\vec{b}\right) = 0$

$\Rightarrow \dfrac{8}{27}|\vec{a}|^2 - \dfrac{10}{27}\vec{a} \cdot \vec{b} - \dfrac{7}{27}|\vec{b}|^2 = 0$

$\Rightarrow \dfrac{128}{27} - \dfrac{10}{27}\vec{a} \cdot \vec{b} - \dfrac{63}{27} = 0$

$\Rightarrow \vec{a} \cdot \vec{b} = \dfrac{13}{2}$

이므로

$$\cos(\angle ABC) = \dfrac{\vec{a} \cdot \vec{b}}{|\vec{a}||\vec{b}|} = \dfrac{\dfrac{13}{2}}{12} = \dfrac{13}{24}$$ 이다.

따라서 $p + q = 37$이다.

답 37

이번에는 Guide step에서 배운 사교좌표계를 이용하여
벡터 $\overrightarrow{AG}$를 두 벡터 $\vec{a}$, $\vec{b}$의 합으로 표현해보자.

B(0, 0), A(0, 1), C(1, 0)이라 하면
$D\left(\dfrac{1}{3}, \dfrac{2}{3}\right)$, $E\left(\dfrac{2}{3}, \dfrac{1}{3}\right)$, $F\left(\dfrac{1}{2}, 0\right)$이다.

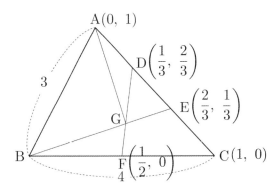

직선 DF의 방정식은 $y = -4x + 2$이고,
직선 BE의 방정식은 $y = \dfrac{1}{2}x$이므로
두 직선의 교점의 좌표를 구하면 $G\left(\dfrac{4}{9}, \dfrac{2}{9}\right)$이다.

$\overrightarrow{AG} = \overrightarrow{BG} - \overrightarrow{BA} = \left(\dfrac{4}{9}, \dfrac{2}{9}\right) - (0, 1) = \left(\dfrac{4}{9}, -\dfrac{7}{9}\right)$

$\Rightarrow \overrightarrow{AG} = \dfrac{4}{9}\vec{a} - \dfrac{7}{9}\vec{b}$

117	7	127	45
118	31	128	100
119	486	129	37
120	53	130	8
121	24	131	17
122	60	132	12
123	289	133	13
124	48	134	⑤
125	108	135	27
126	40	136	147

117

$|\overrightarrow{OA}| = 1$, $|\overrightarrow{OB}| = 3$

(가) $\overrightarrow{OB} \cdot \overrightarrow{OP} = 3\overrightarrow{OA} \cdot \overrightarrow{OP}$ 조건을 이용하기 위해서 (나) 조건을 변형해보자.

$|\overrightarrow{PA}|^2 + |\overrightarrow{PB}|^2 = 20$

$\Rightarrow |\overrightarrow{OA} - \overrightarrow{OP}|^2 + |\overrightarrow{OB} - \overrightarrow{OP}|^2 = 20$

$\Rightarrow |\overrightarrow{OA}|^2 - 2\overrightarrow{OA} \cdot \overrightarrow{OP} + |\overrightarrow{OP}|^2$
$\quad + |\overrightarrow{OB}|^2 - 2\overrightarrow{OB} \cdot \overrightarrow{OP} + |\overrightarrow{OP}|^2 = 20$

$\Rightarrow |\overrightarrow{OP}|^2 - \overrightarrow{OA} \cdot \overrightarrow{OP} - \overrightarrow{OB} \cdot \overrightarrow{OP} = 5$

$\Rightarrow |\overrightarrow{OP}|^2 - 4\overrightarrow{OA} \cdot \overrightarrow{OP} = 5$

$\overrightarrow{PA} \cdot \overrightarrow{PB} = (\overrightarrow{OA} - \overrightarrow{OP}) \cdot (\overrightarrow{OB} - \overrightarrow{OP})$
$\quad = \overrightarrow{OA} \cdot \overrightarrow{OB} - \overrightarrow{OA} \cdot \overrightarrow{OP} - \overrightarrow{OB} \cdot \overrightarrow{OP} + |\overrightarrow{OP}|^2$
$\quad = \overrightarrow{OA} \cdot \overrightarrow{OB} + |\overrightarrow{OP}|^2 - 4\overrightarrow{OA} \cdot \overrightarrow{OP}$
$\quad = \overrightarrow{OA} \cdot \overrightarrow{OB} + 5$

이므로
두 벡터 $\overrightarrow{OA}$, $\overrightarrow{OB}$의 방향이 서로 반대일 때,
$\overrightarrow{PA} \cdot \overrightarrow{PB}$는 최솟값 $m = -(1 \times 3) + 5 = 2$를 갖는다.

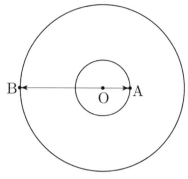

$3\overrightarrow{OA} = \overrightarrow{OC}$가 되도록 점 C를 잡으면

$\overrightarrow{OB} \cdot \overrightarrow{OP} = 3\overrightarrow{OA} \cdot \overrightarrow{OP}$

$\Rightarrow \overrightarrow{OB} \cdot \overrightarrow{OP} = \overrightarrow{OC} \cdot \overrightarrow{OP}$

$\Rightarrow (\overrightarrow{OB} - \overrightarrow{OC}) \cdot \overrightarrow{OP} = 0$

$\Rightarrow \overrightarrow{BC} \cdot \overrightarrow{OP} = 0$

이므로 두 벡터 $\overrightarrow{BC}$, $\overrightarrow{OP}$는 서로 수직이다.

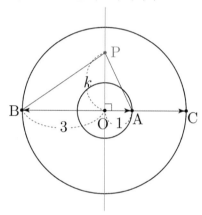

$|\overrightarrow{PA}|^2 + |\overrightarrow{PB}|^2 = 20$

$\Rightarrow 9 + k^2 + 1 + k^2 = 20$

$\Rightarrow k^2 = 5$

$\Rightarrow k = \sqrt{5} \ (\because \ k > 0)$

따라서 $m + k^2 = 2 + 5 = 7$이다.

답 7

$\cos(\angle\text{CAB})=\dfrac{3}{5}$ 을 만족시키도록 점 C를 잡으면 다음 그림과 같다.

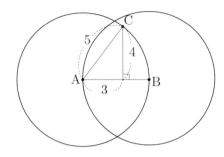

두 점 C, D에서 직선 AB에 내린 수선의 발을 각각 H, R라 하면 $\overrightarrow{\text{AB}}\cdot\overrightarrow{\text{CD}}=|\overrightarrow{\text{AB}}||\overrightarrow{\text{HR}}|$ 이다.

$\overrightarrow{\text{AB}}\cdot\overrightarrow{\text{CD}}=30 \Rightarrow |\overrightarrow{\text{AB}}||\overrightarrow{\text{HR}}|=30$

$\Rightarrow 5|\overrightarrow{\text{HR}}|=30 \Rightarrow |\overrightarrow{\text{HR}}|=6$

이 되도록 점 D를 잡으면 다음 그림과 같다.

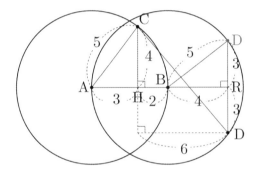

점 D로 가능한 두 점 중 점 C와 더 멀리 떨어진 점의 경우 $|\overrightarrow{\text{CD}}|=\sqrt{7^2+6^2}=\sqrt{85}>9$ 이므로 조건을 만족시키지 않는다.

Guide step에서 배운 중점분해 Technique을 이용하여 $\overrightarrow{\text{PA}}\cdot\overrightarrow{\text{PB}}$의 값을 구해보자.
(지난 문제들에서 정말 많이 사용함)

두 점 A, B의 중점을 M이라 하면
$$\begin{aligned}\overrightarrow{\text{PA}}\cdot\overrightarrow{\text{PB}}&=(\overrightarrow{\text{PM}}+\overrightarrow{\text{MA}})\cdot(\overrightarrow{\text{PM}}+\overrightarrow{\text{MB}})\\&=(\overrightarrow{\text{PM}}+\overrightarrow{\text{MA}})\cdot(\overrightarrow{\text{PM}}-\overrightarrow{\text{MA}})\\&=|\overrightarrow{\text{PM}}|^2-|\overrightarrow{\text{MA}}|^2=|\overrightarrow{\text{PM}}|^2-\dfrac{25}{4}\end{aligned}$$
이다.

선분 CD를 지름으로 하는 원의 중심을 O라 하고, 점 O에서 직선 AB에 내린 수선의 발을 S라 하자.

$|\overrightarrow{\text{PM}}|$의 최댓값은 다음 그림과 같이 직선 PM이 원의 중심 O를 지날 때이다.

$\overline{\text{MB}}=\dfrac{5}{2}$, $\overline{\text{HS}}=\overline{\text{SR}}=3$, $\overline{\text{BS}}=1$

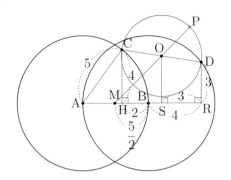

$\overline{\text{OS}}=\dfrac{1}{2}+3=\dfrac{7}{2}$ 이므로

$\overline{\text{OM}}=\sqrt{\left(\dfrac{7}{2}\right)^2+\left(\dfrac{7}{2}\right)^2}=\dfrac{7\sqrt{2}}{2}$ 이다.

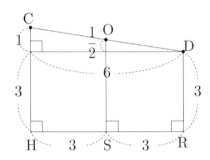

$\overline{\text{CD}}=\sqrt{6^2+1^2}=\sqrt{37}$ 이므로 $\overline{\text{OP}}=\dfrac{\sqrt{37}}{2}$ 이다.

$|\overrightarrow{\text{PM}}|$의 최댓값은 $\dfrac{7\sqrt{2}}{2}+\dfrac{\sqrt{37}}{2}$ 이므로

$\overrightarrow{\text{PA}}\cdot\overrightarrow{\text{PB}}=|\overrightarrow{\text{PM}}|^2-\dfrac{25}{4}$ 의 최댓값은

$\left(\dfrac{7\sqrt{2}}{2}+\dfrac{\sqrt{37}}{2}\right)^2-\dfrac{25}{4}=\dfrac{55}{2}+\dfrac{7}{2}\sqrt{74}$ 이다.

즉, $a=\dfrac{55}{2}$, $b=\dfrac{7}{2}$ 이다.

따라서 $a+b=\dfrac{55}{2}+\dfrac{7}{2}=\dfrac{62}{2}=31$ 이다.

답 31

$\overrightarrow{\mathrm{PQ}} = k\overrightarrow{\mathrm{QR}}$이므로 세 점 P, Q, R은 일직선상에 존재하고
$\overrightarrow{\mathrm{PQ}} \cdot \overrightarrow{\mathrm{AR}} = 0$이므로 두 벡터 $\overrightarrow{\mathrm{PQ}}$, $\overrightarrow{\mathrm{AR}}$은 서로 수직이다.

$\overrightarrow{\mathrm{PQ}} : \overrightarrow{\mathrm{AR}} = 2 : \sqrt{6}$이므로 $\overrightarrow{\mathrm{PQ}} = 2x$라 하면
$\overrightarrow{\mathrm{AR}} = \sqrt{6}\,x$이다.

점 O에서 선분 PR에 내린 수선의 발을 H라 하고,
점 A에서 직선 OH에 내린 수선의 발을 D라 하자.

$\overline{\mathrm{PH}} = \dfrac{1}{2}\overline{\mathrm{PQ}} = x$

$\overline{\mathrm{OH}} = \sqrt{(\sqrt{5})^2 - x^2} = \sqrt{5 - x^2}$

$\overline{\mathrm{AD}} = \overline{\mathrm{RH}} = \sqrt{(\sqrt{14})^2 - (\sqrt{5 - x^2})^2} = \sqrt{9 + x^2}$

$\overline{\mathrm{HD}} = \overline{\mathrm{AR}} = \sqrt{6}\,x$

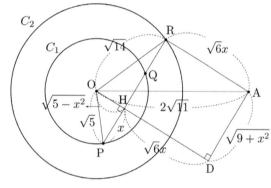

$\overline{\mathrm{OA}} = 2\sqrt{11} \Rightarrow \overline{\mathrm{OA}}^2 = 44$

$\Rightarrow \left(\sqrt{5 - x^2} + \sqrt{6}\,x\right)^2 + \left(\sqrt{9 + x^2}\right)^2 = 44$

$\Rightarrow 5 - x^2 + 6x^2 + 2x\sqrt{30 - 6x^2} + 9 + x^2 = 44$

$\Rightarrow x\sqrt{30 - 6x^2} = 15 - 3x^2 \Rightarrow 6x^2(5 - x^2) = 9(5 - x^2)^2$

$\Rightarrow (5 - x^2)(x^2 - 3) = 0 \Rightarrow x = \sqrt{3} \ (\because \ 0 < x < \sqrt{5} = \overline{\mathrm{OP}})$

점 S에 대하여 직선 AR에 내린 수선의 발을 E라 하면
$\overrightarrow{\mathrm{AR}} \cdot \overrightarrow{\mathrm{AS}} = |\overrightarrow{\mathrm{AR}}||\overrightarrow{\mathrm{AE}}|$이므로 $\overrightarrow{\mathrm{AR}} \cdot \overrightarrow{\mathrm{AS}}$가 최소가
되도록 하는 점 S는 다음 그림과 같다.

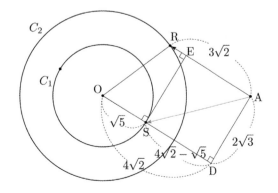

$\overrightarrow{\mathrm{AR}} \cdot \overrightarrow{\mathrm{AS}}$의 최솟값은 $m = 3\sqrt{2} \times (4\sqrt{2} - \sqrt{5})$이다.

점 S에 대하여 직선 AR에 내린 수선의 발을 E라 하면
$\overrightarrow{\mathrm{AR}} \cdot \overrightarrow{\mathrm{AS}} = |\overrightarrow{\mathrm{AR}}||\overrightarrow{\mathrm{AE}}|$이므로 $\overrightarrow{\mathrm{AR}} \cdot \overrightarrow{\mathrm{AS}}$가 최대가
되도록 하는 점 S는 다음 그림과 같다.

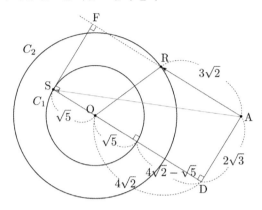

$\overrightarrow{\mathrm{AR}} \cdot \overrightarrow{\mathrm{AS}}$의 최댓값은 $M = 3\sqrt{2} \times (4\sqrt{2} + \sqrt{5})$이다.

따라서 $Mm = 18(32 - 5) = 18 \times 27 = 486$이다.

답 486

$\overrightarrow{\mathrm{AP}} + \overrightarrow{\mathrm{AR}} = \overrightarrow{\mathrm{AZ}}$가 되도록 점 Z를 잡으면
$\overrightarrow{\mathrm{AP}} = m\overrightarrow{\mathrm{AB}} \ (0 \le m \le 1)$, $\overrightarrow{\mathrm{AQ}} = n\overrightarrow{\mathrm{AC}} \ (0 \le n \le 1)$이므로
점 Z가 나타내는 영역은 두 선분 AB, AC를 이웃하는
두 변으로 하는 평행사변형과 그 내부이다.

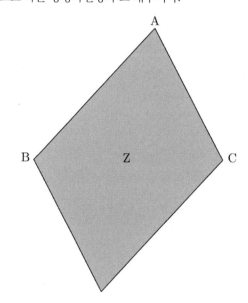

이때 $\dfrac{1}{4}(\overrightarrow{\mathrm{AP}} + \overrightarrow{\mathrm{AR}}) = \dfrac{1}{4}\overrightarrow{\mathrm{AZ}} = \overrightarrow{\mathrm{AW}}$가 되도록 점 W을 잡고,

$\dfrac{1}{4}\overrightarrow{\mathrm{AB}} = \overrightarrow{\mathrm{AD}}$, $\dfrac{1}{4}\overrightarrow{\mathrm{AC}} = \overrightarrow{\mathrm{AE}}$가 되도록 두 점 D, E를 잡으면

점 W이 나타내는 영역은 두 선분 AD, AE를 이웃하는
두 변으로 하는 평행사변형과 그 내부이다.

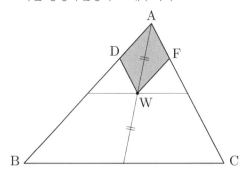

두 선분 AB, AC의 중점을 각각 M, N이라 하자.
$\frac{1}{2}\overrightarrow{AQ} = \overrightarrow{AS}$가 되도록 점 S를 잡으면
점 S가 나타내는 도형은 선분 MN과 같다.

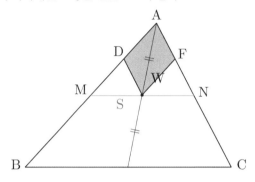

$\overrightarrow{AW} = \overrightarrow{ST}$가 되도록 점 T를 잡으면

$$\overrightarrow{AX} = \frac{1}{4}\left(\overrightarrow{AP} + \overrightarrow{AR}\right) + \frac{1}{2}\overrightarrow{AQ}$$

$$= \overrightarrow{AW} + \overrightarrow{AS} = \overrightarrow{ST} + \overrightarrow{AS} = \overrightarrow{AT}$$

이므로 점 T가 나타내는 영역과 점 X가 나타내는 영역은 같고,
점 X가 나타내는 영역은 다음 그림의 색칠한 부분과 같다.

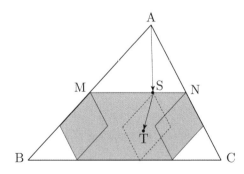

선분 MB, NC의 중점을 각각 M_1, N_1라 하고,
점 M_1을 지나고 선분 AC에 평행한 직선이 선분 BC와
만나는 점을 M_2, 점 N_1을 지나고 선분AB에 평행한 직선이
선분 BC와 만나는 점을 N_2라 하자.

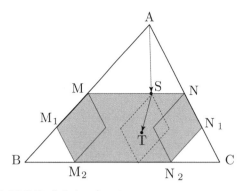

삼각형 ABC의 넓이가 9이므로
삼각형 AMN의 넓이는 $\left(\frac{1}{2}\right)^2 \times 9 = \frac{9}{4}$이고,
두 삼각형 M_1BM_2, N_1CN_2의 넓이는 각각
$\left(\frac{1}{4}\right)^2 \times 9 = \frac{9}{16}$이다.

점 X가 나타내는 영역의 넓이는 $9 - \left(\frac{9}{4} + 2 \times \frac{9}{16}\right) = \frac{45}{8}$이다.
따라서 $p+q = 53$이다.

답 53

121

$x^2 + y^2 = 8 \Rightarrow y^2 = 8 - x^2 \Rightarrow y = \sqrt{8-x^2} \ (y \geq 0)$
곡선 $C : y = \sqrt{8-x^2} \ (2 \leq x \leq 2\sqrt{2})$는 반원의 일부이므로
다음 그림과 같다.

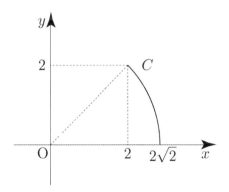

$\overrightarrow{OX} + \overrightarrow{OY} = \overrightarrow{OS}$가 되도록 점 S를 잡고, 먼저 곡선 위의
한 점 P에 대하여 생각해보자.
$\overline{OQ} = 2$, $\angle POQ = \frac{\pi}{4}$를 만족시키고

직선 OP의 아랫부분에 있는 점 Q에 대하여
$\overrightarrow{OX} = m\overrightarrow{OP} \ (0 \leq m \leq 1)$, $\overrightarrow{OY} = n\overrightarrow{OQ} \ (0 \leq n \leq 1)$이므로
점 S가 나타내는 영역은 두 선분 OP, OQ를 이웃하는
두 변으로 하는 평행사변형과 그 내부이다.

이때 점 P가 곡선 C 위를 움직이므로 이를 고려하면 점 S가 나타내는 영역은 다음 그림과 같다.

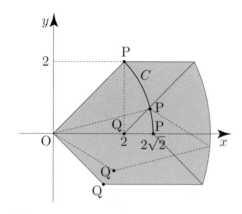

$\overrightarrow{OS} = \overrightarrow{PT}$ 가 되도록 점 T를 잡으면

$\overrightarrow{OZ} = \overrightarrow{OP} + \overrightarrow{OS} = \overrightarrow{OP} + \overrightarrow{PT} = \overrightarrow{OT}$ 이므로

점 T가 나타내는 영역은 점 Z가 나타내는 영역과 같고, 점 Z가 나타내는 영역 D는 다음 그림과 같다.

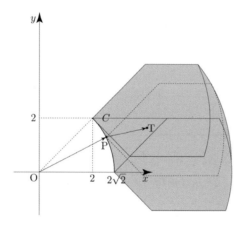

영역 D에 속하는 점 중에서 y축과의 거리가 최소인 점이 R이므로 R(2, 2)이다.

점 Z에 대하여 직선 OR에 내린 수선의 발을 H라 하면 $\overrightarrow{OR} \cdot \overrightarrow{OZ} = |\overrightarrow{OR}||\overrightarrow{OH}|$ 이므로 $\overrightarrow{OR} \cdot \overrightarrow{OZ}$ 가 최소가 되도록 하는 점 Z는 다음 그림과 같다.

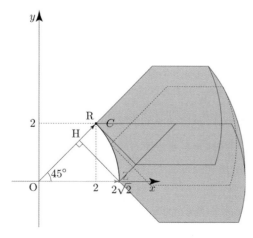

$\overrightarrow{OR} \cdot \overrightarrow{OZ}$ 의 최솟값은 $2\sqrt{2} \times 2\sqrt{2} \times \cos 45° = 4\sqrt{2}$ 이다.

점 Z에 대하여 직선 OR에 내린 수선의 발을 H라 하면 $\overrightarrow{OR} \cdot \overrightarrow{OZ} = |\overrightarrow{OR}||\overrightarrow{OH}|$ 이므로 $\overrightarrow{OR} \cdot \overrightarrow{OZ}$ 가 최대가 되도록 하는 점 Z는 다음 그림과 같다.

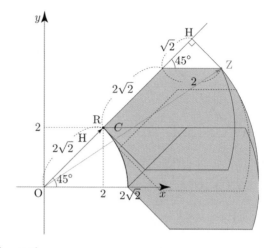

$\overrightarrow{OR} \cdot \overrightarrow{OZ}$ 의 최댓값은 $2\sqrt{2} \times 5\sqrt{2} = 20$이다.

$\overrightarrow{OR} \cdot \overrightarrow{OZ}$ 의 최댓값과 최솟값의 합은 $20 + 4\sqrt{2}$ 이므로 $a = 20$, $b = 4$이다.

따라서 $a + b = 24$이다.

📋 **답** 24

122

세 점 A, B, C는 원 위의 점이므로 $|\overrightarrow{OA}| = |\overrightarrow{OB}| = |\overrightarrow{OC}| = 1$이다.

$x\overrightarrow{OA} + 5\overrightarrow{OB} + 3\overrightarrow{OC} = \vec{0}$ 를

$-\dfrac{x}{8}\overrightarrow{OA} = \dfrac{5\overrightarrow{OB} + 3\overrightarrow{OC}}{8}$ 로 변형해서 내분점 벡터로 접근하여

$\overrightarrow{OA} \cdot \overrightarrow{OB}$ 의 최댓값을 구하려고 봤더니 만만치 않다.

어떻게 해야 할까?

114번처럼 $\overrightarrow{OA} \cdot \overrightarrow{OB}$ 가 나오도록 두 벡터 $\overrightarrow{OA}$, $\overrightarrow{OB}$의 합의 제곱을 이용하여 접근해보자.

$x\overrightarrow{OA} + 5\overrightarrow{OB} + 3\overrightarrow{OC} = \vec{0}$

$\Rightarrow x\overrightarrow{OA} + 5\overrightarrow{OB} = -3\overrightarrow{OC}$

이므로 양변을 제곱하면

$$x^2|\overrightarrow{OA}|^2+10x(\overrightarrow{OA}\cdot\overrightarrow{OB})+25|\overrightarrow{OB}|^2=9|\overrightarrow{OC}|^2$$

$$\Rightarrow x^2+10x(\overrightarrow{OA}\cdot\overrightarrow{OB})+25=9$$

$$\Rightarrow \overrightarrow{OA}\cdot\overrightarrow{OB}=\frac{-x^2-16}{10x}=-\frac{1}{10}\left(x+\frac{16}{x}\right)$$

이다.

$x>0$이므로 산술기하평균을 사용하면

$$x+\frac{16}{x}\geq 2\sqrt{x\times\frac{16}{x}}=8$$이므로

(등호 조건은 $x=\dfrac{16}{x}\Rightarrow x=4$이다.)

$$-\frac{1}{10}\left(x+\frac{16}{x}\right)\leq-\frac{4}{5}$$이다.

즉, $\overrightarrow{OA}\cdot\overrightarrow{OB}$는 $x=4$일 때 최댓값 $-\dfrac{4}{5}$를 갖는다.

$x=4$이므로
$$4\overrightarrow{OA}+5\overrightarrow{OB}+3\overrightarrow{OC}=\overrightarrow{0}$$

$$\Rightarrow-4\overrightarrow{OA}=5\overrightarrow{OB}+3\overrightarrow{OC}$$

$$\Rightarrow-\frac{1}{2}\overrightarrow{OA}=\frac{5\overrightarrow{OB}+3\overrightarrow{OC}}{8}$$

이다.

선분 BC를 3:5로 내분하는 점을 D라 하면
$-\dfrac{1}{2}\overrightarrow{OA}=\overrightarrow{OD}$이므로 선분 AD를 2:1로 내분하는
점은 O이다.

$\overline{AO}:\overline{OD}=2:1$이므로 삼각형 OBD의 넓이를 a라 하면
삼각형 OAB의 넓이는 $2a$이다.

$\overline{BD}:\overline{DC}=3:5$이고, 삼각형 ABD의 넓이가 $3a$이므로
삼각형 ACD의 넓이는 $5a$이다.

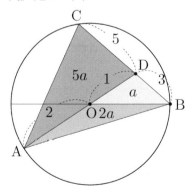

$\overrightarrow{OA}\cdot\overrightarrow{OB}=-\dfrac{4}{5}$이므로

$$\cos(\angle AOB)=\frac{\overrightarrow{OA}\cdot\overrightarrow{OB}}{|\overrightarrow{OA}||\overrightarrow{OB}|}=-\frac{4}{5}\Rightarrow\sin(\angle AOB)=\frac{3}{5}$$

이다.

삼각형 OAB의 넓이는 $\dfrac{1}{2}\times1^2\times\sin(\angle AOB)=\dfrac{3}{10}$이므로

$$\frac{3}{10}=2a\Rightarrow a=\frac{3}{20}$$이다.

삼각형 ABC의 넓이는 $S=8a=8\times\dfrac{3}{20}=\dfrac{6}{5}$이다.

따라서 $50S=50\times\dfrac{6}{5}=60$이다.

답 60

123

(가) 조건을 만족시키도록 하는 점 X가 나타내는
영역은 다음 그림과 같다.
(k는 변수가 아니라 $0<k<1$인 상수인 것이 point!)

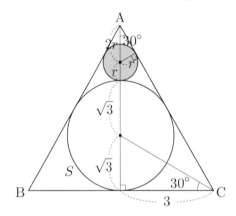

삼각형 ABC의 높이는 $6\times\dfrac{\sqrt{3}}{2}=3\sqrt{3}$이므로

$$2r+r+2\sqrt{3}=3\sqrt{3}\Rightarrow r=\frac{\sqrt{3}}{3}$$이다.

$$2r=k\times(3r+\sqrt{3})\Rightarrow\frac{2\sqrt{3}}{3}=k\times2\sqrt{3}$$

$$\Rightarrow k=\frac{1}{3}$$

$\overrightarrow{AX}=\overrightarrow{QZ}$가 되도록 점 Z을 잡으면
$\overrightarrow{AX}+\overrightarrow{AQ}=\overrightarrow{QZ}+\overrightarrow{AQ}=\overrightarrow{AZ}$이므로
점 Z가 나타내는 영역은 다음과 같다.

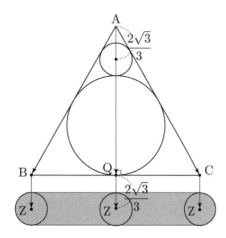

선분 BC의 중점을 M이라 하면

$$-\frac{1}{9}(\overrightarrow{AB}+\overrightarrow{AC})=-\frac{2}{9}\overrightarrow{AM}$$이고,

$$\frac{2}{9}|\overrightarrow{AM}|=\frac{2}{9}\times 3\sqrt{3}=\frac{2\sqrt{3}}{3}$$이므로

점 Y가 나타내는 영역은 점 Z가 나타내는 영역을

위로 $\frac{2\sqrt{3}}{3}$만큼 평행이동한 것이다.

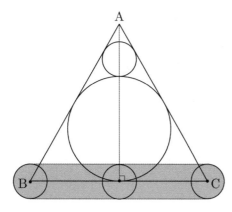

점 Y가 나타내는 영역 중 삼각형 ABC 내부에 속해있는
영역은 다음과 같다.

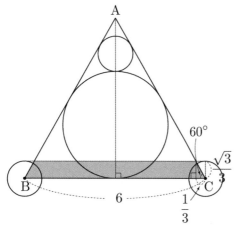

점 Y가 나타내는 영역 중 삼각형 ABC 내부에 속해있는
영역의 넓이는

$$m=\frac{1}{2}\times\left(6+6-\frac{2}{3}\right)\times\frac{\sqrt{3}}{3}=\frac{1}{2}\times\frac{34}{3}\times\frac{\sqrt{3}}{3}=\frac{17}{9}\sqrt{3}$$
이다.

따라서 $\dfrac{m^2}{k^3}=\dfrac{\dfrac{17^2}{27}}{\dfrac{1}{27}}=17^2=289$이다.

답 289

124

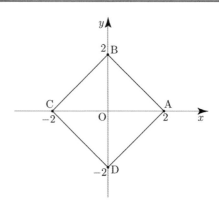

(가) $(\overrightarrow{PQ}\cdot\overrightarrow{AB})(\overrightarrow{PQ}\cdot\overrightarrow{AD})=0$

$\Rightarrow \overrightarrow{PQ}\cdot\overrightarrow{AB}=0$ or $\overrightarrow{PQ}\cdot\overrightarrow{AD}=0$

즉, 벡터 $\overrightarrow{PQ}$는 벡터 $\overrightarrow{AB}$ 또는 벡터 $\overrightarrow{AD}$와 수직이다.

$P(a,\ b),\ Q(c,\ d)$라 하자.

(나) $\overrightarrow{OA}\cdot\overrightarrow{OP}\geq -2$이고 $\overrightarrow{OB}\cdot\overrightarrow{OP}\geq 0$이다.

즉, $2a\geq -2 \Rightarrow a\geq -1$이고 $2b\geq 0 \Rightarrow b\geq 0$이다.

(다) $\overrightarrow{OA}\cdot\overrightarrow{OQ}\geq -2$이고 $\overrightarrow{OB}\cdot\overrightarrow{OQ}\leq 0$이다.

즉, $2c\geq -2 \Rightarrow c\geq -1$이고 $2d\geq 0 \Rightarrow d\leq 0$이다.

(가),(나),(다) 조건을 모두 만족시키는 두 점 P, Q의
자취를 구하기 위해서 $\overrightarrow{PQ}\cdot\overrightarrow{AB}=0$과 $\overrightarrow{PQ}\cdot\overrightarrow{AD}=0$에
따라 case분류하면 다음과 같다.

① $\overrightarrow{PQ}\cdot\overrightarrow{AB}=0$ (두 벡터 $\overrightarrow{PQ}$, $\overrightarrow{AB}$가 서로 수직)
두 점 P, Q의 자취는 각각 다음 그림과 같이
색칠한 선분과 같다.

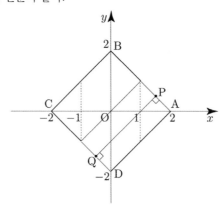

② $\overrightarrow{PQ} \cdot \overrightarrow{AD} = 0$ (두 벡터 $\overrightarrow{PQ}$, $\overrightarrow{AD}$가 서로 수직)

두 점 P, Q의 자취는 각각 다음 그림과 같이
색칠한 선분과 같다.

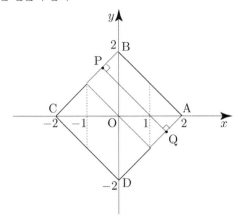

Guide step에서 배운 중점분해 Technique을 이용하여
$\overrightarrow{RP} \cdot \overrightarrow{RQ}$의 최댓값과 최솟값을 구해보자.

두 점 P, Q의 중점을 N이라 하면
$$\overrightarrow{RP} \cdot \overrightarrow{RQ} = (\overrightarrow{RN} + \overrightarrow{RP}) \cdot (\overrightarrow{RN} + \overrightarrow{RQ})$$
$$= (\overrightarrow{RN} + \overrightarrow{NP}) \cdot (\overrightarrow{RN} - \overrightarrow{NP})$$
$$= |\overrightarrow{RN}|^2 - |\overrightarrow{NP}|^2 = |\overrightarrow{RN}|^2 - (\sqrt{2})^2$$
이다.

$|\overrightarrow{RN}|^2$의 값이 최대일 때, $\overrightarrow{RP} \cdot \overrightarrow{RQ}$는 최댓값을 갖고,
$|\overrightarrow{RN}|^2$의 값이 최소일 때, $\overrightarrow{RP} \cdot \overrightarrow{RQ}$는 최솟값을 갖는다.

① $\overrightarrow{PQ} \cdot \overrightarrow{AB} = 0$이고 점 N(1, -1)일 때,
$|\overrightarrow{RN}|^2$이 최대이므로 $\overrightarrow{RP} \cdot \overrightarrow{RQ}$의 최댓값은
$M = (\sqrt{34})^2 - (\sqrt{2})^2 = 32$이다.

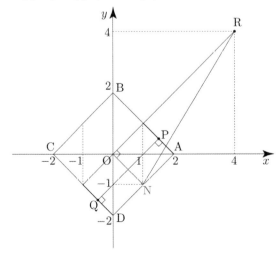

② $\overrightarrow{PQ} \cdot \overrightarrow{AD} = 0$이고 점 N(1, 1)일 때,
$|\overrightarrow{RN}|^2$은 최소이므로 $\overrightarrow{RP} \cdot \overrightarrow{RQ}$의 최솟값은
$m = (\sqrt{18})^2 - (\sqrt{2})^2 = 16$이다.

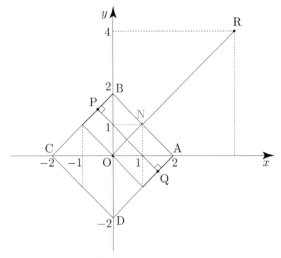

따라서 $M + m = 48$이다.

답 48

125

선분 AB의 중점을 M이라 하면
$\overrightarrow{OP} = \overrightarrow{OM} + \overrightarrow{MP}$이므로
$$\overrightarrow{OC} \cdot \overrightarrow{OP} = \overrightarrow{OC} \cdot (\overrightarrow{OM} + \overrightarrow{MP}) = \overrightarrow{OC} \cdot \overrightarrow{OM} + \overrightarrow{OC} \cdot \overrightarrow{MP}$$
이다.

$\overrightarrow{OC} \cdot \overrightarrow{OM}$의 값은 고정이므로 $\overrightarrow{OC} \cdot \overrightarrow{MP}$의 값이 최대일 때
$\overrightarrow{OC} \cdot \overrightarrow{OP}$의 값이 최대이다.

두 벡터 $\overrightarrow{OC}$, $\overrightarrow{MP}$의 방향이 서로 같을 때,
$\overrightarrow{OC} \cdot \overrightarrow{MP}$의 값이 최대이다.

즉, 두 벡터 $\overrightarrow{OC}$, $\overrightarrow{MP}$의 방향이 같을 때의 점 P가 Q이다.

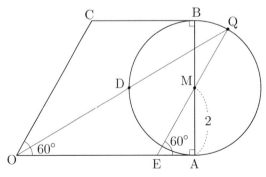

$\overrightarrow{AR} = \overrightarrow{AM} + \overrightarrow{MR}$이므로
$$\overrightarrow{DQ} \cdot \overrightarrow{AR} = \overrightarrow{DQ} \cdot (\overrightarrow{AM} + \overrightarrow{MR}) = \overrightarrow{DQ} \cdot \overrightarrow{AM} + \overrightarrow{DQ} \cdot \overrightarrow{MR}$$

$\overrightarrow{DQ} \cdot \overrightarrow{AM}$의 값은 고정이므로 $\overrightarrow{DQ} \cdot \overrightarrow{MR}$의 값이 최대일 때 $\overrightarrow{DQ} \cdot \overrightarrow{AR}$의 값이 최대이다.

직선 QM이 선분 OA와 만나는 점을 E라 하자.
$\angle MEA = 60°$, $\overline{AM} = 2$이므로
$\overline{EA} = \dfrac{4\sqrt{3}}{3}$, $\overline{EA} = \dfrac{2\sqrt{3}}{3}$이다.

$\overline{OA} = 2 + 2\sqrt{3}$이므로
$\overline{OE} = \overline{OA} - \overline{EA} = 2 + 2\sqrt{3} - \dfrac{2\sqrt{3}}{3} = 2 + \dfrac{4\sqrt{3}}{3}$이다.

이때 $\overline{EQ} = \overline{MQ} + \overline{EM} = 2 + \dfrac{4\sqrt{3}}{3}$이므로

삼각형 OEQ는 $\overline{EO} = \overline{EQ}$인 이등변삼각형이다.
$\angle OEQ = 120°$이므로 $\angle EQO = 30°$이다.

점 M에서 선분 DQ에 내린 수선의 발을 H라 하자.

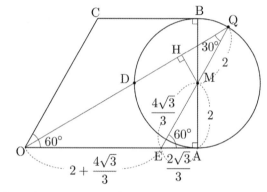

$\overline{QH} = \overline{MQ}\cos30° = \sqrt{3}$이므로 $\overline{DQ} = 2\overline{QH} = 2\sqrt{3}$이다.

이를 바탕으로 $\overrightarrow{DQ} \cdot \overrightarrow{AM}$의 값을 구해보자.
두 벡터 $\overrightarrow{DQ}$, $\overrightarrow{AM}$이 이루는 각의 크기는 $60°$이므로
$\overrightarrow{DQ} \cdot \overrightarrow{AM} = |\overrightarrow{DQ}||\overrightarrow{AM}|\cos60° = 2\sqrt{3} \times 2 \times \dfrac{1}{2} = 2\sqrt{3}$
이다.

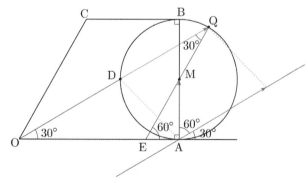

두 벡터 $\overrightarrow{DQ}$, $\overrightarrow{MR}$의 방향이 같을 때,
$\overrightarrow{DQ} \cdot \overrightarrow{MR}$의 값이 최대이므로
$\overrightarrow{DQ} \cdot \overrightarrow{MR}$의 최댓값은 $|\overrightarrow{DQ}||\overrightarrow{MR}| = 2\sqrt{3} \times 2 = 4\sqrt{3}$이다.

즉, $\overrightarrow{DQ} \cdot \overrightarrow{AR} = \overrightarrow{DQ} \cdot \overrightarrow{AM} + \overrightarrow{DQ} \cdot \overrightarrow{MR}$의 최댓값은
$M = 2\sqrt{3} + 4\sqrt{3} = 6\sqrt{3}$이다.
따라서 $M^2 = 108$이다.

답 108

126

원의 중심을 O라 하고, 선분 BC의 중점을 M이라 하자.
점 O에서 선분 AM에 내린 수선의 발을 H라 하면
$\overline{AH} = \overline{AM} - \overline{HM} = \sqrt{3} - 1$이다.

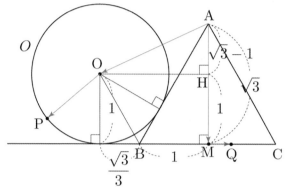

$\overrightarrow{AP} = \overrightarrow{AO} + \overrightarrow{OP}$이고, $\overrightarrow{AQ} = \overrightarrow{AM} + \overrightarrow{MQ}$이므로
$$\begin{aligned}
\overrightarrow{AP} \cdot \overrightarrow{AQ} &= (\overrightarrow{AO} + \overrightarrow{OP}) \cdot (\overrightarrow{AM} + \overrightarrow{MQ}) \\
&= \overrightarrow{AO} \cdot \overrightarrow{AM} + \overrightarrow{AO} \cdot \overrightarrow{MQ} + \overrightarrow{OP} \cdot \overrightarrow{AQ} \\
&= |\overrightarrow{AH}||\overrightarrow{AM}| + (\overrightarrow{AH} + \overrightarrow{HO}) \cdot \overrightarrow{MQ} + \overrightarrow{OP} \cdot \overrightarrow{AQ} \\
&= (\sqrt{3} - 1)\sqrt{3} + \overrightarrow{HO} \cdot \overrightarrow{MQ} + \overrightarrow{OP} \cdot \overrightarrow{AQ} \\
&= 3 - \sqrt{3} + \overrightarrow{HO} \cdot \overrightarrow{MQ} + \overrightarrow{OP} \cdot \overrightarrow{AQ}
\end{aligned}$$
이다.

점 Q가 점 B일 때, $\overrightarrow{HO} \cdot \overrightarrow{MQ}$는
최댓값 $\left(1 + \dfrac{\sqrt{3}}{3}\right) \times 1 = 1 + \dfrac{\sqrt{3}}{3}$을 갖는다.
한편 $\overrightarrow{OP} \cdot \overrightarrow{AQ}$는 최댓값은 $|\overrightarrow{AQ}|$의 최댓값과 같다.
(∵ 벡터 $\overrightarrow{OP}$는 방향이 자유롭고 크기가 1로 고정인 상태)
점 Q가 점 B일 때, $|\overrightarrow{AQ}|$의 값 역시 최대이므로
$\overrightarrow{OP} \cdot \overrightarrow{AQ}$는 최댓값 $|\overrightarrow{AB}| = 2$를 갖는다.
즉, $\overrightarrow{AP} \cdot \overrightarrow{AQ}$의 최댓값은 $3 - \sqrt{3} + \left(1 + \dfrac{\sqrt{3}}{3}\right) + 2$이다.

점 Q가 점 C일 때, $\overrightarrow{HO} \cdot \overrightarrow{MQ}$는
최솟값 $-\left(1 + \dfrac{\sqrt{3}}{3}\right) \times 1 = -1 - \dfrac{\sqrt{3}}{3}$을 갖는다.
한편 $\overrightarrow{OP} \cdot \overrightarrow{AQ}$의 최솟값은 $-|\overrightarrow{AQ}|$의 최솟값과 같다.
(∵ 벡터 $\overrightarrow{OP}$는 방향이 자유롭고 크기가 1로 고정인 상태)

점 Q가 점 C일 때, $-|\overrightarrow{AQ}|$ 의 값 역시 최소이므로
$\overrightarrow{OP} \cdot \overrightarrow{AQ}$ 는 최솟값 $|\overrightarrow{AC}| = -2$ 를 갖는다.

즉, $\overrightarrow{AP} \cdot \overrightarrow{AQ}$ 의 최솟값은 $3 - \sqrt{3} - \left(1 + \dfrac{\sqrt{3}}{3}\right) - 2$ 이다.

$\overrightarrow{AP} \cdot \overrightarrow{AQ}$ 의 최댓값과 최솟값의 합은 $6 - 2\sqrt{3}$ 이므로

$a = 6$, $b = -2$ 이다.
따라서 $a^2 + b^2 = 36 + 4 = 40$ 이다.

답 40

127

$|\overrightarrow{BQ}| = 2$ 이므로 점 Q의 자취는 점 $B(0,\ 2)$ 를 중심으로
하고 반지름의 길이가 2인 원이다.

$|\overrightarrow{AP}| = 1$, $\overrightarrow{AP} \cdot \overrightarrow{OC} \geq \dfrac{\sqrt{2}}{2}$ 이므로 점 P의 자취는

다음 그림과 같이 중심각의 크기가 $90°$ 인 부채꼴의 호와 같다.

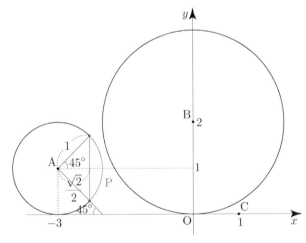

$\overrightarrow{AQ} = \overrightarrow{AB} + \overrightarrow{BQ}$ 이므로
$\overrightarrow{AP} \cdot \overrightarrow{AQ} = \overrightarrow{AP} \cdot (\overrightarrow{AB} + \overrightarrow{BQ}) = \overrightarrow{AP} \cdot \overrightarrow{AB} + \overrightarrow{AP} \cdot \overrightarrow{BQ}$
이다.

이때 $\overrightarrow{AP} \cdot \overrightarrow{BQ}$ 에서 벡터 $\overrightarrow{BQ}$ 는 방향이 자유롭고,
크기가 2로 고정되어 있으므로 $\overrightarrow{AP} \cdot \overrightarrow{AB}$ 의 값이 최소가
되도록 하는 점 P만 결정되면 결정된 그 점 P에 대해
두 벡터 $\overrightarrow{AP}$, $\overrightarrow{BQ}$ 의 방향이 서로 반대가 되도록 히는
점 Q를 잡을 수 있다.

즉, $\overrightarrow{AP} \cdot \overrightarrow{AB}$ 가 최소가 되도록 하는 점 P만 결정되면
$\overrightarrow{AP} \cdot \overrightarrow{BQ}$ 가 최소가 되도록 하는 점 Q는 자동으로 결정된다.

점 P에서 선분 AB에 내린 수선의 발을 H라 하면
$\overrightarrow{AP} \cdot \overrightarrow{AB} = |\overrightarrow{AH}||\overrightarrow{AB}|$ 이므로 $|\overrightarrow{AH}|$ 가 최소가 되도록
하는 점 $P(=P_0)$ 를 잡고, $\overrightarrow{AP_0} \cdot \overrightarrow{BQ}$ 가 최소가 되도록 하는
점 $Q(=Q_0)$ 를 잡으면 다음과 같다.

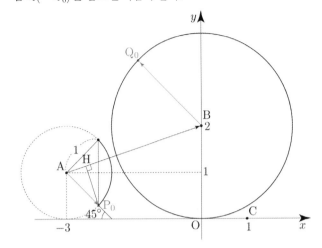

점 X에서 선분 BQ_0 에 내린 수선의 발을 R이라 하면
$\overrightarrow{BX} \cdot \overrightarrow{BQ_0} = |\overrightarrow{BR}||\overrightarrow{BQ_0}|$ 이므로
$\overrightarrow{BX} \cdot \overrightarrow{BQ_0} \geq 1 \Rightarrow |\overrightarrow{BR}||\overrightarrow{BQ_0}| \geq 1 \Rightarrow |\overrightarrow{BR}| \geq \dfrac{1}{2}$

가 되도록 하는 점 X의 자취는 다음 그림과 같이
색칠한 선분과 같다.

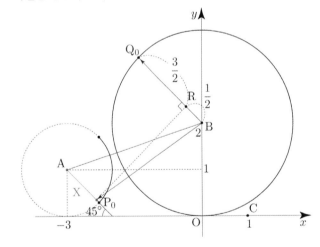

$|\overrightarrow{BR}| = \dfrac{1}{2}$ 이 되도록 하는 점 R을 R_0 라 하자.

점 X에서 선분 BQ_0 에 내린 수선의 발이 R_0 이 되도록 하는
점 X를 X_0 라 하면 $|\overrightarrow{Q_0X}|^2$ 의 최댓값은 $|\overrightarrow{Q_0X_0}|^2$ 와 같다.

$\overrightarrow{X_0R_0}$ 의 값은 점 B와 직선 AP_0 사이의 거리와 같다.
직선 AP_0 는 기울기가 -1 이고 점 $A(-3,\ 1)$ 를 지나므로
$y = -(x+3) + 1 \Rightarrow x + y + 2 = 0$ 이다.
점 $B(0,\ 2)$ 와 직선 $AP_0 : x + y + 2 = 0$ 사이의 거리는
$\overrightarrow{X_0R_0} = \dfrac{|4|}{\sqrt{1+1}} = 2\sqrt{2}$ 이다.

$$|\overrightarrow{Q_0 X_0}|^2 = \overline{X_0 R_0}^2 + \overline{Q_0 R_0}^2 = (2\sqrt{2})^2 + \left(\frac{3}{2}\right)^2 = \frac{41}{4}$$ 이므로

$|\overrightarrow{Q_0 X}|^2$의 최댓값은 $\dfrac{41}{4}$ 이다.

따라서 $p+q=45$이다.

답 45

128

$\overrightarrow{OP} = s\overrightarrow{OA} + t\overrightarrow{OB}\,(0 \le s \le 1,\ 0 \le t \le 1)$를 만족시키는 점 P가 나타내는 영역은 평행사변형 OACB와 그 내부이다.

$$\overrightarrow{OP} \cdot \overrightarrow{OB} + \overrightarrow{BP} \cdot \overrightarrow{BC} = 2$$
$$\Rightarrow \overrightarrow{OP} \cdot \overrightarrow{OB} + (\overrightarrow{OP} - \overrightarrow{OB}) \cdot (\overrightarrow{OC} - \overrightarrow{OB}) = 2$$
$$\Rightarrow \overrightarrow{OP} \cdot \overrightarrow{OC} - \overrightarrow{OB} \cdot \overrightarrow{OC} + |\overrightarrow{OB}|^2 = 2$$
$$\Rightarrow \overrightarrow{OP} \cdot \overrightarrow{OC} - \overrightarrow{OB} \cdot \overrightarrow{OC} = -6 \quad \cdots \text{㉠}$$

$\overrightarrow{OB} \cdot \overrightarrow{OC}$ 의 값을 구해보자.

$\angle AOB = \theta \Rightarrow \angle OBC = \pi - \theta$이므로
$$\cos(\angle OBC) = \cos(\pi - \theta) = -\cos\theta = -\frac{1}{4}$$이다.

$\overline{BC} = \sqrt{2},\ \overline{OB} = 2\sqrt{2},\ \cos(\angle OBC) = -\dfrac{1}{4}$이므로
삼각형 OBC에서 코사인법칙을 사용하면
$$\cos(\angle OBC) = \frac{\overline{OB}^2 + \overline{BC}^2 - \overline{OC}^2}{2 \times \overline{OB} \times \overline{BC}}$$
$$\Rightarrow -\frac{1}{4} = \frac{10 - \overline{OC}^2}{8}$$
$$\Rightarrow \overline{OC} = 2\sqrt{3}$$
이다.

삼각형 OBC에서 코사인법칙을 사용하면
$$\cos(\angle BOC) = \frac{\overline{OB}^2 + \overline{OC}^2 - \overline{BC}^2}{2 \times \overline{OB} \times \overline{OC}} = \frac{3\sqrt{6}}{8}$$이다.

즉, $\overrightarrow{OB} \cdot \overrightarrow{OC} = |\overrightarrow{OB}||\overrightarrow{OC}|\cos(\angle BOC)$
$$= 2\sqrt{2} \times 2\sqrt{3} \times \frac{3\sqrt{6}}{8} = 9$$
이다.

㉠에 의해서
$$\overrightarrow{OP} \cdot \overrightarrow{OC} - \overrightarrow{OB} \cdot \overrightarrow{OC} = -6$$
$$\Rightarrow \overrightarrow{OP} \cdot \overrightarrow{OC} - 9 = -6$$
$$\Rightarrow \overrightarrow{OP} \cdot \overrightarrow{OC} = 3$$

점 P에서 선분 OC에 내린 수선의 발을 H라 하면
$$\overrightarrow{OP} \cdot \overrightarrow{OC} = 3 \Rightarrow |\overrightarrow{OH}||\overrightarrow{OC}| = 3 \Rightarrow |\overrightarrow{OH}| \times 2\sqrt{3} = 3$$
$$\Rightarrow |\overrightarrow{OH}| = \frac{\sqrt{3}}{2}$$
이므로 이를 만족시키는 점 P의 자취를 구해보자.

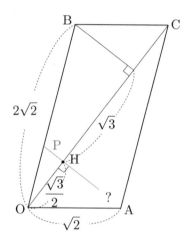

그런데 여기서 의문점이 든다.
점 H를 지나고 직선 OC에 수직인 직선이 선분 OA와
만나는지 혹은 만나지 않는지 그리고 만약 만난다면
어디서 만나는지 단정할 수 없다.
느낌상 점 A에서 만날 것 같지만 정말 그런지 확인해보자.

삼각형 COA에서 코사인법칙을 사용하면
$$\cos(\angle COA) = \frac{\overline{OA}^2 + \overline{OC}^2 - \overline{AC}^2}{2 \times \overline{OA} \times \overline{OC}} = \frac{\sqrt{6}}{4}$$이다.

점 A에서 선분 OC에 내린 수선의 발을 H′라 하면
$$\overline{OH'} = \overline{OA}\cos(\angle COA) = \sqrt{2} \times \frac{\sqrt{6}}{4} = \frac{\sqrt{3}}{2}$$이므로
두 점 H, H′는 서로 같은 점이다.

즉, 점 H를 지나고 직선 OC에 수직인 직선과 선분 OA는
점 A에서 만난다.

점 H를 지나고 직선 OC에 수직인 직선이
선분 OB와 만나는 점을 D라 하면
점 P의 자취는 직선 AD과 평행사변형 OACB와
그 내부의 공통부분이므로 선분 AD이다.

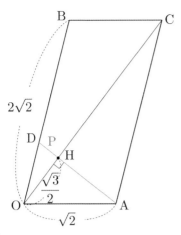

$|3\overrightarrow{OP} - \overrightarrow{OX}|$ 의 최댓값과 최솟값을 구하기 위해서
055번에서 배운 아이디어를 사용해보자.

$3\overrightarrow{OP} = \overrightarrow{OQ}$ 라 하면 $|3\overrightarrow{OP} - \overrightarrow{OX}| = |\overrightarrow{OQ} - \overrightarrow{OX}| = |\overrightarrow{XQ}|$
이므로 구하고자 하는 값을 두 점 X, Q 사이의 거리로
해석할 수 있다.

$3\overrightarrow{OD} = \overrightarrow{OS}$ 가 되도록 점 S를 잡고,
$3\overrightarrow{OA} = \overrightarrow{OT}$ 가 되도록 점 T를 잡으면
점 Q의 자취는 선분 ST이다.

이때 점 B에서 선분 OC에 내린 수선의 발을 R이라
하면 $\overline{OR} = \overline{OB}\cos(\angle BOC) = 2\sqrt{2} \times \dfrac{3\sqrt{6}}{8} = \dfrac{3}{2}\sqrt{3}$ 이다.
$\overline{OH} : \overline{OR} = 1 : 3$ 이므로 $\overline{OD} : \overline{OB} = 1 : 3$ 이다.
즉, 점 S는 점 B와 같으므로 점 Q의 자취는 선분 BT이다.

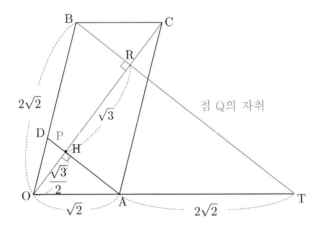

점 Q의 자취

다음 그림과 같이 세 점 X, O, T가 일직선상에 있을 때,
$|\overline{XQ}|$ 는 최댓값 $M = \overline{OT} + \sqrt{2} = 3\sqrt{2} + \sqrt{2} = 4\sqrt{2}$ 를
갖는다.

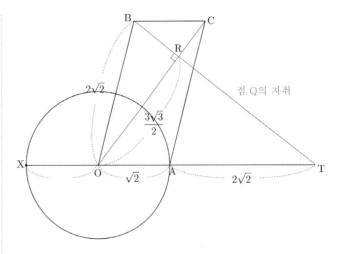

점 Q의 자취

다음 그림과 같이 세 점 O, X, R이 일직선상에 있을 때,
$|\overline{XQ}|$ 는 최솟값 $m = \overline{OR} - \sqrt{2} = \dfrac{3\sqrt{3}}{2} - \sqrt{2}$ 를 갖는다.

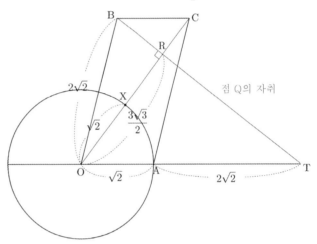

점 Q의 자취

$M \times m = 4\sqrt{2}\left(\dfrac{3\sqrt{3}}{2} - \sqrt{2}\right) = 6\sqrt{6} - 8$ 이므로
$a = 6,\ b = -8$ 이다.
따라서 $a^2 + b^2 = 36 + 64 = 100$ 이다.

답 100

$$\overrightarrow{\mathrm{OP}} = k(\overrightarrow{\mathrm{OA}} + \overrightarrow{\mathrm{OB}}) \Rightarrow \overrightarrow{\mathrm{OP}} = (12k,\ 5k) \text{이므로}$$

$$\overrightarrow{\mathrm{OP}} \cdot \overrightarrow{\mathrm{OA}} \le 21 \Rightarrow 72k \le 21 \Rightarrow k \le \frac{7}{24}$$

$$\Rightarrow 0 \le k \le \frac{7}{24} \ (\because \ k \ge 0)$$

$$\Rightarrow 0 \le 12k \le \frac{7}{2}$$

이다.

$k = \dfrac{7}{24}$ 일 때, 점 P를 $C\left(\dfrac{7}{2},\ \dfrac{35}{24}\right)$라 하면
점 P의 자취는 선분 OC이다.

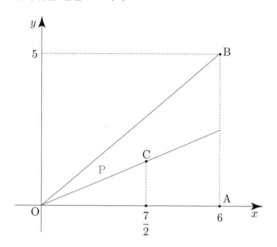

$|\overrightarrow{\mathrm{AQ}}| = |\overrightarrow{\mathrm{AB}}| = 5$이므로 점 Q의 자취는 점 A(6, 0)을
중심으로 하고 반지름의 길이가 5인 원이다.

점 Q(a, b)라 하면
$\overrightarrow{\mathrm{OQ}} \cdot \overrightarrow{\mathrm{OA}} \le 21 \Rightarrow 6a \le 21 \Rightarrow a \le \dfrac{7}{2}$ 이다.

점 A(6, 0)을 중심으로 하고 반지름의 길이가 5인 원이
직선 $x = \dfrac{7}{2}$와 만나는 교점을 D, E라 하자.

즉, $|\overrightarrow{\mathrm{AQ}}| = 5$와 $\overrightarrow{\mathrm{OQ}} \cdot \overrightarrow{\mathrm{OA}} \le 21$를 모두 고려하면
점 Q의 자취는 선분 DE를 포함하는 부채꼴 ADE의
호 DE와 같다.

점 C에서 선분 OA에 내린 수선의 발을 H라 하면
$\overline{\mathrm{DH}} = \sqrt{5^2 - \left(\dfrac{5}{2}\right)^2} = \dfrac{5\sqrt{3}}{2}$ 이므로 $\overline{\mathrm{DE}} = 5\sqrt{3}$ 이다.

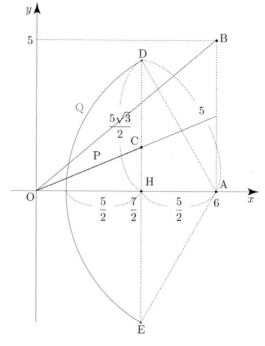

$\overrightarrow{\mathrm{OQ}} = \overrightarrow{\mathrm{PZ}}$가 되도록 점 Z를 잡으면
$\overrightarrow{\mathrm{OX}} = \overrightarrow{\mathrm{OP}} + \overrightarrow{\mathrm{OQ}} = \overrightarrow{\mathrm{OP}} + \overrightarrow{\mathrm{PZ}} = \overrightarrow{\mathrm{OZ}}$이므로
점 Z가 나타내는 영역은 점 X가 나타내는 영역과 같고,
점 X가 나타내는 영역은 다음 그림과 같다.

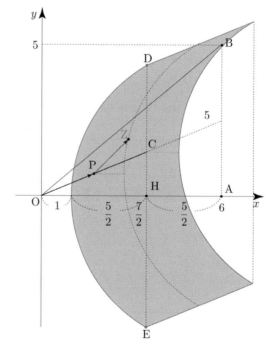

색칠한 부분의 일부를 떼어내어 평행이동시키면
점 X가 나타내는 도형의 넓이는 다음 그림과 같이
평행사변형의 넓이와 같다.

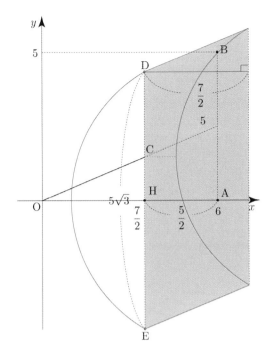

색칠한 평행사변형의 높이는 $\dfrac{7}{2}$이고,

밑변의 길이는 $\overline{DE} = 5\sqrt{3}$이므로

점 X가 나타내는 도형의 넓이는 $\dfrac{7}{2} \times 5\sqrt{3} = \dfrac{35\sqrt{3}}{2}$이다.

따라서 $p+q = 37$이다.

답 37

130

(가) $\overrightarrow{CX} = \dfrac{1}{2}\overrightarrow{CP} + \overrightarrow{CQ}$

$\dfrac{1}{2}\overrightarrow{CP} = \overrightarrow{CR}$가 되도록 점 R를 잡고

$\overrightarrow{CQ} = \overrightarrow{RZ}$가 되도록 점 Z을 잡으면

$\overrightarrow{CX} = \dfrac{1}{2}\overrightarrow{CP} + \overrightarrow{CQ} = \overrightarrow{CR} + \overrightarrow{RZ} = \overrightarrow{CZ}$이다.

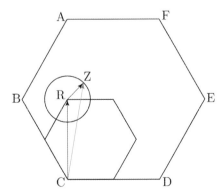

점 Z가 나타내는 영역은 점 X가 나타내는 영역과 같고,
점 X가 나타내는 영역은 다음 그림과 같다.

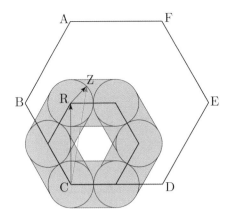

(나) 조건에서

$\overrightarrow{XA} + \overrightarrow{XC} + 2\overrightarrow{XD} = k\overrightarrow{CD}$

$\Rightarrow \overrightarrow{CA} - \overrightarrow{CX} - \overrightarrow{CX} + 2\overrightarrow{CD} - 2\overrightarrow{CX} = k\overrightarrow{CD}$

$\Rightarrow \overrightarrow{CA} - 4\overrightarrow{CX} = (k-2)\overrightarrow{CD}$

$\Rightarrow \overrightarrow{CX} = \dfrac{1}{4}\overrightarrow{CA} + \dfrac{2-k}{4}\overrightarrow{CD}$

$\dfrac{1}{4}\overrightarrow{CA} = \overrightarrow{CS}$가 되도록 점 S를 잡으면

점 X는 점 S를 지나고 직선 CD와 평행한
직선 위를 움직인다.

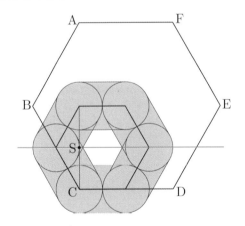

X가 점 S일 때, $\left|\overrightarrow{CX}\right|$의 값은 최소이다.

$\overrightarrow{CS} = \overrightarrow{CS} + \dfrac{2-k}{4}\overrightarrow{CD} \Rightarrow k=2 \Rightarrow \alpha=2$

아래 그림과 같이 점 T일 때, $\left|\overrightarrow{CX}\right|$의 값은 최대이다.

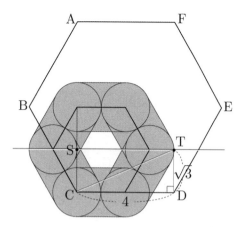

$$|\overrightarrow{ST}| = 4 \Rightarrow \left|\frac{2-k}{4}\overrightarrow{CD}\right| = 4$$

$$\overrightarrow{CT} = \overrightarrow{CS} + \overrightarrow{ST} = \overrightarrow{CS} + \overrightarrow{CD} = \overrightarrow{CS} + \frac{2-k}{4}\overrightarrow{CD}$$

$$\Rightarrow \frac{2-k}{4} = 1 \Rightarrow k = -2 \Rightarrow \beta = -2$$

따라서 $\alpha^2 + \beta^2 = 2^2 + (-2)^2 = 8$이다.

답 8

131

$$(|\overrightarrow{AX}| - 2)(|\overrightarrow{BX}| - 2) = 0 \Rightarrow |\overrightarrow{AX}| = 2 \text{ or } |\overrightarrow{BX}| = 2$$

점 X는 점 A$(-2, 2)$를 중심으로 하고 반지름의 길이가 2인 원 또는 점 B$(2, 2)$를 중심으로 하고 반지름의 길이가 2인 원 위를 움직인다.

$|\overrightarrow{OX}| \geq 2$이므로 점 X가 나타내는 도형은 다음과 같다.

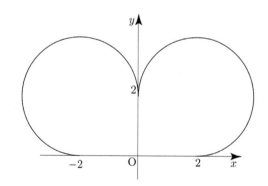

(가) 조건에 의해서
$$\overrightarrow{OP} \cdot \vec{u} \geq 0, \ \overrightarrow{OQ} \cdot \vec{u} \geq 0 \text{ or } \overrightarrow{OP} \cdot \vec{u} \leq 0, \ \overrightarrow{OQ} \cdot \vec{u} \leq 0$$
이므로 두 점 P, Q는 제1사분면 or x축 or y축에 있거나 제2사분면 or x축 or y축에 있어야 한다.

(나) 조건에 의해서 두 점 P, Q 사이의 거리는 2이다.
(두 점 P, Q는 서로 독립적으로 움직이는 것이 아니라 종속되어 움직인다.)

① 두 점 P, Q가 제1사분면 or x축 or y축에 있는 경우
선분 PQ의 중점을 M이라 하면
$$\overrightarrow{OY} = \overrightarrow{OP} + \overrightarrow{OQ} = 2\overrightarrow{OM} = 2(\overrightarrow{OB} + \overrightarrow{BM})$$
이고, $|\overrightarrow{BM}| = \sqrt{|\overrightarrow{BP}|^2 - |\overrightarrow{PM}|^2} = \sqrt{2^2 - 1^2} = \sqrt{3}$이므로
점 M의 집합이 나타내는 도형은 중심이 $(2, 2)$이고 반지름의 길이가 $\sqrt{3}$, 중심각의 크기가 $\frac{7}{6}\pi$인 부채꼴의 호이다.

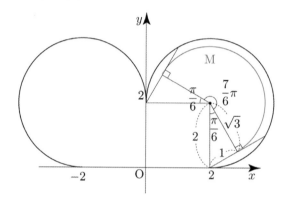

$\overrightarrow{OY} = 2\overrightarrow{OM}$이므로 점 Y의 집합이 나타내는 도형은 중심이 $(4, 4)$이고 반지름의 길이가 $2\sqrt{3}$, 중심각의 크기가 $\frac{7}{6}\pi$인 부채꼴의 호이다.

즉, 점 Y가 나타내는 도형의 길이는
$$2\sqrt{3} \times \frac{7}{6}\pi = \frac{7\sqrt{3}}{3}\pi$$이다.

② 두 점 P, Q가 제2사분면 or x축 or y축에 있는 경우
①과 대칭이므로 점 Y가 나타내는 도형의 길이는
$$2\sqrt{3} \times \frac{7}{6}\pi = \frac{7\sqrt{3}}{3}\pi$$이다.

①, ②에 의해 점 Y의 집합이 나타내는 도형의 길이는

$$2 \times \frac{7\sqrt{3}}{3}\pi = \frac{14\sqrt{3}}{3}\pi$$이다.

따라서 $p + q = 17$이다.

답 17

$$\overline{AB} = \overline{CD} = \overline{AD} = 2, \ \angle ABC = \angle BCD = \frac{\pi}{3}$$

다음 그림과 같이 좌표축을 설정해서 풀어보자.

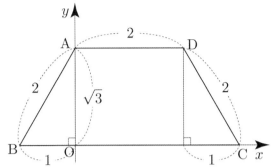

$A(0, \ \sqrt{3}), \ B(-1, \ 0), \ C(3, \ 0), \ D(2, \ \sqrt{3})$

점 P의 좌표를 $P(p, \ q)$라 하면 (가) 조건에 의해서

$$\overrightarrow{AC} = 2(\overrightarrow{AD} + \overrightarrow{BP})$$

$$\Rightarrow (3, \ -\sqrt{3}) = 2\{(2, \ 0) + (p+1, \ q)\}$$

$$\Rightarrow (3, \ -\sqrt{3}) = (2p+6, \ 2q)$$

$$\Rightarrow p = -\frac{3}{2}, \ q = -\frac{\sqrt{3}}{2}$$

이므로 점 P의 좌표는 $\left(-\frac{3}{2}, \ -\frac{\sqrt{3}}{2}\right)$이다.

즉, 세 점 A, B, P는 한 직선 위에 있다.

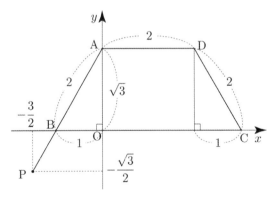

점 Q의 좌표를 $Q(x, \ y)$라 하면 (나) 조건에 의해서

$$\overrightarrow{AC} \cdot \overrightarrow{PQ} = 6$$

$$\Rightarrow (3, \ -\sqrt{3}) \cdot \left(x + \frac{3}{2}, \ y + \frac{\sqrt{3}}{2}\right) = 6$$

$$\Rightarrow 3x + \frac{9}{2} - \sqrt{3}y - \frac{3}{2} = 6$$

$$\Rightarrow y = \sqrt{3}x - \sqrt{3}$$

이므로 점 Q는 직선 $y = \sqrt{3}x - \sqrt{3}$ 위에 있다.

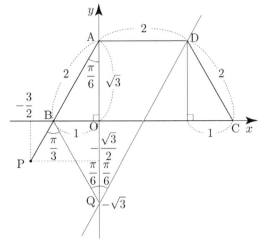

$Q(0, \ -\sqrt{3})$이면

$$\angle BAQ = \angle BQO = \angle DQA = \frac{\pi}{6}$$

$$\Rightarrow \angle PBQ = \angle BQD = \frac{\pi}{3} \text{ (엇각)}$$

이므로 (다) 조건을 만족시킨다.

따라서 $\overrightarrow{CP} \cdot \overrightarrow{DQ} = \left(-\frac{9}{2}, \ -\frac{\sqrt{3}}{2}\right) \cdot (-2, \ -2\sqrt{3})$

$$= 9 + 3 = 12$$

이다.

답 12

$$2x + y = 0 \Rightarrow y = -2x$$

$$2x^2 + y^2 = 3 \Rightarrow \frac{x^2}{\frac{3}{2}} + \frac{y^2}{3} = 1$$

$$\overrightarrow{OX} = \overrightarrow{OP} + \overrightarrow{OQ}$$

$\overrightarrow{OP} = \overrightarrow{QZ}$가 되도록 점 Z을 잡으면

$$\overrightarrow{OX} = \overrightarrow{OP} + \overrightarrow{OQ} = \overrightarrow{OQ} + \overrightarrow{QZ} = \overrightarrow{OZ}$$이다.

점 Z가 나타내는 영역은 점 X가 나타내는 영역과 같다.

기울기가 -2이고 타원 $\frac{x^2}{\frac{3}{2}} + \frac{y^2}{3} = 1$에 접하는 접선 중

y절편이 양수인 접선을 $y = -2x + a$라 하자.

점 X가 나타내는 영역 중에서 x좌표와 y좌표가 모두

0 이상인 모든 점 X가 나타내는 영역은 다음과 같다.

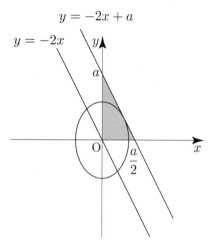

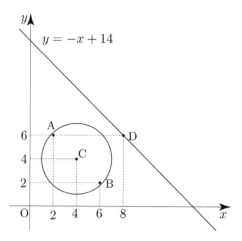

기울기가 m일 때, 타원 $\dfrac{x^2}{p^2}+\dfrac{y^2}{q^2}=1$에 접하는 접선의

방정식은 $y=mx\pm\sqrt{p^2m^2+q^2}$이므로 기울기 -2인

접선의 방정식은 $y=-2x+\sqrt{\dfrac{3}{2}\times 4+3}=-2x+3$

$\therefore\ a=3$

점 X가 나타내는 영역 중에서 x좌표와 y좌표가 모두

0 이상인 모든 점 X가 나타내는 영역의 넓이는

$\dfrac{1}{2}\times a\times\dfrac{a}{2}=\dfrac{a^2}{4}=\dfrac{9}{4}$이다.

따라서 $p+q=13$이다.

> 답　13

134

A(2, 6), B(6, 2), C(4, 4), D(8, 6)

$\{(\overrightarrow{OX}-\overrightarrow{OD})\cdot\overrightarrow{OC}\}\times\{|\overrightarrow{OX}-\overrightarrow{OC}|-3\}=0$

$\Rightarrow(\overrightarrow{DX}\cdot\overrightarrow{OC})\times(|\overrightarrow{CX}|-3)=0$

$\Rightarrow\overrightarrow{DX}\cdot\overrightarrow{OC}=0\ \text{or}\ |\overrightarrow{CX}|=3$

X(x, y)라 하면 $|\overrightarrow{CX}|=3$이므로 $(x-4)^2+(y-4)^2=9$

$\overrightarrow{DX}=(x-8,\ y-6)$, $\overrightarrow{OC}=(4,\ 4)$이므로

$\overrightarrow{DX}\cdot\overrightarrow{OC}=0\Rightarrow 4x-32+4y-24=0$

$\Rightarrow 4x+4y=56\Rightarrow x+y=14\Rightarrow y=-x+14$

즉, 점 X는 점 C(4, 4)를 중심으로 하고 반지름의
길이가 3인 원에 있거나 직선 $y=-x+14$ 위에 있다.

$\overrightarrow{OX}-\overrightarrow{OP}=\overrightarrow{PX}$와 $\overrightarrow{OC}$가 서로 평행하도록 하는
선분 AB 위의 점 P가 존재하므로 점 X가 나타내는 자취는
선분 AB 위의 한 점을 지나고 기울기가 1인 직선과
만나야 한다. 이를 만족시키는 모든 점 X의 자취를 구하면
다음과 같다.

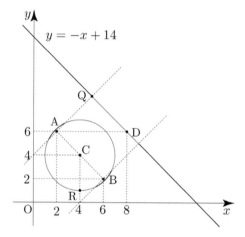

집합 S에 속하는 점 중에서 y좌표가 최대인 점은
점 A를 지나고 기울기가 1인 직선 $y=(x-2)+6=x+4$와
직선 $y=-x+14$의 교점이므로 점 Q(5, 9)이다.

집합 S에 속하는 점 중에서 y좌표가 최소인 점은
원 $(x-4)^2+(y-4)^2=9$ 위의 점 중 x좌표가 4이고
y좌표가 4보다 작은 점이므로 점 R(4, 1)이다.

따라서 $\overrightarrow{OQ}\cdot\overrightarrow{OR}=5\times 4+9\times 1=29$이다.

> 답　⑤

$9|\overrightarrow{PQ}|\overrightarrow{PQ} = 4|\overrightarrow{AB}|\overrightarrow{AB}$에서

양변의 벡터의 크기가 서로 같으므로

$9|\overrightarrow{PQ}|^2 = 4|\overrightarrow{AB}|^2 \Rightarrow 3|\overrightarrow{PQ}| = 2|\overrightarrow{AB}|$

$\overrightarrow{AB} = 3k$라 하면 $\overrightarrow{PQ} = 2k$

(가), (나) 조건을 만족시키는 그림을 그리면 다음과 같다.

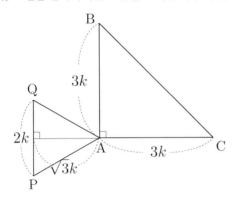

$\overrightarrow{PQ} \cdot \overrightarrow{CB} = 24 \Rightarrow \overrightarrow{PQ} \cdot (\overrightarrow{CA} + \overrightarrow{AB}) = 24$

$\Rightarrow \overrightarrow{PQ} \cdot \overrightarrow{CA} + \overrightarrow{PQ} \cdot \overrightarrow{AB} = 24$

$\Rightarrow \overrightarrow{PQ} \cdot \overrightarrow{AB} = 24 \ (\because \ \overrightarrow{PQ} \cdot \overrightarrow{CA} = 0)$

$\Rightarrow 2k \times 3k = 24 \Rightarrow k = 2$

선분 AB의 중점을 M이라 하면

$|\overrightarrow{XA} + \overrightarrow{XB}| = 2\left|\dfrac{\overrightarrow{XA} + \overrightarrow{XB}}{2}\right| = 2|\overrightarrow{XM}|$이고,

점 M에서 선분 AQ에 내린 수선의 발을 H라 하면 $|\overrightarrow{XM}|$의 최솟값은 $|\overrightarrow{MH}|$이다.

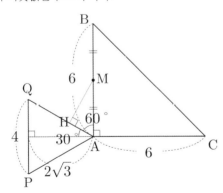

$\angle MAH = 60°$이므로 삼각형 AMH에서

$\overrightarrow{MH} = \overrightarrow{MA} \times \sin 60° = 3 \times \dfrac{\sqrt{3}}{2} = \dfrac{3\sqrt{3}}{2}$

즉, $|\overrightarrow{XA} + \overrightarrow{XB}| = 2\left|\dfrac{\overrightarrow{XA} + \overrightarrow{XB}}{2}\right| = 2|\overrightarrow{XM}|$의 최솟값은

$2|\overrightarrow{XM}| = 2|\overrightarrow{MH}| = 3\sqrt{3} = m$이다.

따라서 $m^2 = 27$이다.

$|\overrightarrow{DP}| = |\overrightarrow{EQ}| = |\overrightarrow{FR}| = 1$에서 점 P는 점 D를 중심으로 하고 반지름의 길이가 1인 원 위의 점이고, 점 Q는 점 E를 중심으로 하고 반지름의 길이가 1인 원 위의 점이고, 점 R은 점 F를 중심으로 하고 반지름의 길이가 1인 원 위의 점이다.

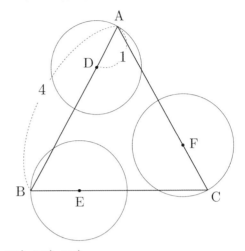

$\overrightarrow{AX} = \overrightarrow{PB} + \overrightarrow{QC} + \overrightarrow{RA}$

$= (\overrightarrow{DB} - \overrightarrow{DP}) + (\overrightarrow{EC} - \overrightarrow{EQ}) + (\overrightarrow{FA} - \overrightarrow{FR})$

$= \overrightarrow{DB} + \overrightarrow{EC} + \overrightarrow{FA} - (\overrightarrow{DP} + \overrightarrow{EQ} + \overrightarrow{FR})$

$\overrightarrow{EC} = \overrightarrow{BW}$이도록 점 W를 잡으면 $\overrightarrow{FA} = \overrightarrow{WD}$

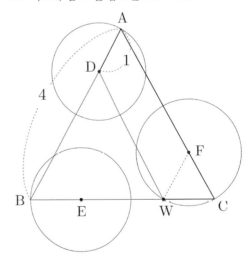

$\overrightarrow{DB} + \overrightarrow{EC} + \overrightarrow{FA} = \overrightarrow{DB} + \overrightarrow{BW} + \overrightarrow{WD} = \overrightarrow{DD} = 0$이므로

$\overrightarrow{AX} = -(\overrightarrow{DP} + \overrightarrow{EQ} + \overrightarrow{FR})$

$|\overrightarrow{AX}|$의 값이 최대가 되려면 세 벡터 $\overrightarrow{DP}$, $\overrightarrow{EQ}$, $\overrightarrow{FR}$의 방향이 모두 같아야 하고, 이는 평행이동을 의미하므로 삼각형 PQR의 넓이는 삼각형 DEF의 넓이와 같다.

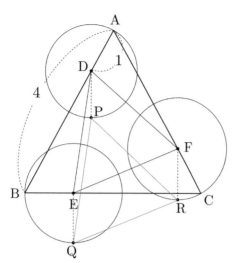

삼각형 DBE에서 코사인법칙을 사용하면

$$\cos(\angle DBE) = \frac{(\overline{BE})^2 + (\overline{BD})^2 - (\overline{DE})^2}{2 \times \overline{BE} \times \overline{BD}}$$

$$\Rightarrow \frac{1}{2} = \frac{1^2 + 3^2 - (\overline{DE})^2}{2 \times 1 \times 3} \Rightarrow \overline{DE} = \sqrt{7}$$

삼각형 DEF는 한 변의 길이가 $\sqrt{7}$인 정삼각형이므로

$$S = \frac{\sqrt{3}}{4} \times (\sqrt{7})^2 = \frac{7\sqrt{3}}{4}$$ 이다.

따라서 $16S^2 = 16 \times \frac{49 \times 3}{16} = 147$이다.

답 147

공간도형과 공간좌표

공간도형 | Guide step

1	(1), (2), (4)
2	(1) 직선 AE, 직선 DH, 직선 EF, 직선 HG (2) 평면 DHGC, 평면 EFGH (3) 평면 AEHD
3	풀이 참고
4	풀이 참고
5	(1) $60°$ (2) $90°$
6	(1) $60°$ (2) $60°$
7	풀이 참고
8	$\dfrac{2\sqrt{61}}{5}$
9	15
10	$\dfrac{\sqrt{3}}{3}$
11	$\dfrac{\sqrt{2}}{4}$
12	풀이 참고
13	(1) 선분 EF (2) 삼각형 FHE (3) 삼각형 BCF
14	(1) 5 (2) $30°$
15	$\dfrac{\sqrt{3}}{3}$
16	$6\sqrt{3}\pi$
17	32π

개념 확인문제 ❶ 1

(1) 세 점 A, B, D는 평면 ABD를 결정한다.
(2) 직선 AB와 점 C는 평면 ABC를 결정한다.
(3) 직선 AE와 직선 CD는 평행하지도 않고 한점에서
    만나지도 않기 때문에 한 평면을 결정하지 않는다.
(4) 직선 BE와 직선 CD는 평면 BEDC를 결정한다.

답 (1), (2), (4)

개념 확인문제 ❷ 2

(1) 직선 AE, 직선 DH, 직선 EF, 직선 HG
(2) 평면 DHGC, 평면 EFGH
(3) 평면 AEHD

답 (1) 직선 AE, 직선 DH, 직선 EF, 직선 HG
(2) 평면 DHGC, 평면 EFGH
(3) 평면 AEHD

개념 확인문제 ❸ 3

$\alpha /\!/ \beta$이므로 두 평면 α, β는 만나지 않는다. 이때 직선 l은
평면 α 위에 있고, 직선 m은 평면 β 위에 있으므로 두 직선
l, m도 만나지 않는다. 그런데 두 직선 l, m은 모두 평면 γ
위에 있으므로 $l /\!/ m$이다.

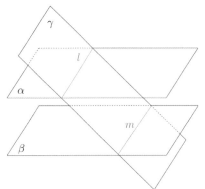

개념 확인문제 ❹ 4

평면 γ에 포함되고 평행하지 않는 두 직선 l, m을 떠올려보자.

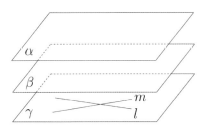

$\alpha /\!/ \gamma$이므로 $l /\!/ \alpha$, $m /\!/ \alpha$이고 $\alpha /\!/ \beta$이므로 $l /\!/ \beta$,
$m /\!/ \beta$이다.
따라서 [예제 2]로부터 평면 β에 평행한 두 직선 l, m을
포함하는 평면 γ는 평면 β와 평행이다.
즉, $\gamma /\!/ \beta$이다.

(1) 직선 ED와 직선 BC는 평행하고, 두 직선 AB, BC가
이루는 각의 크기는 60°이다. 따라서 두 직선 AB, ED가
이루는 각의 크기는 60°이다.

(2) 직선 BE와 직선 CD는 평행하고, 두 직선 AM, CD가
이루는 각의 크기는 90°이다. 따라서 두 직선 AM, BE가
이루는 각의 크기는 90°이다.

답 (1) 60° (2) 90°

개념 확인문제 6

(1) 직선 CD와 직선 BE는 평행하고, 두 직선 AB, BE가
이루는 각의 크기는 60°이다.
따라서 두 직선 AB, CD가 이루는 각의 크기는 60°이다.

(2) 직선 DF와 직선 AB는 평행하고, 두 직선 AE, AB가
이루는 각의 크기는 60°이다.
따라서 두 직선 AE, DF가 이루는 각의 크기는 60°이다.

답 (1) 60° (2) 60°

개념 확인문제 7

(1) 삼각형 ABC에서 $\overline{AM} \perp \overline{BC}$이고
삼각형 BCD에서 $\overline{DM} \perp \overline{BC}$이므로
직선 AM과 DM으로 이루어진 평면 AMD와
직선 BC는 서로 수직이다.

(2) (1)에서 직선 BC와 평면 AMD가 서로 수직이므로
평면 AMD가 포함하는 직선 AD도 직선 BC와 서로
수직이다.

개념 확인문제 8

평면 EFGH를 α라 하면 $\overline{CG} \perp \alpha$이고 $\overline{CO} \perp \overline{HF}$이므로
삼수선의 정리에 의해 $\overline{GO} \perp \overline{HF}$이다.

$\overline{HF} = \sqrt{4^2+3^2} = 5$
밑면 사각형 EFGH를 떼어내어 다시 그리면 다음과 같다.

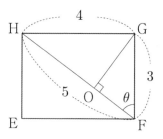

$\angle HFG = \theta$라 하면 삼각형 HFG에서 $\sin\theta = \dfrac{4}{5}$이다.

삼각형 FGO에서 $\overline{GO} = \overline{GF}\sin\theta = \dfrac{12}{5}$이다.

따라서 $\overline{CO} = \sqrt{\left(\dfrac{12}{5}\right)^2 + 2^2} = \sqrt{\dfrac{244}{25}} = \dfrac{2\sqrt{61}}{5}$이다.

답 $\dfrac{2\sqrt{61}}{5}$

Tip

"떼어내어 다시 그린다."는 주어진 그림만 가지고 해석하기
어려울 때 그림의 시점을 바꿔보면서 다시 그리는 사고 과정을
말한다.
이는 공간도형을 해석하는 데 있어 매우 중요한 사고과정 중
하나이다.

공간도형 해석 능력은 많이 그려보면 그려볼수록 늘 수밖에
없으니 최대한 많이 그려보자.

개념 확인문제 9

점 A에서 선분 BC에 내린 수선의 발을 H라 하자.
(삼각형 ABC는 $\overline{AB} = \overline{AC}$인 이등변삼각형이므로
점 H는 선분 BC의 중점이다.)

$\overline{PA} \perp \alpha$이고 $\overline{AH} \perp \overline{BC}$이므로 삼수선의 정리에 의해
$\overline{PH} \perp \overline{BC}$이다.

삼각형 ABC는 직각이등변삼각형이므로
$\overline{AC} = \dfrac{6}{\sqrt{2}} = 3\sqrt{2} \Rightarrow \overline{AH} = \dfrac{3\sqrt{2}}{\sqrt{2}} = 3$이다.
$\overline{PH} = \sqrt{4^2+3^2} = 5$이다.

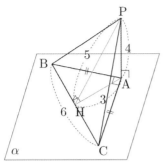

따라서 삼각형 PBC의 넓이는 $\dfrac{1}{2} \times 6 \times 5 = 15$이다.

답 15

점 G에서 선분 HF에 내린 수선의 발을 R이라 하면
삼수선의 정리에 의해 $\overline{CR} \perp \overline{HF}$이다.

한 변의 길이를 a라 하면
$\overline{CG} = a$

$\overline{EG} = \sqrt{2}\,a \Rightarrow \overline{GR} = \dfrac{\sqrt{2}}{2}a$

$\overline{CR} = \sqrt{a^2 + \left(\dfrac{\sqrt{2}}{2}a\right)^2} = \sqrt{\dfrac{6}{4}a^2} = \dfrac{\sqrt{6}}{2}a$

두 평면 CHF, EFGH의 교선 HF에 대하여
$\overline{CR} \perp \overline{HF}$, $\overline{GR} \perp \overline{HF}$이므로 $\angle CRG = \theta$이다.

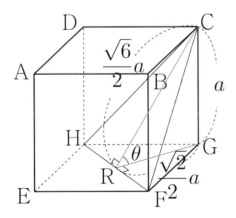

따라서 $\cos\theta = \dfrac{\overline{GR}}{\overline{CR}} = \dfrac{\dfrac{\sqrt{2}}{2}a}{\dfrac{\sqrt{6}}{2}a} = \dfrac{1}{\sqrt{3}} = \dfrac{\sqrt{3}}{3}$이다.

답 $\dfrac{\sqrt{3}}{3}$

점 A에서 평면 BCDE에 내린 수선의 발을 H라 하고,
점 H에서 선분 CD에 내린 수선의 발을 R이라 하면
삼수선의 정리에 의해 $\overline{AR} \perp \overline{CD}$이다.

$\overline{AR} = \sqrt{3^2 - 1^2} = 2\sqrt{2}$
$\overline{HR} = 1$

두 평면 ACD, BCDE의 교선 CD에 대하여
$\overline{HR} \perp \overline{CD}$, $\overline{AR} \perp \overline{CD}$이므로 $\angle ARH = \theta$이다.

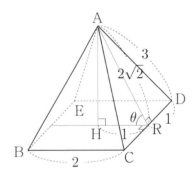

따라서 $\cos\theta = \dfrac{\overline{HR}}{\overline{AR}} = \dfrac{1}{2\sqrt{2}} = \dfrac{\sqrt{2}}{4}$이다.

답 $\dfrac{\sqrt{2}}{4}$

점 O를 지나고 두 평면 α, β의 교선 m과 수직인
직선 l을 평면 α 위에 그리면 $\overline{AO} \perp m$, $l \perp m$이다.
한편 $\alpha \perp \beta$이므로 $\overline{AO} \perp l$이다.
따라서 선분 AO는 평면 α 위의 두 직선 l, m과 각각
수직이므로 $\overline{AO} \perp \alpha$이다.

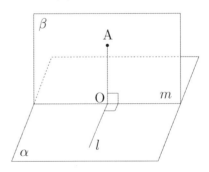

개념 확인문제 13

(1) 선분 EF
(2) 삼각형 FHE
(3) 삼각형 BCF

> 답 (1) 선분 EF (2) 삼각형 FHE (3) 삼각형 BCF

개념 확인문제 14

(1) $\overline{A'B'} = \overline{AB}\cos 60° = 10 \times \dfrac{1}{2} = 5$

(2) $\overline{A'B'} = \overline{AB}\cos\theta \Rightarrow 6\sqrt{3} = 12\cos\theta \Rightarrow \cos\theta = \dfrac{\sqrt{3}}{2}$

이므로 $\theta = 30°$ 이다.

> 답 (1) 5 (2) 30°

개념 확인문제 15

정사각뿔의 한 변의 길이를 a라 하자.
점 A에서 평면 BCDE에 내린 수선의 발을 H라 하면
삼각형 ABC의 평면 BCDE 위로의 정사영은
삼각형 HBC이므로 $\triangle HBC = \triangle ABC\cos\theta$이다.

$\triangle ABC = \dfrac{\sqrt{3}}{4}a^2$이고, $\triangle HBC = \dfrac{1}{2} \times a \times \dfrac{1}{2}a = \dfrac{1}{4}a^2$이다.

따라서 $\cos\theta = \dfrac{\triangle HBC}{\triangle ABC} = \dfrac{\dfrac{1}{4}a^2}{\dfrac{\sqrt{3}}{4}a^2} = \dfrac{1}{\sqrt{3}} = \dfrac{\sqrt{3}}{3}$ 이다.

> 답 $\dfrac{\sqrt{3}}{3}$

개념 확인문제 16

잘린 단면의 넓이를 S라 하고,
원기둥의 밑면의 넓이를 S'라 하면 $S' = S\cos 30°$ 이다.

$S' = 9\pi$이므로 $S = \dfrac{S'}{\cos 30°} = \dfrac{9\pi}{\dfrac{\sqrt{3}}{2}} = 6\sqrt{3}\pi$이다.

> 답 $6\sqrt{3}\pi$

개념 확인문제 17

구의 중심을 지나고 지면에 수직인 평면으로 잘라
단면화하면 다음 그림과 같다.

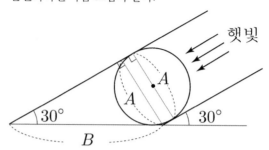

구를 햇빛과 수직이고 원의 중심을 지나는 평면으로
자른 단면의 넓이를 A라 하고, 지면에 생기는
구의 그림자의 넓이를 B라 하면 $A = B\cos 60°$ 이다.

$A = 16\pi$이므로 $B = \dfrac{16\pi}{\cos 60°} = \dfrac{16\pi}{\dfrac{1}{2}} = 32\pi$이다.

> 답 32π

1	4	**16**	12
2	28	**17**	49
3	ㄱ	**18**	34
4	③	**19**	15
5	8	**20**	③
6	⑤	**21**	12
7	2	**22**	②
8	②	**23**	208
9	④	**24**	②
10	③	**25**	162
11	②	**26**	55
12	④	**27**	④
13	40	**28**	①
14	10	**29**	②
15	80		

001

직육면체 ABCD − EFGH에서 세 꼭짓점에 의하여
결정되는 평면 중 직선 BD를 포함하는 서로 다른 평면은
평면 ABD, EDB, FDB, GDB이다.
따라서 서로 다른 평면의 개수는 4이다.

 답 4

002

직선 CH와 평행한 직선은 DI, EJ, AF, BG이므로
$a = 4$이다.
직선 AB와 꼬인 위치에 있는 직선은
CH, DI, EJ, GH, HI, IJ, JF이므로 $b = 7$이다.
따라서 $ab = 28$이다.

 답 28

003

ㄱ. 직선 AE와 직선 CD

두 직선 AE, CD는 평행하지도 않고, 한 점에서
만나지도 않으므로 꼬인 위치에 있다.
따라서 ㄱ은 참이다.

ㄴ. 직선 BP와 직선 DQ

선분 AC의 중점을 M이라 하자.
점 P는 삼각형 ABC의 무게중심이므로
직선 BP는 점 M을 지나고,
점 Q는 삼각형 ACD의 무게중심이므로
직선 DQ는 점 M을 지난다.
즉, 두 직선 BP, DQ는 한 점에서 만나므로
꼬인 위치에 있지 않다.
따라서 ㄴ은 거짓이다.

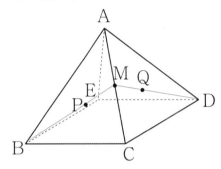

ㄷ. 직선 BQ와 직선 DP

ㄴ에서 살펴본 것처럼 선분 AC의 중점을 M이라 하면
평면 MBD는 두 직선 BQ, DP를 포함한다.
즉, 두 직선 BQ, DP는 한 점에서 만나고
한 평면을 결정하므로 꼬인 위치에 있지 않다.
따라서 ㄷ은 거짓이다.

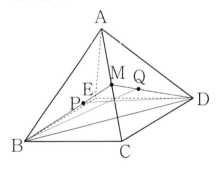

 답 ㄱ

004

삼수선의 정리에 의해 $\overline{\mathrm{HI}} \perp \overline{\mathrm{MG}}$ 이다.

삼각형 GMF에서 $\overline{\mathrm{GM}} = \sqrt{1^2+2^2} = \sqrt{5}$ 이다.

밑면 사각형 EFGH를 떼어내어 다시 그리면 다음과 같다.

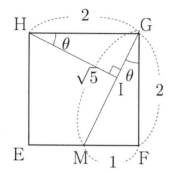

$\angle \mathrm{MGF} = \theta$ 라 하면 삼각형 MGF에서 $\cos\theta = \dfrac{2}{\sqrt{5}}$ 이다.

삼각형 GHI에서 $\overline{\mathrm{HI}} = \overline{\mathrm{HG}}\cos\theta = \dfrac{4}{\sqrt{5}}$ 이다.

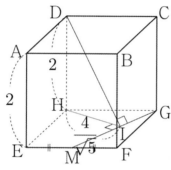

삼각형 DIH에서

$\overline{\mathrm{DI}} = \sqrt{2^2 + \left(\dfrac{4}{\sqrt{5}}\right)^2} = \sqrt{\dfrac{36}{5}} = \dfrac{6\sqrt{5}}{5}$ 이다.

따라서 선분 DI의 길이는 $\dfrac{6\sqrt{5}}{5}$ 이다.

답 ③

005

점 D에서 선분 BC에 내린 수선의 발을 H라 하면
삼수선의 정리에 의해 $\overline{\mathrm{HA}} \perp \overline{\mathrm{BC}}$ 이다.

$\overline{\mathrm{HC}} = 3, \quad \overline{\mathrm{AH}} = 4$

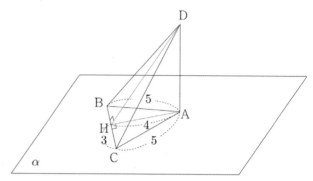

삼각형 DBC의 넓이가 $12\sqrt{5}$ 이므로

$12\sqrt{5} = \dfrac{1}{2} \times 6 \times \overline{\mathrm{DH}} \implies \overline{\mathrm{DH}} = 4\sqrt{5}$ 이다.

삼각형 DHA에서 $\overline{\mathrm{AD}} = \sqrt{(4\sqrt{5})^2 - 4^2} = 8$ 이다.
따라서 선분 AD의 길이는 8이다.

답 8

006

삼수선의 정리에 의해 $\overline{\mathrm{CD}} \perp \overline{\mathrm{AB}}$ 이다.
삼각형 ABC에서 $\angle \mathrm{BCA} = 90°$ 이고, $\overline{\mathrm{AB}} = 4$, $\overline{\mathrm{BC}} = 2$

이므로 $\cos(\angle \mathrm{ABC}) = \dfrac{\overline{\mathrm{BC}}}{\overline{\mathrm{AB}}} = \dfrac{2}{4} = \dfrac{1}{2} \implies \angle \mathrm{ABC} = 60°$ 이다.

삼각형 BCD에서 $\overline{\mathrm{CD}} = \overline{\mathrm{BC}}\sin 60° = \sqrt{3}$ 이고,
삼각형 BPC에서 $\overline{\mathrm{CP}} = \sqrt{4^2 - 2^2} = 2\sqrt{3}$ 이다.

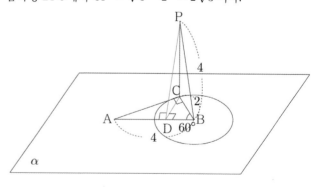

삼각형 PDC에서 $\overline{\mathrm{DP}} = \sqrt{(2\sqrt{3})^2 + (\sqrt{3})^2} = \sqrt{15}$ 이다.
따라서 선분 DP의 길이는 $\sqrt{15}$ 이다.

답 ⑤

평면 α 위의 두 점 A, B에 대하여 직선 AB는
구와 한 점에서 만나므로 구를 평면 α로 자른 단면(원)과
접해야 한다.

이때 접점을 C이라 하면 삼수선의 정리에 의해
$\overline{OC} \perp \overline{CA}$이다.

구의 반지름의 길이가 $\sqrt{6}$이므로 $\overline{OC} = \sqrt{6}$이고,
삼각형 OHC에서 $\overline{HC} = \sqrt{(\sqrt{6})^2 - (2)^2} = \sqrt{2}$이다.

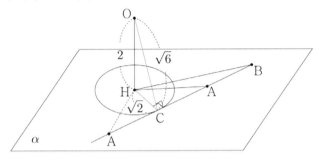

$\overline{AB} < 5$, $\overline{AH} = \sqrt{10}$, $\overline{BH} = 2\sqrt{13}$
삼각형 AHC에서 $\overline{AC} = \sqrt{(\sqrt{10})^2 - (\sqrt{2})^2} = 2\sqrt{2}$이고,
삼각형 BHC에서 $\overline{BC} = \sqrt{(2\sqrt{13})^2 - (\sqrt{2})^2} = 5\sqrt{2}$이다.
($\overline{AB} < 5$이므로 $\overline{AB} = \overline{AC} + \overline{CB} = 2\sqrt{2} + 5\sqrt{2} = 7\sqrt{2}$인
경우는 가능하지 않다.)

$\overline{AB} = 5\sqrt{2} - 2\sqrt{2} = 3\sqrt{2}$이므로 삼각형 ABH의
넓이는 $\dfrac{1}{2} \times \overline{AB} \times \overline{HC} = \dfrac{1}{2} \times 3\sqrt{2} \times \sqrt{2} = 3$이다.

따라서 사면체 OABH의 부피는 $\dfrac{1}{3} \times 3 \times 2 = 2$이다.

답 2

점 Q에서 선분 AB에 내린 수선의 발을 C라 하자.
점 Q에서 평면 α에 내린 수선의 발을 D라 하고, 이를 작도하기
위해서 Guide step에서 배운 것처럼 삼수선의 정리를 이용하면
점 D는 점 C를 지나고 직선 AB에 수직인 직선 위에 떨어진다.

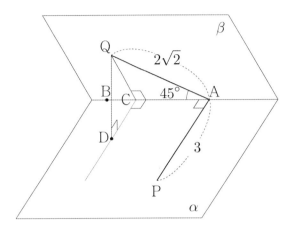

삼각형 QAC에서 $\angle QAC = 45°$, $\overline{AQ} = 2\sqrt{2}$이므로
$\overline{QC} = \overline{CA} = 2$이다.
두 평면 α, β가 이루는 각의 크기가 $60°$이므로
$\angle QCD = 60°$이고, 삼각형 QCD에서
$\overline{DC} = 1$, $\overline{QD} = \sqrt{3}$이다.

점 D에서 선분 AP에 내린 수선의 발을 E라 하면
$\overline{PE} = \overline{PA} - \overline{EA} = 3 - 1 = 2$이므로
삼각형 DPE에서 $\overline{DP} = \sqrt{2^2 + 2^2} = 2\sqrt{2}$이다.

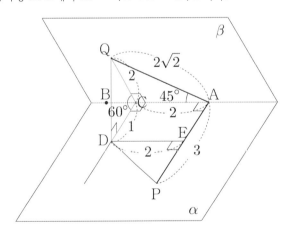

삼각형 QPD에서 $\overline{PQ} = \sqrt{(\sqrt{3})^2 + (2\sqrt{2})^2} = \sqrt{11}$이다.
따라서 선분 PQ의 길이는 $\sqrt{11}$이다.

답 ②

평면이 삼각형인 것보다 사각형인 것이 문제를 접근하기
용이하므로 평면 PCG를 연장해보자.
점 P에서 평면 EFGH에 내린 수선의 발을 Q라 하면
평면 PCG와 평면 PQGC는 같은 평면이다.

점 M에서 평면 PQGC에 내린 수선의 발을 R이라 하고,
이를 작도하기 위해서 Guide step에서 배운 것처럼
삼수선의 정리를 이용하면 점 R은 점 N을 지나고
직선 PC에 수직인 직선 위에 떨어진다.

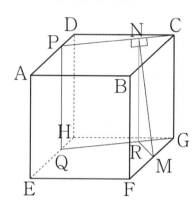

밑면 사각형 EFGH를 떼어내어 다시 그리면 다음과 같다.

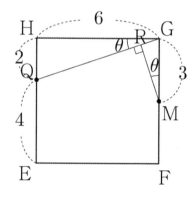

삼각형 QGH에서 $\overline{GQ} = \sqrt{2^2+6^2} = 2\sqrt{10}$ 이다.
∠QGH $=\theta$라 하면 삼각형 QGH에서
$\cos\theta = \dfrac{6}{2\sqrt{10}} = \dfrac{3}{\sqrt{10}}$ 이다.

삼각형 GMR에서 $\overline{MR} = \overline{GM}\cos\theta = \dfrac{9}{\sqrt{10}}$ 이다.

$\overline{NR} = 6$이므로 삼각형 MNR에서

$\overline{MN} = \sqrt{\left(\dfrac{9}{\sqrt{10}}\right)^2+6^2} = \sqrt{\dfrac{441}{10}} = \dfrac{21\sqrt{10}}{10}$ 이다.

따라서 선분 MN의 길이는 $\dfrac{21\sqrt{10}}{10}$ 이다.

답 ④

점 A에서 평면 BCD에 내린 수선의 발을 G라 하면
점 G는 삼각형 BCD의 무게중심이다.
(Guide step에서 정사면체의 특징에 대해 학습함)

선분 BC의 중점을 M이라 하자.
점 O에서 평면 BCD에 내린 수선의 발을 R이라 하면
점 R은 직선 MD 위에 떨어진다.

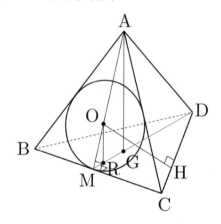

한 변의 길이가 a인 정사면체의 높이는 $\dfrac{\sqrt{6}}{3}a$이므로
(Guide step에서 정사면체의 특징에 대해 학습함)
$\overline{AG} = \dfrac{\sqrt{6}}{3}\times 18 = 6\sqrt{6}$ 이다.
점 O는 삼각형 ABC의 무게중심이므로
두 삼각형 AMG, OMR은 3 : 1 닮음이다.
즉, $\overline{OR} = \dfrac{1}{3}\overline{AG} = 2\sqrt{6}$ 이다.

밑면 삼각형 BCD를 떼어내어 다시 그리면 다음과 같다.

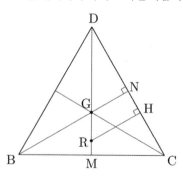

$\overline{DM} = 18\times\dfrac{\sqrt{3}}{2} = 9\sqrt{3}$ 이므로

$\overline{DG} = \dfrac{2}{3}\overline{DM} = 6\sqrt{3}$, $\overline{GM} = \dfrac{1}{3}\overline{DM} = 3\sqrt{3}$

$\overline{GR} = \dfrac{2}{3}\overline{GM} = 2\sqrt{3}$

이다.

선분 CD의 중점을 N이라 하자.
$\overline{DR} = 8\sqrt{3}$ 이고, $\overline{DG} = 6\sqrt{3}$ 이므로
두 삼각형 DRH, DGN은 4 : 3 닮음이다.

$$\overline{GN} = \overline{GM} = 3\sqrt{3}$$

즉, $\overline{RH} = \dfrac{4}{3}\overline{GN} = 4\sqrt{3}$ 이다.

삼각형 ORH에서 $\overline{OH} = \sqrt{(4\sqrt{3})^2 + (2\sqrt{6})^2} = 6\sqrt{2}$ 이다.
따라서 선분 OH의 길이는 $6\sqrt{2}$ 이다.

답 ③

삼각형 PAB는 $\overline{PB} = 2$, $\angle PAB = 90°$ 인
직각이등변삼각형이므로 $\overline{AB} = \overline{AP} = \sqrt{2}$ 이다.
삼수선의 정리에 의해 $\overline{HA} \perp \overline{AB}$ 이다.

삼각형 PAH에서 $\angle PAH = 45°$ 이므로
$\overline{PH} = \overline{HA} = 1$ 이다.

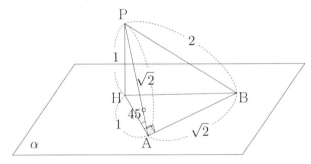

삼각형 HAB의 넓이는 $\dfrac{1}{2} \times 1 \times \sqrt{2} = \dfrac{\sqrt{2}}{2}$ 이다.

따라서 사면체 PHAB의 부피는 $\dfrac{1}{3} \times 1 \times \dfrac{\sqrt{2}}{2} = \dfrac{\sqrt{2}}{6}$ 이다.

답 ②

012

점 B에서 평면 AHC에 내린 수선의 발을 R이라
하고, 이를 작도하기 위해서 Guide step에서 배운 것처럼
삼수선의 정리를 이용하면 점 R은 점 P을 지나고
직선 AC에 수직인 직선 위에 떨어진다.

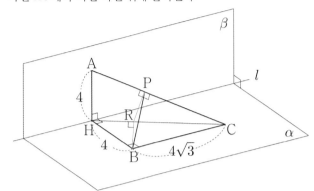

삼각형 HCB를 떼어내어 다시 그리면 다음과 같다.

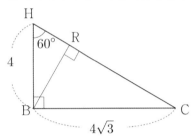

$\tan(\angle CHB) = \dfrac{\overline{BC}}{\overline{HB}} = \dfrac{4\sqrt{3}}{4} = \sqrt{3} \Rightarrow \angle CHB = 60°$

삼각형 HBR에서 $\overline{BR} = \overline{BH}\sin 60° = 2\sqrt{3}$ 이고,
$\overline{HR} = \overline{BH}\cos 60° = 2$ 이다.

$\overline{HC} = \sqrt{4^2 + (4\sqrt{3})^2} = 8$ 이므로
$\overline{RC} = 8 - 2 = 6$ 이다.

삼각형 ACH를 떼어내어 다시 그리면 다음과 같다.

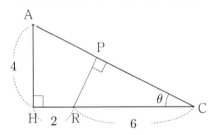

$\overline{AC} = \sqrt{4^2 + 8^2} = 4\sqrt{5}$
$\angle ACH = \theta$ 라 하면 삼각형 ACH에서
$\sin\theta = \dfrac{\overline{AH}}{\overline{AC}} = \dfrac{4}{4\sqrt{5}} = \dfrac{1}{\sqrt{5}}$ 이므로
$\overline{PR} = \overline{RC}\sin\theta = \dfrac{6}{\sqrt{5}}$ 이다.

삼각형 BRP에서

$$\overline{BP} = \sqrt{\left(\frac{6}{\sqrt{5}}\right)^2 + (2\sqrt{3})^2} = \frac{4\sqrt{6}}{\sqrt{5}} = \frac{4\sqrt{30}}{5} \text{이다.}$$

따라서 선분 BP의 길이는 $\dfrac{4\sqrt{30}}{5}$ 이다.

답 ④

013

평면 PMN과 평행 BCD의 교선이 보이지 않아
이면각의 정의를 사용하기 어렵다.

뭔가 방법이 없을까?
여기서 아이디어! 바닥평면 BCD를 평행이동하여 풀어보자.

선분 AB의 중점을 Q라 하면
평면 BCD와 평면 QMN은 서로 평행하므로
평면 PMN과 평면 BCD가 이루는 각의 크기는
평면 PMN과 평면 QMN이 이루는 각의 크기와 같다.

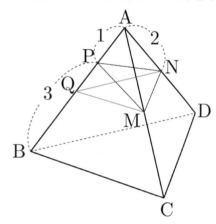

이때 사면체 AQMN은 모든 모서리의 길이가 2인
정사면체이고, 선분 AQ의 중점은 P이다.

이를 바탕으로 정사면체 AQMN을 그리면 다음과 같다.

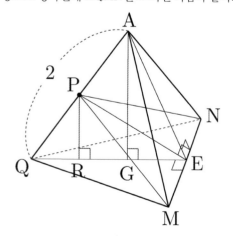

점 P에서 선분 MN에 내린 수선의 발을 E라 하자.
점 P에서 평면 QMN에 내린 수선의 발을 R이라 하고,
점 A에서 평면 QMN에 내린 수선의 발을 G라 하면
두 점 R, G는 직선 QE 위에 떨어진다.

$$\overline{AG} = \frac{\sqrt{6}}{3} \times 2 = \frac{2\sqrt{6}}{3} \text{이고,}$$

두 삼각형 AQG, PQR는 2 : 1 닮음이므로

$$\overline{PR} = \frac{1}{2}\overline{AG} = \frac{\sqrt{6}}{3} \text{이다.}$$

삼각형 AEQ는 $\overline{AE} = \overline{QE} = \sqrt{3}$ 인 이등변삼각형이므로
직선 PE는 선분 AQ를 수직이등분한다.
삼각형 AEP에서 $\overline{PE} = \sqrt{(\sqrt{3})^2 - 1^2} = \sqrt{2}$ 이다.

삼각형 PER에서 $\sin\theta = \dfrac{\overline{PR}}{\overline{PE}} = \dfrac{\frac{\sqrt{6}}{3}}{\sqrt{2}} = \dfrac{\sqrt{3}}{3}$ 이므로

$$\cos^2\theta = 1 - \sin^2\theta = 1 - \frac{1}{3} = \frac{2}{3} \text{이다.}$$

따라서 $60\cos^2\theta = 60 \times \dfrac{2}{3} = 40$ 이다.

답 40

014

$\overline{AC} = \overline{CE} = \overline{AB} = 2$, $\overline{AF} = \overline{AD} = \overline{DB} = 2\sqrt{2}$
점 AB의 중점을 M이라 하자.

점 P에서 평면 ABC에 내린 수선의 발은
삼수선의 정리에 의해 다음 그림과 같이 색칠한 세 직선의
교점인 C에 위치함을 알 수 있다.

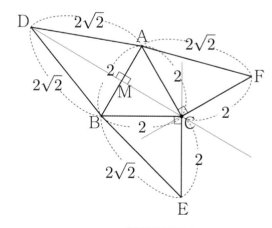

삼각형 DAM에서 $\overline{DM} = \sqrt{(2\sqrt{2})^2 - 1^2} = \sqrt{7}$ 이고,
삼각형 ABC에서 $\overline{MC} = 2 \times \dfrac{\sqrt{3}}{2} = \sqrt{3}$ 이다.

$\overline{\text{PM}} = \overline{\text{DM}} = \sqrt{7}$

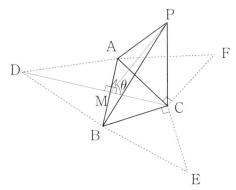

삼각형 PMC에서 $\cos\theta = \dfrac{\overline{\text{MC}}}{\overline{\text{PM}}} = \dfrac{\sqrt{3}}{\sqrt{7}}$ 이므로

$\cos^2\theta = \dfrac{3}{7}$ 이다.

따라서 $p+q = 10$ 이다.

답 10

015

"삼수선의 정리를 사용할 때, 교선이 짧아서 교선에 수선의 발을 내리기 어려운 경우에는 교선을 연장하면 된다."라고 **Guide step**에서 학습한 바 있다.

선분 BC를 연장하여 점 A에서 직선 BC에 내린 수선의 발을 E라 하면 삼수선의 정리에 의해 $\overline{\text{DE}} \perp \overline{\text{BE}}$ 이다.

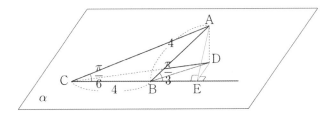

$\overline{\text{AB}} = \overline{\text{BC}} = 4$, $\angle\text{ACB} = \dfrac{\pi}{6}$ 이므로 $\angle\text{ABE} = \dfrac{\pi}{3}$ 이다.

삼각형 ABE에서

$\overline{\text{BE}} = \overline{\text{AB}}\cos\dfrac{\pi}{3} = 2$, $\overline{\text{AE}} = \overline{\text{AB}}\sin\dfrac{\pi}{3} = 2\sqrt{3}$ 이다.

$\overline{\text{BD}} = \sqrt{10}$ 이므로 삼각형 BDE에서

$\overline{\text{ED}} = \sqrt{\left(\sqrt{10}\right)^2 - 2^2} = \sqrt{6}$ 이다.

삼각형 AED에서 $\overline{\text{AD}} = \sqrt{\left(2\sqrt{3}\right)^2 - \left(\sqrt{6}\right)^2} = \sqrt{6}$ 이다.

문제에서 구하는 것은 두 평면 ABC와 ACD가 이루는 각의 크기이고, 두 평면 ABC, ACE은 같은 평면이니 평면 ACE를 바닥평면으로 보고 이면각을 구해보자.

점 D에서 평면 AEC에 내린 수선의 발을 Z라 하자. 두 평면 AED, ACE는 서로 수직이므로 점 Z는 선분 AE 위에 떨어진다.

삼각형 AED를 떼어내어 다시 그리면 다음 그림과 같다.

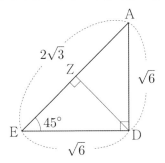

$\angle\text{AED} = 45°$ 이므로 $\overline{\text{DZ}} = \overline{\text{DE}}\sin 45° = \sqrt{3}$ 이다.

점 Z에서 선분 AC에 내린 수선의 발을 H라 하면 삼수선의 정리에 의해 $\overline{\text{DH}} \perp \overline{\text{AC}}$ 이다.

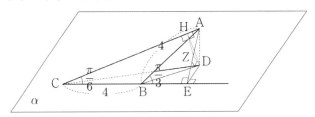

삼각형 ACE를 떼어내어 다시 그리면 다음과 그림과 같다.

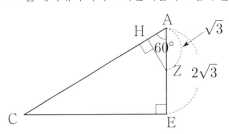

삼각형 ACE에서 $\overline{\text{HZ}} = \overline{\text{AZ}}\sin 60° = \sqrt{3} \times \dfrac{\sqrt{3}}{2} = \dfrac{3}{2}$ 이다.

즉, 삼각형 DHZ에서 $\tan\theta = \dfrac{\overline{\text{DZ}}}{\overline{\text{HZ}}} = \dfrac{\sqrt{3}}{\dfrac{3}{2}} = \dfrac{2\sqrt{3}}{3}$ 이다.

따라서 $60\tan^2\theta = 60 \times \dfrac{12}{9} = 80$ 이다.

답 80

016

이면각의 정의를 사용하고 싶은데 문제 그림상
두 평면 ABC, α의 교선이 보이지 않는다.

어떻게 해야 할까?
여기서 아이디어! 평면을 연장하여 교선을 만들어보자.

점 C에서 평면 α에 내린 수선의 발을 E라 하고,
점 A에서 평면 α에 내린 수선의 발을 F라 하고,
직선 AC와 직선 EF가 만나는 점을 D라 하면
평면 ACB와 평면 CDB는 서로 같은 평면이다.
(평면 ACB를 평면 CDB로 연장)

즉, 평면 CDB와 평면 α의 교선은 직선 BD이다.

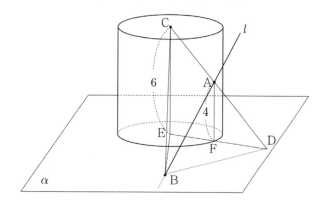

$\overline{CE} : \overline{AF} = 3 : 2$이므로 $\overline{AD} : \overline{AC} = 2 : 1$이다.
즉, $3\overline{AC} = \overline{DC}$이다.

이때 (나) 조건에서 $3\overline{AC} = \overline{BC}$이므로 $\overline{DC} = \overline{BC}$이다.
즉, 두 삼각형 DCE, BCE은 합동이므로 $\overline{BE} = \overline{DE}$이다.

$\overline{EF} = 2$이므로 $\overline{FD} = x$라 하면
삼각형 DEC에서 $\tan(\angle ADF) = \dfrac{\overline{AF}}{\overline{FD}} = \dfrac{\overline{CE}}{\overline{ED}}$이므로
$\dfrac{4}{x} = \dfrac{6}{x+2} \Rightarrow 4x+8 = 6x \Rightarrow x = 4$이다.

점 E에서 선분 BD에 내린 수선의 발을 H라 하면
삼수선의 정리에 의해 $\overline{CH} \perp \overline{BD}$이다.

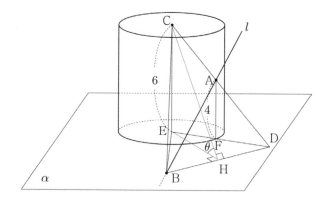

삼각형 EBD를 떼어내어 다시 그리면 다음 그림과 같다.

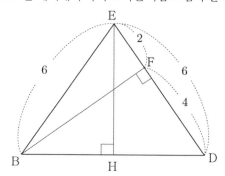

평면 ABF가 원기둥의 옆면에 접하므로 $\overline{BF} \perp \overline{EF}$이다.
삼각형 BEF에서 $\overline{BF} = \sqrt{6^2 - 2^2} = 4\sqrt{2}$이므로
삼각형 BDF에서 $\overline{BD} = \sqrt{(4\sqrt{2})^2 + 4^2} = 4\sqrt{3}$이다.

삼각형 EBD에서 삼각형 넓이 같다 Technique를 사용하면
$\dfrac{1}{2} \times \overline{BF} \times \overline{DE} = \dfrac{1}{2} \times \overline{EH} \times \overline{BD}$

$\Rightarrow \dfrac{1}{2} \times 4\sqrt{2} \times 6 = \dfrac{1}{2} \times \overline{EH} \times 4\sqrt{3}$

$\Rightarrow \overline{EH} = 2\sqrt{6}$
이다.

삼각형 CHE에서 $\overline{CH} = \sqrt{(2\sqrt{6})^2 + 6^2} = 2\sqrt{15}$이므로
$\cos\theta = \dfrac{\overline{EH}}{\overline{CH}} = \dfrac{2\sqrt{6}}{2\sqrt{15}} = \dfrac{\sqrt{2}}{\sqrt{5}}$이다.

따라서 $30\cos^2\theta = 30 \times \dfrac{2}{5} = 12$이다.

답 12

이번에는 정사영을 이용하여 풀어보자.

삼각형 ABC의 넓이를 S, 삼각형 FBE의 넓이를 S'라 하면
$S' = S\cos\theta$이다.

$\overline{CA} = 2\sqrt{2}, \ \overline{CB} = 6\sqrt{2}, \ \overline{EF} = 2$
$\overline{BF} = 4\sqrt{2}, \ \overline{AF} = 4 \Rightarrow \overline{AB} = \sqrt{(4\sqrt{2})^2 + 4^2} = 4\sqrt{3}$

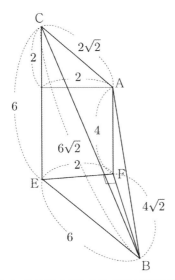

∠ACB = t 라 하고, 삼각형 ABC에서 코사인법칙을 사용하면

$$\cos t = \frac{\overline{CB}^2 + \overline{CA}^2 - \overline{AB}^2}{2 \times \overline{CB} \times \overline{CA}} = \frac{2}{3}$$ 이므로

$$\sin t = \sqrt{1 - \cos^2 \theta} = \sqrt{\frac{5}{9}} = \frac{\sqrt{5}}{3}$$ 이다.

삼각형 ABC의 넓이는 $S = \frac{1}{2} \times \overline{CB} \times \overline{CA} \times \sin t = 4\sqrt{5}$ 이고,

삼각형 FBE의 넓이는 $S' = \frac{1}{2} \times \overline{EF} \times \overline{BF} = 4\sqrt{2}$ 이므로

$$\cos \theta = \frac{S'}{S} = \frac{4\sqrt{2}}{4\sqrt{5}} = \frac{\sqrt{2}}{\sqrt{5}}$$ 이다.

따라서 $30\cos^2\theta = 30 \times \frac{2}{5} = 12$ 이다.

이번에는 바닥평면 BEF 을 평행이동하여 풀어보자.

바닥평면 BEF에 평행하고 점 A를 지나는 평면이
두 선분 CE, CB와 만나는 두 점을 각각 W, Z라 하고,
점 Z에서 평면 BEF에 내린 수선의 발을 V라 하면
교선은 AZ이다.

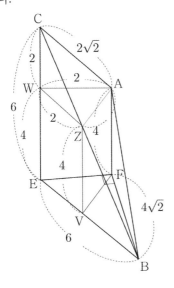

삼각형 BEF를 떼어내어 다시 그리면 다음 그림과 같다.

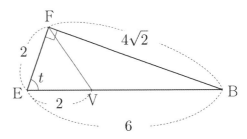

∠BEF = t 라 하면 $\cos t = \frac{\overline{EF}}{\overline{EB}} = \frac{2}{6} = \frac{1}{3}$ 이므로

삼각형 DFV에서 코사인법칙을 사용하면

$$\cos t = \frac{\overline{EV}^2 + \overline{EF}^2 - \overline{FV}^2}{2 \times \overline{EV} \times \overline{EF}}$$

$$\Rightarrow \frac{1}{3} = \frac{8 - \overline{FV}^2}{8} \Rightarrow \overline{FV} = \frac{4\sqrt{3}}{3}$$

이다.

즉, $\overline{AZ} = \overline{FV} = \frac{4\sqrt{3}}{3}$ 이다.

점 W에서 선분 AZ에 내린 수선의 발을 U라 하면
삼수선의 정리에 의해 $\overline{CU} \perp \overline{AZ}$ 이다.

사면체 CAZW를 떼어내어 다시 그리면 다음 그림과 같다.

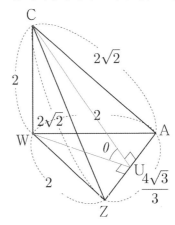

$\overline{UA} = \frac{2\sqrt{3}}{3}$ 이므로 삼각형 CAU에서

$$\overline{CU} = \sqrt{(2\sqrt{2})^2 - \left(\frac{2\sqrt{3}}{3}\right)^2} = \sqrt{\frac{60}{9}} = \frac{2\sqrt{15}}{3}$$ 이고,

삼각형 WAU에서 $\overline{WU} = \sqrt{2^2 - \left(\frac{2\sqrt{3}}{3}\right)^2} = \sqrt{\frac{24}{9}} = \frac{2\sqrt{6}}{3}$

이다.

삼각형 CUW에서 $\cos \theta = \frac{\overline{WU}}{\overline{CU}} = \frac{\dfrac{2\sqrt{6}}{3}}{\dfrac{2\sqrt{15}}{3}} = \frac{\sqrt{2}}{\sqrt{5}}$ 이다.

따라서 $30\cos^2\theta = 30 \times \frac{2}{5} = 12$ 이다.

017

주어진 조건을 이용하여 보조선을 그어 표시하면
다음 그림과 같다.

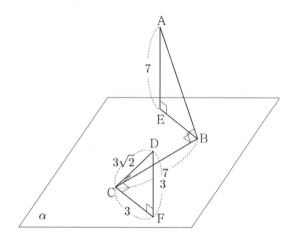

두 점 A, E에서 평면 CDF에 내린 수선의 발을
각각 H, G라 하자.

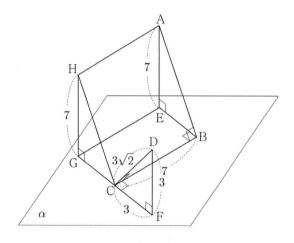

점 A에서 직선 CD에 내린 수선의 발이 D인데
위의 그림에서는 고려하여 이면각을 구하기 어렵다.

어떻게 해야 할까?

평면 CDF가 바닥평면이 되도록 시점을 바꿔보자.

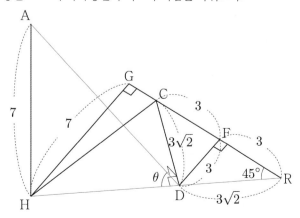

삼수선의 정리에 의해 $\overline{HD} \perp \overline{CD}$ 이다.
두 직선 CF, HD의 교점을 R이라 하면
$\angle HRG = 45°$ 이므로 $\overline{HR} = \overline{HG} \times \sqrt{2} = 7\sqrt{2}$ 이다.
즉, $\overline{HD} = 7\sqrt{2} - 3\sqrt{2} = 4\sqrt{2}$ 이다.

삼각형 ADH에서 $\tan\theta = \dfrac{\overline{AH}}{\overline{HD}} = \dfrac{7}{4\sqrt{2}}$ 이다.

따라서 $32\tan^2\theta = 32 \times \dfrac{49}{32} = 49$ 이다.

답 49

018

이면각의 정의를 사용하고 싶은데 문제 그림상
두 평면 PQG, EFGH의 교선이 보이지 않는다.

지난 문제에서 배웠듯이 평면을 연장하여 풀어보자.

두 점 P, Q에서 평면 EFGH에 내린 수선의 발을
각각 S, R이라 하면 점 S는 선분 HF를 3 : 1로
내분하는 점이고, 점 R은 선분 EH의 중점이다.

두 직선 PQ, SR의 교점을 T라 하면
$\overline{QR} : \overline{PS} = 1 : 2$ 이므로 선분 TS의 중점은 R이다.

즉, 평면 PQG는 평면 PTG와 같고
평면 PTG와 평면 EFGH의 교선은 직선 TG이다.

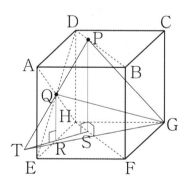

바닥평면 EFHG를 따로 떼어내어 다시 그리면 다음과 같다.

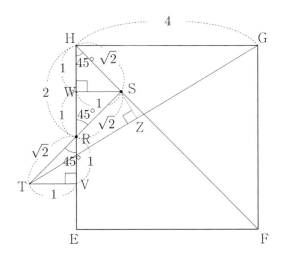

두 점 S, T에서 선분 HE에 내린 수선의 발을 각각 W, V라 하고, 점 S에서 선분 TG에 내린 수선의 발을 Z라 하자.

$\overline{HS} = \frac{1}{4}\overline{HF} = \sqrt{2}$ 이고, $\angle SHW = 45°$ 이므로
삼각형 HSW에서 $\overline{HW} = \overline{SW} = 1$이다.

$\overline{HR} = 2$이므로 $\overline{WR} = \overline{HR} - \overline{HW} = 2 - 1 = 1$이다.
삼각형 SWR에서 $\overline{RS} = \sqrt{2}$ 이다.

선분 TS의 중점이 R이므로 $\overline{TR} = \overline{RS} = \sqrt{2}$ 이다.
$\angle SRW = \angle TRV = 45°$ 이므로 삼각형 TRV에서
$\overline{RV} = \overline{TV} = 1$이다.

점 H를 원점으로 하는 좌표축을 설정하여
점 S와 직선 TG 사이의 거리를 구해보자.

$S(1, -1)$, $T(-1, -3)$, $G(4, 0)$이므로
직선 TG의 방정식은 $y = \frac{3}{5}x - \frac{12}{5} \Rightarrow 3x - 5y - 12 = 0$
이므로 점 S와 직선 TG 사이의 거리는
$\overline{SZ} = \frac{|3+5-12|}{\sqrt{3^2+5^2}} = \frac{4}{\sqrt{34}}$ 이다.

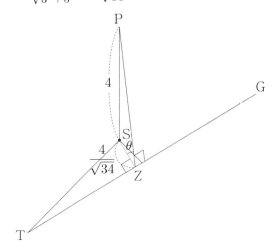

삼각형 PZS에서 $\tan\theta = \frac{\overline{PS}}{\overline{SZ}} = \frac{4}{\frac{4}{\sqrt{34}}} = \sqrt{34}$ 이다.

따라서 $\tan^2\theta = 34$이다.

답 34

019

평면 ACD과 직선 BO가 서로 수직이므로
선분 BO가 평면 ACD와 만나는 점은 삼각형 ACD의
무게중심이다.

점 O에서 평면 α에 내린 수선의 발을 O'라 하고,
선분 CD의 중점을 W라 하자.

정사면체의 두 면이 이루는 각의 크기를 β라 하면
$\cos\beta = \frac{1}{3}$ 이므로 $\tan\beta = 2\sqrt{2}$ 이다.

$\angle BOO' = \angle BWA = \beta$

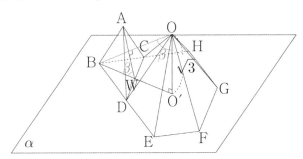

$\overline{BW} = \overline{WO'} = x$라 하면 $\overline{BO'} = 2x$이므로
삼각형 BOO'에서
$\tan\beta = \frac{\overline{BO'}}{\overline{OO'}} \Rightarrow 2\sqrt{2} = \frac{2x}{\sqrt{3}} \Rightarrow x = \sqrt{6}$이다.

$\overline{BW} = \sqrt{6}$ 이므로
$\overline{CD} \times \frac{\sqrt{3}}{2} = \overline{BW} \Rightarrow \overline{CD} = \sqrt{6} \times \frac{2}{\sqrt{3}} = 2\sqrt{2}$ 이다.

이면각의 정의를 사용하고 싶은데 문제 그림상
두 평면 ODE, OFG의 교선이 보이지 않는다.

지난 문제에서 배웠듯이 평면을 연장하여 풀어보자.

두 직선 DE, GF의 교점을 Y라 하면
두 평면 ODE, OFG의 교선은 직선 OY이다.

점 O에서 두 선분 DE, GF에 내린 수선의 발을
각각 N, M이라 하면 삼수선의 정리에 의해
$\overline{DE} \perp \overline{O'N}$, $\overline{GF} \perp \overline{O'M}$이다.

점 N에서 선분 OY에 내린 수선의 발을 P라 하면
점 M에서 선분 OY에 내린 수선의 발도 P이다.

즉, 두 직선 NP, MP가 이루는 각이 구하고자 하는
이면각 θ이다.

$\cos\theta$의 값을 구하기 위해서 삼각형 NMP의 세 변의
길이를 구해보자.

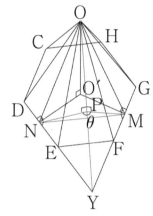

$\overline{O'N} = \overline{O'M} = \sqrt{6}$이므로
삼각형 ONO'에서 $\overline{ON} = \sqrt{(\sqrt{3})^2 + (\sqrt{6})^2} = 3$이다.

삼각형 ODE는 $\overline{OD} = \overline{OE}$인 이등변삼각형이므로
$\overline{EN} = \frac{1}{2}\overline{DE} = \sqrt{2}$이다.

$\angle FEY = \angle EFY = \angle EYF = 60°$이므로 삼각형 EFY는
정삼각형이고, $\overline{EY} = \overline{FY} = \overline{EF} = 2\sqrt{2}$이다.

삼각형 ONY를 떼어내어 다시 그리면 다음 그림과 같다.

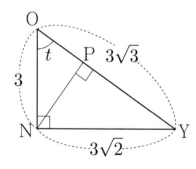

$\angle YON = t$라 하면 삼각형 YON에서
$\sin t = \dfrac{\overline{NY}}{\overline{OY}} = \dfrac{3\sqrt{2}}{3\sqrt{3}} = \dfrac{\sqrt{6}}{3}$이므로
삼각형 ONP에서 $\overline{PN} = \overline{ON}\sin t = \sqrt{6}$이다.

선분 MP의 길이는 선분 NP의 길이와 같으므로
선분 MN의 길이만 찾으면 된다.

정육각뿔의 밑면을 떼어내어 다시 그리면 다음과 같다.

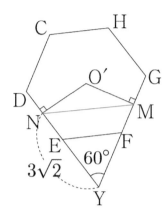

삼각형 NMY는 정삼각형이므로 $\overline{MN} = 3\sqrt{2}$이다.

$\overline{PN} = \overline{PM} = \sqrt{6}$, $\overline{NM} = 3\sqrt{2}$이므로
삼각형 PNM에서 코사인법칙을 사용하면
$$\cos\theta = \frac{\overline{PN}^2 + \overline{PM}^2 - \overline{MN}^2}{2 \times \overline{PN} \times \overline{PM}} = \frac{-6}{12} = -\frac{1}{2}$$이다.

이때 이면각 θ는 예각이므로 $\cos\theta = \dfrac{1}{2}$이다.

따라서 $60\cos^2\theta = 60 \times \dfrac{1}{4} = 15$이다.

답 15

이번에는 Guide step에서 배운 "두 평면이 이루는 각의
크기는 두 평면에 각각 수직인 두 직선이 이루는 각의
크기와 같다."를 이용하여 풀어보자.

점 O'에서 두 평면 ODE, OGF에 내린 수선의 발을
P, Q라 하면 두 점 P, Q는 각각 선분 ON, OM에 떨어진다.

직선 O'P는 평면 ODE와 수직이고,
직선 O'Q는 평면 OGF와 수직이므로
이면각은 두 직선 O'P, O'Q가 이루는 각과 같다.

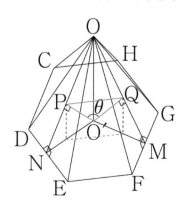

$\cos\theta$의 값을 구하기 위해서 삼각형 $\mathrm{PQO'}$의 세 변의 길이를 구해보자.

두 점 P, Q에서 평면 α에 내린 수선의 발을 각각 $\mathrm{P'}$, $\mathrm{Q'}$라 하자.

삼각형 $\mathrm{OO'M}$을 떼어내어 다시 그리면 다음 그림과 같다.

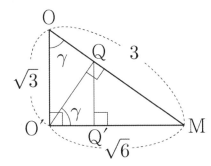

$\angle \mathrm{MOO'} = \gamma$라 하면 삼각형 $\mathrm{MOO'}$에서
$\sin\gamma = \dfrac{\overline{\mathrm{O'M}}}{\overline{\mathrm{OM}}} = \dfrac{\sqrt{6}}{3}$, $\cos\gamma = \dfrac{\overline{\mathrm{OO'}}}{\overline{\mathrm{OM}}} = \dfrac{\sqrt{3}}{3}$이므로
삼각형 $\mathrm{OO'Q}$에서 $\overline{\mathrm{O'Q}} = \overline{\mathrm{OO'}}\sin\gamma = \sqrt{2}$이고,
$\overline{\mathrm{O'Q'}} = \overline{\mathrm{O'Q}}\cos\gamma = \dfrac{\sqrt{6}}{3}$이다.

선분 $\mathrm{O'P}$의 길이는 선분 $\mathrm{O'Q}$의 길이와 같으므로 선분 PQ의 길이만 찾으면 된다.

이때 선분 PQ는 평면 α와 평행하므로
$\overline{\mathrm{PQ}} = \overline{\mathrm{P'Q'}}$이다.

정육각뿔의 밑면을 떼어내어 다시 그리면 다음과 같다.

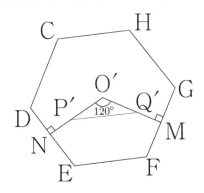

$\overline{\mathrm{OQ'}} = \overline{\mathrm{OP'}} = \dfrac{\sqrt{6}}{3}$이고, $\angle \mathrm{P'O'Q'} = 120\,^\circ$이므로

코사인법칙을 이용하여 $\overline{\mathrm{P'Q'}}$의 값을 구해도 되지만 이번에는 삼각형의 길이비를 이용하여 구해보자.
(2024 규토 라이트 N제 수1 해설편 p195 051번 tip 참고)
$\overline{\mathrm{O'P'}} : \overline{\mathrm{OQ'}} : \overline{\mathrm{P'Q'}} = 1:1:\sqrt{3}$를 이용하면
$\overline{\mathrm{P'Q'}} = \dfrac{\sqrt{6}}{3} \times \sqrt{3} = \sqrt{2}$이다.

$\overline{\mathrm{O'P}} = \overline{\mathrm{O'Q}} = \overline{\mathrm{PQ}} = \sqrt{2}$이므로 삼각형 $\mathrm{PQO'}$는 한 변의 길이가 $\sqrt{2}$인 정삼각형이다.
즉, 이면각 $\theta = 60\,^\circ$이므로 $\cos\theta = \dfrac{1}{2}$이다.

따라서 $60\cos^2\theta = 60 \times \dfrac{1}{4} = 15$이다.

020

점 A에서 평면 BCDE에 내린 수선의 발을 H라 하고, 점 H에서 선분 CD에 내린 수선의 발을 M이라 하면 삼수선의 정리에 의해 $\overline{\mathrm{AM}} \perp \overline{\mathrm{HM}}$이다.

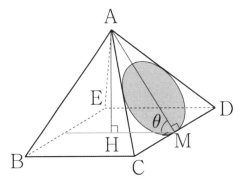

$\overline{\mathrm{AM}} = 6 \times \dfrac{\sqrt{3}}{2} = 3\sqrt{3}$, $\overline{\mathrm{HM}} = 3$이므로

삼각형 AMH에서 이면각 $\angle \mathrm{AMH} = \theta$에 대하여
$\cos\theta = \dfrac{\overline{\mathrm{HM}}}{\overline{\mathrm{AM}}} = \dfrac{3}{3\sqrt{3}} = \dfrac{1}{\sqrt{3}} = \dfrac{\sqrt{3}}{3}$이다.

삼각형 ACD에 내접하는 원의 반지름의 길이를 r이라 하면 내접원과 삼각형의 넓이 공식에 의해서
$\dfrac{6+6+6}{2} \times r = \dfrac{\sqrt{3}}{4} \times 6^2 \Rightarrow r = \sqrt{3}$이므로
내접원의 넓이는 3π이다.

따라서 삼각형 ACD에 내접하는 원의 평면 BCDE 위로의 정사영의 넓이는 $3\pi \times \dfrac{\sqrt{3}}{3} = \sqrt{3}\pi$이다.

 ③

021

점 A에서 평면 BCD에 내린 수선의 발을 H라 하면
점 H는 삼각형 BCD의 무게중심이다.
점 H에서 선분 PQ에 내린 수선의 발을 R이라 하면
삼수선의 정리에 의해 $\overline{AR} \perp \overline{PQ}$이다.

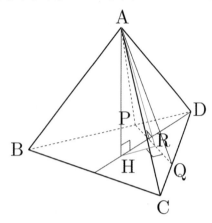

점 Q를 지나고 직선 BC와 평행한 직선이 선분 BD와
만나는 점을 S라 하자.

평면 BCD를 떼어내어 다시 그리면 다음 그림과 같다.

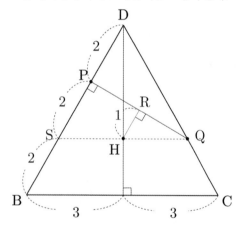

삼각형 SQD는 한 한변의 길이가 4인 정삼각형이고,
점 P는 선분 SD의 중점이므로 $\angle QPS = 90°$이다.

$\overline{QS} : \overline{QH} = 2 : 1$이므로 두 삼각형 QSP, QHR은
2 : 1 닮음이다.

즉, $\overline{HR} = \dfrac{1}{2}\overline{PS} = 1$이다.

$\overline{AH} = \dfrac{\sqrt{6}}{3} \times 6 = 2\sqrt{6}$이므로 삼각형 ARH에서

$\overline{AR} = \sqrt{1^2 + (2\sqrt{6})^2} = 5$이다.

삼각형 ARH에서 이면각 $\angle ARH = \theta$에 대하여
$\cos\theta = \dfrac{\overline{HR}}{\overline{AR}} = \dfrac{1}{5}$이다.

$\overline{PQ} = \dfrac{\sqrt{3}}{2} \times 4 = 2\sqrt{3}$

사각형 BCQP의 넓이는 정삼각형 BCD의 넓이에서
삼각형 DQP의 넓이를 빼서 구하면 된다.

(사각형 BCQP의 넓이)
= (정삼각형 BCD의 넓이) − (삼각형 DQP의 넓이)
$= \dfrac{\sqrt{3}}{4} \times 6^2 - \dfrac{1}{2} \times 2 \times 2\sqrt{3}$
$= 7\sqrt{3}$

사각형 BCQP의 평면 APQ 위로의 정사영의
넓이는 $7\sqrt{3} \times \dfrac{1}{5} = \dfrac{7}{5}\sqrt{3}$이다.
따라서 $p+q = 12$이다.

답 12

$\overline{BC} = \overline{EF} = 4$, $\overline{AC} = \overline{AB} = 5$, $\overline{BE} = \overline{CF} = 2$, $\overline{AD} = 3$

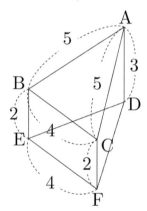

바닥평면 DEF와 평행하고 선분 BC를 포함하는 평면이
선분 AD와 만나는 점을 G라 하면 교선은 BC이다.

점 A에서 선분 BC에 내린 수선의 발을 M이라 하면
삼수선의 정리에 의해 $\overline{GM} \perp \overline{BC}$이다.

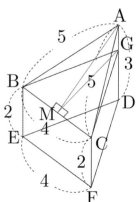

삼각형 AMC에서 $\overline{AM} = \sqrt{5^2-2^2} = \sqrt{21}$ 이다.
$\overline{AG} = \overline{AD} - \overline{GD} = 3-2 = 1$이다.

삼각형 AMG에서 $\overline{MG} = \sqrt{(\sqrt{21})^2-1^2} = 2\sqrt{5}$ 이다.

삼각형 AMG에서 이면각 $\angle AMG = \theta$에 대하여
$\cos\theta = \dfrac{\overline{MG}}{\overline{AM}} = \dfrac{2\sqrt{5}}{\sqrt{21}}$ 이다.

삼각형 GBC의 넓이는 $\dfrac{1}{2} \times 4 \times 2\sqrt{5} = 4\sqrt{5}$ 이고,

두 삼각형 DEF, GBC는 합동이므로
삼각형 DEF의 넓이는 $4\sqrt{5}$ 이다.

따라서 삼각형 DEF의 평면 ABC 위로의 정사영의 넓이는
$4\sqrt{5} \times \dfrac{2\sqrt{5}}{\sqrt{21}} = \dfrac{40}{\sqrt{21}} = \dfrac{40\sqrt{21}}{21}$ 이다.

답 ②

023

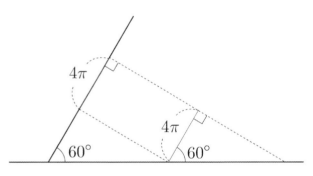

(반구의 밑면의 넓이) = (그림자의 넓이) $\times \cos 60°$
$4\pi = a\pi \times \cos 60° \implies a = 8$

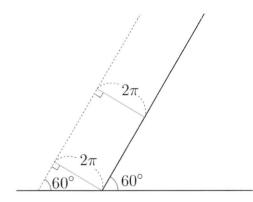

(반구의 중심을 지나도록 자른 반원의 넓이)
= (그림자의 넓이) $\times \cos 30°$

$2\pi = b\pi \times \cos 30° \implies b = \dfrac{4}{\sqrt{3}}$

따라서 $3(a^2+b^2) = 3\left(64 + \dfrac{16}{3}\right) = 192 + 16 = 208$이다.

답 208

024

$\angle ABP = 90°$ 이고, $\overline{AB} = \overline{BP}$ 이므로 선분 AP는
원 O의 지름이다.
이때 점 O의 중심을 Q라 하자.

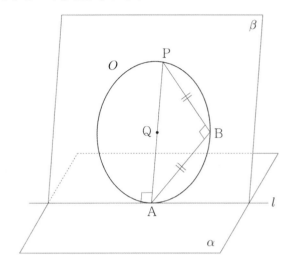

세 점 P, Q, B에서 평면 α에 내린 수선의 발을
각각 H, R, S라 하자.

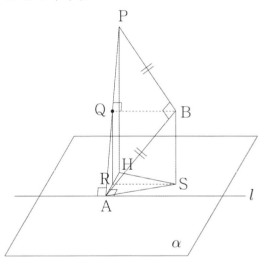

점 B에서 직선 l에 내린 수선의 발을 D라 하자.
원 O의 반지름의 길이를 r이라 하면
직선 BP가 평면 α와 만나는 점 C에 대하여
$\angle PCA = 45°$ 이므로 $\overline{AC} = 2r$이다.

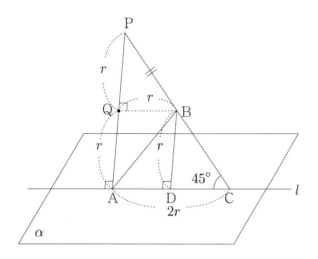

삼각형 ABC의 넓이는 $\dfrac{1}{2} \times r \times 2r = r^2$이다.

평면 α와 평행하고 선분 QB를 포함하는 평면이
선분 PH와 만나는 점을 E라 하면 평면 QBE와
평면 ABC의 교선은 QB이다.

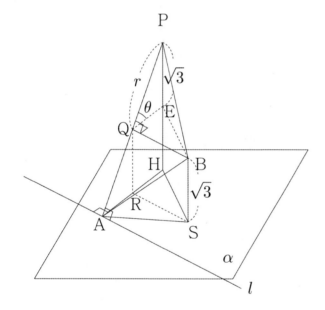

삼각형 PQE에서 $\overline{\text{QE}} = \sqrt{r^2 - \left(\sqrt{3}\right)^2} = \sqrt{r^2 - 3}$이다.
삼각형 PQE에서 이면각 $\angle \text{PQE} = \theta$에 대하여
$$\cos\theta = \dfrac{\overline{\text{QE}}}{\overline{\text{PQ}}} = \dfrac{\sqrt{r^2 - 3}}{r}$$이다.

삼각형 ABC의 평면 α 위로의 정사영의 넓이가 2이므로

$$r^2 \cos\theta = 2 \Rightarrow r\sqrt{r^2 - 3} = 2 \Rightarrow r^2(r^2 - 3) = 4$$
$$\Rightarrow r^4 - 3r^2 - 4 = 0 \Rightarrow (r^2 - 4)(r^2 + 1) = 0$$
$$\Rightarrow r = 2 \ (\because \ r > 0)$$

따라서 원 O의 넓이는 4π이다.

답 ②

$\overline{\text{AB}} = \overline{\text{BC}} = 6, \ \overline{\text{CD}} = 3$

두 점 A′, D′는 삼수선의 정리에 의해 다음 그림과 같이
색칠한 직선 위에 떨어진다.

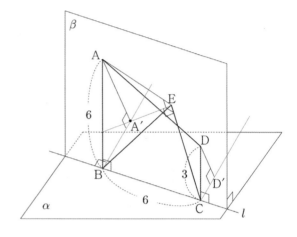

평면 BCE를 떼어내어 다시 그리면 다음 그림과 같다.

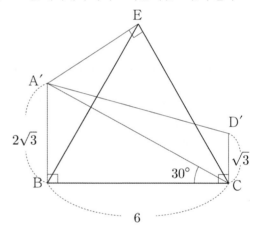

$\angle \text{A}'\text{CB} = 30°$이므로 삼각형 A′CB에서
$\overline{\text{A}'\text{B}} = \overline{\text{BC}} \tan 30° = 2\sqrt{3}$이다.
두 삼각형 ABA′, DCD′는 $2 : 1$ 닮음이므로
$\overline{\text{D}'\text{C}} = \dfrac{1}{2}\overline{\text{A}'\text{B}} = \sqrt{3}$이다.

사각형 A′BCD′의 넓이는
$\dfrac{1}{2} \times 6 \times \left(2\sqrt{3} + \sqrt{3}\right) = 9\sqrt{3}$이다.

이제 평면 BCE와 평면 α가 이루는 각의 크기를
구해보자.

직선 BC가 점으로 보이게 각도를 바꿔서
평면 ABA′를 떼어내어 다시 그리면 다음 그림과 같다.

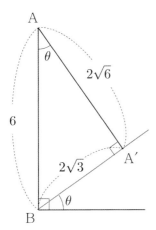

평면 BCE와 평면 α가 이루는 각의 크기를 θ라 하면
$\angle BAA' = \theta$이다.
(두 평면이 이루는 각의 크기와 두 평면에 수직인
두 직선이 이루는 각의 크기는 서로 같다.)

삼각형 ABA'에서 $\overline{AA'} = \sqrt{6^2 - (2\sqrt{3})^2} = 2\sqrt{6}$이다.
삼각형 ABA'에서 $\cos\theta = \dfrac{\overline{AA'}}{\overline{AB}} = \dfrac{2\sqrt{6}}{6} = \dfrac{\sqrt{6}}{3}$이다.

사각형 A'BCD'의 평면 α 위로의 정사영의 넓이는
$S = 9\sqrt{3}\cos\theta = 9\sqrt{3} \times \dfrac{\sqrt{6}}{3} = 9\sqrt{2}$이다.
따라서 $S^2 = 162$이다.

답 162

26

점 O에서 평면 β와 평면 α의 교선에 내린 수선의
발을 G라 하고, 점 O에서 평면 β에 내린 수선의
발을 Z라 하자.

평면 α와 만나지 않는 원기둥의 밑면의 둘레와 직선 l
의 교점 중 하나를 A라 하고, 점 Z에서 직선 l에 내린
수선의 발을 H라 하자.

(가) 조건에 의해서 $\overline{OZ} = 1$이다.
(다) 조건에 의해서 $\overline{ZH} = \sqrt{2}$이다.
반구의 반지름의 길이가 3이므로 $\overline{AO} = 3$이다.
삼각형 AOZ에서 $\overline{AZ} = \sqrt{3^2 - 1^2} = 2\sqrt{2}$이고,
삼각형 ZAH에서 $\overline{AH} = \sqrt{(2\sqrt{2})^2 - (\sqrt{2})^2} = \sqrt{6}$이다.

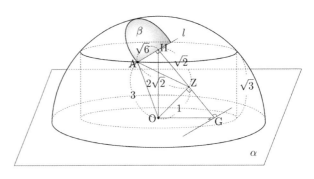

원기둥의 높이가 $\sqrt{3}$이고, 삼각형 AOH에서
$\overline{OH} = \sqrt{3^2 - (\sqrt{6})^2} = \sqrt{3}$이므로 직선 OH는 평면 α와
만나지 않는 원기둥의 밑면과 수직이다.
(점 H는 평면 α와 만나지 않는 원기둥의 밑면의 중심이다.)

원기둥을 평면 β로 자를 때, 원기둥에 나타나는
단면의 넓이를 구하기 위해서 정사영을 이용해보자.

두 평면 α, β가 이루는 각의 크기를 θ라 하면
$\angle HGO = \theta$이다.

원기둥을 평면 β로 자를 때, 원기둥에 나타나는
단면의 넓이를 A라 하고, 평면 α 위로의 정사영한 넓이를
B라 하면 $A \times \cos\theta = B$이다.

삼각형 HGO를 떼어내어 다시 그리면 다음과 같다.

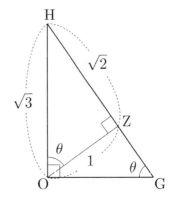

$\angle HOZ = \theta$이므로 삼각형 OHZ에서
$\cos\theta = \dfrac{\overline{OZ}}{\overline{OH}} = \dfrac{1}{\sqrt{3}}$이고, $\sin\theta = \dfrac{\overline{HZ}}{\overline{OH}} = \dfrac{\sqrt{2}}{\sqrt{3}}$이다.
삼각형 OGZ에서 $\overline{OZ} = \overline{OG}\sin\theta \Rightarrow \overline{OG} = \dfrac{\sqrt{3}}{\sqrt{2}}$이다.

절단면을 평면 α 위로의 정사영한 넓이 B를 구해보자.

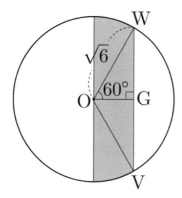

직선 OG에 수직이고 점 G를 지나는 직선이
원과 만나는 두 점을 W, V라 하자.

절단면을 평면 α 위로의 정사영한 넓이 B
= 반원의 넓이
　 － (부채꼴 OWV의 넓이 － 삼각형 OWV의 넓이)
$$= 3\pi - \left(\frac{1}{2} \times (\sqrt{6})^2 \times \frac{2}{3}\pi - \frac{1}{2} \times (\sqrt{6})^2 \times \frac{\sqrt{3}}{2} \right)$$
$$= \pi + \frac{3}{2}\sqrt{3}$$

$$A \times \cos\theta = B \Rightarrow A \times \frac{1}{\sqrt{3}} = \pi + \frac{3}{2}\sqrt{3}$$

$$\Rightarrow A = \sqrt{3}\pi + \frac{9}{2}$$

이므로 $a = 1$, $b = \frac{9}{2}$ 이다.

따라서 $10(a+b) = 10 \times \left(1 + \frac{9}{2}\right) = 55$ 이다.

답 55

027

선분 BC의 중점을 M이라 하면
평면 AMD와 평면 ABC는 서로 수직이므로
점 P에서 평면 ABC에 내린 수선의 발을 H라 할 때,
점 H는 선분 AM에 떨어진다.

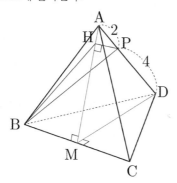

선분 BP의 평면 ABC 위로의 정사영의 길이는
선분 BH의 길이와 같으므로 선분 BH의 길이를 구해보자.

삼각형 AMD를 떼어내어 다시 그리면 다음과 같다.

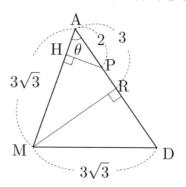

$\overline{MA} = \overline{MD} = 3\sqrt{3}$, $\overline{AD} = 6$, $\overline{AP} = 2$
점 M에서 선분 AD에 내린 수선의 발을 R이라 하면
$\overline{AR} = 3$ 이다.

$\angle MAR = \theta$ 라 하면 삼각형 MAR에서
$\cos\theta = \dfrac{\overline{AR}}{\overline{MA}} = \dfrac{3}{3\sqrt{3}} = \dfrac{1}{\sqrt{3}}$ 이다.

삼각형 APH에서 $\overline{AH} = \overline{AP}\cos\theta = \dfrac{2}{\sqrt{3}} = \dfrac{2\sqrt{3}}{3}$ 이다.

$\overline{MH} = \overline{MA} - \overline{AH} = 3\sqrt{3} - \dfrac{2\sqrt{3}}{3} = \dfrac{7\sqrt{3}}{3}$

삼각형 HBM에서
$$\overline{BH} = \sqrt{3^2 + \left(\frac{7\sqrt{3}}{3}\right)^2} = \frac{\sqrt{76}}{\sqrt{3}} = \frac{2\sqrt{57}}{3}$$ 이다.

따라서 선분 BP의 평면 ABC 위로의 정사영의 길이는
$\dfrac{2\sqrt{57}}{3}$ 이다.

답

028

"삼수선의 정리를 사용할 때, 교선이 짧아서 교선에 수선의 발을
내리기 어려운 경우에는 교선을 연장하면 된다."라고
Guide step에서 학습한 바 있다.

선분 CD를 연장하여 점 A에서 직선 CD에 내린
수선의 발을 H라 하면 삼수선의 정리에 의해
$\overline{BH} \perp \overline{DH}$ 이다.

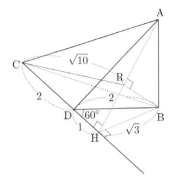

$\angle \mathrm{CDB} = 120\,^\circ$ 이므로 $\angle \mathrm{BDH} = 60\,^\circ$ 이다.
삼각형 BDH에서
$\overline{\mathrm{DH}} = \overline{\mathrm{DB}}\cos 60\,^\circ = 1$, $\overline{\mathrm{BH}} = \overline{\mathrm{DB}}\sin 60\,^\circ = \sqrt{3}$ 이다.
삼각형 CHB에서 $\overline{\mathrm{CB}} = \sqrt{3^2 + (\sqrt{3})^2} = 2\sqrt{3}$ 이다.

선분 BC의 평면 ACD 위로의 정사영의 길이는
선분 CR의 길이와 같으므로 $\overline{\mathrm{CR}} = \sqrt{10}$ 이고,
삼각형 CBR에서 $\overline{\mathrm{BR}} = \sqrt{(2\sqrt{3})^2 - (\sqrt{10})^2} = \sqrt{2}$ 이다.

삼각형 BHR에서 $\overline{\mathrm{HR}} = \sqrt{(\sqrt{3})^2 - (\sqrt{2})^2} = 1$ 이다.
$\angle \mathrm{AHB} = \theta$ 라 하면 삼각형 BHR에서
$\tan\theta = \dfrac{\overline{\mathrm{BR}}}{\overline{\mathrm{HR}}} = \dfrac{\sqrt{2}}{1} = \sqrt{2}$ 이다.
삼각형 AHB에서 $\overline{\mathrm{AB}} = \overline{\mathrm{BH}}\tan\theta = \sqrt{6}$ 이다.

따라서 사면체 ABCD의 부피는
$\dfrac{1}{3} \times \triangle \mathrm{BCD} \times \overline{\mathrm{AB}} = \dfrac{1}{3} \times \dfrac{1}{2} \times 2 \times \sqrt{3} \times \sqrt{6} = \sqrt{2}$ 이다.

답 ①

029

평면이 삼각형인 것보다 사각형인 것이 문제를 접근하기
용이하므로 평면 ABD를 연장해보자.

점 D에서 평면 CBFD와 평행하고 선분 AE를 포함하는
평면에 내린 수선의 발을 G라 하면
평면 ABD와 평면 ABDG는 같은 평면이다.

점 M에서 평면 ABDG에 내린 수선의 발을 H라 하자.
점 M에서 선분 AB에 내린 수선의 발을 N이라 하면
삼수선의 정리에 의해 $\overline{\mathrm{HN}} \perp \overline{\mathrm{AB}}$ 이다.

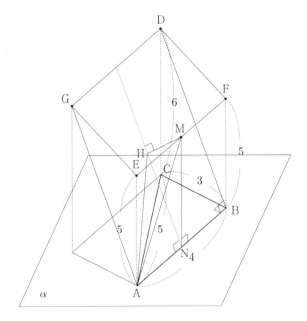

평면 ABDG와 평면 α가 이루는 각의 크기를 θ라
하면 $\angle \mathrm{DBC} = \theta$이다.
삼각형 DBC에서 $\overline{\mathrm{BD}} = \sqrt{3^2 + 6^2} = 3\sqrt{5}$ 이므로
$\sin\theta = \dfrac{\overline{\mathrm{CD}}}{\overline{\mathrm{BD}}} = \dfrac{6}{3\sqrt{5}} = \dfrac{2\sqrt{5}}{5}$ 이다.

삼각형 MNH을 떼어내어 다시 그려서 $\angle \mathrm{HMN} = \theta$
인 것을 평면도형 해석을 통해 구해도 되지만
이번에는 Guide step에서 배운 "두 평면이 이루는
각의 크기는 두 평면에 각각 수직인 두 직선이
이루는 각의 크기와 같다."를 이용하여 구해보자.

직선 MH와 평면 ABDG은 수직이고,
직선 MN과 평면 α는 수직이므로
두 직선 MH, MN이 이루는 각의 크기는 θ와 같다.
(실전에서 판단하는 데 필요한 시간은 1초)

$\overline{\mathrm{AN}} = \dfrac{1}{2}\overline{\mathrm{AM}} = 2$ 이므로 삼각형 MNH에서
$\overline{\mathrm{HN}} = \overline{\mathrm{MN}}\sin\theta = 2\sqrt{5}$ 이고, 삼각형 HAN에서
$\overline{\mathrm{HA}} = \sqrt{2^2 + (2\sqrt{5})^2} = 2\sqrt{6}$ 이다.

선분 AM의 평면 ABD 위로의 정사영의 길이는
선분 HA의 길이와 같다.

따라서 선분 AM의 평면 ABD 위로의 정사영의
길이는 $2\sqrt{6}$ 이다.

답 ②

30	⑤	48	450
31	②	49	47
32	①	50	⑤
33	12	51	⑤
34	②	52	30
35	⑤	53	40
36	①	54	③
37	④	55	25
38	②	56	27
39	②	57	④
40	⑤	58	③
41	③	59	12
42	①	60	34
43	③	61	⑤
44	15	62	45
45	④	63	15
46	③	64	8
47	162		

030

$\overline{AB} = \overline{A'B'} = 6$이므로 직선 AB는 평면 α와 평행하고,
평면 AA'B'B와 평면 α는 서로 수직이다.
선분 AB의 중점 M의 평면 α 위로의 정사영 M'은
선분 A'B'의 중점이다.
$\overline{PM'} \perp \overline{A'B'}$, $\overline{PM'} = 6$

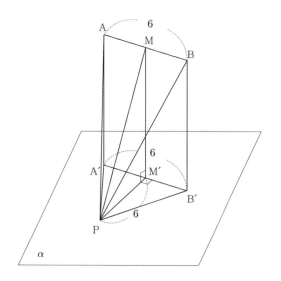

삼각형 A'B'P의 넓이는 $\frac{1}{2} \times 6 \times 6 = 18$이고,

평면 A'B'P와 평면 ABP가 이루는 각의 크기를 θ라

하면 $\cos\theta = \dfrac{\overline{PM'}}{\overline{PM}} = \dfrac{6}{\overline{PM}}$이고, 삼각형 A'B'P의 평면 ABP

위로의 정사영의 넓이가 $\dfrac{9}{2}$이므로

$18 \times \cos\theta = \dfrac{9}{2} \Rightarrow \cos\theta = \dfrac{1}{4} \Rightarrow \dfrac{6}{\overline{PM}} = \dfrac{1}{4} \Rightarrow \overline{PM} = 24$

따라서 선분 PM의 길이는 24이다.

답 ⑤

031

점 P에서 선분 BC에 내린 수선의 발을 H라 하면
삼수선의 정리에 의해 $\overline{AH} \perp \overline{BC}$이다.

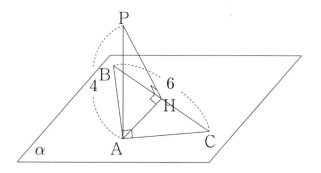

삼각형 ABC는 $\angle A = 90°$이고, $\overline{BC} = 6$인

직각이등변삼각형이므로 $\overline{AC} = \dfrac{6}{\sqrt{2}} = 3\sqrt{2}$이다.

$\angle HAC = 45°$이므로 삼각형 ACH에서

$\overline{AH} = \dfrac{3\sqrt{2}}{\sqrt{2}} = 3$이다.

삼각형 PHA에서 $\overline{PH} = \sqrt{3^2 + 4^2} = 5$이다.
따라서 점 P에서 직선 BC까지의 거리는 5이다.

답 ②

032

점 P에서 선분 AB에 내린 수선의 발을 C라 하면
삼수선의 정리에 의해 $\overline{CH} \perp \overline{AB}$이다.

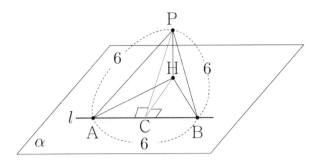

삼각형 ABP에서 $\overline{PC} = 6 \times \dfrac{\sqrt{3}}{2} = 3\sqrt{3}$이다.

삼각형 PCH에서 $\overline{CH} = \sqrt{(3\sqrt{3})^2 - 4^2} = \sqrt{11}$이다.

따라서 점 H와 직선 l 사이의 거리는 $\sqrt{11}$이다.

 ①

033

점 D에서 선분 AB에 내린 수선의 발을 H라 하면
삼수선의 정리에 의해 $\overline{CH} \perp \overline{AB}$이다.

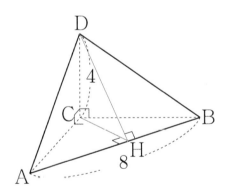

삼각형 ABD의 넓이가 20이므로

$20 = \dfrac{1}{2} \times \overline{DH} \times 8 \Rightarrow \overline{DH} = 5$이다.

삼각형 DHC에서 $\overline{CH} = \sqrt{5^2 - 4^2} = 3$이다.

따라서 삼각형 ABC의 넓이는 $\dfrac{1}{2} \times 3 \times 8 = 12$이다.

 12

034

삼수선의 정리에 의해 $\overline{QH} \perp \overline{AB}$이다.

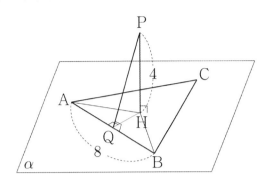

점 H는 삼각형 ABC의 무게중심이므로
$\overline{QH} : \overline{QC} = 1 : 3$이다.

삼각형 ABC의 넓이가 24이므로
삼각형 AHB의 넓이는 $24 \times \dfrac{1}{3} = 8$이다.

$8 = \dfrac{1}{2} \times 8 \times \overline{QH} \Rightarrow \overline{QH} = 2$

삼각형 PQH에서 $\overline{PQ} = \sqrt{2^2 + 4^2} = 2\sqrt{5}$이다.
따라서 선분 PQ의 길이는 $2\sqrt{5}$이다.

 ②

035

정사영을 이용하여 $\cos\theta$의 값을 구해보자.

삼각형 PQR의 넓이를 S라 하고, 삼각형 PQR의
평면 CGHD 위로의 정사영의 넓이를 S'라 하면
$S' = S\cos\theta$이다.

삼각형 PQR의 넓이를 구하기 위해서 보조선을 그어
세 변의 길이를 구하면
$\overline{PQ} = \overline{QR} = \sqrt{3^2 + 1^2} = \sqrt{10}$, $\overline{PR} = \sqrt{3^2 + 3^2} = 3\sqrt{2}$이다.

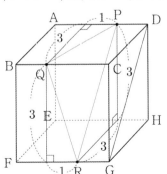

삼각형 PQR은 $\overline{PQ} = \overline{QR} = \sqrt{10}$ 인 이등변삼각형이므로
점 Q에서 선분 PR에 내린 수선의 발을 M이라 하면
직선 QM은 선분 PR을 수직이등분하므로
$$\overline{PM} = \frac{1}{2}\overline{PR} = \frac{3\sqrt{2}}{2} \text{이다.}$$

삼각형 QPM에서 $\overline{QM} = \sqrt{(\sqrt{10})^2 - \left(\frac{3\sqrt{2}}{2}\right)^2} = \frac{\sqrt{11}}{\sqrt{2}}$
이므로 삼각형 QPR의 넓이는
$$S = \frac{1}{2} \times 3\sqrt{2} \times \frac{\sqrt{11}}{\sqrt{2}} = \frac{3\sqrt{11}}{2} \text{이다.}$$

삼각형 PQR의 평면 CGHD 위로의 정사영은
삼각형 DCG이므로 $S' = \frac{1}{2} \times 3^2 = \frac{9}{2}$ 이다.

따라서 $\cos\theta = \dfrac{S'}{S} = \dfrac{\frac{9}{2}}{\frac{3\sqrt{11}}{2}} = \dfrac{3}{\sqrt{11}} = \dfrac{3\sqrt{11}}{11}$ 이다.

답 ⑤

036

사면체 ABCD의 전개도에서 세 점 D, P, A가 일직선상에
있을 때, $\overline{AP} + \overline{DP}$ 는 최솟값을 갖는다.

점 A에서 BC에 내린 수선의 발을 H라 하면
삼수선의 정리에 의해 $\overline{DH} \perp \overline{BC}$ 이다.

$\angle BHD = \angle BHA = 90°$ 이므로 사면체 ABCD의 전개도에서
세 점 D, H, A가 일직선상에 있다.
즉, 점 P가 점 H일 때, $\overline{AP} + \overline{DP}$ 는
최솟값 $\overline{AH} + \overline{DH}$ 를 갖는다.

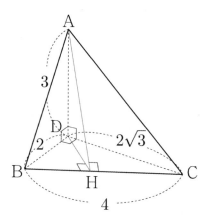

삼각형 BCD에서 $\overline{BC} = \sqrt{2^2 + (2\sqrt{3})^2} = 4$이다.

삼각형 BCD에서 삼각형 넓이 같다 Technique를 사용하면
$$\frac{1}{2} \times \overline{BD} \times \overline{DC} = \frac{1}{2} \times \overline{BC} \times \overline{DH}$$
$$\Rightarrow \frac{1}{2} \times 2 \times 2\sqrt{3} = \frac{1}{2} \times 4 \times \overline{DH}$$
$$\Rightarrow \overline{DH} = \sqrt{3}$$

삼각형 AHD에서 $\overline{AH} = \sqrt{(\sqrt{3})^2 + 3^2} = 2\sqrt{3}$ 이다.

즉, $\overline{AH} + \overline{DH} = 2\sqrt{3} + \sqrt{3} = 3\sqrt{3}$ 이다.
따라서 $\overline{AP} + \overline{DP}$ 의 최솟값은 $3\sqrt{3}$ 이다.

답 ①

037

물론 보조선을 그어 삼각형 MEG의 세 변의 길이를 구한 후
코사인법칙을 통해 $\cos\theta$를 구하고, $\cos\theta$를 바탕으로
$\sin\theta$를 구한 후 삼각형 넓이공식 $\frac{1}{2}ab\sin\theta$을 이용하여
삼각형 MEG의 넓이를 구할 수도 있지만
삼수선의 정리를 이용하여 삼각형 MEG의 넓이를 구해보자.

점 M에서 평면 EFGH에 내린 수선의 발을 P라 하고,
점 M에서 선분 EG에 내린 수선의 발을 Q라 하면
삼수선의 정리에 의해 $\overline{PQ} \perp \overline{EG}$ 이다.

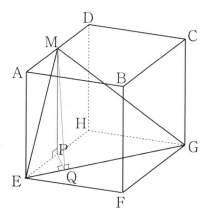

사각형 EFGH를 떼어내어 다시 그리면 다음 그림과 같다.

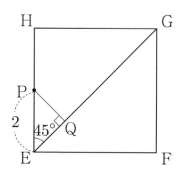

$\overline{PE} = 2$이고, $\angle HEG = 45\degree$이므로 삼각형 PEQ에서

$\overline{PQ} = \dfrac{2}{\sqrt{2}} = \sqrt{2}$이다.

삼각형 MQP에서 $\overline{MQ} = \sqrt{(\sqrt{2})^2 + 4^2} = 3\sqrt{2}$이다.

따라서 삼각형 MEG의 넓이는

$\dfrac{1}{2} \times \overline{EG} \times \overline{MQ} = \dfrac{1}{2} \times 4\sqrt{2} \times 3\sqrt{2} = 12$이다.

답 ④

038

점 A에서 평면 β에 내린 수선의 발을 H라 하고,
점 H에서 직선 n에 내린 수선의 발을 R이라 하면
삼수선의 정리에 의해 $\overline{AR} \perp n$이다.

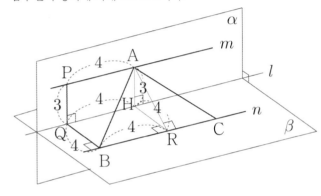

삼각형 ABC는 $\overline{AB} = \overline{AC}$인 이등변삼각형이므로
직선 AR은 선분 BC를 수직이등분한다.
즉, $\overline{BC} = 2\overline{BR} = 8$이다.

삼각형 ARH에서 $\overline{AR} = \sqrt{4^2 + 3^2} = 5$이다.
따라서 삼각형 ABC의 넓이는

$\dfrac{1}{2} \times \overline{BC} \times \overline{AR} = \dfrac{1}{2} \times 8 \times 5 = 20$이다.

답 ②

039

점 A에서 선분 CD에 내린 수선의 발을 R이라 하면
삼수선의 정리에 의해 $\overline{HR} \perp \overline{CD}$이다.

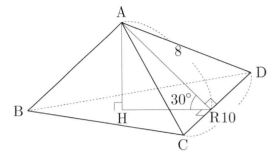

삼각형 ACD의 넓이가 40이므로

$40 = \dfrac{1}{2} \times 10 \times \overline{AR} \Rightarrow \overline{AR} = 8$이다.

삼각형 ARH에서 $\overline{AH} = \overline{AR}\sin 30\degree = 4$이다.
따라서 선분 AH의 길이는 4이다.

답 ②

040

정사각형 ABCD의 넓이는 36이고, 정사각형 ABCD의
평면 α 위로의 정사영의 넓이가 18이다.
평면 ABCD와 평면 α가 이루는 각의 크기를 θ라 하면

$36\cos\theta = 18 \Rightarrow \cos\theta = \dfrac{1}{2}$이므로 $\theta = 60\degree$이다.

삼각형 FAH에서 $\sin(\angle FAH) = \dfrac{\overline{FH}}{\overline{AF}} = \dfrac{6}{12} = \dfrac{1}{2}$이므로

$\angle FAH = 30\degree$이다.

선분 AB가 점으로 보이도록 보는 각도를 바꿔서
그리면 다음 그림과 같다.

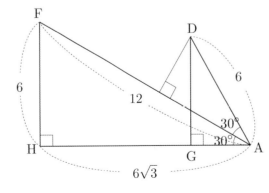

즉, 평면 ABCD와 평면 ABEF가 이루는 각의 크기는
$30\degree$이다.

따라서 정사각형 ABCD의 평면 ABEF 위로의 정사영의
넓이는 $36\cos 30° = 18\sqrt{3}$ 이다.

답 ⑤

041

점 C에서 밑면에 내린 수선의 발을 E라 하고,
점 C에서 선분 AB에 내린 수선의 발을 G라 하면
삼수선의 정리에 의해 $\overline{EG} \perp \overline{AB}$ 이다.

삼각형 ABC의 넓이가 16이므로
$$16 = \frac{1}{2} \times \overline{CG} \times \overline{AB} \Rightarrow \overline{CG} = \frac{32}{8} = 4$$ 이다.

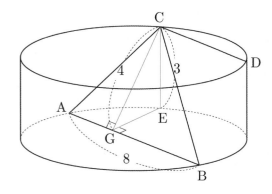

삼각형 CGE에서 $\overline{EG} = \sqrt{4^2 - 3^2} = \sqrt{7}$ 이다.
선분 AB를 지름으로 가진 원기둥의 밑면의 중심을
O라 하고, 점 D에서 밑면에 내린 수선의 발을 H라 하자.
삼각형 EOG에서 $\overline{GO} = \sqrt{4^2 - (\sqrt{7})^2} = 3$ 이므로
$\overline{EH} = 6$ 이다.

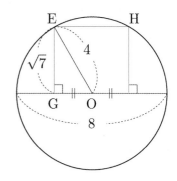

따라서 $\overline{CD} = \overline{EH} = 6$ 이다.

답 ③

042

점 C에서 평면 α에 내린 수선의 발을 D라 하고,
점 C에서 직선 AB에 내린 수선의 발을 E라 하면
삼수선의 정리에 의해 $\overline{ED} \perp \overline{AB}$ 이다.

직선 AB와 직선 AC가 이루는 예각의 크기가 θ_1이므로
$\angle CAE = \theta_1$이고, 직선 AC와 평면 α가 이루는 예각의
크기가 $\frac{\pi}{2} - \theta_1$이므로 $\angle ACD = \theta_1$이고, 평면 ABC와
평면 α가 이루는 예각의 크기가 θ_2이므로 $\angle CED = \theta_2$이다.

$\overline{AC} = 5$라 하면 삼각형 ACE에서
$\overline{CE} = \overline{AC} \times \sin\theta_1 = 5 \times \frac{4}{5} = 4$이고,
$\overline{AE} = \sqrt{5^2 - 4^2} = 3$이다.
삼각형 ACD에서 $\overline{CD} = \overline{AC} \times \cos\theta_1 = 5 \times \frac{3}{5} = 3$이다.

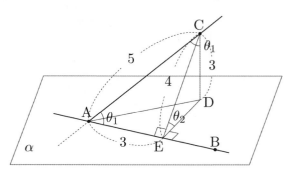

삼각형 CED에서 $\overline{ED} = \sqrt{4^2 - 3^2} = \sqrt{7}$ 이므로
$$\cos\theta_2 = \frac{\overline{ED}}{\overline{CE}} = \frac{\sqrt{7}}{4}$$ 이다.

따라서 $\cos\theta_2 = \frac{\sqrt{7}}{4}$ 이다.

답 ①

043

026번에서 배웠던 것처럼 정사영을 이용하여
단면의 넓이를 구해보자.

원기둥이 평면 AFH에 의하여 잘린 단면의 넓이를 S라 하고,
잘린 단면의 평면 FGHE 위로의 정사영의 넓이를 S'라
하고, 평면 AFH와 평면 FGHE가 이루는 각의 크기를 θ라
하면 $S' = S\cos\theta$이다.

점 E에서 선분 FH에 내린 수선의 발을 R라 하면
삼수선의 정리에 의해 $\overline{AR} \perp \overline{FH}$이다.

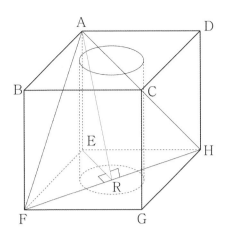

$\overline{ER} = 2\sqrt{2}$ 이므로 삼각형 ARE에서
$\overline{AR} = \sqrt{(2\sqrt{2})^2 + 4^2} = 2\sqrt{6}$ 이다.

$\angle ARE = \theta$ 이므로 삼각형 ARE에서
$\cos\theta = \dfrac{\overline{ER}}{\overline{AR}} = \dfrac{2\sqrt{2}}{2\sqrt{6}} = \dfrac{1}{\sqrt{3}}$ 이다.

잘린 단면의 평면 FGHE 위로의 정사영의 넓이는
반원의 넓이와 같으므로 $S' = \dfrac{\pi}{2}$ 이다.

$S' = S\cos\theta \Rightarrow \dfrac{\pi}{2} = S \times \dfrac{1}{\sqrt{3}} \Rightarrow S = \dfrac{\sqrt{3}}{2}\pi$

따라서 잘린 단면의 넓이는 $\dfrac{\sqrt{3}}{2}\pi$ 이다.

답 ③

044

점 P에서 평면 α에 내린 수선의 발을 H라 하고,
점 H에서 직선 AB에 내린 수선의 발을 R이라 하면
삼수선의 정리에 의해 $\overline{PR} \perp \overline{AB}$이다.

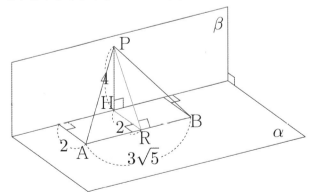

삼각형 PRH에서 $\overline{PR} = \sqrt{2^2 + 4^2} = 2\sqrt{5}$ 이다.
따라서 삼각형 PAB의 넓이는

$\dfrac{1}{2} \times \overline{AB} \times \overline{PR} = \dfrac{1}{2} \times 3\sqrt{5} \times 2\sqrt{5} = 15$ 이다.

답 15

045

ㄱ. 직선 AF와 직선 BG는 꼬인 위치에 있다.

선분 CD의 중점을 M이라 하면
두 점 F, G는 각각 선분 BM, AM 위에 있으므로
두 직선 AF, BG는 한 평면 ABM 위에 있고,
서로 만나므로 꼬인 위치에 있지 않다.
따라서 ㄱ은 거짓이다.

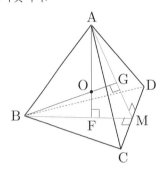

ㄴ. 삼각형 ABC의 넓이는 $\dfrac{3\sqrt{3}}{4}$ 보다 작다.

정사면체 ABCD의 한 모서리의 길이를 a라 하면
삼각형 ABC의 넓이는 $\dfrac{\sqrt{3}}{4}a^2$ 이다.
즉, $a < \sqrt{3}$ 인 것을 물어보는 것과 같다.

정사면체에 외접하는 구의 중심은 두 선분 BG, AF의
교점과 같고, $\overline{AO} : \overline{OF} = 3 : 1$이다.
(**Guide step** 정사면체의 특징 ⑤ 참고)

외접하는 구의 반지름의 길이가 1이므로 $\overline{AO} = 1$이고,
$\overline{AO} : \overline{OF} = 3 : 1$이므로 $\overline{OF} = \dfrac{1}{3}$ 이다.

즉, 정사면체의 높이는 $\overline{AF} = \dfrac{4}{3}$ 이다.

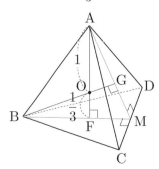

한 모서리의 길이가 a인 정사면체의 높이는 $\dfrac{\sqrt{6}}{3}a$이므로

(Guide step 정사면체의 특징 ② 참고)

$$\dfrac{\sqrt{6}}{3}a = \dfrac{4}{3} \Rightarrow a = \dfrac{4}{\sqrt{6}}\text{이다.}$$

$\dfrac{4}{\sqrt{6}} < \sqrt{3} \Rightarrow 4 < 3\sqrt{2}$이므로 $a < \sqrt{3}$이다.

따라서 ㄴ은 참이다.

ㄷ. $\angle \mathrm{AOG} = \theta$일 때, $\cos\theta = \dfrac{1}{3}$이다.

$\overline{\mathrm{OF}} = \overline{\mathrm{OG}} = \dfrac{1}{3}$이므로 삼각형 AOG에서

$\cos\theta = \dfrac{\overline{\mathrm{OF}}}{\overline{\mathrm{AO}}} = \dfrac{1}{3}$이다.

따라서 ㄷ은 참이다.

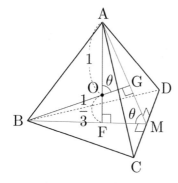

다르게 풀어보자.

직선 AF는 평면 BCD와 수직이고,
직선 BG는 평면 ACD와 수직이므로
두 평면 BCD, ACD가 이루는 각의 크기는
두 직선 AF, BG가 이루는 각의 크기와 같다.
즉, 두 평면 BCD, ACD가 이루는 각의 크기가 θ이므로
$\cos\theta = \dfrac{1}{3}$이다. (Guide step 정사면체의 특징 ③ 참고)

답 ④

046

선분 CD의 중심을 R이라 하자.

두 평면 OAB, OCD가 이루는 각의 크기를 θ라 하면
$\angle \mathrm{QOR} = \theta$이다.

삼각형 AOB는 $\overline{\mathrm{OA}} = \overline{\mathrm{OB}}$인 이등변삼각형이므로
직선 OQ는 선분 AB를 수직이등분한다.

삼각형 OAQ에서 $\overline{\mathrm{OQ}} = \sqrt{(2\sqrt{5})^2 - 2^2} = 4$이고,
$\overline{\mathrm{OR}} = \overline{\mathrm{OQ}} = 4$이다.

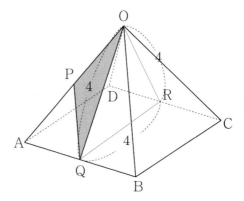

삼각형 OQR은 정삼각형이므로 $\theta = 60\,^\circ$이다.

점 P는 선분 OA의 중점이므로
삼각형 OPQ의 넓이를 S라 하면
$$S = \dfrac{1}{2} \times (\text{삼각형 OAQ의 넓이}) = \dfrac{1}{2} \times 4 = 2\text{이다.}$$

따라서 삼각형 OPQ의 평면 OCD 위로의 정사영의
넓이는 $2\cos 60\,^\circ = 1$이다.

답 ③

047

삼각형 ABQ에서
$\overline{\mathrm{BQ}} = \overline{\mathrm{AB}}\cos(\angle \mathrm{ABC}) = 9 \times \dfrac{\sqrt{3}}{3} = 3\sqrt{3}$이고,
$\overline{\mathrm{AQ}} = \sqrt{9^2 - (3\sqrt{3})^2} = 3\sqrt{6}$이다.

삼수선 정리에 의해서 $\overline{\mathrm{QP}} \perp \overline{\mathrm{BC}}$이다.
삼각형 AQP에서
$\overline{\mathrm{QP}} = \overline{\mathrm{AQ}}\cos(\angle \mathrm{AQP}) = 3\sqrt{6} \times \dfrac{\sqrt{3}}{6} = \dfrac{3\sqrt{2}}{2}$이다.

삼각형 BCP의 넓이는
$k = \dfrac{1}{2} \times \overline{\mathrm{BC}} \times \overline{\mathrm{QP}} = \dfrac{1}{2} \times 12 \times \dfrac{3\sqrt{2}}{2} = 9\sqrt{2}$이다.
따라서 $k^2 = 81 \times 2 = 162$이다.

답 162

048

두 점 M, N의 평면 BCD 위로의 정사영을 각각
M′, N′라 하면 삼각형 BMN의 평면 BCD 위로의 정사영의
넓이는 삼각형 BM′N′의 넓이와 같으므로
삼각형 BM′N′의 넓이를 구해보자.

선분 CD의 중점을 Q라 하고, 점 A에서 평면 BCD에
내린 수선의 발을 H라 하자.

삼각형 BCA에서 $\overline{BA} = \sqrt{(3\sqrt{10})^2 - 6^2} = 3\sqrt{6}$ 이고,
두 삼각형 BCA, BDA는 합동이므로 $\overline{BD} = 3\sqrt{10}$ 이다.

삼각형 BCD는 $\overline{BC} = \overline{BD}$ 인 이등변삼각형이므로
직선 BQ는 선분 CD를 수직이등분한다.
삼각형 BCQ에서 $\overline{BQ} = \sqrt{(3\sqrt{10})^2 - 3^2} = 9$ 이다.

선분 AQ는 정삼각형 ACD의 높이이므로
$\overline{AQ} = 6 \times \dfrac{\sqrt{3}}{2} = 3\sqrt{3}$ 이다.

삼각형 ABQ를 떼어내어 다시 그리면 다음 그림과 같다.

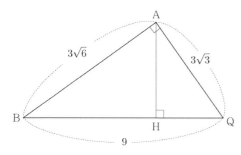

삼각형 ABQ에서 삼각형 넓이 같다 **Technique**를 사용하면
$\dfrac{1}{2} \times \overline{BQ} \times \overline{AH} = \dfrac{1}{2} \times \overline{AB} \times \overline{AQ}$

$\Rightarrow \dfrac{1}{2} \times 9 \times \overline{AH} = \dfrac{1}{2} \times 3\sqrt{6} \times 3\sqrt{3}$

$\Rightarrow \overline{AH} = 3\sqrt{2}$
이다.

삼각형 AQH에서 $\overline{HQ} = \sqrt{(3\sqrt{3})^2 - (3\sqrt{2})^2} = 3$ 이다.

삼각형 BCD를 떼어내어 다시 그리면 다음 그림과 같다.

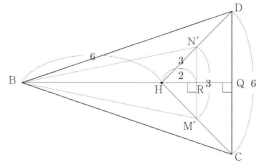

$\overline{BH} = \overline{BQ} - \overline{HQ} = 9 - 3 = 6$ 이고,
선분 MN은 평면 BCD와 평행하므로
$\overline{M'N'} = \overline{MN} = 3$ 이다.

두 삼각형 HM′N′, HCD은 1 : 2 닮음이므로
선분 HQ의 중점을 R이라 하면
$\overline{HR} = \dfrac{1}{2}\overline{HQ} = \dfrac{3}{2}$ 이다.

삼각형 BM′N′의 넓이는
$S = \dfrac{1}{2} \times \overline{BR} \times \overline{M'N'} = \dfrac{1}{2} \times \dfrac{15}{2} \times 3 = \dfrac{45}{4}$ 이다.

따라서 $40 \times S = 40 \times \dfrac{45}{4} = 450$ 이다.

답 450

삼각형 ABC의 넓이가 27이고, $\overline{BP} : \overline{PC} = 1 : 2$ 이므로
삼각형 ABP의 넓이는 $\dfrac{1}{3} \times 27 = 9$ 이다.

삼각형 ABP의 넓이가 9이고, $\overline{AQ} : \overline{QP} = 2 : 1$ 이므로
삼각형 ABQ의 넓이는 $\dfrac{2}{3} \times 9 = 6$ 이다.

삼각형 ABQ의 넓이가 6이고, $\overline{BQ} : \overline{QH} = 1 : 1$ 이므로
삼각형 ABH의 넓이는 $2 \times 6 = 12$ 이다.

삼각형 ABD의 평면 α 위로의 정사영의 넓이는
삼각형 ABH의 넓이와 같으므로
$\triangle ABD \times \cos\theta = \triangle ABH \Rightarrow \cos\theta = \dfrac{\triangle ABH}{\triangle ABD} = \dfrac{12}{35}$ 이다.

따라서 $p + q = 47$ 이다.

답 47

점 P에서 내린 수선의 발을 H라 하고,
점 P에서 선분 BM에 내린 수선의 발을 R이라 하면
삼수선의 정리에 의해 $\overline{RH} \perp \overline{BM}$이다.

점 H는 다음 그림과 같이 색칠한 두 직선의 교점과 같다.

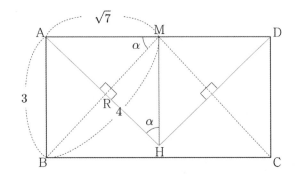

삼각형 ABM에서 $\overline{BM} = \sqrt{(\sqrt{7})^2 + 3^2} = 4$이다.
$\angle AMB = \alpha$라 하면 삼각형 ABM에서
$\sin\alpha = \dfrac{\overline{AB}}{\overline{BM}} = \dfrac{3}{4}$, $\tan\alpha = \dfrac{\overline{AB}}{\overline{AM}} = \dfrac{3}{\sqrt{7}}$이다.

삼각형 AMR에서 $\overline{AR} = \overline{AM}\sin\alpha = \dfrac{3}{4}\sqrt{7}$이고,

$\overline{MR} = \sqrt{(\sqrt{7})^2 - \left(\dfrac{3}{4}\sqrt{7}\right)^2} = \dfrac{7}{4}$이다.

삼각형 HMR에서

$\tan\alpha = \dfrac{\overline{MR}}{\overline{RH}} \Rightarrow \dfrac{3}{\sqrt{7}} = \dfrac{\frac{7}{4}}{\overline{RH}} \Rightarrow \overline{RH} = \dfrac{7\sqrt{7}}{12}$이다.

삼각형 PRH에서 $\angle PRH = \theta$이다.

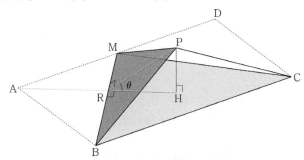

따라서 $\cos\theta = \dfrac{\overline{RH}}{\overline{PR}} = \dfrac{\frac{7\sqrt{7}}{12}}{\frac{3\sqrt{7}}{4}} = \dfrac{28}{36} = \dfrac{7}{9}$이다.

답 ⑤

051

삼수선의 정리에 의해서 점 P에서 평면 ABC에 내린
수선의 발을 H라 하면 점 H는 다음 그림과 같이 색칠한
두 직선의 교점과 같다.

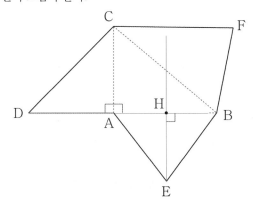

즉, 점 H는 선분 AB의 중점이다.

ㄱ. $\overline{CP} = \sqrt{2} \times \overline{BP}$

$\overline{CP} = \overline{CD}$이고, $\overline{BP} = \overline{BE} = \overline{AE} = \overline{AD}$이다.
삼각형 CDA는 직각이등변삼각형이므로
$\overline{CP} = \sqrt{2} \times \overline{BP}$이다.
따라서 ㄱ은 참이다.

ㄴ. 직선 AB와 직선 CP는 꼬인 위치에 있다.

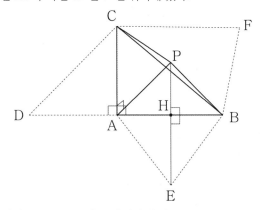

두 직선 AB, CP는 서로 평행하지 않고,
만나지 않으므로 꼬인 위치에 있다.
따라서 ㄴ은 참이다.

ㄷ. 선분 AB의 중점을 M이라 할 때,
직선 PM과 직선 BC는 서로 수직이다.

점 H는 점 M과 일치하므로 다시 그리면
다음 그림과 같다.

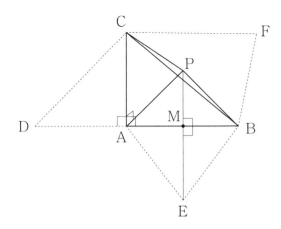

$\overline{PA} \perp \overline{AC}$, $\overline{MA} \perp \overline{AC}$, $\overline{PM} \perp \overline{AM}$이므로 삼수선의 정리에 의해서 직선 PM은 평면 ABC와 수직이다. 직선 PM는 평면 ABC 위의 모든 직선과 수직이므로 두 직선 PM, BC은 서로 수직이다. 따라서 ㄷ은 참이다.

답 ⑤

052

판이 움직이는 자취는 중심각이 $90°$인 부채꼴의 호와 같다. 다음 그림과 같이 판과 지면이 이루는 각의 크기가 $30°$일 때, 그림자의 넓이는 최대이다.

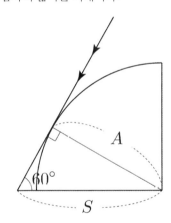

판의 넓이를 A라 하면 $A = 16 - \pi$이다.

$$A = S \sin 60° \Rightarrow 16 - \pi = \frac{\sqrt{3}}{2}S$$

$$\Rightarrow S = \frac{\sqrt{3}(32 - 2\pi)}{3}$$

이므로 $a = 32$, $b = -2$이다.
따라서 $a + b = 30$이다.

답 30

053

점 B에서 내린 수선의 발이 D이므로
점 D에서 선분 EF에 내린 수선의 발을 H라 하면
삼수선의 정리에 의해 $\overline{BH} \perp \overline{EF}$이다.

즉, $\angle DHF = \angle BHF = 90°$이므로 세 점 D, H, B는 일직선상에 있고, 두 선분 BD, EF의 교점은 H이다.

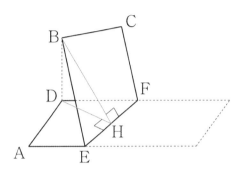

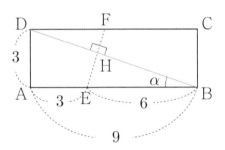

삼각형 DBA에서 $\overline{BD} = \sqrt{9^2 + 3^2} = 3\sqrt{10}$이므로

$\angle DBA = \alpha$라 하면 $\cos\alpha = \dfrac{\overline{AB}}{\overline{BD}} = \dfrac{9}{3\sqrt{10}} = \dfrac{3}{\sqrt{10}}$이다.

삼각형 BEH에서 $\overline{BH} = \overline{BE}\cos\alpha = \dfrac{9\sqrt{10}}{5}$이므로

$\overline{DH} = \overline{BD} - \overline{BH} = 3\sqrt{10} - \dfrac{9\sqrt{10}}{5} = \dfrac{6\sqrt{10}}{5}$이다.

$\angle BHD = \theta$이므로 삼각형 BHD에서

$\cos\theta = \dfrac{\overline{DH}}{\overline{BH}} = \dfrac{\dfrac{6\sqrt{10}}{5}}{\dfrac{9\sqrt{10}}{5}} = \dfrac{2}{3}$이다.

따라서 $60\cos\theta = 60 \times \dfrac{2}{3} = 40$이다.

답 40

054

ㄱ. 그림자와 교선 l의 공통의 길이는 $2r$이다.

구의 중심을 지나고 교선 l에 평행한 구의 지름을
선분 PQ라 하면 태양광선과 수직이므로
그림자와 교선 l의 공통의 길이는 $\overline{\text{PQ}} = 2r$이다.
따라서 ㄱ은 참이다.

ㄴ. $\theta = 60°$이면 $a < b$이다.

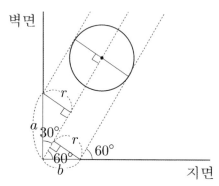

$b\sin 60° = r \Rightarrow b = \dfrac{2}{\sqrt{3}}r$이고,

$a\sin 30° = r \Rightarrow a = 2r$이므로 $a > b$이다.
따라서 ㄴ은 거짓이다.

ㄷ. $\dfrac{1}{a^2} + \dfrac{1}{b^2} = \dfrac{1}{r^2}$

$a\sin\theta = r \Rightarrow \sin\theta = \dfrac{r}{a}$

$b\sin\left(\dfrac{\pi}{2} - \theta\right) = r \Rightarrow \cos\theta = \dfrac{r}{b}$

이므로

$\sin^2\theta + \cos^2\theta = 1$

$\Rightarrow \dfrac{r^2}{a^2} + \dfrac{r^2}{b^2} = 1 \Rightarrow \dfrac{1}{a^2} + \dfrac{1}{b^2} = \dfrac{1}{r^2}$

이다.
따라서 ㄷ은 참이다.

답 ③

055

삼각형 BCD는 $\overline{\text{BC}} = \overline{\text{BD}}$인 이등변삼각형이므로
직선 BM은 선분 CD를 수직이등분한다.
삼각형 BDM에서 $\overline{\text{BM}} = \sqrt{(4\sqrt{5})^2 - 4^2} = 8$이다.
삼각형 BMA에서 $\overline{\text{AM}} = \sqrt{8^2 - 4^2} = 4\sqrt{3}$이다.

평면 BMA과 평면 BCD는 서로 수직이므로
점 P에서 평면 BCD에 내린 수선의 발을 H라 하면
선분 BM 위에 떨어진다.

삼수선의 정리에 의해 $\overline{\text{HN}} \perp \overline{\text{BD}}$이다.

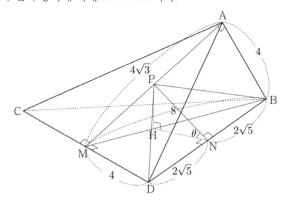

삼각형 BMD를 떼어내어 다시 그리면 다음과 같다.

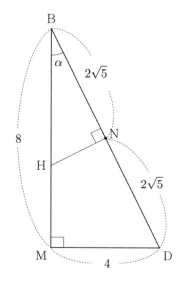

$\angle \text{DBM} = \alpha$라 하면 삼각형 DBM에서

$\tan\alpha = \dfrac{4}{8} = \dfrac{1}{2}$이므로 삼각형 HBN에서

$\tan\alpha = \dfrac{\overline{\text{HN}}}{\overline{\text{BN}}} \Rightarrow \dfrac{1}{2} = \dfrac{\overline{\text{HN}}}{2\sqrt{5}} \Rightarrow \overline{\text{HN}} = \sqrt{5}$이다.

삼각형 HBN에서 $\overline{\text{BH}} = \sqrt{(2\sqrt{5})^2 + (\sqrt{5})^2} = 5$이므로
$\overline{\text{HM}} = \overline{\text{BM}} - \overline{\text{BH}} = 8 - 5 = 3$이다.

삼각형 BMA를 떼어내어 다시 그리면 다음과 같다.

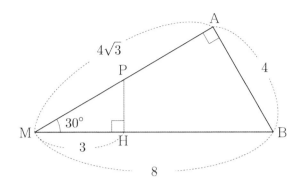

$\sin(\angle AMB) = \dfrac{\overline{AB}}{\overline{BM}} = \dfrac{1}{2} \Rightarrow \angle AMB = 30°$ 이므로

삼각형 PMH에서 $\overline{PH} = 3\tan 30° = \sqrt{3}$ 이다.

삼각형 PNH에서 $\overline{PN} = \sqrt{(\sqrt{5})^2 + (\sqrt{3})^2} = 2\sqrt{2}$ 이다.

$\angle PNH = \theta$ 이므로 삼각형 PNH에서

$\cos\theta = \dfrac{\overline{HN}}{\overline{PN}} = \dfrac{\sqrt{5}}{2\sqrt{2}}$ 이다.

따라서 $40\cos^2\theta = 40 \times \dfrac{5}{8} = 25$ 이다.

답 25

056

정삼각형 OAB에 내접하는 원의 반지름의 길이를 r이라
하면 내접원과 삼각형의 넓이 공식에 의해

$\dfrac{6+6+6}{2} \times r = \dfrac{\sqrt{3}}{4} \times 6^2 \Rightarrow r = \sqrt{3}$ 이다.

그림에서 구하고자 하는 넓이 S는
아래 색칠한 부분의 평면 ABC 위로의 정사영이
넓이의 3배와 같다.

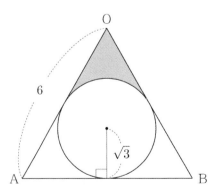

즉, 삼각형 OAB의 내부와 내접원의 외부의 공통부분을
A라 할 때, A의 평면 ABC 위로의 정사영의 넓이는 S이다.

$A = \dfrac{\sqrt{3}}{4} \times 6^2 - 3\pi = 9\sqrt{3} - 3\pi$ 이고,

정사면체의 두 면이 이루는 각의 크기를 θ라 하면

$\cos\theta = \dfrac{1}{3}$ 이다. (Guide step 정사면체의 특징 ③ 참고)

즉, $S = A\cos\theta = (9\sqrt{3} - 3\pi) \times \dfrac{1}{3} = 3\sqrt{3} - \pi$ 이다.

따라서 $(S+\pi)^2 = (3\sqrt{3})^2 = 27$ 이다.

답 27

057

$\overline{B'D'} = \sqrt{2} \times 4\sqrt{2} = 8$

$\overline{BB'} = \overline{DD'}$ 이므로 두 선분 BD, B'D'는 서로 평행하고,
$\overline{BD} = \overline{B'D'}$ 이다.

평면 β와 평행하고 선분 BD를 포함하는 평면이
선분 CC'와 만나는 점을 E라 하자.
점 E에서 선분 BD에 내린 수선의 발을 H라 하면
삼수선의 정리에 의해 $\overline{HE} \perp \overline{BD}$ 이다.

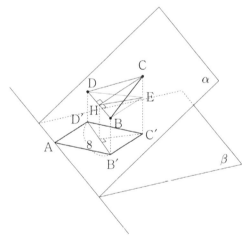

$\overline{HE} = \dfrac{1}{2}\overline{AC'} = 4$, $\angle CHE = \theta$, $\tan\theta = \dfrac{3}{4}$ 이므로

삼각형 CHE에서 $\tan\theta = \dfrac{\overline{CE}}{\overline{HE}} \Rightarrow \dfrac{3}{4} = \dfrac{\overline{CE}}{4} \Rightarrow \overline{CE} = 3$ 이다.

삼각형 CHE에서 $\overline{CH} = \sqrt{4^2 + 3^2} = 5$ 이므로
삼각형 CBH에서 $\overline{BC} = \sqrt{4^2 + 5^2} = \sqrt{41}$ 이다.
따라서 선분 BC의 길이는 $\sqrt{41}$ 이다.

답 ④

점 H에서 세 선분 CD, BD, BC에 내린 수선의 발을
각각 E, F, G라 하자.
△BCH : △DBH : △CDH = 1 : 2 : 3이고,
세 삼각형 BCH, DBH, CDH의 밑변의 길이가 모두
12이므로 높이의 비는 $\overline{HG} : \overline{HF} : \overline{HE} = 1 : 2 : 3$이다.
즉, $\overline{HG} = k$라 하면 $\overline{HF} = 2k$, $\overline{HE} = 3k$이다.

주어진 문제에서 점 M을 선분 BD의 중점이라 하고,
점 A에서 선분 CM에 내린 수선의 발을 Q라 하므로
삼수선의 정리에 의해 $\overline{HQ} \perp \overline{CM}$이다.

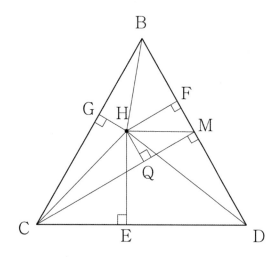

정삼각형 BCD의 넓이는 세 삼각형 BCH, DBH, CDH의
넓이의 합과 같다.

$$\triangle BCD = \triangle BCH + \triangle DBH + \triangle CDH$$

$$\Rightarrow \frac{\sqrt{3}}{4} \times 12^2 = \frac{1}{2} \times 12 \times k + \frac{1}{2} \times 12 \times 2k + \frac{1}{2} \times 12 \times 3k$$

$$\Rightarrow 36\sqrt{3} = 36k$$

$$\Rightarrow k = \sqrt{3}$$

이므로 $\overline{HG} = \sqrt{3}$, $\overline{HF} = 2\sqrt{3}$, $\overline{HE} = 3\sqrt{3}$이다.

$$\triangle CHM = \triangle BCM - (\triangle BCH + \triangle BHM)$$

$$= 18\sqrt{3} - \left(\frac{1}{2} \times 12 \times \sqrt{3} + \frac{1}{2} \times 6 \times 2\sqrt{3}\right)$$

$$= 18\sqrt{3} - 12\sqrt{3} = 6\sqrt{3}$$

삼각형 CHM의 넓이가 $6\sqrt{3}$이고,

$\overline{CM} = 12 \times \dfrac{\sqrt{3}}{2} = 6\sqrt{3}$이므로

$6\sqrt{3} = \dfrac{1}{2} \times \overline{HQ} \times 6\sqrt{3} \Rightarrow \overline{HQ} = 2$이다.

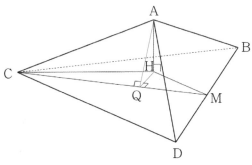

$\overline{AH} = 3$이므로 삼각형 AHQ에서
$\overline{AQ} = \sqrt{3^2 + 2^2} = \sqrt{13}$이다.
따라서 선분 AQ의 길이는 $\sqrt{13}$이다.

답 ③

점 A에서 평면 β에 내린 수선의 발을 H라 하면
삼수선의 정리에 의해 $\overline{CH} \perp l$이다.

$\angle ABH = 30°$이므로 삼각형 ABH에서
$\overline{AH} = 2\sin 30° = 1$, $\overline{BH} = 2\cos 30° = \sqrt{3}$이다.

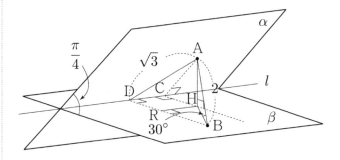

두 평면 α, β이 이루는 각의 크기가 $\dfrac{\pi}{4}$이므로
$\angle ACH = 45°$이다.

삼각형 ACH에서
$\tan 45° = \dfrac{\overline{AH}}{\overline{CH}} \Rightarrow 1 = \dfrac{1}{\overline{CH}} \Rightarrow \overline{CH} = 1$이고,
$\overline{AC} = \sqrt{1^2 + 1^2} = \sqrt{2}$이다.

삼각형 ADC에서 $\overline{DC} = \sqrt{(\sqrt{3})^2 - (\sqrt{2})^2} = 1$이다.

점 H에서 선분 BD에 내린 수선의 발을 R이라 하면
$\overline{HR} = \overline{CD} = 1$이고, 삼각형 HBR에서
$\overline{BR} = \sqrt{(\sqrt{3})^2 - 1^2} = \sqrt{2}$이다.

삼각형 BCD의 넓이는

$\frac{1}{2} \times \overline{BD} \times \overline{CD} = \frac{1}{2} \times (1 + \sqrt{2}) \times 1 = \frac{1 + \sqrt{2}}{2}$ 이고,

$\overline{AH} = 1$이므로 사면체 ABCD의 부피는

$\frac{1}{3} \times \left(\frac{1 + \sqrt{2}}{2}\right) \times 1 = \frac{1}{6} + \frac{1}{6}\sqrt{2}$ 이다.

즉, $a = \frac{1}{6}$, $b = \frac{1}{6}$ 이다

따라서 $36(a + b) = 36 \times \left(\frac{2}{6}\right) = 12$이다.

답 12

060

원판이 선분으로 보이도록 보는 각도를 바꿔서
다시 그리면 다음 그림과 같다.

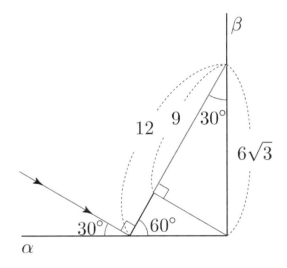

위의 그림에서 색칠한 부분의 넓이를 S'라 하면
(선분처럼 보이지만 실제는 원의 일부분이다.)
$S' = S\cos 30°$ 이다.

S'는 다음 그림에서 색칠한 영역의 넓이와 같다.

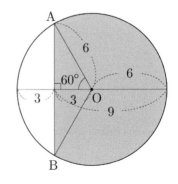

$S' = $ (원의 넓이) $-$ (부채꼴 OAB의 넓이 $-$ 삼각형 OAB의 넓이)

$\Rightarrow S' = 36\pi - \left(\frac{1}{2} \times 6^2 \times \frac{2}{3}\pi - \frac{1}{2} \times 6^2 \times \frac{\sqrt{3}}{2}\right)$

$\Rightarrow S' = 36\pi - (12\pi - 9\sqrt{3}) = 24\pi + 9\sqrt{3}$

$S' = S\cos 30°$

$\Rightarrow S = (24\pi + 9\sqrt{3}) \times \frac{2\sqrt{3}}{3}$

$\Rightarrow S = 18 + 16\sqrt{3}\pi$

이므로 $a = 18$, $b = 16$이다.
따라서 $a + b = 34$이다.

답 34

061

위 원판의 둘레 위의 점 중에서 평면 α으로부터의 거리가
가장 먼 점을 P, 위 원판의 중심을 Q라 하고,
아래 원판의 중심을 O라 하자.

직선 l과 윗 원판은 서로 수직이므로 $\angle PQO = 90°$ 이고,
삼각형 POQ에서

$\tan(\angle POQ) = \frac{\overline{PQ}}{\overline{OQ}} = \frac{1}{\sqrt{3}} \Rightarrow \angle POQ = 30°$ 이다.

이때 직선 l과 평면 α가 이루는 각의 크기가 $60°$ 이므로
직선 OP는 평면 α와 수직이다.

즉, 위 원판을 아래 원판을 포함하는 평면에 포함되도록
겹치면 두 원판의 둘레는 각 원판의 중심을 지난다.

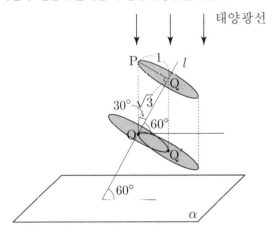

두 원판이 겹쳐져서 생기는 영역은 색칠한 영역과 같다.

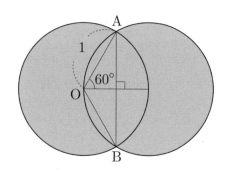

색칠한 영역의 넓이를 S라 하면

$S = 2 \times$(선분 AB를 포함하지 않는 부채꼴 OAB의 넓이
                + 삼각형 OAB의 넓이)

$\Rightarrow S = 2 \times \left(\dfrac{1}{2} \times 1^2 \times \dfrac{4}{3}\pi + \dfrac{1}{2} \times 1^2 \times \dfrac{\sqrt{3}}{2} \right)$

$\Rightarrow S = 2 \times \left(\dfrac{2}{3}\pi + \dfrac{\sqrt{3}}{4} \right) = \dfrac{4}{3}\pi + \dfrac{\sqrt{3}}{2}$

이다.

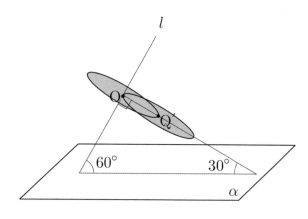

두 원판에 의해 평면 α에 생기는 그림자의 넓이를 S'라

하면 $S' = S\cos 30° = \left(\dfrac{4}{3}\pi + \dfrac{\sqrt{3}}{2} \right) \times \dfrac{\sqrt{3}}{2} = \dfrac{2\sqrt{3}}{3}\pi + \dfrac{3}{4}$

이다.

따라서 두 원판에 의해 평면 α에 생기는 그림자의 넓이는

$\dfrac{2\sqrt{3}}{3}\pi + \dfrac{3}{4}$ 이다.

답 ⑤

062

두 점 P, C에서 평면 α에 내린 수선의 발을 각각
P', C'라 하자.

$\overline{AP} : \overline{AC} = 1 : 3$이므로 두 삼각형 APP', ACC'는
$1 : 3$ 닮음이고, $\overline{CC'} = 3$이므로 $\overline{PP'} = 1$이다.
즉, 두 점 P, B는 α로부터의 거리가 모두 1로 동일하므로
선분 PB는 평면 α와 평행하다.

평면 α와 평행하고 선분 BP를 포함하는 평면이
선분 CC'와 만나는 점을 D라 하자.

점 D에서 선분 BP에 내린 수선의 발을 H라 하면
삼수선의 정리에 의해 $\overline{CH} \perp \overline{BP}$이다.

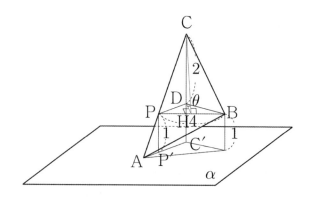

평면 ABC와 평면 α가 이루는 각의 크기를 θ라 하면
$\angle CHD = \theta$이다.

$\overline{AP} : \overline{PC} = 1 : 2$이고, 삼각형 ABC의 넓이가 9이므로
삼각형 CBP의 넓이는 $9 \times \dfrac{2}{3} = 6$이다.

삼각형 CBP의 넓이가 6이므로

$6 = \dfrac{1}{2} \times \overline{BP} \times \overline{CH}$

$\Rightarrow 6 = \dfrac{1}{2} \times 4 \times \overline{CH}$

$\Rightarrow \overline{CH} = 3$

이다.

삼각형 CHD에서 $\overline{DH} = \sqrt{3^2 - 2^2} = \sqrt{5}$이므로

$\cos\theta = \dfrac{\overline{DH}}{\overline{CH}} = \dfrac{\sqrt{5}}{3}$이다.

삼각형 ABC의 평면 α 위로의 정사영의 넓이는

$S = 9\cos\theta = 9 \times \dfrac{\sqrt{5}}{3} = 3\sqrt{5}$이다.

따라서 $S^2 = 45$이다.

답 45

이번에는 지난 문제들에서 배웠던 평면 연장을 이용하여 풀어보자.

점 B에서 평면 α에 내린 수선의 발을 B'라 하자.
두 직선 BC, B'C'의 교점을 D라 하면
두 평면 ABC, ADC는 서로 같다.

점 C′에서 선분 AD에 내린 수선의 발을 R라 하면
삼수선의 정리에 의해 $\overline{CR} \perp \overline{AD}$이다.

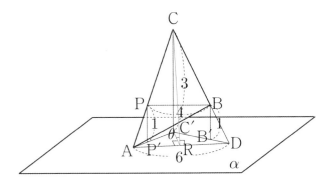

평면 ABC와 평면 α가 이루는 각의 크기를 θ라 하면
$\angle CRC' = \theta$이다.

$\overline{AP} : \overline{PC} = 1 : 2$이고, 삼각형 ABC의 넓이가 9이므로
삼각형 CBP의 넓이는 $9 \times \dfrac{2}{3} = 6$이다.

이때 두 삼각형 CBP, CDA는 $2 : 3$ 닮음이므로
넓이비는 $4 : 9$이다. (넓이는 제곱비)
$\overline{AD} = 4 \times \dfrac{3}{2} = 6$이고,

삼각형 CDA의 넓이는 $6 \times \dfrac{9}{4} = \dfrac{27}{2}$이다.

삼각형 CDA의 넓이가 $\dfrac{27}{2}$이므로

$$\dfrac{27}{2} = \dfrac{1}{2} \times \overline{AD} \times \overline{CR}$$

$$\Rightarrow \dfrac{27}{2} = \dfrac{1}{2} \times 6 \times \overline{CR}$$

$$\Rightarrow \overline{CR} = \dfrac{9}{2}$$

이다.

삼각형 CRC′에서 $\overline{C'R} = \sqrt{\left(\dfrac{9}{2}\right)^2 - 3^2} = \dfrac{3\sqrt{5}}{2}$이므로

$\cos\theta = \dfrac{\overline{C'R}}{\overline{CR}} = \dfrac{\frac{3\sqrt{5}}{2}}{\frac{9}{2}} = \dfrac{\sqrt{5}}{3}$이다.

삼각형 ABC의 평면 α 위로의 정사영의 넓이는

$S = 9\cos\theta = 9 \times \dfrac{\sqrt{5}}{3} = 3\sqrt{5}$이다.

따라서 $S^2 = 45$이다.

063

평면 α와 $45°$의 각을 이루는 평면을 β라 하고,
두 평면 α, β의 교선을 l이라 하자.

평면 β로 반구를 자를 때, 반구에 나타나는 단면의 둘레 위의
점 중 평면 α으로부터의 거리가 가장 먼 점을 B라 하고,
직선 l과 평면 α 위의 원과 만나는 점 중 하나를 A라 하자.

점 O에서 평면 β에 내린 수선의 발을 H라 하고,
점 O에서 직선 l에 내린 수선의 발을 R이라 라
하면 삼수선의 정리에 의해서 $\overline{HR} \perp l$이다.

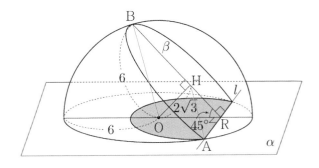

점 B는 반구 위의 점이므로 $\overline{OB} = 6$이다.
삼각형 OBH에서 $\overline{BH} = \sqrt{6^2 - (2\sqrt{3})^2} = 2\sqrt{6}$이다.

삼각형 ORH에서 $\overline{HR} = \overline{OH} = 2\sqrt{3}$이고,
삼각형 AHR에서 $\overline{HA} = \overline{HB} = 2\sqrt{6}$이므로
$\overline{AR} = \sqrt{(2\sqrt{6})^2 - (2\sqrt{3})^2} = 2\sqrt{3}$이다.

반구에 나타나는 단면을 떼어내어 다시 그리면 다음과 같다.

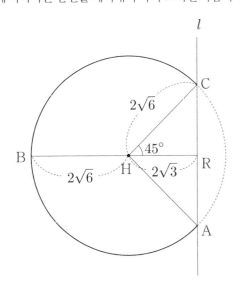

직선 l과 평면 α 위의 원과 만나는 점 중 A가
아닌 점을 C라 하자.

반구에 나타나는 단면의 넓이를 S라 하면
$S =$ (선분 CA를 포함하지 않는 부채꼴 HCA의 넓이
$+$ 삼각형 HCA의 넓이)

$\Rightarrow S = \dfrac{1}{2} \times (2\sqrt{6})^2 \times \dfrac{3}{2}\pi + \dfrac{1}{2} \times (2\sqrt{6})^2$

$\Rightarrow S = 18\pi + 12$

이다.

반구에 나타나는 단면의 평면 α 위로의 정사영의
넓이를 S'라 하면

$S' = S\cos45° = (18\pi + 12) \times \dfrac{\sqrt{2}}{2} = \sqrt{2}(6 + 9\pi)$ 이므로

$a = 6$, $b = 9$이다.

따라서 $a + b = 15$이다.

답 15

064

점 P에서 평면 AMN에 내린 수선의 발을 H라 하고,
점 P에서 두 선분 AM, MN에 내린 수선의 발을 각각
E, F라 하자.

점 H는 삼수선의 정리에 의해 다음 그림과 같이 색칠한
두 직선의 교점이다.

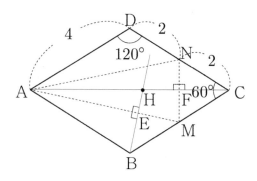

평면 AMN과 평면 PAM가 이루는 각의 크기를 θ라 하자.
삼각형 AMP의 넓이를 S라 하고, 삼각형 AMH의 넓이를
S'라 하면 $S' = S\cos\theta \Rightarrow \cos\theta = \dfrac{S'}{S}$ 이다.

삼각형 AMP의 넓이는 삼각형 AMB의 넓이와 같으므로
$S = \dfrac{1}{2} \times \overline{AB} \times \overline{BM} \times \sin120° = \dfrac{1}{2} \times 4 \times 2 \times \dfrac{\sqrt{3}}{2} = 2\sqrt{3}$
이다.

삼각형 AMH의 넓이를 구해보자.

$\angle ADN = 120°$ 이므로 삼각형 ADN에서
코사인법칙을 사용하면

$\cos120° = \dfrac{\overline{DA}^2 + \overline{DN}^2 - \overline{AN}^2}{2 \times \overline{DA} \times \overline{DN}}$

$\Rightarrow -\dfrac{1}{2} = \dfrac{20 - \overline{AN}^2}{16} \Rightarrow \overline{AN} = 2\sqrt{7}$

이므로 $\overline{AM} = \overline{AN} = 2\sqrt{7}$ 이다.

삼각형 CMN은 정삼각형이므로 $\overline{MN} = 2$이고,

$\overline{FM} = \dfrac{1}{2}\overline{MN} = 1$이다.

삼각형 AFM에서 $\overline{AF} = \sqrt{(2\sqrt{7})^2 - 1^2} = 3\sqrt{3}$ 이다.

점 A를 원점으로 보고 좌표축을 설정하여
선분 AH의 길이를 구해보자.

삼각형 ABC를 떼어내어 다시 그리면 다음 그림과 같다.

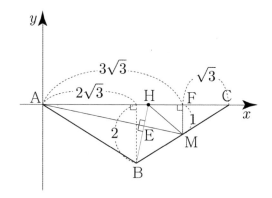

$A(0, 0)$, $B(2\sqrt{3}, -2)$, $M(3\sqrt{3}, -1)$

직선 AM의 방정식은 $y = -\dfrac{1}{3\sqrt{3}}x$이다.

직선 BH는 직선 AM과 서로 수직이므로
직선 BH의 직선의 방정식은
$y = 3\sqrt{3}(x - 2\sqrt{3}) - 2 \Rightarrow y = 3\sqrt{3}x - 20$이고,
x절편은 $\dfrac{20}{3\sqrt{3}} = \dfrac{20\sqrt{3}}{9}$이므로 $H\left(\dfrac{20\sqrt{3}}{9}, 0\right)$이다.

$\overline{AH} = \dfrac{20\sqrt{3}}{9}$이므로 삼각형 AMH의 넓이는

$S' = \dfrac{1}{2} \times \overline{AH} \times \overline{FM} = \dfrac{1}{2} \times \dfrac{20\sqrt{3}}{9} \times 1 = \dfrac{10\sqrt{3}}{9}$이다.

즉, $\cos\theta = \dfrac{S'}{S} = \dfrac{\dfrac{10\sqrt{3}}{9}}{2\sqrt{3}} = \dfrac{5}{9}$이다.

삼각형 AMN의 넓이는

$$\frac{1}{2} \times \overline{\mathrm{AF}} \times \overline{\mathrm{MN}} = \frac{1}{2} \times 3\sqrt{3} \times 2 = 3\sqrt{3} \text{ 이다.}$$

삼각형 AMN의 평면 PAM 위로의 정사영의 넓이는

$$3\sqrt{3}\cos\theta = 3\sqrt{3} \times \frac{5}{9} = \frac{5}{3}\sqrt{3} \text{ 이다.}$$

따라서 $p+q=8$이다.

답 8

65	31	73	10
66	25	74	15
67	④	75	13
68	④	76	60
69	7	77	11
70	30	78	24
71	32	79	①
72	40	80	⑤

065

반지름의 길이가 1인 구의 중심을 P라 하고
반지름이 길이가 2인 구의 중심을 Q라 하자.

두 점 P, Q에서 평면 π에 내린 수선의 발을 각각
A, B라 하자.

점 A에서 평면 β에 내린 수선의 발을 D라 하고,
점 B에서 평면 β에 내린 수선의 발을 E라 하자.

직선 AD와 수직이고 점 B를 지나는 직선이
직선 AD와 만나는 점을 C라 하자.

다음 그림과 같이 세 평면과 두 구의 평면 π 위로의
정사영을 생각해보자.

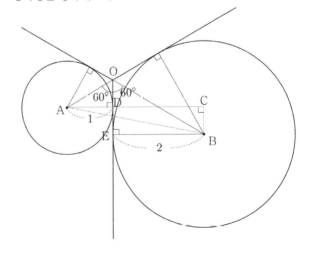

$$\angle \mathrm{AOD} = \angle \mathrm{BOE} = 60\degree, \ \overline{\mathrm{AD}} = 1, \ \overline{\mathrm{BE}} = 2$$

삼각형 OAD에서

$$\tan 60\degree = \frac{\overline{\mathrm{AD}}}{\overline{\mathrm{OD}}} \ \Rightarrow \ \sqrt{3} = \frac{1}{\overline{\mathrm{OD}}} \ \Rightarrow \ \overline{\mathrm{OD}} = \frac{\sqrt{3}}{3} \text{ 이고,}$$

삼각형 OBE에서

$$\tan 60° = \frac{\overline{BE}}{\overline{OE}} \ \Rightarrow \ \sqrt{3} = \frac{2}{\overline{OE}} \ \Rightarrow \ \overline{OE} = \frac{2\sqrt{3}}{3} \text{이다.}$$

$$\overline{DE} = \overline{OE} - \overline{OD} = \frac{\sqrt{3}}{3}$$

$$\overline{AC} = \overline{AD} + \overline{BE} = 3$$

$\overline{CB} = \overline{DE} = \dfrac{\sqrt{3}}{3}$ 이므로 삼각형 ABC에서

$$\overline{AB} = \sqrt{3^2 + \left(\frac{\sqrt{3}}{3}\right)^2} = \frac{2\sqrt{21}}{3} \text{이다.}$$

점 P에서 선분 BQ에 내린 수선의 발을 R이라 하면

$\overline{PR} = \overline{AB} = \dfrac{2\sqrt{21}}{3}$ 이고, $\overline{RQ} = \overline{BQ} - \overline{AP} = 1$ 이다.

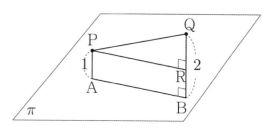

삼각형 QPR에서 $\overline{PQ} = \sqrt{\left(\dfrac{2\sqrt{21}}{3}\right)^2 + 1^2} = \dfrac{\sqrt{93}}{3} = d$ 이다.

따라서 $3d^2 = 3 \times \dfrac{93}{9} = 31$ 이다.

답 31

066

세 점 P, Q, R에 내린 수선의 발을 각각 A, B, C라 하자.

세 원기둥의 밑면의 반지름의 길이가 모두 $\sqrt{3}$ 이므로
삼각형 ABC는 한 변의 길이가 $2\sqrt{3}$ 인 정삼각형이다.

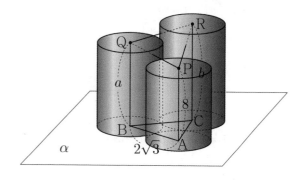

평면 α에 평행하고 점 P를 지나는 평면이
두 선분 BQ, CR과 만나는 점을 각각 D, E라 하자.

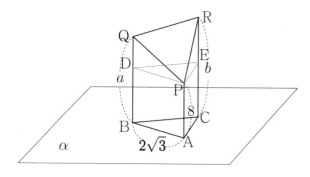

$\overline{BQ} = a - 8$, $\overline{ER} = b - 8$

점 D에서 선분 PE에 내린 수선의 발을 M이라 하면

$$\overline{QP} = \sqrt{(2\sqrt{3})^2 + (a-8)^2}$$

$$\overline{QR} = \sqrt{(2\sqrt{3})^2 + (b-a)^2}$$

$$\overline{PR} = \sqrt{(2\sqrt{3})^2 + (b-8)^2}$$

에서 $b - 8 > a - 8$, $b - 8 > b - a$ $(8 < a < b)$ 이므로
$\overline{QP} < \overline{PR}$, $\overline{QR} < \overline{PR}$ 이다.

이때 삼각형 QPR는 이등변삼각형이므로
$a - 8 = b - a$ 이고, $\overline{QP} = \overline{QR}$ 이다.

삼각형 QPR는 이등변삼각형이므로 점 Q에서
선분 PR에 내린 수선의 발을 F라 하고,
평면 DPE에 평행하고 선분 QF를 포함하는 평면이
선분 ER과 만나는 점을 G라 하자.

직선 QF는 선분 PR을 수직이등분하므로
$\overline{PF} = \overline{FR}$, $\angle QFG = 90°$ 이다.

두 삼각형 PFM, PRE은 $1:2$ 닮음이므로 점 F에서
평면 DPE에 내린 수선의 발을 M이라 하면
점 M은 선분 PE의 중점이고, 삼각형 DPE는
정삼각형이므로 $\angle DME = 90°$ 이다.

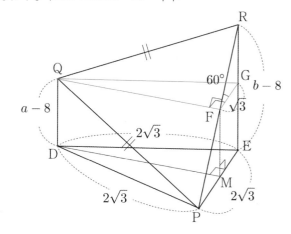

두 직선 QF, PE은 서로 수직이고,
두 직선 FG, PE는 서로 평행하므로
두 직선 QF, FG는 서로 수직이다.
즉, $\angle QFR = \angle QFG = 90\,^\circ$이다.

평면 QPR과 평면 α가 이루는 각의 크기가 $60\,^\circ$이므로
$\angle RFG = 60\,^\circ$이고, 삼각형 RFG에서
$$\tan 60\,^\circ = \frac{\overline{GR}}{\overline{FG}} \;\Rightarrow\; \frac{b-a}{\sqrt{3}} = \sqrt{3} \;\Rightarrow\; b-a=3\text{이다.}$$

두 식 $a-8=b-a$, $b-a=3$을 연립하면 $a=11$, $b=14$이다.
따라서 $a+b=25$이다.

답 25

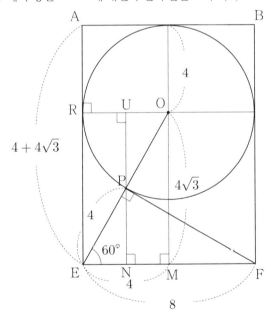

067

구의 중심을 O라 할 때,
점 O에서 평면 EFGH에 내린 수선의 발을 M,
점 O에서 평면 AEHD에 내린 수선의 발을 R이라 하고,
점 P에서 평면 EFGH에 내린 수선의 발을 N이라 하자.

평면 AEFB를 정면으로 바라보면 다음 그림과 같다.

원이 세 선분 AE, AB, BF에 접하므로
반지름의 길이는 4이다.
평면 PFGQ가 구와 접하므로 직선 OP와 직선 PF는
서로 수직이다.
즉, 세 점 E, P, O는 일직선상에 있다.

$\overline{OM} = (4+4\sqrt{3})-4 = 4\sqrt{3}$, $\overline{EM} = 4$
삼각형 OEM에서

$\tan(\angle OEM) = \dfrac{\overline{OM}}{\overline{EM}} = \sqrt{3} \;\Rightarrow\; \angle OEM = 60\,^\circ$이다.
삼각형 FEP에서 $\overline{PE} = \overline{EF}\cos 60\,^\circ = 4$이고,
삼각형 PEN에서 $\overline{EN} = \overline{PE}\cos 60\,^\circ = 2$이다.

선분 RO의 중점을 U라 하자.

구의 중심을 지나고 평면 EFGH에 평행한 평면으로
구를 자를 때 생기는 단면적은 다음 그림과 같고, 그림에서
다른 색깔로 칠한 영역의 넓이를 각각 A, B라 하자.

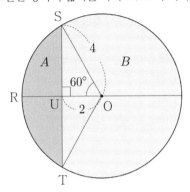

점 U를 지나고 선분 OR에 수직인 직선이
원과 만나는 점을 각각 S, T라 하자.

삼각형 SOU에서
$$\cos(\angle SOU) = \frac{\overline{OU}}{\overline{SO}} = \frac{1}{2} \;\Rightarrow\; \angle SOU = 60\,^\circ\text{이다.}$$

$A = $(부채꼴 OST의 넓이) $-$ (삼각형 OST의 넓이)
$$\Rightarrow A = \frac{1}{2} \times 4^2 \times \frac{2}{3}\pi - \frac{1}{2} \times 4^2 \times \frac{\sqrt{3}}{2}$$
$$\Rightarrow A = \frac{16}{3}\pi - 4\sqrt{3}$$

$B = $(원의 넓이) $- A$
$$\Rightarrow B = 16\pi - \left(\frac{16}{3}\pi - 4\sqrt{3}\right)$$
$$\Rightarrow B = \frac{32}{3}\pi + 4\sqrt{3}$$

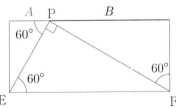

$A = S_2 \cos 60\,^\circ \;\Rightarrow\; S_2 = \dfrac{32}{3}\pi - 8\sqrt{3}$

$B = S_1 \sin 60\,^\circ \;\Rightarrow\; S_1 = \left(\dfrac{32}{3}\pi + 4\sqrt{3}\right)\dfrac{2}{\sqrt{3}} = \dfrac{64}{3\sqrt{3}}\pi + 8$

따라서
$$S_1 + \frac{1}{\sqrt{3}} S_2 = \frac{64}{3\sqrt{3}}\pi + 8 + \frac{32}{3\sqrt{3}}\pi - 8 = \frac{32\sqrt{3}}{3}$$
이다.

 ④

068

직선 OE와 평행하게 태양광선을 원 S에 비출 때,
평면 α 위에 생기는 그림자의 넓이를 구하는 문제이다.

원 S가 태양광선에 수직이었다면 해석하기 편했을 텐데
어떻게 접근해야 할까?

여기서 아이디어! 태양광선에 수직인 평면을 도입해보자.

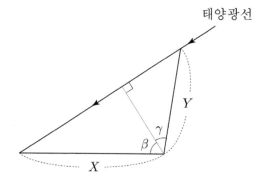

원 S의 넓이를 Y라 하고, 평면 α 위에 생기는
그림자의 넓이를 X라 하면 $X\cos\beta = Y\cos\gamma$이다.
(이름하여 이중정사영 Technique!)

먼저 $\cos\beta$를 구해보자.

점 A에서 평면 α에 내린 수선의 발을 H라 하고,
점 O에서 평면 α에 내린 수선의 발을 R이라 하자.
선분 CD의 중점을 M이라 하자.

직선 OE는 태양광선에 수직인 평면과 수직이고,
직선 OR은 평면 α와 수직이다.

두 평면이 이루는 각의 크기는 두 평면에 각각 수직인
두 직선이 이루는 각의 크기와 같으므로 직선 OE와
직선 OR이 이루는 각의 크기는 β이다.

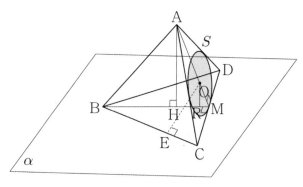

삼각형 AHM을 떼어내어 다시 그리면 다음 그림과 같다.

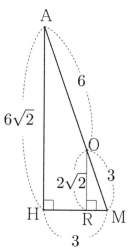

점 O는 삼각형 ACD의 무게중심이므로
$\overline{AO} : \overline{OM} = 2 : 1$이다.

$\overline{AH} = 6\sqrt{3} \times \dfrac{\sqrt{6}}{3} = 6\sqrt{2}$ 이고,

두 삼각형 AMH, OMR은 3 : 1 닮음이므로
$\overline{OR} = \dfrac{1}{3}\overline{AH} = 2\sqrt{2}$ 이다.

$\overline{HR} = 2, \ \overline{MR} = 1$

삼각형 BCD를 떼어내어 다시 그리면 다음 그림과 같다.

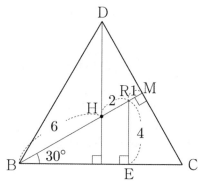

$\angle CBM = 30°$이므로 삼각형 BRE에서
$\overline{RE} = \overline{BR}\sin 30° = 4$이다.

삼각형 OER에서 $\overline{OE} = \sqrt{4^2 + (2\sqrt{2})^2} = 2\sqrt{6}$ 이다.

삼각형 OER을 떼어내어 다시 그리면 다음 그림과 같다.

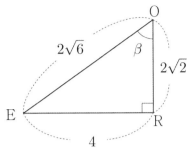

$\angle EOR = \beta$이므로 $\cos\beta = \dfrac{\overline{OE}}{\overline{OF}} = \dfrac{2\sqrt{2}}{2\sqrt{6}} = \dfrac{\sqrt{3}}{3}$ 이다.

이번에는 $\cos\gamma$를 구해보자.

직선 OB는 평면 ACD와 수직이고,
직선 OE는 태양광선에 수직인 평면과 수직이다.

두 평면이 이루는 각의 크기는 두 평면에 각각 수직인
두 직선이 이루는 각의 크기와 같으므로 직선 OE과
직선 OB이 이루는 각의 크기는 γ이다.

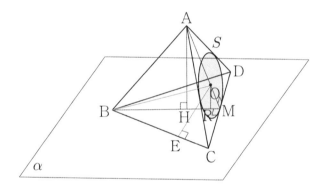

삼각형 OBE를 떼어내어 다시 그리면 다음 그림과 같다.

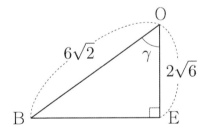

$\angle BOE = \gamma$이므로 $\cos\gamma = \dfrac{\overline{OE}}{\overline{OB}} = \dfrac{2\sqrt{6}}{6\sqrt{2}} = \dfrac{\sqrt{3}}{3}$ 이다.

원 S의 반지름의 길이는 3이므로 넓이는 $Y = 9\pi$이다.

$X\cos\beta = Y\cos\gamma$

$\Rightarrow X \times \dfrac{\sqrt{3}}{3} = 9\pi \times \dfrac{\sqrt{3}}{3}$

$\Rightarrow X = 9\pi$

따라서 평면 α 위에 생기는 그림자의 넓이는 9π이다.

 ④

다르게 풀어보자.

$\angle OER = \theta$라 하면 삼각형 OER에서
$\tan\theta = \dfrac{\overline{OR}}{\overline{ER}} = \dfrac{\sqrt{2}}{2}$ 이다.

점 A를 지나고 태양광선과 평행한 직선이 평면 α와
만나는 점을 P라 하자.

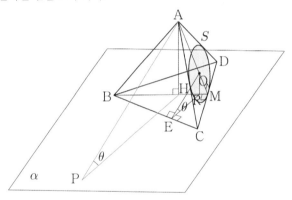

$\angle APH = \theta$이므로 삼각형 APH에서
$\tan\theta = \dfrac{\overline{AH}}{\overline{PH}} \Rightarrow \dfrac{\sqrt{2}}{2} = \dfrac{6\sqrt{2}}{\overline{PH}} \Rightarrow \overline{PH} = 12$이다.

태양광선을 삼각형 ACD에 비출 때, 평면 α 위에
생기는 그림자의 넓이는 삼각형 PCD의 넓이와 같다.

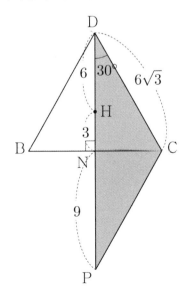

삼각형 PCD의 넓이는

$\frac{1}{2} \times \overline{DP} \times \overline{DC} \times \sin 30° = \frac{1}{2} \times 18 \times 6\sqrt{3} \times \frac{1}{2} = 27\sqrt{3}$ 이고,

삼각형 ACD의 넓이는 $\frac{\sqrt{3}}{4} \times (6\sqrt{3})^2 = 27\sqrt{3}$ 이다.

그림자의 원형의 넓이와 그림자의 넓이의 비율이

같음을 고려하면 $\frac{27\sqrt{3}}{27\sqrt{3}} = \frac{X}{9\pi} \Rightarrow X = 9\pi$ 이다.

참고로 첫 번째 풀이에서 구한 식을 변형하면

$X\cos\beta = Y\cos\gamma \Rightarrow \frac{X}{Y} = \frac{\cos\gamma}{\cos\beta}$ 이므로

그림자의 원형의 넓이와 그림자의 넓이의 비율은

$\frac{\cos\gamma}{\cos\beta}$ 와 같다.

069

(나) 조건에서 $\angle CED = 90°$ 이므로 두 직선 BC, DE는
서로 수직이다.

삼수선의 정리에 의해 $\overline{AE} \perp \overline{BC}$ 이다.

(가) 조건에서 $\angle AEH = \alpha$ 라 하면 $\angle DAH = \alpha$ 이다.
삼각형 AEH에서 $\angle EAH = 90° - \alpha$ 이고, $\angle DAH = \alpha$ 이므로
삼각형 DEA에서 $\angle DAE = 90°$ 이다.

직선 BC는 평면 AED와 서로 수직이므로
직선 BC는 직선 AD와 서로 수직이다.

즉, 직선 AD는 직선 AE, BC과 모두 수직이므로
직선 AD는 평면 ABC와 서로 수직이다.

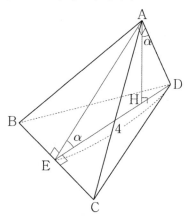

삼각형 ABC에서 $\overline{AE} \perp \overline{BC}$ 이므로 점 E는 선분 BC의

중점이다. 즉, $\overline{AE} = 4 \times \frac{\sqrt{3}}{2} = 2\sqrt{3}$ 이다.

삼각형 AED에서 $\overline{AD} = \sqrt{4^2 - (2\sqrt{3})^2} = 2$ 이다.

삼각형 AED에서 $\sin\alpha = \frac{\overline{AD}}{\overline{ED}} = \frac{2}{4} = \frac{1}{2}$ 이므로

삼각형 AEH에서 $\overline{AH} = \overline{AE}\sin\alpha = 2\sqrt{3} \times \frac{1}{2} = \sqrt{3}$ 이다.

삼각형 AHD에서 $\overline{DH} = \sqrt{2^2 - (\sqrt{3})^2} = 1$ 이므로
삼각형 AHD의 넓이는

$\frac{1}{2} \times \overline{DH} \times \overline{AH} = \frac{1}{2} \times 1 \times \sqrt{3} = \frac{\sqrt{3}}{2}$ 이다.

평면 ABC가 바닥평면이 되도록 보는 각도를 바꿔서
다시 그리면 다음 그림과 같다.

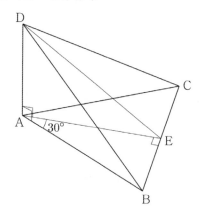

두 평면 ABD, AHD의 교선은 직선 AD이고,
$\overline{AE} \perp \overline{AD}$, $\overline{AB} \perp \overline{AD}$ 이므로 두 평면 ABD, AHD가
이루는 예각의 크기를 θ 라 하면 $\theta = \angle BAE = 30°$ 이다.

즉, 구하는 정사영의 넓이는 $\frac{\sqrt{3}}{2}\cos 30° = \frac{3}{4}$ 이다.
따라서 $p + q = 7$ 이다.

답 7

070

두 점 A, B에서 두 직선 m, n을 포함하는 평면에
내린 수선의 발을 각각 E, F라 하고,
직선 FD와 직선 m가 만나는 점을 G라 하자.

$\overline{BD} \perp l$, $\overline{BG} \perp l$ 이므로 직선 l과 평면 BDF은
서로 수직이고, 직선 m은 직선 l과 서로 평행하므로
직선 m은 평면 BDF와 수직이다.

즉, 직선 m은 직선 DF와 수직이므로 $\angle DGC = 90°$ 이다.

두 삼각형 ACE, BGF는 서로 합동이므로
$\overline{BG} = \overline{AC} = 5$ 이다.

$\overline{CG} = \overline{AB} = 2\sqrt{2}$ 이므로 삼각형 CDG에서
$\overline{GD} = \sqrt{3^2 - (2\sqrt{2})^2} = 1$ 이다.

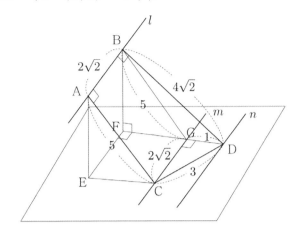

삼각형 BDF를 떼어내어 다시 그리면 다음 그림과 같다.

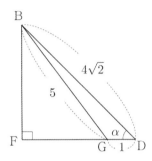

$\angle BDF = \alpha$ 라 하고, 삼각형 BDG에서 코사인법칙을 사용하면

$$\cos\alpha = \frac{\overline{DG}^2 + \overline{DB}^2 - \overline{BG}^2}{2 \times \overline{DG} \times \overline{DB}} = \frac{8}{8\sqrt{2}} = \frac{1}{\sqrt{2}}$$ 이므로
$\alpha = 45°$ 이다.

$\overline{BF} = \overline{DF} = \dfrac{4\sqrt{2}}{\sqrt{2}} = 4$ 이므로 $\overline{FG} = 3$ 이다.

선분 CD를 연장하여 점 A에서 식선 CD에 내린
수선의 발을 H라 하면 삼수선의 정리에 의해
$\overline{AH} \perp \overline{HC}$ 이다.

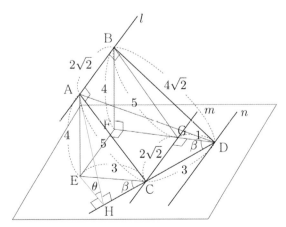

$\angle CDG = \beta$ 라 하면 $\angle DCG = 90° - \beta$ 이고,
$\angle ECG = 90°$ 이므로 $\angle ECH = \beta$ 이다.

삼각형 CDG에서 $\sin\beta = \dfrac{\overline{CG}}{\overline{CD}} = \dfrac{2\sqrt{2}}{3}$ 이므로
삼각형 ECH에서 $\overline{EH} = \overline{EC}\sin\beta = 2\sqrt{2}$ 이다.

$\angle AHE = \theta$ 이므로 삼각형 AHE에서
$$\tan\theta = \frac{\overline{AE}}{\overline{EH}} = \frac{4}{2\sqrt{2}} = \sqrt{2}$$ 이다.
따라서 $15\tan^2\theta = 30$ 이다.

답 30

이번에는 정사영의 넓이를 이용하여 풀어보자.

삼각형 ACD의 넓이를 S라 하고, 삼각형 ECD의 넓이를
S'라 하면 $S' = S\cos\theta$ 이다.

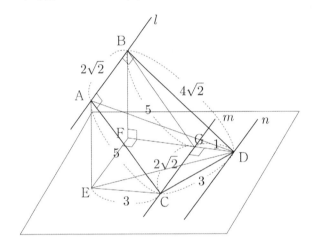

삼각형 ADB에서 $\overline{AD} = \sqrt{(2\sqrt{2})^2 + (4\sqrt{2})^2} = 2\sqrt{10}$ 이다.
$\angle CAD = \gamma$ 라 하고, 삼각형 ACD에서 코사인법칙을 사용하면
$$\cos\gamma = \frac{\overline{AC}^2 + \overline{AD}^2 - \overline{CD}^2}{2 \times \overline{AC} \times \overline{AD}} = \frac{56}{20\sqrt{10}} = \frac{14}{5\sqrt{10}}$$ 이므로
$$\sin\gamma = \sqrt{1 - \cos^2\gamma} = \sqrt{\frac{125 - 98}{125}} = \frac{3\sqrt{3}}{5\sqrt{5}}$$ 이다.
삼각형 ACD의 넓이는
$$S = \frac{1}{2} \times \overline{AC} \times \overline{AD} \times \sin\gamma$$
$$= \frac{1}{2} \times 5 \times 2\sqrt{10} \times \frac{3\sqrt{3}}{5\sqrt{5}} = 3\sqrt{6}$$
이다.

삼각형 ECD의 넓이는
$$S' = \frac{1}{2} \times \overline{EC} \times \overline{CG} = \frac{1}{2} \times 3 \times 2\sqrt{2} = 3\sqrt{2}$$ 이다.

$$S' = S\cos\theta \Rightarrow \cos\theta = \frac{S'}{S} = \frac{3\sqrt{2}}{3\sqrt{6}} = \frac{1}{\sqrt{3}}$$ 이므로
$$\sin\theta = \sqrt{1 - \cos^2\theta} = \frac{\sqrt{2}}{\sqrt{3}} \left(\because 0 < \theta < \frac{\pi}{2} \right)$$ 이다.

즉, $\tan\theta = \dfrac{\sin\theta}{\cos\theta} = \dfrac{\dfrac{\sqrt{2}}{\sqrt{3}}}{\dfrac{1}{\sqrt{3}}} = \sqrt{2}$ 이다.

따라서 $15\tan^2\theta = 30$ 이다.

071

원기둥의 밑면의 지름의 길이(14)와 원뿔의 밑면의 지름의 길이(10)의 차가 4이므로 점 B′는 원뿔의 밑면의 둘레 위에 떨어진다.

직선 A′B′와 원기둥의 밑면이 만나는 두 점을 각각 P, Q라 하자. (단, $\overline{PB'} < \overline{QB'}$)

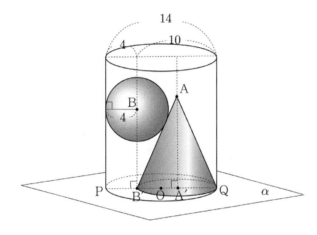

주어진 입체도형을 평면 AA′B′B로 자른 단면은 다음 그림과 같다.

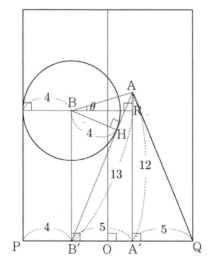

점 B에서 두 선분 AB′, AA′에 내린 수선의 발을 각각 H, R이라 하자.

삼각형 AB′A′에서 $\overline{AB'} = \sqrt{5^2 + 12^2} = 13$ 이다.

$\overline{BH} = 4$, $\overline{BR} = 5$

삼각형 ABB′에서 삼각형 넓이 같다 Technique를 사용하면

$\dfrac{1}{2} \times \overline{BB'} \times \overline{BR} = \dfrac{1}{2} \times \overline{AB'} \times \overline{BH}$

$\Rightarrow \dfrac{1}{2} \times \overline{BB'} \times 5 = \dfrac{1}{2} \times 13 \times 4$

$\Rightarrow \overline{BB'} = \dfrac{52}{5}$

이므로

$\overline{AR} = \overline{AA'} - \overline{RA'} = \overline{AA'} - \overline{BB'} = 12 - \dfrac{52}{5} = \dfrac{8}{5}$ 이다.

$\angle ABR = \theta$ 이므로 삼각형 ABR에서

$\tan\theta = \dfrac{\overline{AR}}{\overline{BR}} = \dfrac{\dfrac{8}{5}}{5} = \dfrac{8}{25} = p$ 이다.

따라서 $100p = 100 \times \dfrac{8}{25} = 32$ 이다.

답 32

072

삼각형 PCQ의 넓이를 S라 하고, 삼각형 GCH의 넓이를 S'라 하면 $S' = S\cos\theta \Rightarrow \cos\theta = \dfrac{S'}{S}$ 이다.

이제 두 삼각형 PCQ, GCH의 넓이를 구해보자.

점 P에서 선분 AB에 내린 수선의 발을 R라 하고, 두 선분 AB, CD의 중점을 각각 M, N이라 하자.

점 P는 반원의 호 AB의 삼등분점 중 점 B에 가까운 점이므로 $\angle PMB = 60°$ 이다.

$\overline{AB} = 8 \Rightarrow \overline{PM} = \dfrac{1}{2}\overline{AB} = 4$

삼각형 PMR에서
$\overline{PR} = \overline{PM}\sin 60° = 2\sqrt{3}$, $\overline{MR} = \overline{PM}\cos 60° = 2$ 이다.

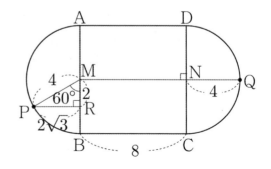

삼수선의 정리에 의해 $\overline{RG} \perp \overline{AB}$ 이고, $\overline{HN} \perp \overline{CD}$ 이다.

삼각형 PRG에서 $\overline{RG} = \sqrt{(2\sqrt{3})^2 - (\sqrt{3})^2} = 3$이고,

삼각형 QNH에서 $\overline{HN} = \sqrt{4^2 - (2\sqrt{3})^2} = 2$이다.

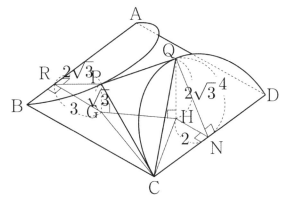

점 G에서 선분 CD에 내린 수선의 발을 F라 하고,

점 H에서 선분 RF에 내린 수선의 발을 S라 하자.

사각형 ABCD를 떼어내어 다시 그리면 다음 그림과 같다.

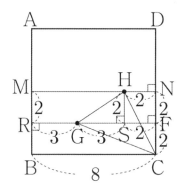

삼각형 HGS에서 $\overline{GH} = \sqrt{3^2 + 2^2} = \sqrt{13}$ 이고,

삼각형 GCF에서 $\overline{GC} = \sqrt{5^2 + 2^2} = \sqrt{29}$ 이고,

삼각형 CHN에서 $\overline{CH} = \sqrt{2^2 + 4^2} = 2\sqrt{5}$ 이다.

점 P에서 선분 HQ에 내린 수선의 발을 T라 하자.

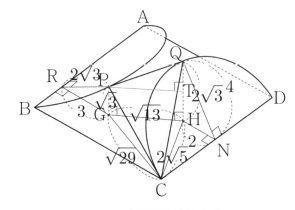

삼각형 PCG에서 $\overline{CP} = \sqrt{(\sqrt{29})^2 + (\sqrt{3})^2} = 4\sqrt{2}$ 이고,

삼각형 QCH에서 $\overline{CQ} = \sqrt{(2\sqrt{5})^2 + (2\sqrt{3})^2} = 4\sqrt{2}$ 이다.

$\overline{PT} = \sqrt{13}$, $\overline{QT} = \sqrt{3}$ 이므로 삼각형 PQT에서

$\overline{PQ} = \sqrt{(\sqrt{13})^2 + (\sqrt{3})^2} = 4$이다.

삼각형 PCQ를 떼어내어 다시 그리면 다음 그림과 같다.

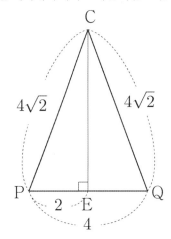

삼각형 PCQ는 $\overline{CP} = \overline{CQ}$인 이등변삼각형이므로

점 C에서 선분 PQ에 내린 수선의 발을 E라 하면

$\overline{PE} = \dfrac{1}{2}\overline{PQ} = 2$이다.

삼각형 PCE에서 $\overline{CE} = \sqrt{(4\sqrt{2})^2 - 2^2} = 2\sqrt{7}$ 이다.

즉, 삼각형 PCQ의 넓이는

$S = \dfrac{1}{2} \times \overline{PQ} \times \overline{CE} = \dfrac{1}{2} \times 4 \times 2\sqrt{7} = 4\sqrt{7}$ 이다.

삼각형 GCH를 구하기 위해서

사각형 ABCD를 떼어내어 다시 그리면 다음 그림과 같다.

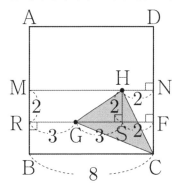

삼각형 GCH의 넓이

= (사각형 GCNH의 넓이) − (삼각형 CHN의 넓이)

= (사다리꼴 HGFN의 넓이 + 삼각형 GCF의 넓이)

　− (삼각형 CHN의 넓이)

$S' = \left\{ \dfrac{1}{2} \times (\overline{HN} + \overline{GF}) \times \overline{NF} + \dfrac{1}{2} \times \overline{GF} \times \overline{FC} \right\}$

$\qquad - \dfrac{1}{2} \times \overline{HN} \times \overline{CN}$

$\quad = \left(\dfrac{1}{2} \times 7 \times 2 + \dfrac{1}{2} \times 5 \times 2 \right) - \dfrac{1}{2} \times 2 \times 4$

$\quad = 12 - 4 = 8$

즉, $\cos\theta = \dfrac{S'}{S} = \dfrac{8}{4\sqrt{7}} = \dfrac{2}{\sqrt{7}}$ 이다.

따라서 $70 \times \cos^2\theta = 70 \times \dfrac{4}{7} = 40$ 이다.

답 40

이번에는 평면을 연장하여 풀어보자.

직선 PQ와 직선 GH가 만나는 교점을 X라 하자.
$\overline{PG} : \overline{QH} = 1 : 2$ 이므로 두 삼각형 XPG, XQH은
$1 : 2$ 닮음이다. 즉, $\overline{XG} = \sqrt{13}$ 이다.

이때 삼각형 BGR에서 $\overline{BG} = \sqrt{2^2 + 3^2} = \sqrt{13}$ 이므로
점 X는 점 B와 같다.

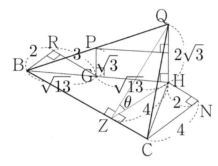

점 Q에서 선분 BC에 내린 수선의 발을 Z라 하면
삼수선의 정리에 의해 $\overline{ZH} \perp \overline{BC}$ 이다.

삼각형 ZQH에서 $\overline{ZQ} = \sqrt{4^2 + (2\sqrt{3})^2} = 2\sqrt{7}$ 이고,
$\angle QZH = \theta$ 이므로 $\cos\theta = \dfrac{\overline{ZQ}}{\overline{ZH}} = \dfrac{4}{2\sqrt{7}} = \dfrac{2}{\sqrt{7}}$ 이다.

따라서 $70 \times \cos^2\theta = 70 \times \dfrac{4}{7} = 40$ 이다.

073

점 A에서 두 평면 α, β의 교선에 내린 수선의 발을 B라
하면 $\angle ABO = 45°$, $\angle BAO = 90° \Rightarrow \angle AOB = 45°$ 이다.

두 점 P, Q는 구 위의 점이므로 $\overline{OP} = 2$, $\overline{OQ} = 2$ 이다.

직선 OA와 평면 β는 서로 수직이므로
직선 OA와 직선 AQ는 서로 수직이다.
즉, $\angle OAQ = 90°$ 이다.

$\overline{AO} = \dfrac{\sqrt{6}}{2} \times \sqrt{2} = \sqrt{3}$ 이므로 삼각형 OAQ에서

$\overline{AQ} = \sqrt{2^2 - (\sqrt{3})^2} = 1$ 이다.
원 C_2의 반지름의 길이가 1이므로 $\overline{AR} = 1$ 이다.

평면 AQPO를 바닥평면에 두고 그림을 다시 그려보자.

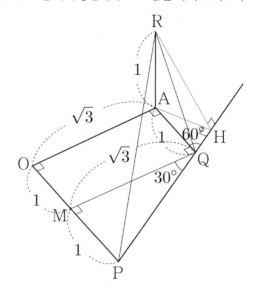

점 R에서 직선 PQ에 내린 수선의 발을 H라 하면
삼수선의 정리에 의해 $\overline{AH} \perp \overline{QH}$ 이다.

점 Q에서 선분 OP에 내린 수선의 발을 M이라 하면
$\overline{MP} = 1$, $\overline{MQ} = \sqrt{3}$ 이므로 삼각형 QPM에서
$\tan(\angle PQM) = \dfrac{\overline{MP}}{\overline{MQ}} = \dfrac{1}{\sqrt{3}} \Rightarrow \angle PQM = 30°$ 이다.

$\angle AQH = 60°$ 이므로 삼각형 AQH에서
$\overline{AH} = \dfrac{\sqrt{3}}{2}$ 이다.

삼각형 RHA에서 $\overline{RH} = \sqrt{\left(\dfrac{\sqrt{3}}{2}\right)^2 + 1^2} = \dfrac{\sqrt{7}}{2}$ 이고,

$\angle RHA = \theta$ 이므로 $\cos\theta = \dfrac{\overline{AH}}{\overline{RH}} = \dfrac{\dfrac{\sqrt{3}}{2}}{\dfrac{\sqrt{7}}{2}} = \dfrac{\sqrt{3}}{\sqrt{7}}$ 이다.

즉, $\cos^2\theta = \dfrac{3}{7}$ 이다.

따라서 $p + q = 10$ 이다.

답 10

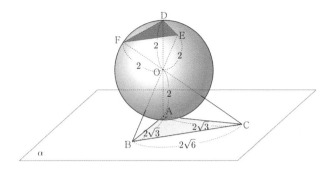

두 삼각형 OBA, OCA에서

$\tan(\angle\text{BOA}) = \dfrac{\overline{\text{AB}}}{\overline{\text{OA}}} = \sqrt{3} \ \Rightarrow \ \angle\text{BOA} = 60°$

$\tan(\angle\text{COA}) = \dfrac{\overline{\text{AC}}}{\overline{\text{OA}}} = \sqrt{3} \ \Rightarrow \ \angle\text{COA} = 60°$

이고, $\overline{\text{OB}} = \overline{\text{OC}} = \sqrt{(2\sqrt{3})^2 + 2^2} = 4$이다.

$\angle\text{BOA} = \angle\text{COA} = 60°$이므로 맞꼭지각의 성질에 의해
$\angle\text{DOE} = \angle\text{DOF} = 60°$이다.

삼각형 ODE에서 $\angle\text{DOE} = 60°$이고, $\overline{\text{OE}} = \overline{\text{OD}} = 2$이므로
삼각형 ODE는 정삼각형이다. 즉, $\overline{\text{DE}} = 2$이다.

삼각형 ODF에서 $\angle\text{DOF} = 60°$이고, $\overline{\text{OF}} = \overline{\text{OD}} = 2$이므로
삼각형 ODF는 정삼각형이다. 즉, $\overline{\text{DF}} = 2$이다.

두 삼각형 OBC, OEF는 2 : 1 닮음이므로
$\overline{\text{EF}} = \dfrac{1}{2}\overline{\text{BC}} = \sqrt{6}$이다.

삼각형 DFE는 $\overline{\text{DF}} = \overline{\text{DE}}$인 이등변삼각형이고,
삼각형 OEF는 $\overline{\text{OF}} = \overline{\text{OE}}$인 이등변삼각형이므로

선분 EF의 중점을 H라 하면
삼각형 DEH에서 $\overline{\text{DH}} = \sqrt{2^2 - \left(\dfrac{\sqrt{6}}{2}\right)^2} = \dfrac{\sqrt{10}}{2}$이고,

삼각형 OEH에서 $\overline{\text{OH}} = \sqrt{2^2 - \left(\dfrac{\sqrt{6}}{2}\right)^2} = \dfrac{\sqrt{10}}{2}$이다.

삼각형 DEF의 넓이를 A라 하면
$A = \dfrac{1}{2} \times \overline{\text{DH}} \times \overline{\text{EF}} = \dfrac{1}{2} \times \dfrac{\sqrt{10}}{2} \times \sqrt{6} = \dfrac{\sqrt{15}}{2}$이다.

평면 OBC와 평면 OEF는 같은 평면이므로
평면 DEF와 평면 OBC가 이루는 각의 크기는
평면 DEF와 평면 OEF가 이루는 각의 크기와 같다.

$\overline{\text{DH}} \perp \overline{\text{EF}}$, $\overline{\text{OH}} \perp \overline{\text{EF}}$이므로 이면각의 정의에 의해서
평면 DEF와 평면 OEF가 이루는 예각의 크기를 θ라 하면
두 직선 DH, OH가 이루는 예각의 크기와 같다.
즉, $\angle\text{DHO} = \theta$이다.

($\angle\text{DHO}$가 둔각이라면 $\cos\theta < 0$이므로 $\cos\theta$의 값에
절댓값을 취해 예각으로 만들어주면 된다.)

삼각형 HOD에서 코사인법칙을 사용하면
$\cos\theta = \dfrac{\overline{\text{DH}}^2 + \overline{\text{OH}}^2 - \overline{\text{OD}}^2}{2 \times \overline{\text{DH}} \times \overline{\text{OH}}} = \dfrac{1}{5}$이므로

$S = A\cos\theta = \dfrac{\sqrt{15}}{2} \times \dfrac{1}{5} = \dfrac{\sqrt{15}}{10}$이다.

따라서 $100S^2 = 100 \times \dfrac{15}{100} = 15$이다.

답 15

원기둥의 밑면 α, β의 중심을 각각 R, S라 하자.
직선 PQ와 직선 DB는 서로 평행하고,
직선 SM과 직선 RG는 서로 평행하므로
평면 MPQ와 평면 GDB는 서로 평행하다.

두 삼각형 GDB, DEG는 모두 정삼각형이고,
두 평면 GDB, DEG의 교선은 직선 GD이다.

선분 DG의 중점을 M′라 하면 $\overline{\text{BM}'} \perp \overline{\text{GD}}$, $\overline{\text{EM}'} \perp \overline{\text{GD}}$이고,
$\overline{\text{BG}} = 4\sqrt{2}$, $\overline{\text{BM}'} = \overline{\text{EM}'} = 4\sqrt{2} \times \dfrac{\sqrt{3}}{2} = 2\sqrt{6}$이다.

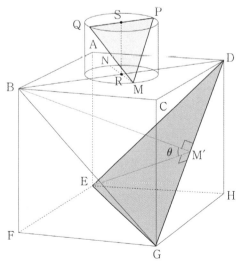

두 평면 GDB, DEG가 이루는 각의 크기를 θ라 하면
$\angle\text{BM}'\text{E} = \theta$이다.

삼각형 BM′E에서 코사인법칙을 사용하면

$$\cos\theta = \frac{\overline{BM'}^2 + \overline{EM'}^2 - \overline{BE}^2}{2 \times \overline{BM'} \times \overline{EM'}} = \frac{24+24-32}{2 \times 2\sqrt{6} \times 2\sqrt{6}} = \frac{1}{3}$$ 이다.

삼각형 MPQ는 $\overline{QM} = \overline{PM}$인 이등변삼각형이다.

선분 PQ는 점 S를 지나므로 $\overline{PQ} = 2\sqrt{2}$이고,

$\overline{SM} = \sqrt{2^2 + \left(\sqrt{2}\right)^2} = \sqrt{6}$이다.

삼각형 MPQ의 넓이를 S라 하면

$$S = \frac{1}{2} \times \overline{PQ} \times \overline{SM} = \frac{1}{2} \times 2\sqrt{2} \times \sqrt{6} = 2\sqrt{3}$$ 이다.

삼각형 MPQ의 평면 DEG 위로의 정사영의 넓이는

$$S\cos\theta = 2\sqrt{3} \times \frac{1}{3} = \frac{2\sqrt{3}}{3}$$ 이므로 $a=3$, $b=2$이다.

따라서 $a^2 + b^2 = 3^2 + 2^2 = 13$이다.

답 13

076

정삼각형 APQ의 무게중심을 G라 하면
정삼각형 APQ의 외접원의 중심은 G이다.

정삼각형 APQ의 외접원의 반지름은 선분 AG의 길이와

같으므로 $\overline{AG} = 2\sqrt{3} \times \dfrac{\sqrt{3}}{2} \times \dfrac{2}{3} = 2$이다.

이때 구 S의 반지름의 길이가 2이므로
점 G는 구의 중심과 같다.

점 P에서 선분 AQ에 내린 수선의 발을 R이라 하면

점 R은 선분 AQ의 중점이고 $\angle ABQ = \dfrac{\pi}{2}$이므로

점 B는 점 R을 중심으로 하고 반지름이 선분 AR인
원 위의 점이다.

$\overline{RB} = \sqrt{3}$, $\overline{RG} = 1$이고,

점 B는 구 위의 점이므로 $\overline{GB} = 2$이다.

이때 $\overline{GB}^2 = \overline{RB}^2 + \overline{RG}^2$이 성립하므로 $\angle GRB = 90°$이다.

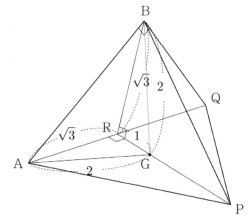

직선 PR은 두 직선 AQ, RB와 각각 수직이므로
직선 PR은 평면 AQB와 서로 수직이고,
평면 AQB는 평면 APQ는 서로 수직이다.

점 B에서 선분 AQ에 내린 수선의 발을 H라 하자.

삼각형 APB의 넓이를 S라 하고, 삼각형 APH의 넓이를

S'라 하면 $S' = S\cos\theta \Rightarrow \cos\theta = \dfrac{S'}{S}$이다.

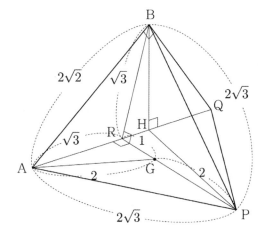

삼각형 BRP에서 $\overline{BP} = \sqrt{3^2 + \left(\sqrt{3}\right)^2} = 2\sqrt{3}$이다.

삼각형 APB를 떼어내어 다시 그리면 다음 그림과 같다.

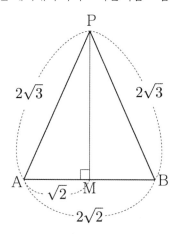

삼각형 APB는 $\overline{AP} = \overline{BP}$인 이등변삼각형이므로
점 P에서 선분 AB에 내린 수선의 발을 M이라 하면

$\overline{\mathrm{AM}} = \dfrac{1}{2}\overline{\mathrm{AB}} = \sqrt{2}$ 이다.

삼각형 APM에서 $\overline{\mathrm{MP}} = \sqrt{(2\sqrt{3})^2 - (\sqrt{2})^2} = \sqrt{10}$ 이므로
삼각형 APM의 넓이는

$S = \dfrac{1}{2} \times \overline{\mathrm{AB}} \times \overline{\mathrm{MP}} = \dfrac{1}{2} \times 2\sqrt{2} \times \sqrt{10} = 2\sqrt{5}$ 이다.

삼각형 AQB를 떼어내어 다시 그리면 다음 그림과 같다.

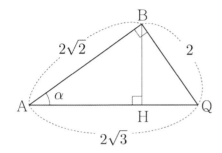

$\angle\mathrm{QAB} = \alpha$ 라 하면 삼각형 AQB에서

$\cos\alpha = \dfrac{\overline{\mathrm{AB}}}{\overline{\mathrm{AQ}}} = \dfrac{2\sqrt{2}}{2\sqrt{3}} = \dfrac{\sqrt{2}}{\sqrt{3}}$ 이므로

삼각형 ABH에서 $\overline{\mathrm{AH}} = \overline{\mathrm{AB}}\cos\alpha = \dfrac{4\sqrt{3}}{3}$ 이다.

삼각형 APH의 넓이는

$S' = \dfrac{1}{2} \times \overline{\mathrm{AH}} \times \overline{\mathrm{PR}} = \dfrac{1}{2} \times \dfrac{4\sqrt{3}}{3} \times 3 = 2\sqrt{3}$ 이다.

즉, $\cos\theta = \dfrac{S'}{S} = \dfrac{2\sqrt{3}}{2\sqrt{5}} = \dfrac{\sqrt{3}}{\sqrt{5}}$ 이다.

따라서 $100\cos^2\theta = 100 \times \dfrac{3}{5} = 60$ 이다.

답 60

점 P에서 평면 α에 내린 수선의 발을 P′라 하자.
(점 P는 접점이므로 점 P′는 밑면 안쪽에 떨어진다.)
$\overline{\mathrm{QB}} \perp \overline{\mathrm{OB}}$, $\overline{\mathrm{AO}} \perp \alpha$이므로 삼수선의 정리에 의해
$\overline{\mathrm{QB}} \perp \overline{\mathrm{AB}}$이다.
즉, 직선 QB는 평면 AOB와 수직이다.

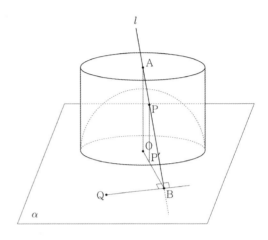

삼각형 AOB를 떼어내어 다시 그리면 다음 그림과 같다.

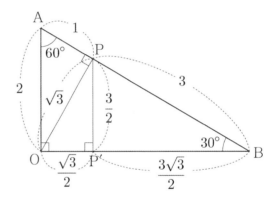

삼각형 OAP에서 $\overline{\mathrm{OA}} = 2$, $\overline{\mathrm{OP}} = \sqrt{3}$ 이므로
$\overline{\mathrm{AP}} = \sqrt{2^2 - (\sqrt{3})^2} = 1$ 이고,

$\cos(\angle\mathrm{OAP}) = \dfrac{\overline{\mathrm{OP}}}{\overline{\mathrm{OA}}} = \dfrac{\sqrt{3}}{2} \Rightarrow \angle\mathrm{OAP} = 60°$ 이다.

$\angle\mathrm{OBP} = 30°$이므로 삼각형 OBP에서

$\tan 30° = \dfrac{\overline{\mathrm{OP}}}{\overline{\mathrm{BP}}} \Rightarrow \dfrac{1}{\sqrt{3}} = \dfrac{\sqrt{3}}{\overline{\mathrm{BP}}} \Rightarrow \overline{\mathrm{BP}} = 3$ 이다.

삼각형 PBP′에서 $\overline{\mathrm{PP'}} = \overline{\mathrm{BP}}\sin 30° = \dfrac{3}{2}$ 이고,

$\overline{\mathrm{BP'}} = \overline{\mathrm{BP}}\cos 30° = \dfrac{3\sqrt{3}}{2}$ 이다.

삼각형 OPP′에서 $\overline{\mathrm{OP'}} = \sqrt{(\sqrt{3})^2 - \left(\dfrac{3}{2}\right)^2} = \dfrac{\sqrt{3}}{2}$ 이다.

점 R에서 평면 α에 내린 수선의 발을 R′라 하면
점 R은 선분 PQ와 원기둥의 교점이므로 점 R′은
원기둥의 밑면의 둘레 위에 떨어진다.

이를 바탕으로 다시 그림을 그려보자.

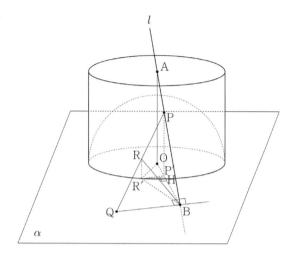

평면 AQB와 평면 α가 이루는 각의 크기는
$\angle \text{ABO} = 30°$이므로 삼각형 BPR의 넓이를 S라 하고,
삼각형 BP'R'를 S'라 하면 $S' = S\cos 30°$이다.

삼각형 BP'R'의 넓이는 $S' = \dfrac{\sqrt{15}}{2} \times \dfrac{\sqrt{3}}{2} = \dfrac{3\sqrt{5}}{4}$이다.
점 R을 선분 OB에 내린 수선의 발을 H라 할 때,

$\dfrac{1}{2} \times \overline{\text{BP}'} \times \overline{\text{R}'\text{H}} = \dfrac{3\sqrt{5}}{4}$

$\Rightarrow \dfrac{1}{2} \times \dfrac{3\sqrt{3}}{2} \times \overline{\text{R}'\text{H}} = \dfrac{3\sqrt{5}}{4}$

$\Rightarrow \overline{\text{R}'\text{H}} = \dfrac{\sqrt{15}}{3}$

삼각형 BPQ의 넓이를 구하기 위해서
선분 BQ의 길이를 구해보자.

주어진 입체도형의 밑면을 떼어내어 다시 그리면
다음 그림과 같다.

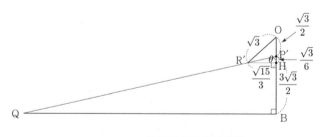

삼각형 OR'H에서 $\overline{\text{OH}} = \sqrt{(\sqrt{3})^2 - \left(\dfrac{\sqrt{15}}{3}\right)^2} = \dfrac{2\sqrt{3}}{3}$이고,
삼각형 P'R'H에서

$\overline{\text{P}'\text{H}} = \overline{\text{OH}} - \overline{\text{OP}'} = \dfrac{2\sqrt{3}}{3} - \dfrac{\sqrt{3}}{2} = \dfrac{\sqrt{3}}{6}$
이다.

$\angle \text{R}'\text{P}'\text{H} = \theta$라 하면 삼각형 P'R'H에서

$\tan\theta = \dfrac{\overline{\text{R}'\text{H}}}{\overline{\text{P}'\text{H}}} = \dfrac{\dfrac{\sqrt{15}}{3}}{\dfrac{\sqrt{3}}{6}} = 2\sqrt{5}$이므로

삼각형 P'QB에서

$\tan\theta = \dfrac{\overline{\text{QB}}}{\overline{\text{P}'\text{B}}} \Rightarrow 2\sqrt{5} = \dfrac{\overline{\text{QB}}}{\dfrac{3\sqrt{3}}{2}} \Rightarrow \overline{\text{QB}} = 3\sqrt{15}$이다.

즉, 삼각형 BPQ의 넓이는

$\dfrac{1}{2} \times \overline{\text{QB}} \times \overline{\text{BP}} = \dfrac{1}{2} \times 3\sqrt{15} \times 3 = \dfrac{9}{2}\sqrt{15}$이다.

따라서 $a+b = 11$이다.

답 11

078

구 S의 중심을 O라 하면 $\angle \text{BOC} = \dfrac{2}{3}\pi$이고,
$\overline{\text{OB}} = \overline{\text{OC}} = 6$이므로 $\overline{\text{BC}} = 6 \times \sqrt{3} = 6\sqrt{3}$이다.
(2025 규토 라이트 N제 수1 해설편 p195 051번 tip참고)
즉, 정사면체 ABCD의 한 변의 길이는 $6\sqrt{3}$이다.

삼각형 PQR의 외심을 S라 하면 세 점 A, S, O는
한 직선 위에 있다.

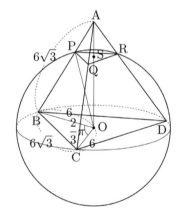

삼각형 ABO를 떼어내어 다시 그리면 다음 그림과 같다.

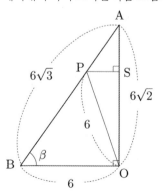

점 P는 구 위의 점이므로 선분 OP의 길이는
구의 반지름의 길이와 같다. 즉, $\overline{\text{OP}} = 6$이다.

$\angle \text{ABO} = \beta$라 하면 삼각형 ABO에서
$\cos\beta = \dfrac{\overline{\text{BO}}}{\overline{\text{AB}}} = \dfrac{6}{6\sqrt{3}} = \dfrac{1}{\sqrt{3}}$이므로

삼각형 BOP에서 코사인법칙을 사용하면
$\cos\beta = \dfrac{(\overline{\text{BP}})^2 + (\overline{\text{BO}})^2 - (\overline{\text{PO}})^2}{2 \times \overline{\text{BP}} \times \overline{\text{BO}}}$

$\Rightarrow \dfrac{1}{\sqrt{3}} = \dfrac{(\overline{\text{BP}})^2 + 36 - 36}{2 \times \overline{\text{BP}} \times 6}$

$\Rightarrow \dfrac{1}{\sqrt{3}} = \dfrac{(\overline{\text{BP}})^2}{12\overline{\text{BP}}} \Rightarrow \overline{\text{BP}} = 4\sqrt{3} \ (\because \ \overline{\text{BP}} > 0)$

$\overline{\text{AP}} = \overline{\text{AB}} - \overline{\text{BP}} = 6\sqrt{3} - 4\sqrt{3} = 2\sqrt{3}$

$\angle \text{APS} = \beta$이므로 삼각형 APS에서
$\overline{\text{PS}} = \overline{\text{AP}} \times \cos\beta = 2\sqrt{3} \times \dfrac{1}{\sqrt{3}} = 2$이다.

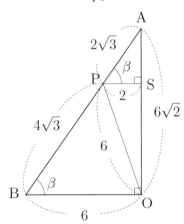

정삼각형 PQR의 외접원의 반지름의 길이가
$\overline{\text{PS}} = 2$이므로 정삼각형 PQR의 한 변의 길이는
$2 \times \sqrt{3} = 2\sqrt{3}$이다.
($\angle \text{PSQ} = \dfrac{2}{3}\pi$이고, $\overline{\text{PS}} = \overline{\text{QS}} = 2$이므로
$\overline{\text{PQ}} = 2 \times \sqrt{3} = 2\sqrt{3}$이다.)

즉, 삼각형 PQR의 넓이는 $\dfrac{\sqrt{3}}{4} \times (2\sqrt{3})^2 = 3\sqrt{3}$이다.

Guide step에서 배운 "두 평면이 이루는 각의 크기는
두 평면에 각각 수직인 두 직선이 이루는 각의 크기와
같다."를 이용하여 이면각 θ를 구해보자.

평면 α는 점 P에서 구 S에 접하는 평면이므로
평면 α와 직선 OP는 서로 수직이고,

평면 PQR과 직선 OA는 서로 수직이므로
점 P에서 구 S에 접하는 평면 α과 평면 PQR이 이루는 각의
크기는 두 직선 OP, OA가 이루는 각의 크기와 같다.

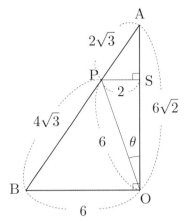

두 직선 OP, OA가 이루는 각의 크기를 θ라 하면
삼각형 OPS에서 $\sin\theta = \dfrac{\overline{\text{PS}}}{\overline{\text{OP}}} = \dfrac{2}{6} = \dfrac{1}{3}$이므로

$\cos\theta = \sqrt{1 - \sin^2\theta} = \sqrt{1 - \dfrac{1}{9}} = \dfrac{2\sqrt{2}}{3}$이다.

삼각형 PQR의 평면 α 위로의 정사영의 넓이는
$3\sqrt{3} \times \dfrac{2\sqrt{2}}{3} = 2\sqrt{6} = k$이다.

따라서 $k^2 = (2\sqrt{6})^2 = 24$이다.

답 24

079

점 A에서 평면 xy에 내린 수선의 발을 H라고 하고,
점 A에서 선분 PQ에 내린 수선의 발을 W라 하자.
삼수선의 정리에 의해 $\overline{\text{PQ}} \perp \overline{\text{WH}}$

$\overline{\text{AH}} = 1, \ \overline{\text{AW}} = 2 \rightarrow \overline{\text{WH}} = \sqrt{2^2 - 1^2} = \sqrt{3}$
점 Q는 구 S 위의 점이므로 $\overline{\text{AQ}} = 4$
$\overline{\text{QH}} = \sqrt{4^2 - 1^2} = \sqrt{15}$
$\overline{\text{WQ}} = \sqrt{15 - 3} = 2\sqrt{3}$

구 S가 선분 PQ를 지름으로 하는 구 T와 만나서 생기는
원의 중심은 W이고 반지름은 $2\sqrt{3}$이다.

점 B에서 xy평면에 내린 수선의 발을 R이라 하자.
삼각형 BPQ의 xy평면 위로의 정사영의 넓이가 최대가
되려면 $\overline{\text{RW}}$의 값이 최대가 되어야 하고, $\overline{\text{RW}}$의 값이
최대가 되려면 $\overline{\text{BW}} = 2\sqrt{3}$이어야 한다.

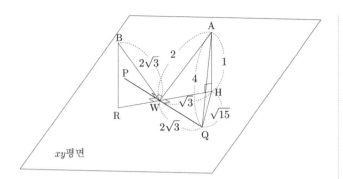

점 A에서 평면 BPQ에 내린 수선의 발이 W이고,
평면 BPQ와 직선 AW는 서로 수직이므로 직선 AW는
평면 BPQ 위에 있는 직선 BW와 서로 수직이다.
즉, $\angle AWB = 90°$이다.

삼각형 AWH에서

$\cos(\angle AWH) = \dfrac{\overline{WH}}{\overline{AW}} = \dfrac{\sqrt{3}}{2} \Rightarrow \angle AWH = 30°$

$\angle BWR = 180° - (\angle AWB + \angle AWH) = 180° - 120° = 60°$

삼각형 BWR에서

$\overline{RW} = \overline{BW} \times \cos 60° = 2\sqrt{3} \times \dfrac{1}{2} = \sqrt{3}$

삼각형 BPQ의 xy평면 위로의 정사영의 넓이는
삼각형 RPQ의 넓이와 같다.

따라서 삼각형 BPQ의 xy평면 위로의 정사영의 넓이의
최댓값은 $\dfrac{1}{2} \times \sqrt{3} \times 4\sqrt{3} = 6$이다.

답 ①

080

점 H에서 선분 AB에 내린 수선의 발을 R라 하고,
선분 AB의 중점을 M이라 하자.

점 H를 중심으로 하고 점 Q를 지나는 평면 β 위의 원은
반지름의 길이가 4이고 직선 AB에 접하므로 $\overline{HR} = \overline{HQ} = 4$

$\angle HFF' = \dfrac{\pi}{6}$이므로 삼각형 HFR에서

$\sin \dfrac{\pi}{6} = \dfrac{\overline{HR}}{\overline{HF}} \Rightarrow \dfrac{1}{2} = \dfrac{4}{\overline{HF}} \Rightarrow \overline{HF} = 8$

타원의 정의에 의해서 장축의 길이가 $\overline{AB} = 18$이므로
$\overline{QF} + \overline{QF'} = 18 \Rightarrow \overline{QF'} = 18 - \overline{QF} = 18 - 12 = 6$

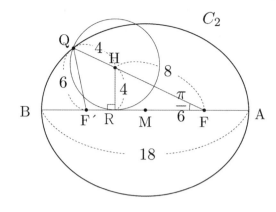

$\overline{FF'} = x$라 하고,
삼각형 QFF'에서 코사인법칙을 사용하면

$\cos(\angle QFF') = \dfrac{\overline{FQ}^2 + \overline{FF'}^2 - \overline{QF'}^2}{2 \times \overline{FQ} \times \overline{FF'}}$

$\Rightarrow \dfrac{\sqrt{3}}{2} = \dfrac{144 + x^2 - 36}{2 \times 12 \times x}$

$\Rightarrow x^2 - 12\sqrt{3}\,x + 108 = 0$

$\Rightarrow (x - 6\sqrt{3})^2 = 0 \Rightarrow x = 6\sqrt{3}$

$\overline{FF'} = 6\sqrt{3}$이고, 삼각형 HFR에서

$\overline{RF} = \overline{FH}\cos\dfrac{\pi}{6} = 8 \times \dfrac{\sqrt{3}}{2} = 4\sqrt{3}$

$\overline{F'R} = \overline{FF'} - \overline{RF} = 6\sqrt{3} - 4\sqrt{3} = 2\sqrt{3}$

$\overline{RM} = \overline{F'M} - \overline{F'R} = \dfrac{1}{2}\overline{FF'} - \overline{F'R} = 3\sqrt{3} - 2\sqrt{3} = \sqrt{3}$

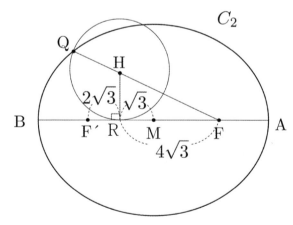

삼수선의 정리에 의해 $\overline{PR} \perp \overline{AB}$
원 C_1의 중심이 M이므로 $\overline{PM} = \dfrac{1}{2}\overline{AB} = 9$이고,
삼각형 PMR에서 $\overline{PR} = \sqrt{81 - 3} = \sqrt{78}$

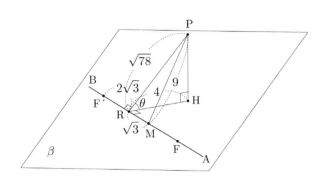

따라서 $\cos\theta = \dfrac{\overline{\mathrm{RH}}}{\overline{\mathrm{PR}}} = \dfrac{4}{\sqrt{78}} = \dfrac{2\sqrt{78}}{39}$ 이다.

답 ⑤

1	(1) xy평면에 내린 수선의 발 : $(3, \ -2, \ 0)$ yz평면에 내린 수선의 발 : $(0, \ -2, \ 1)$ zx평면에 내린 수선의 발 : $(3, \ 0, \ 1)$ (2) x축에 내린 수선의 발 : $(3, \ 0, \ 0)$ y축에 내린 수선의 발 : $(0, \ -2, \ 0)$ z축에 내린 수선의 발 : $(0, \ 0, \ 1)$
2	xy평면에 대한 대칭점 : $(3, \ 5, \ 1)$ yz평면에 대한 대칭점 : $(-3, \ 5, \ -1)$ zx평면에 대한 대칭점 : $(3, \ -5, \ -1)$ x축에 대한 대칭점 : $(3, \ -5, \ 1)$ y축에 대한 대칭점 : $(-3, \ 5, \ 1)$ z축에 대한 대칭점 : $(-3, \ -5, \ -1)$
3	(1) 3 (2) 6
4	$P\left(0, \ \dfrac{7}{3}, \ 0\right)$
5	$P(0, \ 0, \ 7)$
6	(1) $P(2, \ -1, \ -1)$ (2) $M(1, \ -2, \ 0)$ (3) $Q(10, \ 7, \ -9)$
7	$D(-1, \ 0, \ 1)$
8	(1) $G(3, \ 2, \ -1)$ (2) $C(3, \ -2, \ 10)$
9	(1) $C\left(3\sqrt{3}, \ 3, \ 0\right)$ (2) $H\left(\sqrt{3}, \ 3, \ 0\right)$ (3) $A\left(\sqrt{3}, \ 3, \ 2\sqrt{6}\right)$ (4) $H'\left(\dfrac{4\sqrt{3}}{3}, \ 2, \ \dfrac{2\sqrt{6}}{3}\right)$ (5) $\left(\sqrt{3}, \ 3, \ \dfrac{\sqrt{6}}{2}\right)$
10	(1) $(x+3)^2 + (y-1)^2 + (z-2)^2 = 4$ (2) $x^2 + y^2 + z^2 = 25$
11	$(x-4)^2 + (y+1)^2 + (z-1)^2 = 18$
12	(1) 중심 : $(-3, \ -1, \ 2)$, 반지름의 길이 : 3 (2) 중심 : $(1, \ 3, \ -1)$, 반지름의 길이 : 4
13	(1) 중심 : $(1, \ 2, \ 0)$, 반지름의 길이 : $\sqrt{7}$ (2) $2\sqrt{6}$
14	7
15	최댓값 : 5, 최솟값 : 1

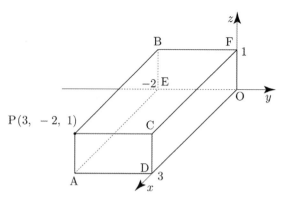

(1) 점 P에서 xy평면, yz평면, zx평면에 내린 수선의 발을 각각 A, B, C라 하면
A$(3, \ -2, \ 0)$, B$(0, \ -2, \ 1)$, C$(3, \ 0, \ 1)$이다.

(2) 점 P에서 x축, y축, z축에 내린 수선의 발을 각각 D, E, F라 하면
D$(3, \ 0, \ 0)$, E$(0, \ -2, \ 0)$, F$(0, \ 0, \ 1)$이다.

> 답 (1) xy평면에 내린 수선의 발 : $(3, \ -2, \ 0)$
> yz평면에 내린 수선의 발 : $(0, \ -2, \ 1)$
> zx평면에 내린 수선의 발 : $(3, \ 0, \ 1)$
>
> (2) x축에 내린 수선의 발 : $(3, \ 0, \ 0)$
> y축에 내린 수선의 발 : $(0, \ -2, \ 0)$
> z축에 내린 수선의 발 : $(0, \ 0, \ 1)$

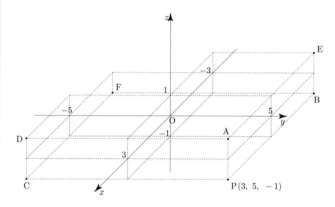

점 P$(3, \ 5, \ -1)$을 xy평면, yz평면, zx평면, x축, y축, z축에 대칭이동한 점을 각각 A, B, C, D, E, F라 하면
A$(3, \ 5, \ 1)$, B$(-3, \ 5, \ -1)$, C$(3, \ -5, \ -1)$,
D$(3, \ -5, \ 1)$, E$(-3, \ 5, \ 1)$, F$(-3, \ -5, \ -1)$
이다.

답 xy평면에 대한 대칭점 : $(3,\ 5,\ 1)$

yz평면에 대한 대칭점 : $(-3,\ 5,\ -1)$

zx평면에 대한 대칭점 : $(3,\ -5,\ -1)$

x축에 대한 대칭점 : $(3,\ -5,\ 1)$

y축에 대한 대칭점 : $(-3,\ 5,\ 1)$

z축에 대한 대칭점 : $(-3,\ -5,\ -1)$

개념 확인문제 3

(1) 두 점 A$(1,\ 3,\ 3)$, B$(3,\ 4,\ 1)$ 사이의 거리는

$\overline{\text{AB}} = \sqrt{(3-1)^2+(4-3)^2+(1-3)^2} = 3$이다.

(2) 두 점 O$(0,\ 0,\ 0)$, A$(2,\ -4,\ 4)$ 사이의 거리는

$\overline{\text{OA}} = \sqrt{2^2+(-4)^2+4^2} = 6$이다.

답 (1) 3 (2) 6

개념 확인문제 4

점 P의 좌표를 $(0,\ a,\ 0)$이라 하면

$\overline{\text{AP}} = \sqrt{(-1)^2+(a-1)^2+2^2} = \sqrt{a^2-2a+6}$

$\overline{\text{BP}} = \sqrt{(-2)^2+(a-4)^2+0^2} = \sqrt{a^2-8a+20}$

이다.

이때 $\overline{\text{AP}} = \overline{\text{BP}}$, 즉 $\overline{\text{AP}}^{\,2} = \overline{\text{BP}}^{\,2}$이므로

$a^2-2a+6 = a^2-8a+20 \Rightarrow 6a=14 \Rightarrow a = \dfrac{7}{3}$

따라서 점 P의 좌표는 $\left(0,\ \dfrac{7}{3},\ 0\right)$이다.

답 $\text{P}\left(0,\ \dfrac{7}{3},\ 0\right)$

개념 확인문제 5

점 P의 좌표를 $(0,\ 0,\ a)$이라 하면

$\overline{\text{AB}} = \sqrt{0^2+1^2+(a-3)^2} = \sqrt{a^2-6a+10}$

$\overline{\text{BP}} = \sqrt{3^2+(-2)^2+(a-5)^2} = \sqrt{a^2-10a+38}$

이때 $\overline{\text{AP}} = \overline{\text{BP}}$, 즉 $\overline{\text{AP}}^{\,2} = \overline{\text{BP}}^{\,2}$이므로

$a^2-6a+10 = a^2-10a+38 \Rightarrow 4a=28 \Rightarrow a=7$

따라서 점 P의 좌표는 $(0,\ 0,\ 7)$이다.

답 $\text{P}(0,\ 0,\ 7)$

개념 확인문제 6

(1) 점 P의 좌표를 $(x,\ y,\ z)$라 하면

$x = \dfrac{1\times(-2)+2\times 4}{1+2} = 2,\ \ y = \dfrac{1\times(-5)+2\times 1}{1+2} = -1,$

$z = \dfrac{1\times 3+2\times(-3)}{1+2} = -1$

이다.

따라서 점 P의 좌표는 $(2,\ -1,\ -1)$이다.

(2) 점 M의 좌표를 $(x,\ y,\ z)$라 하면

$x = \dfrac{4+(-2)}{2} = 1,\ \ y = \dfrac{1+(-5)}{2} = -2,\ \ z = \dfrac{-3+3}{2} = 0$

이다.

따라서 점 M의 좌표는 $(1,\ -2,\ 0)$이다.

(3) 점 Q의 좌표를 $(x,\ y,\ z)$라 하면

$x = \dfrac{1\times(-2)-2\times 4}{1-2} = 10,\ \ y = \dfrac{1\times(-5)-2\times 1}{1-2} = 7,$

$z = \dfrac{1\times 3-2\times(-3)}{1-2} = -9$

이다.

따라서 점 Q의 좌표는 $(10,\ 7,\ -9)$이다.

답 (1) $\text{P}(2,\ -1,\ -1)$

(2) $\text{M}(1,\ -2,\ 0)$

(3) $\text{Q}(10,\ 7,\ -9)$

개념 확인문제 7

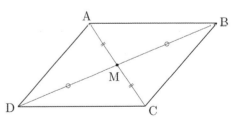

두 대각선의 교점을 M이라 하자.

선분 AC의 중점이 M이므로

$\text{M}\left(\dfrac{2+(-4)}{2},\ \dfrac{(-1)+3}{2},\ \dfrac{4+0}{2}\right) \Rightarrow \text{M}(-1,\ 1,\ 2)$이다.

점 D는 선분 MB를 $1:2$로 외분하는 점이므로

$$D\left(\frac{1\times(-1)-2\times(-1)}{1-2},\ \frac{1\times2-2\times1}{1-2},\ \frac{1\times3-2\times2}{1-2}\right)$$

$$\Rightarrow D(-1,\ 0,\ 1)$$

이다.

$$\boxed{답}\ D(-1,\ 0,\ 1)$$

$\boxed{개념\ 확인문제}\ \boxed{8}$

(1) $G\left(\dfrac{2+(-1)+8}{3},\ \dfrac{3+2+1}{3},\ \dfrac{(-4)+6+(-5)}{3}\right)$

$\Rightarrow G(3,\ 2,\ -1)$

(2) 점 C의 좌표를 $(x,\ y,\ z)$라 하면

$$\frac{2+1+x}{3}=2 \Rightarrow x=3$$

$$\frac{4+(-5)+y}{3}=-1 \Rightarrow y=-2$$

$$\frac{(-3)+2+z}{3}=3 \Rightarrow z=10$$

이므로 점 C의 좌표는 $(3,\ -2,\ 10)$이다.

$$\boxed{답}\ (1)\ G(3,\ 2,\ -1)$$
$$(2)\ C(3,\ -2,\ 10)$$

$\boxed{개념\ 확인문제}\ \boxed{9}$

(1) 삼각형 BCD는 한 변의 길이가 6인 정삼각형이므로
점 C의 좌표는 $(3\sqrt{3},\ 3,\ 0)$이다.

(2) 점 H는 삼각형 BCD의 무게중심과 같으므로
점 H의 좌표는 $(\sqrt{3},\ 3,\ 0)$이다.

(3) 정사면체의 높이는 $\dfrac{\sqrt{6}}{3}\times 6=2\sqrt{6}$이므로
점 A의 좌표는 $(\sqrt{3},\ 3,\ 2\sqrt{6})$이다.

(4) 점 H$'$는 삼각형 ABC의 무게중심과 같으므로
점 H$'$의 좌표는 $\left(\dfrac{4\sqrt{3}}{3},\ 2,\ \dfrac{2\sqrt{6}}{3}\right)$이다.

(5) 두 선분 AH, DH$'$의 교점은 정사면체 ABCD에
외접하는 구의 중심과 같고, 교점을 O라 하면
$\overline{AO}:\overline{OH}=3:1$이므로 점 O의 좌표는 $\left(\sqrt{3},\ 3,\ \dfrac{\sqrt{6}}{2}\right)$

(공간도형 Guide step에서 정사면체의 특징에 대해 학습함)

$$\boxed{답}\ (1)\ C(3\sqrt{3},\ 3,\ 0)\ (2)\ H(\sqrt{3},\ 3,\ 0)$$
$$(3)\ A(\sqrt{3},\ 3,\ 2\sqrt{6})\ (4)\ H'\left(\frac{4\sqrt{3}}{3},\ 2,\ \frac{2\sqrt{6}}{3}\right)$$
$$(5)\ \left(\sqrt{3},\ 3,\ \frac{\sqrt{6}}{2}\right)$$

$\boxed{개념\ 확인문제}\ \boxed{10}$

(1) $(x+3)^2+(y-1)^2+(z-2)^2=4$

(2) $x^2+y^2+z^2=25$

$$\boxed{답}\ (1)\ (x+3)^2+(y-1)^2+(z-2)^2=4$$
$$(2)\ x^2+y^2+z^2=25$$

$\boxed{개념\ 확인문제}\ \boxed{11}$

두 점 A$(3,\ -5,\ 2)$, B$(5,\ 3,\ 0)$을 지름의 양 끝 점으로
하는 구의 중심을 C$(a,\ b,\ c)$라 하면
점 C는 선분 AB의 중점이므로
$a=\dfrac{3+5}{2}$, $b=\dfrac{-5+3}{2}$, $c=\dfrac{2+0}{2}$이다.
즉, 구의 중심은 C$(4,\ -1,\ 1)$이다.

구의 반지름의 길이는 중심 C와 구 위의 점 A 사이의
거리이므로 (물론 선분 CB의 길이를 구해도 된다.)
$\overline{CA}=\sqrt{(3-4)^2+\{-5-(-1)\}^2+(2-1)^2}$이다.
$=\sqrt{1+16+1}=\sqrt{18}$

따라서 구의 방정식은 $(x-4)^2+(y+1)^2+(z-1)^2=18$이다.

$$\boxed{답}\ (x-4)^2+(y+1)^2+(z-1)^2=18$$

$\boxed{개념\ 확인문제}\ \boxed{12}$

(1) $x^2+y^2+z^2+6x+2y-4z+5=0$

$\Rightarrow (x+3)^2+(y+1)^2+(z-2)^2=9$
이므로 중심이 $(-3,\ -1,\ 2)$이고 반지름의 길이가 3인
구를 나타낸다.

(2) $x^2+y^2+z^2-2x-6y+2z-5=0$

$\Rightarrow (x-1)^2+(y-3)^2+(z+1)^2=16$
이므로 중심이 $(1,\ 3,\ -1)$이고 반지름의 길이가 4인
구를 나타낸다.

답 (1) 중심 : $(-3, -1, 2)$, 반지름의 길이 : 3
　　(2) 중심 : $(1, 3, -1)$, 반지름의 길이 : 4

개념 확인문제 13

(1) 구의 방정식에 $z=0$을 대입하면
$$(x-1)^2 + (y-2)^2 + (0-3)^2 = 16$$

$\Rightarrow (x-1)^2 + (y-2)^2 = 7$

이므로 중심이 $(1, 2, 0)$이고 반지름의 길이가 $\sqrt{7}$ 인
구를 나타낸다.

(2) 구의 방정식에 $x=0,\ z=0$을 대입하면
$$(0-1)^2 + (y-2)^2 + (0-3)^2 = 16$$

$\Rightarrow (y-2)^2 = 6 \Rightarrow y = 2 - \sqrt{6}\ \text{or}\ y = 2 + \sqrt{6}$

이므로 선분 AB의 길이는 $2\sqrt{6}$ 이다.

답 (1) 중심 : $(1, 2, 0)$, 반지름의 길이 : $\sqrt{7}$
　　(2) $2\sqrt{6}$

개념 확인문제 14

xy평면, yz평면, zx평면에 동시에 접하므로
구의 반지름의 길이를 r이라 하면
$(x-r)^2 + (y-r)^2 + (z-r)^2 = r^2$이다.
(참고로 $(1, 3, 2)$를 지나므로 구의 중심의 $x,\ y,\ z$좌표는
모두 0보다 크다.)

점 $(1, 3, 2)$를 대입하면
$$(1-r)^2 + (3-r)^2 + (2-r)^2 = r^2$$

$\Rightarrow 1 - 2r + r^2 + 9 - 6r + r^2 + 4 - 4r + r^2 = r^2$

$\Rightarrow 2r^2 - 12r + 14 = 0$

$\Rightarrow r^2 - 6r + 7 = 0$

이므로 근과 계수의 관계에 의해서
두 구의 반지름의 길이의 곱은 7이다.

답 7

개념 확인문제 15

원점 O과 구의 중심 C$(2, 1, -2)$ 사이의 거리는
$\overline{OC} = \sqrt{2^2 + 1^2 + (-2)^2} = 3$이고, 구의 반지름의 길이는 2이다.

최댓값은 $\overline{OC}$ +(구의 반지름), 최솟값은 $\overline{OC}$ −(구의 반지름)
이므로 점 P와 원점 O 사이의 거리의 최댓값은 $3+2=5$
이고, 최솟값은 $3-2=1$이다.

답 최댓값 : 5, 최솟값 : 1

1	①	18	④
2	4	19	5
3	⑤	20	75
4	②	21	45
5	③	22	3
6	①	23	32
7	5	24	4
8	45	25	90
9	15	26	6
10	6	27	5
11	32	28	④
12	④	29	48
13	3	30	73
14	1	31	16
15	②	32	163
16	3	33	50
17	②		

001

$\overline{PA} = \sqrt{(-3-1)^2 + a^2 + (1-4)^2} = \sqrt{25+a^2}$

$\overline{PB} = \sqrt{(-1-1)^2 + 1^2 + (2-4)^2} = 3$

$\overline{PA} = 2\overline{PB} \Rightarrow \sqrt{25+a^2} = 6$

$\Rightarrow 25 + a^2 = 36 \Rightarrow a^2 = 11$

$\Rightarrow a = \sqrt{11}$

답 ①

002

점 $(a, 3, 5)$를 xy평면에 대칭이동한 점의 좌표는
$(a, 3, -5)$이다.

점 $(2, b, c)$를 x축에 대하여 대칭이동한 점의 좌표는
$(2, -b, -c)$이다.

즉, $a = 2$, $b = -3$, $c = 5$
따라서 $a+b+c = 2-3+5 = 4$이다.

답 4

003

점 $A(2, -3, 4)$을 yz평면에 대하여 대칭이동한 점은
$P(-2, -3, 4)$이고, 점 $A(2, -3, 4)$를 zx평면에 대하여
대칭이동한 점은 $Q(2, 3, 4)$이다.
따라서 선분 PQ의 길이는
$\sqrt{\{2-(-2)\}^2 + \{3-(-3)\}^2 + (4-4)^2} = 2\sqrt{13}$ 이다.

답 ⑤

004

점 $A(2, 3, 5)$에서 x축에 내린 수선의 발은
$P(2, 0, 0)$이고, 점 $A(2, 3, 5)$에서 평면 yz에
내린 수선의 발은 $Q(0, 3, 5)$이다.
따라서 선분 PQ의 길이는 $\sqrt{(-2)^2 + 3^2 + 5^2} = \sqrt{38}$ 이다.

답 ②

005

$\sqrt{a^2 + (-3)^2 + 2^2} = \sqrt{(a-1)^2 + (-2)^2 + 0^2}$

$\Rightarrow \sqrt{a^2 + 13} = \sqrt{a^2 - 2a + 5}$

$\Rightarrow a^2 + 13 = a^2 - 2a + 5$

$\Rightarrow 2a = -8$

$\Rightarrow a = -4$

답 ③

006

점 $A(1, 2, 2)$를 xy평면에 대하여 대칭이동한 점을
A'라 하면 $A'(1, 2, -2)$이다.
$\overline{AP} + \overline{BP}$의 최솟값은 $\overline{A'B}$와 같다.

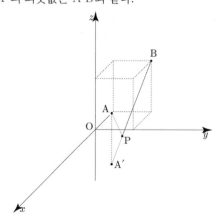

$\overline{A'B} = \sqrt{(-2-1)^2 + (3-2)^2 + \{4-(-2)\}^2} = \sqrt{46}$
따라서 $\overline{AP} + \overline{BP}$ 의 최솟값은 $\sqrt{46}$ 이다.

답 ①

$\overline{AB} = 3$, $\overline{BC} = \dfrac{3}{2}$ 이므로

삼각형 ABC의 넓이는

$k = \dfrac{1}{2} \times \overline{AB} \times \overline{BC} = \dfrac{1}{2} \times 3 \times \dfrac{3}{2} = \dfrac{9}{4}$ 이다.

따라서 $20k = 20 \times \dfrac{9}{4} = 45$이다.

답 45

007

점 A$(1, 3, \sqrt{7})$에서 xy평면에 내린 수선의 발을 H라 하면
H$(1, 3, 0)$이다.

xy평면 위에 원 $(x-3)^2 + (y-5)^2 = 2$의 중심을 C라 하면
C$(3, 5, 0)$이다.

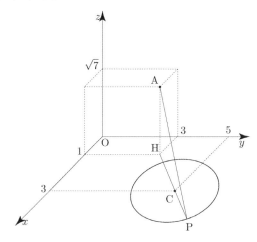

$\overline{AP} = \sqrt{\overline{HP}^2 + \overline{AH}^2} = \sqrt{\overline{HP}^2 + 7}$ 이므로 $\overline{HP}$ 의 값이
최대일 때 $\overline{AP}$ 는 최댓값을 갖는다.

$\overline{HP}$ 의 최댓값은 $\overline{HC} + \sqrt{2} = 2\sqrt{2} + \sqrt{2} = 3\sqrt{2}$ 이다.
따라서 $\overline{AP}$ 의 최댓값은 $\sqrt{(3\sqrt{2})^2 + 7} = 5$이다.

답 5

008

점 C의 좌표를 $(0, 0, a)$라 하자.

$\overline{AB} = \sqrt{2^2 + (-1)^2 + 2^2} = 3$
$\overline{BC} = \sqrt{(-1)^2 + (-1)^2 + (a-2)^2} = \sqrt{a^2 - 4a + 6}$
$\overline{AC} = \sqrt{1^2 + (-2)^2 + a^2} = \sqrt{5 + a^2}$

$\angle ABC = 90°$ 이므로
$\overline{AC}^2 = \overline{AB}^2 + \overline{BC}^2 \Rightarrow 5 + a^2 = 9 + a^2 - 4a + 6$

$\Rightarrow 4a = 10 \Rightarrow a = \dfrac{5}{2}$
이다.

009

점 P에서 xy평면에 내린 수선의 발을 H라 하고,
점 H에서 직선 l에 내린 수선의 발을 R라 하면
삼수선의 정리에 의해 $\overline{PR} \perp l$이다.

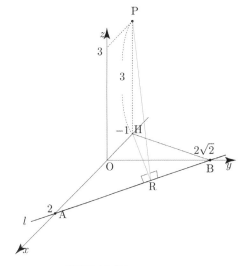

$\overline{AH} = 3$, $\overline{BH} = \sqrt{(2\sqrt{2})^2 + 1^2} = 3$
삼각형 ABH를 떼어내서 다시 그리면 다음 그림과 같다.

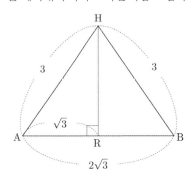

삼각형 ABH는 $\overline{AH} = \overline{BH}$인 이등변삼각형이므로
직선 HR은 선분 AB를 수직이등분한다.
삼각형 AHR에서 $\overline{HR} = \sqrt{3^2 - (\sqrt{3})^2} = \sqrt{6}$ 이다.

삼각형 PRH에서 $\overline{PR} = \sqrt{(\sqrt{6})^2 + 3^2} = \sqrt{15} = d$이다.
따라서 $d^2 = 15$이다.

답 15

010

점 H에서 직선 l에 내린 수선의 발을 R라 하면 삼수선의 정리에 의해 $\overline{AR} \perp l$이다.

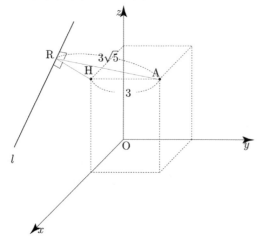

$\overline{AH} = 3$, $\overline{AR} = 3\sqrt{5}$

삼각형 ARH에서 $\overline{HR} = \sqrt{(3\sqrt{5})^2 - 3^2} = 6$이다.

따라서 점 H와 직선 l 사이의 거리는 6이다.

답 6

011

원점을 O라 하면 $\overline{AO} = 5$, $\overline{AP} = 4$, $\overline{OP} = 3$, $\overline{OB} = a$이다.

점 O에서 선분 PQ에 내린 수선의 발을 H라 하면 점 H는 선분 OA 위에 있고, 삼수선의 정리에 의해 $\overline{BH} \perp \overline{PQ}$이다.

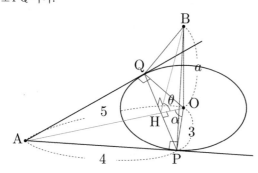

삼각형 OAP에서 $\angle AOP = \alpha$라 하면

$\cos\alpha = \dfrac{\overline{OP}}{\overline{OA}} = \dfrac{3}{5}$이므로 삼각형 OPH에서

$\overline{OH} = \overline{OP}\cos\alpha = 3 \times \dfrac{3}{5} = \dfrac{9}{5}$이다.

$\angle BHO = \theta$이고, $\cos\theta = \dfrac{9}{11}$이므로 삼각형 BHO에서

$\cos\theta = \dfrac{\overline{OH}}{\overline{BH}} \Rightarrow \dfrac{9}{11} = \dfrac{\frac{9}{5}}{\overline{BH}} \Rightarrow \overline{BH} = \dfrac{11}{5}$이다.

삼각형 BHO에서 $\overline{BO} = \sqrt{\left(\dfrac{11}{5}\right)^2 - \left(\dfrac{9}{5}\right)^2} = \sqrt{\dfrac{8}{5}} = a$이다.

따라서 $20a^2 = 20 \times \dfrac{8}{5} = 32$이다.

답 32

012

$A(1, 3, -1)$, $B(2, -2, a)$
선분 AB를 3 : 1로 내분하는 점의 z좌표는 0이므로
$\dfrac{3 \times a + 1 \times (-1)}{3+1} = 0 \Rightarrow 3a - 1 = 0$이다.

따라서 $a = \dfrac{1}{3}$이다.

답 ④

013

$A(1, 0, -1)$, $B(a, 5, -3)$
선분 AB를 1 : 3으로 외분하는 점의 x좌표는 0이므로
$\dfrac{1 \times a - 3 \times 1}{1-3} = 0 \Rightarrow a - 3 = 0$이다.
따라서 $a = 3$이다.

답 3

014

$\overline{AB} = \sqrt{0^2 + (-1)^2 + 2^2} = \sqrt{5}$

$\overline{AC} = \sqrt{2^2 + (-4)^2 + 0^2} = 2\sqrt{5}$

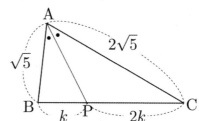

$\overline{AB} : \overline{AC} = \overline{BP} : \overline{PC} = 1 : 2$이므로 점 P는
선분 BC를 $1 : 2$로 내분하는 점이다.

$$P\left(\frac{1\times3+2\times1}{1+2},\ \frac{1\times(-3)+2\times0}{1+2},\ \frac{1\times(-1)+2\times1}{1+2}\right)$$

$$\Rightarrow P\left(\frac{5}{3},\ -1,\ \frac{1}{3}\right)$$

이므로 $a = \dfrac{5}{3}$, $b = -1$, $c = \dfrac{1}{3}$이다.

따라서 $a+b+c = \dfrac{5-3+1}{3} = 1$이다.

답 1

015

$$G\left(\frac{2+0-5}{3},\ \frac{2+4+0}{3},\ \frac{1+4-2}{3}\right)$$

$$\Rightarrow G(-1,\ 2,\ 1)$$

따라서 선분 OG의 길이는 $\sqrt{(-1)^2+2^2+1^2} = \sqrt{6}$이다.

답 ②

016

점 A에서 yz평면에 내린 수선의 발을 H라 하고,
점 B에서 yz평면에 내린 수선의 발을 R이라 하자.

$\overline{AH} = 2$, $\overline{BR} = 1$
두 직선 AH, BR은 서로 평행하므로 평면을 결정하므로
점 P는 두 선분 HR, AB의 교점이다.

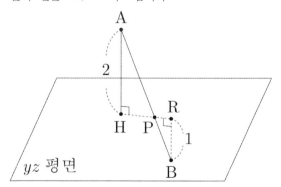

$\overline{AH} : \overline{BR} = 2 : 1$이므로 두 삼각형 APH, BPR은
$2 : 1$ 닮음이다.

$\overline{AP} : \overline{BP} = 2 : 1$이므로 점 P는 선분 AB를 $2 : 1$로
내분하는 점이다.

$$P\left(\frac{2\times(-1)+1\times2}{2+1},\ \frac{2\times1+1\times4}{2+1},\ \frac{2\times3+1\times a}{2+1}\right)$$

$$\Rightarrow P\left(0,\ 2,\ \frac{6+a}{3}\right)$$

$\overline{OP} = \sqrt{13}$이므로

$$\sqrt{0^2+2^2+\left(\frac{6+a}{3}\right)^2} = \sqrt{13} \Rightarrow 4+\frac{a^2+12a+36}{9} = 13$$

$$\Rightarrow 36+a^2+12a+36 = 117 \Rightarrow a^2+12a-45 = 0$$

$$\Rightarrow (a+15)(a-3) = 0 \Rightarrow a = 3\ (\because\ a > 0)$$

따라서 양수 $a = 3$이다.

답 3

017

점 F를 원점으로 놓고 공간좌표축을 설정해보자.

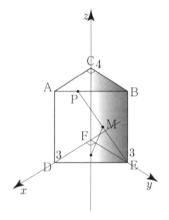

$A(3,\ 0,\ 4)$, $B(0,\ 3,\ 4)$이므로 선분 AB를 $1 : 2$로
내분하는 점 P의 좌표는
$$P\left(\frac{1\times0+2\times3}{1+2},\ \frac{1\times3+2\times0}{1+2},\ \frac{1\times4+2\times4}{1+2}\right)$$

$$\Rightarrow P(2,\ 1,\ 4)$$
이다.

$P(2,\ 1,\ 4)$, $E(0,\ 3,\ 0)$이므로 선분 PE의 중점 M의 좌표는
$$M\left(\frac{2+0}{2},\ \frac{1+3}{2},\ \frac{4+0}{2}\right) \Rightarrow M(1,\ 2,\ 2)$$이다.

$D(3,\ 0,\ 0)$, $F(0,\ 0,\ 0)$, $E(0,\ 3,\ 0)$이므로
삼각형 DEF의 무게중심 G의 좌표는
$$G\left(\frac{3+0+0}{3},\ \frac{0+0+3}{3},\ \frac{0+0+0}{3}\right)$$

$$\Rightarrow G(1,\ 1,\ 0)$$
이다.

따라서 선분 GM의 길이는
$$\sqrt{(1-1)^2+(2-1)^2+(2-0)^2} = \sqrt{5}\text{이다.}$$

 ②

018

두 점 A$(3,\ -2,\ 1)$, B$(a+3,\ 1,\ 2)$에서 yz평면에 내린 수선의 발을 각각 A′, B′라 하면
A′$(0,\ -2,\ 1)$, B′$(0,\ 1,\ 2)$이다.

$\overline{\text{AB}} = \sqrt{a^2+3^2+1^2} = \sqrt{a^2+10}$ 이고,
$\overline{\text{A'B'}} = \sqrt{0^2+3^2+1^2} = \sqrt{10}$ 이다.

직선 AB와 yz평면이 이루는 각의 크기가 $60\,°$ 이므로
$$\overline{\text{A'B'}} = \overline{\text{AB}}\cos60\,° \Rightarrow \sqrt{10} = \sqrt{a^2+10} \times \frac{1}{2}$$

$$\Rightarrow 10 = (a^2+10) \times \frac{1}{4} \Rightarrow a^2 = 30 \Rightarrow a = \sqrt{30}\ (\because\ a>0)$$
이다.

따라서 양수 $a = \sqrt{30}$ 이다.

 ④

019

두 점 A$(2,\ 1,\ 4)$, B$(1,\ 2,\ -3)$에서 xy평면에 내린 수선의 발을 A′, B′라 하면 A′$(2,\ 1,\ 0)$, B′$(1,\ 2,\ 0)$이다.

삼각형 OAB의 xy평면 위로의 정사영의 넓이는
삼각형 OA′B′의 넓이와 같다.

$\overline{\text{OA'}} = \sqrt{2^2+1^2+0^2} = \sqrt{5}$, $\overline{\text{OB'}} = \sqrt{1^2+2^2+0^2} = \sqrt{5}$,
$\overline{\text{A'B'}} = \sqrt{(1-2)^2+(2-1)^2+0^2} = \sqrt{2}$

점 O에서 선분 A′B′에 내린 수선의 발을 H라 하면
삼각형 OA′B′는 $\overline{\text{OA'}} = \overline{\text{OB'}}$ 인 이등변삼각형이므로
직선 OH는 선분 A′B′를 수직이등분한다.

$\overline{\text{A'H}} = \dfrac{\sqrt{2}}{2}$ 이므로 삼각형 OA′H에서

$\overline{\text{OH}} = \sqrt{(\sqrt{5})^2 - \left(\dfrac{\sqrt{2}}{2}\right)^2} = \dfrac{3\sqrt{2}}{2}$ 이다.

삼각형 OA′B′의 넓이는
$\dfrac{1}{2} \times \overline{\text{A'B'}} \times \overline{\text{OH}} = \dfrac{1}{2} \times \sqrt{2} \times \dfrac{3\sqrt{2}}{2} = \dfrac{3}{2}$ 이므로

삼각형 OAB의 xy평면 위로의 정사영의 넓이는 $\dfrac{3}{2}$ 이다.

따라서 $p+q=5$이다.

 5

020

중심이 A$(2,\ 4,\ 0)$인 구 S가 y축에 접하므로
접점 B$(0,\ 4,\ 0)$이고, 구 S의 반지름의 길이는 2이다.

x축이 점으로 보이게 보는 각도를 바꿔 다시 그리면
다음 그림과 같다.

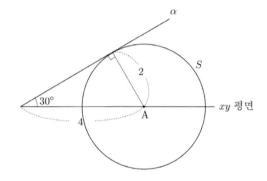

평면 α와 xy평면이 이루는 각의 크기는 $30\,°$ 이다.
$\left(\because\ \sin\theta = \dfrac{2}{4} = \dfrac{1}{2} \Rightarrow \theta = 30\,°\right)$

삼각형 OAB는 $\angle\text{OBA} = 90\,°$ 인 직각삼각형이므로
선분 OA는 삼각형 OAB의 외접원의 지름과 같다.
즉, 외접원의 반지름의 길이는
$\dfrac{1}{2}\overline{\text{OA}} = \dfrac{1}{2}\sqrt{2^2+4^2+0^2} = \sqrt{5}$ 이다.
세 점 O, A, B를 지나는 원의 평면 α 위로의 정사영의
넓이는 $(\sqrt{5})^2\pi \times \cos30\,° = 5\pi \times \dfrac{\sqrt{3}}{2} = \dfrac{5\sqrt{3}}{2}\pi$이므로

$k = \dfrac{5\sqrt{3}}{2}$ 이다.

따라서 $4k^2 = 4 \times \dfrac{75}{4} = 75$이다.

답 75

021

점 A에서 선분 BC에 내린 수선의 발을 R이라 하면
삼수선의 정리에 의해 $\overline{OR} \perp \overline{BC}$이다.

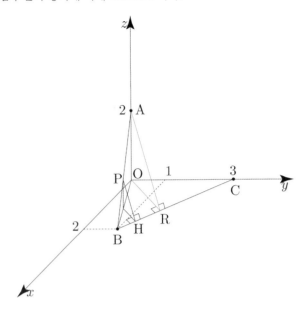

xy평면을 떼어내어 다시 그리면 다음과 같다.

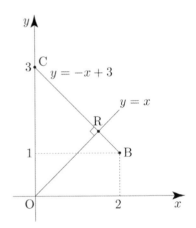

직선 BC의 방정식은 $y = -x+3$이다.
직선 OR은 직선 BC와 수직이므로 기울기는 1이고,
원점을 지나므로 직선 OR의 방정식은 $y = x$이다.

점 R은 두 직선 $y = x$, $y = -x+3$의 교점이다.

$x = -x+3 \Rightarrow 2x = 3 \Rightarrow x = \dfrac{3}{2}$이므로 점 $R\left(\dfrac{3}{2},\ \dfrac{3}{2}\right)$이다.

$\overline{OR} = \dfrac{3\sqrt{2}}{2}$, $\overline{OA} = 2$이므로 삼각형 ARO에서

$\overline{AR} = \sqrt{\left(\dfrac{3}{2}\sqrt{2}\right)^2 + 2^2} = \dfrac{\sqrt{17}}{\sqrt{2}} = \dfrac{\sqrt{34}}{2}$이다.

평면 PBC와 xy평면이 이루는 각의 크기를 θ라 하면
평면 PBC는 평면 ABC와 같으므로
평면 ABC와 xy평면이 이루는 각의 크기는 θ이다.

삼각형 ARO에서 $\angle\,ARO = \theta$이므로

$\cos\theta = \dfrac{\overline{OR}}{\overline{AR}} = \dfrac{\dfrac{3\sqrt{2}}{2}}{\dfrac{\sqrt{34}}{2}} = \dfrac{3}{\sqrt{17}}$이다.

삼각형 PBC의 넓이를 S라 하면

$S = \dfrac{1}{2} \times \overline{BC} \times \overline{PH} = \dfrac{1}{2} \times 2\sqrt{2} \times \dfrac{\sqrt{34}}{4} = \dfrac{\sqrt{17}}{2}$이다.

삼각형 PBC의 xy평면 위로의 정사영의 넓이는

$k = S \times \cos\theta = \dfrac{\sqrt{17}}{2} \times \dfrac{3}{\sqrt{17}} = \dfrac{3}{2}$이다.

따라서 $30k = 30 \times \dfrac{3}{2} = 45$이다.

답 45

022

y축이 점으로 보이게 보는 각도를 바꿔 다시 그리면
다음 그림과 같다.

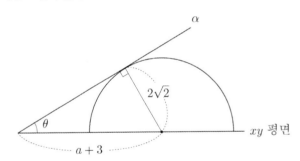

$\cos^2\theta = \dfrac{7}{9} \Rightarrow \sin^2\theta = \dfrac{2}{9} \Rightarrow \sin\theta = \dfrac{\sqrt{2}}{3}$이므로

$\dfrac{\sqrt{2}}{3} = \dfrac{2\sqrt{2}}{a+3} \Rightarrow 6 = a+3 \Rightarrow a = 3$이다.
따라서 $a = 3$이다.

답 3

023

구 S의 중심을 $C(1,\ 1,\ 2)$라 하자.
$A(1,\ -1,\ -2)$, $B(-1,\ 1,\ -2)$

$\overline{AC} = \sqrt{0^2 + 2^2 + 4^2} = 2\sqrt{5}$
$\overline{BC} = \sqrt{2^2 + 0^2 + 4^2} = 2\sqrt{5}$
$\overline{AB} = \sqrt{(-2)^2 + 2^2 + 0^2} = 2\sqrt{2}$

선분 AB의 중점을 M이라 하면 M(0, 0, −2)이고,
삼각형 ABC에서 $\overline{AC} = \overline{BC}$인 이등변삼각형이므로
$\overline{MC} = \sqrt{1^2+1^2+4^2} = 3\sqrt{2}$이다.

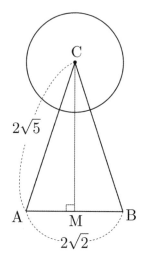

$\overline{MP}$의 최댓값은 $\overline{MC} + \sqrt{2} = 3\sqrt{2} + \sqrt{2} = 4\sqrt{2}$이고,
최솟값은 $\overline{MC} - \sqrt{2} = 3\sqrt{2} - \sqrt{2} = 2\sqrt{2}$이다.

삼각형 PAB의 넓이의 최댓값은 $\frac{1}{2} \times 2\sqrt{2} \times 4\sqrt{2} = 8$이고,
최솟값은 $\frac{1}{2} \times 2\sqrt{2} \times 2\sqrt{2} = 4$이다.

따라서 삼각형 PAB의 넓이의 최댓값과 최솟값의 곱은
32이다.

답 32

024

구 $S : (x+1)^2 + (y-2)^2 + (z-3)^2 = r^2$
구 S의 방정식에 $y = 0$, $z = 0$을 대입하면
$(x+1)^2 + 4 + 9 = r^2 \Rightarrow x = -1 \pm \sqrt{r^2-13}$이므로
$\overline{AB} = 2\sqrt{r^2-13} \Rightarrow 2\sqrt{3} = 2\sqrt{r^2-13} \Rightarrow 3 = r^2 - 13$
$\Rightarrow r^2 = 16 \Rightarrow r = 4$

따라서 구 S의 반지름의 길이는 4이다.

답 4

025

구 $S : (x-3)^2 + (y-3)^2 + (z+1)^2 = 9$
구 S의 방정식에 $z = 0$을 대입하면
xy평면에 만나서 생기는 원 C의 방정식은
$(x-3)^2 + (y-3)^2 = 8$, $z = 0$이다.

원 C의 중심을 C라 하면 $\overline{AP} \perp \overline{OP}$, $\overline{AC} \perp (xy$평면)이므로
삼수선의 정리에 의해 $\overline{CP} \perp \overline{OP}$이다.

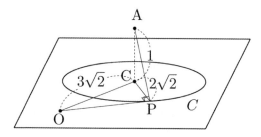

$\overline{OC} = \sqrt{3^2+3^2+0^2} = 3\sqrt{2}$, $\overline{CP} = 2\sqrt{2}$
삼각형 OCP에서 $\overline{OP} = \sqrt{(3\sqrt{2})^2 - (2\sqrt{2})^2} = \sqrt{10}$이고,
삼각형 APC에서 $\overline{AP} = \sqrt{1^2 + (2\sqrt{2})^2} = 3$이므로
삼각형 OAP의 넓이는
$\frac{1}{2} \times \overline{OP} \times \overline{AP} = \frac{1}{2} \times \sqrt{10} \times 3 = \frac{3\sqrt{10}}{2} = k$이다.
따라서 $4k^2 = 4 \times \frac{90}{4} = 90$이다.

답 90

026

반지름의 길이가 각각 3, 5, 10인 세 구가 xy평면 위에
놓여 있으므로 세 점 A, B, C의 z좌표는 각각 3, 5, 10이다.
삼각형 ABC의 무게중심의 z좌표는 $\frac{3+5+10}{3} = 6$이므로
삼각형 ABC의 무게중심으로부터 xy평면까지의 거리는
6이다.

답 6

027

구 $S : (x-2\sqrt{3})^2 + (y-a)^2 + (z-b)^2 = 16$
구 S의 방정식에 $x = 0$, $z = 0$을 대입하면
$12 + (y-a)^2 + b^2 = 16 \Rightarrow (y-a)^2 = 4 - b^2$이다.
이때 구 S가 y축에 접하므로 y값이 중근이 나와야 한다.
즉, $4 - b^2 = 0 \Rightarrow b = 2$ ($\because b > 0$)이다.

구 $S : (x-2\sqrt{3})^2 + (y-a)^2 + (z-2)^2 = 16$
구 S의 방정식에 $y=0$을 대입하면
$(x-2\sqrt{3})^2 + (z-2)^2 = 16 - a^2$이다.
구 S가 zx평면과 만나서 생기는 원의 넓이가 7π이므로
$16 - a^2 = 7 \Rightarrow a^2 = 9 \Rightarrow a = 3$ $(\because a>0)$이다.

따라서 $a+b = 2+3 = 5$이다.

답 5

028

구 S가 x축과 y축에 각각 접하므로
구 S가 xy평면과 만나서 생기는 원은 x축과 y축에
각각 접한다.

구 S가 z축과 만나는 두 점을 A, B라 하고,
구 S의 중심을 C라 하자.
점 C에서 xy평면에 내린 수선의 발을 D라 하고,
점 C에서 z축에 내린 수선의 발을 H라 하자.

구 S가 xy평면과 만나서 생기는 원의 넓이가 16π이므로
점 D(4, 4, 0)이고, $\overline{OD} = 4\sqrt{2}$이다.

두 점 A, B는 구 S 위의 점이므로 $\overline{AC}$, $\overline{BC}$는 모두
구 S의 반지름의 길이와 같다.

삼각형 ACB는 $\overline{AC} = \overline{BC}$인 이등변삼각형이므로
직선 CH는 선분 AB를 수직이등분한다.

$\overline{AH} = 3$, $\overline{HC} = \overline{OD} = 4\sqrt{2}$

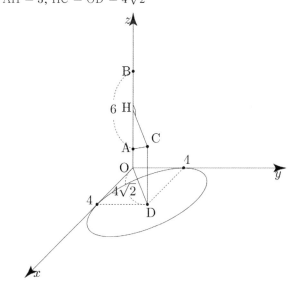

평면 HODC를 떼어내어 다시 그리면 다음 그림과 같다.

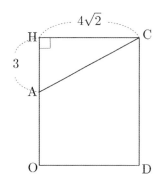

삼각형 ACH에서 $\overline{AC} = \sqrt{3^2 + (4\sqrt{2})^2} = \sqrt{41}$이다.
따라서 구 S의 반지름의 길이는 $\sqrt{41}$이다.

답 ④

029

구 $S : (x+2)^2 + (y-3)^2 + (z-4)^2 = k$
구 S의 방정식에 $x=0$, $z=0$을 대입하면
$4 + (y-3)^2 + 16 = k \Rightarrow (y-3)^2 = k-20$이다.
구 S가 y축과 한 점에서 만나므로 $k=20$이다.

구 S의 방정식에 $x=0$, $y=0$을 대입하면
$4 + 9 + (z-4)^2 = 20 \Rightarrow (z-4)^2 = 7 \Rightarrow z = 4 \pm \sqrt{7}$
이므로 $\overline{AB} = 2\sqrt{7}$이다.

따라서 $k + \overline{AB}^2 = 20 + 28 = 48$이다.

답 48

030

구 $S : (x-1)^2 + (y-2)^2 + (z-2\sqrt{5})^2 = r^2$가
원점을 지나므로 $1+4+20 = r^2 \Rightarrow r^2 = 25 \Rightarrow r = 5$이다.

구 $S : (x-1)^2 + (y-2)^2 + (z-2\sqrt{5})^2 = 25$
구 S의 방정식에 $y=0$, $z=0$을 대입하면
$(x-1)^2 + 4 + 20 = 25 \Rightarrow x = 2$ $(\because x \neq 0)$이므로
점 A(2, 0, 0)이다.

구 S의 방정식에 $x=0$, $z=0$을 대입하면
$1 + (y-2)^2 + 20 = 25 \Rightarrow y = 4$ $(\because y \neq 0)$이므로
점 B(0, 4, 0)이다.

구 S의 방정식에 $x=0$을 대입하면
$(y-2)^2+(z-2\sqrt{5})^2=24$이므로 구 S가 yz평면에 만나서
생기는 원의 중심을 D라 하면 $D(0,\ 2,\ 2\sqrt{5})$이고,
반지름의 길이는 $2\sqrt{6}$이다.

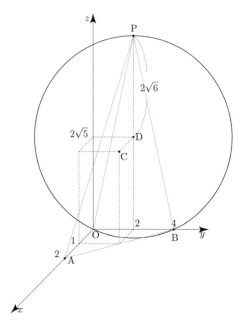

삼각형 OAB의 넓이는 4이고, $P(0,\ 2,\ 2\sqrt{5}+2\sqrt{6})$이므로
사면체 POAB의 부피를 V_p라 하면

$$V_p=\frac{1}{3}\times4\times(2\sqrt{5}+2\sqrt{6})=\frac{4}{3}(2\sqrt{6}+2\sqrt{5})$$이다.

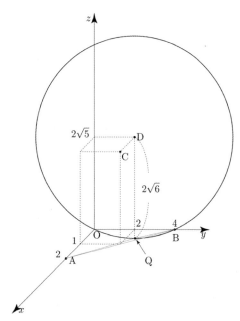

삼각형 OAB의 넓이는 4이고, $Q(0,\ 2,\ 2\sqrt{5}-2\sqrt{6})$이므로
사면체 QOAB의 부피를 V_q라 하면

$$V_q=\frac{1}{3}\times4\times|2\sqrt{5}-2\sqrt{6}|=\frac{4}{3}(2\sqrt{6}-2\sqrt{5})$$이다.

즉,
$$V_p\times V_q=\frac{4}{3}(2\sqrt{6}+2\sqrt{5})\times\frac{4}{3}(2\sqrt{6}-2\sqrt{5})=\frac{64}{9}$$이다.
따라서 $p+q=73$이다.

답 73

031

점 A의 z좌표가 12이므로 $\overline{AB}=12$이다.
평면 OAC은 구의 중심 $O(0,\ 0,\ 0)$을 포함하므로
구 S가 평면 OAC와 만나서 생기는 원의 중심은 O이고
반지름의 길이는 2이다.

$\overline{BP}$의 최댓값과 최솟값을 구하기 위해서는 점 B에서
평면 OAC에 내린 수선의 발을 작도해야 하는데
지금 상황에서는 수선의 발을 작도하기 어렵다.

어떻게 해야 할까?

공간도형 단원에서 많이 연습했듯이 평면을 연장해서
접근해보자.

삼각형 BCD는 $\overline{BC}=\overline{CD}=6$이고 $\angle BCD=\dfrac{\pi}{2}$인

직각이등변삼각형이므로 선분 BD의 중점을 H라 하면
$\overline{HB}=3\sqrt{2}$, $\overline{CH}\perp\overline{HB}$이므로
삼수선의 정리에 의해 $\overline{AH}\perp\overline{CH}$이다.

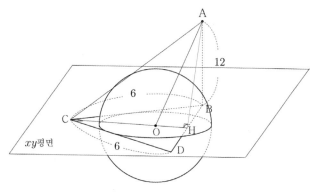

평면 HAC와 평면 OAC는 서로 같은 평면이다.
평면 HAB와 평면 HAC는 서로 수직이고,
직선 AH는 두 평면 HAB, HAC의 교선이다.

즉, 점 B에서 평면 OAC에 내린 수선의 발을 R이라 하면
점 R은 직선 AH에 떨어진다.

삼각형 AHB를 떼어내어 다시 그리면 다음 그림과 같다.

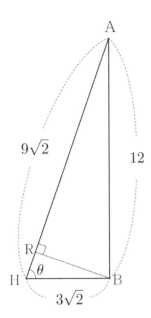

삼각형 AHB에서 $\overline{\text{AH}} = \sqrt{(3\sqrt{2})^2 + 12^2} = 9\sqrt{2}$ 이다.

$\angle\text{AHB} = \theta$ 라 하면 삼각형 AHB에서

$\cos\theta = \dfrac{\overline{\text{BH}}}{\overline{\text{AH}}} = \dfrac{3\sqrt{2}}{9\sqrt{2}} = \dfrac{1}{3}$ 이므로

삼각형 BHR에서 $\overline{\text{RH}} = \overline{\text{BH}}\cos\theta = 3\sqrt{2} \times \dfrac{1}{3} = \sqrt{2}$ 이고,

$\overline{\text{BR}} = \sqrt{\overline{\text{BH}}^2 - \overline{\text{RH}}^2} = \sqrt{(3\sqrt{2})^2 - (\sqrt{2})^2} = 4$ 이다.

구 S가 xy평면과 만나서 생기는 원을 C라 하면
원 C의 중심은 O이고, 반지름의 길이는 2이고,
원 C는 두 선분 BC, CD에 각각 접하므로 $\overline{\text{CO}} = 2\sqrt{2}$ 이다.
이때 $\overline{\text{CH}} = 3\sqrt{2}$ 이므로 $\overline{\text{OH}} = \overline{\text{CH}} - \overline{\text{CO}} = \sqrt{2}$ 이다.

삼각형 BPR에서 $\overline{\text{BP}} = \sqrt{\overline{\text{BR}}^2 + \overline{\text{PR}}^2} = \sqrt{16 + \overline{\text{PR}}^2}$
이므로 $\overline{\text{PR}}$이 최대일 때 $\overline{\text{BP}}$는 최댓값을 갖고,
$\overline{\text{PR}}$이 최소일 때 $\overline{\text{BP}}$는 최솟값을 갖는다.

평면 OAC를 떼어내어 다시 그리면 다음 그림과 같다.

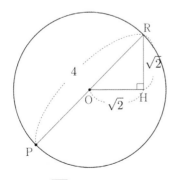

$\overline{\text{PR}}$의 최댓값은 4이고, $\overline{\text{PR}}$의 최솟값은 0이므로
$\overline{\text{BP}}$는 최댓값 $M = \sqrt{16 + 16} = 4\sqrt{2}$ 을 갖고,
최솟값 $m = \sqrt{16 + 0} = 4$를 갖는다.

따라서 $M^2 - m^2 = 32 - 16 = 16$이다.

032

구 $S : (x+3)^2 + (y+3)^2 + (z-a)^2 = 34 + a^2$가
두 점 A$(b,\ 0,\ 0)$, B$(0,\ b,\ 0)$를 지나므로
$(b+3)^2 + 9 + a^2 = 34 + a^2 \Rightarrow (b+3)^2 = 25$
$\Rightarrow b = 2\ (\because b > 0)$

점 D에서 선분 AB에 내린 수선의 발을 H라 하면
삼수선의 정리에 의해 $\overline{\text{CH}} \perp \overline{\text{AB}}$이다.
평면 CHD와 평면 ABC는 서로 수직이고,
평면 CHD와 평면 ABC의 교선은 직선 CH이므로
점 E는 직선 CH 위에 존재한다.

삼각형 ABD는 $\overline{\text{AD}} = \overline{\text{BD}}$인 이등변삼각형이므로
점 H는 선분 AB의 중점이다.

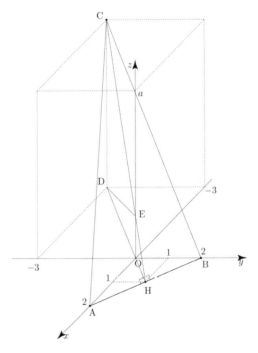

D$(-3,\ -3,\ 0)$, H$(1,\ 1,\ 0)$이므로
$\overline{\text{DH}} = \sqrt{4^2 + 4^2 + 0^2} = 4\sqrt{2}$ 이다.

삼각형 CHD를 떼어내어 다시 그리면 다음 그림과 같다.

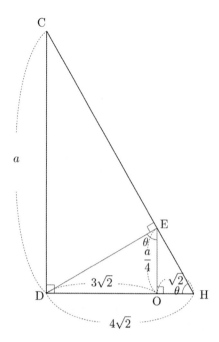

$\overline{\text{HD}} : \overline{\text{HO}} = 4 : 1$이므로 $\overline{\text{OE}} = \dfrac{1}{4}\overline{\text{CD}} = \dfrac{a}{4}$이다.

$\angle \text{EHO} = \theta$이라 하면 $\angle \text{DEO} = \theta$이다.

삼각형 EHO에서 $\tan\theta = \dfrac{\overline{\text{OE}}}{\overline{\text{OH}}} = \dfrac{a}{4\sqrt{2}}$이고,

삼각형 DEO에서 $\tan\theta = \dfrac{\overline{\text{DO}}}{\overline{\text{OE}}} = \dfrac{12\sqrt{2}}{a}$이므로

$\dfrac{a}{4\sqrt{2}} = \dfrac{12\sqrt{2}}{a} \Rightarrow a^2 = 96 \Rightarrow a = 4\sqrt{6}$이다.

삼각형 EHO에서 $\overline{\text{EH}} = \sqrt{(\sqrt{6})^2 + (\sqrt{2})^2} = 2\sqrt{2}$이므로

$\cos\theta = \dfrac{\overline{\text{OH}}}{\overline{\text{EH}}} = \dfrac{\sqrt{2}}{2\sqrt{2}} = \dfrac{1}{2}$이다.

구 $S : (x+3)^2 + (y+3)^2 + (z-4\sqrt{6})^2 = 130$

평면 ABC는 구의 중심 점 C를 포함하므로

구 S가 평면 ABC와 만나서 생기는 도형의 넓이를

Q라 하면 $Q = 130\pi$이다.

평면 ABC와 xy평면이 이루는 각은 $\angle \text{EHO} = \theta$이므로

$k\pi = Q \times \cos\theta = 130\pi \times \dfrac{1}{2} = 65\pi \Rightarrow k = 65$이다.

따라서 $a^2 + b + k = 96 + 2 + 65 = 163$이다.

답 163

033

구 $S_1 : (x-a)^2 + (y-a)^2 + (z-2\sqrt{3})^2 = 16$

점 C_1, C_2가 원점에서 만나므로 구 S_1은
원점을 지난다.

구 S_1의 방정식에 원점 $\text{O}(0,\ 0,\ 0)$를 대입하면
$a^2 + a^2 + 12 = 16 \Rightarrow a^2 = 2 \Rightarrow a = \sqrt{2}$이므로
점 $\text{A}(\sqrt{2},\ \sqrt{2},\ 2\sqrt{3})$이다.

구 $S_1 : (x - \sqrt{2})^2 + (y - \sqrt{2})^2 + (z - 2\sqrt{3})^2 = 16$

구 S_1의 방정식에 $z = 0$을 대입하면
$(x - \sqrt{2})^2 + (y - \sqrt{2})^2 = 4$이므로
원 $C_1 : (x - \sqrt{2})^2 + (y - \sqrt{2})^2 = 4$, $z = 0$이다.

C_1, C_2를 그리면 다음 그림과 같다.

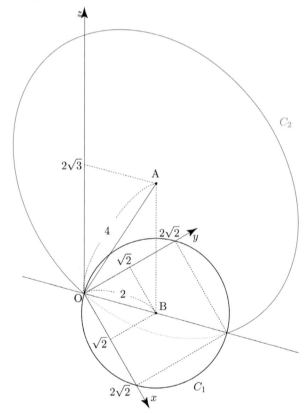

x축을 포함하고 반구 S_2에 접하는 평면을 α라 하고,
이때 접점을 R이라 하자.

점 B는 반구 S_2의 중심이다.
점 B에서 x축에 내린 수선의 발을 C라 하고,
점 B를 지나고 xy평면에 수직인 직선이 직선 CR과
만나는 점을 D라 하자.

삼각형 CDB를 떼어내어 다시 그리면 다음 그림과 같다.

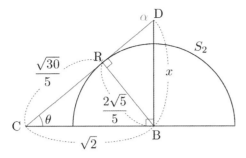

$\angle \mathrm{BCR} = \theta$라 하면 삼각형 CBR에서

$$\overline{\mathrm{CR}} = \sqrt{(\sqrt{2})^2 - \left(\dfrac{2\sqrt{5}}{5}\right)^2} = \dfrac{\sqrt{30}}{5} \text{이므로}$$

$$\tan\theta = \dfrac{\overline{\mathrm{RB}}}{\overline{\mathrm{CR}}} = \dfrac{\dfrac{2\sqrt{5}}{5}}{\dfrac{\sqrt{30}}{5}} = \dfrac{2}{\sqrt{6}} \text{이고},$$

삼각형 CDB에서 $\tan\theta = \dfrac{\overline{\mathrm{BD}}}{\overline{\mathrm{CB}}} = \dfrac{\overline{\mathrm{BD}}}{\sqrt{2}}$ 이다.

즉, $\dfrac{2}{\sqrt{6}} = \dfrac{\overline{\mathrm{BD}}}{\sqrt{2}} \Rightarrow \overline{\mathrm{BD}} = \dfrac{2\sqrt{3}}{3}$ 이다.

평면 α를 반영하여 다시 그리면 다음 그림과 같다.

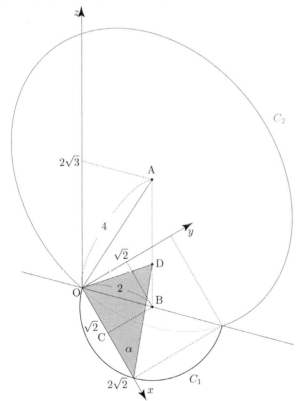

직선 OD가 C_2와 만나서 생기는 두 점 중 원점이 아닌 점을 E라 하자.

평면 α와 평면 OAB의 교선은 직선 OD이므로
평면 α가 C_2의 내부영역과 만나서 생기는 도형은
선분 OE이다.

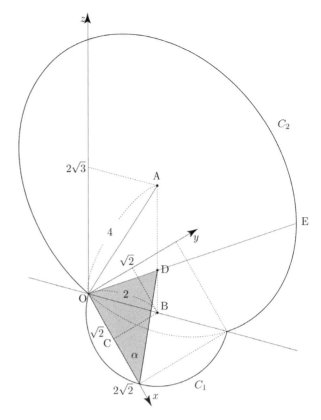

C_2를 떼어내어 다시 그리면 다음 그림과 같다.

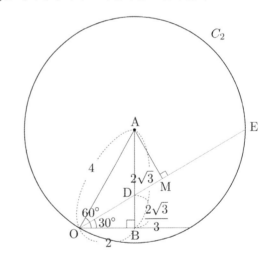

삼각형 DOB에서

$$\tan(\angle \mathrm{DOB}) = \dfrac{\overline{\mathrm{BD}}}{\overline{\mathrm{OB}}} = \dfrac{\dfrac{2\sqrt{3}}{3}}{2} = \dfrac{\sqrt{3}}{3} \Rightarrow \angle \mathrm{DOB} = 30\,° \text{이고},$$

삼각형 AOB에서

$$\tan(\angle \mathrm{AOB}) = \dfrac{\overline{\mathrm{AB}}}{\overline{\mathrm{OB}}} = \dfrac{2\sqrt{3}}{2} = \sqrt{3} \Rightarrow \angle \mathrm{AOB} = 60\,° \text{이므로}$$

$\angle \mathrm{AOE} = 30\,°$ 이다.

점 A에서 선분 OE에 내린 수선의 발을 M이라 하면

$$\overline{\mathrm{OM}} = \overline{\mathrm{OA}}\cos 30\,° = 4 \times \dfrac{\sqrt{3}}{2} = 2\sqrt{3} \text{이므로}$$

$$\overline{\mathrm{OE}} = 2\overline{\mathrm{OM}} = 4\sqrt{3} = b \text{이다}.$$

따라서 $a^2+b^2=2+48=50$이다.

답 50

공간좌표 | Training – 2 step

34	①	50	①
35	⑤	51	13
36	②	52	②
37	③	53	⑤
38	②	54	③
39	①	55	⑤
40	②	56	①
41	④	57	14
42	④	58	②
43	③	59	13
44	①	60	⑤
45	10	61	②
46	④	62	11
47	①	63	③
48	②	64	④
49	⑤		

034

점 Q$(1,\ -3,\ 4)$이므로 $\overline{\text{PQ}}=6$이다.

답 ①

035

점 B$(3,\ 0,\ 2)$이므로 $\overline{\text{BC}}=\sqrt{(-3)^2+4^2+0^2}=5$이다.

답 ⑤

036

점 P$(2,\ 1,\ -3)$이고, 점 Q$(-2,\ 1,\ 3)$이므로
$\overline{\text{PQ}}=\sqrt{(-4)^2+0^2+6^2}=2\sqrt{13}$이다.

답 ②

037

선분 AB를 $1:2$로 내분하는 점을 P라 하면

$P\left(\dfrac{a+6+2\times a}{3},\ \dfrac{4+2\times 1}{3},\ \dfrac{12+2\times 3}{3}\right)$이므로

$(2+a,\ 2,\ 6)=(5,\ 2,\ b)$

$\Rightarrow a=3,\ b=6$

따라서 $a+b=9$이다.

답 ③

038

선분 AB를 $3:2$로 외분하는 점을 P라 하면

$P\left(\dfrac{3\times 4-2\times 3}{1},\ \dfrac{3\times 3-2\times 5}{1},\ \dfrac{3\times(-2)-2\times 0}{1}\right)$이므로

$(6,\ -1,\ -6)=(a,\ -1,\ -6)$

$\Rightarrow a=6$

따라서 $a=6$이다.

답 ②

039

$\overline{PA}=\sqrt{(-1)^2+(-2)^2+a^2}=\sqrt{5+a^2}$이고,

$\overline{PB}=\sqrt{1^2+(-1)^2+(-1)^2}=\sqrt{3}$이다.

$\overline{PA}=2\overline{PB}\Rightarrow \sqrt{5+a^2}=2\sqrt{3}\Rightarrow 5+a^2=12$

$\Rightarrow a^2=7\Rightarrow a=\sqrt{7}\ (\because\ a>0)$

따라서 양수 $a=\sqrt{7}$이다.

답 ①

040

$\sqrt{(-2)^2+a^2+(-1)^2}=\sqrt{(-3)^2+(a-2)^2+0^2}$

$\Rightarrow 5+a^2=9+a^2-4a+4$

$\Rightarrow 4a=8\Rightarrow a=2$

따라서 $a=2$이다.

답 ②

041

삼각형 ABC의 무게중심을 G라 하면

$G\left(\dfrac{a+1+1}{3},\ \dfrac{0+b+1}{3},\ \dfrac{5-3+1}{3}\right)$이므로

$\left(\dfrac{a+2}{3},\ \dfrac{b+1}{3},\ 1\right)=(2,\ 2,\ 1)$

$\Rightarrow a=4,\ b=5$

따라서 $a+b=9$이다.

답 ④

042

선분 AB를 $2:1$로 내분하는 점의 y좌표는

$\dfrac{2\times(-2)+a}{3}=\dfrac{-4+a}{3}$이다.

선분 AB를 $2:1$로 내분하는 점이 x축 위에 있으므로

$\dfrac{-4+a}{3}=0\Rightarrow a=4$이다.

따라서 $a=4$이다.

답 ④

043

선분 AB를 $3:1$로 외분하는 점의 x좌표는 $\dfrac{3-a}{2}$이다.

선분 AB를 $3:1$로 외분하는 점이 y축 위에 있으므로

$\dfrac{3-a}{2}=0\Rightarrow a=3$이다.

따라서 $a=3$이다.

답 ③

044

점 P는 선분 AB를 $m:n$으로 내분하는 점이므로

$P\left(\dfrac{2m-n}{m+n},\ \dfrac{4m+n}{m+n},\ \dfrac{m-2n}{m+n}\right)$이다.

점 P는 xy평면 위의 점이므로 $\dfrac{m-2n}{m+n}=0\Rightarrow m=2n$이다.

$P\left(\dfrac{4n-n}{2n+n},\ \dfrac{8n+n}{2n+n},\ 0\right)\Rightarrow P(1,\ 3,\ 0)$이므로

$\overline{\mathrm{AP}} = \sqrt{2^2+2^2+2^2} = 2\sqrt{3}$ 이다.

따라서 선분 AP의 길이는 $2\sqrt{3}$ 이다.

답 ①

045

점 Q(3, 4, 5)이므로 선분 PQ를 2 : 1로 내분하는 점의 좌표는
$\left(\dfrac{2\times 3-3}{3}, \dfrac{2\times 4+4}{3}, \dfrac{2\times 5+5}{3} \right) = (1, 4, 5)$이므로
$a=1$, $b=4$, $c=5$이다.

따라서 $a+b+c=10$이다.

답 10

046

$\mathrm{Q}(-2, 2, 3)$이므로 $\overline{\mathrm{PQ}} = \sqrt{(-4)^2+0^2+0^2} = 4$이다.

답 ④

047

선분 AB를 3 : 2로 외분하는 점의 y좌표는
$\dfrac{3\times 2-2\times a}{1} = 6-2a$이고,

선분 AB를 3 : 2로 외분하는 점의 z좌표는
$\dfrac{3\times b-2\times(-6)}{1} = 3b+12$이다.

선분 AB를 3 : 2로 외분하는 점이 x축 위에 있으므로
$6-2a=0$, $3b+12=0 \Rightarrow a=3$, $b=-4$이다.

따라서 $a+b=-1$이다.

답 ①

048

점 H를 원점으로 잡고 공간좌표축을 설정하면
D(0, 0, 6), E(3, 0, 0), G(0, 3, 0), B(3, 3, 6)
점 P는 삼각형 BEG의 무게중심이므로
$\mathrm{P}\left(\dfrac{3+3+0}{3}, \dfrac{3+0+3}{3}, \dfrac{6+0+0}{3} \right) \Rightarrow \mathrm{P}(2, 2, 2)$
따라서 선분 DP의 길이는
$\sqrt{(2-0)^2+(2-0)^2+(2-6)^2} = \sqrt{4+4+16} = 2\sqrt{6}$ 이다.

답 ②

049

직선 AB를 포함하고 xy평면에 수직인 평면을 떼어내어
다시 그리면 다음 그림과 같다.

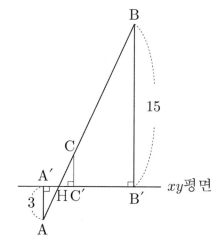

직선 AB와 xy평면이 만나는 점을 H라 하자.
$\overline{\mathrm{A'A}} : \overline{\mathrm{BB'}} = 1 : 5$이므로 $\overline{\mathrm{A'H}} : \overline{\mathrm{HB'}} = 1 : 5$이다.

만약 점 C의 z좌표가 음수이면 $\overline{\mathrm{A'C'}} < \overline{\mathrm{AH}}$이므로
$2\overline{\mathrm{A'C'}} = \overline{\mathrm{C'B'}} \Rightarrow \overline{\mathrm{A'C'}} : \overline{\mathrm{C'B'}} = 1 : 2$를 만족시키지 않는다.
즉, C의 z좌표는 양수이다.

$\overline{\mathrm{A'H}} = a$라 하면 $\overline{\mathrm{HB'}} = 5a$이다.
$\overline{\mathrm{HC'}} = b$라 하면 $2\overline{\mathrm{A'C'}} = \overline{\mathrm{C'B'}}$이므로
$\overline{\mathrm{A'C'}} = a+b$, $\overline{\mathrm{C'B'}} = 2a+2b$이다.

$\overline{\mathrm{A'B'}} = \overline{\mathrm{A'H}} + \overline{\mathrm{HB'}} = a+5a = 6a$

$\overline{\mathrm{A'B'}} = \overline{\mathrm{A'C'}} + \overline{\mathrm{C'B'}} = (a+b)+(2a+2b) = 3a+3b$

$6a = 3a+3b \Rightarrow 3a=3b \Rightarrow a=b$이므로
$\overline{\mathrm{AA'}} = \overline{\mathrm{CC'}} = 3$이다.

따라서 점 C의 z좌표는 3이다.

답 ⑤

050

$$P\left(\frac{2\times 0+0}{3},\ \frac{2\times 0+3}{3},\ \frac{2\times 3+0}{3}\right)$$

$$\Rightarrow P(0,\ 1,\ 2) \Rightarrow P'(0,\ 1,\ 0)$$

$$Q\left(\frac{0+2\times 3}{3},\ \frac{0+2\times 0}{3},\ \frac{3+2\times 0}{3}\right)$$

$$\Rightarrow Q(2,\ 0,\ 1) \Rightarrow Q'(2,\ 0,\ 0)$$

따라서 삼각형 $OP'Q'$의 넓이는

$$\frac{1}{2}\times \overline{OP'}\times \overline{OQ'} = \frac{1}{2}\times 1\times 2 = 1$$이다.

답 ①

051

점 A에서 xy평면에 내린 수선의 발을 H라 하면
$\overline{AP} = \sqrt{\overline{PH}^2 + \overline{AH}^2} = \sqrt{\overline{PH}^2 + 25}$ 이므로
$\overline{PH}$의 값이 최대일 때, $\overline{AP}$는 최댓값을 갖는다.

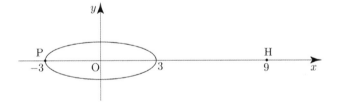

$\overline{PH}$는 점 $P(-3,\ 0,\ 0)$일 때, 최댓값 12을 갖는다.

따라서 $\overline{AP}$의 최댓값은 $\sqrt{144+25} = 13$이다.

답 13

052

$$\overline{OA} = \sqrt{a^2+(-3)^2+4^2} = \sqrt{a^2+25} = 3\sqrt{3}$$

$$\Rightarrow a^2 = 2 \Rightarrow a = \sqrt{2}\ (\because\ a>0)$$

구 $S : (x-\sqrt{2})^2+(y+3)^2+(z-4)^2 = r^2$
구 S의 방정식에 $y=0$, $z=0$을 대입하면
$(x-\sqrt{2})^2+9+16 = r^2 \Rightarrow (x-\sqrt{2})^2 = r^2-25$이다.

구 S가 x축과 한 점에서 만나므로 $r=5$이다.

구 $S : (x-\sqrt{2})^2+(y+3)^2+(z-4)^2 = 25$
구의 방정식에 $x=0$, $y=0$을 대입하면
$2+9+(z-4)^2 = 25 \Rightarrow (z-4)^2 = 14$

$$\Rightarrow z = 4\pm \sqrt{14}$$
이므로 구 S가 z축과 만나는 두 점은
$(0,\ 0,\ 4+\sqrt{14})$, $(0,\ 0,\ 4-\sqrt{14})$이다.

따라서 구 S가 z축과 만나는 두 점 사이의 거리는
$2\sqrt{14}$이다.

답 ②

053

점 A의 좌표를 $(a,\ b,\ c)$라 하자.
$$\overline{OA} = \sqrt{a^2+b^2+c^2} = 7 \Rightarrow a^2+b^2+c^2 = 49$$

구 $S : (x-a)^2+(y-b)^2+(z-c)^2 = 64$
구 S의 방정식에 $z=0$을 대입하면
$(x-a)^2+(y-b)^2 = 64-c^2$이므로
구 S와 xy평면이 만나서 생기는 원의 넓이는 $(64-c^2)\pi$
이다. 즉, $64-c^2 = 25 \Rightarrow c^2 = 39$이다.

$$a^2+b^2+c^2 = 49 \Rightarrow a^2+b^2 = 49-c^2 \Rightarrow a^2+b^2 = 10$$

점 A에서 z축에 내린 수선의 발을 H라 하면
$H(0,\ 0,\ c)$이므로
$$\overline{AH} = \sqrt{(-a)^2+(-b)^2+0^2} = \sqrt{a^2+b^2} = \sqrt{10}$$이다.

점 B는 구 위의 점이므로 $\overline{AB} = 8$이므로
직각삼각형 ABH에서
$$\overline{BH} = \sqrt{\overline{AB}^2 - \overline{AH}^2} = \sqrt{8^2-(\sqrt{10})^2} = 3\sqrt{6}$$이다.

따라서 선분 $\overline{BC} = 2\overline{BH} = 6\sqrt{6}$ 이다.

답 ⑤

054

선분 AB를 $1:2$로 내분하는 점의 x좌표는
$$\frac{a+2\times2}{3} = \frac{a+4}{3}$$ 이다.

선분 AB를 $1:2$로 내분하는 점의 z좌표는
$$\frac{c+2\times1}{3} = \frac{c+2}{3}$$ 이다.

선분 AB를 $1:2$로 내분하는 점이 y축 위에 있으므로
$$\frac{a+4}{3} = 0 , \frac{c+2}{3} = 0 \Rightarrow a = -4, c = -2$$ 이다.

두 점 A$(2, 2, 1)$, B$(-4, b, -2)$에서 xy평면에 내린 수선의 발을 각각 A$'$, B$'$라 하면 A$'(2, 2, 0)$, B$'(-4, b, 0)$이다.

$$\overline{AB} = \sqrt{(-6)^2+(b-2)^2+(-3)^2} = \sqrt{b^2-4b+49}$$
$$\overline{A'B'} = \sqrt{(-6)^2+(b-2)^2+0^2} = \sqrt{b^2-4b+40}$$
$$\tan\theta = \frac{\sqrt{2}}{4} \Rightarrow \cos\theta = \frac{4}{3\sqrt{2}} = \frac{2\sqrt{2}}{3}$$

$$\overline{A'B'} = \overline{AB}\cos\theta \Rightarrow \sqrt{b^2-4b+40} = \frac{2\sqrt{2}}{3}\sqrt{b^2-4b+49}$$

$$\Rightarrow 9(b^2-4b+40) = 8(b^2-4b+49)$$

$$\Rightarrow 9b^2-36b+360 = 8b^2-32b+392$$

$$\Rightarrow b^2-4b-32 = 0 \Rightarrow (b-8)(b+4)=0$$

$$\Rightarrow b = 8 \ (\because \ b > 0)$$

따라서 양수 $b = 8$이다.

답 ③

055

A$(a, 0, 0)$, B$(0, 6, 0)$, C$(0, 0, 4)$라 하자.

점 C에서 직선 l에 내린 수선의 발을 H라 하면 삼수선의 정리에 의해서 $\overline{OH} \perp l$이다.

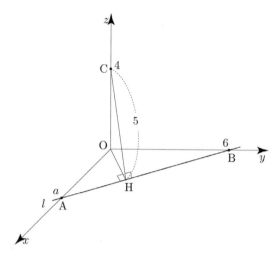

삼각형 CHO에서 $\overline{OH} = \sqrt{5^2-4^2} = 3$이다.
삼각형 ABO에서 $\overline{AB} = \sqrt{a^2+6^2} = \sqrt{a^2+36}$이다.

삼각형 ABO에서 삼각형 넓이 같다 **Technique**를 사용하면
$$\frac{1}{2}\times\overline{OA}\times\overline{OB} = \frac{1}{2}\times\overline{OH}\times\overline{AB}$$

$$\Rightarrow \frac{1}{2}\times a\times6 = \frac{1}{2}\times3\times\sqrt{a^2+36}$$

$$\Rightarrow 2a = \sqrt{a^2+36} \Rightarrow 4a^2 = a^2+36$$

$$\Rightarrow a^2 = 12$$

따라서 $a^2 = 12$이다.

답 ⑤

056

점 A에서 선분 BC에 내린 수선의 발을 H라 하면 삼각형 ABC는 $\overline{AB} = \overline{AC}$인 이등변삼각형이므로 직선 AH는 선분 BC를 수직이등분한다.

점 Q는 삼각형 ABC의 무게중심이므로 선분 AH 위에 있다.

$\overline{QH} \perp \overline{BC}$, $\overline{PQ} \perp (xy$평면)이므로 삼수선의 정리에 의해서 $\overline{PH} \perp \overline{BC}$이다.

선분 PQ의 길이는 점 P의 z좌표와 같으므로 $\overline{PQ} = 4$이다.

$\overline{HC} = \dfrac{1}{2}\overline{BC} = \sqrt{7}$이므로

삼각형 ACH에서 $\overline{AH} = \sqrt{5^2 - (\sqrt{7})^2} = 3\sqrt{2}$이다.
점 Q는 삼각형 ABC의 무게중심이므로
$\overline{QH} = \dfrac{1}{3}\overline{AH} = \sqrt{2}$이다.

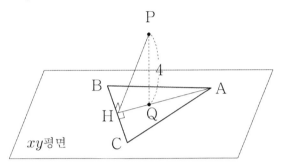

삼각형 PHQ에서 $\overline{PH} = \sqrt{(\sqrt{2})^2 + 4^2} = 3\sqrt{2}$이다.
따라서 점 P에서 직선 BC까지의 거리는 $3\sqrt{2}$이다.

답 ①

057

구 $(x-6)^2 + (y+1)^2 + (z-5)^2 = 16$의 중심을 A라 하면
A$(6, -1, 5)$이고, 반지름의 길이가 4이다.

점 A$(6, -1, 5)$의 yz평면 위로의 정사영을 H라 하면
H$(0, -1, 5)$이다.

중심과 yz평면 사이의 거리는 6이고, 구의 반지름의
길이는 4이므로 구와 yz평면은 서로 만나지 않는다.
즉, 구의 yz평면 위로의 정사영은 중심이 H이고,
반지름의 길이가 4인 원이다.

yz평면 위에 있는 원 $(y-2)^2 + (z-1)^2 = 9$의
중심을 B라 하면 B$(0, 2, 1)$이다.

$\overline{BH} = \sqrt{0^2 + (-3)^2 + 4^2} = 5$

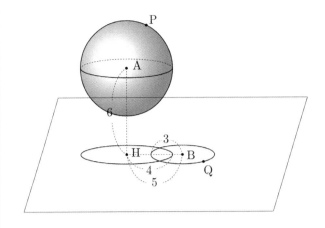

$\overline{PQ} \le \overline{AP} + \overline{AQ} \Rightarrow \overline{PQ} \le 4 + \overline{AQ}$가 성립한다.
세 점 P, A, Q가 일직선상에 존재할 때, $\overline{PQ} = 4 + \overline{AQ}$가
성립한다. (단, $\overline{PQ} > \overline{AQ}$)

$\overline{AQ} = \sqrt{\overline{AH}^2 + \overline{HQ}^2} = \sqrt{36 + \overline{HQ}^2}$이므로
$\overline{HQ}$가 최대일 때, $\overline{AQ}$는 최댓값을 갖는다.

다음 그림과 같이 $\overline{HQ} = \overline{HB} + 3 = 8$일 때,
$\overline{AQ}$는 최댓값 $\sqrt{36+64} = 10$을 갖는다.

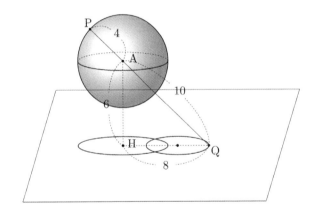

따라서 점 P와 점 Q 사이의 거리의 최댓값은
$10 + 4 = 14$이다.

답 14

058

점 A$(0, 0, 10)$라 하고, 점 A에서 중심이 원점인 밑면을
포함하는 평면에 내린 수선의 발을 H라 하자.

삼각형 OAH에서 $\overline{OH} = \sqrt{10^2 - 8^2} = 6$이므로
원기둥의 밑면의 넓이를 S라 하면 $S = 36\pi$이다.

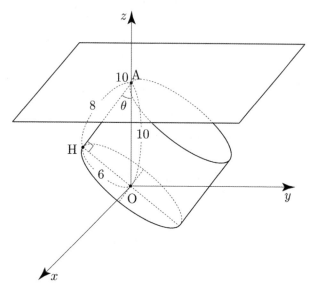

직선 AO는 평면 $z = 10$와 수직이고,
직선 AH는 밑면을 포함하는 평면과 수직이므로
두 평면 $z = 10$, 밑면을 포함하는 평면 사이의 이면각은
두 직선 AO, AH가 이루는 각과 같다.
즉, 이면각을 θ라 하면 $\angle OAH = \theta$이다.

$$\cos\theta = \frac{\overline{AH}}{\overline{AO}} = \frac{8}{10} = \frac{4}{5}$$

원기둥의 한 밑면의 평면 $z = 10$ 위로의 정사영의 넓이는
$S \times \cos\theta = 36\pi \times \dfrac{4}{5} = \dfrac{144}{5}\pi$이다.

답 ②

059

$O(0, 0, 0)$, $A(1, 1, 1)$라 하자.
$\overline{OA} = \sqrt{1^2 + 1^2 + 1^2} = \sqrt{3}$

두 점 O, A를 지나고 xy평면에 수직인 평면으로
두 구를 자른 단면을 떼어내어 다시 그리면 다음과 같다.

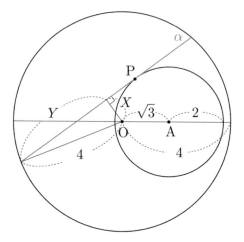

점 P에서 구 S에 접하는 평면을 α라 하자.
점 O와 평면 α 사이의 거리를 X라 하고,
평면 α가 구 $x^2 + y^2 + z^2 = 16$과 만나서 생기는
도형의 반지름의 길이를 Y라 하자.

$Y^2 = 4^2 - X^2 = 16 - X^2$이므로
평면 α가 구 $x^2 + y^2 + z^2 = 16$과 만나서 생기는
도형의 넓이는 X가 최소일 때 최대이다.

다음 그림과 같을 때, X는 최솟값 $2 - \sqrt{3}$을 갖는다.

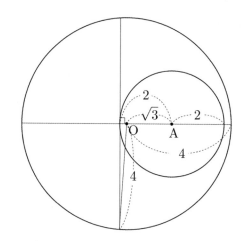

평면 α가 구 $x^2 + y^2 + z^2 = 16$과 만나서 생기는
도형의 넓이의 최댓값은
$16 - (2 - \sqrt{3})^2 = 16 - (7 - 4\sqrt{3}) = 9 + 4\sqrt{3}$이므로
$a = 9$, $b = 4$이다.

따라서 $a+b=13$이다.

답 13

060

y축이 점으로 보이도록 각도를 바꿔 다시 그리면
다음 그림과 같다.

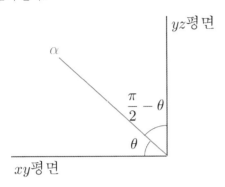

평면 α와 xy평면이 이루는 각의 크기를 θ라 하면
평면 α와 yz평면이 이루는 각의 크기는 $\frac{\pi}{2}-\theta$이다.

원 C_1의 평면 α 위로의 정사영의 넓이는
$S=3\pi\times\cos\theta=3\pi\cos\theta$이고,

원 C_2의 평면 α 위로의 정사영의 넓이는
$S=\pi\times\cos\left(\frac{\pi}{2}-\theta\right)=\pi\sin\theta$이다.

$3\pi\cos\theta=\pi\sin\theta \Rightarrow \tan\theta=3 \Rightarrow \cos\theta=\frac{1}{\sqrt{10}}$

따라서 $S=3\pi\cos\theta=3\pi\times\frac{1}{\sqrt{10}}=\frac{3\sqrt{10}}{10}\pi$이다.

답 ⑤

061

점 A에서 xy평면에 내린 수선의 발을 H라 하고,
xy평면 위의 원 $x^2+y^2=13$과 직선 BH가 만나는
점 중 점 H와 더 가까운 점을 $C(a,\ b,\ 0)$라 하자.

점 C를 지나고 z축에 평행한 직선과 직선 AB가
만나는 점을 D라 하자.

이를 바탕으로 좌표공간에 나타내면 다음 그림과 같다.

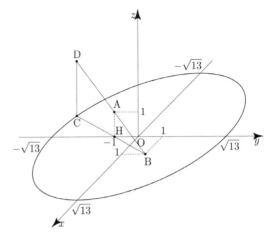

점 $C(a,\ b,\ 0)\,(a<0)$는 원 $x^2+y^2=13$과 직선 BH의
교점이므로 xy평면만 떼어내어 점 C의 좌표를 구해보자.

직선 BH는 $y=2x-1$이므로 $x^2+y^2=13$에 대입하면
$x^2+(2x-1)^2=13 \Rightarrow 5x^2-4x-12=0$

$\Rightarrow (5x+6)(x-2)=0 \Rightarrow x=-\frac{6}{5}\ (\because\ a<0)$

이고, $y=2\times\left(-\frac{6}{5}\right)-1=-\frac{17}{5}$이므로

$a=-\frac{6}{5},\ b=-\frac{17}{5}$이다.

따라서 $a+b=-\frac{23}{5}$이다.

답 ②

062

구 $x^2+y^2+(z-2)^2=1$의 중심을 $B(0,\ 0,\ 2)$라 하고,
Q에서 z축에 내린 수선의 발을 H라 하자.

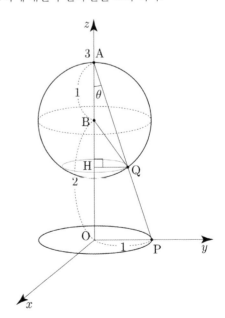

점 P가 원 C 위를 한 바퀴 돌기 때문에 점 Q가 나타내는 도형은 점 H를 중심으로 하고 반지름의 길이가 $\overline{HQ}$인 원이다.

삼각형 APO에서 $\overline{AP} = \sqrt{1^2 + 3^2} = \sqrt{10}$이므로

$\angle PAO = \theta$라 하면 $\cos\theta = \dfrac{\overline{AO}}{\overline{AP}} = \dfrac{3}{\sqrt{10}}$이고,

$\sin\theta = \dfrac{\overline{OP}}{\overline{AP}} = \dfrac{1}{\sqrt{10}}$이다.

점 Q는 구 위의 점이므로 $\overline{BQ} = 1$이다.
삼각형 ABQ는 이등변삼각형이므로 점 B에서
선분 AQ에 내린 수선의 발을 M이라 하면

$\overline{AQ} = 2\overline{AM} = 2 \times 1 \times \cos\theta = 2 \times 1 \times \dfrac{3}{\sqrt{10}} = \dfrac{6}{\sqrt{10}}$이다.

삼각형 AQH에서 $\overline{HQ} = \overline{AQ} \sin\theta = \dfrac{6}{\sqrt{10}} \times \dfrac{1}{\sqrt{10}} = \dfrac{3}{5}$

이므로 점 Q가 나타내는 도형 전체의 길이는

$\dfrac{6}{5}\pi$이다.

따라서 $a + b = 11$이다.

답 11

063

$\overline{OC} \perp \overline{BC}$이고, $\overline{AO} \perp (xy$평면$)$이므로
삼수선의 정리에 의해 $\overline{AC} \perp \overline{BC}$이다.
삼각형 ACO에서 $\overline{AC} = \sqrt{4^2 + 3^2} = 5$이다.

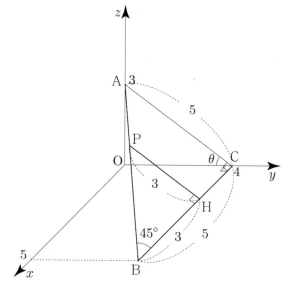

$\overline{AC} = \overline{BC} = 5$, $\angle ACB = 90\,°$이므로 $\angle ABC = 45\,°$이고,
삼각형 PBH에서 $\overline{BH} = \overline{PH} = 3$이다.

삼각형 PBH의 넓이를 S라 하면

$S = \dfrac{1}{2} \times \overline{BH} \times \overline{PH} = \dfrac{1}{2} \times 3 \times 3 = \dfrac{9}{2}$이다.

평면 PBH는 평면 ABC와 같고,
평면 ABC와 xy평면이 이루는 각의 크기를 θ라 하면

$\cos\theta = \dfrac{\overline{OC}}{\overline{AC}} = \dfrac{4}{5}$이다.

따라서 삼각형 PBH의 xy평면 위로의 정사영의 넓이는

$S \times \cos\theta = \dfrac{9}{2} \times \dfrac{4}{5} = \dfrac{18}{5}$이다.

답 ③

064

구 $S : x^2 + y^2 + (z-1)^2 = 1$의 중심을 A라 하면
A$(0,\ 0,\ 1)$이고, 구 S는 xy평면과 점 O에서 접한다.

점 A에서 선분 QR에 내린 수선의 발을
H라 하면 삼수선의 정리에 의해 $\overline{OH} \perp \overline{QR}$이다.

이때 구 S와 점 P에서 접하고 원 C 위의 두 점 Q, R을
포함하는 평면을 α라 하면 평면 AQR은 평면 α와 xy평면이
이루는 각의 크기를 이등분한다.

평면 α와 xy평면이 이루는 예각의 크기가 $60\,°$이므로

$\angle AHO = \dfrac{1}{2} \angle PHO = 30\,°$이다.

(두 직각삼각형 AHO, AHP는 서로 합동이다.)

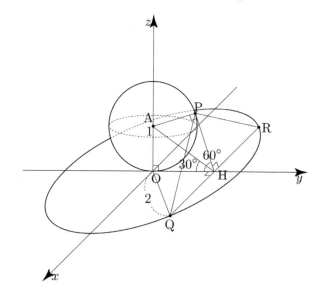

삼각형 AHO에서

$$\tan 30° = \frac{\overline{OA}}{\overline{OH}} \Rightarrow \frac{1}{\sqrt{3}} = \frac{1}{\overline{OH}} \Rightarrow \overline{OH} = \sqrt{3} \text{ 이다.}$$

점 Q는 원 C 위의 점이므로 $\overline{OQ} = 2$이다.

삼각형 OQH에서 $\overline{QH} = \sqrt{2^2 - (\sqrt{3})^2} = 1$이므로

$\overline{QR} = 2\overline{QH} = 2$이다.

따라서 선분 QR의 길이는 2이다.

답 ④

공간좌표 | Master step

65	9	68	23
66	⑤	69	127
67	70		

065

점 A(0, 0, 1)을 지나는 직선이 중심이 C(3, 4, 5)이고
반지름의 길이가 1인 구와 한 점 P에서 만나므로
점 A를 지나는 직선은 구와 점 P에서 접한다.
즉, $\angle APC = 90°$이다.

세 점 A, C, P를 지나는 원을 O라 하자.
삼각형 ACP는 $\angle APC = 90°$인 직각삼각형이므로
삼각형 ACP의 외접원 O는 선분 AC를 지름으로 한다.

원 O의 반지름의 길이는

$$\frac{1}{2}\overline{AC} = \frac{1}{2}\sqrt{3^2 + 4^2 + 4^2} = \frac{\sqrt{41}}{2} \text{ 이므로}$$

원 O의 넓이를 S라 하면 $S = \frac{41}{4}\pi$이다.

원 O의 xy평면 위로의 정사영의 넓이가 최대일 때
평면 ACP와 xy평면이 이루는 각의 크기와
삼각형 ACP의 xy평면 위로의 정사영의 넓이가 최대일 때
평면 ACP와 xy평면이 이루는 각의 크기는 같으므로
삼각형 ACP의 xy평면 위로의 정사영의 넓이가
최대가 되는 상황을 가정해보자.

세 점 A(0, 0, 1), C(3, 4, 5), P의 xy평면 위로의
정사영을 각각 A′(0, 0, 0), C′(3, 4, 0), P′라 하면

삼각형 ACP의 xy평면 위로의 정사영의 넓이는 A′C′P′이다.

선분 A′C′의 길이는 고정이므로 점 P′와 직선 A′C′ 사이의
거리가 최대일 때, 정사영의 넓이는 최댓값을 갖는다.

즉, 평면 ACP와 xy평면이 이루는 각의 크기가
직선 AC와 xy평면이 이루는 각의 크기와 같을 때
정사영의 넓이는 최댓값을 갖는다.

$$\overline{AC} = \sqrt{3^2 + 4^2 + 4^2} = \sqrt{41}, \ \overline{A'C'} = \sqrt{3^2 + 4^2 + 0^2} = 5$$

이므로 직선 AC와 xy평면이 이루는 각의 크기를 θ라 하면

$$\cos\theta = \frac{\overline{A'C'}}{\overline{AC}} = \frac{5}{\sqrt{41}} \text{ 이다.}$$

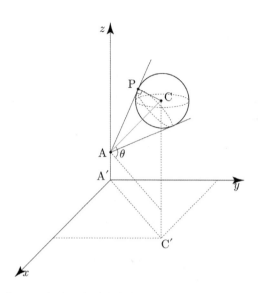

원 O의 xy평면 위로의 정사영의 넓이의 최댓값은

$$S \times \cos\theta = \frac{41}{4}\pi \times \frac{5}{\sqrt{41}} = \frac{5}{4}\sqrt{41}\,\pi \text{이다.}$$

따라서 $p+q=9$이다.

답 9

066

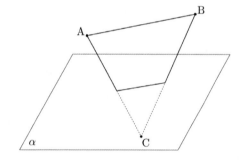

세 점 A, B, C와 평면 α 사이의 거리를 각각
a, b, c라고 하면 a, b, c중 가장 작은 값이 $d(\alpha)$이다.

ㄱ. 평면 β는 세 점 A, B, C를 지나는 평면과 수직이다.

평면 ABC와 평면 α가 이루는 각의 크기를
$\theta\,(0\,°<\theta \le 90\,°)$라 하자.

평면 ABC 위의 세 점 A, B, C는 고정시켜 놓고
평면 ABC와 평면 α의 교선을 축으로 하여
평면 ABC를 회전시키면 θ가 $90\,°$에 가까워 질수록
$d(\alpha)$는 커진다.

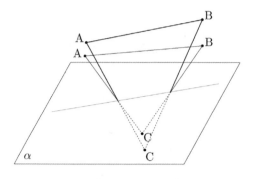

즉, $\theta=90\,°$일 때, $d(\alpha)$는 최대이다.
평면 β는 평면 α 중에서 $d(\alpha)$가 최대가 되는
평면이므로 평면 β는 평면 ABC와 수직이다.
따라서 ㄱ은 참이다.

ㄴ. 평면 β는 선분 AC의 중점 또는 선분 BC의 중점을 지난다.

$a \le b$라고 하면 a, c 중 작은 값이 $d(\alpha)$이다.
($a \le b$라고 가정하나 $a \ge b$라고 가정하나 상황은 동일하다.)

평면 β는 ㄱ에 의해 평면 ABC와 수직이므로
평면 β가 직선으로 보이게 보는 각도를 바꿔
다시 그리면 다음 그림과 같다.

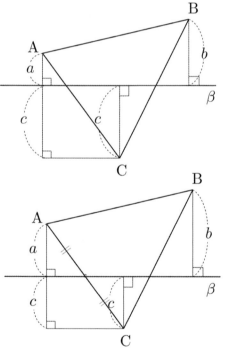

두 직선 AC, BC와 평면 β가 이루는 각의 크기가
변하지 않는다면 $a+c$의 값은 고정된 값이므로
$a=c$일 때, $d(\alpha)$는 최대이다.
즉, 평면 β는 선분 AC의 중점을 지난다.

$a \ge b$라 가정하면 같은 논리로 평면 β는
선분 BC의 중점을 지난다.
따라서 ㄴ은 참이다.

ㄷ. 세 점이 A(2, 3, 0), B(0, 1, 0), C(2, −1, 0)일 때,
$d(\beta)$는 점 B와 평면 β 사이의 거리와 같다.

$$\overline{AB} = \sqrt{(-2)^2 + (-2)^2 + 0^2} = 2\sqrt{2}$$

$$\overline{AC} = \sqrt{0^2 + (-4)^2 + 0^2} = 4$$

$$\overline{BC} = \sqrt{2^2 + (-2)^2 + 0^2} = 2\sqrt{2}$$

이므로 삼각형 ABC는 $\overline{AB} = \overline{BC}$, $\angle ABC = 90°$인
직각이등변삼각형이다.

ㄱ, ㄴ에 의해서 평면 ABC와 수직이고, 선분 AC의
중점을 지나는 평면 α 중에서 $d(\alpha)$가 최대일 때는
선분 AB가 평면 α와 평행할 때이다.

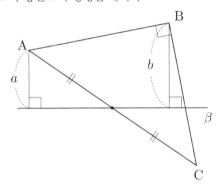

같은 논리로 선분 BC의 중점을 지나는 평면 α 중에서
$d(\alpha)$가 최대일 때는 선분 AB가 평면 α와 평행할 때이다.

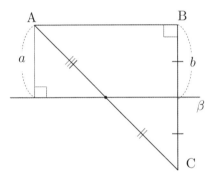

세 점이 A(2, 3, 0), B(0, 1, 0), C(2, −1, 0)일 때,
평면 β는 두 선분 AC, BC의 중점을 모두 지나고,
$a = b = c = \sqrt{2} = d(\beta)$이므로 $d(\beta)$는 점 B와 평면 β
사이의 거리와 같다.

따라서 ㄷ은 참이다.

답 ⑤

067

원점 O에서 선분 AB에 내린 수선의 발을 H라 하고,
점 O에서 평면 α에 내린 수선의 발을 R이라 하면
삼수선의 정리에 의해 $\overline{HR} \perp \overline{AB}$이다.

$\overline{OR} = \dfrac{4}{\sqrt{2}} = 2\sqrt{2}$이고, $\overline{HR} = \sqrt{2}$이므로

삼각형 OHR에서 $\overline{OH} = \sqrt{(2\sqrt{2})^2 + (\sqrt{2})^2} = \sqrt{10}$이다.

$\overline{OP} \le 4 \Rightarrow \sqrt{\overline{OH}^2 + \overline{HP}^2} \le 4 \Rightarrow \overline{HP}^2 \le 6$를 만족시키는
점 P의 자취는 다음 그림에서 색칠한 선분과 같다.
(점 H를 중점으로 하고 길이가 $2\sqrt{6}$인 선분)

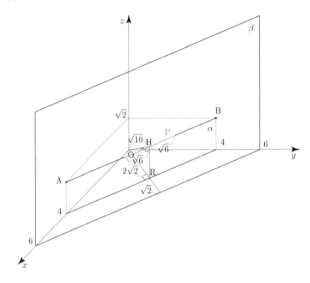

구 $S : x^2 + y^2 + (z - 4\sqrt{2})^2 = 24$의 중심 $(0, 0, 4\sqrt{2})$에서
평면 β까지의 거리는 $3\sqrt{2}$이므로 구 S가 평면 β와 만나서
생기는 원은 중심이 $(3, 3, 4\sqrt{2})$이고, 반지름의 길이가
$\sqrt{24 - (3\sqrt{2})^2} = \sqrt{6}$이다.

평면 α가 바닥평면이 되도록 보이는 각도를 바꿔
다시 그리면 다음 그림과 같다.

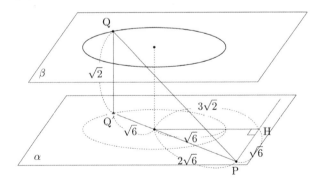

점 Q에서 평면 α에 내린 수선의 발을 Q′라 하면
$\overline{PQ}^2 = \overline{QQ'}^2 + \overline{Q'P}^2 = 2 + \overline{Q'P}^2$이므로
$\overline{Q'P}$가 최대일 때, $\overline{PQ}^2$는 최댓값을 갖는다.

$\overline{Q'P}$의 최댓값은 $2\sqrt{6}+\sqrt{6}=3\sqrt{6}$이므로
$\overline{PQ}^2$의 최댓값은 $2+54=56$이다.

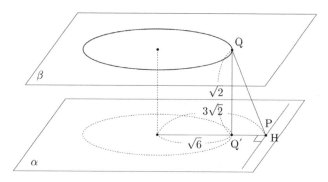

$\overline{Q'P}$가 최소일 때, $\overline{PQ}^2$는 최솟값을 갖는다.

$\overline{Q'P}$의 최솟값은 $3\sqrt{2}-\sqrt{6}$이므로
$\overline{PQ}^2$의 최솟값은 $2+(3\sqrt{2}-\sqrt{6})^2=26-12\sqrt{3}$이다.

$\overline{PQ}^2$의 최댓값과 최솟값의 합은
$56+26-12\sqrt{3}=82-12\sqrt{3}$이므로 $a=82$, $b=-12$이다.
따라서 $a+b=70$이다.

답 70

구 S의 xy평면 위로의 정사영은 중심이 $\mathrm{C}'(2,\ \sqrt{5},\ 0)$이고
반지름의 길이가 5인 원이고, 이 원을 C라 하면
점 R_1의 자취는 원 C의 내부 및 둘레이다.

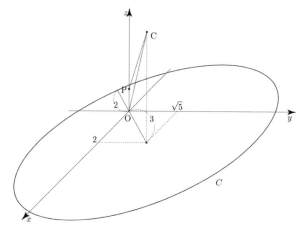

평면 OPC는 z축을 포함하는 평면이므로 xy평면과 서로
수직이고, 평면 OPC는 원의 중심 C'를 포함하므로
구 S가 평면 OPC와 만나서 생기는 원은 중심이 C'이고,
반지름의 길이가 5인 원이다.

평면 OPC를 떼어내어 다시 그리면 다음 그림과 같다.

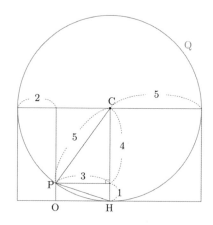

점 C에서 xy평면에 내린 수선의 발을 H라 하자.

점 Q_1의 자취는 다음 그림에서 색칠한 선분과 같다.
(원 C와 직선 OH가 만나는 두 점을 이은 선분)

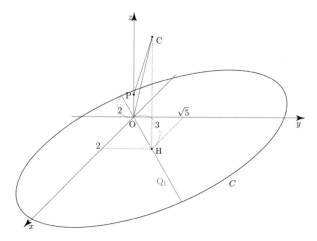

삼각형 $\mathrm{OQ}_1\mathrm{R}_1$의 넓이가 최대가 되려면 다음 그림과
같이 점 Q_1은 원 C와 직선 OH가 만나는 점 중
원점 O에서 더 먼 점에 위치하고, 점 R_1은 점 H를
지나고 직선 OH에 수직인 직선과 원 C가 만나는 점
중 한 곳에 위치해야 한다.

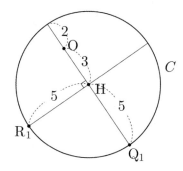

삼각형 $\mathrm{OQ}_1\mathrm{R}_1$의 넓이를 T라 하면
$$T=\frac{1}{2}\times\overline{\mathrm{OQ}_1}\times\overline{\mathrm{HR}_1}=\frac{1}{2}\times8\times5=20$$이다.

두 점 Q, R은 위의 그림과 같은 위치의 두 점 Q_1, R_1에
대하여 $\overline{\mathrm{QQ}_1}=\overline{\mathrm{RR}_1}=5$를 만족시키는 구 S 위의 점이다.

이를 바탕으로 그림을 다시 그리면 다음 그림과 같다.

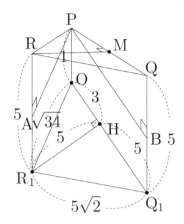

삼각형 R_1Q_1H에서 $\overline{R_1Q_1} = \sqrt{5^2+5^2} = 5\sqrt{2}$ 이므로
$\overline{RQ} = \overline{R_1Q_1} = 5\sqrt{2}$ 이다.

삼각형 OR_1H에서 $\overline{OR_1} = \sqrt{3^2+5^2} = \sqrt{34}$ 이므로
점 P에서 선분 RR_1에 내린 수선의 발을 A라 하면
$\overline{AP} = \sqrt{34}$ 이고, $\overline{AR} = 5-1 = 4$ 이다.

삼각형 RPA에서 $\overline{RP} = \sqrt{(\sqrt{34})^2+4^2} = 5\sqrt{2}$ 이다.

점 P에서 선분 QQ_1에 내린 수선의 발을 B라 하면
$\overline{OQ_1} = \overline{PB} = 8$, $\overline{BQ} = 5-1 = 4$ 이므로
삼각형 QPB에서 $\overline{PQ} = \sqrt{8^2+4^2} = 4\sqrt{5}$ 이다.

삼각형 PRQ은 $\overline{RP} = \overline{RQ} = 5\sqrt{2}$ 인 이등변삼각형이므로
점 R에서 선분 PQ에 내린 수선의 발을 M이라 하면
직선 MR은 선분 PQ를 수직이등분한다.

$\overline{QM} = \frac{1}{2}\times 4\sqrt{5} = 2\sqrt{5}$ 이므로 삼각형 QMR에서
$\overline{MR} = \sqrt{(5\sqrt{2})^2-(2\sqrt{5})^2} = \sqrt{30}$ 이다.

삼각형 PQR의 넓이를 U라 하면
$U = \frac{1}{2}\times\overline{PQ}\times\overline{MR} = \frac{1}{2}\times 4\sqrt{5}\times\sqrt{30} = 10\sqrt{6}$ 이다.

평면 PQR과 xy평면이 이루는 각의 크기를 θ라 하면
$U\times\cos\theta = T \Rightarrow \cos\theta = \frac{T}{U} \Rightarrow \cos\theta = \frac{2}{\sqrt{6}}$ 이므로
삼각형 OQ_1R_1의 평면 PQR 위로의 정사영의 넓이는
$T\times\cos\theta = 20\times\frac{2}{\sqrt{6}} = \frac{20}{3}\sqrt{6}$ 이다.

따라서 $p+q = 23$이다.

답 23

평면 α는 점 $A(\sqrt{5},\ 0,\ 0)$을 지나고 zx평면에
수직이며, 구 S_1과 z좌표가 양수인 한 점에서 접하는 평면이다.

평면 α가 선분으로 보이게 보는 각도를 바꿔 다시 그리면
다음 그림과 같다.

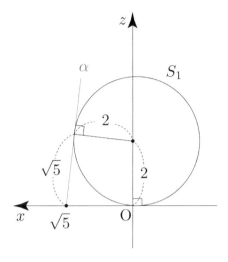

원 C의 넓이를 구하기 위해서 평면 β가 선분으로 보이게
보는 각도를 바꿔 다시 그리면 다음 그림과 같다.

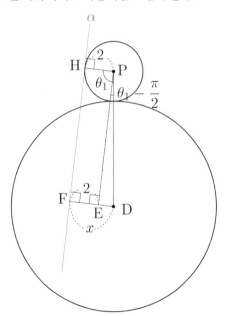

두 구 S_1, S_2의 중심을 각각 P, D라 하고,
두 점 P, D에서 평면 α에 내린 수선의 발을
각각 H, F라 하자. 또한 점 P에서 선분 FD에 내린
수선의 발을 E라 하자.

원 C의 반지름을 구하기 위해서는 선분 FD의
값을 알아야 하므로 $\overline{FD} = x$라 하고,
$\angle HPD = \angle HPO = \theta_1$라 하자.

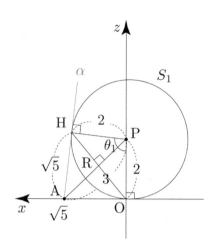

삼각형 APH에서 $\overline{AP} = \sqrt{(\sqrt{5})^2 + 2^2} = 3$이므로
삼각형 넓이 같다 Technique를 사용하면

$$\frac{1}{2} \times \overline{AP} \times \overline{HR} = \frac{1}{2} \times \overline{AH} \times \overline{PH}$$

$$\Rightarrow \frac{1}{2} \times 3 \times \overline{HR} = \frac{1}{2} \times \sqrt{5} \times 2$$

$$\Rightarrow \overline{HR} = \frac{2\sqrt{5}}{3} \Rightarrow \overline{OH} = 2\overline{HR} = \frac{4\sqrt{5}}{3}$$

삼각형 POH에서 코사인법칙을 사용하면

$$\cos\theta_1 = \frac{(\overline{PO})^2 + (\overline{PH})^2 - (\overline{OH})^2}{2 \times \overline{PO} \times \overline{PH}}$$

$$= \frac{8 - \frac{80}{9}}{8} = -\frac{1}{9}$$

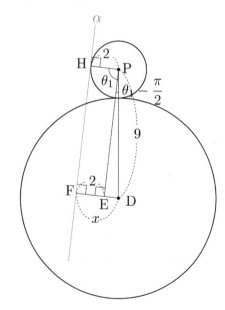

$\overline{PD} = 2 + 7 = 9$이고,

$\sin\left(\theta_1 - \frac{\pi}{2}\right) = -\sin\left(\frac{\pi}{2} - \theta_1\right) = -\cos\theta_1 = \frac{1}{9}$이므로

삼각형 PDE에서 $\overline{ED} = \overline{PD} \times \sin\left(\theta_1 - \frac{\pi}{2}\right) = 9 \times \frac{1}{9} = 1$이다.

즉, $x = 3$이다.

원 C의 반지름의 길이를 r이라 하면
$r = \sqrt{7^2 - 3^2} = 2\sqrt{10}$ 이므로 원 C의 넓이는 40π이다.

점 B는 원 C 위의 점 중 z좌표가 최소인 점이고,
평면 β는 점 구 S_2와 점 B에서 접하므로 다음 그림과 같다.

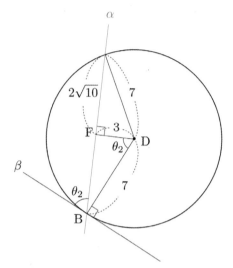

Guide step에서 배운 "두 평면이 이루는 각의 크기는
두 평면에 각각 수직인 두 직선이 이루는 각의 크기와
같다."를 이용하여 이면각 θ_2를 구해보자.

평면 α 직선 FD는 서로 수직이고, 평면 β는 점 B에서
구 S_2에 접하는 평면이므로 평면 β와 직선 BD는 서로
수직이므로 두 평면 α, β가 이루는 각의 크기는 두 직선
FD, BD가 이루는 각의 크기와 같다.

삼각형 BDF에서 $\cos\theta_2 = \dfrac{\overline{FD}}{\overline{BD}} = \dfrac{3}{7}$이므로 원 C의 평면 β

위로의 정사영의 넓이는 $40\pi \times \dfrac{3}{7} = \dfrac{120}{7}\pi$이다.

따라서 $p + q = 127$이다.

답 **127**